光学

Optics（6th Edition）

（第6版）

[印度] A. 伽塔克（Ajoy Ghatak） 著　　张晓光 唐先锋 张虎 译

清华大学出版社
北 京

Ajoy Ghatak
Optics, 6th
ISBN: 978-93-392-2090-7

图书在版编目(CIP)数据

光学:第6版/(印)A. 伽塔克(Ajoy Ghatak)著;张晓光,唐先锋,张虎译. —北京:清华大学出版社,2019(2022.12 重印)
书名原文:Optics 6th ed
ISBN 978-7-302-53423-5

Ⅰ. ①光…　Ⅱ. ①A… ②张… ③唐… ④张…　Ⅲ. ①光学　Ⅳ. ①O43

中国版本图书馆 CIP 数据核字(2019)第 179413 号

责任编辑:鲁永芳
封面设计:常雪影
责任校对:王淑云
责任印制:宋　林

出版发行:清华大学出版社
网　　址:http://www.tup.com.cn, http://www.wqbook.com
地　　址:北京清华大学学研大厦 A 座　**邮　　编**:100084
社 总 机:010-83470000　**邮　　购**:010-62786544
投稿与读者服务:010-62776969, c-service@tup.tsinghua.edu.cn
质量反馈:010-62772015, zhiliang@tup.tsinghua.edu.cn
印 装 者:三河市龙大印装有限公司
经　　销:全国新华书店
开　　本:185mm×260mm　**印　张**:49　**字　　数**:1193 千字
版　　次:2019 年 11 月第 1 版　**印　　次**:2022 年 12 月第3 次印刷
定　　价:168.00 元

产品编号:077453-01

第6版译者序

A. 伽塔克是印度理工学院德里分校物理系教授，在光学、光纤光学和量子力学领域著述颇丰，著有 *Optics* (4ed), *An Introduction to Fiber Optics*, *Lasers Theory and Applications*, *Contemporary Optics*, *Fiber Optics and Lasers: The Two Revolutions*, *Introduction to Quantum Mechanics*, *Quantum Mechanics: Theory and Applications* (5ed), *Mathematical Physics: Differential Equations and Transform Theory*, *Special Theory of Relativity* 等。其中 *Optics* 第1版(1977年)、*Contemporary Optics*(1978年)和 *Optics* 第4版(2013年)已有中译本。

译者在长期的教学和科研工作中，从伽塔克教授所著上述著作中受益匪浅，通过翻译伽塔克教授的书，为国内读者提供一本优秀的教材，一直是译者的一个愿望。译者曾应邀翻译了本书的第4版。本书第4版中译版2013年由清华大学出版社出版后，受到广大国内读者的喜爱，在大学生必备网上被读者列为光学书籍推荐排行榜的第一位。之后本书的第5版和第6版相继出版。承蒙清华大学出版社再次邀请译者翻译了本书第6版。

本书从第5版开始增添了狭义相对论的内容，其原因是狭义相对论的产生与爱因斯坦等物理学家研究电磁理论的相对性原理和光的传播现象紧密相联，对狭义相对论的简单介绍可以纳入光学课程。本书的第6版又增加了第26章"光子的量子性与光子纠缠"。最近基于光子纠缠的量子通信与量子计算成为科学界甚至大众的火热话题，伽塔克教授希望他的努力可以为读者更深入地理解量子通信和量子计算提供帮助。另外，第6版对于第2、22、23、24、28章做了较大改动，最后还增添了更多的附录内容。

在本书即将出版之际，2018年诺贝尔物理学奖揭晓。2018年的诺贝尔物理学奖授予发明光镊工具的阿瑟·阿什金(Arthur Ashkin)，以及发明啁啾脉冲放大技术的杰拉德·穆鲁(Gérard Mourou)和唐娜·斯特里克兰(Donna Strickland)。值得高兴的是，本书对光镊技术(25.5节)和啁啾脉冲技术(10.3.3节)都有介绍，使得本书的读者可以更容易理解2018年诺贝尔物理学奖背后的科学内容。同时我们也可以看出伽塔克教授对于光学领域新思想和新技术的敏感度。

在翻译伽塔克教授教材的过程中，译者与伽塔克教授成为好朋友。承蒙伽塔克教授为本书第4版的中文翻译版写了序言之后，再一次为第6版中文翻译版写了序言，译者在此表示深深的谢意。

在翻译过程中，译者对于原书中的一些印刷错误做了纠正，并对一些原书中译者认为的不当之处做了相应的改动，并做了注释。全书彩图请扫二维码观看。

由于译者水平有限，译文中肯定存在错误和不足，恳请读者批评指正。

译　者

2018年于北京

中文第6版序

得知我所撰写的《光学》(第6版)即将与中国读者见面，我感到非常高兴。近年来中国在科学技术领域作出了巨大的贡献，得到世界范围的赞誉和认可。印度和中国有着悠久的知识界和学术界的交流传统。一代又一代的两国学者不断努力，加强着两国学术交流的纽带，并藉此拓宽了两国学者知识的视野。读到我这本书的中国读者为加强这个纽带又迈出了一步。我希望这个纽带今后会进一步得到加强。我特别高兴的是，张晓光教授尽全力将这本书翻译成中文，为此我要十分感谢他和参与翻译的他的同事。张晓光教授在光纤光学和光通信领域作出过极其重要的贡献。五年前我有幸参观了他的实验室，对他的实验室以及在这个实验室中产生的科学成果印象深刻。

1960年第一台激光器诞生，从那以后，光学领域里的"文艺复兴"运动开始了。从光放大器到激光物理，从光纤光学到光纤通信，从光数据处理到全息术，从光传感器到DVD技术，从超短脉冲到超连续谱，光学在科学与工程的几乎所有分支都有重要的应用。实际上，为了使人们认识到光在我们日常生活当中的巨大应用，联合国大会宣布2015年为"国际光年"(International Year of Light，IYL 2015)。在这一年当中，人们为了纪念"国际光年"举办了众多的活动。

光学除了大量实际应用之外，在人们不断追问"光的本性"的过程中，在科学领域引发了两场革命。量子力学的发展起源于人们试图理解"光的量子性"；而相对论的起因是对于综合电和磁定律的麦克斯韦方程组的研究。正是因为光学在科学与工程领域的这种作用，作为本科生的"光学"课程，不仅对于物理学专业的学生是"必需的"，对于工程专业的学生同样是"必需的"。虽然用一本光学书试图涵盖所有光学的领域是不可能的，但是本书还是努力试图对这个激动人心领域的许多重要课题给出一个全面的阐述，以满足科学与工程的本科生学习光学课程的需要。

本书的内容组织

本书试图在传统光学与该领域最新的进展之间取得平衡。本书组织内容的规划如下：

- 第1章给出了光学发展的简史。我一直认为，人们应该对于他(或她)所要学习的学科的演进有一个全面的了解。光学涵盖了这样广泛的领域，以致很难给所有领域一个历史的全面概述。我自己的研究兴趣在光纤光学领域，因此我突出了光纤光学以及相关领域的发展脉络。在此过程中我省略了一些对于光学作出过重大贡献的人物。好在互联网上有丰富的资料可以查阅，我列出了大量的书籍和网址供参考。
- 第2章给出了解释"光的本性"不同模型的简要历史演进过程。本章从光的微粒模型开始，然后讨论光的波动模型演进过程以及光的电磁特性。接下来讨论20世纪早期的一些实验，这些实验只有假定光是粒子才可以解释得通。最后以如何协调"波粒二象性"结束本章的讨论。

- 第3～6章涵盖了几何光学的内容。第3章以费马原理开始，然后讨论了在渐变折射率介质中的光线追迹理论。基于此讨论了“海市蜃楼”和“上现蜃景”现象、光线在渐变折射率介质中的传播问题，以及光线在各向异性介质分界面处的折射问题。第4章是关于透镜系统中的光线追迹理论。第5章是讨论工业界常用的、傍轴光学的矩阵理论。第6章简单讨论了像差问题。
- 第7～12章讨论折射率的起源和波传播的基础物理机制，包括惠更斯原理。对于许多有趣的实验(如落日显现红色、水波等)进行了讨论。对于群速度的概念和光脉冲在色散介质中传输时的色散现象进行了详细的讨论。对于能够导致超连续谱的自相位调制效应也进行了解释。
- 第13～16章涵盖了重要且引人入胜的干涉领域以及许多相关的完美的实验。其背后遵循的原理是叠加原理，这个原理在第13章进行了讨论。第14章讨论分波前干涉，包括杨氏双孔干涉实验。第15章讨论了分振幅干涉，通过学习，我们将理解薄膜上显示的色彩和减反射薄膜的应用等。本章还讨论了光纤布拉格光栅的基本工作原理，以及它在工业界的应用。在本章还对迈克耳孙干涉仪进行了讨论，它也许是光学仪器中设计最精巧、最敏感的仪器之一。迈克耳孙基于此获得了1907年的诺贝尔物理学奖。第16章讨论了法布里-珀罗干涉仪，它基于多光束干涉原理，具有高分辨率，因此应用于高分辨率光谱学。
- 第17章讨论了时间相干性与空间相干性概念。详细讨论了利用空间相干性概念，如何设计精巧的迈克耳孙实验确定恒星的角直径。对于光学拍和傅里叶变换光谱学也进行了讨论。
- 第18～20章涵盖了非常重要的衍射领域中的论题，讨论了像激光束的衍射发散、望远镜的分辨本领、激光聚焦、X射线衍射、傅里叶光学和空间频率滤波等背后的理论。
- 第21章是关于全息术的内容，给出了全息术的原理和应用。丹尼斯·伽博于1971年因发现全息术原理而获得诺贝尔物理学奖。
- 第22～24章是关于光波的电磁特性的内容。这3章在第6版做了很大的修改。第22章讨论了偏振现象以及电磁波在各向异性介质中的传播问题，包括从第一性原理开始的推导与射线速度。从第一性原理出发，讨论了光学旋光和法拉第旋光现象(以及可以用该现象测量大电流)。在第23章，从麦克斯韦方程组出发，导出了波动方程，它预言了电磁波的存在，并提出光是一种电磁波。电磁波在电介质界面的反射和折射在第24章中进行了讨论，本章的结论直接解释了反射起偏、全反射、隐失波、法布里-珀罗传输谐振腔。
- 第25章是关于辐射的粒子性的内容，基于此，爱因斯坦获得了1921年的诺贝尔物理学奖。本章还讨论了康普顿效应(基于此康普顿获得了1927年的诺贝尔物理学奖)，通过康普顿效应的讨论，建立了光子具有动量 h/λ 的结论。
- 第26章是第6版新加的内容，讨论了量子理论的基本概念、薛定谔方程的解、纠缠和贝尔不等式。
- 第27章是关于激光的内容。激光是一个极具技术价值的论题，本章讨论了光放大器和激光器的基本物理原理，以及它们的特殊性质。

- 第28～30章是关于光波导理论和光纤光学的内容,这是一个引发了通信革命,并在传感器领域有重要应用的领域。第28章(也做了重大修改)(利用光线光学)讨论了光纤的导波原理,以及在光纤通信系统中的应用。本章还给出了光纤传感器的简单解释。第29章以麦克斯韦方程组为出发点,讨论了基本的波导理论和模式的概念。第30章讨论了单模光纤中的传输特性,单模光纤现在已广泛应用于光纤通信系统。
- 爱因斯坦在1905年提出的狭义相对论的理论,已被认为是20世纪的一个革命性创新。研究狭义相对论的起因是对麦克斯韦方程组的研究,麦克斯韦方程组统一了电和磁的定律,并把电磁波与光波联系在一起。第31～33章简单讨论了狭义相对论的一些重要结论,即时间膨胀、长度收缩、质能关系和洛伦兹变换。
- 通常一些好的图片会使一些重要概念更加清晰,并且能引发学生对于该论题的兴趣。基于这种考虑,本书一开始就用一些彩色图片来描述光学中的一些重要概念。

归纳起来,本书讨论了对于科学与技术产生重大影响的一些重要论题。

本书的其他重要特色

- 相应于实际数值计算的大量的图片是利用GNUPLOT和Mathematica软件制作的,还用它们制作了一些三维图片,能够反映一些现象的全貌。
- 大多数章都以本领域重要的里程碑开始,它能给出本章内容的一个历史概貌。
- 所有的重要公式都从第一性原理推导出来,以便利用本书进行自学。
- 本书中散布着大量的例子,可以帮助读者对于复杂的概念有更清晰的认识。
- 每章都以“小结”结尾,这些“小结”总结了各章重要的结论。

光纤光学中的实验

我的研究兴趣是在光纤光学的主流方向上。我发现在光纤光学领域有许多优美的实验,且并不难实现。介绍这些实验,不仅有助于我们理解许多难以理解的概念,还可以让我们发现这些实验的更多应用。比如:

- 第10章对于色散介质中光脉冲的色散展宽进行了大量的讨论。脉冲色散是一个极其重要的概念。本章还讨论了自相位调制效应,这也许是最简单的非线性效应现象,从第一性原理出发可以容易理解这一现象。实际上,当一束单色激光脉冲在一特殊光纤中传播时,自相位调制效应(还有其他非线性效应一起)可以导致令人惊叹的超连续谱的产生。这一现象也将在第10章讨论。
- 光纤布拉格光栅是干涉现象的一个漂亮的应用。光纤布拉格光栅在光纤传感器和其他光器件中都有重要的应用。第15章讨论了光纤布拉格光栅的物理基础和它在温度传感中的重要应用,而某些应用场景,其他传感器是无法应用的。
- 光纤中的法拉第旋光实验(将在第22章讨论)可以让我们理解当光纤中存在一个纵向磁场时偏振面旋转的概念。这个实验可以应用在工业界对于超强电流的测量(大约10000 A,甚至更高)。基于第一性原理还给出了法拉第旋光的原理。第22章还讨论了当一束光在一椭圆芯径的单模光纤中传输时偏振态的变化实验,该实验不仅有助于我们理解光束在双折射光纤中的偏振态如何变化,还能帮助我们理解振荡偶极子的辐射图样。

- 第27章讨论了掺铒光纤放大器和光纤激光器。讨论掺铒光纤放大器的工作原理使我们容易理解光纤中的光放大概念。
- 具有抛物线折射率分布的光纤在光纤通信系统中非常有用。了解这种光纤中的光线轨迹和色散特性十分重要。在第3章和第28章将从第一性原理出发加以讨论。
- 第28～30章是关于光波导理论和光纤光学的内容,这些内容的进展使通信发生了革命性的变化,并在传感技术领域找到了非常重要的应用。现在光学纤维广泛地应用在内窥镜检查、显示照明和传感领域,当然其最重要的应用是在光纤通信领域。这些应用均在第28章做了讨论。第29章以麦克斯韦方程组为起点讨论了基本的波导理论(以及模式概念)。本章使我们理解怎样从几何光学过渡到波动光学,就像我们也需要从经典力学过渡到量子力学一样。第30章讨论单模光纤的导波性质,单模光纤目前已经广泛应用于光纤通信系统。棱镜薄膜波导光耦合实验(将在第29章讨论)使我们理解了量化的概念(全反射角是离散的与分立模式的对应),这是物理学和电子工程学中极其重要的概念。

贯穿整本书,还有许多这样的例子分散在一些章节。每个例子都是独特的,通常在其他教科书中找不到。

给教师的网络资源

本书为教师提供了大量的网络资源,包括每章后的习题答案、教学用的PowerPoint幻灯片以及用在幻灯片中的课程所用的图片。所有这些资源可以在下列网站找到:http://www.mhhe.com/ghatak/optic6。

致谢

在德里的印度理工学院,我有幸有机会与优秀的同事和学生交流,他们使我感到教授任何课程都是一种愉悦和挑战。我有机会自由地改进我所讲过的课程,建立新的课程,以使课程更加吸引人。这些也都反映到目前的这本书中了。在我从德里的印度理工学院退休以后,我在许多大学就不同题目教授了一些短课程。从这些短课程得到的反馈激励着我要对本书的许多内容加以改进,使一些内容更容易理解。

在撰写本书第6版的过程中,许多人帮助了我,提出了重要的建议。我需要首先提及的是我非常要好的朋友和同事戈亚尔(Ishwar Goyal)教授,他在德里印度理工学院教授光学课程时,许多次都用了本书早期的几版作教材,给出了大量的建议和批评。我敢肯定他如果能看到这一新版书的出版,将会非常高兴。但不幸的是,他已经不能和我们在一起了。我非常怀念与他交流的日子。我非常感谢索达(M. S. Sodha)教授,感谢他一直以来的鼓励和支持。我要感谢谢伽拉扬(K. Thyagarajan)教授,他一直以来与我合作,并让我使用他还未发表的讲义。我要向库玛尔(Arun Kumar)教授、马尔霍特拉(Lalit Malhotra)教授、帕尔(Bishnu Pal)教授、沙尔玛(Anurag Sharma)教授、K. Thyagarajan教授(以上来自德里的印度理工学院)、达斯古普塔(Kamal Dasgupta)博士和帕尔(Mrinmay Pal)博士(以上来自加尔各答的CGCRI公司)、拉克什米纳拉亚南(Vengu Lakshminarayanan)教授(来自加拿大的滑铁卢大学)和沙尔玛(Enakshi Sharma)教授(目前在德里大学南校区)表示我真诚的感谢,感谢他们帮助我完成了本书的部分写作。我也非常感谢帕塔克(Anirban Pathak)教授

(位于诺伊达的扎皮信息技术研究所),感谢他最近与我的合作,他向我介绍了关于光学的新领域。我要向玻色(Gouranga Bose)博士和帕莱(Parthasarathi Palai)博士(目前在班加罗尔的泰亚斯网络公司)、萨赫尔(Chandra Sakher)教授、希罗西(R. S. Sirohi)教授、K. Thyagarajan教授和瓦西尼(Ravi Vashney)教授(以上来自德里的印度理工学院)、Vengu Lakshminarayanan教授和斯瓦鲁普(Govind Swarup)教授(来自浦那的GMRT巨米波射电望远镜天文台)、班德亚帕德耶(Somnath Bandyopadhyay)博士、巴德拉(Shyamal Bhadra)博士、Kamal Dasgupta博士、甘戈帕德耶(Tarun Gangopadhyay)博士、帕尔(Atasi Pal)博士和Mrinmay Pal博士(以上来自加尔各答的CGCRI公司)、奈尔(Suresh Nair)(来自柯钦的NeST公司)、帕斯里卡(Avinash Pasricha)先生(来自位于新德里的美国信息服务中心)、特休恩(R. W. Terhune)博士、菲利普(R. A. Philips)教授和查诺韦思(A. G. Chynoweth)博士(来自美国),以及贝利(R. E. Bailey)(来自澳大利亚)表示深深的感谢,感谢他们为我提供本书中应用的重要图片。我要感谢哈特(V. V. Bhat)先生为我提供古印度科学家、技术专家贡献的文献资料。我还要向我的其他同事表示谢意,他们是古普塔(B. D. Gupta)教授、希贾瓦尼亚(Sunil Khijwania)博士、库马尔(Ajit Kumar)教授、拉斯托基(Vipul Rastogi)博士、谢诺伊(M. R. Shenoy)教授和辛格(Kehar Singh)教授,以及波鲁斯(Varghese Paulose)先生,感谢他们与我的许多讨论。我还要感谢所有让我采用他们出版物中的图片的作者和出版商。我要感谢墨尔本大学的奥帕特(G. I. Opat)教授,是他在1989年邀请我参加光学教学会议(Conference on Teaching of Optics,1989),他告诉我许多如何使光学中的复杂概念易于理解的方法。

最后,我感到我欠我家人很多很多——特别是我的夫人戈帕(Gopa)女士——他们允许我将很多时间花费在这部艰辛的书稿中,对我给予一贯的支持。我非常欢迎读者对于进一步改进本书提出建议。

A. 伽塔克

于新德里

2018年10月1日

物理常数表

自由空间中电磁波的速度：$c=299792458\ \mathrm{m/s}$

自由空间中磁导率：$\mu_0=4\pi\times10^{-7}(\mathrm{N\cdot s^2})/\mathrm{C^2}$

自由空间中的介电常数：$\varepsilon_0=\dfrac{1}{\mu_0 c^2}=8.8542\cdots\times10^{-12}\ \mathrm{C^2/(N\cdot m^2)}$

普朗克常量：$h=6.626070040(81)\ \mathrm{J\cdot s}$

约化普朗克常量：$\hbar=\dfrac{h}{2\pi}=1.054571800(13)\ \mathrm{J\cdot s}$

电子电量：$q_e=-1.602176565(35)\times10^{-19}\ \mathrm{C}$

电子质量：$m_e=9.10938291(40)\times10^{-31}\ \mathrm{kg}$

质子质量：$m_p=1.672621777(74)\times10^{-27}\ \mathrm{kg}$

电子伏：$1\mathrm{eV}\approx1.60218\times10^{-19}\ \mathrm{J}$

万有引力常数：$G=6.67408(31)\times10^{-11}\ \mathrm{m^3/(kg\cdot s^2)}$

目　录

第二部分 振动与波动

第三部分　干　涉

第四部分　衍　　射

第五部分 光的电磁特性

第六部分 光 子

第七部分 激光与光纤光学

第1章 光学史

一切知识的试金石是实验。实验是科学“真理”的唯一鉴定者。……理论物理学家只管进行想象、推演和猜测新的定律，但并不做实验；然而实验物理学家则首先进行实验，其次是想象、推演和猜测。

——理查德·费恩曼，《费恩曼物理学讲义(第1卷)》

光学是研究光的学科，自古以来人类总是被光的现象所吸引。瓦斯科·龙基在他著名的《论光的本性》(*On the Nature of Light*)一书中写道：

在人们今天的记忆中，是牛顿和惠更斯奠定了物理光学的基础，这是不确切的。也许这种误解源于时间跨度太长了，以致人们只关注了前台的人物而忽略了背景的作用。实际上，关于光的本性的讨论在这两个人出生之前就完整地建立起来了……

基于这种观点，我认为给出一个光学建立的简史是恰当的。值得庆幸的是，对于那些想了解更多光学史的人，通过现今的互联网，他们可以得到大量所需的信息。

阿尔希塔斯(Archytas，公元前428年—公元前347年)，古希腊哲学家、数学家、天文学家与政治家。据说是他提出视觉来源于从眼睛中发出的看不见的“火”遇到物体后产生效应，使物体显现出形状与色彩。

欧几里得(Euclid，出生于公元前324年—公元前320年之间)，古希腊数学家。在他所写的《光学》(*Optica*，著于大约公元前300年)中，他提到光的直线传播并描述了反射定律。他相信视觉牵涉从眼睛到达所见物体的光线。他还研究了物体显示的大小与在眼睛中形成的视角的关系。欧几里得关于光学的工作被西方人所知晓似乎是由中世纪阿拉伯的教科书传入欧洲的。

亚历山大的希罗(Hero，又名赫伦(Heron)，约公元10—70年)，生活在罗马帝国统治下埃及的亚历山大，是亚历山大大学的数学、物理和力学教师。他写了《反射光学》(*Catoptrica*)。书中描述了光的传播、光的反射和如何运用镜子。

托勒密(Claudius Ptolemaeus，约公元90—168年)，在英语中拼写为Ptolemy，古希腊数学家和天文学家，生活在罗马帝国统治下的埃及。托勒密所著《光学》(*Optics*)借助于一本拙劣的阿拉伯语译本又由阿拉伯文翻译成拉丁文而得以存世。在这本著作中他写到了有关反射、折射与颜色等光的性质。他还测量了在不同入射角下光线进入水的折射角，并给出了列表。

阿耶波多(Āryabhatta，公元476—550年)，被认为是印度数学和印度天文学古典时期的第一位伟大的数学家和天文学家。古希腊的学者假定眼睛是光的源泉，早期的印度哲学家也是这样假设的。在5世纪，阿耶波多重申了是来源于外界的光到达视网膜，才照亮了我们周围的世界。

伊本·阿尔·海赛姆(Ibn Al-Haytham,公元 965—1039 年,经常被称为阿尔哈增(Alhazen)),出生于伊拉克(美索不达米亚)的巴士拉。阿尔哈增因为他那有巨大影响的《光学之书》(英语 *Book of Optics*,阿拉伯语 *Kitab al-Manazir*,拉丁语 *De Aspectibus or Perspectiva*)被认为是"光学之父"。罗伯特·埃利奥特在评论他的这本著作时写道:

阿尔哈增是有史以来光学领域最能干的学生之一,他发表了 7 部关于光学的著作,这些著作在整个中世纪都非常知名,并极大地影响了西方思想家,特别是影响了罗吉尔·培根和开普勒。他的著作讨论了柱面和球面的凹面镜和凸面镜,先于费马得到了费马最小时间定理,考察了透镜具有折射与放大的能力。这些著作还包含了对于眼睛这个光学系统的过人的、清晰的解释,他坚信光是来源于被看到物体发出的光线,而不是来源于眼睛中的光线。这个观点与欧几里得和托勒密的观点相反。

阿尔哈增还研究了小孔成一个倒像的现象,并指出了光沿直线传播。

伊拉兹马斯·西奥莱克·维泰洛(Erazmus Ciolek Witelo,公元 1230—1275 年),神学家、物理学家、自然哲学家和数学家。维泰洛用拉丁语称呼自己为 Turingorum et Polonorum filius,意为"波兰与图林根的儿子"。维泰洛写了 10 卷本的有关光学的著作,名为《透视》(*Perspectiva*)。这本著作大部分内容基于伊本·阿尔·海赛姆的工作,直到 17 世纪它都是光学领域的标准教科书(见文献[1.2]—[1.4])。

达·芬奇

列奥纳多·达·芬奇(Leonardo da Vinci,公元 1452 年 4 月 15 日—1519 年 5 月 2 日),有些人相信达·芬奇是第一次观察到衍射现象的人。

虽然阿尔哈增已经研究过小孔成的像为倒立像,然而第一个对于针孔照相机(camera obscura,成像暗箱)做出的详细解释是由达·芬奇在他的手稿《大西洋古抄本》(*Codex Atlanticus*)里给出的(1485 年),达·芬奇曾经用它来研究绘画中的透视关系。

开普勒

开普勒(Johannes Kepler,公元 1571 年 12 月 27 日—1630 年 11 月 15 日),德国数学家、天文学家和占星家,他是 17 世纪天文学革命的关键人物。1604 年他发表了《对威蒂略的补充,天文光学说明》(*Ad Vitellionem paralipomena, quibus Astronomiae pars optica traditur*),其英译本(由 William H. Donahue 翻译)已经于近期出版,名为《开普勒光学》(*Johannes Kepler Optics*)。在此书的宣传材料(见文献[1.5])中这样说道:"这本《光学》是开普勒最有创造力时期的作品。此书在开始时试图为天文光学奠定一个坚实的基础,但是随后很快超越了这一狭隘的目标,变为重建完整的光的理论、视觉的哲学和折射的数学。这是一个具有非凡气息的工作,它非凡的意义超越了可能存在的大多数此类工作的意义。"

汉斯·李普塞(Hans Lippershey,公元 1570—1619 年),是荷兰眼镜制造商。许多历史学家都相信,在 1608 年李普塞看到两个小孩在他的商店用透镜玩耍时,发现了通过两个透镜看到的像更清晰,这激励他制造了第一架望远镜。一些史学家将发明第一架望远镜归功于伽利略,许多史学家相信李普塞还发明了复式显微镜,然而关于这一点有许多相互矛盾的说法,见文献[1.6]。

伽利略(Galileo Galilei,公元1564年2月15日—1642年1月8日),经常被誉为“现代物理学之父”。1609年,伽利略是首先利用折射式望远镜观察恒星和行星的人之一。而他真正的突破性成果是对望远镜的改进,以及随后利用改进的望远镜进行天文观测。他成为第一个注意到月球上的环形山的人,还是第一个发现太阳黑子以及第一个发现木星的四颗卫星的人。1610年他将一架望远镜用作复式显微镜,并在1623年及之后改进了多架显微镜。这似乎是第一个使用复式显微镜的确切的文字记载。

斯涅耳(Willebrord Snel van Royen,公元1580—1626年,在说英语的科学界称为Snell),荷兰天文学家和数学家。1621年他发现了折射定律,该定律称为斯涅耳定律。

费马(Pierre de Fermat,公元1601年8月11日—1665年1月12日),法国数学家,他从来没有进入大学任职。在写给尚布尔(Cureau de la Chambre)的信中(1662年1月1日),费马通过光线经过的路径取最小时间的假定证明了折射定律。费马原理遭到了反对。在1662年5月,光学专家克莱尔色列(Clerselier)写道:

你拿来作为你证明基础的原理,亦即自然总是表现出倾向取最短和最简单路径的行为,只是道德原则,而不是物理原理。它不是也不能是任何自然效应的原因。

笛卡儿(René Descartes,公元1596年3月31日—1650年2月11日)是具有极高影响力的法国哲学家、数学家、科学家和作家。笛卡儿在他名为《折光学》(也有翻译《屈光学》,*Dioptrique*)的(1637年[①])著作中给出了光传播的基本定律:反射定律和折射定律。他还提出了光的微粒模型,将光看成一群圆形微粒(见文献[1.7]和[1.8])。在文献[1.8]中已经证明:“笛卡儿对于斯涅耳定律富有洞察力的推导看起来几乎等价于牛顿应用机械粒子或微粒模型对其的推导”(牛顿在笛卡儿逝世时7岁)。

格里马尔迪(Francesco Maria Grimaldi,公元1618年4月2日—1663年12月28日)。大约在1660年,格里马尔迪发现了光的衍射现象,并将其命名为“diffraction”(衍射),意思是“散开”(breaking up)。他用这样的描述解释衍射现象:“光只能由某种以持续振动状态存在的细流组成。”他为后来衍射光栅的发明奠定了基础。他在著作《光的物理数学》(*physico-mathesis de lumine*,1666年)中为光的波动理论建立了一种几何基本方法。正是这本著作吸引了牛顿去研究光学。牛顿在他的著作《光学》(*Opticks*,1704年)中讨论了格里马尔迪提出的衍射问题。胡克在1672年也观察到了衍射现象。想进一步了解可见文献[1.9]。

胡克(Robert Hooke,公元1635年7月18日—1703年3月3日),胡克在1665年[②]的著作《显微术》(*Micrographia*)中第一次描述了“牛顿环”。这个环是以牛顿命名的,因为牛顿于1675年12月在他向皇家学会提交的一篇论文中解释了“牛顿环现象”(虽然解释得并不正确),并在他的著作《光学》(*Opticks*,1704年)中更详细地做了解释。胡克还观察到了云母薄片的不同颜色,这个现象很久以后才通过干涉理论解释清楚。

巴托林(Rasmus Bartholin,拉丁语为Erasmus Bartholinus,又译为巴托莱纳斯,公元

---

① 原书上标的是1638年,实际为1637年。《折光学》(*Dioptrique*)是笛卡儿所著《方法论》(*Discourse on the Method*)的一部分。——译者注

② 原著为1664年,但是实际上为1665年。参见维基百科:https://en.wikipedia.org/wiki/Robert_Hooke。——译者注

1625年8月13日—1698年11月4日),丹麦科学家。1669年他通过方解石晶体观察到双折射现象,并写了一篇60页的专题论文讨论这一结果。后来他又对其进行了解释说明,见文献[1.10]。

惠更斯(Christiaan Huygens,公元1629年4月14日—1695年7月8日),荷兰数学家、天文学家和物理学家。1678年他在向法国皇家科学院提交的一篇论文中提出了光的波动理论,并特别论证了波动怎样相互干涉形成一个波前,并沿着直线传播。1672年惠更斯给出了一个理论去解释巴托林于1669年发现的双折射现象。1690年他发表了著作《光论》(*Traite de la Lumiere*),这本著作的英文版有多佛尔出版社重印版可以参考(文献[1.11]),并可在文献[1.12]所示的网页上读到全文。

惠更斯

罗默(Ole Christensen Rømer,公元1644年9月25日—1710年9月19日),丹麦天文学家,他1676年第一次定量地测量了光速。

牛顿

牛顿(Isaac Newton,公元1643年1月4日—1727年3月31日),被誉为科学史上最伟大的科学家之一。他除了对科学与数学作出了巨大贡献外,还系统研究了光现象,并于1704年出版了著作《光学》(*Opticks*)。该书的第4版有多佛尔出版社重印版可以参考(参见文献[1.13]),也可以在文献[1.14]给出的网页看到。

在这本书中,牛顿对于他关于色散的实验进行了描述,该实验于1672年首次报道。所谓色散就是光分散到其不同颜色组分的一个范围。格里马尔迪在早些时候就观察到光可以进入一根针的阴影中——牛顿解释为:针施加了一个拉力将光"拉"离直线路径。胡克在早些时候观察到薄云母片显现出不同的颜色——牛顿解释为"在于光线易于透射的变化倾向和易于反射的变化倾向"。

托马斯·杨(Thomas Young,公元1773年6月13日—1829年5月10日),英国科学家。1801年,杨通过一个简单的双孔干涉实验显示了光的波动性。这个实验被认为是物理学十大最完美的实验之一(参见文献[1.15],[1.16])。托马斯·杨用他的波动理论解释了薄膜显示的彩色(比如肥皂泡显示的彩色),并将此色彩与波长联系起来。他计算了牛顿所辨识出的七种色彩对应的大致波长。在1817年他提出光波是横波,从而解释了偏振现象。进一步的细节参见文献[1.17],[1.18]。

阿拉果(François Jean Dominique Arago,公元1786年2月26日—1853年10月2日),法国数学家、物理学家、天文学家和政治家。1811年,阿拉果观察到石英中偏振面的旋转。1818年,泊松根据菲涅耳的理论推导出结论:一个被照射的圆形不透明障碍物阴影中心必然是一个亮斑。泊松原想利用此结果否定波动理论,然而阿拉果用实验证实了这一预测。虽然这一亮斑通常称为泊松亮斑,但是许多人把它称作阿拉果亮斑。

夫琅禾费(Joseph von Fraunhofer,公元1787年3月6日—1826年6月7日),德国配镜技师。1814年夫琅禾费发明了光谱仪,并在太阳光谱中发现了574条暗线,这些光谱暗线被称作夫琅禾费谱线。1859年,基尔霍夫(Kirchhoff)和班森(Bunsen)将这些光谱暗线解释为原子吸收谱线。1823年夫琅禾费发表了他的衍射理论。他还发明了光栅并用它进行了光波长的精确测量。

菲涅耳

菲涅耳(Augustin-Jean Fresnel,公元1788年5月10日—1827年7月14日),法国物理学家,他最有意义的贡献是建立了光的波动理论。1818年他写了关于衍射的专题论文,来年在巴黎获得了法国皇家科学院的大奖。1819年他被推荐为法国灯塔照明改组委员会委员,期间他第一次建造了一个特殊透镜用来替代灯塔上的反射镜,现在这种透镜被称为菲涅耳透镜。1821年,他用数学方法证明光波只有是横波才能解释偏振现象。

约瑟夫·尼塞福尔·涅普斯(Joseph Nicephore Niepce,公元1765年3月7日—1833年7月5日),法国发明家。1825年,他拍摄与制备了世界上第一张相片。

法拉第

法拉第(Michael Faraday,公元1791年9月22日—1867年8月25日),在电磁场和电化学领域作出了非常有意义的贡献。法拉第提出并证实变化的磁场会产生电场的现象。这一关系随后成为麦克斯韦方程组四个方程中的一个,称为法拉第电磁感应定律。1845年,法拉第用实验发现了一个如今称为法拉第旋光的现象,在这个实验中,线偏振光通过一材料介质,当外加一个与光传播方向一致的磁场时,该线偏振光的偏振面会发生旋转。该实验证实磁力与光是相联系的。法拉第在他的笔记中这样写道:“我最终成功地……磁化了一根光线。”

马吕斯(Etienne Louis Malus,公元1775年7月23日—1812年2月24日),法国工程师、物理学家和数学家。

布儒斯特(David Brewster,公元1781年12月11日—1868年2月10日),苏格兰科学家。

1809年**马吕斯**发表了他的一个发现,就是反射光的起偏,然而他不能得到起偏角与折射率的关系。1811年,**戴维·布儒斯特**重复了马吕斯的实验,并用许多材料进行实验。他认识到当反射光变为线偏振后,反射光线与折射光线成90°角。他立刻将这个规律称为**布儒斯特定律**!马吕斯最出名的是那个以他命名的定律,该定律表述为:通过两个偏振片的光强正比于两个偏振片夹角余弦的平方。在1810年,马吕斯发表了他关于晶体中的双折射的理论。

麦克斯韦

麦克斯韦(James Clerk Maxwell,公元1831年6月13日—1879年11月5日),杰出的苏格兰数学家和理论物理学家。大约在1865年,麦克斯韦证明电和磁的定律可以用被称为麦克斯韦方程组的四个微分方程描述。这四个方程在他1873年出版的《电磁学通论》(*A Treatise on Electricity and Magnetism*)中给出。麦克斯韦还预言了电磁波的存在(后来被赫兹的观察所证实),并且证明电磁波的速度几乎等于(当时)测量的光速值,这引导他预言光必然是一种电磁波。1864年他写道:

这个速度是这样接近光的速度，这使我们有足够理由得出结论：光自身(包括热辐射和其他辐射)是一种电磁扰动，它以电磁波的形式通过遵循电磁定律的电磁场传播。

这种对于电、磁、光现象的综合理论代表了19世纪最伟大的科学成就之一。1931年，(在纪念麦克斯韦诞辰仪式上)普朗克赞扬道："(麦克斯韦的理论)……作为最伟大的人类智慧结晶的地位将一直保持不变。"爱因斯坦也曾经赞道："(麦克斯韦的工作是)……自牛顿以来物理学经历的最深刻的最富有成果的工作。"关于麦克斯韦更详细的介绍参见文献[1.19]。一些麦克斯韦的原始论文可以在文献[1.20]的网站上找到。

约翰·威廉·斯特拉特(John William Strutt，经常被称为瑞利爵士，公元1842年11月12日—1919年6月30日)。**约翰·廷德尔**(公元1820年8月2日—1893年12月4日)，爱尔兰自然哲学家。1869年，约翰·廷德尔发现当光束通过有小颗粒悬浮的液体(比如在水中放一点牛奶)时，短波长的蓝色光比红色光散射得更厉害。因此从侧面看去光束呈蓝色，而直接穿透过去的光束呈红色。虽然有许多人称这种现象为廷德尔散射，但是人们更经常地称其为瑞利散射，因为瑞利在1871年更加细致地研究了这种现象，并且证明散射强度与散射光波长的四次方成反比(参见文献[1.21])。因此蓝色光的散射光强度是红色光的10倍(因为红色光波长大约为蓝色光的1.75倍)，这就是天空呈现蓝色的原因。虽然紫色光的波长更短，但是在太阳光中紫色光占的份额非常小。瑞利爵士的一些科学论文可以在文献[1.22]给出的网页看到。瑞利爵士在1904年获得诺贝尔奖。

1854年，约翰·廷德尔演示了喷射水流可以导光，该实验重复了巴比涅的实验，却没有在论文中致谢巴比涅(细节见文献[1.23])。

赫兹(Heinrich Rudolf Hertz，公元1857年2月22日—1894年1月1日)，德国物理学家。国际单位制中频率的单位赫兹是以他的名字命名的。这里引用文献[1.24]：

1888年，在柏林卡尔斯鲁厄理工学院物理教室的一个角落里，赫兹用一个电路产生了电波。这个电路包含一个中间有一个间隙的金属棒，当经过这个间隙打火花时，激烈的高频振荡在金属棒中产生。赫兹证明，这一振荡引起的波动在空气中传播，可以用放置在不远处的另一小电路探测到。他还证明这个电波像光波一样也可以有反射与折射，特别重要的是它的传播速度与光速是一样的，只是波长比光波长得多。这种波最初叫作赫兹波，但是现在被称作无线电波。赫兹的无线电波存在性实验确凿地证实了麦克斯韦对于电磁波存在的预言，光波可以是电磁波的一种形式，无线电波也可以是电磁波的一种形式。

赫兹是一个很谦逊的人，在他得到上述发现后说道："这个实验只是证明了麦克斯韦的预言是正确的，虽然我们肉眼看不到这神奇的电磁波，但是它们确实存在。""那下一步该是什么?"波恩大学他的一个学生问。"我猜，没有。"赫兹在后来曾经说："我没有想到我发现的无线电波有什么实际应用。"

我们在此应该提一下，在1842年(此时麦克斯韦11岁)，美国物理学家约瑟夫·亨利(Joseph Henry)曾经利用一个火花磁化了相隔30ft①(中间隔着两层楼板，每个楼板14in②厚)的一根针。如此，约瑟夫·亨利没有意识到他已经探测到了电磁波。更详细的内容参见比如帕克(David Park)的书(文献[1.25])和Park的书中对亨利原始论文的选录。

① 1ft=0.3048m。
② 1in=0.0254m。

赫兹还是第一个发现光电效应的科学家。1887年,正当他利用具有火花间隙的线圈接收电磁波时,他发现当将整个装置放在黑盒子中时,火花长度变短了(这是因为黑盒子吸收了紫外线,而紫外线可以帮助电子穿越间隙)。赫兹报道了他的发现,但是并没有继续深入研究,也没有试图解释这一现象。1897年,J. J. 汤姆孙发现了电子,并在1899年证实当光照射在金属表面时,会发射电子。1902年菲利普·莱纳德(Philip Lenard)观察到:①所发射电子的动能与入射光强度无关;②当入射光频率增大时所发射电子的能量也增大。

亚历山大·格雷厄姆·贝尔(Alexander Graham Bell,公元1847年3月3日—1922年8月2日)在苏格兰的爱丁堡出生并长大,于1870年移民加拿大,接着于1871年移民美国。光话机(photophone,也写作 radiophone)是贝尔与他的助手查尔斯·萨姆纳·泰恩特(Charles Sumner Tainter)于1880年2月19日联合发明的。贝尔认为光话机是他最重要的发明。

迈克耳孙(Albert Abraham Michelson,公元1852年12月19日—1931年5月9日),出生于普鲁士的小镇史翠诺(Strelno,Prussia),两岁时随家人移居美国。迈克耳孙设计制造了著名的干涉仪器——迈克耳孙干涉仪。他于1907年获得诺贝尔物理学奖(他是科学领域第一个获得诺贝尔奖的美国公民),原因是上述他制造的光学精密仪器以及借助这个仪器进行的光谱和基本度量学方面的研究。瑞典皇家科学院主席在他获奖时致辞说:"……你的光学干涉仪使我们不借助特定材料作为长度标准成为可能,并且达到了从来没有的精度。利用这种方法我们可以保证'米原器'在长度上保持不变,即使假定米原器丢失了也可以准确无误地恢复它。"1887年他与莫雷进行了著名的迈克耳孙-莫雷实验,证实以太并不存在。David Park(文献[1.25])曾经写道:"他(迈克耳孙)证实以太不存在这一事实时只有34岁,但是他致力于他那精巧的光学测量仪器的制作与完善历时44年甚至更长,而且直到死,他也不相信有一种波会在没有传播介质的情况下也能传播。"

法布里(Maurice Paul Auguste Charles Fabry,公元1867年6月—1945年7月9日)和**珀罗**(Jean-Baptiste Alfred Pérot,公元1863年11月3日—1925年11月28日)都是法国物理学家。1897年,法布里和珀罗发表了一篇重要文章,是关于他们发明的一种光学仪器的讨论,这种仪器现在被我们称作法布里-珀罗干涉仪,细节请参见文献[1.26]。

爱因斯坦(Albert Einstein,公元1879年3月14日—1955年4月18日),一位杰出的理论物理学家。爱因斯坦因他的相对论,特别是质量-能量等价式 $E=mc^2$ 而闻名天下。爱因斯坦于1905年提出光是由能量量子组成,这最终导致了量子理论的发展。1917年在一篇名为"关于辐射的量子理论"的论文中,在对普朗克定律重新推导的过程中,爱因斯坦预言了受激辐射过程。大约40年后,这一预言导致了激光的发展。1921年,因其对理论物理学的贡献,特别是对光电效应的解释,爱因斯坦获得诺贝尔物理学奖。爱因斯坦早期的一些论文可以参见文献[1.27]所示的网站。

爱因斯坦

杰弗里·英格拉姆·泰勒(Geoffrey Ingram Taylor,公元1886年3月7日—1975年6月27日),1909年用一个强度极微弱的光源产生了干涉条纹。这个实验引发诺贝尔物理学奖获得者狄拉克说出他那著名的话:"每个光子只和它自己干涉。"泰勒常常被誉为20世纪最伟大的物理学家之一。细节参见文献[1.28]。

威廉·亨利·布拉格(公元1862年7月2日—1942年3月10日)和**威廉·劳伦斯·布拉格**(公元1890年3月31日—1971年7月1日)父子。威廉·劳伦斯·布拉格(儿子)发现了非常著名的布拉格定律,他的发现使利用晶格对X射线的散射来计算晶体中原子位置成为可能。这个定律是1912年他在剑桥大学读研究生第一年时发现的,他与威廉·亨利·布拉格(父亲)讨论了他的想法。威廉·亨利·布拉格曾经在利兹制造了X射线谱仪。1915年他们父子因利用X射线分析晶体结构的贡献共同获得诺贝尔物理学奖。他们父子之间的研究合作使许多人相信父亲是布拉格定律的发现者。当然,这使儿子十分烦恼!

康普顿(Arthur Holly Compton,公元1892年9月10日—1962年3月15日),1922年发现X射线或者伽马光子当被自由电子散射时能量会减少。这个被称为康普顿效应的发现显示了光的粒子特性。康普顿因为以他名字命名效应的发现获得了1927年诺贝尔物理学奖。康普顿的一些研究论文可以在文献[1.29]给出的网页找到。

德布罗意(Louis de Broglie,公元1892年8月15日—1987年3月19日),法国物理学家。1924年德布罗意阐述了德布罗意假设,他断言不仅是光,所有物质都有类似波的属性,他将波长与动量联系起来。关于电子的德布罗意公式在三年后由两个独立发现的电子衍射实验证实。德布罗意因他电子波动性的发现获得1929年的诺贝尔物理学奖。在颁奖词中提到:

德布罗意大胆地坚持……物质本质上是一种波动。那时,尽管没有任何支持这一理论的事实,德布罗意断言当一束电子流经过一阻挡屏上的一个小孔时,必然像光束一样,会在相同条件下表现出衍射现象。

狄拉克(Paul Adrien Maurice Dirac,公元1902年8月8日—1984年10月20日)和**海森伯**(Werner Karl Heisenberg,公元1901年12月5日—1976年2月1日)都是著名的理论物理学家。海森伯是量子力学的奠基人之一,他还因为发现海森伯不确定性原理而闻名,该原理是现代物理核心原理之一,它是在海森伯1927年发表的一篇论文中建立的。(这个从量子力学规律直接推导出来的)不确定性原理可以用来解释光子(或电子)的衍射。狄拉克被认为建立了完整的量子力学理论公式化表述。爱因斯坦曾经说:“我认为量子力学逻辑上最完善的描述归功于狄拉克。”

拉曼(Chandrasekhara Venkata Raman,公元1888年11月7日—1970年11月21日)和**克里施南**(Kariamanikkam Srinivasa Krishnan,公元1898年12月4日—1961年6月13日)。1928年2月28日,**克里施南**与**拉曼**在几种有机蒸气(如戊烷蒸气)中观察到了“拉曼效应”,他们称其为“新的散射辐射”。拉曼于1928年2月29日在报纸上作了声明,并于1928年3月8日向《自然》杂志提交了题为“光散射中的波长变化”的论文,文章在1928年4月21日得以发表。虽然拉曼在文章中说明是克里施南和他一起做的实验观察,但是由于拉曼是该文的作者,此现象渐渐地被人们称作“拉曼效应”。但是还是有许多科学家(特别是印度科学家)坚持称其为“拉曼-克里施南效应”。拉曼与克里施南随后又撰写了几篇相关文章。拉曼因其光散射的工作和以他名字命名的效应获得了1930年诺贝尔物理学奖。几乎在同时,苏联的兰茨贝格(Landsberg)和曼德尔施塔姆(Mandel'shtam)也在做光散射的研究。据曼德尔施塔姆说,他们在1928年2月21日观察到“拉曼谱线”,但是他们只是在1928年4月一次会议上报告出来。直到1928年5月6日,兰茨贝格和曼德尔施塔姆才将他们的实验结果写成文章提交给《科学和自然杂志》(*Naturwissenschaften*),但是那时已经太晚了。很久以后，苏联一直将拉曼散射称作“曼德尔施塔姆-拉曼散射”。关于拉曼效应历史的细致解释，可参见文献[1.30]。拉曼效应发现于1928年，70年后它成为光纤通信系统信号放大的重要机制。今天，我们时常要在光纤中提到拉曼放大。

丹尼斯·伽博(Dennis Gabor，公元1900年6月5日生于布达佩斯，1979年2月9日卒于伦敦)。1947年，伽博在英国汤姆森-休斯敦公司做电子光学领域的研究时，发明了全息术。他因为发明及发展了全息术而获得1971年诺贝尔物理学奖。然而，全息领域只是在1960年激光发明以后才得到大发展。最早记录三维的全息照片是1963年由美国密歇根大学的利斯(Emmett Leith)与帕特尼克斯(Juris Upatnieks)，以及苏联的丹尼苏克(Yuri Denisyuk)制作的。

查尔斯·哈德·汤斯(Charles Hard Townes，公元1915年7月28日—2015年1月27日)和(他的妹夫)**亚瑟·莱纳德·肖洛**(Arthur Leonard Schowlow，公元1921年5月5日—1999年4月28日)都是美国物理学家。**巴索夫**(Nikolay Gennadiyevich Basov，公元1922年12月14日—2001年7月1日)，俄罗斯物理学家和教育家。**普罗霍罗夫**(Aleksandr Mikhailovich Prokhorov，公元1916年7月11日—2002年1月8日)，生于澳大利亚的俄罗斯物理学家。**戈登·古尔德**(Gordon Could，公元1920年7月11日—2005年9月16日)，美国物理学家。激光发展中的最重要的概念是受激辐射，它是1917年由爱因斯坦提出的，然而直到35年之后才实现了借助受激辐射的光放大，主要是由于在很长一段时间里受激辐射被认为是纯理论概念而不可能被观察到，因为在正常条件下，吸收总是比辐射占优势。1951年汤斯构想出利用布居数反转来实现光放大的思想(见文献[1.31])。在1954年早些时候，汤斯、古尔德和齐格尔(Zeiger)(当时在哥伦比亚大学物理系)发表了一篇关于利用受激辐射放大和产生电磁波方法的文章。他们创造了“微波激射器”(maser)这个术语来命名这种装置，它是由“利用辐射的受激辐射进行微波放大”(microwave amplification by stimulated emission of radiation)首字母组成的缩略单词。几乎在同时，在莫斯科的列别捷夫研究所的巴索夫和普罗霍罗夫也独立地发表了有关微波激射器的文章。1958年肖洛和汤斯在《物理评论》上发表了题为“红外和光频微波激射器”的文章，阐述了对于更短的波长受激辐射怎样实现，并描述了光频微波激射器(后来被重新命名为激光(laser))的基本原理，从而开创了这一新兴的科学领域。汤斯、巴索夫和普罗霍罗夫分享了1964年的诺贝尔物理学奖，获奖原因是他们在量子电子学领域的基础工作，这些基础工作致使基于微波激射-光波激射原理的振荡器和放大器得以研制成功。该年诺贝尔物理学奖的一半授予汤斯，另一半授予巴索夫和普罗霍罗夫。肖洛很晚才获得诺贝尔奖，他在1981年与布隆姆贝根(Nicolaas Bloembergen)以及凯·西格班(Kai Siegbahn)分享了诺贝尔物理学奖，获奖原因是他们在激光光谱学方面的贡献。然而许多人相信戈登·古尔德(当时他是哥伦比亚大学的研究生)是激光的发明者。古尔德在他的有关激光笔记本的第一页(是1957年写下的)，创造了首字母组成的缩略单词“LASER”(激光)，并且描述了激光器的基本组件。实际上术语“laser”首次为大众所知是源于古尔德在1959年发表的一篇会议文章，题为“激光——辐射的受激辐射光放大”(*The LASER, Light Amplification by Stimulated Emission of Radiation*)。古尔德与美国专利和商标局打了30年官司，就是为了激光发明者身份的认证。细节请参考比如泰勒(Taylor)(文献[1.32])和贝托洛蒂(Bertolotti)(文献[1.33])写的书。

Bertolotti书中一部分可以在文献[1.34]给出的网站上读到。

西奥多·哈罗德·梅曼(Theodore Harold Maiman,公元1927年7月11日—2007年5月5日),美国物理学家。在《自然杂志的一个世纪:改变科学与世界的21项发现》(*A Century of Nature: Twenty-One Discoveries that Changed Science and the World*)一书中(文献[1.35]),汤斯撰写了一篇题为"第一台激光器"的文章(文献[1.36])。这篇文章写道:

西奥多·哈罗德·梅曼于1960年5月16日在加利福尼亚州的休斯飞机公司的实验室里,通过一个高功率闪光灯照射一个两端镀银的红宝石棒,使第一台激光器运行起来。他马上将这一工作写成短讯投稿给《物理评论快报》(*Physical Review Letters*),但是编辑作了拒稿处理。有些人认为,这是因为《物理评论快报》杂志声称他们收到太多的有关微波激射器(即激光器在更长波长波段的前任器件)的稿件,之后的任何相关稿件都将被拒稿。但是据《物理评论快报》杂志当时的编辑帕斯特纳克(Simon Pasternack)说,他之所以拒绝了这一历史性稿件的发表,是因为梅曼在1960年6月刚刚发表一篇论文,是关于红宝石晶体光激发的,其中考察了量子态之间跃迁的弛豫时间,而他的新工作似乎没有什么不同。Pasternack的态度也许反映了当时人们对于激光的本质和意义理解的不足。梅曼渴望他的工作尽快发表,他将稿件转投了《自然》杂志,通常人们认为该杂志相比《物理评论快报》对文章更加挑剔,而梅曼的文章被顺利接受,并于8月6日发表。

1960年12月12日,**贾万**(Ali Javan)、**本内特**(William Bennett)和**赫里奥特**(Donald Herriott)首次研制出连续输出激光(1.15μm波长)的气体激光器(文献[1.37],[1.38])。

1961年,第一台激光器诞生一年后,**史尼泽**(Elias Snitzer)和他的同事们制造出第一台光纤激光器。史尼泽还发明了钕和铒掺杂的激光玻璃,可参见文献[1.39],[1.40]。

帕特尔(C. Kumar N. Patel,1938年7月2日出生)于1963年研制了第一台二氧化碳激光器,这种激光器现在广泛用在工业切割和焊接中,也应用在外科手术中,见文献[1.41]。

1966年,在一篇里程碑式的理论文章(发表于*Proceeding of IEE*)中,英国标准电信研究所的**高锟**和**霍克汉姆**(George Hockham)指出,玻璃光纤的损耗主要由其中的杂质引起,而不是光纤本身的特性。他们指出如果能将光纤中的杂质去除,则其损耗可以下降到几个dB/km,甚至更小。如果这一点能够实现,(引用文献[1.42]中的话)"与现有的同轴电缆及无线电系统相比,一种新形式的通信介质将会流行,这种介质传输信息容量大,价格低"。这篇文章发表后,美国、英国、法国、日本和德国的物理学家开始进行这种提纯玻璃介质的研究工作,1970年第一个突破性进展被报道。高琨获得2009年诺贝尔物理学奖,获奖原因是在光通信传输介质光纤上的突破性成就。

1970年,康宁玻璃公司的科学家**唐纳德·凯克**(Donald Keck)、**罗伯特·毛瑞尔**(Robert Maurer)和**彼得·舒尔茨**(Peter Schultz)成功地制备出一批低损耗光纤,使实用化的光纤通信成为可能。这一突破是纤维光学革命的新起点,参见文献[1.43]。在随后十多年的时间里,随着研究的进展,光纤变得越来越透明,在传输1km光纤后,有超过95%的光信号能量能够透过。

室温下连续工作的半导体激光器是1970年5月在列宁格勒的**诺列斯·阿尔费罗夫**领导

的小组和1970年6月在贝尔实验室的**林严雄**和**莫顿·潘尼斯**首先设计制造的(文献[1.44])。这是光纤通信系统发展的一个重要转折点。阿尔费罗夫于2000年与克勒默、基尔比分享了诺贝尔物理学奖。

1978年,正工作于加拿大渥太华通信研究中心的**肯尼恩·希尔**(Kenneth Hill)发现了纤芯掺杂锗的光纤具有光敏性。他还第一个研制了光纤光栅(参见文献[1.45])。

掺铒光纤放大器(Erbium-doped fiber amplifier,EDFA)于1987年由两个小组研制成功:一个是南安普顿大学的小组,包括**佩恩**(David N. Payne)、**米尔斯**(R. Mears)、**里奇**(L. Reekie);另一个是AT&T贝尔实验室的小组,包括**戴瑟瓦尔**(E. Desurvire)、**贝克尔**(P. Becker)和**辛普森**(J. Simpson)。EDFA引发了光纤通信系统的又一个革命。

第2章 光是什么：简要发展史

我将用我的余生来思索光的本性。

——阿尔伯特·爱因斯坦，1917 年于加利福尼亚

对于“什么是光量子”的思考已在我心中萦绕了 50 年，但是并没有使我接近答案半步。如今每个人都自以为知道答案，实际上他们那是自欺欺人。

——阿尔伯特·爱因斯坦，于 1951 年①

学习目标

学过本章后，读者应该学会：

目标 1：解释光的微粒模型和波动模型。

目标 2：了解麦克斯韦的电磁波。

目标 3：理解与光波相联系的“位移”。

目标 4：描述辐射的粒子属性，解释波粒二象性。

目标 5：解释为什么海森伯不确定性原理是波粒二象性的推论。

目标 6：理解电子和光子的单缝衍射现象。

目标 7：解释物质波的统计诠释。

目标 8：做杨氏双孔干涉图样实验。

目标 9：理解光子的偏振。

2.1 引言

自从人类可以看到世界，人们就被“光是什么”这一问题所吸引。本章将介绍和讨论关于光的本性不同理论的演化过程。我们将从光的微粒模型开始介绍。人们一般认为微粒模型是牛顿建立的。随后将讨论惠更斯在大约 1678 年提出来的光的波动模型。一开始，没有人相信惠更斯的理论是正确的。直到 1801 年托马斯·杨演示了他那著名的双孔干涉实验后，波动理论才得以确立。由于这个实验，科学家们开始相信光的波动理论，但是大家仍然迷茫于这种波的本性是什么，以及这种波是如何能通过真空传播的。接下来讨论描述电和

① 作者是在沃耳夫(Emil Wolf)的文章中发现这段话的。见 Einstein's Researches on the Nature of Light. Optics News，1997，5(1)：24-39。

磁现象的麦克斯韦方程组，麦克斯韦证明这个方程组可以推导出描述波的方程，根据波的方程，麦克斯韦预言了电磁波的存在。根据他的理论，麦克斯韦计算了电磁波的传播速度，发现这个速度值非常接近实验测定的光速值。据此他预言（大约在 1864 年）"光是一种电磁波"。麦克斯韦的电磁理论解释了众多实验现象，因此截至 19 世纪末，物理学家确认我们已经懂得光到底是什么，即光是一种电磁波。

但随后在 1905 年，爱因斯坦在他的奇迹年（1905 年）提出光在被发射和吸收时，只能是一份一份分立的量（$=h\nu$）（被发射和吸收），他将这一份一份量的光称作"能量子"（quanta of energy），后又被人称作"光子"（photon）。这里 h 是普朗克常量，ν 是光的频率。（根据光子模型）爱因斯坦写出了他那著名的"光电效应方程"，这个方程被密立根（Robert Millikan）证明是非常精确的。后来康普顿（Arthur Compton）（在 1923 年）解释他的光散射实验时，就是假定爱因斯坦提出的光量子携带能量 $h\nu$ 和动量 $h\nu/c$，其中 c（$\approx 3\times10^8$ m/s）是光在自由空间中的速度。1924 年德布罗意（de Broglie）提出，就像光表现出既像波又像粒子的双重行为一样，（具有非常确定的质量和电量，因而被认为是粒子的）电子、质子必然也表现出像波的行为，这一结论后来被戴维森（Clinton Davisson）与革末（Lester Germer）设计的完美实验所证实。几乎在同时，G. P. 汤姆孙（G. P. Thomson）也独立地用实验验证了德布罗意的结论。这种"波粒二象性"引发了量子理论的发展。

2.2　光的微粒模型　　目标 1

艾萨克·牛顿在他的《光学》（*Opticks*，参见文献[2.1]和图 2.1）中提出了光的微粒模型。按照这一模型，一个发光体在所有方向上发射粒子流。牛顿在书中提出问题：

光线是发光物质上发出的非常小的物体吗？

光粒子被假定为非常小，以致当两束光交叠时，两个粒子很难发生碰撞。利用微粒模型，牛顿考虑假设粒子在界面是弹性反射解释了反射定律。为了理解折射现象，考虑一个粒子入射到一个如图 2.2 所示的平面上（$y=0$），并假定粒子运动限于 x-y 平面内。粒子的运动轨迹取决于其动量在 x 方向分量的守恒（$=p\sin\theta$），其中 θ 是粒子传播方向与 y 轴形成的夹角。从守恒条件可以得到方程

$$p_1\sin\theta_1 = p_2\sin\theta_2 \tag{2.1}$$

θ_1 与 θ_2 定义如图 2.2 所示。从上面的方程可以直接导出斯涅耳定律（Snell's law）

$$\frac{\sin\theta_1}{\sin\theta_2} = \frac{p_2}{p_1} = \frac{v_2}{v_1} \tag{2.2}$$

很多人相信先于牛顿许多年，光的微粒模型已经存在了。根据乔伊斯兄弟（Joyce & Joyce）的文章，是笛卡儿在 1637 年利用微粒模型推导了斯涅耳定律。笛卡儿的原始文章的英文翻译版体现在文献[2.2]。笛卡儿（1596—1650 年）逝世时牛顿（1643—1727 年）只有 7 岁，因此笛卡儿的微粒模型不可能是从牛顿那里学的！实际上，根据维基百科①：

可以说，光的微粒理论是皮埃尔·伽桑狄和托马斯·霍布斯提出的。光的微粒理论说：光是由分立的被称为"corpuscle"（意为微小粒子）的小粒子组成，它们以确定的速度沿直线

① 见 http://en.wikipedia.org/wiki/Corpusular_theory_of_light。

运动……伽桑狄提出微粒说半个世纪后,牛顿利用已有的微粒理论建立了他的粒子理论。

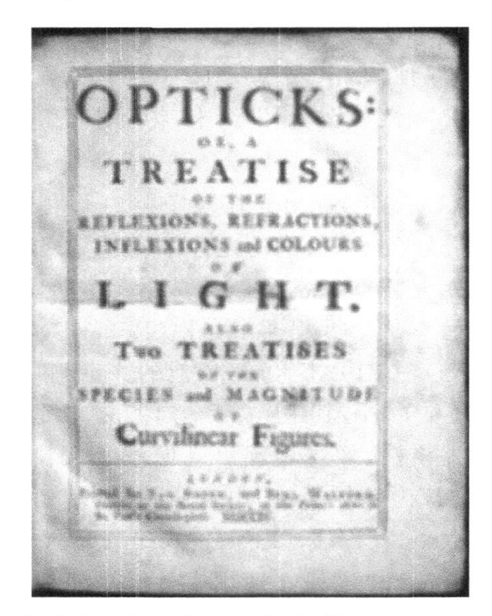

图 2.1　艾萨克·牛顿爵士的《光学》第 1 版(1974 年)的封面

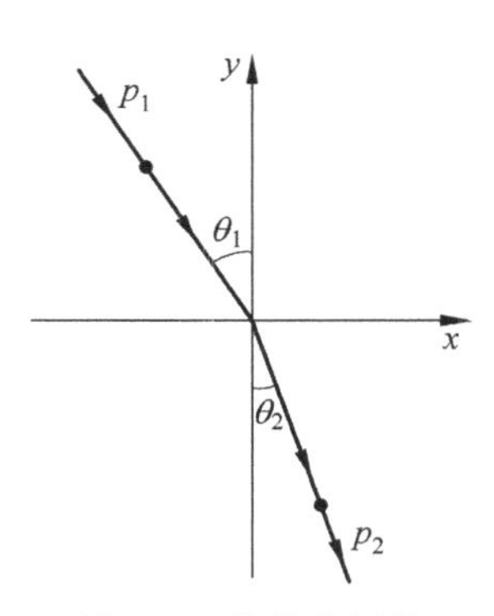

图 2.2　微粒的折射

伽桑狄的工作早在 17 世纪,比牛顿的微粒说早得多。根据牛顿的微粒说,不同大小的粒子会在人眼的视网膜上造成不同颜色的视觉。他通过假定不同大小的粒子会按照不同角度折射来解释三棱镜产生的光谱现象。他证明光是由不同光谱颜色组分构成,白光是由不同颜色的光混合而成。牛顿在他首次发表于 1704 年的书(参见文献[2.1])中讨论了光的微粒模型。这本书太出名了,读者众多,正因为如此,人们通常将微粒理论归功于牛顿。也许是下面两个重要的实验事实使人们相信光的微粒模型：①光直线传播导致阴影的形成；②光可以在真空中传播。

然而,后来更仔细的实验显示,阴影中并不完全是黑暗的,一部分光确实进入了几何阴影之中,这归因于衍射现象。这种现象本质上源于光的波动特性,是不能用简单的微粒模型来解释的。衍射效应通常很难观察到,这是因为与光波相联系的波长极短。

在这里要提及的是,在大楼的阴影下我们仍然可以读书——然而这时光线进入阴影并不是由于衍射,而是由于光被空气中的分子散射,这种散射现象也是天空表现出蓝色以及初升的太阳表现出红色的原因。如果地球没有大气,则地球的阴影下将是一团漆黑,在月球的表面就是这种情况。由于月球上没有大气,阴影下非常黑,以致我们都不能在我们自己的阴影里读书！另外,站在月球的表面,天空显得异常黑(见图 2.3)。然而,即使在月球的表面,还是有极少的光进入几何阴影,这是由于衍射的作用。

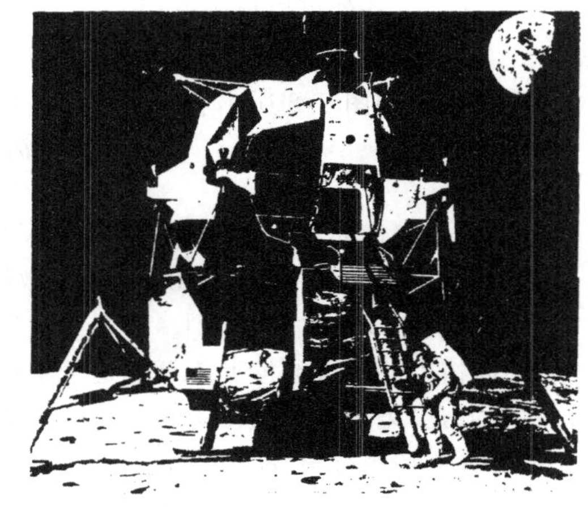

图 2.3　人在月球上的照片。注意天空是黑色的
照片由新泽西的美国信息服务中心提供

2.3 光的波动模型　　目标 1

波是什么？波是扰动的传播。当用一根细针在平静的水塘激起振荡，这个振荡扰动将以一圈圈圆形的样子从受扰动的地方向四周扩散开(见图 2.4)。振动的针造成了扰动，并向外传播这个扰动。在传播过程中，水分子并不随波动向外运动，而是围绕其平衡位置附近沿近乎圆轨道运动。一旦扰动通过了某处，此处的每一滴水将依然处于原来的位置。这样的事实很容易通过将一小片木块放在水面上加以证实。当水波通过后，那片木块会回到原来的位置。再者，当水波涟漪随时间展开，(于给定时刻在特定区域形成的)扰动将在稍后的时刻在临近的某一点形成一个相同的扰动，该扰动的形状会保持与先前的扰动大体一样的形状。因此，

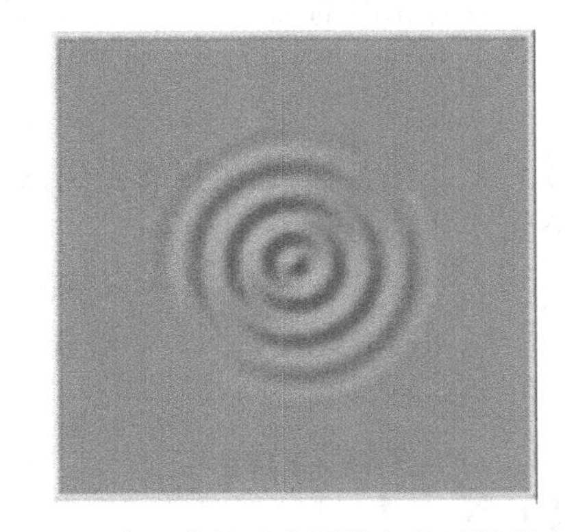

图 2.4　由一个振动点源激起的四散的水波
照片采自网址 http://www.colorado.edu/physics/2000/wave_particles/wave.html

扰动的传播(只是扰动传播，沿着传播方向并没有任何介质的移动)被称为波动。

另外，波动携带能量。在上面的例子里，波动能量以水分子的动能形式存在[①]。所有的波动都有一些特征量反映波的特性，比如波长和频率。为了便于理解，以一根弦上的横波为例。考虑你抓住弦的一端，另一端由另一个人紧紧抓住，让弦不会下垂。如果你使弦的这一端以每秒 ν 次的频度上下振动，我们会看到弦上有一个周期性的扰动从这一端传播到另一端(见图 2.5)。弦上质点的位移是沿着 x 方向的，它可以由正弦或者余弦函数表示为

$$x(z,t)=a\sin(kz-\omega t)=a\sin[k(z-vt)] \tag{2.3}$$

假定 y 方向没有振动，即

$$y(z,t)=0 \tag{2.4}$$

在式(2.3)中

$$v\equiv\frac{\omega}{k}\quad 和\quad \omega=2\pi\nu \tag{2.5}$$

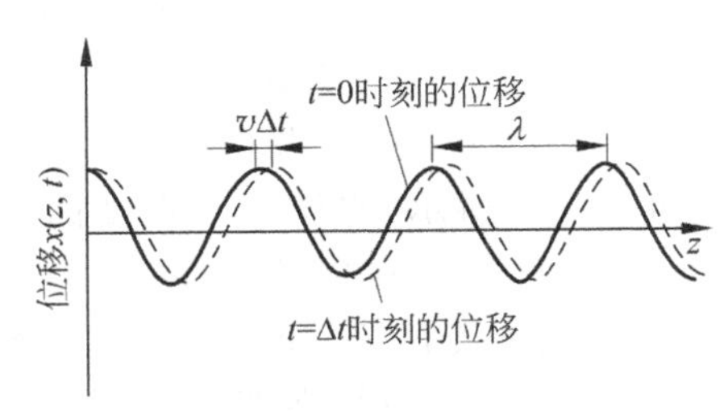

图 2.5　弦上一横波沿着 $+z$ 方向传播。实线和虚线分别代表 $t=0$ 以及稍后 $t=\Delta t$ 弦上质点的位移

式(2.3)中的 a 代表质点(离平衡位置)的最大位移，称作**波的振幅**。方程(2.3)和方程(2.4)描述了一个沿着 z 方向传播的横波。图 2.5 画出了 $t=0$ 和 $t=\Delta t$ 时刻的位移 x(作为 z 的函数)的曲线，这两个曲线可以看成是在那两个时刻弦的快照叠在一起的情况。(对应于 $t=\Delta t$ 时刻的)位移曲线可以由对应于 $t=0$ 时刻的位移曲线向前移动 $v\Delta t$ 距离

① 这里有个小错误，实际上水波的能量不仅包括水分子的动能，还应该包括水分子之间的势能。——译者注

得到，因此 $v\left(\equiv\frac{\omega}{k}\right)$ 代表波动(沿着 z 方向传播)的速度。进一步，从图2.5还可以看出，在一给定时刻，相距距离

$$\lambda=\frac{2\pi}{k} \tag{2.6}$$

的两个点具有相同的位移，这个距离称作**波长**。另外，在一给定的位置 z(比如 z_0)，质点的位移

$$x(z_0,t)=-a\sin(\omega t-\phi_0)=-a\sin(2\pi\nu t-\phi_0),$$

其中 $\phi_0\equiv kz_0$ 代表 z_0 处的振动相位，振动的 ν 表示该质点在1s内振荡的次数。类似地，下面的公式

$$x(z,t)=a\sin(\omega t+kz)=a\sin[k(z+vt)] \tag{2.7}$$

代表一个以相同的速度 $v=\omega/k$ 沿着 $-z$ 方向传播的波动。

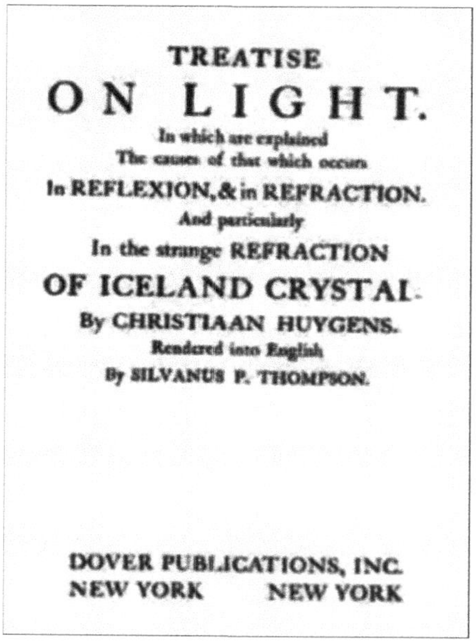

克里斯蒂安·惠更斯是荷兰物理学家，艾萨克·牛顿的同代人。他于1678年致信法国皇家科学院，首次提出光是一种波动现象。惠更斯在他那著名的关于光学的书《光论》(*Traite de la Lumiere*)中详细描述了他的波动理论，该书发表于1690年，这本书的英文版有多佛尔出版社的重印本可以参考(见图2.6以及文献[2.3])。利用波动模型，惠更斯可以解释反射定律和折射定律(参见第12章)。然而，牛顿的权威性太不可抗拒了，据说：

> 牛顿周围的人比牛顿自己更忠实于他的微粒理论。

TREATISE
ON LIGHT.
In which are explained
The causes of that which occurs
In REFLEXION, & in REFRACTION.
And particularly
In the strange REFRACTION
OF ICELAND CRYSTAL.
By CHRISTIAAN HUYGENS.
Rendered into English
By SILVANUS P. THOMPSON.

DOVER PUBLICATIONS, INC.
NEW YORK NEW YORK

图2.6 惠更斯《光论》的多佛尔出版社重印本，是惠更斯著名的关于光学的著作 *Traite de la Lumiere* 的英文翻译版

当时没有人相信惠更斯的波动理论。这种情况一直延续到托马斯·杨1801年做出了著名的杨氏干涉实验，该实验只有用基于光的波动模型才能解释，从而改变了这一局面。为了理解干涉现象，让我们返回去考察前面水波的实验(见图2.4)。现在，如果有两个(或者更多)波源(比如两根细针)一起振动，如图2.7所示，水波分子振动的最终位移将是单独一列波存在时引起位移的叠加——这就是叠加原理。这样，如果一列波引起的位移是(从平衡位置)向上的1mm，而另一列波引起的位移是向下的1mm，则叠加的位移是零。这时我们说，在那一点相遇的波"相位相反"(也叫反相)，形成相消干涉。类似地，如果一列波引起的位移是向上1mm，另一列波引起的位移同样是向上1mm，则叠加的位移将是(向上的)2mm。我们说，在那一点相遇的波"同相"，形成相长干涉。图2.7显示在一个水槽中两个(同相振动的)点波源产生的波的干涉情况。我们将在第14章更详细地进行讨论。

1801年，托马斯·杨做出了一个非常漂亮的实验(如图2.8所示)展示了光的干涉现

象，该实验确定无疑地显示出光的波动本性。当（由两个小孔发出的）两列波相遇时，有些区域形成干涉相消（产生暗条纹）；而有些区域两列波干涉相长（产生明条纹）。这些条纹的形成正是波的特征和叠加原理的结果，我们将在第 14 章详细讨论。托马斯·杨的干涉实验位列物理学十大完美实验之一（参见文献[2.4]）。引用丹尼斯·伽博在获诺贝尔奖时讲演的话（参见文献[2.5]）：

图 2.7　一个大水槽中两个同相位振动的点波源激发的水波的干涉图样

取自 PSSC Physics，获准使用

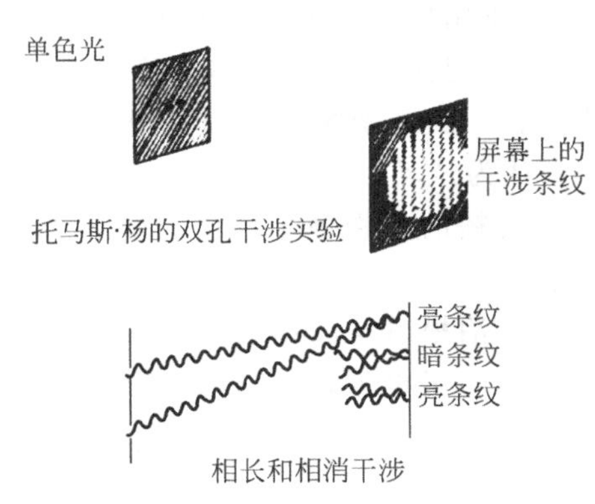

图 2.8　托马斯·杨在 1801 年所做干涉实验的实验装置。经两个小孔发出的两列光波在屏幕上形成干涉条纹

图片引自丹尼斯·伽博的诺贝尔奖获奖讲演：http://nobelprize.org/nobel_prize/physics/laureates/1971/gabor-lecture.pdf

托马斯·杨在 1801 年用他神奇而简单的实验第一次令人信服地展示了光的波动本性……他让一束太阳光射入一间暗室，在光束前面放置一个暗色屏，屏上钻两个小孔。透过小孔屏，一定距离外放置一个白色屏。他在屏上看到两根暗线中间夹了一根亮线。这给了他足够的勇气去重复这个实验。这一次他用火焰作为光源，在火焰上撒一些盐，形成明亮的钠黄光。这一次实验，他看到多根规则排列的暗线条纹，第一次清晰地证明：光与光叠加可以产生暗条纹，这个现象被称作干涉。实际上托马斯·杨本来就相信光的波动理论，期待的就是这个结果。

在屏幕上干涉条纹的形成根本不可能利用简单的光的微粒模型来解释。图 2.9 显示一挺机枪发射一束小颗粒（比如子弹），经过孔 1 或者孔 2 之一到达拦阻屏幕。由于小颗粒只

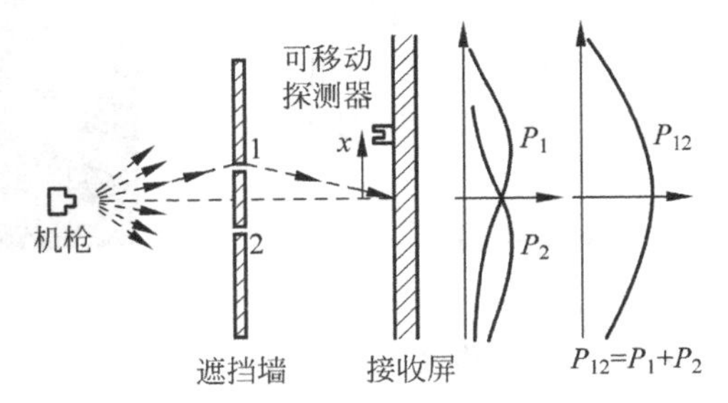

图 2.9　子弹束通过双孔装置，子弹将通过孔 1 或者孔 2 之一，不会有干涉图样形成[2.6]

能经过一个孔,因此当两个孔均打开时,屏幕上接收颗粒的强度分布为

$$I = I_1 + I_2 \tag{2.8}$$

其中 I_1 代表孔1打开(孔2关闭)时接收到的强度,而 I_2 代表孔2打开(孔1关闭)时接收到的强度。这样,就存在如下事实:

光与光叠加可以产生暗条纹(见上述丹尼斯·伽博的讲演)不可能基于简单的光的微粒模型来解释。通过测量条纹的宽度,杨计算出光波的波长大约为0.6μm。正是因为波长如此之短,很难用可见光来完成干涉实验。

在19世纪前半叶,有许多实验显示了光的干涉与衍射现象,这些现象只能用光的波动理论来解释。随之光的波动理论得以建立完善。然而当时人们的以下认识引发了一些争议:人们认为波动(像声波或者水波)总是需要介质来承载。物理学家不理解光波是怎样在真空中传播的。物理学家会计算干涉和衍射的图样,却搞不清楚"与光波相联系的'位移'到底是什么"。结果是"无处不在"的弹性以太理论得以建立——以太甚至可以在真空中存在。泊松(Poisson)、纳维(Navier)、柯西(Cauchy)和其他许多物理学家都对以太理论的发展作出了贡献,这一理论也促进了弹性理论的发展。然而在这一模型的解释上还有诸多的困难,既然我们现在已经知道以太并不存在,因此我们将不再探讨"以太"理论的细节。

2.4 麦克斯韦电磁波 目标2

19世纪还见证了电磁学的发展。1820年,奥斯特发现了电流可以产生磁效应。1820年,安培发现了联系磁场与电流的定律,这个定律(被称为安培环路定律)后来被麦克斯韦写成了一个矢量方程。接下来,大约在1830年,法拉第完成了一个实验,该实验展现了

变化的磁场感应产生电动势。

这个规律现在称作法拉第电磁感应定律,该定律后来也被麦克斯韦写成了一个矢量方程。大约在1860年,麦克斯韦基于下面的观点扩展了安培环路定律:不仅电流可以产生磁场,而且

变化的电场也可以产生磁场。

比如当一个电容器充电或者放电时,电容器两个极板之间有变化的电场,在周围会产生磁场。麦克斯韦在他研究电和磁的书(图2.10)中,以方程组的形式将所有电和磁的规律总结成麦克斯韦方程组,方程组中的方程都是基于实验定律的。费恩曼写道(文献[2.7]):

所有的电磁现象都已包含在麦克斯韦方程组里了……无数实验都已经证实麦克斯韦方程组的正确性。如果我们抛开麦克斯韦曾经用来构建其方程组所使用的材料,我们发现麦克斯韦方程组本身还是正确的。

图2.10 麦克斯韦关于电和磁的著作《电磁学通论》,他在书中总结了所有电和磁的定律,并且预言了电磁波存在

在第 23 章，我们将讨论麦克斯韦方程组，并将证明方程组具有下列解：

$$\left.\begin{aligned} \boldsymbol{E}(z,t) &= \hat{\boldsymbol{x}} E_0 \cos(kz-\omega t) \\ \boldsymbol{H}(z,t) &= \hat{\boldsymbol{y}} H_0 \cos(kz-\omega t) \end{aligned}\right\} \tag{2.9}$$

其中，$H_0=\sqrt{\varepsilon_0/\mu_0}E_0$，$\varepsilon_0(=8.8542\times10^{-12}\mathrm{C}^2/(\mathrm{N}\cdot\mathrm{m}^2))$和 $\mu_0(=4\pi\times10^{-7}\mathrm{N}\cdot\mathrm{s}^2/\mathrm{C}^2)$代表自由空间的介电常数和磁导率。式(2.9)描述了传播的电磁波。麦克斯韦从电和磁的定律出发，预言了电磁波的存在，并将上述电磁波解代入麦克斯韦方程组，证明了自由空间电磁波的波速为

$$c=\frac{\omega}{k}=\frac{1}{\sqrt{\varepsilon_0\mu_0}}\approx3\times10^8\,\mathrm{m/s} \tag{2.10}$$

这样，麦克斯韦不仅预言了电磁波的存在，还预言了空气中电磁波的波速应该大约为 $3.107\times10^8\,\mathrm{m/s}$。他发现这一数值与斐佐(Fizeau)在 1849 年对光速的测量值 $3.14858\times10^8\,\mathrm{m/s}$ 十分接近。仅就这两个数值之间非常接近的事实启发麦克斯韦(约在 1865 年)在他著名的著作中提出了光的电磁理论，根据麦克斯韦的理论：

光波是一种电磁波。

这是物理学中大统一的理论之一。马克斯·普朗克(Max Planck)曾经说过：

……(麦克斯韦的理论)是自古以来人类智力活动最伟大的成功典范之一。

光波与变化的电场和变化的磁场紧密相连：变化的磁场产生一个在时间和空间上变化的电场，变化的电场产生一个在时间和空间上变化的磁场。电场与磁场这样的相互转化使得电磁波甚至可以在自由空间传播(如图 2.11 所示)。

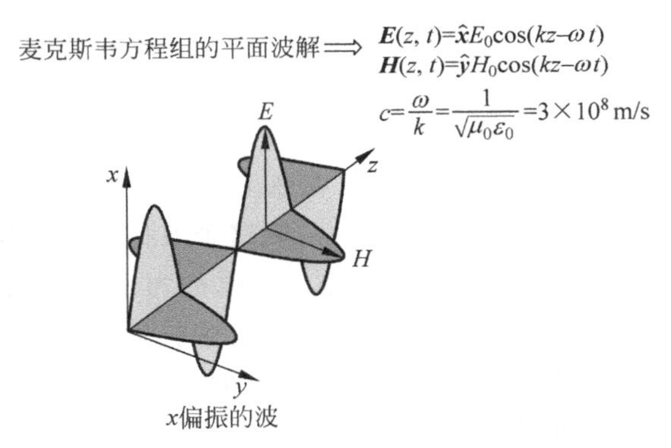

图 2.11　一个在自由空间沿 x 轴方向偏振的电磁波

1888 年，海因里希·赫兹(Heinrich Hertz)进行了电磁波产生与探测的实验，产生的电磁波频率比光波小很多，是由两个充电板之间间隙火花放电而形成。发射出来的电磁波的频率可以由已知的放电电路的电感与电容的大小计算出来。赫兹还用一个金属板让电磁波反射，从而产生了电磁驻波。借助驻波他由已知的频率计算出了电磁波的波长，他随后证明了电磁波(在空气中)的速度与光速相同。

$$\text{电磁波速度}=\lambda\nu\approx3\times10^8\,\mathrm{m/s} \tag{2.11}$$

他利用一束经过准直的电磁波在一个金属板上反射，从而演示了反射定律。赫兹的实验结果神奇地证实了麦克斯韦的电磁理论。此外，还有许多的实验结果可以用麦克斯韦的

理论来定量解释，以致19世纪末的物理学家认为，人们最终理解了光究竟是什么，即光是一种电磁波。

2.5 与光波相联系的“位移”是什么 目标3

声波从一处传播到另一处需要一种介质去承载——实际上，当声波在空气中传播时，空气分子随着波往复振荡，从而将能量从一处传到另一处。与声波相联系的位移就是空气分子振动的真实位移。因此声波是不可能在真空中(没有空气)传播的。类似地，与水波传播相联系的位移是水分子的实际位移，与一根弦上的横波相联系的位移是弦上每一点的实际位移。既然光波可以在真空中传播，那么光的波动理论的一个主要困难是：与光波相联系的“位移”到底是什么？如前所述，鉴于此，一种“无处不在”的以太理论发展起来——以太在真空中也存在。但是以太理论又遇到了致命的困难。因为我们现在知道以太并不存在，我们不再详细讨论关于以太的问题。

依据麦克斯韦的电磁理论，与电磁波相联系的“位移”是电场和磁场的振荡(见方程(2.9))，这些场也会在真空中存在。这样，

与光波相联系的位移是以一定频率随时间振荡的电场。

我们本该同等地选择磁场作为与电磁波相联系的位移，因为与一个变化的电场相联系，总是伴随着一个变化的磁场。也许需要在此提一下，场的概念首先由法拉第(Michael Faraday)引入。法拉第指出：如果真空中有一个电荷，在它周围的空间必然存在一个场，这个场将对位于这个场中的其他电荷施加作用力。

2.6 偏振的概念 目标3

如果我们手持一根弦的一端上下抖动，将在弦上产生一个横波(参见图2.5)。弦上每一点将沿一直线形成一个正弦振荡(沿着 x 轴)，则这个波称为线偏振波，或者 x 方向偏振的波。由于这根弦被限制在 x-z 平面内，因此该波也称为平面偏振波。这根弦还可以在 y-z 平面内振荡，此时的波称为 y 方向偏振波。式(2.9)描述的(沿 z 方向传播的)电磁波，其电场是在 x 方向振荡(参见图2.11)，因此说式(2.9)描述的是 x 方向的偏振波。我们将在第22章讨论更多关于偏振的内容。

2.7 辐射的粒子性 目标4

1897年，J. J. 汤姆孙(J. J. Thomson)发现了电子。在1899年他证明，当光照射到金属表面时，就会发射出电子(即光电效应)。1902年，菲利普·雷纳德(Philip Lenard)观测到：

(1) 释放出电子的动能与光照射的强度无关；

(2) 当入射光的频率增加时，释放出电子的动能就增加。

这种现象不能用光的波动模型来解释。在麦克斯韦电磁波理论所向披靡的大背景

下，爱因斯坦在他的“奇迹年”(1905 年)发表了一篇文章，文中他提出光在发射和吸收时，只能以一份一份分立的量被发射和吸收，他将这一份一份量的光称作“量子”，量子具有的能量是

$$E = h\nu \tag{2.12}$$

爱因斯坦(用他的量子)解释了光电效应，指出光电子的产生是单个量子(即光子)与一个电子相互作用的结果。在《爱因斯坦自述》(文献[2.10])中，爱因斯坦写道：

……辐射能量由许多不可分割的量子 $h\nu$ 组成，这种量子在反射时也是不可分割的……因而辐射必定在能量上具有一种分子结构。

1926 年，美国化学家吉尔伯特·刘易斯(Gilbert Lewis)创造了“光子”一词，来描述爱因斯坦的“定域能量子”。爱因斯坦的光电效应理论预言(光电效应)发射出的电子的最大动能 $T_{\max}$ 为

$$T_{\max} = h(\nu - \nu_c) \tag{2.13}$$

其中，ν 是照射在金属上的光的频率，ν_c 是临界频率。上述方程经常被称为爱因斯坦光电效应方程。后来爱因斯坦又给出了他的光量子动量的表达式

$$p = \frac{h\nu}{c} = \frac{h}{\lambda} \tag{2.14}$$

大约 1914 年，罗伯特·密立根(Robert Milliken)进行了一系列的实验，非常仔细地证实了方程(2.13)的正确性。我们将在第 25 章详细讨论密立根的实验。密立根在他 1923 年诺贝尔奖获奖讲演词中说(文献[2.11])：

爱因斯坦的方程是精确的(其精确程度总是在目前实验能达到的误差范围之内)和广泛适用的，它也许是过去的十年里实验物理最引人注目的成就。

但是，1917 年密立根在他的著作(文献[2.12])中写道：虽然爱因斯坦导出的方程与实验非常吻合，

然而该方程所基于的物理理论是完全站不住脚的，不说是鲁莽的，也是一个胆大妄为的假说。

密立根虽然相信爱因斯坦方程的正确性，但他并不相信爱因斯坦的“局域能量子”理论。甚至马克斯·普朗克(Max Planck)在 1913 年也不相信爱因斯坦的“局域能量子”。正因为如此，当诺贝尔奖最终授予爱因斯坦时，既不是因为他的相对论理论贡献，也不是他“光量子”的概念贡献。经历了许多次提名失败后，爱因斯坦于 1921 年终于获得了诺贝尔物理学奖，授奖理由是他对于理论物理的贡献，特别是对于光电效应的解释。当爱因斯坦 1955 年去世时，他的狭义(和广义)相对论已经被广泛认可，但还是有一个问题萦绕在人们心里：爱因斯坦为什么没有因为他的相对论而获得诺贝尔奖呢？弗里德曼(Friedman)写了一本非常好的书，揭露了诺贝尔奖评审中的政治(见文献[2.13])。

1923 年，亚瑟·康普顿(Compton)进行了一个完美的散射实验，该实验只能用假设光子的能量和动量分别为式(2.12)和式(2.14)的形式加以解释。关于康普顿散射实验的仔细分析将在 25.3 节中给出。直到康普顿实验出来以后，所有人才开始相信爱因斯坦“局域光量子”理论的正确性。康普顿 1927 年因他的散射实验获得诺贝尔物理学奖。

虽然牛顿将光描述成粒子流，然而这一观点随后被光的波动图像完全取代。波动图像以麦克斯韦电磁理论的形式达到了顶峰。而现在粒子图像再次回归后，也遇到了尖锐的概念问题，例如，辐射行为的解释需要波与粒子图像的调和。引用文献[2.14]中的话：

归功于爱因斯坦1905年发表的论文，光电效应最初是物理学家拿来作为光子存在的无可辩驳的证据，后来光电效应也在量子力学概念的建立过程中起到了关键作用。

2.8 波粒二象性 目标4

电子是J.J.汤姆孙于1897年发现的。目前已经十分精确地知道其质量与电量：

$$m_e = 9.1093897 \times 10^{-31}\,\mathrm{kg}$$

$$q_e = -1.60217733 \times 10^{-19}\,\mathrm{C}$$

我们又知道，电子会在电场(或者磁场)中偏转。因此在我们的脑海中，将电子(类似地还有质子、α粒子……)赋予极小的、具有确定的质量和电量的粒子图像。另外，威尔逊(C. T. Wilson)的云室实验(20世纪初期)清楚地显示了α粒子与β粒子的类粒子行为。这些粒子由放射性元素辐射产生，当它们穿过饱和蒸汽时，使蒸汽冷凝成液滴，显示粒子经过的径迹。图2.12所示是快速运动的质子的径迹。威尔逊因为他利用蒸汽的凝聚使带电粒子运动路径显现化的方法获得1927年的诺贝尔物理学奖。这种连续径迹的现象提示我们，电子、质子、α粒子等可以看成是高速运动的微小粒子。进而，电子、质子等可以被电场和磁场偏转的事实，以及人们可以精确地确定电子、质子等粒子的电荷质量比(荷质比)的事实，更加明确地提示它们是粒子。这种观点一直持续了若干年后才得以改变。

1924年，德布罗意(de Broglie)完成了他的博士学位论文，在论文中他提出：正像光既表现出类波动的行为，也表现出类粒子的行为，那些(原来被认为是粒子的)物质(像电子、质子等)必然也会表现出类波动的行为。他主张如下关系式：

$$\lambda = \frac{h}{p} \tag{2.15}$$

(等同于式(2.14))应该同样适用于电子、质子、α粒子……利用上述关系，德布罗意证明了玻尔轨道的圆周长度是波长的整数倍(参见26.5节)。1927年，(就在德布罗意得出他的假设之后)戴维孙与革末研究了经镍单晶的电子衍射现象，并证明了这个衍射图样可以用假设电子具有德布罗意给出的波长来解释(见式(2.15))。接下来不久，在1928年，G.P.汤姆孙进行了电子经过多晶金属薄片衍射的实验(更多的细节见18.10节)。该衍射图样具有像X射线衍射图样中的德拜-谢勒环一样的同心圆环。通过测量圆环直径与已知的晶体结构，汤姆孙计算的与电子束相连的波长，与德

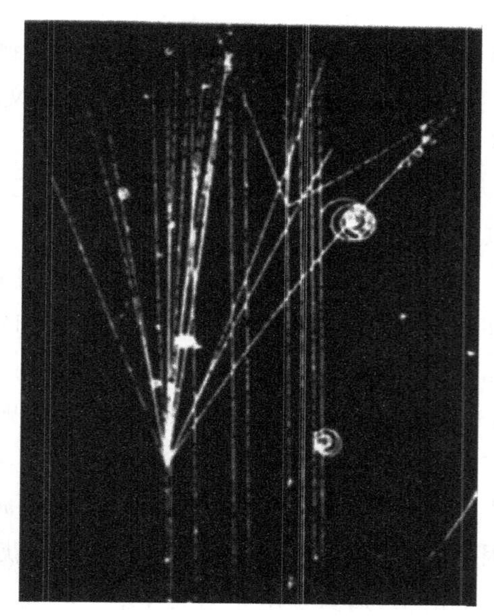

图2.12 云室照片(Bubble Chamber)，一个25GeV的质子轰击氢原子，产生了新的粒子
照片摘自文献[2.15]

布罗意关系(式(2.15))完全相符。1937 年，戴维逊与汤姆孙因为他们实验发现电子的晶体衍射现象分享了诺贝尔物理学奖。图 2.13 显示了经过铝箔由 X 射线散射(见图 2.13(a))以及由电子束散射(见图 2.13(b))形成的德拜-谢勒环。两幅图清晰地表明 X 射线与电子在波动性方面的相似性。

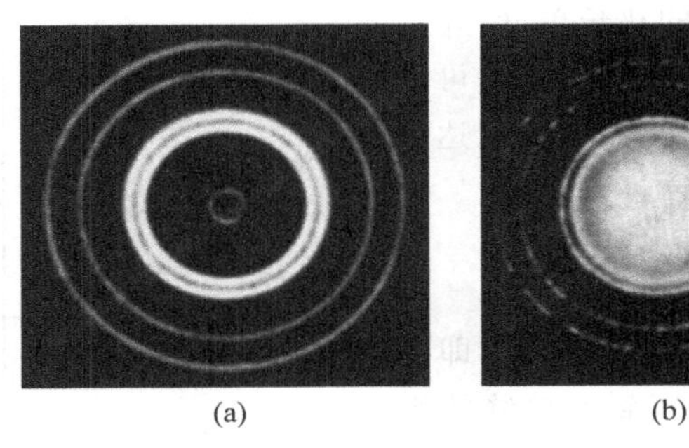

图 2.13　X 射线(a)和电子(b)经过铝箔形成的衍射图样，注意两幅衍射图极为相似
图片由 McGraw-Hill 数字图书馆提供

需要指出，德布罗意预言电子(还有质子等)具有波动性是在 1924 年，而实物粒子具有波动特性的实验证明是几年以后的事。1929 年德布罗意因他发现了电子具有波动特性而被授予诺贝尔物理学奖，参见 26.5 节。

2.9　不确定性原理　　目标 5

现代量子理论带来了光的粒子性与光的波动性两种不同解释之间的和谐(电子的粒子性与波动性也一样)；也许波粒二象性最为人所知的推论是海森伯的不确定性原理[①]。海森伯不确定性原理叙述如下：

如果已知粒子的位置在 x 方向上的分量精确到 Δx，则其动量在 x 方向的分量的精确度不可能好于 $\Delta p_x \approx h/\Delta x$，其中 h 是普朗克常量。

换句话说，分别代表位置和动量在 x 方向分量精确度的 Δx 与 Δp_x 由下面的不等式决定：

$$\Delta x \Delta p_x \geqslant h \tag{2.16}$$

我们在日常生活中感受不到这个不等式存在，是由于普朗克常量太小了($\approx 6.6\times 10^{-27}$ erg·s)。比如，对于一个质量为 10^{-6} g 的粒子，假如它的位置能够决定到的精确度约 10^{-6} cm，则根据不确定性原理，它的速度不可能精确到好于 $\Delta v \approx 6\times 10^{-16}$ cm/s。这一数值比目前人们可以测量粒子速度的精确度还要小得多。对于质量更大的粒子，其 Δv 将更小。实际上，正是由于普朗克常量是如此小，才使得微观世界表现出那么的不同。在一本十分优秀的图书中(文献[2.16])，伽莫夫讨论了假如我们能感知到不确定性原理效应的情况下，我们的世界将会怎样。

① 这里应该提一下，不确定性原理可以由薛定谔方程推导而来(参见 26.7 节)。

2.10 单缝衍射实验 目标6

下面将基于辐射的粒子特性与不确定性原理,说明光束的衍射现象如何解释。考虑如图2.14所示的一个宽度为b的狭长单缝,并让光源与单缝之间的距离足够长,以致假定p_x可以任意小。比如,光源距离单缝距离为d,则到达单缝的光子的p_x的最大值是

$$p_x \approx p\frac{b}{d}=\frac{h\nu}{c}\cdot\frac{b}{d}$$

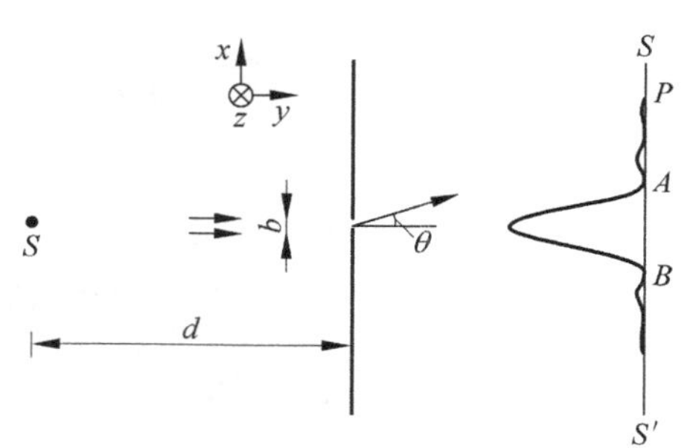

图2.14 经过宽度为b的窄缝光子(或电子)的衍射

这里p_x可以任意小,因为选择d足够大,即光源距离单缝足够远,以致可以假定到达单缝的光子只有y分量。现在根据辐射的粒子模型,到达P点(位于单缝的几何阴影内)的粒子极其少。进一步,如果减小单缝的宽度,到达P点的辐射强度应该减小。这一判断与实验结果是完全矛盾的,因为我们知道当光束经历衍射时,随着单缝宽度的减小,在屏幕上P点的辐射强度一般会增加。因此经典粒子模型完全不能解释衍射现象。然而,如果将不确定性原理结合粒子模型,用下述的方法就可以解释衍射现象。当一个光子(或者电子)通过一个单缝时,可以说

$$\Delta x \approx b$$

这就意味着可以确定的光子位置精度为b。如果再利用不确定性原理,则有

$$\Delta p_x \approx \frac{h}{b} \tag{2.17}$$

即,当光子刚好通过缝宽为b的单缝时,单缝在x方向传给光子一个约为h/b的动量。应该指出,只要光源距离单缝足够远,当光子经过单缝之前,其p_x(因而Δp_x)可以认为是任意小的,因此我们就写成$\Delta p_x \approx 0$。但是光子经过单缝之后,却不能因为光子进入单缝之前$\Delta p_x \approx 0$得出$\Delta p_x \Delta x$为零的结论。当光子进入单缝之后,它在x方向被限制在b的范围之内,从而$\Delta p_x \approx h/b$。再者,既然光子进入单缝之前$p_x \approx 0$,因此有

$$|p_x| \approx \Delta p_x \approx \frac{h}{b}$$

但是$p_x = p\sin\theta$,其中θ是从单缝出来的光子与y轴之间的夹角(见图2.14),则

$$\sin\theta \approx \frac{h}{pb} \tag{2.18}$$

上面的公式预言了沿着与y方向夹角为θ传播的光子概率与缝宽成反比,即b越小,夹角θ越大,因而光子更深地进入单缝几何阴影区的概率越大。这正是衍射现象。由于光子的动量为$p=h/\lambda$,因此式(2.18)变为

$$\sin\theta \approx \frac{\lambda}{b} \tag{2.19}$$

这正是将要在18.3节讨论的我们熟知的衍射理论。可以这样说,波粒二象性是不确定性原理的一个推论,而不确定性原理也是波粒二象性的一个推论。再者,正像前面提及的,德布罗意指出公式$\lambda=h/p$不仅适用于光子,也适用于像电子、质子、中子等一样的实物粒子。

实际上，德布罗意关系已经由电子、质子、中子等通过单晶的衍射图样所证实，这些衍射图样可以用 X 射线衍射类似的理论来分析(参见 18.10 节)。在图 2.15 中，我们给出了沙尔(Shull)在研究中子经过单缝的夫琅禾费衍射的实验数据，其强度分布的实验结果与基于 $\lambda=h/p$ 的波动理论分析得到的结果一致。

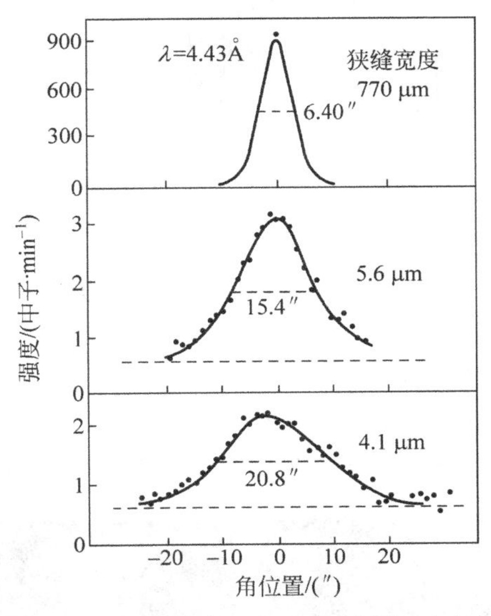

图 2.15　通过狭缝中子束的角展宽(来源于文献[2.17])

2.11　物质波的概率解释　　目标 7

在 2.10 节看到，如果一个光子通过一个宽度为 b 的单缝，则在 x 方向(即单缝宽度的方向)单缝传给光子的动量约为 h/b。随之会产生这样的问题，是否可以预言单一光子的路径？回答是不能。我们不能说某一光子将落在屏幕的哪里，我们只能预言光子到达屏幕上某一特定区域的概率。例如，我们只能说位于 A 点与 B 点之间的区域，光子到达的概率是 0.65。这就意味着，如果采用大量的光子进行这个实验，它们之中大约有 65%会落在 AB 区域内。但是对于单一光子的命运是无法预言的，这与牛顿力学总是可以预测物体运动轨迹的理论完全相反。而且，如果将一个光探测器放在屏幕上，则它只能记录到一个光子或者没有记录到光子，而绝不会记录到半个光子。这正是辐射粒子特性的最本质的寓意。然而，对光子概率分布的预测与凭借波动理论预测的结果是一样的，因此当采用大量光子做实验时(对于大多数实验确实如此)，在屏幕上记录到的强度分布与波动理论预测到的结果完全一样。我们将在 26.8 节更清晰地证明这一点。

为了明确地验证衍射并不是一种多光子专有的现象，泰勒(Taylor)在 1909 年做了一个精彩的实验，在一个箱子中，一盏弱光灯将针的影子投射在照相底片上(见图 2.16)。光的强度是如此之弱，以致在单缝与照相底片之间几乎不可能同时有两个光子出现(见例 2.1)。实际上，为了得到较佳的条纹图样，泰勒将曝光时间持续了几个月，得到的衍射图样与波动理论预言的结果完全一样。

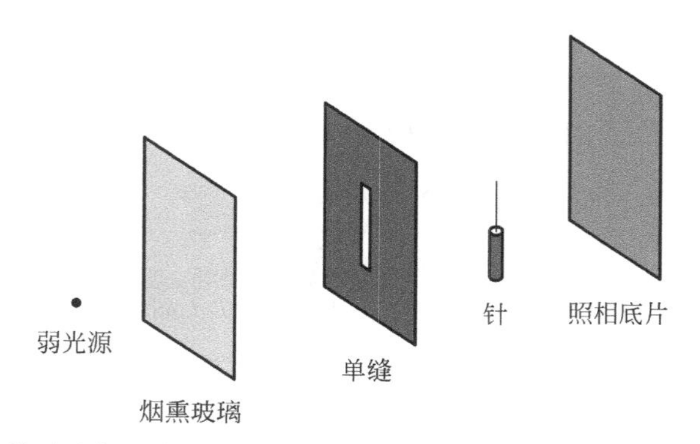

图 2.16　泰勒利用弱光源进行的衍射实验的实验装置图,整个装置都放在一个箱子中

辐射的粒子性以及不能预言单一光子轨迹的事实可以从图 2.17 看出。图中有一系列图片,显示出对不同光子数曝光形成不同质量的图片(文献[2.18])。图中清楚地显示出,图像是由到达光子形成的能量包曝光而成。同时指出,一特定光子到达哪一点完全是一个随机事件。图中还显示,当涉及的光子数很少时,照片几乎看不出什么特征。而随着到达照相底片上光子数的增大,照片上强度的分布变成由波动理论预言的结果。引用费恩曼的话说:

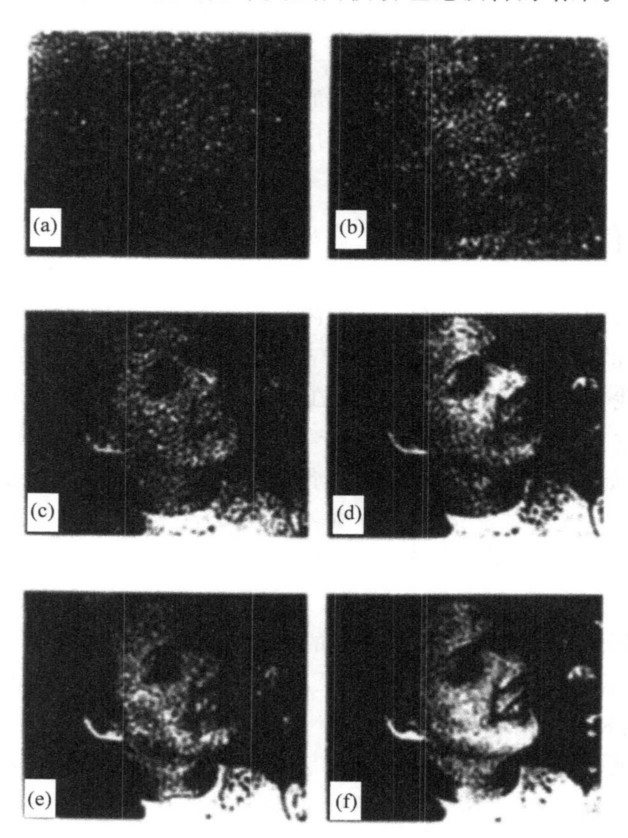

图 2.17　在不同光子数下图片显示的质量:(a)、(b)、(c)、(d)、(e)和(f)分别对应 3×10^3 个光子、1.2×10^4 个光子、9.3×10^4 个光子、7.6×10^5 个光子、3.6×10^6 个光子和 2.8×10^7 个光子(来自文献[2.18],允许使用)

……要预测什么将发生是不可能的。我们只能预测可能性！如果这是正确的话，就是否意味着物理学已经放弃试图预测在特定情况下什么将会发生的问题？是的！物理学已经放弃了。我们不知道如何预测在特定情形下什么将会发生，并且我们现在相信这是不可能的——我们唯一可以预测的是不同时间发生的概率。必须承认这是从人们理解自然界的早期思想中的一种退却。也许这是一种退却，但是还没有人看到避免这种退却的出路。

在放射性研究领域也会出现相似的情形。考虑一个放射性原子核，具有比如 1h 的半衰期。如果开始我们有 1000 个这样的原子核，则平均来讲 1h 内将有 500 个发生放射性衰变，下一小时内将有 250 个原子核发生衰变，如此进行下去。因此虽然开始时，所有原子核都是一样的，但有些原子核将在最初的 1min 就经历衰变，而有些却可以存在几小时而不衰变。所以并不能预言哪一个原子核在哪一个时间段将经历衰变。我们只能预言在一个特定时间段该原子核经历衰变的概率，而这个概率是可以利用量子理论计算出来的。

2.12　对干涉实验的理解　　目标 8

我们考虑与杨氏实验十分相似的双孔干涉实验（如图 2.18 所示）。一个弱光源 S_0 照亮了孔 S，而由双孔 S_1 和 S_2 发出的光在屏幕 PP' 产生干涉图样。光源的强度假定非常弱，以致在平面 AB 与屏幕 PP' 之间的区域同时不会有超过一个光子（见例 2.1）。置于屏幕 PP' 上的探测器可以探测计数落在屏幕上的一个一个独立的光子。可以发现，初始时光子随机落在屏幕上，当随后大量光子到达后，其强度分布是类似于图 2.8 的图样（还可以参见图 14.10）。

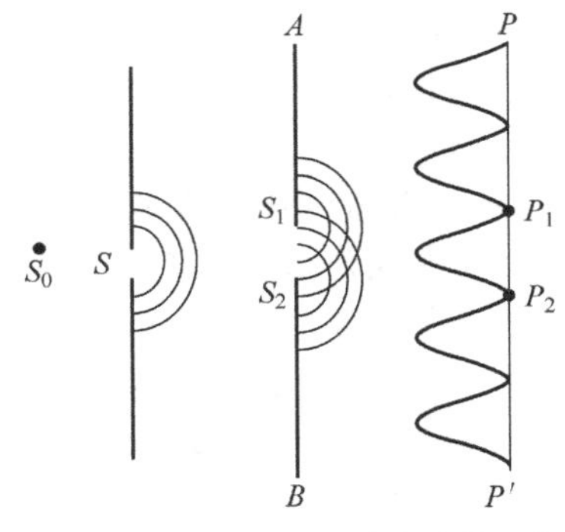

图 2.18　杨氏双孔干涉实验装置与干涉图样，S_0 代表光源

由于探测器只能探测到整个的光子而不是一个光子的一部分，从而它可以用来为辐射的粒子性提供佐证。量子理论告诉我们，一个光子是同时通过两个孔的（孔 S_1 和孔 S_2）。这并不是说光子被分成两半，而是意味着如果我们想要发现光子到底从哪一孔通过，则将在一半时间发现它从孔 S_1 通过，一半时间发现它从孔 S_2 通过。光子处于两个态的叠加状态，其中一个状态对应发自孔 S_1 的波，而另一个状态对应发自孔 S_2 的波。这个叠加态导致的概率分布与两列波叠加时得到的强度分布十分类似。费恩曼于 1966 年在康奈尔大学的著名讲座（梅森哲讲座，*Messenger Lecture*[①]）中，出色地讨论了双孔干涉图样问题[②]。在讲座中讨论电子双孔干涉实验时，费恩曼说道："……电子到达屏幕时是一团块一团块的——就像微小的子弹打到屏幕上一样。然而电子到达屏幕某处的概率分布与波动理论预测的一样。"在 26.9 节我们将通过解薛定谔方程来计算这个概率分布。

---

① 梅森哲讲座以梅森哲先生（Hiram J. Messenger）命名，是由梅森哲先生提供经费的讲座。梅森哲先生主修数学，担任过数学教授。他资助世界各地著名人士来康奈尔大学访问，并对该校学生作专题讲演。费恩曼曾应邀在康奈尔大学作系列讲座。——译者注

② 这个讲座现在可以在 YouTube 上找到，见 http://www.youtube.com/watch?v=OCFX_NHBefl&list=PLkRNg_MaGlonq2qBm2GkZMNQJIQbe547L&index=6。建议所有学生都听一听这个出色的演讲。

也许要注意的是，假设我们利用一种定位仪器(如显微镜)来确定光子是从哪一孔通过，则干涉图样将被冲洗掉。这是因为任何测量都将对系统产生扰动。这一点在文献[2.6]中讨论得很充分。因此我们可以说光子或许是以能量包的形式到达屏幕，然而其(在屏幕上的)概率分布将正比于用波动模型预测出的强度分布。

在近来的一篇论文中，托努穆拉(Tonomura)和他的同事(文献[2.19])演示了如何用单个电子积聚成一幅干涉图样的实验。图2.19显示了他们的实验结果。可以看到，当只有少量电子时，它们在屏幕上随机地出现。而当大量的电子积累后，得到的强度分布与波动理论预期的一样。与讨论光子时一样，探测器也只能探测到整个的电子而不是一个电子的一部分，从而可以用来为电子的粒子性提供佐证。到此，一个问题提出来了：电子(或者质子)到底是波还是粒子？正确的回答是"它既不是粒子也不是波"。引用费恩曼的话(文献[2.6])：

> 所以它确实什么都不像(既不像粒子，也不像波)。现在我们已经放弃去追究它像什么，我们说"它二者都不像"。然而有一点值得庆幸——电子的行为酷似光。原子客体(电子、质子、中子、光子等)的量子行为都是相同的，它们都是"粒子波"，或者你叫它什么都可以。

当讨论电子的双缝干涉实验现象时，费恩曼在他的物理学讲义中说道(文献[2.6])：

> 我们选择用来考察的现象不可能用任何经典方式来解释，绝对不可能。而这种现象包含了量子力学的核心思想，实际上，它只包含了奥秘。

有一次，罗伯特(Robert Crease)教授(目前在纽约州立大学石溪分校工作，他也是布鲁克海文国家实验室的历史学家)要求物理学家们提名史上最漂亮的实验。根据提名，"杨氏光的干涉实验"被选为史上十大最优美的实验之一。十大实验的排位是以大众普及为标准，排位中的第一位是"电子双缝衍射实验"，它揭示了物理世界的量子性。

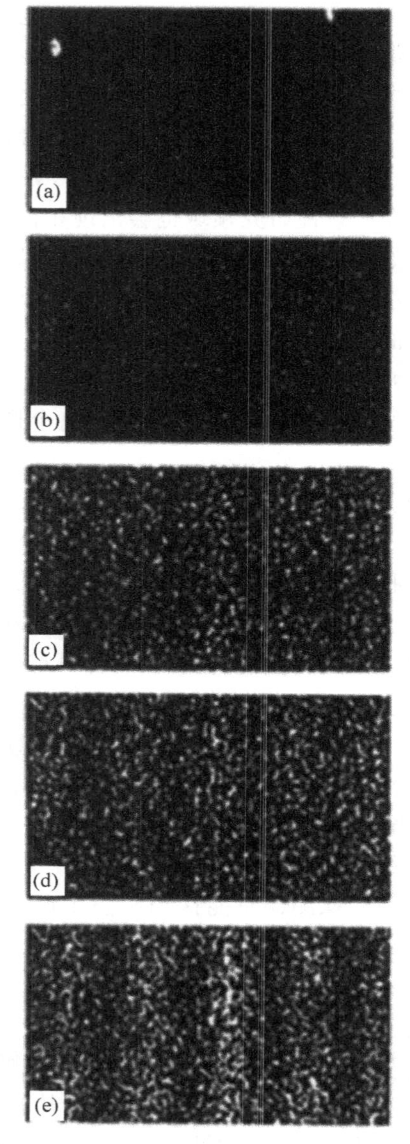

图2.19　电子衍射图样的形成过程。在(a)、(b)、(c)、(d)和(e)中电子数分别为10、100、3000、20000、70000(选自文献[2.19]，经允许使用)

2.13　分光束实验　　目标9

下面我们假设从一单光子源发出的光束投射到一个分束器上(见图2.20(a))。一个理想的分束器是部分镀银的玻璃片，可以让入射的光束50%反射50%透射。图中还有两个单光子探测器 D1 和 D2。它们“咔嗒”一声就表示探测到一个光子。我们发现：只有或者是 D1 或者是 D2 发出“咔嗒”的现象出现——而不会两个探测器同时探测到光子。量子理论告诉我们：光子在被探测到(不管是被 D1 还是 D2)之前,光子是处在两个光束的状态。光子并不会分成两半,但一旦它被探测到,它就会(从处于两个光束状态)“坍缩”到被两个探测器之一探测到的状态。这种“坍缩”是量子理论中独特的现象[①]。一个光子或者被 D1 或者被 D2 探测到(而不会被二者同时探测到),这也意味着光子有一半的概率被 D1 探测到,有一半的概率被 D2 探测到。根据量子光学领域的权威学者塞林格(Zeilinger)的观点,这种“不确定性”

是物理学史上最重要的发现之一,回顾一下物理学史或者科学史上的那些发现就知道了。我们花了整个世纪去深层次地探寻(不确定性的)原因和解释。但是突然,当我们探寻到足够的深度时,到了单个量子的深度,我们发现寻找原因的行动该结束了,没有原因。在我眼里,这种宇宙间的基本的“不确定性”在我们的世界观里还没有真正形成呢。

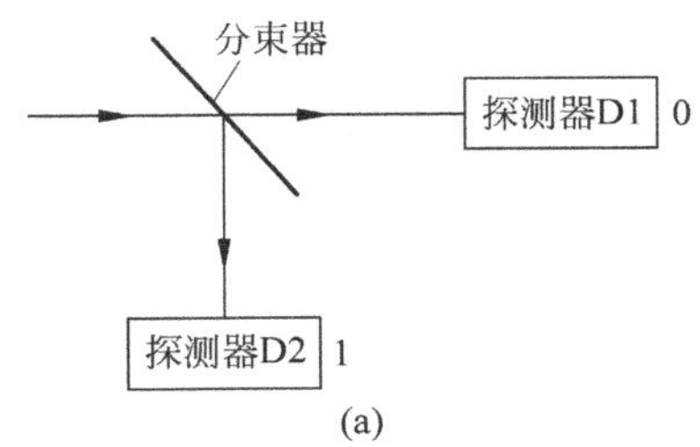

(a)

11110110101001010110111100110011101011111110010110
11001010110001000010010001100001110100101011101001
10010011001101101010101000100110001011010111101101
00011001011100001100101001100001010110001110010100
11011011101101000011001101011010011111100010010101
10100010000100001001010101000001100000010100110110
10111100110011001101010001001111000000000100110001
00011001111011100000000010001100110101010101011111
01011001000101100010100100010101

(b)

图　2.20

(a) 一束光被分束器分为两束,D1 与 D2 是单光子探测器。(b) 当 D1“咔嗒”一响表示探测到一个光子,我们将其记为一个“0”数字。而当 D2“咔嗒”一响,我们记为一个“1”数字。在文献[2.20]中采用的就是图(b)产生的随机数。

这种不确定性令爱因斯坦非常懊恼,他总是认为科学必须是确定性的。他虽然对量子理论巨大的成功印象深刻,但是他在写给他朋友马克斯·玻恩(Max Born)的信中写道：

量子力学确实令人印象深刻,但是我的内心告诉我它还不是最终的理论……无论如何我都坚信：上帝不会掷骰子……

① 读者如果没有学过量子力学,也许看不懂这里的描述。量子力学哥本哈根学派对于微观客体的测量问题是这样诠释的：微观系统可以处于一些本征态的叠加量子态上。当对系统进行测量时,系统会“坍缩”到这些本征态之一的量子态上,其测量值是该本征态对应的本征值。这里的两个本征态,一个是 D1 打开 D2 关闭时光子的状态,另一个是 D1 关闭 D2 打开时光子的状态。在测量光子之前,光子处于两个本征态的叠加态上,即所谓“处于两个光束状态”。一旦 D1 和 D2 都打开对光子进行测量,光子就会“坍缩”到两个本征态之一上,或者是被 D1 探测到,或者是被 D2 探测到,被二者各自探测到的概率各为一半。——译者注

这是爱因斯坦仅有的几次不正确观点之一。正如塞林格所说(文献[2.20]):

不错,我相信上帝实际上喜欢掷骰子。

实际上,我们可以利用这种不确定性来产生随机数。我们约定:无论何时D1“咔嗒”一声,就生成了“0”数;而无论何时D2“咔嗒”一声,就生成了“1”数。这样随着对光子的探测,就产生了一个随机数序列,如图2.20(b)所示。计算机科学家利用复杂的算法去产生随机数。但是,既然他们是基于计算,在经历很大的数字序列后,这个数字序列会再次重复,这个序列的重复也许会在2^{100}以后出现,因此这个由计算产生的序列只能说是伪随机数。然而上述量子随机数的产生不是这样,产生的是真的随机数。因而量子随机数的产生在计算机科学领域有重要应用。引用文献[2.21]:

我们提出了基于光束经分束器分光过程的量子随机数产生的具体实现方法,它是基于量子力学的“真随机数”产生源。或者采用光束分光分束器,或者采用光束偏振分束器,并采用单光子探测器以及高速电子器件,所提出的装置可以产生码率为1Mbit/s的连续随机数。

例如,一家公司生产了一款名为QUANTIS的设备,声称可以基于量子物理产生真随机数,如图2.21所示。细节请参见文献[2.20]和[2.21]。

QUANTIS

TRUE RANDOM NUMBER GENERATOR EXPLOITING QUANTUM PHYSICS

QUANTIS is a physical **random number generator** exploiting an elementary quantum optics process. Photons - light particles - are sent one by one onto a semi-transparent mirror and detected. The exclusive events (reflection - transmission) are associated to "0" - "1" bit values. The operation of Quantis is continuously monitored to ensure immediate detection of a failure and disabling of the random bit stream. The product exists in four versions:

- USB device - random stream of 4Mbits/sec
- PCI Express (PCIe) board - random stream of 4Mbits/sec
- PCI board - random stream of 4Mbits/sec and 16Mbits/sec
- OEM component - random stream of 4Mbits/sec

图2.21 一款利用量子物理原理的随机数发生器的商用产品

摘自网页:http://www.idquantique.com/component/content/article.html? id=9

2.14 光子的偏振 目标9

让我们考虑一普通光束通过一如图2.22所示的偏振片P_1。偏振片是一种塑料类材质的薄片,可以产生线偏振光,参见22.3节。通常一束普通光(比如发自钠光灯或者太阳的光束)是非偏振的,亦即,其电场矢量(在垂直于传播方向的垂直平面内)不断随机地变化方向(见图2.22)。当这样的光束照射到偏振片上时,出射的光束将变成线偏振光,其电矢量会在图2.22所示的特定方向上振荡。出射光束的电矢量振动的方向取决于偏振片的取向。我们假定偏振片P_1的透振轴与x轴平行,亦即,如果一束非偏振光束(或者一束任意偏振态的光束)沿着 z 方向传播，投射到偏振片，则出射波将沿 x 方向偏振。我们再考虑图2.22中一个偏振片 P_2，其透振轴方向与 x 轴成 θ 角。如果入射光束的电场强度为 E_0，则经偏振片 P_2 透射的波的电场振幅将变为 $E_0\cos\theta$，因此透射光束的光强度为

$$I = I_0\cos^2\theta \tag{2.20}$$

其中，I_0 表示当 P_2 的透振方向也平行于 x 轴时(即当 $\theta=0$ 时)的透射光强。式(2.20)称为马吕斯定律。这样，如果偏振片 P_2 绕着 z 轴旋转，透射波的光强将按照上述定律变化。在这里 P_1 扮演起偏器的角色，第二个偏振片 P_2 扮演检偏器的角色。

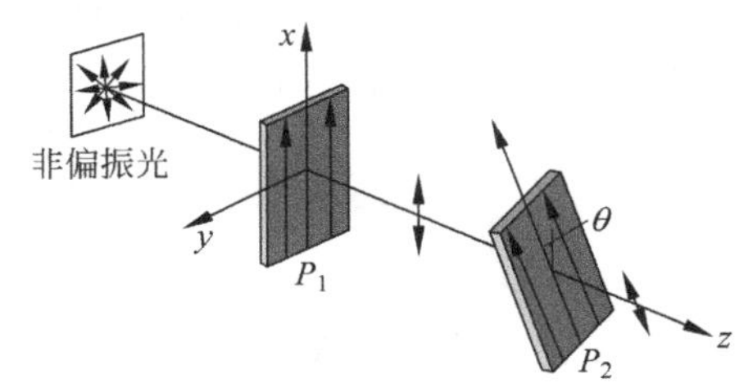

图2.22　一非偏振光束通过偏振片 P_1 后变为 x 方向偏振波，第二个偏振片的透振方向与 x 轴成 θ 角，则出射光束的光强将按照 $\cos^2\theta$ 规律变化

可以将一确定的偏振态赋予每个光子，这样从偏振片 P_1 出射的光子是 x 方向偏振的。问题随之而来了：这个 x 方向偏振的光子再投射到透振方向与 x 轴成 θ 角的偏振片 P_2 上，结果会怎样？回答是该光子通过偏振片的概率是 $\cos^2\theta$。如果用 N 个光子做实验(N 非常大)，则有 $N\cos^2\theta$ 个光子通过偏振片。同样不可能预测单个光子的命运。

例2.1　在图2.18所示实验装置中，如果光源(波长 $\lambda=5\times10^{-5}$cm)的功率是1W，

(1) 计算光源每秒发射出的光子数。

(2) 假设孔 S、S_1 和 S_2 的半径均为0.02cm，且 $S_0S=SS_1=SS_2=100$cm，平面 AB 与 PP' 之间的距离也是100cm。证明不可能同时在此区域发现两个光子。

解

(1) 每个光子的能量为

$$h\nu=\frac{hc}{\lambda}=\frac{6.6\times10^{-34}\,\text{J}\cdot\text{s}\times3\times10^{8}\,\text{m/s}}{5\times10^{-7}\,\text{m}}$$
$$\approx4\times10^{-19}\,\text{J}$$

因此每秒发射的光子数为

$$\frac{1\text{W}}{4\times10^{-19}\,\text{J}}=2.5\times10^{18}\text{个}$$

(2) 每秒穿过孔 S 的光子数近似为

$$\frac{2.5\times10^{18}\times\pi\times(0.02)^2}{4\times\pi\times(100)^2}=2.5\times10^{10}\text{个}$$

类似地，每秒通过 S_1 或 S_2 的光子数近似为

$$\frac{2.5\times10^{10}\times2\times\pi\times(0.02)^2}{2\times\pi\times(100)^2}=1000\text{个}$$

其中我们假设通过 S 后光子平均地分布在半球面上。严格来讲这是不对的，因为衍射图样实际上是一个艾里图样(见第18章)，然而，上述计算定性上是正确的。平面 AB 与 PP' 之间的距离是100cm，意味着光子越过这段距离花了约 3×10^{-9}s。因此，大约每1/1000s内将有1个光子进入这一区域，它在第2个光子进入之前早已越过了这一空间。因此在 AB 与 PP' 之间的区域(几乎)无法同时发现两个光子。这有点像如下的情形，平均来看一年之内

有100个人穿过一房间,而每个人只花约1s的时间穿过房间,那么有两个人同时在房间中的情形是极不可能出现的。

习　题

2.1 一个能量为200eV的电子通过一个半径为10^{-4}cm的圆孔,则其动量和衍射角的不确定度是多少?

[**答案**: $\Delta p \approx 5\times 10^{-24}$g·cm/s; $\Delta\theta \approx 6\times 10^{-6}$rad]

2.2 续2.1题,一个质量为0.1g的铅球,以10^3cm/s的速度抛向一个半径为1cm的圆孔,其衍射角的不确定度(用弧度表示)是多少?

[**答案**: $\Delta\theta \approx 5\times 10^{-30}$rad]

2.3 一个波长为6000Å(1Å=10^{-10}m)的光子通过一个0.2mm宽的狭缝。

(1) 计算其衍射角不确定度;

(2) 单峰衍射的第一极小出现在$\arcsin(\lambda/b)$处,其中b是缝宽。将这一计算结果与(1)计算所得的角度比较一下。

[**答案**: $\Delta\theta \approx 3\times 10^{-3}$rad]

2.4 一个50W的灯泡辐射波长为0.6μm的光,计算每秒辐射的光子数。

[**答案**: 3×10^{20}个/s]

2.5 质子束缚在半径为10^{-13}cm原子核内,计算其动量的不确定度。基于这个结果,估算质子在原子核中的动能以及原子核相互作用能。如果将电子也束缚在同样的原子核中,电子的动能是多少?

2.6 氢原子$2p$态的寿命是1.6×10^{-9}s。利用时间-能量不确定性原理计算辐射的频率宽度$\Delta\nu$。

[**答案**: 6×10^8Hz]

第一部分

几何光学

这一部分(包含4章,第3~6章)所讨论的内容完全基于几何光学理论,主要包括:

※ 渐变折射率介质中的光线追迹方法,用来讨论海市蜃楼(又名上现蜃景)和下现蜃景现象,以及光线从电离层反射的问题。

※ 透镜系统的光线追迹方法,引出光学仪器设计所用的各种概念。

※ 对傍轴近似光学中的矩阵方法进行详述,这些内容广泛地用于工业界。

※ 光学系统像差的研究。

第3章 费马原理及其应用

随着科学的进一步发展，我们所追求的不再仅仅是一个公式，而是比这更多的东西。我们首先进行观察，接着测量一些数据，然后总结所有数据的关系而得到定律。但是科学的真正辉煌在于我们可以找到一种思想方法，运用这样的思想方法，使得定律变得顺理成章。费马于1650年提出的最小时间原理(或称作费马原理)就是这样一种思想方法，它第一次使得有关光的行为的定律成为明显事实。

——理查德·费恩曼，《费恩曼物理学讲义》，第1卷

学习目标

学过本章后，读者应该学会：

目标1：费马原理的最初表述以及改进了的费马原理表述。

目标2：利用费马原理推导反射定律与折射定律。

目标3：通过求解光线方程解释各种自然现象。

目标4：在各向异性介质中利用费马原理求光线路径。

目标5：计算光线经过一个抛物线型折射率变化的介质所需时间。

重要的里程碑

公元140年　希腊物理学家托勒密测量了光从空气中以不同的入射角进入水中时的折射角，并制作成了一个数值表格。

1621年　虽然上述数值表格是在公元140年建立的，但是直到1621年，荷兰数学家维勒布罗德·斯涅耳才发现了现今称为斯涅耳定律的折射定律。

1637年　笛卡儿推导了斯涅耳定律，他在推导中假设光为粒子模型。

1662年　费马阐述了“最小时间原理”，用其推导了斯涅耳定律，并且证明了如果第二介质的光速小一些，则光线将朝法线方向弯曲，这与笛卡儿的“粒子理论”预测的结果相反。

3.1 引言

目标1

在几何光学领域研究光的传播需要用到光线的概念。为了理解什么是光线，考虑如图3.1所示的场景，将一个圆形光阑放在点光源 P 之前，当光阑的直径相当大($\approx$1cm)时，

则在屏幕 SS' 上可以看到界限分明的圆形光斑。当逐步减小光阑的尺寸时，起初光斑尺寸也开始减小，然而当光阑尺寸变得非常小(≤0.1mm)时，屏幕 SS' 上的图样变得不再界限分明。这种现象称作衍射现象，它是光波长(用 λ 表示)为有限值的直接结果。在第18～20章，将更详细地讨论衍射现象，在那里将证明衍射效应将随着波长减小而变弱。实际上在 $\lambda \to 0$ 的极限情况下，衍射现象将消失，这时即使光阑的尺寸极其小，也将会在屏幕 SS' 上得到界限分明的影子。因此，在波长取极限为零的情况下，我们可以获得无限细的一束光，这束光称为光线。这样，光线定义为在波长趋于零的极限下能量的传播路径。由于光波长在 10^{-5}cm 的数量级，与透镜、反射镜等普通光学仪器的尺寸比起来很小，所以在许多应用中可以忽略波长的有限大小。在这种近似下(即忽略波长有限大小)的光学领域称为几何光学。

几何光学领域的问题可以用决定光线路径的费马原理进行研究。根据费马原理，光线对应于这样的路径，它的传播时间比起相邻路径取极值。这里极值的含义是最小值，或者最大值，或者平稳值①。令 $n(x,y,z)$ 表示与位置相关的折射率，则

$$\frac{\mathrm{d}s}{c/n}=\frac{n\,\mathrm{d}s}{c}$$

代表了光在折射率为 n 的介质中经历几何路径 $\mathrm{d}s$ 所需要的时间。这里 c 代表自由空间中的光速。这样，如果 τ 表示光线沿曲线 C 经历路径 AB 所需的总时间(图3.2)，则

$$\tau=\frac{1}{c}\sum_i n_i\,\mathrm{d}s_i=\frac{1}{c}\int_{A\xrightarrow[C]{}B} n\,\mathrm{d}s \tag{3.1}$$

其中，$\mathrm{d}s_i$ 代表第 i 个小弧长，n_i 是这一段小弧长处对应的折射率，积分号下的符号 $A\xrightarrow[C]{}B$ 代表沿着曲线 C 从点 A 积分到点 B。令 τ' 表示沿着相邻的路径 $AC'B$(在图3.2中用虚线表示)所需要的传播时间，假如路径 ACB 代表实际光线路径，则 τ 与它旁边相邻的所有 $AC'B$ 路径所用时间 τ' 相比，τ 或者小于 τ' 或者大于 τ' 或者等于 τ'。根据费马原理，在连接两点的诸多路径中，光线将沿着所需时间取极值的那条路径通过。既然 c 是个常数，我们可以换一种说法定义光线，即让

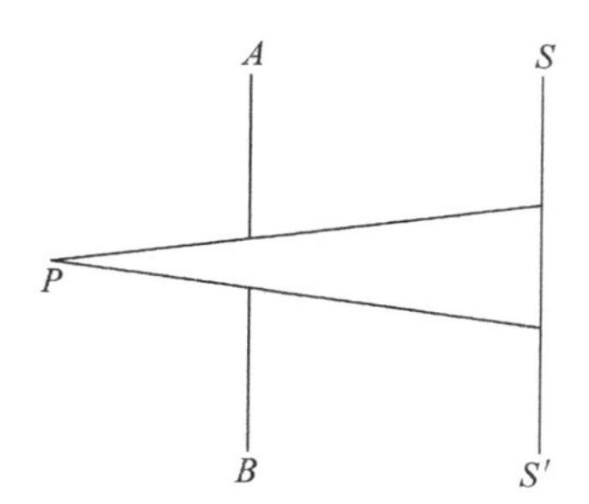

图3.1　一个点光源发出的光经过一个圆孔，如果圆孔直径相比波长足够大，则光投射到屏幕 SS' 上形成界限分明的圆形光斑

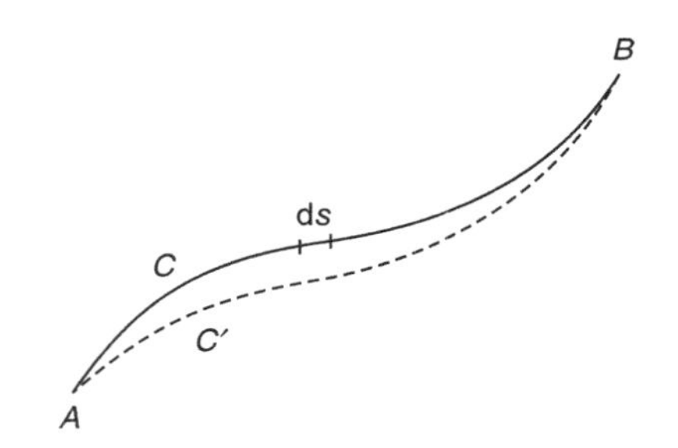

图3.2　假如路径 ACB 代表真实路径，则经历路径 ACB 所需时间相比于相邻的路径 $AC'B$ 来说取极值

① 整个经典光学(包括几何光学和物理光学)都能由麦克斯韦方程组来解释，费马原理也可以由麦克斯韦方程组推导出来(参见文献[3.1]和[3.2])。

$$\int_{A \xrightarrow[C]{} B} n \mathrm{d}s \tag{3.2}$$

为极值的路径[①]。上面的积分代表沿着 C 从 A 到 B 的光程。亦即光线沿着这样的路径，该路径满足

$$\delta \int_{A \xrightarrow[C]{} B} n \mathrm{d}s = 0 \tag{3.3}$$

公式左边表示由光线路径无限小的变分引起的积分变化。在这里提一下费马原理的最初表述：

两点之间一束光的真实光线是传播所需时间最小的路径。

上述的表述是不完全的，而且稍微有些不正确。正确的表述形式应为：

两点之间的真实光线是所走光程相对于路径的变分是平稳的那一条。

这一表述与式(3.3)相一致。在这个公式中，光线光程取极小值、极大值或者平稳值。

从上述原理可以立刻看出，在均匀介质中(即介质的折射率在每一点都是常数)光线将是直线，因为介质中两点间直线的光程为最小值。如图 3.3 所示，如果 A 和 B 是均匀介质中的两个点，则光线将沿着直线 ACB 传播，因为任意相邻路径如 ADB 或 AEB 都对应于所需时间更长的路径。

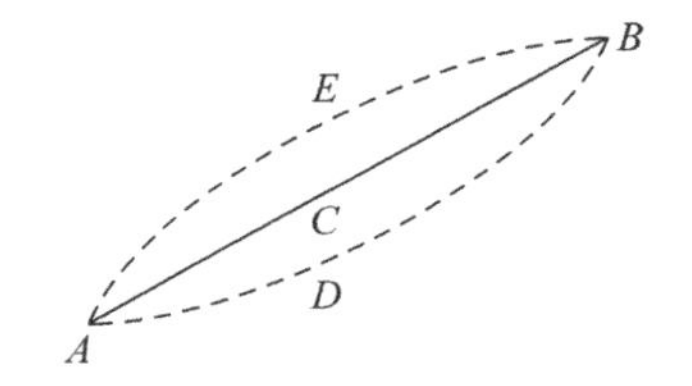

图 3.3　既然两点之间最短路径是一条直线，均匀介质中的光线就是直线。所有其他相邻路径，像 AEB 和 ADB 都要花更长的时间

3.2　从费马原理推导反射定律和折射定律　　　目标 2

现在将用费马原理得到反射定律和折射定律。在图 3.4 中考虑一个平面反射镜 MN，为了得到反射定律，要确定从 A(经反射镜)到 B 的光线路径，该路径的光程应该取最小值。由于光线在均匀介质中传播，只需考察路程取最小值。这样就需要寻找路径 APB 以使 $AP+PB$ 是最小值。为了找到反射镜上 P 点的位置，从 A 点向反射镜引一条垂线，并令 A' 是垂线上的一点，且 $AR=RA'$。这样也有 $AP=PA'$ 和 $AQ=A'Q$，这里 AQB 是与 APB 相邻的路径。因此要选择路径使得 $A'PB$ 最小。很显然，为使 $A'PB$ 为最小值，P 点必然位于 $A'B$ 直线上，因此点 A、A'、P 和 B 将处于同一平面上。如果在 P 点画法线 PS，则这一法线仍在同一平面内。从几何关系上可以证明

$$\angle APS = \angle SPB$$

这样，为使光程最小，入射角 $i(=\angle APS)$ 与反射角 $r(=\angle SPB)$ 必须相等，而且入射光线、反射光线和镜面上入射点的法线必须位于同一平面上，以上这些表述形成了反射定律。应当指出的是，在反射镜存在的情况下，连接 A 与 B 点将有两条光线路径，它们是 AB 和 APB。费马原理告诉我们：只要光程存在一个极值，就会存在一条光线。所以，总的来说，连接两点之间可能存在不止一条光线。

① 关于极值原理的一个非常好的讨论参见文献[3.3]中的第 26 章。

为了得到折射定律,令 PQ 表示区分折射率分别为 n_1 和 n_2 的两个介质的界面,如图3.5所示。令光线从点 A 出发,与界面相交于 R,然后沿 RB 到达 B。显然,为使光程取最小值,入射光线、反射光线与界面法线必须位于同一平面。为了确定 R 的位置以使光程为最小,分别从 A 和 B 引到界面 PQ 的垂线 AM 和 BN。令 $AM=h_1$, $BN=h_2$,以及 $MR=x$,则既然 A 和 B 点是固定的, $RN=L-x$,这里 $MN=L$ 是一个固定量。按照定义,从 A 点到 B 点的光程为

$$\begin{aligned} L_{\text{op}} &= n_1 AR + n_2 RB \\ &= n_1\sqrt{x^2+h_1^2} + n_2\sqrt{(L-x)^2+h_2^2} \end{aligned} \tag{3.4}$$

取极小值,有

$$\frac{\mathrm{d}L_{\text{op}}}{\mathrm{d}x}=0$$

即

$$\frac{n_1 x}{\sqrt{x^2+h_1^2}} - \frac{n_2(L-x)}{\sqrt{(L-x)^2+h_2^2}} = 0 \tag{3.5}$$

从图3.5可以进一步看到

$$\sin\theta_1 = \frac{x}{\sqrt{x^2+h_1^2}}$$

以及

$$\sin\theta_2 = \frac{(L-x)}{\sqrt{(L-x)^2+h_2^2}}$$

则式(3.5)变成

$$n_1\sin\theta_1 = n_2\sin\theta_2 \tag{3.6}$$

这正是斯涅耳折射定律。

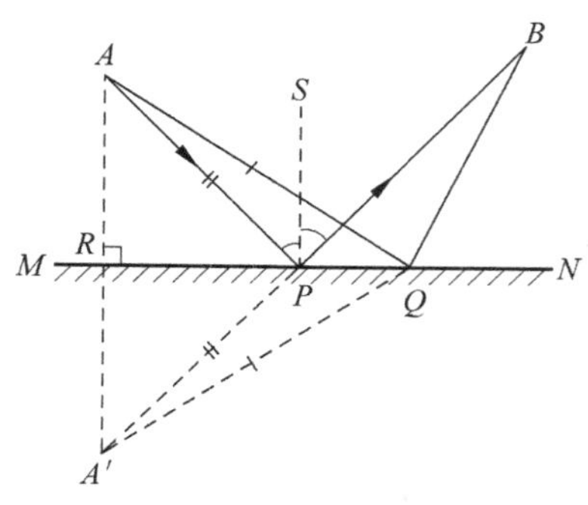

图3.4 通过反射镜连接两点 A 和 B 的最短路径是沿着 APB 的路径,其中 P 满足以下条件: AP、PB 和反射镜面的法线 PS 在一个平面内, $\angle APS=\angle SPB$。直线 AB 也是一条光线

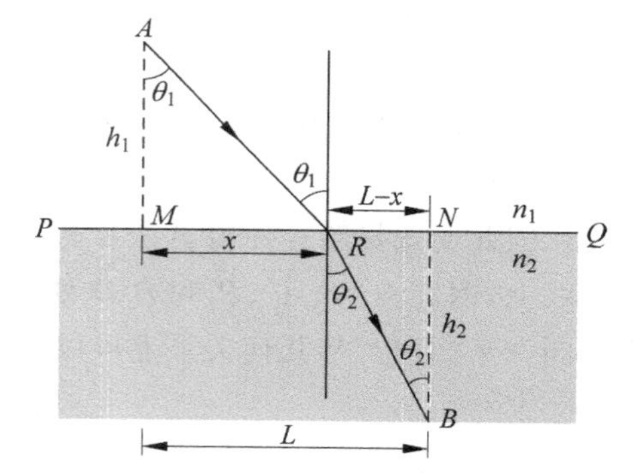

图3.5 A 和 B 分别是折射率为 n_1 和 n_2 介质内的两点。连接 A 和 B 的光线路径将满足 $n_1\sin\theta_1=n_2\sin\theta_2$

折射定律和反射定律合起来构成了基本定律，可以用来解决简单光学系统中的光线寻迹问题，如在透镜和反射镜等组成的系统中的光线寻迹。

例 3.1　考虑一组平行于光轴的光线入射到抛物面反射镜（见图 3.6）。用费马原理证明：所有这组光线均将通过抛物面的焦点。抛物面是由一抛物线绕它的轴旋转一周而成。这就是抛物面镜被用来聚焦远方光源的平行光线的原因，射电天文望远镜也是利用这个原理（见图 3.7 和图 3.8）。

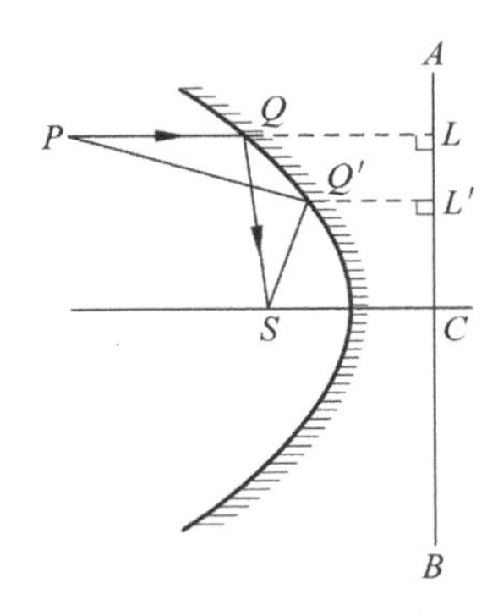

图 3.6　所有平行于抛物面反射镜光轴的光线反射后都通过焦点（直线 ACB 是准线）。这就是天线（接收电磁波用）与太阳能接收器经常做成抛物面形状的原因

图 3.7　抛物面碟形卫星接收天线，图片由 McGraw-Hill 数字图书馆提供

请扫 1 页二维码看彩图

图 3.8　巨米波射电望远镜（GMRT）中自动指向的 45m 抛物面碟形天线，位于印度浦那。GMRT 具有 30 个 45m 直径的抛物面碟形天线，其中 14 个天线组成中心阵列。图片由来自印度浦那 GMRT 的斯瓦鲁普（Govind Swarup）教授提供

请扫 1 页二维码看彩图

解　考虑一平行于抛物面光轴的光线 PQ，入射点在 Q（见图 3.6）。为了找出反射线，需要画出抛物面上 Q 点处的法线，再画出反射线，由几何关系可以证明反射线 QS 一定会通过焦点 S。然而需要指出，这个证明过程将会很麻烦。利用费马原理将会使我们立刻得到

所需的结果。

为了应用费马原理，试图找出连接焦点 S 和任一点 P 之间的光线(见图3.6)。假设实际光线路径为 $PQ'S$，根据费马原理，该路径对应于 $PQ'+Q'S$ 取最小值。从 Q' 点引一垂线 $Q'L'$ 到准线 AB，根据抛物线的定义，$Q'L'=Q'S$，则

$$PQ'+Q'S=PQ'+Q'L'$$

令 L 为从 P 点向 AB 所引垂线的垂足，则为了使 $PQ'+Q'L'$ 取最小值，Q 点应该位于直线 PQL 上，所以连接 P 点和 S 点的真实光线将是 $PQ+QS$，其中 PQ 平行于光轴。因此，所有平行于光轴的光线都将通过 S 点；反之，所有从 S 点发出的光线经过反射后都将平行于光轴。

例 3.2 考虑一个椭球反射器，S_1 和 S_2 是它的焦点(见图3.9)。证明所有从焦点 S_1 发出的光线经过反射后都将通过焦点 S_2。

解 考虑椭圆上的任意一点 P(见图3.9)。大家熟知 S_1P+S_2P 是一个常数，因此，从焦点 S_1 发出的所有光线都将通过焦点 S_2。(注意：这里有了一个光线所需时间是平稳的例子，亦即，对于所有的 P 点它既不是最大值也不是最小值，而是常数值。)作为一个推论，要注意下列两点：

(1) 除了轴上的光线，不会有其他光线(从其中的一个焦点发出)通过位于轴上的任意点 Q。

(2) 对于将椭圆绕其长轴旋转而得的椭球面，上面的所有结论同样适用。

由于椭圆反射器的上述性质，它常被用在激光器系统中。例如，在红宝石激光器中(见27.3节)，可以将激光棒与闪光灯放置在柱状椭圆反射镜的两个焦线上，这样的构造能够使闪光灯发出的能量有效地传递到激光棒上。

例 3.3 考虑一球形折射分界面 SPM，它将折射率分别为 n_1 和 n_2 的介质分开(见图3.10)，点 C 代表球形面 SPM 的圆心。考虑两点 O 和 Q，以使 O、C 与 Q 在一条直线上。利用图3.10中的距离 x、y、r 和角度 θ 来计算光程 OSQ，并利用费马原理找出连接 O 和 Q 两点的光线。最后，假定 θ 很小时确定物点 O 的傍轴像点。

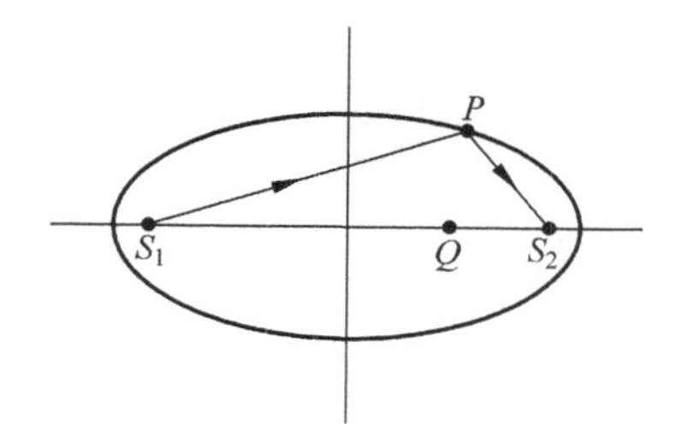

图3.9 从椭球镜面的一个焦点发出的所有光线经镜面反射后都将通过另一个焦点

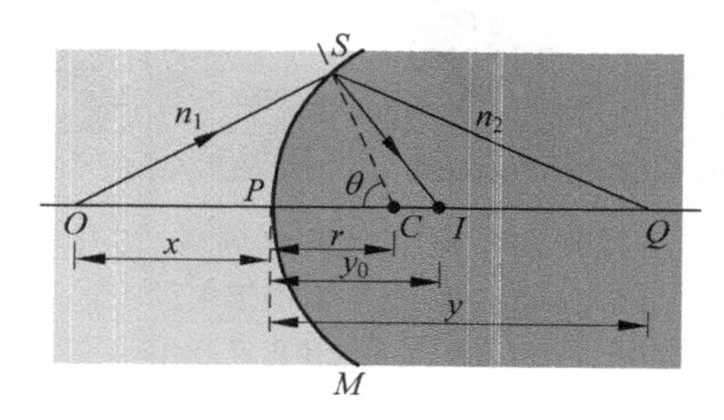

图3.10 SPM 是分开两种折射率分别为 n_1 和 n_2 介质的球形折射界面，C 代表球形面的圆心

[注意：保留字母 R 代表球面的曲率半径，如果曲率中心位于 P 点的右侧(或者左侧)，曲率半径取正值(或者负值)。r 代表曲率半径的大小，在图3.10中它碰巧就是 R。同样，x 与 y 也是距离的大小，它们的符号惯例将在本例题后面讨论。]

解　利用三角形 SOC，我们有

$$OS=[(x+r)^2+r^2-2(x+r)r\cos\theta]^{\frac{1}{2}}$$
$$\approx\left[x^2+2rx+2r^2-2(xr+r^2)\left(1-\frac{\theta^2}{2}\right)\right]^{\frac{1}{2}}$$
$$\approx x\left(1+\frac{rx+r^2}{x^2}\theta^2\right)^{\frac{1}{2}}\approx x+\frac{1}{2}r^2\left(\frac{1}{r}+\frac{1}{x}\right)\theta^2$$

其中已经假设 θ(单位用 rad)非常小，这样可以用下式表示：

$$\cos\theta\approx 1-\frac{\theta^2}{2}$$

并且作了一次二项式展开。同样，根据三角形 SCQ，有

$$SQ\approx y-\frac{1}{2}r^2\left(\frac{1}{r}-\frac{1}{y}\right)\theta^2$$

于是，光程 OSQ 为

$$L_{op}=n_1OS+n_2SQ$$
$$\approx(n_1x+n_2y)+\frac{1}{2}r^2\left(\frac{n_1}{x}+\frac{n_2}{y}-\frac{n_2-n_1}{r}\right)\theta^2 \tag{3.7}$$

为使光程取极值，则

$$\frac{dL_{op}}{d\theta}=0=r^2\left(\frac{n_1}{x}+\frac{n_2}{y}-\frac{n_2-n_1}{r}\right)\theta \tag{3.8}$$

这样，除非圆括号中的量为零，则必须有 $\theta=0$，这意味着对应连接 O 与 Q 的唯一光线只能是直线 OPQ。这个结果服从斯涅耳定律，因为 OP 是沿着球面的法线入射的，它当然不会偏离直线。

另外，如果 y 取某些值以使括号中的量为零，亦即如果 $y=y_0$，有

$$\frac{n_2}{y_0}+\frac{n_1}{x}=\frac{n_2-n_1}{r} \tag{3.9}$$

此时，对于所有 θ 值 $dL_{op}/d\theta$ 都将为零。当然，前面已经假定 θ 非常小——也就是傍轴近似。现在，如果点 I 对应线段 $PI=y_0$(见图 3.10)，则使所有 OSI 都是光线路径，也就是意味着所有从 O 点发出的(傍轴)光线都将通过 I，I 也就将代表傍轴像点。显然，所有像 OSI 的光线(起始于 O 点而最终通过 I 点)当到达 I 点时经历了相同的时间。

应该指出，式(3.9)是如下决定傍轴像点公式的一个特定形式：

$$\frac{n_2}{v}-\frac{n_1}{u}=\frac{n_2-n_1}{R} \tag{3.10}$$

上式采用的符号选取方法为：所有在 P 点右侧测量的距离都取正号，而那些在左侧的取负号。因此这里 $u=-x$，$v=+y$，以及 $r=+R$。

为了确定光线路径 OPQ 是否对应于最小时间，或者最大时间，或者常数时间，必须确定 $d^2L_{op}/d\theta^2$ 的符号，

$$\frac{d^2L_{op}}{d\theta^2}=r^2\left(\frac{n_1}{x}+\frac{n_2}{y}-\frac{n_2-n_1}{r}\right)$$
$$=r^2n_2\left(\frac{1}{y}-\frac{1}{y_0}\right)$$

显然，如果 $y>y_0$(即 Q 点位于傍轴像点 I 的右侧)，$d^2L_{op}/d\theta^2$ 是负的，光线路径 OPQ

相比于邻近路径取最大时间,反之亦然。另一方面,如果 $y=y_0$, $\mathrm{d}^2L_{\mathrm{op}}/\mathrm{d}\theta^2$ 将为零,意味着光程极值取常数,因此在傍轴近似下所有从 O 点发出的光线当到达 I 点时所需时间相等。

反过来,如果认为点 I 是点 O 的傍轴像,则

$$n_1OP+n_2PI=n_1OS+n_2SI$$

这样,当 Q 点位于 I 点的右侧时,有

$$\begin{aligned}n_1OP+n_2PQ&=n_1OS+n_2(SI-PI+PQ)\\&=n_1OS+n_2(SI+IQ)\\&>n_1OS+n_2SQ\end{aligned}$$

这意味着光程 OPQ 对应于一个最大值。类似地,当 Q 点位于 I 点左侧时,光程 OPQ 对应于一个最小值。而且当 Q 点与 I 点重合时,就具备了光程取平稳值的条件。

例 3.4 再次考察在球面处的折射,然而这次假设折射光线是从主光轴发散开来(见图 3.11)。考察傍轴光线,并令点 I(位于光轴上)满足 n_1OS-n_2SI 值不受 S 点位置的影响,这样,对于傍轴光线,

$$n_1OS-n_2SI\quad\text{与角度 }\theta\text{ 无关}\tag{3.11}$$

并取极值。令 P 点是第二介质中的任意一点,希望找到 O 点与 P 点之间的连接光线。如果 OSP 是一条可能的光线路径,则

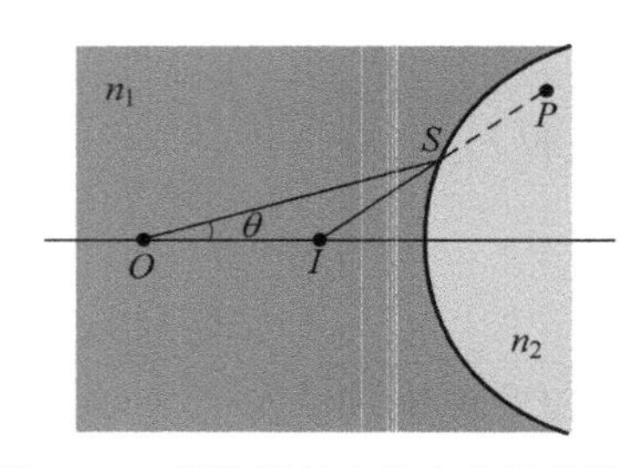

图 3.11 假设折射光从主光轴发散开

$$L_{\mathrm{op}}=n_1OS+n_2SP\quad\text{应该取极值}$$

或

$$L_{\mathrm{op}}=(n_1OS-n_2SI)+n_2(IS+SP)\quad\text{应该取极值}$$

在这个公式中同时“加”和“减”了 n_2SI 项。目前已经通过 I 点位置的选取令第一项取了极值,接下来 $SP+SI$ 也应该取极值,因此它应该是一条直线。所以折射光线必然好像从 I 点发出,进而可以说,对于一个虚像必须使

$$n_1OS-n_2SI\tag{3.12}$$

取极值。

3.3 非均匀介质中的光线路径 目标 3

在非均匀介质中,折射率连续地变化,一般来说,其中的光线路径是弯曲的。例如,在一个大热天,接近地表的空气的温度高于远离地表的空气。因为空气的密度随着温度的升高而减小,则从地面往上,空气的折射率将连续地增加。这会导致一种大家熟知的光学现象——“海市蜃楼”。现在利用斯涅耳定律(或者费马原理)来决定光线在非均匀介质中的路径。我们将问题只限制在一种特殊情况中:折射率只沿着一个方向连续变化,比如假设变化方向沿着 x 轴方向。

可以把非均匀介质想象成一系列具有不同折射率的层状介质的极限情况——见图 3.12(a)。在每一个界面上,光线满足斯涅耳定律,可以得到

$$n_1\sin\phi_1=n_2\sin\phi_2=n_3\sin\phi_3=\cdots\tag{3.13}$$

因此,称乘积

$$n(x)\cos\theta(x)=n(x)\sin\phi(x) \tag{3.14}$$

是光线路径的不变量；将这个不变量记为 $\widetilde{\beta}$。这个不变量由以下事实决定：如果开始时光线在折射率为 n_1 的介质中一点与 z 轴成夹角 θ_1(相对于 z 轴)，则 $\widetilde{\beta}$ 的值就是 $n_1\cos\theta_1$。则在折射率连续变化的极限情况下，图 3.12 中那些分段直线将形成一条连续的曲线，这条曲线由下面方程决定：

$$n(x)\cos\theta(x)=n_1\cos\theta_1=\widetilde{\beta} \tag{3.15}$$

这意味着：当折射率变化时，光线路径以保持乘积 $n(x)\cos\theta(x)$ 为常数的方式弯曲(见图 3.12(b))。方程(3.15)可以用来推导光线方程(见 3.4 节)。

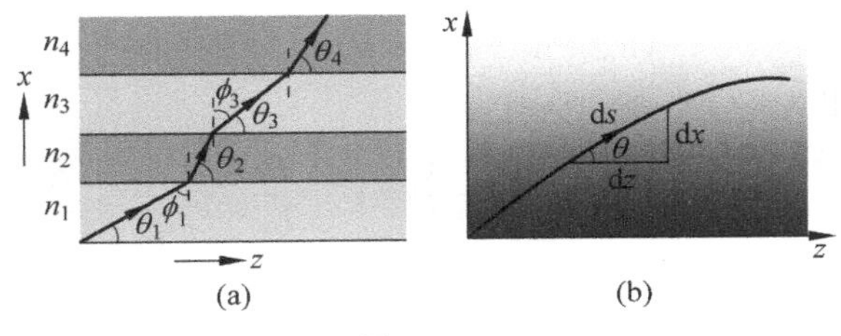

图　3.12

(a) 在层状结构中，光线会发生弯曲以使乘积 $n_i\cos\theta_i$ 保持为常数；(b) 对于折射率连续变化的介质，光线路径会发生弯曲以使乘积 $n(x)\cos\theta$ 保持为常数

3.3.1　蜃景现象与海市蜃楼[①]

现在开始定性地讨论蜃景现象(也叫海市蜃楼，分下现蜃景和上现蜃景)的形成。如前所述，在一个热天，当接近地表时，空气折射率将逐渐连续减小。实际上，折射率的变化规律可以近似地假设为以下形式：

$$n(x)\approx n_0+kx,\quad 0<x<\text{几米} \tag{3.16}$$

其中，n_0 是空气位于 $x=0$ 的折射率(即刚刚高于地面处)，k 是一个常数。精确的光线路径(见例 3.8)显示在图 3.13 中。

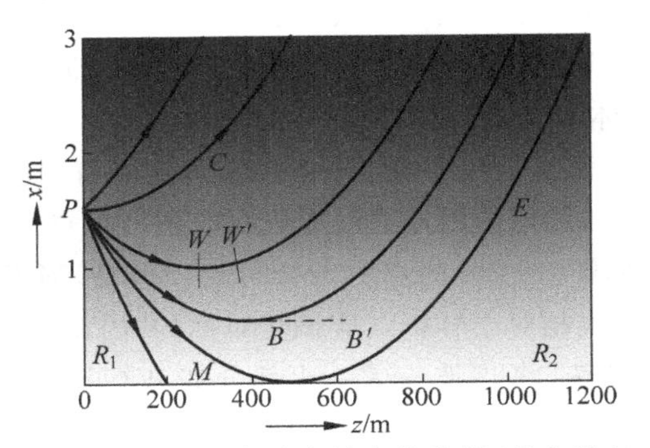

图 3.13　在具有折射率线性变化特性的介质中的光线路径(见方程(3.16))，其中变化率 $k\approx 1.234\times10^{-5}\text{m}^{-1}$。物点位于 1.5m 高度处，图中光线分别对应于 +0.2°、0°、−0.2°、−0.28°、−0.3486°和 −0.5°。不断增加的灰度表明折射率随 x 的增长

① 详见文献[3.4]—文献[3.8]。

考虑这样一条光线，当位于 $x=0$ 处时它处于水平状态。假定眼睛的观察位置为 $E(x=x_e)$，如果这点的折射率为 n_e，并且在这一点光线与水平方向的夹角为 θ_e，则有

$$\widetilde{\beta}=n_0=n_e\cos\theta_e \tag{3.17}$$

通常来讲，$\theta_e\ll 1$，则

$$\frac{n_0}{n_e}=\cos\theta_e\approx 1-\frac{1}{2}\theta_e^2$$

$$\Rightarrow \theta_e\approx\sqrt{2\left(1-\frac{n_0}{n_e}\right)} \tag{3.18}$$

在空气压强近似不随高度变化的条件下

$$(n_0-1)T_0\approx(n_e-1)T_e \tag{3.19}$$

从方程(3.19)可以得出

$$1-\frac{n_0-1}{n_e-1}=1-\frac{T_e}{T_0}$$

或者

$$\frac{n_e-n_0}{n_e}=\frac{n_e-1}{n_e}\left(1-\frac{T_e}{T_0}\right)$$

因此

$$\theta_e\approx\sqrt{2\left(1-\frac{1}{n_e}\right)\left(1-\frac{T_e}{T_0}\right)} \tag{3.20}$$

在一个典型的地表温度 $T_0\approx 323\text{K}$(=50℃)的大热天，在地表上方 1.5m 处，$T_e\approx 303\text{K}$(=30℃)。此时，当温度为 30℃ 时，$n_e\approx 1.00026$，这样将得到角度 $\theta_e\approx 5.67\times 10^{-3}\,\text{rad}\approx 0.325°$。如图 3.13 所示，从离地表之上 1.5m 处的 P 点(以不同角度)发出一系列光线，每一光线都有一个特定的不变量 $\widetilde{\beta}(=n_1\cos\theta_1)$ 的值。图中显示，当物点 P 和观察点 E 都接近地表时，连接 P 和 E 的唯一光线将沿着曲线 PME，而从 P 点水平发出的光线在图中指向 PC 方向。因此，在这样的条件下，位于 E 点的眼睛看到的只是物点的像，而不直接是物点 P 本身。我们还发现存在一个区域 R_2，从 P 点发出的光线都不会到达这里，因而在这一区域既看不到物体，也看不到物体的像。所以，这个区域称为阴影区。另外，还存在一个区域 R_1，在这里只能看见物体本身，而看不到物体的虚像。

应该在此提及，当光线开始变为平行于 z 轴之后，其如何弯曲不能直接从方程(3.15)得到，因为在这样的点 $\theta=0$，你可能因而判断光线在过了转折点后会持续水平地走下去，如同图 3.13 中显示的虚线那样。$\theta=0$ 的点称为转折点。但是，当考虑对称性和光线可逆性后，立刻就会得出结论：光线相对于转折点应该是对称的，因而它将继续向上弯曲。从物理上看，光线弯曲可以这样理解：考虑波前的一小部分如 W(见图 3.13)，其上沿将以相对于下沿更小的速度传播，从而使波前向上倾斜(见 W')，光线也就向上弯曲了。此外，像 BB' 这样的直线路径并不对应于光程的一个极值。

下面，考虑一种当 $x\to\infty$ 时，折射率逐渐趋向常数的情况，即

$$n^2(x)=n_0^2+n_2^2(1-\mathrm{e}^{-\alpha x}),\quad x>0 \tag{3.21}$$

其中，n_0、n_2 和 α 是常数，x 代表距地面的高度。当 $x=0$ 时折射率为 n_0，而对应很大的 x

值,折射率趋向于$(n_0^2+n_2^2)^{1/2}$。通过求解光线方程(参见例3.10),可以得到如图3.14与图3.15中所示准确的光线路径。其中各个常数参量取值为

$$n_0=1.000233,\quad n_2=0.45836$$
$$\alpha=2.303\text{m}^{-1} \tag{3.22}$$

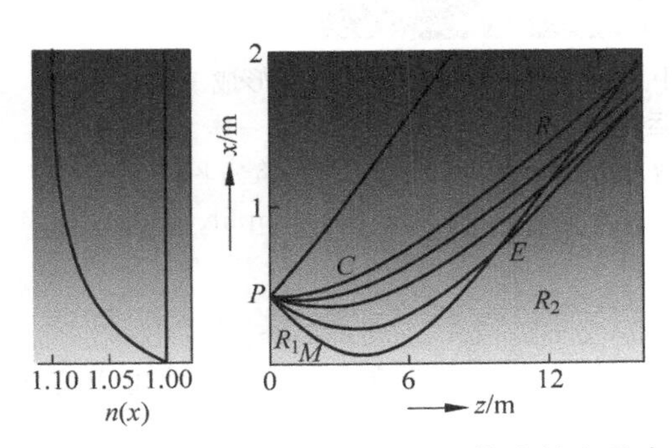

图3.14　由式(3.21)和式(3.22)描述的介质中的光线路径。物点位于$1/\alpha(\approx0.43\text{m})$高度处。这些弯曲的光线分别对应$\theta_1$(初始发射角)$=+\pi/10,0,-\pi/60,-\pi/30,-\pi/15$和$-\pi/10$。渐变的灰色表示折射率沿$x$方向增大

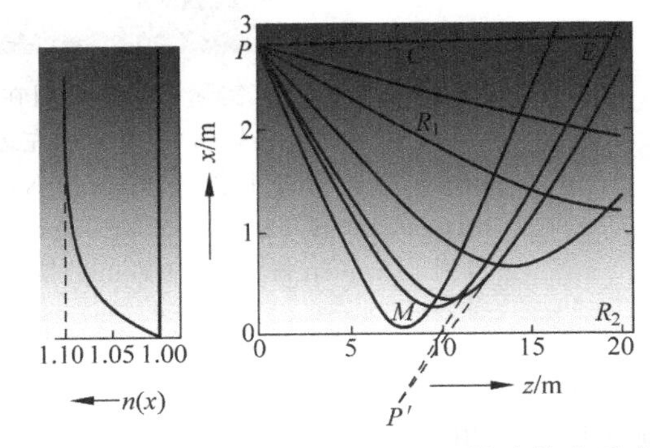

图3.15　由式(3.21)和式(3.22)描述的介质中的光线路径。物点位于2.8m高度处。这些弯曲的光线分别对应θ_1(初始发射角)$=0,-\pi/60,-\pi/30,-\pi/16,-\pi/11,-\pi/10$和$-\pi/8$。渐变的灰色表示折射率沿$x$方向增大

虽然对上述方程的参量取值时得到的折射率变化并不符合实际情况,但是这样的设计可以让我们定量地理解渐变折射率介质中的光线路径是怎样形成的。图3.14与图3.15分别显示距地面0.43m与2.8m的物点发出的光线簇的路径。在图3.14中P点的折射率等于1.06455 $(=n_1)$,而从它发出的各光线对应于不同的发射角θ_1,它是P点处的光线与z轴形成的角度。从图3.14可以看出,当物点P与观察点E都接近地面时,连接P点与E点的光线路径只能是曲线PME,而从P点水平发出的光线将向上弯曲传播,如图3.14中的PC。因此,在这样的条件下,在E点看到的将是海市蜃楼的幻像,而不是位于P点的物。然而,当P与E点高于地面很多时(见图3.15),眼睛几乎可以直线地看到物点P(源于PCE光线),而且还可以接收到表面上看似乎从P'点发出的光线。很容易看到,不同的光线看上去是从不同点发来的,因而看到的反射像有相当大的变形。同样,这里也存在一个阴影区R_2,没有(从P点发出的)光线会到达这里,因此位于这个区域的眼睛既看不到物,也看不到它的像。现实世界中的下现蜃景幻像形成过程如图3.16与图3.17所示。

图3.16　在热天的公路上可以看到的典型的下现蜃景现象。图片取自 http://fizyka.phys.poznan.pl/~pieranks/Physics%20Around%20Us/Air%20mirror.jpg。图片使用得到了皮耶纳斯基(Piernaski)教授的许可

请扫1页二维码看彩图

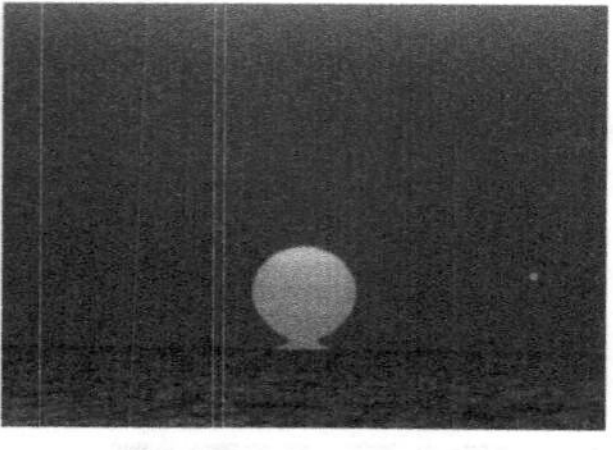

图 3.17　太阳下面的一抹红实际上不是太阳在海洋中的反射像，而是太阳下边缘形成下现蜃景的(反转的)像。几秒以后(注意太阳左边鸟的运动)，反射与创立的像融合为一体。图片由美国海军实验室的卡普兰(George Kaplan)博士拍摄，取自美国海军实验室网站。参阅 http://mintaka.sdsu.edu/GF/explan/simulations/infmir/Kaplan_photo.html。图片使用得到了 Kaplan 博士和杨(Young)博士许可

请扫 1 页二维码看彩图

例 3.5　以图 3.14 中的物点为例，计算使从 P 点发出的光线在 $x=0.2\text{m}$ 处可以变为水平的发射角。

$$\text{在 } x=0.2\text{m},\quad n(x)=1.03827$$

因此，假如 θ_1 代表 P 点发出的光线与 z 轴形成的夹角(见图 3.14)，则有

$$n_1\cos\theta_1=1.03827\times\cos 0$$

得

$$\theta_1\approx 13^\circ$$

进一步，对于 $x=0.2\text{m}$ 处变为水平的光线，其不变量的值

$$\widetilde{\beta}\approx 1.03827$$

例 3.6　在图 3.15 中，物点位于 $x=2.8\text{m}$ 处，对应 $n(x)=1.1$。对于发射角 $\theta_1=-\pi/8$ 的光线来说，

$$\widetilde{\beta}=1.1\cos\theta_1=1.01627$$

这样，当光线在 $x=x_2$ 处变成水平时，有

$$n(x_2)=\widetilde{\beta}=1.01627$$

则

$$x_2=-\frac{1}{\alpha}\ln\left[1-\frac{n^2(x_2)-n_0^2}{n_2^2}\right]$$
$$\approx 0.073\text{m}$$

3.3.2　上现蜃景现象

以上讨论的下现蜃景现象的形成源于热表面上方的空气折射率逐渐增大。而另一方面，在冰冷的海水上方，接近水表面的空气比它上面的空气更冷，因而存在一个相反的温度梯度。则在这样的情况下，其合理的折射率变化可以写成

$$n^2(x)=n_0^2+n_2^2\mathrm{e}^{-\alpha x}\tag{3.23}$$

以式(3.23)描述的介质中的光线路径将在习题 3.13 中讨论。假定 n_0、n_2 和 α 的值还是取自式(3.22)。对于高度为 0.5m 的物点 P，各光线路径如图 3.18 所示。假如眼睛位于 E 点，接收的光线看上去发自 P' 点。这种物体看上去在其实际位置上方的现象称作上现蜃

景。通常透过冰冷的海面看海上的船时会观察到这种现象(见图 3.19 和图 3.20)。再者，既然没有其他光线可以从 P 点发出到达 A 点[①]，在该点人们不可能直接看到物体。

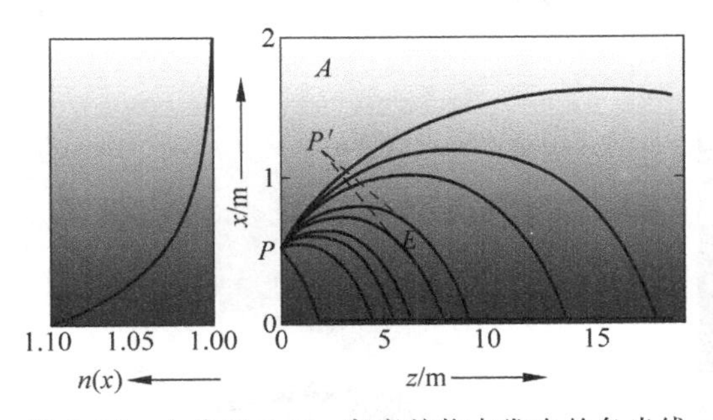

图 3.18　由位于 0.5m 高度的物点发出的各光线路径。折射率分布满足式(3.23)，n_0，n_2 和 α 的取值由式(3.22)给出

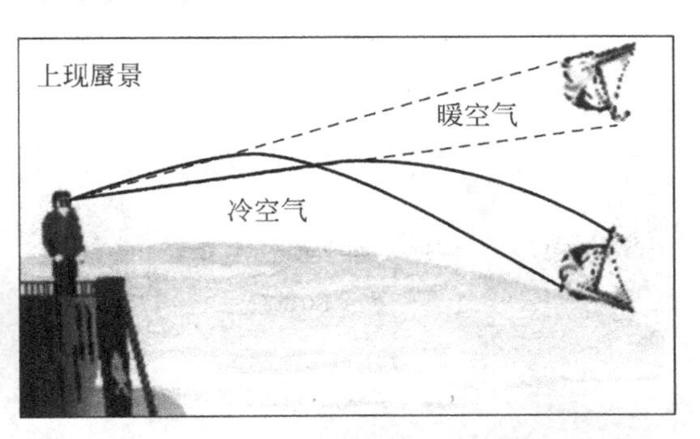

图 3.19　在寒冷的天气中向大海望去，将发现海面处空气比海面上方的空气冷，越往上走空气越暖和。因此折射率将会随着高度的增加而减小，光线此时会发生弯曲，我们将会(在更高的高度)观察到远处船的倒立像，如图所示。这个现象称为上现蜃景

请扫 *1* 页二维码看彩图

图 3.20　群岛中的一间房子和它的上现蜃景。图片引自 http://vitrual.finland.fi/netcomm/news/showarticle.asp?intNWSAID=25722。图片由帕尔维艾宁(Pekka Parviainen)在芬兰的图尔库拍摄。图片使用得到了 Parviainen 博士许可

请扫 *1* 页二维码看彩图

3.3.3　具有渐变折射率的大气层

与渐变折射率介质中成像相联系的一个有趣现象就是日出与日落时的太阳不是圆形的现象(见图 3.21 以及扫 *1* 页二维码看彩图 7.1″)。用下面的方式解释就很容易理解。空气的折射率随着大气层的高度向外逐渐减小。将连续梯度变化的折射率近似成一系列有限

① 原书图 3.18 上没有标注 A 点，译者根据上下文在图中标注了 A 点。——译者注

数量的空气层(每一层有固定的折射率),则光线将如图 3.22 显示的那样弯曲,这样太阳(实际位于 S)看上去就像是在 S'的方向上。因为这个原因,落日看上去扁了一些,并且造成白天的时间比没有大气层时长了 5min。显然,假如在月球表面,太阳在日出与日落时不仅看上去是白色的,而且是圆形的!

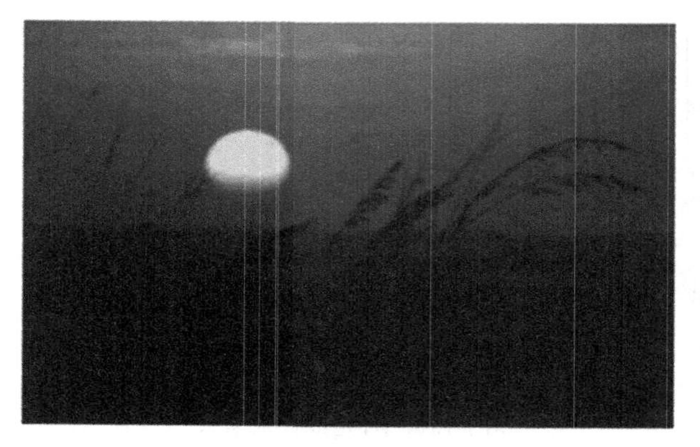

图 3.21 日落时太阳显示出不是圆形

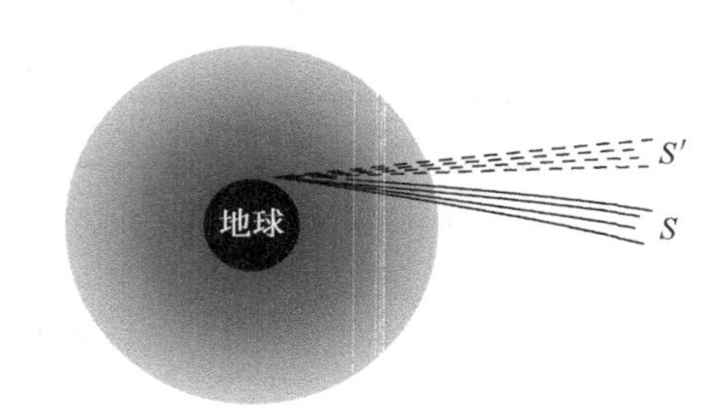

图 3.22 由于折射率的变化,从 S 发出的光看上去来自 S'

3.4 光线方程与它的解 目标 4

本节推导光线方程。方程的解可以给出非均匀介质中精确的光线路径。这里将讨论局限于折射率在一个方向连续变化的特殊情况,这个方向假定为 x 轴方向。这样的介质可以想象成一系列具有不同折射率的包层的极限。如前所述,对于连续变化的折射率介质,乘积 $n(x)\cos\theta(x)$是光线的不变量,用 $\tilde{\beta}$ 表示:

$$n(x)\cos\theta(x)=\tilde{\beta} \tag{3.24}$$

此外,对于连续变化的折射率介质,像图 3.12(a)中的分段直线将变成如图 3.12(b)所示的连续曲线。如果 $\mathrm{d}s$ 代表沿曲线的无限小的弧长,则

$$(\mathrm{d}s)^2=(\mathrm{d}x)^2+(\mathrm{d}z)^2$$

或

$$\left(\frac{\mathrm{d}s}{\mathrm{d}z}\right)^2=\left(\frac{\mathrm{d}x}{\mathrm{d}z}\right)^2+1 \tag{3.25}$$

现在,如果联系图 3.12(b),会发现

$$\frac{\mathrm{d}z}{\mathrm{d}s}=\cos\theta=\frac{\tilde{\beta}}{n(x)} \tag{3.26}$$

这样,方程(3.25)变成

$$\left(\frac{\mathrm{d}x}{\mathrm{d}z}\right)^2=\frac{n^2(x)}{\tilde{\beta}^2}-1 \tag{3.27}$$

对于给定的 $n(x)$变化,将方程(3.27)积分可以给出光线路径 $x(z)$。然而,为了方便,通常将方程(3.27)对 z 微商:

$$2\frac{dx}{dz}\frac{d^2x}{dz^2}=\frac{1}{\tilde{\beta}^2}\frac{dn^2}{dx}\frac{dx}{dz}$$

或者

$$\frac{d^2x}{dz^2}=\frac{1}{2\tilde{\beta}^2}\frac{dn^2}{dx} \tag{3.28}$$

当折射率只与 x 坐标相关时，方程(3.27)与方程(3.28)都是严格的光线方程。

例 3.7　作为方程(3.28)的一个简单应用，考虑一个均匀介质，其折射率为一常数。这样方程(3.28)的右侧为零，可得

$$\frac{d^2x}{dz^2}=0$$

将上式对 z 积分两次，得到

$$x=Az+B$$

这是一个直线方程，它就应该是一均匀介质中的结果。

例 3.8　考察在如下折射率变化介质中的光线路径：

$$n(x)=n_0+kx \tag{3.29}$$

对于上面的折射率变化，光线方程(方程(3.28))取下面的形式：

$$\frac{d^2x}{dz^2}=\frac{1}{2\tilde{\beta}^2}\frac{dn^2}{dx}=\frac{k}{\tilde{\beta}^2}(n_0+kx)$$

或者

$$\frac{d^2X}{dz^2}=\kappa^2X(z) \tag{3.30}$$

其中，

$$X\equiv x+\frac{n_0}{k}\quad 及\quad \kappa=\frac{k}{\tilde{\beta}} \tag{3.31}$$

因此光线路径的解为

$$x(z)=-\frac{n_0}{k}+C_1e^{\kappa z}+C_2e^{-\kappa z} \tag{3.32}$$

其中常数 C_1 和 C_2 由初条件决定。假定在 $z=0$ 处，光线从 $x=x_1$ 处发出，与 z 轴成 θ_1 角，则

$$x(z=0)=x_1$$

以及

$$\left.\frac{dx}{dz}\right|_{z=0}=\tan\theta_1$$

经过基本的运算后得到

$$C_1=\frac{1}{2}\left[x_1+\frac{1}{k}(n_0+n_1\sin\theta_1)\right] \tag{3.33}$$

以及

$$C_2=\frac{1}{2}\left[x_1+\frac{1}{k}(n_0-n_1\sin\theta_1)\right] \tag{3.34}$$

其中，$n_1=n_0+kx_1$ 表示在 $x=x_1$ 处的折射率值。计算中还用到了

$$\tilde{\beta}=n_1\cos\theta_1 \tag{3.35}$$

图3.13显示了式(3.32)给出的光线路径，其中 $x_1=1.5\text{m}$，$n_1=1.00026$ 以及 $k\approx 1.234\times10^{-5}\text{m}^{-1}$。

3.4.1 抛物线型折射率变化介质中的光线路径

考察如下式所描述的抛物线型折射率分布的介质：

$$n^2(x)=n_1^2-\gamma^2x^2 \tag{3.36}$$

现在利用方程(3.27)来确定光线路径。方程(3.27)可以改写成

$$\int\frac{\mathrm{d}x}{\sqrt{n^2(x)-\tilde{\beta}^2}}=\pm\frac{1}{\tilde{\beta}}\int\mathrm{d}z \tag{3.37}$$

将式(3.36)的折射率替换 $n^2(x)$，得到

$$\int\frac{\mathrm{d}x}{\sqrt{x_0^2-x^2}}=\pm\Gamma\int\mathrm{d}z \tag{3.38}$$

其中，

$$x_0=\frac{1}{\gamma}\sqrt{n_1^2-\tilde{\beta}^2} \tag{3.39}$$

以及

$$\Gamma=\frac{\gamma}{\tilde{\beta}} \tag{3.40}$$

令 $x=x_0\sin\theta$，并积分得

$$x=\pm x_0\sin[\Gamma(z-z_0)] \tag{3.41}$$

可以总是选择原点为起始点，以使 $z_0=0$。这样光线路径的通解可以写成

$$x=\pm x_0\sin\Gamma z \tag{3.42}$$

实际上，也可以利用方程(3.28)求得光线路径。下面一种光波导的折射率分布通常写成以下形式①：

$$n^2(x)=\begin{cases}n_1^2\left[1-2\Delta\left(\dfrac{x}{a}\right)^2\right], & |x|<a\\ n_2^2=n_1^2(1-2\Delta), & |x|>a\end{cases} \tag{3.43}$$

$|x|<a$ 的区域是波导的芯，而 $|x|>a$ 的区域一般指波导的包层。则有

$$\gamma=\frac{n_1\sqrt{2\Delta}}{a} \tag{3.44}$$

对于典型的抛物线型折射率分布光纤，

$$n_1=1.5,\quad \Delta=0.01,\quad a=20\mu\text{m} \tag{3.45}$$

给出

$$n_2\approx1.485$$

① 在这种介质中的光线路径具有非常重要的意义，以这种抛物线型折射率分布制作的光纤广泛应用于光纤通信系统(见27.7节)。

以及

$$\gamma \approx 1.0607 \times 10^4 \mathrm{m}^{-1}$$

对于不同 θ_1 角度的典型光线路径见图 3.23。显然，当满足 $n_2<\tilde{\beta}<n_1$ 时，光线将被导引在波导芯内。当 $\tilde{\beta}=n_2$ 时，光线将在芯-包层边界处变为水平。对于 $\tilde{\beta}<n_2$ 的情形，光线将以一定角度入射并跨越芯-包层边界，并被折射出去。因此可以将光线分成

$$n_2<\tilde{\beta}<n_1 \quad \Rightarrow \quad \text{导引光线}$$

$$\tilde{\beta}<n_2 \quad \Rightarrow \quad \text{折射光线} \tag{3.46}$$

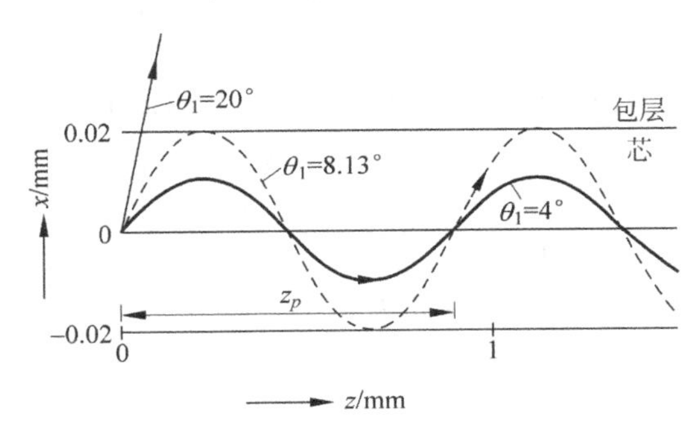

图 3.23　在一抛物线型折射率分布的介质中的一组典型光线路径。它们分别对应式(3.45)的参数 $\theta_1=4°$、8.13°和 20°

在图 3.23 中，三根光线分别对应于

$$z_0=0 \quad \text{和} \quad \theta_1=4°、8.13° \text{及} 20°$$

相应的 $\tilde{\beta}$ 取值大约为 1.496($>n_2$)、1.485($=n_2$)和 1.410($<n_2$)。最后一组光线在芯-包层边界经历了折射。容易看出，正弦摆动的光线的空间周期长度 z_p 为

$$z_p=\frac{2\pi}{\Gamma}=\frac{2\pi a\cos\theta_1}{\sqrt{2\Delta}} \tag{3.47}$$

这样，图 3.23 中摆动的两根光线(它们的角度为 $\theta_1=4°$和 8.13°)z_p 的取值分别为 0.8864mm 和 0.8796mm。实际上，当作傍轴近似时，$\cos\theta_1\approx1$，因此所有光线具有相同的空间周期。在图 3.24 中[①]，画出了一组典型的傍轴光线路径情况，这组入射光线在入射端沿 z 轴平行入射，图中不同的光线对应不同的 $\tilde{\beta}$ 值。

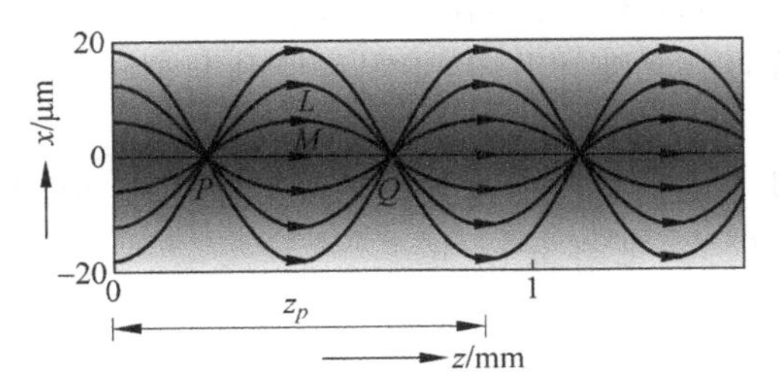

图 3.24　在抛物线型介质中的傍轴光线路径。注意这束光周期性地聚焦和发散

在这里，有四点有趣的特性要特别指出：

(1) 在傍轴近似($\tilde{\beta}\approx n_1$)中，所有平行入射的光线都将聚焦于一特定点。因此这种介

① 原书的第 4 版图 3.24 与图 3.25 排位错位了，第 6 版错位没有改过来，似乎图 3.25 关于 GRIN 透镜的图也换错了。译者除了将图的位置改正之外，又在图 3.25 中将第 4 版图 3.24 作为这里的图 3.25(b)。——译者注

质就像聚焦透镜一样，其焦距为

$$f \approx \frac{\pi}{2}\frac{a}{\sqrt{2\Delta}} \tag{3.48}$$

(2) 以与轴线不同角度入射的光线(比如图3.24中从 P 点发射出的光线)将被“陷”在介质中，因此这类介质扮演着“导轨”的角色。实际上，这类介质被称作光波导。关于它们的研究形成了一个近代人们极感兴趣的课题。

(3) 光线路径只可以存在于 $\tilde{\beta}$ 小于或等于 $n(x)$ 的区域(见式(3.26))。进一步，当 $n(x)$ 等于 $\tilde{\beta}$ 时，$\mathrm{d}x/\mathrm{d}z$ 必将为零(亦即此时光线平行于 z 轴)。这个结论可以从式(3.27)得出。

(4) 在这种介质中，光线就像图3.24所显示的那样周期性地聚焦与发散。在傍轴近似下，所有从 P 点发出的光线都将聚焦于 Q 点。如果结合例3.3的讨论，所有从 P 点到 Q 点的光线都必将经历相同的时间。从物理上看，虽然光线 PLQ 相比 PMQ 传输了更长的路程，但它传输的路径处于平均上较“低”的折射率区域，因此较大的“平均速率”将补偿较长的传输路程，所以所有光线在波导内传播一段距离将经历相同的时间(精确的计算见3.4.2节)。正是由于这个原因，抛物线型折射率光纤被广泛应用于光纤通信系统[①](详见28.7节)。

这里要提一下渐变折射率透镜(gradiant-index，GRIN，也称自聚焦透镜)，其特点是折射率沿着横向以抛物线型变化。现在已经商用化了，而且应用广泛(参见图3.25(a))。比如，GRIN透镜可以用来将激光二极管输出的光束耦合入光纤。这样的GRIN透镜长度为 $z_p/4$(参见图3.25(b))，典型的 z_p 为几厘米[②]，透镜的直径只有几毫米。这样小的透镜有许多用途。同样，具有 $z_p/2$ 的GRIN透镜可以在两个透镜之间实施端到端的准直光传输。

3.4.2 抛物线型折射率波导中光线渡越时间的计算

本节将计算一束光线在如式(3.36)所描述的抛物线型折射率波导内通过一段距离所用的时间，这一计算在光纤通信系统中是非常重要的(参见28.7节)。正如3.4.1节讨论的一样，(在光波导芯内)光线路径由下式给出：

$$x = x_0 \sin\Gamma z \tag{3.49}$$

其中，x_0 与 Γ 已经在式(3.39)和式(3.40)中定义过。令 $\mathrm{d}\tau$ 代表光线传播一段长度 $\mathrm{d}s$ 所需的时间(见图3.12(b))：

$$\mathrm{d}\tau = \frac{\mathrm{d}s}{c/n(x)} \tag{3.50}$$

其中，c 为自由空间的光速。既然

$$n(x)\frac{\mathrm{d}z}{\mathrm{d}s} = \tilde{\beta}$$

(见式(3.26))可以将方程(3.50)写成

① 局域网。——译者注

② z_p 是自聚焦透镜的节距，定义为光线沿正弦轨迹走完一个周期沿 z 方向走过的距离。——译者注

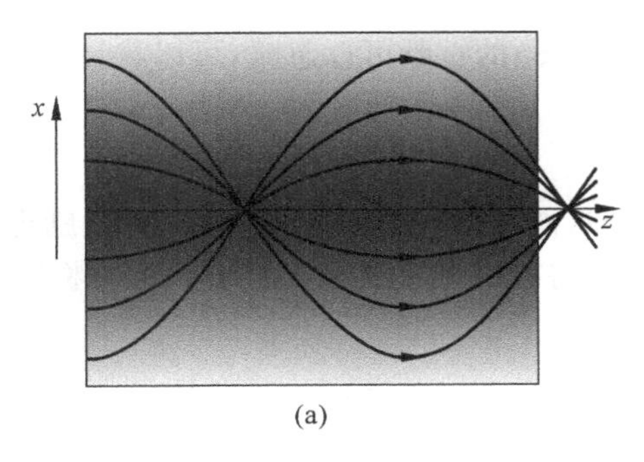

(a)

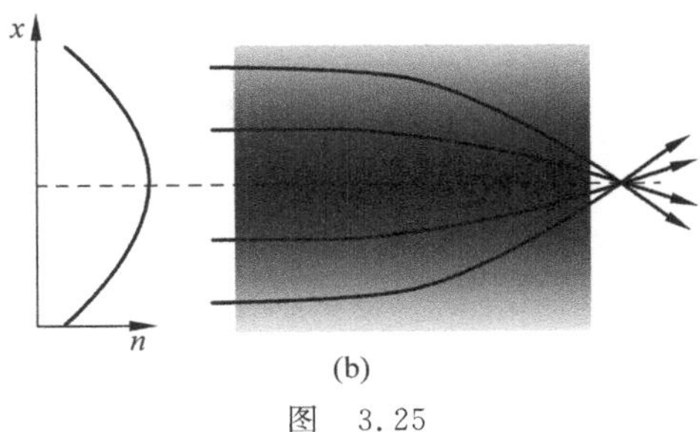

(b)

图　3.25

(a) 具有抛物线型折射率变化介质中的光线路径，介质中的折射率沿横向随离中心的距离而减小。它的聚焦特性有许多重要用途(请扫 1 页二维码看彩图)。(b) 具有抛物线型折射率变化的渐变折射率透镜。该透镜可以如同普通透镜一样聚焦光束。此图取自 http://en.wikipedia.org/wiki/Refractive_index

$$\begin{aligned} \mathrm{d}\tau &= \frac{1}{c\widetilde{\beta}} n^2(x)\mathrm{d}z \\ &= \frac{1}{c\widetilde{\beta}}[n_1^2 - \gamma^2 x^2]\mathrm{d}z \end{aligned}$$

或者

$$\mathrm{d}\tau = \frac{1}{c\widetilde{\beta}}[n_1^2 - \gamma^2 x_0^2 \sin^2 \Gamma z]\mathrm{d}z \tag{3.51}$$

其中最后一步推导用到了方程(3.49)。这样，如果 $\tau(z)$ 代表光线沿着波导传播一段距离 z 后所花的时间，则

$$\begin{aligned} \tau(z) &= \frac{n_1^2}{c\widetilde{\beta}}\int_0^z \mathrm{d}z - \frac{\gamma^2 x_0^2}{c\widetilde{\beta}}\int_0^z \frac{1-\cos(2\Gamma z)}{2}\mathrm{d}z \\ &= \frac{1}{c\widetilde{\beta}}\left(n_1^2 - \frac{1}{2}\gamma^2 x_0^2\right)z + \frac{\gamma^2 x_0^2}{2c\widetilde{\beta}}\,\frac{1}{2\Gamma}\sin 2\Gamma z \end{aligned}$$

或者

$$\tau(z) = \frac{1}{2c\widetilde{\beta}}(n_1^2 + \widetilde{\beta}^2)z + \frac{(n_1^2 - \widetilde{\beta}^2)}{4c\gamma}\sin 2\Gamma z \tag{3.52}$$

其中用到了方程(3.39)。当 $\widetilde{\beta} = n_1$(这对应于沿 z 轴的光线)时，有

$$\tau = \frac{z}{c/n_1} \tag{3.53}$$

这个结果是应该预期到的，因为这束光线总是以速度 c/n_1 传输。对于很大的 z 值，方

程(3.52)右侧的第2项对于$\tau(z)$的贡献可以忽略,可以将耗时写成

$$\tau(z)=\frac{1}{2c}\left(\tilde{\beta}+\frac{n_1^2}{\tilde{\beta}}\right)z \tag{3.54}$$

假如现在有一个光脉冲从波导的一端入射,一般它会激励出大量光线。而既然不同光线经历不同的时间,所以脉冲将在时域上展宽。对于一个抛物线型折射率光波导,这种脉冲展宽为

$$\Delta\tau=\tau(\tilde{\beta}=n_2)-\tau(\tilde{\beta}=n_1)$$

或者

$$\Delta\tau=\frac{z}{2c}\frac{(n_1-n_2)^2}{n_2}\approx\frac{zn_2}{2c}\Delta^2 \tag{3.55}$$

其中最后一步已经假设

$$\Delta\equiv\frac{n_1^2-n_2^2}{2n_1^2}\approx\frac{n_1-n_2}{n_2} \tag{3.56}$$

对于式(3.45)的参数,可得

$$\Delta\tau\approx 0.25\text{ns/km} \tag{3.57}$$

在第28章中还将利用这一结果。

例3.9 下面将考虑在具有如下折射率变化的介质中的光线路径:

$$\begin{cases}n^2(x)=n_1^2, & x<0\\ n^2(x)=n_1^2-gx, & x>0\end{cases} \tag{3.58}$$

这样,在$x>0$的区域,$n^2(x)$随x线性减小,则方程(3.28)取下面的形式:

$$\frac{\mathrm{d}^2x}{\mathrm{d}z^2}=-\frac{g}{2\tilde{\beta}^2}$$

此方程的通解为

$$x(z)=-\frac{g}{4\tilde{\beta}^2}z^2+K_1z+K_2 \tag{3.59}$$

在图3.26中考虑一于原点入射的光线($x=0,z=0$),则

$$K_2=0,\quad \tilde{\beta}=n_1\cos\theta_1 \tag{3.60}$$

进而

$$\left.\frac{\mathrm{d}x}{\mathrm{d}z}\right|_{z=0}=K_1=\tan\theta_1 \tag{3.61}$$

因此光线路径由下式描述:

$$x(z)=\begin{cases}(\tan\theta_1)z, & z<0\\ -\dfrac{gz}{4\tilde{\beta}^2}(z-z_0), & 0<z<z_0\\ -\dfrac{gz_0}{4\tilde{\beta}^2}(z-z_0), & z>z_0\end{cases} \tag{3.62}$$

其中,

$$z_0=\frac{2n_1^2}{g}\sin 2\theta_1$$

因此在 $0<z<z_0$ 的区域内光线路径是抛物线。图 3.26 中画出了对应于以下参数的典型光线路径：

$$n_1=1.5,\quad g=0.1\text{m}^{-1}$$

这些不同光线对应于不同的角度：

$$\theta_1=\frac{\pi}{9},\quad \frac{\pi}{6},\quad \frac{\pi}{4},\quad \frac{\pi}{3}$$

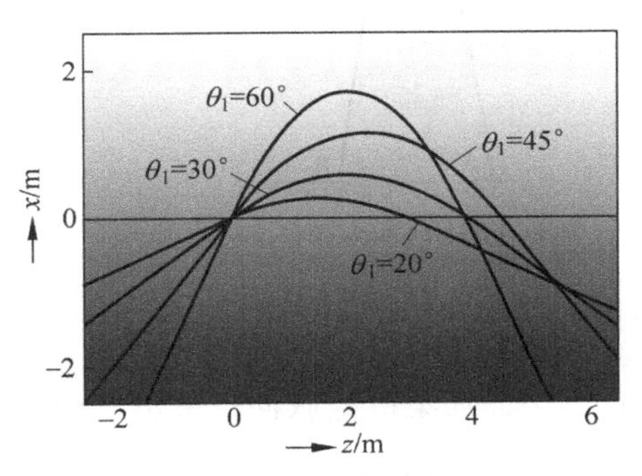

图 3.26　由式(3.58)描述的介质中的抛物线光线路径(对应于 $\theta_1=20°$、$30°$、$45°$和 $60°$)。在 $x<0$ 的区域光线路径是直线

3.4.3　自电离层的反射

太阳辐射中的紫外线会造成大气层中的各组分气体电离，从而形成电离层。在高度低于 60km 时，这种电离现象几乎可以忽略。由于在电离层中存在自由电子，则其折射率由下式给出(详见第 7 章方程(7.76))：

$$n^2(x)=1-\frac{N_e(x)q^2}{m\varepsilon_0\omega^2} \tag{3.63}$$

其中，$N_e(x)$表示电子数/单位体积(m^{-3})；x 表示距离地面的高度(m)；ω 表示电磁波的角频率；$q\approx1.60\times10^{-19}$C，表示电子电量；$m\approx9.11\times10^{-31}$kg，表示电子质量；$\varepsilon_0\approx8.854\times10^{-12}\text{C}^2/(\text{N}\cdot\text{m}^2)$，表示真空中的介电常数。

这样，电子数密度从 0 开始增加(从高度 60km 开始算起)，而折射率开始减小。则电离层中的光线路径将与例 3.9 中描述的十分相似。

定义 n_T 代表光线经历转折点 T(此时光线水平)时的折射率，则(见图 3.27)

$$\tilde{\beta}=\cos\theta_1=n_T \tag{3.64}$$

这样，假设电磁信号从 A 点(以角度 θ_1)发射出，而在 B 点被接收到，则可以确定反射电磁波束的电离层的折射率(进而确定电子数密度)。这就是短波无线电($\lambda=20$m)从一个城市(比如伦敦)以一个特定角度发送广播，经电离层的反射，到达另一个城市(比如新德里)的原理。例如，对于正入射，$\theta=\pi/2$，以及 $n_T=0$，预示着

$$N_e(x_T)=\frac{m\varepsilon_0\omega^2}{q^2} \tag{3.65}$$

在一个典型的实验中，一个电磁脉冲(其频率在 0.5～20MHz)沿竖直向上发射，如果经历一个时延 Δt 以后接收到其回波，则

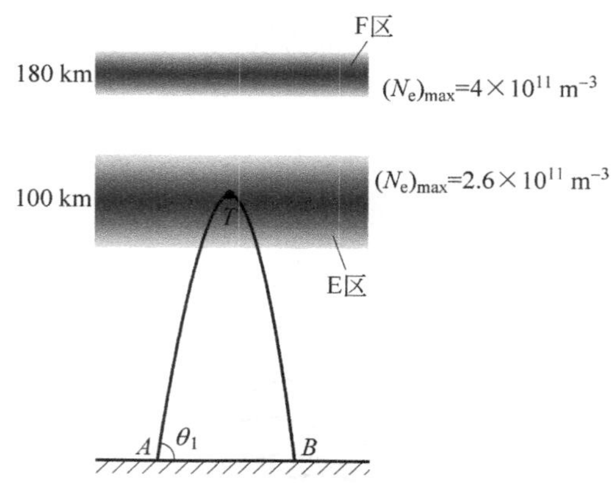

图 3.27　从电离层的区域 E 反射，T 表示转折点。灰度的变化代表电子数密度的变化

$$\Delta t\approx\frac{2h}{c}\tag{3.66}$$

其中，h 表示经历反射的高度。因此如果电磁脉冲经电离层的 E 层(大约 100km 高)反射，将在 670μs 后收到回波。反过来，通过测量时延，也可以通过下式确定(脉冲被反射)高度：

$$h\approx\frac{c}{2}\Delta t\tag{3.67}$$

图 3.28 中画出了电磁脉冲频率与从 E 区到 F 区反射的等价高度(由回声的时延得出)的关系。从图中看出，当 $\nu=4.6\times10^6$ Hz 时，回声突然从 100km 高度消失，所以有

$$\begin{aligned}N_e(100\text{km})&\approx\frac{m\varepsilon_0(2\pi\nu)^2}{q^2}\\&\approx\frac{9.11\times10^{-31}\times8.854\times10^{-12}\times(2\pi\times4.6\times10^6)^2}{(1.6\times10^{-19})^2}\ \text{电子}/\text{m}^3\\&\approx2.6\times10^{11}\ \text{电子}/\text{m}^3\end{aligned}$$

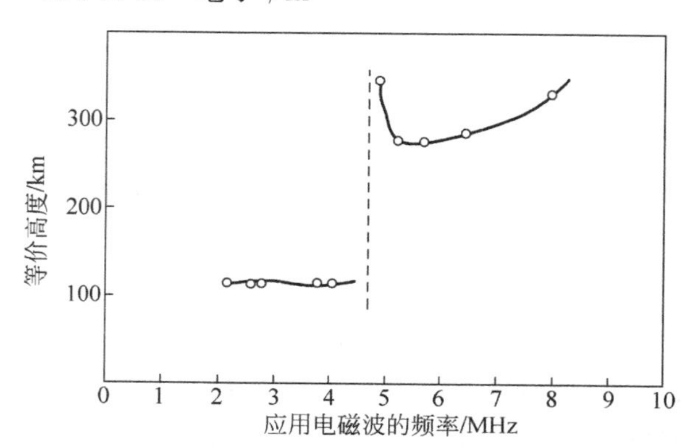

图 3.28　电磁脉冲频率与从 E 区到 F 区反射的等价高度的关系(取自文献[3.9])

如果进一步增大频率，电磁回声从电离层的 F 区又出现了。如果要了解更多的关于电离层研究的细节，读者可以参阅米特(S. K. Mitra)教授撰写的易于理解的多本教材之一(参见文献[3.9])。

例 3.10　求如下折射率分布介质中的光线方程的解：

$$n^2(x)=n_0^2+n_2^2(1-\mathrm{e}^{-\alpha x})\tag{3.68}$$

将上式代入方程(3.27)，将得到

$$\pm \mathrm{d}z = \frac{\widetilde{\beta}\,\mathrm{d}x}{[(n_0^2 + n_2^2 - \widetilde{\beta}^2) - n_2^2 \mathrm{e}^{-\alpha x}]^{1/2}} = \frac{\widetilde{\beta}\,\mathrm{e}^{\alpha x/2}\,\mathrm{d}x}{n_2[K^2 \mathrm{e}^{\alpha x} - 1]^{1/2}}$$

或者

$$\pm \mathrm{d}z = \frac{2\widetilde{\beta}}{K\alpha n_2} \frac{\mathrm{d}\Phi}{(\Phi^2 - 1)^{1/2}} \tag{3.69}$$

其中，

$$K = \frac{1}{n_2}(n_0^2 + n_2^2 - \widetilde{\beta}^2)^{1/2} \tag{3.70}$$

$$\Phi(x) = K\mathrm{e}^{\alpha x/2} \tag{3.71}$$

式(3.69)中的“+”和“−”分别对应于向上和向下传播的光线。另外，

$$\widetilde{\beta} = n_1 \cos\theta_1 \tag{3.72}$$

其中，θ_1 是光线起始时在 $x=x_1$，$z=0$ 以及 $n_1=n(x_1)$ 情况下与 z 轴的夹角。利用初等积分，得到光线路径公式

$$x(z) = \frac{2}{\alpha}\ln\left[\frac{1}{K}\cosh\gamma(C \pm z)\right] \tag{3.73}$$

其中，

$$\gamma = \frac{\alpha K n_2}{2\widetilde{\beta}} \tag{3.74}$$

既然在 $x=x_1$ 时 $z=0$(起始点)，得

$$C = \frac{1}{\gamma}\operatorname{arccosh}(K\mathrm{e}^{\alpha x_1/2}) \tag{3.75}$$

还可得

$$K\mathrm{e}^{\alpha x_1/2} = \left(\frac{n_0^2 + n_2^2 - \widetilde{\beta}^2}{n_0^2 + n_2^2 - n_1^2}\right)^{1/2} \tag{3.76}$$

对于在 $x=x_1$ 水平发射的光线，$C=0$。一些典型光线(对于不同的 θ_1 角)的路径见图 3.14 和图 3.15。

3.5　光线在各向同性介质和各向异性介质的分界面的折射　目标 5

本节将利用费马原理来确定光线入射到一个各向同性介质与各向异性介质分界面时，其折射光线的方向①。在各向同性介质中，在各个方向上，介质的性质保持相同，其典型物质如玻璃、水、空气。然而，在各向异性介质中，某些性质(如光速)在各个方向上有可能不同。在第 22 章中将更详细地讨论各向异性介质。在这里只做如下讨论：当光线投射到方解石这类晶体上时，一般来说，它将分成两束光线，一束称为寻常光线，另一束称为非常光线。寻常光线的传播速度在各个方向保持相同，因此它遵守斯涅耳定律(Snell's law)，然而非常光线却不如此。在此利用费马原理来研究一束光从各向同性介质中入射到各向异性介

---

① 将费马原理应用于各向异性介质的证明在纽科姆(Newcomb)的书(文献[3.10])中给出了，这个证明相当复杂。关于双轴介质中光线路径的讨论可参见文献[3.11]。

质中的折射规律,两类介质均假定是均匀的。

在单轴介质中,非常光线的折射率变化由下式给出(参见第22章式(22.121)):

$$n^2(\theta)=n_o^2\cos^2\theta+n_e^2\sin^2\theta \tag{3.77}$$

其中,n_o 和 n_e 是晶体的两个常数,θ 表示光线与光轴的夹角。显然,当非常光线的传播方向与光轴方向一致(即 $\theta=0$)时,其光速为 c/n_o,而当其传播方向与光轴方向垂直($\theta=\pi/2$)时,光速为 c/n_e。

3.5.1 光轴垂直于分界面的情况

首先考察最简单的情况,即光轴方向垂直于分界面的情况。参照图3.29,光线从 A 点到 B 点的光程为

$$L_{op}=n_1[h_1^2+(L-x)^2]^{1/2}+n(\theta)(h_2^2+x^2)^{1/2} \tag{3.78}$$

其中,n_1 是介质Ⅰ的折射率,另外已经假定入射光线、折射光线和光轴方向在一个平面内。由于

$$\cos\theta=\frac{h_2}{(h_2^2+x^2)^{1/2}},\quad \sin\theta=\frac{x}{(h_2^2+x^2)^{1/2}}$$

有

$$L_{op}=n_1[h_1^2+(L-x)^2]^{1/2}+(n_o^2h_2^2+n_e^2x^2)^{1/2} \tag{3.79}$$

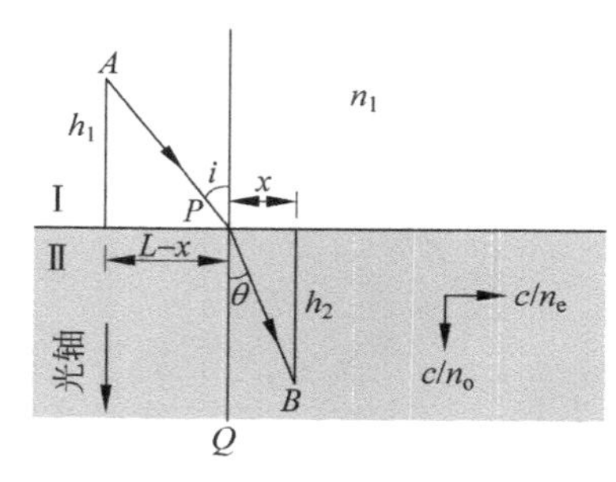

图3.29 当(单轴晶体)的光轴垂直于分界面时非常光线的折射方向

对于真实光线,必然有

$$\frac{dL_{op}}{dx}=0$$

意味着

$$\frac{n_1(L-x)}{[h_1^2+(L-x)^2]^{1/2}}=\frac{n_e^2x}{(n_o^2h_2^2+n_e^2x^2)^{1/2}}$$

或者

$$n_1\sin i=\frac{n_e^2\tan r}{(n_o^2+n_e^2\tan^2 r)^{1/2}} \tag{3.80}$$

这里用到了以下关系:

$$\text{折射角 } r=\theta \quad \text{以及} \quad \tan r=\frac{x}{h_2}$$

利用简单的计算,得

$$\tan r=\frac{n_{\mathrm{o}}n_1\sin i}{n_{\mathrm{e}}\sqrt{n_{\mathrm{e}}^2-n_1^2\sin^2 i}} \tag{3.81}$$

利用这个公式我们计算(当光轴垂直于分界面时)给定任意入射角时的折射角。作为一个简单的例子,假定第一个介质是空气,$n_1=1$,则

$$\tan r=\frac{n_{\mathrm{o}}\sin i}{n_{\mathrm{e}}\sqrt{n_{\mathrm{e}}^2-\sin^2 i}}\quad (n_1=1) \tag{3.82}$$

如果假设第二个介质是方解石,则

$$n_{\mathrm{o}}=1.65836,\quad 以及\ n_{\mathrm{e}}=1.48641$$

因此当 $i=45°$时,容易得到

$$r\approx 31.1°$$

容易看出,当 $n_{\mathrm{o}}=n_{\mathrm{e}}=n_2$ 时,方程(3.80)还原成

$$n_1\sin i=n_2\sin r \tag{3.83}$$

这就是斯涅耳定律(Snell's law)。

3.5.2 光轴在入射面内的情况①

下一步考虑更普遍的情况。如图 3.30 所示,光轴与法线成 ϕ 角,且光轴在入射面内。在这里需要提及,一般情况下,非常光线不一定也在入射面内。然而可以证明,当光轴在入射面内时,非常光线也在入射面内。在目前的计算中,正是假定在这种情况下,计算给定入射角时的折射光线方向。图 3.30 中,从 A 点到 B 点的光程为

$$L_{\mathrm{op}}=n_1[h_1^2+(L-x)^2]^{1/2}+n(\theta)(h_2^2+x^2)^{1/2} \tag{3.84}$$

既然 $\theta=r-\phi$,则有

$$\begin{aligned}n^2(\theta)&=n_{\mathrm{o}}^2\cos^2(r-\phi)+n_{\mathrm{e}}^2\sin^2(r-\phi)\\&=n_{\mathrm{o}}^2(\cos r\cos\phi+\sin r\sin\phi)^2+n_{\mathrm{e}}^2(\sin r\cos\phi-\cos r\sin\phi)^2\\&=n_{\mathrm{o}}^2\left(\frac{h_2}{\sqrt{h_2^2+x^2}}\cos\phi+\frac{x}{\sqrt{h_2^2+x^2}}\sin\phi\right)^2+\\&\quad n_{\mathrm{e}}^2\left(\frac{x}{\sqrt{h_2^2+x^2}}\cos\phi-\frac{h_2}{\sqrt{h_2^2+x^2}}\sin\phi\right)^2\end{aligned}$$

所以

$$n(\theta)=\frac{1}{\sqrt{h_2^2+x^2}}[n_{\mathrm{o}}^2(h_2\cos\phi+x\sin\phi)^2+n_{\mathrm{e}}^2(x\cos\phi-h_2\sin\phi)^2]^{1/2} \tag{3.85}$$

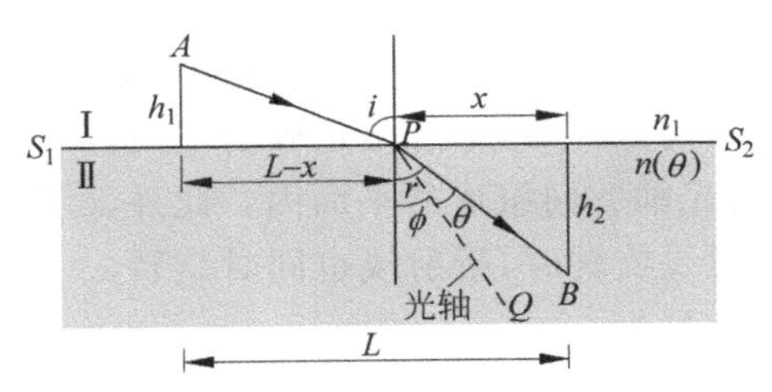

图 3.30 当(单轴晶体)的光轴在入射面内,且与法线成 ϕ 角时,非常光线的折射方向

① 第一次阅读可略过。

以及

$$L_{op}=n_1[h_1^2+(L-x)^2]^{1/2}+[n_o^2(h_2\cos\phi+x\sin\phi)^2+n_e^2(x\cos\phi-h_2\sin\phi)^2]^{1/2} \tag{3.86}$$

对于实际光线路径,必须有

$$\frac{dL_{op}}{dx}=0$$

意味着

$$\frac{n_1(L-x)}{[h_1^2+(L-x)^2]^{1/2}}=\frac{n_o^2(h_2\cos\phi+x\sin\phi)\sin\phi+n_e^2(x\cos\phi-h_2\sin\phi)\cos\phi}{[n_o^2(h_2\cos\phi+x\sin\phi)^2+n_e^2(x\cos\phi-h_2\sin\phi)^2]^{1/2}}$$

或者

$$n_1\sin i=\frac{n_o^2\cos\theta\sin\phi+n_e^2\sin\theta\cos\phi}{(n_o^2\cos^2\theta+n_e^2\sin^2\theta)^{1/2}} \tag{3.87}$$

对于给定的角度 i 和 ϕ 值,求解上述方程可以得到 θ 值,从而得到折射角 $r(=\theta+\phi)$值。

下面几种特殊情况需要注意:

(1) 当 $n_o=n_e=n_2$ 时,各向异性介质变为各向同性介质,式(3.87)将简化为

$$n_1\sin i=n_2\sin(\theta+\phi)=n_2\sin r$$

这就是斯涅耳定律(Snell's law)。

(2) 当 $\phi=0$,即光轴垂直于分界面时,式(3.87)变成

$$n_1\sin i=\frac{n_e^2\sin\theta}{(n_o^2\cos^2\theta+n_e^2\sin^2\theta)^{1/2}}=\frac{n_e^2\sin r}{(n_o^2\cos^2 r+n_e^2\sin^2 r)^{1/2}} \tag{3.88}$$

其中用到了 $r=\theta$,上式同式(3.80)是一致的。

(3) 最后,考虑正入射的情况,即 $i=0$。则式(3.87)给出

$$n_o^2\cos\theta\sin\phi+n_e^2\sin\theta\cos\phi=0$$

或者

$$n_o^2\cos(r-\phi)\sin\phi+n_e^2\sin(r-\phi)\cos\phi=0$$

或者

$$\cos r(n_o^2\cos\phi\sin\phi-n_e^2\sin\phi\cos\phi)+\sin r(n_o^2\sin^2\phi+n_e^2\cos^2\phi)=0$$

或者

$$\tan r=\frac{(n_e^2-n_o^2)\cos\phi\sin\phi}{n_o^2\sin^2\phi+n_e^2\cos^2\phi} \tag{3.89}$$

式(3.89)显示,通常 $r\neq0$(见图3.31)。这里要指出:对于正入射,无论光轴的方向如何,这个结论总是正确的,且折射线(非常光线)位于法线与光轴方向组成的平面内。此外,对于正入射,当晶体绕着入射线旋转时,折射线也同时旋转,构成一个圆锥面(见图22.20(b))。

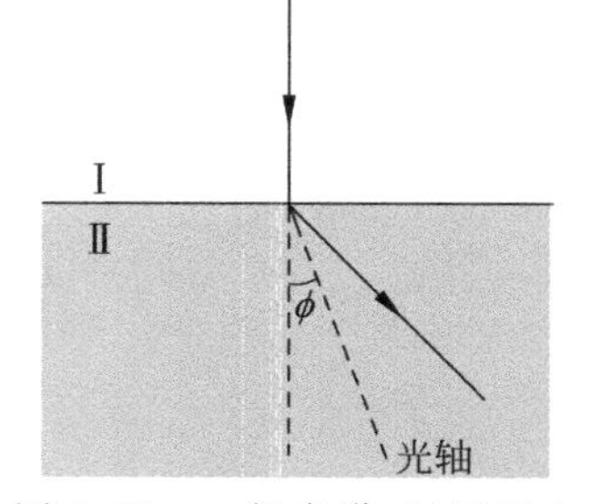

图3.31 一般来讲,对于正入射,折射线通常经历有一定角度的偏折。然而,当光轴平行于或者垂直于分界面时,折射线并不偏折

回到式(3.89),注意到:当光轴垂直于分界面($\phi=0$),或者光轴平行于分界面,且位于入射面内($\phi=\pi/2$)时,$r=0$,亦即折射线不偏离法线。

小　　结

- 有些许改进的费马原理是：两点之间的真实路径是其光程相对于路径的变分是平稳的那一条。
- 折射定律亦即斯涅耳定律（$n_1\sin\phi_1=n_2\sin\phi_2$，其中 ϕ_1 和 ϕ_2 代表入射角和折射角）可以由费马原理推导出来。
- 对于折射率变化为 $n(x)$ 的非均匀介质，其光线路径 $z(x)$ 要满足 $n(x)\cos\theta(x)$ 的乘积保持常数；其中 $\theta(x)$ 是光线与 z 轴的夹角。这个常数以 $\tilde{\beta}$ 表示，称为光线不变量。精确的光线路径由下面两个方程之一求解：

$$\frac{\mathrm{d}x}{\mathrm{d}z}=\pm\frac{\sqrt{n^2(x)-\tilde{\beta}^2}}{\tilde{\beta}}$$

  或者

$$\frac{\mathrm{d}^2x}{\mathrm{d}z^2}=\frac{1}{2\tilde{\beta}^2}\frac{\mathrm{d}n^2(x)}{\mathrm{d}x}$$

  其中不变量 $\tilde{\beta}$ 由光线初始条件决定。
- 通过解光线方程得到光线路径，可以用来研究下现蜃景、上现蜃景现象，以及电离层中的反射现象。
- 非均匀介质中，折射率连续变化，而均匀介质中，折射率处处是常数。
- 在抛物线型折射率分布介质中，当傍轴近似时，$\cos\theta$ 近似看成 1，则所有从一点发出的光线会周期性聚焦。
- 在抛物线型折射率分布 $n^2(x)=n_1^2-\gamma^2x^2$ 介质中，光线路径是按照正弦规律摆动的

$$x=\pm x_0\sin\Gamma z$$

其中，$\Gamma=\dfrac{\gamma}{\tilde{\beta}}$，$x_0=\dfrac{1}{\gamma}\sqrt{n_1^2-\tilde{\beta}^2}$，并且假定光线入射时，$x=0$，$z=0$。以不同角度入射的光线经历较长距离的传播后近似具有相同的时间。

- 费马原理可以用来研究光线在各向同性与各向异性介质分界面的折射现象。
- 对于单轴晶体，非寻常光沿光轴方向的速度是 c/n_o，沿垂直于光轴方向的速度是 c/n_e。

习　　题

习题 3.1～习题 3.3 是利用费马原理推导球面镜傍轴成像规律。

3.1　考虑一个物点 O 位于一个曲率中心在 C 点的凹面镜前，令另一点 Q 在系统的轴线上。利用同例 3.3 相似的方法，证明其光程 $L_{op}(=OS+SQ)$ 近似为

$$L_{\mathrm{op}} \approx x+y+\frac{1}{2}r^2\left(\frac{1}{x}+\frac{1}{y}-\frac{2}{r}\right)\theta^2 \tag{3.90}$$

其中距离 x、y 和 r 以及角度 θ 的定义如图 3.32 所示，假定 θ 很小。

并证明凹面镜的傍轴成像公式为

$$\frac{1}{u}+\frac{1}{v}=\frac{2}{R} \tag{3.91}$$

其中，u 和 v 是物距和像距，R 是曲率半径。符号采用传统规定，即在 P 点右侧为正，在 P 点左侧为负。

3.2 费马原理也可以用来确定当物成一虚像时的傍轴像点。考察一凸面镜 SPM(见图 3.33)前面的物点 O。现在假定光程 L_{op} 为 $OS-SQ$，负号是由于在 S 点光线指向 Q 的反向(见例 3.4)。证明

$$L_{\mathrm{op}} \approx OS-SQ \approx x-y+\frac{1}{2}r^2\left(\frac{1}{x}-\frac{1}{y}+\frac{2}{r}\right)\theta^2 \tag{3.92}$$

其中，距离 x、y 和 r 以及角度 θ 的定义如图 3.33 所示。证明在 $y=y_0$ 处的傍轴像点由下式决定：

$$\frac{1}{x}-\frac{1}{y_0}=-\frac{2}{r} \tag{3.93}$$

这与方程(3.91)一致，只是 u 为正值，而像距 v 与曲率半径为负，这是因为像点与曲率中心在 P 点的左方。

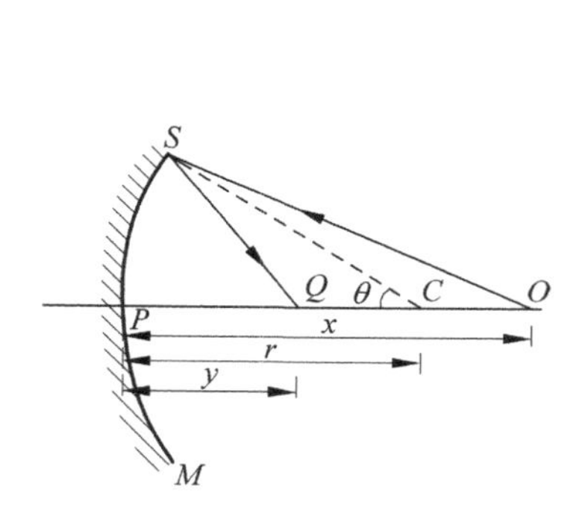

图 3.32　凹面镜傍轴成像

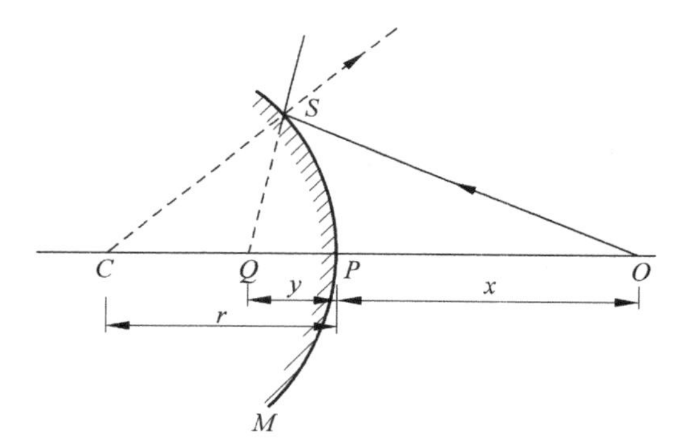

图 3.33　凸面镜的傍轴成像

3.3 续习题 3.1，利用费马原理确定：对于曲率半径为 R 的凹面镜，当物点距离小于 $R/2$ 时的球面镜成像公式。

3.4 下面考察将折射率分别为 n_1 和 n_2 的介质分开的凹折射面 SPM 前面一物点 O 的成像情况(见图 3.34)。C 表示曲率中心。这种情况下，成像为一虚像。令 Q 为光轴上的任意一点。现在考虑光程 $L_{\mathrm{op}}=n_1OS-n_2SQ$。证明：

$$\begin{aligned} L_{\mathrm{op}} &= n_1OS-n_2SQ \\ &\approx n_1x-n_2y-\frac{1}{2}r^2\left(\frac{n_2}{y}-\frac{n_1}{x}-\frac{n_2-n_1}{r}\right)\theta^2 \end{aligned} \tag{3.94}$$

再证明上面的表达式与傍轴成像方程(3.10)一致。请注意：u、v 和 R 均为负值，因为它们都位于折射面的左边。

3.5 如果将一个椭圆沿它的主轴旋转就会得到一个旋转椭球。利用费马原理证明：只要椭圆的偏心率等于 n_1/n_2，所有平行于主轴的光线都将聚焦于椭球的一个焦点(见图 3.35)。

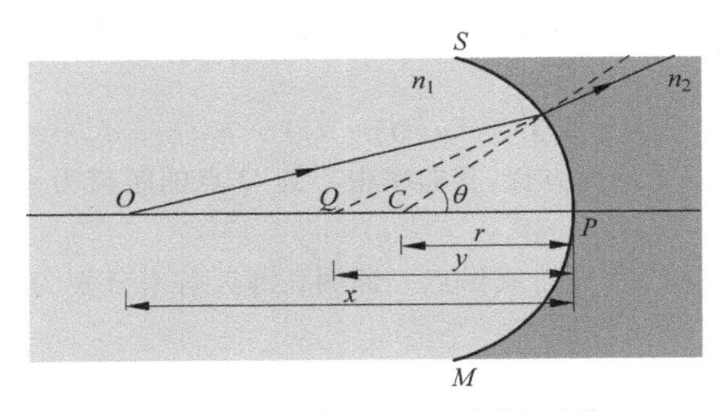

图 3.34　凹折射面 SPM 的傍轴成像

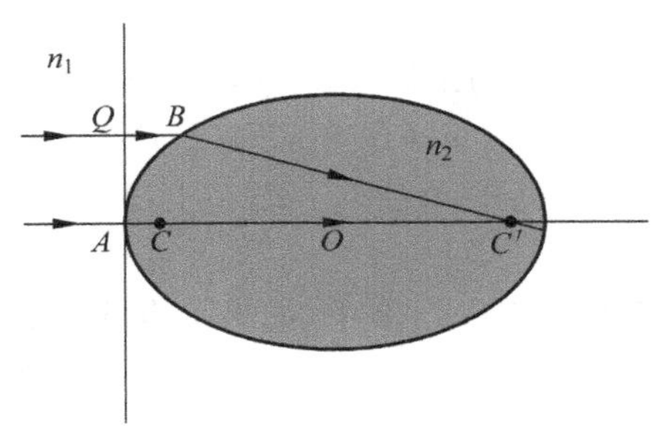

图 3.35　只要椭圆的偏心率等于 n_1/n_2，所有平行于旋转椭球主轴的光线都将聚焦于椭球的一个焦点

(提示：从下面的关系入手

$$n_2AC'=n_1QB+n_2BC'$$

并证明 B 点(其坐标是 x 和 y)位于一个椭圆的边缘。)

3.6 C 是半径为 R 的折射球面的中心(见图 3.36)，P_1 与 P_2 是一直径上距离中心等距的两点。(1)求光程 P_1O+OP_2 与 θ 的函数关系；(2)找到 P_1OP_2 是球面反射真实光线时对应的 θ 角。

3.7 SPM 是将折射率分别为 n_1 和 n_2 的介质分开的球形折射面(见图 3.37)。考虑物点 O 在 I 点成一虚像。我们假定从 O 点发出的所有光线表面上看就如同都从 I 发出的一样，从而在 I 形成的是一个完美的虚像。根据费马原理，必然有

$$n_1OS-n_2SI=n_1OP-n_2PI$$

其中，S 是折射球面上的任意一点。假定上述方程右侧为零，证明折射界面是球面，且其半径为

$$r=\frac{n_1}{n_1+n_2}OP \tag{3.95}$$

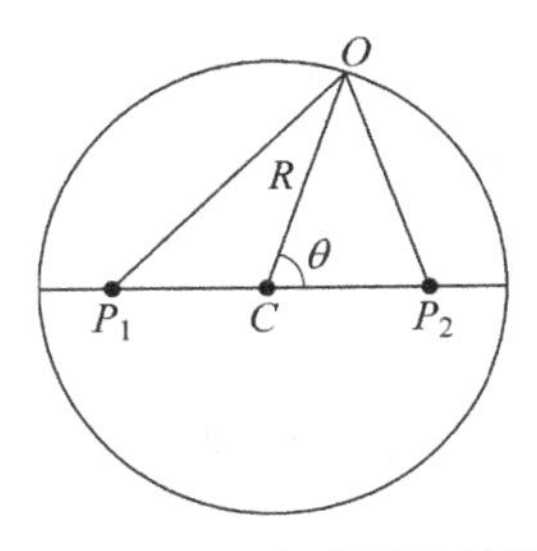

图 3.36　一个球面反射器

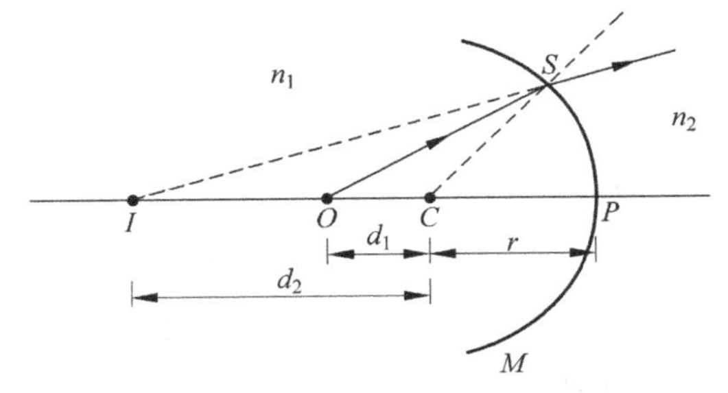

图 3.37　当物点 O 经过折射球面 SPM 成虚像 I 时，所有从点 O 发出的光线好像都是从点 I 发出的

随后证明

$$n_1^2 d_1 = n_2^2 d_2 = n_1 n_2 r \tag{3.96}$$

其中,d_1 和 d_2 的定义见图3.37(也可以见图4.12和4.10节)。

[提示:考虑 C 点到 O 点的距离为 d_1,到 I 点的距离为 d_2。假定 O 点为原点,并令 S 点的坐标为 (x,y,z),则有

$$n_1(x^2+y^2+z^2)^{1/2} - n_2(x^2+y^2+\Delta^2)^{1/2} = n_1(r+d_1) - n_2(r+d_2) = 0$$

其中,$\Delta = d_1 - d_2$。上述方程给出一个球面方程,其曲率中心到 O 点的距离为 $n_2 r/n_1$ $(=d_1)$。]

3.8 在图3.38中,如果 I 点代表物点 O 的完美的成像点。证明:将折射率分别为 n_1 和 n_2 的介质分开的折射面方程为

$$n_1(x^2+y^2+z^2)^{1/2} + n_2(x^2+y^2+(z_2-z)^2)^{1/2} = n_1 z_1 - n_2(z_2 - z_1) \tag{3.97}$$

其中,假定原点为 O 点,P 和 I 的坐标分别假定为 $(0,0,z_1)$ 和 $(0,0,z_2)$。对应于方程(3.97)的曲面称为笛卡儿卵形面。

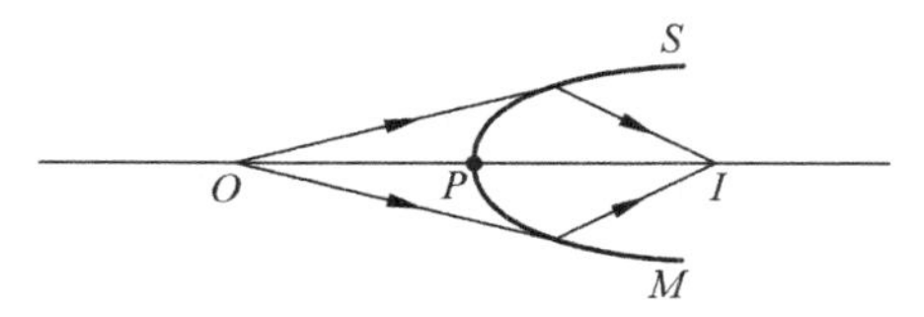

图3.38 笛卡儿卵形面。所有从点 O 发出的光线将经过 SPM 面折射,全部通过点 I

3.9 对于折射率分布按照式(3.21)和式(3.22)变化的介质,一条光线从 $x=0.43\text{m}$ 以与 z 轴成 $-\pi/60$ 角方向发射(见图3.14)。计算光线变为水平时的 x 值。

3.10 对于折射率分布按照式(3.21)和式(3.22)变化的介质,一条光线从 $x=2.8\text{m}$ 发射,且在 $x=0.2\text{m}$ 处变为水平(见图3.15)。计算光线在发射处与 z 轴的夹角。

[**答案**:$\theta_1 \approx 19°$]

3.11 考虑一个按照抛物线型变化的介质,其折射率变化如下:

$$n^2(x) = \begin{cases} n_1^2\left[1 - 2\Delta\left(\dfrac{x}{a}\right)^2\right], & |x| < a \\ n_1^2(1-2\Delta) = n_2^2, & |x| > a \end{cases}$$

假定 $n_1 = 1.50$,$n_2 = 1.48$,$a = 50\mu\text{m}$。计算 Δ 的值。

(1) 假定光线从光轴上的 $z=0$ 处发射(即当 $z=0$ 时,$x=0$),且其光线不变量分别为

$$\tilde{\beta} = 1.495, 1.490, 1.485, 1.480, 1.475, 1.470$$

计算每一种情况下光线初始时与光轴的夹角 (θ_1),并画出每一条光线的路径。计算出在每一种情况下光线变为水平的高度。

(2) 假定光线在 $z=0$ 平面正入射,其起始位置分别在 $x=0$,$\pm 10\mu\text{m}$,$\pm 20\mu\text{m}$,$\pm 30\mu\text{m}$,$\pm 40\mu\text{m}$。计算其光线不变量,对每一光线计算其焦距并定性地画出光线路径。

3.12 在一非均匀介质中，折射率分布由下式给出：

$$n^2(x)=\begin{cases}1+\dfrac{x}{L}, & x>0\\ 1, & x<0\end{cases}$$

写出在 x-z 平面内的光线方程，满足经过点(0,0,0)，并在此点光线与 x 轴的夹角为45°。

$$\left[\textbf{答案}: x(z)=\frac{z^2}{4L\tilde{\beta}^2}+z\right]$$

3.13 由式(3.23)给出的折射率分布介质，证明方程(3.27)可以写成以下形式：

$$\pm\frac{\alpha K_1 n_2}{2\tilde{\beta}}\mathrm{d}z=\frac{\mathrm{d}G}{\sqrt{1-G^2}} \tag{3.98}$$

其中，

$$K_1=\frac{\sqrt{\tilde{\beta}^2-n_0^2}}{n_2},\quad G(x)=K_1\mathrm{e}^{\alpha x/2} \tag{3.99}$$

对方程(3.98)进行积分，得到光线路径。

3.14 考虑一个渐变折射率介质，其折射率分布由下式给出：

$$n^2(x)=n_1^2\operatorname{sech}^2 gx \tag{3.100}$$

将其代入方程(3.27)并积分，得到

$$x(z)=\frac{1}{g}\operatorname{arcsinh}\left[\frac{\sqrt{n_1^2-\tilde{\beta}^2}}{\tilde{\beta}}\operatorname{sin}gz\right] \tag{3.101}$$

证明其空间周期

$$z_p=\frac{2\pi}{g}$$

与发射光线的起始角度无关(见图3.39)，并且所有光线沿 z 轴传播一段距离 z_p 后，所花的时间严格相等。

$$\left(\text{提示：在进行积分时，做替换 }\zeta=\frac{\tilde{\beta}}{\sqrt{n_1^2-\tilde{\beta}^2}}\sinh gz\right)$$

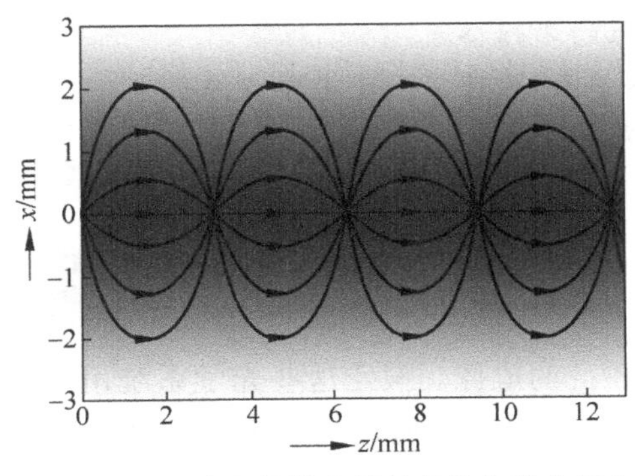

图3.39　在由式(3.100)决定的渐变折射率分布的介质中的光线路径

第4章 光线经过球面的折射与反射

对于平面镜和曲面镜的应用，以及对凸透镜和凹面镜的应用是由中国和古希腊分别独立发现的。关于应用镜子点火的印证几乎可以追溯到有历史记载之初，中国和古希腊关于光学的知识很可能来源于美索不达米亚、印度或埃及……希腊哲学家和数学家毕达哥拉斯(公元前6世纪)提出：光由一组射线组成，其作用就像感知器。它自眼睛发出，直线传播到物体，当这些射线碰触到物体时就形成了视觉。这样，就解释了神秘的视觉是通过触觉直观地感知的。然而，必须将这些光线的方向反过来才能形成现代几何光学的框架。古希腊数学家欧几里得(公元前300年)接受了毕达哥拉斯的观点，得到从镜子反射的光线角度等于由物体到镜子的入射光线的角度。关于光是由一个光源发出，被物体反射，进入人眼后形成视觉这样的思想，是由另一位古希腊哲学家伊壁鸠鲁(公元前300年)建立的。在阿拉伯数学家和物理学家阿尔哈增(Al-Haitham，西方人称其为Alhazen)的影响下，直到大约公元1000年，毕达哥拉斯的视觉假设才被彻底抛弃，人们最终接受了光线是由物体传播到眼睛的观念。

——《不列颠百科全书》，第23卷

阿尔哈增曾利用球面镜和抛物面镜成像，并认识到球面像差的存在。他还研究了透镜的放大率和大气折射。他的著作被翻译成拉丁语，才使后来的欧洲学者可以读到他的著作。

——来自互联网

学习目标

学过本章后，读者应该学会：
目标1：描述球面成像。
目标2：薄透镜傍轴成像公式。
目标3：推导透镜成像的牛顿公式。
目标4：将齐明点(不晕点)原理应用于光学成像。
目标5：正弦条件的定义。

4.1 引言

本章将研究简单光学系统的成像。假定这些光学系统由数个折射界面组成，比如一组透镜的表面[①]。为了追踪一条光线是如何通过这个光学系统的，只要按照下面的原则在每

① 这些光学系统中也可以有反射镜，此时也要考虑光线的反射(见4.3节)。

个折射面应用斯涅耳定律即可：

（1）入射光线、折射光线和（折射面的）法线在一个平面内。

（2）如果 ϕ_1 和 ϕ_2 分别表示入射角和反射角，则

$$\frac{\sin\phi_1}{\sin\phi_2}=\frac{n_2}{n_1} \tag{4.1}$$

其中，n_1 和 n_2 是两个介质的折射率（见图 4.1）。虽然在光线追迹的过程中除了斯涅耳定律之外没有涉及更多的物理定律，但是即使设计一个简单的光学系统也要处理许多光线的追迹问题，因此包含了庞大的数值计算。今天这样的数值计算通常可以由高速计算机来完成。有趣的是，在 20 世纪 50 年代前期电子计算机刚出现时，光学设计者是第一批使用计算机的。

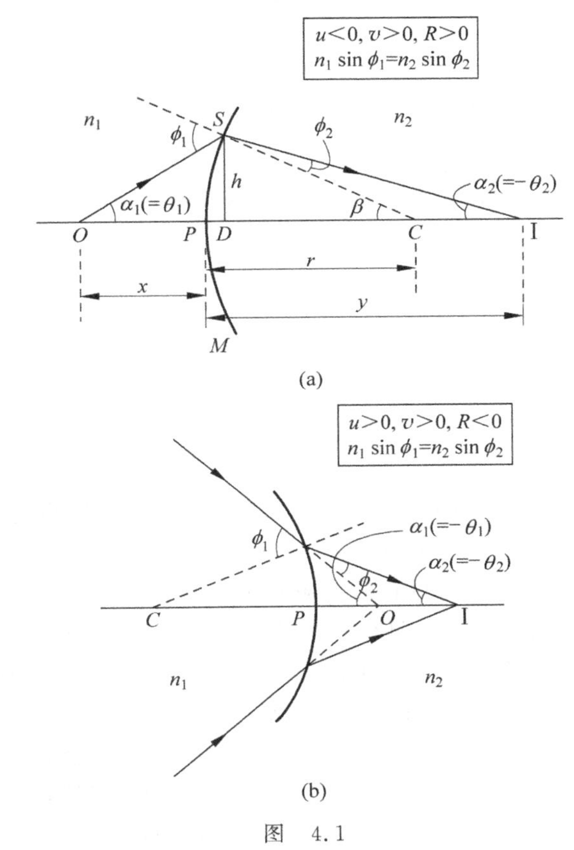

图　4.1

（a）分开两个折射率分别为 n_1 和 n_2 介质的球折射面的傍轴成像，O 表示物点，I 是傍轴像点；（b）相应于 u 为正值的情况

4.2　在单一球面上的折射　　目标 1

首先研究在两个折射率分别是 n_1 和 n_2 的介质的分界球面 SPM 的折射（见图 4.1(a)）。令 C 代表球面的曲率中心，考虑一个物点 O 在各个方向上发射光线，应用斯涅耳定律来决定

O 点的像。需要提醒的是,不是所有由 O 点发出的光线都会会聚在同一点上。但是如果我们只考虑那些小角度光线,则满足这一条件的所有光线确实将会聚到同一点 I(见图 4.1(a))。这就是所谓的傍轴近似,按照费马原理,这些傍轴光线从 O 点到 I 点都经历相同的时间(见例 3.3)。

通过在图 4.1(a)中定义的角度,有

$$\phi_1=\beta+\alpha_1, \quad \phi_2=\beta-\alpha_2$$

下面应用傍轴近似,即角度 ϕ_1、ϕ_2、α_1、α_2 和 β 都很小,以至于

$$\sin\phi_1 \approx \tan\phi_1 \approx \phi_1 \cdots\cdots$$

其中的角度显然用弧度作度量单位。所以有

$$\sin\phi_1 \approx \phi_1=\beta+\alpha_1 \approx \tan\beta+\tan\alpha_1 \approx \frac{h}{r}+\frac{h}{x} \tag{4.2}$$

以及

$$\sin\phi_2 \approx \phi_2=\beta-\alpha_2 \approx \tan\beta-\tan\alpha_2 \approx \frac{h}{r}-\frac{h}{y} \tag{4.3}$$

其中,距离 h、x、y 和 r 的定义见图 4.1(a),已经假设垂足 D 非常靠近 P,从而 $OD \approx OP=x$,$ID \approx IP=y$。现在利用式(4.1)~式(4.3),可以得到(在傍轴近似下)

$$n_1\left(\frac{h}{r}+\frac{h}{x}\right)=n_2\left(\frac{h}{r}-\frac{h}{y}\right)$$

或者

$$\frac{n_2}{y}+\frac{n_1}{x}=\frac{n_2-n_1}{r} \tag{4.4}$$

4.2.1 符号约定

在继续进行讨论之前,必须声明一下将贯穿本书始终的符号约定。看一看图 4.1(a),将 P 点作为坐标原点,则符号约定如下:

(1) 光线总是从折射面(或反射面)的左侧入射。

(2) 所有在 P 点右侧的距离为正值,而在其左侧的距离为负值。因此在图 4.1(a)中物距 u 是负值,而像距 v 和曲率半径 R 是正值。如果情况像图 4.1(b)所示的一样,u 为正值。此时如果不存在折射面,则光线聚焦在 P 的右侧。

(3) 当光轴沿逆时针方向(经过一个锐角)旋转能与光线重合时,光线与光轴所夹的角度为正;反之,当光轴沿顺时针方向(经过一个锐角)旋转能与光线重合时,光线与光轴所夹的角度为负。所以图 4.1(a)中,如果光线 OS 和 SI 与光轴所夹角度为 θ_1 和 θ_2,则 $\theta_1=\alpha_1$ 及 $\theta_2=-\alpha_2$;α_1、α_2 和 β 代表角度的数值。(如果最后的结果与角度无关时,只应用角度的数值是方便的,就像上面在 4.2 节讨论时那样。)图 4.1(b)中,角度 θ_1 和 θ_2 都是负值。

(4) 对于光线与界面法线的夹角,当法线沿逆时针方向(经过一个锐角)旋转能与光线重合时,该角度取正值;反之为负值。图 4.1(a)中 ϕ_1 和 ϕ_2 为正值。

(5) 所有距离(沿与光轴垂直方向)在光轴上方为正值,在光轴下方为负值。

4.2.2 单球面的高斯公式

如果应用上述的符号约定,则对于图 4.1(a)的光线图像,$u=-x$,$v=y$,$R=r$。因此方

程(4.4)变为

$$\frac{n_2}{v}-\frac{n_1}{u}=\frac{n_2-n_1}{R} \tag{4.5}$$

式(4.5)给出了一个球形界面的成像公式(还可以参见第 3 章的式(3.10))。式(4.5)称为单球面成像的高斯公式。应该注意,对应于图 4.1(a),u 为负值,v 为正值;而对应于图 4.1(b),u 和 v 均为正值。

例 4.1　如图 4.2 所示,考察一折射率为 1.5 的介质,其边界为两个球面 $S_1P_1M_1$ 和 $S_2P_2M_2$,两球面的曲率半径分别为 15cm 和 25cm,分别以 C_1 和 C_2 为曲率中心。在 C_1 和 C_2 的连线上距离 P_1 40cm 处有一物点 O,试确定傍轴像点的位置。

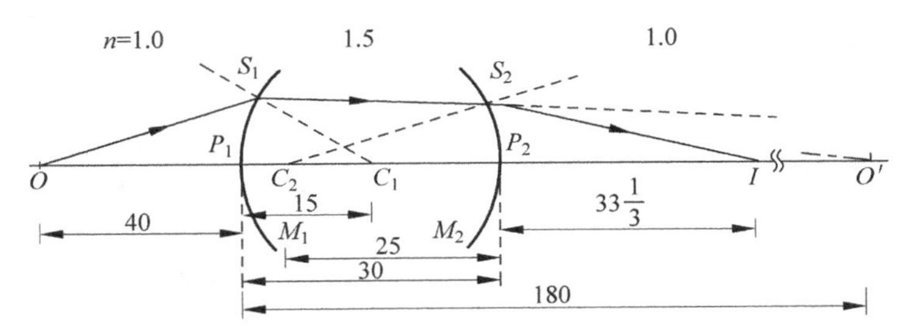

图 4.2　通过两个球面 $S_1P_1M_1$ 和 $S_2P_2M_2$ 包围的折射率为 1.5 的介质傍轴成像。所有距离由 cm 度量

解　首先研究 $S_1P_1M_1$ 面的折射。显然 $u=-40\text{cm}$,$R=+15\text{cm}$,$n_1=1.0$,$n_2=1.5$,则

$$\frac{1.5}{v}+\frac{1}{40}=\frac{0.5}{15}\quad\Rightarrow\quad v=+180\text{cm}$$

在没有第二个界面时,距离 P_2 点 150cm 的 O' 点将成一像。O' 点是虚像点,且位于 $S_2P_2M_2$ 的右侧,则考虑第二个界面的折射时,有 $u=+150\text{cm}$,$R=-25\text{cm}$,$n_1=1.5$,$n_2=1.0$,因此

$$\frac{1.0}{v}-\frac{1.5}{150}=+\frac{0.5}{25}$$

得出

$$v=+33\frac{1}{3}\text{cm}$$

将在 P_2 的右侧 $33\frac{1}{3}$cm 处成一实像。

必须指出:当研究单界面折射时(如图 4.1 所示),系统光轴定义为物点 O 与曲率中心 C 的连线。这样任意从点 O 发出的光线(像 OS)将位于包含光轴、法线与点 S 的平面内,结果折射线总会与光轴相交。另外,如果有第二个折射界面(如图 4.2 或者透镜成像时)存在,则两个曲率中心的连线定义为光轴。在后一种情况,很容易看出,并不是所有从不在光轴上的物点发出的光线都与光轴相交,并且一般来说,经过第二个界面的折射,它们不会仍保持在同一平面中。这些光线称为不交轴光线(也叫斜光线)。局限在包括光轴在内的平面内的光线称为子午光线。很显然,从光轴上一点发出的所有光线都是子午光线。

4.3 在单一球面上的反射

下面研究一物点 O 在一球面镜 SPM 的傍轴近似下的反射成像问题(见图 4.3)。点 C 代表曲率中心。这里将用非常类似于 4.2 节的方式来进行下面的分析。根据图 4.3 可以得到关系

$$\phi_1 = \beta - \alpha_1 \approx \frac{h}{r} - \frac{h}{x}$$

以及

$$\phi_2 = \alpha_2 - \beta \approx \frac{h}{y} - \frac{h}{r}$$

其中,距离 x、y、h 和 r 的定义见图 4.3。既然 $\phi_1 = \phi_2$(反射定律),得到

$$\frac{1}{x} + \frac{1}{y} = \frac{2}{r} \tag{4.6}$$

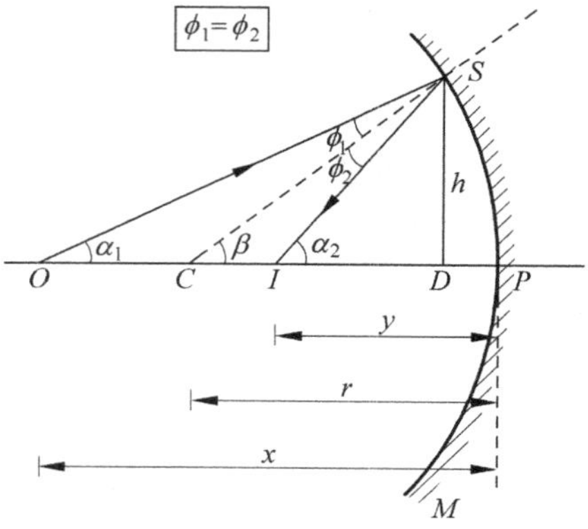

图 4.3　通过球形反射面 SPM 的傍轴成像

如果还是用先前的符号约定,所有在点 P 右侧的距离为正值,在左侧的距离为负值,则 $u = -x$,$v = -y$,$R = -r$,因此得到了球面镜成像公式

$$\frac{1}{u} + \frac{1}{v} = \frac{2}{R} \tag{4.7}$$

这与利用费马原理推导出的公式一样(见习题 3.1)。值得注意的是,如果在式(4.5)中令 $n_1 = -n_2$,一样会得到式(4.7)。这是因为只要在斯涅耳定律中令 $n_1 = -n_2$ 就得到反射定律。

下面用一个例子来解释式(4.7)的用法。

例 4.2　考察一个光学系统,其由一个凹面镜 $S_1P_1M_1$ 和一个凸面镜 $S_2P_2M_2$ 组成,它们的曲率半径分别为 60cm 和 20cm(见图 4.4),两镜之间距离为 40cm。确定距离点 P_1 80cm 的物点 O 最后成像的位置。

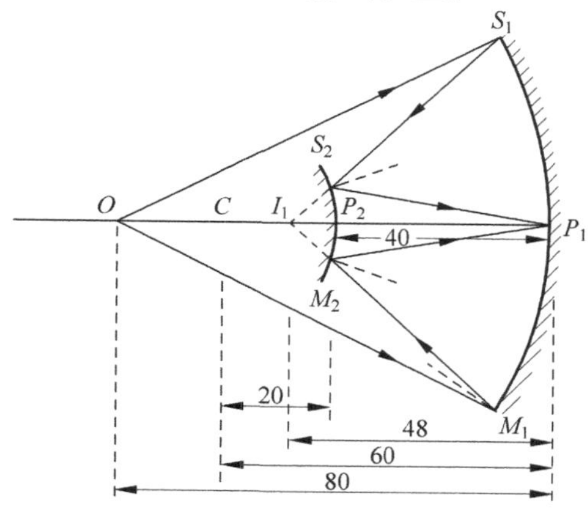

图 4.4　由一个凹面镜 $S_1P_1M_1$ 和凸面镜 $S_2P_2M_2$ 组成的光学系统所成傍轴像的过程

首先研究 $S_1P_1M_1$ 面的成像,既然 $u = -80\text{cm}$ 和 $R = -60\text{cm}$(取负值是因为点 O 和点 C 均在点 P_1 的左侧),有

$$-\frac{1}{80} + \frac{1}{v} = -\frac{2}{60} \quad \Rightarrow \quad v = -48\text{cm}$$

如果没有凸面镜 $S_2P_2M_2$,将在点 I_1 成一实像,而现在它将作为 $S_2P_2M_2$ 面的虚物。既然点 I_1 在点 P_2 的左侧,(经 $S_2P_2M_2$ 面成像)有 $u = -8\text{cm}$ 和 $R = -20\text{cm}$,给出

$$\frac{1}{v} - \frac{1}{8} = -\frac{2}{20} \quad \Rightarrow \quad v = +40\text{cm}$$

所以最后的像位于 $S_2P_2M_2$ 面右侧 40cm 处,也就恰好是点 P_1。

4.4　薄透镜　　目标 2

一介质夹在两个球面折射面之间形成一球面透镜。假定这种透镜的厚度(图 4.5 中的 t)与物距和像距以及曲率半径比起来小很多,则该球面透镜属于薄透镜。一般来说,透镜的折射面可以是非球面的(比如可以是圆柱面)。然而大多数应用于光学系统的透镜都是球形折射面。因此,今后将简单地用透镜来替代球面透镜的名称。图 4.6 画出了不同类型的透镜。两个折射球面曲率中心的连线称作透镜的光轴。

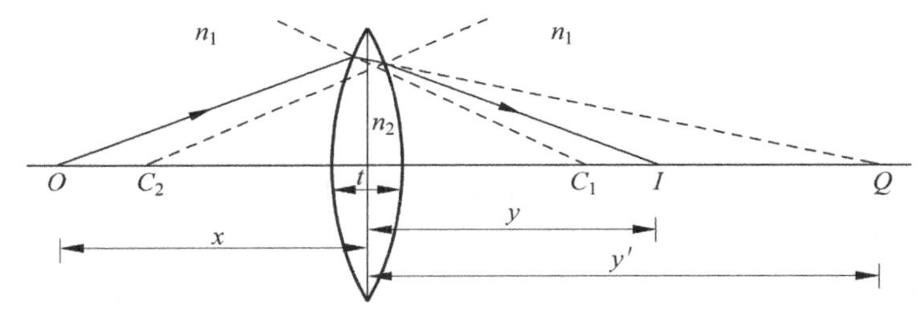

图 4.5　薄透镜的成像。两个曲率中心的连线称为透镜的光轴($u=-x$,$v'=y'$,$v=y$)

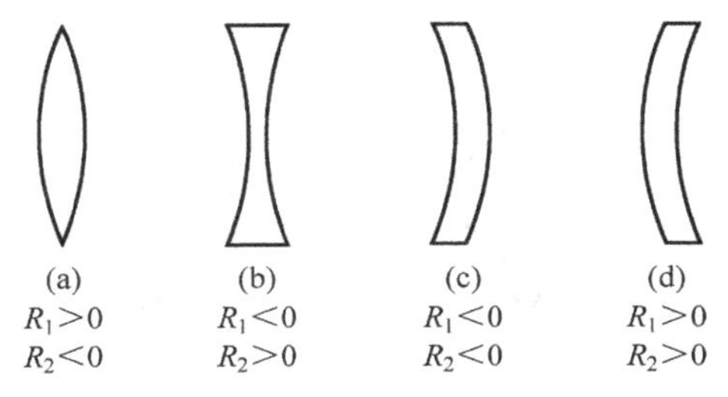

图 4.6　不同类型的透镜 R_1 和 R_2 的符号不同

本节将讨论薄透镜的傍轴成像,对于厚透镜成像的情况将在习题 4.6 中讨论。

研究图 4.5 所示(薄)透镜光轴上的一个物点 O。透镜放在一折射率为 n_1 的介质中,透镜介质的折射率为 n_2。令 R_1 和 R_2 为透镜左侧和右侧的两个折射面的曲率半径。按照图 4.5 中的情况,R_1 是正的,R_2 是负的。为了确定最后像点的位置,将研究两个折射面连续的折射。第一个折射面的像(可以是实的也可以是虚的)用来作为第二个折射面的物。假如没有第二个折射面,物点 O 将在点 Q 成一像,其位置(用 v'表示)由下式决定(见式(4.5)):

$$\frac{n_2}{v'}-\frac{n_1}{u}=\frac{n_2-n_1}{R_1} \tag{4.8}$$

其中,u 是物距,对于图中物点 O 来说,物距是负的。显然,如果 v'是正的,则点 Q 位于第一折射面的右侧;而如果 v'是负的,则点 Q 位于第一折射面的左侧。现在点 Q 作为第二折射面的物(虚物),最后的像将位于点 I。其位置由下式决定:

$$\frac{n_1}{v}-\frac{n_2}{v'}=\frac{n_1-n_2}{R_2} \tag{4.9}$$

在式(4.8)和式(4.9)中,距离都是从透镜的中点 P 开始度量的。由于是薄透镜,这些

距离代表物距、像距是没有问题的。将式(4.8)和式(4.9)相加,得

$$\frac{1}{v}-\frac{1}{u}=(n-1)\left(\frac{1}{R_1}-\frac{1}{R_2}\right) \tag{4.10}$$

其中,

$$n\equiv\frac{n_2}{n_1}$$

式(4.10)称为薄透镜成像公式,它通常写为下面的形式:

$$\frac{1}{v}-\frac{1}{u}=\frac{1}{f} \tag{4.11}$$

其中,f 称为透镜的焦距,定义为

$$\frac{1}{f}=(n-1)\left(\frac{1}{R_1}-\frac{1}{R_2}\right) \tag{4.12}$$

对于放在空气中的透镜(这也是通常的情况),$n>1$。如果$[(1/R_1)-(1/R_2)]$为正值,则焦距为正,透镜起会聚作用(见图 4.7(a))。类似地,如果$[(1/R_1)-(1/R_2)]$为负值,则焦距为负,透镜起发散作用(见图 4.7(b))。然而,当一个双凸透镜放在折射率比透镜介质高的介质中时,焦距变为负值,透镜起发散作用(见图 4.7(c))。类似地,对于一个双凹透镜,也放在高折射率介质中,它起会聚作用(见图 4.7(d))。

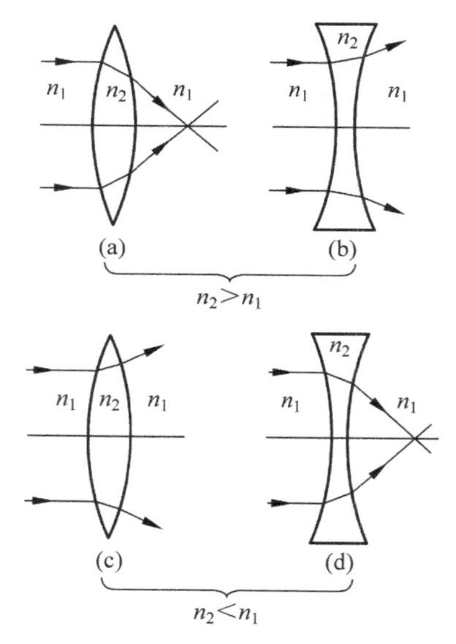

图 4.7 (a)和(b)对应于透镜介质的折射率高于周围介质时的情况,因此,双凸透镜表现为会聚作用,而双凹透镜表现出发散作用。(c)和(d)对应于透镜介质折射率低于周围介质,因此,双凸透镜表现出发散作用,而双凹透镜表现出会聚作用

4.5 透镜的主焦点和焦距

对于一个会聚透镜,其第一主焦点定义为(主轴上)这样一点:一束光线通过这一点,并经过透镜折射,将变为一束平行于光轴的光线——见图 4.8(a)的光线 1,点 F_1 称为第一主

焦点。对于一个发散透镜，如果一束光线原来(在没有透镜时)应该通过第一主焦点，则经过折射后，将变为一束平行于光轴的光线——见图4.8(b)的光线1。点F_1就是第一主焦点，而它与透镜的距离(以f_1表示)称为透镜的第一焦距。显然，对于会聚透镜，f_1是负值；而对于发散透镜，f_1是正值。

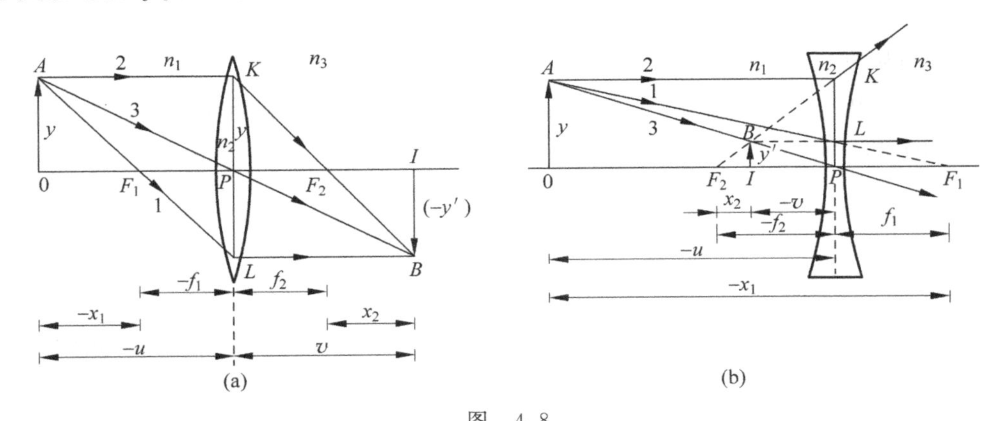

图 4.8

(a) 一个会聚透镜的傍轴成像，x_1、f_1和u为负值，而x_2、f_2和v为正值；(b) 一个发散透镜的傍轴成像，x_1、f_2、u和v为负值，而x_2和f_1为正值

下面研究一束平行于光轴传输的光线(见图4.8(a)和(b))，经过会聚透镜，与光轴相交的点称为第二主焦点(图4.8(a)中的点F_2)。类似地，对于发散透镜，其反向延长线与光轴相交的点称为第二主焦点(图4.8(b)中的点F_2)。从透镜到第二主焦点的距离称为第二焦距，用f_2来表示。正如图4.8中所显示的那样，对于会聚透镜，f_2是正的，而对于发散透镜，f_2是负的。

对于薄透镜所处的介质，在薄透镜两边折射率相同(即如果在图4.8中$n_3=n_1$)的情况下，f_1和f_2的数值很容易由透镜成像公式得到(见式(4.10))：

$$\frac{1}{f_2}=-\frac{1}{f_1}=\left[(n-1)\left(\frac{1}{R_1}-\frac{1}{R_2}\right)\right]=\frac{1}{f} \tag{4.13}$$

然而，如果$n_3\neq n_1$，则透镜成像公式可以假定有如下的形式(还可参见习题4.2)：

$$\frac{n_3}{v}-\frac{n_1}{u}=\frac{n_2-n_1}{R_1}+\frac{n_3-n_2}{R_2} \tag{4.14}$$

则，当$v=\infty$，$u=f_1$(图4.8(a)中的光线1)时，有

$$\frac{1}{f_1}=-\frac{1}{n_1}\left(\frac{n_2-n_1}{R_1}+\frac{n_3-n_2}{R_2}\right) \tag{4.15}$$

类似地，当$u=-\infty$，$v=f_2$(图4.8(a)中的光线2)时，有

$$\frac{1}{f_2}=\frac{1}{n_3}\left(\frac{n_2-n_1}{R_1}+\frac{n_3-n_2}{R_2}\right) \tag{4.16}$$

一旦知道了f_1和f_2(随即就知道了第一主焦点和第二主焦点的位置)，则(傍轴)成像可以由如下规则用画图法建立：

(1) 经过折射后，通过第一主焦点的光线将转为平行于光轴(见图4.8(a)和(b)的光线1)；

(2) 经过折射后，一平行于光轴的光线，将弯曲变为经过第二主焦点，或者(决定于f_2

的符号)看上去来自第二主焦点(见图 4.8(a) 和(b)的光线 2);

(3) 通过透镜中心 P 的光线将不会改变方向①(见图 4.8(a)和(b)的光线 3)。

4.6 牛顿公式 目标 3

令 x_1 为从第一主焦点 F_1 到物点的距离(如果物点在点 F_1 的右侧,则 x_1 为正,否则为负),并令 x_2 为从第二主焦点 F_2 到像点的距离,如图 4.8(a)和(b)所示。考虑图 4.8(a)中三角形的相似性,有

$$\frac{-y'}{y}=\frac{-f_1}{-x_1} \tag{4.17}$$

$$\frac{-y'}{y}=\frac{x_2}{f_2} \tag{4.18}$$

其中,竖直距离如果在光轴的上方则为正,在下方则为负(见 4.2.1 节)。由式(4.17)和式(4.18)给出

$$f_1f_2=x_1x_2 \tag{4.19}$$

此式称为牛顿透镜公式。需要指出的是:对于一个发散透镜(见图 4.8(b)),式(4.17)和式(4.18)将是

$$\frac{y'}{y}=\frac{f_1}{-x_1}=\frac{x_2}{-f_2}$$

它与式(4.17)和式(4.18)是一致的。

当薄透镜两侧是同一介质时,利用式(4.13),有

$$x_1x_2=-f^2 \tag{4.20}$$

说明 x_1 和 x_2 必然是反号的。因此,如果物点位于第一主焦点的左侧,则像点将位于第二主焦点的右侧;反之亦然。

4.7 横向放大率

横向放大率 m 是像高与物高的比值。参考图 4.8(a)和(b),容易得到

$$m=\frac{y'}{y}=\frac{v}{u}=\frac{f_2+x_2}{f_1+x_1}=-\frac{f_1}{x_1}=-\frac{x_2}{f_2} \tag{4.21}$$

其中用到了式(4.17)和式(4.18)。很显然,如果 m 是正值,像是正立的(如图 4.8(b)所示);反之,如果 m 是负值,像是倒立的(如图 4.8(a)所示)。总放大率也可以利用每个折射面单独成像的放大率之乘积来计算。对于图 4.9 的情况,经过单一折射面之后的放大率为

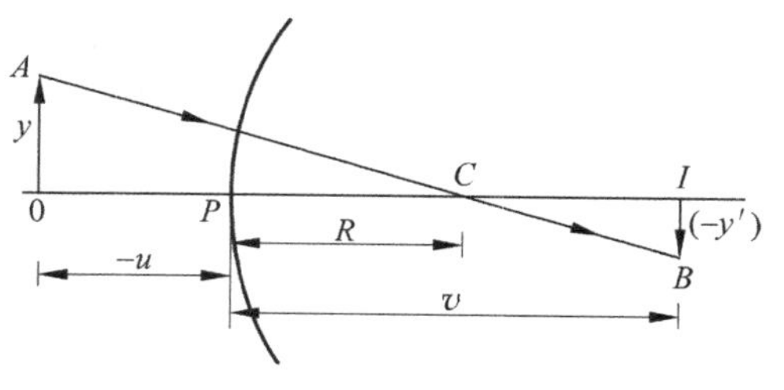

图 4.9 一个高 y 的物被球形折射面成像的情况

① 这是基于以下事实:当 $u=0$ 时,v 也为 0(见式(4.10)和式(4.14))。

$$m=\frac{y'}{y}$$

考虑△AOC 和△ICB，得到

$$\frac{-y'}{y}=\frac{v-R}{-u+R}=\frac{\frac{v}{R}-1}{-\frac{u}{R}+1} \tag{4.22}$$

现在，式(4.5)给出

$$\frac{n_2}{n_1}-\frac{v}{u}=\frac{n_2-n_1}{n_1}\frac{v}{R}$$

$$\frac{u}{v}-\frac{n_1}{n_2}=\frac{n_2-n_1}{n_2}\frac{u}{R}$$

替换式(4.22) 中的 v/R 和 u/R，得到

$$m=\frac{y'}{y}=\frac{n_1 v}{n_2 u} \tag{4.23}$$

因此，如果 m_1 和 m_2 分别表示图 4.8 中两个折射面分别折射的放大率，则

$$m_1=\frac{n_1}{n_2}\frac{v'}{u}$$

$$m_2=\frac{n_2}{n_1}\frac{v}{v'}$$

其中，v'表示第一个折射面形成的像距，则

$$m=m_1 m_2=\frac{v}{u} \tag{4.24}$$

这与式(4.21)是一致的。

例 4.3　设一个如图 4.10 所示的光学系统由两个薄透镜组成，其中凸透镜的焦距为 +20cm，凹透镜的焦距为 −10cm，两个透镜之间分开距离为 8cm。一个高 1cm 的物位于离凸透镜 40cm 处，计算像的位置和大小。(这个问题同样会在第 5 章用矩阵法再次求解。)

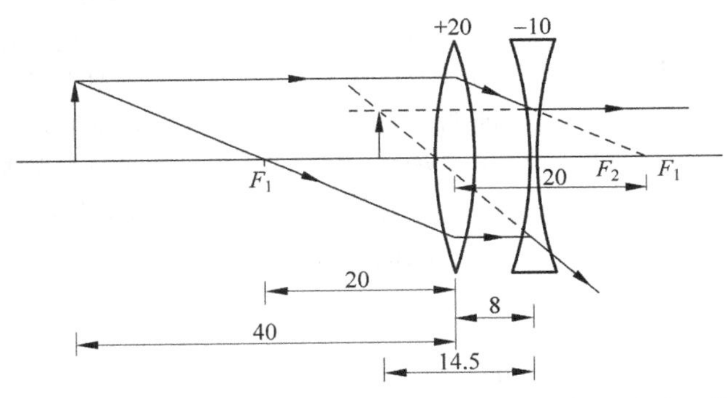

图 4.10　由相隔 8cm 的焦距为 20cm 的会聚透镜和 −10cm 的发散透镜组成的光学系统成傍轴像的过程。图中所有距离的标注单位为厘米

解　首先计算由第一个透镜成像的位置和大小：

$$u=-40\text{cm},\quad f=+20\text{cm}$$

应用式(4.11),得到

$$\frac{1}{v}=\frac{1}{u}+\frac{1}{f}=-\frac{1}{40}+\frac{1}{20}=+\frac{1}{40}$$

所以 $v=+40\text{cm}$,$m_1=-1$,即像和物大小一样,但是颠倒的。这个像作为凹透镜的虚物,$u=+32\text{cm}$,$f=-10\text{cm}$。则

$$\frac{1}{v}=\frac{1}{32}-\frac{1}{10}=-\frac{22}{320}$$

得出

$$v\approx-14.5\text{cm}$$

进而

$$m_2=-\frac{320/22}{32}=-\frac{1}{2.2}$$

则

$$m=m_1m_2=+\frac{1}{2.2}$$

最后成的像位于凹透镜左侧 14.5cm,是个正立、缩小为物高的 1/2.2 的虚像。

4.8 球面的齐明点(不晕点) 目标 4

在 4.2 节讨论单一折射面成像时,应用了傍轴近似,即只考虑那些与光轴夹角很小的光线。在这种近似下发现物点成像是理想的,亦即所有从给定物点发出的光线都将相交于同一点——像点。如果考虑与光轴成大夹角的光线,会发现一般来说,(经过折射)它们并不能经过光轴上的同一点(见图 4.11),当然理想的像点也就不存在了。这种结果称为有像差的成像。不过,对于给定的球面存在两个点,从一点发出的所有光线都相交于另一点。这一点距离球面中心 $n_2|R|/n_1$,而所成虚像点距离中心 $n_1|R|/n_2$(见图 4.12(a)和(b))。这个结论很容易利用费马原理(见习题 3.7)或几何方法(参见 4.10 节)证明。这两点称为球面的齐明点①,这种现象可以用来构造齐明透镜(不晕透镜)(见图 4.13),它用于大孔径的油浸物镜。点 O 和点 I 是半径为 R_2 的球面的齐明点(见图 4.13)。则

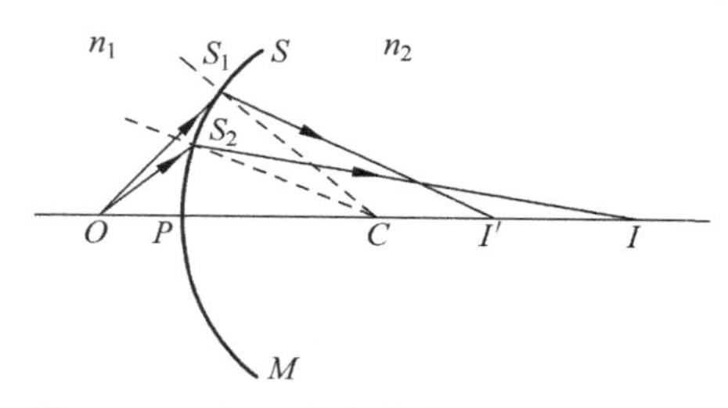

图 4.11 点 I 代表物点 O 经过折射面 SPM 的傍轴成像的像点。但是如果我们考虑非傍轴光线 OS_1(与光轴夹角很大),则一般来说折射线将不经过点 I——这引入了像差

$$OP_2=|R_2|\left(1+\frac{n_1}{n_2}\right) \tag{4.25}$$

$$IP_2=|R_2|\left(1+\frac{n_2}{n_1}\right) \tag{4.26}$$

① aplanatic point,又称等光程点或者不晕点,表示在这样的点既不产生球差也不产生彗差。——译者注

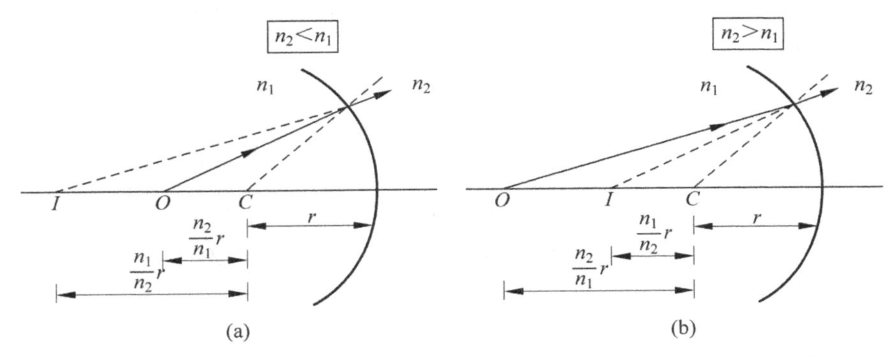

图 4.12 点 O 和点 I 代表球面的齐明点，亦即，所有从点 O 发出的光线看上去都来自点 I。(a)和(b)分别对应 $n_2<n_1$ 和 $n_2>n_1$ 的情况

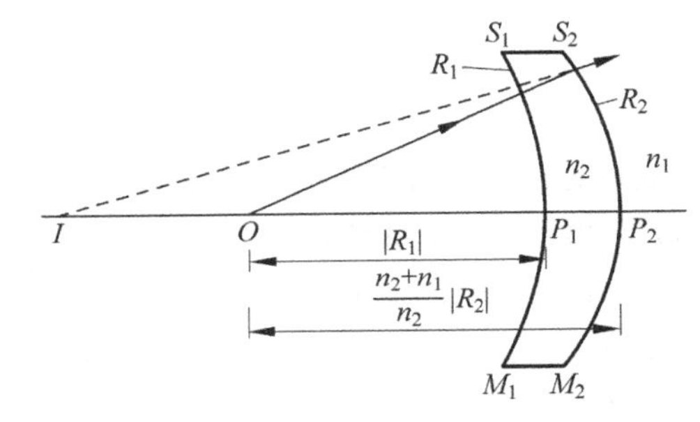

图 4.13 齐明透镜。物点 O 是第一球面 $S_1P_1M_1$ 的曲率中心，点 O 与点 I 是球面 $S_2P_2M_2$ 的齐明点，因此，在点 I 成一完善的(虚)像

这里第一球面的曲率半径($=R_1$)设计成恰好使点 O 位于其曲率中心，这样从点 O 发出的所有光线在到达第一球面时都是以法向投射，因此经过第一球面并不改变方向。因此，为了实用，设点 O 也可以看成在折射率为 n_2 的介质中，这样，一个理想的(虚)像将在点 I 形成。

油浸物镜

齐明点原理在显微物镜方面有很重要的应用，显微物镜要求在不引起像差的情况下容纳更宽的光线锥。参照如图 4.14 所示的光学系统，将一个半球面透镜 L_1 紧贴一折射率相同的油滴。将物 O 浸入油滴并使距离 OC 等于 $n_3|R|/n_2$，以便使点 O 是半球面的齐明点，这样将在 I_1 处成一理想的(虚)像。现放置一透镜 L_2，其相对于点 I_1 来说是齐明透镜。这样可在点 I 成一点 I_1 的理想像。由折射面 R_1 和透镜 L_2 引起的横向放大率分别为

$$m_1=\frac{n_2(I_1P_1)}{n_3(OP_1)} \tag{4.27}$$

$$m_2=\frac{n_4(IP_3)}{n_5(I_1P_3)} \tag{4.28}$$

这样油浸物镜在相当程度上减小了光线的角发散，并且提高了横向放大率而不引起球

差。然而应当指出,它只对于一点形成理想的像,而其他邻近点都会存在些许相差。另外,油浸物镜有一定的色差。

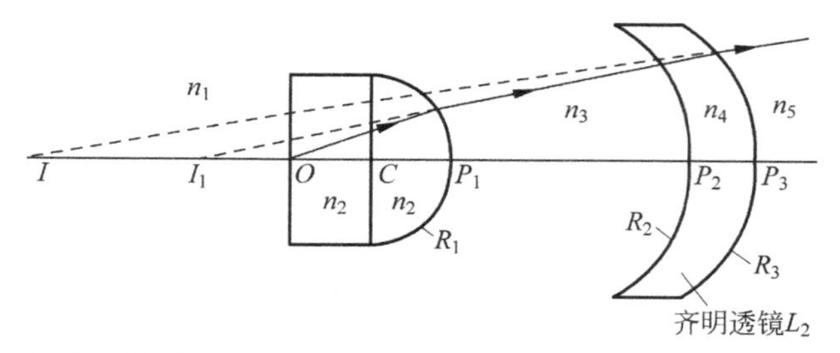

图 4.14 油浸显微物镜。点 O 和 I_1 相对于半径为 R_1 的半球面来说是齐明点;透镜 L_2 对于(虚)物 I_1 起到齐明透镜的作用

4.9 笛卡儿卵形面

通常在两点之间能够互成理想像的折射面不应该是球面。图 4.15 显示了两个点 O 和 I,图中曲面具有使所有从点 O 发出的(并为系统接收的)光线都相交于点 I 的性质,则图 4.15 中的曲面 SPM 是满足下式的点 S 的轨迹:

$$n_1OS + n_2SI = \text{常数} \tag{4.29}$$

这个折射面可以由图中的曲线绕 z 轴旋转而得到(见习题 3.8)。该折射面称为笛卡儿卵形面。当物点位于无穷大时,该曲面变为一旋转椭球(见习题 3.5)。在特定条件下,该曲面为球形,然而此时所成像是虚像(见图 4.12(a)和(b))。

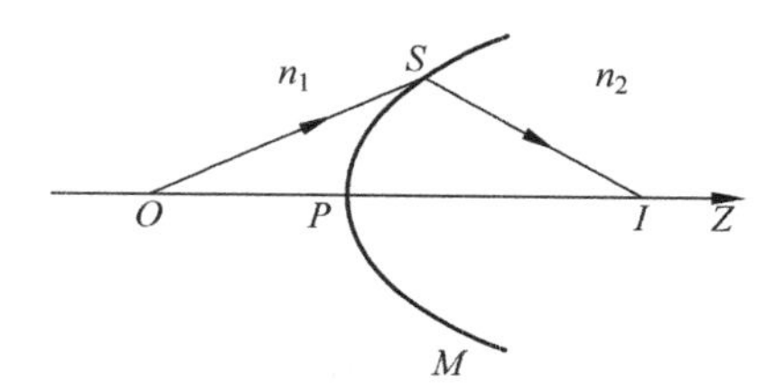

图 4.15 折射曲面 SPM(称作笛卡儿卵形面)可以使从点 O 发出的所有光线都在点 I 相交

4.10 齐明点存在的几何证明

本节将利用几何方法证明存在齐明点。考虑一个半径为 r 的折射面 SPM 将两个折射率分别为 n_1 和 n_2 的介质分开(见图 4.16),假定 $n_2<n_1$ 并定义

$$\mu = \frac{n_1}{n_2} \tag{4.30}$$

其中,$\mu>1$,点 C 表示球面 SPM 的中心。如图 4.16 所示,以点 C 为中心画两个球面,半径分别为 μr 和 r/μ。令 $IOCP$ 表示一条线,包含三个球面直径,并与内外球分别相交于点 O 和点 I。从点 O 开始引任意直线与折射面相交于点 S。用直线连接点 I 和点 S,并将该直线延长至 SQ。如果能证明

$$\frac{\sin\alpha}{\sin\beta} = \frac{1}{\mu} \tag{4.31}$$

则对于任意角度 θ_1,发自点 O 的光线将看上去来自点 I,这样点 O 和点 I 对于折射面 SPM 为齐明点。因为

$$\frac{IC}{CS}=\frac{\mu r}{r}=\mu \tag{4.32}$$

$$\frac{CS}{OC}=\frac{r}{r/\mu}=\mu=\frac{IC}{CS} \tag{4.33}$$

因此，$\triangle SOC$ 与 $\triangle SIC$ 是相似的，有

$$\alpha=\theta_2,\quad \beta=\angle ISC=\theta_1 \tag{4.34}$$

现在考虑 $\triangle SOC$，有

$$\frac{\sin\alpha}{\sin\theta_1}=\frac{r/\mu}{r}=\frac{1}{\mu} \tag{4.35}$$

利用式(4.34)，得

$$\frac{\sin\alpha}{\sin\beta}=\frac{1}{\mu}=\frac{n_2}{n_1} \tag{4.36}$$

这就证明了点 O 和点 I 是齐明点。另外，

$$\frac{\sin\theta_1}{\sin\theta_2}=\frac{\sin\beta}{\sin\alpha}=\frac{n_1}{n_2} \tag{4.37}$$

很明显，点 O' 和点 I' 也是齐明的，所以即使不在光轴上的一个位于点 O 的小面物体的像也将是清晰的。这个系统不仅没有球差，也没有彗差。其线性放大率为

$$m\approx\frac{I'I}{O'O}\approx\frac{\mu r}{r/\mu}=\mu^2=\left(\frac{n_1}{n_2}\right)^2 \tag{4.38}$$

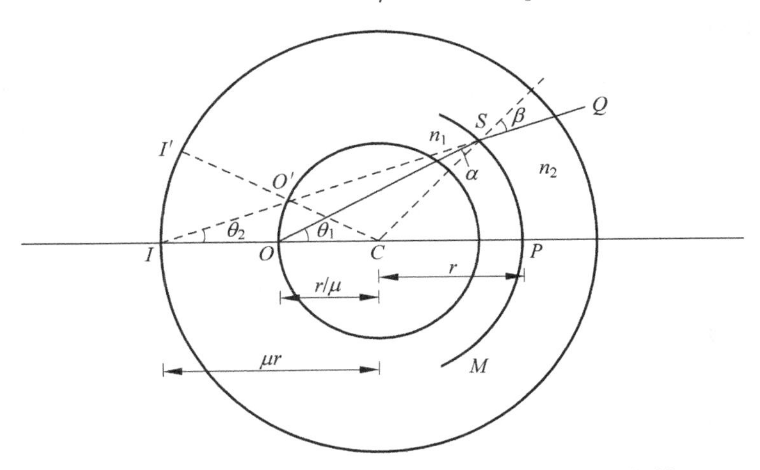

图 4.16　证明齐明点的几何构造。SPM 是半径为 r 的折射面，内外球半径分别为 r/μ 和 $r\mu$，点 O 和点 I 是齐明点

4.11　正弦条件　　目标 5

考察如图 4.17 所示的一个一般的光学系统。假定(系统光轴上的)点 O 在点 I 成一理想像，亦即所有发自点 O 的光线将在点 I 相交。这样就意味着，相对于点 O，该光学系统没有球差。再考虑稍微离开光轴的点 O'(就在点 O 上方)，根据正弦条件，对于能够将点 O' 清

晰成像于点 I',必然有关系①

$$\frac{n_1\sin\theta_1}{n_2\sin\theta_2}=\frac{y_2}{y_1}=\text{线性放大率} \tag{4.39}$$

其中,θ_1 和 θ_2 的定义参见图4.17。如果对于折射面上的所有点,$\sin\theta_1/\sin\theta_2$ 为常数,则线性放大率也为常数,并且成像不会有彗差。值得注意的是,根据式(4.39),要在(光轴附近)偏离光轴的点成理想的像,其要满足的条件与在光轴上的点一样。然而,当点 O 满足式(4.39)时,其附近位于光轴上的点(像点 O_1)却不能形成清晰的像。实际上,点 O 与点 O_1 成清晰像所满足的条件是完全不同的。

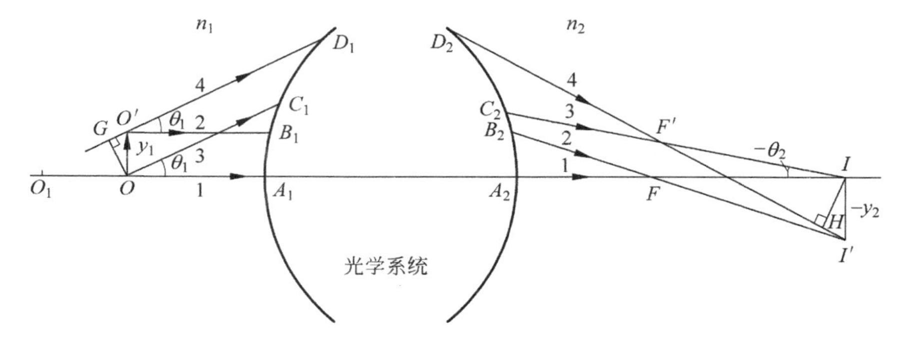

图4.17 光学系统将点 O 和点 O' 完美成像于点 I 和点 I'

正弦条件的证明②

参考图4.17,假定光轴上一点 O 将在点 I 成一理想的像,再用费马原理确定偏离轴附近一点 O' 成理想像的条件。光线 $O'B_1$ 平行于光线 OA_1,光线 $O'D_1$ 平行于光线 OC_1。既然点 I 为点 O 的像,则有

$$\mathrm{OPL}[OA_1A_2I]=\mathrm{OPL}[OC_1C_2I] \tag{4.40}$$

其中,OPL 表示光程。进一步有

$$\mathrm{OPL}[O'B_1B_2I']=\mathrm{OPL}[O'D_1D_2I'] \tag{4.41}$$

由于光线 $O'B_1$ 和光线 OA_1 在无穷远相交,则

$$\mathrm{OPL}[O'B_1B_2F]=\mathrm{OPL}[OA_1A_2F] \tag{4.42}$$

下面考虑 $\triangle FII'$,有

$$FI'=[FI^2+|y_2|^2]^{1/2}\approx FI\left[1+\frac{1}{2}\frac{|y_2|^2}{FI^2}\right]$$

所以

$$FI'\approx FI \tag{4.43}$$

这里假定 $|y_2|$ 是一个小量,可以忽略正比于 $|y_2|^2$ 的项。如果将式(4.42)和式(4.43)相

① 请注意,如果利用式(4.37)和式(4.38),得到

$$m=\frac{y_2}{y_1}=\left(\frac{n_1}{n_2}\right)^2=\frac{n_1}{n_2}\frac{\sin\theta_1}{\sin\theta_2}$$

与式(4.39)一致。

② 对于正弦条件的更严格的证明,参见文献[4.3]。

加，得

$$\mathrm{OPL}[O'B_1B_2I'] = \mathrm{OPL}[OA_1A_2I] = \mathrm{OPL}[OC_1C_2I] \tag{4.44}$$

式(4.44)的左侧等于 $\mathrm{OPL}[O'D_1D_2I']$，得

$$\mathrm{OPL}[O'D_1D_2I'] = \mathrm{OPL}[OC_1C_2I] \tag{4.45}$$

既然光线 3 和光线 4 相交于无穷远和点 F'，因而

$$\mathrm{OPL}[GD_1D_2F'] = \mathrm{OPL}[OC_1C_2F'] \tag{4.46}$$

其中，点 G 是从点 O 向光线 4 所引垂线的垂足。将式(4.46)减去式(4.45)，得

$$\mathrm{OPL}[F'I'] - \mathrm{OPL}[GO'] = \mathrm{OPL}[F'I] \tag{4.47}$$

或

$$n_2(F'I') - n_1(GO') = n_2(F'I)$$

或

$$n_1(GO') = n_2(F'I' - F'I) \tag{4.48}$$

然而

$$GO' = y_1\sin\theta_1 \tag{4.49}$$

且

$$F'I' - F'I \approx HI' \approx (-y_2)\sin(-\theta_2) \tag{4.50}$$

其中，H 是从点 I 向光线 4 引垂线的垂足。将式(4.49)和式(4.50)代入式(4.48)，得

$$\frac{n_1\sin\theta_1}{n_2\sin\theta_2} = \frac{y_2}{y_1} = \text{线性放大率} \tag{4.51}$$

式(4.51)表明，对于折射面上的所有点，$\sin\theta_1/\sin\theta_2$ 为常数，则线性放大率即为常数。在光学系统的设计中，正弦条件有广泛的应用。

小　　结

- 考虑分开两个折射率为 n_1 和 n_2 介质的一个球形分界折射面。对于一个位于左侧且距离为 $|u|$ 的物点，将在距离为 v 的地方成一傍轴像，满足

$$\frac{n_2}{v} - \frac{n_1}{u} = \frac{n_2 - n_1}{R}$$

其符号约定如下：

(1) 入射光线总是从折射面的左侧入射。

(2) 所有位于折射面右侧的距离为正，位于左侧的距离为负。

- 一个折射率为 n 的薄透镜(放置于空气中)，令 R_1 和 R_2 为透镜左侧界面和右侧界面的曲率半径，像距由下式给出：

$$\frac{1}{v} - \frac{1}{u} = (n-1)\left(\frac{1}{R_1} - \frac{1}{R_2}\right),\quad \frac{1}{f} = (n-1)\left(\frac{1}{R_1} - \frac{1}{R_2}\right)$$

上式一般称为薄透镜成像公式，f 称为透镜的焦距。

如果透镜周围介质的折射率大于双凹面透镜或双凸面透镜的折射率，其焦距与透镜折射率大于周围介质折射率时的情况刚好相反。

- 牛顿透镜公式表示为

$$f_1 f_2 = x_1 x_2$$

- 对于一个球形界面,存在两个点,满足从一点发出的所有光线将聚焦在另一点。其中一点距离球面中心 $n_2|R|/n_1$,而将在距离中心 $n_1|R|/n_2$ 处成一虚像。这两个点称为球面的齐明点(也称为不晕点),用来构造齐明透镜(不晕透镜)。
- 如果通过一个折射面,两点之间可相互成理想像,这个折射界面称为笛卡儿卵形面。
- 如果对于折射面上的所有点,$\sin\theta_1/\sin\theta_2$ 为常数,线性放大率即为常数,并且成像不会有彗差。

习　　题

4.1 (1) 考虑一个双凸透镜(见图4.18)由折射率为1.5的材料制成,第一和第二球面的曲率半径(R_1 和 R_2)分别为+100cm和−60cm,透镜放置在空气中(亦即 $n_1=n_3=1$)。对于距离透镜100cm的物点,确定其傍轴像点的距离和线性放大率。另外,计算 x_1 和 x_2,并验证牛顿公式(式(4.20))。

[**答案**:$x_1=-25\text{cm}, x_2=+225\text{cm}$]

(2) 当物距为50cm时,重复上面的计算。

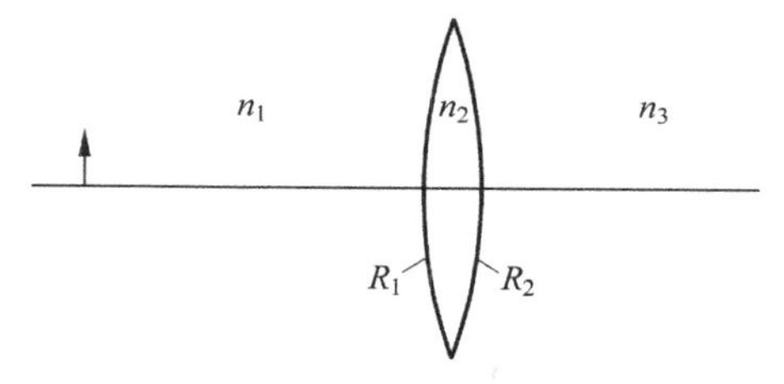

图4.18　习题4.1—4.4图

4.2 考虑一个薄透镜(由折射率为 n_2 的介质构成),其两侧为不同介质,令 n_1 和 n_3 分别为左侧和右侧介质的折射率。利用式(4.5)并假设在两个界面连续折射,推导式(4.14)。

4.3 利用图4.18,假定双凸透镜具有 $|R_1|=100\text{cm}$,$|R_2|=60\text{cm}$,$n_1=1.0$,$n_3=1.6$。对于物距 $u=-50\text{cm}$,确定(傍轴)像点的位置。另外,确定第一和第二主焦点位置,验证牛顿公式,并画出光线图。

[**答案**:$x_1=250\text{cm}, x_2=576\text{cm}$]

4.4 (1) 在图4.18中,假定用一双凹透镜去替换双凸透镜,其 $|R_1|=100\text{cm}$,$|R_2|=60\text{cm}$,假定 $n_1=n_3=1$,$n_2=1.5$。确定物距 $u=-100\text{cm}$ 的像的位置,画出光线图。

(2) 在(1)中,假定 $n_1=n_3=1.5$,$n_2=1.3$,重复上面的计算并画图。对于(1)和(2)中的系统,数据会有什么不同?

4.5 高度为1cm的物放在距离焦距为15cm的凸透镜24cm处(见图4.19),一个焦距为−20cm的凹透镜放在凸透镜另一端25cm处。画出光线图,并确定最终像的位置和大小。

[**答案**：在凹透镜 60cm 处成一实像]

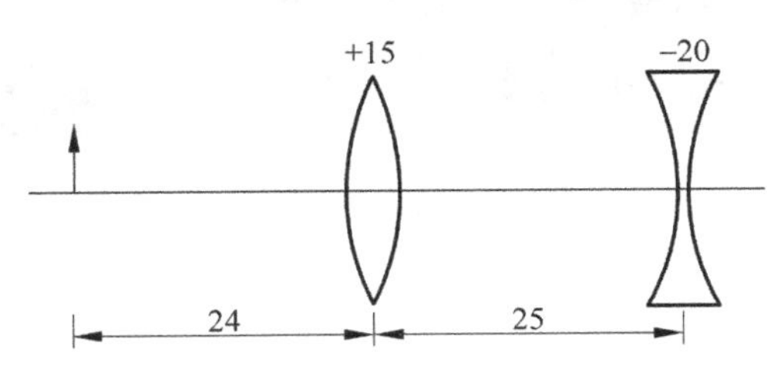

图 4.19　由一个凸透镜和一个凹透镜组成的光学系统。所有距离用 cm 为单位

4.6　一个厚双凸透镜，其第一和第二折射面的曲率半径分别为 45cm 和 30cm，透镜厚度为 5cm，透镜材料的折射率为 1.5。高 1cm 的物放在距离第一折射面 90cm 处，确定其像的位置和大小。画出轴上点的光路图。

[**答案**：在距离第二折射面 60cm 处成一实像]

4.7　在习题 4.6 中，如果第二折射面镀了银，它可以当作凹面镜。高 1cm 的物放在距离第一折射面 90cm 处，确定其像的位置和大小，并画出光线图。

[**答案**：在距离第一折射面 6.2cm 处成一实像(注意符号约定)]

4.8　考虑一折射率为 1.6、半径为 20cm 的球(见图 4.20)。证明其傍轴焦点在距离点 P_2 6.7cm 处。

4.9　考虑一折射率为 1.5、半径为 20cm 的半球(见图 4.21)，证明平行光线将聚焦于距离点 P_2 40cm 处。

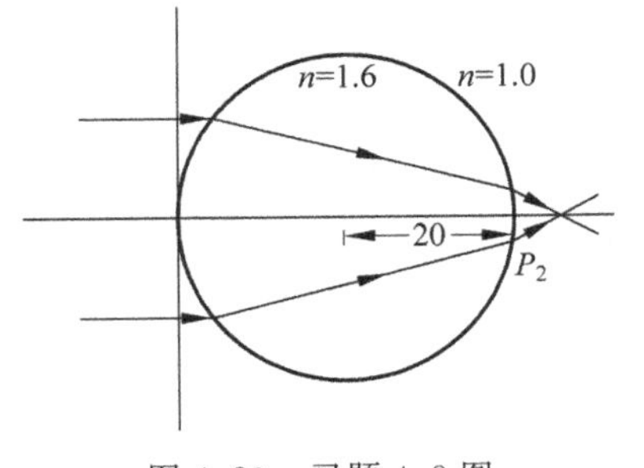

图 4.20　习题 4.8 图

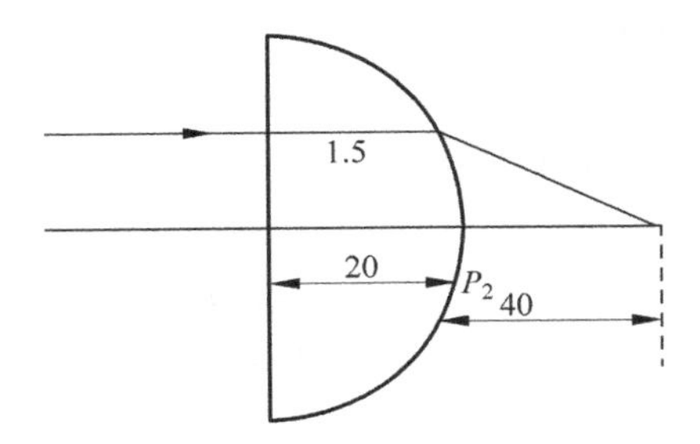

图 4.21　习题 4.9 图

4.10　一个厚度为 1cm 的透镜，材料折射率为 1.5，放置在空气中，第一和第二折射面曲率半径分别为＋4cm 和－4cm。确定平行光线聚焦的位置。

[**答案**：位于距离第二折射面 4.55cm 处]

第5章 傍轴光学的矩阵方法

在处理透镜系统成像时，我们只是简单地对一连串透镜进行光线追迹处理，这实际上就是处理透镜系统成像要做的一切。

——理查德·费恩曼，《费恩曼物理学讲义》，第一卷

学习目标

学过本章后，读者应该学会：

目标1：计算傍轴光线在平移与折射时怎样改变。

目标2：用系统矩阵元定义主平面(单位面)的位置。

目标3：获得光学系统的节点位置。

目标4：用矩阵方法分析透镜组合系统的光线变换和成像。

5.1 引言[①]

考察一光线 PQ 投射到一个将折射率分别为 n_1 和 n_2 的介质分开的折射面 SQS'（见图5.1），NQN' 代表面的法线，则折射线由以下条件可完全确定：

（1）入射线、折射线和法线位于同一平面。

（2）如果 θ_1 和 θ_2 分别表示入射角和反射角，则

$$\frac{\sin\theta_1}{\sin\theta_2}=\frac{n_2}{n_1} \tag{5.1}$$

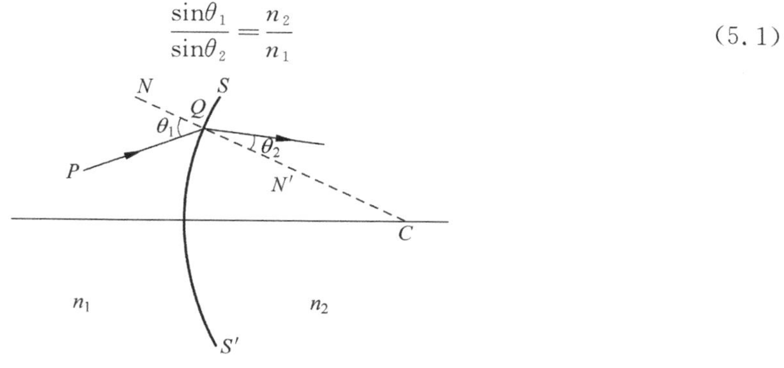

图5.1 光线在分开折射率为 n_1 和 n_2 的介质的球面 SQS' 的折射。NQN' 表示在点 Q 的法线。如果折射面是球面，则法线 NQN' 将经过曲率中心 C

① 感谢谢伽拉扬(K. Thyagarajan)教授帮助作者完成本章的撰写。

光学系统一般来说由大量的折射面组成(比如透镜组合光学系统),而任何光线都可以按照上面的条件进行追迹。为了得到此系统最后成像的位置,人们不得不一步一步地对折射面计算成像,以便作为下一个折射面的物。当这个成像系统元件的个数越来越多时,这样一步一步的计算将变得非常复杂。因此,本章将为这类系统建立一种矩阵方法,这种矩阵方法在利用计算机进行复杂光学系统的光线追迹运算时特别有用。

在描述几何光学的矩阵方法之前,有必要提一下矩阵的乘法规则和利用矩阵解线性方程的方法。一个 $m\times n$ 矩阵是 m 行 n 列,有 $m\times n$ 个元素,则矩阵

$$\boldsymbol{A}=\begin{pmatrix} a & b & c \\ d & e & f \end{pmatrix} \tag{5.2}$$

具有 2 行 3 列,$2\times 3=6$ 个元素。一个 $m\times n$ 矩阵乘以一个 $n\times p$ 矩阵得到一个 $m\times p$ 矩阵。令

$$\boldsymbol{B}=\begin{pmatrix} g \\ h \\ i \end{pmatrix} \tag{5.3}$$

表示一个 3×1 矩阵,则矩阵乘积

$$\boldsymbol{AB}=\begin{pmatrix} a & b & c \\ d & e & f \end{pmatrix}\begin{pmatrix} g \\ h \\ i \end{pmatrix}=\begin{pmatrix} ag+bh+ci \\ dg+eh+fi \end{pmatrix} \tag{5.4}$$

为一个 2×1 矩阵,且 $\boldsymbol{BA}$ 没有意义。

如果再定义一个矩阵

$$\boldsymbol{A}'=\begin{pmatrix} a' & b' & c' \\ d' & e' & f' \end{pmatrix}$$

则

$$\boldsymbol{A}'=\boldsymbol{A}$$

当且仅当 $a'=a, b'=b, c'=c, d'=d, e'=e, f'=f$ 时才成立,亦即所有的对应元素都必须相等。二元方程组

$$\begin{cases} x_1=ay_1+by_2 \\ x_2=cy_1+dy_2 \end{cases} \tag{5.5}$$

可以写成下面的形式:

$$\begin{pmatrix} x_1 \\ x_2 \end{pmatrix}=\begin{pmatrix} ay_1+by_2 \\ cy_1+dy_2 \end{pmatrix}=\begin{pmatrix} a & b \\ c & d \end{pmatrix}\begin{pmatrix} y_1 \\ y_2 \end{pmatrix} \tag{5.6}$$

其中最后一步用到了矩阵乘法规则。

另外,如果有

$$\begin{cases} y_1=ez_1+fz_2 \\ y_2=gz_1+hz_2 \end{cases} \tag{5.7}$$

则

$$\begin{pmatrix} y_1 \\ y_2 \end{pmatrix}=\begin{pmatrix} e & f \\ g & h \end{pmatrix}\begin{pmatrix} z_1 \\ z_2 \end{pmatrix} \tag{5.8}$$

结果

$$\begin{pmatrix} x_1 \\ x_2 \end{pmatrix} = \begin{pmatrix} a & b \\ c & d \end{pmatrix} \begin{pmatrix} e & f \\ g & h \end{pmatrix} \begin{pmatrix} z_1 \\ z_2 \end{pmatrix} \tag{5.9}$$

或

$$\boldsymbol{X} = \boldsymbol{B}\boldsymbol{Z} \tag{5.10}$$

其中,$\boldsymbol{X}$ 和 $\boldsymbol{Z}$ 代表 2×1 矩阵:

$$\boldsymbol{X} \stackrel{\text{def}}{=} \begin{pmatrix} x_1 \\ x_2 \end{pmatrix}, \quad \boldsymbol{Z} \stackrel{\text{def}}{=} \begin{pmatrix} z_1 \\ z_2 \end{pmatrix} \tag{5.11}$$

$\boldsymbol{B}$ 代表 2×2 矩阵

$$\boldsymbol{B} = \begin{pmatrix} a & b \\ c & d \end{pmatrix} \begin{pmatrix} e & f \\ g & h \end{pmatrix} = \begin{pmatrix} ae+bg & af+bh \\ ce+dg & cf+dh \end{pmatrix} \tag{5.12}$$

由式(5.9)和式(5.12)可得

$$\begin{cases} x_1 = (ae+bg)z_1 + (af+bh)z_2 \\ x_2 = (ce+dg)z_1 + (df+dh)z_2 \end{cases} \tag{5.13}$$

这个结果可以通过直接代换获得。下面将利用矩阵方法在轴对称光学系统中进行傍轴光线追迹。

5.2 矩阵方法　　目标 1

考察如图5.2所示的轴对称光学系统,对称轴选为 z 轴。本章只考虑傍轴光线,非傍轴光线将引入像差,将在第6章中讨论。

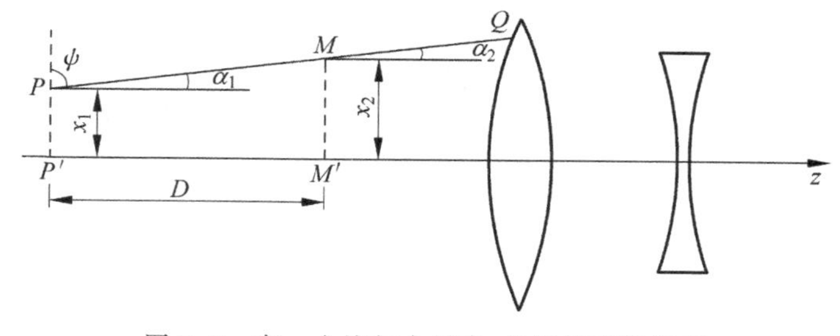

图5.2　在一个均匀介质中,光线沿直线传播

在傍轴近似中,这里将讨论限定在只通过光轴的那些光线。这样的光线限定在一个平面之内,可以用离轴的距离以及与轴所成夹角来表征。比如在图5.2中,光线上的点 P 位于离轴 x_1 距离,与轴夹角为 α_1,这一对量(x_1,α_1)就代表了这束光线的坐标。然而,在此不用光线与光轴的夹角作为表征量,而将利用如下的量来表征光线:

$$\lambda = n\cos\psi (= n\sin\alpha)$$

这个量实际是折射率与光线光轴之间角度的正弦(也是光线与垂直方向角度的余弦)的乘积,称作光方向余弦。

当光线经过光学系统传播时,实际上它经历了两种操作:①平移,②折射。当光线在一均匀介质的 PQ 区域(见图5.2)传输时,它经历平移。然而,当光线遇到两介质的分界面

时，它经历折射。下面将研究平移效应和折射效应对光线坐标的作用。

1. 平移效应

考虑一束在折射率为 n_1 的介质中传播的光线，起始位置在到 z 轴距离 x_1 处，与 z 轴夹角为 α_1（见图5.2中的点 P）。令 (x_2,α_2) 代表光线到达点 M 的坐标（见图5.2）。既然介质是均匀的，光线沿直线传播，因而有

$$\alpha_2=\alpha_1 \tag{5.14}$$

进而，如果 PP' 与 MM' 是垂直于光轴的线段，且 $P'M'=D$，则

$$x_2=x_1+D\tan\alpha_1 \tag{5.15}$$

因为只关注傍轴光线，角度 α_1 很小，因此我们用近似 $\tan\alpha_1\approx\alpha_1$，其中 α_1 以弧度为单位。这样式(5.15)简化成

$$x_2\approx x_1+\alpha_1 D \tag{5.16}$$

如果令

$$\lambda_1=n_1\alpha_1 \tag{5.17}$$

$$\lambda_2=n_2\alpha_2 \tag{5.18}$$

则利用式(5.15)和式(5.17)，得到

$$\begin{cases}\lambda_2=\lambda_1\\ x_2=x_1+\dfrac{D}{n_1}\lambda_1\end{cases} \tag{5.19}$$

把它变成下面的矩阵形式：

$$\begin{pmatrix}\lambda_2\\ x_2\end{pmatrix}=\begin{pmatrix}1 & 0\\ D/n_1 & 1\end{pmatrix}\begin{pmatrix}\lambda_1\\ x_1\end{pmatrix} \tag{5.20}$$

这样，如果一束光线最初用一个参数为 λ_1 和 x_1 的 2×1 矩阵来表征，则在一折射率为 n_1 的均匀介质中对一束光线平移距离 D 的平移效应完全可以用如下的 2×2 矩阵描述：

$$\boldsymbol{T}=\begin{pmatrix}1 & 0\\ D/n_1 & 1\end{pmatrix} \tag{5.21}$$

最终光线坐标由式(5.20)给出。注意矩阵有如下性质：

$$\det T=\begin{vmatrix}1 & 0\\ D/n_1 & 1\end{vmatrix}=1 \tag{5.22}$$

2. 折射效应

下面将确定代表光线通过一个曲率半径为 R 的折射球面的折射矩阵。考虑光线 AP 与（分开折射率分别为 n_1 和 n_2 的）球面相交于点 P，然后沿 PB 折射（见图5.3）。如果 θ_1 和 θ_2 分别为入射线和折射线与球面点 P 法线的夹角（即入射线和折射线与连接点 P 和球面曲率中心 C 的夹角），则根据斯涅耳定律

$$n_1\sin\theta_1=n_2\sin\theta_2 \tag{5.23}$$

既然只讨论傍轴光线，则可以用近似 $\sin\theta\approx\theta$。这样，式(5.23)简化成

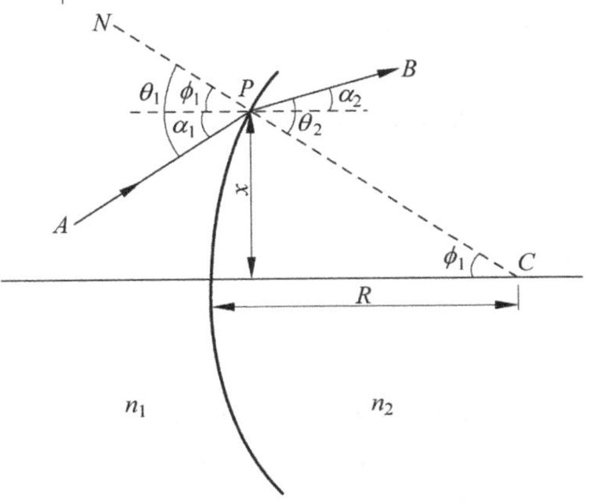

图5.3　光线在球面的折射

$$n_1\theta_1 \approx n_2\theta_2 \tag{5.24}$$

通过图 5.3 可以得到

$$\theta_1 = \phi_1 + \alpha_1, \quad \theta_2 = \phi_1 + \alpha_2 \tag{5.25}$$

其中,α_1、α_2 和 ϕ_1 分别为入射线、折射线和球面法线与 z 轴的夹角。另外,既然 ϕ_1 非常小,可以写成

$$\phi_1 = \frac{x}{R} \tag{5.26}$$

从式(5.24)和式(5.25),可得

$$n_1(\phi_1 + \alpha_1) \approx n_2(\phi_1 + \alpha_2)$$

或者

$$n_2\alpha_2 \approx n_1\alpha_1 - \frac{n_2 - n_1}{R}x \tag{5.27}$$

其推导中用到了式(5.26),则

$$\lambda_2 = \lambda_1 - Px \tag{5.28}$$

其中,

$$P = \frac{n_2 - n_1}{R} \tag{5.29}$$

称为折射面的光焦度。另外,既然在点 P 处入射光线与折射光线的高度一样(即 $x_2 = x_1$),则对于折射光线,有

$$\begin{pmatrix} \lambda_2 \\ x_2 \end{pmatrix} = \begin{pmatrix} 1 & -P \\ 0 & 1 \end{pmatrix} \begin{pmatrix} \lambda_1 \\ x_1 \end{pmatrix} \tag{5.30}$$

所以,一球面对于光线的折射效应可以由如下的 2×2 矩阵描述:

$$\boldsymbol{\mathcal{R}} = \begin{pmatrix} 1 & -P \\ 0 & 1 \end{pmatrix} \tag{5.31}$$

注意这里也有

$$\det \boldsymbol{\mathcal{R}} = \begin{vmatrix} 1 & -P \\ 0 & 1 \end{vmatrix} = 1 \tag{5.32}$$

一般地,一个由一系列透镜组成的光学系统,可以由一系列折射矩阵和平移矩阵来表征。

若一束入射光学系统的光线用 $\begin{pmatrix} \lambda_1 \\ x_1 \end{pmatrix}$ 表征,而经过该系统出射光线用 $\begin{pmatrix} \lambda_2 \\ x_2 \end{pmatrix}$ 表征,则它们之间的变换关系可以写成

$$\begin{pmatrix} \lambda_2 \\ x_2 \end{pmatrix} = \begin{pmatrix} b & -a \\ -d & c \end{pmatrix} \begin{pmatrix} \lambda_1 \\ x_1 \end{pmatrix} \tag{5.33}$$

其中矩阵

$$\boldsymbol{S} = \begin{pmatrix} b & -a \\ -d & c \end{pmatrix} \tag{5.34}$$

称为系统矩阵,可以唯一地由光学系统决定。矩阵 $\boldsymbol{S}$ 中一些元素的负号是为了方便而引入的。既然一束光线经一光学系统传播只有折射与平移的操作,因此系统矩阵一般是折射与平移矩阵的乘积。另外,矩阵乘积的行列式是矩阵行列式的乘积,所以有

$$\det \boldsymbol{S}=1 \tag{5.35}$$

即

$$bc-ad=1 \tag{5.36}$$

在此需提醒一下，b 和 c 没有量纲，a 和 P 的量纲是长度的倒数，而 d 的量纲是长度。通常单位是不给出的，但是那里已经隐含了 a 和 P 用 cm^{-1} 度量，d 用 cm 度量。

5.2.1　折射球面的成像

作为矩阵方法的最简单应用，下面将考虑一个分开两个折射率分别为 n_1 和 n_2 的介质的球面的折射成像(见图 5.4)。这里同样的问题已经在前边用标准的几何光学方法讨论过了。令(λ_1,x_1)、(λ',x')、(λ'',x'')和(λ_2,x_2)分别为光线在点 O、A'(刚好折射前)、A'(刚好折射后)和 I 的坐标。

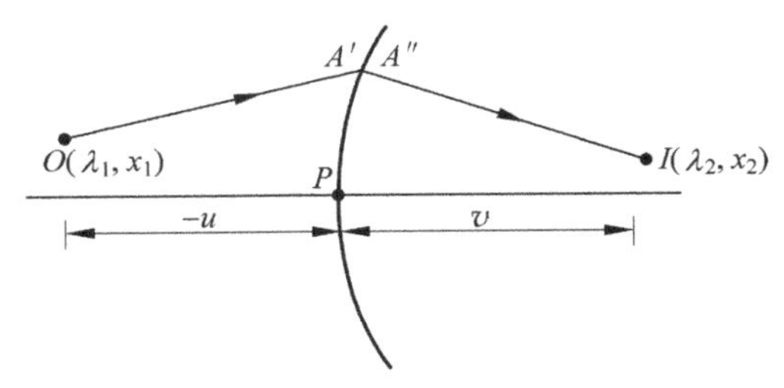

图 5.4　经过一个分开两个折射率分别为 n_1 和 n_2 的介质的球面的折射成像

这里应用符号约定：在点 P 左边的坐标为负，点 P 右边的坐标为正(见 4.2.1 节)，则

$$\begin{pmatrix}\lambda'\\x'\end{pmatrix}=\begin{pmatrix}1&0\\-u/n_1&1\end{pmatrix}\begin{pmatrix}\lambda_1\\x_1\end{pmatrix}$$

$$\begin{pmatrix}\lambda''\\x''\end{pmatrix}=\begin{pmatrix}1&-P\\0&1\end{pmatrix}\begin{pmatrix}\lambda'\\x'\end{pmatrix}$$

$$\begin{pmatrix}\lambda_2\\x_2\end{pmatrix}=\begin{pmatrix}1&0\\v/n_2&1\end{pmatrix}\begin{pmatrix}\lambda''\\x''\end{pmatrix}$$

或

$$\begin{pmatrix}\lambda_2\\x_2\end{pmatrix}=\begin{pmatrix}1&0\\v/n_2&1\end{pmatrix}\begin{pmatrix}1&-P\\0&1\end{pmatrix}\begin{pmatrix}1&0\\-u/n_1&1\end{pmatrix}\begin{pmatrix}\lambda_1\\x_1\end{pmatrix}$$

通过简单的乘法，可得

$$\begin{pmatrix}\lambda_2\\x_2\end{pmatrix}=\begin{bmatrix}1+\dfrac{Pu}{n_1}&-P\\\dfrac{v}{n_2}\left(1+\dfrac{Pu}{n_1}\right)-\dfrac{u}{n_1}&1-\dfrac{vP}{n_2}\end{bmatrix}\begin{pmatrix}\lambda_1\\x_1\end{pmatrix} \tag{5.37}$$

从中可以得到

$$x_2=\left[\frac{v}{n_2}\left(1+\frac{Pu}{n_1}\right)-\frac{u}{n_1}\right]\lambda_1+\left[1-\frac{vP}{n_2}\right]x_1 \tag{5.38}$$

对于从光轴上物点发出的光线(即 $x_1=0$)，其像平面由 $x_2=0$ 决定。因此，在这种情况下，上式中 λ_1 的系数要求为零，有

$$\frac{u}{n_1}=\frac{v}{n_2}\left(1+\frac{Pu}{n_1}\right)$$

或

$$\frac{n_2}{v}-\frac{n_1}{u}=P=\frac{n_2-n_1}{R} \tag{5.39}$$

这与第4章推导的公式一样,因此在像平面

$$\begin{pmatrix}\lambda_2\\x_2\end{pmatrix}=\begin{pmatrix}1+\dfrac{Pu}{n_1} & -P\\ 0 & 1-\dfrac{vP}{n_2}\end{pmatrix}\begin{pmatrix}\lambda_1\\x_1\end{pmatrix} \tag{5.40}$$

给出

$$x_2=\left(1-\frac{vP}{n_2}\right)x_1$$

因此,横向放大率为

$$m=\frac{x_2}{x_1}=1-\frac{vP}{n_2}$$

应用式(5.39),可得

$$m=\frac{n_1 v}{n_2 u}$$

这与式(4.23)一致。

5.2.2 共轴光学系统的成像

对于一个光学系统,物平面位于第一个折射面距离为$-D_1$处,下面将推导出像平面的位置(见图5.5)。令成像在距离最后一个折射面D_2处。根据上面的符号约定:折射面左边的点,距离是负的;折射面右边的点,距离是正的。这样,D_1自然就是负的量。另外,如果D_2是正的,则成的像是实像,且成像位于最后折射面的右侧;反之,如果D_2是负的,则成的是虚像,且成像位于最后折射面的左侧。

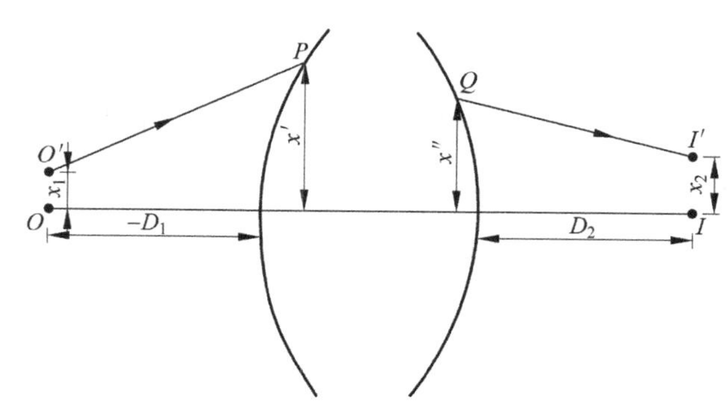

图5.5 一个物点O距离第一个折射面为$-D_1$,最后的傍轴像假定位于最后一个折射面距离D_2处

令$O'P$为一束起于物平面点O'的光线,QI'为从最后折射面出射的光线。点I'假定位于像平面,见图5.5(点I是点O的傍轴像,像平面定义为包含点I并垂直于光轴的平面)。

令(λ_1, x_1)、(λ', x')、(λ'', x'')和(λ_2, x_2)分别为光线在点 O'、P、Q 和 I' 的坐标，则

$$\begin{cases} \begin{pmatrix} \lambda' \\ x' \end{pmatrix} = \begin{pmatrix} 1 & 0 \\ -D_1 & 1 \end{pmatrix} \begin{pmatrix} \lambda_1 \\ x_1 \end{pmatrix} \\ \begin{pmatrix} \lambda'' \\ x'' \end{pmatrix} = \begin{pmatrix} b & -a \\ -d & c \end{pmatrix} \begin{pmatrix} \lambda' \\ x' \end{pmatrix} \\ \begin{pmatrix} \lambda_2 \\ x_2 \end{pmatrix} = \begin{pmatrix} 1 & 0 \\ D_2 & 1 \end{pmatrix} \begin{pmatrix} \lambda'' \\ x'' \end{pmatrix} \end{cases}$$

所以

$$\begin{pmatrix} \lambda_2 \\ x_2 \end{pmatrix} = \begin{pmatrix} 1 & 0 \\ D_2 & 1 \end{pmatrix} \begin{pmatrix} b & -a \\ -d & c \end{pmatrix} \begin{pmatrix} 1 & 0 \\ -D_1 & 1 \end{pmatrix} \begin{pmatrix} \lambda_1 \\ x_1 \end{pmatrix} \tag{5.41}$$

其中等式右边第一和第三个矩阵分别对应于距离 D_2 和 $-D_1$ 的平移(在折射率为 1 的介质内)，第二个矩阵对应于光学系统的系统矩阵。经过矩阵乘法，可得

$$\begin{pmatrix} \lambda_2 \\ x_2 \end{pmatrix} = \begin{pmatrix} b + aD_1 & -a \\ bD_2 + aD_1D_2 - cD_1 - d & c - aD_2 \end{pmatrix} \begin{pmatrix} \lambda_1 \\ x_1 \end{pmatrix} \tag{5.42}$$

所以

$$x_2 = (bD_2 + aD_1D_2 - cD_1 - d)\lambda_1 + (c - aD_2)x_1$$

对于从光轴上物点发出的光线(即 $x_1 = 0$)，其像平面由 $x_2 = 0$ 决定。这样，对于像平面必然有

$$bD_2 + aD_1D_2 - cD_1 - d = 0 \tag{5.43}$$

该式给出了距离 D_1 和 D_2 的关系。对于像平面，可得

$$\begin{pmatrix} \lambda_2 \\ x_2 \end{pmatrix} = \begin{pmatrix} b + aD_1 & -a \\ 0 & c - aD_2 \end{pmatrix} \begin{pmatrix} \lambda_1 \\ x_1 \end{pmatrix} \tag{5.44}$$

当 $x_2 \neq 0$ 时，可得

$$x_2 = (c - aD_2)x_1$$

结果，系统的放大率 $M\left(=\dfrac{x_2}{x_1}\right)$由下式给出：

$$M = \frac{x_2}{x_1} = c - aD_2 \tag{5.45}$$

另外，既然

$$\begin{vmatrix} b + aD_1 & -a \\ 0 & c - aD_2 \end{vmatrix} = 1$$

可以得到

$$b + aD_1 = \frac{1}{c - aD_2} = \frac{1}{M} \tag{5.46}$$

这样，对于一个一般的光学系统，如果 x_1 和 x_2 对应于物平面和像平面，可以写出如下关系：

$$\begin{pmatrix} \lambda_2 \\ x_2 \end{pmatrix} = \begin{pmatrix} 1/M & -a \\ 0 & M \end{pmatrix} \begin{pmatrix} \lambda_1 \\ x_1 \end{pmatrix} \tag{5.47}$$

例 5.1 求厚透镜的系统矩阵,并推导薄透镜和厚透镜的成像公式。

解 考虑一个厚度为 t,介质折射率为 n 的厚透镜(如图 5.6 所示),令 R_1 和 R_2 为两界面的曲率半径。假定光线打到第一界面的点 P,从第二界面的点 Q 射出,令光线在点 P 和点 Q 的坐标分别为

$$\begin{pmatrix}\lambda_1\\x_1\end{pmatrix},\quad \begin{pmatrix}\lambda_2\\x_2\end{pmatrix} \tag{5.48}$$

其中,λ_1 和 λ_2 为光线在点 P 和点 Q 的光学方向余弦,x_1 和 x_2 为点 P 和点 Q 离轴的距离(见图 5.6)。从点 P 到点 Q,光线经历了两次折射(一次是在第一界面(曲率半径为 R_1),另一次是在第二界面(曲率半径为 R_2))和一次在折射率为 n 的介质里距离为 t 的平移[①],所以有

$$\begin{pmatrix}\lambda_2\\x_2\end{pmatrix}=\begin{pmatrix}1&-P_2\\0&1\end{pmatrix}\begin{pmatrix}1&0\\t/n&1\end{pmatrix}\begin{pmatrix}1&-P_1\\0&1\end{pmatrix}\begin{pmatrix}\lambda_1\\x_1\end{pmatrix} \tag{5.49}$$

其中,

$$P_1=\frac{n-1}{R_1},\quad P_2=\frac{1-n}{R_2}=-\frac{n-1}{R_2} \tag{5.50}$$

它们代表了两个折射面的光焦度。因此,系统矩阵为

$$\begin{aligned}\boldsymbol{S}=\begin{pmatrix}b&-a\\-d&c\end{pmatrix}&=\begin{pmatrix}1&-P_2\\0&1\end{pmatrix}\begin{pmatrix}1&0\\t/n&1\end{pmatrix}\begin{pmatrix}1&-P_1\\0&1\end{pmatrix}\\&=\begin{pmatrix}1-\dfrac{P_2t}{n}&-P_1-P_2\left(1-\dfrac{t}{n}P_1\right)\\\dfrac{t}{n}&1-\dfrac{t}{n}P_1\end{pmatrix}\end{aligned} \tag{5.51}$$

对于薄透镜,$t\to0$,则系统矩阵取下面的形式:

$$\boldsymbol{S}=\begin{pmatrix}1&-P_1-P_2\\0&1\end{pmatrix} \tag{5.52}$$

因此,对于薄透镜,有

$$a=P_1+P_2,b=1,c=1,\quad d=0 \tag{5.53}$$

将上面的 a、b、c、d 的值代入式(5.43),可以得到

$$D_2+(P_1+P_2)D_1D_2-D_1=0$$

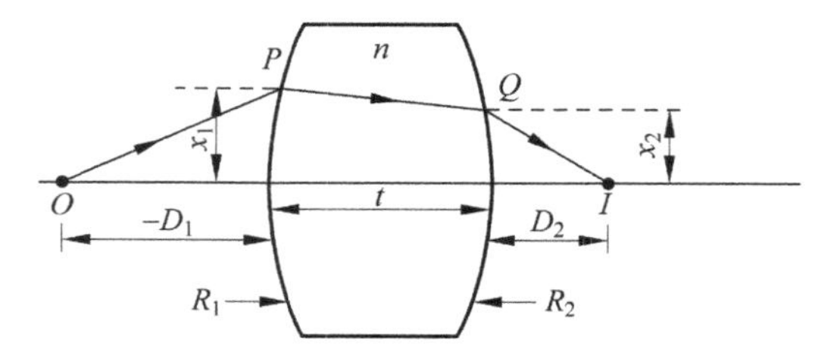

图 5.6 傍轴光线通过一厚度为 t 的厚透镜的情况

① 注意,既然我们讨论的是傍轴光线,则点 P 和点 Q 的距离就近似为 t。

或者

$$\frac{1}{D_2}-\frac{1}{D_1}=(P_1+P_2)=(n-1)\left(\frac{1}{R_1}-\frac{1}{R_2}\right) \tag{5.54}$$

或者

$$\frac{1}{D_2}-\frac{1}{D_1}=\frac{1}{f} \tag{5.55}$$

其中，

$$f=\frac{1}{P_1+P_2}=\left[(n-1)\left(\frac{1}{R_1}-\frac{1}{R_2}\right)\right]^{-1} \tag{5.56}$$

代表透镜的焦距。式(5.55)就是大家熟知的薄透镜公式(不同种类薄透镜 R_1 和 R_2 的符号见图5.7)。所以薄透镜的系统矩阵为

$$\boldsymbol{S}=\begin{pmatrix}1 & -\dfrac{1}{f}\\ 0 & 1\end{pmatrix} \tag{5.57}$$

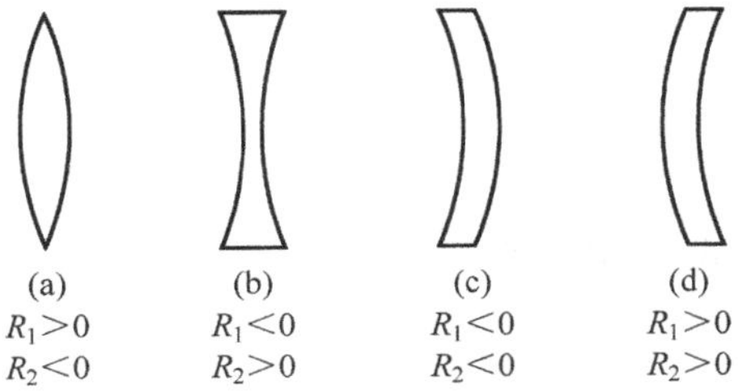

(a) $R_1>0$, $R_2<0$　(b) $R_1<0$, $R_2>0$　(c) $R_1<0$, $R_2<0$　(d) $R_1>0$, $R_2>0$

图5.7　不同种类薄透镜 R_1 和 R_2 的符号

对于厚透镜，从式(5.51)，有

$$\begin{cases}a=P_1+P_2\left(1-\dfrac{t}{n}P_1\right), & b=1-\dfrac{P_2 t}{n}\\ c=1-\dfrac{t}{n}P_1, & d=-\dfrac{t}{n}\end{cases} \tag{5.58}$$

当将上面 a、b、c、d 的值代入式(5.43)，可以得到所要求的 D_1 和 D_2 之间的关系。然而，对于厚透镜，定义主平面(单位面)和节平面更为方便。这将在下面讨论。

5.3　主平面(单位面)　　目标2

主平面也称单位面，它们是这样两个平面：分别位于物空间和像空间，它们之间的放大率为1。亦即，从物空间的主平面发出的任何傍轴光线，将出现在像空间主平面的同一高度。如果 d_{u1} 和 d_{u2} 代表两主平面到两个折射面的距离(见图5.8)[①]，从式(5.46)可得

$$b+ad_{u1}=\frac{1}{c-ad_{u2}}=1 \tag{5.59}$$

或者

$$d_{u1}=\frac{1-b}{a} \tag{5.60}$$

$$d_{u2}=\frac{c-1}{a} \tag{5.61}$$

这样主平面完全由系统矩阵元素决定。

以主平面为基准来度量距离是方便的。因此，如果 u 是物平面到第一主平面的距离，v 是相应的像平面到第二主平面的距离(见图5.8)，可得

① 显然，如果以 U_1 作为物平面，则 U_2 即为相应的像平面。

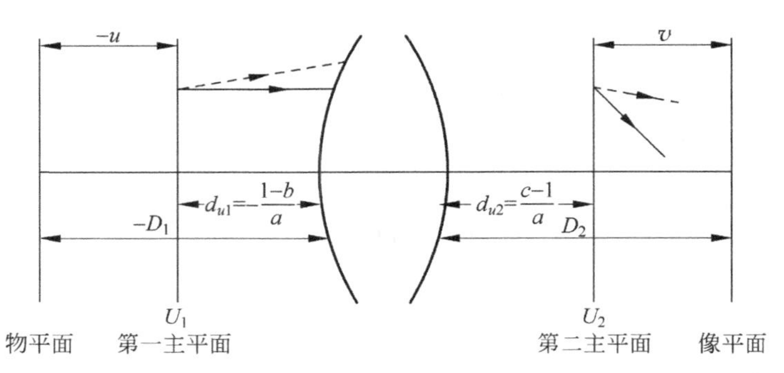

图 5.8 U_1 和 U_2 是两个单位面,在第一单位面任意高度发出的光线将相交于第二单位面的同样高度

$$D_1 = u + d_{u1} = u + \frac{1-b}{a} \tag{5.62}$$

$$D_2 = v + d_{u2} = v + \frac{c-1}{a} \tag{5.63}$$

从式(5.43),得到

$$D_2 = \frac{d + cD_1}{b + aD_1} \tag{5.64}$$

将式(5.62)和式(5.63)的 D_1 和 D_2 代入式(5.64),得

$$v + \frac{c-1}{a} = \frac{d + cu + \dfrac{c(1-b)}{a}}{b + au + (1-b)}$$

或者

$$v = \frac{ad - bc + c(au+1) - (c-1)(1+au)}{a(1+au)} = \frac{au}{a(1+au)} \tag{5.65}$$

其中用到了条件

$$\det\boldsymbol{S} = bc - ad = 1 \tag{5.66}$$

经过简化,可得

$$\frac{1}{v} - \frac{1}{u} = a \tag{5.67}$$

因此,如果以主平面为基准测量距离,则 $1/a$ 代表焦距。例如,对于一个厚透镜可以得到(利用式(5.58)、式(5.60)和式(5.61))

$$d_{u1} = \frac{P_2 t}{n} \frac{1}{P_1 + P_2\left(1 - \dfrac{t}{n}P_1\right)} \tag{5.68}$$

以及

$$d_{u2} = -\frac{t}{n} \frac{P_1}{P_1 + P_2\left(1 - \dfrac{t}{n}P_1\right)} \tag{5.69}$$

对于一个双凸透镜,$|R_1| = |R_2|$,则

$$P_1 = P_2 = \frac{n-1}{R} \tag{5.70}$$

其中，$R=|R_1|=|R_2|$。因此

$$d_{u1}=\frac{t}{n}\frac{1}{2-\frac{t}{n}\frac{n-1}{R}}\approx\frac{t}{2n} \tag{5.71}$$

$$d_{u2}=-\frac{t}{n}\frac{1}{2-\frac{t}{n}\frac{n-1}{R}}\approx-\frac{t}{2n} \tag{5.72}$$

其中，假定 $t\ll R$，对于大多数厚透镜来说，这个条件确实成立。对于厚透镜，主平面的位置如图 5.9 所示。为了计算焦距，从式(5.67)中注意到

$$\frac{1}{f}=a=P_1+P_2\left(1-\frac{t}{n}P_1\right) \tag{5.73}$$

其中，用到了式(5.58)，则

$$\frac{1}{f}=(n-1)\left(\frac{1}{R_1}-\frac{1}{R_2}\right)+\frac{(n-1)^2t}{nR_1R_2} \tag{5.74}$$

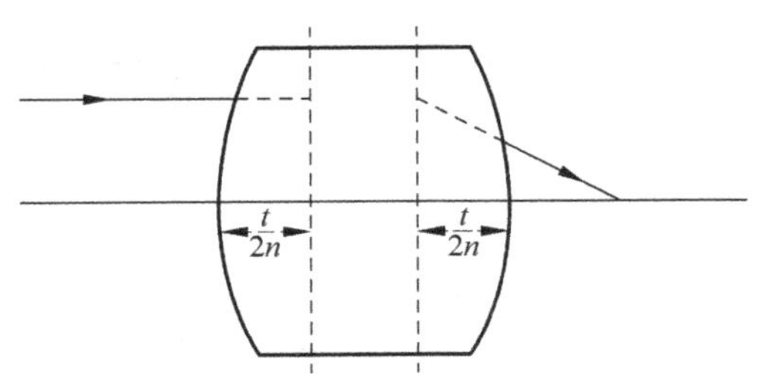

图 5.9　双凸透镜的主平面(单位面)

5.4　节平面　　目标 3

节点是光轴上相对角放大率为 1 的两点，亦即，入射光线以 α 角入射到第一节点，则出射光线将在第二节点以同样的角度射出(见图 5.10)。通过节点并垂直于光轴的平面称为节平面。

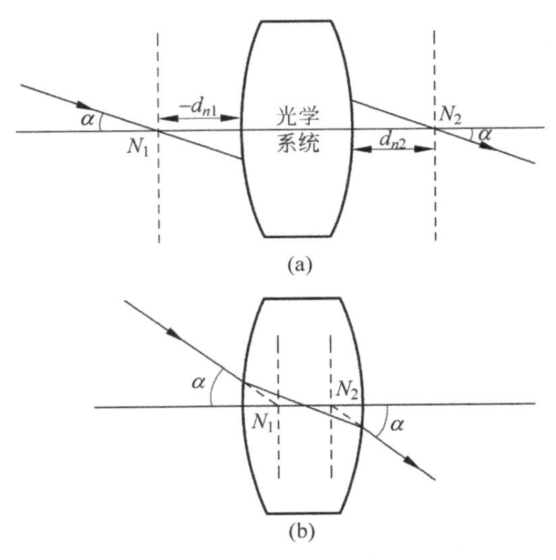

图 5.10　N_1 和 N_2 表示一光学系统的两个节点(a)；节点也可以在光学系统内部(b)

为了确定节点的位置，考虑分别距离两折射面为 d_{n1} 和 d_{n2} 的两点 N_1 和 N_2(见图 5.10)。根据节点的定义，要求光线以角度 α_1 在点 N_1 入射，经过光学系统后，以同样的角度 α_1 在点 N_2 出射。既然假定光学系统的两侧介质一样，所以上面的要求使 λ_1 和 λ_2 相同。另外，

考虑光轴上的物点，$x_1=0$，从式(5.44)得到

$$\lambda_2=(b+ad_{n1})\lambda_1=\lambda_1 \tag{5.75}$$

因此

$$b+ad_{n1}=1 \tag{5.76}$$

或者

$$d_{n1}=\frac{1-b}{a} \tag{5.77}$$

与式(5.60)进行比较，发现 $d_{n1}=d_{u1}$，这个结果是因为令光学系统两侧介质折射率一样。同样地，可以得到

$$d_{n2}=\frac{c-1}{a} \tag{5.78}$$

所以，当光学系统两侧的介质具有相同的折射率时(大多数光学系统都是如此)，节平面与主平面是重合的。一般地，只要已知系统矩阵 $\boldsymbol{S}$ 的各个元素(即知道 a、b、c、d，它们也称为系统的高斯常数)，就可以获得系统的所有性质。

例 5.2 一对称双凸透镜(由折射率为 1.5 的介质材料制成)如图 5.9 所示。两个界面的曲率半径数值均为 4cm，透镜厚度为 1cm，并且透镜置于空气中。求系统矩阵，确定焦距，并求主平面的位置。

解

$$R_1=+4\text{cm},\quad R_2=-4\text{cm},\quad t=1\text{cm}$$

两个界面有相同的光焦度

$$P_1=P_2=\frac{n-1}{R_1}=\frac{0.5}{4}\text{cm}^{-1}=0.125\text{cm}^{-1}$$

参照式(5.51)可以得到系统矩阵

$$\begin{pmatrix}1-\dfrac{0.125\times1}{1.5} & -0.125-0.125\left(1-\dfrac{1}{1.5}\times0.125\right)\\ \dfrac{1}{1.5} & 1-\dfrac{0.125}{1.5}\end{pmatrix}=\begin{pmatrix}0.9167 & -0.240\\ 0.6667 & 0.9167\end{pmatrix}$$

因此

$$a=\frac{1}{f}=0.24\quad\Rightarrow\quad f\approx4.2\text{cm}$$

$$b=0.9167=c,\quad d=-0.6667$$

利用式(5.60)和式(5.61)，可以得到主平面的位置

$$d_{u1}=\frac{1-b}{a}\approx0.35\text{cm}$$

$$d_{u2}=\frac{c-1}{a}\approx-0.35\text{cm}$$

因此，主平面的位置如图 5.9 所示。因为透镜置于空气中，节平面与主平面重合。

例 5.3 考虑一个折射率为 1.6、半径为 20cm 的球(见图 5.11)。求傍轴焦点和主平面的位置。

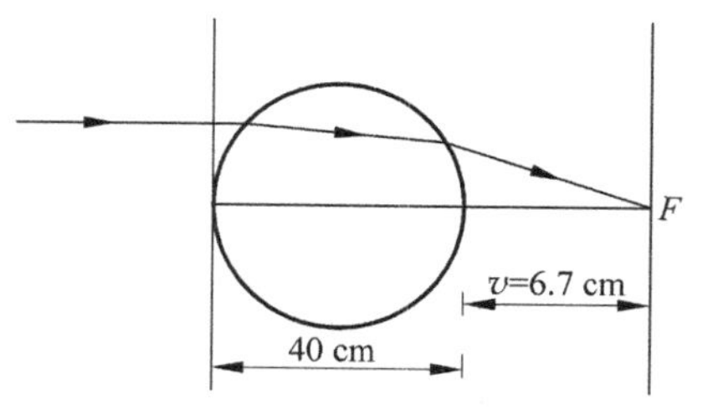

图 5.11 折射率为 1.6，半径为 20cm 的球成像

解　从第一折射面到像平面的矩阵为

$$\underset{\text{第二界面成像}}{\begin{bmatrix}1 & 0\\ v & 1\end{bmatrix}}\ \underset{\text{在第二界面的折射}}{\begin{bmatrix}1 & (1-1.6)/20\\ 0 & 1\end{bmatrix}}\ \underset{\text{在玻璃中的传播}}{\begin{bmatrix}1 & 0\\ 40/1.6 & 1\end{bmatrix}}\ \underset{\text{在第一界面的折射}}{\begin{bmatrix}1 & -(1.6-1)/20\\ 0 & 1\end{bmatrix}}$$

$$=\begin{bmatrix}1 & 0\\ v & 1\end{bmatrix}\begin{bmatrix}0.25 & -0.0375\\ 25 & 0.25\end{bmatrix}$$

$$=\begin{bmatrix}0.25 & -0.0375\\ 25+0.25v & 0.25-0.0375v\end{bmatrix}$$

因此,在像平面,光线的坐标为

$$\begin{pmatrix}\lambda_2\\ x_2\end{pmatrix}=\begin{pmatrix}0.25 & -0.0375\\ 25+0.25v & 0.25-0.0375v\end{pmatrix}\begin{pmatrix}\lambda_1\\ x_1\end{pmatrix}$$

得到

$$x_2=(25+0.25v)\lambda_1+(0.25-0.0375v)x_1$$

为了确定焦平面距离 v,考虑一平行入射的光线,$\lambda_1=0$,在焦平面 $x_2=0$,得到

$$0.0375v=0.25\quad 或\quad v=6.7\text{cm}$$

系统矩阵的各元素为

$$a=\frac{1}{f}=0.0375\text{cm}^{-1}\quad\Rightarrow\quad f\approx 26.7\text{cm}$$

$$b=0.25,\quad c=0.25,\quad d=-25\text{cm}$$

主平面位置由下式决定:

$$d_{u1}=\frac{1-b}{a}=20\text{cm}$$

$$d_{u2}=\frac{c-1}{a}=-20\text{cm}$$

因此,两个主平面均穿过球中心。

5.5　两薄透镜构成的系统　　目标 4

在本节中,将利用矩阵方法分析两个焦距分别为 f_1 和 f_2,分开间隔为 t 的薄透镜组合系统。为了求得这两个薄透镜组合的系统矩阵,先考察两个薄透镜各自的矩阵(见式(5.57))

$$\begin{pmatrix}1 & -\dfrac{1}{f_1}\\ 0 & 1\end{pmatrix},\quad \begin{pmatrix}1 & -\dfrac{1}{f_2}\\ 0 & 1\end{pmatrix}\tag{5.79}$$

以及(在空气中)平移距离 t 的矩阵

$$\begin{pmatrix}1 & 0\\ t & 1\end{pmatrix}\tag{5.80}$$

因此,系统矩阵 $\boldsymbol{S}$ 为

$$\boldsymbol{S}=\begin{pmatrix}1 & -\dfrac{1}{f_2}\\ 0 & 1\end{pmatrix}\begin{pmatrix}1 & 0\\ t & 1\end{pmatrix}\begin{pmatrix}1 & -\dfrac{1}{f_1}\\ 0 & 1\end{pmatrix}$$

$$=\begin{pmatrix}\left(1-\frac{t}{f_2}\right) & -\left(\frac{1}{f_1}+\frac{1}{f_2}-\frac{t}{f_1f_2}\right)\\ t & \left(1-\frac{t}{f_1}\right)\end{pmatrix} \tag{5.81}$$

因此

$$\begin{cases}a=\frac{1}{f_1}+\frac{1}{f_2}-\frac{t}{f_1f_2}, & b=1-\frac{t}{f_2}\\ c=1-\frac{t}{f_1}, & d=-t\end{cases} \tag{5.82}$$

注意到,系统矩阵中的元素 a 代表系统焦距的倒数,所以这种透镜组合的焦距为

$$\frac{1}{f}=\frac{1}{f_1}+\frac{1}{f_2}-\frac{t}{f_1f_2}=a \tag{5.83}$$

主平面的位置由下式给出(见式(5.60)和式(5.61)):

$$d_{u1}=\frac{1-b}{a}=\frac{tf}{f_2}$$

$$d_{u2}=\frac{c-1}{a}=-\frac{tf}{f_1} \tag{5.84}$$

容易看出,如果将4个薄透镜组合为一系统,只需简单地作7个矩阵的乘法(其中4个如式(5.79)的形式,3个如式(5.80)的形式)。

例 5.4 由一个凸透镜(焦距为$+15$cm)和一个凹透镜(焦距为-20cm)组成透镜组合,两透镜间距为25cm(见图5.12和习题4.5)。求其系统矩阵和主平面的位置。对于一个(高度1cm)距离凸透镜27.5cm的物,确定其像的大小与位置。

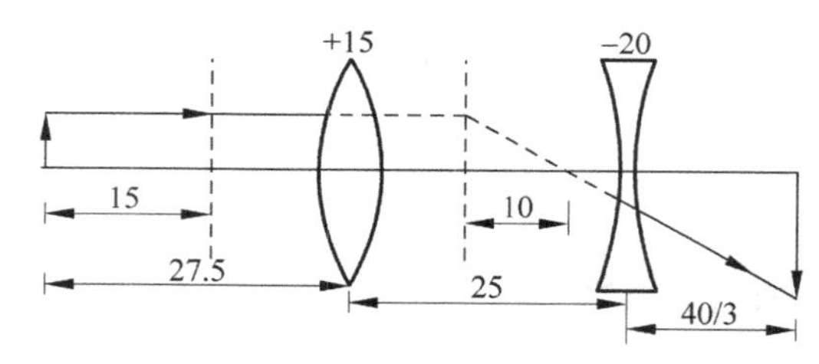

图5.12 例5.4图

解

$$f_1=+15\text{cm},\quad f_2=-20\text{cm},\quad t=25\text{cm}$$

利用式(5.82),可以得到

$$a=\frac{1}{10}=\frac{1}{f},\quad b=\frac{45}{20},\quad c=-\frac{2}{3},\quad d=-25$$

$$d_{u1}=\frac{1-b}{a}=-12.5\text{cm},\quad d_{u2}=\frac{c-1}{a}=-\frac{50}{3}\text{cm}$$

因此物到第一主平面的距离为

$$u=-27.5-(-12.5)\text{cm}=-15\text{cm}$$

由于 $f=+10$cm,(利用式(5.67))得

$$v=30\text{cm}$$

它代表了像平面到第二主平面的距离，因此，像到凹透镜的距离为 30－(50/3)cm＝40/3cm。放大率为

$$M=\frac{v}{u}=-2$$

例 5.5　如图 4.10 所示的两个薄透镜组合，对于一高 1cm、距离凸透镜 40cm 的物，计算其像的位置和大小。

解　令 v 为像平面位置到凹透镜的距离，则其系统矩阵为

$$\underset{\text{凹透镜到像}}{\begin{bmatrix}1 & 0\\ v & 1\end{bmatrix}}\underset{\text{凹透镜}}{\begin{bmatrix}1 & +1/10\\ 0 & 1\end{bmatrix}}\underset{\text{凸透镜到凹透镜}}{\begin{bmatrix}1 & 0\\ 8 & 1\end{bmatrix}}\underset{\text{凸透镜}}{\begin{bmatrix}1 & -1/20\\ 0 & 1\end{bmatrix}}\underset{\text{物到凸透镜}}{\begin{bmatrix}1 & 0\\ 40 & 1\end{bmatrix}}$$

$$=\begin{bmatrix}1 & 0\\ v & 1\end{bmatrix}\begin{bmatrix}2.2 & 0.01\\ 32 & 0.6\end{bmatrix}$$

$$=\begin{bmatrix}2.2 & 0.01\\ 2.2v+32 & 0.6+0.01v\end{bmatrix}$$

像平面对应于

$$32+2.2v=0$$

或

$$v\approx-14.5\text{cm}$$

即像平面位于凹透镜左侧 14.5cm。如果我们将此结果与式(5.45)进行比较，得

$$M=0.6+0.01v=0.6-0.01\,\frac{32}{2.2}=+\frac{1}{2.2}$$

例 5.6　接例 5.5，求系统矩阵，然后确定主平面的位置。最后利用式(5.67)确定像的位置。

解　系统矩阵为

$$\boldsymbol{S}=\begin{pmatrix}1 & +1/10\\ 0 & 1\end{pmatrix}\begin{pmatrix}1 & 0\\ 8 & 1\end{pmatrix}\begin{pmatrix}1 & -1/20\\ 0 & 1\end{pmatrix}$$

$$=\begin{pmatrix}9/5 & 1/100\\ 8 & 3/5\end{pmatrix}$$

因此

$$a=-\frac{1}{100}\quad\Rightarrow\quad f\approx-100\text{cm}$$

$$b=\frac{9}{5},\quad c=\frac{3}{5},\quad d=-8$$

现在利用式(5.60)和式(5.61)，可得

$$d_{u1}=\frac{1-b}{a}=80\text{cm}$$

$$d_{u2}=\frac{c-1}{a}=40\text{cm}$$

因此，第一主平面位于凸透镜右侧 80cm 处，第二主平面位于凹透镜右侧 40cm 处。到第一主平面的物距为

$$u=-(80+40)\text{cm}=-120\text{cm}$$

应用式(5.67)可得

$$\frac{1}{v}=a+\frac{1}{u}=-\frac{1}{100}-\frac{1}{120}=-\frac{22}{1200}\Rightarrow$$

$$v=-\frac{600}{11}\text{cm}\approx 54.5\text{cm}$$

因此,像位于第二主平面左侧 54.5cm 处,或距离凹透镜左侧 14.5cm 处,如图 4.10 所示。放大率为

$$M=\frac{v}{u}=+\frac{1}{2.2}$$

小　　结

- 在傍轴近似下,只考虑通过系统光轴的光线。这些光线都在一个平面内,可以用其离开光轴的距离 x 和参量 $\lambda=n\sin\alpha$ 来表征。λ 表示折射率和光线与 z 轴夹角正弦的乘积。
- 如果光线最初用一个元素为 λ_1 和 x_1 的 2×1 矩阵描述,则在一折射率为 n 的均匀介质中移动一段距离 D 后的平移效应可以由下式给出:

$$\begin{pmatrix}\lambda_2\\x_2\end{pmatrix}=\boldsymbol{T}\begin{pmatrix}\lambda_1\\x_1\end{pmatrix}$$

  其中,平移矩阵 $\boldsymbol{T}$ 为

$$\boldsymbol{T}=\begin{pmatrix}1&0\\D/n_1&1\end{pmatrix}$$

- 经过一(分开两折射率分别为 n_1 和 n_2 介质的)折射面的折射效应由下式给出:

$$\begin{pmatrix}\lambda_2\\x_2\end{pmatrix}=\mathcal{R}\begin{pmatrix}\lambda_1\\x_1\end{pmatrix}$$

  其中,折射矩阵为

$$\mathcal{R}=\begin{pmatrix}1&-P\\0&1\end{pmatrix}$$

  其中,

$$P=\frac{n_2-n_1}{R}$$

- 经过连续地应用上述矩阵,可以研究一共轴光学系统的傍轴成像问题。
- 在一光学系统中,主平面(单位面)是这样两个平面,分别位于物空间和像空间,它们之间的放大率为1。亦即,从物空间主平面射入的任意傍轴光线将以同样高度在像空间的主平面射出。
- 节点是位于光轴上相对角放大率为1的两个点,亦即经过第一节点以 α 角射入的光线将在第二节点以相同的角度射出,通过两节点并垂直于光轴的平面称为节平面。
- 对于多个透镜组合,比如说4个透镜组合在一起,为了确定其组合后的焦距,只需要用7个矩阵相乘就可以求得,其中4个矩阵是每个透镜的系统矩阵,3个是平移矩阵。

习　　题

5.1　一光学系统由两个焦距分别为 10cm 和 30cm 的薄凸透镜组合而成,两透镜间距为 20cm。

(1) 求系统矩阵和主平面的位置。

(2) 假定一平行光束从左侧入射,利用式(5.67)和主平面的位置求像点。利用主平面画出成像光线图。

[**答案**:(1) $a=1/15, b=1/3, c=-1, d=-20$;第一主平面在两透镜的正中间。(2) 最后的像是虚像,位于第二透镜左侧 15cm 处。]

5.2　一个双凸厚透镜,其第一和第二折射面的曲率半径分别为 45cm 和 30cm,透镜厚 5cm,材料折射率为 1.5。求系统矩阵的各元素和主平面的位置。利用式(5.67)求距离第一折射面 90cm 处物的像点位置。

[**答案**:$a=0.02716, b=0.9444, c=0.9630, d=-3.3333, d_{u1}=2.0455, d_{u2}=-1.3636$。最后的像位于距离第二折射面 60cm 处。]

5.3　一折射率为 1.5、半径为 20cm 的半球,如果 H_1 和 H_2 代表第一和第二主点的位置[①],证明 $AH_1=13.3$cm,以及 H_2 位于第二折射面上,如图 5.13 所示。另外,证明焦距为 40cm。

5.4　如图 5.14 所示的厚透镜,第一和第二折射面的曲率半径分别为 -10cm 和 $+20$cm,透镜厚度为 1.0cm,透镜材料的折射率为 1.5。求主平面的位置。

[**答案**:$d_{u1}=20/91$cm, $d_{u2}=40/91$cm]

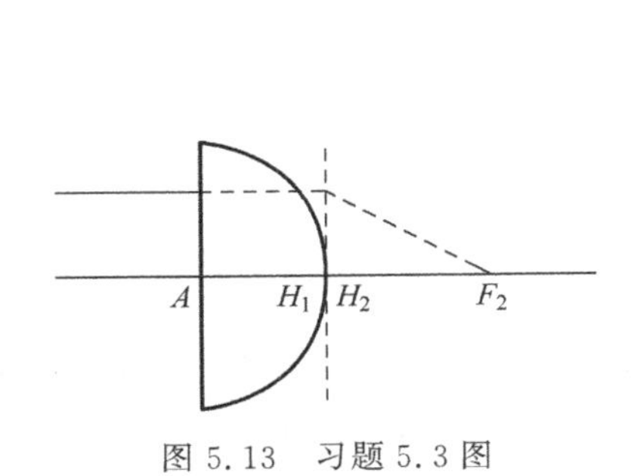

图 5.13　习题 5.3 图

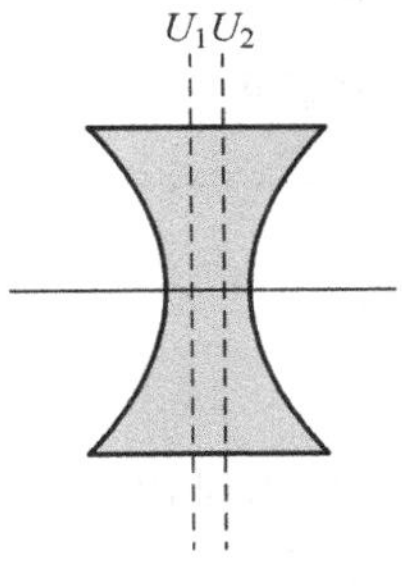

图 5.14　习题 5.4 图

5.5　两个薄透镜组合,焦距分别为 f_1 和 f_2,间距为 f_1+f_2。证明透镜组合的角放大率$\left(定义为\dfrac{\lambda_2}{\lambda_1}=\dfrac{\alpha_2}{\alpha_1}\right)$为 $-f_1/f_2$,并解释符号的意义。

5.6　一球形折射面如图 4.12 所示。利用矩阵方法证明:当一物距离折射面 $\left(1+\dfrac{n_2}{n_1}\right)r$ 时,其像是一虚像,且到折射面的距离是 $\left(1+\dfrac{n_1}{n_2}\right)r$。

---

① 主点定义为主平面与光轴的焦点。——译者注

第6章 像 差

几何光学可以很容易,也可以复杂……如果有人想解决一个实际而详细的透镜设计问题,包括像差分析在内,他就得应用折射定律去做通过各个折射面的光线轨迹,并且求出这些光线从哪里射出,看看它们是否可以形成一个满意的像。有人说这也太麻烦了。但在今天,借助于计算机,就可以更简便地解决问题。人们可以建立问题的模型,使一束接一束光线的计算变得很容易。因此,问题最终确实变得非常简单,也不需要什么新的原理。

——理查德·费恩曼,《费恩曼物理学讲义》,第一卷

学 习 目 标

学过本章后,读者应该学会:

目标1:解释色差现象。

目标2:描述散焦和球差的联合效应。

目标3:解释成像当中的彗差。

目标4:理解远离光轴的物点成像的像散的起源。

目标5:理解成像放大率不均匀时引入畸变的原因。

6.1 引言

在第4章中,当讨论折射面和薄透镜成像时,假定物点离光学系统光轴不远,以致参与成像的光线与系统光轴的夹角很小。在实际中,上述所有假设均不能满足,人们在实际应用中不得不处理与光轴成大角度的光线。处理光轴附近并与光轴夹角很小光线范畴的光学称为傍轴光学。我们发现在傍轴光学范畴,物体成像都是理想的,亦即从单一物点发出的所有光线都将会聚于单一像点处,且对于一光学系统,其系统放大率是常数,与成像所考虑的特定光线无关。既然对于实际光学系统,非傍轴光线也参与成像,因此实际成像远非理想的像,这种相对于理想像的偏离被称为像差。

可以证明,任何旋转对称系统的初级像差有5种,它们是球差、彗差、像散、像场弯曲和畸变,它们统称为赛德尔像差。因为这些像差对于单一波长也存在,所以它们也称为单色像差。本章将分别考虑这5种像差,分别讨论每种像差对于成像的影响效果。

应该提及的是,如果利用多色光源(像白光)照明成像(大多数光学仪器就是这种情况),则一般来说所成像带有彩色,这种现象称为色差。色差的物理机制源于透镜材料的折射率

与所考虑照射光的波长相关。因为成像总是伴随着在折射率不连续的界面的折射，折射率对于波长的依赖关系导致所成的像带有彩色。对于多色光源，其不同的波长组分的光线（在折射后）将沿着不同方向传播，因而成像于空间不同点。因为色差现象是最早被人们认识的，所以这里将首先讨论色差现象，随后再讨论单色像差。

6.2 色差 目标 1

考虑一平行白光束照射在一凸透镜上，如图6.1所示。因为蓝光的折射率比红光大，蓝光经透镜聚焦的点比红光近，所以成像看起来呈彩色。需要提一下，色差与在后面几节中将要讨论的5种赛德尔像差没有关系。

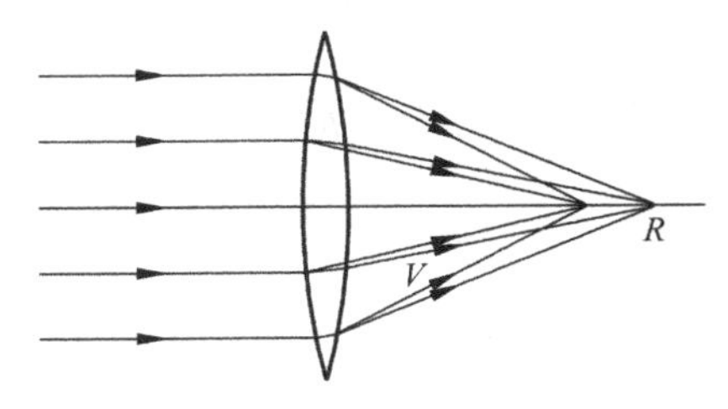

图6.1 当包含连续范围波长的白光照射透镜时，每个波长的光线组分折射的程度不同，这导致色差。这种像差与5种赛德尔像差无关

请扫1页二维码看彩图

对于薄透镜，很容易导出色差的表达式。薄透镜的焦距由下式给出：

$$\frac{1}{f}=(n-1)\left(\frac{1}{R_1}-\frac{1}{R_2}\right) \tag{6.1}$$

如果折射率 n 变化一个 δn（n 的变化源于光波波长的变化）导致焦距 f 变化一个 δf，则通过对式(6.1)微分得到

$$-\frac{\delta f}{f^2}=\delta n\left(\frac{1}{R_1}-\frac{1}{R_2}\right)=\frac{\delta n}{n-1}\frac{1}{f}$$

即

$$\delta f=-f\frac{\delta n}{n-1} \tag{6.2}$$

该式表示薄透镜的色差。如果 n_b 和 n_r 分别表示对应于蓝光和红光的折射率，则有

$$f_r-f_b=f\left(\frac{n_b-n_r}{n-1}\right) \tag{6.3}$$

表示色差。

6.2.1 消色差双胶合透镜

首先考虑由两种不同材料的透镜紧贴在一起制成的光学系统。例如，其中一个透镜的材料是冕牌玻璃，另一个透镜的材料是火石玻璃。下面将找出这种透镜结合体对于蓝光和红光具有相同焦距的条件。令 n_b、n_y 和 n_r 分别代表第一个透镜材料对于蓝光、黄光和红光的折射率，同样地，令 n'_b、n'_y 和 n'_r 分别代表第二个透镜材料相应的折射率。如果令 f_b 和

f'_b分别代表第一和第二透镜相对于蓝光的焦距，而F_b代表两透镜结合体(紧贴在一起)对于蓝光的焦距，则有

$$\frac{1}{F_b}=\frac{1}{f_b}+\frac{1}{f'_b}=(n_b-1)\left(\frac{1}{R_1}-\frac{1}{R_2}\right)+(n'_b-1)\left(\frac{1}{R'_1}-\frac{1}{R'_2}\right) \tag{6.4}$$

其中，R_1和R_2代表第一透镜的第一和第二表面的曲率半径。和前面一样，带撇量对应第二个透镜。这样

$$\frac{1}{F_b}=\frac{n_b-1}{n-1}\frac{1}{f}+\frac{n'_b-1}{n'-1}\frac{1}{f'} \tag{6.5}$$

其中，

$$\frac{1}{f}\equiv(n-1)\left(\frac{1}{R_1}-\frac{1}{R_2}\right)$$

$$\frac{1}{f'}\equiv(n'-1)\left(\frac{1}{R'_1}-\frac{1}{R'_2}\right) \tag{6.6}$$

$$n\equiv\frac{n_b+n_r}{2}\approx n_y,\quad n'\equiv\frac{n'_b+n'_r}{2}\approx n'_y \tag{6.7}$$

f和f'代表相应于平均颜色的第一和第二透镜焦距，这个平均颜色大约就是黄色的区域。同样，对于红光，透镜结合体的焦距可以写成

$$\frac{1}{F_r}=\frac{n_r-1}{n-1}\frac{1}{f}+\frac{n'_r-1}{n'-1}\frac{1}{f'} \tag{6.8}$$

因为透镜结合体对于蓝光和红光的焦距应该相等，因此有

$$\frac{n_b-1}{n-1}\frac{1}{f}+\frac{n'_b-1}{n'-1}\frac{1}{f'}=\frac{n_r-1}{n-1}\frac{1}{f}+\frac{n'_r-1}{n'-1}\frac{1}{f'}$$

或者

$$\frac{\omega}{f}+\frac{\omega'}{f'}=0 \tag{6.9}$$

其中，

$$\omega=\frac{n_b-n_r}{n-1},\quad \omega'=\frac{n'_b-n'_r}{n'-1} \tag{6.10}$$

称作色散本领[①]。因为ω和ω'都为正，为使式(6.9)成立，f和f'必须符号相反。满足式(6.9)的透镜组合称为消色差双胶合透镜(如图6.2所示)。需要提及的是，如果两个透镜的制作材料相同，则$\omega=\omega'$，式(6.9)就意味着$f=-f'$，这样的透镜组合将具有无穷大的焦距。所以，消色差双合透镜的两个透镜必须是由不同材料制成的。

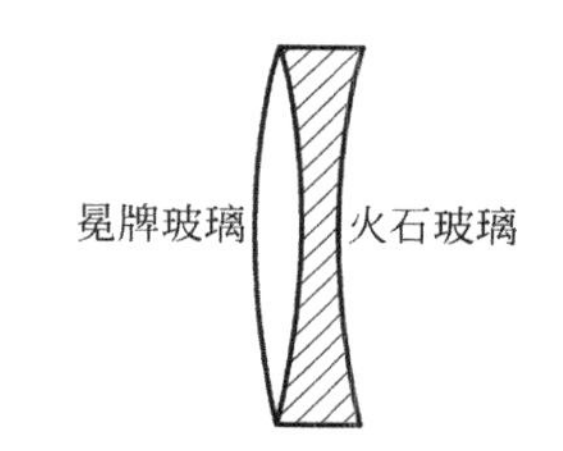

图6.2　消色差双胶合透镜

例6.1　一个焦距为20cm的消色差双胶合透镜是将一个硅酸硼冕玻璃的凸透镜和一个重火石玻璃的发散透镜紧密结合在一起制成的。假设$n_r=1.51462$，$n_b=1.52264$，$n'_r=1.61216$，$n'_b=1.62901$。这里不带撇的和带撇的量分别对应于硅酸硼冕玻璃和重火石玻璃，计算每一个透镜的焦距。

① 消色差双胶合透镜的色散本领的倒数V也常常用到，称为色散率、V数或阿贝数。——译者注

解

$$n\approx\frac{n_b+n_r}{2}=\frac{1.52264+1.51462}{2}=1.51863$$

$$n'\approx\frac{n'_b+n'_r}{2}=\frac{1.62901+1.61216}{2}=1.62058$$

所以

$$\omega=\frac{1.52264-1.51462}{1.51863-1}=0.01546$$

$$\omega'=\frac{1.62901-1.61216}{1.62058-1}=0.02715$$

将它们代入式(6.9),得

$$\frac{0.01546}{f}+\frac{0.02715}{f'}=0$$

或

$$\frac{f}{f'}=-0.56942$$

由于透镜组合的总焦距为20cm,必须有

$$\frac{1}{f}+\frac{1}{f'}=\frac{1}{20}$$

或

$$\frac{1}{f}(1-0.56942)=\frac{1}{20}$$

$$f=20\times0.43058\text{cm}=8.61\text{cm}$$

$$f'=-\frac{f}{0.56942}\approx-15.1\text{cm}$$

6.2.2　分离双透镜消色差

下面考察两个焦距为 f 和 f' 的薄透镜,相隔距离 t(见图6.3),这个透镜组合的焦距 F 满足

$$\frac{1}{F}=\frac{1}{f}+\frac{1}{f'}-\frac{t}{ff'}\tag{6.11}$$

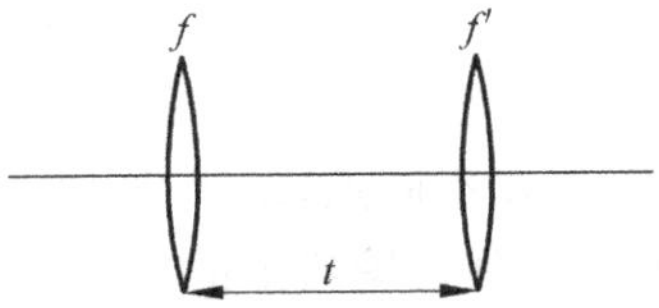

第一个透镜的焦距由下式给出:

$$\frac{1}{f}=(n-1)\left(\frac{1}{R_1}-\frac{1}{R_2}\right)\tag{6.12}$$

图6.3　分离双透镜

第二个透镜的 $1/f'$ 具有相似的表示式。如果 Δf 和 Δn 分别代表由波长改变 $\Delta\lambda$ 而引起的焦距和折射率的改变,则对式(6.12)进行微分,得

$$-\frac{\Delta f}{f^2}=\Delta n\left(\frac{1}{R_1}-\frac{1}{R_2}\right)=\frac{\Delta n}{(n-1)f}$$

对式(6.11)微分,可得

$$-\frac{\Delta F}{F^2}=-\frac{\Delta f}{f^2}-\frac{\Delta f'}{f'^2}+\frac{t}{f}\frac{\Delta f'}{f'^2}+\frac{t}{f'}\frac{\Delta f}{f^2}$$

$$=\frac{\Delta n}{(n-1)f}+\frac{\Delta n'}{(n'-1)f'}-\frac{t}{f}\frac{\Delta n'}{(n'-1)f'}-\frac{t}{f'}\frac{\Delta n}{(n-1)f}$$

$$=\frac{\omega}{f}+\frac{\omega'}{f'}-\frac{t}{ff'}(\omega+\omega') \tag{6.13}$$

与前面相同,其中 ω 和 ω' 代表色散本领。因此,为了使透镜组合对于蓝光和红光有相同的焦距,应该有

$$\frac{t(\omega+\omega')}{ff'}=\frac{\omega}{f}+\frac{\omega'}{f'}$$

或者

$$t=\frac{\omega f'+\omega' f}{\omega+\omega'} \tag{6.14}$$

如果两个透镜是用同一种材料制成的,则 $\omega=\omega'$,上式简化成

$$t=\frac{f+f'}{2} \tag{6.15}$$

这意味着当两透镜间的距离等于两透镜焦距平均值时,色差非常小。惠更斯目镜就是这种情况。

6.3 单色像差 目标2

6.3.1 球差

让与光轴平行的一束光入射到一薄透镜上(见图6.4),经过透镜之后,光线向光轴弯曲且与光轴交于一点。如果只局限于傍轴区,则会看到所有光线与 z 轴相交于同一点,该点距离透镜 f_P,代表透镜傍轴光线的焦距。如果不局限于傍轴区,则一般来说,入射到透镜不同高度的光线与光轴交于不同点。比如,边缘光线(即入射在透镜外缘的光线)的聚焦点比傍轴光线的聚焦点更靠近透镜(见图6.4(a))。同样,对于一凹透镜,入射到透镜离轴更远的光线经过透镜后好像从离透镜更近的一点发射出来(见图6.4(b))。平行的傍轴光线聚焦于光轴的点(F_P)称为傍轴焦点,而平行的边缘光线聚焦的点(F_M)称为边缘焦点。两个焦点之间的距离用球差来度量。所以如果点 O 代表一轴上物点,从物点发出来的不同光线将会聚在不同点,结果物点的像就不再是一个点。沿轴向的傍轴像点,与对应于边缘光线(即入射到透镜边上的光线)的像点之间的距离用纵向球差这个术语表示。类似地,傍轴像点和边缘光线与傍轴像平面的交点之间的距离称为横向球差。在任何(垂直于 z 轴)平面上的像都是一个圆形光斑,然而,正如图6.4(a)所示,在 AB 平面上的圆斑有最小直径,这个圆斑称为最小模糊圈(见图6.5)。需要指出的是,位于柱状对称系统(像共轴的透镜系统)的对称轴上的一个物点,其像只存在球差,而所有其他离轴像差,如彗差、像散等是不存在的。

为了搞清楚投射在折射面不同高度的光线会聚焦于光轴不同的点,考虑如图6.6所示的平面折射面。设平面折射面位于 $z=0$ 处,P 为物点。选 z 轴沿着从点 P 到平面的法线(PO)方向。位于 $z=0$ 处的平面将折射率分别为 n_1 和 n_2 的介质分开(见图6.6),图中假设 $n_2>n_1$。考虑一光线 PM(从物点)投射到折射面上高度为 h 的点(见图6.6),折射线好

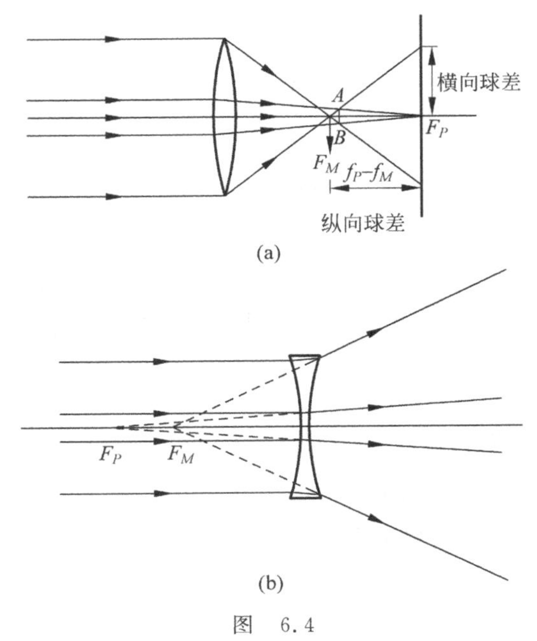

图　6.4

(a) 考虑一会聚透镜，边缘光线的焦点比傍轴光线焦点离透镜更近。傍轴光线和边缘光线焦点之间的距离称为纵向球差，而在傍轴焦平面上像的半径称为横向球差。散焦和球差的联合作用导致成像的最小模糊圈，最小模糊圈处像的直径最小。(b) 发散透镜的球差

像从点 Q 发出。假定点 O 为原点，而点 P 和点 Q 的位置分别为 z_0 和 z_1。显然，z_0 和 z_1 均为负值，则距离 OP 和 OQ 分别为 $-z_0$ 和 $-z_1$(见图 6.6)。下面将用 z_0 来确定 z_1。从斯涅耳定律出发，有

$$\sin\alpha = n\sin\beta \tag{6.16}$$

其中，α 和 β 为相对于 z 轴的入射角和折射角，以及

$$n = \frac{n_2}{n_1} \tag{6.17}$$

图 6.5　一凸透镜的球差

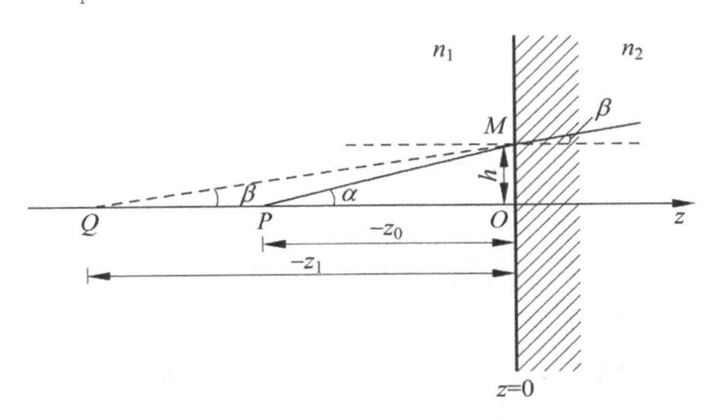

图 6.6　在平面上的折射

从图 6.6，有

$$(-z_1) = h\cot\beta = \frac{h}{\sin\beta}\sqrt{1-\sin^2\beta}$$

或者

$$z_1=-\frac{nh}{\sin\alpha}\left(1-\frac{1}{n^2}\sin^2\alpha\right)^{1/2} \tag{6.18}$$

其中用到了式(6.16)。既然

$$\sin\alpha=\frac{h}{\sqrt{h^2+z_0^2}} \tag{6.19}$$

得到

$$z_1=-\frac{nh}{h}(h^2+z_0^2)^{1/2}\left[1-\frac{1}{n^2}\frac{h^2}{(h^2+z_0^2)}\right]^{1/2} \tag{6.20}$$

或者

$$z_1=-n\mid z_0\mid\left[1+\frac{h^2}{z_0^2}\right]^{1/2}\left[1-\frac{h^2}{n^2z_0^2}\left(1+\frac{h^2}{z_0^2}\right)^{-1}\right]^{1/2} \tag{6.21}$$

式(6.21)中的 z_1 值是用 z_0 的函数精确地表示出来的，可以看出，像距 z_1 是光线高度 h 的复杂函数。当 $h\to 0$ 时，对于傍轴光线，得

$$z_1=-n\mid z_0\mid \tag{6.22}$$

这就是傍轴近似的像距表达式。当进行下一级近似时，假定 $|h/z_0|\ll 1$，得

$$\begin{aligned} z&\approx -n\mid z_0\mid\left[1+\frac{h^2}{2z_0^2}\right]\left[1-\frac{h^2}{2n^2z_0^2}\right]\\ &\approx -n\mid z_0\mid\left[1+\frac{h^2}{2z_0^2n^2}(n^2-1)\right] \end{aligned} \tag{6.23}$$

因此，像差为

$$\Delta z=-\frac{h^2}{2n\mid z_0\mid}(n^2-1) \tag{6.24}$$

式(6.24)给出了纵向球差，负号表示非傍轴光线从比傍轴光线像点更远的一点发出。

从上面的例子可以看出，即使一个简单的平面折射面也会产生球差，因此，球面折射面和透镜肯定会产生球差。

至于球差的计算，甚至单一球面产生的球差计算也是复杂的(比如，见文献[6.5])，这里只给出最后结果：

$$\Delta z=-\frac{(n_2-n_1)}{2n_2\left(\frac{1}{z_0}+\frac{n_2-n_1}{n_1R}\right)^2}\left(\frac{1}{R}+\frac{1}{z_0}\right)^2\left(-\frac{n_2+n_1}{n_1z_0}+\frac{1}{R}\right)h^2 \tag{6.25}$$

其中，R 代表折射面的曲率半径，n_1 和 n_2 分别代表折射面左侧和右侧的折射率(见图6.7)。对于平面，$R=\infty$，式(6.25)还原为式(6.24)(其中 $n=n_2/n_1$)。

例 6.2 考虑一个半径为 R 的球折射面(见图6.7)，证明：对于具有下面关系的点 A

$$z_0=\frac{n_1+n_2}{n_1}R \tag{6.26}$$

其球差为零。注意 R 和 z_0 均为负值，相应像点 B 位于 $\frac{n_2-n_1}{n_2}z_0$ 处，点 A 和点 B 称为齐明点(也叫不晕点)，可以用在显微物镜中。

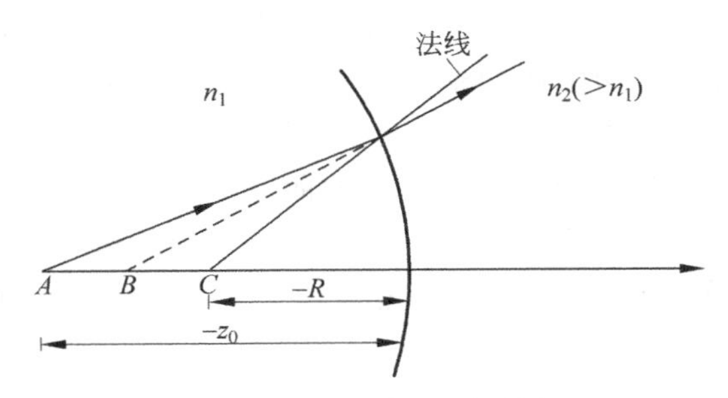

图 6.7　球折射面的齐明点

解　由于 $z_0=\frac{n_1+n_2}{n_1}R$，它使式(6.25)中最后面括号内的因子消失，因此球差为零。其实可以严格证明所有从点 A 发出的光线看上去就像是从点 B 发射的一样(见 4.8 节)

例 6.3　考虑沿着一个椭圆主轴旋转形成的椭球折射面。证明：如果椭圆偏心率等于 n_1/n_2，则所有平行于主轴的光线将聚焦于椭球的焦点上。

(提示：椭圆偏心率为

$$\varepsilon=\frac{OF}{a}=\left(1-\frac{b^2}{a^2}\right)^{1/2}$$

其中，a 和 b 分别代表半长轴和半短轴(见图 6.8)。先假定 $n_1(QP)+n_2(PF)=n_2(BF)$，再证明 $P(x,y)$ 满足椭圆方程。)

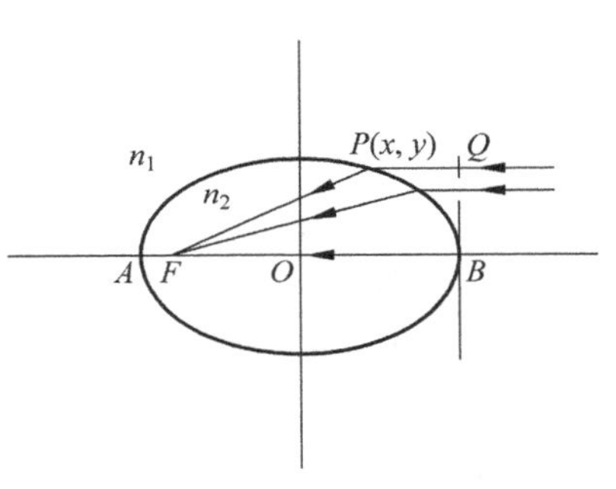

图 6.8　例 6.3 图

用相似的方法可以证明，对于放在空气中的薄透镜，折射率为 n，透镜两表面的曲率半径分别为 R_1 和 R_2。对于一组平行于透镜光轴的光线，该薄透镜的球差系数为

$$A=-\frac{f(n-1)}{2n^2}\left\{-\left(\frac{1}{R_2}-P\right)^2\left[\frac{1}{R_2}-P(n+1)\right]+\frac{1}{R_1^3}\right\} \tag{6.27}$$

其中，

$$P=\frac{1}{f}=\left[(n-1)\left(\frac{1}{R_1}-\frac{1}{R_2}\right)\right] \tag{6.28}$$

代表透镜的光焦度(也叫透镜焦强)。系数 A 的含义如下：当它乘以光线在透镜上高度的立方时，可以得到横向球差。这样，对于投射在透镜位于高度 h 的光线，其横向球差为

$$S_{\mathrm{lat}}=Ah^3=-\frac{f(n-1)h^3}{2n^2}\left\{-\left(\frac{1}{R_2}-P\right)^2\left[\frac{1}{R_2}-P(n+1)\right]+\frac{1}{R_1^3}\right\} \tag{6.29}$$

纵向球差对应于边缘焦距和傍轴焦距的差，可以表示成

$$S_{\mathrm{long}}=Ah^2f=-\frac{(n-1)f^2h^2}{2n^2}\left[\frac{1}{R_1^3}-\left(\frac{1}{R_2}-\frac{n+1}{f}\right)\left(\frac{1}{R_2}-\frac{1}{f}\right)^2\right] \tag{6.30}$$

对于会聚透镜，S_{long} 将总为负值，意味着边缘光线聚焦得更靠近透镜。

对于给定光焦度的薄透镜(即给定焦距)，可以用下式定义形状因子：

$$q=\frac{R_2+R_1}{R_2-R_1} \tag{6.31}$$

其中,R_1 和 R_2 是透镜两个面的曲率半径。对于一给定焦距的透镜,可以利用改变 q 值来控制球差,这个过程叫作透镜的配曲调整。图6.9给出了透镜 $n=1.5$,$f=40\text{cm}$(即 $P=0.025\text{cm}^{-1}$),$h=1\text{cm}$ 时球差的变化曲线。可见,当 q 值位于 $+0.7$ 附近时球差(值)最小(但并不为零)。因此,适当选取透镜两折射面的曲率半径,可以使球差最小化。这里提一下,当 $q=+1$ 时,$R_2=\infty$,对应于一平凸透镜,其凸面面向入射光线;$R_1=\infty$ 及 $q=-1$ 对应于平面面向入射光线的平凸透镜。所以,透镜球差的大小取决于偏向角在两个折射面之间的分配。

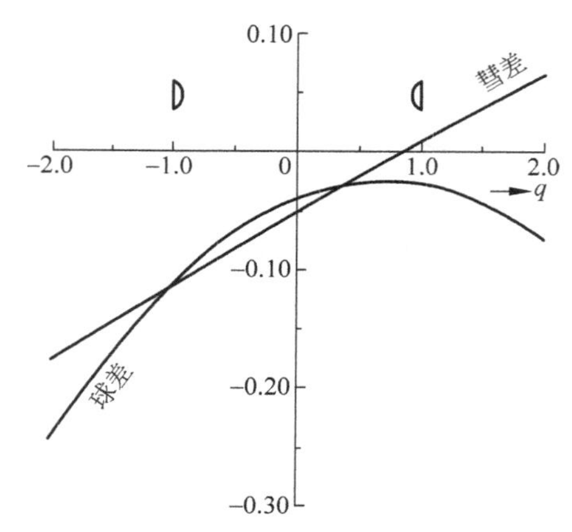

图6.9 当薄透镜的 $n=1.5$,$f=40\text{cm}$,$h=1\text{cm}$ 时,球差与彗差随形状因子的变化曲线。在计算彗差时假设 $\tan\theta=1$,亦即光线与光轴的夹角为45°

球差 $|S_{\text{long}}|$ 在 $q\approx+0.7$ 时取最小值的物理解释如下:在前面已经提到过,(对于会聚透镜)边缘光线经历了一个大的偏向,从而造成了球差(见图6.4(a))。因此,应该预料到,当偏向角度 δ(见图6.10(a))取最小时球差最小,就如同三棱镜一样(见图6.10(b)),当在两个折射面上偏向角相等时,总偏向角最小,即

$$\delta_1=\delta_2,\quad \delta=\delta_1+\delta_2 \tag{6.32}$$

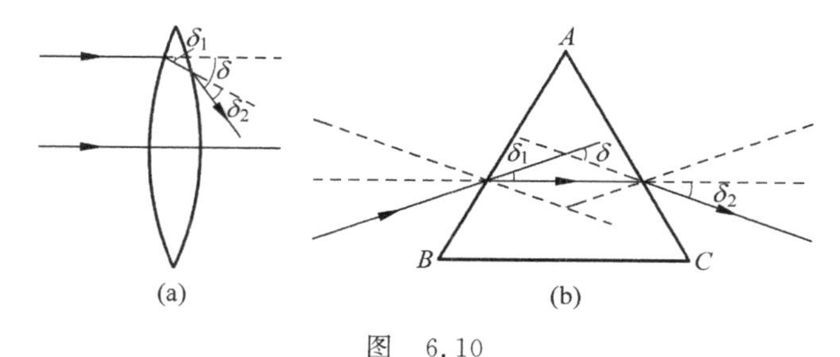

图 6.10

(a) 一个薄透镜两个折射面上的折射情况,为了看清,偏向角度被夸大了;

(b) 对于三棱镜,最小偏向对应于 $\delta_1=\delta_2$ 的情况

确实,在 $q\approx+0.7$ 时,光线在透镜两个折射面偏向角相等,此时球差最小。

利用上面等偏向角准则,对于两个分开的透镜,可以判断它们间隔多远时球差最小。令两个透镜 L_1 和 L_2 的焦距分别为 f_1 和 f_2,它们间距为 x(见图6.11),令 θ_1 和 θ_2 代表光线分别经过两个透镜后的偏向角,则对应于最小球差,有

$$\theta_1 = \theta_2 \tag{6.33}$$

为了得到光线遇到一透镜时偏向角的表达式,参考图6.12。其中光线 PA 经折射偏折一个角度 θ 后,沿着 AQ 方向传播。根据$\triangle PAQ$,可得

$$\theta = \theta_1 + \theta_2 \approx \frac{h}{v} + \frac{h}{-u} = h\left(\frac{1}{v} - \frac{1}{u}\right) = \frac{h}{f} \tag{6.34}$$

其中用到傍轴关系

$$\frac{1}{v} - \frac{1}{u} = \frac{1}{f} \tag{6.35}$$

量 u 本身是负值,所以式(6.33)变为

$$\frac{h_1}{f_1} = \frac{h_2}{f_2} \tag{6.36}$$

根据相似$\triangle AC_1D$ 和$\triangle BC_2D$(见图6.11),可以写出

$$\frac{h_1}{f_1} = \frac{h_2}{f_1 - x} \tag{6.37}$$

利用式(6.36)与式(6.37),得到

$$x = f_1 - f_2 \tag{6.38}$$

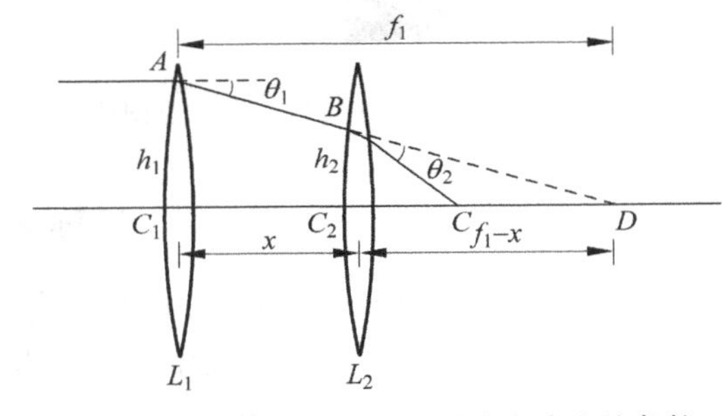

图6.11 两个透镜组合达到最小球差的条件

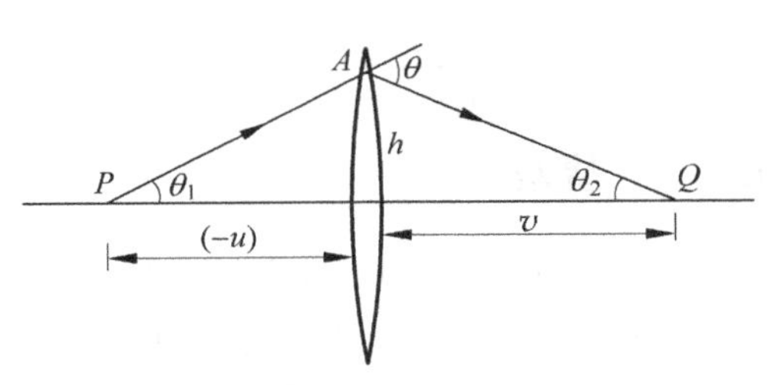

图6.12 偏向角的计算

因此,当两个薄透镜组合间距等于它们的焦距差时球差最小。确实,惠更斯目镜(见图6.13)的场镜焦距为 $3f$,接目镜的焦距为 f,两镜的间距为 $2f$。可以看出,此时消色差条件(见式(6.15))和最小球差条件(见式(6.38))同时满足。因为惠更斯目镜作为整体被校正了像差,而每个透镜本身的像差没有校正,因此,(放在面 PQ 上的)叉丝的像还是有像差的。在讨论不同光学仪器减小像差的过程中,需要详细分析与光线追迹相关的问题,这已经超出了本书的范围。

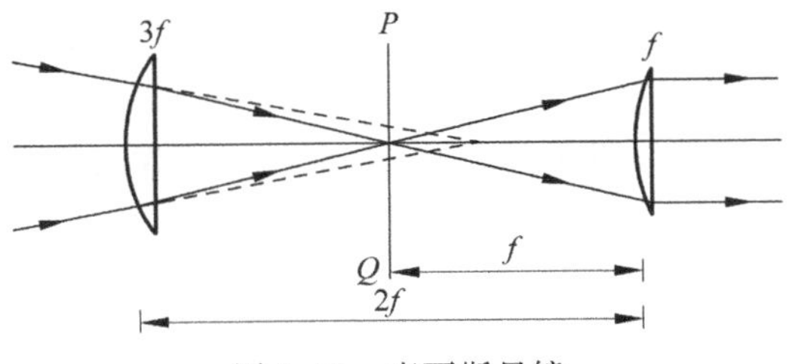

图6.13 惠更斯目镜

需要提及的是,即使光学系统没有任何像差,由于衍射效应,像点仍然不是一个点(见18.3节)。比如从透镜会聚成一个理想的球面波,光线理论预言它将会聚成一个像点,而衍射理论(考虑波长不会为无穷小)预言其在像平面成一艾里图样(参见18.3节),其第一暗环出现在离傍轴像点$\frac{1.22\lambda f}{D}$处(见图6.14),其中D为出射光瞳的直径。在图6.14中,显示的艾里图样被放大了。例如,当$\lambda=5000\text{Å}$,$D=5\text{cm}$,$f=10\text{cm}$时,艾里图样的第一和第二暗环半径分别为0.00012mm和0.00022mm(见18.3节)。随着D的减小,艾里图样在空间扩展得更大。人们通常用"光阑"来限制傍轴区。然而,如果光阑的直径做得太小,衍射效应将占主导地位。实际上,当照相机的光圈选$f/D\approx5.6$时给出的成像最好,大光圈时,像差使成像质量下降;而小光圈时,衍射也使成像质量下降。

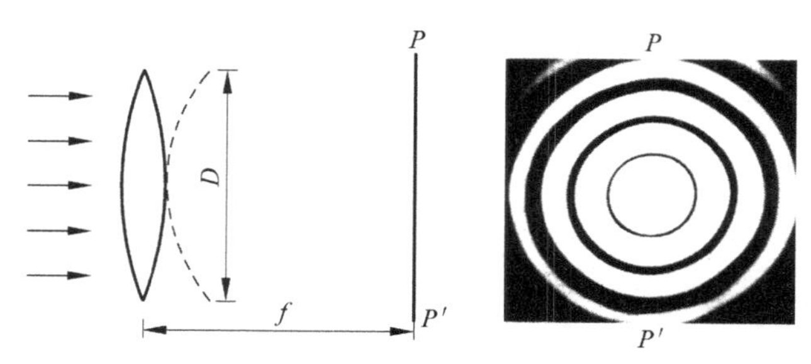

图6.14　一个理想的球面波(本来应该聚焦在平面PP'处),在像平面PP'处成为一个艾里图样

6.3.2　彗差

目标3

正如前面提到的,对于光轴上的物点只存在球差。而对于离轴的物点,还存在彗差、像散、像场弯曲和畸变。第一位的(最主要的)离轴像差是彗差,亦即,对于离轴很近的物点,其像只存在球差和彗差。本节将简单讨论彗差效应,而假定其他的像差都不存在。

图6.15(a)是彗差效应的示意图。傍轴光线聚焦的点与边缘光线不同,因此,显现出透镜不同部分的横向放大率也不同。需要提及的是,当考虑透镜不同区域成像时,球差来源于透镜不同区域的光焦度不同,而彗差来源于不同区域的横向放大率不同。在图6.15(a)中,只画出了子午面内的光线,其中子午面即包含光轴与物点的平面。要看到像的全貌,必须将所有光线考虑在内[①]。图6.15(b)显示了一个三维透视图,图中考察了投射到透镜上距离中心等距圆上的一组光线,其中与透镜直径两端相交的一对光线,经透镜折射后,将会聚到傍轴像面上的一点。这些成对的不同光线组将会聚到像面的不同点,结果这些点的轨迹构成一个圆。圆的半径与圆心到理想像点的距离定量地描写了彗差。随着与透镜相交等距圆环带的半径(即图6.15(b)中的h)增大,像面上圆的中心也将逐渐远离理想像点。这样,最后形成的像具有如图6.15(c)所示的形状,一个物点的像具有彗星一样的图案,彗差因此得名(见图6.16)。

① 必须指出:对于像差全面的理解必须借助于仔细与彻底的数学分析,而这超出了本书的范畴,有兴趣的读者可以参阅文献[6.1]和[6.3]。

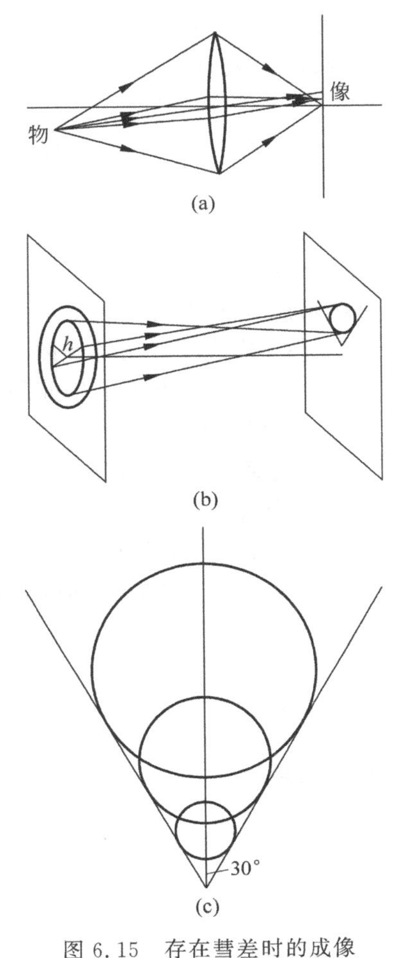

图 6.15　存在彗差时的成像
(a) 中只显示了子午面内的光线，
(b) 中显示了三维视图，
(c) 中显示了合成的像差

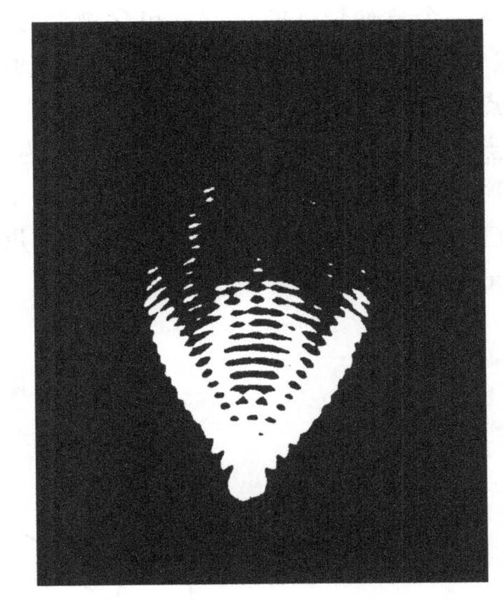

图 6.16　一个点源的像形成的彗差。图片取自 MEINERS H F. Physics demonstration experiments. II. New York: The Ronald Press Co.,1970。已获授权

对于一束与 z 轴夹角为 θ 倾斜射向透镜的平行光(见图 6.17)，可以证明其像的彗差由下式给出(参见文献[6.1])：

$$\text{彗差}=\frac{3(n-1)}{2}fh^2\tan^2\theta\left[\frac{(n-1)(2n+1)}{nR_1R_2}-\frac{n^2-n-1}{n^2R_1^2}-\frac{n}{R_2^2}\right]\tag{6.39}$$

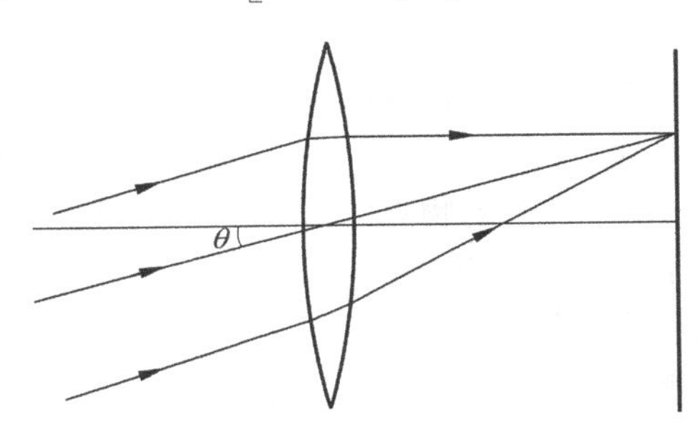

图 6.17　(以与光轴夹角 θ 入射的)平行光线入射到一薄透镜上

在图 6.9 中已经画出了彗差随形状因子 q 变化的曲线，根据曲线可以看出，对于 $q=+0.8$ 的透镜，彗差为零。还可以看出，对于一平凸透镜(凸面面向入射光线)，当 $q=1.0$ 时，球差与彗差都接近最小。这种平凸透镜广泛用于目镜中。

在此需要提及的是，4.11 节已经推导出阿贝-正弦条件，当满足这一条件时，光学系统没有球差与彗差。

6.3.3 像散与像场弯曲 目标 4

当一光学系统没有球差和彗差时，系统对于在光轴上与在光轴附近的物点，将形成锐利的像。但是对于远离光轴的物点，系统成像不再是一个点，此时称光学系统经历了像散。

考察一个离轴较远的点 P。包含物点与光轴的平面称为子午面，而垂直于子午面的平面(也包含主光线)称为弧矢面。图 6.18 显示了只存在像散时的成像情况，子午面内的光线的会聚点与弧矢面内的光线会聚点不同。比如，光线 PA 与 PB 会聚于点 T，而 PC 与 PD 会聚于点 S，点 T 与点 S 不是同一点。因为在点 T，弧矢面内的光线还没有聚焦，实际上，在这里形成一条与子午面垂直的焦线，焦线 T 称为切向焦线。同样，因为在点 S，子午面内的光线已经散焦，在切向面内可以得到一条焦线，称为弧矢焦线。焦线 S 与 T 之间的距离用来度量像散。

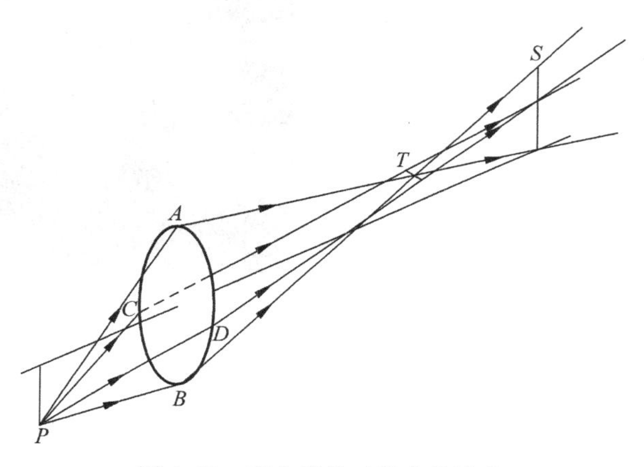

图 6.18 存在像散时的成像情况

为了弄清像散的起源，让我们观察一下，对于光轴上的一点(如果透镜不存在其他像差)，从透镜射出的波面是个球面，当波面向前传播时将会聚为一个点。但是对于离轴的一个物点，从透镜射出的不是球面，其向前传播时不再会聚为一点，而是会聚为相互正交的两条线，称为切向焦线和弧矢焦线。在这两条焦线之间的某处像是圆形的，这个像称为最小模糊圈。

切向焦点与弧矢焦点间的距离随着物点远离光轴而增加，因此，对于到光轴距离不同的物点，其切向焦点和弧矢焦点将分别处在如图 6.19 所示的两个曲面上。当这两个曲面重合时，该光学系统不存在像散。但是即使二者重合，可以证明，最终的像面

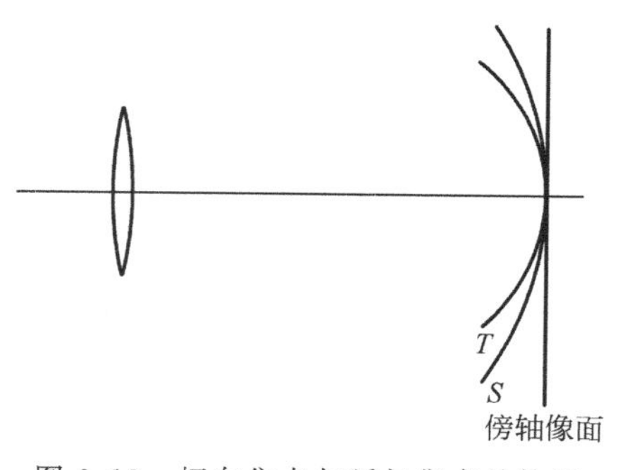

图 6.19 切向焦点与弧矢焦点的轨迹

也将是弯曲的，这种成像的缺陷称为像场弯曲。

作为像散存在时成像的一个例子，考察如图6.20(a)所示的与透镜光轴共轴的一个辐条轮。因为在 T 面上，一个物点的像位于垂直于子午面的一条线上，因此，在 T 面上，辐条轮的整个边缘会很好地聚焦，而辐条则不能，如图6.20(b)所示。类似地，在 S 面上，一个物点的像位于子午面内的一条线上，因此，在 S 面上，辐条将聚焦，而边缘不会在此聚焦，如图6.20(c)所示①。

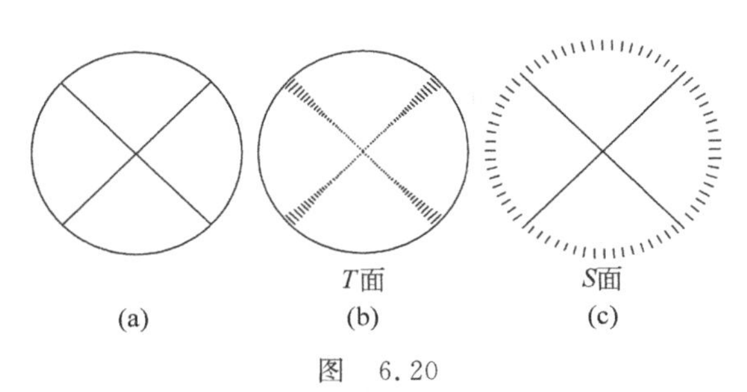

图　6.20

(a) 与透镜共轴放置的辐条轮；(b)与(c)分别显示了在 T 面和 S 面上的成像

6.4　畸变　　目标5

最后一种赛德尔像差称为畸变，它是由系统放大率不均匀引起的。当讨论球差时，曾经提到，对于一光学系统轴上一物点，其成像只受球差影响。类似地，如果在光学系统的任意平面放置一个针孔，则其成像只受畸变影响(见图6.21)。这是因为，相应于物面上的任意一点，只有一束从该点发出的光线能够通过针孔，因而所有其他像差都不存在。显然，对于这样构造的光学系统，物面上的每一点都将成像为一个点，但是如果系统的放大率不均匀，成像将发生畸变。考察四个等间距的点 A、B、C、D，可以说明畸变现象，这四个点的像分别为 A'、B'、C'、D'。数学上的分析显示

$$X_d = Mx_0 + E(x_0^2 + y_0^2)x_0 \tag{6.40}$$

$$Y_d = My_0 + E(x_0^2 + y_0^2)y_0 \tag{6.41}$$

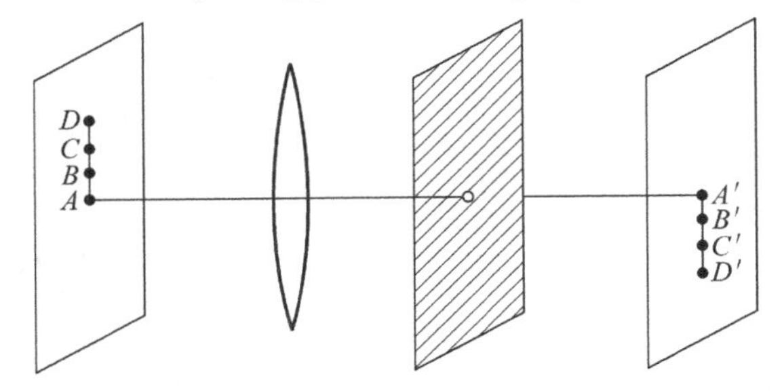

图6.21　当光轴上放置一个针孔时，成像只受畸变影响

① 译者解释辐条轮在 T 面与 S 面成像情况：切向焦线是切向的，凡是物面上的切向线在此聚焦；而弧矢焦线是径向的，凡是物面上的径向线在此聚焦。辐条轮是由边缘的切向线与辐条的径向线组成的，因此，在 T 面边缘聚焦清晰，而在 S 面辐条聚焦清晰。——译者注

其中，(x_0, y_0)和(X_d, Y_d)分别代表物和像的坐标，M代表系统的放大率，E代表畸变系数。图6.22(b)相应于E为负值的畸变情况，称为桶形畸变。考察如图6.22所示一方格点的成像，就很容易理解畸变。假定放大率为1，坐标为$(0,0)$、$(h,0)$、$(2h,0)$、$(3h,0)$、$(0,h)$、$(0,2h)$、$(0,3h)$、(h,h)、$(h,2h)$、$(2h,h)$…这些点的像分别位于$(0,0)$、$(h+Eh^3,0)$、$(2h+8Eh^3,0)$、$(3h+27Eh^3,0)$、$(0,h+Eh^3)$、$(0,2h+8Eh^3)$、$(0,3h+27Eh^3)$、$(h+Eh^3,h+Eh^3)$、$(h+Eh^3,2h+8Eh^3)$、$(2h+8Eh^3,h+Eh^3)$…如果读者将这些点在纸上描出来，会看出，当$E<0$时，得到如图6.22(b)所示的图像；同样，当$E>0$时，得到如图6.22(c)所示的图像。注意：每一个点的像仍然是一个点，然而，由于放大率不均匀，整个像是有畸变的。

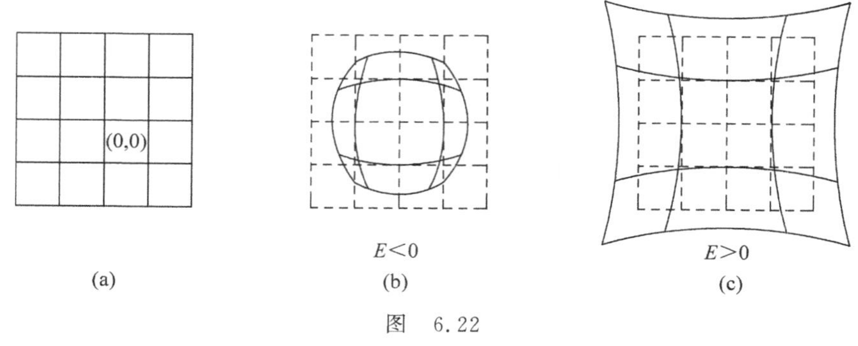

图 6.22

(a) 物；(b) $E>0$时的成像；(c) $E<0$时的成像

小　　结

- 对于一个多色光源，不同的波长分量(在折射后)沿不同的方向传播，并且成像于不同点，这导致色差。如果考虑两个用不同材料制成的薄透镜，且将二者紧贴在一起，则当满足下面条件时，透镜组合的焦距对于蓝光与红光是一样的：

$$\frac{\omega}{f}+\frac{\omega'}{f'}=0$$

其中，

$$\omega=\frac{n_b-n_r}{n-1},\quad \omega'=\frac{n'_b-n'_r}{n'-1}$$

称作色散本领。另外

$$n\overset{\text{def}}{=}\frac{n_b+n_r}{2}\approx n_y,\quad n'\overset{\text{def}}{=}\frac{n'_b+n'_r}{2}\approx n'_y$$

其中，n_b、n_y和n_r分别代表第一个透镜材料对应于蓝光、黄光和红光的折射率。类似地，n'_b、n'_y和n'_r分别代表第二个透镜材料相应的折射率。因为ω和ω'都为正，f和f'必须符号相反。

- 如果要使一个消色差双合透镜起作用，两个透镜的材料必须不同。而一个消色差分离双透镜，当$\omega=\omega'$时，色差减到最小，此时两透镜之间的距离等于两透镜各自焦距的平均值。

- 对于一透镜，(投射在透镜边缘的)边缘光线的聚焦点与傍轴光线的聚焦点不同，在光轴上，傍轴像与相应于边缘光线的像之间的距离称作纵向球差。
- 当两个薄透镜组合间距等于它们各自的焦距差时，球差最小。
- 彗差是成像时最主要的离轴像差，是物点离轴还不太远时成像形成的。
- 对于离轴的物点，其发出的球面波经过透镜后不再是球面波，且不会聚焦于一点。
- 当轴上开一个小孔时，成像只受畸变影响。

习　　题

6.1 考虑一厚度为 d、材料折射率为 n 的平板玻璃，放置于空气中。简单地运用斯涅耳定律求出平板球差的表达式。还存在其他像差吗？

[**答案**：球差$=-\dfrac{(n^2-1)dh^2}{2n^3u^2}$，其中 h 是光线投射的高度，u 是物点到玻璃平面的距离。]

6.2 为什么不能利用在式(6.27)中使 R_1 和 R_2 趋于∞的方法得到玻璃平板像的球差表达式？

6.3 求出玻璃平板像的色差表达式。

[**答案**：$\approx d\left(\dfrac{1}{n_r}-\dfrac{1}{n_b}\right)$]

6.4 平面镜的成像有像差吗？

6.5 计算一薄平凸透镜的纵向球差。其中透镜材料折射率为 1.5，透镜凸面的曲率半径为 10cm，光线投射高度为 1cm。比较凸面对着入射光线和平面对着入射光线两种情况下球差的不同。

[**答案**：(1) ≈ -0.058cm；(2) ≈ -0.225cm]

6.6 考察一材料折射率为 1.5、焦距为 25cm 的透镜。假定入射光线高度 $h=0.5$cm，入射角度 $\theta=45°$。计算当形状因子 q 变化时，这样的透镜的球差与彗差的变化，并画出类似于图 6.9 的变化图。

6.7 一焦距为 25cm 的消色差双胶合透镜由一个以火石玻璃为材料的对称双凸透镜($n_b=1.50529$，$n_r=1.49776$)和一个冕牌玻璃凹透镜($n_b=1.66270$，$n_r=1.64357$)制成。计算透镜不同曲面的曲率半径和每个透镜的焦距。

[**答案**：$R_1=14.2\text{cm}=-R_2=R_1'$；$R_2'\approx -42$cm]

第二部分

振动与波动

这一部分(包含6章,即第7~ 12章)讨论了许多物理现象背后的有趣实验,如电离层对电磁波的反射、落日呈现红色、水波传播、冲击波、脉冲色散等。第7章以简谐振动开篇(它是与波动相联系的最基本的振动形式),随后推导出了折射率随频率变化规律的公式。第8章和第9章讨论傅里叶级数和傅里叶变换,它们被广泛应用于研究色散介质导致光脉冲传播时畸变的问题中(第10章)。波动方程的推导与求解是波动传播的基本物理问题,将在第11章讨论。第12章讨论了惠更斯原理,并用来推导了反射定律和斯涅耳定律。

第7章 简谐振动、受迫振动和折射率的起源

基于波动力学理论的原子正确图像指出，就目前所涉及的光的问题而言，电子的行为就如同它们被弹簧拴着一样。所以我们假设电子受到一个线性的恢复力，它与电子质量 m 一起，使电子的行为像一个共振频率为 ω_0 的小振子……光波的电场使气体中的分子极化，进而产生振荡的电偶极矩。振荡电荷具有加速度，从而辐射出新的光场波。这一新产生的光场与原来的光场发生干涉，形成一个改变了的光场，而这一光场等效于在原始光波的基础上产生了一个相移。因为产生的相移与介质材料的厚度成正比，这个效果就等同于光波场在介质材料中具有一个不同的相速度。

——理查德·费恩曼，《费恩曼物理学讲义》，第一卷

学习目标

学过本章后，读者应该学会：

目标1：解释简谐振动的概念。

目标2：解释简谐振动的阻尼效应。

目标3：理解阻尼与共振之间的关系。

目标4：理解折射率起源的基本原理。

目标5：描述瑞利散射现象。

7.1 引言

简谐振动是与波动相联系的最基本的振动形式；7.2节将讨论简谐振动，7.3节会研究由阻尼引起的阻尼振动效果。如果一个周期性变化的力作用在振动系统上，该系统就会经历我们熟知的受迫振动。7.4节将研究这种受迫振动，这种受迫振动将帮助我们理解折射率的起源(见7.5节)和瑞利散射(见7.6节)。而瑞利散射可以解释为什么日落(或日出)时太阳是红的，以及为什么天空呈现蓝色等自然现象，可扫 *1* 页二维码看图7.1′和图7.1″。

7.2 简谐振动

目标1

周期性运动是每经过一定的时间间隔就重复它本身的一种运动，最简单的周期性运动就是简谐振动，其位移随时间作正弦变化。为了理解简谐振动，考虑一质点 P，在半径为 a 的圆

周上以角速度 ω 旋转(图 7.1)。以圆心为原点,并且假定在 $t=0$ 时点 P 在 x 轴上(即在 P_0 点)。则在任意时刻 t 考察点所处的位置 P,有$\angle POP_0=\omega t$。

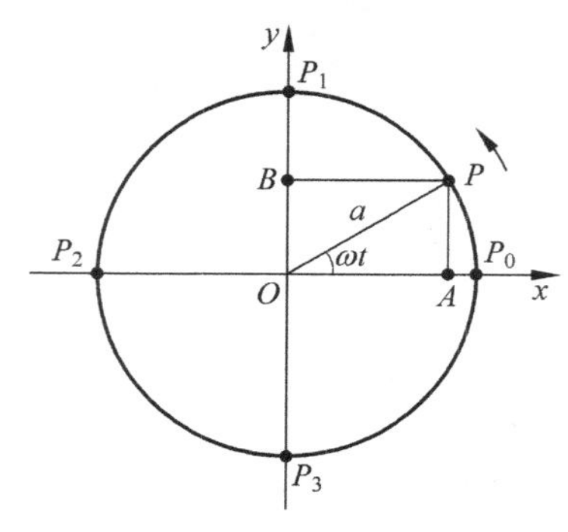

图 7.1 点 P 以匀角速度 ω 在半径为 a 的圆周上沿逆时针方向旋转。点 P 在任一直径上的垂线的垂足都在作简谐振动。P_0 是点 P 在 $t=0$ 时刻的位置

设点 A 为点 P 向 x 轴所引垂线的垂足。显然,距离

$$OA = a\cos\omega t \tag{7.1}$$

并且当点 P 在圆周上旋转时,点 A 就在直径上以原点为中心来回运动。当点 P 在点 P_1 位置时,垂足在点 O。这可由式(7.1)得到,因为当点 P 与点 P_1 重合时,$\omega t=\pi/2$,所以 $a\cos\omega t=a\cos(\pi/2)=0$。当点 P 继续运动时,垂足运动到原点的另一边,因此 OA 为负,这也可以从式(7.1)中容易得到,因为这时的 $\omega t>\pi/2$。当点 P 与点 P_2 重合时,$OA=OP_2=-a$。点 P 再向点 P_3 运动时,OA 开始逐渐减小,最后在点 P 与点 P_3 重合时减小到 0。点 P 经过点 P_3 后,OA 又开始增大,最后当点 P 与点 P_0 重合时,取值 a。经过点 P_0 后,运动又开始重复。

位移随时间作正余弦变化的运动(如式(7.1)所描述的那样)称为简谐振动。因此,当一点在圆周上以匀角速度旋转时,其端点在任意一条直径所引垂线的垂足都在作简谐振动。物理量 a 称为运动的振幅,而运动周期 T 就是旋转一周所需要的时间。因为角速度为 ω,所以旋转一周所需要的时间就是 $2\pi/\omega$,于是

$$T = 2\pi/\omega \tag{7.2}$$

时间周期的倒数为频率:

$$\nu = \frac{1}{T} = \frac{\omega}{2\pi}$$

或者

$$\omega = 2\pi\nu \tag{7.3}$$

应该指出,也可以研究点 B 的运动,点 B 是点 P 向 y 轴引垂线的垂足。距离 OB 由下式给出(图 7.1):

$$OB = y = a\sin\omega t \tag{7.4}$$

为方便起见,前面选取当点 P 运动到 x 轴上相应的时刻为 $t=0$。但时刻 $t=0$ 的选取是任意的,我们也可以选取点 P 运动到点 P'的时刻为 $t=0$(图 7.2)。如果$\angle P'OX=\theta$,那么点 P 在任意时刻 t 在 x 轴上的投影就是

$$OA = x = a\cos(\omega t + \theta) \tag{7.5}$$

式中的物理量$(\omega t+\theta)$称为运动的相位，θ代表初相位。根据上述讨论，显然θ值是完全任意的，它取决于开始进行计量的时刻。

接下来考察以相同角速度在圆周上旋转的两点P和Q，它们在$t=0$时刻的位置分别为P'和Q'。设$\angle P'OX$和$\angle Q'OX$分别为θ和ϕ(图7.3)。显然，在任意时刻t，垂线的垂足到原点的距离为

$$x_P=a\cos(\omega t+\theta) \tag{7.6a}$$

$$x_Q=a\cos(\omega t+\phi) \tag{7.6b}$$

式中的物理量

$$(\omega t+\theta)-(\omega t+\phi)=\theta-\phi \tag{7.7}$$

代表两个简谐振动之间的相位差，并且如果$\theta-\phi=0$(或π的偶数倍)，就称两运动是同相的；如果$\theta-\phi=\pi$(或π的奇数倍)，称两运动是反相的。当选取不同的时刻原点时，量θ和ϕ就改变一个相同的附加常数，因此相位差$(\theta-\phi)$与时刻$t=0$的选取无关。

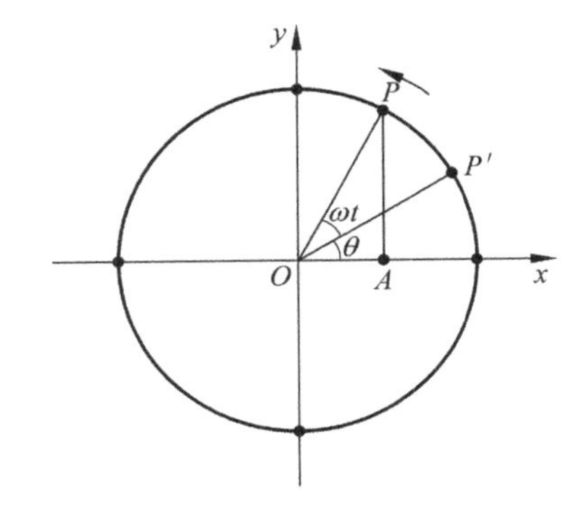

图7.2　在$t=0$时刻，点P在P'处，因此初相位是θ

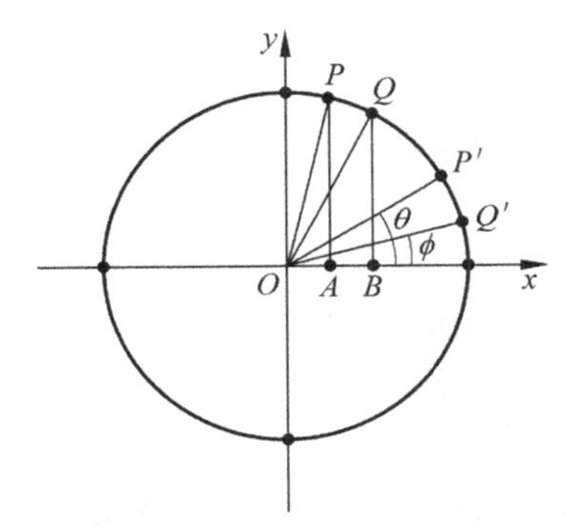

图7.3　点A和点B以相同的频率ω作简谐振动。点A和点B的初相分别为θ和ϕ

这样，作简谐振动的粒子的位移可以写为

$$x=a\sin(\omega t+\theta) \tag{7.8}$$

所以，粒子的速度和加速度由下式给出：

$$v=\frac{\mathrm{d}x}{\mathrm{d}t}=a\omega\cos(\omega t+\theta) \tag{7.9}$$

并且

$$f=\frac{\mathrm{d}^2x}{\mathrm{d}t^2}=-a\omega^2\sin(\omega t+\theta)$$

或者

$$f=\frac{\mathrm{d}^2x}{\mathrm{d}t^2}=-\omega^2x \tag{7.10}$$

式(7.10)表明粒子的加速度和位移成正比，负号表示加速度总是指向原点。可以利用式(7.10)把简谐振动定义为一个粒子在直线上这样的运动：它的加速度正比于它离开直线上固定一点的位移，而且加速度的方向总指向该固定点(这里指点$x=0$，通常称之为平衡位置)。若以粒子的质量乘以式(7.10)，就得到作用在粒子上力的表达式：

$$F=mf=-m\omega^2 x$$

或者

$$F=-kx \tag{7.11}$$

式中,$k(=m\omega^2)$称为"力常数"。可以由式(7.11)出发,完全等价地导出简谐振动的表达式。这一点很容易看出,因为我们注意到力是在x方向作用的,所以运动方程为

$$m\frac{\mathrm{d}^2 x}{\mathrm{d}t^2}=F=-kx$$

或者

$$\frac{\mathrm{d}^2 x}{\mathrm{d}t^2}+\frac{k}{m}x=0$$

也可写成

$$\frac{\mathrm{d}^2 x}{\mathrm{d}t^2}+\omega^2 x=0 \tag{7.12}$$

其中,$\omega^2=k/m$。式(7.12)的通解可以表示为

$$x=A\sin\omega t+B\cos\omega t \tag{7.13}$$

也可以写成以下两种形式中的一种

$$x=a\sin(\omega t+\theta) \tag{7.14}$$

$$x=a\cos(\omega t+\theta) \tag{7.15}$$

它们都可以描述简谐振动。

简谐振动的举例

本节将讨论三种简单的简谐振动。

1. 单摆

简谐振动最简单的例子是重力场中单摆摆锤的运动。如果单摆的摆锤稍微离开平衡位置(图7.4),那么就有竖直向下的重力mg和沿$B'A$方向的绳的拉力T作用在摆锤上。在平衡位置(AB)处,拉力与重力等值且反向。但是,在移开后的位置上,拉力T与重力不再同向。如果将重力沿摆线方向和垂直于摆线的方向分解,可以看出,分力$mg\cos\theta$与拉力T平衡,而分力$mg\sin\theta$表现为恢复力。单摆的运动是沿着一圆弧进行的,但是如果单摆的摆长很长,并且θ很小,那么可以认为摆锤的运动近似是在一直线上进行的(图7.4(b))。在这一近似下,可以假定力的方向始终指向点B,并且力的大小为①

$$mg\sin\theta\approx mg\frac{x}{l} \tag{7.16}$$

因此,运动方程为

$$F=m\frac{\mathrm{d}^2 x}{\mathrm{d}t^2}=-mg\frac{x}{l} \tag{7.17}$$

或者

$$\frac{\mathrm{d}^2 x}{\mathrm{d}t^2}+\omega^2 x=0 \tag{7.18}$$

① 假定θ足够小时有$\sin\theta\approx\theta$,其中θ的单位为rad。上述近似在$\theta\lesssim0.07\text{rad}(\approx4°)$时成立。

式中，$\omega^2=g/l$。式(7.18)和式(7.12)有相同的形式，因此摆锤的运动为简谐振动，其时间周期由下式给出：

$$T=\frac{2\pi}{\omega}=2\pi\sqrt{\frac{l}{g}} \tag{7.19}$$

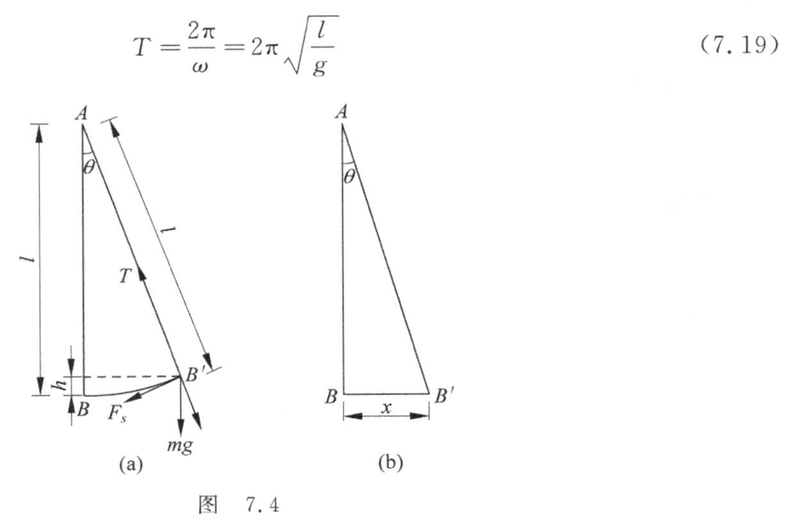

图　7.4

(a) 当摆锤离开平衡位置时，作用在摆锤上的力的图示，F_s 是恢复力，等于 $mg\sin\theta$；

(b) 若角 θ 很小，可近似地假设摆锤的运动是在一直线上进行的

应该指出，只要 $\theta\lesssim 4°$，时间周期的表达式就是颇为精确的(即运动被近似认为是简谐振动)。

下面考察两个全同的单摆运动。它们以相同的振幅 a 振动(图 7.5)。设在 $t=0$ 时，其中一个摆的摆锤处在右侧的最大位移位置(图 7.5(a))，另一个摆的摆锤处在平衡位置正向右运动(图 7.5(b))。如果从摆的平衡位置开始度量位移，那么这两个摆的位移就由下面两式给出：

$$\begin{cases} x_1=a\cos\omega t \\ x_2=a\sin\omega t=a\cos\left(\omega t-\dfrac{\pi}{2}\right) \end{cases} \tag{7.20}$$

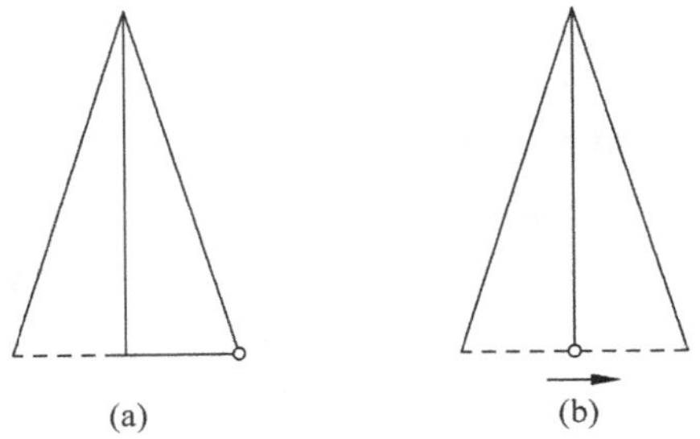

(a)　　(b)

图 7.5　(a)和(b)表示两个全同摆的运动，它们以相同的振幅振动，但是相位差为 $\pi/2$。图中的小圆圈表示摆锤在 $t=0$ 时的位置

可见，两个摆作的简谐振动有一个相位差 $\pi/2$，实际上，第一个单摆的相位超前第二个单摆 $\pi/2$。需要提醒的是，在图 7.5(b)中，如果单摆向左运动，那么运动方程就是

$$x_2 = -a\sin\omega t = a\cos\left(\omega t + \frac{\pi}{2}\right)$$

而第二个单摆的相位将超前第一个单摆 $\pi/2$。一般来说,单摆的位移可以写成

$$x = a\cos(\omega t + \phi) \tag{7.21}$$

所以,摆锤的速度由下式给出:

$$\frac{dx}{dt} = -a\omega\sin(\omega t + \phi) \tag{7.22}$$

而它的动能为

$$T = \frac{1}{2}m\left(\frac{dx}{dt}\right)^2 = \frac{1}{2}ma^2\omega^2\sin^2(\omega t + \phi) \tag{7.23}$$

比较式(7.21)和式(7.23),可以看出,当摆锤处于最大位移时,其动能为零,而当摆锤通过平衡位置时,动能最大。在最大位移处,动能转变成势能。由图7.4(a)可以得出势能:

$$V = mgh = mgl(1-\cos\theta) = mgl2\sin^2\frac{\theta}{2} \approx 2mgl\left(\frac{\theta}{2}\right)^2 \quad (\theta \text{ 的单位为 rad})$$

$$\approx \frac{1}{2}mgl\left(\frac{x}{l}\right)^2 = \frac{1}{2}m\left(\frac{g}{l}\right)x^2 = \frac{1}{2}m\omega^2x^2 \tag{7.24}$$

或者

$$V = \frac{1}{2}m\omega^2a^2\cos^2(\omega t + \phi) \tag{7.25}$$

式中用到了 $\omega^2 = g/l$。可以说,如果注意到势能在 x 和 $x+dx$ 范围内分别为 V 和 $V+dV$,势能的表达式可以直接写出,那么

$$dV = -F\,dx = +kx\,dx \tag{7.26}$$

因此

$$V = \int_0^x kx\,dx = \frac{1}{2}kx^2 \tag{7.27}$$

式中我们假定 $x=0$ 处为势能零点。因此,总能量 E 可以由下式给出:

$$E = T + V = \frac{1}{2}m\omega^2a^2 \tag{7.28}$$

上式正是预期的那样,总能量与时间无关。也可以由式(7.28)[①]进一步看出,简谐振动的能量与振幅的平方以及频率的平方成正比。

2. 两端与两弹簧相连的物体的振动

简谐振动的另一个简单的例子如图7.6所示,是由两个拉伸的弹簧连着的物体 m 在光滑桌面上的运动。两个弹簧的自然长度为 l_0(图7.6(a)),当物体处于平衡位置时,对应的弹簧拉伸后的长度为 l。如果物体稍微离开平衡位置,那么作用在物体上的合力就是

$$F = k[(l-x) - l_0] - k[(l+x) - l_0] = -2kx \tag{7.29}$$

式中,k 代表弹簧的力常数。这里再一次得到一个与位移成正比、方向指向平衡位置的力,因此,从本质上来说,这个物体在没有摩擦的桌面上的运动属于简谐振动。

3. 拉紧的弦的振动

当一根拉紧的弦(如弦音计上的一根弦)以它的基模振动时($L=\lambda/2$,见图7.7),弦上各

① 原书在这里指式(7.26),显然有误。——译者注

点都作简谐振动，它们有不同的振幅，但是初相位相同。各点的位移可以写成如下形式：

$$y = a\sin\left(\frac{\pi}{L}x\right)\cos\omega t \tag{7.30}$$

在 $x=0$ 与 $x=L$ 处振幅为零，而在 $x=L/2$ 处振幅最大。另外，如果弦以它的第一谐振模振动（$L=\lambda$），那么左边半根弦上各点的振动与右边半根弦上各点的振动反相。

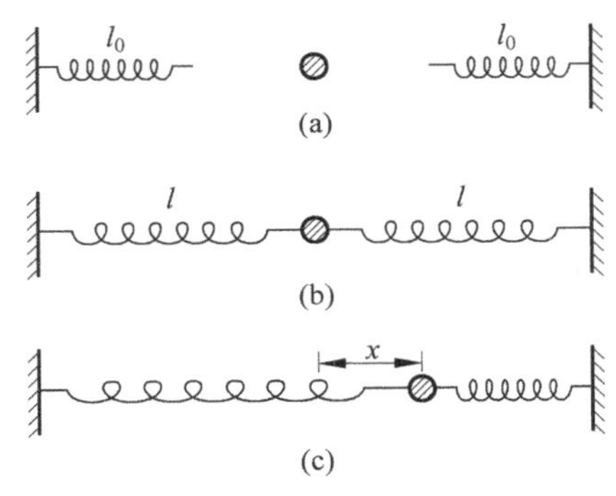

图 7.6　自然长度为 l_0 的两根弹簧(a)，因与物体相连而被拉伸到长度 l 图(b)。如果物体离开平衡位置一个很小的距离图(c)x，物体将作简谐振动

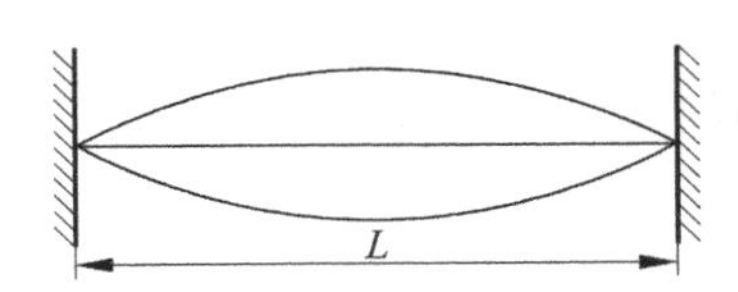

图 7.7　两端固定的一根弦以它的基模振动时，所有质点都以同一频率和同一初相位作简谐振动，但是它们有不同的振幅

7.3　阻尼简谐振动　　目标 2

在 7.2 节，已经说明了粒子作简谐振动时，其运动方程的形式为

$$\frac{d^2x}{dt^2} + \omega_0^2 x(t) = 0 \tag{7.31}$$

方程的解由下式给出：

$$x(t) = A\cos(\omega_0 t + \theta) \tag{7.32}$$

式中，A 代表振幅，ω_0 代表简谐振动的角频率。式(7.32)告诉我们，运动将永远继续下去。但是我们知道，实际上，任何系统（如音叉）的振幅都是逐渐减小的，最后系统将停止振动。类似地，单摆的摆锤经过一定时间以后也会停下来。这种现象是由于存在阻尼力所致，当粒子运动时，阻尼力就会起作用。对于一个振动的单摆来说，阻尼力主要是由周围介质的黏滞性所引起的。因此，在液体中的阻尼力要比在气体中大得多。一般来说，阻尼力与速度的关系相当复杂；然而，在一级近似下，可假设它与粒子的速度成正比。这样的假设也是与粒子静止时没有阻尼力的事实相符的。在这种模型中，运动方程由下式给出：

$$m\frac{d^2x}{dt^2} = -\Gamma\frac{dx}{dt} - k_0 x \tag{7.33}$$

式中，常数 Γ 决定阻尼力的大小。为了避免与波矢量 $\boldsymbol{k}$ 相混淆，这里用 k_0 来表示力常数。式(7.33)可以写为下面这种形式：

$$\frac{d^2x}{dt^2} + 2K\frac{dx}{dt} + \omega_0^2 x(t) = 0 \tag{7.34}$$

式中，

$$2K=\frac{\Gamma}{m},\quad \omega_0=\sqrt{\frac{k_0}{m}} \tag{7.35}$$

为求解式(7.34)，引入一个新的变量 $\xi(t)$，它由下式定义：

$$x(t)=\xi(t)\mathrm{e}^{-Kt} \tag{7.36}$$

因此，

$$\frac{\mathrm{d}x}{\mathrm{d}t}=\left[\frac{\mathrm{d}\xi}{\mathrm{d}t}-K\xi(t)\right]\mathrm{e}^{-Kt}$$

并且

$$\frac{\mathrm{d}^2x}{\mathrm{d}t^2}=\left[\frac{\mathrm{d}^2\xi}{\mathrm{d}t^2}-2K\frac{\mathrm{d}\xi}{\mathrm{d}t}+K^2\xi(t)\right]\mathrm{e}^{-Kt}$$

代入式(7.34)，得到

$$\frac{\mathrm{d}^2\xi}{\mathrm{d}t^2}+(\omega_0^2-K^2)\xi(t)=0 \tag{7.37}$$

式(7.37)与式(7.31)是类似的，但$(\omega_0^2-K^2)$可以为正，也可以为负或者零，这取决于阻尼力的大小。因此，考虑以下三种情况。

1. 第Ⅰ种情况 ($\omega_0^2>K^2$)

如果阻尼很小，则 $\omega_0^2>K^2$，并且式(7.37)的解有如下形式：

$$\xi(t)=A\cos\left[\sqrt{\omega_0^2-K^2}\,t+\theta\right] \tag{7.38}$$

或者

$$x(t)=A\mathrm{e}^{-Kt}\cos\left[\sqrt{\omega_0^2-K^2}\,t+\theta\right] \tag{7.39}$$

式中，A 和 θ 分别是由 $t=0$ 时运动的振幅和相位决定的常数。式(7.39)代表阻尼的简谐振动(图 7.8)。需要注意，振幅随时间按指数规律减小，并且振动的时间周期$(2\pi/\sqrt{\omega_0^2-K^2})$大于无阻尼时的情况。

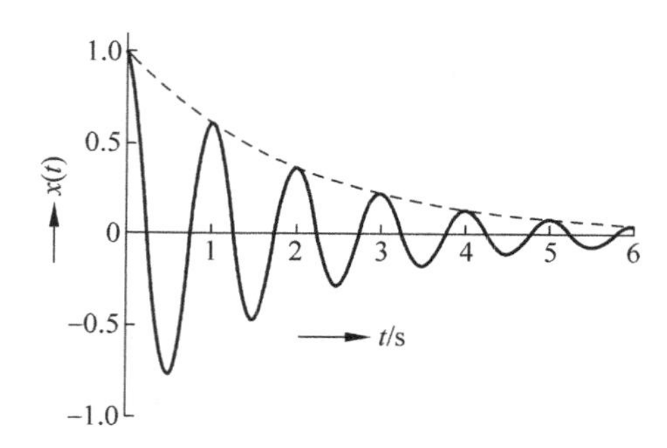

图 7.8 阻尼简谐振动的振幅按指数规律减小。本图对应$\frac{2\pi}{\sqrt{\omega_0^2-K^2}}=1\,\mathrm{s}$ 和 $K=0.5\,\mathrm{s}^{-1}$ 的情况

2. 第Ⅱ种情况($K^2>\omega_0^2$)

如果阻尼很大，则 $K^2>\omega_0^2$，并且式(7.37)可写成如下形式：

$$\frac{\mathrm{d}^2\xi}{\mathrm{d}t^2}-(K^2-\omega_0^2)\xi(t)=0 \tag{7.40}$$

其解由下式给出：

$$\xi(t)=A\exp[\sqrt{K^2-\omega_0^2}\,t]+B\exp[-\sqrt{K^2-\omega_0^2}\,t] \tag{7.41}$$

$$x(t)=A\exp[(-K+\sqrt{K^2-\omega_0^2})t]+B\exp[(-K-\sqrt{K^2-\omega_0^2})t] \tag{7.42}$$

这样，可以得到两种运动：一种运动的位移单调下降到零；另一种运动的位移先增大到极大值，然后再减小到零（图7.9）。这两种情形都不存在振荡，因而这样的运动称为“过阻尼”或者“死拍（不摆动）”。一个典型的例子就是单摆在黏滞度很大的液体（如甘油）中的运动，这时单摆几乎不能完成一次振荡便要停下来。

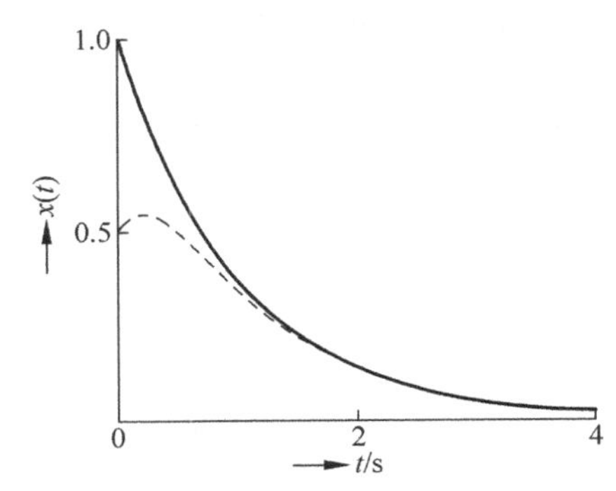

图7.9 过阻尼运动位移随时间的变化。实线和虚线分别代表 $B=0$ 和 $B=-A/2$ 的情形（参阅文献[7.42]）。在进行计算时，假定 $K=2\mathrm{s}^{-1}$ 和 $\sqrt{K^2-\omega_0^2}=1\mathrm{s}^{-1}$

3. 第Ⅲ种情况($K^2=\omega_0^2$)

当 $K^2=\omega_0^2$ 时，式(7.37)变为

$$\frac{\mathrm{d}^2\xi}{\mathrm{d}t^2}=0 \tag{7.43}$$

它的解由下式给出：

$$\xi=At+B \tag{7.44}$$

因此

$$x(t)=(At+B)\mathrm{e}^{-Kt} \tag{7.45}$$

这种运动也是非振荡的，称这种运动为“临界阻尼”运动。

7.4 受迫振动

现在考察一个按正弦周期性变化的力（参见8.3节）对振动系统的运动的影响。如果外力的频率为 ω，那么运动方程为（参阅式(7.33)）

$$m\frac{\mathrm{d}^2x}{\mathrm{d}t^2}=F\cos\omega t-\Gamma\frac{\mathrm{d}x}{\mathrm{d}t}-k_0x \tag{7.46}$$

式中右侧的第一项代表外力，其他项与式(7.33)相同。式(7.46)可以改写成如下形式①：

$$\frac{\mathrm{d}^2x}{\mathrm{d}t^2}+2K\frac{\mathrm{d}x}{\mathrm{d}t}+\omega_0^2x(t)=G\cos\omega t \tag{7.47}$$

① 需要注意式(7.47)右侧项与 x 无关，这样的方程就叫作非齐次方程。形如式(7.34)的方程叫作齐次方程。

式中,$G=F/m$,其他符号已经在 7.3 节中给过定义了。对于式(7.47)的特解,可以尝试如下解:

$$x(t)=a\cos(\omega t-\phi) \tag{7.48}$$

因此,

$$\frac{dx}{dt}=-a\omega\sin(\omega t-\phi)$$

并且

$$\frac{d^2x}{dt^2}=-a\omega^2\cos(\omega t-\phi)$$

把以上关于 $x(t)$、$\frac{dx}{dt}$和$\frac{d^2x}{dt^2}$的式子代入式(7.47),得到

$$\begin{aligned}&-a\omega^2\cos(\omega t-\phi)-2Ka\omega\sin(\omega t-\phi)+a\omega_0^2\cos(\omega t-\phi)\\&=G\cos[(\omega t-\phi)+\phi]\end{aligned} \tag{7.49}$$

式中,把 $G\cos\omega t$ 表示成$G\cos[(\omega t-\phi)+\phi]$。

因此,

$$\begin{aligned}&a(\omega_0^2-\omega^2)\cos(\omega t-\phi)-2Ka\omega\sin(\omega t-\phi)\\&=G\cos(\omega t-\phi)\cos\phi-G\sin(\omega t-\phi)\sin\phi\end{aligned} \tag{7.50}$$

因为式(7.50)在所有时刻都成立,所以必然有

$$a(\omega_0^2-\omega^2)=G\cos\phi \tag{7.51}$$

$$2Ka\omega=G\sin\phi \tag{7.52}$$

把两式平方相加,可得

$$a=\frac{G}{[(\omega_0^2-\omega^2)^2+4K^2\omega^2]^{1/2}} \tag{7.53}$$

而且

$$\tan\phi=\frac{2K\omega}{\omega_0^2-\omega^2} \tag{7.54}$$

由于 K、ω 和 a 都为正,所以只要注意到 $\sin\phi$ 为正,即 ϕ 必须在第一或第二象限这种情况,就可以唯一地确定 ϕ。

在式(7.48)尝试解的基础之上,还必须将齐次方程(7.34)的解加入,才能得到非齐次方程(7.47)的通解。因此,在假定 $\omega_0^2>K^2$(即弱阻尼)的情况下,式(7.47)的通解具备下面的形式:

$$x(t)=Ae^{-Kt}\cos[\sqrt{\omega_0^2-K^2}\,t-\theta]+a\cos(\omega t-\phi) \tag{7.55}$$

式子右边第一项代表最终要逐渐消失的暂态解(对应于系统的自然振动)。第二项代表稳态解,对应于外力作用下的受迫振动。注意,受迫振动的频率与外力的频率相同。

共振

目标 3

受迫振动的振幅为

$$a=\frac{G}{[(\omega_0^2-\omega^2)^2+4K^2\omega^2]^{1/2}} \tag{7.56}$$

它取决于驱动力的频率，并且当$(\omega_0^2-\omega^2)^2+4K^2\omega^2$取最小值时振幅有最大值，此时

$$\frac{d}{d\omega}[(\omega_0^2-\omega^2)^2+4K^2\omega^2]=0$$

或者

$$2(\omega_0^2-\omega^2)(-2\omega)+8K^2\omega=0$$

或者

$$\omega=\omega_0\left[1-\frac{2K^2}{\omega_0^2}\right]^{1/2} \tag{7.57}$$

因此，当ω由式(7.57)给出时，振幅取最大值[①]，此状态称为振幅共振。在阻尼很小时，发生共振的频率十分接近系统的固有频率。振幅随ω的变化关系如图7.10所示。注意，随着阻尼的减小，极大值变得十分尖锐陡峭，并且当偏离共振频率时，振幅迅速减小。振幅的极大值由下式给出：

$$\begin{aligned}a_{\max}&=\frac{G}{\left[(2K^2)^2+4K^2\omega_0^2\left(1-\frac{2K^2}{\omega_0^2}\right)\right]^{1/2}}\\&=\frac{G}{2K[\omega_0^2-K^2]^{1/2}}=\frac{G}{2K[\omega^2+K^2]^{1/2}}\end{aligned} \tag{7.58}$$

因此，随着阻尼的增大，极大值出现在ω更小的地方，并且共振曲线也变得不那么陡峭了。

为了讨论受迫振动的相位，可以参阅式(7.54)，由该式可以看出，阻尼很小时，除了在接近共振区的范围，相位角是很小的。当$\omega=\omega_0$时，$\tan\phi=\infty$，并且$\phi=\pi/2$，即受迫振动的相位比驱动力的相位超前了$\pi/2$。当驱动力的频率增大到超过ω_0时，相位也随之增大，并趋

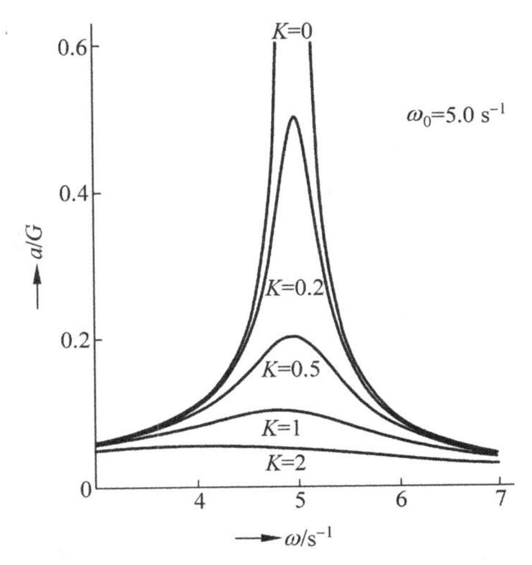

图7.10　在不同K值下，振幅随外加驱动力的频率的变化。计算结果对应于$\omega_0=5\text{s}^{-1}$的情况，K的单位为s^{-1}。注意，随着阻尼的增大，共振出现在ω值较小的地方

① 在$K^2\geqslant\frac{1}{2}\omega_0^2$的条件下不存在共振。

近于π(图7.11)。

受迫振动所有显著的特点都可以很容易地用图7.12所示的装置来演示。图中AC是一根带有可移动摆锤B的金属杆,LM是带有摆锤M的单摆。金属杆和单摆悬挂在弦线PQ上,如图7.12所示。把B放在最低位置,当金属杆AC开始振动时,单摆LM也振动起来。摆锤B向上移动时,振动的时间周期开始减小,因而杆的摆动频率变得接近于单摆的固有频率,最后共振条件得到满足。共振时,单摆摆动的振幅有极大值,并且两振动之间的相位差接近于$\pi/2$,即当金属杆处在最低位置且向右运动时,单摆处在左边的极大位置。如果摆锤B再向上移动,则振动的频率增大,因而受迫振动的振幅减小。

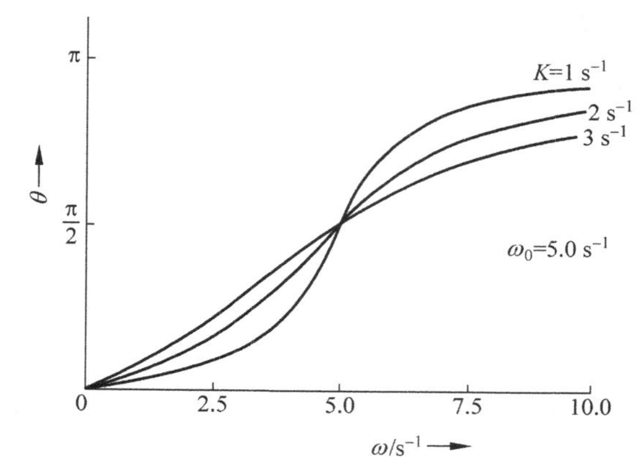

图7.11 受迫振动的相位随驱动力的频率的变化

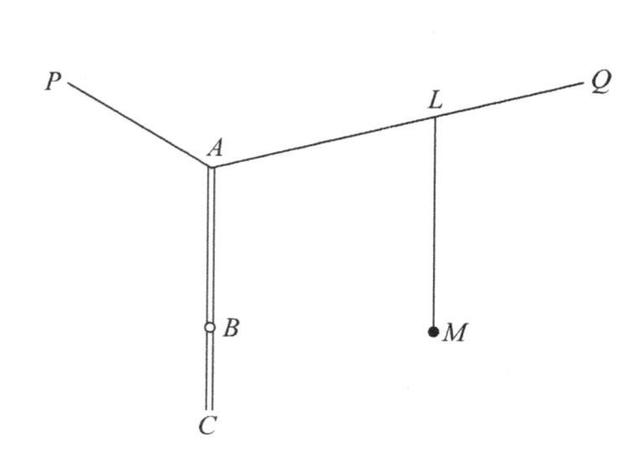

图7.12 演示受迫振动的装置

7.5 折射率的起源 目标4

本节将研究折射率的起源。我们知道,原子是由一个质量很大的带正电的原子核和包围着原子核的一些电子组成的。在最简单的原子模型中,假定电子被弹性地束缚在它们的平衡位置上,因此,当这些电子在电场的作用下发生位移时,将有一个与位移成正比的恢复力作用在电子上,使电子恢复到它们的平衡位置。根据这一模型,在存在外电场$\boldsymbol{E}$的情况下,电子的运动方程为

$$m\frac{\mathrm{d}^2\boldsymbol{x}}{\mathrm{d}t^2}+k_0\boldsymbol{x}=-q\boldsymbol{E} \tag{7.59}$$

或者

$$\frac{\mathrm{d}^2\boldsymbol{x}}{\mathrm{d}t^2}+\omega_0^2\boldsymbol{x}=-\frac{q}{m}\boldsymbol{E} \tag{7.60}$$

式中,$\boldsymbol{x}$代表电子的位置,m和$-q$分别表示电子的质量和电荷($q\approx+1.6\times10^{-19}$C),$k_0$为力常数,$\omega_0(=\sqrt{k_0/m})$代表振子的特征频率。假定

$$\boldsymbol{E}=\hat{\boldsymbol{x}}E_0\cos(kz-\omega t) \tag{7.61}$$

即电场是在x方向振动,其振幅为E_0,并且沿z方向传播。$\hat{\boldsymbol{x}}$代表x方向的单位矢量,并且$k=2\pi/\lambda$,其中λ为波长。因此

$$\frac{\mathrm{d}^2x}{\mathrm{d}t^2}+\omega_0^2x=-\frac{qE_0}{m}\cos(kz-\omega t) \tag{7.62}$$

式中用相应的标量代替了矢量,这是因为位移和电场的方向相同。除了阻尼项之外,式(7.62)与式(7.47)类似(表示受迫振动方程),因此,相应于受迫振动的解由下式给出[①]:

$$x=-\frac{qE_0}{m(\omega_0^2-\omega^2)}\cos(kz-\omega t) \tag{7.63}$$

在最简单的原子模型中,假设(电子所形成的)负电荷的中心位于原子核的中心。在存在外电场的情况下,负电荷中心就偏离原子核的位置,结果原子有了一定的偶极矩。特别是,若正电荷$+q$在原点,负电荷$-q$在距离为x的位置,那么偶极矩就是$-qx$;因此,如果单位体积内有N个色散电子[②],则极化强度矢量(即单位体积内的偶极矩)由下式给出:

$$\begin{aligned}\boldsymbol{P}&=-Nq\boldsymbol{x}=\frac{Nq^2}{m(\omega_0^2-\omega^2)}\boldsymbol{E}\\&=\chi\boldsymbol{E}\end{aligned} \tag{7.64}$$

式中,

$$\chi=\frac{Nq^2}{m(\omega_0^2-\omega^2)} \tag{7.65}$$

称为材料的电极化率。介电常数因此可由下式给出(见第23章):

$$\varepsilon=\varepsilon_0+\chi \tag{7.66}$$

或者

$$\frac{\varepsilon}{\varepsilon_0}=1+\frac{Nq^2}{m\varepsilon_0(\omega_0^2-\omega^2)} \tag{7.67}$$

$\varepsilon/\varepsilon_0$为相对介电常数,它等于折射率的平方(见第23章)。因此

$$n^2=1+\frac{Nq^2}{m\varepsilon_0\omega_0^2}\left(1-\frac{\omega^2}{\omega_0^2}\right)^{-1} \tag{7.68}$$

式(7.68)表明折射率与频率有关,这一现象称为色散。假定特征频率ω_0处在远紫外区(参阅式(7.74))[③],$\left(1-\frac{\omega^2}{\omega_0^2}\right)^{-1}$在整个可见光区段都为正。而且,当$\omega$增大时,$n^2$也随之增大,即折射率随频率的增大而增大,这称为正常色散。如果进一步假设$\omega/\omega_0\ll1$,那么

$$\left(1-\frac{\omega^2}{\omega_0^2}\right)^{-1}\approx1+\frac{\omega^2}{\omega_0^2}$$

则

$$n^2\approx1+\frac{Nq^2}{m\varepsilon_0\omega_0^2}\left(1+\frac{\omega^2}{\omega_0^2}\right)\approx1+\frac{Nq^2}{m\varepsilon_0\omega_0^2}+\frac{4\pi^2c^2Nq^2}{m\varepsilon_0\omega_0^4}\frac{1}{\lambda_0^2} \tag{7.69}$$

---

① 注意在没有阻尼的情况(即当$\Gamma=0$时),$\phi=0$,见式(7.54)。

② 理想气体一个分子中的“色散电子”的数目等于分子的价电子总数。H_2的价电子总数为2,N_2的价电子总数为6,等等。

③ 这个假设也可以从下面的分析看到合理性。根据经典电动力学,一个以频率ω_0振动的振荡偶极子,将辐射频率为ω_0的电磁波。作为一个例子,考虑氢原子,那么根据量子力学$\hbar\omega_0\approx13.6\text{eV}$,可得$\omega_0\approx2\times10^{16}\text{s}^{-1}$。这一频率确实对应于远紫外区。

式中，$\lambda_0=2\pi c/\omega$ 是自由空间中的波长。式(7.69)可以写成

$$n^2=A+\frac{B}{\lambda_0^2} \tag{7.70}$$

这就是著名的柯西关系式(Cauchy relation)。对于氢气，在实验中得到的 n^2 随 λ_0 的变化由下面的关系式表示：

$$n^2=1+2.721\times10^{-4}+\frac{2.11\times10^{-18}}{\lambda_0^2} \tag{7.71}$$

式中的波长以 m 为单位来量度。上面的数据对应于 0℃和 76cm 汞柱大气压的情况(见文献[7.9])。因此，

$$\frac{Nq^2}{m\varepsilon_0\omega_0^2}=2.721\times10^{-4} \tag{7.72}$$

$$\frac{4\pi^2c^2Nq^2}{m\varepsilon_0\omega_0^4}=2.11\times10^{-18}\mathrm{m}^2 \tag{7.73}$$

如果我们以第二式除以第一式，可得

$$\frac{4\pi^2c^2}{\omega_0^2}=\frac{2.11\times10^{-18}}{2.721\times10^{-4}}$$

或者

$$\nu_0=\frac{\omega_0}{2\pi}\approx3\times10^{15}\mathrm{s}^{-1} \tag{7.74}$$

这确实是在紫外区。可以由式(7.72)和式(7.73)消去 ω_0 而得到

$$\frac{Nq^2}{4\pi^2c^2\varepsilon_0m}\approx3\times10^{10}\mathrm{m}^{-2} \tag{7.75}$$

在标准温度和标准大气压的情况下，22400cc(1cc=1cm³)的 H_2 含有 6×10^{23} 个分子，因此，

$$N=2\times\frac{6\times10^{23}}{22400\times10^{-6}}\mathrm{m}^{-3}\approx5\times10^{25}\mathrm{m}^{-3}$$

式中的因子 2 是因为一个氢分子包含两个电子。这样，

$$\frac{Nq^2}{4\pi^2c^2\varepsilon_0m}\approx\frac{5\times10^{25}\times(1.6\times10^{-19})^2}{4\times\pi^2\times9\times10^{16}\times8.85\times10^{-12}\times9.1\times10^{-31}}\mathrm{m}^{-2}=4\times10^{10}\mathrm{m}^{-2}$$

与式(7.75)的定性分析相符。

值得一提的是，对于自由电子组成的气体(如在上层大气中的情况)，不存在恢复力，因而必须令 $\omega_0=0$，这样，折射率的表达式变为(见式(7.68))

$$n^2=1-\frac{Nq^2}{m\varepsilon_0\omega^2} \tag{7.76}$$

式中，N 表示自由电子的密度。式(7.76)表明折射率比 1 小；然而，这并不意味着在自由空间传送信号的速度可以大于光速(见第 10 章)。引用费恩曼的话：

对于自由电子，$\omega_0=0$(不存在弹性恢复力)。在我们的色散公式中，令 $\omega_0=0$ 就可推导出在平流层中无线电波折射率的正确形式，其中 N 表示平流层中自由电子的密度(单位体积中的自由电子数)。但是让我们再来看一下这个公式，如果我们用 X 射线照射物体，或者用无线电波(或者任意电波)照射自由电子，$(\omega_0^2-\omega^2)$这一项就变成负的，于是我们得到 $n<1$ 的结果。这意味着在物质中波的有效速度比光速 c 还快！这会是正确的吗？这是正确的。

尽管人们说传送信号的速度不可能比光速还快，然而在特定的频率下，材料的折射率既可以大于1，也可以小于1，这一点是真的。

式(7.76)通常写为

$$n^2=1-\left(\frac{\omega_P}{\omega}\right)^2 \tag{7.77}$$

式中，

$$\omega_P=\left(\frac{Nq^2}{m\varepsilon_0}\right)^{1/2} \tag{7.78}$$

这就是所谓的等离子体频率。注意当 $\omega<\omega_P$ 时，折射率是纯虚数，这会导致电磁波的衰减，当 $\omega>\omega_P$ 时，折射率是实数。在1933年，伍德(Wood)发现碱金属对紫外线是透明的。比如对于气态钠，如果我们假定折射率主要是由自由电子引起的，并且每一个原子有1个自由电子，那么

$$N=\frac{6\times10^{23}\times0.9712}{22.99}\mathrm{cm}^{-3}\approx2.535\times10^{22}\mathrm{cm}^{-3}$$

式中，我们已假定钠的原子质量为22.99，并且它的密度为 $0.9712\mathrm{g/cm^3}$。代入数据 $m\approx9.109\times10^{-31}\mathrm{kg}$，$q\approx1.602\times10^{-19}\mathrm{C}$，$\varepsilon_0\approx8.854\times10^{-12}\mathrm{C/(N\cdot m^2)}$，可以得到

$$\lambda_P\left(=\frac{2\pi c}{\omega_P}\right)\approx2098\text{Å}$$

因此，对于 $\lambda<2098$Å，钠的折射率变为实数并且气态钠也会变成透明的。相应的实验值为2100Å。对于锂、钾和铷的 λ_P 的理论值和实验值，会在习题7.7中进行讨论。

正如上面所提到的，式(7.76)给出了无线电波在平流层中的折射率的准确关系。3.4.3节曾经用式(7.76)研究了电磁波在电离层的反射。

回到式(7.68)，注意到，当 $\omega\to\omega_0$ 时，折射率趋于∞。这是由于在计算过程中忽略了阻尼力。如果把阻尼力考虑在内，式(7.62)会修正为(参阅式(7.46))

$$m\frac{\mathrm{d}^2x}{\mathrm{d}t^2}+\Gamma\frac{\mathrm{d}x}{\mathrm{d}t}+k_0x=qE_0\cos(kz-\omega t) \tag{7.79}$$

为了导出折射率的表达式，把上式写为如下形式更为方便：

$$\frac{\mathrm{d}^2x}{\mathrm{d}t^2}+2K\frac{\mathrm{d}x}{\mathrm{d}t}+\omega_0^2x=\frac{qE_0}{m}\mathrm{e}^{\mathrm{i}(kz-\omega t)} \tag{7.80}$$

式(7.79)的解是式(7.80)解的实部。上式的齐次方程将给出暂态行为，该暂态解将在 $t\to\infty$ 时消失(见7.4节)。而稳态解是对应于频率 ω 的。因此，如果尝试如下形式的解：

$$x(t)=A\mathrm{e}^{\mathrm{i}(kz-\omega t)} \tag{7.81}$$

将其代入式(7.80)中，就可得到

$$(-\omega^2-2\mathrm{i}K\omega+\omega_0^2)A=\frac{qE_0}{m}$$

或者①

$$A=\frac{qE_0}{m(\omega_0^2-\omega^2-2\mathrm{i}K\omega)} \tag{7.82}$$

① 注意 A 是复数；但是，如果我们把 A 的表达式(7.82)代入式(7.81)并取实部，就会得出与7.4节得到的表达式相同的 $x(t)$ 的表达式。

因此得到

$$\boldsymbol{P}=\frac{Nq^2}{m(\omega_0^2-\omega^2-2\mathrm{i}K\omega)}\boldsymbol{E} \tag{7.83}$$

电极化率由下式给出：

$$\chi=\frac{Nq^2}{m(\omega_0^2-\omega^2-2\mathrm{i}K\omega)}$$

因此

$$n^2=\frac{\varepsilon}{\varepsilon_0}=1+\frac{\chi}{\varepsilon_0}=1+\frac{Nq^2}{m\varepsilon_0(\omega_0^2-\omega^2-2\mathrm{i}K\omega)} \tag{7.84}$$

注意到折射率是复数,其中虚部代表电磁波在传播过程中的吸收。的确,如果将折射率写成

$$n=\eta+\mathrm{i}\kappa \tag{7.85}$$

式中,η 和 κ 是实数,那么波数 k(等于 $n\omega/c$)就可以由下式表示：

$$k=(\eta+\mathrm{i}\kappa)\frac{\omega}{c} \tag{7.86}$$

如果我们考察一个沿 $+z$ 方向传播的平面电磁波,那么它的场随 z 和 t 的变化有 $\exp[\mathrm{i}(kz-\omega t)]$的形式,因此

$$\begin{aligned}\boldsymbol{E}&=\boldsymbol{E}_0\mathrm{e}^{\mathrm{i}(kz-\omega t)}\\&=\boldsymbol{E}_0\exp\left[\mathrm{i}\left\{(\eta+\mathrm{i}\kappa)\frac{\omega}{c}z-\omega t\right\}\right]\\&=\boldsymbol{E}_0\exp\left[-\mathrm{i}\omega\left(t-\frac{\eta z}{c}\right)-\frac{\kappa\omega}{c}z\right]\end{aligned} \tag{7.87}$$

上式表示振幅按指数规律衰减。这是在意料之中的,因为阻尼的存在将会引起能量的损失。

为了求得 η 和 κ 的表达式,把 n 的表达式(7.85)代入式(7.84),得到

$$(\eta+\mathrm{i}\kappa)^2=1+\frac{Nq^2(\omega_0^2-\omega^2+2\mathrm{i}K\omega)}{m\varepsilon_0(\omega_0^2-\omega^2-2\mathrm{i}K\omega)(\omega_0^2-\omega^2+2\mathrm{i}K\omega)}$$

或者

$$\eta^2-\kappa^2=1+\frac{Nq^2(\omega_0^2-\omega^2)}{m\varepsilon_0[(\omega_0^2-\omega^2)^2+4K^2\omega^2]} \tag{7.88}$$

$$2\eta\kappa=\frac{Nq^2}{m\varepsilon_0}\frac{2K\omega}{(\omega_0^2-\omega^2)^2+4K^2\omega^2} \tag{7.89}$$

上面两式又可写成

$$\eta^2-\kappa^2=1-\frac{\alpha\Omega}{\Omega^2+\beta^2(\Omega+1)} \tag{7.90}$$

$$2\eta\kappa=\frac{\alpha\beta\sqrt{1+\Omega}}{\Omega^2+\beta^2(\Omega+1)} \tag{7.91}$$

式中引入了下面的无量纲参数：

$$\alpha=\frac{Nq^2}{m\varepsilon_0\omega_0^2},\quad \Omega=\frac{\omega^2-\omega_0^2}{\omega_0^2},\quad \beta=\frac{2K}{\omega_0}$$

图 7.13 定性地给出 $\eta^2-\kappa^2$ 和 $2\eta\kappa$ 随 Ω 的变化。容易证明，在 $\Omega=-\beta$ 和 $\Omega=+\beta$ 处，函数 $(\eta^2-\kappa^2)$ 分别取极大值和极小值。

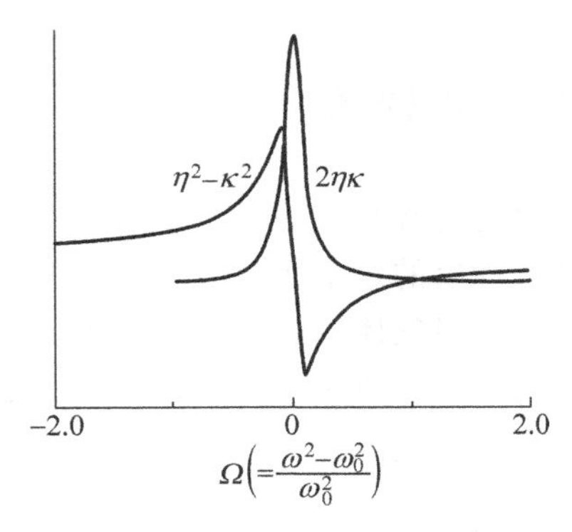

图 7.13　定性地表示 $\eta^2-\kappa^2$ 和 $2\eta\kappa$ 随 Ω 的变化

应该指出，更一般情况下，原子可以看作具有多个不同共振频率的振子，因而必须考虑各个振子对于折射率的贡献比例。若以 $\omega_0,\omega_1,\cdots$ 代表这些共振频率，以 f_j 代表每单位体积内共振频率为 ω_j 的电子所占的比例，那么式(7.84)将会修正为下面的表达式[①]：

$$n^2=1+\frac{Nq^2}{m\varepsilon_0}\sum_j\frac{f_j}{\omega_j^2-\omega^2-2\mathrm{i}K_j\omega} \tag{7.92}$$

式中，K_j 代表对应于共振频率 ω_j 的阻尼常数。实际上，式(7.92)正确地描述了大多数气体折射率的变化。如图 7.14 所示，在 $\lambda_0=5800\text{Å}$ 附近气态钠的折射率随频率的变化。因为 D_1 和 D_2 线出现在 5890Å 和 5896Å，所以应该可以预测共振就发生在这两个频率附近。图 7.14 所示的数据确实证明了这一点。折射率的变化可以精确地用下式表示：

$$n^2=1+\frac{A}{\nu^2-\nu_1^2}+\frac{B}{\nu^2-\nu_2^2} \tag{7.93}$$

这里忽略了阻尼力的存在。当排除了电场振荡频率非常接近于共振频率的情况(即远离共振频率)时，这种忽略是合理的。

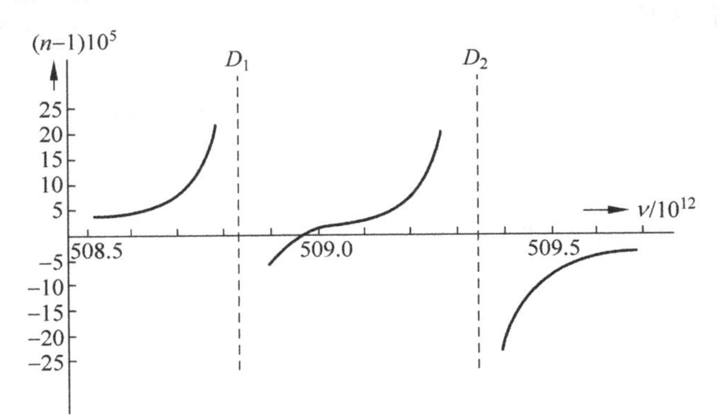

图 7.14　在 D_1 线和 D_2 线附近测量出气态钠折射率的变化。这些测量是罗日捷茨文斯基(Rocschdestwensky)做出的；本图引自文献[7.1]

值得一提的是，在液体中分子彼此非常靠近，因此，它们之间发生偶极子的相互作用。考虑到这种相互作用，可以得出[②]

$$\frac{n^2-1}{n^2+2}=\frac{Nq^2}{3m\varepsilon_0}\sum_j\frac{f_j}{\omega_j^2-\omega^2} \tag{7.94}$$

这里忽略了阻尼的存在。对于如液氢、液氧等分子没有固有偶极矩的液体，式(7.94)给出了一种颇为精准的描述。但是，对于如水这样的分子具有固有偶极矩的液体，必须另作分析。

① 从量子力学出发，也将给出一个类似的结果(可参阅文献[7.6])。

② 可参阅文献[7.1]。注意，当 n 十分接近于 1 时(即稀薄流体的情况)，式(7.94)变为式(7.92)。

7.6 瑞利散射 目标5

通过对瑞利散射做一个简短介绍来结束本章内容。扫描 1 页二维码彩图 7.14′可以看到散射现象的一个实验演示。在下面的所有分析中，假设每一个散射中心都是独立的，这一假设只有当气体的平均原子间距大于波长时才成立。

正如 7.5 节所讨论的，在入射的电场 $\boldsymbol{E}$ 作用下，原子产生的偶极矩由下式给出(参阅式(7.64)和式(7.65))：

$$\boldsymbol{p}=\frac{q^2}{m(\omega_0^2-\omega^2)}\boldsymbol{E} \tag{7.95}$$

式中，ω_0 代表原子的固有频率。尽管把阻尼效应考虑在内计算并不困难，但是为了简化讨论，这里还是忽略了这一效应。现在，一个振子的偶极矩由下式给出：

$$\boldsymbol{p}=\boldsymbol{p}_0\mathrm{e}^{-\mathrm{i}\omega t} \tag{7.96}$$

该振子以下式表示其平均功率辐射能量(参阅 23.5.1 节)：

$$\overline{P}=\frac{\omega^4 p_0^2}{12\pi\varepsilon_0 c^3} \tag{7.97}$$

或者

$$\overline{P}=\frac{\omega^4}{12\pi\varepsilon_0 c^3}\frac{q^4}{m^2(\omega_0^2-\omega^2)^2}E_0^2 \tag{7.98}$$

因此，如果 N 代表单位体积的原子数，那么(单位体积内的原子)辐射的总平均功率就是 $N\overline{P}$。

现假设电磁波沿 x 轴方向传播。波的强度由下式给出(参阅 23.6 节)：

$$I=\frac{1}{2}\varepsilon_0 cE_0^2 \tag{7.99}$$

因此，电磁波传播 $\mathrm{d}x$ 距离后，强度的变化由下式给出：

$$\mathrm{d}I=-N\overline{P}\,\mathrm{d}x$$

或者

$$\frac{\mathrm{d}I}{I}=-\gamma\mathrm{d}x \tag{7.100}$$

其中，

$$\gamma=\frac{N\omega^4}{6\pi\varepsilon_0^2 c^4}\frac{q^4}{m^2(\omega_0^2-\omega^2)^2} \tag{7.101}$$

将式(7.100)进行积分比较简单：

$$I=I_0\mathrm{e}^{-\gamma x} \tag{7.102}$$

式中，γ 表示衰减系数。对于大多数原子，ω_0 出现在紫外区，例如，对于氢原子，$\hbar\omega_0\approx$ 几个电子伏特。因此，如果假设 $\omega\ll\omega_0$，那么 γ 就会与 ω^4 成比例，或者

$$\gamma\propto\frac{1}{\lambda^4} \tag{7.103}$$

这就是著名的具有 $1/\lambda^4$ 形式的瑞利散射定理，这也是天空呈现蓝色的原因(因为被散射的主要是蓝光成分)。类似地，落日所发出光中蓝色组分大部分被散射掉了，结果使得落日呈

现红色，请扫描 *1* 页二维码看彩图 7.1′。的确，如果日落（日出）的颜色为深红色，那么就可以推断污染水平很高。现在，对气体有

$$n^2-1=\frac{Nq^2}{m\varepsilon_0(\omega_0^2-\omega^2)} \tag{7.104}$$

（参阅式(7.68)）。对于空气，折射率非常接近于 1，我们可以写成

$$n-1\approx\frac{Nq^2}{2m\varepsilon_0(\omega_0^2-\omega^2)} \tag{7.105}$$

利用式(7.105)和式(7.101)可以写成如下的简便形式：

$$\gamma=\frac{2}{3\pi N}\left(\frac{\omega}{c}\right)^4(n-1)^2=\frac{2k^4}{3\pi N}(n-1)^2,\quad k=\frac{\omega}{c} \tag{7.106}$$

在标准温度及标准大气压下的空气，在可见光谱区段，$n-1\approx2.78\times10^{-4}$。由 $N\approx 2.7\times10^{19}\,\mathrm{mol/cm^3}$ 可以得到

$$L=\frac{1}{\gamma}=27\mathrm{km},128\mathrm{km},188\mathrm{km}$$

分别对应 $\lambda=4000$Å（紫色），5900Å（黄色），6500Å（红色）。物理量 L 代表强度减小到 1/e 时传播的距离。

可以通过引用 1929 年版的《不列颠百科全书》中瑞利爵士所写的一篇关于“天空”的文章来总结本章：

天空：显然，大气层覆盖着拱形的天穹……天空蓝色的多变是平常的事，即使是在万里无云的时候也是如此。随着（观察点）移向天顶（zenith，地平坐标系）以及观测者位置的升高，天空的颜色通常越变越深……与颜色密切相关的是天空散射光的偏振程度。这种情况发生在一个穿过太阳的平面内，并在高度角（地平坐标系）大约为 90° 处，偏振度达到最大值。

1 页二维码彩图 7.14″显示了在月球上看天空是什么样，看地球是什么样。因为月球上没有大气层，也就没有瑞利散射，因此天空看起来是黑色的（也可以参看图 2.3）。

小　结

- 与波动相联系的最基本的振动是简谐振动。
- 当圆上的一点沿着圆周以均匀的角速度旋转时，其端点向任一直径引垂线的垂足将会作简谐振动。
- 一个单摆时间周期为 $T=2\pi/\omega$，ω 是角速度，$T=2\pi(l/g)^{1/2}$。
- 当一个按正余弦规律变化的外力作用在振动系统时，将引起所谓的受迫振动。在稳态时，受迫振动的频率与外力的频率相同。
- 单摆共振时，振动振幅达最大值，此时单摆的振动相位与外力的相位几乎相差 $\pi/2$。
- 在电离层，当 $\omega<\omega_{\mathrm{P}}$ 时，折射率是纯虚数，将导致电磁波的衰减；而当 $\omega>\omega_{\mathrm{P}}$ 时，折射率为实数。
- 当一束光作用于一个原子时，可以假设原子中电子的行为如同共振频率为 ω_0 的振子。光波的电场使气体分子极化，产生振荡的电偶极矩，从这一模型中可以对折射

率进行第一性原理计算而得到

$$n^2(\omega) \approx 1 + \frac{Nq^2}{m\varepsilon_0(\omega_0^2 - \omega^2 - 2\mathrm{i}K\omega)}$$

式中,m 为电子的质量,q 为电子电荷量的大小,N 是单位体积内电子的数目,K 是阻尼常数。因为振动的偶极子向外辐射能量,光波就会衰减;这就导致了著名的$\frac{1}{\lambda^4}$瑞利散射定理,该定理解释了正在升起的太阳呈现红色和天空呈现蓝色的原因。

- 在月球上看天空是黑色的,这是因为月球没有大气层,因而没有瑞利散射。

习　题

7.1 弦上的位移由下式给出:

$$y(x,t) = a\cos\left(\frac{2\pi}{\lambda}x - 2\pi\nu t\right)$$

式中,a、λ 和 ν 分别代表振幅、波长和频率。假定 $a=0.1\text{cm}$,$\lambda=4\text{cm}$,$\nu=1\text{s}^{-1}$。试对于 $x=0$,0.5cm,1.0cm,1.5cm,2cm,3cm,4cm 的各点画出位移随时间变化的曲线,并从物理上说明这些曲线。

[**答案**:$y(x=3.0,t)=-y(x=1.0,t)$,因为两点相差$\frac{\lambda}{2}$;依此类推。]

7.2 弦音计上驻波的位移由下式给出:

$$y(x,t) = 2a\sin\left(\frac{2\pi}{\lambda}x\right)\cos 2\pi\nu t$$

如果弦长为 L,则 λ 可取 $2L$,$2L/2$,$2L/3$,…(见13.2节)。考察 $\lambda=2L/5$ 的情况,把两相邻波节之间的各点总体称为一段[①],研究各段中各点位移随时间的变化,并证明在同一段内,振动是同相的(段内各点有不同的振幅),而相邻两段中振动是反相的。

7.3 如图7.15所示,挖一条穿过地球的隧道 AB,一个物体在点 A 沿着隧道下落。证明物体将作简谐振动。它的周期等于多少?

[**答案**:时间周期为 $T=2\pi\sqrt{\frac{R}{g}}$]

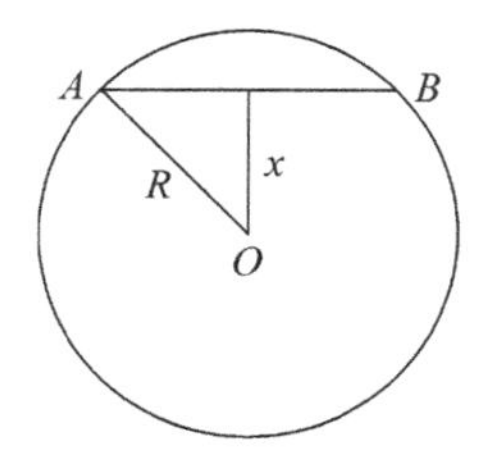

图7.15　习题7.3图

① 此处为译者补充。

7.4　一个质量为 1g 的物体悬挂在一根竖直的弹簧上，物体作简谐振动的周期为 0.1s。求：当物体悬挂在弹簧上时，弹簧拉伸了多长？

［**答案**：$\Delta x \approx 0.25\text{cm}$］

7.5　一根拉紧的弦在 x 方向和 y 方向同时产生位移

$$x(z,t)=a\cos\left(\frac{2\pi}{\lambda}z-2\pi\nu t\right)$$

$$y(z,t)=a\cos\left(\frac{2\pi}{\lambda}z-2\pi\nu t\right)$$

证明：弦将沿着与 x 轴和 y 轴成 $\pi/4$ 角度的方向振动。

7.6　在习题 7.5 中，如果

$$x(z,t)=a\cos\left(\frac{2\pi}{\lambda}z-2\pi\nu t\right)$$

$$y(z,t)=a\sin\left(\frac{2\pi}{\lambda}z-2\pi\nu t\right)$$

合位移又将怎样变化？

7.7　如 7.5 节所提到的，碱金属对紫外线是透明的。假设影响折射率的主要因素是自由电子，并且每一原子有一个自由电子，分别计算锂、钾和铷的 $\lambda_P\left(=\frac{2\pi c}{\omega_P}\right)$。可以设锂、钾和铷的原子质量分别为 6.94、39.10 和 85.48，相应的密度分别为 0.534g/cm^3、0.870g/cm^3 和 1.532g/cm^3。另有其他物理常量为：$m=9.109\times10^{-31}\text{kg}$，$q=1.602\times10^{-19}\text{C}$，$\varepsilon_0=8.854\times10^{-12}\text{C}/(\text{N}\cdot\text{m})^2$。

［**答案**：1550Å、2884Å 和 3214Å；相应的实验值分别为 1551Å、3150Å 和 3400Å］

7.8　(1) 在金属中，可以假设电子是完全自由的。电子的漂移速度满足下式：

$$m\frac{\mathrm{d}\boldsymbol{v}}{\mathrm{d}t}+m\boldsymbol{v}\nu=\boldsymbol{F}=-q\boldsymbol{E}_0\mathrm{e}^{-\mathrm{i}\omega t}$$

式中，ν 表示碰撞频率。计算稳态下的电流密度（$\boldsymbol{J}=-Nq\boldsymbol{v}$），并证明电导率为

$$\sigma(\omega)=\frac{Nq^2}{m}\frac{1}{\nu-\mathrm{i}\omega}$$

(2) 如果 $\boldsymbol{r}$ 代表电子的位移，证明极化强度矢量

$$\boldsymbol{P}=-Nq\boldsymbol{r}=-\frac{Nq^2}{m(\omega^2+\mathrm{i}\omega\nu)}\boldsymbol{E}$$

并用上式证明自由电子气体的相对介电常数为

$$\kappa(\omega)=1-\frac{Nq^2}{m\varepsilon_0(\omega^2+\mathrm{i}\omega\nu)}$$

7.9　假设每一个铜原子贡献一个自由电子，并且低频电导率 $\sigma\approx6\times10^7$ 欧姆/米①，证明 $\nu\approx4\times10^{13}\text{s}^{-1}$。利用 ν 的值证明：对 $\omega<10^{11}\text{s}^{-1}$ 的情况，电导率几乎为实数。当 $\omega=10^8\text{s}^{-1}$ 时，计算复相对介电常数，并把这一数值与对应红外频率的数值相比较。
值得注意的是，低频时，一个铜原子中只有一个电子可以视为自由电子。另外，对于 X

① 电导率是电阻率的倒数，电阻率的单位是欧姆·米，电导率的单位是欧姆/米，也叫西门子/米。——译者注

射线的频率来说,所有电子都可视为自由电子(见习题 7.10～习题 7.12)。讨论上述论断的有效性。

7.10 证明在高频($\omega \gg \nu$)情况下,相对介电常数(如习题 7.8 所导出)是实数,其随频率的变化有如下形式:

$$\kappa = 1 - \frac{\omega_P^2}{\omega^2}$$

式中,$\omega_P = \left(\frac{Nq^2}{m\varepsilon_0}\right)^{1/2}$ 称为等离子频率。在 X 射线频率下,对于许多金属,上式都成立。假定在这样的频率条件下,所有的电子都可认为是自由电子,计算铜的 ω_P。铜的原子序数为 29,质量数为 63,密度为 9g/cm^3。

[答案:$\sim 9 \times 10^{16}\text{s}^{-1}$]

7.11 对于金属钠,在 $\lambda = 1\text{Å}$,所有电子可假设为自由电子;这该假设条件下,证明:$\omega_P \approx 3 \times 10^{16}\text{s}^{-1}$ 和 $n^2 \approx 1$,以及金属为完全透明的。

7.12 对于离子晶体(如 NaCl、CaF_2 等),必须考虑离子的红外共振,并且式(7.68)修正为

$$n^2 = 1 + \frac{Nq^2}{m\varepsilon_0(\omega_1^2 - \omega^2)} + \frac{pNq^2}{M\varepsilon_0(\omega_0^2 - \omega^2)}$$

式中,M 为两个离子的约化质量,p 代表离子的价(对 Na^+ 和 Cl^-,有 $p=1$;对 Ca^{2+} 和 F_2^{2-},有 $p=2$)。证明:上式可以写成①

$$n^2 = n_\infty^2 + \frac{A_1}{\lambda^2 - \lambda_1^2} + \frac{A_2}{\lambda^2 - \lambda_2^2}$$

式中,

$$n_\infty^2 = 1 + \frac{A_1}{\lambda_1^2} + \frac{A_2}{\lambda_2^2}$$

$$\lambda_1 = \frac{2\pi c}{\omega_1}, \quad \lambda_2 = \frac{2\pi c}{\omega_2}$$

$$A_1 = \frac{Nq^2}{4\pi^2 c^2 \varepsilon_0 m}\lambda_1^4, \quad A_2 = \frac{pNq^2}{4\pi^2 c^2 \varepsilon_0 M}\lambda_2^4$$

7.13 对于 CaF_2,折射率的变化(在可见光谱区)可以写成如下形式①:

$$n^2 = 6.09 + \frac{6.12 \times 10^{-15}}{\lambda^2 - 8.88 \times 10^{-15}} + \frac{5.10 \times 10^{-9}}{\lambda^2 - 1.26 \times 10^{-9}}$$

式中,λ 以 m 为单位。

(1) 画出在可见光区 n^2 随 λ 变化的曲线。

(2) 根据 A_1 和 A_2 的值证明 $m/M \approx 2.07 \times 10^{-5}$,并把这一数值与准确值相比较。

(3) 证明利用常数 A_1、A_2、λ_1、λ_2 求得的 $n_\infty \approx 5.73$ 的值与实验值吻合得很好。

7.14 (1) 等离子体的折射率(在忽略碰撞的情况下)近似地由下式给出(见 7.6 节):

$$n^2 = 1 - \frac{\omega_P^2}{\omega^2}$$

① 引自文献[7.9];测量是由帕邢(Paschen)作出的。

式中，

$$\omega_P = \left(\frac{Nq^2}{m\varepsilon_0}\right)^{1/2} \approx 56.414\mathrm{N}^{1/2}/\mathrm{s}$$

称为等离子体频率。在电离层中，N_0 的极大值为 $10^{10}\sim10^{12}$ 个电子/m^3。计算等离子体频率。注意，在高频时，$n^2\approx1$，因此，高频波(如电视频段使用的电波)不会被电离层反射。另外，对于低频波，折射率为虚数(像一个导体，见 24.8 节)，并且波束会被反射。这一事实被用来进行远距离的无线电通信(见图 3.27)。

(2) 假设当 $x\approx200\mathrm{km}$ 时，$N=10^{12}$ 个电子/m^3，并且在 $x\approx300\mathrm{km}$ 的地方，电子密度增加到 2×10^{12} 个电子/m^3。当 $x<300\mathrm{km}$ 时，电子密度减小。假设 N 的变化是抛物线型，画出相应的折射率变化曲线。

[**答案**：当 $2\times10^5\mathrm{m}<x<4\times10^5\mathrm{m}$ 时，

$$n^2(x)\approx1-\frac{6.4\times10^{15}}{\omega^2}[1-5\times10^{-11}(x-3\times10^5)^2],$$

其中，ω 以 s^{-1} 为单位，x 以 m 为单位。]

第8章 傅里叶级数及其应用

黎曼(在他 1867 年发表的一篇文章中)称，傅里叶于 1807 年在他向法国皇家科学院提交的第一篇论文中，提出完全任意的一个函数可以表示为一个这样的级数，该级数项可以非常明确地确定。他的这一论断使拉格朗日大为吃惊，以致他拒绝承认傅里叶给出的这些级数项成立的可能性。还应该指出，傅里叶第一个提出了任意函数可以在不同的区间内用不同的解析表达式表示。

——H.A.卡斯劳(1930 年)

学习目标

学过本章后，读者应该学会：

目标 1：解释一个周期性函数如何表示成傅里叶级数。

目标 2：应用傅里叶级数分析弹拨弦上的横向振动。

目标 3：应用傅里叶级数分析阻尼受迫振动。

目标 4：利用傅里叶积分定义一个函数的傅里叶变换。

8.1 引言 目标 1

傅里叶级数和傅里叶积分大量应用于振动和波的理论中。因此，本章将讨论傅里叶级数和傅里叶积分。在本章中得到的结果会应用到后续章节中。依照傅里叶定理，任何周期性的振动都可以表示为一系列正弦函数与余弦函数之和，而且这些正弦函数与余弦函数的频率均是按照自然数的比率增加的。因此，一个周期为 T 的周期函数，即

$$f(t+nT)=f(t),\quad n=0,\pm1,\pm2,\cdots \tag{8.1}$$

可以被展开成如下形式：

$$\begin{aligned} f(t)&=\frac{1}{2}a_0+\sum_{n=1}^{\infty}a_n\cos\left(\frac{2n\pi}{T}t\right)+\sum_{n=1}^{\infty}b_n\sin\left(\frac{2n\pi}{T}t\right)\\ &=\frac{1}{2}a_0+\sum_{n=1}^{\infty}a_n\cos(n\omega t)+\sum_{n=1}^{\infty}b_n\sin(n\omega t) \end{aligned} \tag{8.2}$$

式中，

$$\omega=\frac{2\pi}{T} \tag{8.3}$$

代表基频。事实上，为了使这种展开成为可能，函数 $f(t)$ 必须满足一些特定的条件。这些条件要求函数 $f(t)$ 在一个周期中(即在间隔 $t_0<t<t_0+T$ 内)必须满足：①单值；②分段连续(可以最多有有限个非无穷大的不连续点)；③具有有限个极大值和极小值。这些条件

就是狄里赫利条件，而我们遇到的大部分物理问题均满足这一条件。

利用三角函数的性质，可以很容易地确定展开系数 a_n 和 b_n：

$$\int_{t_0}^{t_0+T} \cos n\omega t \cos m\omega t \, \mathrm{d}t = \begin{cases} 0, & m \neq n \\ T/2, & m = n \end{cases} \tag{8.4}$$

$$\int_{t_0}^{t_0+T} \sin n\omega t \sin m\omega t \, \mathrm{d}t = \begin{cases} 0, & m \neq n \\ T/2, & m = n \end{cases} \tag{8.5}$$

$$\int_{t_0}^{t_0+T} \sin n\omega t \cos m\omega t \, \mathrm{d}t = 0 \tag{8.6}$$

上面公式的推导很简单，例如，当 $m=n$ 时

$$\int_{t_0}^{t_0+T} \cos n\omega t \cos m\omega t \, \mathrm{d}t = \int_{t_0}^{t_0+T} \cos^2 n\omega t \, \mathrm{d}t = \frac{1}{2}\int_{t_0}^{t_0+T} (1+\cos 2n\omega t) \, \mathrm{d}t = \frac{T}{2}$$

类似地，当 $m \neq n$ 时

$$\begin{aligned} \int_{t_0}^{t_0+T} \cos n\omega t \cos m\omega t \, \mathrm{d}t &= \frac{1}{2}\int_{t_0}^{t_0+T} [\cos(n-m)\omega t + \cos(n+m)\omega t] \mathrm{d}t \\ &= \frac{1}{2}\left[\frac{1}{(n-m)\omega}\sin(n-m)\omega t + \frac{1}{(n+m)\omega}\sin(n+m)\omega t\right]_{t_0}^{t_0+T} = 0 \end{aligned}$$

为了确定系数 a_n 和 b_n，首先把式(8.2)乘以 $\mathrm{d}t$ 并积分，积分范围为 $t_0 \sim t_0+T$：

$$\int_{t_0}^{t_0+T} f(t) \mathrm{d}t = \frac{1}{2}a_0 \int_{t_0}^{t_0+T} \mathrm{d}t + \sum_{n=1}^{\infty} a_n \int_{t_0}^{t_0+T} \cos n\omega t \, \mathrm{d}t + \sum_{n=1}^{\infty} b_n \int_{t_0}^{t_0+T} \sin n\omega t \, \mathrm{d}t = \frac{T}{2}a_0$$

这里用到了式(8.4)与式(8.6)，并令 $m=0$。由此，有

$$a_0 = \frac{2}{T}\int_{t_0}^{t_0+T} f(t) \mathrm{d}t \tag{8.7}$$

然后，把式(8.2)乘以 $\cos(m\omega t)\mathrm{d}t$ 并积分，积分范围为 $t_0 \sim t_0+T$：

$$\begin{aligned} &\int_{t_0}^{t_0+T} f(t)\cos(m\omega t) \mathrm{d}t \\ &= \frac{1}{2}a_0 \int_{t_0}^{t_0+T} \cos(m\omega t) \mathrm{d}t + \sum_{n=1}^{\infty} a_n \int_{t_0}^{t_0+T} \cos(m\omega t)\cos(n\omega t) \mathrm{d}t + \sum_{n=1}^{\infty} b_n \int_{t_0}^{t_0+T} \cos(m\omega t)\sin(n\omega t) \mathrm{d}t \\ &= \frac{T}{2}a_m \end{aligned}$$

这里用到了式(8.4)与式(8.6)。将上式与式(8.7)联立，得到

$$a_n = \frac{2}{T}\int_{t_0}^{t_0+T} f(t)\cos n\omega t \, \mathrm{d}t, \quad n=0,1,2,3,\cdots \tag{8.8}$$

类似地，有

$$b_n = \frac{2}{T}\int_{t_0}^{t_0+T} f(t)\sin n\omega t \, \mathrm{d}t, \quad n=0,1,2,3,\cdots \tag{8.9}$$

应该指出，上面 t_0 的取值是任意的。在一些问题中，如下选取是方便的：

$$t_0 = -T/2$$

由此

$$a_n = \frac{2}{T}\int_{-T/2}^{+T/2} f(t)\cos n\omega t \, \mathrm{d}t, \quad n=0,1,2,3,\cdots$$

$$b_n = \frac{2}{T}\int_{-T/2}^{+T/2} f(t)\sin n\omega t \, \mathrm{d}t, \quad n=0,1,2,3,\cdots$$

当函数为偶函数(即 $f(t)=f(-t)$)或奇函数(即 $f(t)=-f(-t)$)时,这样的选取特别方便。对于偶函数,有 $b_n=0$;对于奇函数,有 $a_n=0$。而在有些问题中,选择 $t_0=0$ 是方便的。

例 8.1 考虑一个周期函数

$$\begin{cases} f(t)=t, & -\tau < t < +\tau \\ f(t+n\tau)=f(t), & \text{其他} \end{cases} \tag{8.10}$$

(见图 8.1)。这样的函数称为锯齿函数。这个例子要将这个函数展开为傅里叶级数。由于 $f(t)$为 t 的奇函数,则有 $a_n=0$,并且

$$b_n=\frac{2}{T}\int_{-\tau}^{+\tau} f(t)\sin(n\omega t)\,\mathrm{d}t=\frac{2}{\tau}\int_0^{\tau} t\sin(n\omega t)\,\mathrm{d}t$$

应注意函数周期为 2τ,因而 $\omega=\pi/\tau$。积分可得

$$b_n=\frac{2}{\tau}\left[-\frac{t}{n\omega}\cos n\omega t+\frac{1}{n\omega}\left(\frac{1}{n\omega}\sin n\omega t\right)\right]_0^{\tau}=-\frac{2\tau}{n\pi}\cos n\pi=(-1)^{n+1}\frac{2\tau}{n\pi} \tag{8.11}$$

因此

$$f(t)=\frac{2\tau}{\pi}\sum_{n=1,2,\cdots}\frac{(-1)^{n+1}}{n}\sin n\omega t=\frac{2\tau}{\pi}\left(\sin\omega t-\frac{1}{2}\sin 2\omega t+\frac{1}{3}\sin 3\omega t-\cdots\right) \tag{8.12}$$

在图 8.1 中,同样画出了前几个部分级数项的和:

$$S_1=\frac{2\tau}{\pi}\sin\omega t$$

$$S_2=\frac{2\tau}{\pi}\left(\sin\omega t-\frac{1}{2}\sin 2\omega t\right)$$

$$S_2=\frac{2\tau}{\pi}\left(\sin\omega t-\frac{1}{2}\sin 2\omega t+\frac{1}{3}\sin 3\omega t\right)$$

从图中可以看出,随着 n 的增加,S_n 越来越接近 $f(t)$。

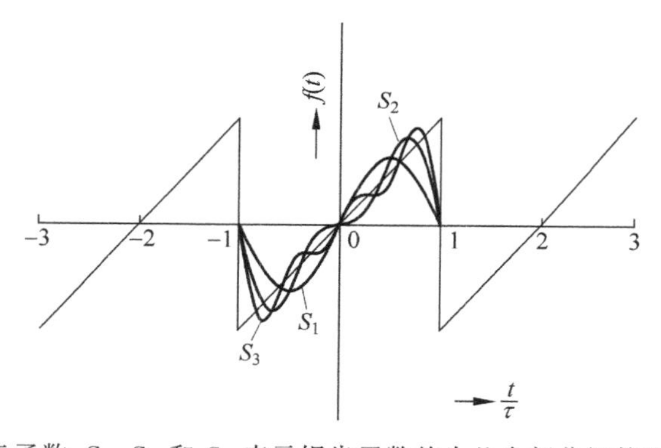

图 8.1 锯齿函数,S_1、S_2 和 S_3 表示锯齿函数的头几个部分级数项的叠加结果

例 8.2 本例将把下面的函数作傅里叶展开:

$$f(t)=\begin{cases} -A, & -\frac{T}{2}<t<0 \\ +A, & 0<t<t+\frac{T}{2} \end{cases} \tag{8.13}$$

以及

$$f(t+T)=f(t)$$

这个函数图形如图 8.2 所示。可见，这个函数为奇函数，则有 $a_n=0$，并且

$$b_n=\frac{2}{T}2\int_0^{T/2}A\sin(n\omega t)\mathrm{d}t=\frac{4A}{T}\frac{1}{n\omega}[-\cos n\omega t]_0^{T/2}=\frac{2A}{n\pi}(1-\cos n\omega t)=\frac{2A}{n\pi}[1-(-1)^n]$$

则

$$f(t)=\frac{2A}{\pi}\sum_{n=1,2,3,\cdots}\frac{1}{n}[1-(-1)^n]\sin n\omega t=\frac{4A}{\pi}\left(\sin\omega t+\frac{1}{3}\sin 3\omega t+\frac{1}{5}\sin 5\omega t+\cdots\right)$$

其前几个部分级数项的和为

$$S_1=\frac{4A}{\pi}\sin\omega t$$

$$S_2=\frac{4A}{\pi}\left(\sin\omega t+\frac{1}{3}\sin 3\omega t\right)$$

$$S_3=\frac{4A}{\pi}\left(\sin\omega t+\frac{1}{3}\sin 3\omega t+\frac{1}{5}\sin 5\omega t\right)$$

同样如图 8.2 所示。

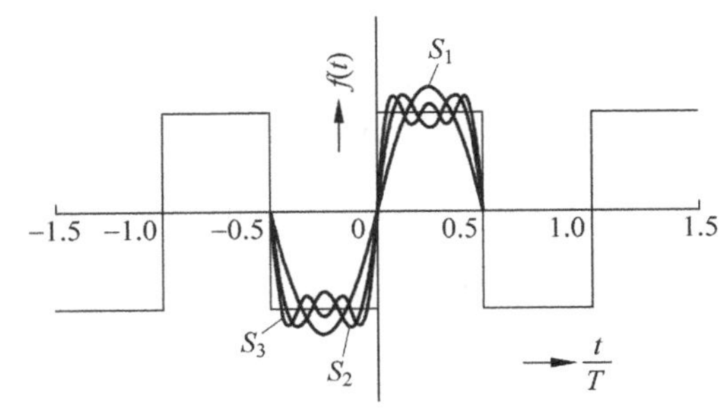

图 8.2 由式(8.13)定义的周期性阶跃函数，S_1、S_2 和 S_3 表示锯齿函数的前几个部分级数项的叠加结果

8.2 弹拨弦上的横向振动 目标 2

傅里叶级数的一种很有趣的应用是研究一个弹拨弦上的横向振动。

考虑一个拉紧的弦，A、B 两端固定。选 A 端为原点。设当弦位于平衡位置时，弦与 x 轴重合(见图 8.3)。线上的一点被向上拉离平衡位置 d 的距离时，弦的形状如图 8.3 中的虚线所示。若这个位移出现在距离起始点为 a 的位置，则描述弦的形状的公式为

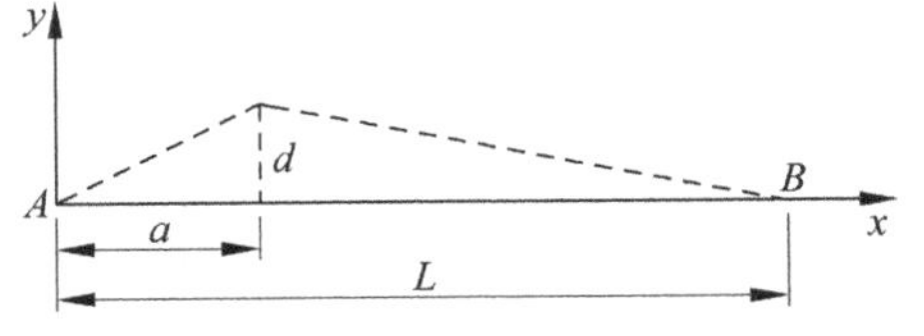

图 8.3 弹拨弦。直线 AB 表示平衡位置，虚线表示 $t=0$ 时刻的各个位移的位置

$$y=\begin{cases}\dfrac{d}{a}x, & 0<x<a\\[2ex] \dfrac{d}{L-a}(L-x), & a<x<L\end{cases}\tag{8.14}$$

式中，L 为弦的长度。若弦在 $t=0$ 时刻被放开，希望确定随后任意时刻弦的形状。

在11.6节中将会证明,位移 $y(x,t)$ 满足下面的波动方程:

$$\frac{\partial^2 y}{\partial x^2}=\frac{1}{v^2}\frac{\partial^2 y}{\partial t^2} \tag{8.15}$$

式中,$v(=\sqrt{T/\rho})$ 为横波的速度,T 为弦上的张力,ρ 为单位长度的质量。在下列边界条件下求解式(8.15):

(1) 在任意时刻 t,在 $x=0$ 以及 $x=L$ 处 $y=0$。 (8.16)

(2) 在 $t=0$ 时刻,

① 对所有的 x 值,有

$$\frac{\partial y}{\partial t}=0 \tag{8.17}$$

②

$$y(x,t=0)=\begin{cases}\dfrac{d}{a}x, & 0<x<a\\ \dfrac{d}{L-a}(L-x), & a<x<L\end{cases} \tag{8.18}$$

假设解与时间相关的部分具有 $\cos\omega t$ 的形式(或 $\sin\omega t$ 的形式):

$$y(x,t)=X(x)\cos\omega t$$

得到

$$\frac{\mathrm{d}^2 X}{\mathrm{d}x^2}=-\frac{\omega^2}{v^2}X(x)$$

或者

$$\frac{\mathrm{d}^2 X}{\mathrm{d}x^2}+k^2X(x)=0 \tag{8.19}$$

式中,

$$k=\frac{\omega}{v} \tag{8.20}$$

式(8.19)的解非常简单[①]:

$$X(x)=A\sin kx+B\cos kx \tag{8.21}$$

---

① 严格来讲,应该用分离变量法。因此假设

$$y(x,t)=X(x)T(t)$$

其中 $X(x)$ 只是 x 的函数,$T(t)$ 只是 t 的函数。将解代入式(8.15),得到

$$\frac{1}{X(x)}\frac{\mathrm{d}^2X}{\mathrm{d}x^2}=\frac{1}{v^2}\frac{1}{T(t)}\frac{\mathrm{d}^2T}{\mathrm{d}t^2}=-k^2$$

既然 $X(x)$ 只是 x 的函数,$T(t)$ 只是 t 的函数,上面的项必然为一个常数,令其为 $-k^2$。因此有

$$\frac{\mathrm{d}^2T}{\mathrm{d}t^2}+\omega^2T(t)=0$$

和

$$\frac{\mathrm{d}^2X}{\mathrm{d}x^2}+k^2X(x)=0$$

其中,

$$\omega=kv$$

因此

$$y(x,t)=(A\sin kx+B\cos kx)(C\cos\omega t+D\sin\omega t)$$

由条件

$$y(x,t)\big|_{x=0}=0,\quad \text{对任意时刻 } t$$

得到 $B=0$,并且

$$y(x,t)=\sin kx(C\cos\omega t+D\sin\omega t)$$

式中,将 A 归并入了 C 和 D。又因为对任意时刻 t,有

$$y(x,t)\big|_{x=L}=0$$

可以得到

$$\sin kL=0$$

或者

$$kL=n\pi,\quad n=1,2,3,\cdots \tag{8.22}$$

因此,k(进而 ω)必须取离散值,这些值为

$$k_n=\frac{n\pi}{L},\quad n=1,2,\cdots \tag{8.23}$$

以及

$$\omega_n=\frac{n\pi v}{L},\quad n=1,2,\cdots \tag{8.24}$$

式(8.24)给出了弦振动在不同模式下的频率。最低频率($n=1$)对应的模式称为基模。

因此,方程(8.15)的满足边界条件(8.16)的解可以写作

$$y(x,t)=\sum_{n=1,2,3,\cdots}\sin k_n x(C_n\cos\omega_n t+D_n\sin\omega_n t) \tag{8.25}$$

对 t 求偏微商,得到

$$\frac{\partial y}{\partial t}\bigg|_{t=0}=\sum_n \sin k_n x(-\omega_n C_n\sin\omega_n t+\omega_n D_n\cos\omega_n t)\bigg|_{t=0}=\sum_n \omega_n D_n\sin k_n x \tag{8.26}$$

既然对任意 x,有

$$\frac{\partial y}{\partial t}\bigg|_{t=0}=0$$

可以得到,对所有 n,有

$$D_n=0$$

因此

$$y(x,t)=\sum_n C_n\sin k_n x\cos\omega_n t \tag{8.27}$$

或者

$$y(x,0)=\sum_n C_n\sin\left(\frac{n\pi}{L}x\right) \tag{8.28}$$

上面的公式在本质上是一个傅里叶级数。为了确定傅里叶系数 C_n,将式(8.28)的两边乘以 $\sin\left(\frac{m\pi}{L}x\right)\mathrm{d}x$ 并积分,积分范围为 $0\sim L$,得到

$$C_m=\frac{2}{L}\int_0^L y(x,0)\sin\left(\frac{m\pi}{L}x\right)\mathrm{d}x \tag{8.29}$$

其中用到了

$$\int_0^L \sin\frac{n\pi x}{L}\sin\frac{m\pi x}{L}\mathrm{d}x=\begin{cases}0, & m\neq n\\ L/2, & m=n\end{cases} \tag{8.30}$$

(参看式(8.5))。将式(8.18)的初条件 $y(x,0)$ 代入式(8.29),可以得到

$$C_n=\frac{2}{L}\left[\frac{d}{a}\int_0^a x\sin\left(\frac{n\pi x}{L}\right)\mathrm{d}x+\frac{d}{L-a}\int_a^L(L-x)\sin\left(\frac{n\pi x}{L}\right)\mathrm{d}x\right]=\frac{2dL^2}{a(L-a)\pi^2n^2}\sin\left(\frac{n\pi}{L}a\right)$$

代入式(8.27),最终得到

$$y(x,t)=\frac{2dL^2}{a(L-a)\pi^2}\sum_{n=1,2,3,\cdots}\frac{1}{n^2}\sin\left(\frac{n\pi}{L}a\right)\sin\left(\frac{n\pi}{L}x\right)\cos\left(\frac{n\pi v}{L}t\right) \tag{8.31}$$

式(8.31)可用来确定任意时刻弦的形状。如果弦是在中心位置被拨动的($a=L/2$),$n=2,4,6,\cdots$的项为零(即偶谐振项不存在),此时式(8.31)简化为

$$y(x,t)=\frac{8d}{\pi^2}\sum_m(-1)^{m+1}\frac{1}{(2m-1)^2}\sin\left[\frac{(2m-1)\pi}{L}x\right]\cos\left[\frac{(2m-1)\pi v}{L}t\right] \tag{8.32}$$

8.3 傅里叶级数在研究受迫振动中的应用 目标3

考虑阻尼振子的受迫振荡。描述其运动的方程可以写作

$$m\frac{\mathrm{d}^2y}{\mathrm{d}t^2}+\Gamma\frac{\mathrm{d}y}{\mathrm{d}t}+k_0y=F(t) \tag{8.33}$$

式中,Γ 为阻尼系数(见7.3节),F 为外界驱动力。在7.4节已经证明,当 $\Gamma>0$,并且

$$F(t)=F_0\cos(pt+\theta) \tag{8.34}$$

时,方程(8.33)的稳态解是与驱动力相同的频率的简谐振动形式。当驱动力 $F(t)$ 不是正弦或余弦函数时,方程(8.33)的一般解很难求得。然而,如果驱动力为周期函数,我们可以应用傅里叶定理来获得方程(8.33)的解。例如,令

$$F(t)=\alpha t,\quad -\tau<t<\tau \tag{8.35}$$

$$F(t+2n\tau)=f(t),\quad n=1,2,\cdots$$

这样,函数的傅里叶级数在例8.1中已经讨论过,其形式为

$$F(t)=\sum_n F_n\sin n\omega t=\frac{2\alpha\tau}{\pi}\left[\sum_{n=1,2,\cdots}\frac{(-1)^{n+1}}{n}\sin n\omega t\right] \tag{8.36}$$

考虑下面微分方程的解:

$$m\frac{\mathrm{d}^2y_n}{\mathrm{d}t^2}+\Gamma\frac{\mathrm{d}y_n}{\mathrm{d}t}+k_0y_n=F_n\sin n\omega t$$

或者

$$\frac{\mathrm{d}^2y_n}{\mathrm{d}t^2}+K\frac{\mathrm{d}y_n}{\mathrm{d}t}+\omega_0^2y_n=A_n\sin n\omega t \tag{8.37}$$

其中,

$$K\equiv\frac{\Gamma}{m},\quad \omega_0^2\equiv\frac{k_0}{m}$$

$$A_n=\frac{F_n}{m}=\frac{(-1)^{n+1}}{n}\frac{2\alpha\tau}{\pi m} \tag{8.38}$$

则方程(8.37)的稳态解将具有如下形式：

$$y_n = C_n \sin n\omega t + D_n \cos n\omega t$$

同时，方程(8.33)的解将具有如下形式：

$$y = \sum_n y_n \tag{8.39}$$

为了确定系数 C_n 和 D_n，将上面得到的解代入方程(8.37)，可以得到

$$-n^2\omega^2(C_n \sin n\omega t + D_n \cos n\omega t) + n\omega K(C_n \cos n\omega t - D_n \sin n\omega t) + \omega_0^2(C_n \sin n\omega t + D_n \cos n\omega t) = A_n \sin n\omega t$$

由此

$$\begin{cases}(\omega_0^2 - n^2\omega^2)C_n - n\omega K D_n = A_n \\ (\omega_0^2 - n^2\omega^2)D_n - n\omega K C_n = 0\end{cases} \tag{8.40}$$

求解方程组(8.40)，得到

$$D_n = -\frac{n\omega K}{(\omega_0^2 - n^2\omega^2)^2 + n^2\omega^2 K^2} A_n$$

$$C_n = \frac{\omega_0^2 - n^2\omega^2}{(\omega_0^2 - n^2\omega^2)^2 + n^2\omega^2 K^2} A_n$$

因此，稳态解可以写作如下形式：

$$y = \sum_n G_n \sin(n\omega t + \theta_n) \tag{8.41}$$

式中的振幅为

$$G_n = (C_n^2 + D_n^2)^{1/2} = \frac{A_n}{[(\omega_0^2 - n^2\omega^2)^2 + n^2\omega^2 K^2]^{1/2}} \tag{8.42}$$

8.4 傅里叶积分 目标4

在8.1节中，已经证明了一个周期函数可以展开为下面的形式：

$$f(t) = \frac{1}{2}a_0 + \sum_{n=1}^{\infty}(a_n \cos n\omega t + b_n \sin n\omega t) \tag{8.43}$$

其中，

$$a_n = \frac{2}{T}\int_{t_0}^{t_0+T} f(t)\cos n\omega t \,\mathrm{d}t, \quad n = 0,1,2,3,\cdots \tag{8.44}$$

$$b_n = \frac{2}{T}\int_{t_0}^{t_0+T} f(t)\sin n\omega t \,\mathrm{d}t, \quad n = 0,1,2,3,\cdots \tag{8.45}$$

$$T = \frac{2\pi}{\omega} \tag{8.46}$$

将上面的 a_n、b_n 的表达式代入式(8.43)，可以得到(要将式(8.44)、式(8.45)中的 t 用 t' 代替)

$$f(t) = \frac{1}{T}\int_{-T/2}^{+T/2} f(t')\mathrm{d}t' + \sum_{n=1}^{\infty}\left[\frac{2}{T}\cos n\omega t\int_{-T/2}^{+T/2} f(t')\cos n\omega t'\mathrm{d}t' + \frac{2}{T}\sin n\omega t\int_{-T/2}^{+T/2} f(t')\sin n\omega t'\mathrm{d}t'\right] \tag{8.47}$$

或者

$$f(t)=\frac{1}{2\pi}\Delta s\int_{-\pi/\Delta s}^{+\pi/\Delta s}f(t')\mathrm{d}t'+\sum_{n=1}^{\infty}\frac{\Delta s}{\pi}\int_{-\pi/\Delta s}^{+\pi/\Delta s}\cos[n\Delta s(t-t')]f(t')\mathrm{d}t' \tag{8.48}$$

式中，

$$\Delta s\equiv\frac{2\pi}{T}=\omega$$

令 $T\to\infty$，以致 $\Delta s\to 0$；需注意的是，当 $T\to\infty$ 时，函数就不再是周期函数。由此，如果积分

$$\int_{-\infty}^{+\infty}|f(t')|\mathrm{d}t'$$

存在(亦即，它具有有限值)，则在式(8.48)等号右边的第一项将趋于零。另外，因为

$$\int_0^{\infty}F(s)\mathrm{d}s=\lim_{\Delta s\to 0}\sum_{n=1}^{\infty}F(n\Delta s)\Delta s \tag{8.49}$$

有

$$f(t)=\frac{1}{\pi}\int_0^{\infty}\left[\int_{-\infty}^{+\infty}f(t')\cos[s(t-t')]\mathrm{d}t'\right]\mathrm{d}s \tag{8.50}$$

式(8.50)称为傅里叶积分。因为积分内部的余弦函数是 s 的偶函数，则可以将其写作

$$f(t)=\frac{1}{2\pi}\int_{-\infty}^{+\infty}\left[\int_{-\infty}^{+\infty}f(t')\cos[s(t-t')]\mathrm{d}t'\right]\mathrm{d}s \tag{8.51}$$

另外，因为 $\sin[s(t-t')]$ 为 s 的奇函数，则

$$\frac{\mathrm{i}}{2\pi}\int_{-\infty}^{+\infty}\left[\int_{-\infty}^{+\infty}f(t')\sin[s(t-t')]\mathrm{d}t'\right]\mathrm{d}s=0 \tag{8.52}$$

如果将上面两式相加(或相减)，可以得到

$$f(t)=\frac{1}{2\pi}\int_{-\infty}^{+\infty}\int_{-\infty}^{+\infty}f(t')\mathrm{e}^{\pm\mathrm{i}\omega(t-t')}\mathrm{d}t'\mathrm{d}\omega \tag{8.53}$$

式中用 ω 代替了 s。式(8.53)通常称作傅里叶积分定理。因此，如果

$$F(\omega)\equiv\frac{1}{\sqrt{2\pi}}\int_{-\infty}^{+\infty}f(t)\mathrm{e}^{\pm\mathrm{i}\omega t}\mathrm{d}t \tag{8.54}$$

则

$$f(t)\equiv\frac{1}{\sqrt{2\pi}}\int_{-\infty}^{+\infty}F(\omega)\mathrm{e}^{\pm\mathrm{i}\omega t}\mathrm{d}\omega \tag{8.55}$$

函数 $F(\omega)$ 称作 $f(t)$ 的傅里叶变换。对于一个与时间相关的函数 $f(t)$，通常称 $F(\omega)$ 为其频谱。式(8.54)与式(8.55)也可写成如下形式：

$$F(\omega)=\frac{1}{2\pi}\int_{-\infty}^{+\infty}f(t)\mathrm{e}^{-\mathrm{i}\omega t}\mathrm{d}t \tag{8.56}$$

$$f(t)=\int_{-\infty}^{+\infty}F(\omega)\mathrm{e}^{\mathrm{i}\omega t}\mathrm{d}\omega \tag{8.57}$$

还可以写出

$$G(k)=\frac{1}{2\pi}\int_{-\infty}^{+\infty}f(x)\mathrm{e}^{-\mathrm{i}kx}\mathrm{d}x \tag{8.58}$$

反过来

$$f(x)=\int_{-\infty}^{+\infty}G(k)\mathrm{e}^{\mathrm{i}kx}\mathrm{d}k \tag{8.59}$$

式中，k 称为空间频率，这是一个广泛用于傅里叶光学中的概念(见第 19 章)。

在第 9 章中，将引入狄拉克 δ 函数并重新推导式(8.54)～式(8.59)，而后用一些例子来说明傅里叶变换的物理意义及其应用。在第 10 章中，将应用傅里叶变换来学习光脉冲在色散和非线性介质中的传播。

小　　结

- 一个周期为 T 的周期函数，即

$$f(t+nT)=f(t), \quad n=0,\pm 1,\pm 2,\cdots$$

可以展开为如下形式：

$$\begin{aligned} f(t) &= \frac{1}{2}a_0 + \sum_{n=1}^{\infty} a_n \cos\left(\frac{2n\pi}{T}t\right) + \sum_{n=1}^{\infty} b_n \sin\left(\frac{2n\pi}{T}t\right) \\ &= \frac{1}{2}a_0 + \sum_{n=1}^{\infty} a_n \cos(n\omega t) + \sum_{n=1}^{\infty} b_n \sin(n\omega t) \end{aligned}$$

式中，

$$\omega = \frac{2\pi}{T}$$

代表基频。上面的无穷级数称为傅里叶级数，其中的系数 a_n、b_n 为

$$a_n = \frac{2}{T}\int_{t_0}^{t_0+T} f(t)\cos n\omega t\,\mathrm{d}t, \quad n=0,1,2,3,\cdots$$

$$b_n = \frac{2}{T}\int_{t_0}^{t_0+T} f(t)\sin n\omega t\,\mathrm{d}t, \quad n=0,1,2,3,\cdots$$

- 弹拨弦上横向振动和受迫振动可以应用傅里叶级数来研究。
- 对于一个随时间变化的函数 $f(t)$，其傅里叶变换的定义为

$$F(\omega) \equiv \frac{1}{2\pi}\int_{-\infty}^{+\infty} f(t)\mathrm{e}^{\pm \mathrm{i}\omega t}\,\mathrm{d}t$$

则

$$f(t) = \int_{-\infty}^{+\infty} F(\omega)\mathrm{e}^{\mp \mathrm{i}\omega t}\,\mathrm{d}\omega$$

- 傅里叶积分由下式给出：

$$f(t) = \frac{1}{2\pi}\int_{-\infty}^{+\infty}\left[\int_{-\infty}^{+\infty} f(t')\cos[s(t-t')]\,\mathrm{d}t'\right]\mathrm{d}s$$

习　　题

8.1　考虑一个有如下形式的周期力：

$$F(t) = \begin{cases} F_0 \sin\omega t, & 0 < t < T/2 \\ 0, & T/2 < t < T \end{cases}$$

且有

$$F(t+T) = F(t)$$

其中,

$$\omega=\frac{2\pi}{T}$$

证明

$$F(t)=\frac{1}{\pi}F_0+\frac{1}{2}F_0\sin\omega t-\frac{2}{\pi}F_0\left(\frac{1}{3}\cos 2\omega t+\frac{1}{15}\cos 4\omega t+\cdots\right)$$

人们用上式表示半波整流器的周期性电压,则全波整流器的傅里叶展开式是什么?

8.2 在量子力学理论中,描述自由粒子的一维薛定谔方程的解为

$$\Psi(x,t)=\frac{1}{\sqrt{2\pi\hbar}}\int_{-\infty}^{+\infty}a(p)\mathrm{e}^{\frac{\mathrm{i}}{\hbar}\left(px-\frac{p^2}{2m}t\right)}\mathrm{d}p$$

式中,p 为质量为 m 粒子的动量。

证明

$$a(p)=\frac{1}{\sqrt{2\pi\hbar}}\int_{-\infty}^{+\infty}\Psi(x,0)\mathrm{e}^{-\frac{\mathrm{i}}{\hbar}px}\mathrm{d}x$$

8.3 接习题8.2,如果设

$$\Psi(x,0)=\frac{1}{(\pi\sigma^2)^{1/4}}\exp\left[-\frac{x^2}{2\sigma^2}\right]\exp\left[\frac{\mathrm{i}}{\hbar}p_0x\right]$$

则证明

$$a(p)=\left(\frac{\sigma^2}{\pi\hbar^2}\right)^{1/4}\exp\left[-\frac{\sigma^2}{2\hbar^2}(p-p_0)^2\right]$$

并证明

$$\int_{-\infty}^{+\infty}|\Psi(x,0)|^2\mathrm{d}x=1=\int_{-\infty}^{+\infty}|a(p)|^2\mathrm{d}p$$

实际上,式中的 $|\Psi(x,0)|^2\mathrm{d}x$ 表示发现粒子位于 $x\sim x+\mathrm{d}x$ 的概率,$|a(p)|^2\mathrm{d}p$ 为发现粒子的动量位于 $p\sim p+\mathrm{d}p$ 的概率。据此,我们将得到不确定性原理

$$\Delta x\Delta p\sim\hbar$$

第9章 狄拉克 δ 函数和傅里叶变换

严格来讲，$\delta(x)$并不是一个以 x 为自变量的具有通常意义的函数，但它可以视作某些函数序列的极限。尽管如此，人们可以像通常意义的函数那样使用 $\delta(x)$。特别地，人们用它来解决量子力学问题，而不会带来不正确的结果。人们同样可以使用 $\delta(x)$的各阶微商，即 $\delta'(x)$、$\delta''(x)$、…。这些函数比 $\delta(x)$更加不连续，而且更不具有"通常意义"。

——P.A.M.狄拉克，《量子动力学的物理解释》，
伦敦皇家学会会议录(A)，1926，113: 621-641

学习目标

学过本章后，读者应该学会：
目标 1：会写出狄拉克 δ 函数的不同表示。
目标 2：用分布函数来描述狄拉克 δ 函数。
目标 3：陈述傅里叶积分定理的满足条件。
目标 4：分析多维的傅里叶变换形式。

9.1 引言

狄拉克 δ 函数可以用下面的公式来定义：

$$\delta(x-a)=0, \quad x\neq a \tag{9.1}$$

$$\int_{a-\alpha}^{a+\beta}\delta(x-a)\mathrm{d}x=1 \tag{9.2}$$

式中，α、$\beta>0$。因此 δ 函数在 $x=a$ 处没有有限值，然而其曲线下的面积为 1。对于一个在 $x=a$ 点连续的任意函数，有

$$\int_{a-\alpha}^{a+\beta}f(x)\delta(x-a)\mathrm{d}x=f(a)\int_{a-\alpha}^{a+\beta}\delta(x-a)\mathrm{d}x=f(a) \tag{9.3}$$

容易看出，若 x 具有长度的量纲，则 $\delta(x-a)$将具有长度倒数的量纲。类似地，若 x 具有时间的量纲，则 $\delta(x-a)$将具有时间倒数的量纲。

9.2 狄拉克 δ 函数的表示　　目标 1

狄拉克 δ 函数具有很多种表示形式，但是最简单的表示形式是由如下矩形函数 $R_\sigma(x)$的极限定义的：

$$R_\sigma(x)=\begin{cases}\dfrac{1}{2\sigma}, & a-\sigma<x<a+\sigma\\ 0, & |x-a|>\sigma\end{cases} \tag{9.4}$$

图9.1中画出了σ取不同值时的矩形函数的形式。

$$\int_{-\infty}^{+\infty}R_\sigma(x)\mathrm{d}x=\frac{1}{2\sigma}\int_{a-\sigma}^{a+\sigma}\mathrm{d}x=1\quad(与\ \sigma\ 的值无关)$$

当$\sigma\to0$时，矩形函数变得越来越接近陡峭的尖峰形状，但其下面覆盖的面积保持为1不变。在$\sigma\to0$的极限下，矩形函数$R_\sigma(x)$具有狄拉克δ函数的所有性质，可以写成

$$\delta(x-a)=\lim_{\sigma\to0}R_\sigma(x)$$

此时有

$$\int_{-\infty}^{+\infty}f(x)R_\sigma(x)\mathrm{d}x=\frac{1}{2\sigma}\int_{a-\sigma}^{a+\sigma}f(x)\mathrm{d}x \tag{9.5}$$

假设函数$f(x)$在$x=a$点连续，因此，当$\sigma\to0$时，在无限小的间隔$a-\sigma<x<a+\sigma$内，$f(x)$可以看作常数$(=f(a))$并提到积分号外。因此

$$\int_{-\infty}^{+\infty}f(x)\delta(x-a)\mathrm{d}x=\lim_{\sigma\to0}\int_{-\infty}^{+\infty}f(x)R_\sigma(x)\mathrm{d}x=\lim_{\sigma\to0}\frac{1}{2\sigma}f(a)\int_{a-\sigma}^{a+\sigma}\mathrm{d}x=f(a)$$

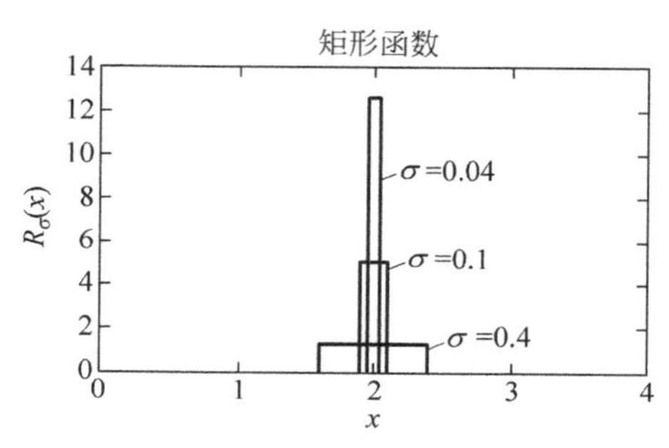

图9.1　$a=2,\sigma=0.4,\sigma=0.1,\sigma=0.04$时的矩形函数$R_\sigma(x)$。每个矩形函数所包围的面积均为1，当$\sigma\to0$时，矩形函数$R_\sigma(x)$具有狄拉克$\delta$函数的所有性质

9.3　狄拉克δ函数的积分表示

狄拉克δ函数的一种十分重要的表示形式是下面的积分形式：

$$\delta(x-a)=\frac{1}{2\pi}\int_{-\infty}^{+\infty}\mathrm{e}^{\pm\mathrm{i}k(x-a)}\mathrm{d}k \tag{9.6}$$

为了证明式(9.6)，首先注意到

$$\frac{1}{2\pi}\int_{-\infty}^{+\infty}\mathrm{e}^{\pm\mathrm{i}k(x-a)}\mathrm{d}k=\frac{\sin g(x-a)}{\pi(x-a)} \tag{9.7}$$

在附录B中证明了

$$\int_{-\infty}^{+\infty}\frac{\sin gx}{\pi x}\mathrm{d}x=1,\quad g>0 \tag{9.8}$$

g为大于零的任意值。另外，有

$$\lim_{x\to0}\frac{\sin gx}{x}=g$$

因此，对比较大的 g 值，函数

$$\frac{\sin g(x-a)}{\pi(x-a)}$$

在 $x=a$ 附近非常尖峰化(见图 9.2，也可见图 17.16)，并且不论 g 为何值，其曲线下覆盖的面积总为 1；因此，在 $g\to\infty$ 时，该函数具有 δ 函数的全部性质，可以写成

$$\delta(x-a)=\lim_{g\to\infty}\frac{\sin g(x-a)}{\pi(x-a)}=\lim_{g\to\infty}\frac{1}{2\pi}\int_{-g}^{+g}\mathrm{e}^{\pm ik(x-a)}\,\mathrm{d}k \tag{9.9}$$

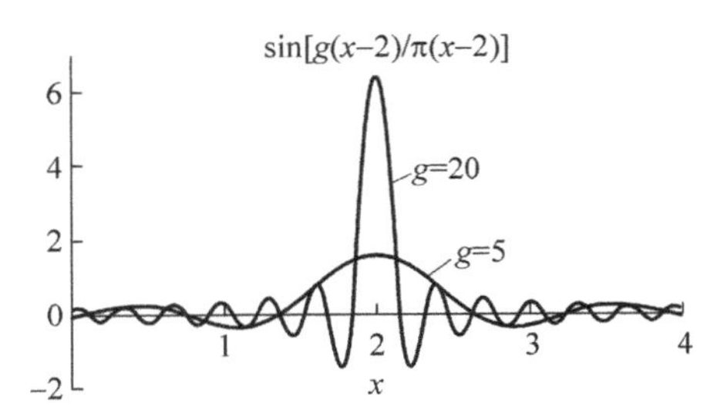

图 9.2　$a=2$ 且 $g=5,20$ 时，函数 $\frac{\sin g(x-a)}{\pi(x-a)}$ 的图形。任一情况下，曲线下覆盖的面积为 1。在 $g\to\infty$ 的极限条件下，在 $x=a$ 处，其函数极其尖峰化，此时该函数具有狄拉克 δ 函数的全部性质

9.4　作为分布函数的 δ 函数　　目标 2

δ 函数其实是一个分布函数。为了理解这一点，首先考虑麦克斯韦分布函数

$$N(E)\mathrm{d}E=N_0\frac{2}{\sqrt{\pi}}\frac{1}{(kT)^{3/2}}E^{1/2}\mathrm{e}^{-\frac{E}{kT}}\mathrm{d}E \tag{9.10}$$

式中，k 为玻尔兹曼常数，T 为热力学温度，m 为每个分子的质量；$N(E)\mathrm{d}E$ 表示能量位于 $E\sim E+\mathrm{d}E$ 区间内的分子数，总分子数为 N_0。

$$\int_0^\infty N(E)\mathrm{d}E=N_0\frac{2}{\sqrt{\pi}}\frac{1}{(kT)^{3/2}}\int_0^\infty E^{1/2}\mathrm{e}^{-E/(kT)}\mathrm{d}E=N_0\frac{2}{\sqrt{\pi}}\int_0^\infty x^{\frac{1}{2}}\mathrm{e}^{-x}\mathrm{d}x$$

式中，$x=E/(kT)$。其中积分的值 $\Gamma\left(\frac{3}{2}\right)=\frac{1}{2}\sqrt{\pi}$①。因此

$$\int_0^\infty N(E)\mathrm{d}E=N_0$$

应该注意到，N_0 仅是一个数，所以 $N(E)$ 应该具有能量倒数的量纲。显然，如果问有多少分子具有准确的能量 E_1，答案也许是零。这就是分布的特性。另外，除了式(9.10)那样的分布以外，如果确实有 N_1 个分子都具有相同的能量 E_1，则其分布函数可以写成

$$N(E)=N_0\frac{2}{\sqrt{\pi}}\frac{1}{(kT)^{3/2}}E^{1/2}\mathrm{e}^{-\frac{E}{kT}}+N_1\delta(E-E_1) \tag{9.11}$$

式中，$\delta(E-E_1)$ 代表狄拉克 δ 函数，其量纲为能量的倒数。

---

① 参阅附录 A 对伽马函数的定义，$\Gamma(z)=\int_0^{+\infty}x^{z-1}\mathrm{e}^{-x}\mathrm{d}x$。——译者注

9.5 傅里叶积分定理 目标3

在前面的章节中,推导了下面的狄拉克 δ 函数积分表示式:

$$\delta(x-x')=\frac{1}{2\pi}\int_{-\infty}^{+\infty}\mathrm{e}^{\pm\mathrm{i}k(x-x')}\mathrm{d}k \tag{9.12}$$

因为

$$f(x)=\int_{-\infty}^{+\infty}\delta(x-x')f(x')\mathrm{d}x' \tag{9.13}$$

可以有

$$f(x)=\frac{1}{2\pi}\int_{-\infty}^{+\infty}\int_{-\infty}^{+\infty}\mathrm{e}^{\pm\mathrm{i}k(x-x')}f(x')\mathrm{d}x'\mathrm{d}k \tag{9.14}$$

因此,如果定义

$$F(k)=\frac{1}{\sqrt{2\pi}}\int_{-\infty}^{+\infty}f(x)\mathrm{e}^{-\mathrm{i}kx}\mathrm{d}x \tag{9.15}$$

则

$$f(x)=\frac{1}{\sqrt{2\pi}}\int_{-\infty}^{+\infty}F(k)\mathrm{e}^{\mathrm{i}kx}\mathrm{d}k \tag{9.16}$$

函数 $F(k)$称为 $f(x)$的傅里叶变换,式(9.16)表明,可以由傅里叶变换函数反过来计算原函数。当下列条件满足时,式(9.14)就构成了傅里叶积分定理(见第8章的参考文献[8.4],文献[8.5]):

(1) 对于实变量 $x(-\infty<x<\infty)$,函数 $f(x)$必须为单值函数,但是可以有有限个数的有限大(非无穷大)不连续点;

(2) 积分 $\int_{-\infty}^{+\infty}|f(x)|\mathrm{d}x$ 必须存在。

由式(9.14)可以看出,在式(9.15)和式(9.16)中,没有任何理由说明因子 $\mathrm{e}^{\mathrm{i}kx}$ 与 $\mathrm{e}^{-\mathrm{i}kx}$ 不可以互换,即也可以定义

$$F(k)=\frac{1}{\sqrt{2\pi}}\int_{-\infty}^{+\infty}f(x)\mathrm{e}^{\mathrm{i}kx}\mathrm{d}x \tag{9.17}$$

$$f(k)=\frac{1}{\sqrt{2\pi}}\int_{-\infty}^{+\infty}F(x)\mathrm{e}^{-\mathrm{i}kx}\mathrm{d}x \tag{9.18}$$

然而,为统一起见,在后面的讨论中,我们还是使用式(9.15)和式(9.16)的定义。

例 9.1 考虑一个高斯函数

$$f(x)=A\exp\left(-\frac{x^2}{2\sigma^2}\right) \tag{9.19}$$

其傅里叶变换可以写作

$$F(k)=\frac{A}{\sqrt{2\pi}}\int_{-\infty}^{+\infty}\mathrm{e}^{-x^2/(2\sigma^2)}\mathrm{e}^{-\mathrm{i}kx}\mathrm{d}x$$

或

$$F(k)=A\sigma\exp\left(-\frac{1}{2}k^2\sigma^2\right) \tag{9.20}$$

其中应用了如下积分结果(参见附录 A)：

$$\int_{-\infty}^{+\infty}\mathrm{e}^{-\alpha x^2+\beta x}\,\mathrm{d}x=\sqrt{\frac{\pi}{\alpha}}\exp\left(\frac{\beta^2}{4\alpha}\right),\quad \mathrm{Re}\,\alpha>0 \tag{9.21}$$

从式(9.20)可以看出，函数 $F(k)$ 也是高斯型。因此，可以得出结论：高斯函数的傅里叶变换还是高斯函数。也可以注意到，如果式(9.19)的高斯函数的空间宽度为(见图 9.3(a))

$$\Delta x\sim\sigma$$

其傅里叶变换 $F(k)$ 的宽度为(见图 9.3(b))

$$\Delta k\sim\frac{1}{\sigma} \tag{9.22}$$

因此

$$\Delta x\Delta k\sim 1 \tag{9.23}$$

上式是傅里叶变换对的一般性质。

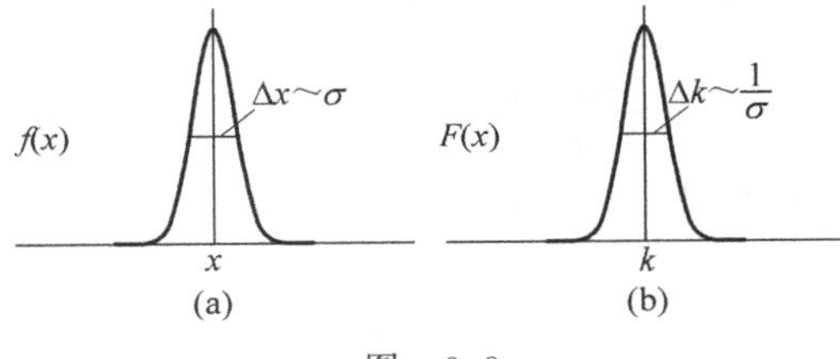

图　9.3

(a) 由式(9.19)给出的高斯函数 $f(x)$；(b) 高斯函数的傅里叶变换在 k 空间中仍然是高斯函数(见式(9.20))

例 9.2　计算矩形函数的傅里叶变换

$$f(x)=\mathrm{rect}\left(\frac{x}{a}\right)=\begin{cases}1, & |x|<\frac{1}{2}a\\ 0, & |x|>\frac{1}{2}a\end{cases} \tag{9.24}$$

其傅里叶变换为(见图 9.4)

$$F(k)=\frac{1}{\sqrt{2\pi}}\int_{-a/2}^{a/2}\mathrm{e}^{-\mathrm{i}kx}\,\mathrm{d}x$$

$$F(k)=\sqrt{\frac{2}{\pi}}\,\frac{\sin(ka/2)}{k} \tag{9.25}$$

再次注意到，矩形函数的宽度为 $\Delta x=a$，而其傅里叶变换的宽度为

$$\Delta k\sim\frac{\pi}{a}$$

给出 $\Delta x\Delta k\sim 1$(数量级一致)。式(9.25)可以写成

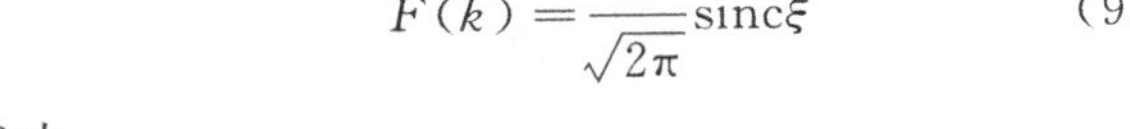

$$F(k)=\frac{a}{\sqrt{2\pi}}\mathrm{sinc}\xi \tag{9.26}$$

式中，

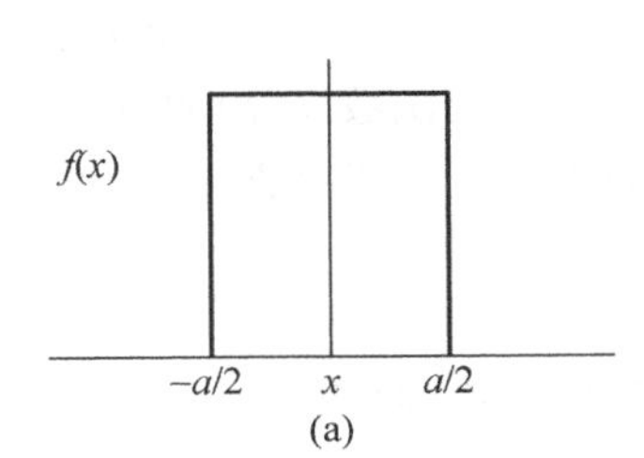

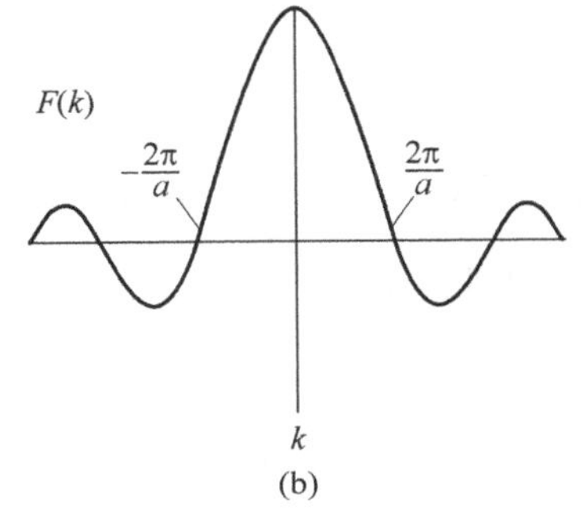

图　9.4

(a) 矩形函数；(b) 矩形函数的傅里叶变换

$$\xi \equiv \frac{ka}{2} \tag{9.27}$$

并且

$$\operatorname{sinc}(x) \equiv \frac{\sin x}{x} \tag{9.28}$$

称为 sinc 函数。应用式(9.16)可以得出

$$\operatorname{rect}\left(\frac{x}{a}\right)=\frac{1}{\sqrt{2\pi}}\int_{-\infty}^{+\infty}\frac{a}{\sqrt{2\pi}}\operatorname{sinc}\xi\,\mathrm{e}^{\mathrm{i}kx}\,\mathrm{d}k$$

或

$$\operatorname{rect}\left(\frac{X}{2}\right)=\sqrt{\frac{2}{\pi}}\left[\frac{1}{\sqrt{2\pi}}\int_{-\infty}^{+\infty}\operatorname{sinc}\xi\,\mathrm{e}^{\mathrm{i}\xi X}\,\mathrm{d}\xi\right] \tag{9.29}$$

其中，

$$X \equiv \frac{x}{a/2} \tag{9.30}$$

因此，sinc 函数的傅里叶变换即为$\sqrt{\pi/2}$倍的矩形函数：

$$F\left(\frac{\sin x}{x}\right)=\sqrt{\frac{\pi}{2}}\operatorname{rect}\left(\frac{k}{2}\right) \tag{9.31}$$

对于一随时间变化的函数，可以将其傅里叶变换写作(参见8.4节)

$$F[f(t)]=F(\omega)=\frac{1}{\sqrt{2\pi}}\int_{-\infty}^{+\infty}f(t)\,\mathrm{e}^{\pm\mathrm{i}\omega t}\,\mathrm{d}t \tag{9.32}$$

其反变换可以写作

$$f(t)=\frac{1}{\sqrt{2\pi}}\int_{-\infty}^{+\infty}F(\omega)\,\mathrm{e}^{\mp\mathrm{i}\omega t}\,\mathrm{d}\omega \tag{9.33}$$

上面的两式除了将 x 和 k 替换为 t 和 ω 外，与式(9.15)和式(9.16)没有区别。函数 $F(\omega)$ 一般视作时间函数 $f(t)$ 的频谱。

例 9.3 考虑高斯函数的傅里叶变换(见图9.5)

$$f(t)=A\exp\left(-\frac{t^2}{t_0^2}\right) \tag{9.34}$$

其傅里叶变换为(应用式(9.32))

$$F(\omega)=\frac{A}{\sqrt{2\pi}}\int_{-\infty}^{\infty}\exp\left(-\frac{t^2}{t_0^2}\right)\mathrm{e}^{-\mathrm{i}\omega t}\,\mathrm{d}t=\frac{At_0}{\sqrt{2}}\exp\left(-\frac{\omega^2 t_0^2}{4}\right) \tag{9.35}$$

其中应用了式(9.21)中的积分。函数 $F(\omega)$(式(9.35))也画在了图9.5中。将 $f(t)$ 的半高全宽(full width at half maximum，FWHM)用 Δt 表示；因此，在 $t=\pm\frac{1}{2}\Delta t$ 处，函数 $f(t)$ 的值为其峰值的1/2：

$$\frac{1}{2}A=A\exp\left[-\frac{(\Delta t)^2}{4t_0^2}\right]$$

因此

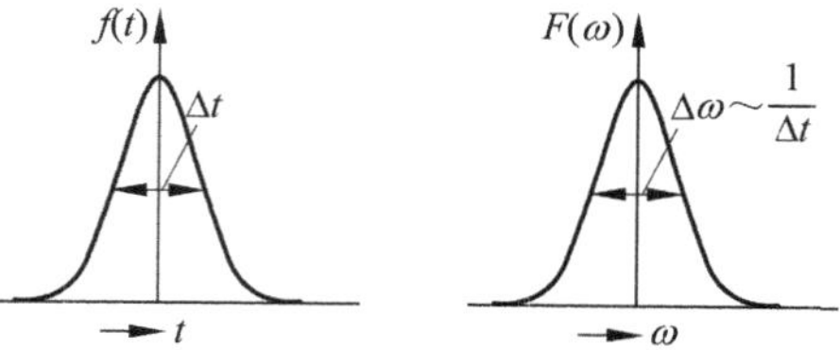

图9.5 时域的高斯函数，其傅里叶变换到频域也是高斯函数

$$\Delta t = 2\sqrt{\ln 2}\, t_0 \approx 1.67 t_0$$

类似地,若定义 $\Delta\omega$ 为 $F(\omega)$ 的 FWHM(见图 9.5),则

$$\Delta\omega = \frac{4\sqrt{\ln 2}}{t_0} \approx \frac{3.34}{t_0} \tag{9.36}$$

由此可知,若一个时间函数 $f(t)$ 的时间宽度为 Δt,则其傅里叶变换 $F(\omega)$ 的谱宽为

$$\Delta\omega \sim \frac{1}{\Delta t} \tag{9.37}$$

这给出了不确定关系(参见例 10.4 以及 17.6 节)

$$\Delta\omega\Delta t \sim 1 \tag{9.38}$$

上式与前面证明的关系 $\Delta x\Delta k \sim 1$ 是类似的。

9.6 二维和三维傅里叶变换 目标 4

可以将 9.4 节中的分析推广到二维或三维情况。例如,函数 $f(x,y)$ 的二维傅里叶变换定义为

$$F(u,v) = \frac{1}{2\pi}\int_{-\infty}^{+\infty}\int_{-\infty}^{+\infty} f(x,y)\,\mathrm{e}^{\pm\mathrm{i}(ux+vy)}\,\mathrm{d}x\,\mathrm{d}y \tag{9.39}$$

式中,u 和 v 称为空间频率。其傅里叶反变换为

$$f(x,y) = \frac{1}{2\pi}\int_{-\infty}^{+\infty}\int_{-\infty}^{+\infty} F(u,v)\,\mathrm{e}^{\mp\mathrm{i}(ux+vy)}\,\mathrm{d}u\,\mathrm{d}v \tag{9.40}$$

在 19.9 节将应用到式(9.39)和式(9.40)。类似地,可以定义三维的傅里叶变换

$$F(u,v,w) = \frac{1}{(2\pi)^{3/2}}\int_{-\infty}^{+\infty}\int_{-\infty}^{+\infty}\int_{-\infty}^{+\infty} f(x,y,z)\,\mathrm{e}^{\pm\mathrm{i}(ux+vy+wz)}\,\mathrm{d}x\,\mathrm{d}y\,\mathrm{d}z \tag{9.41}$$

其傅里叶反变换为

$$f(x,y,z) = \frac{1}{(2\pi)^{3/2}}\int_{-\infty}^{+\infty}\int_{-\infty}^{+\infty}\int_{-\infty}^{+\infty} F(u,v,w)\,\mathrm{e}^{\mp\mathrm{i}(ux+vy+wz)}\,\mathrm{d}u\,\mathrm{d}v\,\mathrm{d}w \tag{9.42}$$

卷积定理

两个函数 $f(x)$ 和 $g(x)$ 的卷积定义为

$$f(x) * g(x) = \int_{-\infty}^{+\infty} f(x')g(x-x')\,\mathrm{d}x' = g(x) * f(x) \tag{9.43}$$

卷积具有十分重要的性质:两个函数卷积的傅里叶变换是其各自傅里叶变换乘积的 $\sqrt{2\pi}$ 倍。

上面性质可以作如下证明:

$$\begin{aligned} F[f(x) * g(x)] &= \frac{1}{\sqrt{2\pi}}\int_{-\infty}^{\infty}\mathrm{d}x\,\mathrm{e}^{-\mathrm{i}kx}\left[\int_{-\infty}^{+\infty}\mathrm{d}x' f(x')g(x-x')\right] \\ &= \sqrt{2\pi}\left[\frac{1}{\sqrt{2\pi}}\int_{-\infty}^{+\infty}\mathrm{d}x' f(x')\mathrm{e}^{-\mathrm{i}kx'}\right]\left[\frac{1}{\sqrt{2\pi}}\int_{-\infty}^{+\infty}\mathrm{d}x\, g(x-x')\mathrm{e}^{-\mathrm{i}k(x-x')}\right] \end{aligned} \tag{9.44}$$

在第二个括号中,如果用 ξ 替换 $x-x'$,得到

$$F[f(x) * g(x)] = \sqrt{2\pi} F(k) G(k)$$

式中,$F(k)$和$G(k)$分别为$f(x)$和$g(x)$的傅里叶变换。卷积也可以用来得到两个函数乘积的傅里叶变换

$$\begin{aligned}
F[f(x)g(x)] &= \frac{1}{\sqrt{2\pi}}\int_{-\infty}^{+\infty} f(x)g(x)\mathrm{e}^{-\mathrm{i}kx}\mathrm{d}x \\
&= \frac{1}{\sqrt{2\pi}}\int_{-\infty}^{+\infty} \mathrm{d}x g(x)\mathrm{e}^{-\mathrm{i}kx}\left[\frac{1}{\sqrt{2\pi}}\int_{-\infty}^{+\infty} F(k')\mathrm{e}^{-\mathrm{i}k'x}\mathrm{d}k'\right] \\
&= \frac{1}{\sqrt{2\pi}}\int_{-\infty}^{+\infty} \mathrm{d}k' F(k')\left[\frac{1}{\sqrt{2\pi}}\int_{-\infty}^{+\infty} \mathrm{d}x g(x)\mathrm{e}^{-\mathrm{i}(k-k')x}\right] \\
&= \frac{1}{\sqrt{2\pi}}\int_{-\infty}^{+\infty} F(k')G(k-k')\mathrm{d}k'
\end{aligned}$$

因此

$$F[f(x)g(x)] = \frac{1}{\sqrt{2\pi}} F(k) * G(k)$$

上式的结果告诉我们,两个函数的乘积的傅里叶变换是其各自傅里叶变换进行卷积的$\frac{1}{\sqrt{2\pi}}$倍。

小　　结

- 狄拉克δ函数定义为

$$\delta(x-a) = 0, \quad x \neq a$$

对于在$x=a$点连续的函数$f(x)$,有

$$\int_{-\infty}^{+\infty} f(x)\delta(x-a)\mathrm{d}x = f(a)$$

- 在分子满足麦克斯韦分布的基础上,还有N_1个分子都具有相同的能量E_1时,其分布函数变为[①]

$$N(E) = N_0 \frac{2}{\sqrt{\pi}} \frac{1}{(kT)^{3/2}} E^{1/2} \mathrm{e}^{-\frac{E}{kT}} + N_1 \delta(E - E_1)$$

- 对于一个时间函数$f(t)$,其傅里叶变换为

$$F(\omega) = \frac{1}{\sqrt{2\pi}}\int_{-\infty}^{+\infty} f(t)\mathrm{e}^{\pm\mathrm{i}\omega t}\mathrm{d}t$$

其反变换为

$$f(t) = \frac{1}{\sqrt{2\pi}}\int_{-\infty}^{+\infty} F(\omega)\mathrm{e}^{\mp\mathrm{i}\omega t}\mathrm{d}t$$

- 高斯函数

$$f(t) = A\exp\left(-\frac{t^2}{t_0^2}\right)$$

① 译者根据9.4节的内容,完善了这里的描述。——译者注

的傅里叶变换为

$$F(\omega)=\frac{At_0}{2\sqrt{\pi}}\mathrm{e}^{-\frac{\omega^2 t_0^2}{4}}$$

- 一般地，若一个函数在时域展宽为 Δt，则其傅里叶变换 $F(\omega)$ 的谱展宽为 $\Delta\omega\approx 1/\Delta t$。
- 函数 $f(x,y)$ 的二维傅里叶变换为

$$F(u,v)=\frac{1}{2\pi}\int_{-\infty}^{+\infty}\int_{-\infty}^{+\infty}f(x,y)\mathrm{e}^{\pm\mathrm{i}(ux+vy)}\mathrm{d}x\mathrm{d}y$$

式中，u 和 v 称为空间频率。其傅里叶反变换为

$$f(x,y)=\frac{1}{2\pi}\int_{-\infty}^{+\infty}\int_{-\infty}^{+\infty}F(u,v)\mathrm{e}^{\mp\mathrm{i}(ux+vy)}\mathrm{d}u\mathrm{d}v$$

- 两个函数 $f(x)$ 和 $g(x)$ 的卷积定义为

$$f(x)*g(x)=\int_{-\infty}^{+\infty}f(x')g(x-x')\mathrm{d}x'=g(x)*f(x)$$

两个函数卷积的傅里叶变换是其各自傅里叶变换乘积的 $\sqrt{2\pi}$ 倍。

$$F[f(x)*g(x)]=\sqrt{2\pi}F(k)G(k)$$

习　题

9.1 考虑高斯函数

$$G_\sigma(x)\equiv\frac{1}{\sigma\sqrt{2\pi}}\exp\left[-\frac{(x-a)^2}{2\sigma^2}\right],\quad \sigma>0$$

应用式(9.21)证明 $\int_{-\infty}^{\infty}G_\sigma(x)\mathrm{d}x=1$。画出 $a=2$，且 $\sigma=1.0,5.0,10.0$ 时的 $G_\sigma(x)$。并由此证明

$$\delta(x-a)=\lim_{\sigma\to 0}\frac{1}{\sigma\sqrt{2\pi}}\exp\left[-\frac{(x-a)^2}{2\sigma^2}\right]\tag{9.45}$$

为 δ 函数的高斯函数表示。

9.2 考虑如下定义的斜坡函数：

$$F_\sigma(x)=\begin{cases}0, & x<a-\sigma\\ \frac{1}{2\sigma}(x-a+\sigma), & |x-a|<\sigma\\ 1 & x>a+\sigma\end{cases}\tag{9.46}$$

证明

$$\frac{\mathrm{d}F_\sigma}{\mathrm{d}x}=R_\sigma(x)$$

式中，$R_\sigma(x)$ 为如式(9.4)定义的矩形函数。取极限 $\sigma\to 0$，证明 $\delta(x-a)=\frac{\mathrm{d}}{\mathrm{d}x}H(x-a)$，式中 $H(x-a)$ 为单位阶梯函数。由此得到重要的结论：若一个函数在 $x=a$ 处的不

连续的差值为 α，则其在 $x=a$ 处的导数为 $\alpha\delta(x-a)$。

9.3 考虑如下对称函数：

$$\psi(x)=A\exp(-K\mid x\mid)$$

证明

$$\psi''(x)=K^2\psi(x)-2AK\delta(x)$$

9.4 考虑函数 $f(t)=A\mathrm{e}^{-t^2/(2\tau^2)}\mathrm{e}^{\mathrm{i}\omega_0 t}$，计算其傅里叶变换 $F(\omega)=\frac{1}{\sqrt{2\pi}}\int_{-\infty}^{\infty}f(t)\mathrm{e}^{-\mathrm{i}\omega t}\mathrm{d}t$，并近似估算其 $\Delta\omega\Delta t$，而后应用 $F(\omega)$ 的表示形式评估一下 $f(t)$。

9.5 计算下列函数的傅里叶变换：

(1)

$$f(x)=\begin{cases}A\mathrm{e}^{\mathrm{i}k_0 x}, & \mid x\mid<L/2\\ 0, & \mid x\mid>L/2\end{cases}$$

(2)

$$f(x)=A\exp\left[-\frac{\mid x\mid}{L}\right]$$

对于上述每一个函数，分别从物理上估算 Δx 和 Δk。

9.6 证明两个高斯函数的卷积为另一个高斯函数：

$$\exp\left(-\frac{x^2}{a^2}\right)*\exp\left(-\frac{x^2}{b^2}\right)=ab\left(\frac{\pi}{a^2+b^2}\right)^{1/2}\exp\left(-\frac{x^2}{a^2+b^2}\right)$$

第10章 群速度和脉冲色散

对于一个理想的波，你无法说出它是从何时开始的，所以你不能用它作一个计时信号。为了传送信号，你不得不对这个波做某种改变，比如在其上面造成一个凹口，让它变得稍阔一点或者稍窄一点。这就意味着你必须让这个波的频谱中不只包含单一频率，而且可以证明，信号传输的速度不只取决于折射率，也取决于折射率随频率改变的方式。

——理查德·费恩曼，《费恩曼物理学讲义》，第一卷

学习目标

学过本章后，读者应该学会：

目标1：解释群速度的概念。

目标2：以高斯脉冲为例解释波包的群速度。

目标3：讨论色散脉冲的啁啾现象。

目标4：从频率的角度解释自相位调制效应。

重要的里程碑

1672年，艾萨克·牛顿向英国皇家学会报告了他关于阳光经过三棱镜后发生色散的观察。从这个实验中，牛顿总结出太阳光是由不同颜色的光组成的，玻璃对于这些不同颜色的光的折射程度不同。

10.1 引言

光源一开一关，就产生了一个脉冲。这个脉冲以所谓的群速度在介质中传播，本章将对群速度进行讨论。此外，还将讨论当脉冲在传播时产生畸变的情况[①]。研究光脉冲的畸变在很多领域都是很重要的课题，尤其是在光纤通信系统中具有非常重要的意义，我们将在第28章和第30章对其进行简单讨论。

10.2 群速度 目标1

考虑两个频率稍有不同的平面波（有相同的振幅 A）沿 $+z$ 方向传播，其频率分别为 $\omega+\Delta\omega$ 和 $\omega-\Delta\omega$：

① 本章涉及的波的相关知识将会在第11章进行讨论。也许读者可以先看第11章再学习本章。

$$\Psi_1(z,t)=A\cos[(\omega+\Delta\omega)t-(k+\Delta k)z] \tag{10.1}$$

$$\Psi_2(z,t)=A\cos[(\omega-\Delta\omega)t-(k-\Delta k)z] \tag{10.2}$$

其中,$k+\Delta k$ 和 $k-\Delta k$ 是与频率 $\omega+\Delta\omega$ 和 $\omega-\Delta\omega$ 相关联的波数。两个波的叠加由下式给出:

$$\Psi(z,t)=A\cos[(\omega+\Delta\omega)t-(k+\Delta k)z]+A\cos[(\omega-\Delta\omega)t-(k-\Delta k)z]$$

或者

$$\Psi(z,t)=2A\cos(\omega t-kz)\cos[(\Delta\omega)t-(\Delta k)z] \tag{10.3}$$

图10.1(a)显示当 $t=0$ 时 $\cos(\omega t-kz)$ 项的快速变化,其两个相邻波峰的间距是 $2\pi/k$。图10.1(b)显示 $t=0$ 时慢变包络项的变化,由 $\cos[(\Delta\omega)t-(\Delta k)z]$ 表示,其两个相邻波峰之间的距离是 $2\pi/\Delta k$。在图10.2(a)和(b)中,分别画出了 $t=0$ 和 $t=\Delta t$ 时的 $\Psi(z,t)$。

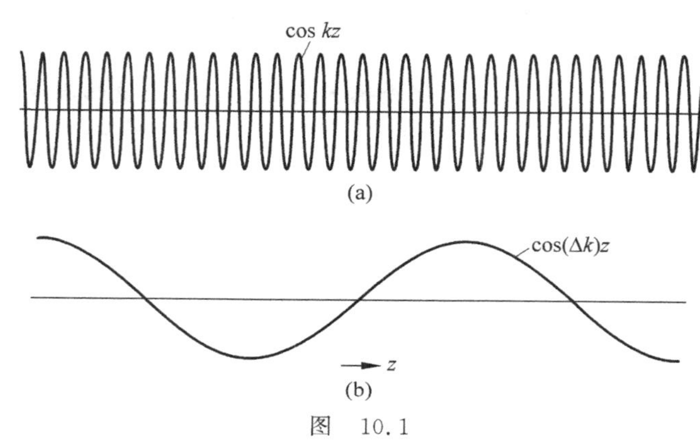

图 10.1

(a) 当 $t=0$ 时,$\cos(\omega t-kz)$项的快速变化,两个相邻波峰的间距是 $2\pi/k$;(b) 是 $t=0$ 时慢变包络的变化,由 $\cos[(\Delta\omega)t-(\Delta k)z]$表示,两个相邻波峰之间的距离是 $2\pi/\Delta k$

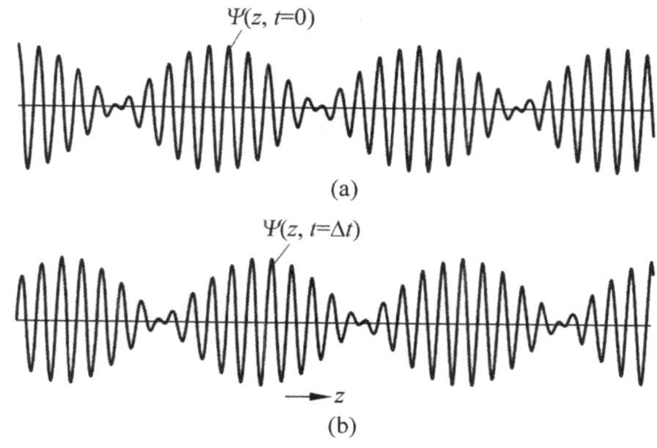

图10.2 (a)和(b)中分别画出了 $t=0$ 和 $t=\Delta t$ 时的 $\Psi(z,t)$。包络以群速度 $\Delta\omega/\Delta k$ 移动

显然,快变的第一项以下面的速度传输:

$$v_{\mathrm{p}}=\frac{\omega}{k} \tag{10.4}$$

而慢变包络(即式(10.3)中的第二项)以下面的速度传输:

$$v_{\mathrm{g}}=\frac{\Delta\omega}{\Delta k} \tag{10.5}$$

v_p 和 v_g 分别称为相速度和群速度。群速度是一个非常重要的概念，实际上，10.3 节将会严格论证一个时域脉冲将以下面形式的群速度传输：

$$v_g = \frac{1}{dk/d\omega} \tag{10.6}$$

在折射率为 $n(\omega)$ 的介质中

$$k(\omega) = \frac{\omega}{c} n(\omega) \tag{10.7}$$

因此

$$\frac{1}{v_g} = \frac{dk}{d\omega} = \frac{1}{c}\left[n(\omega) + \omega\frac{dn}{d\omega}\right] \tag{10.8}$$

在自由空间中，对于所有频率都满足 $n(\omega)=1$，因此

$$v_g = v_p = c \tag{10.9}$$

回到式(10.8)，我们习惯用自由空间中的波长 λ_0 为自变量。λ_0 与 ω 的关系由下式给出：

$$\omega = \frac{2\pi c}{\lambda_0} \tag{10.10}$$

因此

$$\frac{dn}{d\omega} = \frac{dn}{d\lambda_0}\frac{d\lambda_0}{d\omega} = -\frac{\lambda_0^2}{2\pi c}\frac{dn}{d\lambda_0} \tag{10.11}$$

或者

$$\frac{1}{v_g} = \frac{1}{c}\left[n(\lambda_0) - \lambda_0\frac{dn}{d\lambda_0}\right] \tag{10.12}$$

定义群折射率 n_g 为

$$n_g = \frac{c}{v_g} = n(\lambda_0) - \lambda_0\frac{dn}{d\lambda_0} \tag{10.13}$$

表 10.1 列出了纯二氧化硅关于自由空间波长 λ_0 的函数 $n(\lambda_0)$、$\frac{dn}{d\lambda_0}$ 和 $n_g(\lambda_0)$。图 10.3 画出了纯二氧化硅中群速度 v_g 随波长的变化。可以看到，群速度在 $\lambda_0 \approx 1.27\mu m$ 时达到了最大值。将在本章后面的章节(还有第 28 章)证明这个波长在光通信系统中有重要意义。

表 10.1　纯二氧化硅中的 n、n_g 和 D_m 的值[①]

$\lambda_0/\mu m$	$n(\lambda_0)$	$\frac{dn}{d\lambda_0}\Big/\mu m^{-1}$	$n_g(\lambda_0)$	$\frac{d^2n}{d\lambda_0^2}\Big/\mu m^{-2}$	$D_m/(ps/(km\cdot nm))$
0.70	1.45561	−0.02276	1.47154	0.0741	−172.9
0.75	1.45456	−0.01958	1.46924	0.0541	−135.3
0.80	1.45364	−0.01725159	1.46744	0.0400	−106.6
0.85	1.45282	−0.01552236	1.46601	0.0297	−84.2
0.90	1.45208	−0.01423535	1.46489	0.0221	−66.4
0.95	1.45139	−0.01327862	1.46401	0.0164	−51.9

① 表格里的数值都是根据文献[10.2]给出的折射率变化公式计算的(见习题 10.6)。

续表

$\lambda_0/\mu m$	$n(\lambda_0)$	$\frac{dn}{d\lambda_0}/\mu m^{-1}$	$n_g(\lambda_0)$	$\frac{d^2n}{d\lambda_0^2}/\mu m^{-2}$	$D_m/(ps/(km\cdot nm))$
1.00	1.45075	−0.01257282	1.46332	0.0120	−40.1
1.05	1.45013	−0.01206070	1.46279	0.0086	−30.1
1.10	1.44954	−0.01170022	1.46241	0.0059	−21.7
1.15	1.44896	−0.01146001	1.46214	0.0037	−14.5
1.20	1.44839	−0.01131637	1.46197	0.0020	−8.14
1.25	1.44783	−0.01125123	1.46189	0.00062	−2.58
1.30	1.44726	−0.01125037	1.46189	−0.00055	2.39
1.35	1.44670	−0.01130300	1.46196	−0.00153	6.87
1.40	1.44613	−0.01140040	1.46209	−0.00235	10.95
1.45	1.44556	−0.01153568	1.46229	−0.00305	14.72
1.50	1.44498	−0.01170333	1.46253	−0.00365	18.23
1.55	1.44439	−0.01189888	1.46283	−0.00416	21.52
1.60	1.44379	−0.01211873	1.46318	−0.00462	24.64

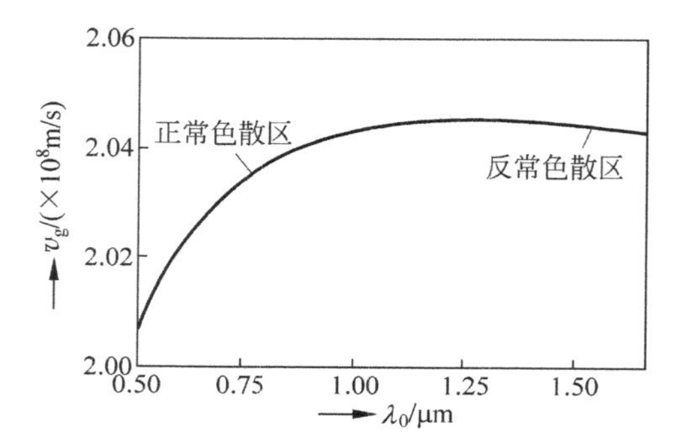

图 10.3 纯二氧化硅中群速度 v_g 随波长的变化

例 10.1 假定纯二氧化硅在波长范围 $0.5\mu m<\lambda_0<1.6\mu m$ 的折射率变化近似由下面的经验方程给出：

$$n(\lambda_0)\approx C_0-a\lambda_0^2+\frac{a}{\lambda_0^2} \tag{10.14}$$

其中，$C_0\approx 1.451$，$a\approx 0.003$，λ_0 以 μm 为单位。(习题 10.6 中有关于 $n(\lambda_0)$ 的更精确表达式。)通过简单的计算，有

$$n_g(\lambda_0)=C_0+a\lambda_0^2+\frac{3a}{\lambda_0^2} \tag{10.15}$$

那么，当 $\lambda_0=1\mu m$ 时，有

$$n(\lambda_0)\approx 1.451$$

$$n_g(\lambda_0)\approx 1.463$$

这说明群速度和相速度的值相差 0.8%。更精确的 $n(\lambda_0)$ 和 $n_g(\lambda_0)$ 值在表 10.1 中给出(是通过习题 10.6 中给出的方程计算得到的)。

使用表 10.1，发现在纯二氧化硅中，对于 $\lambda_0=0.80\mu m$，有

$$v_g = c/n_g = 2.0444 \times 10^8 \text{m/s}$$

但对于 $\lambda_0 = 0.85\mu\text{m}$，有

$$v_g = c/n_g = 2.0464 \times 10^8 \text{m/s}$$

这意味着波长更长（$\lambda_0 < 1.27\mu\text{m}$）的组分传播得更快；同样地，在 $\lambda_0 > 1.27\mu\text{m}$ 的范围，波长短的组分传播得更快。每个光源都有一定的波长延展，这种延展通常称为光源的频谱宽度。因此，一个白光源（如太阳光）有大约 3000Å 的谱宽；然而，一个发光二极管（light emitting diode，LED）的谱宽大约为 25nm，而一个工作在 1.3μm 附近的典型激光二极管（laser diode，LD）的谱宽大约为 2nm，这个谱宽常记为 $\Delta\lambda_0$。既然（一个脉冲的）每个波长组分将以稍稍不同的群速度传输，通常这会导致脉冲展宽。为了计算这个展宽量，把一个脉冲在色散介质中传输距离 L 所用的时间记为

$$\tau = \frac{L}{v_g} = \frac{L}{c}\left[n(\lambda_0) - \lambda_0 \frac{dn}{d\lambda_0}\right] \tag{10.16}$$

既然等式右边依赖于 λ_0，上式意味着不同的波长在色散介质中以不同的群速度走过特定的距离，那么脉冲展宽可以由下式给出：

$$\Delta\tau_m = \frac{d\tau}{d\lambda_0}\Delta\lambda_0 = -\frac{L\Delta\lambda_0}{\lambda_0 c}\left(\lambda_0^2 \frac{d^2 n}{d\lambda_0^2}\right) \tag{10.17}$$

物理量 $\Delta\tau_m$ 通常称为材料色散，因为它由介质的材料特性决定，用下标 m 表示。在式（10.17）中，括号中的量是无量纲的。实际上，在色散介质中传输了距离 L 后，脉冲的时域宽度 τ_0 会展宽成 τ_f，即

$$\tau_f^2 \approx \tau_0^2 + (\Delta\tau_m)^2 \tag{10.18}$$

10.3 节将会以高斯脉冲为例对此进行更明晰的证明。从式（10.17）中，可以看到脉冲的展宽与介质中传输距离 L 以及光源的谱宽 $\Delta\lambda_0$ 是成正比的。假定

$$\Delta\lambda_0 = 1\text{nm} = 10^{-9}\text{m}, \quad L = 1\text{km} = 1000\text{m}$$

并定义色散系数（参见 28.10.3 节）

$$D_m = \frac{\Delta\tau_m}{L\Delta\lambda_0} \approx -\frac{1}{3\lambda_0}\left(\lambda_0^2 \frac{d^2 n}{d\lambda_0^2}\right) \times 10^4 \text{ps/(km·nm)} \tag{10.19}$$

其中，λ_0 的单位是 μm，且假定 $c \approx 3 \times 10^8$m/s。D_m 通常称为材料色散系数（因为它源于介质的材料特性），并且用脚标 m 标识出来。当 D_m 为正时，称介质具有反常色散特征①，当 D_m 为负时，称介质具有正常色散特征。

---

① 描述材料色散特性的物理量有 $\gamma \equiv d^2k/d\omega^2$（见式（10.42））和 D_m，它们分别来源于在研究材料色散引起的时延展宽时用频率还是波长表示。其中，

$$\Delta\tau_m = \frac{d\tau_m}{d\omega}\Delta\omega = \frac{d}{d\omega}\left(\frac{L}{v_g}\right)\Delta\omega = L\frac{d^2k}{d\omega^2}\Delta\omega = L\gamma\Delta\omega, \quad \Delta\tau_m = \frac{d\tau}{d\lambda_0}\Delta\lambda_0 = LD_m\Delta\lambda_0$$

显然有关系

$$D_m = -\frac{2\pi c}{\lambda_0^2}\gamma$$

按照光纤通信正常的定义：当 $\gamma > 0$ 时（$D_m < 0$）称为正常色散（normal dispersion），当 $\gamma < 0$ 时（$D_m > 0$）称为反常色散（abnormal dispersion）。原书中以 D_m 的正负称为正色散（positive dispersion）和负色散（negtive dispersion）是不规范的，因此翻译时做了纠正。当然还要注意光纤通信中所谓的“色散”“正常色散”和“反常色散”与光学中的相应概念有差别（7.5 节）。——译者注

这里说明一下，脉冲的频谱宽度通常是基于光源的固有谱宽。对于典型的LED是25nm，而商用的LD是1～2nm。另外，对于一个准单色光源，固有谱宽是极小的，而且实际的脉冲谱宽则由其有限的持续时间决定(这种脉冲通常称为傅里叶变换极限脉冲[①])。那么，一个20ps(傅里叶变换极限的)脉冲的谱宽

$$\Delta\nu \approx \frac{1}{20\times10^{-12}}\mathrm{Hz} \approx 5\times10^{11}\mathrm{Hz}$$

意味着

$$\Delta\lambda_0 \approx \frac{\lambda_0^2\Delta\nu}{c} \approx 0.4\mathrm{nm}$$

可以看到，在$\lambda_0\approx1.27\mu\mathrm{m}$附近，有

$$\frac{\mathrm{d}^2 n}{\mathrm{d}\lambda_0^2} \approx 0$$

实际上，波长$\lambda_0\approx1270\mathrm{nm}$通常称为零材料色散波长，第二代和第三代光通信系统都是工作在$\lambda_0\approx1300\mathrm{nm}$附近的，正是由于在该波长为低材料色散；更详细的讨论将在28.10节和28.11节给出。

例10.2 在第一代光通信系统中，使用的是$\lambda_0\approx0.85\mu\mathrm{m}$和$\Delta\lambda_0\approx25\mathrm{nm}$的LED光源。因为对于$\lambda_0\approx0.85\mu\mathrm{m}$，有

$$\frac{\mathrm{d}^2 n}{\mathrm{d}\lambda_0^2} \approx 0.030\mu\mathrm{m}^{-2}$$

给出

$$D_{\mathrm{m}} \approx -85\mathrm{ps/(km\cdot nm)}$$

负号表示长波长比短波长传输快。这样，对于$\Delta\lambda_0\approx25\mathrm{nm}$，脉冲实际展宽为

$$\Delta\tau_{\mathrm{m}} \approx 2.1\mathrm{ns/km}$$ [②]

即脉冲在石英光纤中传输1km后会展宽2.1ns。

例10.3 在第四代光通信系统中使用的是$\lambda_0=1.55\mu\mathrm{m}$，$\Delta\lambda_0\approx2\mathrm{nm}$的激光源。对于$\lambda_0=1.55\mu\mathrm{m}$，有

$$\frac{\mathrm{d}^2 n}{\mathrm{d}\lambda_0^2} \approx -0.0042\mu\mathrm{m}^{-2}$$

给出

$$D_{\mathrm{m}} = +21.7\mathrm{ps/(km\cdot nm)}$$

正号表明长波长比短波长传播速度慢。(从表10.1中可以看出，对于波长$\lambda_0\geqslant1.27\mu\mathrm{m}$，$n_{\mathrm{g}}$随$\lambda_0$增大。)那么，对于$\Delta\lambda_0\approx2\mathrm{nm}$，脉冲实际展宽了

$$\Delta\tau_{\mathrm{m}} \approx 43\mathrm{ps/km}$$

即在石英光纤中传播1km后，脉冲展宽了43ps。

---

① 原书为Fourier Transformed pulse，实际上应为Fourier Transform Limited pulse。傅里叶变换极限脉冲意味着脉冲没有啁啾，这样的脉冲的持续时间与频谱宽度的乘积(时间带宽积)最小。只有傅里叶变换极限脉冲才有关系$\Delta t\Delta\nu\sim1$，而有啁啾的脉冲没有这种关系。——译者注

② 光纤通信一般定义时延或时延差均为走过单位距离所用的时间或时间差。显然原书式(10.16)和式(10.17)的时延展宽定义与这里有差别，这里的$\Delta\tau_{\mathrm{m}}$才是时延差。好在原书除了例题，正文部分还是自洽的。需要注意的例题还有例10.3、例28.14、例28.15。——译者注

10.3　波包的群速度　　目标 2

一个沿着 $+z$ 方向传播的一维平面波，其对应的(广义)位移可以写成下面这种形式：

$$E(z,t)=A\mathrm{e}^{\mathrm{i}(\omega t-kz)} \tag{10.20}$$

其中，A 代表波的振幅，而

$$k(\omega)=\frac{\omega}{c}n(\omega) \tag{10.21}$$

n 是介质的折射率。方程(10.20)描述的是以由下式给出的相速度 v_{p} 传播的单色波：

$$v_{\mathrm{p}}=\frac{\omega}{k}=\frac{c}{n} \tag{10.22}$$

在这里需要提及的是，一般地，A 可能是复数，如果将其写成

$$A=|A|\mathrm{e}^{\mathrm{i}\phi}$$

那么，式(10.20)则变成

$$E(z,t)=|A|\mathrm{e}^{\mathrm{i}(\omega t-kz+\phi)}$$

实际的(广义)位移是取 E 的实部，也就是由下式给出：

$$\text{实际电场强度}=\mathrm{Re}(E)=|A|\cos(\omega t-kz+\phi) \tag{10.23}$$

用式(10.20)表示的平面波实际上是不可能实现的，因为无论 z 取何值，(广义)位移对于 t 的取值范围都要求是有限的，例如，

$$E(z=0,t)=A\mathrm{e}^{+\mathrm{i}\omega t},\quad -\infty<t<+\infty \tag{10.24}$$

表示一个对所有时间都进行的正弦变化。在实际中，位移只在一段时间内是有限值，我们称之为波包。波包通常可以表示为不同频率的平面波的叠加：

$$E(z,t)=\int_{-\infty}^{+\infty}A(\omega)\mathrm{e}^{\mathrm{i}[\omega t-kz]}\mathrm{d}\omega \tag{10.25}$$

显然

$$E(z=0,t)=\int_{-\infty}^{+\infty}A(\omega)\mathrm{e}^{+\mathrm{i}\omega t}\mathrm{d}\omega \tag{10.26}$$

这样，$E(z=0,t)$就是 $A(\omega)$的傅里叶变换，使用前面章节的结果可以得到

$$A(\omega)=\frac{1}{2\pi}\int_{-\infty}^{+\infty}E(z=0,t)\mathrm{e}^{-\mathrm{i}\omega t}\mathrm{d}t \tag{10.27}$$

那么，如果已知 $E(z=0,t)$，就可以使用下面的方法求得 $E(z,t)$：先根据式(10.27)求出 $A(\omega)$，再将其代入式(10.25)，进行积分运算得到 $E(z,t)$。

例 10.4　高斯脉冲：以高斯脉冲为例，它可以写成

$$E(z=0,t)=E_0\mathrm{e}^{-\frac{t^2}{\tau_0^2}}\mathrm{e}^{+\mathrm{i}\omega_0 t} \tag{10.28}$$

将式(10.28)代入式(10.27)可以得到

$$A(\omega)=\frac{E_0}{2\pi}\int\mathrm{e}^{-\frac{t^2}{\tau_0^2}}\mathrm{e}^{-\mathrm{i}(\omega-\omega_0)t}\mathrm{d}t=\frac{E_0\tau_0}{2\sqrt{\pi}}\exp\left[-\frac{1}{4}(\omega-\omega_0)^2\tau_0^2\right] \tag{10.29}$$

其中用到了

$$\int_{-\infty}^{+\infty}\mathrm{e}^{-\alpha x^2+\beta x}\mathrm{d}x=\sqrt{\frac{\pi}{\alpha}}\mathrm{e}^{\beta^2/(4\alpha)} \tag{10.30}$$

(见附录A)。通常$A(\omega)$是复数,这样可以定义频谱密度为

$$S(\omega)=|A(\omega)|^2 \tag{10.31}$$

对于高斯脉冲

$$S(\omega)=\frac{E_0^2\tau_0^2}{4\pi}\exp\left[-\frac{1}{2}(\omega-\omega_0)^2\tau_0^2\right] \tag{10.32}$$

图10.4(a)画出了一个脉冲的函数

$$E_0 e^{-\frac{t^2}{\tau_0^2}}\cos(\omega_0 t)$$

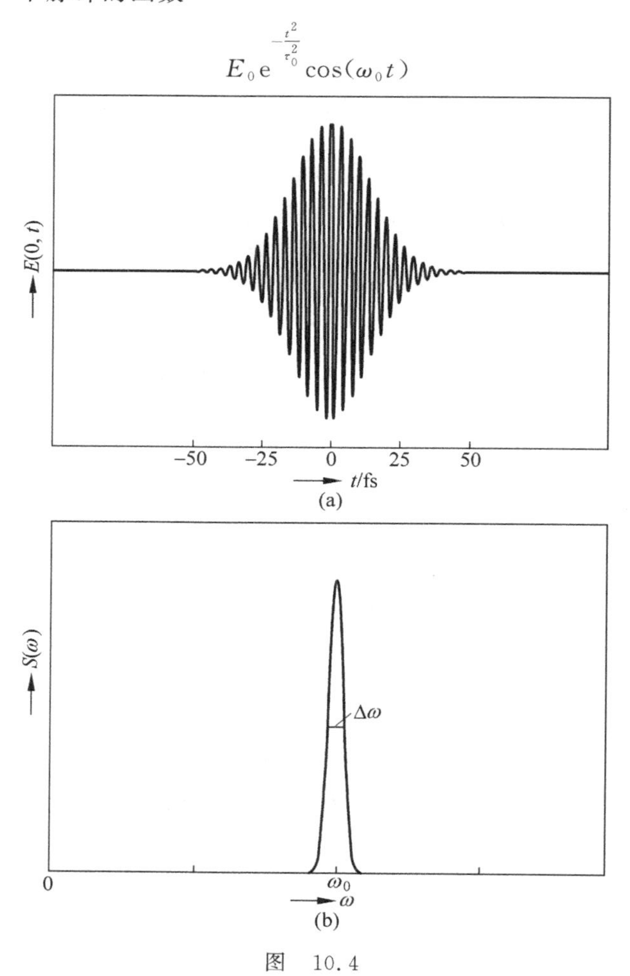

图 10.4

(a) $\lambda_0=1\mu$m 的 20fs($\tau_0=20\times10^{-15}$s)的高斯脉冲;(b) 相应的谱密度,$\omega=\omega_0$ 附近频谱通常十分尖锐

(该函数是式(10.28)的实部),该脉冲宽度为20fs($\tau_0=20\times10^{-15}$s),对应波长$\lambda_0=1\mu$m($\omega_0\approx6\pi\times10^{14}$Hz);图10.4(b)画出了对应的频谱密度函数$S(\omega)$。可以看到,$S(\omega)$是一个在$\omega=\omega_0$附近非常尖锐的峰函数。$S(\omega)$的半峰值全宽(FWHM)记为$\Delta\omega$,那么在

$$\omega=\omega_0\pm\frac{1}{2}\Delta\omega$$

处,$S(\omega)$取值为最大值的1/2;$\Delta\omega$的取值由下式给出:

$$\frac{1}{2}=\exp\left[-\frac{(\Delta\omega)^2\tau_0^2}{8}\right]$$

或者

$$\text{FWHM} = \Delta\omega = \frac{2\sqrt{2\ln 2}}{\tau_0} \approx \frac{2.35}{\tau_0} \tag{10.33}$$

这样，时域宽度为 20fs 的高斯脉冲的频率宽度 $\Delta\omega$ 为

$$\Delta\omega \approx 1.18 \times 10^{14}\ \text{Hz} \tag{10.34}$$

因此

$$\frac{\Delta\omega}{\omega_0} \approx 0.06$$

需要指出的是，为了让图表现得清晰，选择的 τ_0 值非常小；通常 τ_0 的值要大得多。τ_0 的取值变大意味着 $\Delta\omega$ 的值变小（导致脉冲接近单色），而且显然图 10.4(b)中的峰会更尖锐；这会在关于相干性的章节（第 17 章）中进行更详细的讨论。

现在回到方程(10.25)，我们将考虑以下情况。

10.3.1　在无色散介质中的传播

真空对于电磁波来说是无色散介质，在真空中，所有频率都以相同的速度 c 传播，则

$$k(\omega) = \frac{\omega}{c}$$

且式(10.25)可以写成如下形式：

$$E(z,t) = \int_{-\infty}^{+\infty} A(\omega) e^{-i\frac{\omega}{c}(z-ct)} d\omega \tag{10.35}$$

等号的右边是$(z-ct)$的函数，这样任何脉冲都可以无失真地以速度 c 传播。所以，对于式(10.28)给出的高斯脉冲

$$E(z,t) = E_0 \exp\left[-\frac{(z-ct)^2}{c^2\tau_0^2}\right] \exp\left[-i\frac{\omega_0}{c}(z-ct)\right] \tag{10.36}$$

表示在无色散介质中，高斯脉冲将无失真传播①。图 10.5 中画出了一个 20fs 脉冲的无失真传播过程。

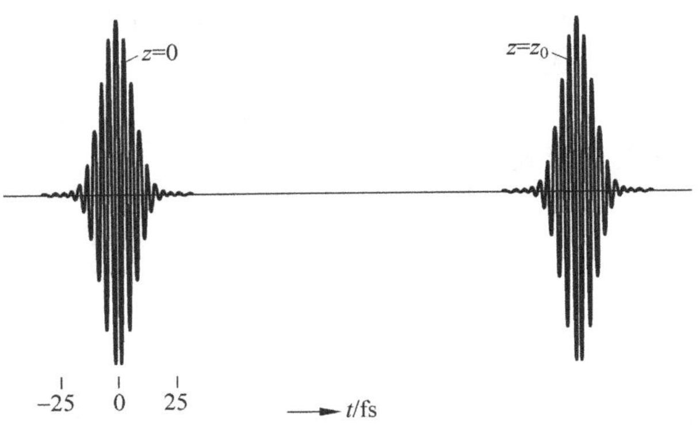

图 10.5　高斯脉冲在无色散介质中的无失真传输

① 式(10.36)直接来源于式(10.35)。将此练习留给读者去证明，将式(10.29)中的 $A(\omega)$ 代入式(10.35)，很容易得到式(10.36)。

10.3.2 在色散介质中的传播

对于在折射率随频率有变化 $n(\omega)$ 的介质中波的传播，有

$$k(\omega)=\frac{\omega}{c}n(\omega)$$

在大多数情况下，$A(\omega)$ 是一个非常尖锐的峰函数(见图10.4(b))，所以有

$$E(z,t)\approx\int_{\omega_0-\Delta\omega}^{\omega_0+\Delta\omega}A(\omega)\mathrm{e}^{\mathrm{i}[\omega t-k(\omega)z]}\mathrm{d}\omega \tag{10.37}$$

因为对于 $\omega>\omega_0+\Delta\omega$ 和 $\omega<\omega_0-\Delta\omega$ 的情况，函数 $A(\omega)$ 的取值小到可以忽略。在尖峰所在的这个小小的积分域内，可以对 $k(\omega)$ 进行泰勒展开：

$$k(\omega)=k(\omega_0)+(\omega-\omega_0)\left.\frac{\mathrm{d}k}{\mathrm{d}\omega}\right|_{\omega=\omega_0}+\frac{1}{2}(\omega-\omega_0)^2\left.\frac{\mathrm{d}^2k}{\mathrm{d}\omega^2}\right|_{\omega=\omega_0}+\cdots \tag{10.38}$$

或者

$$k(\omega)=k_0+\frac{1}{v_{\mathrm{g}}}(\omega-\omega_0)+\frac{1}{2}(\omega-\omega_0)^2\gamma \tag{10.39}$$

其中，

$$k_0\equiv k(\omega_0) \tag{10.40}$$

$$\frac{1}{v_{\mathrm{g}}}\equiv\left.\frac{\mathrm{d}k}{\mathrm{d}\omega}\right|_{\omega=\omega_0} \tag{10.41}$$

且有

$$\gamma\equiv\left.\frac{\mathrm{d}^2k}{\mathrm{d}\omega^2}\right|_{\omega=\omega_0} \tag{10.42}$$

这里要说明，通过式(10.41)定义了 v_{g}，下面将证明脉冲包络以群速度 v_{g} 移动。如果只保留式(10.39)右侧的前两项，则可以由式(10.37)得到

$$E(z,t)=\int_{-\infty}^{+\infty}A(\omega)\exp\left[-\mathrm{i}\left(k_0z+\frac{\omega-\omega_0}{v_{\mathrm{g}}}z-\omega t\right)\right]\mathrm{d}\omega \tag{10.43}$$

其中已将积分限换成从 $-\infty$ 到 $+\infty$，因为在任何情况下，来自于 $|\omega-\omega_0|>\Delta\omega$ 区域的积分贡献都是非常小的。将 ωt 写成

$$\omega t=(\omega-\omega_0)t+\omega_0t \tag{10.44}$$

式(10.43)可以变成下面这种形式：

$$E(z,t)=\underbrace{\mathrm{e}^{\mathrm{i}(\omega_0t-k_0z)}}_{\text{相位项}}\underbrace{\int_{-\infty}^{+\infty}A(\Omega)\mathrm{e}^{-\frac{\mathrm{i}\Omega}{v_{\mathrm{g}}}(z-v_{\mathrm{g}}t)}\mathrm{d}\Omega}_{\text{包络项}} \tag{10.45}$$

其中，

$$\Omega\equiv\omega-\omega_0 \tag{10.46}$$

可以看出，包络项中 z 和 t 并没有独立出现，而是以结合的形式 $z-v_{\mathrm{g}}t$ 出现，因此，脉冲包络以群速度 v_{g} 无失真地传播，即

$$v_{\mathrm{g}}=\frac{1}{(\mathrm{d}k/\mathrm{d}\omega)_{\omega_0}} \tag{10.47}$$

如果忽略 γ(以及方程(10.39)中其他的更高阶项)，脉冲就以群速度 v_{g} 无失真地传播。

接下来，如果考虑式(10.39)中的前三项，就可以得到

$$E(z,t) \approx \underbrace{e^{i(\omega_0 t - k_0 z)}}_{\text{相位项}} \underbrace{\int_{-\infty}^{+\infty} A(\Omega)\exp\left[i\Omega\left(t-\frac{z}{v_g}\right)-\frac{i}{2}\Omega^2\gamma z\right]d\Omega}_{\text{包络项}} \tag{10.48}$$

对于高斯脉冲(见式(10.28))，$A(\omega)$由式(10.29)给出；如果将$A(\omega)$代入上述公式，并应用式(10.30)的积分，很容易得到

$$E(z,t)=\frac{E_0}{\sqrt{1+ip}}e^{i(\omega_0 t-k_0 z)}\exp\left[-\frac{\left(t-\frac{z}{v_g}\right)^2}{\tau_0^2(1+ip)}\right] \tag{10.49}$$

其中，

$$p \equiv \frac{2\gamma z}{\tau_0^2} \tag{10.50}$$

相应的波强度分布为

$$I(z,t)=\frac{I_0}{\tau(z)/\tau_0}\exp\left[-\frac{2\left(t-\frac{z}{v_g}\right)^2}{\tau^2(z)}\right] \tag{10.51}$$

其中，

$$\tau^2(z) \equiv \tau_0^2(1+p^2) \tag{10.52}$$

图 10.6 画出了 z 取不同值时波强度随时间的变化。从式(10.52)可以发现，脉冲随着传播在时域展宽了。定义脉冲展宽 $\Delta\tau$ 为

$$\Delta\tau=\sqrt{\tau^2(z)-\tau_0^2}=|p|\tau_0=\frac{2|\gamma|z}{\tau_0} \tag{10.53}$$

其中，

$$\gamma=\frac{d^2k}{d\omega^2}=\frac{d}{d\omega}\left[\frac{1}{c}\left(n-\lambda_0\frac{dn}{d\lambda_0}\right)\right]=\frac{1}{c}\frac{d}{d\lambda_0}\left[n(\lambda_0)-\lambda_0\frac{dn}{d\lambda_0}\right]\frac{d\lambda_0}{d\omega}=\frac{\lambda_0}{2\pi c^2}\left(\lambda_0^2\frac{d^2n}{d\lambda_0^2}\right) \tag{10.54}$$

其中括号里的量是无量纲的。此外，既然高斯脉冲的谱宽是(见式(10.33))

$$\Delta\omega \approx \frac{2}{\tau_0} \tag{10.55}$$

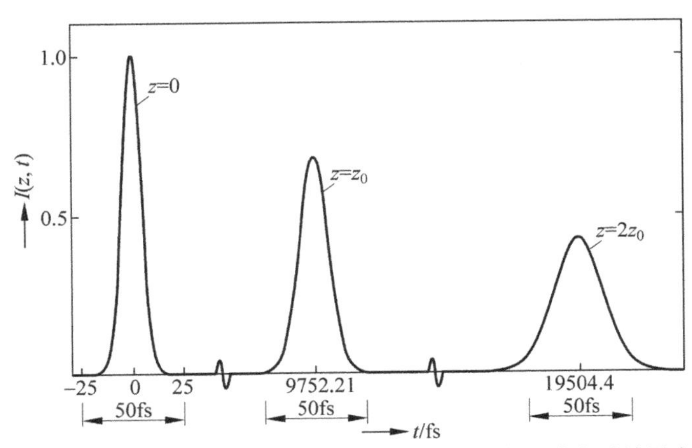

图 10.6　z 取不同值时波强度随时间的变化；注意脉冲在时域展宽了

可以写成

$$\frac{1}{\tau_0} \approx \frac{1}{2}\Delta\omega \approx \frac{1}{2}\frac{2\pi c}{\lambda_0^2}|\Delta\lambda_0| \tag{10.56}$$

把式(10.56)中的 τ_0 和式(10.54)中的 γ 代入式(10.53)中,可得

$$\Delta\tau = \frac{z}{\lambda_0 c}\left|\lambda_0^2 \frac{d^2 n}{d\lambda_0^2}\right|\Delta\lambda_0 \tag{10.57}$$

这与10.2节(见方程(10.17))得到的结果是相同的。

例10.5 设 $\lambda_0=1.55\mu m$,纯二氧化硅在这个波长(见表10.1)上有

$$\frac{d^2 n}{d\lambda_0^2} = -0.004165\mu m^{-2}$$

则

$$\gamma \approx -\frac{1.55\times 10^{-6}}{2\pi\times 9\times 10^{16}}(1.55\times 1.55\times 0.004165)m^{-1}\cdot s^{-1} \approx -2.743\times 10^{-26}m^{-1}\cdot s^2$$

对于一个100ps的脉冲在2km长的光纤中传输,有

$$\Delta\tau \approx \frac{2\times 2.743\times 10^{-26}\times 2\times 10^3}{10^{-10}}s \approx 1.1ps$$

另外,对于一个10fs的脉冲,当 $z=2z_0=4mm$ 时[①],则有

$$\Delta\tau \approx 22fs$$

亦即

$$\tau_f \approx [\tau_0^2 + (\Delta\tau)^2]^{1/2} \approx 25fs$$

表明10fs的脉冲在传输一段很小的距离后,时域宽度成倍展宽了(见图10.7和图10.8)。

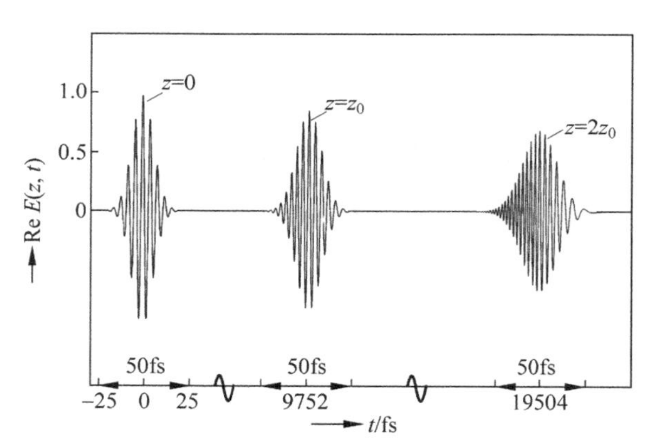

图10.7 一个10fs无啁啾高斯脉冲($\lambda_0=1.55\mu m$)在二氧化硅中传输后的时域展宽。注意到,由于是在反常色散区,脉冲是下啁啾

① 在这里和图10.5~图10.8中出现了一个特征长度 z_0,而原书正文中没有 z_0 的定义。译者认为,z_0 应该是色散长度,其定义为 $z_0=\tau_0^2/(2|\gamma|)$,含义为色散开始起作用的传输距离。——译者注

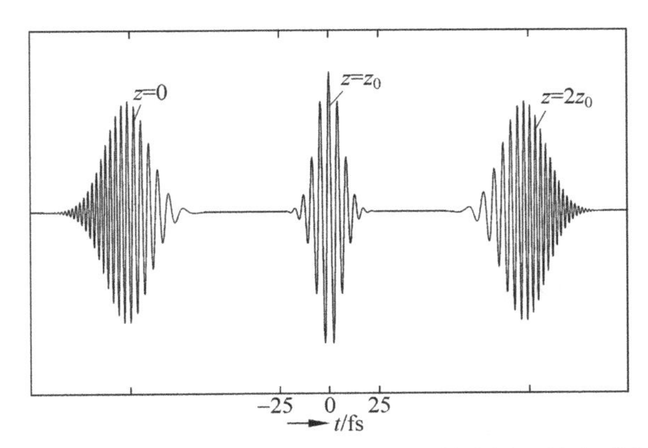

图 10.8 如果一个下啁啾脉冲经过正常色散介质,它将会被压缩直到变成无啁啾脉冲,然后又会在相反啁啾的作用下展宽

10.3.3 色散脉冲的啁啾 **目标 3**

如果做简单的整理,式(10.49)可以写成

$$E(z,t)=\frac{E_0}{[\tau(z)/\tau_0]^{1/2}}\exp\left[-\frac{\left(t-\frac{z}{v_g}\right)^2}{\tau^2(z)}\right]\times\exp[\mathrm{i}(\Phi(z,t)-k_0z)] \quad (10.58)$$

其中相位项由下式给出:

$$\Phi(z,t)=\omega_0t+\kappa\left(t-\frac{z}{v_g}\right)^2-\frac{1}{2}\arctan p \quad (10.59)$$

且有

$$\kappa(z)=\frac{p}{\tau_0^2(1+p^2)} \quad (10.60)$$

式(10.59)代表相位项,瞬时频率为

$$\omega(t)=\frac{\partial\Phi}{\partial t}=\omega_0+2\kappa\left(t-\frac{z}{v_g}\right) \quad (10.61)$$

说明 $\omega(t)$ 随脉冲变化。则频率啁啾为

$$\Delta\omega=\omega(t)-\omega_0=2\kappa\left(t-\frac{z}{v_g}\right) \quad (10.62)$$

例 10.6 续前例 10.5,假定 $\lambda_0=1.55\mu\text{m}$,$z=2\text{km}$ 时,考虑 100ps 的脉冲在纯石英光纤中传输所产生的啁啾,则有

$$p=\frac{2\gamma z}{\tau_0^2}=-\frac{2\times2.743\times10^{-26}\times2\times10^3}{(100\times10^{-12})^2}\approx-0.011$$

在

$$t-\frac{z}{v_g}=-50\text{ps}$$

处(即脉冲的前沿),有

$$\Delta\omega\approx\frac{2p}{\tau_0^2(1+p^2)}(-50\times10^{-12})\approx+\frac{2\times0.011\times50\times10^{-12}}{(100\times10^{-12})^2}\text{Hz}=+1.1\times10^8\text{Hz}$$

这样,在脉冲的前沿,频率就稍微高一些,通常称为“蓝移”。注意到

$$\frac{\Delta\omega}{\omega_0} \approx 9 \times 10^{-8}$$

在 $t=\frac{z}{v_g}$ 处,有

$$\Delta\omega = 0$$

而在 $t-\frac{z}{v_g}=+50\text{ps}$ 处(即脉冲的后沿),有

$$\Delta\omega \approx -1.1 \times 10^8 \text{Hz}$$

那么在脉冲的后沿,频率就稍微低一些,通常称为“红移”。

从例10.6中,可以得出以下结论:

在反常色散区(即 γ 取负值),p 和 κ 取值也为负,意味着瞬时频率(位于脉冲内)随着时间而减小(当然要假定 $z>0$);这被称作下啁啾①脉冲,脉冲的前沿 $\left(t<\frac{z}{v_g}\right)$ 是蓝移(即频率比 ω_0 高),而脉冲的后沿 $\left(t>\frac{z}{v_g}\right)$ 是红移(即频率比 ω_0 低)。

图10.7显示的是 $t=0$ 时的一个无啁啾脉冲。随着脉冲的传播,它将会变得更宽,并且得到很大的下啁啾。

从方程(10.61)中很容易看出,当 z 取负值时,p(还有 κ)取值是正的,而且脉冲的前沿 $\left(t<\frac{z}{v_g}\right)$ 是红移(即频率比 ω_0 低),脉冲的后沿 $\left(t>\frac{z}{v_g}\right)$ 是蓝移(即频率比 ω_0 高)。

这意味着得到一种上啁啾②脉冲。那么,如果一个上啁啾脉冲在反常色散的介质中传播,它将会被压缩,直到变成无啁啾脉冲,然后又会在相反啁啾的作用下展宽。

相似地,可以讨论正常色散的情况(也就是 γ 取值为正)。如果一个下啁啾脉冲在正常色散的介质中传播,它将会被压缩,直到变成无啁啾脉冲,然后又会在相反啁啾的作用下展宽(图10.8)。

一个脉冲在一个具有负群速度的材料中传播的情况可扫1页二维码看彩图10.8′所示。

10.4 自相位调制 目标4

值得一提的是,当脉冲在色散介质中传播时,频谱保持不变,即没有产生新的频率组分。不同频率组分以不同相位叠加导致脉冲时域形状的失真(见习题10.10)。当传输介质是非线性时,就会产生新的频率组分。本节将对此进行简单的讨论。

只有当传输激光束的强度较小时,材料的折射率才是常数。如果其强度很大,那么折射率的变化可以近似由下式给出:

$$n \approx n_0 + n_2 I \tag{10.63}$$

其中,n_2 是常数,I 表示激光束的强度。例如,对于熔融石英,$n_0 \approx 1.47$,$n_2 \approx 3.2 \times 10^{-20}\text{m}^2/\text{W}$。且如果光束的有效面积是 A_{eff},那么强度为

① 也称为负啁啾。——译者注

② 也称为正啁啾。——译者注

$$I=\frac{P}{A_{\text{eff}}} \tag{10.64}$$

式中，P 是光束的功率。现在，单模光纤中光束的光斑尺寸 w_0 大约为 $5\mu\text{m}$（参见 30.4.2 节）。所以光束的有效横截面积[①] $A_{\text{eff}}\approx\pi w_0^2\approx 50\mu\text{m}^2$。一个 5mW 的激光束在这样的光纤中传播，由此产生的强度为

$$I=\frac{P}{A_{\text{eff}}}\approx\frac{5\times10^{-3}\,\text{W}}{50\times10^{-12}\,\text{m}^2}=10^8\,\text{W/m}^2 \tag{10.65}$$

则折射率的改变为

$$\Delta n=n_2 I\approx 3.2\times10^{-12} \tag{10.66}$$

尽管这个值很小，但当光在光纤中传播很长距离后（几百到几千千米），积累的非线性效应是可观的。光纤的巨大优势是光束在长距离传输后仍然能保持受限于一块很小的面积内！

下面考虑在光纤中传输的一个激光脉冲（频率为 ω_0），有效传输常数为

$$k=\frac{\omega_0}{c}(n_0+n_2 I)=\frac{\omega_0}{c}\left[n_0+n_2\frac{P(t)}{A_{\text{eff}}}\right] \tag{10.67}$$

则对于这样的传播光束，相位项可近似为

$$\mathrm{e}^{+\mathrm{i}(\omega_0 t-kz)}=\exp\left\{+\mathrm{i}\left[\omega_0 t-\frac{\omega_0}{c}\left(n_0+n_2\frac{P(t)}{A_{\text{eff}}}\right)z\right]\right\}=\mathrm{e}^{+\mathrm{i}\Phi}$$

其中，相位 Φ 定义为（参见式(10.61)）

$$\Phi(z,t)\stackrel{\text{def}}{=}\omega_0 t-\frac{\omega_0}{c}\left(n_0+n_2\frac{P(t)}{A_{\text{eff}}}\right)z \tag{10.68}$$

可以定义瞬时频率为（参照式(10.61)）

$$\omega(t)\equiv\frac{\partial\Phi}{\partial t}=\omega_0-g\frac{\mathrm{d}P(t)}{\mathrm{d}t}z$$

其中，

$$g=\frac{n_2\omega_0}{cA_{\text{eff}}}=\frac{2\pi n_2}{\lambda_0 A_{\text{eff}}} \tag{10.69}$$

对于 $A_{\text{eff}}\approx 50\mu\text{m}^2$，$\lambda_0\approx 1.55\mu\text{m}$，且 $n_2\approx 3.2\times10^{-20}\,\text{m}^2/\text{W}$，$g\approx 2.6\times10^{-3}\,\text{W}^{-1}\cdot\text{m}^{-1}$。

对于以群速度 v_g 传播的高斯脉冲（见式(10.51)），有

$$P(z,t)=P_0\exp\left[-\frac{2\left(t-\frac{z}{v_g}\right)^2}{\tau_0^2}\right]$$

此处忽略了色散（即在式(10.49)和式(10.52)中 $p=0$）。那么

$$\omega(t)=\omega_0\left\{1+\frac{2gz}{\omega_0\tau_0^2}P_0\left(t-\frac{z}{v_g}\right)\exp\left[-\frac{2\left(t-\frac{z}{v_g}\right)^2}{\tau_0^2}\right]\right\}$$

对于 $\lambda_0\approx 1.55\mu\text{m}$，有

$$\omega_0=\frac{2\pi c}{\lambda_0}=\frac{2\pi\times3\times10^8}{1.55\times10^{-6}}\text{s}^{-1}\approx 1.22\times10^{15}\,\text{s}^{-1}$$

---

① 数值取自文献[10.2]。

且对于 $P_0=15\mathrm{mW}, \tau_0=20\mathrm{fs}, z=200\mathrm{km}$，有

$$\frac{2gz}{\omega_0\tau_0^2}P_0\left(t-\frac{z}{v_g}\right)=\frac{2\times 2.6\times 10^{-3}\times 2\times 10^5\times 15\times 10^{-3}}{1.22\times 10^{15}\times(20\times 10^{-15})^2}\left(t-\frac{z}{v_g}\right)\approx 3.2\times 10^{13}\left(t-\frac{z}{v_g}\right)$$

$$\approx\begin{cases}+0.64, & t-\dfrac{z}{v_g}\approx 20\mathrm{fs}\ (\text{脉冲后沿})\\ -0.64, & t-\dfrac{z}{v_g}\approx -20\mathrm{fs}\ (\text{脉冲前沿})\end{cases}$$

脉冲内瞬时频率随时间改变导致脉冲产生啁啾，如图 10.9 所示。这种现象称为自相位调制(self-phase modulation，SPM)。注意到，虽然脉宽没有改变，但脉冲引入了啁啾，脉冲的频率组分增加了。也就是说，SPM 导致了新的频率组分的产生。实际上，脉冲在横截面积很小(因此 g 的值很大)的光纤中传播，有可能产生覆盖整个可见光区的频率组分(图 10.10 和 1 页二维码彩图中图 10.10′)。

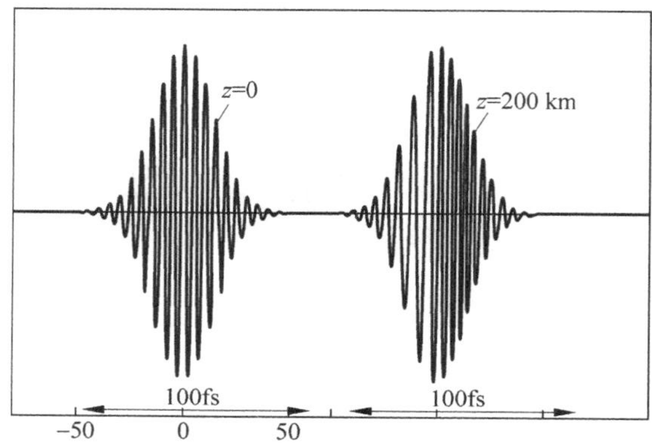

图 10.9　由于自相位调制，脉冲内随时间改变的瞬时频率导致了脉冲的啁啾。相关的计算参数为 $P_0=15\mathrm{mW}, \lambda_0\approx 1550\mathrm{nm}, \tau_0=20\mathrm{fs}, A_{\mathrm{eff}}\approx 5\mu\mathrm{m}^2, v_g=2\times 10^8\mathrm{m/s}$

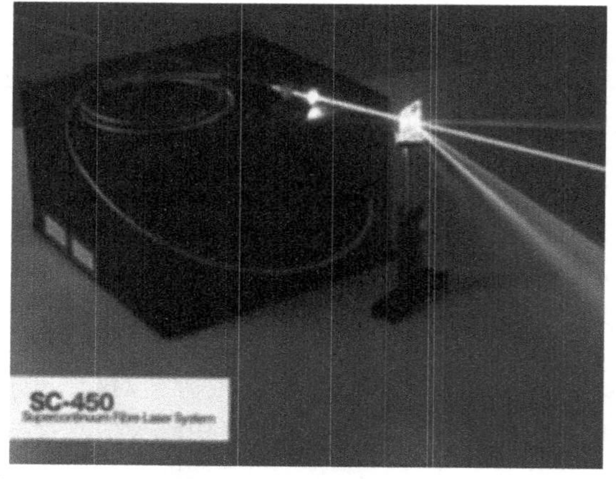

图 10.10　超连续谱白光源。6ps 宽的激光脉冲射入特殊光纤中，该光纤有非常小的模场直径，导致进入光纤的光强很高。由于高光强产生了 SPM 和其他非线性效应，这些非线性效应导致新频率产生。实验中可以观察到整个可见光的频谱，这是通过一个光栅将光导出光纤所观察到的。激光脉冲的重复频率是 20MHz。产生的波长为 460～2200nm。图片由英国 Fianiiun 公司提供

请扫 1 页二维码看彩图

小　　结

- 光源一开一关的时候就会产生一个脉冲。这个脉冲在介质中以群速度 v_g 进行传输

$$v_g = \frac{1}{\mathrm{d}k/\mathrm{d}\omega}$$

对于折射率随频率有变化 $n(\omega)$ 的介质，有

$$k(\omega) = \frac{\omega}{c} n(\omega)$$

群速度为

$$\frac{1}{v_g} = \frac{1}{c}\left[n(\lambda_0) - \lambda_0 \frac{\mathrm{d}n}{\mathrm{d}\lambda_0}\right]$$

其中，λ_0 是真空中的波长，$c \approx 3\times10^8\,\mathrm{m/s}$ 是光在真空中的速度。

- 光脉冲在色散介质中传播一段距离，不同波长对应的组分以不同的群速度传播。
- 在色散介质中传输距离 L 后，脉冲会展宽，其展宽量为

$$\Delta t_m = -\frac{L\Delta\lambda_0}{\lambda_0 c}\left(\lambda_0^2 \frac{\mathrm{d}^2 n}{\mathrm{d}\lambda_0^2}\right)$$

其中，$\Delta\lambda_0$ 是光源的频谱宽度；下标 m 表示考虑到了介质的色散。色散系数为

$$D_m = \frac{\Delta t_m}{L\Delta\lambda_0} \approx -\frac{1}{3\lambda_0}\left(\lambda_0^2 \frac{\mathrm{d}^2 n}{\mathrm{d}\lambda_0^2}\right) \times 10^4\,\mathrm{ps/(km\cdot nm)}$$

式中，λ_0 的单位是 μm，且假定 $c \approx 3\times10^8\,\mathrm{m/s}$。例如，对于二氧化硅，当 $\lambda_0 = 1.55\mu\mathrm{m}$ 时，$\mathrm{d}^2 n/\mathrm{d}\lambda_0^2 \approx -0.00416\mu\mathrm{m}^{-2}$，$D_m = +22\,\mathrm{ps/(km\cdot nm)}$（介质的长度单位为 km，光源的频宽单位为 nm）。另外，在 $\lambda_0 \approx 1.27\mu\mathrm{m}$ 附近，二氧化硅有 $\mathrm{d}^2 n/\mathrm{d}\lambda_0^2 \approx 0$。$1.27\mu\mathrm{m}$ 通常称为零材料色散波长，而且由于在此处材料色散很低，第二代和第三代光纤通信系统都工作在 $\lambda_0 \approx 1.3\mu\mathrm{m}$ 附近。

- 对于高斯脉冲

$$E(z=0,t) = E_0 \exp\left(-\frac{t^2}{\tau_0^2}\right) \mathrm{e}^{+\mathrm{i}\omega_0 t}$$

传输距离 z 后，时域宽度为 $\tau(z) = \tau_0\sqrt{1+p^2}$；因此，脉宽的展宽量为

$$\Delta\tau = \sqrt{\tau^2(z) - \tau_0^2} = |p|\tau_0$$

其中，

$$p = \frac{2}{\tau_0^2} \frac{\lambda_0}{2\pi c^2}\left(\lambda_0^2 \frac{\mathrm{d}^2 n}{\mathrm{d}\lambda_0^2}\right)\cdot z$$

那么在 $\lambda_0 \approx 1.55\mu\mathrm{m}$ 处，对于一个 $\tau_0 \approx 100\,\mathrm{ps}$ 的脉冲（在纯二氧化硅中传播），$\Delta\tau \approx 0.55\,\mathrm{ps/km}$。

- 当一具有上啁啾的脉冲通过一反常色散介质时，它将得到压缩，直到变为无啁啾的脉冲，此后它将具有相反的啁啾，并开始展宽。
- 当一个脉冲通过一色散介质时，其频谱保持不变，并没有新频率的产生。不同频率组分以不同相位相互叠加，导致脉冲时域形状的失真。

习　题

10.1　利用经验方程(10.14)给出的公式计算在二氧化硅中，当 $\lambda_0=0.7\mu m, 0.8\mu m, 1.0\mu m, 1.2\mu m, 1.4\mu m$ 时的相速度和群速度，并与表10.1给出的值(更精确的值)进行比较。

[**答案**：$n(\lambda_0)\approx 1.456, 1.454, 1.451, 1.449, 1.455$；
$n_g(\lambda_0)\approx 1.4708, 1.4670, 1.4630, 1.4616, 1.4615$]

10.2　对于纯二氧化硅，采用经验公式

$$n(\lambda_0)\approx 1.451-0.003\left(\lambda_0^2-\frac{1}{\lambda_0^2}\right)$$

λ_0 以 μm 为单位。

(1) 计算零色散波长。

(2) 计算800nm处的材料色散，单位为ps/(km·nm)。

[**答案**：(1) $1.32\mu m$；(2) -101ps/(km·nm)]

10.3　令

$$n(\lambda_0)=n_0+A\lambda_0$$

其中，λ_0 是真空中的波长。推导其相速度和群速度的表达式。

[**答案**：$v_g=c/n_0$]

10.4　考虑一个LED光源发射的光波长为850nm，且谱宽为50nm。利用表10.1计算脉冲在纯二氧化硅中传播的展宽量。

[**答案**：4.2ns/km]

10.5　1836年，柯西给出了描述可见光谱范围内玻璃的折射率与波长关系的近似方程

$$n(\lambda)=A+\frac{B}{\lambda_0^2}$$

其中(见表12.2)，

$$\left.\begin{aligned}n(\lambda_1)&=1.50883\\ n(\lambda_2)&=1.51690\end{aligned}\right\}\text{硼硅玻璃}$$

$$\left.\begin{aligned}n(\lambda_1)&=1.45640\\ n(\lambda_2)&=1.46318\end{aligned}\right\}\text{石英玻璃}$$

式中 $\lambda_1=0.6563\mu m, \lambda_2=0.4861\mu m$。

(1) 计算 A 和 B 的值。

(2) 使用柯西方程计算 $0.5890\mu m$ 和 $0.3988\mu m$ 处的折射率，并与相应的实验结果比较：

① (1.51124和1.52546)对于硼硅玻璃；

② (1.45845和1.47030)对于石英玻璃。

[**答案**：(1) 对于硼硅玻璃，$A=1.499, B\approx 4.22\times 10^{-15}m^2$，
当 $\lambda=0.5890\mu m$ 时，$n=1.51120$，当 $\lambda=0.3988\mu m$ 时，$n=1.52557$；
(2) 对于石英玻璃，$A=1.44817, B\approx 3.546\times 10^{-15}m^2$]

10.6 当波长位于 $0.5\mu m<\lambda_0<1.6\mu m$ 时，纯二氧化硅的折射率变化可以由下面这个公式精确地表达：

$$n(\lambda_0)=C_0+C_1\lambda_0^2+C_2\lambda_0^4+\frac{C_3}{\lambda_0^2-l}+\frac{C_4}{(\lambda_0^2-l)^2}+\frac{C_5}{(\lambda_0^2-l)^3}$$

其中，$C_0=1.4508554$，$C_1=-0.0031268$，$C_2=-0.0000381$，$C_3=0.0030270$，$C_4=-0.0000779$，$C_5=0.0000018$，$l=0.035$，且 λ_0 的单位是 μm。编写简单的程序来计算并画出 $0.5\mu m<\lambda_0<1.6\mu m$ 时的 $n(\lambda_0)$ 和 $d^2n/d\lambda_0^2$，与表 10.1 给出的结果比较。

10.7 (1) 对于一高斯脉冲

$$E=E_0 e^{-\frac{t^2}{\tau_0^2}} e^{+i\omega_0 t}$$

谱宽近似为

$$\Delta\omega\approx\frac{1}{\tau_0}$$

假定 $\lambda_0=8000Å$，计算 $\tau_0=1ns$ 和 $\tau_0=1ps$ 时的$\frac{\Delta\omega}{\omega_0}$。

(2) 对于这样一个高斯脉冲，脉冲展宽为 $\Delta\tau=\frac{2z}{\tau_0}|\gamma|$，其中 $\gamma=\frac{d^2k}{d\omega^2}$。利用表 10.1 计算 $\Delta\tau$ 并解释其物理意义。

[**答案**：(1) $\frac{\Delta\omega}{\omega_0}\approx 4\times10^{-7}$ 和 4×10^{-4}；

(2) $\gamma\approx3.62\times10^{-26}m^{-1}\cdot s^2$，$\tau_0=1ns$ 时，$\Delta\tau\approx0.072ps/km$，$\tau_0=1ps$ 时，$\Delta\tau\approx72ps/km$]

10.8 高斯脉冲传播时的频率啁啾为

$$\Delta\omega=\frac{2p}{\tau_0^2(1+p^2)}\left(t-\frac{z}{v_g}\right)$$

其中，p 由式(10.50)定义。假定有一个波长为 $\lambda_0=1\mu m$、脉宽为 $100ps(=\tau_0)$ 的脉冲。计算当 $t-\frac{z}{v_g}=-100ps,-50ps,+50ps,+100ps$ 时的频率啁啾$\frac{\Delta\omega}{\omega_0}$。设 $z=1km$ 且其他值参考表 10.1。

[**答案**：$\frac{\Delta\omega}{\omega_0}\approx-4.5\times10^{-8},-2.25\times10^{-8},+2.25\times10^{-8},+4.5\times10^{-8}$，

相应于 $t-\frac{z}{v_g}=-100ps,-50ps,+50ps,+100ps$]

10.9 $\lambda_0=1.5\mu m$，重做习题 10.8；τ_0 和 z 的值保持不变。说明习题 10.8 和本题的结果中本质的不同在于，在 $\lambda=1\mu m$ 处为正常色散且前沿为红移($\Delta\omega$ 是负值)，后沿为蓝移。在 $\lambda=1.5\mu m$ 处结果正好相反，因为其处于反常色散区。

10.10 $E(0,t)$的频谱由函数 $A(\omega)$给出。证明：$E(z,t)$的频谱可以简单地表示成

$$A(\omega)e^{-ik(\omega)z}$$

意味着没有产生新的频率组分，只是 z 取不同值时，不同频率组分以不同相位相互叠加。

10.11 一个高斯脉冲在色散介质中的时间演化为

$$E(z,t)=\frac{E_0}{\sqrt{1+\mathrm{i}p}}\mathrm{e}^{\mathrm{i}(\omega_0 t-k_0 z)}\exp\left[-\frac{\left(t-\frac{z}{v_g}\right)^2}{\tau_0^2(1+\mathrm{i}p)}\right]$$

其中,$p\equiv\frac{2\gamma z}{\tau_0^2}$。严格计算 $E(0,t)$和 $E(z,t)$的频谱,并说明计算结果与习题 10.10 相符。

第11章 波的传播和波动方程

如果你正往池塘里投掷小石块，却不进而观察那些扩散开来的涟漪，那么你就是白费劲了——小说中虚构的俄国哲学家普鲁特科夫(Kuzma Prutkoff)[①]如是说。事实上，我们的确能通过观察这些从宁静水面上泛开的优美波纹受益匪浅。

——伽莫夫(Gamow)与克里弗兰(Cleveland)

学习目标

学过本章后，读者应该学会：

目标1：定义正弦波和它的基本性质。

目标2：计算伴随波传播的能量是如何传送的。

目标3：利用解一维波动方程解释波动的存在。

目标4：推导横波和纵波的波动方程。

目标5：通过分离变量法得到一维波动方程的通解。

11.1 引言

本章将讨论波动现象。波动是扰动的传播。例如，把一块石子投到平静的水池里，就会有一系列圆形的波纹从石子落入点扩散开来。石子的冲击产生一个向外传播的扰动。然而在扰动传播过程中，水分子并不随着扰动向外运动，而是围绕平衡位置近似地作圆周轨道运动。一旦扰动通过某一区域后，这个区域每一滴水都依然留在各自初始位置上。只要在水面上放一小块木片就很容易验证这一事实。当扰动通过木片时，会引起木片的振荡，一旦扰动通过后，木片又返回其原来的位置。此外，圆形波纹随着时间推移不断向外扩散，这就是说，这个扰动(在给定时间内只传播到某一特定区域)在稍后的时刻，将在邻近的下游点产生一个形式大致相同的扰动。扰动的这种传播(介质在传播方向没有移动)称为波。也可以看到，波携带着能量，在上述例子中，能量是以水分子动能的形式出现的。

首先考虑波传播的一个最简单的例子，即在一根弦上传播的横波。假设你握住弦的一端，另一个人拉紧弦的另一端，使弦不至于弯曲。如果你把弦的一端上下抖动几下，就会产生一个扰动，它将朝着弦的另一端传播。因此，如果我们在 $t=0$ 和稍后一个时刻 Δt 拍摄弦的“快照”，那么这两张“快照”大致如图11.1(a)和(b)所示[②]。这两幅图表明，两个扰动有相

---

① 其英文名还拼写成 Kozma Prutkov(参见 http://en.wikipedia.org/wiki/Kozma_Prutkov)。——译者注

② 这里假设扰动通过弦传播时，衰减可以忽略，并且没有形变。

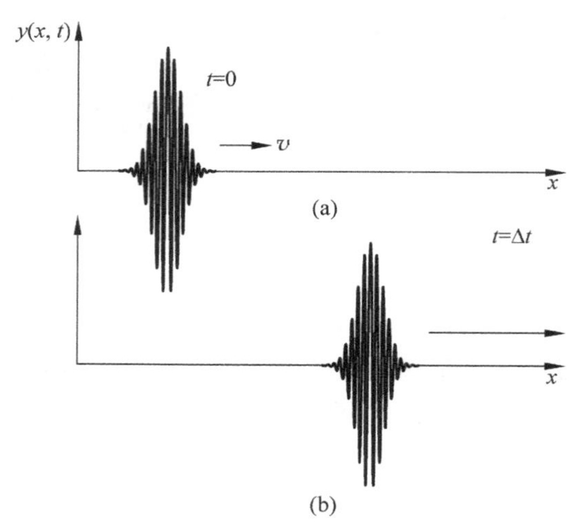

图 11.1 一个横波沿 $+x$ 轴方向在弦上传播,(a)和(b)分别表示 $t=0$ 和 $t=\Delta t$ 时刻的位移

同的形状,不同的只是一个扰动相对于另一个扰动移动了一段距离 $v\Delta t$,其中 v 是扰动传播的速度。扰动在传播时,其形状不改变是波的特征。不过,还要注意以下两点:

(1) 当波产生时已经做了一定量的功,而当波通过弦传播时,它携带着一定能量传播,并被拿着弦的另一端的人感知到。

(2) 这个波是横波,即弦上粒子的位移与波的传播方向成直角。

再回到图 11.1(a)和(b),注意到弦在 Δt 时刻的形状与 $t=0$ 时刻的形状相似,只不过整个扰动传播了一段距离。若以 v 表示波的速度,这段距离就是 $v\Delta t$。因此,若描述 $t=0$ 时刻弦线的函数是 $y(x)$,则在后一时刻 t,弦线的函数就是 $y(x-vt)$,这个式子简单地表示波偏离了原点一段距离 vt。类似地,对于沿 $-x$ 方向传播的扰动,若描述 $t=0$ 时刻的弦线函数是 $y(x)$,那么在后一时刻 t,弦线的函数便为 $y(x+vt)$。

例 11.1 研究一个半圆形脉冲沿 $+x$ 方向的传播。脉冲在 $t=0$ 时刻的位移由下式给出:

$$y(x,t=0)=\begin{cases}+[R^2-x^2]^{1/2}, & |x|\leqslant R\\ 0, & |x|\geqslant R\end{cases} \tag{11.1}$$

解 对于沿 $+x$ 方向传播的波,$y(x,t)$随 x 和 t 变化应通过函数$(x-vt)$表示。因此

$$y(x,t)=\begin{cases}+[R^2-(x-vt)^2]^{1/2}, & |x-vt|\leqslant R\\ 0, & |x-vt|\geqslant R\end{cases} \tag{11.2}$$

脉冲在 $t=0$ 和随后一个时刻 t_0 时的形状如图 11.2 所示。式(11.2)直接根据以下事实得出:$y(x,t)$必须有 $y(x-vt)$的形式,并且在 $t=0$ 时刻,$y(x,t)$必定由式(11.1)给出。

例 11.2 考察一个以速度 v 沿 $-x$ 方向传播的脉冲。在 $t=t_0$ 时,脉冲形状由下式给出:

$$y(x,t=t_0)=\frac{b^2}{a^2+(x-x_0)^2} \tag{11.3}$$

(这种脉冲称为洛伦兹脉冲)。试确定在任一时刻 t 的脉冲形状。

解 在 $t=t_0$ 时,脉冲的形状如图 11.3(a)所示。位移的极大值出现在 $x=x_0$ 处。因

为脉冲沿 $-x$ 方向传播，所以在后一个时刻 t 时，极大值将出现在 $x_0-v(t-t_0)$ 处。因此，脉冲在任一时刻 t 的形状由下式给出：

$$y(x,t)=\frac{b^2}{a^2+[x-x_0+v(t-t_0)]^2} \tag{11.4}$$

式(11.4)是通过以 $x+v(t-t_0)$ 代换 x，直接由式(11.3)得出的。

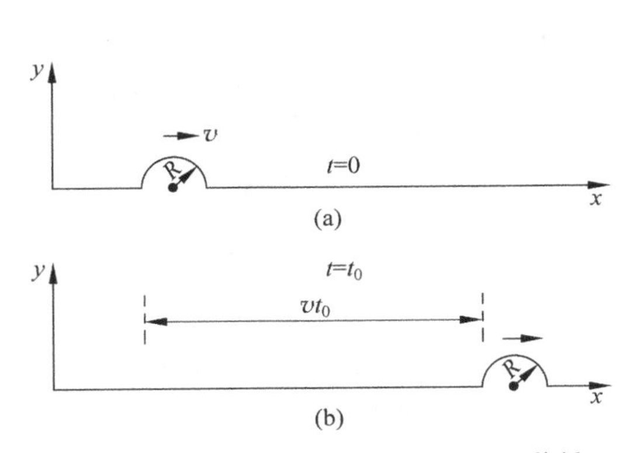

图 11.2　一个半圆形脉冲沿 $+x$ 方向的传播，(a)和(b)分别表示在 $t=0$ 和随后一个时刻 t_0 时脉冲的形状

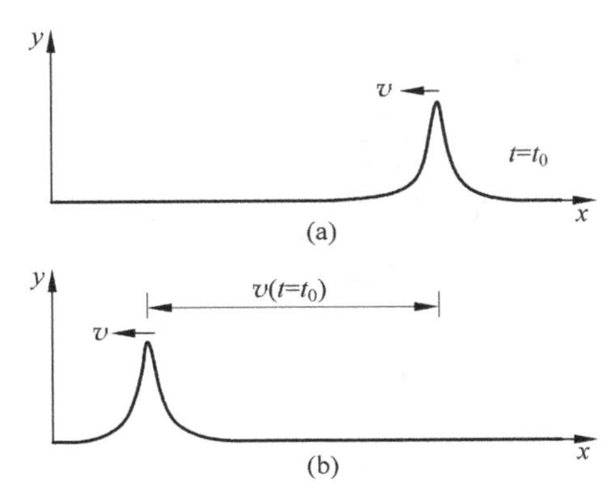

图 11.3　一个洛伦兹脉冲沿 $-x$ 方向传播，(a)和(b)分别表示在 $t=t_0$ 和随后某一时刻 t 时的脉冲形状

11.2　正弦波：频率和波长的概念　　目标 1

到现在为止，讨论的是在一段有限时间内脉冲持续传播的问题。现在讨论位移 $y(x,t)$ 有如下形式的一种周期性波：

$$y(x,t)=a\cos[k(x\mp vt)+\phi] \tag{11.5}$$

式中，负号和正号分别对应波沿 $+x$ 方向和 $-x$ 方向传播。在一根拉紧的长弦的一端放置一个连续振动的音叉，则在弦上便会产生这种形式的位移。物理量 ϕ 称为波的初相位(参阅第 7 章)。不失一般性，可以假设 $\phi=0$，于是对于沿 $+x$ 方向传播的波，有

$$y(x,t)=a\cos k(x-vt) \tag{11.6}$$

在图 11.4 中画出了 $t=0$ 和 $t=\Delta t$ 时刻位移 y 随 x 变化的曲线。它们由下面两式给出：

$$\begin{cases} y(x)=a\cos kx, & t=0 \\ y(x)=a\cos k(x-v\Delta t), & t=\Delta t \end{cases} \tag{11.7}$$

这两条曲线是弦在两个时刻的“快照”。由图可见，在一个特定时刻，距离为

$$\lambda=2\pi/k \tag{11.8}$$

的任何两点都有相同的位移。这段距离就称为波长。而且，令对应于 $t=0$ 的曲线平移一段距离 $v\Delta t$ 便得到对应于 $t=\Delta t$ 时刻的曲线，这表明波沿 $+x$ 方向以速度 v 传播。还可以看到，质点离开平衡位置的最大位移是 a，这个最大位移就称为波的振幅。

在图 11.5 中画出了 $x=0$ 和 $x=\Delta x$ 这两点的位移随时间变化的曲线。它们由下面两

式给出：

$$\begin{cases} y(t)=a\cos(\omega t), & x=0 \\ y(t)=a\cos k(\omega t-k\Delta x), & x=\Delta x \end{cases} \tag{11.9}$$

其中，

$$\omega=kv \tag{11.10}$$

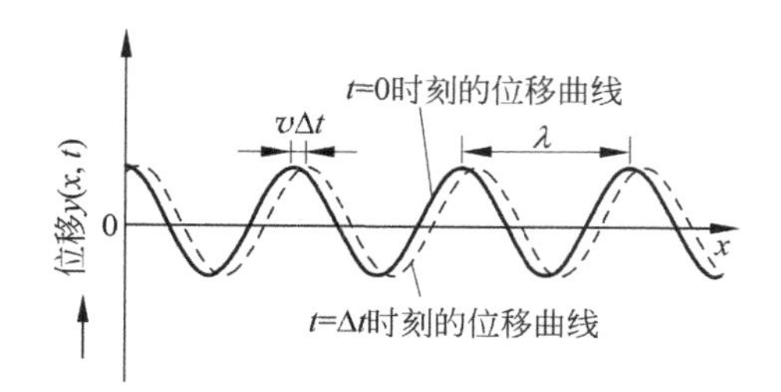

图 11.4　两曲线分别表示正弦波沿 $+x$ 方向传播时弦在 $t=0$ 和 $t=\Delta t$ 时刻的位移

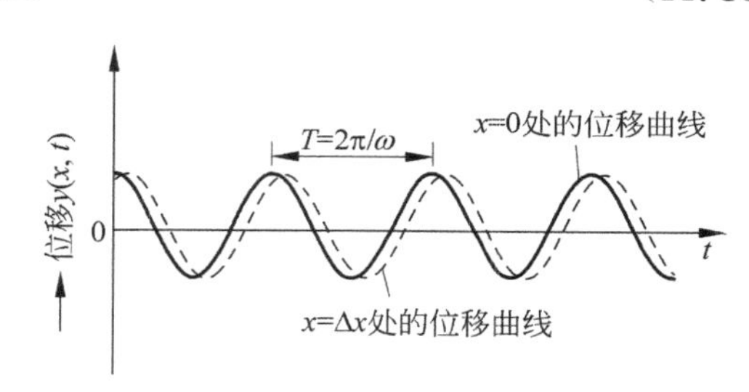

图 11.5　两曲线分别表示正弦波沿 $+x$ 方向传播时，在 $x=0$ 和 $x=\Delta x$ 这两点的位移随时间的变化

这两条曲线分别对应两点位移随时间变化的情况。可以看出，对应于某一特定点，每过一段时间

$$T=2\pi/\omega \tag{11.11}$$

位移就重复一次，这段时间就称为波的时间周期。而

$$\nu=1/T \tag{11.12}$$

称为波的频率，它表示质点在1s内振荡的次数。从图11.5的两条曲线可以看出，$x=0$ 和 $x=\Delta x$ 这两点除了有一个相位差 $k\Delta x$ 之外振动完全相似。事实上，弦上任何两点都以相同的振幅和相同的频率作简谐振动，只不过它们之间有一个相位差 kx_0，这里 x_0 代表这两点之间的距离。很明显，如果这段距离是波长的倍数，即

$$x_0=m\lambda,\quad m=1,2,\cdots$$

则有

$$kx_0=\frac{2\pi}{\lambda}m\lambda=2m\pi$$

该式表明距离是波长整数倍的两点，以相同的相位振动。类似地，距离为 $\frac{1}{2}\lambda$，$\frac{3}{2}\lambda$，…的两点，以相反的相位振动。普遍来说，距离差 x_0 对应于相位差 $\frac{2\pi}{\lambda}x_0$。

应用式(11.10)～式(11.12)，可得

$$\nu=\frac{1}{T}=\frac{\omega}{2\pi}=\frac{kv}{2\pi}=\frac{v}{\lambda}$$

或者

$$v=\nu\lambda \tag{11.13}$$

注意到(在某一个给定时刻)位移随 x 变化和(在某一个给定位置)位移随 t 变化具有相似性(参见图11.4和图11.5)。这种相似性可以通过把式(11.6)写成如下形式表示出来：

$$y(x,t)=a\cos\left(\frac{2\pi}{\lambda}x-\frac{2\pi}{T}t\right) \tag{11.14}$$

该式表明波长 λ 在图 11.4 中所起的作用和时间周期 T 在图 11.5 中所起的作用相同。式(11.14)常常也写成如下形式：

$$y(x,t)=a\cos(kx-\omega t) \tag{11.15}$$

应该指出，上述讨论在相位因子 ϕ 为任意值的情况下都是有效的。

11.3　波的种类

正如前面所提到的，在弦上传播的波，振动位移与传播方向成直角，这种波称为横波[①]。类似地，当声波在空气中传播时，空气分子的位移是沿着波传播方向的，这种波称为纵波。但是，有一些波在性质上既不是纵波也不是横波，例如，一个波在水的表面上传播时，水分子近似地在一个圆形轨道上运动。

11.4　波动的能量传播　　目标 2

波携带着能量，例如，当横波在弦上传播时，弦上的粒子就在平衡位置附近作简谐振动，而与这种振动相联系的是一定的能量。随着波的传播，能量不断地从弦的一端传输到另一端。现在来考察粒子的位移随时间的变化，它可以写成

$$y=a\cos(\omega t+\phi) \tag{11.16}$$

粒子的瞬时速度则是

$$v=\frac{\mathrm{d}y}{\mathrm{d}t}=-a\omega\sin(\omega t+\phi) \tag{11.17}$$

因此，动能(T)由下式给出：

$$T=\frac{1}{2}m\left(\frac{\mathrm{d}y}{\mathrm{d}t}\right)^2=\frac{1}{2}ma^2\omega^2\sin^2(\omega t+\phi) \tag{11.18}$$

总能量(E)等于 T 的极大值[②]

$$E=(T)_{\max}=\frac{1}{2}ma^2\omega^2[\sin^2(\omega t+\phi)]_{\max}=\frac{1}{2}ma^2\omega^2 \tag{11.19}$$

对于在空气中传播的声波，每单位体积的能量 ε(能量密度)则由下式给出：

$$\varepsilon=\frac{1}{2}mna^2\omega^2=\frac{1}{2}\rho a^2\omega^2=2\pi^2\rho a^2\nu^2 \tag{11.20}$$

---

① 电磁波本质上也是横波。但值得一提的是，电磁波在接近波源的地方也有纵向分量，在离波源比较远的地方纵向分量迅速衰减(参考 23.4 节)。

② 此处原文有误。对于一个波动，波场中的一个粒子总能量是动态变化的，不会是一个常数。实际上，对于一个简谐波的波动，粒子的势能与动能在任意时刻是相等的，其总能量为

$$E=T+U=2T=ma^2\omega^2\sin^2(kx-\omega t+\phi)$$

是一个动态变化量，表示该粒子所具有的能量有时是净输入，有时是净输出，表明能量有传递。但是其在一个周期内的平均值是个常数，为

$$\bar{E}=ma^2\omega^2\overline{\sin^2(kx-\omega t+\phi)}=\frac{1}{2}ma^2\omega^2$$

式(11.20)表示的能量密度也是平均能量密度，而式(11.21)表示的波强度恰是观测平均值的概念。——译者注

式中，m 代表气体分子的质量，n 代表每单位体积的分子数，而 $\rho(=nm)$ 是气体密度。对于声波，可以考察它的强度，定义为单位时间内通过垂直于传播方向单位面积的能量流(平均值)。因为波的传播速度为 v，所以强度(I)就由下式给出①：

$$I = 2\pi^2 \rho v a^2 \nu^2 \tag{11.21}$$

因此，强度正比于振幅的平方和频率的平方。

下面讨论点波源在均匀的各向同性介质②中发出的波。假定介质没有吸收，点源 1s 发出 WJ 的平均能量(W 代表点源功率)。考察以点源为中心、半径为 r 的一个球面；显然，1s 发出 WJ 的平均能量将通过面积为 $4\pi r^2$ 的球面。因此，强度(I)就由下式给出：

$$I = \frac{W}{4\pi r^2} \tag{11.22}$$

这就是平方反比定律。应用式(11.21)和式(11.22)，可得

$$\frac{W}{4\pi r^2} = 2\pi^2 \rho v a^2 \nu^2$$

或者

$$a = \left(\frac{W}{8\pi^3 \rho v \nu^2}\right)^{1/2} \frac{1}{r} \tag{11.23}$$

表示振幅按照 $\frac{1}{r}$ 减小。实际上，对于点源发出的球面波③，位移由下式给出：

$$f = \frac{a_0}{r}\sin(kr - \omega t)$$

其中，a_0 代表距点源单位距离处的波的振幅。

例 11.3 一个声源在空气中以 256 次/秒的频率振动，并以 5J/s 的速率向各个方向均匀地传播能量。计算距离声源 25m 处声波的强度和振幅。假设传播过程中没有吸收(声波在空气中的传播速度为 330m/s，空气密度为 1.29kg/m^3)。

解 强度

$$I = \frac{5\text{J/s}}{4\pi \times (25)^2 \text{m}^2} \approx 6.4 \times 10^{-4} \text{J/(s} \cdot \text{m}^2)$$

因此

$$a = \left(\frac{5}{8\pi^3 \times 1.29 \times 330 \times 256 \times 256}\right)^{1/2} \frac{1}{25}\text{m} \approx 1 \times 10^{-6}\text{m}$$

例 11.4 试证明：在弦上传播的横波，单位时间传递的平均能量是 $\frac{1}{2}\rho\omega^2 a^2 v$，其中 ρ 是单位弦长的质量，a 是波的振幅，v 是波的传播速度。

---

① 根据以下事实容易理解这个式子：如果单位体积内有 n 个以同一速度 v 运动的粒子，那么单位时间通过垂直于 v 的单位面积的粒子数就是 nv。

② 各向同性介质是其物理性质(如特定的一种波的传播速度)在所有方向都相同的介质。在第 22 章将讨论各向异性介质。

③ 对于从各向同性介质中的点源发出的波，以点源为中心的球面上的所有点都有相同的振幅和相位；换言之，具有相同振幅和相位的点的轨迹是球面，这种波称为球面波。当离开点源很远时，通过一小块面积的球面波实质上是平面波。

解　与单位弦长相联系的平均能量是$\frac{1}{2}\rho\omega^2a^2$，又因为波的速度为 v，即可得出结论。

11.5　一维波动方程　　目标 3

在 11.1 节中已经证明，一维波的位移 ψ 总有下面的形式：

$$\psi = f(x - vt) + g(x + vt) \tag{11.24}$$

式(11.24)右边第一项表示以速度 v 沿 $+x$ 方向传播的扰动。类似地，第二项表示以速度 v 沿 $-x$ 方向传播的扰动。现在的问题是，怎样可以预知这些波的存在以及这些波的传播速度为多少？这个问题的答案如下：如果从物理的角度出发，可以导出如下形式的方程：

$$\frac{\partial^2\psi}{\partial x^2} = \frac{1}{v^2}\frac{\partial^2\psi}{\partial t^2} \tag{11.25}$$

那么就可以肯定波确实存在，而 ψ 就表示与波相联系的位移。这一结论可以从下面的事实得出：方程(11.25)的通解具有形式

$$\psi = f(x - vt) + g(x + vt) \tag{11.26}$$

式中，f 和 g 是自变量的任意函数。在 11.9 节中会给出式(11.26)是方程(11.25)通解的推导。这样，根据物理上的考虑获得具有式(11.25)形式的方程，就可以预言某种波的存在，且该波的传播速度就是 v。

应该指出，波动方程最简单的特解是正弦变化的函数

$$\psi = A\sin[k(x \pm vt) + \phi] \tag{11.27}$$

或者

$$\psi = A\cos[k(x \pm vt) + \phi] \tag{11.28}$$

在 11.2 节中已经指出

$$k = 2\pi/\lambda, \quad kv = \omega = 2\pi\nu \tag{11.29}$$

式中，λ 是波长，ν 是波的频率。为了更方便，通常把波动方程的解写成如下的指数形式，而不是正弦变化的形式：

$$\psi = A\exp[\mathrm{i}(kx \pm \omega t + \phi)] \tag{11.30}$$

如前，式中 A 和 ϕ 分别表示波的振幅和初相位。写出式(11.30)的形式，就意味着实际位移是 ψ 的实部，即

$$\psi = A\cos(kx \pm \omega t + \phi) \tag{11.31}$$

在下面三节中，将推导出在某些简单情况下的波动方程①。在 11.9 节，再讨论波动方程的通解。

11.6　拉紧弦的横向波动　　目标 4

考虑一根张力为 T 的拉紧的弦。假设弦的平衡位置是在 x 轴上。如果在 y 方向拉动弦，就会有一个使弦回到平衡位置的力作用在弦上。考察一小段弦 AB，并计算在 y 方向作

① 在第 23 章中，将从麦克斯韦方程组导出波动方程，从而得出电磁波速度的表达式。

用在这小段弦上的净力。由于张力 T 的作用,两端点 A 和 B 都受到了力,力的方向如图11.6的箭头所示。作用在点 A 的力(以向上为正)等于

$$-T\sin\theta_1 \approx -T\tan\theta_1 = -T\left.\frac{\partial y}{\partial x}\right|_x \tag{11.32}$$

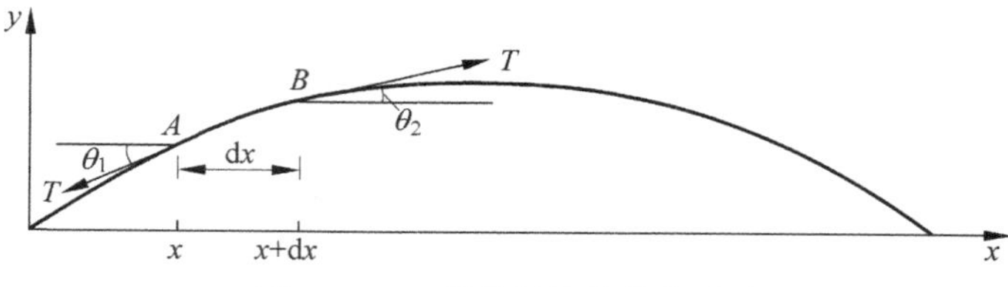

图11.6 一根拉紧的弦横向运动

类似地,作用在点 B 的力(以向上为正)等于

$$T\sin\theta_2 \approx T\tan\theta_2 = T\left.\frac{\partial y}{\partial x}\right|_{x+dx} \tag{11.33}$$

这里假设 θ_1 和 θ_2 很小。因此,作用在 AB 上的 y 方向的净力等于

$$T\left[\left(\frac{\partial y}{\partial x}\right)_{x+dx} - \left(\frac{\partial y}{\partial x}\right)_x\right] = T\frac{\partial^2 y}{\partial x^2}dx \tag{11.34}$$

式中使用了 $\left(\frac{\partial y}{\partial x}\right)_{x+dx}$ 在 x 点附近的泰勒级数展开:

$$\left(\frac{\partial y}{\partial x}\right)_{x+dx} = \left(\frac{\partial y}{\partial x}\right)_x + \frac{\partial}{\partial x}\left(\frac{\partial y}{\partial x}\right)\bigg|_x dx$$

因为 dx 是无穷小量而略去了高次项。因此,弦段 AB 的运动方程是

$$\Delta m\frac{\partial^2 y}{\partial t^2} = T\frac{\partial^2 y}{\partial x^2}dx$$

式中,Δm 是弦段 AB 的质量。若单位弦长的质量为 ρ,则有

$$\Delta m = \rho dx$$

因而得到

$$\frac{\partial^2 y}{\partial x^2} = \frac{1}{T/\rho}\frac{\partial^2 y}{\partial t^2} \tag{11.35}$$

这就是一维波动方程。因此,可以得出结论:横波可以在一根拉紧的弦上传播,并且比较式(11.35)和式(11.25),就可以得到如下的横波速度的表达式:

$$v = \sqrt{T/\rho} \tag{11.36}$$

端点固定的弦的振动问题将在13.2节中讨论。值得一提的是,实际弦的位移并不严格具有式(11.27)所给出的形式,这是因为在推导波动方程时作了一系列的近似。一般的波传播时都有衰减,因而波的形状也不能保持不变。

11.7 固体中的纵声波 目标4

在本节中,将推导在弹性固体中传播的纵声波的速度表达式。考察截面积为 A 的一根圆柱形棒。用 PQ 和 RS 表示距离某一固定点 O 为 x 和 $x+\Delta x$ 处的圆棒的横截面,并选择

沿圆棒的长度方向为 x 轴的方向(见图 11.7)。

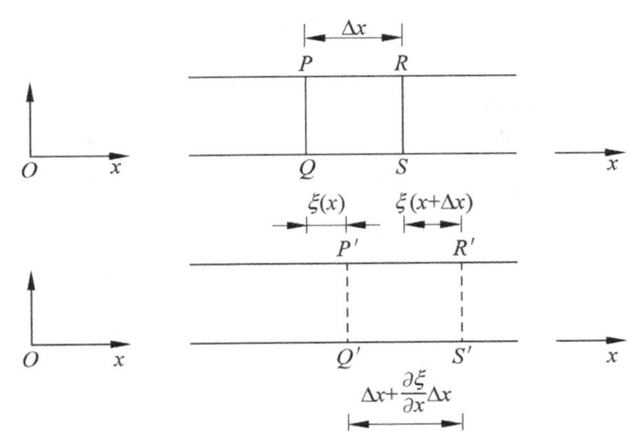

图 11.7　纵声波在圆柱形棒内的传播

以 $\xi(x)$表示一个平面的纵位移。因此,平面 PQ 和 RS 的位移分别是 $\xi(x)$和 $\xi(x+\Delta x)$。在位移之后,平面 $P'Q'$和 $R'S'$之间的距离是

$$\xi(x+\Delta x)-\xi(x)+\Delta x=\xi(x)+\frac{\partial \xi}{\partial x}\Delta x-\xi(x)+\Delta x=\Delta x+\frac{\partial \xi}{\partial x}\Delta x$$

这一小段棒延伸了$\frac{\partial \xi}{\partial x}\Delta x$,因此,纵向应变等于

$$\frac{\text{增加的长度}}{\text{原来的长度}}=\frac{\frac{\partial \xi}{\partial x}\Delta x}{\Delta x}=\frac{\partial \xi}{\partial x} \tag{11.37}$$

因为杨氏模量(Y)定义为纵向应力与纵向应变之比,所以有

$$\text{纵向应力}=\frac{F}{A}=Y\times\text{应变}=Y\frac{\partial \xi}{\partial x} \tag{11.38}$$

式中,F 是作用在平面 $P'Q'$上的力。因此

$$F(x)=YA\frac{\partial \xi}{\partial x} \tag{11.39}$$

并且

$$\frac{\partial F}{\partial x}=YA\frac{\partial^2 \xi}{\partial x^2} \tag{11.40}$$

现在,如果考察体积 $P'Q'S'R'$,那么作用在平面 $P'Q'$上的力 F 是沿 $-x$ 轴方向,而作用在平面 $R'S'$上的力 $F(x+\Delta x)$是沿 $+x$ 轴方向。因此,作用在棒元 $P'Q'S'R'$上的合力就是

$$F(x+\Delta x)-F(x)=\frac{\partial F}{\partial x}\Delta x=YA\frac{\partial^2 \xi}{\partial x^2}\Delta x \tag{11.41}$$

以 ρ 表示密度,则这一小段棒的质量是 $\rho A\Delta x$。这样一来,运动方程应为

$$\rho A\Delta x\frac{\partial^2 \xi}{\partial t^2}=YA\Delta x\frac{\partial^2 \xi}{\partial x^2}$$

或者

$$\frac{\partial^2 \xi}{\partial x^2}=\frac{1}{v_l^2}\frac{\partial^2 \xi}{\partial t^2} \tag{11.42}$$

式中,

$$v_l=\left(\frac{Y}{\rho}\right)^{1/2} \tag{11.43}$$

表示波的速度,脚标 l 表示讨论的是纵波①。

当棒的横向尺寸远小于扰动的波长时,可以假设任一横截面(如 PQ)上各点的纵向位移都相同,此时上述推导才有效。在普遍情形下,如果对广延的各向同性的弹性固体中的振动进行严格分析,可以证明纵波和横波的速度由下面两式给出②:

$$v_l=\left[\frac{Y}{\rho}\,\frac{(1-\sigma)}{(1+\sigma)(1-2\sigma)}\right]^{1/2}=\left(\frac{K+\frac{4}{3}\eta}{\rho}\right)^{1/2} \tag{11.44}$$

$$v_t=\left[\frac{Y}{\rho}\,\frac{1}{2(1+\sigma)}\right]^{1/2}=\left(\frac{\eta}{\rho}\right)^{1/2} \tag{11.45}$$

式中,σ、η 和 K 分别表示泊松比、刚性模量和体积弹性模量。必须注意的是,这里讨论的横波(其速度由式(11.45)给出)是由材料的弹性所产生的恢复力引起的,而对应于11.6节所讨论的横波,弦是作为一个整体运动的,恢复力则是外部施加的张力所引起的。

11.8 气体中的纵波 目标4

为了确定纵声波在气体中的传播速度,考察如图11.8(a)所示的一个柱体 $PQSR$。由于是纵向位移,我们再次以 $\xi(x)$ 表示平面 PQ 的位移,而以 $\xi(x+\Delta x)$ 表示平面 RS 的位移(见图11.8)。设没有任何扰动时,气体的压强为 P_0,令 $P_0+\Delta P(x)$ 和 $P_0+\Delta P(x+\Delta x)$ 分别表示平面 $P'Q'$ 和 $R'S'$ 上的压强。现在,如果考虑柱体 $P'Q'S'R'$,那么作用在面 $P'Q'$ 上的压强 $P_0+\Delta P(x)$ 是沿 $+x$ 方向的,而作用在面 $R'S'$ 上的压强 $P_0+\Delta P(x+\Delta x)$ 是沿 $-x$ 方向的。因此,作用在柱体 $P'Q'S'R'$ 上的力是

$$[\Delta P(x)-\Delta P(x+\Delta x)]A=-\frac{\partial}{\partial x}(\Delta P)\Delta xA \tag{11.46}$$

式中,A 代表该柱体的截面积。这样一来,柱体 $P'Q'S'R'$ 的运动方程就是

$$-\frac{\partial}{\partial x}(\Delta P)A\,\Delta x=\rho A\,\Delta x\,\frac{\partial^2\xi}{\partial t^2}$$

式中,ρ 代表气体密度。因此有

$$-\frac{\partial}{\partial x}(\Delta P)=\rho\,\frac{\partial^2\xi}{\partial t^2} \tag{11.47}$$

压强的变化将引起体积的变化,并且如果波的频率比较高(≥20Hz),压强的涨落是很迅速的,因而可以假设过程是绝热的。因此,可以写出

$$PV^{\gamma}=\text{常数} \tag{11.48}$$

---

① 可以用类似的方法讨论横波在弹性固体内的传播,横波的速度由下式给出(例如,参阅文献[11.8]):

$$v_l=\sqrt{\eta/\rho}$$

式中,η 表示刚性模量。

② 例如,参阅文献[11.5]。

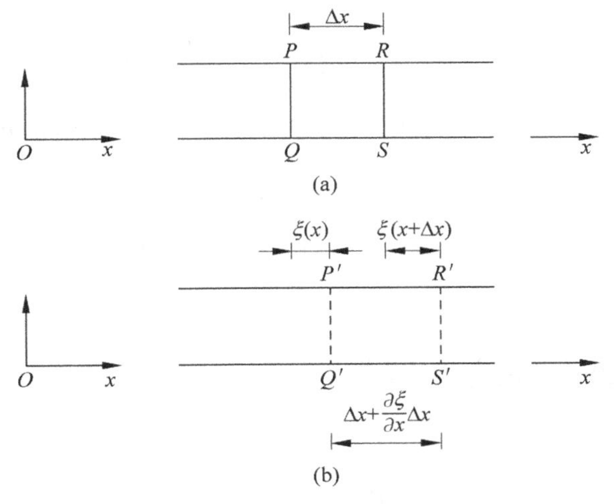

图 11.8　在空气中传播的纵声波

式中，$\gamma=C_p/C_V$ 是定压比热容和定容比热容之比。对上式微分，得到

$$\Delta PV^{\gamma}+\gamma V^{\gamma-1}P\Delta V=0$$

或者

$$\Delta P=-\frac{\gamma P}{V}\Delta V \tag{11.49}$$

柱体 $PQSR$ 的长度的变化是

$$[\xi(x+\Delta x)-\xi(x)+\Delta x]-\Delta x=\frac{\partial\xi}{\partial x}\Delta x$$

因此，体积的变化是

$$\Delta V=\frac{\partial\xi}{\partial x}A\Delta x$$

体积元原来的体积等于 $A\Delta x$。因此

$$\Delta P=-\frac{\gamma P}{A\Delta x}\frac{\partial\xi}{\partial x}A\Delta x=-\gamma P\frac{\partial\xi}{\partial x} \tag{11.50}$$

或者

$$\frac{\partial}{\partial x}(\Delta P)=-\gamma P\frac{\partial^2\xi}{\partial x^2} \tag{11.51}$$

利用式(11.47)和式(11.51)，可得

$$\frac{\partial^2\xi}{\partial x^2}=\frac{1}{v^2}\frac{\partial^2\xi}{\partial t^2} \tag{11.52}$$

式中，

$$v=\left(\frac{\gamma P}{\rho}\right)^{1/2} \tag{11.53}$$

代表纵声波在气体中的传播速度。对空气来说，假定 $\gamma=1.40$，$P=1.01\times10^6\text{N/m}^2$，$\rho=1.3\text{kg/m}^3$，得到

$$v\approx330\text{m/s}$$

气体绝热压缩系数由下式给出：

$$\kappa_s = -\frac{1}{V}\left(\frac{\partial V}{\partial P}\right)_s = \frac{1}{\gamma P} \tag{11.54}$$

式中，下标 s 表示绝热过程(熵为常数)。气体的体积弹性模量(K)是 κ_s 的倒数：

$$K = \frac{1}{\kappa_s} = \gamma P \tag{11.55}$$

如果把 K 的这个表达式代入式(11.44)，并利用气体的刚性模量(η)为零这一事实，就可以得到式(11.53)。

11.9 一维波动方程的通解[①] 目标5

为求得波动方程

$$\frac{\partial^2 \psi}{\partial x^2} = \frac{1}{v^2}\frac{\partial^2 \psi}{\partial t^2} \tag{11.56}$$

的通解，引入两个新变量

$$\xi = x - vt \tag{11.57}$$

$$\eta = x + vt \tag{11.58}$$

并利用这两个新变量写出式(11.56)。由于

$$\frac{\partial \psi}{\partial x} = \frac{\partial \psi}{\partial \xi}\frac{\partial \xi}{\partial x} + \frac{\partial \psi}{\partial \eta}\frac{\partial \eta}{\partial x} \tag{11.59}$$

或者

$$\frac{\partial \psi}{\partial x} = \frac{\partial \psi}{\partial \xi} + \frac{\partial \psi}{\partial \eta} \tag{11.60}$$

上式利用了如下结果：

$$\frac{\partial \xi}{\partial x} = 1, \quad \frac{\partial \eta}{\partial x} = 1$$

将式(11.60)对 x 微商，得到

$$\begin{aligned}\frac{\partial^2 \psi}{\partial x^2} &= \frac{\partial}{\partial x}\left(\frac{\partial \psi}{\partial \xi}\right) + \frac{\partial}{\partial x}\left(\frac{\partial \psi}{\partial \eta}\right)\\ &= \frac{\partial}{\partial \xi}\left(\frac{\partial \psi}{\partial \xi}\right)\frac{\partial \xi}{\partial x} + \frac{\partial}{\partial \eta}\left(\frac{\partial \psi}{\partial \xi}\right)\frac{\partial \eta}{\partial x} + \frac{\partial}{\partial \xi}\left(\frac{\partial \psi}{\partial \eta}\right)\frac{\partial \xi}{\partial x} + \frac{\partial}{\partial \eta}\left(\frac{\partial \psi}{\partial \eta}\right)\frac{\partial \eta}{\partial x}\end{aligned}$$

或者

$$\frac{\partial^2 \psi}{\partial x^2} = \frac{\partial^2 \psi}{\partial \xi^2} + 2\frac{\partial^2 \psi}{\partial \eta \partial \xi} + \frac{\partial^2 \psi}{\partial \eta^2} \tag{11.61}$$

类似地，有

$$\frac{\partial \psi}{\partial t} = \frac{\partial \psi}{\partial \xi}\frac{\partial \xi}{\partial t} + \frac{\partial \psi}{\partial \eta}\frac{\partial \eta}{\partial t} = -v\frac{\partial \psi}{\partial \xi} + v\frac{\partial \psi}{\partial \eta}$$

并且

① 初次阅读时可跳过这一节。

$$\frac{\partial^2\psi}{\partial t^2}=-v\left[\frac{\partial}{\partial\xi}\left(\frac{\partial\psi}{\partial\xi}\right)\frac{\partial\xi}{\partial t}+\frac{\partial}{\partial\eta}\left(\frac{\partial\psi}{\partial\xi}\right)\frac{\partial\eta}{\partial t}\right]+v\left[\frac{\partial}{\partial\xi}\left(\frac{\partial\psi}{\partial\eta}\right)\frac{\partial\xi}{\partial t}+\frac{\partial}{\partial\eta}\left(\frac{\partial\psi}{\partial\eta}\right)\frac{\partial\eta}{\partial t}\right]$$

或者

$$\frac{\partial^2\psi}{\partial t^2}=v^2\left[\frac{\partial^2\psi}{\partial\xi^2}-2\frac{\partial^2\psi}{\partial\eta\partial\xi}+\frac{\partial^2\psi}{\partial\eta^2}\right]\tag{11.62}$$

把式(11.61)和式(11.62)关于$\partial^2\psi/\partial x^2$和$\partial^2\psi/\partial t^2$的表示式代入式(11.56)，得到

$$\frac{\partial^2\psi}{\partial\xi^2}+2\frac{\partial^2\psi}{\partial\eta\partial\xi}+\frac{\partial^2\psi}{\partial\eta^2}=\frac{\partial^2\psi}{\partial\xi^2}-2\frac{\partial^2\psi}{\partial\eta\partial\xi}+\frac{\partial^2\psi}{\partial\eta^2}$$

或者

$$\frac{\partial}{\partial\eta}\left(\frac{\partial\psi}{\partial\xi}\right)=0\tag{11.63}$$

因此，$\partial\psi/\partial\xi$必定不依赖于η；然而，它可以是ξ的任意函数：

$$\frac{\partial\psi}{\partial\xi}=F(\xi)\tag{11.64}$$

或者

$$\psi=\int F(\xi)\mathrm{d}\xi+\text{积分常数}$$

积分常数可以是η的任意函数，并且因为任意函数的积分仍是一个任意函数，所以求得波动方程的通解

$$\psi=f(\xi)+g(\eta)=f(x-vt)+g(x+vt)\tag{11.65}$$

式中，f和g是自变量的任意函数。函数$f(x-vt)$代表以速度v沿$+x$方向传播的扰动，而函数$g(x+vt)$代表以速度v沿$-x$方向传播的扰动。

例 11.5　利用分离变量法[①]求解一维波动方程(式(11.25))，并证明方程的解的确可以表示成式(11.30)和式(11.31)的形式。

解　利用分离变量法，假设波动方程

$$\frac{\partial^2\psi}{\partial x^2}=\frac{1}{v^2}\frac{\partial^2\psi}{\partial t^2}\tag{11.66}$$

的解的形式为

$$\psi(x,t)=X(x)T(t)\tag{11.67}$$

式中，$X(x)$仅是x的函数，$T(t)$仅是t的函数。代入式(11.66)，可得

$$T(t)\frac{\mathrm{d}^2X}{\mathrm{d}x^2}=\frac{1}{v^2}X(x)\frac{\mathrm{d}^2T}{\mathrm{d}t^2}$$

或者[②]

$$\frac{1}{X(x)}\frac{\mathrm{d}^2X}{\mathrm{d}x^2}=\frac{1}{v^2T(t)}\frac{\mathrm{d}^2T}{\mathrm{d}t^2}\tag{11.68}$$

式(11.68)左边仅是x的函数，而右边仅是t的函数。这表明不论x和t取什么值，独

---

① 分离变量法是求解某些种类的偏微分方程的有效方法。这种方法假设方程的解是一些函数之积，而每一个函数只与一个独立变量有关(见式(11.67))。把这个解代入方程，如果变量能够分离开，则表明这种方法是有效的，并且通解就是各个可能的解的线性组合。如果变量不能分离开，就必须用其他方法求解方程。

② 请注意偏微分已经替换成了全微分。

立变量 x 的函数都等于另一个独立变量 t 的函数；这只有当上式两边均等于常数时才是可能的。令这个常数等于 $-k^2$，则有

$$\frac{1}{X(x)}\frac{\mathrm{d}^2X}{\mathrm{d}x^2}=\frac{1}{v^2T(t)}\frac{\mathrm{d}^2T}{\mathrm{d}t^2}=-k^2 \tag{11.69}$$

因此有

$$\frac{\mathrm{d}^2X}{\mathrm{d}x^2}+k^2X(x)=0 \tag{11.70}$$

$$\frac{\mathrm{d}^2T}{\mathrm{d}t^2}+\omega^2T(t)=0 \tag{11.71}$$

式中，

$$\omega=kv=\frac{2\pi v}{\lambda} \tag{11.72}$$

代表波的角频率。方程(11.70)和方程(11.71)的解可以很容易写出：

$$X(x)=(A\cos kx+B\sin kx)$$
$$T(t)=(C\cos\omega t+D\sin\omega t)$$

因此

$$\psi(x,t)=(A\cos kx+B\sin kx)(C\cos\omega t+D\sin\omega t) \tag{11.73}$$

适当选择常数 A、B、C、D，可以得到

$$\psi(x,t)=a\cos(kx-\omega t+\phi)$$

或者

$$\psi(x,t)=a\cos(kx+\omega t+\phi)$$

两式分别代表沿 $+x$ 方向和 $-x$ 方向传播的波。也可以把

$$\psi(x,t)=a\exp[\pm\mathrm{i}(kx\pm\omega t+\phi)]$$

作为方程的解。

一般情形下，所有的频率值都是允许的，只是频率和波长必须由式(11.72)联系起来。但是，有些系统(如有张力作用并且两端固定的弦)的频率只允许某些固定的值(参阅8.2节)。

例 11.6 到现在为止，讨论只限于一维的波。三维的波动方程具有如下形式：

$$\nabla^2\psi=\frac{1}{v^2}\frac{\partial^2\psi}{\partial t^2} \tag{11.74}$$

式中，

$$\nabla^2\psi=\frac{\partial^2\psi}{\partial x^2}+\frac{\partial^2\psi}{\partial y^2}+\frac{\partial^2\psi}{\partial z^2} \tag{11.75}$$

试利用分离变量法求解三维波动方程，并说明解的物理意义。

解 利用分离变量法，可写出

$$\psi(x,y,z,t)=X(x)Y(y)Z(z)T(t) \tag{11.76}$$

式中，$X(x)$仅是 x 的函数，以此类推。代入式(11.74)，可得

$$YZT\frac{\mathrm{d}^2X}{\mathrm{d}x^2}+XZT\frac{\mathrm{d}^2Y}{\mathrm{d}y^2}+XYT\frac{\mathrm{d}^2Z}{\mathrm{d}z^2}=\frac{1}{v^2}XYZ\frac{\mathrm{d}^2T}{\mathrm{d}t^2}$$

各项除以 ψ，有

$$\frac{1}{X}\frac{\mathrm{d}^2X}{\mathrm{d}x^2}+\frac{1}{Y}\frac{\mathrm{d}^2Y}{\mathrm{d}y^2}+\frac{1}{Z}\frac{\mathrm{d}^2Z}{\mathrm{d}z^2}=\frac{1}{v^2}\left(\frac{1}{T}\frac{\mathrm{d}^2T}{\mathrm{d}t^2}\right) \tag{11.77}$$

因为左边第一项仅是 x 的函数，第二项仅是 y 的函数，……所以每一项都必须令其等于常数。写成

$$\begin{cases}\dfrac{1}{X}\dfrac{\mathrm{d}^2X}{\mathrm{d}x^2}=-k_x^2\\[2mm]\dfrac{1}{Y}\dfrac{\mathrm{d}^2Y}{\mathrm{d}y^2}=-k_y^2\\[2mm]\dfrac{1}{Z}\dfrac{\mathrm{d}^2Z}{\mathrm{d}z^2}=-k_z^2\end{cases} \tag{11.78}$$

式中，k_x^2、k_y^2 和 k_z^2 均为常数。因此

$$\frac{1}{v^2}\left(\frac{1}{T}\frac{\mathrm{d}^2T}{\mathrm{d}t^2}\right)=-(k_x^2+k_y^2+k_z^2)$$

或者

$$\frac{\mathrm{d}^2T}{\mathrm{d}t^2}+\omega^2T(t)=0 \tag{11.79}$$

式中，

$$\omega^2=k^2v^2 \tag{11.80}$$

并且

$$k^2=k_x^2+k_y^2+k_z^2$$

方程(11.78)和方程(11.79)的解可以写成正弦和余弦函数的形式；但是，更方便的是把它们写成指数函数的形式：

$$\psi=A\exp[\mathrm{i}(k_xx+k_yy+k_zz\pm\omega t+\phi)]=A\exp[\mathrm{i}(\boldsymbol{k}\cdot\boldsymbol{r}\pm\omega t+\phi)] \tag{11.81}$$

式中，矢量 $\boldsymbol{k}$ 是这样规定的：它的 x、y、z 分量分别是 k_x、k_y、k_z。也可以把解写成

$$\psi=A\cos(\boldsymbol{k}\cdot\boldsymbol{r}-\omega t+\phi) \tag{11.82}$$

考察垂直于 $\boldsymbol{k}$ 的一个矢量 $\boldsymbol{r}$，有 $\boldsymbol{k}\cdot\boldsymbol{r}=0$。所以，在一个给定的时刻，扰动的相位在垂直于 $\boldsymbol{k}$ 的平面上是常数。扰动传播的方向沿着 $\boldsymbol{k}$ 的方向，而等相面（波阵面）是垂直于 $\boldsymbol{k}$ 的平面。这种波称为平面波（见图 11.9）。要注意，对于给定的一个频率值，k^2 的值是确定的（见式(11.80)），然而，波的传播方向可以根据 k_x、k_y 和 k_z 之间相互取值的不同而不同。例如，如果

$$k_x=k,\quad k_y=k_z=0 \tag{11.83a}$$

则得到一个沿 x 轴传播的波，等相面平行于 yz 平面。类似地，当

$$k_x=\frac{k}{\sqrt{2}},\quad k_y=\frac{k}{\sqrt{2}},\quad k_z=0 \tag{11.83b}$$

时，波沿着与 x 轴和 y 轴成相等角度（且与 z 轴垂直）的方向传播（见图 11.9），等等。

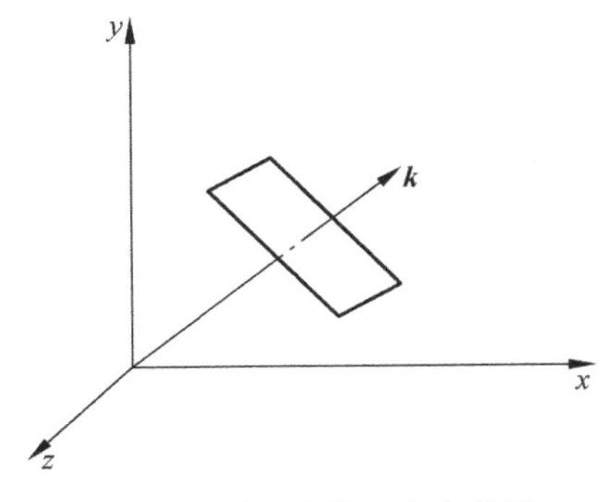

图 11.9　平面波沿 $\boldsymbol{k}$ 方向传播，$k_x=k_y=\dfrac{k}{\sqrt{2}},k_z=0$

例 11.7 对于球面波,位移 ψ 只依赖于 r 和 t,其中 r 是到某一固定点的距离。试求球面波波动方程的通解。

解 对于球面波,有(球坐标)

$$\nabla^2\psi=\frac{\partial^2\psi}{\partial r^2}+\frac{2}{r}\frac{\partial\psi}{\partial r}=\frac{1}{r^2}\frac{\partial}{\partial r}\left(r^2\frac{\partial\psi}{\partial r}\right)\tag{11.84}$$

因此,球面波波动方程简化为

$$\nabla^2\psi=\frac{1}{r^2}\frac{\partial}{\partial r}\left(r^2\frac{\partial\psi}{\partial r}\right)=\frac{1}{v^2}\frac{\partial^2\psi}{\partial t^2}\tag{11.85}$$

如果作代换

$$\psi=\frac{u(r,t)}{r}$$

则

$$\frac{1}{r^2}\frac{\partial}{\partial r}\left(r^2\frac{\partial\psi}{\partial r}\right)=\frac{1}{r^2}\frac{\partial}{\partial r}\left(r\frac{\partial u}{\partial r}-u\right)=\frac{1}{r}\frac{\partial^2 u}{\partial r^2}$$

这样,方程(11.85)变为

$$\frac{1}{r}\frac{\partial^2 u}{\partial r^2}=\frac{1}{v^2}\frac{1}{r}\frac{\partial^2 u}{\partial t^2}$$

或者

$$\frac{\partial^2 u}{\partial r^2}=\frac{1}{v^2}\frac{\partial^2 u}{\partial t^2}\tag{11.86}$$

上式与一维波动方程形式相同。因此,方程(11.85)的通解由下式给出:

$$\psi=\frac{f(r-vt)}{r}+\frac{g(r+vt)}{r}\tag{11.87}$$

式子右边第一项和第二项分别代表一个发散球面波和一个会聚球面波。当时间依赖关系具有 $\exp(\pm\mathrm{i}\omega t)$ 的形式时,得到

$$\psi=\frac{A}{r}\exp[\mathrm{i}(kr\pm\omega t)]\tag{11.88}$$

注意到因子 $1/r$ 表示球面波的振幅与 r 成反比地减小,因而强度随 $1/r^2$ 减小。

小　结

- 对于一个正弦波,位移由下式表示:

  $$\psi=a\cos(kx\pm\omega t+\phi)$$

  式中,a 为波的振幅,$\omega(=2\pi\nu)$ 为波的角频率,$k(=2\pi/\lambda)$ 为波数,λ 为波长。正号与负号分别对应沿 $-x$ 方向和 $+x$ 方向传播的波。在拉紧的弦的一端放置一个连续振动的音叉,则在弦上就会产生这种形式的位移。ϕ 称为波的初相位。
- 波的强度正比于振幅的平方,正比于频率的平方。
- 波动方程

  $$\frac{\partial^2\psi}{\partial x^2}=\frac{1}{v^2}\frac{\partial^2\psi}{\partial t^2}$$

的通解形式为

$$\psi = f(x - vt) + g(x + vt)$$

式中，f 和 g 是自变量的任意函数。上述方程右边的第一项代表以速度 v 沿 $+x$ 方向传播的扰动，第二项代表以速度 v 沿 $-x$ 方向传播的扰动。如果从物理的角度出发能推导出波动方程，那么就可以肯定有某种波存在，而 ψ 就表示与该波相联系的位移。

- 沿一根弦上传播的横波的波速为 $\sqrt{T/\rho}$，其中 T 是弦上的张力，ρ 是弦单位长度的质量。
- 对于一个球面波，其位移由下式表示：

$$\psi = \frac{A}{r} \mathrm{e}^{\mathrm{i}(kr \pm \omega t)}$$

式中，正号与负号分别对应会聚球面波和发散球面波。注意到因子 $1/r$ 表示球面波的振幅与 r 成反比地减小，因而强度随 $1/r^2$ 减小。

习　　题

11.1　波的位移可表示为

(1) $y(x,t) = 0.1\cos(0.2x - 2t)$；

(2) $y(x,t) = 0.2\sin(0.5x + 3t)$；

(3) $y(x,t) = 0.5\sin 2\pi(0.1x - t)$。

每一种情况的 x 和 y 都是以 cm 量度的，而 t 以 s 计。试计算每一种情况的波长、振幅、频率和波速。

[**答案**：(1) $\nu \approx 0.32\mathrm{s}^{-1}$；$v = 10\mathrm{cm/s}$；(2) $\nu \approx 0.48\mathrm{s}^{-1}$；$v = 6\mathrm{cm/s}$；(3) $\nu \approx 1\mathrm{s}^{-1}$；$v = 10\mathrm{cm/s}$]

11.2　一横波($\lambda = 15\mathrm{cm}, \nu = 200\mathrm{s}^{-1}$)在拉紧的弦上沿 $+x$ 方向传播，振幅为 0.5cm。在 $t=0$ 时，$x=0$ 的点正好处于平衡位置，且要向上运动。试写出描述这个波的方程；若 $\rho = 0.1\mathrm{g/cm}$，试计算每单位弦长波的能量。

[**答案**：单位弦长波的能量 $\approx 1.97 \times 10^4 \mathrm{erg/cm}$]

11.3　设人耳听觉的频率范围是 $20\mathrm{Hz} < \nu < 20000\mathrm{Hz}$，问相应的波长范围是多少？

[**答案**：$16.5\mathrm{m} > \lambda > 0.0165\mathrm{m}$]

11.4　计算在标准温度和压力下，在(1)氩气($\gamma = 1.67$)，(2)氢气($\gamma = 1.41$)中纵波的传播速度。

[**答案**：308m/s，$1.26 \times 10^5 \mathrm{cm/s}$]

11.5　考察以速度 100cm/s 沿 $+x$ 方向传播的一列波。在 $x = 10\mathrm{cm}$ 处的位移由下式给出：

$$y(x=10, t) = 0.5\sin(0.4t)$$

式中，x 与 y 以 cm 度量，而 t 以 s 计。试计算这个波的波长和频率，并求出在 $x=0$ 处位移随时间变化的表示式。

[**答案**：$\lambda \approx 1571\mathrm{cm}$；波的位移为 $y(x,t) = 0.5\sin[0.4t - 0.004(x - 10)]$]

11.6 考察频率为 100s^{-1} 的沿 $-x$ 方向传播的波。在 $t=5\text{s}$ 时,波的位移由下式给出:

$$y(x,t=5)=0.5\cos(0.1x)$$

式中 x 和 y 以 cm 度量,t 以 s 计。试写出 $t=10\text{s}$ 时的位移(表示成 x 的函数),该波的波长和波速是多少?

[**答案**:波的位移为 $y(x,t)=0.5\cos[0.1x+200\pi(t-5)]$]

11.7 试对于

$$y(x,t=5)=0.5\cos(0.1x)+0.4\sin(0.1x+\pi/3)$$

的情况重做习题 11.6。

11.8 有一个高斯脉冲沿 $+x$ 方向传播;在 $t=t_0$ 时,它的位移由下式给出:

$$y(x,t=t_0)=a\exp\left[-\frac{(x-b)^2}{\sigma^2}\right]$$

试求 $y(x,t)$。

$$\left[\textbf{答案}:y(x,t)=a\exp\left\{-\frac{[x-b-v(t-t_0)]^2}{\sigma^2}\right\}\right]$$

11.9 弦音计上拉紧的弦丝上的张力为 1N,试计算其上传播的横波速度(设 $\rho=0.2\text{g/cm}$)。

[**答案**:$v=707\text{cm/s}$]

11.10 一个三维波的位移由下式给出:$\psi(x,y,z,t)=a\cos\left(\frac{\sqrt{3}}{2}kx+\frac{1}{2}ky-\omega t\right)$

试证明该波沿着与 x 轴成 30°角的方向传播。

11.11 一个波的位移由下式给出:

$$\psi(x,y,z,t)=a\cos(2x+3y+4z-5t)$$

式中,x、y、z 以 cm 度量,t 以 s 计,试求波传播方向的单位矢量。该波的波长和频率是多少?

$$\left[\textbf{答案}:\frac{2}{\sqrt{29}}\boldsymbol{x}+\frac{3}{\sqrt{29}}\boldsymbol{y}+\frac{4}{\sqrt{29}}\boldsymbol{z}\right]$$

第12章 惠更斯原理及其应用

在致法国皇家科学院的一次通信中，荷兰物理学家惠更斯提出了他的光波动理论(此理论发表在 1690 年的《光论》(Traite de Lumiere)中)。他认为：当光在由小弹性颗粒构成的弥漫的以太中传播时，每一个颗粒可以作为子波的波源。基于此，惠更斯解释了许多已知的光传播现象，包括巴托林纳斯(Bartholinus)发现的光经过方解石时的双折射现象。

——摘自互联网

学习目标

学过本章后，读者应该学会：

目标 1：描述惠更斯光的波动理论。

目标 2：将惠更斯原理应用到研究折射和反射中。

目标 3：在非均匀介质中利用惠更斯原理研究波前的传播。

12.1 引言

光的波动理论最早由惠更斯在 1678 年提出。那时候，人们都相信牛顿的微粒说，它可以很好地解释光的反射、折射、直线传播等现象以及光线能够在真空中传播的事实。牛顿至高无上的权威致使牛顿周围的科学家比牛顿本人都更深信微粒说。所以，当惠更斯提出光的波动理论时，没有人真正相信他。在他的波动理论的基础上，惠更斯满意地解释了光的反射、折射和全反射现象，并且对当时刚发现的双折射现象(参阅第 22 章)给出了简单的解释。正如在后面将会看到的，惠更斯的波动说预言光在介质(如水)中的速度比在自由空间中的速度要小，这一结果与牛顿微粒说预言的结果正好是相反的(参阅 2.2 节)。

直到 19 世纪初杨和菲涅耳的干涉实验之后，光的波动说才被人们真正接受，因为干涉实验只有波动说才能解释。后来，科学家们测出光在透明介质中的传播速度，而且与利用光的波动理论得到的结果相符。应该指出的是，惠更斯本人并不知道光波是横波还是纵波，以及光在真空中如何传播。直到 19 世纪末麦克斯韦提出了著名的电磁理论，光的本性才被正确理解。

12.2 惠更斯原理 目标 1

惠更斯原理是以几何作图法为基础的，如果已知某一时刻的波前的形状，就可以利用这一作图法确定以后任一时刻的波前的形状。所谓波前，就是有相同相位的点的轨迹，例如，如果我们把一个小石子投到平静的湖面,就有一些圆形的波纹自撞击点扩散开来,以撞击点为圆心的圆圈上的每一点都以相同的振幅和相位振荡,由此得到了圆形波前。另外,如果在一个均匀各向同性的介质中有一个点源,那么它所发出的等振幅、等相位的点的轨迹就形成一个球面,在这种情况下得到的就是一个如图12.1(a)所示的球面波。在距离波源很远的地方,球面波上的一小部分可以近似看作平面,这样就得到了所谓的平面波(见图12.1(b))。

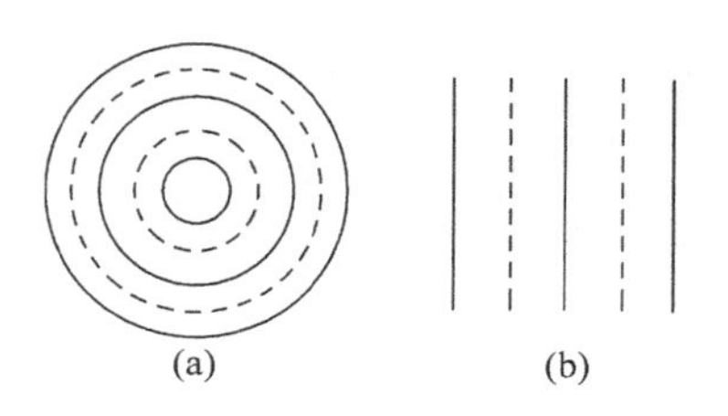

图 12.1[①]
(a) 点源产生球面波;(b) 在离点源很远时,球面波前的一小部分可以近似看成平面波

按照惠更斯原理,波前上的每一点都可以看作一个子波源,并且这些点发出的子波以原来的波速向四周传播。这些子波的包络面形成新的波前。在图12.2中,S_1S_2代表(由波源O发出的)在一特定的记为$t=0$时刻的波前形状,假设介质是均匀的和各向同性的,即介质中所有点都有相同的性质并且波沿任何方向都有相同的传播速度。假设想要确定Δt时刻的波前形状,以波前的每一个点为中心,作半径为$v\Delta t$的球面,其中v是波在这种介质中的传播速度。如果作出所有这些球的公切面,就能得到一个包络面,这个包络面仍以O为圆心。这样就得到了在Δt时刻的波面的形状是球面$S_1'S_2'$。

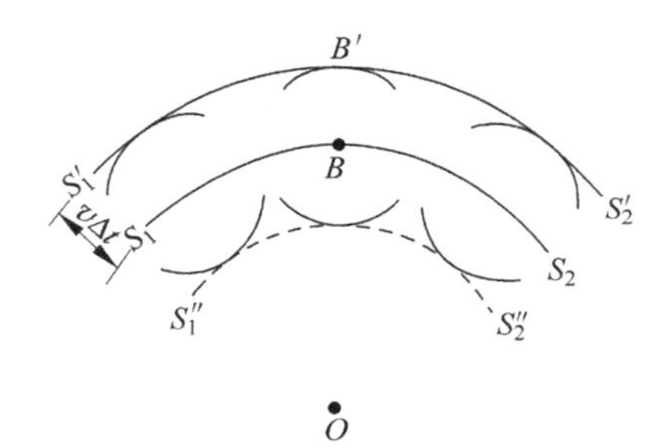

图12.2 已知早一时刻的波前形状,决定后一时刻的波前的惠更斯作图法。S_1S_2是某一时刻($t=0$时)以点O为中心的球面波前。$S_1'S_2'$对应于时间Δt后的波前,它仍是以点O为中心的球面。虚线代表后退波

但是,上述模型有一个缺陷,因为还会得到一个实际上并不存在的后退波,这个后退波如图12.2中的$S_1''S_2''$所示。在惠更斯理论中,可以通过假设子波源的振幅不是沿各个方向都相同这一点来避免出现后退波:在波的前进方向有极大值,在后退波的方向为零[②]。更严格的波动理论已经证实的确不存在后退波。

12.3节将讨论惠更斯一开始为解释光的直线传播所作的论证。12.4节将利用惠更斯原理推导光的折射定律和反射定律。最后,在12.5节说明如何把惠更斯原理应用于非均匀介质。

① 第6版的图12.1贴错了,在此进行了纠正。——译者注

② 事实上,衍射理论证明,在某种近似下确实能够得到一个倾斜因子,其具有$\frac{1}{2}(1+\cos\theta)$的形式,其中$\theta$为波前的法线与所考察光线方向的夹角。显然,当$\theta=0$时,倾斜因子为1(因此,在前进方向的振幅为极大值);当$\theta=\pi$时,倾斜因子为0(因此,在后退方向的振幅为零)。

12.3　光的直线传播

考察从点源 O 发出的球面波遇到障碍物 A 时的情况(见图 12.3)。根据光的直线传播原理(也能够由光的微粒说预测出来),应该在屏幕上 PQ 区域内得到一个阴影。但从后面的章节可以得出,实际情况并非如此严格,在几何阴影区内也有一定的光强度。可是,在惠更斯那个时代,光被认为是沿直线传播的,因而惠更斯假设子波面上不与波前包络面相切的点的振幅为零来解释这一点。这样一来,再看一看图 12.2,由一代表点 B 发出的子波就只有在点 B' 产生一定的振幅,而在其他点产生的振幅为零。

上述对光的直线传播的解释的确是不能令人满意的,而且也是不正确的。此外,正如前面所指出的,在几何阴影区内确实观察到一定的光强。菲涅耳给出了令人满意的解释,他假设子波源发出的波是相互干涉的。惠更斯原理与子波相互干涉结合在一起就是著名的惠更斯-菲涅耳原理。应当指出的是,当平面波入射到一个小孔上时①,这个小孔就可以近似看成一个点光源并发出球面波(见图 12.4(a)和(b))。这个事实与惠更斯原先的假说是完全矛盾的②:根据惠更斯的假设,子波源发出的波不在波前包络面的点的振幅为零;但是,在光的衍射一章将看到,这个事实可以用惠更斯-菲涅耳原理得到圆满的解释。

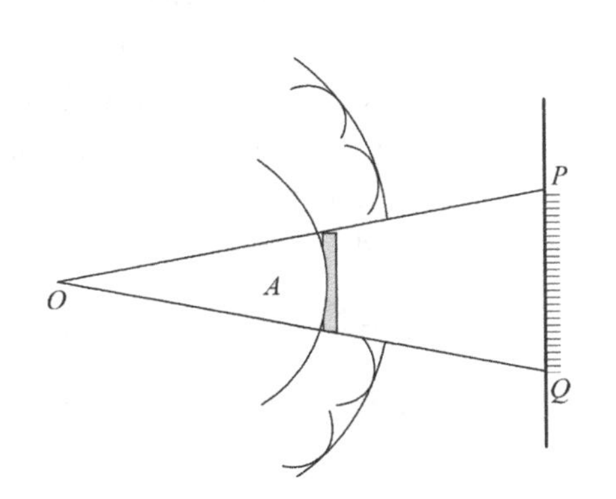

图 12.3　光的直线传播。点 O 是发出球面波的点光源。A 是在幕上 PQ 区域产生暗影的障碍物

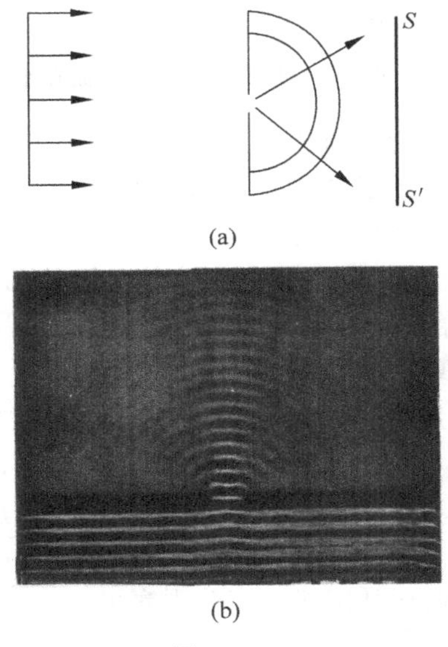

图　12.4

(a) 一束平面波入射到一个针孔上。如果针孔的直径与波长相比很小,那么整个光屏 SS' 都会被照到,另参见 iii 页二维码所示图 12.4′;(b) 直纹水波通过一个开口时发生的衍射(引自文献[12.6])

① 这里所指的小孔,其直径在 0.1mm 的量级或更小。

② 利用惠更斯原理确定各向异性介质中光的波前将在第 22 章讨论。

12.4 应用惠更斯原理研究折射与反射 目标2

12.4.1 平面波在平面分界面上的折射

首先来推导折射定律。如图12.5所示，S_1S_2 是两种不同介质的分界面，光波在两种介质中的传播速度分别为 v_1 和 v_2。令 A_1B_1 为以 i 角入射到分界面的平面波波前，A_1B_1 代表入射光波波前在 $t=0$ 时刻的位置。

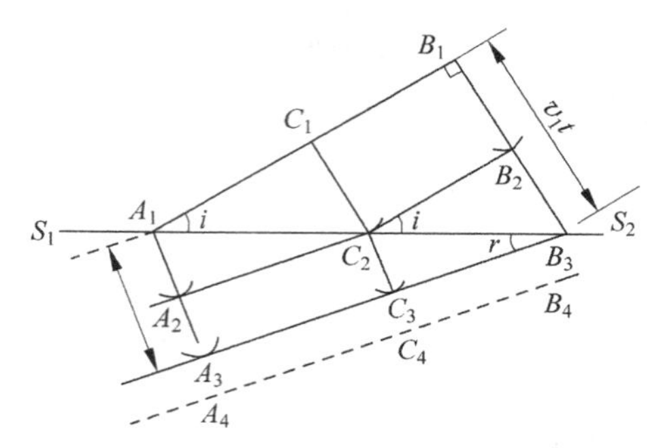

图12.5 平面波波前 A_1B_1 在由平面 S_1S_2 分隔的两种介质表面的折射，光在两种介质中的速度分别为 v_1 和 $v_2(<v_1)$；i 和 r 分别为入射角与折射角。$A_2C_2B_2$ 代表在中间时刻 τ_1 的波前的形状，注意 $r<i$。球面波在平面分界面的折射请扫1页二维码见图12.5′

设 τ 为波前传播 B_1B_3 距离所用的时间，则有 $B_1B_3=v_1\tau$。同时，光波在第二种介质中也已经传播了 $A_1A_3=v_2\tau$ 的距离。(注意，直线 A_1A_3、B_1B_3 等总是与波面垂直，它们代表各向同性介质中的光线，参阅第4章。)容易看出，入射光线和折射光线与法线的夹角分别为 i 和 r。为了确定在 $t=\tau$ 时刻的波前形状，任选波前的一点 C_1。设波动通过 C_1C_2 这段距离所需的时间为 τ_1，因此 $C_1C_2=v_1\tau_1$，从点 C_2 画半径为 $v_2(\tau-\tau_1)$ 的子波。与此类似，从点 A_1 我们可以画出半径为 $v_2\tau$ 的子波，这些子波的包络面为 $A_3C_3B_3$，在中间时刻 τ_1，波前的形状为 $A_2C_2B_2$，显然有 $B_1B_2=C_1C_2=v_1\tau_1$，$A_1A_2=v_2\tau_1$。在直角三角形 $B_2C_2B_3$ 和 $C_3C_2B_3$ 中，$\angle B_2C_2B_3=i$(入射角)，$\angle C_2B_3C_3=r$(折射角)。显然

$$\frac{\sin i}{\sin r}=\frac{B_2B_3/C_2B_3}{C_2C_3/C_2B_3}=\frac{B_2B_3}{C_2C_3}=\frac{v_1(\tau-\tau_1)}{v_2(\tau-\tau_1)}=\frac{v_1}{v_2} \tag{12.1}$$

这就是斯涅耳定律。实验观察可以得出，当光从光疏介质射入光密介质时，入射角比出射角大，因而

$$\frac{\sin i}{\sin r}>1$$

即有 $v_1>v_2$。因此，惠更斯原理预测光在光疏介质中的传播速度要大于在光密介质中的传播速度，这个预测与牛顿的微粒说(见2.2节)推出的结论完全相反。之后的实验表明，波动理论预测的结果是正确的。

如果 c 代表自由空间中的光速，那么比值 $\frac{c}{v}$(其中 v 代表光在特定介质中的传播速度)称为这种介质的折射率 n。因此，如果两种介质的折射率分别为 $n_1\left(=\frac{c}{v_1}\right)$ 和 $n_2\left(=\frac{c}{v_2}\right)$，则

斯涅耳定律可以写为

$$n_1\sin i = n_2\sin r \tag{12.2}$$

设 $A_1C_1B_1$、$A_2C_2B_2$、$A_3C_3B_3$、$A_4C_4B_4$ 代表相邻的波峰位置。如果 λ_1 和 λ_2 分别表示在介质 1 和介质 2 中光波的波长，则 $B_1B_2(=B_2B_3=C_1C_2)$ 的长度与 λ_1 相等，$A_1A_2(=A_2A_3=C_2C_3)$ 的长度与 λ_2 相等。通过图 12.5 可以明显地看出

$$\frac{\lambda_1}{\lambda_2}=\frac{\sin i}{\sin r}=\frac{v_1}{v_2} \tag{12.3}$$

或

$$v_1/\lambda_1 = v_2/\lambda_2 \tag{12.4}$$

因此，当光波折射到光密介质($v_1>v_2$)中时，波长和波速减小而频率保持不变($=v/\lambda$)；当光波折射到光疏介质中时，波长和波速增大。表 12.1 给出了不同材料相对于真空的折射率。表 12.2 给出了望远镜冕牌玻璃与透明石英玻璃的折射率随波长的变化。三个波长大致对应红、黄、蓝三种颜色的光。请注意波长与折射率所能测量的精度。

表 12.1　不同材料相对于真空的折射率(摘自文献[12.1])

(对应入射光的波长 $\lambda=5.890\times10^{-5}$ cm)

材 料 名 称	n	材 料 名 称	n
真空	1.0000	石英(熔融)	1.46
空气	1.0003	岩盐	1.54
水	1.33	玻璃(普通冕牌)	1.52
石英(晶体)	1.54	重火石玻璃	1.66

表 12.2　望远镜冕牌玻璃与透明石英玻璃的折射率随波长的变化

(摘自文献[12.7])

序数	波　　长	望远镜冕牌玻璃	透明玻璃
1	6.562816×10^{-5} cm	1.52441	1.45640
2	5.889953×10^{-5} cm	1.52704	1.45845
3	4.861327×10^{-5} cm	1.53303	1.46318

注：序数为 1、2、3 的波长大致对应于红、黄、蓝三种颜色。此表也展示了波长与折射率的测量精度。见习题 10.5。

12.4.2　全内反射

图 12.5 显示入射角大于折射角，这是对应于 $v_2<v_1$ 时的情况，即光波由光疏介质射入光密介质中的情形。然而，若第二种介质是光疏介质(即 $v_1<v_2$)，那么折射角将会大于入射角，一个典型的折射光波波前情形如图 12.6 所示，其中 $B_1B_2=v_1\tau$，$A_1A_2=v_2\tau$。显然，如果入射角大到使 $v_2\tau$ 大于 A_1B_2，折射光的波前将会消失，这就是所谓的全内反射。全内反射的临界角相应于

$$A_1B_2=v_2\tau$$

因此

$$\sin i_c=\frac{B_1B_2}{A_1B_2}=\frac{v_1}{v_2}=n_{12} \tag{12.5}$$

其中,i_c 为临界角,n_{12} 代表第二介质相对于第一介质的折射率的比值。当入射角大于 i_c 时,就会发生全反射。

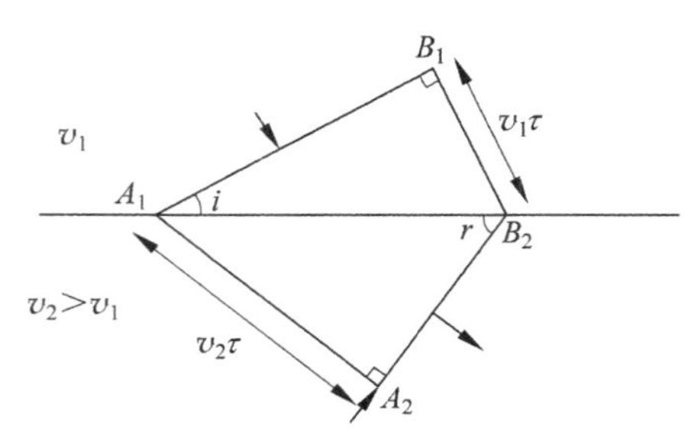

图 12.6 一束平面波入射到光疏介质(即 $v_2>v_1$)时折射。注意折射角 r 大于入射角 i,当 r 等于 $\pi/2$ 时,i 为临界角

12.4.3 平面波在平面分界面上的反射

考察一平面波 AB 以入射角 i 入射到一个平面镜上的情形,如图 12.7 所示。现在讨论平面波的反射并试图求得反射波前的形状。设 $t=0$ 时,波前的位置为 AB。如果没有平面镜,则后一时刻 τ 波前的位置将会是 CB',这里 $BB'=PP'=AC=v\tau$,且 v 是波的传播速度。为了得到 $t=\tau$ 时刻反射波前的形状,在波前 AB 上任选一点 P,并令 τ_1 为光波由点 P 传到点 P_1 所需的时间。从点 P_1 画一个半径为 $v(\tau-\tau_1)$ 的球面,并过点 B' 作这些球面的切面。因 $BB_1=PP_1=v\tau_1$,则 B_1B' 的距离与 $P_1P_2(=v(\tau-\tau_1))$ 相等。考虑三角形 P_2P_1B' 和 B_1P_1B',P_1B' 为公共边,又因 $P_1P_2=B'B_1$,且这两个三角形均为直角三角形,则 $\angle P_2B'P_1=\angle B_1P_1B'$。前者是反射角,后者是入射角。因此得到反射定律:当平面波前在平面分界面上反射时,反射角与入射角相等,且反射波仍是平面波。

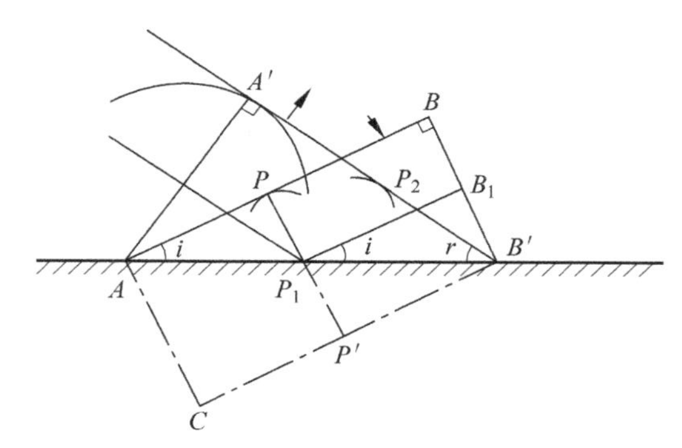

图 12.7 平面波 AB 入射到平面镜上的反射。$A'B'$ 为反射波前,i 和 r 分别代表入射角和反射角

12.4.4 漫反射

上面讨论的是光波经光滑表面的反射,这种反射称为镜面反射。如果表面是粗糙的(如图 12.8 所示),这种反射称为漫反射。从粗糙表面射出的子波向各个方向传播,因而得不到轮廓分明的反射波。实际上可以证明,如果表面的不平度比光的波长大很多,就得到漫反射。

图 12.8　平面波前在粗糙表面上的漫反射。显然，不存在轮廓分明的反射波

12.4.5　镜面附近点光源的反射

如图 12.9 所示，考察从点光源 P 发出的球面波入射到平面镜 MM' 时的情形。以 ABC 表示 $t=0$ 时刻的波前形状。在没有平面镜时，后一时刻 τ 波前形状应该为 $A_1B_1C_1$，且 $AA_1=QQ_1=BB_1=CC_1=v\tau$，$Q$ 是波前上任意一点。假设光波传播距离 QQ' 所需的时间为 τ_1，为了确定反射光波前的形状，我们以 Q' 为球心作一个半径为 $v(\tau-\tau_1)$ 的球面。用类似的方法，可以画出镜面上其他点发出的子波，特别是在点 B 画一个半径为 $v\tau$ 的球面。作所有这些球面的公切面，即可得到反射波的波前，如图中 $A_1B_1'C_1$ 所示。可以看出，$A_1B_1'C_1$ 的形状与 $A_1B_1C_1$ 完全相似，只是它的曲率中心在点 P'，此处 $PB=BP'$。因此，反射波看起来好像是从点光源 P 的虚像点 P' 发出的一样。

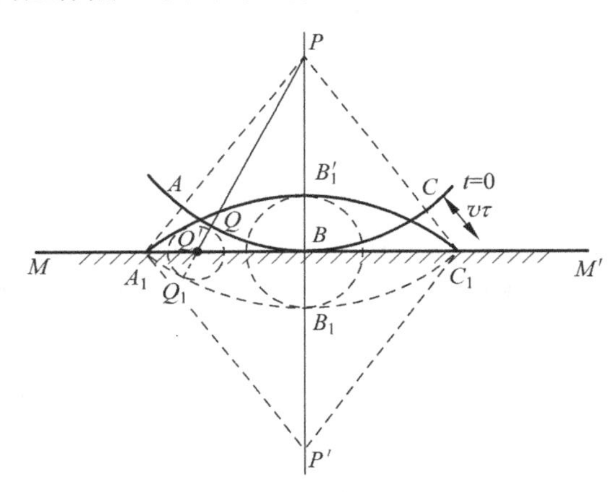

图 12.9　P 是一个放置在平面镜 MM' 附近的点光源。ABC 是入射波前(以 P 为球心)，$A_1B_1'C_1$ 是相应的反射波前(以 P' 为球心)，P' 为点 P 的虚像

12.4.6　球面波通过一个球面的折射

考察(从点 P 发出的)球面波入射到凸球面 SBS' 的情况。设波前在 $t=0$ 时刻的形状为 ABC(如图 12.10(a)所示)，球面左侧和右侧的折射率分别为 n_1 和 n_2。在没有球面的情况下，后一时刻 τ 波前的形状应为 $A_1B_1C_1$，其中 $AA_1=BB_1=CC_1=v_1\tau$。考虑波前 ABC 上的任意一点 Q，并设 τ_1 是光波由 Q 传播到球面上点 Q' 所需要的时间，所以 $QQ'=v_1\tau_1$。为了确定后一时刻折射波前的形状，以 Q' 为球心作一个半径为 $v_2(\tau-\tau_1)$ 的球面子波。在球面上其他点可以画出类似的子波，特别是，在点 B 画出的球面半径为 BB_2，亦即 $v_2\tau$。这些球面的包络面为 $A_1B_2C_1$。一般来说，它不是一个球面[①]。然而，任何弯曲表面的一小部分都可以视为球面。在这种近似下，可以把 $A_1B_2C_1$ 视为曲率中心在点 M 的球面。于是，

① 实际上，折射波前一般不是球面，这会导致所谓的像差(aberrations)。

这个球面波前将会聚于点 M,点 M 就代表点光源 P 的实像。

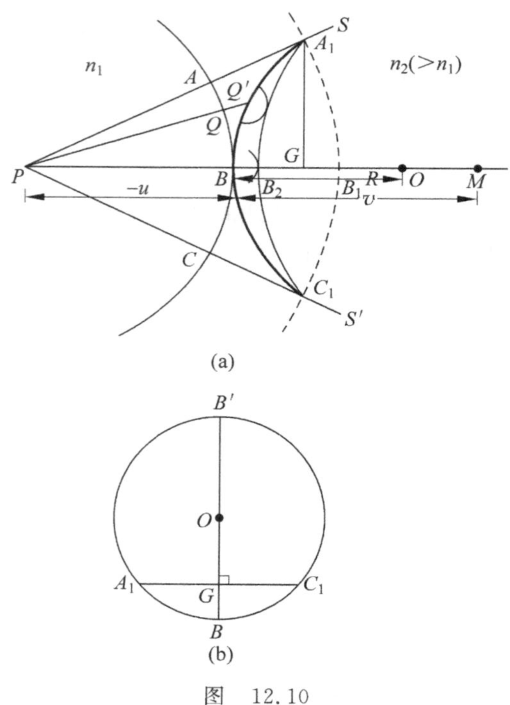

图 12.10

(a) 点光源 P 发出的球面波 ABC 通过凸球面 SBS' 的折射。凸球面分隔开折射率分别为 n_1 和 $n_2(>n_1)$ 的介质。$A_1B_2C_1$ 为折射波前,近似地为一球面,且曲率中心在点 M。因此,M 是 P 的实像。点 O 是 SS' 的曲率中心;(b) 直径 $B'OB$ 与弦 A_1GC_1 正交

采用习惯的符号规则,把从点 B 向左度量的所有距离取为负的,而把从点 B 向右度量的所有距离取为正的。因此

$$PB = -u$$

其中,u 本身就是负值。而且,因为点 M 在点 B 的右面,所以有

$$BM = v$$

类似地,有

$$BO = R$$

其中,O 代表球面的曲率中心。

为了推导出 u、v 和 R 之间的关系,我们运用几何学的一个定理:

$$(A_1G)^2 = GB \times (2R - GB) \tag{12.6}$$

式中,G 是 A_1 在轴 PM 上的垂足(见图 12.10(a)和(b))。在图 12.10(b)中,直径 $B'OB$ 与弦 A_1GC_1 正交。如果 $GB \ll R$,则

$$(A_1G)^2 \approx 2R(GB)$$

考察球面 SBS'(见图 12.10(a)),其半径为 R,显然有

$$(A_1G)^2 = (2R - GB)GB \approx 2R(GB) \tag{12.7}$$

这里已经假定 $GB \ll R$。同样,考虑以点 M 为中心的球面 $A_1B_2C_1$,可得

$$(A_1G)^2 \approx 2v(GB_2) \tag{12.8}$$

其中，$v=BM\approx B_2M$。用类似的方法，有

$$(A_1G)^2\approx 2(-u)GB_1 \tag{12.9}$$

因为 u 为负值，所以$(A_1G)^2$ 为正。又

$$BB_1=v_1\tau,\quad BB_2=v_2\tau$$

因此有

$$\frac{BB_1}{BB_2}=\frac{v_1}{v_2}=\frac{n_2}{n_1}$$

或

$$n_1BB_1=n_2BB_2$$

或

$$n_1(BG+GB_1)=n_2(BG-GB_2)$$

或写为

$$n_1\left[\frac{(A_1G)^2}{2R}+\frac{(A_1G)^2}{2u}\right]=n_2\left[\frac{(A_1G)^2}{2R}-\frac{(A_1G)^2}{2v}\right]$$

此处利用了式(12.7)～式(12.9)。因此有

$$\frac{n_2}{v}-\frac{n_1}{u}=\frac{n_2-n_1}{R} \tag{12.10}$$

也可以写成如下形式：

$$\frac{n_2}{v}=\frac{n_1}{u}+\frac{n_2-n_1}{R} \tag{12.11}$$

因此，如果

$$\frac{n_1}{|u|}>\frac{n_2-n_1}{R}$$

或

$$|u|<\frac{Rn_1}{n_2-n_1}$$

将会得到一个虚像。(自然是假设第二介质是光密介质，即 $n_2>n_1$；如果 $n_2<n_1$，则总是得到虚像。)

会聚的球面波前会以图12.11所示的方式传播。通过焦点后，它将如图12.11所示的那样开始发散①。

类似地，考察一球面波自凹面 SBS'折射的情况，如图12.12所示($n_2>n_1$)。曲率中心仍位于点 B 的左侧，u 和 R 都是负值。无论 u 和 R 的数值是多少，v 都将是负值，因此将会得到一个虚像。

利用式(12.10)很容易推导出薄透镜公式。假定将一个折射率为 n_2 的薄透镜放置在折射率为 n_1 的介质里(见图12.13)。设透镜两个表面的曲率半径分别为 R_1 和 R_2。v'是物体 P 在不存在透镜第二个表面时的像距，则

$$\frac{n_2}{v'}-\frac{n_1}{u}=\frac{n_2-n_1}{R_1} \tag{12.12}$$

---

① 离焦点很近时，必须用更严格的波动理论来讨论。这时波前的形状与球面有很大的差别(见文献[12.8])。但是在离开焦点相当远时，波前又变成球面。

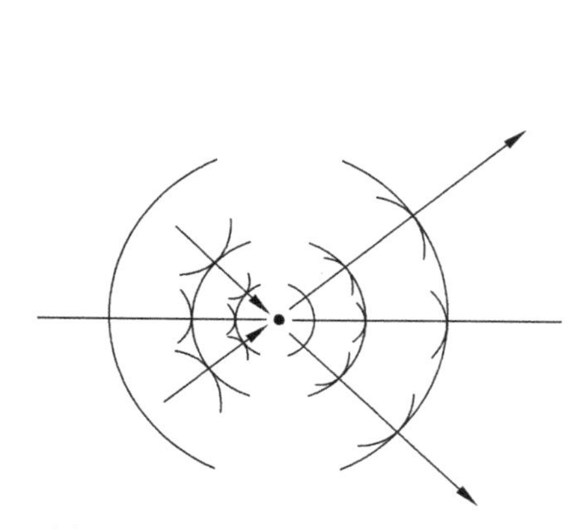

图 12.11　应用惠更斯原理分析会聚球面波的传播

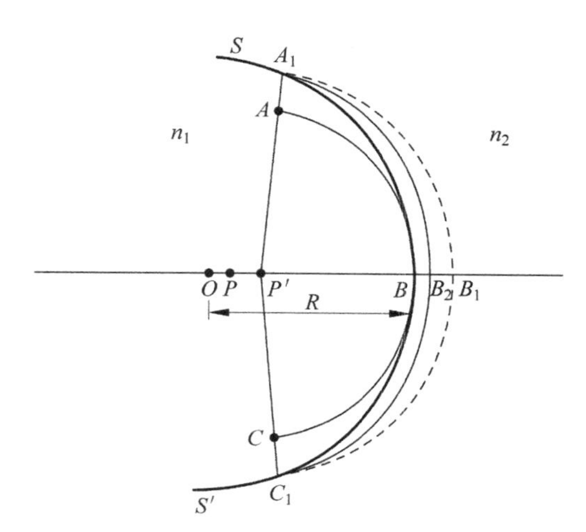

图 12.12　球面波经凹面的折射，此凹面两边介质的折射率分别为 n_1 和 $n_2(>n_1)$，P' 为 P 的虚像

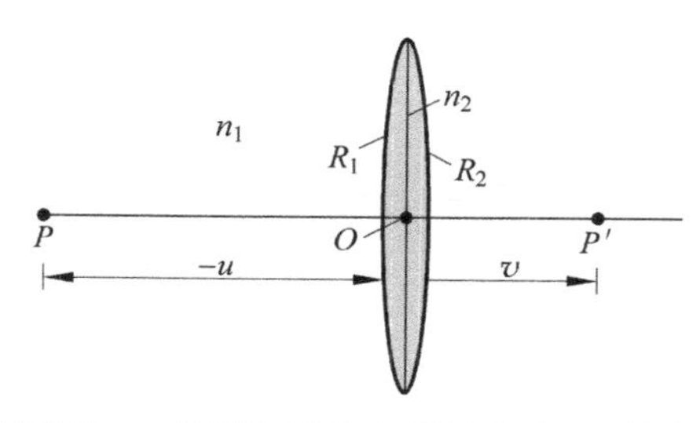

图 12.13　材料折射率为 n_2 的薄透镜放在折射率为 n_1 的介质中。透镜的两个表面的曲率半径分别为 R_1 和 R_2。P'(距透镜中心点 O 距离为 v)为物体 P(距透镜中心点 O 的距离为 $-u$)的像

(既然假定透镜是薄透镜，所有的距离都是相对于点 O 而量度的。)这个像对于球面 R_2 而言就相当于物，且球面 R_2 的左侧介质的折射率为 n_2，右侧介质的折射率为 n_1。因此，若 v 是距点 O 的最终像距，则有

$$\frac{n_1}{v}-\frac{n_2}{v'}=\frac{n_1-n_2}{R_2} \tag{12.13}$$

将式(12.12)和式(12.13)相加可得

$$\frac{n_1}{v}-\frac{n_1}{u}=(n_2-n_1)\left(\frac{1}{R_1}-\frac{1}{R_2}\right) \tag{12.14}$$

或

$$\frac{1}{v}-\frac{1}{u}=\frac{1}{f} \tag{12.15}$$

其中，

$$\frac{1}{f}=\frac{n_2-n_1}{n_1}\left(\frac{1}{R_1}-\frac{1}{R_2}\right) \tag{12.16}$$

注意，这里不需要担心 v' 的正负，它将自动遵循符号法则。而且，这一公式适用于所有透镜，例如，对于双凸透镜，R_1 为正值，R_2 为负值；对于双凹透镜，R_1 为负值，R_2 为正值。类似地，也可以得到其他类型薄透镜的曲率的正负(见图 4.6(原书有误))。

例 12.1　设一个振动源在一介质中以速度 V 移动，其发出的波在这种介质中的传播速度为 v。证明：在 $V>v$ 的情况下将会形成一个圆锥形的波前，且其半锥角为

$$\theta=\arcsin\frac{v}{V} \tag{12.17}$$

解　设 $t=0$ 时刻振源位于点 P_0 并以速度 V 沿 x 轴移动(见图 12.14)。现希望找出后一时刻 τ 时的波前。P_0 发出的扰动在 τ 时间内传播了 $v\tau$ 的距离。因此，以 P_0 为中心，画半径为 $v\tau$ 的球面。下一步，我们考虑 $\tau_1(<\tau)$ 时刻波源发出的波形。设 τ_1 时刻波源位于点 P_1，有

$$P_0P_1=V\tau_1$$

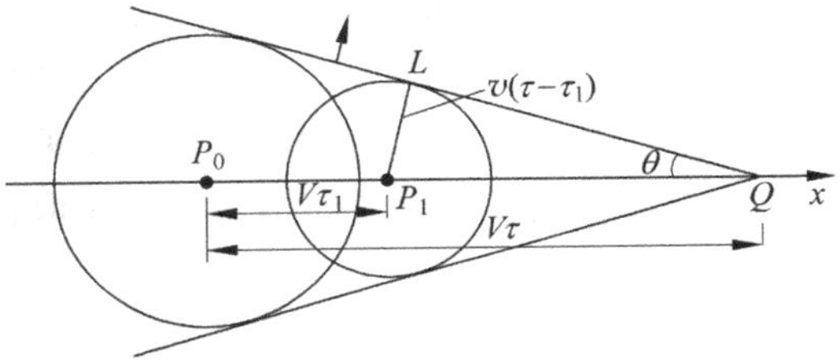

图 12.14　以速度 V 运动的振源 P_0 在波速为 $v(<V)$ 的介质中传播时产生的冲击波前

为了确定在 τ 时刻波前的形状，以 P_1 为中心，作半径为 $v(\tau-\tau_1)$ 的球面。设 τ 时刻波源位于点 Q，则

$$P_0Q=V\tau$$

从点 Q 作以 P_1 为中心的球的切平面。由于

$$P_1L=v(\tau-\tau_1),\quad P_1Q=V(\tau-\tau_1)$$

所以

$$\sin\theta=\frac{P_1L}{P_1Q}=\frac{v}{V}\quad(\text{与 }\tau_1\text{ 无关})$$

由于 θ 独立于 τ_1，可知在 P_0Q 上任意一点画出的球面都有相同的公切面。这一公切面称为冲击波前①，它以速度 v 传播。

有趣的是，即使波源不振动，如果它的传播速度超过声速，也能够产生冲击波。当一个带电粒子(如电子)在一介质中的传播速度比光在该介质中的传播速度还快时，也会发生类似现象②，发出的光称为切伦科夫辐射。如果观察一个游泳池形的反应堆，将会发现有蓝光从中闪耀，这就是由快速运动的电子产生的切伦科夫辐射。

① 该波前形状为一圆锥，也称为马赫锥。——译者注

② 这里与相对论中粒子的运动速度不能超过自由空间中的光速(3×10^8 m/s)的理论并不矛盾。光在介质中的传播速度等于 c/n，其中 n 为介质的折射率。例如，在水中，光速为 2.25×10^8 m/s(小于自由空间中的光速)，而电子的运动速度可以大于这个值。

12.5 非均匀介质中的惠更斯原理 目标3

惠更斯原理也可以用来研究波在非均匀介质中的传播。为明确起见，考察一种折射率从一给定轴线周围连续下降的介质，把这个轴线定为 z 轴，而 x 轴与 y 轴为横向轴。一个简单的例子是自聚焦光纤[①]，它的折射率变化满足如下形式：

$$n^2(x,y)=n_1^2-\gamma^2(x^2+y^2) \tag{12.18}$$

其中，n_1 为 z 轴上的折射率。设平面波沿 z 轴入射，如图12.15所示。由于折射率随 x 与 y 的增加而减小，所以从入射波前上各部分发出的子波的速度将随着离开轴线距离的增加而增大。已知 $t=0$ 时刻的波前为平面波前 A_1B_1，如图12.15所示，现在来决定 Δt 时刻波前的形状。必须以点 (x,y) 为中心作半径为 $v(x,y)\Delta t$ 的球面，其中 $v(x,y)$ 是波在点 (x,y) 的波速，它随 x 和 y 增加而增大，因此，这些球面半径会随离开轴线距离的增大而增大。如果作所有这些球面的公切面，就会得到如图12.15中 A_2B_2 所示的波前。可以看出，起初的平面波前现在变成了曲面。重复上述过程，还可以得到时刻 $2\Delta t$ 的波前形状，如 A_3B_3 所示。很明显，波前现在正在会聚聚焦。但是应该记住，现在讨论的是非均匀介质，折射率随位置是连续变化的。为使上述作图法仍然有效，Δt 应取得很小，使得在这个很短的时间间隔里可以认为子波是球形的。

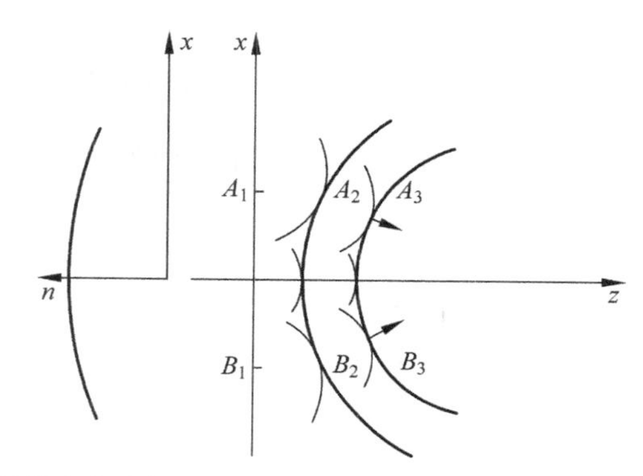

图12.15 在一种折射率变化如式(12.18)的非均匀介质中，一平面波前入射而会聚聚焦

小结

- 根据惠更斯原理，波前上的每一点都可以看作一个子波源，并且这些点发出的子波以波速向各个方向传播。这些子波的包络面形成新的波前。
- 将惠更斯原理与子波之间相互干涉相结合称为惠更斯-菲涅耳原理。
- 当表面的不平整度比波长大很多时，该表面的反射是漫反射。
- 利用惠更斯原理能够推导出反射定律和斯涅耳定律。
- 利用惠更斯原理可以推导出透镜成像公式：

① 见3.4.1节。

$$\frac{1}{v}-\frac{1}{u}=\frac{1}{f}$$

- 在一折射率连续变化的非均匀介质中，一平面波入射，其平面的波前将逐渐变成曲面的波前。

习　　题

12.1 应用惠更斯原理，证明位于光轴上的点光源发出的球面波经一个曲率半径为 R 的凹面镜反射时的成像公式为

$$\frac{1}{u}+\frac{1}{v}=\frac{2}{R}$$

12.2 考察平面波斜入射到一棱镜表面的情况。用惠更斯原理画出透射波前，并证明棱镜产生的偏向角为

$$\delta=i+t-A$$

式中，A 是棱镜顶角，i 和 t 分别是入射角和透射角。

第三部分

干　涉

这一部分包括五章。(第 13 章)以波的叠加原理为出发点，这个原理是所有光学干涉实验的基本物理基础。在讨论了杨氏双孔干涉实验之后，各章讨论干涉领域的各种有趣实验。在第 15 章中，详细讨论了迈克耳孙干涉仪，该干涉仪也许是光学史上制作最巧妙和最引起轰动的光学仪器，迈克耳孙凭借此干涉仪获得了 1907 年的诺贝尔物理学奖。第 16 章讨论了法布里-珀罗干涉仪，该干涉仪基于多光束干涉机制，其特征是具有高分辨本领，因此在高分辨光谱学领域得到广泛的应用。第 17 章讨论时间相干性和空间相干性的基本概念。其中还讨论了基于迈克耳孙干涉仪的精巧实验(其中利用了空间相干性概念来确定星体角直径)、光学拍和傅里叶变换光谱学。

第13章 波的叠加

"在我看来,无论如何,对已有实验的解释已足够消除我们对于光、热辐射和电磁波同一性的怀疑。我相信从现在起,我们将有更大的信心去利用这种同一性的优势,这种同一性使我们既能基于光学也能基于电学导出所要的研究结果。"

——赫兹(1988年)①

学习目标

学过本章后,读者应该学会:

目标1:理解波的叠加。

目标2:解释驻波的波节和波腹。

目标3:利用艾夫斯实验和维纳实验描述驻波。

目标4:利用复数表示法推导波的叠加公式。

13.1 引言　　目标1

本章将讨论波的叠加原理的应用,根据这个原理,多个波(在某一特定点)产生的合位移是每一个波(在该点)产生扰动位移的矢量和。作为一个简单的例子,我们来考察一根拉紧的长弦 AB(见图13.1)。一个三角形脉冲以一定的速度 v 由端点 A 向右传播。假如没有其他扰动存在,这个扰动就会没有任何变化地沿 $+x$ 方向传播。当然,这里忽略了脉冲的任何衰减和变形。又假设有一个同样的脉冲以相同的速度 v 由端点 B 向左传播(在11.6节已经证明,波的速度是由弦中的张力和单位长度的质量之比决定的)。在 $t=0$ 时,弦的"快照"如图13.1(a)所示。在稍后的一个时刻,每个脉冲都运动了一段距离而彼此接近,但尚未发生干涉,如图13.1(b)所示。图13.1(c)则表示两个脉冲发生干涉时弦的一张"快照",图中虚线表示每一个脉冲独自运动情况下弦的形状,实线表示把两个位移按代数方法相加所得到的合位移。短时间之后,两个脉冲完全互相重叠(图13.1(d)),合位移处处为零。试想能量哪里去了呢?再过一段时间,两脉冲又相互错开(图13.1(e)),并继续传播,好像什么也没有发生过一样。这就是波叠加的一个特性。

相比上例,干涉现象并不包含更多的物理内容。在下面几节里,我们将再考察几个例子。

---

① 作者在史密斯(Smith)与金(King)的著作中发现了这个引述。

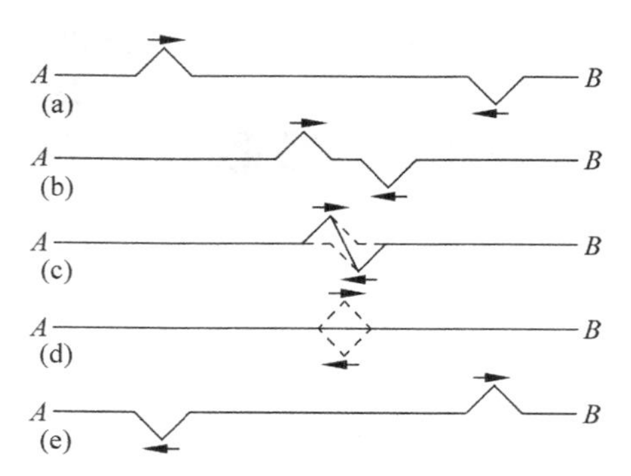

图 13.1 两个三角波在一条拉紧的弦上沿相反方向传播,实线表示绳子的实际形状。(a)~(e)对应于不同时刻

13.2 弦上驻波 目标2

考察固定在点 A 的一根弦(见图 13.2)。沿着这根弦向 $-x$ 方向发出一列正弦横波,这个波在弦上任意点产生的位移由下式给出:

$$y_{\mathrm{i}} = a \sin\left[\frac{2\pi}{\lambda}(x + vt) + \phi\right] \tag{13.1}$$

式中,下标 i 表示考察的是入射波。不失普遍性,令 $\phi=0$,因而式(13.1)可写为

$$y_{\mathrm{i}} = a \sin\left[\frac{2\pi}{\lambda}(x + vt)\right] = a \sin\left[2\pi\left(\frac{x}{\lambda} + \nu t\right)\right] \tag{13.2}$$

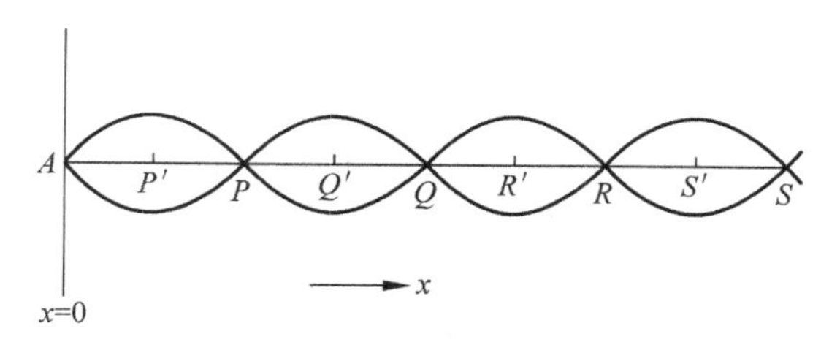

图 13.2 在 $x=0$ 处的反射波

因此,源于入射波的作用,点 A 的位移是

$$y_{\mathrm{i}}\big|_{x=0} = a \sin(2\pi\nu t) \tag{13.3}$$

其中,$\nu = v/\lambda$,并且假设点 A 对应 $x=0$。但是,因为点 A 是固定的,所以必然有一反射波,这个反射波(在点 A)所产生的位移与 y_{i} 数值相等,方向相反,即

$$y_{\mathrm{r}}\big|_{x=0} = -a \sin(2\pi\nu t) \tag{13.4}$$

式中,下标 r 表示现在考察的是反射波。因为反射波沿 $+x$ 方向传播,所以有

$$y_{\mathrm{r}} = +a \sin 2\pi\left(\frac{x}{\lambda} - \nu t\right) \tag{13.5}$$

因此,合位移可以表示为

$$y = y_{\mathrm{i}} + y_{\mathrm{r}} = a\left[\sin 2\pi\left(\frac{x}{\lambda} + \nu t\right) + \sin 2\pi\left(\frac{x}{\lambda} - \nu t\right)\right] = 2a \sin\frac{2\pi}{\lambda}x \cos 2\pi\nu t \tag{13.6}$$

应该看到，对于满足

$$\sin\frac{2\pi}{\lambda}x=0 \tag{13.7}$$

的那些 x 值，在任何时刻，位移 y 都等于零。这些点称为波节，它们对应的 x 坐标是

$$x=0,\frac{\lambda}{2},\lambda,\frac{3\lambda}{2},2\lambda,\cdots \tag{13.8}$$

在图 13.2 中以点 A、P、Q 和 R 表示。波节之间的间隔为 $\lambda/2$，在相邻两个波节的中点，即在

$$x=\frac{\lambda}{4},\frac{3\lambda}{4},\frac{5\lambda}{4},\cdots$$

等处，振动的振幅有极大值。这些点（称为波腹）的位移可以表示为

$$y=\pm 2a\cos 2\pi\nu t \tag{13.9}$$

在波腹处，动能密度由下式给出（参阅 7.2 节）：

$$动能 / 单位长度=\frac{1}{2}\rho(2a)^2\omega^2\cos^2\omega t=2\rho a^2\omega^2\cos^2\omega t \tag{13.10}$$

式中，$\omega=2\pi\nu$ 是角频率，ρ 为单位长度弦的质量。

我们也可以采用电磁波做类似的实验。在图 13.3 中，T 代表电磁波发射机（所发电磁波的波长为几厘米数量级），R 代表反射器，它可以是一个抛得很光的金属面，D 代表探测器，用来测量电磁波在不同点强度的变化。可近似地假设平面波入射到反射器并被反射，入射波和反射波之间发生干涉形成波节和波腹。一个典型实验的结果如图 13.4 所示，可以看到强度有周期性的变化。两个相邻的极大值的间距约为 5.8cm，因此，电磁波的波长 $\lambda\approx$ 11.6cm，相对应的频率（$\approx 2.6\times10^9\,\mathrm{s}^{-1}$）在实验室里是容易产生的。如果改变频率，就可以观察到波腹之间的距离变化。应该注意，极小值实际上并不对应于强度为零，而且强度极大值也不是常数。这是因为入射波实际上不是平面波①，而且电磁波也不是完全被反射。事实上，可以引入一个反射率 r，它定义为反射波束和入射波束的能量之比，因此，振幅之比就是 $\sqrt{r}$。如果入射波表示为

$$E_{入射}=a\sin\left[2\pi\left(\frac{x}{\lambda}+\nu t\right)\right] \tag{13.11}$$

那么反射波就可以表示为

$$E_{反射}=a\sqrt{r}\sin\left[2\pi\left(\frac{x}{\lambda}-\nu t\right)\right] \tag{13.12}$$

这里 $x=0$ 的平面对应于反射器的平面，E 代表电磁波的电场。因此，合电场可以表示为

$$\begin{aligned}E_{总}=E_{入射}+E_{反射}&=a\sin\left[2\pi\left(\frac{x}{\lambda}+\nu t\right)\right]+a\sqrt{r}\sin\left[2\pi\left(\frac{x}{\lambda}-\nu t\right)\right]\\&=a\sqrt{r}\left\{\sin\left[2\pi\left(\frac{x}{\lambda}+\nu t\right)\right]+\sin\left[2\pi\left(\frac{x}{\lambda}-\nu t\right)\right]\right\}+a(1-\sqrt{r})\sin\left[2\pi\left(\frac{x}{\lambda}+\nu t\right)\right]\\&=2a\sqrt{r}\sin\left(\frac{2\pi}{\lambda}x\right)\cos 2\pi\nu t+a(1-\sqrt{r})\sin\left[2\pi\left(\frac{x}{\lambda}+\nu t\right)\right]\end{aligned} \tag{13.13}$$

① 点源距离观察点很远时才得到平面波（参见第 11 章）。

式中第一项代表驻波分量,第二项(r 接近 1 时它是很小的)代表合成波束的行波部分。

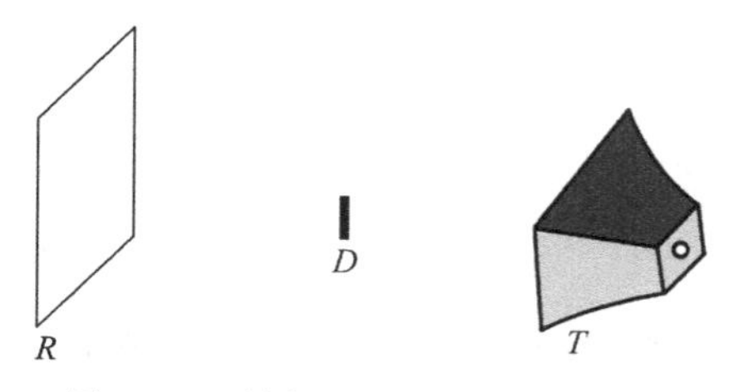

图 13.3 研究电磁驻波的实验装置

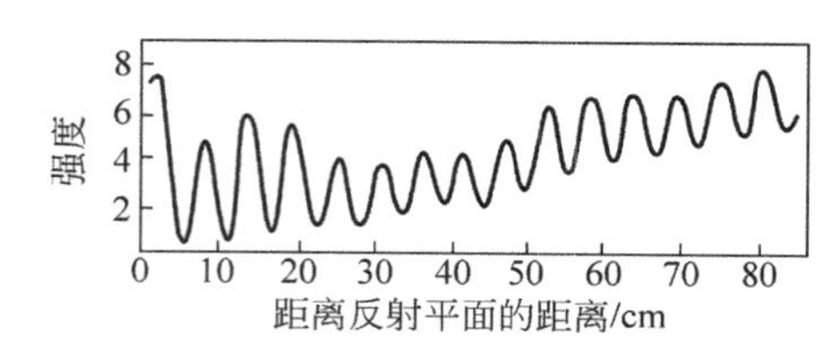

图 13.4 反射器和发射机之间电磁波强度的一种典型分布(引自文献[13.2])

13.3 在一根两端固定的弦上的驻波

在 13.2 节中,当讨论弦上的驻波时,我们假定只有一端($x=0$)固定,并且证明了合位移可表示为(见式(13.6))

$$y=2a\sin\left(\frac{2\pi}{\lambda}x\right)\cos(2\pi\nu t) \tag{13.14}$$

如果弦的另一端(比方说在 $x=L$ 处)也固定,则有

$$2a\sin\left(\frac{2\pi}{\lambda}L\right)\cos(2\pi\nu t)=0 \tag{13.15}$$

式(13.15)在任何时刻都成立,因此

$$\sin\left(\frac{2\pi}{\lambda}L\right)=0=\sin n\pi \tag{13.16}$$

或者

$$\lambda=\lambda_n=\frac{2L}{n},\quad n=1,2,3,\cdots \tag{13.17}$$

相应的频率是

$$\nu_n=\frac{v}{\lambda_n}=\frac{nv}{2L},\quad n=1,2,3,\cdots \tag{13.18}$$

因此,如果长度为 L 的一根弦两端固定(好像弦音计的弦丝那样),那么它就只能以一些完全确定的波长振动。当 $\lambda=2L$(即 $n=1$)时,就可以说弦以它的基模振动(图 13.5(a))。类似地,当 $\lambda=2L/2$ 和 $2L/3$ 时,就称弦以它的第一和第二谐波模振动。一般来说,如果弦被拨动而产生振动,那么它的位移就可以表示为

$$y(x,t)=\sum_{n=1}^{\infty}a_n\sin\left(\frac{2\pi}{\lambda_n}x\right)\cos(2\pi\nu_n t+\phi_n) \tag{13.19}$$

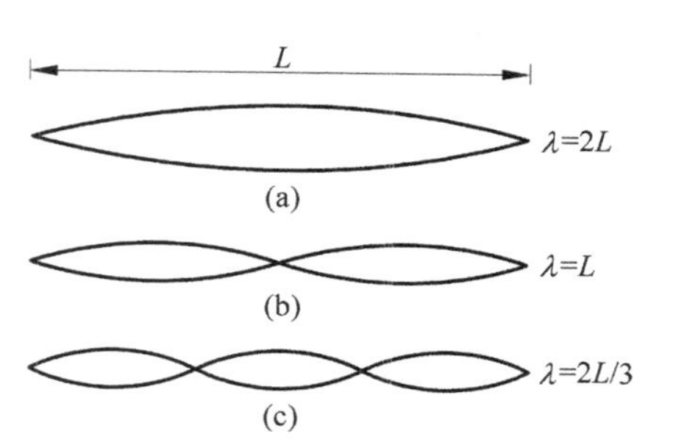

图 13.5 在一根两端固定的张紧的弦上的驻波

式中，常数 a_n 和 ϕ_n 由 $y(x,t=0)$ 和 $\left.\frac{\partial y}{\partial t}\right|_{t=0}$ 的值决定，这些值称为初始条件。关于拉紧的弦的振动，我们在 8.2 节中详细讨论过。

应该看到，当一根弦以特定的模式振动时，虽然弦的每一部分都与一定的能量密度相联系（见式(13.10)），但却没有能量的净传递。在波腹处，能量密度有极大值；在波节处，能量密度有极小值①。两相邻波腹或相邻波节之间的距离都为 $\lambda/2$。

13.4 光驻波：艾夫斯和维纳实验 目标 3

要实现光驻波的实验是困难的，这是因为光的波长非常短（$\approx 5\times10^{-5}$cm）。在艾夫斯实验装置中，照相底板的乳胶面与水银面相接触，如图 13.6 所示。用一束平行单色光垂直照射玻璃底板，光束在水银面上被反射，并且入射波和反射波发生干涉而形成驻波。沿着垂直于表面的一个平面切出照相底板的截面，把切出的截面放在显微镜下观察，便可以观察到一些（以一定间隔分开的）亮带和暗带。只要测量出相邻两暗带之间的距离（它等于 $\lambda/2$），就可以算出波长。

因为光的波长很短，所以相邻暗带（或亮带）之间的距离是很小的，这样就难以测量。维纳把照相底片放置成有一个小角度（图 13.7），因而大大增加了暗带（或亮带）之间的距离，克服了测量上的困难。

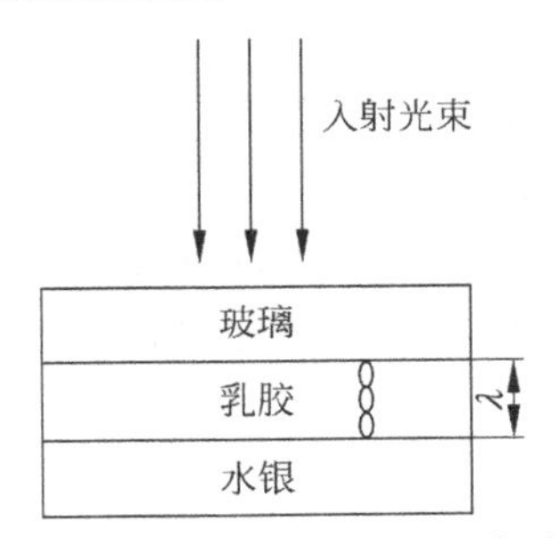

图 13.6 研究光驻波的艾夫斯实验装置

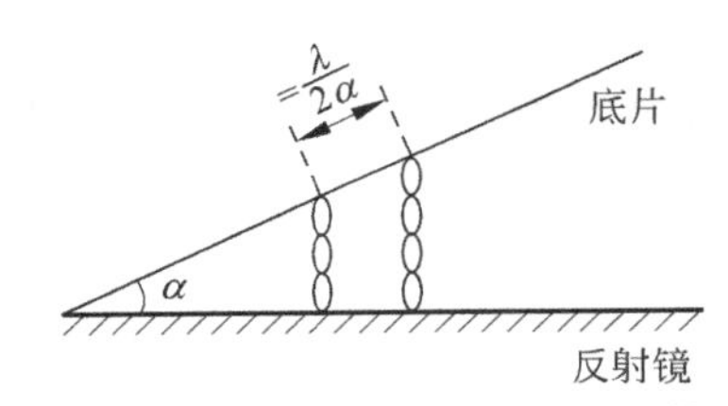

图 13.7 研究光驻波的维纳实验装置

例 13.1 在一种典型的维纳实验装置中，胶片和反射镜之间的夹角约为 10^{-3}rad。如果光波波长 $\lambda\approx5\times10^{-5}$cm，问相邻暗带之间的距离为多少？

解 所求的距离是

$$\frac{\lambda}{2\alpha}=\frac{5\times10^{-5}}{2\times10^{-3}}\text{cm}=0.25\text{mm}$$

而在艾夫斯装置中，相应的距离只有 2.5×10^{-4}mm。

---

① 这句话是有问题的。下图显示了一个驻波在不同时刻的能量分布。在 $t=0$ 和 $t=T/2$ 时，能量密度在波节处有极大值，而在 $t=T/4$ 和 $t=3T/4$ 时，能量密度在波腹处有极大值。因此，能量是在波节和波腹之间来回传递，而不是向着某一方向持续传递。这也是该波称为驻波的原因。——译者注

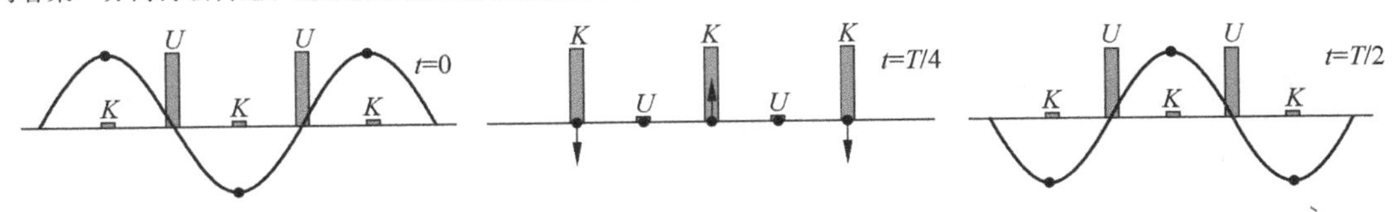

13.5 两个正弦波的叠加

考察两个具有相同频率的正弦波在某一点的叠加。设

$$\begin{cases} x_1(t)=a_1\cos(\omega t+\theta_1) \\ x_2(t)=a_2\cos(\omega t+\theta_2) \end{cases} \tag{13.20}$$

其中每一行表示一个扰动所产生的位移:假定二者位移在相同的方向①,但可以有不同的振幅和初相位。这样,按照叠加原理,合位移 $x(t)$ 由下式给出:

$$x(t)=x_1(t)+x_2(t)=a_1\cos(\omega t+\theta_1)+a_2\cos(\omega t+\theta_2) \tag{13.21}$$

它可以写成如下形式:

$$x(t)=a\cos(\omega t+\theta) \tag{13.22}$$

其中,

$$a\cos\theta=a_1\cos\theta_1+a_2\cos\theta_2 \tag{13.23}$$

$$a\sin\theta=a_1\sin\theta_1+a_2\sin\theta_2 \tag{13.24}$$

因此,合扰动在特征上也是同一频率的简谐振动,但有不同的振幅和初相位。如果把式(13.23)和式(13.24)平方后相加,可得

$$a=[a_1^2+a_2^2+2a_1a_2\cos(\theta_1-\theta_2)]^{1/2} \tag{13.25}$$

并且

$$\tan\theta=\frac{a_1\sin\theta_1+a_2\sin\theta_2}{a_1\cos\theta_1+a_2\cos\theta_2} \tag{13.26}$$

应该指出,θ 不能由式(13.26)唯一地决定,但如果假定 a 总是正的,就可以由式(13.23)和式(13.24)决定 $\cos\theta$ 和 $\sin\theta$,从而唯一地决定 θ 值。由式(13.25)可知,如果

$$\theta_1-\theta_2=0,2\pi,4\pi,\cdots \tag{13.27}$$

则

$$a=a_1+a_2 \tag{13.28}$$

因此,如果两位移同相,合振幅就是两振幅之和,就称为相长干涉。类似地,若

$$\theta_1-\theta_2=\pi,3\pi,5\pi,\cdots \tag{13.29}$$

则有

$$a=a_1-a_2 \tag{13.30}$$

合振幅是两振幅之差,就称为相消干涉。对照图13.2就可以看到,在 $x=\frac{\lambda}{4},\frac{3\lambda}{4},\frac{5\lambda}{4},\cdots$(即在点 $P',Q',R',\cdots$)等处发生相长干涉,而在 $x=0,\frac{\lambda}{2},\lambda,\frac{3\lambda}{2},\cdots$(即在点 $A,P,Q,R,\cdots$)等处发生相消干涉。值得一提的是,发生相长干涉和相消干涉时,并没有违背能量守恒定律,能量只是进行了重新分布。

---

① 在17.5节将要考虑具有几乎相近的频率的两个波的叠加,这将导致拍频现象。事实上,在13.2节讨论弦上的驻波时,我们已经对某一特定的 x 处的具有相同频率(但具有不同的初相位)的两个正弦波进行了叠加。然而,一般而言,有可能处理的叠加是不同方向的位移的叠加,例如,两个线偏振光波的叠加会产生一个圆偏振光(见22.4节)。

普遍地，如果有 n 个位移

$$\begin{cases} x_1 = a_1\cos(\omega t + \theta_1) \\ x_2 = a_2\cos(\omega t + \theta_2) \\ \vdots \\ x_n = a_n\cos(\omega t + \theta_n) \end{cases} \tag{13.31}$$

则

$$x = x_1 + x_2 + \cdots + x_n = a\cos(\omega t + \theta) \tag{13.32}$$

其中，

$$a\cos\theta = a_1\cos\theta_1 + \cdots + a_n\cos\theta_n \tag{13.33}$$

且

$$a\sin\theta = a_1\sin\theta_1 + \cdots + a_n\sin\theta_n \tag{13.34}$$

13.6　研究正弦波叠加的图解法

本节将讨论解决具有相同频率的振动叠加的图解法。当研究许多个波的叠加时，这种方法特别有用，比如讨论衍射现象时就的确会遇到这种情况。

首先用图解法求解式(13.20)给出的两个位移的合成。画半径为 a_1 的一个圆，并取圆周上的点 P 使 OP 与 x 轴的夹角为 θ_1(见图 13.8)[①]。再画半径为 a_2 的圆，取圆周上的点 Q，使 OQ 与 x 轴的夹角为 θ_2。用平行四边形法则求矢量 $\overrightarrow{OP}$ 和 $\overrightarrow{OQ}$ 的合矢量 $\overrightarrow{OR}$，合矢量 $\overrightarrow{OR}$ 的长度代表合位移的振幅；如果 OR 与 x 轴的夹角为 θ，那么合位移的初相位就是 θ。上述结论是容易得出的，只要注意到

$$\begin{aligned} OR\cos\theta &= OP\cos\theta_1 + PR\cos\theta_2 \\ &= a_1\cos\theta_1 + a_2\cos\theta_2 \end{aligned} \tag{13.35}$$

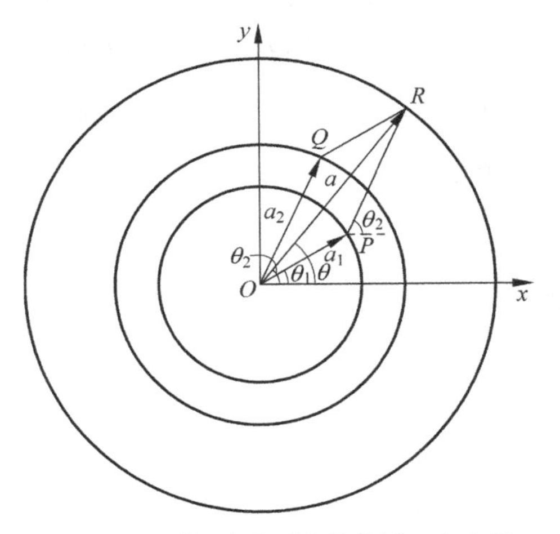

图 13.8　图解法求两个沿着同一方向且频率相同的简谐振动的合成

类似地，有

$$OR\sin\theta = a_1\sin\theta_1 + a_2\sin\theta_2 \tag{13.36}$$

与式(13.23)和式(13.24)相一致。并且当矢量 $\overrightarrow{OP}$ 和 $\overrightarrow{OQ}$ 在半径 a_1 和 a_2 圆周上旋转时，矢量 $\overrightarrow{OR}$ 也以同样的频率在半径 OR 的圆周上旋转。

因此，要想合成由式(13.20)给出的两个位移，就必须先画出与轴线成 θ_1 角、长度为 a_1 的矢量($\overrightarrow{OP}$)，再从这个矢量的末端画另一个长度为 a_2 并与轴夹角为 θ_2 的矢量($\overrightarrow{PR}$)。这样，矢量 $\overrightarrow{OR}$ 的长度就代表合振幅，它与轴线的夹角就代表合位移的初相位。显而易见，如

① 很明显，如果矢量 $\overrightarrow{OP}$ 以角速度 ω(沿逆时针方向)旋转，矢量 $\overrightarrow{OP}$ 的 x 坐标就是 $a_1\cos(\omega t + \theta_1)$，这里 $t=0$ 时刻相应于旋转矢量在点 P 的时刻。

果还有第三个位移

$$x_3=a_3\cos(\omega t+\theta_3) \tag{13.37}$$

从点 R 出发再画长度为 a_3 的矢量 $\overrightarrow{RR'}$，使它与轴线成 θ_3 角，那么 $\overrightarrow{OR'}$ 就代表 x_1、x_2 和 x_3 的合成。

举一个例子来说明上述方法，考察 N 个简谐振动的合成，它们的振幅相同，而相位按算术级数增加。因此

$$\begin{cases}x_1=a\cos\omega t\\ x_2=a\cos(\omega t+\theta_0)\\ \vdots\\ x_N=a\cos[\omega t+(N-1)\theta_0]\end{cases} \tag{13.38}$$

在图 13.9 中，矢量 $\overrightarrow{OP_1}$，$\overrightarrow{P_1P_2}$，$\overrightarrow{P_2P_3}$，…分别对应于 x_1，x_2，x_3，…；矢量 $\overrightarrow{OP_N}$ 就表示合矢量。设 Q_1L 和 Q_2L 分别是 OP_1 和 P_1P_2 的垂直平分线。容易证明

$$\triangle LQ_1P_1=\triangle LQ_2P_1$$

因此 $LO=LP_1=LP_2$。于是，点 O，P_1，P_2，P_3，…，P_N 将处在以 L 为中心、以 LO 为半径的圆周上，并且 $\angle LP_1O=\dfrac{\pi-\theta_0}{2}$，因而 $\angle OLP_1=\theta_0$。于是

$$LO=\frac{a/2}{\sin\theta_0/2}$$

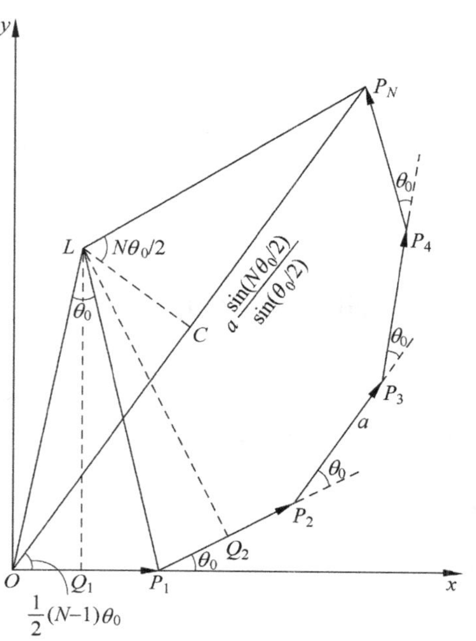

图 13.9 图解法求 N 个同方向同频率简谐振动的合成

而

$$OP_N=2OC=2LO\sin\frac{N\theta_0}{2}=a\frac{\sin\dfrac{N\theta_0}{2}}{\sin\dfrac{\theta_0}{2}} \tag{13.39}$$

此外，合位移的初相位是

$$\angle P_NOX=\frac{1}{2}(N-1)\theta_0$$

因此

$$a\cos\omega t+a\cos(\omega t+\theta_0)+\cdots+a\cos[\omega t+(N-1)\theta_0]=A\cos(\omega t+\theta) \tag{13.40}$$

式中，

$$A=a\frac{\sin\dfrac{N\theta_0}{2}}{\sin\dfrac{\theta_0}{2}} \tag{13.41}$$

$$\theta=\frac{1}{2}(N-1)\theta_0 \tag{13.42}$$

在第 18 章将要用到这个结果。

13.7　复数表示法　　　目标 4

使用复数表示法往往是更为方便的。用这种方法时，把位移

$$x_1 = a_1\cos(\omega t + \theta_1) \tag{13.43}$$

写成

$$x_1 = a_1 e^{i(\omega t+\theta_1)} \tag{13.44}$$

这个式子意味着实际位移是 x_1 的实部。此外，若

$$x_2 = a_2 e^{i(\omega t+\theta_2)}$$

则

$$x_1 + x_2 = (a_1 e^{i\theta_1} + a_2 e^{i\theta_2})e^{i\omega t} = a e^{i(\omega t+\theta)} \tag{13.45}$$

式中，

$$a e^{i\theta} = a_1 e^{i\theta_1} + a_2 e^{i\theta_2} \tag{13.46}$$

如果分别写出式(13.46)实部和虚部的等式，便可得到式(13.23)和式(13.24)。

一个有趣的例子说明复数表示法很有用处，考察式(13.38)所描述的 N 个位移的合成。按照这种方法可以写出

$$x_1 = a e^{i\omega t},\quad x_2 = a e^{i(\omega t+\theta_0)},\cdots$$

因而

$$x = x_1 + x_2 + \cdots = a e^{i\omega t}[1 + e^{i\theta_0} + e^{i2\theta_0} + \cdots + e^{i(N-1)\theta_0}] = a e^{i\omega t}\frac{1 - e^{iN\theta_0}}{1 - e^{i\theta_0}}$$

$$= a e^{i\omega t}\frac{e^{iN\theta_0/2}}{e^{i\theta_0/2}}\cdot\frac{e^{iN\theta_0/2} - e^{-iN\theta_0/2}}{e^{i\theta_0/2} - e^{-i\theta_0/2}} = \frac{a\sin\dfrac{N\theta_0}{2}}{\sin\dfrac{\theta_0}{2}}\exp\left\{i\left[\omega t + (N-1)\frac{\theta_0}{2}\right]\right\} \tag{13.47}$$

此式与式(13.40)一致。在讨论波包扩展的问题时(见 10.3 节)，复数表示法也是很有用的。

值得注意的是，尽管有

$$\mathrm{Re}(x_1) + \mathrm{Re}(x_2) = \mathrm{Re}(x_1 + x_2)$$

但是

$$\mathrm{Re}(x_1)\mathrm{Re}(x_2) \neq \mathrm{Re}(x_1 x_2)$$

式中，Re(…)表示取括号内量的实部。因此，在计算与振幅平方成正比的波的强度时，必须注意这一点。在应用复数表示时，必须先计算振幅，然后计算强度。

小　　结

- 根据波的叠加原理，由若干波(在特定点)产生的合位移等于由每一个波产生的位移的矢量和。
- 弦上的驻波和电磁驻波是由沿相反方向传输的波叠加而成的。
- 如果(由正弦波产生的)两个位移同相位，那么合成波的幅度就是两个波的幅度之

和；这就是相长干涉。相反，如果两个位移反相，合成波幅度将会是两个波幅度之差；这就是相消干涉。

- 两频率相同的正弦波导致的合振动在特征上仍然是简谐振动，与每一个正弦波导致的简谐振动相比频率相同，但是振幅和初相位不同。
- 对于波包展宽一类问题，复数表示法非常好用。

习　　题

13.1 在一根张力为1N，两端拉紧的弦上形成一列驻波，弦长30cm，形成3个波腹的振动。设弦单位长度的质量为10mg/cm，试计算振动频率。

13.2 在习题13.1中，若弦以它的基模振动，振动频率又是多少？

13.3 维纳实验装置中，若相邻暗带之间的距离为7×10^{-3}cm，问底片和反射镜的夹角为多少？假定$\lambda=6\times10^{-5}$cm。

[**答案**：～0.25°]

13.4 在张力作用下，一根拉紧的弦上形成的驻波形成5个波腹振动，弦长为50cm，振动频率为250s^{-1}。试计算距离弦的一端为2cm、5cm、15cm、18cm、20cm、35cm和45cm的各点的位移随时间的变化。

13.5 在同一方向传播的两个波有相同的振幅，但频率稍有不同，它们的位移可以写成

$$a\cos 2\pi\left(\nu t-\frac{x}{\lambda}\right)$$

$$a\cos 2\pi\left[(\nu+\Delta\nu)t-\frac{x}{\lambda-\Delta\lambda}\right]$$

(实际上，两个频率稍有不同的音叉振动时，其位移就有这样的形式。)试讨论这两个位移的叠加，并证明当x值一定时，强度随时间而变化。

13.6 在习题13.5中，设$v=330\text{m/s}$，$\nu=256\text{s}^{-1}$，$\Delta\nu=2\text{s}^{-1}$，$a=0.1$cm。试画出在$x=0$，$\frac{\lambda}{4}$和$\frac{\lambda}{2}$各点强度随时间的变化曲线。

13.7 在习题13.5和习题13.6中，用复数表示法研究在$x=0$处合位移随时间的变化。

13.8 讨论频率相同且在同一方向传播的两个平面波的叠加结果与它们的相位差之间的函数关系(实际上，当平面波在玻璃板的上下表面反射时，就出现这种情况；参阅15.2节)。

13.9 在例11.1中已讨论过半圆形脉冲在弦上的传播，现在考察传播方向相反的两个半圆形脉冲。在$t=0$时，沿$+x$方向和$-x$方向传播的脉冲的位移分别表示为

$$(R^2-x^2)^{1/2},\quad -[R^2-(x-10R)^2]^{1/2}$$

试画图表示$t=R/v$、$2.5R/v$、$5R/v$、$7.5R/v$和$10R/v$时的合扰动。这里v表示波的传播速度。

第14章 双光束干涉：波前分割法

托马斯·杨于1801年通过一个出奇简单的实验，第一次令人信服地解释了光的波动本性……他让一束太阳光射入暗室，在暗室的前面放置一个带有两个针孔的黑屏，在黑屏后面的一定距离放置一个白屏。他在一条亮线两边看到了两条微暗的线，这样的结果让他有足够的勇气去重复做这个实验。这一次，他使用了撒有食盐的火焰作为光源，来产生明亮的钠黄光。他观察到了一系列规则排列的暗纹，第一次明确给出了光波与光波叠加能产生暗纹的证据。这个现象被称作干涉。托马斯·杨在之前就预料到了这个结果，因为他相信光的波动理论。

——伽博于1971年12月11日在获得诺贝尔奖后的演讲

对于光，杨氏有着令人惊异的广泛兴趣和天赋……根据他在医学和科学上的发现，亥姆霍兹总结道："他是有史以来知识最渊博的人物之一。"

——来自互联网

学习目标

学过本章后，读者应该学会：

目标1：解释水面产生的干涉图样。

目标2：理解相干现象。

目标3：讨论光波产生的干涉图样。

目标4：理解杨氏干涉图样并求干涉条纹的宽度。

目标5：讨论干涉图样的强度分布。

目标6：解释菲涅耳双面镜实验和菲涅耳双棱镜实验。

目标7：讨论当双缝被白光照明时的干涉图样。

目标8：讨论在双缝干涉装置的一路光束中放置一介质薄片时干涉条纹的移动。

目标9：解释洛埃镜实验。

目标10：理解光束经过反射时出现相位变化的机制。

14.1 引言

第13章讨论了在弦上传播的一维波的叠加，并证明了两列波的干涉会引起能量密度沿弦长方向的变化(见图13.5)。一般来说，两列波叠加就会产生一个称为干涉图样的强度分布。本章考察从两个点源发出的波所产生的干涉图样。应该指出，观察声波的干涉图样是不难的，因为两列干涉波保持恒定的相位关系，同样，观察微波的干涉也不困难。然而对光波来说,由于它有特殊的发光过程,无法观察到两个独立光源发出光波之间的干涉现象①,尽管它们之间也确实发生了干涉(参阅14.4节)。因此,我们只好设法从同一列光波中分出几列可用于干涉的光波,以便它们之间保持恒定的相位关系。达到这一目的的方法可分成两大类。在属于第一类方法的一个典型装置中,让一束光入射到两个很靠近的小孔上,从小孔出射的两束光会发生干涉,这种方法称为波前分割法,本章将加以详细讨论。另一种方法称为振幅分割法,一束光被两个或多个反射面所分割,分割出来的这些反射光束会发生干涉。这种方法留在第15章再讨论。但是必须强调指出,本章和第15章都是基于同一个根本的原理,即叠加原理。

也可以观察多光束的干涉,称为多光束干涉量度学,这个内容留在第16章讨论。在那里将证明多光束干涉量度学比双光束干涉量度学具有某些独特的优点。

14.2 在水面上产生的干涉图样 目标1

考察一个水箱里由两个点源发出的水面波。例如,可以使两根尖锐的针在点 S_1 和点 S_2 上下振动产生水面波(见图14.1)。虽然水波实际上并不是横波,但为简单起见,假定水波产生的位移垂直于传播方向。

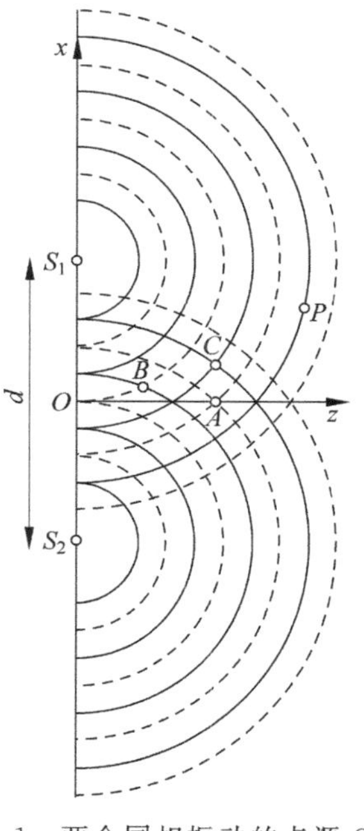

假如只有一根针(比如在点 S_1)以一定的频率 ν 振动,那么就会有一些圆形的波纹从点 S_1 扩展开来,波的波长为 v/ν,波的波峰和波谷向外传播。如果一根针在点 S_2 振动,也会有类似的情形。然而,如果两根针都在振动,S_1 发出的波就会与 S_2 发出的波进行干涉。假定两根针在 S_1 和 S_2 的振动是同相的,即 S_1 和 S_2 同时向上,也同时到达最低位置。这样,若某一时刻从波源 S_1 发出的扰动在距离 S_1 为 ρ 的地方产生波峰,那么从波源 S_2 发出的扰动也会在距离 S_2 为 ρ 的地方产生波峰,等等。图14.1清楚地表明了这一点,图中实线代表(某一特定时刻)S_1 和 S_2 发出的扰动产生的波峰位置;类似地,虚线代表(同一时刻的)波谷位置。注意,对于在垂直平分线 OZ 上的所有点,由 S_1 和 S_2 传播来的扰动总是同相的,因此,垂直平分线上任一点 A 的合扰动可以写成

$$y = y_1 + y_2 = 2a\cos\omega t \tag{14.1}$$

式中,$y_1(=a\cos\omega t)$ 和 $y_2(=a\cos\omega t)$ 分别代表 S_1 和 S_2 在点 A 产生的位移。可见点 A 的振幅等于每一个波源单独产生的振幅的2倍。应该注意到,在 $t=\dfrac{T}{4}\left(=\dfrac{1}{4\nu}=\dfrac{\pi}{2\omega}\right)$ 时,每一个波源在点 A 产生的位移等于零,因而合位移也为零。由式(14.1)来看,这也是很明显的。

图14.1 两个同相振动的点源 S_1 和 S_2 发出的波。实线和虚线分别代表波峰与波谷的位置

① 即使用两束激光束,观察到干涉图样也是困难的,除非激光束的相位是锁定的。

再来考察另一点 B，它满足

$$S_2B - S_1B = \lambda/2 \tag{14.2}$$

从波源 S_1 传播到这一点的扰动总是与波源 S_2 传播到这一点的扰动反相。这一结论是根据这样的事实得出的：从波源 S_2 传播到点 B 的扰动比从波源 S_1 传播到点 B 的扰动早半个周期($=T/2$)。因此，如果 S_1 在点 B 产生的位移是

$$y_1 = a\cos\omega t$$

那么 S_2 在点 B 产生的位移就是

$$y_2 = a\cos(\omega t - \pi) = -a\cos\omega t$$

结果合位移 $y=y_1+y_2$ 在任何时刻均为零。这一点对应的是相消干涉，被称为波节，对应于强度极小值。应当指出，当 S_1 和 S_2 到点 B 的距离不相等时，传播到点 B 的两个振动的振幅实际上是不相等的。但是如果 S_1 和 S_2 到点 B 的距离比波长大得多，两个振幅就非常接近相等，因而合强度非常接近零。

也可以用类似的方法考察满足

$$S_2C - S_1C = \lambda$$

的点 C。从 S_1 和 S_2 传播到点 C 的振动的相位完全同相，和点 A 一样，因此在点 C 再次发生相长干涉。

普遍地说，若点 P 满足

$$S_2P - S_1P = n\lambda,\quad n=0,1,2,\cdots(\text{极大值条件}) \tag{14.3}$$

那么从两波源传播到点 P 的扰动同相，干涉是相长的，点 P 的强度取极大值。另外，若点 P 满足

$$S_2P - S_1P = \left(n+\frac{1}{2}\right)\lambda,\quad n=0,1,2,\cdots(\text{极小值条件}) \tag{14.4}$$

那么从两波源传播到点 P 的扰动反相，干涉是相消的，点 P 的强度取极小值。在一个水箱中，同相振动的两点源实际产生的干涉图样如图 14.2 所示。

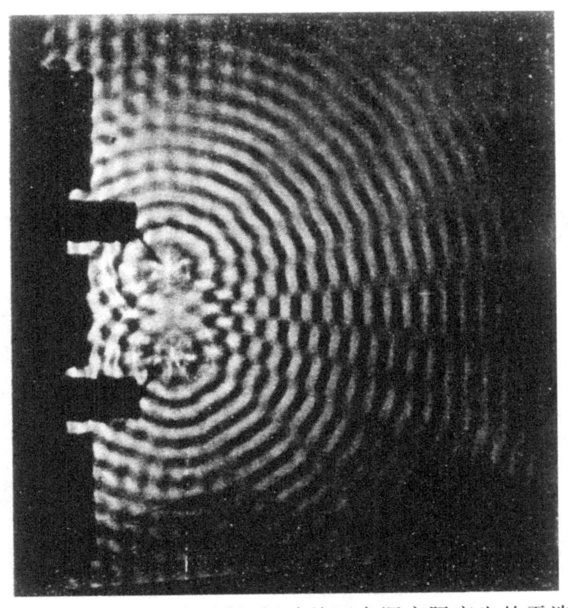

图 14.2　在一个水箱中，同相振动的两点源实际产生的干涉图样
(采自文献[14.9]，获使用许可)

例 14.1 不满足式(14.3)和式(14.4)的点的强度既不是极大值也不是极小值。考察满足 $S_2P-S_1P=\lambda/3$ 的一点 P,求点 P 的强度和强度极大值之比。

解 若从 S_1 传播到点 P 的扰动可表示为

$$y_1=a\cos\omega t$$

那么从 S_2 传播到点 P 的扰动就可以表示为

$$y_2=a\cos\left(\omega t-\frac{2\pi}{3}\right)$$

因为 $\lambda/3$ 的光程差相当于相位差 $\frac{2\pi}{3}$。这样,合位移就是

$$\begin{aligned}y=y_1+y_2&=a\left[\cos\omega t+\cos\left(\omega t-\frac{2\pi}{3}\right)\right]\\&=2a\cos\left(\omega t-\frac{2\pi}{3}\right)\cos\frac{\pi}{3}=a\cos\left(\omega t-\frac{\pi}{3}\right)\end{aligned}$$

因此,点 P 的强度是强度极大值的 1/4。用类似的方法可以计算任何其他点的强度。

例 14.2 与强度极小值相对应的点的轨迹称为节线。证明节线方程为双曲线。同样,与强度极大值相对应的点的轨迹也是双曲线。

解 为普遍起见,求满足下式的点 P 的轨迹:

$$S_1P-S_2P=\Delta \tag{14.5}$$

当 $\Delta=n\lambda$ 时,点 P 的强度取极大值;当 $\Delta=\left(n+\frac{1}{2}\right)\lambda$ 时,点 P 的强度取极小值。选择 S_1S_2 的中点为原点,x 轴沿 S_1S_2 方向,z 轴与之垂直(参见图 14.1 和图 14.3)。若 S_1 和 S_2 之间的距离为 d,那么 S_1 和 S_2 的坐标分别为 $\left(+\frac{d}{2},0\right)$ 和 $\left(-\frac{d}{2},0\right)$。设点 P 的坐标为 (x,z),则

$$S_1P=\left[\left(x-\frac{d}{2}\right)^2+z^2\right]^{1/2}$$

$$S_2P=\left[\left(x+\frac{d}{2}\right)^2+z^2\right]^{1/2}$$

因此

$$S_2P-S_1P=\left[\left(x+\frac{d}{2}\right)^2+z^2\right]^{1/2}-\left[\left(x-\frac{d}{2}\right)^2+z^2\right]^{1/2}=\Delta$$

或

$$\left(x+\frac{d}{2}\right)^2+z^2=\left(x-\frac{d}{2}\right)^2+z^2+\Delta^2+2\Delta\left[\left(x-\frac{d}{2}\right)^2+z^2\right]^{1/2}$$

$$2xd-\Delta^2=2\Delta\left[\left(x-\frac{d}{2}\right)^2+z^2\right]^{1/2}$$

平方后再简化,得

$$\frac{x^2}{\frac{1}{4}\Delta^2}-\frac{z^2}{\frac{1}{4}(d^2-\Delta^2)}=1 \tag{14.6}$$

这是一个双曲线方程。当 $\Delta=\left(n+\frac{1}{2}\right)\lambda$ 时,曲线与极小值对应;而当 $\Delta=n\lambda$ 时,曲线与极

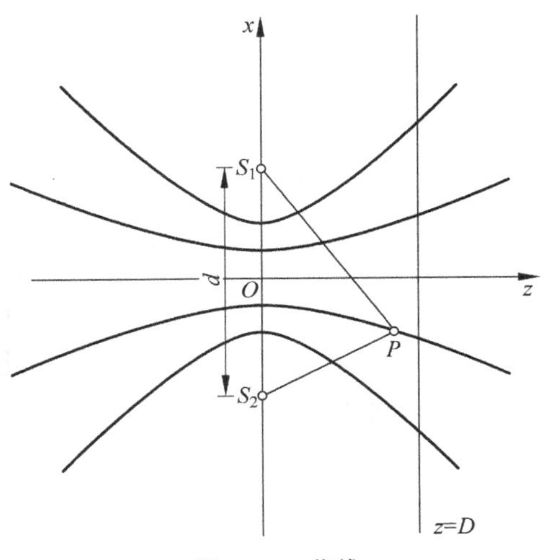

图 14.3　节线

大值对应。x 和 z 值较大时，曲线渐近地趋于直线

$$z=\pm\left(\frac{d^2-\Delta^2}{\Delta^2}\right)^{1/2}x \tag{14.7}$$

应该指出，只在 x 轴上有 $S_1P-S_2P=d$，而 $S_1P-S_2P>d$ 的点 P 是不存在的。根据式(14.6)，当 $\Delta>d$ 时，所得到的方程是一个椭圆方程，我们知道这是不可能的。这个错误的推论是几次平方运算所造成的，因为经过几次平方运算之后，式(14.6)也包含了满足 $S_1P+S_2P=\Delta$ 的所有点的轨迹，显然，在这种情况下，Δ 可以大于 d。

例 14.3　考察距离原点为 D 的平行于 x 轴的一条直线(见图 14.3)，证明：当路程差与 d 相比很小时，直线上出现强度极小值的那些点的位置是等距的。

解　该直线的方程是

$$z=D \tag{14.8}$$

此外，在离原点较远的情况下，节线方程为

$$z=\pm\left(\frac{d^2-\Delta_n^2}{\Delta_n^2}\right)^{1/2}x \tag{14.9}$$

式中，$\Delta_n=\left(n+\frac{1}{2}\right)\lambda$，$n=0,1,2,\cdots$。显然，在直线 $z=D$ 上出现强度极小值的点的位置是

$$\begin{aligned}x_n&=\pm\left(\frac{\Delta_n^2}{d^2-\Delta_n^2}\right)^{1/2}D=\pm\frac{\Delta_n}{d}\left(1-\frac{\Delta_n^2}{d^2}\right)^{-1/2}D\\&\approx\pm\left(n+\frac{1}{2}\right)\frac{\lambda D}{d}\end{aligned} \tag{14.10}$$

这里由于假设了 $\Delta_n\ll d$，因此，对应于强度极小值的点是等间距的，其间距为 $\lambda D/d$。

例 14.4　至此一直假定两根针在 S_1 和 S_2(见图 14.1)的振动是同相的，现在假定两根针的振动有相位差 π。求这种情况下的节线位置，并把结果推广到两根针的振动有任意相位差的情况。

解　由于在 S_1 和 S_2 的两根针的振动反相，因此，在任意时刻，如果位于 S_1 的这根针

在距离它为 R 的地方产生波峰,那么位于 S_2 的这根针在距离它为 R 的地方就产生波谷。这样,在垂直平分线 Oz 上的所有点(见图14.4),两振动总是反相,因而强度取极小值。另外,在满足

$$S_2B - S_1B = \lambda/2$$

的点 B,两振动是同相的,强度取极大值。因此,由于两振动有初始相位差 π,所以极大值条件和极小值条件与前述的情况正好相反,即当

$$S_2P - S_1P = \left(n + \frac{1}{2}\right)\lambda \quad (\text{极大值条件})$$

时干涉相长,得到极大值。而当

$$S_2P - S_1P = n\lambda \quad (\text{极小值条件})$$

时,干涉相消,得到极小值。可见,我们再次得到了节线为双曲线的稳定的干涉图样。

上述分析容易推广到两针之间有任意相位差的情况。例如,假定相位差为 $\pi/3$,即如果距离 S_1 为 R 的地方是波峰,那么距离 S_2 为 $R-\lambda/6$ 的地方也是波峰。这样,当满足条件

$$S_1P - S_2P = n\lambda + \frac{\lambda}{6}, \quad n = 0, \pm 1, \pm 2, \cdots$$

时将对应于极大值。

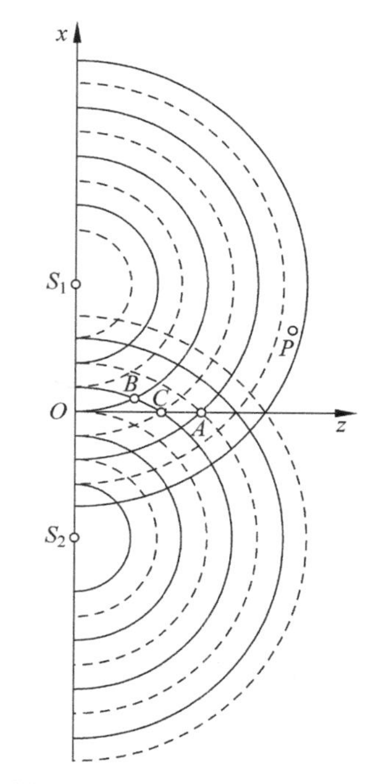

图14.4 两点源 S_1 和 S_2 的波前在反相时的图样

14.3 相干性 目标2

由上述各例可以看到,只要两根针的振动有恒定的相位差,就会产生一个稳定的干涉图样,而极大值和极小值的位置将取决于两针振动的相位差。两个以固定相位差振动的波源称为相干波源。

其次,假定两针的振动有时是同相的,有时是反相的,有时又有相位差 $\pi/3$,等等,这样干涉图样将不断变化。如果相位差变化极为迅速,以致不能观察到稳定的干涉图样,两波源就称为非相干波源。

设波源 S_1 和 S_2 产生的位移可表示为

$$\begin{cases} y_1 = a\cos\omega t \\ y_2 = a\cos(\omega t + \phi) \end{cases} \tag{14.11}$$

那么合位移就是

$$y = y_1 + y_2 = 2a\cos\frac{\phi}{2}\cos\left(\omega t + \frac{\phi}{2}\right) \tag{14.12}$$

与振幅平方成正比的强度 I 可以写成以下形式:

$$I = 4I_0\cos^2\frac{\phi}{2} \tag{14.13}$$

式中，I_0 是每一个波源单独产生的强度。显然，当 $\phi=\pm\pi,\pm3\pi,\cdots$ 时，合强度为零，得到极小值。而当 $\phi=0,\pm2\pi,\pm4\pi,\cdots$ 时，合强度为极大值（$=4I_0$）。但是，如果两波源 S_1 和 S_2 之间的相位差 ϕ 随时间而变，那么观察到的强度是

$$I=4I_0\left\langle\cos^2\frac{\phi}{2}\right\rangle \tag{14.14}$$

符号〈…〉表示取角括号内的量的时间平均值。一个随时间变化的函数的时间平均值由下式定义：

$$\langle f(t)\rangle=\frac{1}{\tau}\int_{-\tau/2}^{\tau/2}f(t)\mathrm{d}t \tag{14.15}$$

式中，τ 表示取平均值的时间间隔。例如，用正常眼睛观察干涉图样，取平均值的时间间隔约 0.1s；而用照相机拍摄时，如曝光时间为 0.001s，则 $\tau=0.001$s；等等。显然，若 ϕ 在比 τ 小得多的时间内随机变化，那么 $\cos^2\phi/2$ 将在 0～1 之间随机变化，因而 $\langle\cos^2\phi/2\rangle$ 等于 1/2。在这种情况下，有

$$I=2I_0 \tag{14.16}$$

表明若两波源是非相干的，则合强度为两强度之和，且没有强度的变化。因此，如果两振源之一（或两者同时）以随机方式时振时停（以致两波源振动的相位差变化很快），那么就观察不到干涉现象。在 14.6 节和第 17 章中，还将讨论这个问题。

14.4　光波的干涉　　　目标 3

到目前为止，讨论的是水面上的波产生的干涉，现在我们将讨论光波产生的干涉图样。不过，对光波来说，要观察到稳定的干涉图样是困难的。例如，用两个普通光源（如两盏钠光灯）分别照亮两个针孔（见图 14.5），在屏幕上是不会观察到干涉图样的。原因是：普通光源发出的光是由大量的独立原子发出的，每一个原子的发光时间约为 10^{-10}s，亦即，一个原子发射的光实质上是一个只持续 10^{-10}s 的脉冲①。即使原子都在相似的条件下发光，不同原子发出的光波其初始相位也会不同。

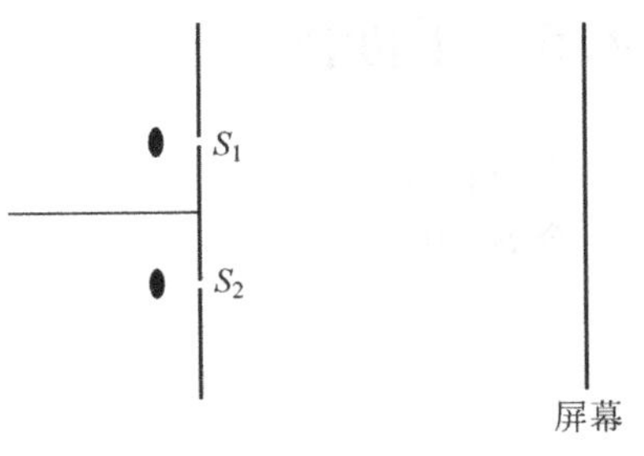

图 14.5　若两个钠灯照射到两个小孔 S_1 和 S_2 上，则屏幕上观察不到干涉图样

这样，从孔 S_1 和 S_2 发出的光就只在约 10^{-10}s 的时间间隔内有恒定的相位关系，因而干涉图样每十亿分之一秒就要发生变化。而眼睛能够感受到的强度变化至少要持续 1/10s，所以在幕上看到的是均匀强度。但是，如果真有一架快门开启时间小于 10^{-10}s 的照相机，底片是会记录到干涉图样的②。我们把上述结果总结一下：两个

① 由于光的频率为 $10^{15}\mathrm{s}^{-1}$ 的量级，而这样一个短脉冲大约经历了百万次的振荡，因此，它近乎是单色的（参见第 17 章）。

② 只有当光波具有相同的偏振态时，才能产生这样由一系列亮暗带组成的干涉图样。不过，只要在 S_1 和 S_2 之前放两片偏振片就很容易做到这一点。这里应该指出，已经有可能使用两个独立的激光器发生干涉从而可以记录干涉图样了（见第 17 章）。

独立光源发出的光束没有恒定的相位关系[①],因此它们不会产生稳定的干涉图样。

杨在1801年设计了一种既巧妙又简单的方法来锁定两光源之间的相位关系。该方法的巧妙之处在于把单个波前分割成两个波前,这两个波前如同是由两个有固定相位关系的光源发出的一样,因此,这两个波发生干涉时,就可以得到稳定的干涉图样。在实际的实验中,是用一个光源照亮小孔 S(见图14.6),经过这个小孔发散出的光投射到开有两个小孔 S_1 和 S_2 的阻挡屏上,S_1 和 S_2 相互靠得很近,并与 S 等距。所以由 S_1 和 S_2 发出的球面波是相干的(见图14.7),因而在观察屏幕上得到漂亮的干涉条纹。为了证明这确实是一种干涉效应,杨展示了当其中一孔 S_1(或 S_2)被挡住时,屏幕上的条纹即消失。他运用叠加原理解释了干涉图样,并根据测出的条纹间距计算了波长。图14.7显示了在包含 S、S_1 和 S_2 的平面上波前的截面图。

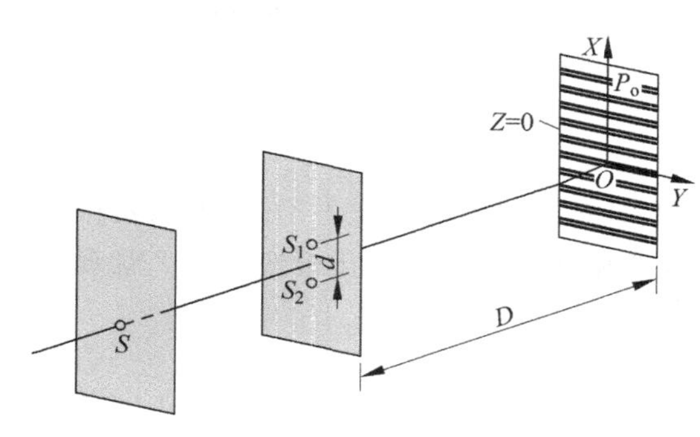

图14.6 产生干涉图样的杨氏装置

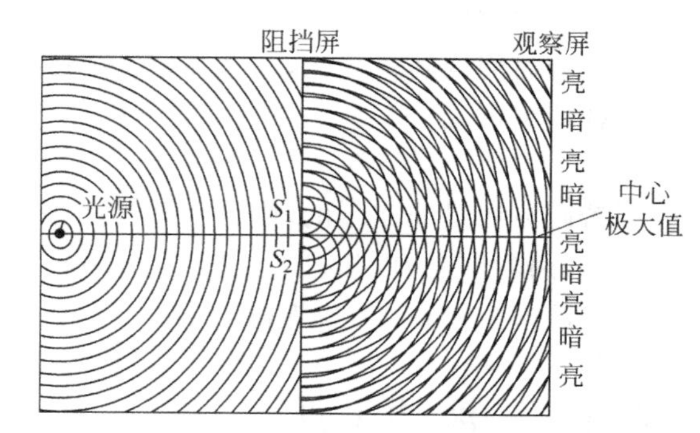

图14.7 从 S、S_1 和 S_2 发出的球面波的截面图

14.5 干涉图样

目标4

本节首先将得到条纹宽度的表达式,然后证明这些条纹严格来讲是双曲线形状的。

令 S_1 和 S_2 表示杨氏干涉实验的两个小孔,下面计算直线 LL' 上极大值和极小值的位置,直线 LL' 与 x 轴平行,且在包含点 S、S_1 和 S_2 的平面内(见图14.8)。下面将证明(在点 O 附近的)干涉图样是由一系列垂直于纸面的暗线和亮线组成的,点 O 是点 S 到屏幕的垂足。

直线 LL' 上与极大值对应的一点 P 必须满足

$$S_2P - S_1P = n\lambda, \quad n = 0,1,2,\cdots \tag{14.17}$$

而

$$(S_2P)^2 - (S_1P)^2 = \left[D^2 + \left(x_n + \frac{d}{2}\right)^2\right] - \left[D^2 + \left(x_n - \frac{d}{2}\right)^2\right] = 2x_n d \tag{14.18}$$

式中,$S_1S_2 = d$,$OP = x_n$。因此

$$S_2P - S_1P = \frac{2x_n d}{S_2P + S_1P} \approx \frac{x_n d}{D} \tag{14.19}$$

其中最后一步是利用 $2D$ 代替了 $S_2P + S_1P$,因为 $D \gg d, x_n$。例如,$d = 0.02\text{cm}$,$D =$

① 这样的光源称为非相干光源。

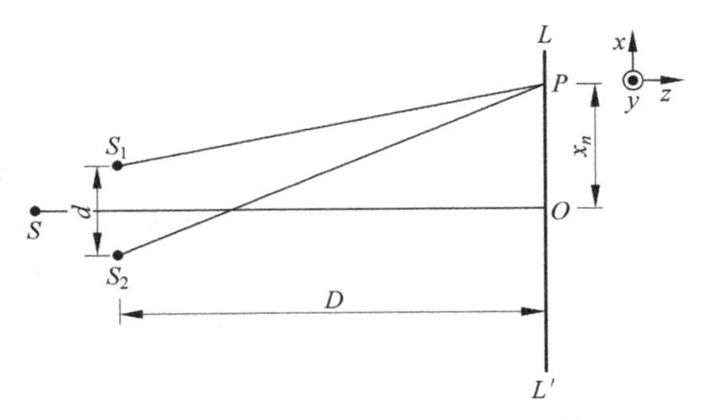

图 14.8　产生杨氏干涉图样的实验装置

50cm，$OP=0.5$cm（在光干涉实验中，这是一些典型的数值）

$$S_2P+S_1P=\sqrt{(50)^2+(0.51)^2}+\sqrt{(50)^2+(0.49)^2}\ \text{cm}\approx 100.005\text{cm}$$

因此，以 $2D$ 代替 S_2P+S_1P 所引入的误差约为 0.005%。在这种近似下，利用式(14.17)和式(14.19)得到

$$x_n=\frac{n\lambda D}{d} \tag{14.20}$$

因此，暗条纹和亮条纹是等间距的，两相邻亮条纹(或暗条纹)的间距为

$$\beta=x_{n+1}-x_n=\frac{\lambda D}{d} \tag{14.21}$$

这就是条纹宽度的表达式。

下面将确定观察屏 LL' 上的干涉条纹形状，并证明条纹是一系列双曲线。假定原点在点 O，z 轴垂直于观察屏幕平面 LL'，如图 14.8 所示。观察屏幕 LL' 对应于 $z=0$ 平面，因此，观察平面上任一点 P 为 $(x,y,0)$，点 S_1 和 S_2 的坐标分别为 $\left(+\frac{d}{2},0,-D\right)$ 和 $\left(-\frac{d}{2},0,-D\right)$。因此

$$S_2P-S_1P=\left[\left(x+\frac{d}{2}\right)^2+y^2+D^2\right]^{1/2}-\left[\left(x-\frac{d}{2}\right)^2+y^2+D^2\right]^{1/2}=\Delta(\text{常数})$$

或者

$$\left(x+\frac{d}{2}\right)^2+y^2+D^2=\left\{\Delta+\left[\left(x-\frac{d}{2}\right)^2+y^2+D^2\right]^{1/2}\right\}^2$$

简单计算得

$$(d^2-\Delta^2)x^2-\Delta^2y^2=\Delta^2\left[D^2+\frac{1}{4}(d^2-\Delta^2)\right]$$

当 $\Delta=0$(即零路程差)时，必然有 $x=0$，意味着中心(亮)条纹是沿着 y 轴的，这是严格成立的。而除此以外，一般地，上述方程总是具有下列形式：

$$\frac{x^2}{a^2}-\frac{y^2}{b^2}=1 \tag{14.22}$$

其中，

$$a^2=\frac{\Delta^2}{d^2-\Delta^2}\left[D^2+\frac{1}{4}(d^2-\Delta^2)\right],\quad b^2=D^2+\frac{1}{4}(d^2-\Delta^2) \tag{14.23}$$

方程(14.22)代表一双曲线。经整理得到

$$x = \pm\left(\frac{\Delta^2}{d^2-\Delta^2}\right)^{1/2}\left[y^2+D^2+\frac{1}{4}(d^2-\Delta^2)\right]^{1/2} \tag{14.24}$$

显然，当 $y^2 \ll D^2$ 时，可以忽略方括号里的 y^2 项，轨迹是平行于 y 轴的直线，于是在屏幕上得到直线条纹。应该强调的是，尽管光源 S_1 和 S_2 是点光源，但条纹仍是直线。容易看出，如改用缝光源代替点光源，我们也会得到直线条纹，只是将两缝光源分割后对应每两个点光源都产生相同的直线条纹，条纹重叠后得到的还是直线条纹。用点光源和缝光源产生的条纹称为非定域条纹。只要把照相底片置于屏幕的位置便可以把条纹摄取下来，也可以通过目镜来观察条纹。

14.6 强度分布　　目标 5

设 $\boldsymbol{E}_1$ 和 $\boldsymbol{E}_2$ 分别是 S_1 和 S_2 在点 P 产生的电场(见图14.8)。一般来说，$\boldsymbol{E}_1$ 和 $\boldsymbol{E}_2$ 有不同的方向和大小。但是，如果距离 S_1P 和 S_2P 与距离 S_1S_2 相比大得多，那么两电场近乎是同方向的。因此，可以写出

$$\begin{cases}\boldsymbol{E}_1 = \hat{\boldsymbol{i}}E_{01}\cos\left(\dfrac{2\pi}{\lambda}S_1P-\omega t\right)\\ \boldsymbol{E}_2 = \hat{\boldsymbol{i}}E_{02}\cos\left(\dfrac{2\pi}{\lambda}S_2P-\omega t\right)\end{cases} \tag{14.25}$$

式中，$\hat{\boldsymbol{i}}$ 代表沿其中任意一个电场方向的单位矢量。而合成电场为

$$\boldsymbol{E} = \boldsymbol{E}_1+\boldsymbol{E}_2 = \hat{\boldsymbol{i}}\left[E_{01}\cos\left(\frac{2\pi}{\lambda}S_1P-\omega t\right)+E_{02}\cos\left(\frac{2\pi}{\lambda}S_2P-\omega t\right)\right] \tag{14.26}$$

强度 I 与电场的平方成正比，因而有

$$I = KE^2 \tag{14.27}$$

或

$$\begin{aligned}I = K\Bigg[&E_{01}^2\cos^2\left(\frac{2\pi}{\lambda}S_1P-\omega t\right)+E_{02}^2\cos^2\left(\frac{2\pi}{\lambda}S_2P-\omega t\right)+\\ &E_{01}E_{02}\left\{\cos\left[\frac{2\pi}{\lambda}(S_2P-S_1P)\right]+\cos\left[2\omega t-\frac{2\pi}{\lambda}(S_2P+S_1P)\right]\right\}\Bigg]\end{aligned} \tag{14.28}$$

式中，K 为比例常数[①]。对光波来说，频率极高($\omega \approx 10^{15}\ \mathrm{s}^{-1}$)，则与 ωt 有关的各项也将极迅速地变化(10^{15} 次/s)，因此，任何探测器都只能记录到这些变化量的平均值。因而

$$\begin{aligned}\langle\cos^2(\omega t-\theta)\rangle &= \frac{1}{2\tau}\int_{-\tau}^{\tau}\frac{1+\cos[2(\omega t-\theta)]}{2}\mathrm{d}t\\ &= \frac{1}{2}+\frac{1}{16\pi}\frac{T}{\tau}\{[\sin 2(\omega t-\theta)]_{-\tau}^{+\tau}\}\end{aligned}$$

对光波来说，式中 $T = \dfrac{2\pi}{\omega}(\approx 2\pi\times10^{-15}\ \mathrm{s})$，而对于任何实用的探测器[②]，$\dfrac{T}{\tau} \ll 1$，并且由于大

---

① 式(14.27)的成立将在23.5节推导。在自由空间中，可证明常数 K 等于 $\varepsilon_0 c^2$，其中 ε_0($=8.854\times10^{-12}\mathrm{C}^2/(\mathrm{N}\cdot\mathrm{m}^2)$)为自由空间的介电常数，$c$ 为真空中的光速。

② 对正常眼睛来说，$\tau \approx 0.1\mathrm{s}$，因此 $T/\tau = 6\times10^{-14}$；即使分辨时间只有1ns的探测器，$T/\tau \approx 6\times10^{-6}$。

括号内的量总在$-2\sim+2$之间，所以上式可写成

$$\langle\cos^2(\omega t-\theta)\rangle\approx\frac{1}{2} \tag{14.29}$$

而$\cos(2\omega t-\phi)$在$+1\sim-1$之间振荡，实际上也可以用数学方法证明它的平均值为零。因此，探测器记录到的强度将由下式给出：

$$I=I_1+I_2+2\sqrt{I_1I_2}\cos\delta \tag{14.30}$$

其中，

$$\delta=\frac{2\pi}{\lambda}(S_2P-S_1P) \tag{14.31}$$

代表由S_1和S_2传播到点P的电场之间的相位差，而

$$I_1=\frac{1}{2}KE_{01}^2$$

代表阻挡光源S_2投射到屏幕上的情况下，光源S_1单独产生的强度。类似地，$I_2=\frac{1}{2}KE_{02}^2$代表阻挡光源S_1投射到屏幕上的情况下，光源S_2单独产生的强度。由式(14.30)可以得出如下几点结论：

(1) $\cos\delta$的极大值和极小值分别为$+1$和-1，因而I的极大值和极小值是

$$\begin{cases}I_{\max}=(\sqrt{I_1}+\sqrt{I_2})^2\\ I_{\min}=(\sqrt{I_1}-\sqrt{I_2})^2\end{cases} \tag{14.32}$$

当

$$\delta=2n\pi,\quad n=0,1,2,\cdots$$

或

$$S_2P-S_1P=n\lambda$$

时，产生强度极大值。而当

$$\delta=(2n+1)\pi,\quad n=0,1,2,\cdots$$

或

$$S_2P-S_1P=\left(n+\frac{1}{2}\right)\lambda$$

时，产生强度极小值。应注意到，当$I_1=I_2$时，强度极小值为零。一般来说，$I_1\neq I_2$，因此，强度极小值不等于零。

(2) 如果小孔S_1和S_2由不同的光源照明(见图 14.5)，那么相位差δ只是在约10^{-10} s时间内保持恒定(参阅 14.3 节的讨论)，因此δ也随时间无规则变化[①]。如果此时在10^{-8} s数量级的时间范围取平均值，则

$$\langle\cos\delta\rangle=0$$

因而有

$$I=I_1+I_2$$

---

① 注意此处因相位引起的变化发生在10^{-10} s数量级的时间内，比起强度因ωt项引起的变化时间长约一百万倍。因此，我们有理由在一开始取平均时保留此项，导出的公式是式(14.30)，而后是否要再取平均需视情形而定。

因此，对两个非相干光源，合强度是每一个光源单独产生的强度之和，此时观察不到干涉图样。

(3) 在图 14.6 所示的装置中，若距离 S_1P 和 S_2P 比 d 大得多，则

$$I_1 \approx I_2 = I_0$$

因而

$$I = 2I_0 + 2I_0\cos\delta = 4I_0\cos^2\frac{\delta}{2} \tag{14.33}$$

这种强度分布(往往称为 $\cos^2$ 图样)如图 14.9 所示。实际(将出现在屏幕上)的条纹图样如图 14.10 所示。图 14.10(a)和(b)分别对应于 $d=0.005\text{mm}(\beta\approx5\text{mm})$ 和 $d=0.025\text{mm}(\beta\approx1\text{mm})$ 的情况。在两图中都有 $D=5\text{cm}$ 和 $\lambda=5\times10^{-5}\text{cm}$。通过选取这样的参数，就能观察到如图 14.10(a)所示的具有双曲线特性的条纹图样。

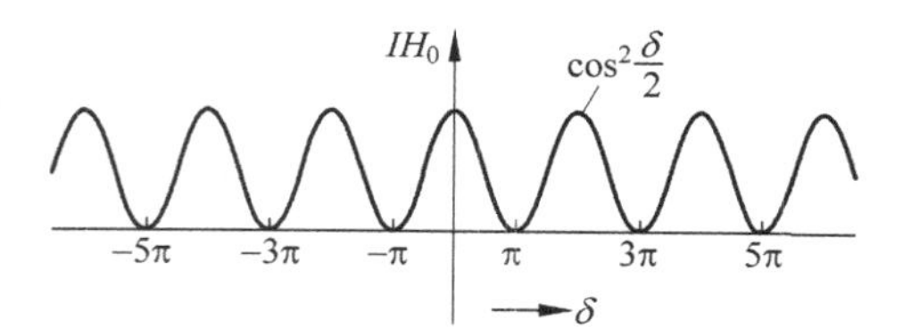

图 14.9 强度随 δ 的变化

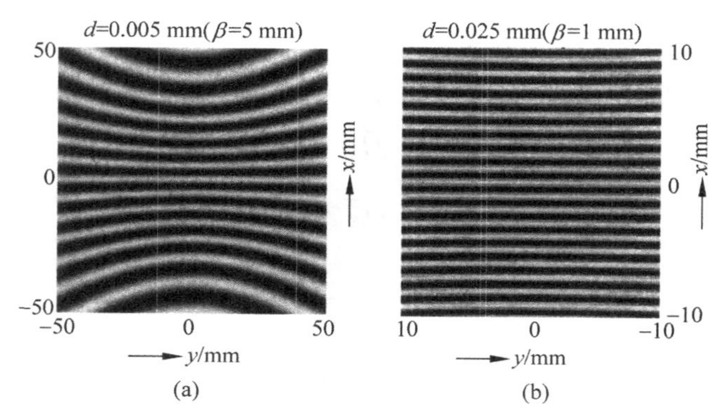

图 14.10 通过计算机得到的两个点光源 S_1 和 S_2 在屏幕 LL' 上产生的干涉图样(见图 14.8)。(a)和(b)分别对应于 $d=0.005\text{mm}$ 和 $d=0.025\text{mm}$ 的情况(两个干涉图样都是 $D=5\text{cm}$ 和 $\lambda=5\times10^{-5}\text{cm}$)

例 14.5 考虑图 14.11(a)所示的两个平面波的叠加，而不是考虑两个点光源。两个波的波矢量由下式给出：

$$\boldsymbol{k}_1 = -\hat{\boldsymbol{x}}k\sin\theta_1 + \hat{\boldsymbol{z}}k\cos\theta_1$$

$$\boldsymbol{k}_2 = +\hat{\boldsymbol{x}}k\sin\theta_2 + \hat{\boldsymbol{z}}k\cos\theta_2$$

其中，$k=2\pi/\lambda$，并且 θ_1 和 θ_2 如图 14.11(a)所示定义。因此，这两个波的电场可以由下面两个式子表示：

$$E_1 = E_{01}\cos(\boldsymbol{k}_1\cdot\boldsymbol{r}-\omega t) = E_{01}\cos(-kx\sin\theta_1 + kz\cos\theta_1 - \omega t)$$

$$E_2 = E_{02}\cos(\boldsymbol{k}_2\cdot\boldsymbol{r}-\omega t) = E_{02}\cos(kx\sin\theta_2 + kz\cos\theta_2 - \omega t)$$

其中假定两个电场都沿着相同的方向(比如沿着 y 轴方向)；如果进一步假定 $E_{01}=E_{02}=E_0$，$\theta_1=\theta_2=\theta$，那么合电场可以由下式给出：

$$E = 2E_0\cos(kx\sin\theta)\cos(kz\cos\theta-\omega t)$$

因此，照相底片 LL' 上的强度将由下式给出：

$$I = 4I_0\cos^2(kx\sin\theta)$$

条纹图样将会是严格的直线，并且条纹宽度为

$$\beta = \frac{\lambda}{2\sin\theta}$$

图 14.11(b)显示了当 $\theta=\pi/6,\lambda=5000\text{Å}$ 时，计算机仿真生成的屏 LL' 上的干涉图样。此时 $\beta=\lambda=0.0005\text{mm}$。

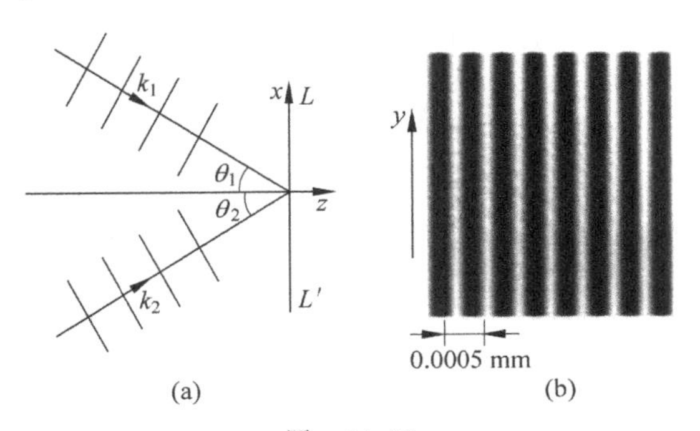

图　14.11

(a) 两平面波在 LL' 处叠加；(b) 在 $\theta_1=\theta_2=\pi/6,\lambda=5000\text{Å}$ 时，计算机仿真生成的屏幕 LL' 上的干涉图样，条纹平行于 y 轴

例 14.6　再次考虑由两个点光源 S_1 和 S_2 在屏 PP' 上产生的干涉图样，屏 PP' 与 S_1 和 S_2 的连线垂直(如图 14.12(a)所示)。显然，在屏 PP' 上，点 P 的轨迹

$$S_1P - S_2P = \text{常数}$$

会是一个圆。图 14.12(b)和(c)分别表示当 $D=20\text{cm}$ 和 $D=10\text{cm}$ 时的条纹图样，且 $S_1S_2=d=0.05\text{mm},\lambda=5000\text{Å}$。显然，如果 O 代表条纹图样的中心，那么

$$S_1O - S_2O = d = 100\lambda$$

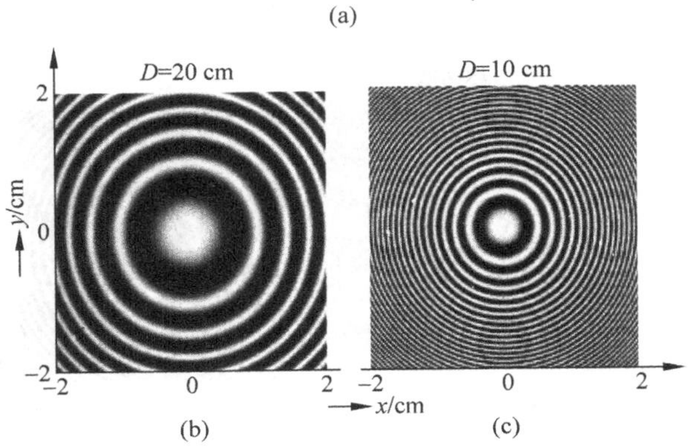

图　14.12

(a) S_1 和 S_2 代表两个相干光源；(b)和(c)分别表示 $D=20\text{cm}$ 和 $D=10\text{cm}$ 时屏幕 PP' 上的干涉图样

因此,(当 d 为这个值时)对于所有的 D 值,中心点会是明纹,并且与 $n=100$ 对应。第一圈和第二圈明纹将分别对应路径差为 99λ 和 98λ 的情况。类似地,干涉图样上的第一圈和第二圈暗纹将分别对应路径差为 99.5λ 和 98.5λ 的情况。条纹的半径可以通过在习题 14.10 中给出的公式来计算。

例 14.7 最后考虑一个正入射的平面波和一个在点 O 发射的球面波在 PP' 处叠加产生的干涉图样(如图 14.13 所示)。平面波的表达式为

$$E_1 = E_0\cos(kz - \omega t + \phi)$$

球面波的表达式为

$$E_r = \frac{A_0}{r}\cos(kr - \omega t)$$

其中,r 是从点 O 开始测量的距离,点 O 假定为原点。现在,在平面 $PP'(z=D)$ 上,有

$$r = (x^2 + y^2 + D^2)^{\frac{1}{2}} \approx D\left(1 + \frac{x^2 + y^2}{2D^2}\right) \approx D + \frac{x^2 + y^2}{2D}$$

其中我们假定 $x, y \ll D$。在 $z=D$ 的平面,合场强为

$$E = E_1 + E_2 \approx E_0\cos(kD - \omega t + \phi) + \frac{A_0}{D}\cos\left[kD + \frac{k}{2D}(x^2 + y^2) - \omega t\right]$$

因此

$$\langle E^2\rangle = \frac{1}{2}E_0^2 + \frac{1}{2}\left(\frac{A_0}{D}\right)^2 + E_0\frac{A_0}{D}\cos\left[\frac{k}{2D}(x^2 + y^2) - \phi\right]$$

如果假定

$$\frac{A_0}{D} \approx E_0$$

即(在平面 PP' 上)球面波的幅度和平面波的幅度相同,那么

$$\langle E^2\rangle \approx 2E_0^2\cos^2\left[\frac{k}{4D}(x^2 + y^2) - \frac{1}{2}\phi\right]$$

我们将得到如图 14.13(b)所示的圆形干涉条纹。如果 r_m 和 r_{m+p} 表示第 m 级和第 $(m+p)$ 级明纹的半径,那么

$$r_{m+p}^2 - r_m^2 = 2p\lambda D$$

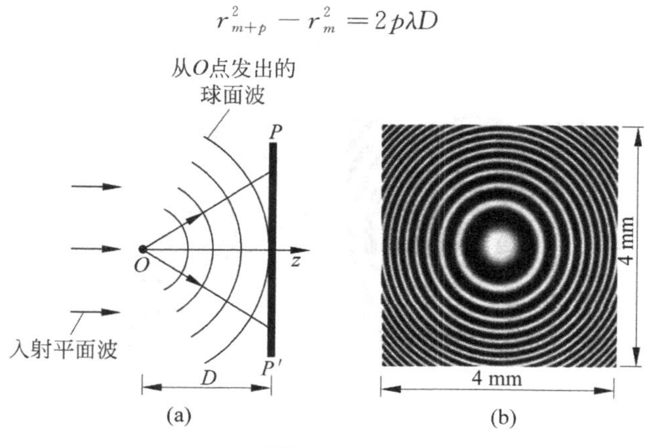

图 14.13

(a) 从点 O 发出的球面波与平面波的叠加;(b) 屏 PP' 上的干涉图样

莫尔条纹

莫尔条纹可以用来有效地研究条纹图样的形成。图 14.14 给出了将两个简单图案进行交叠形成莫尔条纹的例子，其中的图案可以理解为由两个传播方向稍有不同的平面波叠加时形成的明暗相间的条纹图案。在教室里很容易演示这种情形，将一张有周期性图案的透明片与它的拷贝片以稍微不同的角度交叠在一起。类似地，如果把一个(透明幻灯片上的)圆形图案和它的拷贝片相交叠，就可以得到如图 14.15 所示的双曲线莫尔条纹。(为了看到更加清晰的条纹图样，可以从更远的距离去观察图样。)17.5 节将显示如何通过观察由两个空间周期稍有差别的图案交叠形成的莫尔条纹，从而去理解拍现象(见图 17.13)。

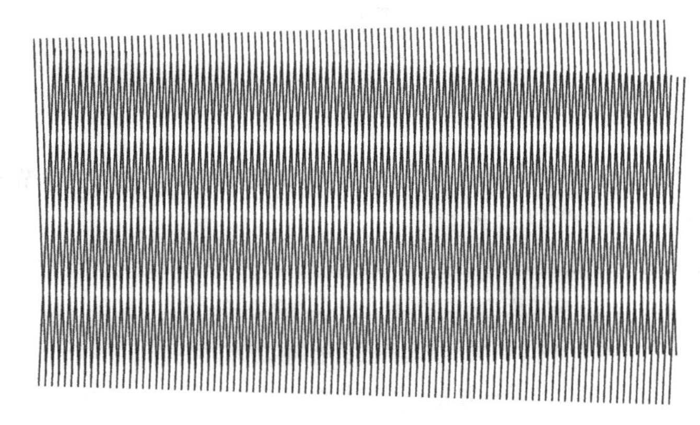

图 14.14　两直线图案重叠产生的莫尔条纹图样

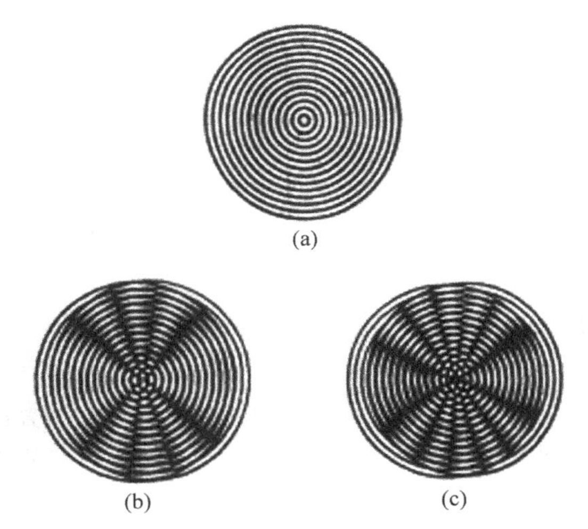

图 14.15　两个重叠的圆形图案产生的莫尔条纹图样，如果把图样放在距离眼睛更远的地方，会看见清晰的双曲线莫尔条纹。图样由贝利(R. E. Bailey)提供

例 14.8　考虑一平行光束(从遥远的恒星 S'发出的光束)以 θ 角入射两狭缝 S_1 和 S_2，如图 14.16 所示。显然光束入射 S_1 和 S_2 之前就有路程差

$$XS_2 = d\sin\theta$$

因此，观察屏幕上的光强分布为

$$I = I_0 \cos^2 \frac{\delta}{2}$$

其中，

$$\delta = \frac{2\pi}{\lambda}(XS_2 + S_2P - S_1P) = \frac{2\pi}{\lambda}[(S_2P - S_1P) + d\sin\theta] = \frac{2\pi}{\lambda}\left(\frac{xd}{D} + d\sin\theta\right)$$

因此，(由遥远光源 S' 照射双缝产生的)光强分布为

$$I' = I_0 \cos^2\left[\frac{\pi}{\lambda}\left(\frac{xd}{D} + d\sin\theta\right)\right]$$

类似地，从另一遥远光源 S''(以角度 ϕ 入射)照射双缝，在观察屏幕上的光强分布为

$$I'' = I_0 \cos^2\left[\frac{\pi}{\lambda}\left(\frac{xd}{D} - d\sin\phi\right)\right]$$

二者合成的光强分布为

$$I = I' + I''$$

例 14.9 预先假定读者已有关于二分之一波片的知识(参见 22.6 节)。读者可以跳过这个例子，直到学习了第 22 章以后再看。

考虑一 y 偏振的光束，照明如图 14.17 所示的双孔干涉系统。放置在孔 S_1 后的二分之一波片 H_1，其光轴沿 y 方向，而放置在孔 S_2 后的二分之一波片 H_2，其光轴沿 x 方向。正如 22.6 节讨论的，H_1 波片内，y 方向偏振的光将以速度 c/n_e 传播；而在波片 H_2 内，y 偏振的光将以速度 c/n_o 传播。对于方解石晶体制作的二分之一波片，$n_e < n_o$，并在 o 光和 e 光之间引入 π 的相位差。因此，在屏幕上的干涉条纹将移动 $\beta/2$ 的距离(半个条纹距离)，其中 β 是条纹间距。

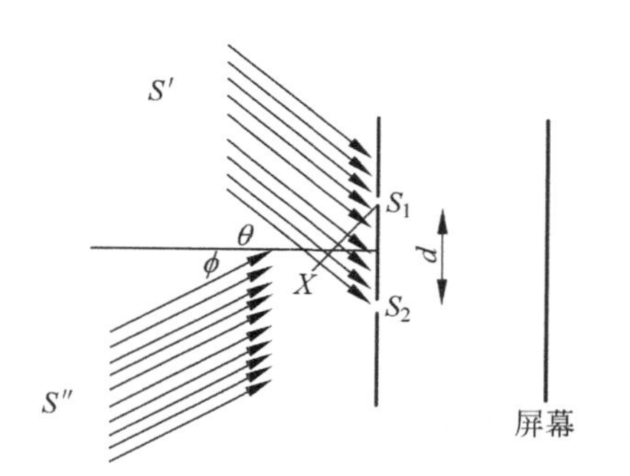

图 14.16 两个远距离的非相干光源 S' 和 S'' 照射到狭缝 S_1 和 S_2 上的情况

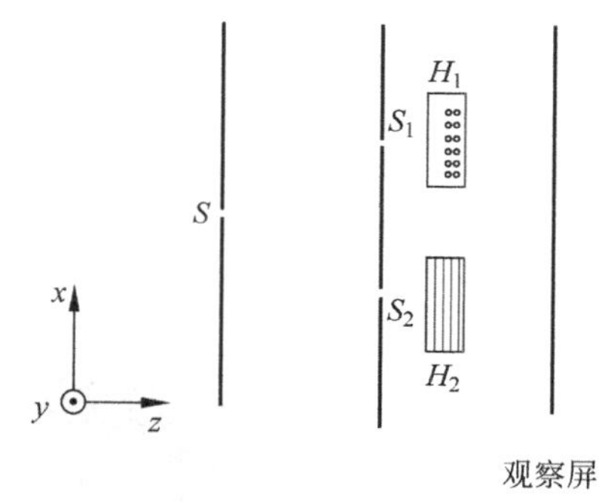

图 14.17 H_1 和 H_2 是放置在孔 S_1 和 S_2 之后的二分之一波片，它们的光轴分别沿着 y 轴和 x 轴

14.7 菲涅耳双面镜装置 目标 6

在杨氏双孔干涉实验之后，菲涅耳设计了一系列实验装置来产生干涉图样。其中之一是被称为菲涅耳双面镜的装置，如图 14.18 所示。它由两块平面镜组成，两平面镜间有一个很小的夹角 θ，并在点 M 相接，S 代表垂直纸面放置的狭缝。

S 发出的一部分波前被反射镜 M_1M 反射照亮屏幕上的 AD 区域，另一部分波前被反

射镜 MM_2 反射照亮屏幕上的 BC 区域。因为这两部分波前来自同一个光源，所以它们是相干的。因此，在 BC 区域内可以观察到干涉条纹。条纹的形成也可以理解为从 S 的虚光源 S_1 和 S_2（分别由反射镜 M_1 和 M_2 形成）发出的波前干涉的结果。由简单的几何学讨论便可以证明，S、S_1 和 S_2 三点在以点 M 为圆心的圆上。此外，若两反射镜夹角为 θ，则 $\angle S_1SS_2=\theta$，而 $\angle S_1MS_2=2\theta$。因此 $S_1S_2=2R\theta$，其中 R 是圆的半径。

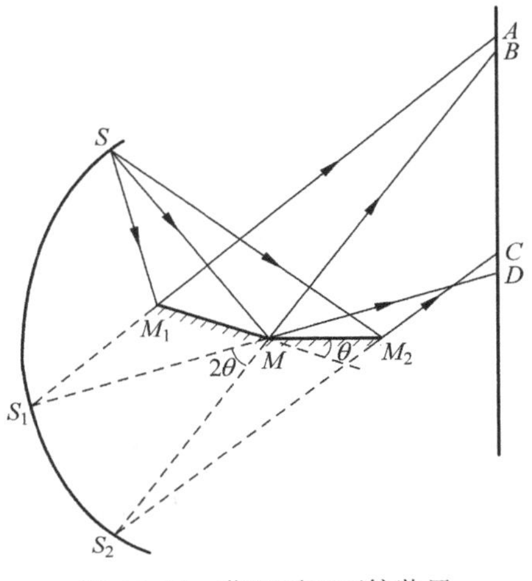

图 14.18　菲涅耳双面镜装置

14.8　菲涅耳双棱镜　　目标 6

菲涅耳还设计过另一种简单装置来产生干涉图样。他采用了一个双棱镜，实际上是一个简单棱镜，棱镜的两个棱角很小（约 20′）。棱镜的截面如图 14.19 所示，假设棱镜是垂直于纸面立放的。S 代表狭缝，也与纸面垂直放置。狭缝 S 发出的光经棱镜折射，产生两个虚像 S_1 和 S_2。这两个虚像起着相干光源的作用，因而在双棱镜的右方产生干涉条纹。这些条纹可以通过目镜来观察。若以 n 表示双棱镜材料的折射率，α 表示棱镜的棱角，那么棱镜对于光线产生的角偏转近似为 $(n-1)\alpha$。因此，$S_1S_2=2a(n-1)\alpha$，式中 a 表示 S 到棱镜底面的距离。若 $n=1.5$，$\alpha\approx 20'\approx 5.8\times10^{-3}\,\mathrm{rad}$，$a\approx 2\mathrm{cm}$，则 $d=0.012\mathrm{cm}$。

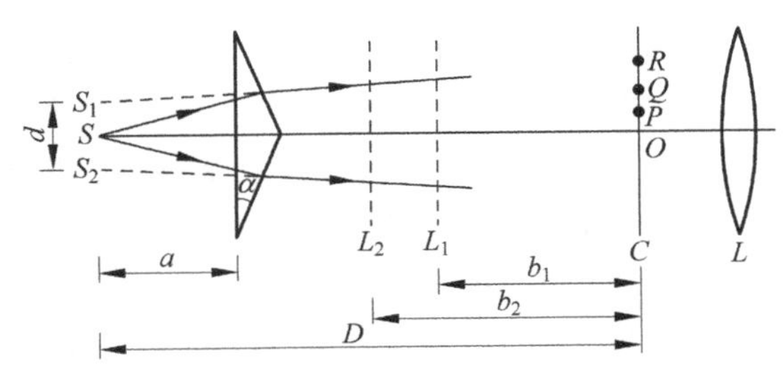

图 14.19　菲涅耳双棱镜实验装置，L 和 C 分别代表目镜和目镜叉丝的位置。为了确定 d，在棱镜和目镜叉丝之间引入透镜，L_1 和 L_2 是透镜的两个放置位置，透镜放在此两处时可以清晰地看见狭缝

双棱镜装置可用来测定准单色光源发出的光的波长,比如钠光灯。当钠光灯发出的光照射狭缝 S 时,通过目镜很容易观察到干涉条纹。利用装在目镜上的测微计(千分尺)可测定条纹宽度(β)。一旦 β 测出后,波长便可由下式求出:

$$\lambda = \frac{d\beta}{D} \tag{14.34}$$

应该指出,确定 d 也可以不测量 α 值。事实上,在双棱镜和目镜之间放置一凸透镜可以很容易测定距离 d 和 D。对于目镜的一个确定位置,将有两个透镜的放置位置(如图14.19中的 L_1 和 L_2 所示)使得通过目镜能看清 S_1 和 S_2 的像①。设 d_1 是透镜在位置 L_1 时两像之间的距离,b_1 是 L_1 到目镜的距离,而 d_2 和 b_2 是透镜在 L_2 位置时相应的距离。那么容易证明

$$d = \sqrt{d_1 d_2}$$

以及

$$D = b_1 + b_2$$

双棱镜装置的典型值是 $d \approx 0.01\text{cm}$,$\lambda \approx 6\times10^{-5}\text{cm}$,$D \approx 50\text{cm}$,$\beta \approx 0.3\text{cm}$。

上述装置中讨论的是缝光源而不是点光源。但因为每一对点光源 S_1 和 S_2 都产生(近似)直线条纹,所以缝光源也将产生直线条纹,且条纹的强度增大。

14.9 白光干涉 目标7

现在讨论用白光照射狭缝时产生的干涉图样。与白光光谱的紫端和红端相对应的光波波长分别大约是 $4\times10^{-5}\text{cm}$ 和 $7\times10^{-5}\text{cm}$。显然,在点 O(图14.19)产生的中央条纹是白色的,因为所有波长在点 O 都产生相长干涉。但是点 O 向下(向上)一点附近的条纹将变成有颜色的。例如,若点 P 满足

$$S_2P - S_1P = 2\times10^{-5}\text{cm}\left(=\frac{\lambda_{紫}}{2}\right)$$

那么紫光就要发生完全的相消干涉,而其他波长则部分地发生相消干涉,因此,将得到一条除去紫光而呈现出略带红色的线。点 Q 满足

$$S_2Q - S_1Q = 3.5\times10^{-5}\text{cm}\left(=\frac{\lambda_{红}}{2}\right)$$

则点 Q 将不含红色,而对于紫光则几乎是相长干涉,(可见光区间内的)其他波长既不是相长干涉也不是相消干涉。因此,紧靠白色中央条纹的是一些彩色条纹;当光程差约为 $2\times10^{-5}\text{cm}$ 时,条纹呈红色,继而颜色渐渐变为紫色。彩色条纹将很快消失,因为对于离点 O 较远的点,(在可见光区域内)有许许多多的波长都发生相长干涉,所以我们看到的是均匀的白色光。例如,在满足 $S_2R - S_1R = 30\times10^{-5}\text{cm}$ 的点 R,对应 $\lambda = 30\times10^{-5}/n\ (n=1,2,\cdots)$ 的波长将发生相长干涉。在可见光区,这些波长是 $7.5\times10^{-5}\text{cm}$(红色)、$6\times10^{-5}\text{cm}$(黄色)、$5\times10^{-5}\text{cm}$(黄绿色)和 $4.3\times10^{-5}\text{cm}$(紫色)。此外,对应于 $\lambda = 30\times10^{-5}/(n+1/2)$ 的波长将发生相消干涉,所以在可见光区内将不包含 $6.67\times10^{-5}\text{cm}$(橙色)、$5.5\times10^{-5}\text{cm}$(黄

① 这种方法类似于测定凸透镜焦距的位移法。

色)、4.6×10^{-5}cm(靛蓝色)和 4.06×10^{-5}cm(紫色)波长。在肉眼看来,这样的光的颜色是白色的。因此,在白光照射下,在零光程差的点得到白色中央条纹,在白色条纹的两侧有少数几条彩色条纹,再往外,颜色很快又褪变为白色。如果还使用白色光源,但在我们的眼睛前放一个红色(或绿色)的滤光片,我们将会看到相应的红色(或绿色)干涉图样。

通常在利用准单色光源(如钠光灯)产生的干涉图样中,会得到数目很多的干涉条纹,要确定中央条纹的位置是非常困难的。但是许多干涉实验都需要确定中央条纹的位置,根据上述讨论,如果采用白光光源,我们就很容易做到这一点。

如上所述,如果观察使用白色光源的干涉图样,只能看到很少几条彩色条纹。然而,如果在我们眼前放置一红色滤光片,(相应于红色相长干涉的)条纹图案就会突然呈现在我们面前;如果在我们眼前放置的是绿色滤光片,则呈现的将是相应的绿色干涉条纹。

14.10　条纹的位移　　目标 8

现在讨论在两干涉光束之一的光路中加入一透明薄片所引起的干涉图样的变化,如图 14.20 所示。设薄片的厚度为 t,折射率为 n,由图容易看出,由 S_1 到点 P 的光要在薄片中经过距离 t,在空气中经过距离 S_1P-t。因此,光由 S_1 到点 P 所需时间是

$$\frac{S_1P-t}{c}+\frac{t}{v}=\frac{1}{c}(S_1P-t+nt)=\frac{1}{c}[S_1P+(n-1)t] \tag{14.35}$$

其中,$v\left(=\frac{c}{n}\right)$表示光在薄片中的光速。式(14.35)表明,由于加入薄片,实际光程增加了 $(n-1)t$。因此,加入薄片后,中央条纹(对应于离 S_1 和 S_2 是相等的光程)就在点 O'形成,点 O'满足

$$S_1O'+(n-1)t=S_2O'$$

因为(参阅式(14.19))

$$S_2O'-S_1O'\approx\frac{d}{D}OO'$$

所以

$$(n-1)t=\frac{d}{D}OO' \tag{14.36}$$

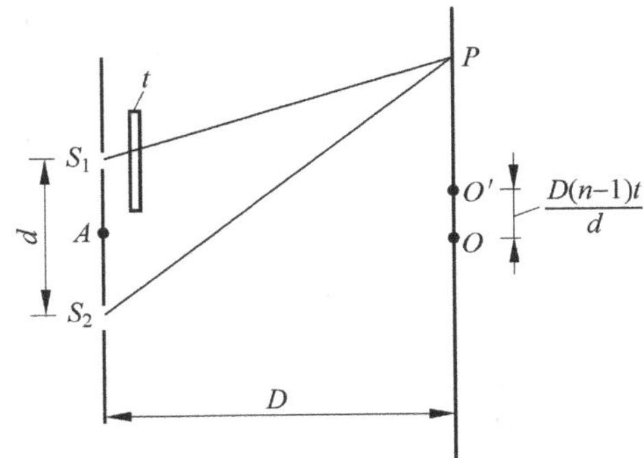

图 14.20　如果在一束光束中引入一片很薄的薄片(厚度为 t),那么观察到的干涉图样会移动 $(n-1)tD/d$ 的距离

因此,条纹图样移动了一段距离 Δ,Δ 由下式给出:

$$\Delta = \frac{D(n-1)t}{d} \tag{14.37}$$

上述原理使我们能够通过对中央条纹移动的测量来测定非常薄的透明薄片(如云母片)的厚度。而且,若利用白光光源,中央条纹的移动也是容易测出的。

例 14.10 在双缝干涉装置中,将一折射率为 1.58 的云母薄片盖在其中一个缝上。S_1S_2 和 AO 的距离(见图 14.20)分别为 0.1cm 和 50cm,加入云母薄片引起的中央条纹位移为 0.2cm。试求云母片的厚度。

解 $\Delta=0.2\text{cm}, d=0.1\text{cm}, D=50\text{cm}$,所以

$$t = \frac{d\Delta}{D(n-1)} = \frac{0.1\times 0.2}{50\times 0.58}\text{cm} \approx 6.9\times 10^{-4}\text{cm}$$

例 14.11 在与例 14.10 类似的实验装置中,发现加入云母片后,中央条纹出现在原先第 11 条亮条纹的位置上。设光源为钠光灯($\lambda=5893\text{Å}$),试求云母片的厚度。

解 点 O'(见图 14.20)对应于第 11 条亮条纹,因此

$$S_2O' - S_1O' = 11\lambda = (n-1)t = 0.58t$$

$$t = \frac{11\lambda}{0.58} = \frac{11\times 5893\times 10^{-10}}{0.58}\text{m} = 1.12\times 10^{-5}\text{m}$$[①]

14.11 劳埃德镜装置 目标 9

在这种装置中,让狭缝 S_1 发出的光掠入射到平面反射镜(见图 14.21),在屏幕上的 BC 区域内,由狭缝 S_1 直接射来的光和经过平面反射镜反射来的光发生干涉,从而形成干涉图样。因此,可以把狭缝 S_1 和它的虚像 S_2 看成产生干涉图样的两个相干光源。应该注意,在掠入射情况下,实际上可以不需要反射面是镜子,因为在此角度,即使电介质表面也有很高的反射率(参阅第 24 章)。

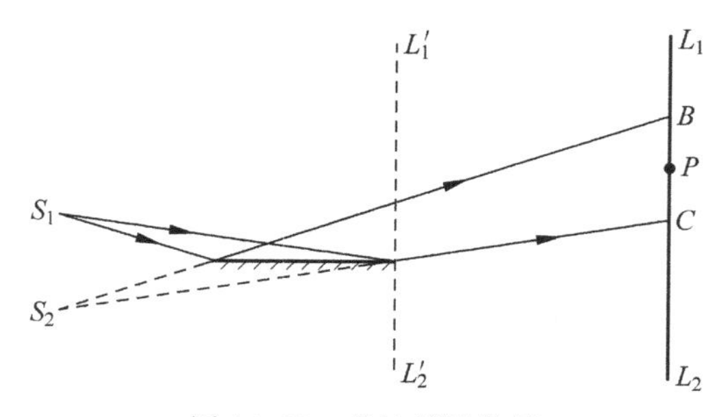

图 14.21 劳埃德镜装置

如图 14.21 所示,在屏幕上不可能观察到中央条纹,除非是把幕移到位置 $L_1'L_2'$,即移到与反射镜一边接触的地方,或者是在直接射到屏幕上的光路中加入一片云母片,使中央条纹出现在 BC 区域内(这个问题将在习题 14.2 中详细讨论)。实际上,如果利用白光来观察中

① 原书漏掉了最后的答案。——译者注

央条纹，就会发现那一点是暗的条纹。这表明反射光束在反射时经历了 π 的相位突变。因此，当幕上点 P 满足

$$S_2P - S_1P = n\lambda,\quad n = 0,1,2,3,\cdots$$

时，将得到极小值(即相消干涉)；而当

$$S_2P - S_1P = \left(n + \frac{1}{2}\right)\lambda$$

时，得到极大值。

在 14.12 节，我们将用光学可逆性原理证明：光在光密介质上反射时，有 π 的相位突变；而在光疏介质上反射时，就没有这种相位突变。

14.12　反射时的相位变化　　目标 10

现在将利用光学可逆性原理来研究光在两种介质分界面上的反射。按照可逆性原理，在没有吸收的情况下，如果反射光线或折射光线的方向倒逆，光线将沿原路返回①。

考察一束光线入射到折射率分别为 n_1 和 n_2 的两种介质的分界面上的情况，如图 14.22(a)所示。设振幅反射系数和振幅透射系数分别为 r_1 和 t_1。这样，如果入射光线的振幅为 a，则反射光线和折射光线的振幅就分别为 ar_1 和 at_1。

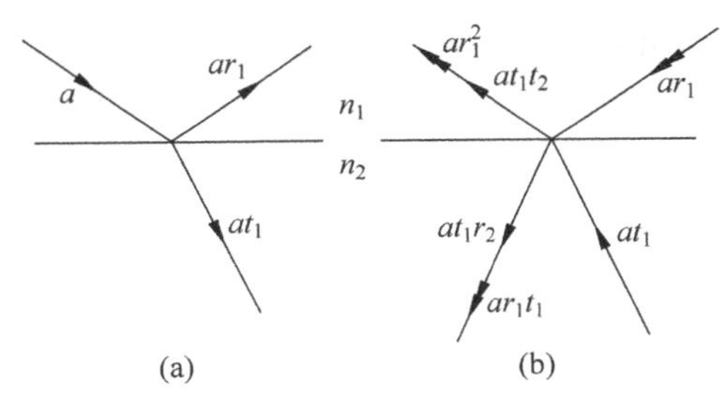

图　14.22

(a) 一束光线从折射率为 n_1 的介质入射到折射率为 n_2 的介质；

(b) 幅度为 ar_1 和 at_1 的两束光线同时入射到折射率分别为 n_1 和 n_2 的介质分界面

现在使光线倒逆，并考察振幅为 at_1 的光线入射到介质 1，以及振幅为 ar_1 的光线入射到介质 2 的情况，如图 14.22(b)所示。振幅为 at_1 的光线将产生振幅为 at_1r_2 的反射光线，以及振幅为 at_1t_2 的折射光线，其中 r_2 和 t_2 是光线从介质 2 入射到介质 1 的振幅反射系数和振幅透射系数。类似地，振幅为 ar_1 的光线将产生振幅为 ar_1^2 的反射光线和振幅为 ar_1t_1 的折射光线。按照光学可逆性原理，振幅为 ar_1^2 和 at_1t_2 的两支光线必定结合为如图 14.22(a)所示的入射光线，因此

$$ar_1^2 + at_1t_2 = a$$

或者

$$t_1t_2 = 1 - r_1^2 \tag{14.38}$$

① 可逆性原理是时间倒逆不变性的结果。按照这种不变性，过程在时间上可以正向进行，也可以反向进行。详细的讨论参见文献[14.3]和文献[14.8]。

而且,振幅为 at_1r_2 和 ar_1t_1 的两支光线必须相互抵消,即

$$at_1r_2+ar_1t_1=0$$

或者

$$r_2=-r_1 \tag{14.39}$$

因为根据洛埃镜实验,我们知道,光被光密介质反射时有 π 的相位突变,所以由式(14.39)可推断,光被光疏介质反射时不发生相位突变,这一点实际上已为实验所证实。式(14.38)和式(14.39)称为斯托克斯(Stokes)倒逆关系。

第24章将计算在平面波入射到电介质以及导体的情况下的振幅反射系数和振幅透射系数,并且将证明这些系数满足斯托克斯倒逆关系式,还要讨论反射时的相位变化问题。

小　　结

- 1801年,杨设计了一个既巧妙又简单的方法来锁定两个光源的相位关系。巧妙之处在于将一个波前分割成两个,这两个分割的波前就好像是从两个有着固定相位关系的光源发出的一样。因此,当这两个波发生干涉时,就能得到稳定的干涉图样。
- 对于两个相干点光源,在屏幕上能形成几乎是直线的干涉条纹,通过测量条纹的宽度(表示为两个相邻条纹间的距离)就能计算出波长。
- 当两个相干点光源的连线与屏幕垂直时,屏幕上的条纹图样是圆形的。
- 在杨氏双缝干涉实验中,如果使用是白光光源,就能在光程差为零的点得到白色的中央条纹,并且在其两侧伴随着一些彩色条纹,这些彩色条纹迅速褪变成白色。如果在干涉光束之一的路径上引入透明材料的薄片(如云母片),干涉条纹就会移位,通过测量条纹移位的距离,就能算出云母片的厚度。

习　　题

14.1 在杨氏双孔实验中(见图14.6),两孔之间的距离为0.5mm,$\lambda=5\times10^{-5}$cm,$D=$ 50cm,问条纹宽度是多少?

14.2 图14.23是洛埃镜实验的装置图。S 是点光源,发出频率为 $6\times10^{14}\text{s}^{-1}$ 的光波。A 和 B 代表水平放置的反射镜的两端,LOM 代表屏幕。SP、PA、AB 和 BO 分别为1mm、5cm、5cm和190cm。(1)确定屏幕上可以看到条纹的区域位置,并计算条纹数目。(2)在直接射到屏幕上的光路中加入一云母片($n=1.5$),使最下方的条纹变为中央条纹,计算此时云母片的厚度。光速为 3×10^{10}cm/s。

[**答案**:(1) 2cm,40个条纹;(2) 38μm]

14.3 (1) 在菲涅耳双棱镜实验中,证明 $d=2(n-1)a\alpha$,式中 a 代表光源到棱镜底面的距离(见图14.19),α 为双棱镜的棱角,n 为双棱镜的折射率。

(2) 在一种典型的菲涅耳双棱镜装置中,$b/a=20$,其中 b 是双棱镜和屏幕之间的距离。用钠光时($\lambda\approx5893$Å),条纹宽度为0.1cm。设 $n=1.5$,试计算棱角 α。

[**答案**:$\approx0.71°$]

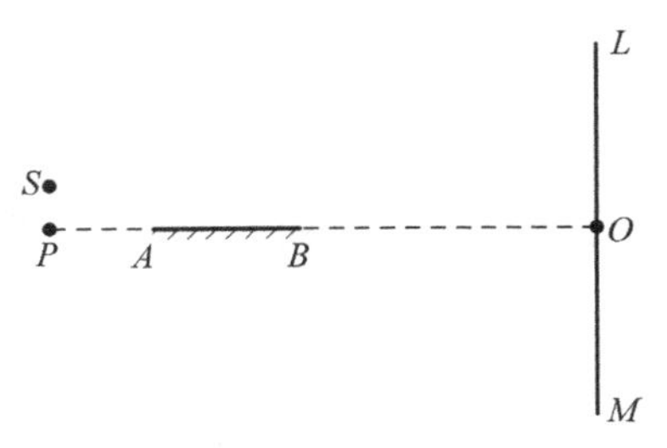

图 14.23　习题 14.2 图

14.4　在杨氏双孔实验中，在两光束之一的光路中加入一薄云母片($n=1.5$)。如果中央条纹移动了 0.2cm，计算云母片的厚度。设 $d=0.1\text{cm}$，$D=50\text{cm}$。

14.5　在菲涅耳双棱镜实验中，为确定两狭缝间的距离，在双棱镜和目镜间放置一凸透镜，证明：若 $D>4f$，将有两个能在目镜中形成狭缝像的透镜位置，式中 f 为凸透镜焦距，D 为狭缝和目镜间的距离。如果 d_1 和 d_2 是通过目镜测出的(凸透镜分别位于两个位置时)(狭缝所成)两像之间的距离，试证明：$d=\sqrt{d_1 d_2}$。如果 $D<4f$，则会发生什么情况？

14.6　在杨氏双孔实验中，用钠光灯来照明产生干涉条纹，钠光主要由两个波长(5890Å 和 5896Å)组成。求屏幕上条纹图样消失的区域。假设 $d=0.5\text{mm}$，$D=100\text{cm}$。

14.7　如用波长为 3cm 的微波来做杨氏双孔实验，试讨论在 $d=0.1\text{cm}$、1cm 和 4cm 情况下条纹图样的特性。假设 $D=100\text{cm}$。此时，计算条纹宽度的式(14.21)还可以应用吗？

14.8　在菲涅耳双面镜装置中(图 14.18)，证明：S、S_1 和 S_2 三点共圆，且 $S_1S_2=2b\theta$，式中 $b=MS$，θ 是两双面镜间的夹角。

14.9　在利用白光的双孔实验中，考察屏幕上两点：一点对应于光程差为 5000Å，另一点对应于光程差为 40000Å。求在可见光区内，对应于相长干涉和相消干涉的波长。这两点位置图样是什么颜色？

14.10　(1) 考察一个与两相干光源 S_1 和 S_2 连线垂直的平面，如图 14.12 所示。如果 $S_1P-S_2P=\Delta$，证明

$$y=\frac{1}{2\Delta}(d^2-\Delta^2)^{\frac{1}{2}}[4D^2+4Dd+(d^2-\Delta^2)]^{\frac{1}{2}}\approx\frac{D}{\Delta}\sqrt{(d-\Delta)(d+\Delta)}$$

其中最后的表达式在 $D\gg d$ 时才成立。

(2) 当 $\lambda=0.5\mu\text{m}$，$d=0.4\text{mm}$，$D=20\text{cm}$，$S_1O-S_2O=800\lambda$ 时，计算点 P 分别位于第一暗环和第一明环位置时的 S_1P-S_2P 的值。

[**答案**：0.39975mm，0.3995mm]

14.11　继续习题 14.10，计算下面情况下头两个暗环的半径：

(1) $D=20\text{cm}$；(2) $D=10\text{cm}$。

[**答案**：(1) ≈0.71cm；(2) 1.22cm]

14.12　在习题 14.10 中，设 $d=0.5\text{mm}$，$\lambda=5\times10^{-5}\text{cm}$，$D=100\text{cm}$，因此，中心(亮)点将对应 $n=1000$。计算第一、第二和第三个明环的半径，它们分别对应于 $n=999$、998 和 997。

14.13 对于(第 24 章导出的)振幅反射系数和振幅透射系数的表示式,证明它们满足斯托克斯倒逆关系式。

14.14 假设平面波正入射到一个开有两个孔的平面上,两孔的距离为 d。若在双孔之后放置一凸透镜,证明:在透镜焦平面上观察到的条纹的宽度为 $f\lambda/d$,其中 f 是透镜的焦距。

14.15 在习题 14.14 中,证明:如果(包含孔的)平面在透镜的前焦平面上,那么干涉图样是一系列严格的平行直线;如果该平面不在透镜的前焦平面上,则条纹图样将是双曲线形式。

14.16 在杨氏双孔实验中,计算 $I/I_{\max}$,其中 I 表示光程差为 $\lambda/5$ 的一点的强度。

第15章 双光束干涉：振幅分割法

依据斐索在1868年提出的方法，迈克耳孙教授制造了也许是最精巧的、绝妙的、可应用于天文学的仪器——干涉仪。

——詹姆斯·金斯爵士，《我们身边的宇宙》，剑桥大学出版社，1930

学习目标

学过本章后，读者应该学会：

目标1：描述当一平行平面薄膜被平面光波照亮时产生的干涉图样。

目标2：推导在平行平面薄膜反射干涉时的余弦率。

目标3：讨论透镜表面消反射膜的消反射作用。

目标4：证明镀膜可以达到高反射率。

目标5：计算周期性结构镀膜反射峰值对应的波长。

目标6：讨论平行平面薄膜被点光源照亮时产生的干涉图样。

目标7：讨论具有非平行表面薄膜的反射干涉情况。

目标8：分析薄膜看上去呈现彩色条纹的情况。

目标9：解释牛顿环的形成机理。

目标10：讨论迈克耳孙干涉仪的工作机理。

重要的里程碑

1665年　英国物理学家罗伯特·胡克在他的专著《显微术》里描述了他利用一个凸透物镜和凸透目镜组成的复显微镜进行的观察。在同样的工作中，描述了他对于薄云母片、肥皂泡和水上的油膜产生的各种颜色的观察。他认识到由薄云母片产生的颜色与云母片的厚度有关，但是没能得到厚度和颜色间的确切关系。胡克是光传输波动理论的倡导者。

1704年　“牛顿环”最先是由玻意耳和胡克发现的，它以牛顿命名是因为牛顿用光的粒子模型解释了这个现象，但是后来人们发现基于粒子模型的解释并不是令人满意的。

1802年　托马斯·杨对于“牛顿环”给出了一个基于波动理论的令人满意的解释。

1881年　迈克耳孙发明了“迈克耳孙干涉仪”,并因他发明的精密光学仪器及借助该仪器进行的光谱与计量研究获得了1907年度诺贝尔物理学奖。迈克耳孙是美国第一位科学领域的诺贝尔奖获得者。在颁奖典礼上,瑞典皇家科学院主席说:“迈克耳孙教授,您的干涉仪使我们可能获得一个非实物的、非常精确的长度标准,而这样的精度是迄今为止没有达到的。利用这种标准,我们能够确保米原器长度不变。并且,即使假设米原器丢失了,我们也有绝对的自信重建一个米原器……”

1887年　迈克耳孙和莫雷用迈克耳孙干涉仪进行了著名的迈克耳孙-莫雷实验,探测了地球相对于“以太”的运动。

15.1　引言

第14章已经讨论过波前分割法产生的干涉图样。例如,让一个从小孔发出的光投射到两个小孔上,从这两个小孔出射的球面波将产生干涉图样。本章将讨论由振幅分割法产生的干涉图样。例如,一个平面波投射到薄膜上,从薄膜上表面反射的波与从薄膜下表面反射的波产生干涉。这类研究有许多实际应用,并且能解释一些自然现象,比如肥皂泡在白光照射下产生漂亮的色彩。

15.2　平面波照射平行平面薄膜产生的干涉　　目标1

如果一平面波正入射到厚度为 d 的均匀薄膜[①]上(如图15.1所示),那么薄膜上表面反射的波与下表面反射的波产生干涉。在本节里,将要研究这种干涉图样。为了观察干涉图样而不妨碍入射光束,用了一个部分反射板 G,如图15.1所示。这样的设置也能避免光束直接射入照相底片 P(或者眼睛)上。把被照明的针孔放置在一个经过校正的透镜的焦点上就可以产生平面波;作为替代,利用激光器发出的激光束也行。

图15.2中的实线和虚线分别代表薄膜上表面和下表面[②]反射的光波(在任意特定时刻)的波峰[③]位置。显然,薄膜下表面反射的光波多走了一段附加的光程 $2nd$,这里 n 是薄膜材料的折射率。此外,如果薄膜放在空气中,从上表面反射的波会有 π 相位的突变(参阅14.12节)。这样,相消干涉和相长干涉的条件可表示为

$$2nd=\begin{cases} m\lambda & \text{(相消干涉)} \quad (15.1a) \\ \left(m+\dfrac{1}{2}\right)\lambda & \text{(相长干涉)} \quad (15.1b) \end{cases}$$

其中,$m=0,1,2,\cdots$,λ 是真空中光的波长。

① 对于膜为什么要薄的解释参阅15.7节。

② 一般来说,薄膜下表面反射的光还会发生多次反射。这里我们忽略了这种多次反射效应(见第16章)。

③ 请注意,在薄膜中两相邻波峰间的距离小于空气中相应的距离,这是因为在折射率为 n 的介质中有效波长等于 λ/n。

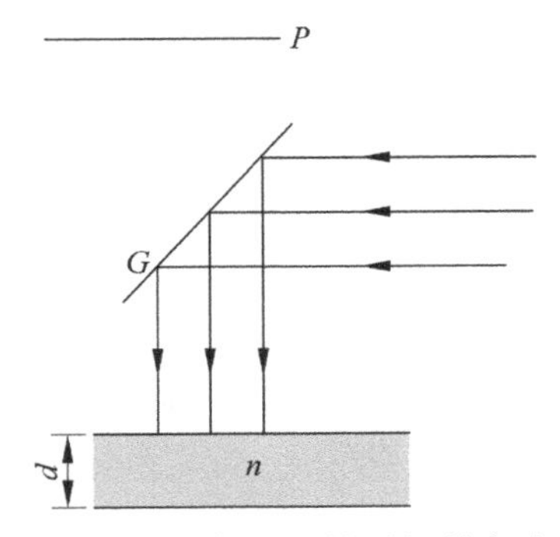

图 15.1　平行光束正入射到折射率为 n，厚度为 d 的薄膜上，G 代表部分反射板，P 代表照相底片

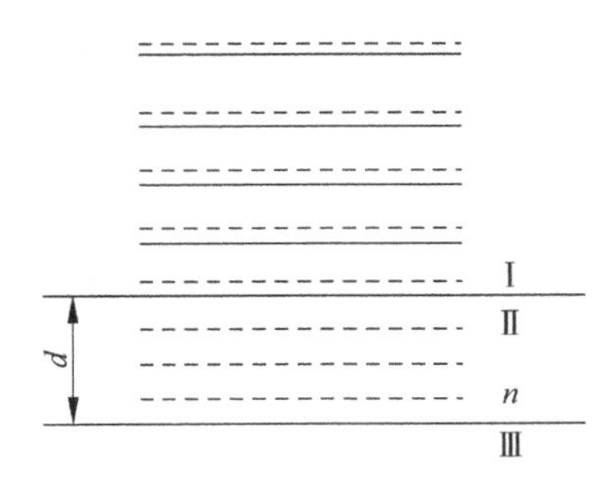

图 15.2　实线和虚线分别代表薄膜上表面和下表面反射的光波的波峰位置，注意薄膜内两相邻波峰之间的距离小于介质Ⅰ中相应的距离

因此，如果我们在 P 处放置一照相底片（见图 15.1），底片会被均匀照射。当 $2nd=m\lambda$ 时底片是暗的，当 $2nd=\left(m+\frac{1}{2}\right)\lambda$ 时是亮的，$m=0,1,2,\cdots$。如果不用照相底片，而用肉眼（从上面）观察薄膜，薄膜将呈现出均匀亮度。

应该注意到，由薄膜上表面和下表面反射的光波的振幅一般是略有不同的，因而两光波的干涉不会完全相消。但是，选择适当的介质Ⅱ和介质Ⅲ的折射率，可使两反射光波的振幅接近相等（参阅例 15.1）。

对于两玻璃片之间夹着空气膜的情况（见图 15.3），光在玻璃-空气分界面上反射时没有相位变化，但是在空气-玻璃分界面上反射时发生 π 的相位变化，因而出现干涉极大和极小的条件仍然相同（即仍为式(15.1a)和式(15.1b)）。另外，如果介质Ⅰ是冕牌玻璃（$n=1.52$），介质Ⅱ是折射率为 1.60 的油，介质Ⅲ是火石玻璃（$n=1.66$），那么上下两个表面的反射都将有 π 的相位变化，因而出现干涉极大和极小的条件应为

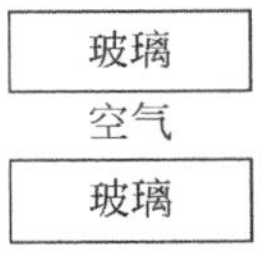

玻璃
空气
玻璃

图 15.3　两玻璃片之间形成的空气薄膜

$$2nd=\begin{cases}\left(m+\frac{1}{2}\right)\lambda & (\text{极小条件}) \quad (15.2a)\\ m\lambda & (\text{极大条件}) \quad (15.2b)\end{cases}$$

一般来说，只要介质Ⅱ的折射率介于介质Ⅰ和介质Ⅲ之间，干涉的极大条件和极小条件就由式(15.2a)和式(15.2b)给出。

下面讨论斜入射到薄膜的情况（见图 15.4）。薄膜上表面反射的光与下表面反射的光仍然会发生干涉。后者多走了一段附加光程 Δ，由下式给出（见图 15.5）：

$$\Delta=n_2(BD+DF)-n_1BC \tag{15.3}$$

式中，C 是点 F 在 BG 上的垂足。在 15.3 节中将证明

$$\Delta=2n_2d\cos\theta' \tag{15.4}$$

式中，θ' 是折射角。

对于置于空气中的薄膜来说，光波在点 B 反射时有 π 的相位变化，因此，相消干涉和相

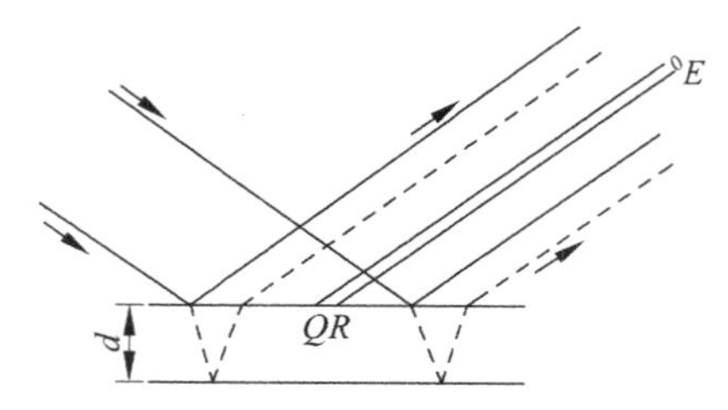

图 15.4 平面波斜入射到薄膜上,实线和虚线分别代表薄膜上表面和下表面反射的光波的边界,眼睛 E 只接收到区域 QR 反射的光

长干涉条件可表示为

$$\Delta = 2n_2 d\cos\theta' = \begin{cases} m\lambda & \text{(极小条件)} \quad (15.5a) \\ \left(m+\frac{1}{2}\right)\lambda & \text{(极大条件)} \quad (15.5b) \end{cases}$$

如果在 P 处放置照相底片(见图 15.5),它将被均匀照明。如果用肉眼在 E 位置(图 15.4)观察薄膜,这时只有一小部分 QR 反射的光到达眼睛,在视网膜上形成的像是暗的还是亮的,要取决于 Δ 的值(见式(15.5))。

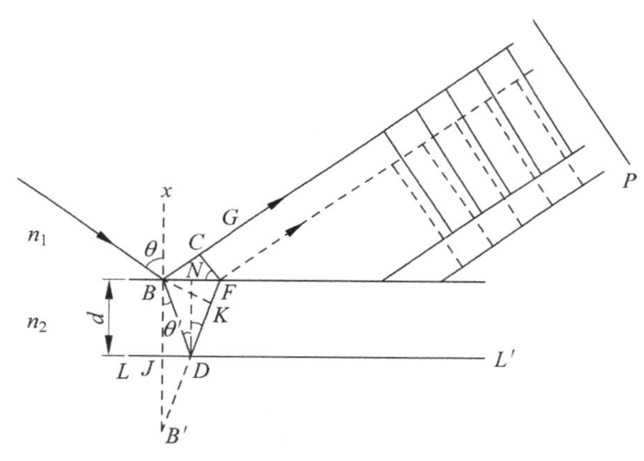

图 15.5 薄膜上表面和下表面反射的光波之间的光程差的计算,实线和虚线表示相应的波峰位置,P 表示照相底片

15.3 余弦律 目标 2

本节将证明从薄膜下表面反射的光波传播的附加光程由下式表示:

$$\Delta[= n_2(BD + DF) - n_1 BC] = 2n_2 d\cos\theta' \quad (15.6)$$

式中,θ 和 θ' 分别代表入射角和折射角。由点 B 向下表面 LL' 引垂线 BJ,并延长 BJ 和 FD 相交于点 B'(见图 15.5)。显然,有

$$\angle JBD = \angle BDN = \angle NDF = \theta'$$

其中,N 是点 D 向 BF 所作的垂线的垂足。

$$\angle BDJ = \frac{\pi}{2} - \theta'$$

并且

$$\angle B'DJ = \pi - \left[\left(\frac{\pi}{2} - \theta'\right) + \theta' + \theta'\right] = \frac{\pi}{2} - \theta'$$

因此

$$BD = B'D, \quad BJ = JB' = d$$

或者

$$BD + DF = B'D + DF = B'F$$

那么，有

$$\Delta = n_2 B'F - n_1 BC \tag{15.7}$$

又有

$$\angle CFB = \angle CBX = \theta$$

$$BC = BF\sin\theta = \frac{KF}{\sin\theta'}\sin\theta = \frac{n_2}{n_1}KF \tag{15.8}$$

式中，K 是 B 在 $B'F$ 上的垂足。把上式代入式(15.7)，得

$$\Delta = n_2 B'F - n_2 KF = n_2 B'K$$

或者

$$\Delta = 2n_2 d\cos\theta' \tag{15.9}$$

这个公式称为余弦律。

15.4　消反射膜　　目标 3

在 15.2 节讨论过的薄膜干涉现象的一个重要应用是用来减小透镜表面的反射率，这正是本节要讨论的问题。为了定量理解这个现象，必须假定当在折射率为 n_1 的介质中传播的光束正入射到折射率为 n_2 的电介质上时，反射光束和透射光束的振幅与入射光束的振幅有如下关系[①]（见图 15.6(a)）：

$$a_r = \frac{n_1 - n_2}{n_1 + n_2}a_i \tag{15.10a}$$

$$a_t = \frac{2n_1}{n_1 + n_2}a_i \tag{15.10b}$$

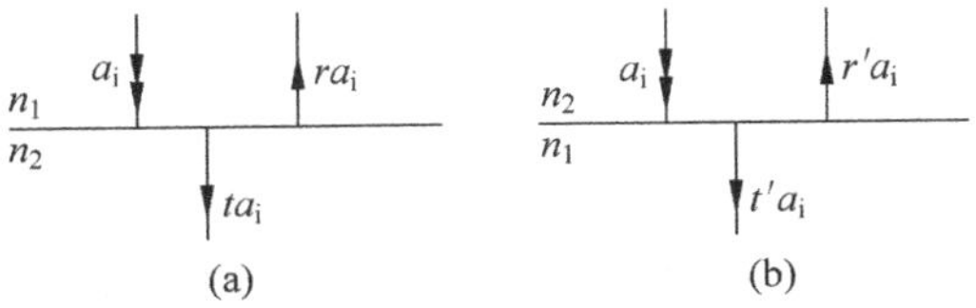

(a)　(b)

图　15.6

(a) 在折射率为 n_1 的介质中传播的振幅为 a_i 的平面波正入射到折射率为 n_2 的介质上时，反射波和透射波的振幅分别是 a_r 和 a_t；(b) 类似地，对应于在折射率为 n_2 的介质中传播的光束正入射到折射率为 n_1 的介质上的情况

① 这两个关系式可由电磁理论导出，参阅第 24 章的式(24.68)～式(24.71)（令 $\theta_1 = \theta_2 = 0$）。

其中,a_i、a_r 和 a_t 分别是入射光束、反射光束和透射光束的振幅。注意,当 $n_2>n_1$ 时,a_r 为负,表明经光密介质表面发生反射后,有 π 的相位变化。因此,振幅反射系数 r 和振幅透射系数 t 由下面两式给出(参见 24.3 节):

$$r=\frac{n_1-n_2}{n_1+n_2} \tag{15.11a}$$

$$t=\frac{2n_1}{n_1+n_2} \tag{15.11b}$$

如果光波在折射率为 n_2 的介质中传播,正入射到折射率为 n_1 的介质上时的反射系数和透射系数分别为 r' 和 t'(见图 15.6b(b)),那么

$$r'=\frac{n_2-n_1}{n_2+n_1}=-r \tag{15.12}$$

$$t'=\frac{2n_2}{n_1+n_2} \tag{15.13}$$

并且

$$1-tt'=1-\frac{4n_1n_2}{(n_1+n_2)^2}=\left(\frac{n_1-n_2}{n_1+n_2}\right)^2=r^2 \tag{15.14}$$

式(15.12)和式(15.14)就是斯托克斯倒逆关系式(参见 14.12 节)。

现在讨论如何应用薄膜干涉现象来减小透镜表面的反射率。我们知道,很多光学仪器(比如望远镜)有许多个透镜表面,由反射造成的强度损失可能很严重。例如,在接近正入射时[①],冕牌玻璃在空气中的反射率为

$$\left(\frac{n-1}{n+1}\right)^2=\left(\frac{1.5-1}{1.5+1}\right)^2\approx 0.04$$

即约有 4%的入射光被反射。对于 $n\approx 1.67$ 的重火石玻璃,约有 6%的入射光被反射。这样,如果有许多个表面,则在这些表面的反射损失是相当可观的。为了减小这种损失,常常在透镜表面镀上一层厚度为 $\lambda/(4n)$ 的“消反射膜”;膜的折射率小于透镜的折射率。例如,在玻璃($n=1.5$)上镀一层氟化镁(MgF_2)膜(见图 15.7),膜的厚度 d 应满足[②]

$$2n_fd=\frac{1}{2}\lambda$$

或者

$$d=\frac{\lambda}{4n_f} \tag{15.15}$$

这里假设接近正入射(即 $\cos\theta'\approx 1$,见式(15.9)),n_f 代表膜的折射率。对于 MgF_2,$n_f=1.38$。因此,如果假设 λ 为 5.0×10^{-5} cm(大致对应于可见光谱的中心),得到

$$d=\frac{5.0\times 10^{-5}}{4\times 1.38}\text{cm}\approx 0.9\times 10^{-5}\text{cm}$$

---

① 在本节接下来的讨论中,我们均假定是接近正入射。

② 因为消反射膜的折射率大于空气的折射率而小于玻璃的折射率,所以光在两个分界面上反射时都会发生 π 的相位变化。因此,当 $2nd\cos\theta'=m\lambda$ 时为干涉相长,当 $2nd\cos\theta'=\left(m+\frac{1}{2}\right)\lambda$ 时为干涉相消。

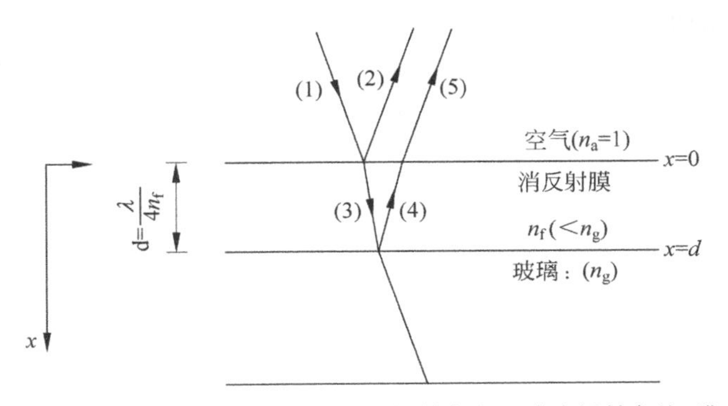

图 15.7　如果在玻璃表面上镀上一层(厚度为 $\lambda/4n_f$、折射率小于玻璃折射率的)膜，则由膜上表面反射的波和由膜下表面反射的波发生相消干涉，这种薄膜称为消反射膜

图 15.8 展示了没有消反射膜(上面)和有消反射膜(下面)的眼镜的对比，注意上面眼镜所反射的摄像师的像和下面眼镜带颜色的反射。需要强调以下几点：

(1) 设 n_a、n_f 和 n_g 分别是空气、消反射膜和玻璃的折射率。若 a 是入射波的振幅，那么反射波和透射波的振幅(对应图 15.7 中 (2)和(3)所示的光线)分别为(假设接近正入射)

$$-\frac{n_f-n_a}{n_f+n_a}a,\quad \frac{2n_a}{n_f+n_a}a$$

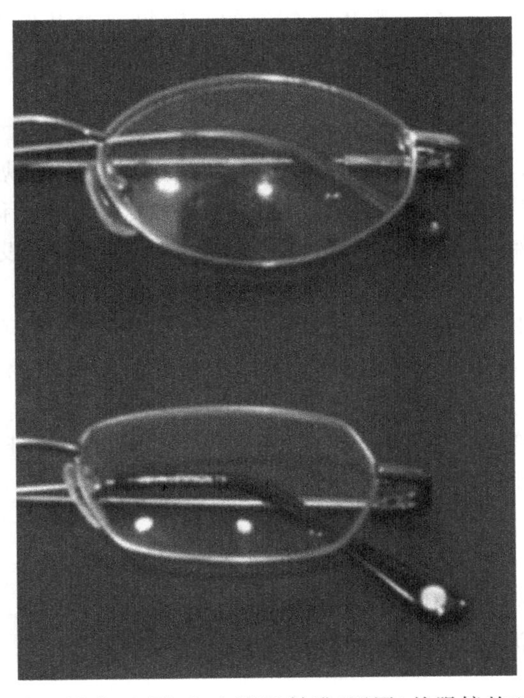

图 15.8　没有消反射膜(上图)和有消反射膜(下图)的眼镜的对比，注意上面眼镜反射光中的摄像师的像和下面眼镜带颜色的反射。图片由莱巴尔(Justin Lebar)拍摄，图片使用经过 Lebar 先生许可

请扫 1 页二维码看彩图

与光线(4)和光线(5)对应的波振幅分别为

$$-\frac{2n_a}{n_f+n_a}\frac{n_g-n_f}{n_g+n_f}a$$

$$-\frac{2n_a}{n_f+n_a}\frac{n_g-n_f}{n_g+n_f}\frac{2n_f}{n_f+n_a}a$$

当完全相消干涉时,与光线(2)和光线(5)对应的光波应有相同的幅度,即

$$-\frac{n_f-n_a}{n_f+n_a}a=-\frac{2n_a}{n_f+n_a}\frac{n_g-n_f}{n_g+n_f}\frac{2n_f}{n_f+n_a}a \tag{15.16}$$

或者

$$\frac{n_f-n_a}{n_f+n_a}=\frac{n_g-n_f}{n_g+n_f} \tag{15.17}$$

这里用到了$\frac{4n_an_f}{(n_f+n_a)^2}$非常接近于1的事实。对于$n_a=1,n_f=1.4$,有

$$\frac{4n_an_f}{(n_f+n_a)^2}\approx 0.97$$

简化后得

$$n_f=\sqrt{n_an_g} \tag{15.18}$$

如果第一种介质是空气,$n_a=1$并且$n_g=1.66$(重火石玻璃),则$n_f=1.29$;当$n_g=1.5$(轻冕牌玻璃)时,n_f应等于1.22。氟化镁和冰晶石的折射率分别为1.38和1.36,则厚为$\lambda/(4n)$的薄膜的反射率为

$$\left(\frac{n_f-n_a}{n_f+n_a}-\frac{n_g-n_f}{n_g+n_f}\right)^2 \tag{15.19}$$

因此,对于$n_a=1,n_f=1.38$和$n_g=1.5$,反射率约为1.3%。没有薄膜时,反射率约为4%。对于重火石玻璃,反射率的减小更为显著。这种减小反射率的技术称为镀膜技术。

(2) 薄膜只是对一种特定的波长消反射,在式(15.15)中,假设$\lambda=5000\text{Å}$。对于复色光,当波长大于或小于上述波长值时,薄膜的消反射性能就会降低,但是影响不是很严重。例如,冕牌玻璃上的MgF_2消反射膜波长为5000Å,对于可见光谱中的红光或紫光来说,反射率也只增加了约0.5%。在15.4.2节将讨论为什么采用$\lambda/(4n)$厚的薄膜,而不采用$3\lambda/(4n)$或$5\lambda/(4n)$厚的薄膜,虽然后者对所选定的波长也产生相消干涉。

(3) 和杨氏双缝实验的情形一样,不存在能量消失的问题,能量只是重新分布。大部分能量都出现在透射光束中。

15.4.1 反射波的数学描述

对于图15.7所示的消反射膜进行数学分析。假设$n_g>n_f>n_a$,$x=0$位于膜的上表面且x轴指向下方。入射波(沿$+x$轴传播)的振动位移由下式给出:

$$y_1=a\cos(\omega t-k_ax),\quad k_a=\frac{\omega}{c}n_a \tag{15.20}$$

则在$x=0$处,$y_1=a\cos\omega t$。反射波(用光波(2)表示)为

$$y_2=-a\,|r_1|\cos(\omega t+k_ax) \tag{15.21}$$

其中,

$$|r_1| = \left|\frac{n_f - n_a}{n_f + n_a}\right| \tag{15.22}$$

是一个正值。式(15.21)中的负号表示 $x=0$ 处的 π 相位突变。透射波(用光波(3)表示)用下式表示：

$$y_3 = at_1\cos(\omega t - k_f x),\quad k_f = \frac{\omega}{c}n_f \tag{15.23}$$

其中，

$$t_1 = \frac{2n_a}{n_f + n_a} \tag{15.24}$$

因此，$x=d$ 处的振动位移(对应光波(3))为

$$y_3 = at_1\cos(\omega t - k_f d) \tag{15.25}$$

从下表面反射的波(光波(4)，沿 $-x$ 轴传播)为

$$y_4 = -at_1|r_2|\cos[\omega t + k_f(x-2d)]$$

$$|r_2| = \left|\frac{n_g - n_f}{n_g + n_f}\right| \tag{15.26}$$

这里对相位因子进行了调整，以便在 $x=+d$ 时得到式(15.25)的相位。光波(5)则由下式给出：

$$y_5 = -at_1|r_2|t_2\cos(\omega t + k_a x - 2k_f d) \tag{15.27}$$

假设 y_2 和 y_5 幅度接近相等，那么(y_2 和 y_5 之间)干涉相消会在如下条件下发生：

$$2k_f d = \pi, 3\pi, \cdots \tag{15.28}$$

或者

$$d = \frac{\lambda_f}{4}, \frac{3\lambda_f}{4}, \frac{5\lambda_f}{4}, \cdots\quad \lambda_f = \frac{\lambda}{n_f} \tag{15.29}$$

15.4.2　反射率的精确表达式

15.4.1 节只考虑了薄膜的双光束干涉，而忽略了来自于上表面和下表面的多次反射。多次反射的影响将在 16.2 节讨论。然而，在结合适当的边界条件求解麦克斯韦方程组时，多次反射效应会被自动地考虑进去，24.10 节将对此进行分析，第 24 章还会给出图 15.7 中所示电介质薄膜的(正入射情况下)反射率(参见 24.10 节和式(24.93))[①]

$$R = \frac{r_1^2 + r_2^2 + 2r_1 r_2\cos 2\delta}{1 + r_1^2 r_2^2 + 2r_1 r_2\cos 2\delta} \tag{15.30}$$

其中，

$$r_1 = \frac{n_a - n_f}{n_a + n_f},\quad r_2 = \frac{n_f - n_g}{n_f + n_g} \tag{15.31}$$

分别代表第一个和第二个分界处的菲涅耳振幅反射系数，且

$$\delta = \frac{2\pi}{\lambda}n_f d \tag{15.32}$$

式中，d 是薄膜厚度，λ 是自由空间波长。利用基本的微商可以证明，当 $\sin 2\delta = 0$ 时，$dR/d\delta = 0$。实际上，对于 $r_1 r_2 > 0$，有

---

① r_1、r_2 和 δ 在定义恰当时，即使是斜入射，式(15.30)也成立(见 24.10 节)。

$$\cos 2\delta=-1 \quad (\text{对应反射率为极小值}) \tag{15.33}$$

是反射率达到极小值的条件。满足这个条件时,反射率由下式给出:

$$R=\left(\frac{r_1-r_2}{1-r_1 r_2}\right)^2=\left(\frac{n_a n_g-n_f^2}{n_a n_g+n_f^2}\right)^2 \tag{15.34}$$

这里用到了式(15.31)。因此,当

$$n_f=\sqrt{n_a n_g}$$

时,薄膜消反射,与式(15.18)一致。$\cos 2\delta=-1$ 意味着

$$2\delta=\frac{4\pi}{\lambda}n_f d=(2m+1)\pi, \quad m=0,1,2,\cdots \tag{15.35}$$

或者

$$d=\frac{\lambda}{4n_f},\frac{3\lambda}{4n_f},\frac{5\lambda}{4n_f},\cdots \tag{15.36}$$

在图15.9(a)中,相应于

$$n_a=1, \quad n_g=1.5, \quad n_f=\sqrt{n_a n_g}\approx 1.225 \tag{15.37}$$

绘制了反射率随 δ 的变化曲线。正如所期望的,当 $\delta=0,\pi,2\pi,\cdots$ 时,反射率达最大值($R\approx 4\%$);当 $\delta=\pi/2,3\pi/2,\cdots$ 时,即 $d=\frac{\lambda}{4n_f},\frac{3\lambda}{4n_f},\cdots$,薄膜消反射($R=0$)。举例来说,假如我们想在 $\lambda=6000\text{Å}$ 处让薄膜消反射,从式(15.36),可得此时薄膜厚度为1224.5Å,或者3673.5Å,或者6122.5Å,…。图15.9(b)绘制了对于 $d=1224.5\text{Å}$ 和3673.5Å的反射率随波长的变化曲线。可以看出,对于 $d=\lambda/(4n_f)$,在可见光谱的整个范围内,最小值覆盖的范围很宽且反射率很小。因此,对于消反射膜,倾向于用最小膜厚。对于 $n_a=1,n_g=1.5$ 和 $n_f=1.38$,反射率为1.4%(根据式(15.34)),非常接近于先前通过近似理论得到的结果(见式(15.19))。

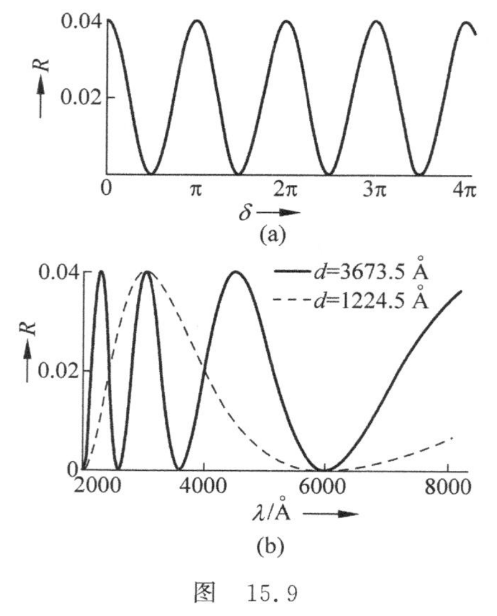

图 15.9

(a) 薄膜反射率随 $\delta(=2\pi n_f d/\lambda)$ 变化的曲线,其中 $n_a=1,n_g=1.5,n_f=\sqrt{n_a n_g}\approx 1.225$。注意,当 $\delta=\pi/2,3\pi/2,5\pi/2,\cdots$ 时,反射率为零。(b) 对于薄膜厚度为1224.5Å(虚线)和3673.5Å(实线)的反射率随波长的变化曲线,其中 $n_a=1,n_g=1.5,n_f=\sqrt{n_a n_g}\approx 1.225$。注意,两种厚度的膜在6000Å波长均为消反射

15.5　增反射膜　　目标 4

薄膜干涉现象的另一个重要应用正好与刚才讨论过的问题相反，即在玻璃表面上镀一层适当材料的薄膜来增大反射率。薄膜的厚度也是 $\lambda/(4n_f)$，其中 n_f 代表薄膜的折射率，但是膜的折射率要大于玻璃的折射率，所以 π 的相位突变只是发生在空气-薄膜分界面，因而由空气-薄膜分界面和薄膜-玻璃分界面反射的光束产生相长干涉。例如，考虑一个折射率为 2.37(硫化锌)的薄膜，它的表面反射率等于 $(2.37-1)^2/(2.37+1)^2$，约为 16%。将它镀在折射率为 1.5 的玻璃(轻冕牌玻璃)表面时，反射率变为(参见 15.4 节的分析)

$$\left[-\frac{2.37-1}{2.37+1}-\frac{4\times1\times2.37}{(3.37)^2}\times\frac{2.37-1.5}{2.37+1.5}\right]^2$$

约为 35%。应该注意到，如果薄膜与玻璃之间的折射率差增大，反射率也会随之增大。

再运用式(15.30)计算在玻璃上蒸镀薄膜后的高反射率。实际上，当 $n_a<n_f$ 且 $n_f>n_g$ 时，$r_1r_2<0$(参见式(15.31))，以及

$$\cos 2\delta=-1\quad\text{(对应反射率为极大值)}\tag{15.38}$$

代表反射率达到最大值的条件。反射率的极大值为

$$R=\left(\frac{r_1-r_2}{1-r_1r_2}\right)^2\tag{15.39}$$

对于 $n_a=1.0$，$n_f=2.37$ 和 $n_g=1.5$，得到

$$r_1\approx-0.407,\quad r_2\approx0.225$$

简单的计算表明，反射率为 33%，这与前述的用近似理论得到的结果 35% 相比，符合得很好。

15.6　周期性结构产生的反射①　　目标 5

15.4 节已经证明，厚度为 $\lambda/(4n_f)$ 的薄膜相当于消反射膜，这里 λ 是自由空间的波长，n_f 是薄膜反射率(介于两边介质折射率之间)。这是因为上分界面和下分界面反射的波之间发生了相消干涉。15.5 节还证明了，如果薄膜折射率小于(或大于)两边介质的折射率，在这种情况下，除了下分界面反射的光波由于多传播了一段距离而产生的附加相位差之外，两反射波之间还有额外的相位差 π。因此，在这种情况下，厚度为 $\lambda/(4n_f)$ 的薄膜会提高而不是降低反射率。

现在考虑由厚度均为 d、折射率分别为 $n_0+\Delta n$ 和 $n_0-\Delta n$ 的薄层交替排列组成的介质(见图 15.10(a))，这种介质称为周期性介质，折射率变化的空间周期为

$$\Lambda=2d$$

如果 $\Delta n\ll n_0$，且选择每一薄层的厚度为

$$d=\frac{\lambda}{4n_0}\approx\frac{\lambda}{4(n_0+\Delta n)}\approx\frac{\lambda}{4(n_0-\Delta n)}$$

---

① 本节承蒙谢伽拉扬(K. Thyagarajan)教授编写。

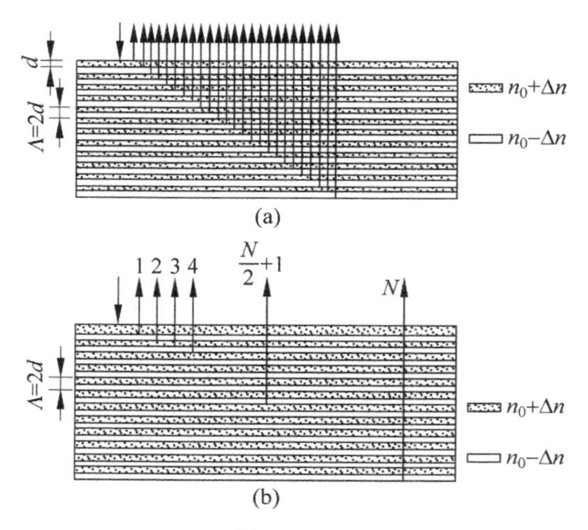

图 15.10

(a) 由厚度均为 $d=\lambda_B/(4n_0)$,折射率分别为 $n_0+\Delta n$ 和 $n_0-\Delta n$ 的薄层交替排列组成的周期性结构介质的反射;(b) 如果选择波长 $\lambda_B+\Delta\lambda$,使自第 1 层和自第 $N/2+1$ 层反射的波反相,而自第 2 层和自第 $N/2+2$ 层反射的反射波也反相,如此类推,一直到最后自第 $N/2$ 层和自第 N 层反射的波也反相,那么总反射率将为零

那么来自不同分界面的各个反射波将同相,从而导致很强的反射。因此,选定波长 λ_B(自由空间的波长)产生强反射时,折射率变化周期为

$$\Lambda=2d=\frac{\lambda_B}{2n_0} \tag{15.40}$$

此结果称为布拉格条件,它与 X 射线经不同原子层产生的布拉格衍射非常类似(参见 18.9 节)。式(15.40)对应于正入射的布拉格条件,λ_B 通常称为布拉格波长。

举例来说,我们考察一个由折射率分别为 1.51 和 1.49 的两种薄层交替排列组成的周期性介质,即 $n_0=1.50$ 和 $\Delta n=0.01$。如果要求在波长 $\lambda=\lambda_B=5500$Å 得到很强的反射率,则折射率变化周期需满足

$$\Lambda=\frac{5500}{2\times1.5}\text{Å}\approx1833\text{Å}$$

如果周期性介质由 100 层组成(即 50 个周期),那么我们近似得到总的合成振幅反射系数

$$100\times\frac{\Delta n}{n_0}\approx\frac{1}{1.5}$$

其中,$\Delta n/n_0$ 是每个分界面的振幅反射系数。上面的这个估值只是一个近似值,它在 $\Delta n/n_0\ll1$ 时才成立,也就是说,适用于低反射率的情况。这里我们只是想粗略估计一下总反射率。因此,在 5500Å 波长处的反射率为

$$R\approx\left(\frac{1}{1.5}\right)^2\Rightarrow R\approx44\% \tag{15.41}$$

图 15.11 展示了包含 100 个薄层的周期性介质反射率作为波长函数的实际计算值(采用了严格的电磁理论,参见文献[15.6]),其中 $n_0=1.5$,$\Delta n=0.01$,$d=\lambda_B/(4n_0)$。注意,实际计算值给出的反射率约为 33%,它与我们的粗略估算值 44%有很好的可比性。

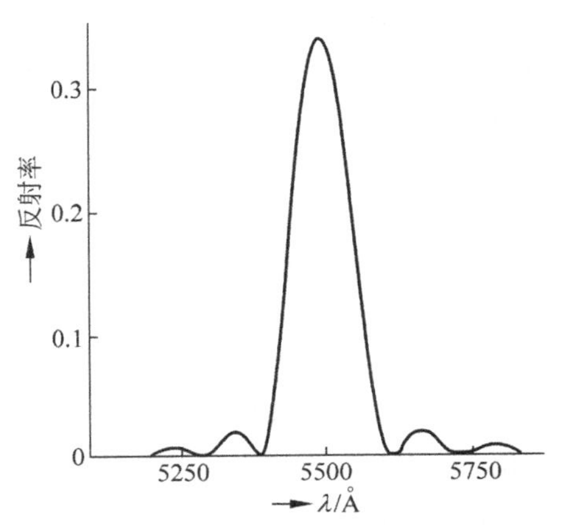

图 15.11　100 层周期性结构折射率随波长的变化，$n_0=1.5$，$\Delta n=0.01$，$\Lambda=2d=1833$Å。峰值反射率出现 $\lambda=\lambda_B=4n_0d$ 处(参见文献[15.6])

从图 15.11 注意到，当偏离中心波长($\lambda_B=2n_0\Lambda$)时，周期性介质的反射率急剧下降。事实上，下面的方法可以得到波长偏离 λ_B 一个小的 $\Delta\lambda$ 时的近似描述，在此处反射率降为零。为了得到这个结果，首先注意到，在波长为 $\lambda_B(=2n_0\Lambda)$时，从 N 个薄层的每个分界面反射的波均同相，从而导致强反射。如果偏离波长 λ_B，从不同薄层分界面反射的各个波不再同相，因此反射率下降。如果选择的波长($\lambda_B+\Delta\lambda$)使得来自第 1 层和第($N/2+1$)层的反射波反相，来自第 2 层和第($N/2+2$)层的反射波反相，如此类推，一直到来自第 $N/2$ 层和第 N 层的反射波反相(参见图 15.10(b))，那么反射率将为零。对于来源于上面 $N/2$ 层的每一个反射，总会在下面 $N/2$ 层中存在一个与之对应的反相的反射波。(这个讨论与获得狭缝衍射图样最小值的光线衍射方向的讨论非常类似，参见 18.2 节和图 18.5。)当波长从 λ_B 变化到($\lambda_B+\Delta\lambda$)时，从第 1 层和第($N/2+1$)层的反射波应该再附加一个 π 的相位差。因此，有

$$\frac{2\pi}{\lambda_B}n_0\frac{N\Lambda}{2}-\frac{2\pi}{\lambda_B+\Delta\lambda}n_0\frac{N\Lambda}{2}=\pi \tag{15.42}$$

等式左边第一项是在波长处于 λ_B 时第 1 层和第($N/2+1$)层的反射波之间的相位差，此相位差是由后者传输额外的路程产生的；第二项是波长处于($\lambda_B+\Delta\lambda$)时的相位差。假设 $\Delta\lambda\ll\lambda_B$，得到

$$\frac{2\pi}{\lambda_B^2}\frac{n_0N\Lambda}{2}\Delta\lambda=\pi$$

或者

$$\frac{\Delta\lambda}{\lambda_B}=\frac{\lambda_B}{n_0N\Lambda}=\frac{\Lambda}{L} \tag{15.43}$$

这里我们利用了式(15.40)，$L=N\Lambda/2$ 是周期性介质的总厚度。对于图 15.11 的例子，得到

$$\Delta\lambda\approx 110\text{Å} \tag{15.44}$$

这与图 15.11 的实际计算值相当。因此，如果入射光用复色光(像白光)，其反射光就可能会

有很高的单色性。这事实上就是白光全息应用的原理。

上面讨论的周期性介质在高反射率多层镀膜、体全息、光纤布拉格光栅等方面已经有广泛的应用。接下来将对光纤布拉格光栅作简要讨论。

光纤布拉格光栅

上面讨论的周期性结构在光纤布拉格光栅(fiber bragg grating,FBG)中有很重要的应用。本书将在第 27 章讨论光纤,这里仅提及一些简单的概念。光纤是圆柱形结构,它由一种电介质纤芯和折射率较小材料的包层组成(见图 28.7)。光纤中形成光束导引传输是因为在纤芯-包层分界处发生了全反射(详细内容见第 28 章和第 30 章)。包层材料是纯二氧化硅,纤芯一般是掺锗的二氧化硅,掺杂使纤芯的折射率稍高。当掺锗的纤芯在紫外线辐射中(波长约 0.24μm)曝光时,掺锗区域的折射率会升高。这是源于所谓的光敏现象,该现象是希尔(Kenneth Hill)于 1974 年发现的。光纤中纤芯折射率最大可增大 0.001。如果光纤在一对相干的紫外光束中曝光(见图 15.12),会得到类似于图 14.11(b)所示的干涉图样。在相长干涉区域,折射率增大。既然条纹宽度依赖于干涉光之间的角度,就可以通过选择干涉光之间的角度来控制光栅周期大小(见例 14.5)。因此,将掺锗光纤在两紫外光束形成的干涉图样中曝光,光纤的纤芯中会形成折射率的周期性变化。

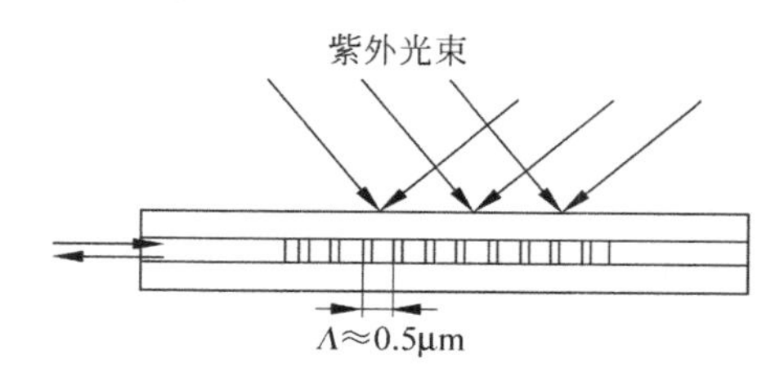

图 15.12　光纤布拉格光栅是通过两相干光束产生干涉图样而制造的

我们考虑一复色光入射到光纤中,如图 15.13 所示。如前所述,周期性结构的反射在如下条件下会加强:

$$\lambda = \lambda_B = 2\Lambda n_0 \quad (\text{布拉格条件}) \tag{15.45}$$

这就是布拉格条件。图 15.13(a)是入射复色光的频谱,图 15.3(b)是布拉格光栅的示意图,图 15.13(c)是反射波的典型频谱,实线代表计算值,虚线代表实验测量值。对于 $n_0 \approx 1.46$ 的二氧化硅光纤,为使周期性结构对波长 $\lambda = 1550$nm 的光反射,必须满足

$$\Lambda = \frac{\lambda_B}{2n_0} = \frac{1550\text{nm}}{2 \times 1.46} \approx 0.531\mu\text{m} \tag{15.46}$$

相应的峰值反射率由下式给出:

$$R_p = \tanh^2\left(\frac{\pi \Delta n L}{\lambda_B}\right) \approx 0.855 \tag{15.47}$$

这里假设 $\Delta n = 4 \times 10^{-4}$,$L = 2$mm。相应带宽由下式给出(参见式(15.43)):

$$\frac{\Delta\lambda}{\lambda_B} \approx \frac{\lambda_B}{2n_0 L}\left[1 + \left(\frac{(\Delta n)L}{\lambda_B}\right)^2\right]^{\frac{1}{2}} \tag{15.48}$$

得到 $\Delta\lambda \approx 0.5$nm。从上式可以看出,带宽(即反射波的单色性)和峰值反射率取决于 Δn 和 L。

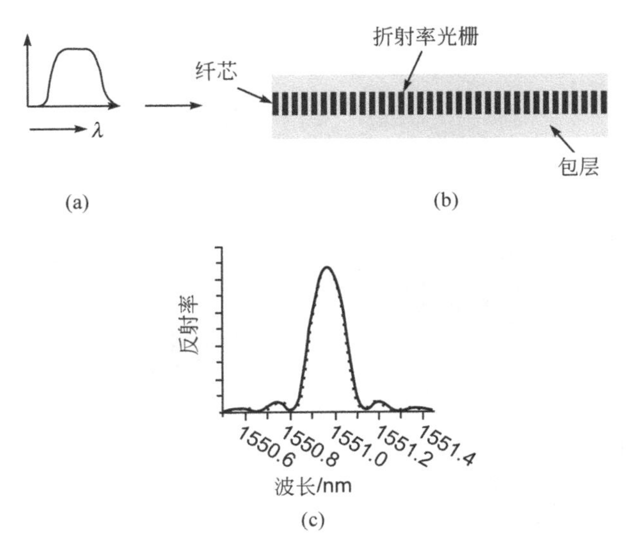

图 15.13 (a)一宽频谱光波入射进入(b)所示的 FBG 中；(c)反射光波频谱，实线是计算值，虚线是对印度加尔各答中央玻璃和陶瓷研究所(CGCRI)生产的 FBG 的实验测量值(图片承蒙加尔各答 CGCRI 的巴德拉(S. Bhadra)博士和冈帕迪亚(S. Bandyopadhyay)博士友情提供)

因为反射谱极小的带宽，FBG 被广泛应用于传感器(参见 28.14.3 节)。例如，温度略微升高会使光栅周期增大，从而导致峰值波长变长。因为二氧化硅是电介质(绝缘体)，所以基于 FBG 的温度传感器广泛应用于高压环境。图 15.14 是用于电力变电站(见图 15.15) 400kV 供电导线上的基于 FBG 的温度传感器系统。图 15.16 显示的是图 15.14 中所用的两个 FBG 传感器的典型反射谱以及测量温度的记录报告。对于这两个传感器，峰值反射率分别出现在 1544.6438nm 和 1545.8789nm 处。

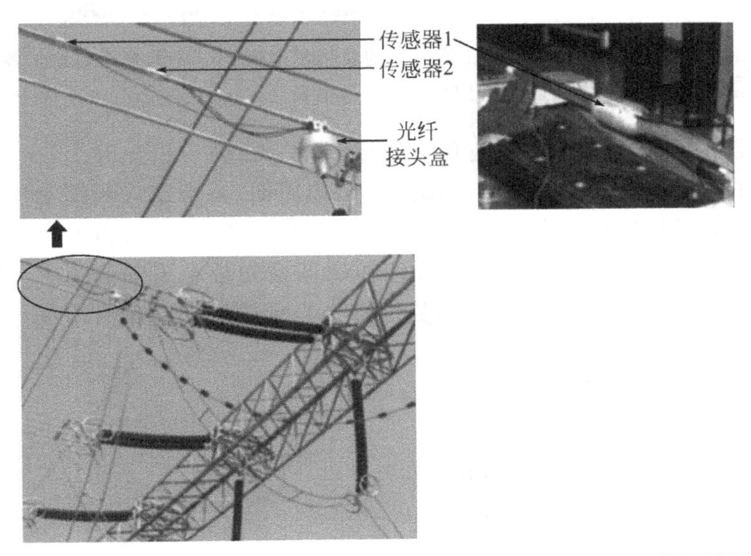

图 15.14 用于印度电网公司 Subhashgram 变电站(在加尔各答附近)400kV 供电导线上的基于 FBG 的温度传感器系统。图片承蒙加尔各答中央玻璃和陶瓷研究所的 Tarun Gangopadhyay 博士和迪斯古普塔(Kzmal Dasgupta)博士友情提供

请扫 1 页二维码看彩图

图 15.15　印度电网公司变电站(在加尔各答附近),在这里安装了 FBG 温度传感器。照片中作者与加尔各答中央玻璃和陶瓷研究所的冈帕迪亚(Tarun Gangopadhyay)博士和迪斯古普塔(Kzmal Dasgupta)博士一起。图片使用经过允许

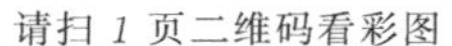

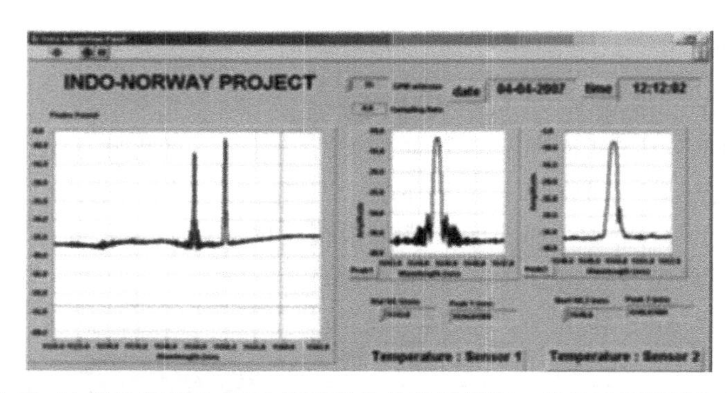

图 15.16　图 15.14 所示的两个 FBG 传感器的典型反射谱。照片承蒙印度加尔各答中央玻璃和陶瓷研究所的 Kamal Dasgupta 博士和 Tarun Gangopadhyay 博士友情提供

FBG 传感器的一个主要优势就是几个光栅可以写在同一根光纤上,如图 15.17 所示,一根光纤上写了 4 个光栅。每个光栅有不同的结构周期,每个结构周期对应一个特定波长的峰值反射率。如果将这样一个分布式传感器放置在大桥上,就可以测量相应于特定区域的应力。事实上,对于许多新建的桥梁,FBG 传感器被安放在不同的地方。图 15.18 展示了写有 6 个光栅的光纤实际反射的光谱,其中每个光栅的周期都稍有不同。出现峰值反射率的波长为

1522.030nm,3dB 带宽为 0.240nm

1529.915nm,3dB 带宽为 0.230nm

1537.950nm,3dB 带宽为 0.240nm

1545.955nm,3dB 带宽为 0.230nm

1553.990nm,3dB 带宽为 0.240nm

1561.895nm,3dB 带宽为 0.230nm

以第一个光栅为例,所谓 3dB 带宽意思是,反射率在偏离中心波长的 $\lambda\approx1521.910\text{nm}$ 和 1522.150nm 处会降为 50%。每个光栅长 1cm。因此,对于第一个光栅($\lambda_B=1522.030\text{nm}$),

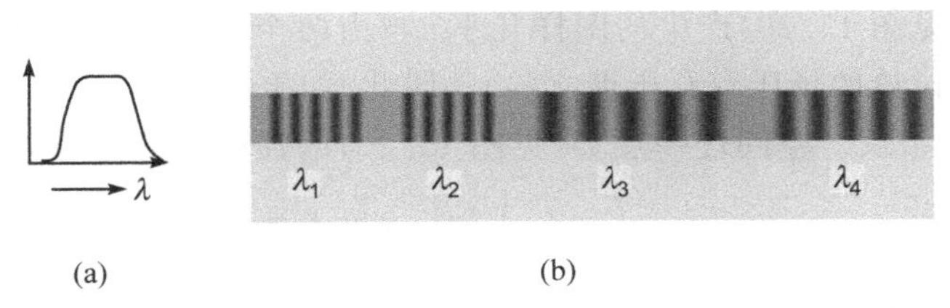

图 15.17　(a)一宽频谱光波入射进入如图(b)所示的写有 4 个光栅的光纤中。每个光栅的周期稍有不同，因为每个光栅要在不同的波长处出现反射率峰值

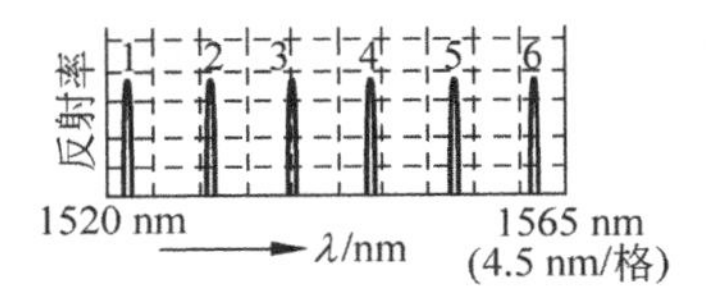

图 15.18　探测写有 6 个光栅的光纤的反射波得到的实际光谱，每个光栅的周期稍有不同。反射率峰值出现在波长为 1522.030nm、1529.915nm、1537.950nm、1545.955nm、1553.990nm 和 1561.895nm 的地方。光栅由印度加尔各答中央玻璃和陶瓷研究所制造。图片承蒙加尔各答中央玻璃和陶瓷研究所 Kamal Dasgupta 博士友情提供

得到

$$\Lambda = \frac{\lambda_B}{2n_0} = \frac{1522.030\text{nm}}{2 \times 1.46} \approx 0.5212\mu\text{m}$$

进一步假设 $L \approx 0.01\text{m}, n_0 \approx 1.46$，由式(15.48)有(注意单位!)

$$\frac{0.240}{1522} \approx \frac{1.522 \times 10^{-6}}{1.46 \times 0.01}\left[1 + \left(\frac{\Delta n \times 0.01}{1.522 \times 10^{-6}}\right)^2\right]^{\frac{1}{2}}$$

得 $\Delta n \approx 1.7 \times 10^{-4}$。

15.7　点光源照明平行平面薄膜产生的干涉　　目标 6

在 15.2 节中讨论过，当平行光束入射到薄膜上时，由薄膜上、下表面反射的光波产生干涉，现在考察用点光源照明薄膜的情况。观察薄膜时，为了不挡住入射光束，我们再次采用部分反射板 G，如图 15.19 所示。但是，为便于研究干涉图样，可以假定点光源 S 在薄膜的正上方(见图 15.19)，以致(图 15.20 中的)SK 等于(图 15.19 中的)$SA + AK$；(图 15.19 中的)KA 和(图 15.20 中的)KS 与薄膜垂直。显然，(图 15.20 中)由薄膜上表面反射的光波如同从点 S' 发出的一样，满足

$$KS' = KS \tag{15.49}$$

(见图 15.20)。并且，根据简单的几何关系可以证明，由薄膜下表面反射的光波如同从点 S'' 发出的一样，点 S'' 满足

$$KS'' \approx KS + 2d/n_2 \tag{15.50}$$

(见图 15.20)。式(15.50)只在接近正入射的情况下才成立[①]。因此，至少对于接近正入射

① 这是由于折射平面所成的点光源的像不完善。

的情况，在区域Ⅰ(见图 15.20)产生的图样几乎[①]与由两个相干点光源 S' 和 S'' 产生的图样相同(就是第 14 章讨论的杨氏双孔干涉实验)。因此，如果(像图 15.19 那样)放置照相底片 P，一般将获得干涉条纹。空间任一点 Q(见图 15.20)的强度由下面的关系式决定：

$$\Delta = \begin{cases} \left(m + \dfrac{1}{2}\right)\lambda & (\text{极大值}) \quad (15.51a) \\ m\lambda & (\text{极小值}) \quad (15.51b) \end{cases}$$

其中，

$$\Delta = [n_1 SF + n_2(FG + GH) + n_1 HQ] - [n_1(SA + AQ)] \quad (15.52)$$

代表光程差，并且我们已经假设了其中一路反射有 π 的相位突变；n_1 和 n_2 分别表示介质Ⅰ和Ⅱ的折射率。上面两个条件是严格正确的，亦即，在入射角很大时也成立。此外，可以证明，在接近正入射时，有

$$\Delta \approx 2n_2 d\cos\theta' \quad (15.53)$$

更严格的计算可证明(参见文献[15.7])

$$\Delta \approx 2n_2 d\cos\theta' \left[1 - \frac{n_1^2 \sin\theta\cos\theta}{n_2^2 - n_1^2\sin^2\theta}\left(\frac{\theta_0 - \theta}{2}\right)\right] \quad (15.54)$$

其中，角 θ、θ_0 和 θ' 在图 15.20 中有定义。

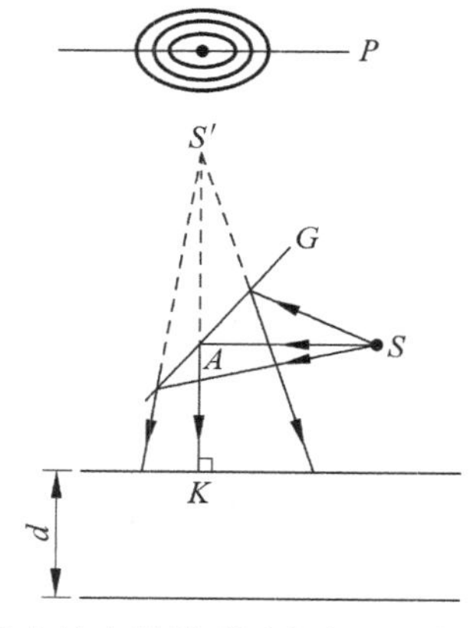

图 15.19　点光源 S 发出的光照射到厚度为 d 的薄膜上，G 是部分反射板，P 代表照相底片，在照相底片上获得圆条纹

如果放置照相底片(平行于薄膜表面(见图 15.19))，我们就会获得一些明暗相间的同心圆环条纹(参阅例 14.6)[②]。另一方面，如果用肉眼观察薄膜，则对于一个给定的眼睛位置，只能看见薄膜的很小的一部分，例如，当眼睛位于 E 且点光源位于 S 时，只有点 B 附近的薄膜部分可以看见(见图 15.21(a))，点 B 看起来是暗还是亮，取决于光程差

$$\Delta = n_1 SQ + n_2(QA + AB) - n_1 SB$$

① 事实上它不同于杨氏图样，原因是 S'' 不是 S 的理想的像。当入射角较大时，下表面反射的光就好像是从相对于 S'' 有位移的一点发出的一样。

② 如果点光源远离薄膜，则容易看出，圆环条纹将扩散开来；在点光源离薄膜无限远的情况下(即平行光束入射)，照相底片将被均匀照明。

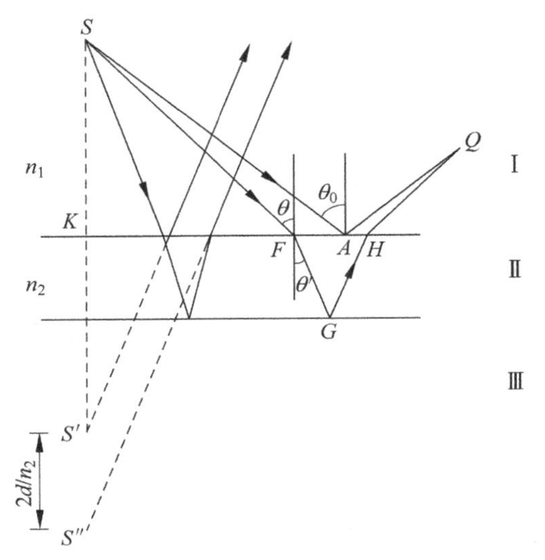

图 15.20　如果点光源 S 发出的光入射到薄膜上，在区域Ⅰ产生的干涉图样近似地等同于由两个相干点光源 S'和 S''所产生的一样，S'和 S'' 之间的距离为 $2d/n_2$，其中 d 代表薄膜的厚度，n_2 代表薄膜的折射率

是 $m\lambda$ 还是 $\left(m+\frac{1}{2}\right)\lambda$。另外，用一种类似 15.3 节中介绍的方法，可以得到

$$\Delta = 2n_2 d\cos\theta' \tag{15.55}$$

如果眼睛透过薄膜聚焦于无穷远而不去看薄膜[①]，那么发生干涉的两束光是由同一入射光线在薄膜上、下表面反射产生的(见图 15.21(b))。例如，聚焦于视网膜上点 O 的光线 PM 和 QR 是由同一光线 SP 分割出来的，而聚焦于视网膜上点 O'的两条光线 $P'M'$ 和 $Q'R'$是由光线 SP'分割出来的。因为(对应于这两组光线的)折射角 θ_1'和 θ_2'不同，所以在点 O 和 O'的强度一般是不同的。

下面来讨论用扩展光源 S 照明的情况(见图 15.22)。这样的扩展光源可以用一盏钠光灯照射一块毛玻璃来实现。扩展光源上的每一点都会在照相底片 P 上产生自己的干涉图样，而且这些干涉图样会彼此错位，结果在照相底片上看起来没有明确稳定的条纹图样出现。但是，如果我们用眼睛观察薄膜，则来自薄膜上所有点的光线都会到达眼睛。如果眼睛调焦于无穷远，只有来自某一特定方向的平行光线才能到达眼睛，聚焦于视网膜的一点。而这组平行光是从扩展光源上相近的一些点发出的，且它们聚焦在视网膜上产生的强度取决于 $2n_2 d\cos\theta'$的值，这个值对所有平行光线如 S_1Q 和 S_2Q'等都是相同的(见图 15.22)。而不同方向发出的光线(如 S_1R 和 S_2R'等)将对应于不同的 θ'值，并且将会聚在视网膜上的不同点。由于在一个圆锥面(锥轴垂直于薄膜，锥顶在眼睛位置)上的 θ'是常数，所以眼睛将看到一些明暗相间的同心圆环，圆环的中心在 $\theta'=0$ 的方向上。这种由厚度均匀的薄膜产生的条纹称为海丁格条纹，也称为等倾条纹，因为光程的变化是由入射方向的变化，也就

① 有些读者有看计算机制作的立体画的经验。如果只是将眼睛聚焦于画的表面，是很乱的图案。但是如果努力将眼睛调节到不去看画表面，而是透过画表面往里看无穷远处，显示在眼睛里的就是三维立体像了。这里用同样的方法调节眼睛。——译者注

是由θ'值的变化引起的。15.10节将讨论可以用来观察这种条纹的迈克耳孙干涉仪。

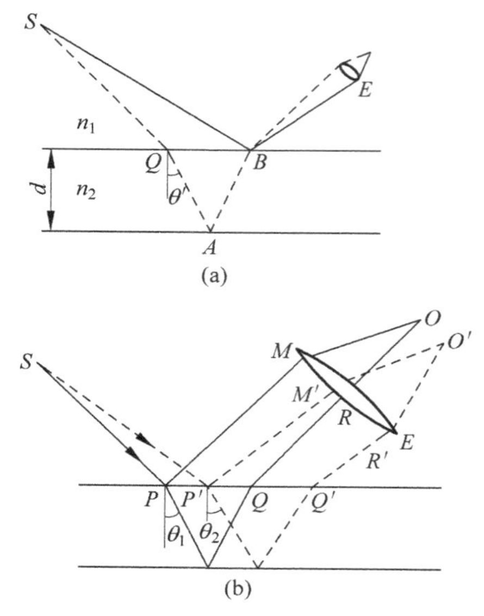

图15.21 点光源S发出的光入射到薄膜上。(a)用肉眼观察薄膜,如果光程差($n_1SQ+n_2(QA+AB)-n_1SB$)等于$m\lambda$,B为暗点;如果光程差等于$\left(m+\frac{1}{2}\right)\lambda$,$B$为亮点;(b)若眼睛聚焦于无穷远,那么眼睛接收到的是来自不同方向对应于不同折射角θ'的平行光线(它们有不同的光程差)

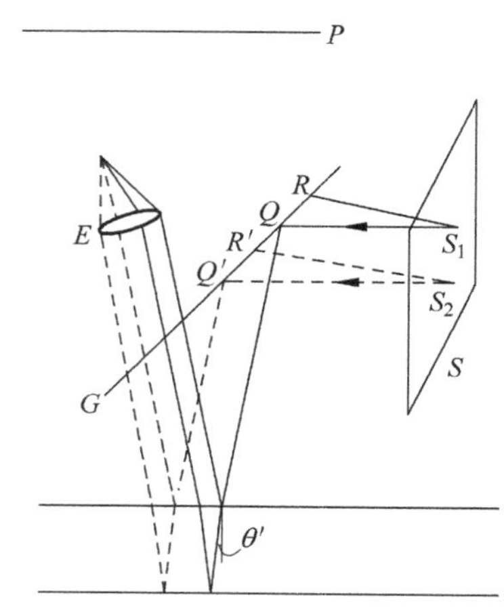

图15.22 用扩展光源发出的光照亮薄膜,G代表部分反射板,P代表照相底片,眼睛E聚焦于无穷远

15.8 两反射面不平行的薄膜产生的干涉 目标7

到目前为止,都假设薄膜是等厚度的。下面来讨论厚度不均匀的薄膜所产生的干涉图样。两个不平行平面夹成的一个楔形劈尖就是这样一种薄膜(见图15.23(a))。

首先考察平行光束正入射到薄膜上表面的情况(见图15.23(a))。在图15.23(b)中,实线和虚线分别表示从薄膜上表面和下表面反射的光波(在某一特定时刻)的一系列波峰位置。显然,在照相底片P上将记录到一些平行于劈尖棱边的直线干涉条纹(棱边是通过点O并垂直于纸面的一条线)。图中的点表示极大值的位置。为求出薄膜上相邻两条纹之间的距离,我们注意到如果点A是明亮的[①],则有

$$n(LM+MA)=\left(m+\frac{1}{2}\right)\lambda,\quad m=0,1,2,\cdots \tag{15.56}$$

(见图15.23(a))。然而,当劈尖角ϕ很小时(实际系统确实如此),有

$$LM+MA\approx 2AA'$$

其中,AA'表示点A处的薄膜的厚度。因此,点A为亮点的条件是

① 这里假设光束在上表面反射时有π的相位变化,但条纹宽度的表示式(15.60)与这个条件无关。

$$2nAA' \approx \left(m+\frac{1}{2}\right)\lambda \tag{15.57}$$

类似地，相邻的亮条纹出现在满足下式的点 B：

$$2nBB' \approx \left(m+\frac{3}{2}\right)\lambda \tag{15.58}$$

因此，有

$$2n(BB'-AA') \approx \lambda$$

或者

$$XB' \approx \lambda/(2n) \tag{15.59}$$

但是

$$XB' = (A'X)\tan\phi$$

或者

$$A'X = \beta \approx \frac{\lambda}{2n\phi} \tag{15.60}$$

其中，β 代表条纹宽度，并假设 ϕ 是很小的。这种条纹通常称为等厚条纹。

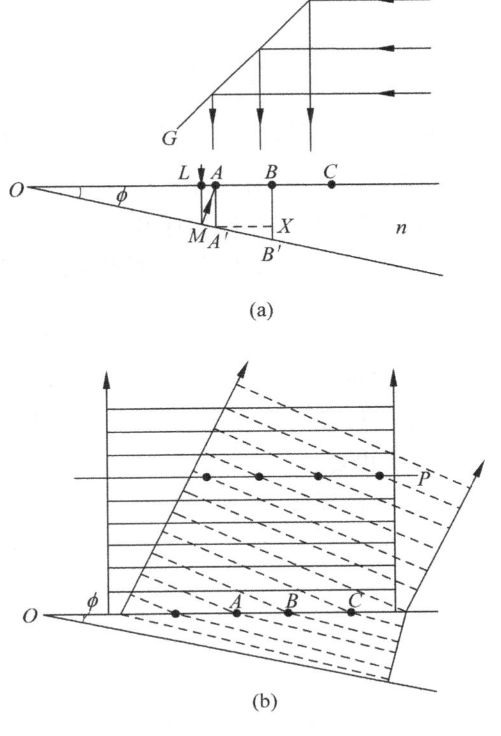

图　15.23

(a) 平行光束入射到一个劈尖上；(b) 实线和虚线分别表示上表面和下表面反射的光波(在某一特定时刻)的波峰位置，极大值对应于实线和虚线的交点，条纹垂直于纸面

另外，对于点光源，条纹图样将类似于平行平面薄膜的情况，即在接近正入射时，干涉图样几乎与两点光源 S'和 S''(图 15.24)所产生的完全相同(但是要注意，点 S''不在 S'的正下方，这是薄膜上、下两表面不平行所造成的结果)。任一点 Q 的强度则由下式决定：

$$[SA+n(AB+BC)+CQ]-[SD+DQ]=\begin{cases}\left(m+\dfrac{1}{2}\right)\lambda & \text{(极大值)}\\ m\lambda & \text{(极小值)}\end{cases}\qquad(15.61)$$

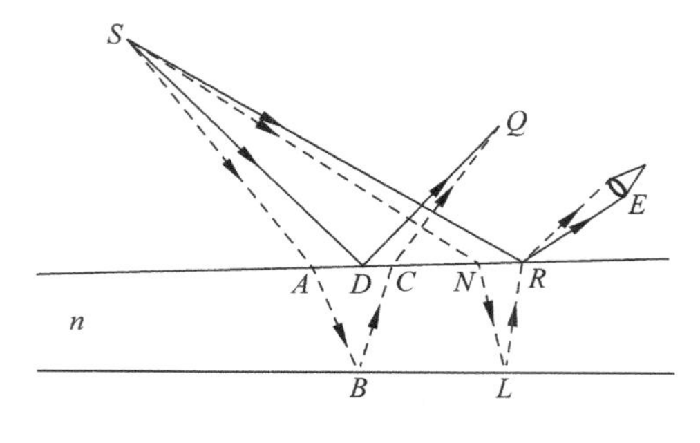

图 15.24　点光源发出的光照亮一个劈尖，E 代表眼睛

如果用肉眼观察薄膜(比如眼睛在 E 处，如图 15.24 所示)，则只能看到(点 R 附近的)很小一部分薄膜，点 R 呈亮点还是暗点取决于光程差$\{[SN+n(NL+LR)]-SR\}$等于$\left(m+\frac{1}{2}\right)\lambda$ 还是 $m\lambda$。也可以用类似的方法讨论眼睛聚焦于无穷远的情况。

下面讨论扩展光源 S 照射薄膜的情况，如图 15.25 所示。由于扩展光源可以看作是由大量的独立点光源组成的，每一个点光源都在照相底片 P 上产生自己的图样，所以将观察不到明确稳定的条纹图样[①]。但是，如果用照相机(或眼睛)观察薄膜并将照相机聚焦于薄膜上表面，那么薄膜上的一个特定点将取决于 $2nd$ 等于 $m\lambda$ 还是$\left(m+\frac{1}{2}\right)\lambda$ 而呈暗点或亮点(参见图 15.25)，这里假设光线接近正入射。从图 15.25 中可见，在点 Q 发生的干涉是源于发自扩展光源上不同点的光线[②]，如果光线接近正入射，那么点 Q 的强度就完全由该处膜的厚度决定。类似地，点 Q'的强度由 Q'处的薄膜厚度决定，但是点 Q'将聚焦于视网膜上的另一点 B'。条纹将是一系列平行于薄膜棱边 OO'的直线(见图 15.26)。应该强调指出，我们自始至终都假设光线是接近正入射的，而且劈尖角极小。这些假设在实际系统中确实是成立的。

① 但是对于这一点有一个例外，就是当扩展光源离得很远时，到达玻璃板 G 的光线近似是平行的，这时干涉图样(低对比度)将会在底片 P 上形成。如果不是把扩展光源移远，而是把底片 P 放到远离劈尖的地方，也会出现同样的现象。

② 这段文字与图 15.25 中所标字母配合不上，译者已根据文字将图中字母 Q 和 Q'互换。同样的原因，将图中字母 D_1 与 D_2、F_1 与 F_2 也进行了互换。——译者注

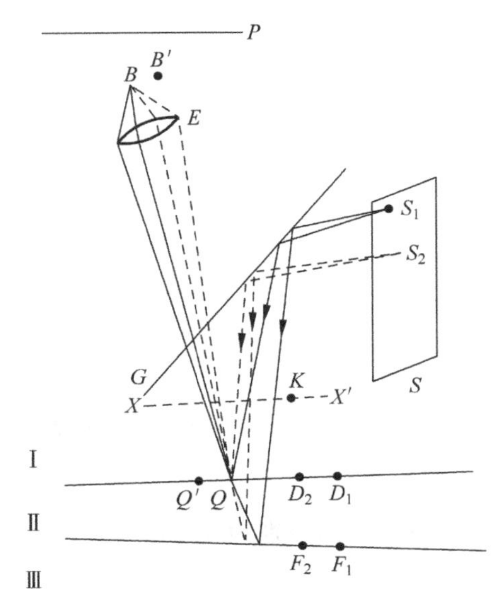

图 15.25　用扩展光源 S 产生的定域干涉条纹，这种条纹只有当眼睛调焦于薄膜上表面时才可以看见

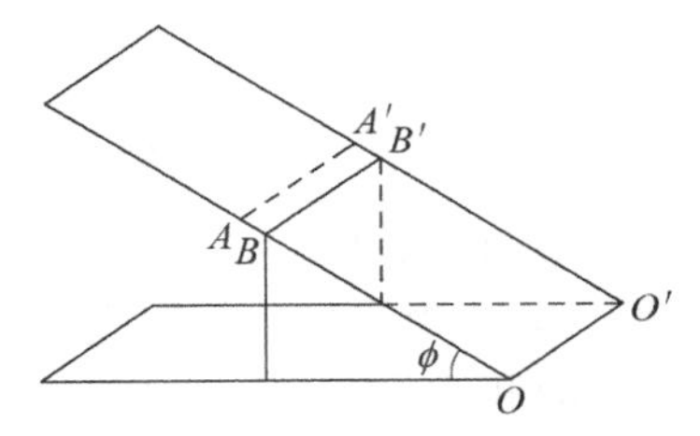

图 15.26　劈尖产生的条纹平行于棱边 OO'

有趣的是，如果把照相机聚焦在薄膜上方的平面 XX' 上，就不会看到明确稳定的干涉图样。这是由于从 S_2 到达点 K 的光波是在点 D_2 和 F_2 发生的反射，而从 S_1 到达点 K 的光波是在点 D_1 和 F_1 发生的反射的缘故。因为薄膜的厚度不均匀，从 S_1 到达点 K 的光波可能产生亮条纹，而从 S_2 到达点 K 的光波就有可能产生暗条纹。因此，为了观察到条纹，必须把照相机聚焦于膜的上表面；从这层意义上说，这种条纹被称为是定域的。作为作业留给读者，证明如果照相机聚焦于无穷远，将记录不到明确稳定的干涉图样。

到目前为止，一直假设膜是“薄”的，现在的问题是膜应该薄到什么程度。为了获得干涉图样，从薄膜上表面和下表面反射的光波之间应有确定的相位关系。因此，光程差 Δ $(=2nd\cos\theta')$ 应小于相干长度①。例如，如果我们使用普通钠光灯的 D_1 线 $(\lambda=5.890\times10^{-5}\text{cm})$，相干长度为 1cm 的数量级，因而为能观察到条纹，Δ 应比 1cm 小得多。应该指出，并不存在对应于条纹消失的明确的 Δ 值；但随着 Δ 值增大，条纹的对比度越来越差。激光束的相干长度很长，所以即使光程差比 1m 大得多，仍可以看见条纹。另外，如用白光光源，只要 $\Delta\geqslant2\times10^{-4}\text{cm}$ 就看不见条纹了(参阅 14.9 节)。

应该指出，干涉也发生在区域Ⅲ的两光束之间(见图 15.27)，其中一束是直接透射光束，另一束是经历薄膜两次反射后(第一次在下表面，第二次在上表面)透出来的光束。然而这两束光的振幅相差悬殊，因而形成的条纹对比度将很差(参阅例 15.1)。

例 15.1　考察处于空气中的一个折射率为 1.36 的薄膜。设光束接近正入射($\theta\approx0$)，试证明：反射光束(1)和(5)(图 15.27)的振幅接近相等，但透射光束(4)和(7)的振幅却相差

① 相干长度的定义见 17.1 节。如果光源在时间 τ 内仍保持是相干的，则相干长度 L 大约是 $c\tau_c$，其中 c 是自由空间的光速。因此，当 $\tau_c\approx10^{-10}\text{s}$ 时，$L\approx3\text{cm}$。

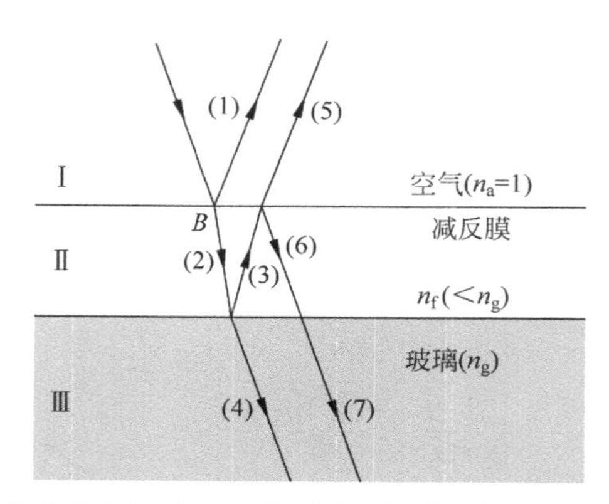

图 15.27 一般来说,即使光束(1)和(5)的振幅接近相等,光束(2)和(6)的振幅也相差悬殊

悬殊(这就是在透射方向看到的条纹的对比度很差的原因)。

解 设入射光束的振幅为 a,光束(1),(2),(3),…的振幅分别为 $a_1, a_2, a_3, \cdots$。利用式(15.10a)和式(15.10b),得到

$$a_1 = \frac{1-n}{1+n}a = -\frac{0.36}{2.36}a \approx -0.153a$$

$$a_2 = \frac{2}{1+n}a = \frac{2}{2.36}a \approx 0.847a$$

$$a_3 = \frac{n-1}{n+1}a_2 = \frac{0.36}{2.36} \times 0.847a \approx 0.129a$$

$$a_5 = \frac{2n}{n+1}a_3 = \frac{2 \times 1.36}{2.36} \times 0.129a \approx 0.149a$$

$$a_4 = \frac{2n}{1+n}a_2 = \frac{2 \times 1.36}{2.36} \times 0.847a \approx 0.977a$$

$$a_7 = \frac{2n}{n+1}a_6 = \frac{2n}{n+1}\frac{n-1}{n+1}a_3 = \frac{2 \times 1.36 \times 0.36}{(2.36)^2}a_3 \approx 0.023a$$

首先注意到,a_5 的符号和 a_1 的符号相反,这是光束在点 B 反射时发生了 π 相位突变的结果。此外,a_5 的大小差不多等于 a_1 的大小。另外,$|a_7| \ll |a_4|$,这就是在透射光中形成干涉条纹的对比度很差的原因。

15.9 薄膜的颜色 目标8

从15.8节已知,如果来自扩展单色光源(如钠光灯)的光正入射到一个劈尖上,就会观察到等间距的明暗相间的条纹。两相邻明(或暗)条纹之间的距离由劈尖角、光波波长以及薄膜的折射率决定。如果我们使用复色光源(如白炽灯),就会看到彩色条纹。更进一步,如果不用劈尖,而是用一个厚度任意变化的薄膜,仍然会观察到条纹,并且每一条条纹都代表了薄膜上等厚度点的轨迹(见图15.28)。这实际上就是我们所看到的阳光照射到肥皂泡上或照射在水面上的油膜时所呈现出的五光十色的干涉图样。1页二维码彩图中,图15.28′中蝴蝶翅膀显示的五彩缤纷的颜色也是这个道理。应该指出,如果薄膜上表面和下表面反射的光波之间的光程差超过几个波长,由于多种颜色的干涉图样互相重叠,干涉图样将被

"洗刷掉"，结果什么条纹也看不到(参阅 14.9 节)。因此，为了能看见白光的干涉条纹，薄膜的厚度应不超过几个波长。

图 15.28　相互接触的两玻璃表面(非光学平面)之间形成的空气膜所产生的典型的条纹图样。当空气膜的厚度等于 $m\lambda/2$ 时，得到暗条纹；当空气膜的厚度等于 $\left(m+\frac{1}{2}\right)\lambda/2$ 时，得到明条纹。每个条纹描述了薄膜等厚度点的轨迹(照片承蒙 R. S. Sirohi 教授提供)

15.10　牛顿环　　目标 9

如果将一块平凸透镜放在平板玻璃表面上，就会在透镜的凸面(AOB)和平面玻璃板(POQ)之间形成一个空气膜(见图 15.29)。在两表面的接触点 O，空气膜的厚度为零。由接触点向外，膜的厚度逐渐增大。如果用单色光(如钠光灯)照射透镜表面，则由面 AOB 反射的光会与由面 POQ 反射的光发生干涉。在接近正入射(并且只考虑紧靠接触点的那些点)的情况下，两反射光波的光程差非常接近于 $2nt$，其中 n 为膜的折射率，t 为膜的厚度。因此，只要空气膜的厚度满足条件

$$2nt=\left(m+\frac{1}{2}\right)\lambda,\quad m=0,1,2,\cdots \tag{15.62}$$

则得到极大值。类似地，当满足

$$2nt=m\lambda \tag{15.63}$$

时，得到极小值。由于透镜的凸面是球面，所以空气膜的厚度在(以点 O 为中心的)圆圈上是常数，这样我们将得到同心的明暗相间的圆环，这些圆环称为牛顿环①。应该指出，为观察这些条纹，显微镜(或眼睛)必须聚焦于膜的上表面(参阅 15.7 节的讨论)。

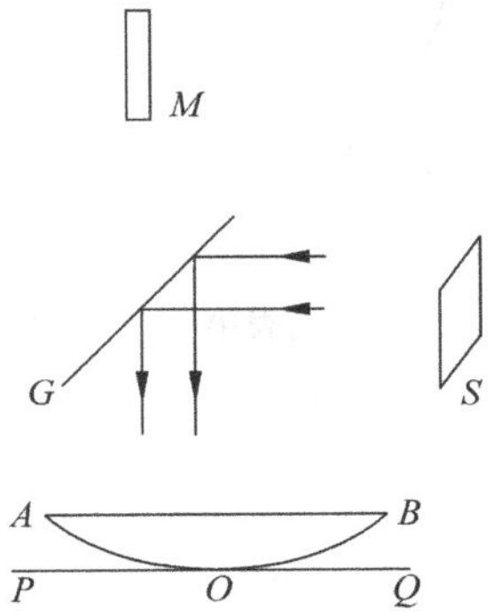

M
G
S
A　B
P　O　Q

图 15.29　观察牛顿环的装置。来自扩展光源 S 的光射到由平凸透镜 AOB 和平面玻璃板 POQ 形成的薄膜上，M 代表移测显微镜

不同圆环的半径是很容易计算的。前面已经提到过，空气膜的厚度在以接触点 O 为中心的圆上是常数。设第 m 个暗环的半径为 r_m，如果出现第 m 个暗环处的空气膜厚度为 t，

① 玻意耳和胡克早在牛顿之前就各自独立观察过这种条纹，但是牛顿首次测量出了这些条纹的半径，并进行了分析。正确的解释是杨给的。见本章开始时的"里程碑"。

则有

$$r_m^2 = t(2R - t) \tag{15.64}$$

其中,R 代表透镜凸面的曲率半径(见图 15.30)。如果令 $R \approx 100\text{cm}, t \leqslant 10^{-3}\text{cm}$,则同 $2R$ 相比可略去 t,得到

$$r_m^2 \approx 2Rt$$

或者

$$2t = \frac{r_m^2}{R} \tag{15.65}$$

把上式代入式(15.63),得到

$$r_m^2 \approx m\lambda R, \quad m = 0, 1, 2, \cdots \tag{15.66}$$

此式表明各圆环的半径随着自然数的平方根变化。因此,随着半径增大,环与环的间距变得密集起来(参见图 15.31)。两个相邻暗环之间有一个亮环,它的半径是$\sqrt{\left(m+\frac{1}{2}\right)\lambda R}$。

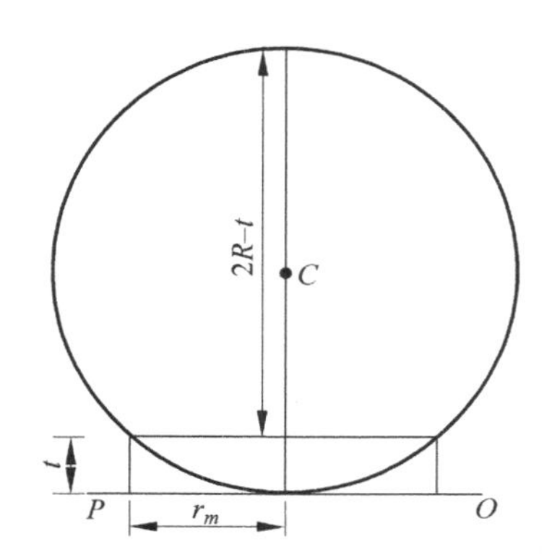

图 15.30　r_m 代表第 m 个暗环的半径,(形成第 m 个暗环处的)空气膜的厚度为 t

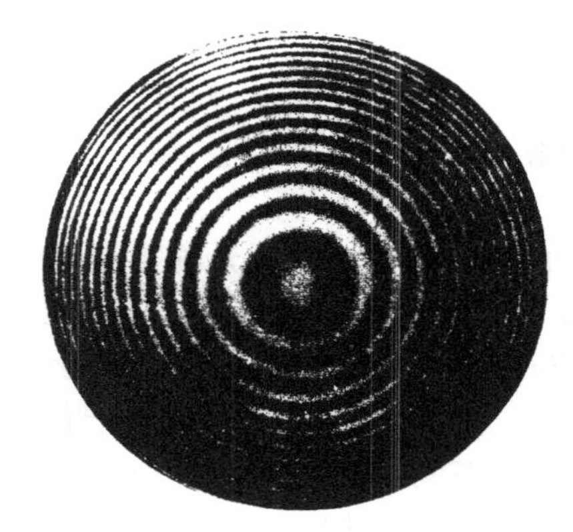

图 15.31　反射光形成的牛顿环,在透射光中观察到的环的对比度要差得多(照片承蒙玻色(G. Bose)博士提供)

在实验室里利用图 15.29 所示的装置很容易观察到牛顿环。扩展光源(发出准单色光,如钠光灯)照射到部分反射玻璃板上,由玻璃板反射的光束再投射到平凸透镜-玻璃片装置上,直接用眼睛观察或通过移动显微镜 M 观察,都很容易看到牛顿环。实际上,并不一定需要平凸透镜,利用双凸透镜也可以看到圆环。

典型地,$\lambda = 6 \times 10^{-5}\text{cm}, R = 100\text{cm}$ 时,有

$$r_m = 0.0774\sqrt{m}\ \text{cm} \tag{15.67}$$

因此第 1 个、第 2 个和第 3 个暗环的半径分别大约为 0.0774cm、0.110cm 和 0.134cm。可见第 2 个和第 3 个暗环间的间距要小于第 1 个和第 2 个暗环间的间距。

式(15.63)预言中央斑点是暗的。通常,因为有尘埃微粒,实际上接触点的接触不很理想,因而中央斑点可能不完全是暗的。所以在实验时,应该测量第 m 个和第$(m+p)$个环($p \approx 10$)的半径,再取半径平方之差($r_{m+p}^2 - r_m^2 = p\lambda R$),这样就完全与 m 无关了。通常测量直径更为准确,用直径表示时,波长由下式给出:

$$\lambda=\frac{D_{m+p}^{2}-D_{m}^{2}}{4pR} \tag{15.68}$$

透镜的曲率半径可以利用球径仪准确测量出来，因此，只要仔细测出暗环(或者亮环)的直径，就可以在实验上确定光的波长。

如果在透镜和玻璃板之间注入折射率为 n 的液体，暗环的半径就由下式给出：

$$r_m=(m\lambda R/n)^{1/2} \tag{15.69}$$

可以将式(15.69)与式(15.66)进行比较。此外，如果透镜和玻璃板材料的折射率不同，并且液体的折射率大小在它们二者之间，那么中央斑点应该如图 15.31 所示是亮的，而式(15.69)给出的将是亮环半径。

与牛顿环实验原理有关的一个重要的实际应用是测定一玻璃平板的光学平整度。将一个玻璃表面置于另一个平整度已知的玻璃表面上，用准单色光束照射这个组合装置，并用显微镜观察反射光，一般来讲，则可看到一些明暗相间的斑纹(图 15.28)。两玻璃表面之间的空隙形成一个厚度变化的空气膜，当厚度为 $m\lambda/2$ 时，就看到暗斑，当厚度为 $\left(m+\frac{1}{2}\right)\lambda/2$ 时，就看见亮斑。两相邻暗条纹之间空气膜的厚度相差 $\lambda/2$。因此，测出相邻暗条纹或亮条纹间的距离，就可以计算出玻璃板的平整度。

当利用白光观察牛顿环时，与 14.9 节讨论的情况相类似，将只能看到几条彩色条纹。然而，当在我们眼前放置一红色滤波片时，(相应于红色的)条纹花样就会马上呈现。当将我们眼前的滤波片换成绿色的滤波片时，就会出现相应于绿色的条纹花样。这与 14.9 节的讨论是类似的。

例 15.2　考察波长为 $\lambda=6.4\times10^{-5}$cm 的准单色光照射形成的牛顿环。假定接触点是理想的。现在使透镜竖直向上缓慢上升，试讨论当透镜逐渐离开玻璃板时，由显微镜所看到的圆环图样的变化。假设透镜凸面的曲率半径为 100cm。

解　既然接触点是理想的，那么中央斑点是暗的。第一个暗环在满足 $PA=\lambda/2$ 的点 P 形成，并且环的半径 OA 就是 $\sqrt{\lambda R}$ (=0.080cm)，见图 15.32(a)。类似地，第 2 个暗环的半径为 $OB=\sqrt{2\lambda R}$ (=0.113cm)。若将透镜提高 $\lambda/4(=1.6\times10^{-5}\text{cm})$，则对应于中央斑点的 $2t$ 就等于 $\lambda/2$，因此，我们将看到中央为亮斑而不是暗斑。此时，第 1 个和第 2 个暗环的半径分别为

$$\overline{OA_1}=\left(\frac{1}{2}\lambda R\right)^{1/2}=0.0566\text{cm}$$

$$\overline{OB_1}=\left(\frac{3}{2}\lambda R\right)^{1/2}=0.098\text{cm}$$

(参见图 15.32(b))。如果透镜再上移 $\lambda/4$(参见图 15.32(c))，则原来的第一个暗环向中心收缩，中央斑点变成了暗的。原来在 Q 处的环现在移动到了 Q_2 处，类似地，R 处的环(图 15.32(a))收缩到 R_2 处(图 15.32(c))。

因此，当透镜向上移动时，环向中心收缩。如果我们可以测出透镜向上移动的距离，并且也能数出向中心收缩的暗环的数目，那么就可以确定光波的波长。例如，在本例的情况下，如果透镜移动了 6.4×10^{-3}cm，则有 200 个环收缩到中心。如果我们进行这个实验，就会观察到第 200 个暗环缓慢地向中心收缩；当透镜准确地移动 6.4×10^{-3}cm 时，这个暗环

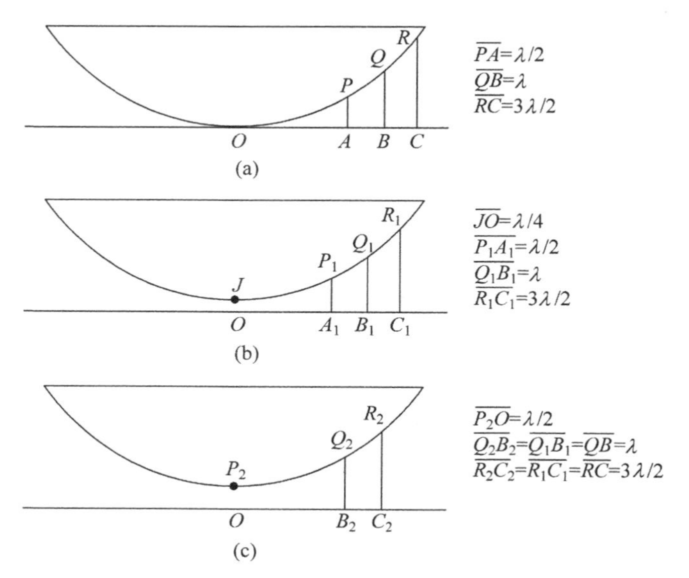

图 15.32　当透镜从玻璃板上移时，环向中心收缩

也就正好收缩到中心。

例 15.3　考察当有两个十分靠近的波长如钠光的 D_1 和 D_2 线（$\lambda_1=5890\text{Å}$，$\lambda_2=5896\text{Å}$）同时存在时所形成的牛顿环。当透镜逐渐远离玻璃板时，这两种波长的光同时存在将产生什么影响？如果用白光源代替钠光灯，情形又如何？

解　首先假定透镜与平面玻璃板接触（见图 15.32(a)）。因为入射光的两个波长非常靠近，所以 λ_1 的亮环和暗环可以分别重叠在 λ_2 的亮环和暗环上。这一点通过计算每一波长的第 9 个亮环和暗环的半径就容易看出来。

对于 $\lambda=5.890\times10^{-5}\text{cm}$ 的光波，有

$$\text{第 9 个亮环的半径}=\sqrt{\left(9+\frac{1}{2}\right)\lambda R}=\sqrt{9.5\times5.980\times10^{-5}\times100}\,\text{cm}$$

$$=0.236548\text{cm}$$

$$\text{第 9 个暗环的半径}=\sqrt{9\lambda R}=0.230239\text{cm}$$

类似地，对于 $5.896\times10^{-5}\text{cm}$ 的光波，有

$$\text{第 9 个亮环的半径}=\sqrt{9.5\times5.896\times10^{-5}\times100}\,\text{cm}=0.236669\text{cm}$$

$$\text{第 9 个暗环的半径}=\sqrt{9\times5.896\times10^{-3}}\,\text{cm}=0.230356\text{cm}$$

因此，各圆环几乎准确地重叠。但是，当 m 值很大时，两组圆环图样将在此处产生均匀的照明。更准确地说，当空气膜的厚度满足

$$2t=m\lambda_1=\left(m+\frac{1}{2}\right)\lambda_2$$

或者

$$\frac{2t}{\lambda_2}-\frac{2t}{\lambda_1}=\frac{1}{2}\tag{15.70}$$

时，该点周围的条纹会完全消失，即波长 λ_1 的亮环将落在波长 λ_2 的暗环上，反过来，波长 λ_1

的暗环将落在波长 λ_2 的亮环上。因此，对比度等于零，看不到条纹。重写式(15.70)，得到

$$2t\frac{\lambda_1-\lambda_2}{\lambda_1\lambda_2}=\frac{1}{2}$$

或者

$$2t=\frac{1}{2}\frac{\lambda_1\lambda_2}{\Delta\lambda}\approx\frac{1}{2}\frac{(5.893\times10^{-5})^2}{6\times10^{-8}}\text{cm}\approx3\times10^{-2}\text{cm}$$

对应于 $m\approx500$。

如果像例 15.2 那样缓慢向上提升凸透镜，我们将看到同样的现象。设透镜升高的距离为 t_0(见图 15.33)，并且满足下式：

$$\frac{2t_0}{\lambda_2}-\frac{2t_0}{\lambda_1}=\frac{1}{2}$$

或者

$$t_0=\frac{\lambda_1\lambda_2}{4(\lambda_1-\lambda_2)}$$

因此，如果中央点 J(见图 15.33)对应于 λ_1 的暗斑，则它也将对应于 λ_2 的亮斑，反之亦然。此外，中央点附近相应于 λ_1 的暗环也差不多落在 λ_2 的亮环上，干涉图样将消失，因此，从显微镜里看不到干涉图样。如果将透镜再向上移动 t_0 距离，则有

$$\frac{2t_1}{\lambda_2}-\frac{2t_1}{\lambda_1}=1\tag{15.71}$$

其中，$t_1=2t_0$。此时，如果中央点 J' 对应于 λ_1 的暗斑，那么它也对应于 λ_2 的暗斑。这时，条纹图样将再次出现，但对比度稍差一些(参见第 17 章)。

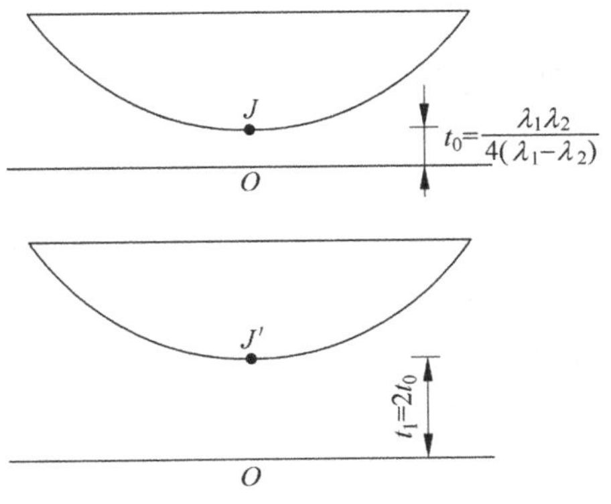

图 15.33　牛顿环实验中，如果光波包含两个很靠近的波长 λ_1 和 λ_2(如钠光的 D_1 和 D_2 线)，那么当透镜离开玻璃板的距离为 $t_0=\frac{\lambda_1\lambda_2}{4(\lambda_1-\lambda_2)}$ 时，干涉条纹就会消失，而当距离为 $2t_0$ 时，条纹将重新出现

这样，如果继续向上移动透镜，那么每当透镜移动一段距离 $2t_0\left(\approx\frac{1}{2}\frac{\lambda_1\lambda_2}{\Delta\lambda}\right)$，整个条纹系统就会重新出现一次。在迈克耳孙干涉仪中，这个原理被用来测量两条靠近的谱线(如钠光的 D_1 和 D_2 线)之间的微小波长差 $\Delta\lambda$。

应该指出，为使一个波长的亮环落在另一个波长的暗环，即条纹图样完全消失，两条谱

线 λ_1 和 λ_2 的强度应该相同。

上述实验的另一个推论是，当我们使用只有单一谱线(波长为 λ)的光源时，这条谱线有一定宽度 $\Delta\lambda$，(在透镜升高过程中)也将会发现干涉条纹的对比度的变化。由于谱线有一定宽度，因此，应该设想在 $\lambda \sim \lambda + \Delta\lambda$ 所有波长的分量都存在。通过找出条纹消失时透镜升高的近似高度，就可以计算出 $\Delta\lambda$。相干长度 L 和 $\Delta\lambda$ 之间有下面的关系(见 17.2 节)：

$$L \approx \frac{\lambda^2}{\Delta\lambda} \tag{15.72}$$

15.11 迈克耳孙干涉仪[①] 目标 10

迈克耳孙干涉仪示意图如图 15.34 所示，S 代表光源(可以是钠光灯)，L 代表毛玻璃片，它的作用是形成一个强度几乎均匀的扩展光源。G_1 是分光板，亦即，入射到它上面的光束会一部分反射，而另一部分透射。M_1 和 M_2 是两面反射率很高的高质量平面镜，有一个平面镜(通常是 M_2)是固定的，另一个平面镜(通常是 M_1)借助螺旋装置可以沿着精密导轨移动，靠近或者远离分光板 G_1。通过正常调节干涉仪，使平面镜 M_1 和 M_2 互相垂直，并且均与 G_1 成 45°角。

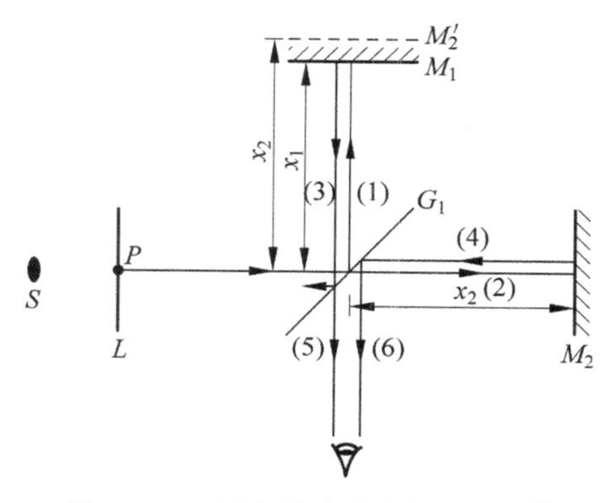

图 15.34 迈克耳孙干涉仪示意图[②]

从点 P 发出的光波经分光板 G_1，一部分反射而另一部分透射，所得到的两束光按如下方式发生干涉：反射波(见图 15.34 中的光线(1))经过 M_1 再次反射，这个反射波又部分透过 G_1，就得到如图中光线(5)所示的波；透射波(见图 15.34 中的光线(2))经 M_2 反射，再经 G_1 部分反射，得到如图中光线(6)所示的波。光波(5)和(6)以完全类似于图 15.22 所示的方式发生干涉。这一结论容易由这样的事实看出：如果 x_1 和 x_2 是平面镜 M_1 和 M_2 到分光板 G_1 的距离，从点 P 发出到达眼睛的两光波看起来就好像是从间距为$(x_1 - x_2)$的两平行平面镜(图 15.34 中 M_1 和 M_2')反射回来的。正如在 15.7 节中讨论过的一样，如果采用扩展光源，则在放置于眼睛位置的照相底片上得不到明确稳定的干涉图样。但如果我们换用聚焦于无穷远的照相机，则其在焦平面上就会得到一组圆条纹，每一条条纹对应于一个确定的 θ 值(参见图 15.22 和图 15.35)，这些圆条纹看起来就像图 15.36 所示的那样。如果分光板是一块简单的玻璃片，从平面镜 M_2 反射过来的光束会有 π 相位突变(是从分光板反射时附加的)，又由于其中一束光多走了 $2(x_1 - x_2)$的距离，那么干涉相消的条件是

$$2d\cos\theta = m\lambda$$

其中，$m = 0, 1, 2, 3, \cdots$，且有

$$d = x_1 - x_2$$

---

① 迈克耳孙-莫雷实验就是利用迈克耳孙干涉仪去探测地球相对于"以太"的运动，这部分内容将在第 31 章讨论。

② 原图中的光线(1)方向画反了。——译者注

θ 代表光线与轴线(一般垂直于平面镜,如图 15.35 所示)的夹角。类似地,产生亮环的条件为

$$2d\cos\theta = \left(m + \frac{1}{2}\right)\lambda$$

例如,当 $\lambda = 6\times10^{-5}\,\text{cm}$,$d = 0.3\,\text{mm}$ 时,出现暗环的角度满足

$$\theta = \arccos\left(\frac{m}{1000}\right) = 0°, 2.56°, 3.62°, 4.44°, 5.13°, 5.73°, 6.28°, \cdots$$

对应的干涉级数是 $m = 1000, 999, 998, 997, 996, 995, 994, \cdots$。因此,图 15.36(a)中的中央暗环对应 $m = 1000$,第 1 个暗环对应 $m = 999, \cdots$。如果我们减小两平面镜之间的距离,如 $d = 0.15\,\text{mm}$,出现暗环的角度满足(见图 15.36(b))

$$\theta = \arccos\left(\frac{m}{500}\right) = 0°, 3.62°, 5.13°, 6.28°, 7.25°, \cdots$$

这些角度对应的干涉级数是 $m = 500, 499, 498, 497, 496, \cdots$。所以当我们减小 d 时,所有条

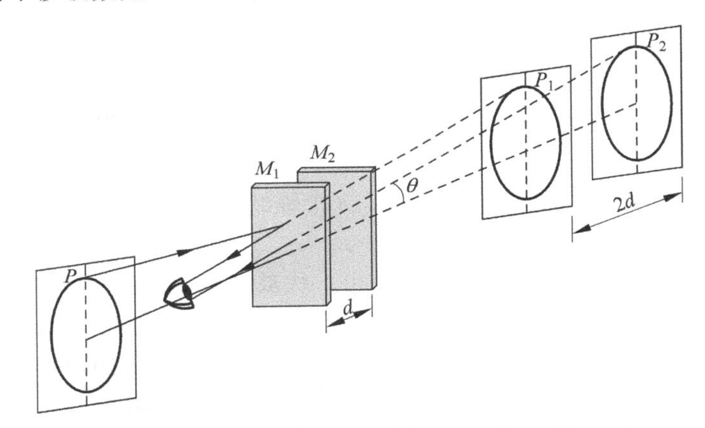

图 15.35　圆条纹形成示意图(图片来源于文献[15.7])

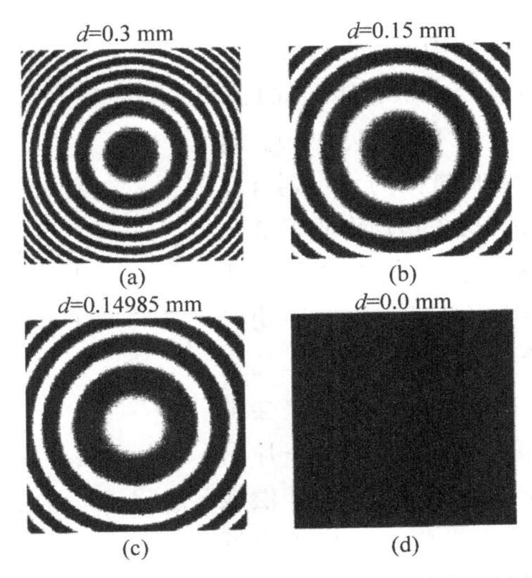

图 15.36　用计算机制作的迈克耳孙干涉仪干涉图样

纹都会向中心收缩，且条纹之间会变得稀疏些。应该注意到，如果 d 稍稍减小，比如从 0.15mm 减小到 0.14985mm，则

$$2d=499.5\lambda$$

位于图 15.36(b)的中心暗斑(对应于级数 $m=500$)会消失，中心条纹会变亮。因此，当 d 减小时，条纹图案向中心收缩(相反，如果 d 增大，条纹会向外扩展)。实际上，如果当平面镜 M_1 移动了距离 d_0 后，有 N 条条纹收缩到中心处，则必然有

$$2d=m\lambda$$

$$2(d-d_0)=(m-N)\lambda$$

由于此时我们观察的是中央条纹，因此，这里令 $\theta=0$，由此得到

$$\lambda=\frac{2d_0}{N} \tag{15.73}$$

这里给我们提供了一种测量波长的方法。例如，在一个典型的实验中，当平面镜移动了距离 2.90×10^{-2}cm 时，如果有 1000 条条纹收缩到中心，则

$$\lambda=5800\text{Å}$$

迈克耳孙曾把上述方法用于“米”的标准化。他发现镉红线($\lambda=6438.4696$Å)是一种理想的单色光源，所以可以作为“米”标准化的参考基准。实际上，他用下面的关系式来定义米(m)：

$$1\text{ 米}=1553164.13\text{ 个镉红线波长}$$

精度约为 $1/10^9$。

在实际的迈克耳孙干涉仪中，分光板 G_1 由一块玻璃板构成(厚度约为 0.5cm)，板的背面部分镀银，所以反射发生在背面，如图 15.37 所示。很明显，光束(5)通过玻璃板三次，比光束(6)多通过两次，为了补偿这一附加光程，加入“补偿板”G_2，它的厚度与 G_1 精确相等。用单色光源照明时，实际上可以不需要补偿板，因为 G_1 引入的附加光程 $2(n-1)t$ 可以通过将平面镜 M_1 移动 $(n-1)t$ 的距离来补偿，其中 n 是玻璃 G_1 的材料折射率。

但是，当使用白光光源照明时，不可能同时满足所有波长的零光程差条件，因为 G_1 的折射率随波长是变化的。例如，对于 $\lambda=6560$Å 和 4861Å，冕牌玻璃的折射率分别为 1.5244 和 1.5330。这样，如果用 0.5cm 厚的冕牌玻璃作为 G_1，对于 $\lambda=6560$Å，M_1 应该移动 0.2622cm，而对于 $\lambda=4861$Å，则该移动 0.2665cm。两个位置之间的距离差等效于 100 个波长左右。因此，如果照明光从 4861Å 到 6560Å 有一个连续的波长范围，任何两束干涉光束(参见图 15.34)之间的光程差会随着波长发生很大的变化，观察范围内将是一片白色均匀照明，而不是干涉条纹。然而，由于补偿板 G_2 的存在，我们会在相应于零光程差的位置附近

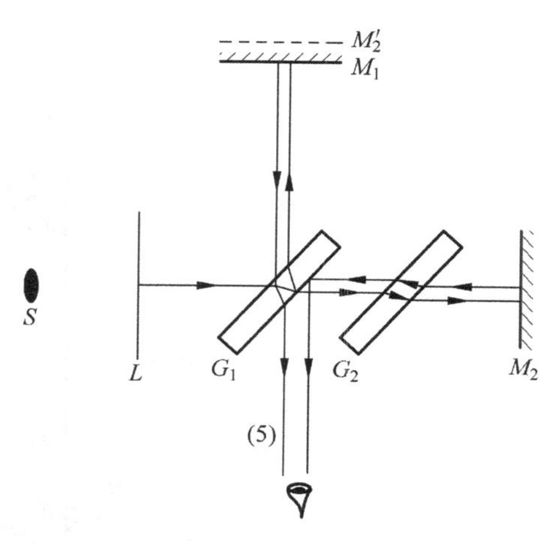

图 15.37　实际的迈克耳孙干涉仪中，还安装了一个补偿板 $G_2$①

① 图中上面的 M_2 应该标为 M_1。——译者注

观察到几条彩色条纹(参见 14.9 节)。

迈克耳孙干涉仪也可以用来测量两个靠得很近的波长的差。假定有一盏钠光灯，它发光主要包含两种靠得很近的波长 5890Å 和 5896Å，首先将干涉仪调节在零光程差位置①。在接近 $d=0$ 的情况下，两组条纹图样重叠在一起。如果将平面镜 M_1 远离(或靠近)分光板 G_1 一段距离 d。一般情况下，对应于波长 λ_1 的干涉极大值的倾角位置不会与对应于 λ_2 的极大值倾角位置相重合。实际上，如果 d 满足

$$\frac{2d}{\lambda_1}-\frac{2d}{\lambda_2}=\frac{1}{2} \tag{15.74}$$

并且 $2d\cos\theta'=m\lambda_1$，则有 $2d\cos\theta'=\left(m+\frac{1}{2}\right)\lambda_2$。这样，$\lambda_1$ 的极大值倾角位置就落到 λ_2 的极小值倾角位置上，λ_1 的极小值倾角位置落到 λ_2 的极大值倾角位置上，所以条纹图样将消失。容易看出，如果

$$\frac{2d}{\lambda_1}-\frac{2d}{\lambda_2}=1 \tag{15.75}$$

则干涉图样会再次出现。一般来说，如果 $\frac{2d}{\lambda_1}-\frac{2d}{\lambda_2}=\frac{1}{2},\frac{3}{2},\frac{5}{2},\cdots$，条纹图样消失；如果它等于 $1,2,3,\cdots$，则条纹图样出现。

如果光源不是只包含两种分立的波长，而是包含 $\lambda\sim\lambda+\Delta\lambda$ 的所有波长，则当

$$\frac{2d}{\lambda}-\frac{2d}{\lambda+\frac{\Delta\lambda}{2}}\geqslant\frac{1}{2}$$

或者

$$2d\geqslant\frac{\lambda^2}{\Delta\lambda} \tag{15.76}$$

时，就观察不到干涉图样了。

在这种情况下，条纹不会再次出现，这是因为光源波长分布在一个连续的范围，而不是只包含两种分立的波长(参阅 17.2 节)。

例 15.4　使用钠光灯时，干涉图样相继两次消失之间，平面镜移动的距离为 0.289mm。试计算 D_1 和 D_2 线的波长差。假设 $\lambda=5890$Å。

解　平面镜移动距离 0.289mm，所引入的附加光程是 0.578mm。因此

$$\frac{0.578}{\lambda}-\frac{0.578}{\lambda+\Delta\lambda}=1$$

或者

$$\Delta\lambda\approx\frac{\lambda^2}{0.578}=\frac{(5890\times10^{-7})^2}{0.578}\text{mm}\approx 6\text{Å}$$

小　　结

- 如果一平面波正入射到一厚度为 d 的均匀薄膜上，则从上表面反射的波将会与从下

① 利用白光很容易得到零光程差，在相应于光程差 $d=0$ 时，会看到一些彩色条纹。

表面反射的波发生干涉。实际上,对于厚为$\lambda/(4n_f)$的薄膜(其中λ是自由空间波长,n_f是薄膜折射率,数值介于围绕薄膜的上下介质的折射率之间),从上表面反射的波与从下表面反射的波将发生干涉相消,因此,薄膜起到了消反射层的作用。

- 由大量厚度均为d,折射率分别为$n_0+\Delta n$和$n_0-\Delta n$的两种薄层交替排列组成的介质层,称为周期性介质,其折射率变化的空间周期为$\Lambda(=2d)$。当$\Delta n\ll n_0$时,如果$d\approx\dfrac{\lambda}{4n_0}$(其中$\lambda$是自由空间波长),则来源于不同分界面的各自的反射波都是同相位的,从而形成很强的反射。因此,对于选定波长λ_B(自由空间)要产生强反射,折射率变化周期应为

$$\Lambda=2d=\frac{\lambda_B}{2n_0}$$

这叫作布拉格条件,也是光纤布拉格光栅的工作原理。

- 如果将一平凸透镜放置在一平板玻璃表面上,透镜曲面和平板玻璃表面之间会形成一层空气薄膜。如果我们让一准单色光(如钠光灯)(几乎垂直地)入射到透镜表面,则从透镜曲面反射的光将与从平面玻璃板上表面反射的光产生干涉。既然透镜的凸面是一球面,那么空气薄膜的厚度在一圆圈上是常数,会观察到一圈圈同心暗环和亮环。这些环就是牛顿环。相邻两个同心环的半径的平方差接近一个常数。
- 迈克耳孙干涉仪被迈克耳孙用作"米"的标准化工具。他发现镉红线($\lambda=6438.4696$Å)是理想的单色光源之一,因此,这个波长被用作"米"标准化的参考基准。事实上,他利用如下关系式定义米:

$$1\text{ 米}=1553164.13\text{ 个镉红线波长}$$

精度约为$1/10^9$。

- 迈克耳孙干涉仪也被用于测量两个靠得很近的波长。

习　题

15.1 将折射率为1.6的玻璃板与另一块折射率为1.8的玻璃板沿着一条边接触,形成一个0.5°的楔形劈。让波长为5000Å的光垂直入射到劈上,同时在上方观察这个膜。试计算干涉条纹间距。若整个装置浸在折射率为1.7的油中,定性讨论条纹图样有什么不同,这时条纹宽度怎样变化?

15.2 两块平面玻璃板重叠在一起,一边垫以一硬纸片,以便形成一个薄空气劈。假设波长为6000Å的光束正入射,并且每厘米产生100条条纹,试计算劈角。

15.3 考察一个折射率为1.38的消反射膜,设该膜的厚度为9×10^{-6}cm。试计算在可见光区能使该薄膜消反射的波长。对厚度为45×10^{-6}cm的空气膜重复上述计算。证明:两种膜都对同一个特定的波长消反射,但只有前一种膜是适用的,为什么?

15.4 在牛顿环装置中,平凸透镜凸面的曲率半径为100cm。试求当$\lambda=6\times10^{-5}$cm时,第9个和第10个亮环的半径为多少?

15.5 在牛顿环装置中,透镜凸面的曲率半径为50cm。第9个和第16个暗环的半径分别为0.18cm和0.2235cm。试计算光波波长。(提示:如果利用式(15.66),会给出错误的结果,为什么?)

[**答案**：5015Å]

15.6　在牛顿环装置中，如入射光包含两种波长（4000Å 和 4002Å），试计算从圆环条纹消失的位置到中心的横向距离。假设透镜凸面的曲率半径为 400cm。

[**答案**：4cm]

15.7　在习题 15.6 中，如透镜缓慢地向上升高，试计算中心附近的条纹图案消失时，透镜上升的高度。

[**答案**：0.2mm]

15.8　一个两面凸的对称凸透镜置于另一个对称凸透镜之上。上面凸透镜两面的曲率半径为 50cm，下面凸透镜两面的曲率半径为 100cm。两透镜之间形成空气膜，从膜的上、下表面反射的光波发生干涉，产生牛顿环。试计算暗环的半径，假设 $\lambda=6000$Å。

[**答案**：$0.0447\sqrt{m}$ cm]

15.9　在迈克耳孙干涉仪装置中，如果当一块平面镜移动距离 0.08mm 时，有 250 条条纹通过视场，试计算光波波长。

[**答案**：6400Å]

15.10　一个包含两种波长 4882Å 和 4886Å 的光源被用来做迈克耳孙干涉仪实验。在条纹两次消失的位置之间，平面镜必须移动多长的距离？

[**答案**：0.298mm]

15.11　在迈克耳孙干涉仪实验中，计算当 $d=5\times10^{-3}$cm 时，相应于亮条纹的 θ' 可取值。证明：若 d 减小到 4.997×10^{-3}cm，对应于 $m=200$ 的条纹将收缩到中心并消失。问相应的 θ' 值为多少？假设 $\lambda=5\times10^{-5}$cm。

第16章 多光束干涉量度学

当两个波动……振动方向完全一致或非常接近，它们联合的效应是每个单独运动的合成。①

——托马斯·杨(Thomas Young，1801 年)

学习目标

学过本章后，读者应该学会：

目标 1：解释多次反射系统的干涉图样。

目标 2：应用多光束干涉原理解释法布里-珀罗干涉仪。

目标 3：计算得到法布里-珀罗干涉仪分辨本领表达式。

目标 4：讨论陆末-格尔克板的用途。

目标 5：理解干涉滤波器的机理。

重要的里程碑

1899 年　法布里(Marie Fabry)和珀罗(Jean Perot)发明了法布里-珀罗干涉仪，它具有非常高的分辨本领。

16.1 引言

前两章讨论了双束光的干涉，这两束光是用波前分割法或振幅分割法从单一光束中分出来的。本章将讨论多光束干涉，这些光束是由单一光束通过多次反射(振幅分割)得到的。例如，一平面波射到一块平行平面玻璃板上，光束就会在玻璃板的上、下表面经历多次反射，并且从玻璃板上、下两边射出许多振幅依次递减的光束。无论哪一边的出射光束都会发生相互干涉，并在无穷远处产生一个干涉图样。下面将证明，像多光束干涉这样形成的条纹比双光束干涉形成的条纹更加明亮且细锐，所以利用多光束干涉的干涉仪有很高的分辨本领，因此，它们在高分辨光谱学中得到了应用。

① 作者在文献[16.1]中找到了这句话。

16.2　平行平面薄膜上的多次反射　　　　目标 1

考察一个平面波入射到厚度为 h(折射率为 n_2)且被折射率为 n_1 的介质所包围的平板上，如图 16.1 所示。法布里-珀罗干涉仪包含两个部分反射镜(它们之间分开一个固定距离 h)，因为装置放在空气中，所以 $n_1=1$。

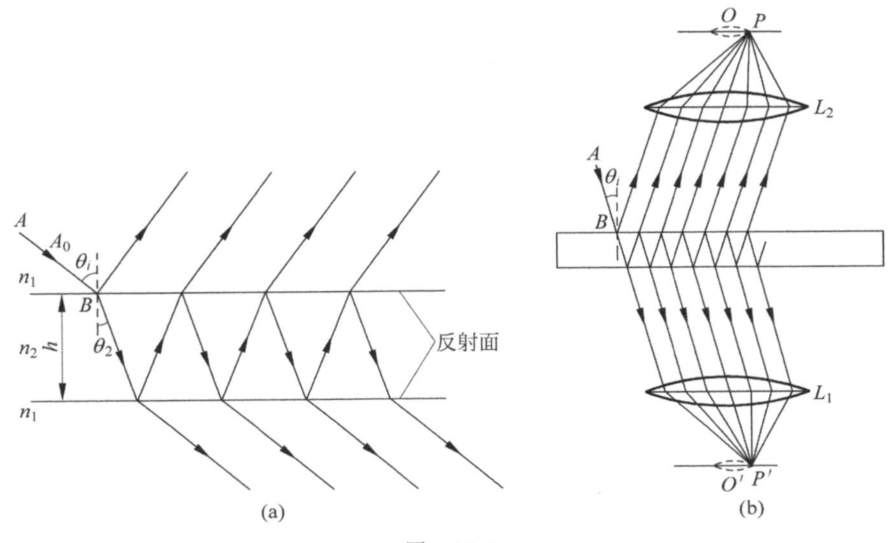

图　16.1

(a) 振幅为 A_0 的光束以角度 θ_i 入射到折射率为 n_2、厚度为 h 的薄膜上发生的反射和透射；(b) 任何平行于 AB 的光线都聚焦于同一点 P。如果光线 AB 绕通过点 B 的法线旋转。那么点 P 将在一个以点 O 为中心的圆圈上旋转；这个圆圈是亮或是暗取决于 θ_i 的值。以不同角度入射的光线聚焦在离点 O 不同距离的地方，因而使用扩展光源将得到一些同心的亮环和暗环

设 A_0 是入射波的(复)振幅，这个波在两个分界面上将经历多次反射，如图 16.1(a)所示。令 r_1 和 t_1 分别表示光从 n_1 入射到 n_2 时的振幅反射系数和振幅透射系数，令 r_2 和 t_2 分别表示光从 n_2 入射到 n_1 时的振幅反射系数和振幅透射系数。因此，在连续反射过程中，波的振幅依次为

$$A_0 r_1,\quad A_0 t_1 r_2 t_2 e^{i\delta},\quad A_0 t_1 r_2^3 t_2 e^{2i\delta},\cdots$$

其中，

$$\delta=\frac{2\pi}{\lambda_0}\Delta=\frac{4\pi n_2 h\cos\theta_2}{\lambda_0} \tag{16.1}$$

它代表(前后相邻两束自平板射出的光波之间的)相位差，该相位差源于薄膜中光束在两反射面之间来回传播一次所附加的光程差(参见 15.1 节)。式(16.1)中 θ_2 是薄膜内(折射率为 n_2)的折射角，h 是膜厚，λ_0 是入射平面波在自由空间中的波长。因此，合成的反射波最后的(复)振幅为

$$\begin{aligned}A_r&=A_0\left[r_1+t_1 r_2 t_2 e^{i\delta}(1+r_2^2 e^{i\delta}+r_2^4 e^{2i\delta}+\cdots)\right]\\&=A_0\left(r_1+\frac{t_1 t_2 r_2 e^{i\delta}}{1-r_2^2 e^{i\delta}}\right)\end{aligned} \tag{16.2}$$

若反射面无损耗，则分界面处的反射率和透射率由下式给出(参见14.12节)：

$$R=r_1^2=r_2^2$$

$$\tau=t_1t_2=1-R$$

(我们保留符号 T，用来表示法布里-珀罗标准具的整体透射率)。因此，有

$$\frac{A_r}{A_0}=r_1\left[1-\frac{(1-R)\mathrm{e}^{\mathrm{i}\delta}}{1-R\mathrm{e}^{\mathrm{i}\delta}}\right]$$

这里利用了 $r_2=-r_1$。因此，法布里-珀罗标准具的反射率由下式给出：

$$\mathscr{R}=\left|\frac{A_r}{A_0}\right|^2=R\left|\frac{1-\mathrm{e}^{\mathrm{i}\delta}}{1-R\mathrm{e}^{\mathrm{i}\delta}}\right|^2=R\frac{(1-\cos\delta)^2+\sin^2\delta}{(1-R\cos\delta)^2+R^2\sin^2\delta}$$

$$=\frac{4R\sin^2\dfrac{\delta}{2}}{(1-R)^2+4R\sin^2\dfrac{\delta}{2}}$$

或者

$$\mathscr{R}=\frac{F\sin^2\dfrac{\delta}{2}}{1+F\sin^2\dfrac{\delta}{2}} \tag{16.3}$$

其中，

$$F=\frac{4R}{(1-R)^2} \tag{16.4}$$

称为精细系数(也叫锐度系数)。可以看出，当 $R\ll1$，F 很小且整体反射率与 $\sin^2\dfrac{\delta}{2}$ 成比例。相同的强度分布也会在双光束干涉图样里得到(见14.6节)。需要提一下，我们这里得到的是 $\sin^2\dfrac{\delta}{2}$ 而不是 $\cos^2\dfrac{\delta}{2}$，因为其中一束反射光附加了 π 相位突变。

类似地，连续透射波的振幅依次为

$$A_0t_1t_2,\quad A_0t_1t_2r_2^2\mathrm{e}^{\mathrm{i}\delta},\quad A_0t_1t_2r_2^4\mathrm{e}^{2\mathrm{i}\delta},\cdots$$

这里，不失一般性，也不计任何损耗。假设第一个透射波为零相位，则透射波的合成振幅为

$$A_t=A_0t_1t_2(1+r_2^2\mathrm{e}^{\mathrm{i}\delta}+r_2^4\mathrm{e}^{2\mathrm{i}\delta}+\cdots)=A_0\frac{t_1t_2}{1-r_2^2\mathrm{e}^{\mathrm{i}\delta}}=A_0\frac{1-R}{1-R\mathrm{e}^{\mathrm{i}\delta}}$$

因此，薄膜的整体透射率为

$$T=\left|\frac{A_t}{A_0}\right|^2=\frac{(1-R)^2}{(1-R\cos\delta)^2+R^2\sin^2\delta}$$

或者

$$T=\frac{1}{1+F\sin^2\dfrac{\delta}{2}} \tag{16.5}$$

立刻可以看出，法布里-珀罗标准具的整体透射率和整体反射率相加为1。而且当

$$\delta=2m\pi,\quad m=1,2,3,\cdots \tag{16.6}$$

$$T=1$$

如图 16.2 所示为相应于不同的 F 值，整体透射率关于 δ 的函数关系。为了估算透射共振峰的半高宽，令

$$\delta=2m\pi\pm\frac{\Delta\delta}{2},\quad T=\frac{1}{2}$$

因此，有

$$F\sin^2\frac{\Delta\delta}{4}=1 \tag{16.7}$$

$\Delta\delta$ 定义为半高全宽(full width at half maximum，FWHM)。大多数情况下，$\Delta\delta\ll 1$，因此，得到一个很好的近似

$$\Delta\delta\approx\frac{4}{\sqrt{F}}=\frac{2(1-R)}{\sqrt{R}} \tag{16.8}$$

所以当 F 值变大时，透射共振峰变得尖锐(见图 16.2)。

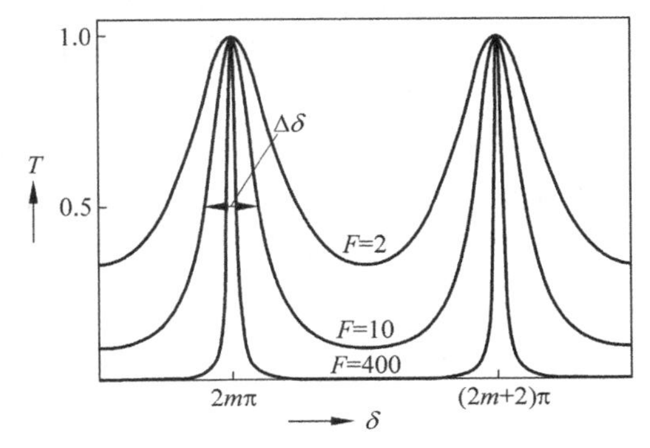

图 16.2　相应于不同 F 值法布里-珀罗标准具的透射率随 δ 的变化曲线，m 的值通常很大，当 F 增大时，透射共振峰变得越来越锐。半高全宽(FWHM)用 $\Delta\delta$ 表示

16.3　法布里-珀罗标准具　　目标 2

本节讨论法布里-珀罗干涉仪，它是以 16.2 节讨论的多光束干涉的原理为基础的。这种干涉仪(如图 16.3 所示)由两块平面玻璃板(或石英板)组成，在平面玻璃板的一面镀有部分反射金属膜①(铝或银)，反射率约为 80%。两板放置成使得它们的镀膜面之间形成一个平行平面空气层。如果反射玻璃板相互平行，且它们之间间隔固定，这种结构称为法布里-珀罗标准具。实际上，我们往往忽视玻璃片的存在，而只考虑金属膜的反射(和透射)。而且，如果板平行放置，干涉光线相互平行，不会有任何偏离。

在一个典型实验中，扩展光源发出的光经透镜准直后通过法布里-珀罗标准具，如图 16.3 所示。对于一个特定波长 λ_0 的光，当入射角满足

① 在可见光谱区，镀银是最好的金属镀膜材料(它在红光区的反射率约为 0.97，而在蓝光区则减小为 0.90)。但在蓝光区之外，镀银的反射率迅速下降，通常波长在 4000Å 以下时镀铝。

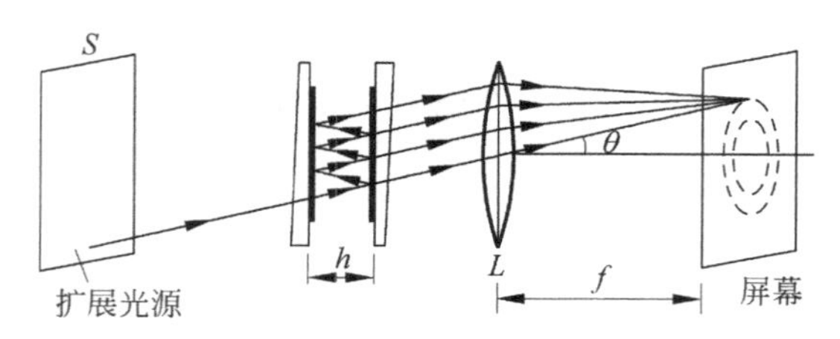

图 16.3 法布里-珀罗标准具

$$\delta=\frac{4\pi}{\lambda_0}n_2 h\cos\theta_2=2m\pi \tag{16.9}$$

或者

$$\cos\theta_2=\frac{m\lambda_0}{2n_2 h} \tag{16.10}$$

时，入射光会全部透射(即 $T=1$)。在精细系数 F 值很大的情况下，当 θ_2 稍微偏离上式时，整体透射率就会降到很小。这样，对于一个给定的波长，在透镜 L 的焦平面上，会得到同心圆环组成的干涉条纹图样，每个亮环相应于一个特定的 m 值。随着 F 值的增大，亮环会变得非常尖锐(标准具的分辨本领也会随之增强)。

例 16.1 作为例子，假设一个标准具的 $n_2=1, h=1\text{cm}, F=400$($F=400$ 意味着 $R=0.905$，也就是标准具每个镜面的反射率约为 90%)。图 16.4 画出了在 $\lambda_0=5000\text{Å}$ 和 4999.98Å 时，透射强度随 θ 的变化曲线，在焦距为 25cm 的透镜的焦平面上得到的实际的干涉图样如图 16.5 所示。对于

$$\lambda_0=\lambda_1=5000\text{Å}$$

式(16.9)给出

$$\theta_2=\arccos\left(\frac{m}{40000}\right)$$

因此，亮环出现的角度为

$$\theta_2=0°, 0.405°, 0.573°, 0.702°, \cdots$$

分别对应干涉级次 $m=40000, 39999, 39998, 39997, \cdots$，如图 16.4 中的粗线所示。另外，对于

$$\lambda_0=\lambda_2=4999.98\text{Å}$$

得到

$$\theta_2=\arccos\left(\frac{m}{40000.16}\right)$$

因此，亮环出现的角度为

$$\theta_2=0.162°, 0.436°, 0.595°, \cdots$$

分别对应级次 $m=40000, 39999, 39998, \cdots$，如图 16.4 中的细线所示。相应地，在透镜焦平面上得到圆环图样，如图 16.5 所示。从图上可以看出，两谱线的波长相差很小(0.02Å)，然而能通过标准具很好地将其分辨开。在图中，中央亮斑和第 1 个亮圆环分别对应波长 $\lambda_0=5000\text{Å}$ 和 4999.98Å，它们都相应于 $m=40000$ 的干涉级次。接下来的两个挨得很近的圆环分别与两个波长对应，相应的级次为 $m=39999$。

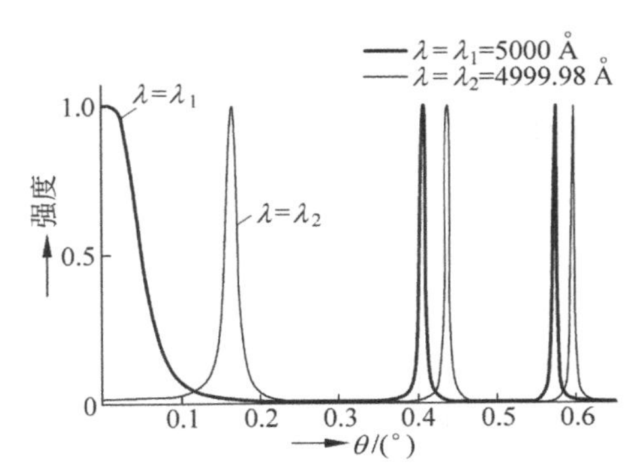

图 16.4　对于 $n_2=1$，$h=1\text{cm}$，$F=400$ 的法布里-珀罗标准具，干涉图样强度随 θ 的变化曲线，对应 $\lambda_0=5000\text{Å}(=\lambda_1)$ 和 $\lambda_0=4999.98\text{Å}(=\lambda_2)$ 两种情况

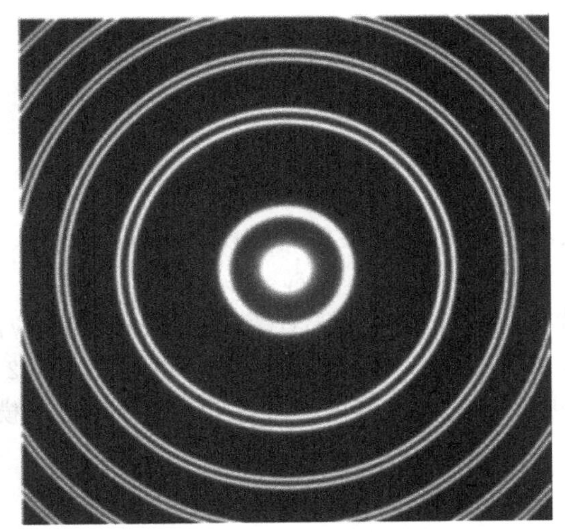

图 16.5　(利用计算机得到的)法布里-珀罗标准具的干涉图样(在透镜焦平面上)，其中 $n_2=1$，$h=1.0\text{cm}$，$F=400$，对应波长为 $\lambda_0=5000\text{Å}(=\lambda_1)$ 和 $\lambda_0=4999.98\text{Å}(=\lambda_2)$的情况

16.3.1　镀膜表面的平整度

为了获得尖锐的条纹，两个镀膜层表面应该高度平行。实际上，镀膜层的平坦度应该达到 $\lambda/50$ 以内，其中 λ 是所用光波的波长。为了理解这一点，假设在前面的例子中 h 增大 $\lambda/20(=250\text{Å}=2.5\times10^{-6}\text{cm})$，则

$$h=1+2.5\times10^{-6}\text{cm}=1.0000025\text{cm}$$

对于 $\lambda_0=5000\text{Å}$，得到

$$\theta_2=\arccos\left(\frac{m}{40000.1}\right)$$

形成亮环的角度为 $\theta_2=0.128°,0.425°,0.587°,\cdots$。

如果与例 16.1 中的结果进行比较会发现：如果间距变化 $\lambda/20$，对应波长为 $\lambda_0=5000\text{Å}$ 和 4999.98Å 的条纹开始重叠。因此，镀膜面应该高度平行，平整度应是波长长度很小的一个分数(意为占很小的百分比)。进而，两块玻璃板未镀膜的表面稍微做成有一个很小角度($1'\sim10'$，见图 16.3)的楔形，可以避免出现由于经未镀膜表面内多次反射而形成的不希望

有的条纹的干扰。

16.3.2 法布里-珀罗腔的模式

考虑一复色光束垂直入射到($\theta_2=0$)法布里-珀罗标准具上,其两反射平板之间是空气($n_2=1$),参见图16.6,将波长换用频率表示为

$$\nu=\frac{c}{\lambda_0}$$

式(16.9)告诉我们,当下列条件成立时,会发生透射共振现象

$$\nu=\nu_m=m\frac{c}{2h} \tag{16.11}$$

其中,m 是整数。上式代表了腔内的不同(纵向)模式。当 $h=10\text{cm}$ 时,两个相邻模式的频率间隔为

$$\delta\nu=\frac{c}{2h}=1500\text{MHz}$$

对于一个中心频率为

$$\nu=\nu_0=6\times10^{14}\text{Hz}$$

谱宽为7000MHz① 的入射光波,输出光波将具有频率

$$\nu_0,\quad \nu_0\pm\delta\nu,\quad \nu_0\pm2\delta\nu$$

如图16.6所示。利用式(16.11)可以很容易计算出这5条谱线对应的干涉级数 m 值

$$m=399998,399999,400000,400001,400002$$

图16.7显示了一个多纵模激光二极管的典型输出光谱,两相邻模式的波长间隔大约为 $0.005\mu\text{m}$。

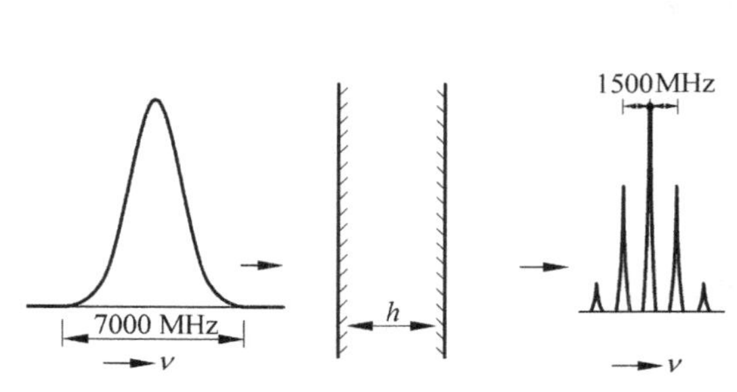

图16.6 谱宽为7000MHz的光束($\nu_0=6\times10^{14}\text{Hz}$附近)垂直入射到 $h=10\text{cm}$,$n_2=1$ 的法布里-珀罗标准具上。输出光有5条窄谱线

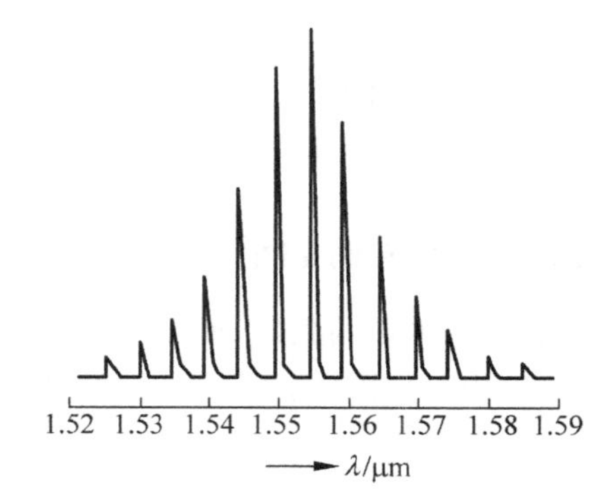

图16.7 一法布里-珀罗多纵模激光二极管的典型输出光谱图,两相邻模式的波长间隔约为 $0.005\mu\text{m}$(参见文献[16.10]~文献[16.12])

① 相应于 $\nu_0=6\times10^{14}\text{Hz}$,$\lambda_0=5000\text{Å}$,谱宽7000MHz意味着 $\left|\frac{\Delta\lambda_0}{\lambda_0}\right|=\left|\frac{\Delta\nu}{\nu}\right|=\frac{7\times10^9}{6\times10^{14}}\approx1.2\times10^{-5}$,从而给出 $\Delta\lambda_0=0.06\text{Å}$。因此,谱宽为7000MHz($\nu_0=6\times10^{14}\text{Hz}$附近)的光波长展宽不超过0.06Å。

16.4 法布里-珀罗干涉仪

如果两块板中有一块是固定的，另一块可以移动，从而可以改变两板的镀膜镜面之间的距离，这种结构的系统称为法布里-珀罗干涉仪。对于垂直入射到干涉仪上的光束，通过改变间距 h 可以测量透镜 L 焦平面上的强度变化，如图 16.8 所示。这样的装置通常称为扫描法布里-珀罗干涉仪。由于 h 是变化的，将它写为

$$h = h_0 + x \tag{16.12}$$

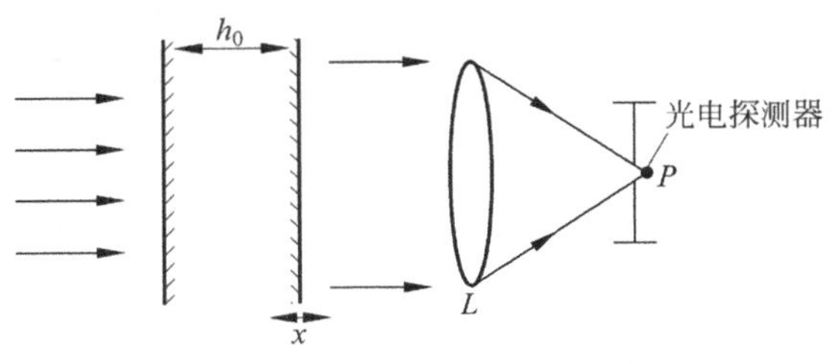

图 16.8　一扫描法布里-珀罗干涉仪。在透镜 L 的焦平面上的强度变化（通过光电探测器）被记录下来

如果入射光束是单色光，图 16.9 所示为点 P 强度典型的变化。图样对应的入射光频率为

$$\nu = \nu_0 = 6 \times 10^{14}\,\text{Hz}$$

当 $h_0 = 10\text{cm}, n_2 = 1, \cos\theta_2 = 1$ 时，得到

$$\delta = \frac{4\pi\nu_0(h_0 + x)}{c} = 800000\pi\left(1 + \frac{x}{h_0}\right)$$

因此，当

$$\delta = 800000\pi, 800002\pi, 800004\pi, \cdots$$

时，处于透射共振状态，相应的厚度增加值 x 分别满足

$$x = 0, 250\text{nm}, 500\text{nm}, \cdots$$

图 16.9 中的两条曲线分别对应于 $F=100$ 和 $F=1000$。注意到，如果增大 F 值，透射共振峰会变得更尖锐。图 16.10 所示为当包含频率间隔为 300MHz 的两束光入射时，点 P 的强度变化。显然，两个频率的光谱线被很好地分辨开。

这里需要提及的是，如果入射光束的频率增加 $c/(2h_0)$，亦即，如果

$$\nu = \nu_0 + \frac{c}{2h_0}$$

很容易证明透射共振峰出现在相同的 x 值处，相对应的相位差 δ 分别为 800002π（对应 $x=0$），800004π（对应 $x=250\text{nm}$），…。的确，如果

$$\nu = \nu_0 \pm p\,\frac{c}{2h_0}, \quad p = 1, 2, 3, \cdots$$

将得到相同的 T 随 x 的变化曲线。而物理量

$$\Delta\nu_s = \frac{c}{2h_0} \tag{16.13}$$

称为法布里-珀罗干涉仪的自由光谱范围（FSR，也称无交叠范围）。因此，当入射光束光谱

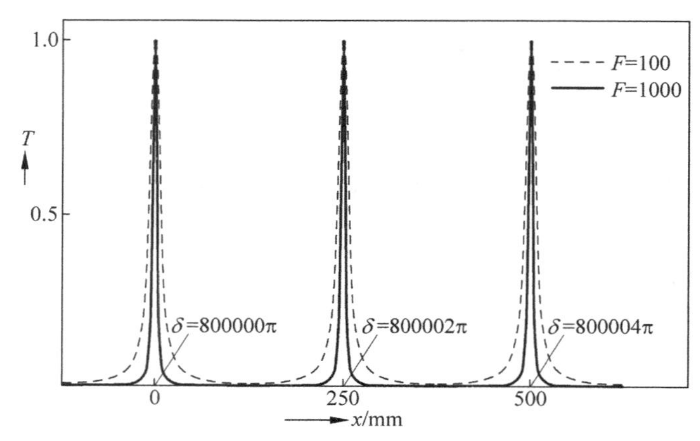

图 16.9 当单色光束正入射到一扫描法布里-珀罗干涉仪上(参见图 16.8 的装置)时，点 P 强度随 x 的变化曲线。实线对应 $F=1000$，虚线对应 $F=100$

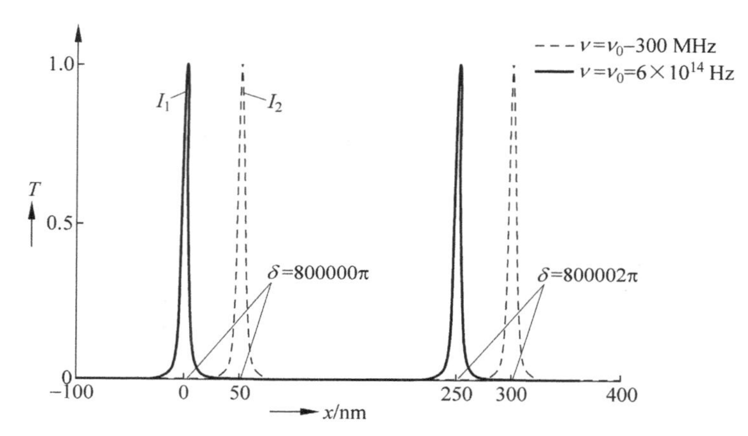

图 16.10 当频率间隔为 300MHz 的两束光入射时，点 P 强度随 x 的变化

中包含间隔很宽的波长成分时，得到的干涉谱中各级光谱会发生级间重叠。

16.5 分辨本领 目标 3

首先考虑光束正入射到扫描干涉仪时的分辨本领，接下来会介绍对应法布里-珀罗标准具的情况。

16.5.1 扫描法布里-珀罗干涉仪的分辨本领

考虑强度相同、频率分别为 ν_1 和 ν_2 的两束光正入射到扫描法布里-珀罗干涉仪上的情况。如图 16.11 所示，假设频率为 ν_1 的光的半强度点恰好落在频率为 ν_2 的光的半强度点上时，两个频率恰好可分辨。此时，合成光强(见图 16.11 中的虚线)中间的极小值是两边最大值的 74%。正如 16.2 节中讨论的，如果半强度点出现在对应相位差

$$\delta=\delta_{1/2}=2m\pi\pm\frac{\Delta\delta}{2} \tag{16.14}$$

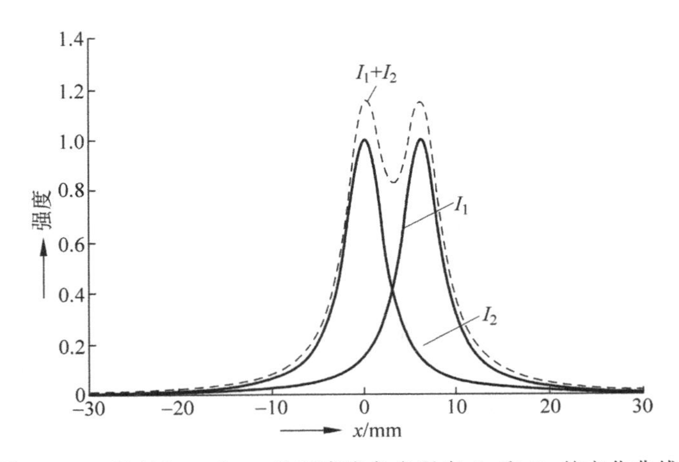

图 16.11　频率为 ν_1 和 ν_2 的两束光各自强度 I_1 和 I_2 的变化曲线，以及两频率恰好分辨开时合强度(I_1+I_2)的变化曲线

则

$$\Delta\delta \approx \frac{4}{\sqrt{F}} \tag{16.15}$$

(这与式(16.8)一致)。考虑频率 ν_1，如果强度最大值出现在 $h=h_1$，则

$$\delta_1 = \frac{4\pi h_1 \nu_1}{c} = 2m\pi \tag{16.16}$$

令 $\nu=\nu_2(=\nu_1+\Delta\nu_1)$ 的强度最大值出现在

$$h = h_2 = h_1 + \Delta h_1$$

则

$$\delta_2 = \frac{4\pi(h_1 + \Delta h_1)(\nu_1 + \Delta\nu)}{c} = 2m\pi \tag{16.17}$$

利用式(16.16)和式(16.17)，忽略二次项 $\Delta h_1 \Delta\nu_1$，得到

$$\nu_1 \Delta h_1 + h_1 \Delta\nu_1 = 0$$

或者

$$\Delta h_1 = -\frac{h_1}{\nu_1}\Delta\nu_1 \tag{16.18}$$

式(16.18)说明，如果 Δh_1 是正的，$\Delta\nu_1$ 应该是负的。现在令频率 ν_1 的半强度点出现在 $h=h_1+\delta h_1$(相应的 δ 值为 $2m\pi+\Delta\delta_1/2$)。因此，利用式(16.16)，有

$$\frac{4\pi\nu_1\delta h_1}{c} = \frac{1}{2}\Delta\delta_1 \approx \frac{2}{\sqrt{F}} \tag{16.19}$$

或者

$$\delta h_1 = \frac{c}{2\pi\nu_1\sqrt{F}} \tag{16.20}$$

利用两频率恰好能分辨的条件

$$\Delta h_1 = 2\delta h_1 = \frac{c}{\pi\nu_1\sqrt{F}} \tag{16.21}$$

根据式(16.18)就得到分辨本领

$$\left|\frac{\nu_1}{\Delta\nu}\right|=\frac{h_1}{\Delta h}=\frac{\pi h_1\nu_1\sqrt{F}}{c}$$

将下标去掉,得到

$$\text{分辨本领}=\left|\frac{\nu}{\Delta\nu}\right|=\frac{\pi h\nu\sqrt{F}}{c} \tag{16.22}$$

或者,用波长表示为

$$\text{分辨本领}=\left|\frac{\lambda_0}{\Delta\lambda_0}\right|=\frac{\pi h\sqrt{F}}{\lambda_0} \tag{16.23}$$

当 $h=1\text{cm},\lambda_0=6\times10^{-5}\text{cm}$ 时,有

$$\Delta\lambda\approx0.013\text{Å}\quad(F=80)$$
$$\Delta\lambda\approx0.006\text{Å}\quad(F=360)$$

16.5.2 法布里-珀罗标准具的分辨本领

我们考虑来自一宽光源的光束入射到法布里-珀罗标准具的情况,如图16.3所示。再次考虑强度相同,中心波长分别为 λ_1 和 λ_2 的两束光入射,令 $T=1$,入射角满足(见式(16.9))

$$\delta=\frac{4\pi\nu}{c}h\mu=2m\pi \tag{16.24}$$

其中,$\mu=\cos\theta$。为简单起见,省略了 μ 和 θ 的下标。除了 h 是固定的、$\mu(=\cos\theta)$ 是变化的之外,我们可以得到与16.5.1节类似的结论。对于 $\nu=\nu_1$ 和 $\nu=\nu_2(=\nu_1+\Delta\nu_1)$,如果第 m 级强度最大值分别出现在 $\mu=\mu_1$ 和 $\mu=\mu_2(=\mu_1+\Delta\mu_1)$处,则

$$\delta_1=\frac{4\pi\nu_1h\mu_1}{c}=2m\pi \tag{16.25}$$

$$\delta_2=\frac{4\pi h(\nu_1+\Delta\nu_1)(\mu_1+\Delta\mu_1)}{c}=2m\pi \tag{16.26}$$

忽略二阶项得到

$$\Delta\mu_1=-\frac{\mu_1}{\nu_1}\Delta\nu_1 \tag{16.27}$$

对于 ν_1 光,设其半强度点出现在 $\mu=\mu_1+\delta\mu_1$(相应的 δ 为 $2m\pi+\Delta\delta_1/2$)。因此,利用式(16.24),得

$$\frac{4\pi\nu_1h\delta\mu_1}{c}=\frac{1}{2}\Delta\delta_1\approx\frac{2}{\sqrt{F}} \tag{16.28}$$

或

$$\delta\mu_1\approx\frac{c}{2\pi\nu_1h\sqrt{F}} \tag{16.29}$$

如先前讨论的,假设 ν_1 光的半强度点落在 ν_2 光的半强度点上时,两频率的光恰好能分辨,则

$$\Delta\mu_1=2\delta\mu_1\approx\frac{c}{\pi\nu_1h\sqrt{F}} \tag{16.30}$$

利用式(16.27)得到

$$\text{分辨本领} = \left|\frac{\nu_1}{\Delta\nu_1}\right| = \frac{\mu_1}{\Delta\mu_1} = \frac{\pi\nu_1 h\sqrt{F}\mu_1}{c} \tag{16.31}$$

或者，以波长的形式表示为

$$\text{分辨本领} = \left|\frac{\lambda_0}{\Delta\lambda_0}\right| = \frac{\pi h\sqrt{F}\cos\theta}{\lambda_0} \tag{16.32}$$

因此，当 $F=360(R=0.9)$，$h=1\text{cm}$，$\lambda_0=5000\text{Å}$ 时，有

$$\left|\frac{\lambda_0}{\Delta\lambda_0}\right| \approx 1.2\times 10^6$$

这里已经假设是正入射。上式给出

$$\Delta\lambda_0 \approx 0.004\text{Å}$$

因此，基于法布里-珀罗干涉仪的仪器可以分辨两个相差约 10^{-3}Å 的波长。相比之下，一个光栅(如有 25000 条刻槽)在 $\lambda=5000$Å 只能分辨约 0.1Å 的波长差，而棱镜(由底边长 5cm 的重火石玻璃制成)在 5000Å 只能分辨约 1Å 的波长差。必须注意，在前面的分析中，我们讨论的是两条单色谱线 λ 和 $\lambda+\Delta\lambda$ 的分辨。通常情况下，波长 λ 和 $\lambda+\Delta\lambda$ 的谱线本身是有波长宽度的，这就使得干涉仪器达不到这么高的分辨本领。

当利用法布里-珀罗干涉仪来分析谱线成分靠得很近的光谱时，同一谱线相邻两个级次的极大值之间的距离需要大于这些谱线在同一级次所形成的圆环条纹系之间的位移。但是，当光谱的波长成分间隔很大时，就有可能使同一级次圆环条纹系之间的位移大于同一谱线相邻两个级次的极大值之间的距离，结果引起条纹的级间"重叠"①(见 16.4 节最后部分的讨论)。相应于同一级次条纹最大位移的波长差($\Delta\lambda_s$)称为干涉仪的自由光谱范围。因此，可以写为

$$\Delta\lambda_s = \frac{\lambda^2}{2nh\cos\theta} \tag{16.33}$$

接近正入射时($\theta\approx 0$)，上式变为

$$\Delta\lambda_s = \frac{\lambda^2}{2nh} \tag{16.34}$$

可见 $\Delta\lambda_s$ 与 h 成反比。这与分辨本领相反，分辨本领与 h 成正比(参阅式(16.31)和式(16.32))。

当光谱比较复杂，包含若干个相隔较大的波长成分，并且每一个波长成分还有超精细结构时，可以通过法布里-珀罗干涉仪和一台摄谱仪联合使用来分开不同的波长成分，如图 16.12(a)所示。光源 S 发出的光通过透镜 L_1 变成平行光，通过法布里-珀罗干涉仪(在图中以 FP 表示)形成干涉图样，并落到摄谱仪的狭缝上，摄谱仪再把这些光谱成分分离开，因而在平面 P 上得到狭缝的一些像，每一个狭缝像中都有一些条纹横穿其中，如图 16.12(b)所示。

① 这一段描述有些绕。换一种说法可能更清楚些。为了不使不同级次间光谱"重叠"，m 级次光谱中的最长波长的圆环位置不能超过 $m+1$ 级次(m 的下一级次)光谱中最短波长的圆环位置。——译者注

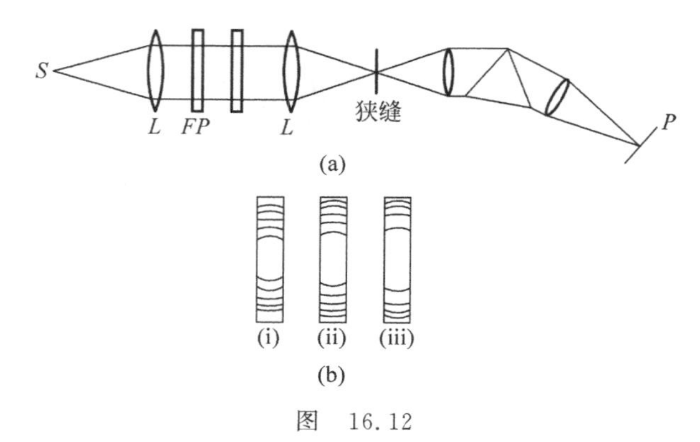

图 16.12

(a) 法布里-珀罗干涉仪与摄谱仪联合使用；(b) 交错的条纹在狭缝平面上形成，然后棱镜将它们分开。例如，在平面 P 上观察时，(i)～(iii)分别对应于红光区、黄光区和绿光区内的谱线

16.6 陆末-格尔克板[①] 目标 4

在 16.2 节中看到，多光束干涉仪条纹的锐度(与此相应的是分辨本领)随着板的反射率 R 的增加而增加。但是，不能用很厚的金属镀层来增大反射率，因为光束的强度会由于金属镀层的吸收而显著降低。这一困难可以利用全内反射现象(代替金属膜反射)来克服。这正是本节将要讨论的陆末-格尔克板所采用的方法。

陆末-格尔克板是一块由玻璃(或石英)制成的平行平面板，在板的一端固定一个与平板材料相同的直角小棱镜(见图 16.13)。棱镜的角度要选得使正入射到棱镜表面的光线在板的两表面上的入射角略小于临界角[②]。因为板的两表面是平行的，所以相继发生的反射都有相同的入射角(接近临界角)。在每次反射时，大部分光都被反射，只有小部分光透射。因此，从板的上、下表面将射出一系列波，最后它们在焦平面 P 处干涉，产生干涉条纹(见图 16.13)。请注意，棱镜抑制了外反射光。在平面 P 上，板的两边都获得条纹图样。条纹近似是平行于板面的直线。

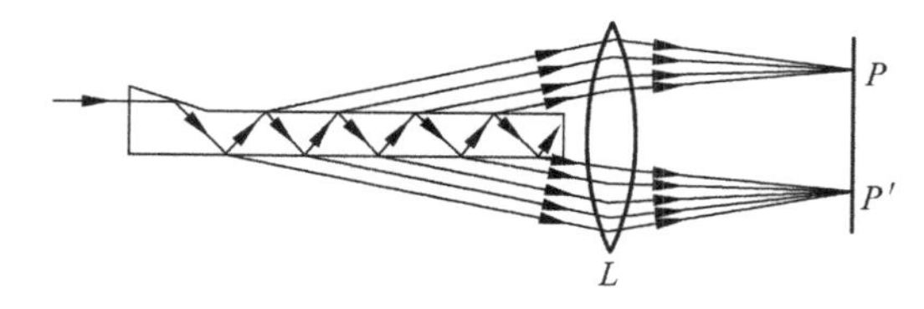

图 16.13 陆末-格尔克板

我们不准备对陆末-格尔克板的理论进行详细讨论，但是有两点应予注意：

(1) 与法布里-珀罗干涉仪的情形不同，陆末-格尔克板的两反射表面之间是色散介质。

(2) 反射的次数不如法布里-珀罗干涉仪那么多。反射次数取决于板的长度和 θ 角(见图 16.13)，因此，仪器的分辨本领取决于板的长度。

---

① 16.6 节和 16.7 节承蒙夏尔马(A. Sharma)教授撰写。

② 超过临界角，发生全反射；略小于临界角，仍有很高的反射率(参阅 24.2 节)。

早些时候，陆末-格尔克板曾用在高分辨光谱学中，然而，现在它已经被更为灵活的法布里-珀罗干涉仪所取代。

16.7　干涉滤光片　　目标 5

用一束(非准直的)单色光照射法布里-珀罗干涉仪时，我们就会得到由一些不同的强度极大值组成的干涉图样，这些强度极大值的位置满足下面的关系式：

$$2nh\cos\theta_r = m\lambda \tag{16.35}$$

如果用一束准直的白光垂直照射法布里-珀罗干涉仪($\theta_r \approx 0$)，则在透射光中形成满足下式的波长对应的不同级次的极大值：

$$\lambda = \frac{2nh}{m} \tag{16.36}$$

若 h 很大，则在可见光区域内可观察到许多极大值，例如，$h=1\text{cm}$ 时可见光区内可观察到约 23000 个极大值。然而，如果减小 h，则可以做到在可见光区只有一个或两个极大值。例如，$n=1.5$ 和 $h=6\times10^{-5}\text{cm}$，在可见光区就只有两个极大值，分别对应于 $\lambda=6000\text{Å}(m=3)$ 和 $\lambda=4500\text{Å}(m=4)$。这两个极大值分得很开，因而可以消除其中一个，使得只有一种波长的光透过。这样，就可以从一束白光中滤出一特定波长的光，这种结构称为干涉滤光片[①]。采用上述原理的干涉滤光片可以用现代真空沉积技术来制备。利用真空沉积技术把一层金属薄膜(通常是铝或银)沉积在一块基片(通常是玻璃片)上，然后在上面沉积一层很薄的电介质材料，如冰晶石($3\text{NaF}\cdot\text{AlF}_3$)。在这个结构上再镀一层金属膜(见图 16.14)。为了保护这个薄膜结构不受损害，再在其上放置另一块玻璃片。这样，在两玻璃片之间就形成了一个法布里-珀罗结构。通过改变电介质膜的厚度，就可以过滤出任何特定的波长。然而，过滤出的光会有有限的波长宽度，即在波长附近形成一个尖峰样的窄带谱。透射谱的锐度由所构成的法布里-珀罗结构的分辨本领决定，因而也是由法布里-珀罗表面的反射率决定。反射率越大，透射谱就越窄。但是不能无限制地增加金属膜的厚度来提高反射率，因为膜的吸收会降低透射光的强度。为了克服这一困难，可以用全电介质结构来代替金属膜。

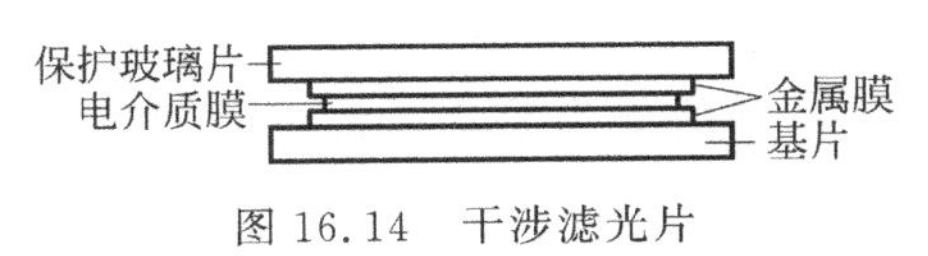

图 16.14　干涉滤光片

在全电介质结构中，要沉积若干层折射率适当的电介质材料。在第 15 章中已经证明如何利用电介质膜来增大表面反射率。如果在玻璃片上沉积一层折射率大于玻璃的 $\lambda/4$ 厚的电介质膜，就可以增大玻璃片的反射率。两者折射率的差别越大，反射率就越大。干涉滤光片常用的电介质材料是氧化钛($n=2.8$)和硫化锌($n=2.3$)。为了制备干涉滤光片，在玻璃基片上沉积一层 $\lambda/4$ 厚的氧化钛膜，然后沉积一层低折射率的电介质材料(如冰晶石或氟化镁)，在这上面再淀积一层 $\lambda/4$ 厚的高折射率材料。为增大反射率，可采用高、低折射率材料交替的多层结构。采用这种方法，可以对任何特定的波长做到反射率大于 90%(更详细的

① 法布里-珀罗结构也相当于一个谐振腔，因而可以维持模的振荡。

描述见15.6节)。因此,如果入射光是复色光(比如白光),反射光将具有很高的单色性。

小　结

- 如果一平面波入射到平行平面膜上,会在两个表面上经历多次反射,多束振幅连续衰减的光束会从膜的上、下两侧射出。这些光束(每一边)会在无穷远处产生干涉条纹。如果每个面的反射率 R 接近1,那么形成的条纹会比双光束干涉产生的条纹尖锐得多。因此,多光束干涉的干涉仪具有高分辨本领,常应用于高分辨率光谱学中。这样的膜的总体透射率由下式给出:

$$T=\frac{1}{1+F\sin^2\frac{\delta}{2}}$$

其中,$F=\frac{4R}{(1-R)^2}$是精细系数,且

$$\delta=\frac{4\pi n_2 h\cos\theta_2}{\lambda_0}$$

代表(两连续反射波之间的)相位差,它是由光束在膜内往返一次所附加的光程差引起的,θ_2 是膜内(折射率为 n_2)的折射角,h 是膜厚,λ_0 是自由空间的波长。当 $\delta=2m\pi, m=1,2,3,\cdots$ 时,透射率 $T=1$。当 $R\approx1$ 时,F 的值非常大,透射共振峰变得非常尖锐。这就是将这种膜结构用于法布里-珀罗干涉仪具有高分辨本领的原理。
- 对于一个给定波长,在观察透镜 L 的焦平面上可以得到一些同心圆环状条纹,每一亮条纹对应一个特定的级次 m。亮条纹的尖锐程度(法布里-珀罗标准具的分辨本领)随着 F 值的增大而增加。
- 将法布里-珀罗干涉仪用来分析靠得很近的光谱线时,同一波长两干涉极大值之间的距离要大于光谱线形成圆环的圆环系的间距。
- 陆末-格尔克板中光线的反射次数不如法布里-珀罗干涉仪那么多,反射次数取决于板的长度和 θ 角(参见图16.13),因此,仪器分辨本领取决于板的长度。
- 表面反射率越高,透射光谱的谱线越窄。法布里-珀罗结构的电介质膜已经替代金属膜用来提高反射率。

习　题

16.1 计算法布里-珀罗干涉仪的分辨本领。已知组成干涉仪的两反射表面的反射率为0.85,间距为1mm,$\lambda=4880$Å。

16.2 如果法布里-珀罗干涉仪在 $\lambda=6000$Å 处可以分辨 $\Delta\lambda=0.1$Å 的两条谱线,试计算它的两板之间的最小间距。假定反射率为0.8。

16.3 考虑一波长为6000Å的单色光(来自扩展光源)正入射到 $n_2=1, h=1$cm, $F=200$ 的法布里-珀罗标准具上。在焦距为20cm的透镜焦平面上观察到同心圆环。

(1) 计算每个平面镜的反射率。

(2) 计算前 4 个亮环的半径以及对应的级次 m。

(3) 计算每个亮环强度下降一半时的角宽度和线半高全宽(用 mm 度量)。

16.4 考虑两个波长分别为 6000Å 和 5999.9Å 的光束入射到法布里-珀罗标准具的情况，标准具的参数如习题 16.3 所述。计算对应每个波长的前 3 个亮环的半径以及相应的级数 m 值。光谱线能被分辨开吗?

16.5 考虑波长为 6000Å 的单色光束正入射到 $n_2=1, F=400$ 的扫描法布里-珀罗干涉仪上。两平面镜之间的距离为 $h=h_0+x$。若 $h_0=10\text{cm}$,计算:

(1) 当透射率为 1 时,对应的前 3 个 x 值和对应的 m 值。

(2) 当透射率为 1/2 时的半高全宽 Δh。

(3) 如果 $F=200$, Δh 的值为多少?

[**答案**:(1) $x=200\text{nm}$ ($m=333334$), 500nm ($m=333335$);
(2) $\Delta h\approx 9.5\text{nm}$]

16.6 接习题 16.5,现在考虑两个波长分别为 λ_0 ($=6000$Å) 和 $\lambda_0+\Delta\lambda$ 的光束正入射到 $n_2=1, F=400, h_0=10\text{cm}$ 的法布里-珀罗干涉仪上。$\Delta\lambda$ 取什么值时,相应于相同的 h 值,使得对于两个波长的 $T=1/2$?

16.7 考虑一激光束正入射到法布里-珀罗干涉仪上,如图 16.15 所示。

(1) 假设 $h_0=0.1\text{m}, c=3\times10^8\text{m/s}, \nu=\nu_0=5\times10^{14}\text{s}^{-1}$,画出相应于 $F=200$ 和 $F=1000$ 的 T 关于 x ($-100\text{nm}<x<400\text{nm}$) 的函数曲线。

(2) 证明:如果 $\nu=(\nu_0\pm p1500\text{MHz};\ p=1,2,\cdots)$,我们会得到同样的 T 相对于 x 曲线,1500MHz 是自由谱范围(FSR),那么相应的 δ 是多少?

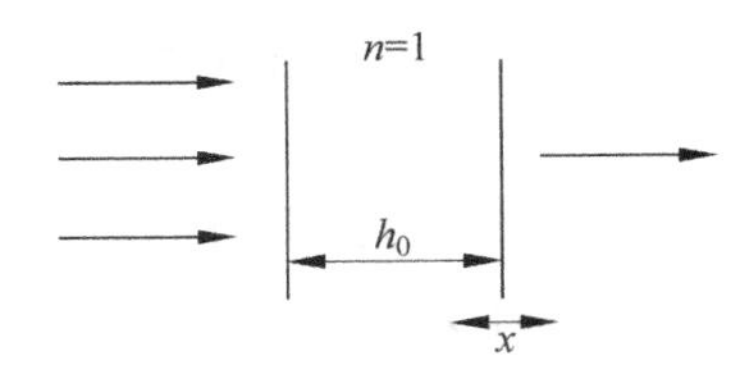

图 16.15　习题 16.7 图

第17章 相 干 性

能够干涉的光束称为“相干光束”。显而易见，为了产生许多干涉条纹，必须采用单色性好的光束。可以用两束同一光源发出的光束的光程差很方便地测量其相干性，这个光程差可以是经过不同路径后产生的，然而干涉条纹仍然能够观测到，这个差值称为相干长度……瑞利爵士(Lord Rayleigh)和迈克耳孙(Albert Michelson)首先意识到相干时间就是光谱线宽的倒数。迈克耳孙将相干性用来进行精巧的光谱分析和星体直径的测量。

——丹尼斯·伽博在诺贝尔奖颁奖仪式上关于全息术的讲演，1971年12月11日

学习目标

学过本章后，读者应该学会：

目标1：讨论光源的线宽。

目标2：理解空间相干性的物理机理。

目标3：利用迈克耳孙测星干涉仪确定星体角直径。

目标4：讨论光学拍。

目标5：通过傅里叶分析描述相干时间与线宽的关系。

目标6：理解杨氏双孔干涉实验中的复相干度。

目标7：解释傅里叶变换光谱学及其应用。

17.1 引言

在讲述干涉的前几章里，假设波动的位移在任意时间里都保持为正弦型变化。因此，波的位移(用 E 表示)可以写成

$$E = A\cos(kx - \omega t + \phi)$$

上式意味着，x 在 $-\infty < t < \infty$ 的范围内取任何值，位移都将按正弦规律变化。例如，当 $x=0$ 时(参见图17.1(a))，有

$$E = A\cos(\omega t - \phi), \quad -\infty < t < \infty \tag{17.1}$$

显然，这对应的是一种理想情况，因为从普通光源辐射出的光是由有限长度的光波列组成的，其典型的变化如图17.1(b)所示。由于这里只考虑光波，E 代表的是与光波相联系的电场。在图17.1(b)中，τ_c 代表了波列的平均持续时间，也就是说，在 τ_c 数量级的时间内，电

场将保持为正弦变化。因此，在一个给定的时间点，当 $\Delta t \ll \tau_c$ 时，t 时刻和 $t+\Delta t$ 时刻的电场一般会保持明确的相位关系；而当 $\Delta t \gg \tau_c$ 时，这两者之间（几乎）没有任何相位关系。τ_c 称作光源的相干时间，可以说光场在大约 τ_c 范围内保持相干性。波列的长度

$$L = c\tau_c \tag{17.2}$$

（其中 c 表示自由空间中的光速）称为相干长度。对于氖的谱线（$\lambda = 6328\text{Å}$），τ_c 约为 10^{-10}s；而对于镉的红光谱线（$\lambda = 6438\text{Å}$），τ_c 约为 10^{-9}s。与它们相对应的相干长度分别为 3cm 和 30cm。相干时间 τ_c 是有限长的，可以归因于许多因素。例如，如果一个正在发光的原子与另一个原子发生碰撞，那么波列将会经历一个突然的相位变化，如图 17.1(b)所示。有限的相干时间也可以解释为原子的随机运动或者归因于原子能级的寿命是有限的这一事实，原子发光时，它从该能级向低能级跃迁①。

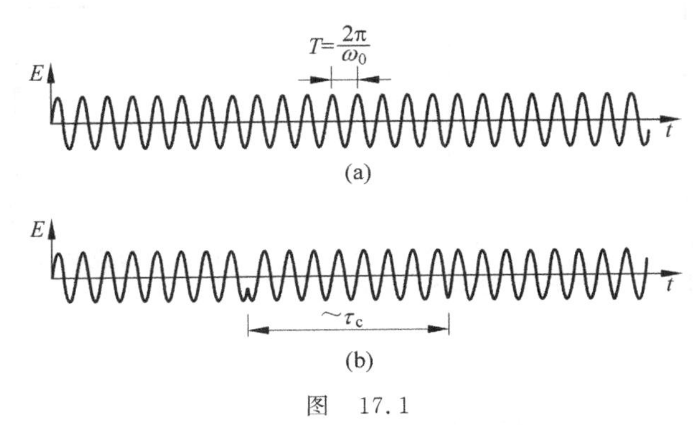

图　17.1

(a) 对于一个完美的单色光束，在 $-\infty < t < \infty$ 的范围内，其位移保持正弦变化；(b) 对于实际光源，只在 τ_c 量级的时间内波动存在确定的相位关系，这一现象称为光束的时间相干性。对于一个光波，如果其 $\nu \approx 5 \times 10^{14}$ Hz，$\tau_c \approx 10^{-10}$ s，在 τ_c 内约有 50000 次振荡

为了理解相干时间（或者相干长度）的概念，我们考虑如图 17.2 所示的杨氏双孔干涉实验。这个实验装置产生的干涉图样已在 14.4 节相当详细地讨论过了。t 时刻在点 P 附近观察到的干涉图样是由 $t - r_1/c$ 时刻 S_1 发出的光波和 $t - r_2/c$ 时刻 S_2 发出的光波叠加形成的，其中，r_1 和 r_2 分别表示 S_1P 和 S_2P 的长度。显而易见，如果

$$\frac{r_2 - r_1}{c} \ll \tau_c$$

那么从 S_1 发出到达点 P 的光波和从 S_2 发出到达点 P 的光波会有确定的相位关系，此时将能获得可见度高的明暗条纹。另一方面，如果路径差（$r_2 - r_1$）足够大，以致

$$\frac{r_2 - r_1}{c} \gg \tau_c$$

则从 S_1 发出到达点 P 的光波和从 S_2 发出到达点 P 的光波将不会有固定的相位关系，此时看不到干涉图样。因此，一般来说，中心条纹（$r_1 = r_2$）会有很好的可见度，而当移向高级次条纹时，可见度逐渐变差，在 17.7 节中将更详细地讨论这一点。

① 更详细的讨论请参见文献[17.17]。

接下来讨论迈克耳孙干涉仪实验(参见15.11节)。一束光射到分光板G(通常是部分镀银板)上,然后从平面镜M_1和M_2反射的光波将发生干涉(见图17.3)。令M_2'表示眼睛看到的(由分光板G形成的)平面镜M_2的像。如果把M_1、M_2'之间的距离表示为d,那么由平面镜M_2反射的光束传播了额外的路程$2d$。因此,此时刻由M_1反射的光束将会与$2d/c$s之前由M_2反射的光束发生干涉。

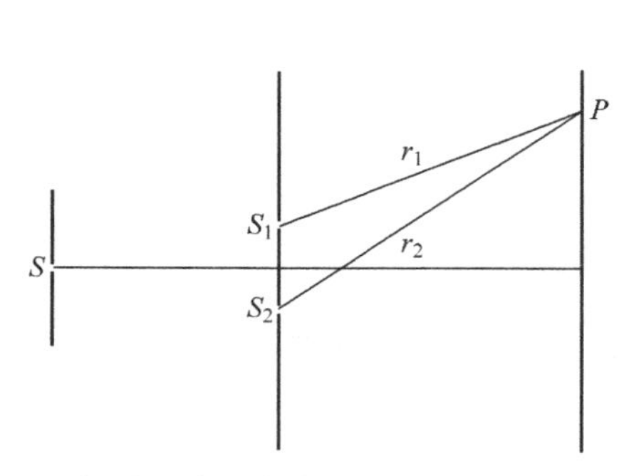

图17.2 杨氏双孔干涉实验。t时刻在点P附近观察到的干涉图样是由$t-r_1/c$时刻S_1发出的光波和$t-r_2/c$时刻S_2发出的光波叠加形成的,因此,当$(r_2-r_1)\ll\tau_c$时,在点P能够观测到可见度明晰的干涉条纹

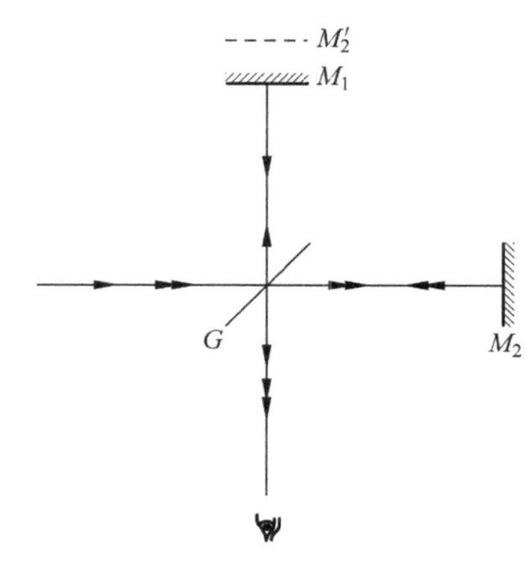

图17.3 迈克耳孙干涉仪装置。G代表分光板,M'_2代表由G形成的M_2的像

如果距离d满足

$$\frac{2d}{c}\ll\tau_c$$

那么两光束之间将存在确定的相位关系,则能够观察到清晰的干涉条纹。另外,如果

$$\frac{2d}{c}\gg\tau_c$$

那么一般来说,两光束之间将不存在确定的相位关系,则观测不到干涉图样。需要指出的是,使干涉图样消失的确定距离是不存在的,实际情况是,随着距离的增加,条纹的可见度逐渐降低,直到最后整个条纹图案消失。对于氖谱线($\lambda=6328$Å),$\tau_c\approx10^{-10}$s,当光程差为几厘米时,干涉条纹就会消失。然而,对于镉红光谱线($\lambda=6438$Å),$\tau_c\approx10^{-9}$s,它的相干长度约为30cm的量级。

激光光束的相干时间通常比普通光源大很多。实际上,已经制造出相干时间长达50ms的氦氖激光器(参见文献[17.9]),这就意味着,相干长度长达15000km。商用的氦氖激光器的相干时间$\tau_c\approx50$ns,相干长度约为15m。应用这样的激光器,即使光程差高达几米,依然能够得到高可见度的干涉条纹。

为了说明激光束的相干长度有多长,考虑如图17.4所示的实验装置。一束平行光垂直入射到一对圆孔上,在凸透镜的后焦平面上能够观测到夫琅禾费衍射图样。首先使用氦氖激光作为入射光，干涉图样如图 17.5(a)所示，它是艾里图样和双孔干涉图样的简单乘积形式①。然后将一个 0.5mm 厚的玻璃片放在其中一个圆孔前，从图 17.5(b)可以看出，干涉图样几乎没有改变。很明显，相比于激光光束的相干长度来说，由玻璃片引入的额外光程($=(n-1)t$，参阅 14.10 节)太小了。如果我们用准直的汞弧光重复这个实验，会发现随着玻璃片的引入，干涉图样消失了(图 17.6)。这表明玻璃片引入的额外光程差大到了使得从两个圆孔发出的光到达观察屏后不再有确定的相位关系。

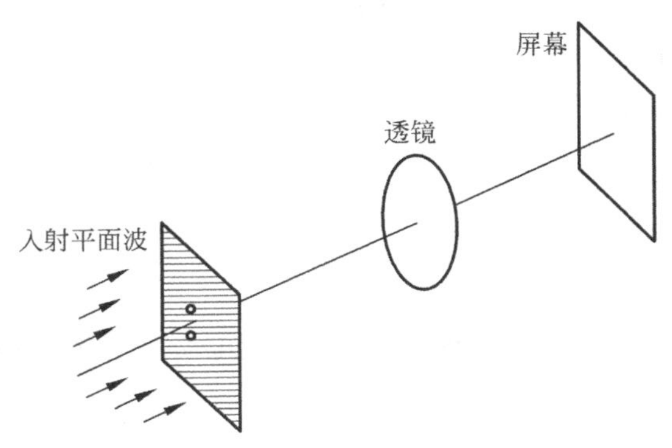

图 17.4　一束平行光垂直入射到一对圆孔上，在凸透镜的后焦平面上能够观测到夫琅禾费衍射图样

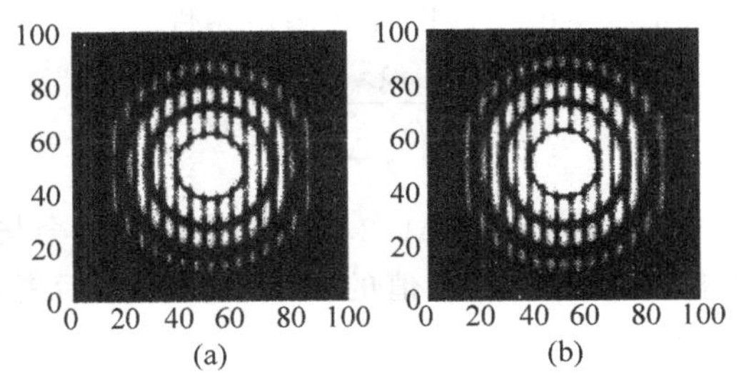

图　17.5

(a) 用氦氖激光束在如图 17.4 所示的装置中产生的干涉图样；(b) 将厚度为 0.5mm 的玻璃片放置在其中一个小孔前得到的干涉图样(上面的图均为计算机生成的图样，实验观察到的图片与其十分相像，参阅文献[17.16])

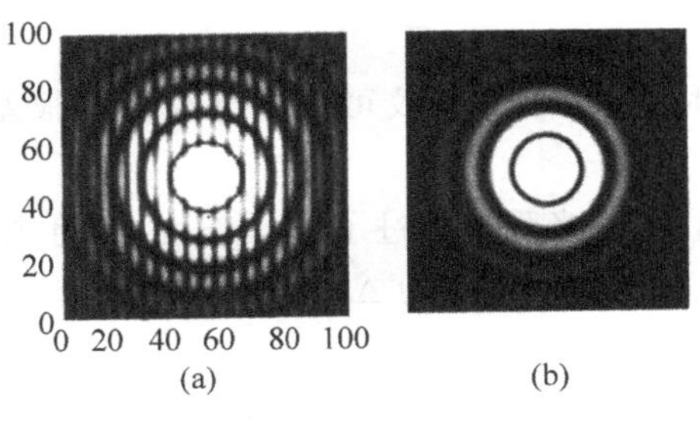

图　17.6

(a) 用准直的汞弧光在如图 17.4 所示的装置中产生的干涉图样；(b) 将厚度为 0.5mm 的玻璃片放置在其中一个小孔前得到的干涉图样(上面的图均为计算机生成的图样，实验观察到的图片与其十分相像，参阅文献[17.16])

① 参见 19.8 节。

17.2 光源的线宽 目标1

在17.1节讨论的迈克耳孙干涉仪实验中，干涉条纹可见度的下降也可以解释为由于光源发出的光波具有一定的频率宽度而不是单一频率。当发生干涉的两束光的光程差为零或者很小时，不同频率分量产生的干涉条纹无错位地重叠在一起，因此图样有很好的可见度。然而，当光程差增加时，不同频率分量产生的条纹彼此略微错开，干涉图样的可见度就变差了。等价的说法是，大光程差下，可见度差的条纹图案是由光源的非单色性导致的。

如果考察两个靠得很近的波长 λ_1 和 λ_2 进行迈克耳孙干涉实验，上述两种解释的等价性就很容易理解。实际上，在15.10节我们已经证明两个靠近的波长 λ_1 和 λ_2（比如钠黄光的 D_1 和 D_2 线），当满足

$$\frac{2d}{\lambda_2}-\frac{2d}{\lambda_1}=\frac{1}{2} \tag{17.3}$$

条件时，干涉条纹消失，其中 $2d$ 代表两光束之间的光程差。因此，它可以表示为

$$2d=\frac{\lambda_1\lambda_2}{2(\lambda_1-\lambda_2)}=\frac{\lambda^2}{2(\lambda_1-\lambda_2)} \tag{17.4}$$

相较于仅是两个分立的波长的光束，如果假设光束包含了 $\lambda\sim\lambda+\Delta\lambda$ 的所有波长成分，那么波长由 $\lambda\sim\lambda+\Delta\lambda/2$ 的光产生的干涉图样在满足条件

$$2d=\frac{\lambda^2}{2\left(\frac{1}{2}\Delta\lambda\right)}=\frac{\lambda^2}{\Delta\lambda} \tag{17.5}$$

时，干涉条纹消失。更进一步，位于 $\lambda\sim\lambda+\Delta\lambda/2$ 的每一个波长都会与（位于 $\lambda+\Delta\lambda/2\sim\lambda+\Delta\lambda$ 的）一个波长相对应，使得前者产生的极小值的位置恰好落在后者产生的相应极大值的位置，从而导致条纹消失。因此，当

$$2d\gtrsim\frac{\lambda^2}{\Delta\lambda} \tag{17.6}$$

时，干涉条纹的可见度将会极差。把上面的公式改写为

$$\Delta\lambda\gtrsim\frac{\lambda^2}{2d} \tag{17.7}$$

它表明光程差大约为 $2d$ 时，如果干涉条纹可见度已经变得很差，那么光源的线宽大约为 $\lambda^2/(2d)$。

在17.1节已经了解到，如果光程差超过了相干长度 L，将观察不到干涉条纹。而从上面的讨论得出结论，如果光源的谱线宽度为 $\Delta\lambda$，则

$$\Delta\lambda\sim\frac{\lambda^2}{L}=\frac{\lambda^2}{c\tau_c} \tag{17.8}$$

因此，光束的时间相干性的表征量 τ_c 可以直接与谱宽 $\Delta\lambda$ 联系起来。例如，对于镉红线，$\lambda=6438\text{Å}$，$L\approx30\text{cm}$（$\tau_c\approx10^{-9}\text{s}$），得到

$$\Delta\lambda\approx\frac{\lambda^2}{c\tau_c}=\frac{(6.438\times10^{-5})^2}{3\times10^{10}\times10^{-9}}\text{Å}\approx0.01\text{Å}$$

对于钠黄线，$\lambda\approx5890\text{Å}$，$L\approx3\text{cm}$（$\tau_c\approx10^{-10}\text{s}$），则线宽 $\Delta\lambda\approx0.1\text{Å}$。再者，因为 $\nu=c/\lambda$，谱线

的频率展宽为

$$\Delta\nu \approx \frac{c}{\lambda^2}\Delta\lambda \approx \frac{c}{L} \tag{17.9}$$

其中没有考虑符号正负的问题。由于 $\tau_c = L/c$，我们得到

$$\Delta\nu \approx \frac{1}{\tau_c} \tag{17.10}$$

因此，谱线的频宽与相干时间的倒数为同一数量级。例如，对于钠黄光（$\lambda = 5890\text{Å}$），有

$$\tau_c \approx 10^{-10}\,\text{s} \Rightarrow \Delta\nu \approx 10^{10}\,\text{Hz}$$

$$\nu = \frac{c}{\lambda} = \frac{3\times10^{10}}{5.89\times10^{-5}}\,\text{Hz} \approx 5\times10^{14}\,\text{Hz}$$

得到

$$\frac{\Delta\nu}{\nu} \approx \frac{10^{10}}{5\times10^{14}} = 2\times10^{-5}$$

物理量 $\Delta\nu/\nu$ 代表了光源的单色性（或者谱线的纯净性）。可以看出，即使对于普通光源，其值也相当小。对于商用激光器输出的光束，$\tau_c \approx 50\text{ns}$ 意味着 $\Delta\nu/\nu \approx 4\times10^{-8}$。有限的相干时间直接与光源谱宽相联系的结论也能够通过傅里叶变换分析得到。这方面内容将会在 17.6 节讨论。

17.3　空间相干性　　目标 2

至此已经讨论了从一个点光源发出的两个光场，通过不同光程到达某特定点的相干情况。在本节将讨论光源具有有限宽度大小所引出的相干性特征。

考虑杨氏双孔干涉实验中，点光源 S 到双孔 S_1 和 S_2 的距离相等（见图 17.7(a)）。假设 S 发出的几乎是单色光，以便在屏幕 PP' 处产生高可见度的干涉条纹。屏上的点 O 满足 $S_1O = S_2O$。很显然，点光源 S 将在点 O 附近产生一个强度极大值。接下来考虑另一个相似的点光源 S'，它与点光源 S 相距 l。假设从 S 和 S' 发出的光波没有特定的相位关系，那么在屏幕 PP' 形成的干涉图样将是 S 和 S' 各自形成的干涉条纹强度分布的简单层叠（见 17.5 节）。如果光源间的距离 l 从零缓慢增加，由于光源 S 产生的干涉图样与 S' 产生的干涉图样有一些错位，屏幕 PP' 处的干涉条纹的可见度下降。显然，如果

$$S'S_2 - S'S_1 = \frac{\lambda}{2} \tag{17.11}$$

那么由光源 S 产生的干涉图样的极小值将会落在由 S' 产生的干涉图样的极大值上，结果将观察不到干涉条纹。很容易计算

$$S'S_2 = \left[a^2 + \left(\frac{d}{2} + l\right)^2\right]^{1/2} \approx a + \frac{1}{2a}\left(\frac{d}{2} + l\right)^2$$

$$S'S_1 = \left[a^2 + \left(\frac{d}{2} - l\right)^2\right]^{1/2} \approx a + \frac{1}{2a}\left(\frac{d}{2} - l\right)^2$$

其中，

$$a = a_1 + a_2$$

我们假设 $a \gg d, l$。因此，有

$$S'S_2 - S'S_1 \approx \frac{ld}{a}$$

当条纹消失时,得到

$$\frac{\lambda}{2} = S'S_2 - S'S_1 \approx \frac{ld}{a}$$

或者写成

$$l \approx \frac{\lambda a}{2d}$$

现在如果有一个扩展的非相干光源,它的线度$\sim\lambda a/d$,则对于光源上的每一点,总存在一个与之相距$\lambda a/(2d)$的点,其产生的干涉条纹图样移动了半个条纹宽度。因此,将观察不到干涉图样。对于扩展非相干光源而言,仅当

$$l \ll \frac{\lambda a}{d} \tag{17.12}$$

时才能观察到可见度高的条纹。

若以θ表示光源对O'的张角(如图17.7(b)所示),则$\theta \approx l/a$,那么上式表示的获得高可见度条纹的条件可以改写成

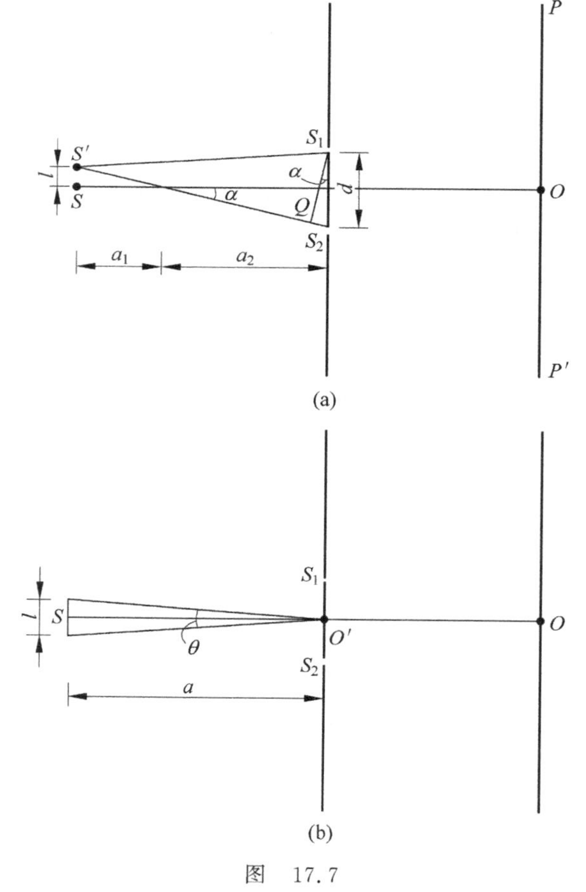

图 17.7

(a) 利用两个独立点光源S和S'的杨氏双孔干涉实验;(b) 用扩展光源的杨氏双孔干涉实验

$$d \ll \frac{\lambda}{\theta} \tag{17.13}$$

另外，如果

$$d \sim \frac{\lambda}{\theta} \tag{17.14}$$

条纹可见度将会非常差。事实上，更严格的衍射理论告诉我们，当

$$d = 1.22\frac{\lambda}{\theta},\ 2.25\frac{\lambda}{\theta}, 3.24\frac{\lambda}{\theta}, \cdots \tag{17.15}$$

时，干涉图样将消失[①]。

因此，随着两个小孔间距从零开始增大，干涉条纹可见度逐渐变差，当 $d=1.22\lambda/\theta$ 时，条纹消失；如果 d 继续增大，干涉条纹将以相对较差的可见度重新出现，然后在 $d=2.25\lambda/\theta$ 时再次消失，依此类推。距离

$$l_w = \lambda/\theta \quad (\text{横向相干宽度}) \tag{17.16}$$

给出了光束截面横向隔开多远距离的两点能够被看作在空间上是相干的，这个距离称为横向相干宽度。

例 17.1　在地球表面，太阳对地球表面所张的角度约为 $32'$。假设阳光正入射到如图 17.7 所示的双孔干涉实验装置上，且在双孔 S_1、S_2 之前有一个滤波器使得 $\lambda=5000\text{Å}$ 的光入射到 S_1、S_2。S_1、S_2 的间距为多少时，才能在屏幕上观测到可见度高的干涉条纹？

解

$$\theta \approx 32' = \frac{32\pi}{180\times 60}\text{rad} \approx 0.01\text{rad}$$

则横向相干宽度为

$$l_w \approx \frac{5\times 10^{-5}}{10^{-2}}\text{cm} = 0.005\text{cm}$$

因此，如果两孔间距小于 0.005cm，就能观察到可见度非常好的相干条纹。

17.4　迈克耳孙测星干涉仪　　目标 3

利用空间相干性的概念，迈克耳孙开发了精巧的测量星体角直径的方法。这一方法基于以下结果：对于远处的圆形光源，当双孔 S_1 和 S_2（见图 17.8）的距离（参见式(17.15)）为

$$d = 1.22\frac{\lambda}{\theta} \tag{17.17}$$

时干涉条纹消失，其中 θ 代表圆形光源对双孔中点的张角，如图 17.8 所示。对于角直径为 10^{-7}rad 的星体来说，条纹消失的双孔间距为

$$d \approx \frac{1.22\times 5\times 10^{-5}}{10^{-7}}\text{cm} \approx 600\text{cm}$$

我们假定光波波长为 $\lambda=5000\text{Å}$。很明显，对于如此大的 d 值，干涉条纹宽度将会变得极细

① 例如，可以参看文献[17.7]的 5.5 节。

小,而且还需要用到一个巨大的透镜,它不仅制作困难,而实际上只用到了其中很小的一部分。为了克服这个困难,迈克耳孙使用了两个可移动的平面镜 M_1 和 M_2,如图 17.9 所示,因此有效地得到了大的 d 值,这一装置称为迈克耳孙测星干涉仪。在一次典型实验中,当 M_1 和 M_2 之间距离约为 24ft(≈7.3152m)时,发生了第一次条纹消失,因而得出星体的角直径为

$$\theta \approx \frac{1.22 \times 5 \times 10^{-5}}{24 \times 12 \times 2.54} \text{rad} \approx 0.02''$$

这颗星称为大角星。根据与这颗星的已知距离,可以估算出它的直径约为太阳的 27 倍。

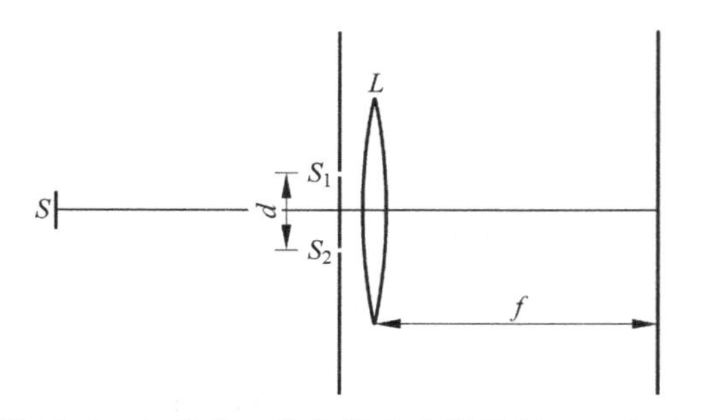

图 17.8　S 是有一定空间大小的光源;S_1 和 S_2 是两个小孔,它们之间的距离 d 可变;在透镜 L 的焦平面上观察条纹

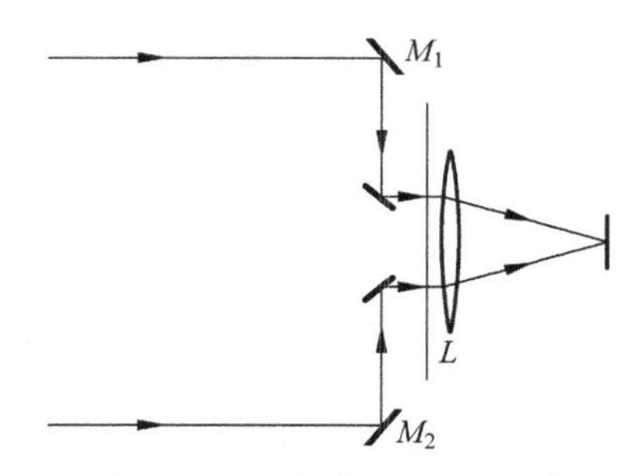

图 17.9　迈克耳孙测星干涉仪

需要指出的是,激光束在整个激光束截面内都是空间相干的。因此,如果让激光束直接射到一个双缝装置上(见图 17.10),只要激光束覆盖了两个缝,在屏幕上就可以观测到清晰的干涉图样。这表明激光束在整个波前都是空间相干的。

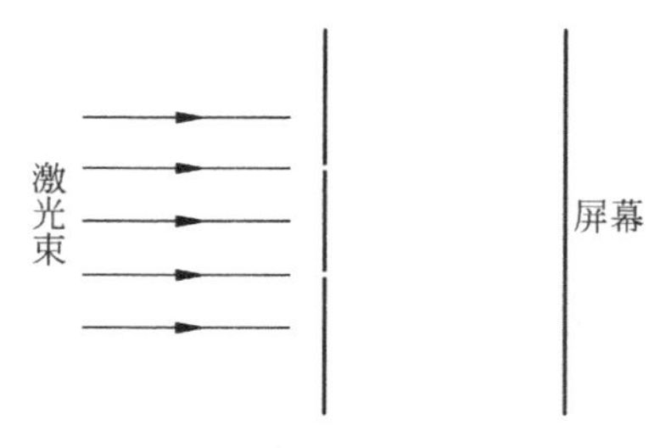

图 17.10　当激光束射到双缝装置时,在屏幕上可以观察到干涉条纹,这说明激光束在整个波前是空间相干的

图 17.11 显示了纳尔逊(Nelson)和柯林斯(Collins)(文献[17.14])通过在红宝石激光器内红宝石棒末端放置一对宽度为 7.5μm、间距为 54.1μm 的狭缝所得到的干涉图样,其实验得到的干涉图样在 20%内与理论计算相吻合。为了证明空间相干性确实是由激光器的行为造成的,他们证明了当输出低于(激光器)某个阈值时,不能观测到正常的相干图样,此时照相底板上只能得到一片均匀的暗区[①]。

① 当激光器输出光低于阈值时,输出的是荧光而不是激光,相干性差了很多。——译者注

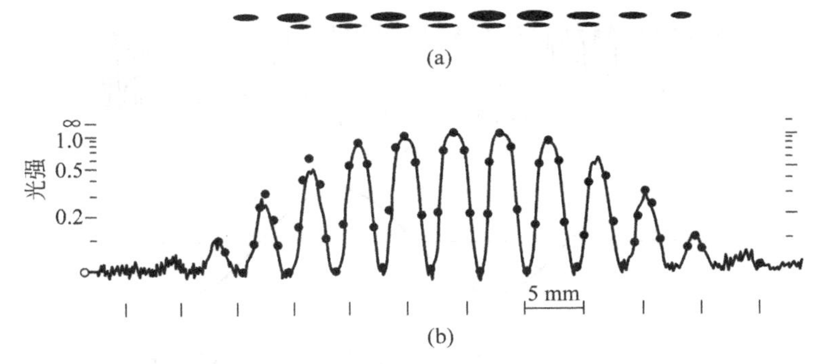

图 17.11　在红宝石棒的端面上放置一对间距为 54.1μm、宽度为 7.5μm 的狭缝所得到的双缝干涉图样
(a) 真实的干涉图样；(b) 干涉图样的光密度计曲线，图中的圆点为假设平面波传播到双缝时的理论计算值。图片来自文献[17.14]，承蒙 D. F. Nelson 博士提供

17.5　光学拍　　目标 4

当频率分别为 256Hz 和 260Hz 的两个音叉同时振动时，我们会听到一个频率约为 258Hz、强度从零到极大再回到零来回往复、变化频率为 4Hz 的时强时弱的声音，这一现象称为拍。通过考察频率分别为 ω 和 $\omega+\Delta\omega$ 的两个波的叠加，很容易理解这一现象：

$$\begin{cases} y_1 = a\sin(\omega t + \phi_1) \\ y_2 = a\sin[(\omega + \Delta\omega)t + \phi_2] \end{cases} \tag{17.18}$$

为了简便起见，假设两波有相同的振幅，叠加后的合位移为

$$\begin{aligned} y &= y_1 + y_2 \\ &= 2a\sin\left[\left(\omega + \frac{1}{2}\Delta\omega\right)t + \frac{1}{2}(\phi_1 + \phi_2)\right] \times \cos\left[\frac{1}{2}(\Delta\omega)t + \frac{1}{2}(\phi_2 - \phi_1)\right] \\ &= 2a\sin\left[\left(\omega + \frac{1}{2}\Delta\omega\right)t\right]\sin\left(\frac{1}{2}\Delta\omega t\right) \end{aligned} \tag{17.19}$$

不失一般性，我们假设 $\phi_1 = \pi/2 = -\phi_2$。图 17.12(a)和(b)分别反映了下面随时间变化项的变化曲线：

$$\sin\left(\omega + \frac{1}{2}\Delta\omega\right)t, \quad \sin\left(\frac{1}{2}\Delta\omega\right)t$$

在图 17.12(c)中，我们画出了这两项乘积的曲线，这一乘积代表了合位移。请注意，虽然包络以 $\frac{\Delta\omega}{4\pi}\left(=\frac{1}{2}\Delta\nu\right)$ 的频率进行变化(见图 17.12(b))，但强度每 $1/\Delta\nu$ s 变化一次。这种声音的周期性强弱变化称为拍。

通过观察莫尔条纹(见图 17.13)，可以很容易地理解拍现象。莫尔条纹是由空间频率稍有差别的两个平行线图样交叠在一起形成的，每当一个图样的暗线恰好落在另一个图样的亮线上时，认为这两个波“反相”，我们因此得到了周期性出现的宽“暗区”。

用类似的方法，可以讨论光学拍现象。例如，考虑频率分别为 ω 和 $\omega+\Delta\omega$ 的两个场 $\boldsymbol{E}_1$ 和 $\boldsymbol{E}_2$ 的叠加

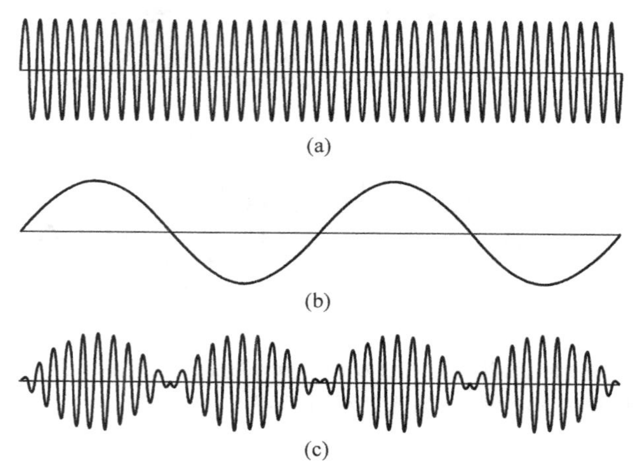

图 17.12 (a)和(b)分别表示 $\left[\sin\left(\omega+\frac{1}{2}\Delta\omega\right)t\right]$ 和 $\sin\left(\frac{1}{2}\Delta\omega\right)t$ 随时间的典型变化曲线，(c)表示了两者的乘积随时间的变化曲线

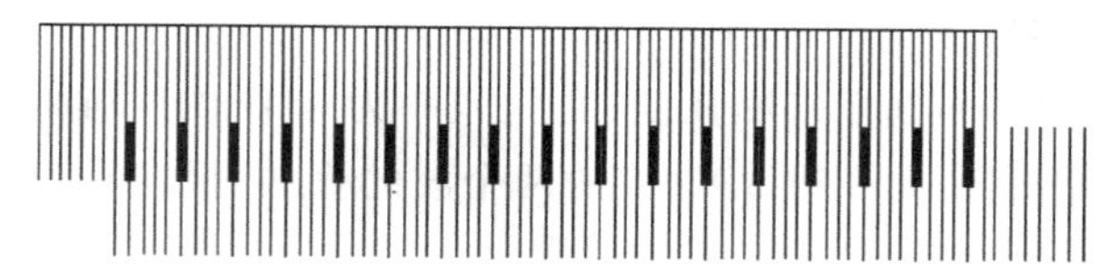

图 17.13 由空间频率稍有差别的两个平行线图样交叠在一起形成的莫尔条纹展示了拍现象(图片引自文献[17.1])

$$\boldsymbol{E}_1=\boldsymbol{E}_{01}\sin(\omega t+\phi_1) \tag{17.20}$$

$$\boldsymbol{E}_2=\boldsymbol{E}_{02}\sin[(\omega+\Delta\omega)t+\phi_2] \tag{17.21}$$

假设两个电场是在同一个方向上偏振的线偏振光，为了计算合场强，只需把 E_1 和 E_2 进行简单的代数相加：

$$E=E_1+E_2=E_{01}\sin(\omega t+\phi_1)+E_{02}\sin[(\omega+\Delta\omega)t+\phi_2]$$

这样

$$E^2(t)=E_{01}^2\sin^2(\omega t+\phi_1)+E_{02}^2\sin^2[(\omega+\Delta\omega)t+\phi_2]+$$
$$E_{01}E_{02}[-\cos(2\omega t+\Delta\omega t+\phi_1+\phi_2)+\cos(\Delta\omega t+\phi_2-\phi_1)] \tag{17.22}$$

对于光波频率来说，$\omega\approx10^{15}$ Hz，因此，前三项会变化得极为迅速，探测器(如眼睛或者光电探测器)只能观测到其时间平均值。通过以下式子，我们定义量 $F(t)$ 在时间段 $2T$ 内的时间平均为

$$\langle F(t)\rangle=\frac{1}{2T}\int_{-T}^{+T}F(t)\mathrm{d}t \tag{17.23}$$

因此

$$\langle E_{01}^2\sin^2(\omega t+\phi_1)\rangle=E_{01}^2\,\frac{1}{2T}\int_{-T}^{+T}\sin^2(\omega t+\phi_1)\mathrm{d}t$$
$$=E_{01}^2\left\{\frac{1}{2}-\frac{1}{2\omega T}[\sin2(\omega t+\phi_1)]_{-T}^{+T}\right\}$$

$$=\frac{1}{2}E_{01}^{2}\left(1-\frac{1}{2\omega T}\sin 2\omega T\cos 2\phi_{1}\right) \tag{17.24}$$

当平均时间 $T\gg 1/\omega$ 时，中括号里的第二项可以小到忽略不计。因此，可以把上式写为

$$\langle E_{01}^{2}\sin^{2}(\omega t+\phi_{1})\rangle\approx\frac{1}{2}E_{01}^{2} \tag{17.25}$$

例如，眼睛的响应时间在 0.05s 量级左右。根据 $T\approx 0.05\mathrm{s}$ 和 $\omega\approx 10^{15}\mathrm{Hz}$，我们得到

$$\frac{1}{\omega T}\approx 2\times 10^{-14}$$

与 1 相比这是一个特别小的值。这就是我们的眼睛不能感受到光强度变化的原因。即使对于一个响应时间约为 $10^{-9}\mathrm{s}$ 的快速光电探测器来说，$1/(\omega T)\approx 10^{-6}$，仍然是可忽略的。

回到式(17.22)，如果在一段比 $2\pi/\omega$ 长但比 $2\pi/\Delta\omega$ 短的时间里作时间平均，将会得到

$$\langle E^{2}(t)\rangle=\frac{1}{2}E_{01}^{2}+\frac{1}{2}E_{02}^{2}+E_{01}E_{02}\cos[(\Delta\omega)t+\phi_{2}-\phi_{1}] \tag{17.26}$$

例如，如果 $\Delta\omega\approx 10^{7}\mathrm{Hz}$，光电探测器的分辨率约为 $10^{-9}\mathrm{s}$，则探测器对于式(17.22)等号右边前三项只能记录到平均值，然而，它能记录到最后一项随时间的变化，这就是式(17.26)所展示的我们熟悉的拍现象。

作为示例，考虑钠黄光的 D_1 和 D_2 两谱线形成的拍，它们的波长分别为

$$\lambda_{1}=5890\text{Å}(\Rightarrow\omega_{1}\approx 3.2003\times 10^{15}\mathrm{Hz})$$

$$\lambda_{2}=5896\text{Å}(\Rightarrow\omega_{2}\approx 3.1970\times 10^{15}\mathrm{Hz})$$

因此，$\Delta\omega\approx 3.3\times 10^{12}\mathrm{Hz}$。

为了观测到拍现象，探测器的响应时间应该远小于 $1/\Delta\omega$，因此，光电探测器的响应时间应该 $\leqslant 10^{-13}\mathrm{s}$，这在现实中是无法实现的。因此，我们必须减小 $\Delta\omega$ 的值以观测光学拍。福雷斯特(Forrester)等(文献[17.6])进行了第一次观测光学拍的实验，他们使用磁场分裂一条谱线(这种分裂现象被称为塞曼效应)得到的两个相接近的光频率谱线进行实验。磁场越微弱，所得到的 $\Delta\omega$ 越小。在这次实验中，Forrester 和他的同事得到的 $\Delta\nu$ 在 $10^{10}\mathrm{Hz}$ 量级左右，因此他们能观测到光学拍。

很显然，为了使光学拍的强弱变化拍频率非常缓慢(以便我们能够用响应时间较长的光电探测器进行观测)，$\Delta\omega$ 应该进一步减小。但这也许会引发相干性问题。在上面的分析中，我们假设相位 ϕ_1 和 ϕ_2 随时间保持常数不变。然而，对于非相干的光源，ϕ_1 和 ϕ_2 是在约 $10^{-9}\mathrm{s}$ 的量级随机变化。因此，如果探测器的响应时间 $\geqslant 10^{-8}\mathrm{s}$，将观测到式(17.26)中 $\cos[(\Delta\omega)t+\phi_{2}-\phi_{1}]$ 项的时间平均，显然“余弦项”的时间平均为零，因此将得到

$$\langle E^{2}(t)\rangle=\frac{1}{2}E_{01}^{2}+\frac{1}{2}E_{02}^{2}$$

这表明合成波的强度将会是单个波强度的和，即

$$I=I_{1}+I_{2} \tag{17.27}$$

随着激光器的出现，光学拍实验变得十分容易了。图 17.14 所示为一种典型的实验装置(它与迈克耳孙干涉仪很相似)。利普塞特(Lipsett)和曼德尔(Mandel)(文献[17.11])记

录下了实验中的典型拍频,如图 17.15 所示。实验观察到,拍频音符的频率在 $0.7\mu s$ 的时间内从约 33MHz 变化到约 21MHz,相干时间约为 $0.5\mu s$,这与脉冲激光出现尖峰现象的持续时间一致。

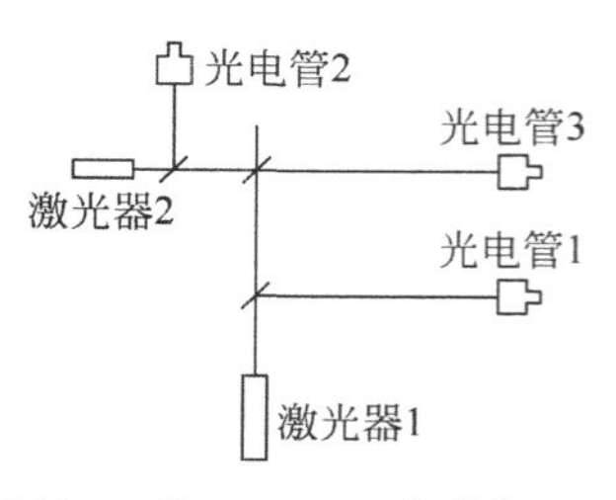

图 17.14 Lipsett 和 Mandel(文献[17.11])使用两束激光观察光学拍的实验装置

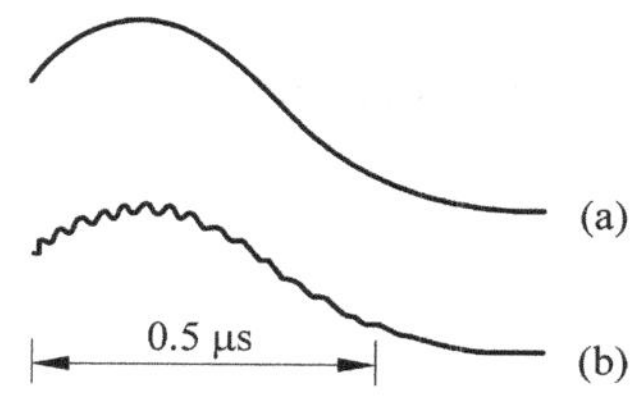

图 17.15 (a) 两激光束强度直接相加的示波器扫描波形;(b) 两激光束相干叠加后强度的示波器扫描波形(文献[17.11])

让我们引用费恩曼的话作为本节的结论:"随着激光光源的应用,总有一天人们能够演示这样的实验:当两个光源照在墙上时,产生的拍非常缓慢,以致我们能够看见墙上的明暗变化。"

17.6 相干时间和光源线宽的傅里叶分析 目标 5

谱线的频率展宽与相干时间的倒数是同一个数量级的(见式(17.10)),这个结论也能够用傅里叶变换进行证明。以一个持续时间为 τ_c 的正弦型振动为例,即

$$\psi(x=0,t)=\begin{cases} a\mathrm{e}^{\mathrm{i}\omega_0 t}, & |t|<\dfrac{1}{2}\tau_c \\ 0, & |t|>\dfrac{1}{2}\tau_c \end{cases} \tag{17.28}$$

假设 τ_c 足够长,使得一个扰动包含许多次振荡。例如,对于一个频率为 $\nu_0\approx5\times10^{14}$ Hz 的 2ns 脉冲来说,它所包含的振荡次数为 $5\times10^{14}\times2\times10^{-9}=10^6$,即这个脉冲包含了约 100 万次振荡。

在讨论傅里叶变换理论时(见 8.4 节和 9.5 节),已经证明了对于一个随时间变化的函数 $f(t)$,如果定义

$$F(\omega)=\frac{1}{\sqrt{2\pi}}\int_{-\infty}^{+\infty}f(t)\mathrm{e}^{-\mathrm{i}\omega t}\mathrm{d}t \tag{17.29}$$

则有

$$f(t)=\frac{1}{\sqrt{2\pi}}\int_{-\infty}^{+\infty}F(\omega)\mathrm{e}^{\mathrm{i}\omega t}\mathrm{d}\omega \tag{17.30}$$

用 $\psi(x=0,t)$ 替换 $f(t)$,我们得到

$$\psi(x=0,t)=\frac{1}{\sqrt{2\pi}}\int_{-\infty}^{+\infty}A(\omega)\mathrm{e}^{\mathrm{i}\omega t}\mathrm{d}\omega \tag{17.31}$$

等号右边代表了一系列平面波的叠加，其中 $A(\omega)$ 表示频率为 ω 的平面波的振幅①。式(17.31)表明，$\psi(x=0,t)$ 是 $A(\omega)$ 的傅里叶反变换，因此，利用傅里叶变换（见式(17.29)）得到

$$A(\omega)=\frac{1}{\sqrt{2\pi}}\int_{-\infty}^{+\infty}\psi(x=0,t)\mathrm{e}^{-\mathrm{i}\omega t}\mathrm{d}t=\frac{1}{\sqrt{2\pi}}\int_{-\frac{1}{2}\tau_c}^{+\frac{1}{2}\tau_c}a\,\mathrm{e}^{\mathrm{i}(\omega_0-\omega)t}\mathrm{d}t$$

$$=\left(\frac{2}{\pi}\right)^{1/2}a\left\{\frac{\sin\left[\frac{1}{2}(\omega-\omega_0)\tau_c\right]}{\omega-\omega_0}\right\}=\left(\frac{2}{\pi}\right)^{1/2}\frac{a}{\omega_0}\left\{\frac{\sin[\alpha(\Omega-1)]}{\Omega-1}\right\}\qquad(17.32)$$

其中，$\Omega=\dfrac{\omega}{\omega_0}$，$\alpha=\dfrac{1}{2}\omega_0\tau_c$。图 17.16 画出了函数

$$\frac{\sin[\alpha(\Omega-1)]}{\Omega-1}\qquad(17.33)$$

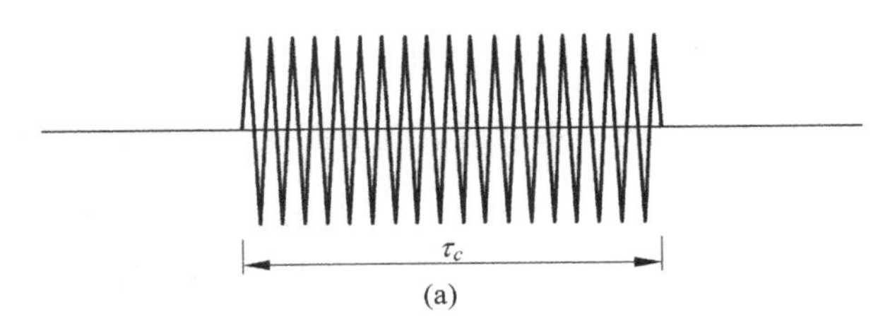

(a)

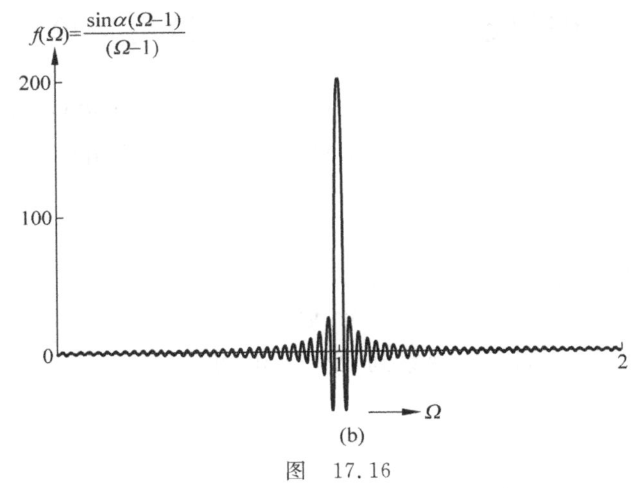

(b)

图　17.16

(a) 一个持续时间为 τ_c 的正弦型振动位移；(b) 取 $\alpha=200$，函数 $\dfrac{\sin[\alpha(\Omega-1)]}{\Omega-1}$ 随 Ω 的变化。注意，在 $\Omega=1$ 附近函数有陡峭的峰值

---

① 注意式(17.30)等号右边的积分也包括负频部分。但是振动位移（或者电场）是 ψ 的实部（忽略 $\sqrt{2\pi}$ 因子），可以写作

$$E=\mathrm{Re}[\psi(x=0,t)]=\mathrm{Re}\left[\int_{-\infty}^{+\infty}|A(\omega)|\mathrm{e}^{\mathrm{i}(\omega t+\phi)}\mathrm{d}\omega\right]$$

$$=\int_{-\infty}^{+\infty}|A(\omega)|\cos(\omega t+\phi)\mathrm{d}\omega=\int_0^{\infty}|A(\omega)|\cos(\omega t+\phi)\mathrm{d}\omega+\int_0^{\infty}|A(-\omega)|\cos[\omega t-\phi(-\omega)]\mathrm{d}\omega$$

在推导中，我们用到了关系式 $A(\omega)=|A(\omega)|\mathrm{e}^{\mathrm{i}\phi}$。以上式子总是能够写成

$$\int_0^{\infty}C(\omega)\cos[\omega t+\theta(\omega)]\mathrm{d}\omega$$

的形式。因此，与负频相关的振幅实质上对相应的正频部分有贡献。

随 Ω 的变化曲线，其中取 $\alpha=200$。可以看出，当 $\Omega=1$ 时，函数有一个陡峭的峰值(此处函数值为 α)，两边的第一个零点在 $\Omega=1\pm\pi/\alpha$ 处出现。当 α 取更大的值时，函数出现的峰更陡峭。峰值的宽度由下式给出：

$$\Delta\Omega\left(=\frac{\Delta\omega}{\omega_0}\right)\approx\frac{\pi}{\alpha} \tag{17.34}$$

或者写作

$$\Delta\omega\approx\frac{\pi\omega_0}{\alpha}\approx\frac{2\pi}{\tau_c}$$

因此，有

$$\Delta\nu\approx\frac{1}{\tau_c} \tag{17.35}$$

与式(17.10)是一致的。以上分析证明，一相干时间约为 τ_c 的波实质上是由频率处于 $\nu_0-\frac{1}{2}\Delta\nu\leqslant\nu\leqslant\nu_0+\frac{1}{2}\Delta\nu$ 区域内的一系列谐波叠加而成。其中，$\Delta\nu\approx1/\tau_c$。

应该注意的是，式(17.35)成立的条件对于任意形状的脉冲都普遍适用。例如，对于一个持续时间约为 τ_c 的高斯脉冲，它相对应的频率展宽也由式(17.35)给出(参见例10.4)。

17.7 复相干度和杨氏双孔实验中的条纹可见度 目标6

本节将引入复相干度的概念，并证明它如何与杨氏双孔干涉实验中的条纹可见度联系起来，返回到图17.2看一看。令 $\Psi_1(P,t)$ 和 $\Psi_2(P,t)$ 分别代表由双孔 S_1 和 S_2 在点 P 产生的复数场。那么合位移由下式给出：

$$\Psi=\Psi_1(P,t)+\Psi_2(P,t) \tag{17.36}$$

点 P 的强度与 $|\Psi|^2$ 成正比，可以写成下面的式子：

$$|\Psi|^2=\Psi_1^*\Psi_1+\Psi_2^*\Psi_2+\Psi_1^*\Psi_2+\Psi_1\Psi_2^*=|\Psi_1|^2+|\Psi_2|^2+2\mathrm{Re}(\Psi_1^*\Psi_2)$$

由于 Ψ_1 和 Ψ_2 变化极快，我们只能观察到 $|\Psi_1|^2$ 和 $|\Psi_2|^2$ 的平均值。因此，如果将它们写成

$$I_1=\langle|\Psi_1(P,t)|^2\rangle$$

$$I_2=\langle|\Psi_2(P,t)|^2\rangle$$

则

$$I=I_1+I_2+2\sqrt{I_1I_2}\,\mathrm{Re}\gamma_{12} \tag{17.37}$$

其中，

$$\gamma_{12}=\frac{\langle\Psi_1^*(P,t)\Psi_2(P,t)\rangle}{[\langle|\Psi_1(P,t)|^2\rangle\langle|\Psi_2(P,t)|^2\rangle]^{1/2}} \tag{17.38}$$

γ_{12} 称为复相干度，而 $\langle\cdots\rangle$ 表示对三角括号内的量取时间平均(参见式(17.23))。场 $\Psi_1(P,t)$ 是源于 S_1 在 $t-\frac{r_1}{c}$ 时刻发出的波，这里 $r_1=S_1P$。因此，$\Psi_1(P,t)$ 正比于 $\Psi\left(S_1,t-\frac{r_1}{c}\right)$，此处 $\Psi(S_1,t)$ 表示 t 时刻在 S_1 处的场。类似地，$\Psi_2(P,t)$ 正比于 $\Psi\left(S_2,t-\frac{r_2}{c}\right)$。因此，有

$$\gamma_{12}=\frac{\left\langle \Psi^*\left(S_1,t-\frac{r_1}{c}\right)\Psi\left(S_2,t-\frac{r_2}{c}\right)\right\rangle}{\left[\left\langle\left|\Psi\left(S_1,t-\frac{r_1}{c}\right)\right|^2\right\rangle\left\langle\left|\Psi\left(S_2,t-\frac{r_2}{c}\right)\right|^2\right\rangle\right]^{1/2}}$$

由于条纹图样中总体的强度分布不随时间变化，上式又能写为

$$\gamma_{12}=\frac{\langle\Psi^*(S_1,t+\tau)\Psi(S_2,t)\rangle}{[\langle|\Psi(S_1,t)|^2\rangle\langle|\Psi(S_2,t)|^2\rangle]^{1/2}} \tag{17.39}$$

式中，$\tau=(r_2-r_1)/c$。为了讨论时间相干性的影响，假设 S、S_1 和 S_2 的空间尺寸可忽略，且 S_1 和 S_2 到 S 等距，可假设

$$\Psi(S_1,t)=\Psi(S_2,t)=\Psi(t) \tag{17.40}$$

因此，在这种情况下，有

$$\gamma_{12}(\tau)=\frac{\langle\Psi^*(t+\tau)\Psi(t)\rangle}{\langle|\Psi(t)|^2\rangle} \tag{17.41}$$

对于实际的场，可以表示为

$$\Psi(t)=A(t)\mathrm{e}^{-\mathrm{i}[\omega t+\phi(t)]} \tag{17.42}$$

其中，$A(t)$和 $\phi(t)$是时间的慢变实函数。对于理想的单色光(即相干时间无限长)而言，$A(t)$和 $\phi(t)$是常数，因此，有

$$\Psi^*(t+\tau)\Psi(t)=A^2\mathrm{e}^{\mathrm{i}\omega\tau}$$

所以

$$\gamma_{12}(\tau)=\mathrm{e}^{\mathrm{i}\omega\tau} \tag{17.43}$$

在这种情况下，有

$$I=I_1+I_2+2\sqrt{I_1I_2}\cos\omega\tau \tag{17.44}$$

定义可见度 V 为

$$V=\frac{I_{\max}-I_{\min}}{I_{\max}+I_{\min}} \tag{17.45}$$

将式(17.44)代入，得

$$V=\frac{2\sqrt{I_1I_2}}{I_1+I_2} \tag{17.46}$$

对于 $I_1=I_2$ 的情况，我们得到 $V=1$，这表明对于理想单色光来说，条纹的明暗对比是理想的。另外，对于相干时间 $\tau_c\approx10^{-10}$ s 的普通光源来说，可假定函数 $A(t)$和 $\phi(t)$在小于等于 10^{-10} s 的时间内是常数，因此，如果 $\tau\geqslant10^{-10}$ s①，$\Psi(t)$和 $\Psi(t+\tau)$就没有确定的相位关系，时间平均值$\langle\Psi^*(t+\tau)\Psi(t)\rangle$将会为 0。因此，如果光程差 S_2P-S_1P 满足

$$\frac{S_2P-S_1P}{c}\geqslant\tau_c \tag{17.47}$$

将观察不到条纹图样。

一般来说，我们可以将复相干度写为

$$\gamma_{12}=|\gamma_{12}|\mathrm{e}^{\mathrm{i}(\omega\tau+\beta)} \tag{17.48}$$

其中，$|\gamma_{12}|$和 β 在观察点附近可假设是常数，这样就可给出

① 此处原著为 $\tau_c\geqslant10^{-10}$ s。而到达时间差 τ 与相干时间 τ_c 要区分开。——译者注

$$I = I_1 + I_2 + 2\sqrt{I_1 I_2} \mid \gamma_{12} \mid \cos\alpha \tag{17.49}$$

其中,$\alpha = \omega\tau + \beta$。因此,有

$$I_{\max} = I_1 + I_2 + 2\sqrt{I_1 I_2} \mid \gamma_{12} \mid \tag{17.50}$$

$$I_{\min} = I_1 + I_2 - 2\sqrt{I_1 I_2} \mid \gamma_{12} \mid \tag{17.51}$$

可见度变为

$$V = \frac{I_{\max} - I_{\min}}{I_{\max} + I_{\min}} = \frac{2\sqrt{I_1 I_2}}{I_1 + I_2} \mid \gamma_{12} \mid \tag{17.52}$$

因此,条纹的可见度(或者说条纹对比度)就可以用$|\gamma_{12}|$直接度量。如果$I_1 = I_2$,则$V = |\gamma_{12}|$。在当前情形下,由于S、S_1和S_2已假定是点光源,所以$|\gamma_{12}|$只依赖于光束的时间相干性。当$\tau \ll \tau_c$时,$|\gamma_{12}|$接近于1,此时条纹的可见度很好;当$\tau \gg \tau_c$时,$|\gamma_{12}|$接近于0,此时的条纹可见度很差。

从式(17.43)注意到,对于理想单色光,$|\gamma_{12}| = 1$,$\alpha = \omega\tau = \omega(S_2P - S_1P)/c$。对于一般的光源,可以证明$0 < |\gamma_{12}| < 1$;$|\gamma_{12}| = 0$表示完全不相干,而$|\gamma_{12}| = 1$表示完全相干。在实际中,如果$|\gamma_{12}| > 0.88$,发出的光被称为"几乎相干的"。更进一步讲,因为

$$\langle \Psi^*(t+\tau)\Psi(t) \rangle = e^{i\omega\tau} \langle A(t+\tau)A(t)e^{i[\phi(t+\tau)-\phi(t)]} \rangle$$

对于几乎单色的光源来说,$A(t)$和$\phi(t)$是时间的慢变函数,尖括号里的量(指的是上式等号右边)不会随着τ快速变化,因此,可以写为

$$\gamma_{12} = \mid \gamma_{12} \mid e^{i\beta} e^{i\omega\tau} \tag{17.53}$$

其中,$|\gamma_{12}|$和β都是τ的慢变函数,而τ的定义为

$$\tau = \frac{S_2P - S_1P}{c} \tag{17.54}$$

对于空间和时间相干性更详细的理论,读者可查阅文献[17.2],文献[17.3],文献[17.7],文献[17.20]。

17.8 傅里叶变换光谱学[①] 目标7

在前几节中已经证明,干涉图样的可见度取决于光程差Δ对于光源相干长度$L_c(= c\tau_c)$的相对大小。对于给定的光源,可见度随着光程差Δ的改变而改变,从最初$\Delta \ll L_c$时极好的可见度,一直变化到$\Delta \gg L_c$时极差的可见度。实际上,斐索在1862年解释了在钠光灯照射下,牛顿环的可见度随着放在玻璃平板上的透镜向上移动而呈周期性变化的原因在于,钠光灯有两根相距6Å的谱线(见例15.3和例15.4)。迈克耳孙在1890—1900年进行了许多利用多条谱线光源的干涉实验。利用迈克耳孙干涉仪,他测量了可见度随光程差变化的函数规律,利用自制的机械装置,他得到了光源的频谱。这正是本节的目的:通过测量强度随光程差的变化,再利用傅里叶变换,就能得到光源的光谱分布。

将迈克耳孙干涉仪应用于光谱学在20世纪50年代重新兴起,特别适用于红外波段相对复杂的光谱。

本节将针对具有一定光谱分布的光源,推导可见度随着光程差变化的表达式。将证明

① 本节承蒙谢伽拉扬(K. Thyagarajan)教授友情撰写。

利用干涉图样，可以得到给定光源的光谱强度分布。

17.8.1　傅里叶变换光谱学的原理

图 17.17 所示为傅里叶变换光谱仪的装置图。从给定光源发出的光准直后进入迈克耳孙干涉仪，在透射端测量透镜焦平面上强度随光程差 Δ 的变化。如果一束强度为 I_0 的单色光束被分为两束光$\left(\text{每束光的强度为}\frac{1}{2}I_0\right)$，然后让它们发生干涉，则得到的合强度能够被表示为

$$I = I_0(1+\cos\delta) \tag{17.55}$$

其中，

$$\delta = \frac{2\pi}{\lambda}\Delta = \frac{2\pi\nu}{c}\Delta \tag{17.56}$$

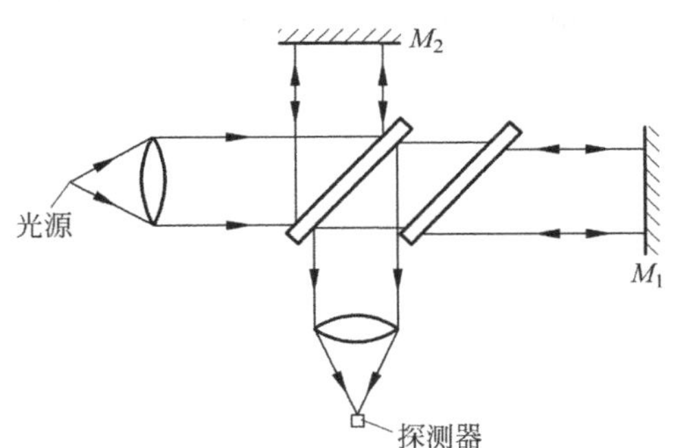

图 17.17　傅里叶变换光谱仪的装置图

表示参与干涉的两束光的相位差。在写式(17.55)时，用到了第 14 章的式(14.30)，其中，

$$I_1 = I_2 = \frac{1}{2}I_0$$

如果 $I(\nu)\mathrm{d}\nu$ 表示光源在 $\nu \sim \nu+\mathrm{d}\nu$ 区间发出的光的强度，则位于 $\nu \sim \nu+\mathrm{d}\nu$ 区间在点 O 的强度可以表示为

$$I_t(\nu)\mathrm{d}\nu = I(\nu)\mathrm{d}\nu\left(1+\cos\frac{2\pi\nu\Delta}{c}\right) \tag{17.57}$$

因此，在点 O 对应光程差 Δ 的总强度为

$$I_t(\Delta) = \int_0^\infty I_t(\nu)\mathrm{d}\nu = \int_0^\infty I(\nu)\mathrm{d}\nu + \int_0^\infty I(\nu)\cos\frac{2\pi\nu\Delta}{c}\mathrm{d}\nu \tag{17.58}$$

物理量

$$I_T = \int_0^\infty I(\nu)\mathrm{d}\nu = \frac{1}{2}I_t(0) \tag{17.59}$$

代表光源的总能量。我们定义归一化透射函数为

$$\gamma(\Delta) = \frac{I_t(\Delta) - I_T}{I_T} = \frac{1}{I_T}\int_0^\infty I(\nu)\cos\frac{2\pi\nu\Delta}{c}\mathrm{d}\nu \tag{17.60}$$

正是把 $I_t(\Delta)$ 这个物理量作为 Δ 的函数进行测量，从而可以算得 $\gamma(\Delta)$。首先考虑几个特别情况的例子，由这些例子可以给出 $I_t(\Delta)$ 和 $\gamma(\Delta)$ 明确的表达式。

(1) 单色光源：对于强度为 I_0，频率为 ν_0 的单色光源，有

$$I(\nu)\mathrm{d}\nu = I_0\delta(\nu-\nu_0)\mathrm{d}\nu \tag{17.61}$$

其中，$\delta(\nu-\nu_0)$ 代表了狄拉克 δ 函数，则

$$\gamma(\Delta) = \frac{\int_0^\infty \delta(\nu-\nu_0)\cos\frac{2\pi\nu\Delta}{c}\mathrm{d}\nu}{\int_0^\infty \delta(\nu-\nu_0)\mathrm{d}\nu} = \cos\left(\frac{2\pi\nu_0\Delta}{c}\right)^{①} \tag{17.62}$$

① 原书公式有误，已更正。——译者注

以及

$$I_t(\Delta)=I_0\left(1+\cos\frac{2\pi\nu_0\Delta}{c}\right) \tag{17.63}$$

因此，对于所有的光程差值 Δ，$I_t(\Delta)$ 和 γ 按照正弦规律变化(见图 17.18(a)和(b))，这表明光源的相干长度是无限长的。

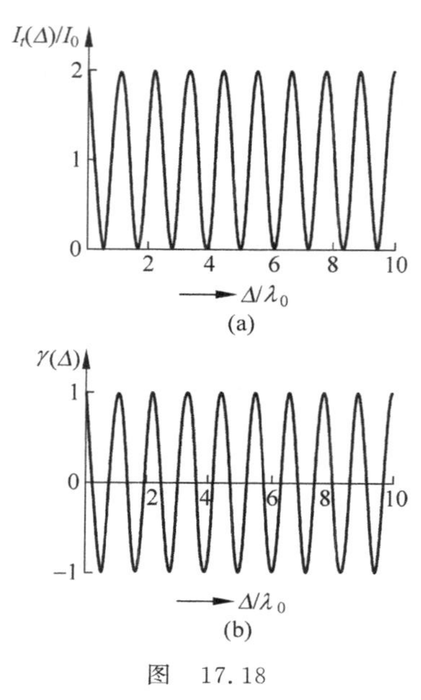

图　17.18

(a) 对于一个单色光源，在点 O 处的总强度是光程差 Δ 的函数；(b) $\gamma(\Delta)$ 随 Δ 按余弦规律变化

(2) 具有两条单色谱线的光源：现在考虑具有两条单色谱线 ν_1 和 ν_2 的光源，每一根谱线的强度是 $\frac{1}{2}I_0$，因此，有

$$I(\nu)\mathrm{d}\nu=\frac{1}{2}I_0[\delta(\nu-\nu_1)+\delta(\nu-\nu_2)] \tag{17.64}$$

$$\begin{aligned}\gamma(\Delta)&=\frac{1}{2}\left[\int_0^{\infty}\delta(\nu-\nu_1)\cos\frac{2\pi\nu\Delta}{c}\mathrm{d}\nu+\int_0^{\infty}\delta(\nu-\nu_2)\cos\frac{2\pi\nu\Delta}{c}\mathrm{d}\nu\right]\\&=\frac{1}{2}\left(\cos\frac{2\pi\nu_1\Delta}{c}+\cos\frac{2\pi\nu_2\Delta}{c}\right)=\cos\left[2\pi\frac{(\nu_1+\nu_2)}{2c}\Delta\right]\times\cos\left[2\pi\frac{(\nu_1-\nu_2)}{2c}\Delta\right]\end{aligned} \tag{17.65}$$

$$I_t(\Delta)=I_0\left\{1+\cos\left[2\pi\frac{(\nu_1+\nu_2)}{2c}\Delta\right]\times\cos\left[2\pi\frac{(\nu_1-\nu_2)}{2c}\Delta\right]\right\} \tag{17.66}$$

图 17.19 反映了 $I_t(\Delta)$ 和 $\gamma(\Delta)$ 随 Δ 的变化情况。从式(17.65)可以看出，$\gamma(\Delta)$ 是一个幅度调制的正弦变化，正弦变化的周期为

$$p=\frac{2c}{\nu_1+\nu_2}=\frac{2\lambda_1\lambda_2}{\lambda_1+\lambda_2}\approx\lambda_0 \tag{17.67}$$

其中，$\lambda_0(\approx\lambda_1\approx\lambda_2)$ 是平均波长。调制幅度在 Δ 取如下值时为零：

$$2\pi\frac{\nu_1-\nu_2}{2c}\Delta=\left(m+\frac{1}{2}\right)\pi$$

或者

$$\Delta=\left(m+\frac{1}{2}\right)\frac{c}{\nu_1-\nu_2}\tag{17.68}$$

因此，两次可见度消失的最小光程差为

$$\Delta_m=\frac{c}{2(\nu_1-\nu_2)}=\frac{c}{2\delta\nu}\tag{17.69}$$

这恰好对应于光源的相干长度①。将 $\delta\nu$ 表示为 $\delta\lambda$，得到

$$L_c=\Delta_m=\frac{\lambda^2}{2\delta\lambda}\tag{17.70}$$

这与式(17.4)是一致的。

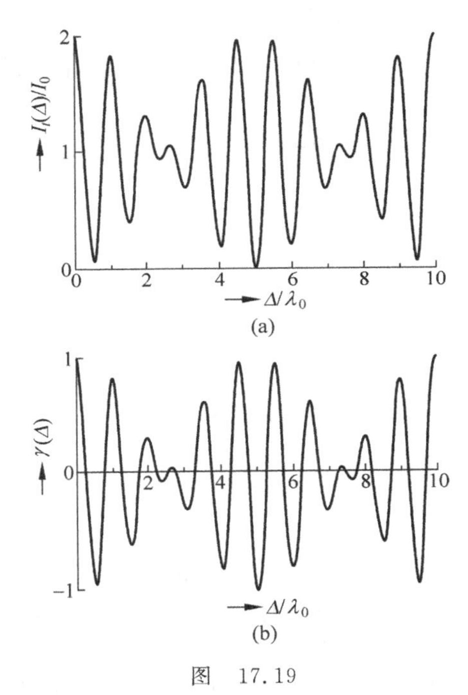

图 17.19

(a) 对于包含两条单色谱线的光源，其在点 O 的总强度随光程差 Δ 的变化；(b) $\gamma(\Delta)$ 随 Δ 的变化

相邻两次使得条纹消失的位置对应的光程差的差值为 $c/\delta\nu=\lambda^2/\delta\lambda$。从中得出的简单结论是，如果我们利用钠光灯进行牛顿环实验，假设钠光灯发射两个分立的波长为 λ_1 和 λ_2，当把凸透镜放在玻璃片的上面做牛顿环实验时，会看到在例 15.3 中讨论过的条纹周期性出现和消失的现象。

17.8.2 从 $\gamma(\Delta)$ 反推恢复出 $I(\nu)$

在实际实验中，可以测量的是 $I_t(\Delta)$ 和 I_T，因此，需要将式(17.60)逆变换，以便从测量

① 注意光源只包含两条分立的单色谱线成分(波长差 $\delta\lambda$)，与光源包含了 $\lambda\sim\lambda+\delta\lambda$ 所有波长成分定义相干长度有所不同，参见 17.2 节的讨论。前者相干长度为 $\frac{\lambda^2}{2\delta\lambda}$(参见式(17.4))，而后者为 $\frac{\lambda^2}{\delta\lambda}$(参见式(17.5))。——译者注

的 $\gamma(\Delta)$ 得到光源的频谱分布 $I(\nu)$。这可以通过将式(17.60)乘以 $\cos\frac{2\pi\nu'\Delta}{c}$，并对 Δ 积分得到。因此，有

$$\int_0^\infty \gamma(\Delta)\cos\frac{2\pi\nu'\Delta}{c}\mathrm{d}\Delta=\frac{1}{I_T}\int_0^\infty \mathrm{d}\Delta\int_0^\infty \mathrm{d}\nu I(\nu)\cos\frac{2\pi\nu\Delta}{c}\cos\frac{2\pi\nu'\Delta}{c}$$

$$=\frac{1}{I_T}\int_0^\infty \mathrm{d}\nu I(\nu)\int_0^\infty \cos\frac{2\pi\nu\Delta}{c}\cos\frac{2\pi\nu'\Delta}{c}\mathrm{d}\Delta$$

因为积分函数是 Δ 的偶函数，因此，有

$$\int_0^\infty \cos\frac{2\pi\nu\Delta}{c}\cos\frac{2\pi\nu'\Delta}{c}\mathrm{d}\Delta=\frac{1}{2}\int_{-\infty}^\infty \cos\frac{2\pi\nu\Delta}{c}\cos\frac{2\pi\nu'\Delta}{c}\mathrm{d}\Delta$$

把两个余弦项写为指数形式，并使用下列关系：

$$\int_{-\infty}^{+\infty} \mathrm{e}^{\pm 2\pi\mathrm{i}(\nu-\nu')\Delta/c}\mathrm{d}\Delta=\delta\left(\frac{\nu-\nu'}{c}\right)=c\delta(\nu-\nu') \tag{17.71}$$

$$\int_{-\infty}^{+\infty} \mathrm{e}^{\pm 2\pi\mathrm{i}(\nu+\nu')\Delta/c}\mathrm{d}\Delta=0 \tag{17.72}$$

(因为 ν 和 ν' 都是正数)，得到

$$\int_0^\infty \gamma(\Delta)\cos\frac{2\pi\nu'\Delta}{c}\mathrm{d}\Delta=\frac{c}{4I_T}\int_0^\infty \delta(\nu-\nu')I(\nu)\mathrm{d}\nu=\frac{c}{4I_T}I(\nu') \tag{17.73}$$

因此，有

$$I(\nu)=\frac{4I_T}{c}\int_0^\infty \gamma(\Delta)\cos\frac{2\pi\nu\Delta}{c}\mathrm{d}\Delta \tag{17.74}$$

这样，用一个余弦变换就可以从测得的 $\gamma(\Delta)$ 中得到光源频谱分布 $I(\nu)$。一般使用计算机做从 $\gamma(\Delta)$ 到 $I(\nu)$ 的逆向转换。

17.8.3 分辨率

从式(17.74)可以得出，为了得到光源频谱分布 $I(\nu)$，我们必须计算光程差从 0 到 ∞ 的所有 $\gamma(\Delta)$ 的值。因为在实际实验中，总会有一个光程差的最大极限，这个光程差的最大值决定了能得到的 $I(\nu)$ 的分辨率。为了估计这个分辨率，考虑一束频率为 ν_0 的理想单色光入射到干涉仪上，从式(17.62)可知在这种情况下，$\gamma(\Delta)$ 随 Δ 的变化关系。设实验测得的最大光程差为 Δ_m，则 $\gamma(\Delta)$ 为

$$\gamma(\Delta)=\begin{cases}\cos\dfrac{2\pi\nu_0\Delta}{c}, & 0<\Delta<\Delta_m\\ 0, & \Delta\text{ 为其他值}\end{cases} \tag{17.75}$$

利用式(17.74)，得到

$$I(\nu)=\frac{4I_T}{c}\int_0^{\Delta_m}\cos\left(\frac{2\pi\nu_0\Delta}{c}\right)\cos\left(\frac{2\pi\nu\Delta}{c}\right)\mathrm{d}\Delta$$

$$=\frac{2I_T}{c}\int_0^{\Delta_m}\left\{\cos\left[\frac{2\pi(\nu+\nu_0)\Delta}{c}\right]+\cos\left[\frac{2\pi(\nu-\nu_0)\Delta}{c}\right]\right\}\mathrm{d}\Delta$$

$$=\frac{2I_T}{c}\left\{\frac{\sin\left[\dfrac{2\pi(\nu+\nu_0)\Delta_m}{c}\right]}{\dfrac{2\pi}{c}(\nu+\nu_0)}+\frac{\sin\left[\dfrac{2\pi(\nu-\nu_0)\Delta_m}{c}\right]}{\dfrac{2\pi}{c}(\nu-\nu_0)}\right\}$$

由于 ν 和 ν_0 都为正，并且它们比 c/Δ 大得多，等号右边括号里的第一项可以忽略。得到

$$I(\nu) \approx \frac{2I_T}{c}\left\{\frac{\sin\left[\frac{2\pi(\nu-\nu_0)\Delta_m}{c}\right]}{\frac{2\pi}{c}(\nu-\nu_0)}\right\} \tag{17.76}$$

上式估计的光源频谱与图 17.16 所示的曲线相似。频谱在 ν_0 处有个峰值，第一个零点出现在

$$\frac{2\pi(\nu-\nu_0)}{c}\Delta_m = \pm\pi$$

或者

$$\nu = \nu_0 \pm \frac{c}{2\Delta_m} \tag{17.77}$$

因此，虽然入射光是单色的，但由于 Δ_m 为有限值，经过逆向转换过程变为有一定宽度的频谱。

如果入射光包含了两个频率，我们就能使用瑞利判据来定义恰能分辨的最小频率间隔是 $I(\nu)$从峰值到第一个零点的频谱宽度，即

$$\delta\nu = \frac{c}{2\Delta_m} \tag{17.78}$$

因此，测量 γ 所能达到的最大光程差 Δ_m 越大，分辨率就越高。

以 $\Delta_m = 5\text{cm}$ 为例，则

$$\delta\nu = \frac{3\times10^{10}}{2\times5}\text{Hz} = 3\text{GHz}$$

如果取 $\lambda = 1\mu\text{m}$，结果对应 $\delta\lambda = 0.1\text{Å}$。

例 17.2　考虑一个准单色光源，它有如下的高斯频谱：

$$I(\nu) = \frac{1}{\sqrt{\pi}(\delta\nu)} I_0 \mathrm{e}^{-(\nu-\nu_0)^2/(\delta\nu)^2} = \frac{I_0}{\sqrt{\pi}}\tau\mathrm{e}^{-(\nu-\nu_0)^2\tau^2} \tag{17.79}$$

因为 $I(\nu)$的强度在 $\nu=\nu_0\pm\delta\nu$ 时下降到 $\nu=\nu_0$ 时峰值的 $1/\mathrm{e}$，这里用 $\delta\nu=1/\tau$ 来表征频谱宽度。对于准单色光，有 $\delta\nu/\nu_0 \ll 1$，因此

$$I_T = \int_0^\infty I(\nu)\mathrm{d}\nu = \frac{I_0\tau}{\sqrt{\pi}}\int_0^\infty \mathrm{e}^{-(\nu-\nu_0)^2\tau^2}\mathrm{d}\nu \approx \frac{I_0\tau}{\sqrt{\pi}}\int_{-\infty}^{+\infty}\mathrm{e}^{-(\nu-\nu_0)^2\tau^2}\mathrm{d}\nu \tag{17.80}$$

在上式推导的最后一步，我们用到了条件 $1/\tau=\delta\nu\ll\nu_0$。如果使用积分

$$\int_{-\infty}^{+\infty}\mathrm{e}^{-\alpha x^2+\beta x}\mathrm{d}x = \left(\frac{\pi}{\alpha}\right)^{1/2}\exp\left(\frac{\beta^2}{4\alpha}\right),\quad \mathrm{Re}\,\alpha > 0 \tag{17.81}$$

得到

$$I_T = I_0 \tag{17.82}$$

则有

$$\begin{aligned}\int_0^\infty I(\nu)\cos\frac{2\pi\nu\Delta}{c}\mathrm{d}\nu &= \frac{I_0\tau}{\sqrt{\pi}}\int_0^\infty \mathrm{e}^{-(\nu-\nu_0)^2\tau^2}\cos\frac{2\pi\nu\Delta}{c}\mathrm{d}\nu \\ &\approx \frac{\tau}{\sqrt{\pi}}I_0\int_{-\infty}^{+\infty}\mathrm{e}^{-(\nu-\nu_0)^2\tau^2}\cos\frac{2\pi\nu\Delta}{c}\mathrm{d}\nu\end{aligned}$$

$$= \frac{\tau}{\sqrt{\pi}} I_0 \mathrm{Re} \int_{-\infty}^{+\infty} e^{-(\nu-\nu_0)^2 \tau^2} e^{i2\pi\nu\Delta/c} d\nu$$

$$= \frac{\tau}{\sqrt{\pi}} I_0 \mathrm{Re}\ e^{i2\pi\nu_0\Delta/c} \int_{-\infty}^{+\infty} e^{-\xi^2 \tau^2} e^{i2\pi\xi\Delta/c} d\xi, \quad \xi = \nu - \nu_0$$

$$= I_0 \mathrm{Re}\left[e^{i2\pi\nu_0\Delta/c} \exp\left(- \frac{\pi^2 \Delta^2}{c^2 \tau^2} \right) \right]$$

其中用到了式(17.81),参数为 $\alpha=\tau,\beta=i2\pi\Delta/c$。则

$$\int_0^{\infty} I(\nu) \cos \frac{2\pi\nu\Delta}{c} d\nu = I_0 \exp\left(- \frac{\pi^2 \Delta^2}{c^2 \tau^2} \right) \cos \frac{2\pi\nu_0\Delta}{c} \tag{17.83}$$

因此,有

$$\gamma(\Delta) = \exp\left(- \frac{\pi^2 \Delta^2}{c^2 \tau^2} \right) \cos \frac{2\pi\nu_0\Delta}{c} \tag{17.84}$$

如图17.20所示为本例光源的频谱分布和 $\gamma(\Delta)$ 随 Δ 的变化情况。注意,在本例中,如果光程差 $\Delta \ll c/\delta\nu$,则 $\gamma(\Delta) \approx \cos(2\pi\nu_0\Delta/c)$,就非常像单色光源的情况。但随着光程差的增加,$\gamma(\Delta)$ 调制幅度下降。为了得到良好的可见度,必须满足

$$\Delta \ll c\tau = c/\delta\nu \tag{17.85}$$

我们可以定义相干长度为

$$L_c = c\tau = \frac{c}{\delta\nu} \tag{17.86}$$

这与式(17.2)是一致的。

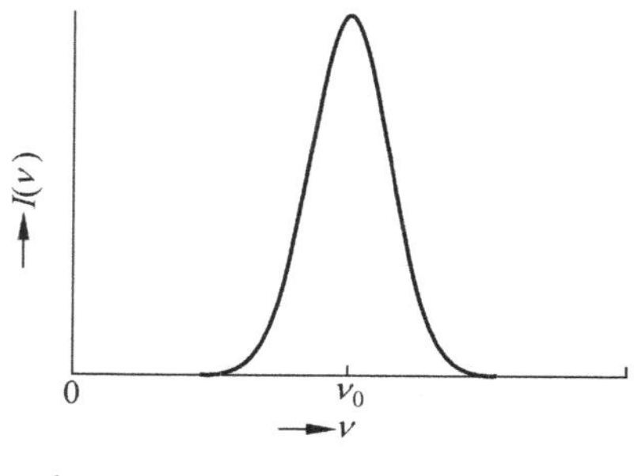

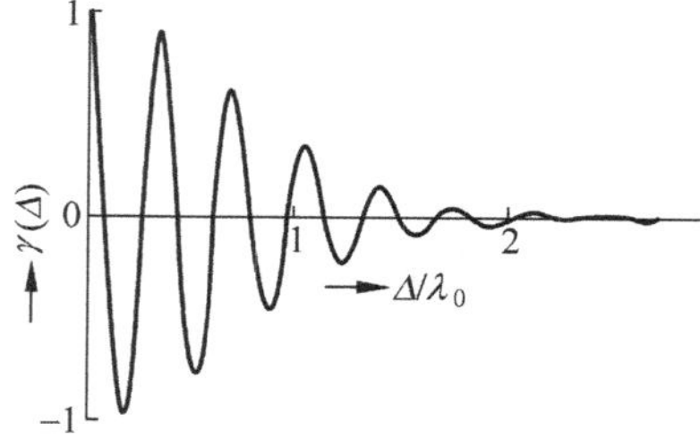

图17.20 式(17.79)描述的光源的频谱分布和 $\gamma(\Delta)$ 随 Δ 的变化情况

例17.3 考虑有如下频谱分布特征的准单色光源:

$$I(\nu) = \begin{cases} \frac{1}{\delta\nu} I_0, & \nu_0 - \frac{1}{2}\delta\nu < \nu < \nu_0 + \frac{1}{2}\delta\nu \\ 0, & \nu\ \text{为其他值} \end{cases} \tag{17.87}$$

计算其 $\gamma(\Delta)$，并再次证明，当光程差 $\Delta \gg c/\delta\nu$ 时，可见度将会特别差。

解

$$I_T = \frac{1}{\delta v} I_0 \int_{\nu_0 - \frac{1}{2}\delta\nu}^{\nu_0 + \frac{1}{2}\delta\nu} d\nu = I_0 \tag{17.88}$$

$$\int_0^\infty I(\nu) \cos \frac{2\pi\nu\Delta}{c} d\nu = \frac{I_0}{\delta\nu} \cos \frac{2\pi\nu_0\Delta}{c} \left[\frac{\sin\left(\frac{\pi\delta\nu\Delta}{c}\right)}{\pi\Delta/c} \right]$$

因此

$$\gamma(\Delta) = \frac{1}{I_T} \int_0^\infty I(\nu) \cos \frac{2\pi\nu\Delta}{c} d\nu = \left(\frac{\sin \frac{\pi\delta\nu\Delta}{c}}{\frac{\pi\delta\nu\Delta}{c}} \right) \cos\left(\frac{2\pi\nu_0\Delta}{c} \right) \tag{17.89}$$

当 $\Delta \ll c/\delta\nu$ 时，$\gamma(\Delta) \approx \cos(2\pi\nu_0\Delta/c)$。并且条纹在

$$\Delta = c/\delta\nu \tag{17.90}$$

时消失。上式亦代表了相干长度。如果画出 $\gamma(\Delta)$ 随 Δ 变化的情况，注意与前一个例子不同的是，在本例的情况中，$\gamma(\Delta)$ 并不是单调递减到零。

关于傅里叶变换光谱学的更多细节，请参阅文献[17.10]，文献[17.12]，文献[17.18]。

小　结

- 相干时间 τ_c 代表了波列的平均持续时间，亦即电场在 τ_c 的量级时间间隔内保持正弦变化。
- 波列的长度定义为

$$L_c = c\tau_c$$

(其中 c 是自由空间中的光速）也称为相干长度。例如，对于镉红光（$\lambda = 6438\text{Å}$），$\tau_c \approx 10^{-9}$s，对应的相干长度约为 30cm。
- 扩展非相干光源的横向相干宽度（I_w）表示了在光束截面横向隔开多远距离的两点能够被看作是空间相干的。横向相干宽度表示为

$$I_w \approx \frac{\lambda}{\theta}$$

其中，θ 是光源对观察点所张的角度。
- 利用空间相干性的概念，迈克耳孙开发了精巧的测量星体角直径的方法。这一方法基于以下结论：对于远处的圆形光源，（两小孔形成的）干涉图样在两小孔距离满足下式时消失：

$$d = 1.22 \frac{\lambda}{\theta}$$

其中，θ 代表圆形光源对双孔中点的张角。
- 使用两个激光束叠加时有可能观察到光学拍现象。
- 在两个激光束形成的干涉图样中，干涉条纹的可见度随着光程差 Δ 变化而变化，从最初 $\Delta \ll L_c$ 时对应极好的可见度，一直变化到 $\Delta \gg L_c$ 时对应极差的可见度。
- 实际上，可以从强度随光程差的变化信息中，借助傅里叶变换得到光源的频谱分布。

习　题

17.1 氪橙线($\lambda = 6058\text{Å}$)的相干长度约为20cm。计算它的线宽和频率稳定度。

[**答案**：$\approx 0.018\text{Å}, \approx 3\times 10^{-6}$]

17.2 目前已经得到线宽小到20Hz的激光。计算它的相干长度和频率稳定度。假设$\lambda = 6328\text{Å}$。

17.3 在17.4节提到圆形光源的横向相干宽度是$d = 1.22\lambda/\theta$。可以证明：要得到好的相干性(可见度在0.88或以上)，相干宽度应该$\leqslant 0.3\lambda/\theta$。假设太阳的角直径约为$30'$，计算能够产生清晰干涉图样的两孔之间的距离。

[**答案**：≈ 0.02mm]

17.4 一个光源的直径为1mm，计算它与光屏相距多少时，光屏上距离为0.5mm的两个点能被称为是相干的。假设$\lambda = 6\times 10^{-5}$cm。

17.5 在迈克耳孙干涉实验中，发现对于某一个光源S，当其中一反射镜从等光程位置移动约5cm的距离时，条纹消失。该光源所发出的光波的相干时间是多少？

17.6 用白光做杨氏双孔实验时，只可以看见几条彩色条纹。设可见光谱从4000Å延伸到7000Å，试从相干长度的角度定性地解释这一现象。

17.7 迈克耳孙用测星干涉仪测量"猎户座"参宿四(Betelgeuse)这颗星时观察到，当可移动的反射镜之间的距离为25in($\approx$635mm)时，条纹消失。假设$\lambda \approx 6\times 10^{-5}$cm，试计算这颗星的角直径。

17.8 考虑如图17.2所示的杨氏双孔实验。距离$SS_1 \approx 1$m，$S_1S_2 \approx 0.5$mm。试计算能在屏幕上产生清晰干涉图样的孔S的角直径。设$\lambda = 6000\text{Å}$。

17.9 假设一个高斯脉冲满足如下形式：

$$\Psi(x=0,t) = E_0 \exp\left(-\frac{t^2}{2\tau^2}\right) e^{i\omega_0 t}$$

证明它的傅里叶变换满足

$$A(\omega) = E_0 \tau \exp\left[-\frac{1}{2}(\omega - \omega_0)^2 \tau^2\right]$$

下列积分有可能会被用到：

$$\int_{-\infty}^{+\infty} \exp(-\alpha x^2 + \beta x)\,dx = \left(\frac{\pi}{\alpha}\right)^{1/2} \exp\left(\frac{\beta^2}{4\alpha}\right), \quad \alpha > 0$$

证明相干时间$\approx\tau$。设$\tau \gg 1/\omega_0$，画出傅里叶变换$A(\omega)$(随ω变化的情况)，并给出物理解释，证明频率展宽为$\Delta\omega \approx 1/\tau$。

17.10 在习题17.9中，假设$\lambda_0 = 6\times 10^{-5}$cm和$\tau \approx 10^{-9}$s。计算脉冲中存在的主要频率成分，并与当$\tau \approx 10^{-6}$s时的情况作对比。

第四部分

衍　射

第 18~ 20 章涵盖了衍射的非常重要的领域，讨论了论题背后的原理，比如激光束衍射发散、望远镜的分辨本领、激光聚焦、空间滤波、X 射线衍射等。第 21 章是关于全息术的原理与应用。丹尼斯・伽博因发现全息术原理而获得 1971 年诺贝尔物理学奖。

第18章 夫琅禾费衍射：Ⅰ

至今没有人能够令人满意地界定干涉与衍射之间的区别。这只是用法上的问题，它们之间在物理上并没有明确的重大区别。我们能够做的就是，粗略地说，当只有几个波源(比如说两个)参与干涉时，其结果通常称为干涉，但如果牵涉有大量的波源，那么“衍射”一词更为常用。

——理查德·费恩曼，《费恩曼物理学讲义》，第一卷

学习目标

学过本章后，读者应该学会：

目标1：解释衍射现象。

目标2：推导单缝衍射强度分布图样。

目标3：分析圆孔衍射。

目标4：讨论激光束的方向性。

目标5：讨论分辨极限。

目标6：推导双缝和 N 缝夫琅禾费衍射的强度分布图样。

目标7：讨论光栅光谱。

目标8：讨论平面波斜入射光栅的衍射问题。

目标9：分析X射线衍射和实验方法。

目标10：讨论激光束的自聚焦问题。

重要的里程碑

1819年　约瑟夫·夫琅禾费展示了光通过光栅的衍射，这种最原始的光栅由缠绕在平行的螺钉上的金属丝线栅网制成。

1823年　夫琅禾费发表了他的衍射理论。

1835年　乔治·艾里计算出由圆孔产生的(夫琅禾费)衍射图样。

18.1 引言

目标1

考察一列平面波入射到宽度为 b 的长狭缝上的情形(见图18.1)。按照几何光学，屏幕 SS' 上 AB 区域(长狭缝的投影)是被照明的，而其余区域应该是绝对黑暗区(称为几何阴影

区)。但是,仔细地观察会发现,如果缝的宽度比起波长来不是非常大,那么在 AB 区域里的光照强度是不均匀的,而且在几何阴影区内也有些许光强分布。此外,如果缝越窄,则到达几何阴影区的光能量就越多。这种波通过狭窄开口后扩展开来的现象称为衍射,在屏幕上的强度分布称为衍射图样。本章将讨论衍射现象,并将证明这样的扩展随着波长的缩短而减小。实际上,正是由于光的波长很短($\lambda \approx 5\times10^{-5}$ cm),衍射所引起的效应是不容易观察到的。

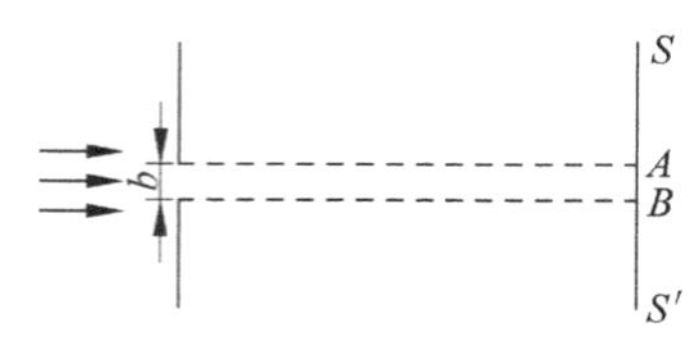

图 18.1 如果平面波入射到一开孔上时,根据几何光学的观点,波投射在屏幕上的 AB 区将呈现边缘清晰的开孔投影区

应该指出的是,在干涉和衍射之间并没有太大的差异,实际上,干涉对应于从多个点源发出的波的叠加情况,而衍射则对应于来自像圆孔或者矩形孔甚至是多个矩形孔(比如衍射光栅)这样的面光源的波的叠加情况。

衍射现象通常分为两类:①菲涅耳衍射;②夫琅禾费衍射。

在菲涅耳衍射中,光源和观察屏离开衍射孔的距离通常都是有限的(见图 18.2(a))。在夫琅禾费衍射中,光源和观察屏都离衍射孔无限远;如果将光源置于一个凸透镜的焦平面处,并将观察屏置于另一个凸透镜的焦平面处,就很容易实现夫琅禾费衍射所需的(所谓无限远)条件(见图 18.2(b))。这两个透镜的作用是将光源和观察屏等效性地移到无限远处,第一个透镜使得光束变为平行光,第二个透镜使得接收到的平行光聚焦于观察屏。分析的结果表明,计算夫琅禾费衍射图样的强度分布要容易得多,因此打算在本章中加以讨论。此外,观察夫琅禾费衍射也是不难的,只要有一台实验室中常用的分光计就够了。分光计的准直管将光束变成平行光,分光计的望远镜将平行光束接收到它的焦面上,衍射孔就放在棱镜台上。在第 20 章中将学习菲涅耳衍射,并讨论在什么条件下菲涅耳衍射将过渡到夫琅禾费衍射。

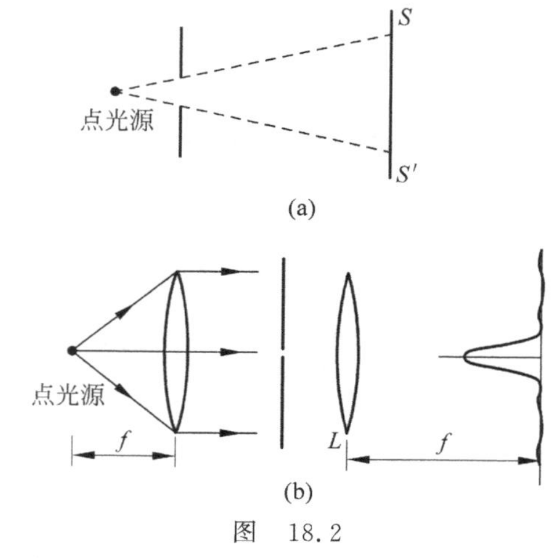

图 18.2

(a) 当光源和观察屏两者之一(或二者都)距离衍射孔有限远时,衍射图样就属于菲涅耳衍射;
(b) 在夫琅禾费衍射中,光源和观察屏都处在(或等价于在)无限远处

18.2　单缝衍射图样　　　目标 2

首先研究由宽度为 b 的无限长单缝产生的夫琅禾费衍射图样。假定一列平面波垂直入射到单缝上，希望计算透镜 L 焦平面上的强度分布(见图 18.3(a))。把(竖直的)狭缝看成由大量的等间隔的(竖直的)线状光源组成①，并且认为缝上每一线状光源都看成一个惠更斯(发柱状子波的)子波源，它们发出的子波互相干涉。设线光源位于 $A_1, A_2, A_3, \cdots$，并设相邻线光源的间隔为 Δ(见图 18.3(b))。因此，如果线光源的数目为 n，则

$$b=(n-1)\Delta \tag{18.1}$$

现在来计算由这 n 个线光源在点 P 产生的总叠加场。点 P 是(透镜焦平面上的)任意一点，它所能接收(并聚焦于该点)的平行光与狭缝的法线成 θ 角(见图 18.3(b))。由于实际上狭缝是由连续分布的线光源组成的，所以在最后的表达式中将让 n 趋于无穷大，Δ 趋于零，并保持 $n\Delta$ 趋于 b。

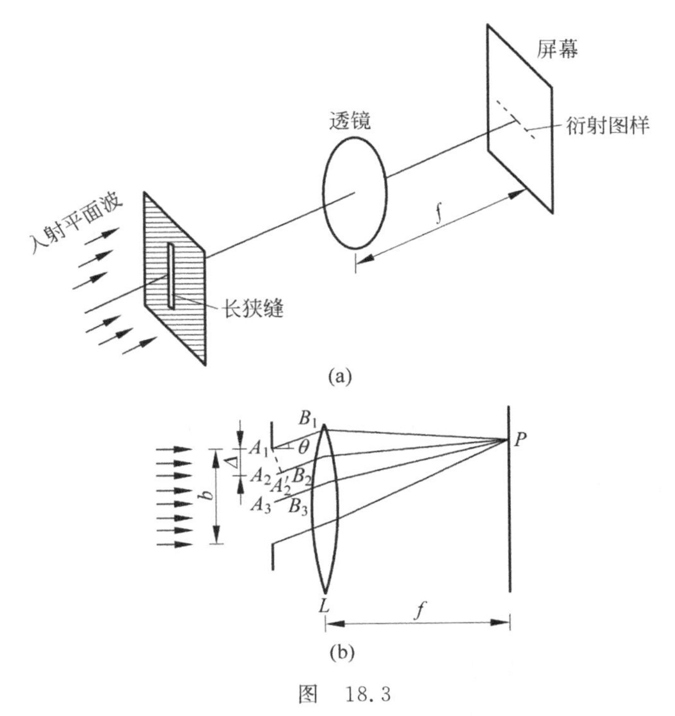

图　18.3

(a) 一束平面波垂直入射到宽为 b 的长狭缝的衍射图样，注意衍射的扩展是沿着缝宽的方向发生的；
(b) 为了计算衍射图样，假定缝是由大量等间距的线状光源组成的(图(b)是图(a)的俯视图)

因为 $A_1, A_2, A_3, \cdots$ 各点到点 P 的距离比起缝宽 b 来说是很大的，所以从这些点到达点 P 的扰动的幅度几乎完全相等。然而，即使它们到点 P 的距离只有微小的差别，由点 A_1

① 原文为"把缝看成由大量的等间隔的点光源组成"，很容易让人误解为点光源沿缝的竖直方向排列。实际上，在图 18.3(a)中应该是把竖直狭缝看成由大量竖直的线状光源组成，而图 18.3(b)是图 18.3(a)的俯视图，狭缝被横过来看了，因此，那些线状光源也横过来了。——译者注

产生的扰动在相位上也不同于点 A_2 产生的扰动。

对于垂直入射狭缝的平面波，A_1，A_2，A_3，…诸点是同相位的。因此，点 A_2 发出的扰动所通过的附加路程是 A_2A_2'，其中 A_2' 是 A_1 向 A_2B_2 所作垂线的垂足。这个结论是根据光程 A_1B_1P 和 $A_2'B_2P$ 相等这一事实得出的。如果衍射光线与狭缝法线成 θ 角，则二者的光程差就是

$$A_2A_2' = \Delta\sin\theta$$

相应的相位差由下式给出：

$$\phi = \frac{2\pi}{\lambda}\Delta\sin\theta \tag{18.2}$$

由此，如果点 A_1 发出的扰动在点 P 产生的场是 $a\cos\omega t$，那么由点 A_2 发出的扰动在点 P 产生的场就是 $a\cos(\omega t-\phi)$。同样，从 A_2 和 A_3 两点发出的扰动的相位差也是 ϕ，因此在点 P 的合波场为

$$E = a[\cos\omega t + \cos(\omega t - \phi) + \cdots + \cos(\omega t - (n-1)\phi)] \tag{18.3}$$

式中，

$$\phi = \frac{2\pi}{\lambda}\Delta\sin\theta$$

在 11.7 节中已经证明过

$$\cos\omega t + \cos(\omega t - \phi) + \cdots + \cos[\omega t - (n-1)\phi] = \frac{\sin\dfrac{n\phi}{2}}{\sin\dfrac{\phi}{2}}\cos\left[\omega t - \frac{1}{2}(n-1)\phi\right] \tag{18.4}$$

于是

$$E = E_\theta\cos\left[\omega t - \frac{1}{2}(n-1)\phi\right] \tag{18.5}$$

式中，合波场的振幅 E_θ 由下式给出①：

$$E_\theta = a\frac{\sin\dfrac{n\phi}{2}}{\sin\dfrac{\phi}{2}} \tag{18.6}$$

在 $n\to\infty$ 和 $\Delta\to 0$，并保持 $n\Delta\to b$ 的极限情形下，得到

$$\frac{n\phi}{2} = \frac{\pi}{\lambda}n\Delta\sin\theta \to \frac{\pi}{\lambda}b\sin\theta$$

此外，

$$\phi = \frac{2\pi}{\lambda}\Delta\sin\theta = \frac{2\pi}{\lambda}\frac{b\sin\theta}{n}$$

---

① 式(18.6)表示由 n 个线状光源干涉形成的幅度分布。若 $n=2$，则幅度 E_θ 变为 $\cos(\phi/2)$，这将导致 $\cos^2(\phi/2)$ 的强度分布(参见第14章的式(14.13))。注意，如果有大量同相振荡的等距排列的光源，那么光是沿着使振动叠加同相的特定方向传播的。

将趋于零。因而可以写成

$$E_\theta \approx a \frac{\sin\left(\frac{n\phi}{2}\right)}{\frac{\phi}{2}} = na \frac{\sin \frac{\pi b \sin\theta}{\lambda}}{\frac{\pi b \sin\theta}{\lambda}} = A \frac{\sin\beta}{\beta} \tag{18.7}$$

式中[①],

$$A = na$$

$$\beta = \frac{\pi b \sin\theta}{\lambda} \tag{18.8}$$

因此,有

$$E = A \frac{\sin\beta}{\beta}\cos(\omega t - \beta) \tag{18.9}$$

对应的强度分布由下式给出:

$$I = I_0 \frac{\sin^2\beta}{\beta^2} \tag{18.10}$$

式中,I_0 表示对应 $\theta=0$ 处的强度。

极大值与极小值的位置

强度随 β 的变化如图 18.4(a)所示。从式(18.10)可以明显看到,当

$$\beta = m\pi, \quad m \neq 0 \tag{18.11}$$

时,强度为零$\left(当\ \beta=0\ 时,\frac{\sin\beta}{\beta}=1,且\ I=I_0,它对应强度的极大值\right)$。将 β 值代入上式,得到极小值的条件为

$$b\sin\theta = m\lambda, \quad m = \pm 1, \pm 2, \pm 3, \cdots(\text{极小值}) \tag{18.12}$$

第一个极小值出现在 $\theta=\pm\arcsin\left(\frac{\lambda}{b}\right)$处,第二个极小值出现在 $\theta=\pm\arcsin\left(\frac{2\lambda}{b}\right)$处,……因为 $\sin\theta$ 不能超过 1,所以最大的 m 值是小于$\frac{b}{\lambda}$并最接近于$\frac{b}{\lambda}$的整数。

通过简单的定性讨论便可以直接求得极小值的位置。让我们考虑 $m=1$ 的情形,θ 角满足下式:

$$b\sin\theta = \lambda \tag{18.13}$$

将缝分成两半,如图 18.5 所示。考察间隔为 $b/2$ 的两点 A 和A'。显然,从这两点到达点 P 的扰动之间的光程差是$\frac{b}{2}\sin\theta$,而此时它就等于$\frac{\lambda}{2}$,相应的相位差是 π,因而合扰动将等于零。依此类推,来自点 B 的扰动将与来自点 B'的扰动相抵消,因此,来自缝的上半部的扰动将与来自下半部的扰动相抵消,总强度等于零。当

$$b\sin\theta = 2\lambda \tag{18.14}$$

---

① 在这里需说明,$n\to\infty$,$a\to 0$ 时,na 趋于一个有限的极限。

时，我们用类似的方法将缝分成四等份，第一等份与第二等份相互抵消，第三等份和第四等份相互抵消。类似地，当 $m=3$ 时，就将缝分成六等份，依此类推。

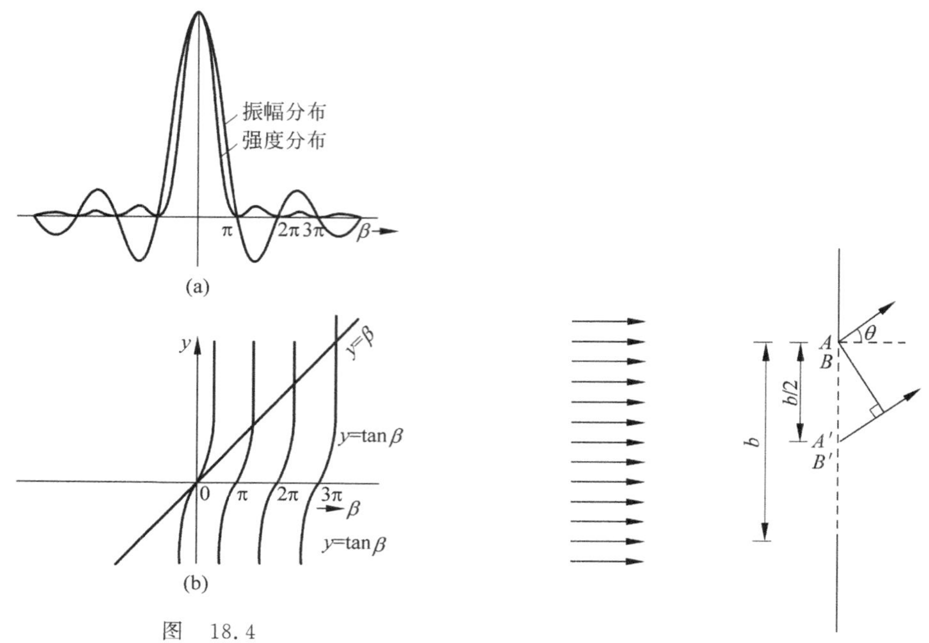

图 18.4
(a) 单缝夫琅禾费衍射的强度分布；
(b) 图解法确定方程 $\tan\beta=\beta$ 的根

图 18.5 为推导第一极小值的条件，狭缝被分为两半

为决定极大值的位置，取式(18.10)对 β 的微商，并让它等于零。于是

$$\frac{\mathrm{d}I}{\mathrm{d}\beta}=I_0\left(\frac{2\sin\beta\cos\beta}{\beta^2}-\frac{2\sin^2\beta}{\beta^3}\right)=0$$

或者

$$\sin\beta(\beta-\tan\beta)=0 \tag{18.15}$$

条件 $\sin\beta=0$ 或者 $\beta=m\pi$ $(m\neq0)$ 对应极小值。极大值条件是下列超越方程式的根：

$$\tan\beta=\beta \quad (极大值) \tag{18.16}$$

根 $\beta=0$ 对应中央极大值。其余的根可以通过求解直线 $y=\beta$ 和曲线 $y=\tan\beta$ 交点的方法求得(见图 18.4(b))。这些交点出现在 $\beta=1.43\pi, 2.46\pi, \cdots$ 处，分别称为第一极大值、第二极大值、…。由于

$$\left[\frac{\sin(1.43\pi)}{1.43\pi}\right]^2\approx0.0496$$

所以第一极大值的强度约为中央极大值的 4.96%。类似地，可求出第二极大值和第三极大值的强度分别约等于中央极大值的 1.68%和 0.83%。

例 18.1 一束平行光垂直入射到宽度为 0.2mm 的狭缝上。在凸透镜焦平面位置处的观察屏上观察夫琅禾费衍射图样。凸透镜的焦距为 20cm。试计算观察屏上前两个极小值之间的距离和前两个极大值之间的距离。假定 $\lambda=5\times10^{-5}$ cm，并且透镜紧靠狭缝。

解

$$\frac{\lambda}{b}=\frac{5\times10^{-5}}{2\times10^{-2}}=2.5\times10^{-3}$$

衍射极小值的条件可由 $\sin\theta=m\lambda/b$ 给出。假定 θ 很小(用弧度表示)，则满足 $\sin\theta\approx\theta$(这个假设将通过下面的计算进行验证)。将 λ/b 代替角度，我们可得

$$\theta\approx2.5\times10^{-3}\,\text{rad},\quad 5\times10^{-3}\,\text{rad}$$

对应第一、第二极小值的衍射角。注意，由于

$$\sin(2.5\times10^{-3})=2.4999973\times10^{-3}$$

$\sin\theta\approx\theta$ 的误差大约为 10^{-6}。它们在透镜焦面上分开的距离为 $(5\times10^{-3}-2.5\times10^{-3})\times20\text{cm}=0.05\text{cm}$。

类似地，第一极大值和第二极大值分别出现在

$$\beta=1.43\pi,\quad \beta=2.46\pi$$

处，因此，有

$$b\sin\theta=1.43\lambda,\quad 2.46\lambda$$

或者

$$\sin\theta=1.43\times2.5\times10^{-3},\quad 2.46\times2.5\times10^{-3}$$

这两个极大值之间的距离为

$$(2.46-1.43)\times2.5\times10^{-3}\times20\text{cm}\approx0.05\text{cm}$$

例 18.2　再一次考虑一束平行光($\lambda=5\times10^{-5}$cm)垂直入射到宽度为 0.2mm 的狭缝上。观察屏放在距离单缝 3m 处。假定观察屏到单缝的距离已足够远，使得衍射满足夫琅禾费衍射条件。计算中央极大值的宽度。

解　与例 18.1 一样，第一极小值在 $\theta\approx2.5\times10^{-3}$rad 处；因此，中央极大值的全宽度可近似给出：

$$2\times3\times\tan(2.5\times10^{-3})\text{m}\approx0.015\text{m}$$

图 18.6 给出了四幅在观察屏上实际看到的单缝衍射图样，对应的缝宽分别为 8.8×10^{-3}cm，1.76×10^{-2}cm，3.5×10^{-2}cm 和 7.0×10^{-2}cm。所用的光波长为 6328Å$=6.328\times10^{-5}$cm。注意到下列两点：

(1) 图样只沿着狭缝宽度的方向扩展，这是由于缝的长度比宽度大得多。

(2) 与四个缝宽对应的 λ/b 值分别为 7.191×10^{-3}，3.595×10^{-3}，1.808×10^{-3} 和 0.904×10^{-3}。因此，出现第一极小值的衍射角分别为

$$\theta\approx\sin\theta=7.191\times10^{-3},\quad 3.595\times10^{-3},\quad 1.808\times10^{-3},\quad 0.904\times10^{-3}$$

式中，角度是以弧度度量的①。

当缝宽为 8.8×10^{-3}cm 和 1.76×10^{-2}cm 时，由式(18.10)预言的强度分布如图 18.7 所示。对于 $b\gg\lambda$，衍射光束的大部分能量包含在两个第一极小值之间，即

---

① 图 18.6 中，胶片距狭缝 15ft。它记录了当 $b=8.8\times10^{-3}$cm，1.76×10^{-2}cm，3.5×10^{-2}cm 和 7.0×10^{-2}cm 时的夫琅禾费衍射图样。第一个极小值出现在距中央主极大值 3.288cm，1.644cm，0.827cm 和 0.413cm 处。

$$-\frac{\lambda}{b} \leqslant \theta \leqslant \frac{\lambda}{b} \tag{18.17}$$

(其中 θ 以弧度度量)。其发散角(发散角内包含了大部分的能量)由下式给出:

$$\Delta\theta \sim \frac{\lambda}{b} \tag{18.18}$$

当 b 很小时,光几乎均匀地从狭缝处扩展开来。我们还注意到,当 $\lambda \to 0$ 时,$\Delta\theta \to 0$,此时表示衍射效应完全消失。

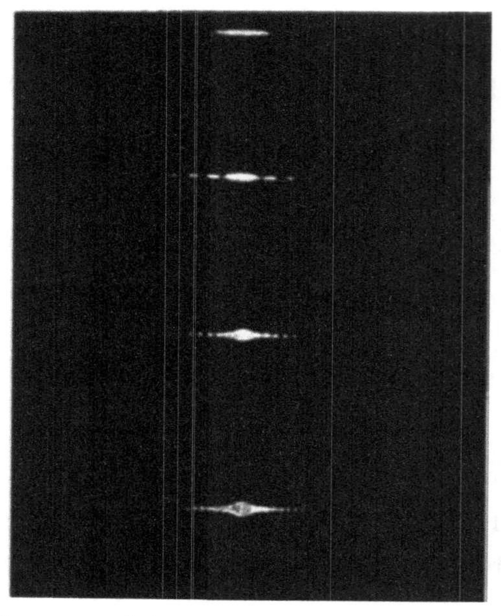

图 18.6　对应于 $b=0.0088\text{cm}$, 0.0176cm, 0.035cm 和 0.070cm 的单缝衍射图样,光波长为 $6.328\times10^{-5}\text{cm}$(摘自文献[18.17],已授权)

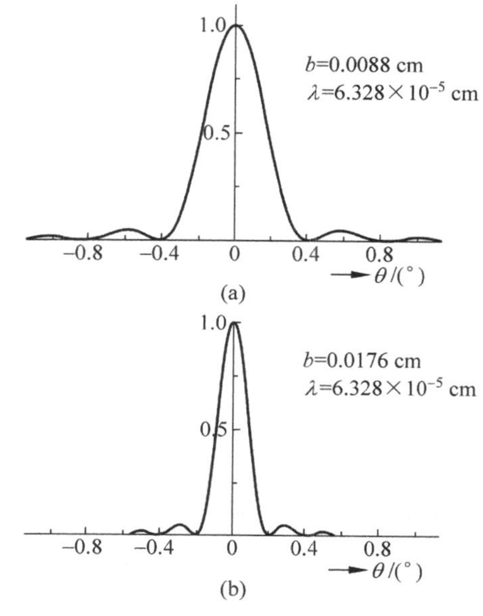

图 18.7　由式(18.10)计算出的强度分布,缝宽 b 分别为 0.0088cm 和 0.0176cm ($\lambda=6.328\times10^{-5}\text{cm}$)

18.3　圆孔衍射　　目标 3

在 18.2 节中已经指出,当平面波入射到一个(宽度为 b 的)长狭缝时,通过狭缝后,将(沿着缝宽的方向)扩展开来,发散角约为 λ/b。用类似的方法可以讨论平面波的圆孔衍射问题。图 18.8 是可以观察到这种衍射图样的装置,一束平面波入射到圆孔上,一个直径比圆孔的直径大很多的透镜紧贴圆孔放置,则在透镜的焦平面上可以看到夫琅禾费衍射图样。由于这个系统具有旋转对称性,则衍射图样应由一系列的同心亮环和暗环组成,(在透镜后面的焦面上)衍射图样称为艾里图样。图 18.9(a)和(b)分别是圆孔半径为 0.5mm 和 0.25mm 的艾里图样。圆孔衍射图样的详细数学分析比较复杂(见 19.7 节),在此只给出最后的结果,强度分布由下式给出:

$$I = I_0\left[\frac{2J_1(v)}{v}\right]^2 \tag{18.19}$$

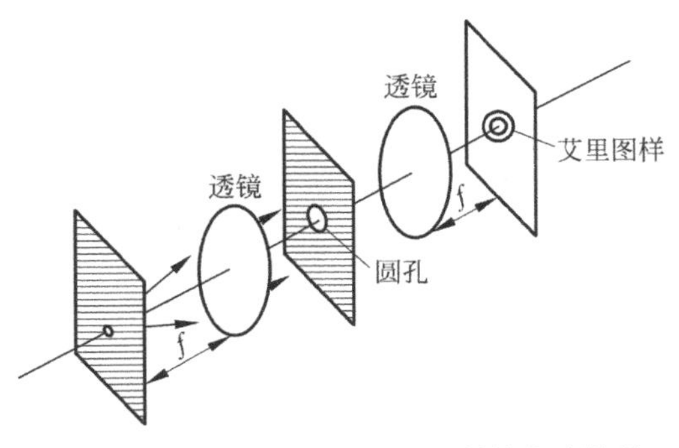

图 18.8　观察圆孔夫琅禾费衍射的实验装置

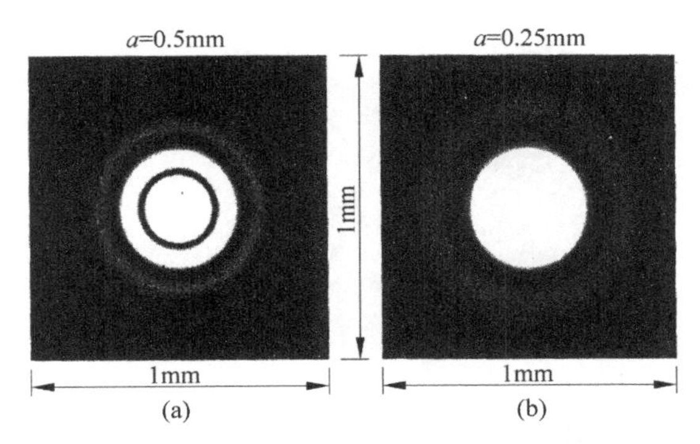

图 18.9　计算机生成的艾里图样；(a)图样和(b)图样分别对应 $a=0.5$mm 和 $a=0.25$mm，并位于焦距为 20cm 的透镜的焦平面上($\lambda=0.5\mu$m)

式中，

$$v=\frac{2\pi}{\lambda}a\sin\theta \tag{18.20}$$

a 是圆孔半径，λ 是光的波长，θ 是衍射角，I_0 是 $\theta=0$ 时的强度(它代表中心极大值)。函数 $J_1(v)$称为一阶贝塞尔函数。在凸透镜的焦平面上，有

$$v\approx\frac{2\pi}{\lambda}a\frac{(x^2+y^2)^{\frac{1}{2}}}{f} \tag{18.21}$$

其中，f 是透镜的焦距。对于那些不熟悉贝塞尔函数的人来说，这里只提示 $J_1(v)$的变化有点类似于有阻尼的正弦函数(见图 18.10)。由于 $J_1(0)=0$，可得

$$\lim_{v\to 0}\frac{2J_1(v)}{v}=1$$

就像下式一样：

$$\lim_{x\to 0}\frac{\sin x}{x}=1$$

$J_1(v)$的其他零点出现在下列 v 值处：

$$v=3.832, 7.016, 10.174, \cdots$$

图 18.11 画出了函数

$$\left[\frac{2J_1(v)}{v}\right]^2$$

的图形。它表示与艾里图样相对应的强度分布。艾里图样中的一系列暗环(见图 18.9)对应于

$$v=\frac{2\pi}{\lambda}a\sin\theta=3.832, 7.016, 10.174, \cdots \tag{18.22}$$

处，或者

$$\sin\theta=\frac{3.832\lambda}{2\pi a}, \frac{7.016\lambda}{2\pi a}, \cdots \tag{18.23}$$

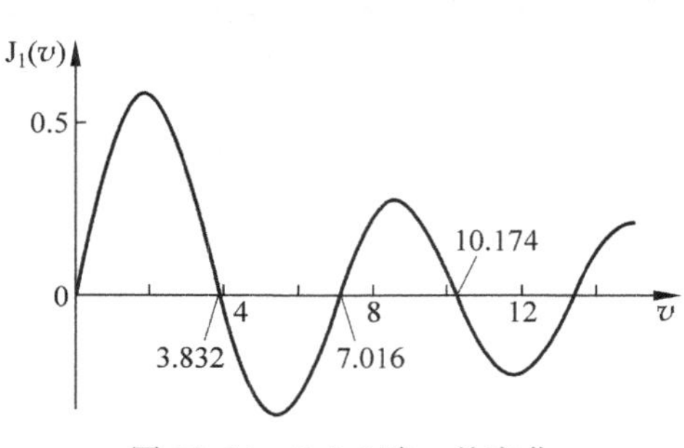

图 18.10 $J_1(v)$随 v 的变化

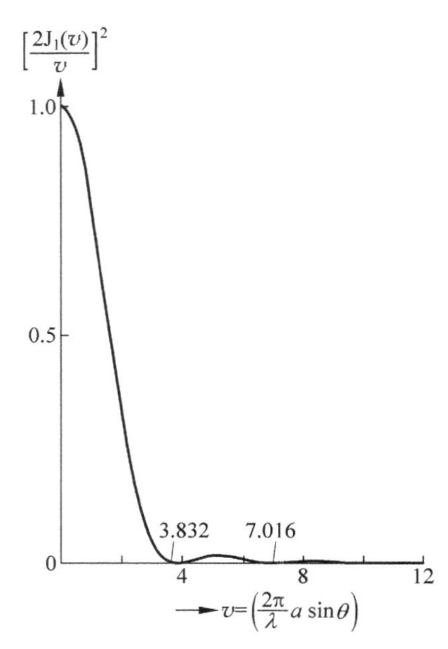

图 18.11 艾里图样的强度变化

如果 f 表示透镜的焦距,则

$$\text{暗环的半径} = f\tan\theta \approx \frac{3.832\lambda f}{2\pi a}, \frac{7.016\lambda f}{2\pi a}, \cdots \tag{18.24}$$

此处我们假定 θ 很小,以致 $\tan\theta \approx \sin\theta$。图 18.9(a)与(b)中的艾里图样分别对应于圆孔半径 $a=0.5\text{mm}$ 和 0.25mm,两图均对应于 $\lambda=5000\text{Å}$ 和 $f=20\text{cm}$。因此,有

$$\text{第一暗环的半径} \approx 0.12\text{mm} \text{ 和 } 0.24\text{mm}$$

分别对应于 $a=0.5\text{mm}$ 和 0.25mm。详尽的数学分析表明,84%的能量包含在第一暗环以内(见 19.7 节),所以可以说,光束的发散角近似地由下式给出:

$$\Delta\theta \approx \frac{1.22\lambda}{D} \approx \frac{\lambda}{D}^{①} \tag{18.25}$$

其中,$D(=2a)$表示孔的直径。比较式(18.18)和式(18.25),可以说,与衍射图样相联系的发散角可以写成如下的普遍形式:

$$\Delta\theta \sim \frac{\lambda}{\text{孔的线度}} \tag{18.26}$$

在黑暗的房间里,如果让一束激光入射到一个针孔上,在后面的墙上将看到艾里衍射图样。

例 18.3 通过半径为 0.02cm 的圆孔在焦距为 20cm 的凸透镜的焦平面上产生衍射图样,试计算头两个暗环的半径。假定 $\lambda=6\times10^{-5}\text{cm}$。

解 第一暗环出现在

$$\theta \approx \sin\theta = \frac{1.22\times6\times10^{-5}}{2\times0.02}\text{rad} \approx 1.8\times10^{-3}\text{rad}$$

① 原书式(18.25)为 $\Delta\theta=\frac{0.61\lambda}{D}$ 有误。——译者注

因此，第一暗环的半径近似为

$$20 \times 1.8 \times 10^{-3}\,\text{cm} = 3.6 \times 10^{-2}\,\text{cm}$$

类似地，第二暗环的半径近似为

$$20 \times \frac{7.016 \times 6 \times 10^{-5}}{2\pi \times 0.02}\,\text{cm} \approx 6.7 \times 10^{-2}\,\text{cm}$$

图 18.12 显示，如果一个带有小空隙的障碍物放置水箱中，(水波)涟漪就会呈半圆状散开；小空隙就像一个点光源一样。然而如果空隙很大，衍射效应就会受到很大的限制。在此情景中，“小”意味着障碍物的大小和(水波)涟漪的波长相当。

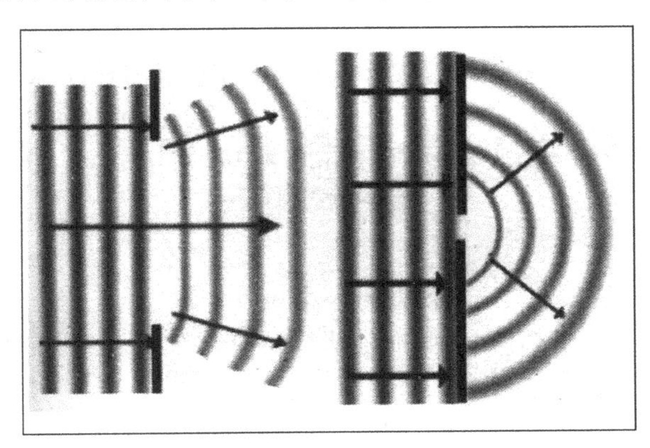

图 18.12　如果一个带有小缝隙的阻挡屏放在水槽中，平面水波经过小缝隙后将产生几乎半圆形的涟漪。小缝隙扮演了点波源的作用。然而当缝隙扩得很大，衍射效应将大大减弱。此处说阻挡屏缝隙尺寸“小”，是和水波涟漪的波长相比较而言。图片由诺特(Theresa Knott)女士绘制，使用得到了她的准许

请扫 1 页二维码看彩图

18.4　激光束的定向性　　目标 4

普通光源(如钠光灯)向各个方向辐射。然而，激光束的发散主要来源于衍射效应。对于多数激光束来说，其横向振幅服从高斯分布；实际上当光束刚刚离开激光器(可假定激光器位于 $z=0$)时，振幅服从下面的分布：

$$A(x,y) = a\exp\left(-\frac{x^2+y^2}{w_0^2}\right) \tag{18.27}$$

假定波阵面在 $z=0$ 处为平面。从上式可知，在离 z 轴 w_0 远处，幅度下降到原来的 $1/\text{e}$(亦即强度下降因子是 $1/\text{e}^2$)，称 w_0 为光束的光斑尺寸。在 20.5 节(还有在附录 D)，将证明当光束在 z 方向上传播时，强度服从下面的分布：

$$I(x,y,z) = \frac{I_0}{1+\gamma^2}\exp\left[-\frac{2(x^2+y^2)}{w^2(z)}\right] \tag{18.28}$$

其中，

$$\gamma = \frac{\lambda z}{\pi w_0^2}$$

$$w(z)=w_0(1+\gamma^2)^{1/2}=w_0\left(1+\frac{\lambda^2 z^2}{\pi^2 w_0^4}\right)^{1/2} \tag{18.29}$$

因此,光束随着 z 的增加,横向强度依然服从高斯分布,且光束宽度也随之增加。当 z 值很大($\gg w_0^2/\lambda$)时,可得

$$w(z)\approx w_0\frac{\lambda z}{\pi w_0^2}=\frac{\lambda z}{\pi w_0} \tag{18.30}$$

这表明光束宽度随着 z 线性增加。定义衍射角为

$$\tan\theta=\frac{w(z)}{z}\approx\frac{\lambda}{\pi w_0} \tag{18.31}$$

上式说明,光束宽度的增长率与传输的波长成正比,与光束的初始宽度成反比。式(18.31)与式(18.26)是一致的。

为了得到一些数值的印象,假定 $\lambda=0.5\mu m$。然后,对于 $w_0=1mm$,有

$$2\theta\approx 0.018°$$

且当 $z=10m$ 时,有

$$w\approx 1.88mm$$

(这里计算 $w(z)$需要用式(18.29),而不是式(18.30),为什么?)同样地,对于 $w_0=0.25mm$,有

$$2\theta\approx 0.073°$$

且当 $z=10m$ 时,有

$$w\approx 6.35mm$$

(见图 18.13)。注意到,θ 随着 w_0 的减小而增加(光斑尺寸越小,衍射效应越大)。

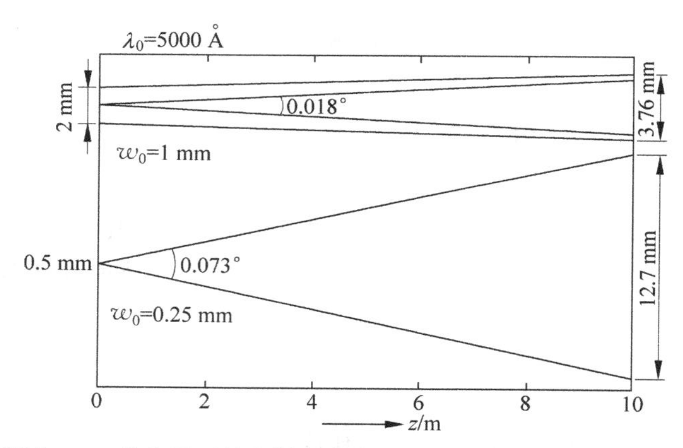

图 18.13 波阵面在 $z=0$ 处为平面的高斯光束的衍射发散情况。图中显示了当初始光斑尺寸的大小由 1mm 减为 0.25mm 时,衍射发散的扩大,设波长为 5000Å

从式(18.31)可以发现:

(1) 对于一个给定的 λ,θ 随着 w_0 的减小而增大,表明了初始的光斑尺寸越小,衍射发散越大。

(2) 对于给定的 w_0,θ(也就是衍射发散角)随着 λ 的减小而减小。图 18.14 显示,对于初始光斑尺寸为 $w_0=0.25mm$ 的高斯光束,当波长从 5000Å 减小到 500Å 时,衍射发散变小。实际上,当 $\lambda\to 0$ 时,没有光束的衍射扩展,这就是所谓的几何光学极限。

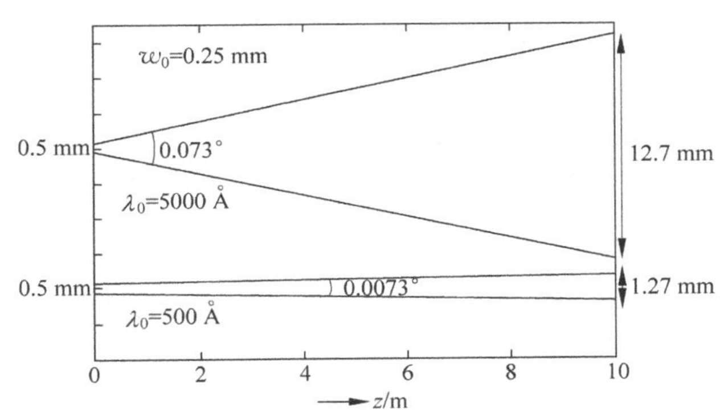

图 18.14　波阵面在 $z=0$ 处为平面的高斯光束的衍射发散情况。图中显示了当波长由 5000Å 减小到 500Å 时衍射发散变小，设初始光斑尺寸 w_0 为 0.25mm

从图 18.15 中可以看到一激光束在大气中传输的情景，注意激光束的发散非常小。从式(18.27)，可容易证明

$$\iint_{-\infty}^{+\infty} I(x,y,z)\mathrm{d}x\,\mathrm{d}y=\frac{\pi w_0^2}{2}I_0$$

它与 z 无关。这是可以预料的，当涵盖整个 x-y 平面时，总能量不会随着 z 而改变。

图 18.15　从位于智利帕瑞纳天文台的甚大望远镜(包含四台望远镜)中名为“天狼星”(Yepun telescope)的 8.2m 口径望远镜发出的激光束，该激光束穿过天空，在位于地球 90km 高的大气中间层产生人造星信标。注意激光束的衍射发散极小。图片由胡德波尔(G. Huedepohl)博士友情提供，该照片为公开照片

请扫 1 页二维码看彩图

例 18.4　工作在氦氖激光波长($\lambda_0=0.6328\mu$m)上，从单模光纤输出的激光束近似于高斯分布，且 $w_0=5\mu$m。因此，相对应的发散角为

$$\theta\approx\arctan\left(\frac{\lambda_0}{\pi w_0}\right)\approx 2.3°$$

因此,如果屏幕放置在离光纤 50cm 远的位置上,光束的半径为 2cm。

如果一光束的发散仅由其衍射所致,那么该光束称作衍射极限光束。一般来说,激光束都是衍射极限光束。另外,如果在透镜的焦平面上放置一根灯丝光源,那么其发出的光束由于灯丝的有限尺寸而发散(见图 18.16)。光束的发散角为(见图 18.16)

$$\Delta\theta \approx \frac{l}{f} \tag{18.32}$$

其中,l 表示灯丝的长度,f 为透镜的焦距。如果灯丝的直径为 2mm(放在焦距为 10cm 的透镜的焦平面上),光束的发散角(来源于灯丝的有限尺寸)近似为

$$\Delta\theta \approx \frac{2\text{mm}}{100\text{mm}} = 0.02\text{rad}$$

如果透镜的孔径为 5cm,光束由透镜的衍射造成的发散角为

$$\Delta\theta \approx \frac{\lambda}{D} \approx \frac{5\times10^{-5}\text{cm}}{5\text{cm}} = 0.00001\text{rad}$$

它比由于灯丝的有限尺寸而产生的发散角小得多。只有当灯丝的尺寸比 10^{-3}mm 小很多时,光束发散才由衍射决定。因此,对于大多数实际光源来说,光束的发散来源于光源的有限尺寸,而不是衍射。

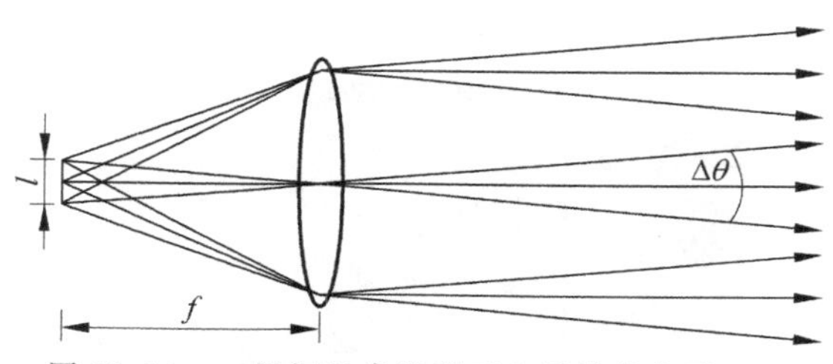

图 18.16 一根灯丝光源置于凸透镜的焦平面上

激光束的聚焦

正如上面提到的一样,激光束常常是衍射极限的光束。如果这样的一个衍射极限光束投射在凸透镜上,那么

$$\text{焦点光斑的半径} \approx \frac{\lambda_0 f}{a} \tag{18.33}$$

(见图 18.17)。在式(18.33)中,f 表示透镜的焦距,a 表示激光束的半径或者透镜孔径的半径(视它们之间哪一个更小)。因此,有

$$\text{焦点光斑的面积 } A \approx \pi\left(\frac{\lambda_0 f}{a}\right)^2$$

下面通过一些例子来理解这种聚焦的效应。

例 18.5 考虑一个 2mW 的激光束($\lambda_0 = 6\times10^{-5}$cm)入射到焦距 $f=2.5$cm 的眼睛上。如果瞳孔的直径($=2a$)为 2mm,那么焦点光斑的面积

$$A \approx \pi\left(\frac{\lambda_0 f}{a}\right)^2 \approx 7\times10^{-6}\text{cm}^2$$

在视网膜上,光强近似为

$$I \approx \frac{P}{A} \approx \frac{2\times10^{-3}\text{W}}{7\times10^{-10}\text{m}^2} \approx 3\times10^6\text{W/m}^2$$

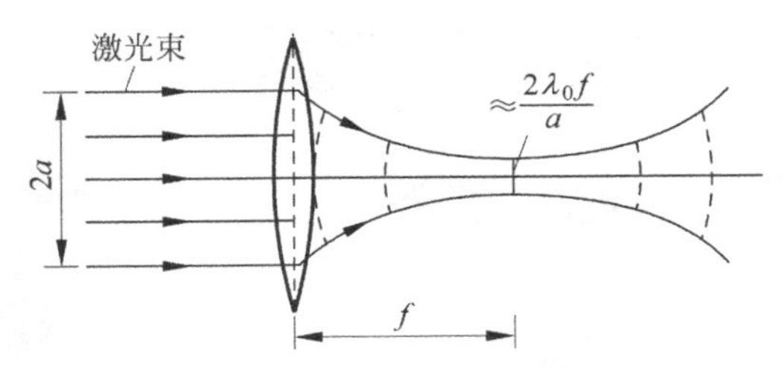

图 18.17　如果一束有限截面的平面波(直径为 $2a$)垂直入射到焦距为 f 的无相差透镜上，那么从透镜出射的光将聚焦到焦点，其光斑的半径为 $\lambda_0 f/a$，焦点光斑面积为 $\pi(\lambda_0 f/a)^2$

如此高的强度将损伤视网膜！因此绝不要正视(看起来似乎无害的)低功率激光束。

例 18.6　接下来考虑 3MW 的激光束($\lambda_0=6\times10^{-5}$cm，光束宽度 $2a\approx1$cm)入射到焦距为 5cm 的透镜上，那么焦点光斑的面积

$$A\approx\pi\left(\frac{\lambda_0 f}{a}\right)^2\approx10^{-6}\,\text{cm}^2=10^{-10}\,\text{m}^2$$

在透镜的焦平面上，强度近似为

$$I\approx\frac{P}{A}\approx\frac{3\times10^6\,\text{W}}{10^{-10}\,\text{m}^2}\approx3\times10^{16}\,\text{W/m}^2$$

通过式(18.34)(见式(23.90))可知，光束的强度与电场强度振幅 E_0 的关系为

$$I=\frac{1}{2}\varepsilon_0 c E_0^2 \tag{18.34}$$

其中，$\varepsilon_0\approx8.854\times10^{-12}$(MKS 单位制)表示自由空间的介电常数，$c\approx3\times10^8$m/s 为自由空间的光速。将 $I=3\times10^{16}\,\text{W/m}^2$ 代入式(18.34)，容易得到

$$E_0\approx5\times10^9\,\text{V/m}$$

如此高的电场强度将导致空气中火花的产生(见图 18.18)。因此，激光束(由于其高定向性)能聚焦在相当小的区域内而产生高的强度。如此高的强度带动激光应用于许多工业中，如材料的焊接、打孔、切割等(参见文献[18.5])。图 18.19 显示聚焦的激光在水泥上打孔的情景。

图 18.18　一峰值功率为 3MW 的红宝石激光束被聚焦。在焦点处，电场强度为 10^9 V/m 量级，从而在空气中引发了火花(图片承蒙特修恩(R. W. Terhune)博士提供)

图 18.19 一个聚焦的激光束在水泥上打孔的情景。图片由印度 RRCAT(Raja Ramanna Centre for Advanced Technology,位于印度的印多尔)的乌帕迪耶(Brahma Nand Upadhyay)博士友情提供

请扫 1 页二维码看彩图

在下面两个例子中,当直视一个 500W 的灯泡或者太阳时,计算(照射在我们眼睛视网膜)的光强度(注意:绝不要直视太阳;视网膜将受到损伤,这不仅是因为太阳光的高强度,还因为太阳光中包含大量的紫外线成分)。

例 18.7 考虑一个直径为 6cm 的白炽光源(如 500W 的灯泡),距离眼睛 5m 远(见图 18.20)。假定瞳孔的直径为 2mm。因此,有

$$\text{眼镜瞳孔的面积} \approx \pi(1\times 1)\text{mm}^2 \approx 3\times 10^{-6}\text{m}^2$$

$$\text{进入眼睛的光功率} \approx 500\text{W} \times \frac{\pi r^2}{4\pi R^2} \approx 5\times 10^{-6}\text{W}$$

$$\text{成像的半径} = \text{光源的半径} \times \text{缩小倍数} \approx 3\text{cm} \times \frac{2.5}{500} \approx 1.5\times 10^{-4}\text{m}$$

其中已经假定在离瞳孔 2.5cm 远处形成图像。因此,有

$$\text{像位置处的功率密度} = \frac{5\times 10^{-6}\text{W}}{\pi\times(1.5\times 10^{-4})^2\text{m}^2} = 70\text{W/m}^2$$

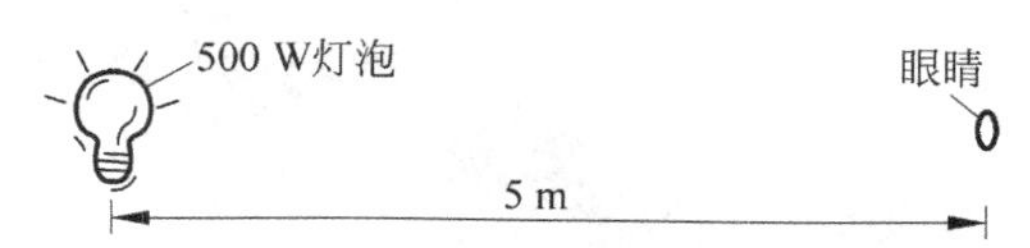

图 18.20 距离眼睛 5m 处的 500W 的灯泡

例 18.8 接下来计算直视太阳(见图 18.21)时视网膜处的光强度。此时

$$\text{到达地球上的太阳光的强度} \approx 1.35\text{kW/m}^2$$

因此,有

$$\text{进入眼睛的光功率} \approx 1.35\times 10^3 \times \pi \times 10^{-6}\text{mW} \approx 4\text{mW}$$

在地球上看太阳,太阳所成锥角大约为 0.5°。因此,有

$$\text{太阳在视网膜成像的半径} \approx 0.5\times\frac{\pi}{180}\times 25\text{mm} \approx 0.2\text{mm} = 2\times 10^{-4}\text{m}$$

$$\text{像位置处的功率密度} \approx \frac{4\times 10^{-3}\text{W}}{\pi\times(2\times 10^{-4})^2\text{m}^2} \approx 30\text{kW/m}^2$$

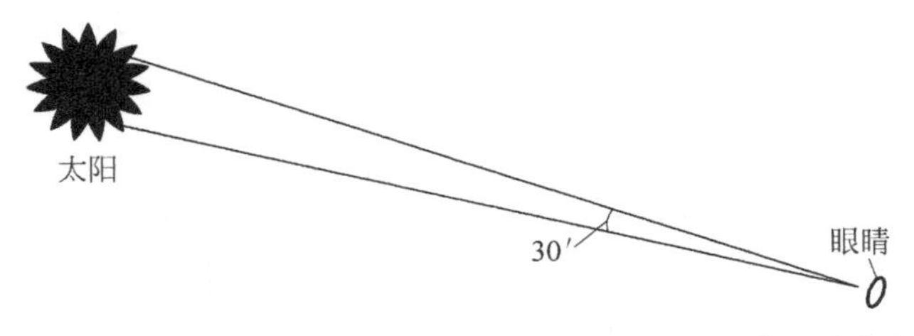

图 18.21　如果直视太阳，视网膜处的光强度高达 $30\mathrm{kW/m^2}$，这会损坏视网膜

总结一下，一个 2mW 衍射极限的激光束入射到眼睛上，可以在视网膜上产生大约 $10^6\,\mathrm{W/m^2}$ 的光强度，这肯定会损伤视网膜。反之，眼睛去看一个 500W 的灯泡是相当安全的，但是直视一个 2mW 的激光束是非常危险的。正是因为激光束能聚焦在非常狭小的区域内，它在眼科手术、激光焊接等领域有重要的应用。

从上面的讨论中，立刻可以得出，光束的半径越大，焦点光斑尺寸越小，因此，在焦点光斑上的光强度越大。实际上，可使用光束扩束器（见图 18.22）来产生更大尺寸的光束，它的焦点光斑点尺寸更小。然而，在焦点之后，光束将有更大的发散，因而将在一个很短的距离内扩展。通常定义一个焦深的含义是（位于光轴上）光强相比于焦点处减小一个特定因子时离开焦点的距离。因此，当焦点光斑小时焦深也小。在透镜焦平面上的强度分布由式（18.19）给出，其中参数 v 由式（18.21）给出。另外，轴上的光强度由下式给出：

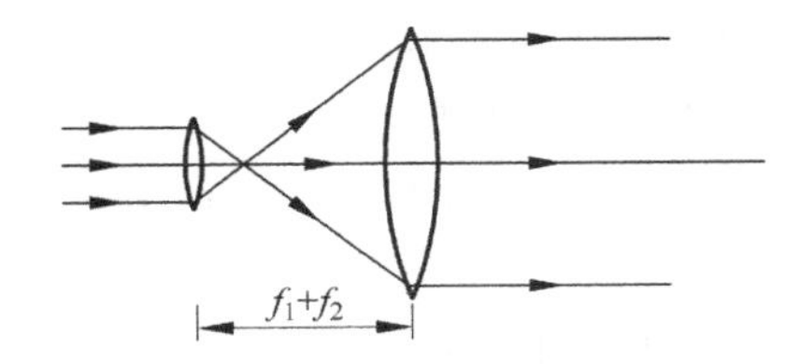

图 18.22　两个间隔距离为其焦距之和的凸透镜可以作为光束扩束器

$$I = I_0\left[\frac{\sin(w/4)}{w/4}\right]^2 \tag{18.35}$$

其中，

$$w = \frac{2\pi}{\lambda}\left(\frac{a}{f}\right)^2 z \tag{18.36}$$

此处 $z=0$ 表示焦平面①。

可以很容易看出，强度在

$$z \approx \pm 0.5\lambda(f/a)^2 \tag{18.37}$$

处下降 20%，这个 z 值通常被看作焦深或焦点容限。a 值越大，焦点容限越小。对于 $\lambda = 6\times10^{-5}\,\mathrm{cm}$，$f=10\mathrm{cm}$，$a=1\mathrm{cm}$，焦点容限大约为 $3\times10^{-3}\,\mathrm{cm}$。

18.5　分辨极限　　目标 5

考察两个点光源，如两颗星星（这样可以认为进入光学系统孔径的光波是平面波）被直径为 D 的望远物镜所聚焦（见图 18.23）。正如在前面章节中讨论的，这个系统可以认为是等效于图 18.8 所示的系统，一个直径为 D 的圆孔后面有一个焦距为 f 的会聚透镜。这样

① 该式的推导已在多处给出，如文献[18.6]的 6.5 节。

一来,两个点光源各自产生艾里图样,如图18.23所示。艾里环的直径取决于物镜的直径、焦距和光的波长(见例18.3)。

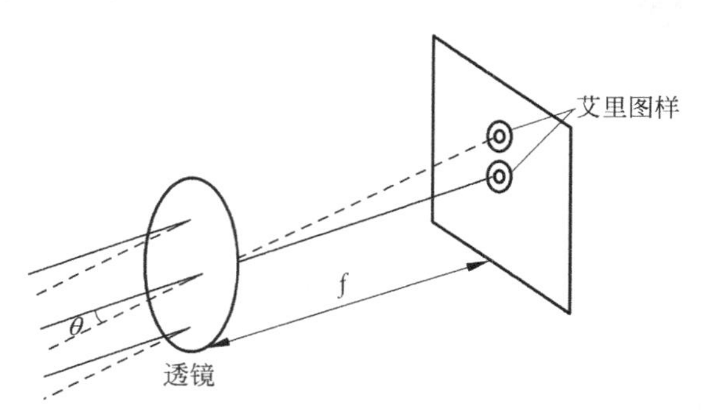

图18.23 两个远距离物体在凸透镜焦平面上成像。如果它们各自衍射图样可以很好地分开,那么称它们是可分辨的

图18.23中所示的两个艾里图样彼此离开足够远,因而,两个物点被说成是清晰可辨的。由于第一暗环的半径是$1.22\lambda f/D$,当物镜直径D越变越小时,两个艾里图样就重叠得越来越多。因此,要想得到更高分辨率,就要求更大的物镜直径。这就是望远镜通常以物镜直径大小来表征其分辨本领的原因;比如,一个40in的望远镜意味着其物镜的直径是40in。图18.24显示了由一个孔径2.56m的望远镜观测"牧夫座"ζ双星的成像,并可以看见每颗星体周围的艾里图样。

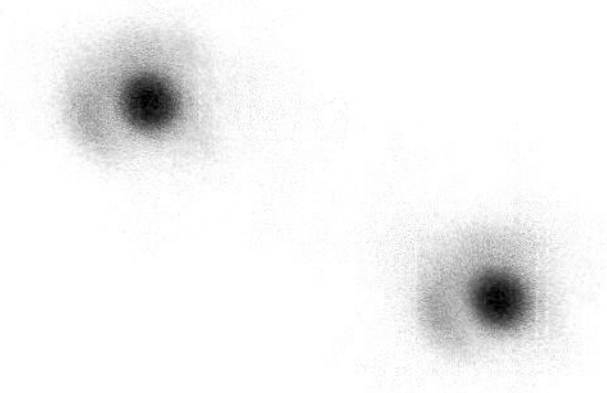

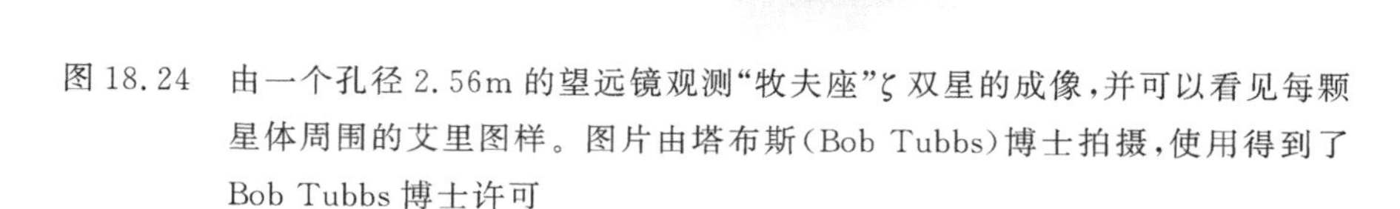

图18.24 由一个孔径2.56m的望远镜观测"牧夫座"ζ双星的成像,并可以看见每颗星体周围的艾里图样。图片由塔布斯(Bob Tubbs)博士拍摄,使用得到了Bob Tubbs博士许可

请扫1页二维码看彩图

图18.25和图18.26中画出了两个远距离物体在不同分离角时,其各自的强度分布和其合成光的强度分布。在每种情况下,我们假设两个物体源的像在其各自的中心点产生相同的强度。很明显,合成光的强度分布相当复杂(见图18.27),图18.25和图18.26所画的是两艾里图样的中心连接线上的强度分布图。需要指出的是,由于两点光源是独立的,因此将它们的光强分布(艾里图样)直接相加。如果选择此连线作为x轴,则在图18.25和图18.26中参数v由下式给出:

$$v=\frac{2\pi a}{\lambda f}x \tag{18.38}$$

图18.25(a)中画出了两个角距离约为$6\lambda/(\pi D)$的远离物体产生的合强度的分布,可见两个

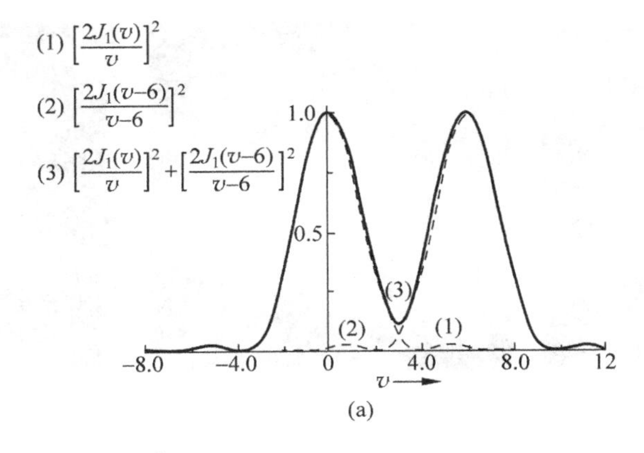

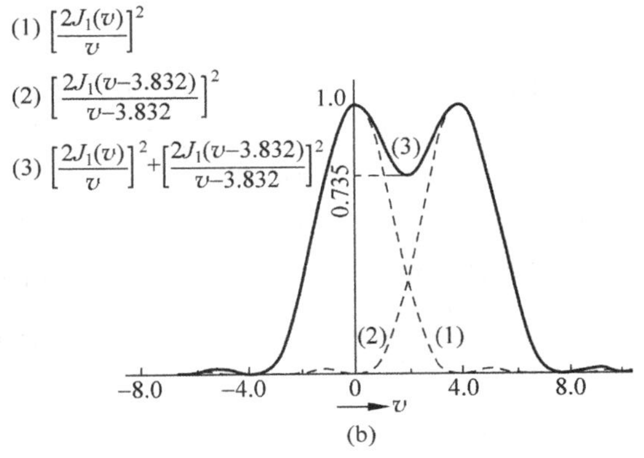

图 18.25　虚线表示两个点光源分别产生的强度分布(在中心点产生的强度相同)，实线表示合成光的光强分布。图(a)和图(b)分别对应两物点的角间距为 $6\lambda/\pi D$ 和 $1.22\lambda/D$ 的情况。第一种情况下，两个物点可以很好地分辨，而在第二种情况下(根据瑞利判据)，它们恰好可以分辨

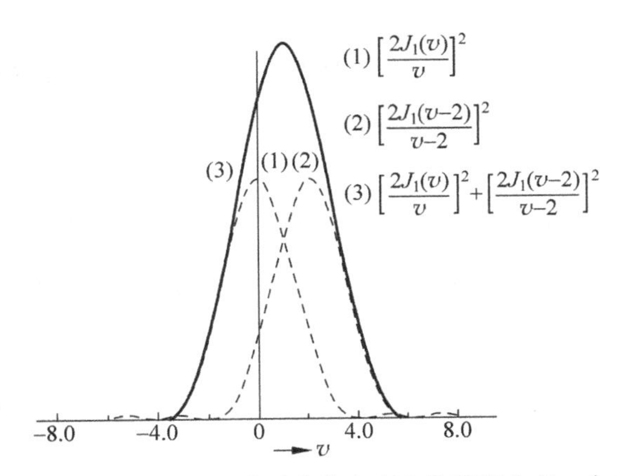

图 18.26　虚线表示两个角间距为 $2\lambda/(\pi D)$ 的远离物点产生的强度分布。合成光的强度分布(如实线所示)只有一个峰，因而两物点不可分辨

像可以清晰地分辨开来。图 18.26 对应于两物体的角距离为

$$\Delta\theta \approx \frac{2}{\pi}\frac{\lambda}{D} \tag{18.39}$$

的情形，可见合强度分布只有一个峰，因而两物体根本不能分辨开。最后，如果两物体的角

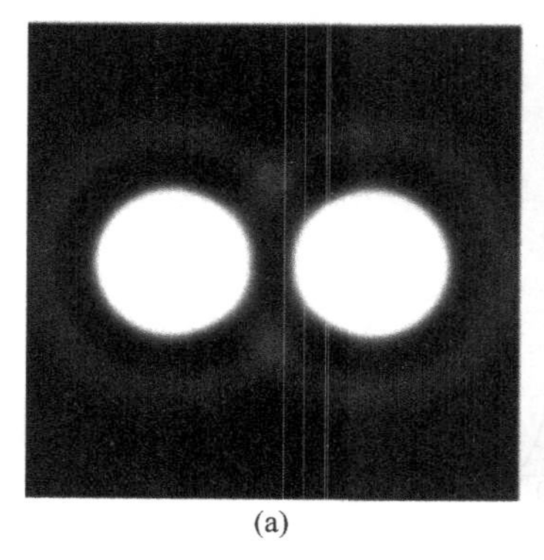
(a)

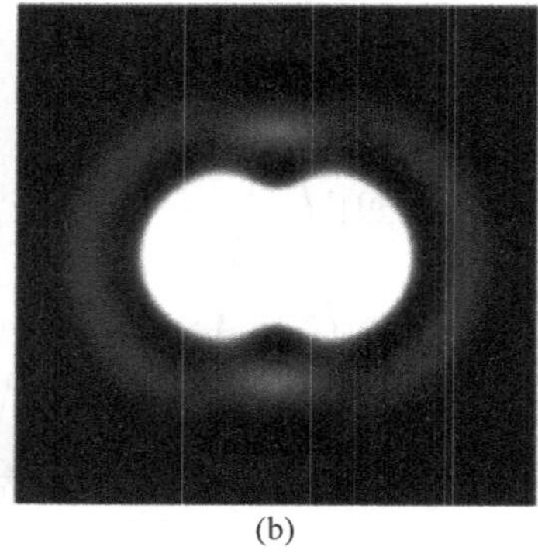
(b)

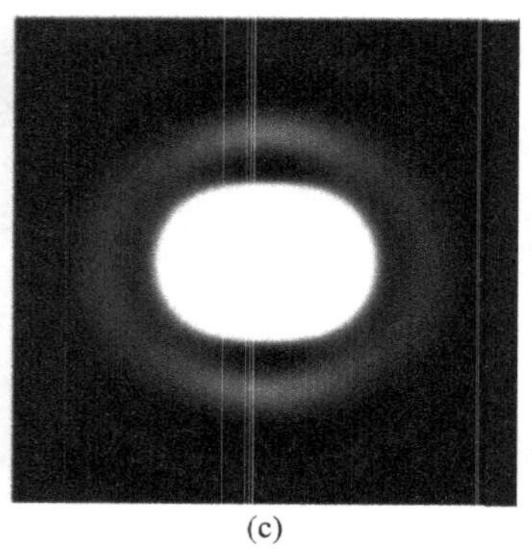
(c)

图 18.27　由计算机生成的两点光源产生的像的强度分布

(a) 两点可清晰分辨；(b) 两点恰好可分辨；(c) 两点不可分辨

距离为 $1.22\lambda/D$，那么一个艾里图样的中央极大值就落到另一个图样的第一极小值上，这时两个物体被说成恰好可以分辨。分辨极限的这个准则称为瑞利判据。与其相应的强度分布图如图 18.25(b)所示，实际的衍射图样见图 18.27。

为了对上述结果有一个数值概念，考虑一个直径为 5cm 和焦距为 30cm 的望远物镜。假定光的波长为 6×10^{-5}cm，求得两个恰好可以分辨开的远离物体的角距离是

$$1.22\frac{\lambda}{D}=\frac{1.22\times6\times10^{-5}}{5}\text{rad}\approx1.5\times10^{-5}\text{rad}$$

而艾里图样的第一暗环的半径是

$$1.22\frac{\lambda}{D}\times\text{焦距}=\frac{1.22\times6\times10^{-5}}{5}\times30\text{cm}\approx4.5\times10^{-4}\text{cm}$$

显而易见，物镜直径越大，分辨本领越高。例如，最大的望远物镜的直径约为 80in，相应地，恰好可分辨的两物体的最小角距离约为 0.07″(角秒也称弧秒)。这是一个非常小的分辨极限，由于大气湍流的原因，建在地面上的望远镜从未达到这样小的分辨率极限。然而，较大的口径总是提供较高的集光本领，因而具有观察更深更远宇宙空间的能力。

有趣的是，如果假定人眼的分辨力主要受到衍射效应的限制，就可以求出人眼的最小分变角为

$$\Delta\theta\approx\frac{\lambda}{D}\approx\frac{6\times10^{-5}}{2\times10^{-1}}\text{rad}=3\times10^{-4}\text{rad}\tag{18.40}$$

这里已经假定瞳孔直径为 2mm。这样一来，在 20m 远的地方，人眼能分辨的最近的两点之间的距离是

$$3\times10^{-4}\times20\text{m}=6\times10^{-3}\text{m}=6\text{mm}$$

通过将一根毫米刻度尺逐渐挪离眼睛，找出在什么距离毫米刻线变模糊了，就能够定性地证实上述结果。

在上面的讨论中，假定两个物点将产生完全相同的(但是是分开的)艾里图样。如果情形不是这样，则两个中央极大值的强度不相等，于是就必须修正分辨极限的判据，以使得两个极大值可以分辨。

显微镜的分辨本领

下面讨论直径为 D 的显微物镜的分辨本领。如图 18.28 所示，P 和 Q 代表通过显微镜

观察的靠得很近的两自身发光的点状物体。假定不存在几何像差。发自点 P 和点 Q 的光(经过透镜折射后)各自产生球面波前,以各自的傍轴像点 P' 和 Q' 为中心形成艾里图样。对于恰好能够分辨的点 P 和点 Q,点 Q' 恰好位于围绕点 P' 的第一暗环处,因此,有

$$\sin\alpha' \approx \frac{1.22\lambda}{D} = \frac{1.22\lambda_0}{n'D} \tag{18.41}$$

式中,n 和 n' 分别表示物空间和像空间的折射率,λ_0 和 $\lambda(=\lambda_0/n')$ 分别表示光在自由空间和在折射率为 n' 的介质中的波长。在图 18.28 中定义了角度 α',且有

$$\sin\alpha' \approx \frac{y'}{OP'} = \frac{y'\tan i'}{D/2} \approx \frac{y'\sin i'}{D/2} \tag{18.42}$$

其中我们假定了 $\sin i' \approx \tan i'$,由于像距(OP')远大于 D,因此这是合理的。通过式(18.41)和式(18.42),可得

$$y' \approx \frac{0.61\lambda_0}{n'\sin i'}$$

如果运用正弦定律 $n'y'\sin i' = ny\sin i$(见第 4 章式(4.39)),可得

$$y \approx \frac{0.61\lambda_0}{n\sin i} \tag{18.43}$$

这表示了显微镜所分辨的最小间隔。其中 $n\sin i$ 是光学系统的数值孔径,分辨本领随着数值孔径的增加而增大。正是这个原因,有些显微镜中,物镜和物体标本之间的空间中充有一种油,通常称为油浸物镜。式(18.43)告诉我们,分辨本领随着 λ 的缩短而提高,由于这个缘故,常常用蓝光(甚至用紫外线)来照明物体。例如,在电子显微镜中,加速到 100keV 的电子束的德布罗意波长约为 0.03×10^{-8}cm,因此,这样的电子显微镜有极高的分辨本领。

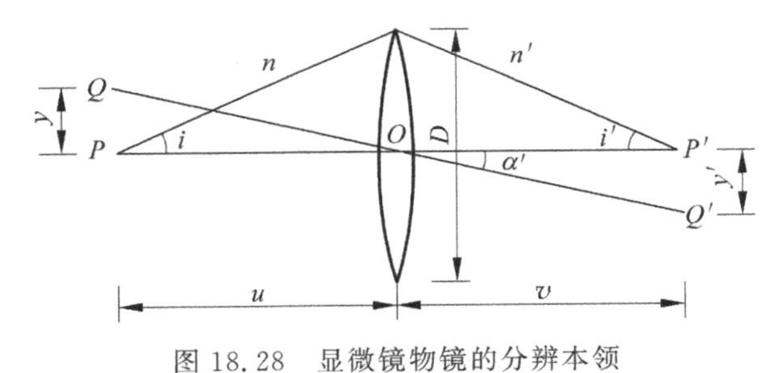

图 18.28 显微镜物镜的分辨本领

在上面的分析中,假定两个物点是自身发光的,因而两个强度可以相加。但是在实际情况中,物体是被同一个光源照明的。因此,一般来说,两个物点所发射光波之间存在某些相位上的关联。严格来说,在这种情形下,不能将强度直接相加(参阅 14.6 节)。然而式(18.43)可以给出分辨极限的正确数量级。

18.6 双缝的夫琅禾费衍射图样 目标 6

在 18.2 节中已经研究过宽度为 b 的单缝所产生的夫琅禾费衍射图样,并且求出了其包含极大值和极小值的强度分布。本节将研究由两个间隔为 d 的平行狭缝(每一个狭缝宽度为 b)所产生的夫琅禾费衍射图样。会发现,其合成强度分布就是单缝衍射图样与间隔为 d

的两个点光源产生的干涉图样的乘积。

为了计算衍射图样，采用计算单缝衍射图样时用过的类似方法，假定每个缝都由大量的间隔相等的线状光源组成，并且假定每条线都是惠更斯子波源。设(第一个缝中的)线状光源处于 $A_1, A_2, A_3, \cdots$，以及(第二个缝中的线状光源)处于 $B_1, B_2, B_3, \cdots$(见图18.29)。如以前一样，任意狭缝中的相邻线状光源之间的距离为 Δ。如果衍射光线与狭缝平面的法线的夹角为 θ，那么从每个缝上相邻两个线状光源到点 P 的扰动之间的光程差将是 $\Delta\sin\theta$。因此，第一个缝在点 P 产生的场由下式给出(见式(18.9))：

$$E_1 = A\,\frac{\sin\beta}{\beta}\cos(\omega t-\beta)$$

类似地，第二个缝在点 P 产生的场为

$$E_2 = A\,\frac{\sin\beta}{\beta}\cos(\omega t-\beta-\Phi_1)$$

式中，

$$\Phi_1 = \frac{2\pi}{\lambda}d\sin\theta$$

它表示从两个缝上互相对应的两点(到达点 P)的扰动之间的相位差。这里所谓互相对应的两点是指间隔为 d 的诸如 $(A_1, B_1), (A_2, B_2), \cdots$ 这样的一对对点。因此，合波场为

$$E = E_1 + E_2 = A\,\frac{\sin\beta}{\beta}[\cos(\omega t-\beta)+\cos(\omega t-\beta-\Phi_1)]$$

它表示两波的干涉，每个波的幅度为 $A\,\dfrac{\sin\beta}{\beta}$，它们的相位相差 Φ_1。上式可以写成

$$E = A\,\frac{\sin\beta}{\beta}\cos\gamma\cos\left(\omega t-\frac{1}{2}\beta-\frac{1}{2}\Phi_1\right)$$

式中，

$$\gamma = \frac{\Phi_1}{2} = \frac{\pi}{\lambda}d\sin\theta \tag{18.44}$$

强度分布将有如下形式：

$$I = 4I_0\,\frac{\sin^2\beta}{\beta^2}\cos^2\gamma \tag{18.45}$$

式中，$I_0\sin^2\beta/\beta^2$ 代表一条缝单独存在时所产生的强度分布。可以看到，强度分布是两因子

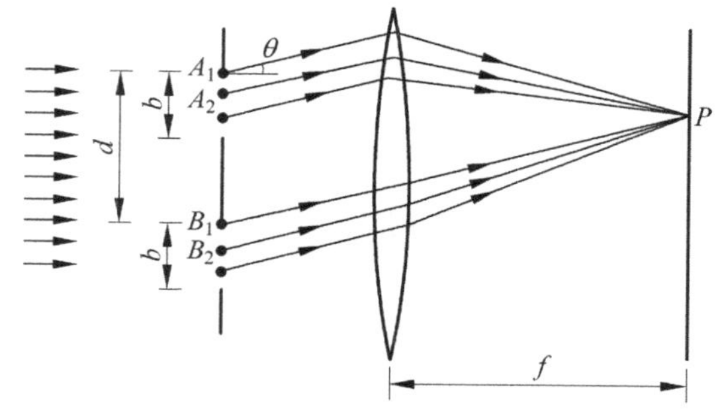

图18.29　一平面波垂直入射到双缝上的夫琅禾费衍射

之积，第一个因子（$\sin^2\beta/\beta^2$）代表宽度为 b 的单缝产生的衍射图样，第二个因子（$\cos^2\gamma$）代表间隔为 d 的两个点光源产生的干涉图样。当然，如果缝宽小到第一个因子 $\sin^2\beta/\beta^2$ 几乎不随 θ 变化，即可得到杨氏干涉图样（参见 14.6 节）。

图 18.30 显示双缝衍射图样，分别对应于 $d=0$，0.0176cm，0.035cm，0.070cm，$b=0.0088$cm，$\lambda=6.328\times10^{-5}$cm。由式(18.45)得出的强度分布显示在图 18.31 中。

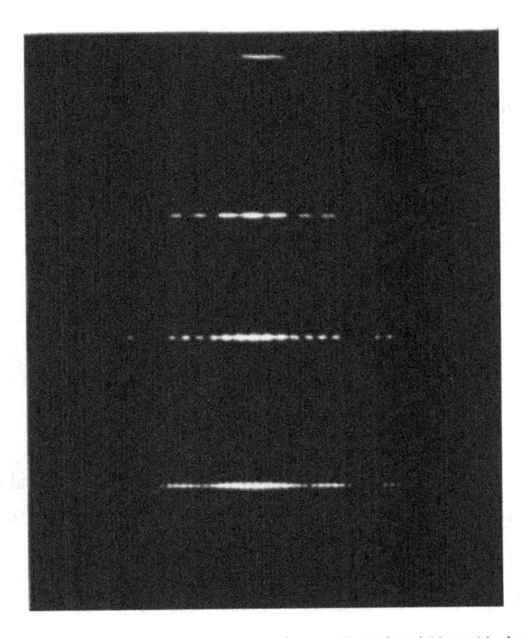

图 18.30　当 $b=0.0088$cm，$\lambda=6.328\times10^{-5}$cm 时观察到的双缝夫琅禾费衍射图样。$d=0$，0.0176cm，0.035cm，0.070cm。（此图来自文献[17]，已授权）

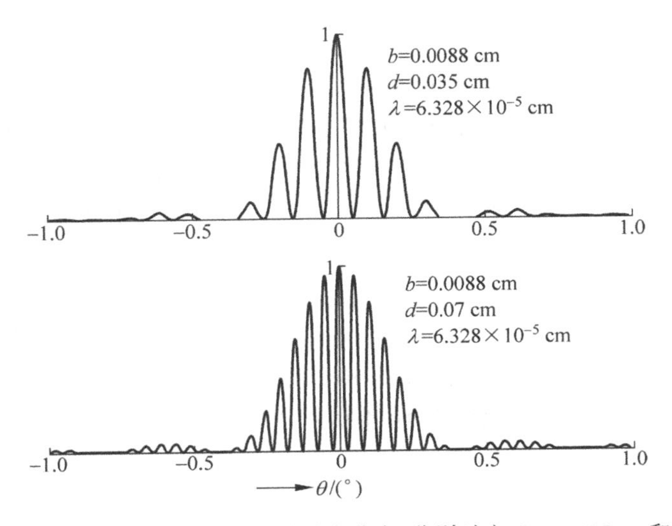

图 18.31　由式(18.45)推导出的双缝强度分布，分别对应 $d=0.035$cm 和 0.070cm（$b=0.0088$cm，$\lambda=6.328\times10^{-5}$cm）

极大值和极小值的位置

由式(18.45)可见，当

$$\beta=\pi,2\pi,3\pi,\cdots$$

或者

$$\gamma=\frac{\pi}{2},\frac{3\pi}{2},\frac{5\pi}{2},\cdots$$

时，强度就等于零。相应的衍射角由下式给出：

$$\begin{cases} b\sin\theta=m\lambda, & m=1,2,3,\cdots \\ d\sin\theta=\left(n+\dfrac{1}{2}\right)\lambda, & n=1,2,3,\cdots \end{cases} \tag{18.46}$$

而当

$$\gamma=0,\pi,2\pi,\cdots$$

或者

$$d\sin\theta=0,\lambda,2\lambda,\cdots \tag{18.47}$$

时，出现干涉极大值。

只要衍射项的变化不是太快，干涉极大值的实际位置就近似地出现在由上式所决定的这些角度处。另外，如果这些 θ 角恰好对应于衍射极小值，亦即如果 $b\sin\theta=\lambda,2\lambda,3\lambda,\cdots$，干涉极大值就根本不出现，这些未出现的干涉极大值通常称为缺极。例如，在图18.31中可以看到，当 $b=0.0088\text{cm}$ 时，在 $\theta\approx0.41^\circ$ 处的干涉极大是非常微弱的。这是因为，当

$$\theta=\arcsin\frac{\lambda}{b}=\arcsin\left(\frac{6.328\times10^{-5}}{8.8\times10^{-3}}\right)=\arcsin(7.19\times10^{-3})$$
$$\approx0.00719\text{rad}\approx0.412^\circ$$

时，恰好出现衍射的第一极小值。

例18.9 考察 $b=8.8\times10^{-3}\text{cm}$，$d=7.0\times10^{-2}\text{cm}$，$\lambda=6.328\times10^{-5}\text{cm}$ 的情形(见图18.31)。在中央极大值两侧的两个衍射极小值之间将出现多少个干涉极小值？在对应图18.30的实验装置中，显示屏放置在离双缝15ft处，试计算条纹宽度。

解 当满足式(18.46)时，亦即当 $\sin\theta$ 取下列数值时出现干涉极小值：

$$\begin{aligned}\sin\theta&=\left(n+\frac{1}{2}\right)\frac{\lambda}{d}=0.904\times10^{-3}\left(n+\frac{1}{2}\right),\quad n=0,1,2,\cdots\\&=0.452\times10^{-3},1.356\times10^{-3},2.260\times10^{-3},3.164\times10^{-3},\\&\quad\ 4.068\times10^{-3},4.972\times10^{-3},5.876\times10^{-3},6.780\times10^{-3}\end{aligned}$$

因此，在两个第一级衍射极小值之间有16个极小值。

两个干涉极大值之间的角间距近似地等于(见式(18.47))

$$\Delta\theta\approx\frac{\lambda}{d}=9.04\times10^{-4}$$

因此，条纹宽度等于

$$15\times12\times2.54\times9.04\times10^{-4}\text{cm}\approx0.413\text{cm}$$

18.7　多缝的夫琅禾费衍射图样　　目标 6

下面讨论 N 条平行的狭缝所产生的衍射图样。每条缝的宽度均为 b，相邻两条缝之间的间隔为 d。如前，把每条缝看做由间隔为 Δ 的 n 个线状光源组成(图 18.32)。因此，在任一点 P 的场实质上等于 N 项之和：

$$E = A\frac{\sin\beta}{\beta}\cos(\omega t-\beta)+A\frac{\sin\beta}{\beta}\cos(\omega t-\beta-\Phi_1)+\cdots+A\frac{\sin\beta}{\beta}\cos[\omega t-\beta-(N-1)\Phi_1] \tag{18.48}$$

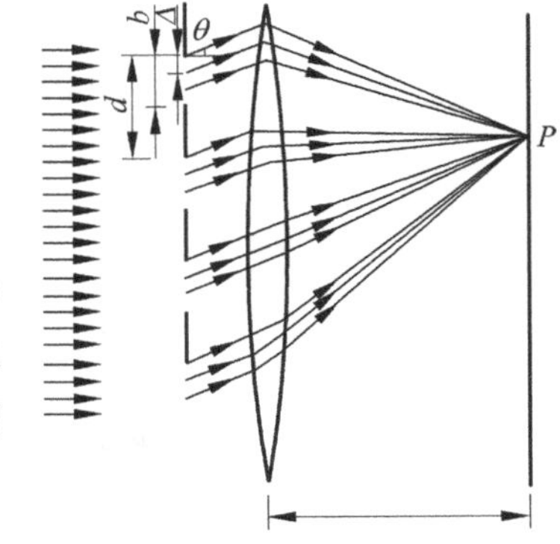

图 18.32　垂直入射到多缝的夫琅禾费衍射

式中，第一项代表第一条缝产生的扰动，第二项代表第二条缝产生的扰动，……并且各个符号的意义与 18.6 节相同。式(18.48)也可写成

$$\begin{aligned}E &= A\frac{\sin\beta}{\beta}\{\cos(\omega t-\beta)+\cos(\omega t-\beta-\Phi_1)+\cdots+\cos[\omega t-\beta-(N-1)\Phi_1]\}\\ &= A\frac{\sin\beta}{\beta}\frac{\sin N\gamma}{\sin\gamma}\cos\left[\omega t-\beta-\frac{1}{2}(N-1)\Phi_1\right]\end{aligned} \tag{18.49}$$

式中，

$$\gamma=\frac{\Phi_1}{2}=\frac{\pi}{\lambda}d\sin\theta$$

相应的强度分布为

$$I=I_0\frac{\sin^2\beta}{\beta^2}\frac{\sin^2 N\gamma}{\sin^2\gamma} \tag{18.50}$$

式中，$I_0\sin^2\beta/\beta^2$ 代表单缝产生的强度分布。可以看出，强度分布是两个因子之积。第一个因子$\left(\frac{\sin^2\beta}{\beta^2}\right)$表示单一一条缝产生的衍射图样；第二个因子$\left(\frac{\sin^2 N\gamma}{\sin^2\gamma}\right)$表示 N 个等间隔的点光源产生的干涉图样。当 $N=1$ 时，式(18.50)简化成单缝衍射图样(参见式(18.10))；当 $N=2$ 时，变为双缝衍射图样(参见式(18.45))。图 18.33 和图 18.34 画出了 $N=5$ 和 $N=12$ 时函数的形状

$$\frac{\sin^2 N\gamma}{\sin^2\gamma}$$

从图中即可看出，N 越大，函数在 $\gamma=0,\pi,2\pi,\cdots$处变得更尖锐。在两个峰之间，当

$$\gamma=\frac{p\pi}{N},\quad p=\pm1,\pm2,\cdots \text{ 且 } p\neq0,\pm N,\pm 2N$$

时，函数为零，这对应于极小值。

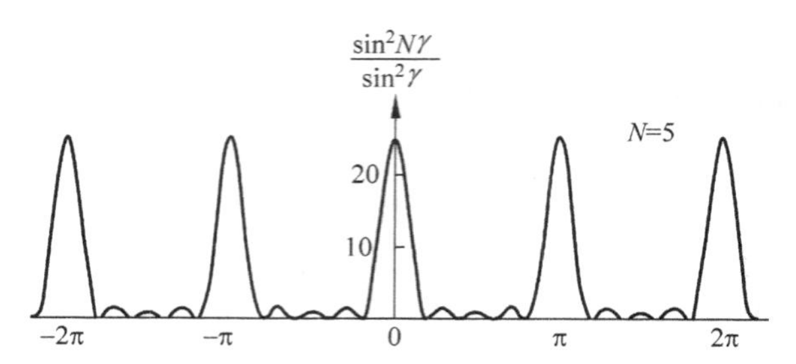

图 18.33　$N=5$ 时，函数 $\sin^2(N\gamma)/\sin^2\gamma$ 随 γ 的变化

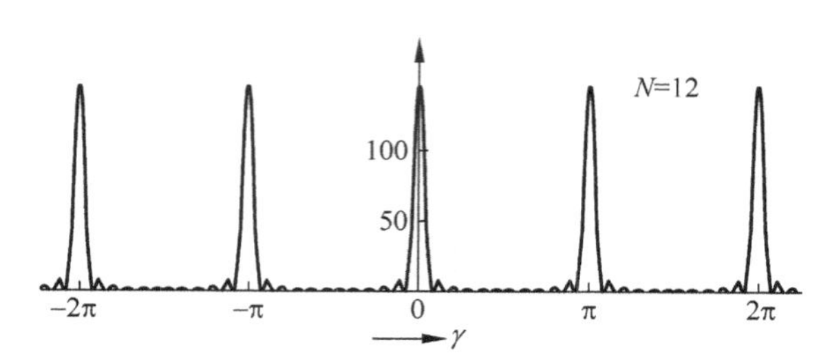

图 18.34　$N=12$ 时，函数 $\sin^2(N\gamma)/\sin^2\gamma$ 随 γ 的变化。N 越大，函数在 $\gamma=0,\pm\pi,\pm 2\pi,\pm 3\pi,\cdots$ 处变得越尖锐

18.7.1　极大值和极小值的位置

如果 N 的值非常大，在 $\gamma=m\pi$ 处，亦即当

$$d\sin\theta=m\lambda,\quad m=0,1,2,\cdots \tag{18.51}$$

时，将得到很强的极大值。通过注意下式，这一点是很容易看出来的

$$\lim_{\gamma\to m\pi}\frac{\sin N\gamma}{\sin\gamma}=\lim_{\gamma\to m\pi}\frac{N\cos N\gamma}{\cos\gamma}=\pm N$$

因此，合振幅和相应的强度分布分别由下面两式给出：

$$E=N\frac{A\sin\beta}{\beta} \tag{18.52}$$

$$I=N^2 I_0\frac{\sin^2\beta}{\beta^2} \tag{18.53}$$

式中，

$$\beta=\frac{\pi b\sin\theta}{\lambda}=\frac{\pi b}{\lambda}\frac{m\lambda}{d}=\frac{\pi bm}{d} \tag{18.54}$$

这样的极大值称为主极大。物理上看，在这些极大值处，各个单缝所产生的场是同相的，因而它们相互叠加是直接相加，合波场就是每一条缝所产生的场的 N 倍。因此，除非 $\frac{\sin^2\beta}{\beta^2}$ 本身极小，合强度的值是很大的。既然 $|\sin\theta|\leqslant 1$，则 m 不能超过 d/λ（见式(18.51)）。因此，主极大的数量是有限的。

从式(18.50)容易看出，当下式二者之一成立，亦即当

$$b\sin\theta=n\lambda,\quad n=1,2,3,\cdots \tag{18.55}$$

或者

$$N\gamma = p\pi,\quad p \neq N, 2N, \cdots \tag{18.56}$$

时，强度为零。式(18.55)给出了与单缝衍射图样对应的极小值位置。与式(18.56)相应的衍射角则由下式给出：

$$d\sin\theta = \frac{\lambda}{N}, \frac{2\lambda}{N}, \cdots, \frac{(N-1)\lambda}{N}, \frac{(N+1)\lambda}{N}, \frac{(N+2)\lambda}{N}, \cdots, \frac{(2N-1)\lambda}{N}, \frac{(2N+1)\lambda}{N}, \frac{(2N+2)\lambda}{N}, \cdots \tag{18.57}$$

因此，在两个主极大之间至少有 $N-1$ 个极小值。在两个这样的相邻极小值之间，必有一个强度极大值，这些极大值称为次极大值。当 $N=1,2,3,4$ 时的一些典型的衍射图样如图 18.35 所示，而图 18.36 所示的是当 $N=4$ 时由式(18.50)计算的强度分布。当 N 非常大时，主极大要比次极大强得多。这里指出两点：

(1) 如果某一特定的主极大也对应于决定单缝衍射图样极小值的角度，那么这个主极大会消失。当

$$d\sin\theta = m\lambda \tag{18.58}$$

$$b\sin\theta = \lambda, 2\lambda, 3\lambda, \cdots \tag{18.59}$$

同时满足时，就会发生这种情形，通常称之为缺级。即使式(18.59)不是精确地成立(亦即 $b\sin\theta$ 只是接近于 λ 的整数倍)，相应的主极大也是非常微弱的(例如，图 18.36 中在 $\theta\approx0.8°$ 附近就是这样)。

(2) 除了根据式(18.56)预计的干涉极小值外，还有单缝衍射极小值(见式 18.55)。但是当 N 非常大时，衍射极小值的数目很少①。

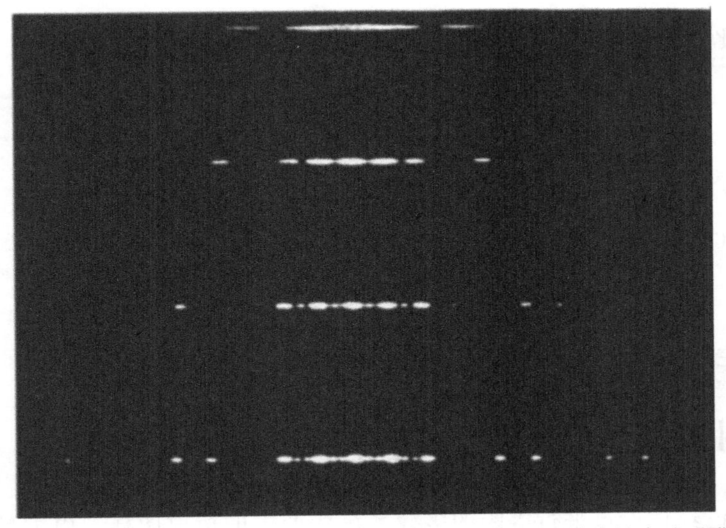

图 18.35　当 $b=0.0044\text{cm}$，$d=0.0132\text{cm}$，$\lambda=6.328\times10^{-5}\text{cm}$ 时的多缝夫琅禾费衍射图样。相应的狭缝数量分别为 1、2、3、4(图片摘自文献[18.17]，已授权使用)

① 光栅有三个参数：缝间距 d、缝宽 b 和缝数 N。由式(18.51)知，缝间距决定干涉极大值的位置；由式(18.55)知，缝宽决定衍射极小值的位置；由式(18.56)和式(18.57)以及图 18.34 知，缝数 N 决定了两干涉极大之间的极小 $(N-1)$ 个和次级大 $(N-2)$ 个数，以及干涉峰的尖锐程度。N 不会对衍射极小产生影响，而缝宽 b 决定衍射极小的角位置，以及在 $-90°\sim+90°$ 衍射极小值的多少。因此，译者猜测此处的 N 应该是“缝宽 b 较大时，衍射极小数目较少”。——译者注

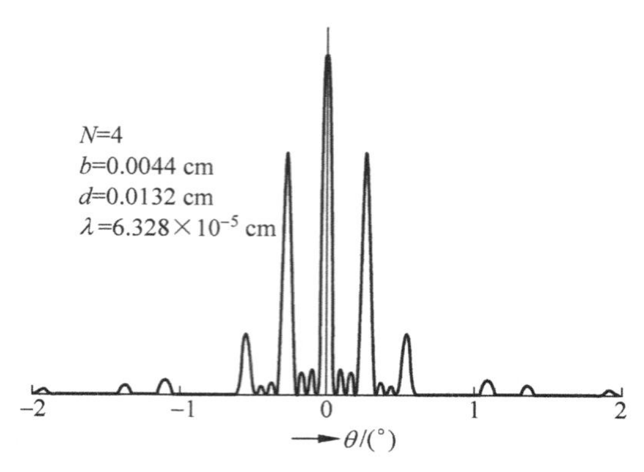

图 18.36 当 $b=0.0044\text{cm}$,$d=0.0132\text{cm}$,$\lambda=6.328\times10^{-5}\text{cm}$ 时,由式(18.50)得出的四缝夫琅禾费衍射图样的强度分布。干涉主极大位于 $\theta=0.275°,0.55°,0.82°,1.1°,\cdots$,注意几乎消失的第三级干涉主极大(缺级)

18.7.2 主极大的宽度

在前面已经证明,在由 N 条缝产生的衍射图样中,第 m 级干涉主极大的位置出现在

$$d\sin\theta_m = m\lambda,\quad m=0,1,2,\cdots \tag{18.60}$$

而出现干涉极小值的衍射角由式(18.57)决定。如果 $\theta_m+\Delta\theta_{1m}$ 和 $\theta_m-\Delta\theta_{2m}$ 分别代表对应于主极大两侧的第一极小值的衍射角,那么 $\frac{1}{2}(\Delta\theta_{1m}+\Delta\theta_{2m})$ 就称为第 m 级干涉主极大的半角宽度。对于比较大的 N 值,$\Delta\theta_{1m}\approx\Delta\theta_{2m}$,将它们都写成 $\Delta\theta_m$。显然,有

$$d\sin(\theta_m\pm\Delta\theta_m)=m\lambda\pm\frac{\lambda}{N} \tag{18.61}$$

又

$$\sin(\theta_m\pm\Delta\theta_m)=\sin\theta_m\cos\Delta\theta_m\pm\cos\theta_m\sin\Delta\theta_m\approx\sin\theta_m\pm\Delta\theta_m\cos\theta_m \tag{18.62}$$

因此,由式(18.61)得出

$$\Delta\theta_m\approx\frac{\lambda}{Nd\cos\theta_m} \tag{18.63}$$

上式表明干涉主极大随着 N 的增加而变得更加尖锐。

18.8 衍射光栅

目标 7

在18.7节已经讨论过平行等距的多缝系统所产生的衍射图样。由大量等距排列狭缝组成的系统称为衍射光栅,相应的衍射图样称为光栅光谱。因为衍射图样中干涉主极大的精确位置依赖于波长,所以(对应于同一光源的)不同光谱线相应的主极大将对应于不同的衍射角。因此,光栅光谱为我们提供了一种容易实现的能确定波长的实验手段。从式(18.63)知,为了获得狭窄的主极大(亦即更加明锐的光谱线),则要求非常大的 N。因此,高质量的光栅要求的缝数非常大(典型的数值大约为每英寸15000条)。这是用金刚石刀尖在一块光学透明的材料上刻出沟槽来达到的。这些沟槽就扮演着缝与缝之间不透明间隔的作用。每

条沟槽刻完之后，金刚石刀尖抬起，光栅片基向前移动，以待刻划下一条沟槽。由于相邻沟槽之间的间隔极小，要借助一个螺杆的转动来推动承载基片的拖板，带着基片向前移动。对高质量的光栅的另一个重要的要求是刻线的间隔要尽可能相等。因此，螺杆的螺距必须是常数。直到(1882年由罗兰)制作了一根近乎完美的螺杆，才成功地解决了光栅的制造问题。在罗兰装置中可以达到每英寸有14438条刻线，相应的 $d=2.54/14438=1.759\times10^{-4}$ cm。对于这样一个光栅，当 $\lambda=6\times10^{-5}$ cm时，m 的最大值将是2，因此，只能观察到头两级光谱。然而，对于 $\lambda=5\times10^{-5}$ cm，第三级光谱也可以观察到。

商品光栅是以刻划好的光栅作为模子压在像醋酸纤维素之类的薄膜上印制成的。将浓度适当的醋酸纤维素溶液注到光栅的刻线面上，待它干燥后形成一层坚固的薄膜，再从母光栅上取下来。通过将薄膜夹在两片玻璃之间，保存这些光栅印模。现在，光栅也有用全息方法制造的，即通过记录两束平面波或球面波的干涉图样实现(见例14.5)。与刻痕光栅相比，全息光栅在每厘米中的刻线数要多得多。

18.8.1　光栅光谱

在18.7节中已经指出，干涉主极大的位置由下式给出：

$$d\sin\theta=m\lambda,\quad m=0,1,2,\cdots \tag{18.64}$$

这个关系式也称为光栅方程，被用来研究衍射角 θ 对波长 λ 的依赖关系。不管波长多大，零级主极大总出现在 $\theta=0$ 处。因此，如果使用多色光源(如白光光源)，那么中央主极大的颜色将与光源本身的颜色相同。但是，当 $m\neq0$ 时，不同波长的衍射角就不相同，因而不同的光谱分量出现在不同的位置。这样一来，只要测量出各种颜色的衍射角(m 是已知的)，就能够确定相应的波长值。需要提一下，零级光谱的强度是最大的(此处没有色散)，而其他级次的强度随着级次 m 的增加而下降。

求式(18.64)的微商，可得

$$\frac{\Delta\theta}{\Delta\lambda}=\frac{m}{d\cos\theta} \tag{18.65}$$

根据这个结果，我们可以得出如下结论：

(1) 假定 θ 非常小(亦即 $\cos\theta\approx1$)，能够看出，对于给定的 $\Delta\lambda$，$\Delta\theta$ 正比于光谱的级次(m)。因此，对于给定的 m，$\Delta\theta/\Delta\lambda$ 是常数。这样的光谱叫做正常光谱，在这种光谱中，两条谱线的衍射角之差正比于波长差。但是对于较大的 θ 角，不难证明，在光谱红端的色散比较大。

(2) 式(18.65)告诉我们，$\Delta\theta$ 反比于 d，因而，光栅常数越小，角色散就越大。

图18.37和图18.38是用于研究多色光源光栅光谱的实验装置示意图。在图18.37中，透镜 L_1 的焦面上放置一个小孔。一束平行光经过透镜 L_1 投射到光栅上，而在透镜 L_2 的焦平面上将观察到衍射图样。如果在透镜 L_1 的焦平面上用狭缝代替小孔(见图18.38)——在实验室用的典型装置中正是这样的——我们将有在不同方向传播的平行光束，结果在透镜 L_2 的焦平面上得到如图18.38所示的带状光谱。

透镜 L_2 是一个望远镜的物镜，衍射图样通过目镜来观察。各级次光栅光谱的衍射角能被测量出来，知道了 d 的数值，就能够计算出不同谱线的波长。

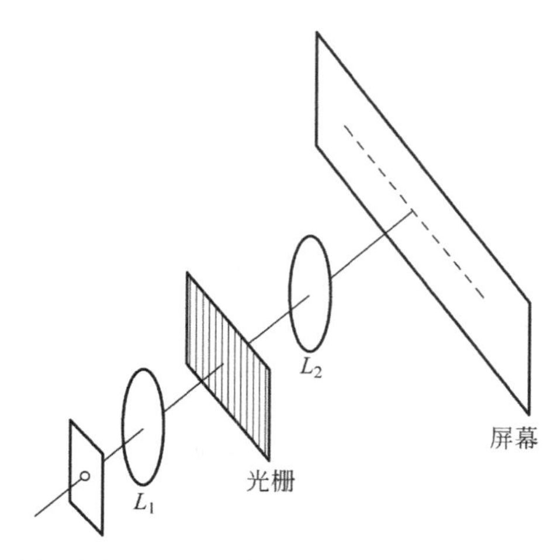

图 18.37 当一束平面波垂直入射到光栅时的夫琅禾费衍射

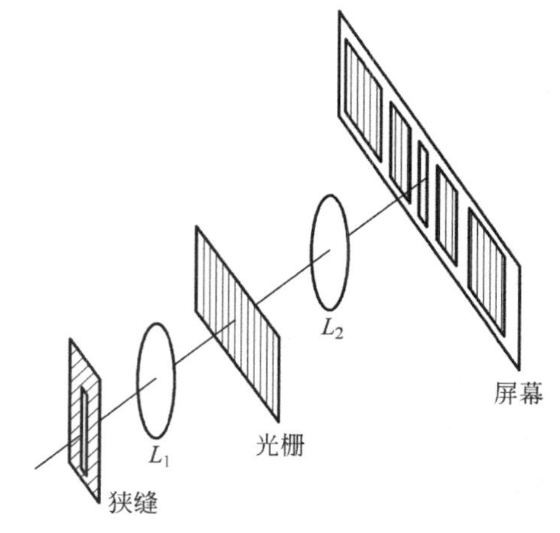

图 18.38 如果在透镜 L_1 的焦平面上用狭缝代替点光源，那么可以在 L_2 的焦平面上得到带状光谱

例 18.10 考虑一块每英寸有 15000 条刻线的衍射光栅，(1)试证明，如果使用白光光源，其第二级和第三级光谱会重叠；(2)在第二级光谱中，钠的 D_1 线和 D_2 线的角距离是多少？

解 (1) 光栅常数为

$$d=\frac{2.54}{15000}\mathrm{cm}=1.69\times10^{-4}\mathrm{cm}$$

设 θ_{mv} 和 θ_{mr} 分别代表第 m 级光谱中与紫光和红光对应的衍射角。因此，有

$$\theta_{2v}=\arcsin\frac{2\times4\times10^{-5}}{1.69\times10^{-4}}\approx\arcsin0.473\approx28.2^\circ$$

$$\theta_{2r}=\arcsin\frac{2\times7\times10^{-5}}{1.69\times10^{-4}}\approx\arcsin0.828\approx55.90^\circ$$

而

$$\theta_{3v}=\arcsin\frac{3\times4\times10^{-5}}{1.69\times10^{-4}}\approx\arcsin0.710\approx45.23^\circ$$

这里假定紫光和红光的波长分别为 4×10^{-5}cm 和 7×10^{-5}cm。因为 $\theta_{2r}>\theta_{3v}$，第二级和第三级光谱将重叠。此外，既然 $\sin\theta_{3r}>1$，在第三级光谱中不能观察到红光。

(2) 由于 $d\sin\theta=m\lambda$，对于小的 $\Delta\lambda$，我们有

$$(d\cos\theta)\Delta\theta=m(\Delta\lambda)$$

或者

$$\Delta\theta=\frac{m\Delta\lambda}{d\left[1-\left(\frac{m\lambda}{d}\right)^2\right]^{1/2}}\approx\frac{2\times6\times10^{-8}}{1.69\times10^{-4}\left[1-\left(\frac{2\times6\times10^{-5}}{1.69\times10^{-4}}\right)^2\right]^{1/2}}\mathrm{rad}\approx0.0010\mathrm{rad}\approx3.47'$$

如果我们用一个角放大率为 10 倍的望远镜来观察，钠双线将有 34.7′的角距离。

18.8.2　光栅的分辨本领

对于光栅来说，分辨本领是指它能分辨两条很靠近的光线谱的能力，并且由下式定义：

$$R=\frac{\lambda}{\Delta\lambda} \tag{18.66}$$

式中，$\Delta\lambda$ 是光栅恰能分辨开的两谱线的波长差。$\Delta\lambda$ 越小，分辨本领越高。

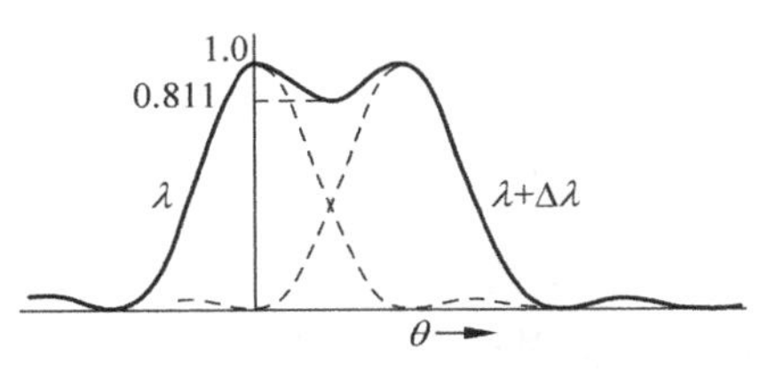

图 18.39　分辨两条光谱线的瑞利判据

瑞利判据（参阅 18.5 节）可以再次被用来确定光栅的分辨极限。按照这个判据，如果与波长 $\lambda+\Delta\lambda$ 对应的主极大值落到波长 λ 的主极大值（任意一侧）的第一极小值上，就说这两个波长（λ 和 $\lambda+\Delta\lambda$）恰好能分辨（见图 18.39）。如果这个共同的衍射角用 θ 表示，并且我们观察的是第 m 级光谱，那么当两个波长 λ 和 $\lambda+\Delta\lambda$ 恰好能分辨时，下列两个方程同时成立：

$$d\sin\theta=m(\lambda+\Delta\lambda) \tag{18.67}$$

$$d\sin\theta=m\lambda+\frac{\lambda}{N} \tag{18.68}$$

因此

$$R=\frac{\lambda}{\Delta\lambda}=mN \tag{18.69}$$

上式表明，分辨本领依赖于光栅的总条数——当然是指曝光于入射光束中的总条数（包含在光束宽度内的总条数）。此外，分辨本领还正比于光谱的级次。因此，为了在第一级光谱中分辨开钠的 D_1 线和 D_2 线（$\Delta\lambda=6\text{Å}$），N 必须至少达到 $(5.89\times10^{-5})/(6\times10^{-8})\approx1000$。

从式(18.69)看，似乎分辨本领随 N 值增加而可以无限制的提高。但是，对于给定的光栅宽度 $D(=Nd)$，随着 N 的增加，d 反而减小，因此，m 的最大值也要减小。如果 d 等于 2.5λ，那么仅可观察到第一级和第二级光谱，若其进一步减小到 1.5λ，那么仅可以观察到第一级光谱。

18.8.3　棱镜的分辨本领

通过计算棱镜的分辨本领来结束本节。图 18.40 给出了观察棱镜光谱的实验装置示意图，这个光谱由下式决定：

$$n(\lambda)=\frac{\sin\dfrac{A+\delta(\lambda)}{2}}{\sin\dfrac{A}{2}} \tag{18.70}$$

其中，A 表示棱镜的顶角，δ 表示最小偏向角。我们假定折射率随 λ 的增加而减小（这是通常的情况），因此 δ 也随着 λ 的增加而减小。图 18.40 中的点 P_1 和点 P_2 分别表示与 λ 和 $\lambda+\Delta\lambda$ 相对应的像。假定 $\Delta\lambda$ 足够小，以至可认为两个波长所对应的棱镜取最小偏向角时的棱镜取向在同一位置。在实际实验中，可用（垂直于纸面的）狭缝光源来形成位于点 P_1 和点 P_2 的线状的像。由于我们面对的棱镜截面是矩形的，则透镜焦平面上衍射强度分布

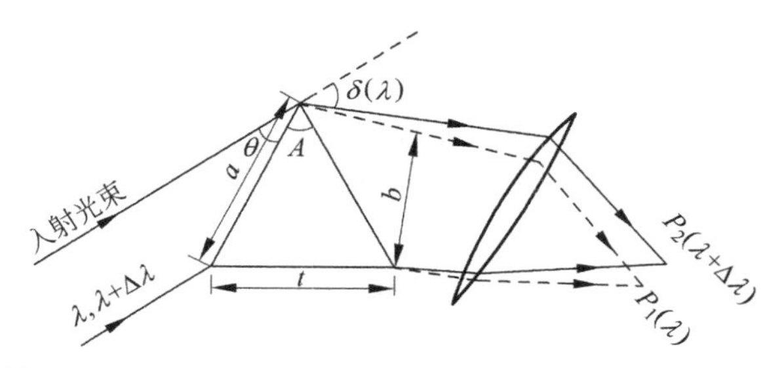

图 18.40　观察棱镜光谱的实验装置示意图。P_1 和 P_2 分别表示与 λ 和 λ+Δλ 相对应的像

与宽为 b(参见 18.2 节)的缝产生的强度分布是相似的[①]。对于恰能分辨的那些谱线,对应 λ 的第一衍射极小值位置(式(18.12)中的 $m=1$)应该落在对应 λ+Δλ 的衍射中心主极大处,因此

$$\Delta\delta \approx \frac{\lambda}{b} \tag{18.71}$$

为了表示 Δλ 与 Δδ 之间的关系,我们将式(18.70)求导

$$\frac{\mathrm{d}n}{\mathrm{d}\lambda} = \frac{1}{\sin\dfrac{A}{2}}\cos\left[\frac{A+\delta(\lambda)}{2}\right]\frac{1}{2}\frac{\mathrm{d}\delta}{\mathrm{d}\lambda}$$

因此

$$\Delta\delta = \frac{2\sin\dfrac{A}{2}}{\cos\dfrac{A+\delta(\lambda)}{2}}\frac{\mathrm{d}n}{\mathrm{d}\lambda}\Delta\lambda$$

从图 18.40 可知

$$\theta = \frac{1}{2}[\pi-(A+\delta)]$$

或者

$$\sin\theta = \frac{b}{a} = \cos\frac{A+\delta}{2}$$

其中,长度 a 如图中所示。从而

$$\sin\frac{A}{2} = \frac{t/2}{a}$$

式中,t 是棱镜的底边长。因此

$$\Delta\delta \approx \frac{t}{b}\frac{\mathrm{d}n}{\mathrm{d}\lambda}\Delta\lambda \tag{18.72}$$

代入式(18.71)可得分辨本领

$$R = \frac{\lambda}{\Delta\lambda} = t\frac{\mathrm{d}n}{\mathrm{d}\lambda} \tag{18.73}$$

现在,对于大多玻璃而言,折射率对波长的依赖关系可由柯西公式准确描述,即

① 由于使用的是长狭缝光源,我们不需考虑与图平面垂直方向的衍射。

$$n = A + \frac{B}{\lambda^2} + \frac{C}{\lambda^4} + \cdots \tag{18.74}$$

因此

$$\frac{dn}{d\lambda} = -\left(\frac{2B}{\lambda^3} + \frac{4C}{\lambda^5} + \cdots\right) \tag{18.75}$$

负号表示折射率随着波长增加而减小。下面以望远镜的冕牌玻璃为例，有①

$$A = 1.51375, \quad B = 4.608 \times 10^{-11}\text{cm}^2, \quad C = 6.88 \times 10^{-22}\text{cm}^4$$

对于 $\lambda = 6 \times 10^{-5}$cm，有

$$\frac{dn}{d\lambda} \approx -(4.27 \times 10^2 + 3.544)\text{cm}^{-1} \approx -4.30 \times 10^2\text{cm}^{-1}$$

因此，对于 $t \approx 2.5$cm，有

$$R = \frac{\lambda}{\Delta\lambda} \approx 1000$$

它比有 15000 条线的典型衍射光栅低一个数量级。

18.9　斜入射　　目标 8

直到现在，一直假定平面波是正入射到光栅上的。在实验设置中精确地实现垂直入射这个条件是十分困难的，容易看出，稍许偏离正入射这一条件就会引入可观的误差。因此，讨论更普遍的斜入射的情形（见图 18.41）更有实际意义。在斜入射时，也能用最小偏向法来测量波长，就像用棱镜测量波长时所做的那样。

如果入射角是 i，那么来自相邻缝上对应两点的衍射光线的光程差将是 $d\sin\theta + d\sin i$（见图 18.41）。因此，出现干涉主极大的条件是

$$d\sin\theta + d\sin i = m\lambda \tag{18.76}$$

或者

$$d[\sin(\delta - i) + \sin i] = m\lambda \tag{18.77}$$

式中，$\delta = i + \theta$ 是偏向角。为了让 δ 达到极小，必须有

$$\frac{d}{di}[\sin(\delta - i) + \sin i] = 0 \tag{18.78}$$

$$-\cos(\delta - i) + \cos i = 0$$

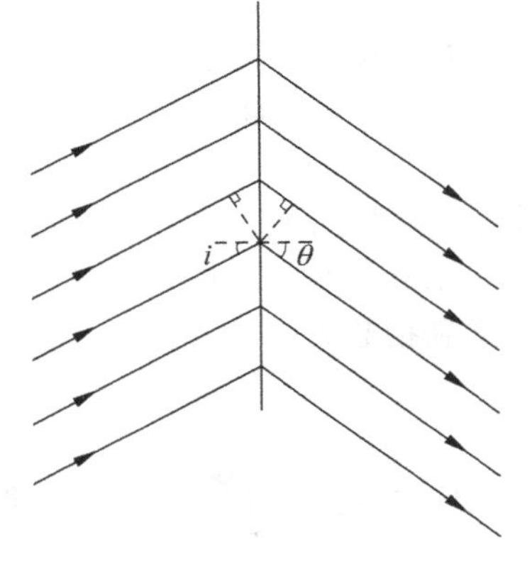

图 18.41　平面波斜入射到棱镜时的衍射

亦即

$$i = \delta - i = \theta \tag{18.79}$$

或者

$$i = \frac{\delta}{2} = \theta \tag{18.80}$$

因此，在最小偏向角位置，光栅方程变成

---

① 数据引自文献[18.2]。

$$2d\sin\frac{\delta}{2}=m\lambda \tag{18.81}$$

最小偏向角位置可以用与处理棱镜时类似的方法来获得。由于这种调整方法相当简单,因而提供了一个更精确的确定 λ 的方法。

18.10 X射线衍射[①] 目标9

可见光是波长在4000～7000Å的电磁波。X射线也是电磁波,不过它的波长只有约1Å的数量级。显然,要想制作一个足够窄的狭缝来研究X射线的衍射图样是极其困难的。由于晶体中原子之间的距离通常具有1Å的数量级,因此,能够用晶体作为研究X射线的衍射的三维衍射光栅。实际上,X射线已被广泛地用于晶体结构的研究。

在理想的晶体中,原子或分子以规则的三维模式来排列,它可通过一个特定单元样式的三维重复排列而获得。这种具有整个晶体的所有特征且(通过重复排列它)可完全占满空间的最简单的体积元就称为晶胞。可以在这规则的周期性排列中想象各种可辨认的平面族(见图18.42)。米勒指数普遍被用来作为晶体内平面族的标记符号系统。它们确定该平面族相对于晶体轴线的方向,而不用给出平面在空间中相对于原点的位置。这些指数由平面在晶体三个轴上的截距计算出,每个截距都是以晶胞尺寸(a,b 或 c)倍数沿着轴线的方向度量的。遵循下面的步骤,可以判断一个平面的米勒指数:

(1) 找出(离原点最近的平面在)三个轴上的截距,将它们表示成晶胞尺寸的倍数或者分数;

(2) 用这些数字的倒数乘以它们分母的最小公倍数;

(3) 用括号将其括起来。

例如,(111)平面在三个轴的截距都是一个单元距离(见图18.43(a));(211)平面在三个轴的截距分别为1/2、1和1单元距离(见图18.43(b))。同样地,(110)平面截 z 轴于∞处。米勒指数也可以是负的,负号加在数字上边,如($\bar{1}1\bar{1}$)。图18.44显示了简单立方晶格中米勒指数为($\bar{1}11$)的平面。

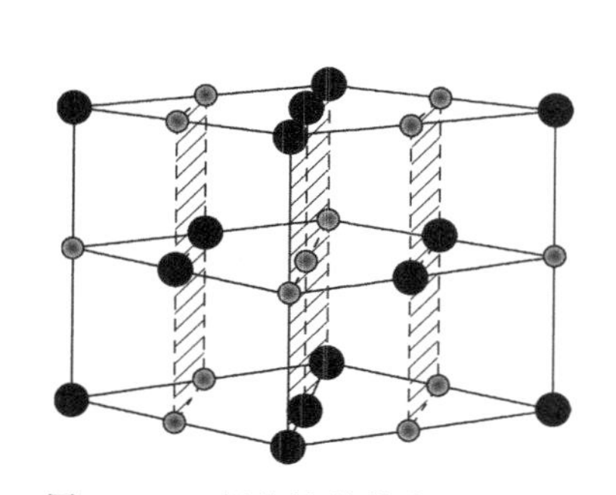

图18.42　氯化钠晶体中的平面族

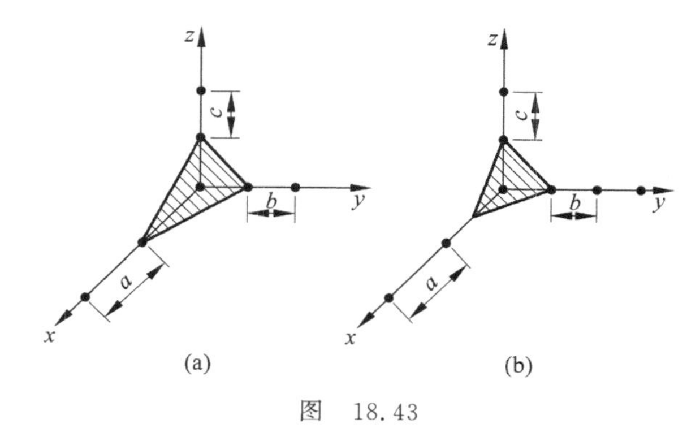

图　18.43

(a) (111)平面在三个轴的截距都是一个单元距离;

(b) (211)平面在三个轴的截距分别为1/2、1和1单元距离

① 作者对马尔霍特拉(Lalit K. Malhotra)教授在编写本节时提供的帮助表示感谢。

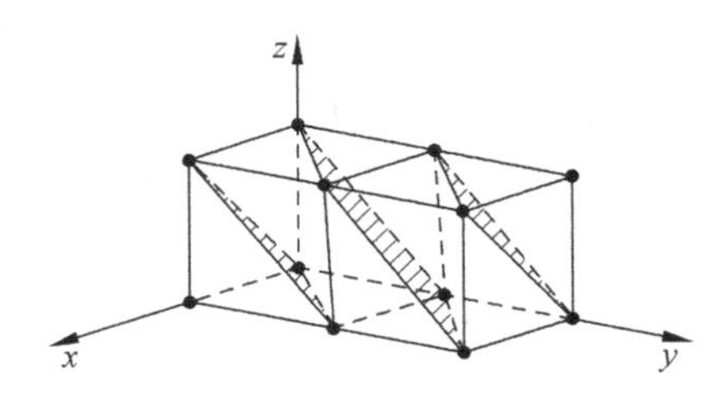

图 18.44 简单立方晶格中米勒指数为$(\bar{1}11)$的平面

考虑一束单色 X 射线束入射到晶体上。在图 18.45 中，水平虚线代表一组米勒指数为(hkl)的平行晶面族。W_1W_2 和 W_3W_4 分别表示入射波前和反射波前。显然，A、B 和 C 诸点发出的子波在 W_3W_4 上是同相的(参见 12.4 节和图 12.7)。其次，当下式满足时，A_1、B_1 和 C_1 诸点发出的子波在 W_3W_4 上也是同相的：

$$XB_1 + B_1Y = m\lambda, \quad m = 1,2,3,\cdots \tag{18.82}$$

或者

$$2d_{hkl}\sin\theta = m\lambda \tag{18.83}$$

式中，d_{hkl} 是米勒指数为(hkl)的晶面族相邻的面间距，$m=1,2,3,\cdots$称为衍射级数，θ 称为掠射角。这个式子就是著名的布拉格定律，它通过入射的 X 射线的波长 λ 和晶面族相邻间距 d_{hkl} 的形式给出了相互增强的衍射光束的角位置。当式(18.83)不满足时，不同子波间的相消干涉不能在这个方向形成相互增强的光束。当式(18.83)满足时，子波间相长干涉发生，在此方向导致强度分布出现峰值。对于立方结构的固体(将在随后讨论)，米勒指数为(hkl)的两个最近的平行面之间的间距 d_{hkl} 为

$$d_{hkl} = \frac{a}{\sqrt{h^2 + k^2 + l^2}} \tag{18.84}$$

其中，a 表示晶格常数。因此，知道了米勒指数，可以得到 d_{hkl}，并根据布拉格定律，求得满足布拉格公式的 θ 值。

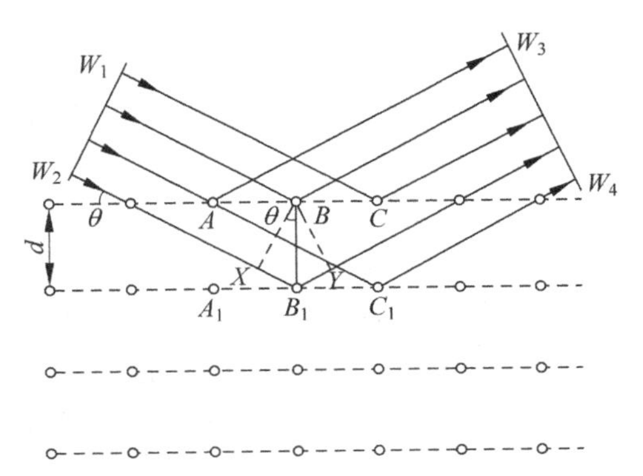

图 18.45 平面波经过一组米勒指数为(hkl)的平行晶面族后的反射。当满足布拉格公式 $2d_{hkl}\sin\theta = m\lambda$ 时，从不同晶面散射的子波之间是同相的

有三种类型的立方结构：简单立方(SC)、体心立方(BCC)和面心立方(FCC)。图 18.46 显示了一种简单立方结构，原子处于称为晶胞的立方体的顶角上。将晶胞在三维尺度上重复排列就可以构建出晶体。此外，如果有一个原子在每个立方体的中心(如图 18.46 中标注的

点9、10、11和12),这种排列称为体心立方结构(BCC)。其中米勒指数为($\bar{1}10$)的晶面族相邻间距为$a/\sqrt{2}$,这可以通过简单的几何计算来核实。另外,如果把原子不是放在立方体中心而是放在立方体六个面的面中心(如图18.47所示),得到面心立方结构。具有面心结构的铜、银和金晶体的晶格常数分别为$a=3.61$Å、4.09Å和4.08Å。具有体心结构的金属如钠、钡和钨的晶格常数分别为$a=4.29$Å、5.03Å和3.16Å[①]。

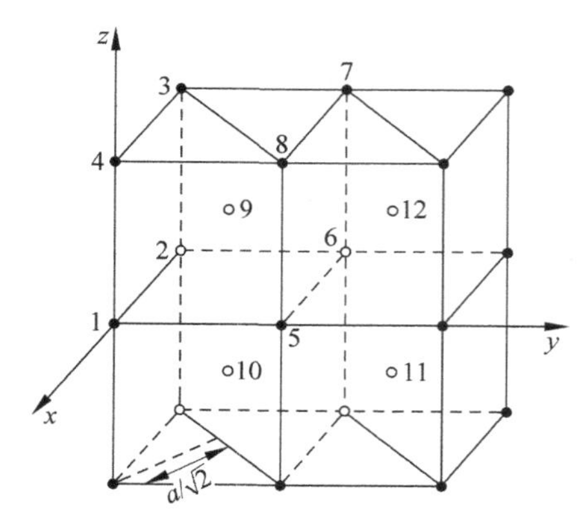

图18.46　一个体心立方结构的晶格。米勒指数为($\bar{1}10$)的平面族相邻间距为$a/\sqrt{2}$

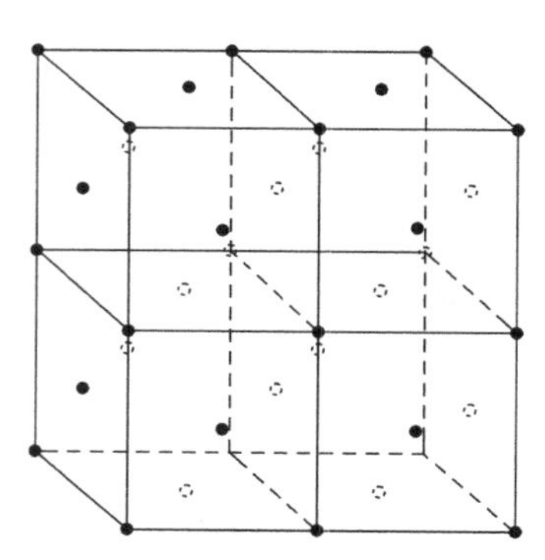

图18.47　一个面心立方(FCC)结构的晶格

正如衍射光栅有缺失的光学级次一样,来自晶体的X射线反射也有结构型消光。对于简单的立方结构,来自所有(hkl)平面的反射都是可能的。但是对于体心立方结构,只有当平面的米勒指数加起来是偶数的时候才发生衍射增强。因此,对于体心立方结构,第1级衍射增强的主衍射平面是(110)、(200)和(211)(以及其他类似的平面)等。这里的$h+k+l$是偶数。对于面心立方结构,主衍射平面的米勒指数全都是偶数或全都是奇数,如(111)、(200)、(220)等。

X射线衍射的实验方法

从布拉格定律,$2d_{hkl}\sin\theta=m\lambda$,清楚地看到,有三种可用的基本方法来满足布拉格公式:

	λ	θ
旋转晶体法	固定的	可变的(需刻意旋转)
粉末法	固定的	可变的(本身固有的)
劳厄法	可变的	固定的

当我们使用单色的X射线时(波长固定),布拉格公式不能对任意的θ都满足。因此,可以旋转单晶体以使在一些不连续的θ方向上对于此种固定单色波长的X射线发生反射增强。这种方法只有在所用单晶体具有足够大合理尺寸时才可用。如果不能获得足够大的单晶体,只要使用粉末型样品,仍可以使用单色的X射线,此时(由于粉末型样品中微晶粒

① 非立方体的晶体结构也是很普遍的,例如,锌会结晶成六方(角)形结构,碳会形成金刚石结构。然而,最重要的是,在这些结构中都存在着确定的原子周期性。

取向各异)在恰当的方向上总有足够的微晶粒去满足布拉格公式。这种粉末是由大量取向杂乱的微晶粒组成的，每粒微晶本质上就是一个单晶。当 X 射线束通过这样的多晶材料时，对于任何一组给定方向的晶面，其相对于 X 射线束的相对取向，从一粒微晶到另一粒微晶是不断改变的。这样一来，对应于一组给定的晶面，将有大量的微晶粒都满足布拉格公式，并且在照相底片上形成许多衍射增强的同心圆环(见图 18.48(a))，每个圆环对应于一定的 d_{hkl} 值和一定的 m 值。出现圆环的原因可以这样来理解，考察一组平行于 AB 的平面(见图 18.48(b))，假定掠射角 θ 满足布拉格公式，绕着入射 X 射线束的方向转动微晶，那么在转动过程中微晶经历的所有位置与这组平面相应的掠射角是相同的。另外，对于微晶的每个位置，衍射束的方向虽然不同，但它总处在半顶角为 2θ 的锥面上。因此，在照相底片上将得到同心圆环。这些圆环称为德拜-谢勒环。

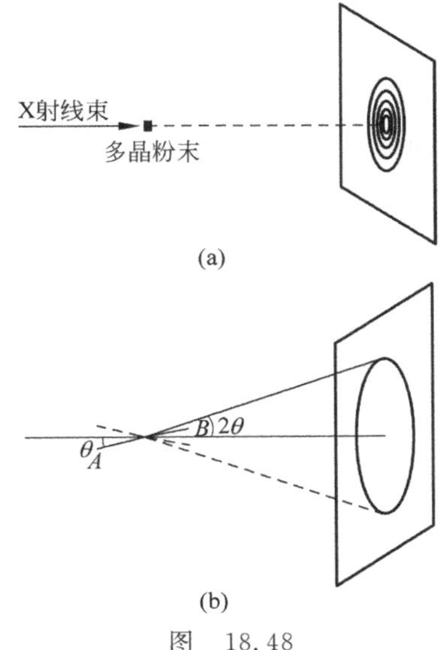

图　18.48

(a) 单色 X 射线束打在多晶样本上，会得到德拜-谢勒环；(b) 多晶样本的衍射图样

当用粉末法时，照相底片围成一个以多晶样品为轴的圆柱面，如图 18.49(a)所示。每个德拜-谢勒环在底片上形成圆弧。当展平底片时，就得到图 18.49(b)和(c)所示的图样。从这些圆弧的位置能够计算出 θ，从而确定晶面的间距。从晶面间距的研究能够确定晶体结构[①]。尽管有卷起来的胶片带的 X 射线粉末照相机在过去广泛采用，但现代的 X 射线晶体分析采用 X 射线衍射仪，它用一个辐射计数器来探测衍射光束的衍射角和衍射束强度。

最后是劳厄法，这种方法中，单晶体是静止不动的，采用宽谱波长的 X 射线束。然后每个平面族选择自己的波长来满足布拉格公式(见图 18.50)。

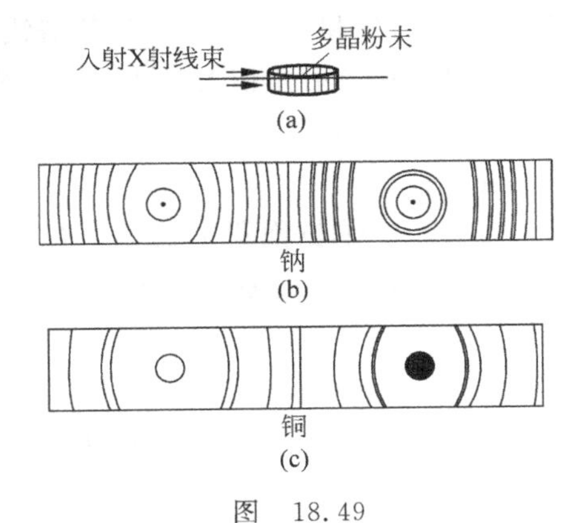

图　18.49

(a) 使用粉末法时，胶片围成一个以多晶样品为轴的圆柱面；(b)和(c)表示钠和铜的衍射原理图样

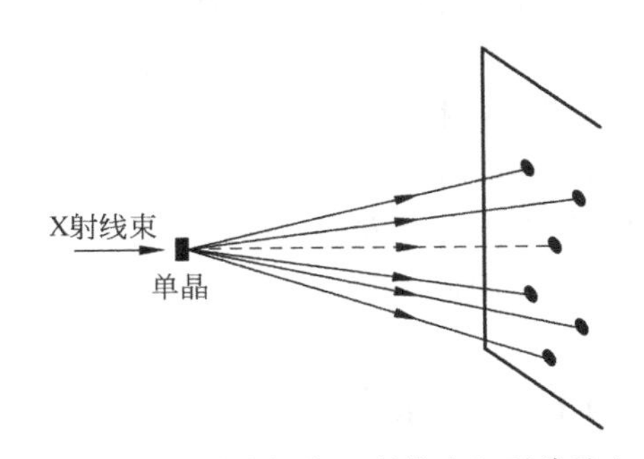

图 18.50　当宽谱波长的 X 射线束打到单晶上，就会得到劳厄斑。每个平面族选择 X 射线中的波长来满足布拉格公式

请扫 1 页二维码看相应彩图

① 更为细节的问题，读者可参阅文献[18.7]。

为了计算衍射角，将式(18.84)代入布拉格定律(式(18.83))中，可得

$$\frac{2a}{\sqrt{h^2+k^2+l^2}}\sin\theta = m\lambda \tag{18.85}$$

计算只限于一级反射($m=1$)；高级反射常常很弱(见习题18.22)。因此，式(18.85)可以写成下面的形式：

$$\sin\theta = \frac{\lambda}{2a}\sqrt{N} \tag{18.86}$$

式中，

$$N = h^2+k^2+l^2$$

现在，对于一个简单的立方晶格，所有可能的(hkl)值给出了下面N的可能值：

$$N = 1,2,3,4,5,6,7,\cdots(\mathrm{SC}) \tag{18.87a}$$

类似地，对于体心立方晶格，$h+k+l$必须为偶数，得N的可能值为

$$N = h^2+k^2+l^2 = 2,4,6,8,10,12,14,16,18,20,22,\cdots(\mathrm{BCC}) \tag{18.87b}$$

最后，对于面心立方晶格，米勒指数要么都是奇数，要么都是偶数，得

$$N = h^2+k^2+l^2 = 3,4,8,11,12,16,19,20,24,27,\cdots(\mathrm{FCC}) \tag{18.87c}$$

对于给定的晶体结构和给定的λ以及a值，很容易计算出不同的θ值。例如，如果我们考虑X射线波长为$\lambda=1.540$Å和$\lambda=1.544$Å(对应于$\mathrm{CuK}_{\alpha1}$和$\mathrm{CuK}_{\alpha2}$线)，用钠(体心立方结构，$a=4.2906$Å)作样本，相应的θ值是

(14.70°,14.74°),(21.03°,21.09°),(26.08°,26.15°),
(30.50°,30.59°),(34.58°,34.68°),(38.44°,38.56°),
(42.18°,42.32°),(45.88°,46.03°),(49.59°,49.76°),
(53.38°,53.58°),(57.33°,57.56°),(61.54°,61.82°),
(66.22°,66.56°),(79.41°,80.23°)

每个括号里的两个角度值分别对应所用的X射线波长为1.540Å和1.544Å的两条谱线。由于存在两个波长，对于每个平面族将得到双线，这些双线只有在散射角较大时才可以分辨开。同样地，可得到其他晶体结构的反射(参见习题18.19～习题18.21)。每一个θ值将产生一个德拜-谢勒环，如图18.48(a)，图18.49(b)和(c)所示。

最后应该提醒一下，衍射波的强度依赖于在所考虑的平面中单位面积上的原子数目。例如，对于体心立方晶格的($\bar{1}10$)和($\bar{2}22$)平面族，在同样的面积a^2内，分别有两个原子和一个原子[①]。因此，第一种情形中的衍射波强度比第二种情形大得多。

18.11 自聚焦现象[②] 目标10

随着强激光束的获得，已经可以研究大量有趣的非线性光学现象。其中一个非线性光学现象，是由于折射率依赖于光束的强度，从而影响到光束的传播效应，这个效应导致光束

---

① 原文为"在同样的面积a^2内分别有一个原子和两个原子"。从图18.46可以看出，译者改正的是正确的。——译者注

② 本节基于参考文献[18.8]，更严谨的解释见文献[18.9]。

的自聚焦(或自散焦)。为了从物理上理解自聚焦现象，可以假定折射率随电场的非线性变化具有如下形式：

$$n = n_0 + \frac{1}{2} n' E_0^2 \tag{18.88}$$

式中，n_0 是没有电磁场存在时介质的折射率，n' 代表非线性效应的常数①，而 E_0 是电场的振幅。作为例子，入射激光(沿 z 方向传播)具有高斯型的横向强度分布，也就是说，实际的电场有如下形式：

$$E(x, y, z, t) \approx E_0 \cos(kz - \omega t) \tag{18.89}$$

式中，

$$E_0 = E_{00} \exp\left(-\frac{r^2}{a^2}\right) \tag{18.90}$$

其中，a 表示高斯光束的宽度，$r(=\sqrt{x^2+y^2})$ 表示柱坐标中的半径。在不存在任何非线性效应时，光束将会经历衍射而发散。但是，如果光束入射到 n' 为正值的介质上，强度的分布将造成相应的折射率分布，其最大值在轴上(即在 $r=0$ 处)，并随着 r 的增加逐渐减小。实际上，通过式(18.88)～式(18.90)，可得

$$n \approx n_0 + \frac{1}{2} n' E_{00}^2 \exp\left(-\frac{2r^2}{a^2}\right) \approx \left(n_0 + \frac{1}{2} n' E_{00}^2\right) - \frac{1}{2} n_0 \left(\frac{r}{\alpha}\right)^2 \tag{18.91}$$

式中，

$$\alpha^2 = \frac{n_0 a^2}{2n' E_{00}^2} \tag{18.92}$$

在式(18.91)中进行了指数项展开，仅保留前两项。换句话说，我们限定 r 的值很小，也就是采用了傍轴近似。$\frac{1}{2} n' E_{00}^2$ 项与 n_0 相比通常很小，因此，可以写成(平方后)

$$n^2 \approx n_0^2 \left[1 - \left(\frac{r}{\alpha}\right)^2\right] \tag{18.93}$$

在3.4.1节中讨论过折射率从轴开始以抛物线形式减小的介质中的光的传播，并且已经证明光束将会周期性聚焦(见图3.24)。实际上，我们已经证明了这种介质对于光束的作用与焦距为$\frac{\pi\alpha}{2}$的凸透镜相类似(见式(3.48))。在这里，由于非线性效应(取 $n'>0$)的作用，介质对于光束的作用与具有如下式焦距的凸透镜相类似：

---

① 这种依赖于光强的非线性效应来源于许多物理机制，比如克尔效应、电致伸缩效应、热效应等。最简单而容易理解的是热效应，该效应源于具有横向强度分布的强光束经过吸收介质的传输，在横向产生一个温度梯度。比如，假如光束具有横向高斯分布的变化(亦即具有 $\exp(-r^2/a^2)$ 的形式，传播方向沿着 z 轴)，则温度在轴上取最大值(亦即 $r=0$)，随着 r 的增大而减小。如果 $dn/dT>0$，折射率在轴上取极大值，则光束将经历聚焦；反之，如果 $dn/dT<0$，则光束将经历发散(参见文献[18.9])。

克尔效应来源于液晶(如 CS_2)分子各向异性的极化。一束强光波趋向于将各向异性极化的分子排列起来，其最大的极化方向沿着电场矢量的方向，结果将改变介质的介电常数。另外，电致伸缩效应(这个效应在固体中很重要)是非均匀的电场力作用在材料介质之上引起的，这个力影响、改变了材料的密度分布，因而改变了折射率的分布。因此，一束波前强度非均匀分布的激光可以使介质折射率改变，造成光束的聚焦(或者散焦)。更进一步关于电致伸缩和克尔效应的细节见文献[18.9]～文献[18.11]。

$$f_{\mathrm{nl}} \approx \frac{\pi}{2}\alpha \approx \frac{\pi}{2}\left(\frac{n_0}{2n'E_{00}^2}\right)^{1/2} a \tag{18.94}$$

下标“nl”表示这种影响是由非线性效应所致。因此，源于非线性效应，光束经历了自聚焦，这里“自”的意思是，光束自身的强度分布造成其经过的介质折射率产生梯度变化，从而导致光束聚焦①。

在3.4.1节中对焦距计算的分析是基于射线光学的，忽略了衍射的影响。现在，如果忽略非线性效应的影响，光束将会由于衍射而发散，发散角由下式给出(见图18.14)：

$$\theta_{\mathrm{d}} \approx \frac{\lambda}{\pi a} = \frac{\lambda_0/n_0}{\pi a} \tag{18.95}$$

式中，λ_0 是真空中的波长。因此，这种衍射现象可通过发散透镜来近似，这个发散透镜的焦距为(见图18.51)

$$f_{\mathrm{d}} \approx \frac{a}{\theta_{\mathrm{d}}} \approx \frac{1}{2}ka^2 \tag{18.96}$$

式中，

$$k = \frac{2\pi}{\lambda} = \frac{2\pi}{\lambda_0}n_0 \tag{18.97}$$

显然，如果 $f_{\mathrm{d}} < f_{\mathrm{nl}}$，衍射发散效应将占主导地位，因而光束将会发散；如果 $f_{\mathrm{d}} > f_{\mathrm{nl}}$，非线性自聚焦效应将占主导地位，因而光束将会自聚焦。当 $f_{\mathrm{d}} \approx f_{\mathrm{nl}}$ 时，这两种效应将相互抵消，光束在传播时既不发散也不焦聚。这种情况称为类均匀波导的传播条件。条件 $f_{\mathrm{d}} \approx f_{\mathrm{nl}}$ 意味着

$$\frac{1}{2}ka^2 \approx \frac{\pi}{2}\left(\frac{n_0}{2n'E_{00}^2}\right)^{1/2} a$$

或者

$$E_{00}^2 \approx \frac{1}{n_0 n'}\frac{\lambda_0^2}{8a^2} \tag{18.98}$$

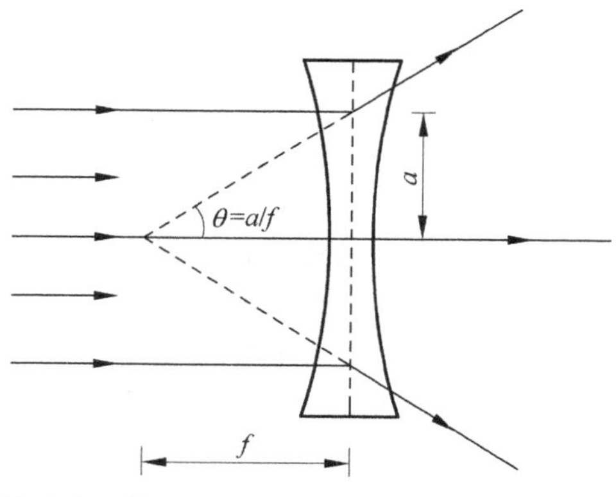

图18.51　当平面波垂直入射到发散透镜上，光线沿着与入射轴成 a/f 的角度发散

① 需要说明的是，若 n' 是负值，则远离轴线时折射率会增大，从而导致光的散焦。例如，如果折射率随着温度的升高而减小，那么光束会经历所谓的热散焦。

这样，光束的功率是由下式给出的①：

$$\begin{aligned} P &= \int_0^\infty \text{波速} \times (\text{能量}/\text{单位体积}) \times 2\pi r\,\mathrm{d}r \\ &\approx \int_0^\infty \left(\frac{c}{n_0}\right) \times \left(\frac{1}{2}\varepsilon E_0^2\right) \times 2\pi r\,\mathrm{d}r \\ &\approx \frac{c}{n_0}\left(\frac{1}{2}n_0^2\varepsilon_0 E_{00}^2\right)\int_0^\infty \exp\left(-\frac{2r^2}{a^2}\right) 2\pi r\,\mathrm{d}r \\ &\approx \frac{\pi}{4} n_0 c\varepsilon_0 E_{00}^2 a^2 \end{aligned} \tag{18.99}$$

式中，$\varepsilon(=n_0^2\varepsilon_0)$是介质的介电常数，$\varepsilon_0(=8.85\times10^{-12}\mathrm{C}^2/(\mathrm{N}\cdot\mathrm{m}^2))$是真空介电常数（见19.2节）。如果将$E_{00}^2$的表示式(18.98)代入式(18.99)，将得到临界功率为

$$P_{\mathrm{cr}} = \frac{\pi}{32}(c\varepsilon_0)\frac{\lambda_0^2}{n'} \tag{18.100}$$

珈迈里(Garmire)、切奥(Chiao)和汤斯(Townes)完成了红宝石激光束($\lambda_0=0.6943\mu\mathrm{m}$)在二硫化碳中的自聚焦实验（文献[18.12]），并且测出临界功率为(25 ± 5)kW。另外，利用式(18.100)可以算出

$$P_{\mathrm{cr}} \approx \frac{3.14}{32}\times3\times10^8\times8.85\times10^{-12}\times\frac{(0.6943\times10^{-6})^2}{2\times10^{-20}}\mathrm{kW}\approx6.3\mathrm{kW} \tag{18.101}$$

式中已经利用了CS_2的下列参数：$n_0=1.6276$，$n'=1.8\times10^{-11}$CGS单位$=2\times10^{-20}$MKS单位（n'的MKS单位是$(\mathrm{m/V})^2$）。结果可能差4倍，但是得到了与实验结果相比正确数量级的临界功率，这是所有数量级计算中常有的情形。所以可以得出下列结论：

(1) 当$P<P_{\mathrm{cr}}$时，光束将由于衍射而发散。

(2) 当$P=P_{\mathrm{cr}}$时，光束在传播时既不发散也不会聚，这种情况称为类均匀波导的传播条件。

(3) 当$P>P_{\mathrm{cr}}$时，我们可以推测出，光束将会发生聚焦。实际上，更严格的分析已经得出了这个结论。这种现象称为光束的自聚焦现象。

详尽地学习自聚焦现象对于激光核聚变实验是很重要的，因为在该实验中，激光束与等离子体之间有非线性的相互作用。

小　结

- 干涉对应于从多个点源发出的波的叠加情况，而衍射则对应于来自像圆孔或者矩形孔甚至是许多个矩形孔（比如衍射光栅）这样的面光源的波的叠加情况。
- 当平面波正入射到N个平行的狭缝上时，夫琅禾费衍射图样通过下式给出：

$$I = I_0\frac{\sin^2\beta}{\beta^2}\frac{\sin^2 N\gamma}{\sin^2\gamma}$$

式中，

① 波速×（能量/单位体积）为能流密度，将其沿横截面积分得到穿过该截面的能流，即光束的功率。——译者注

$$\beta=\frac{\pi b\sin\theta}{\lambda},\quad \gamma=\frac{\pi d\sin\theta}{\lambda}$$

λ是波长，θ是衍射角，b代表着狭缝的宽度，d是两个狭缝之间的间隔。当$N=1$时，得到单一狭缝衍射图样，在$\theta=0$时是中心最大值，在$b\sin\theta=m\lambda(m=\pm1,\pm2,\cdots)$时产生最小值。当$N\geqslant2$时，强度分布是单一狭缝衍射图样和$N$个间隔距离为$d$的点光源产生的干涉图样的积。对于$N=2$，得到杨氏双缝干涉图样。对于大的$N$值，主极大发生在$\gamma=m\pi$，即

$$d\sin\theta=m\lambda,\quad m=0,1,2,\cdots$$

此式通常称为光栅方程。

- 光栅的分辨本领通过下式给出：

$$R=\frac{\lambda}{\Delta\lambda}=mN$$

N代表光栅中的线的总条数。比如衍射光栅的$N=10000$，在一级光谱($m=1$)中，对于$\lambda=5000\text{Å}$，得到$\Delta\lambda\approx0.5\text{Å}$。

- 考虑单色X射线束入射到晶体上。相互增强的衍射光的掠射角θ可以通过下式给出：

$$2d_{hkl}\sin\theta=m\lambda$$

d_{hkl}是具有米勒指数(hkl)的晶面族的晶面间距，$m=1,2,3,\cdots$称作衍射的级数，θ是掠射角。上面的方程称作布拉格定律，它给出了相互增强的衍射光束的角位置。

习　　题

18.1 一平面波($\lambda=5000\text{Å}$)垂直入射到宽度为0.5mm的长狭缝上。试计算与头三个极小值对应的衍射角。当狭缝宽度为0.1mm时，再次计算上面的结果，并从物理上解释衍射图样的变化。

[**答案**：0.057°，0.115°，0.17°；0.29°，0.57°，0.86°]

18.2 焦距为20cm的凸透镜放在宽为0.6mm的狭缝后面，如果波长为6000Å的平面波垂直入射到狭缝上，试计算在中央极大值两侧的第二极小值之间的间隔。

[**答案**：≈0.08cm]

18.3 在习题18.2中，试计算中央极大值与两侧的第一极大值的强度之比。

[**答案**：～21]

18.4 考察一束波长为5×10^{-5}cm的激光束，它的圆形截面的直径为3cm。试计算这束激光在传播了3km后直径的数量级。

[**答案**：≈14cm，这说明激光束有极高的指向性]

18.5 半径为0.01cm的圆孔放在焦距为25cm的凸透镜的前面，并被波长为5×10^{-5}cm的平行光束照明，试计算前三个暗环的半径。

[**答案**：0.76mm，1.4mm，2.02mm]

18.6 有一列平面波入射到直径为5cm、焦距为10cm的凸透镜上，如果入射光的波长是6000Å，试计算在透镜焦平面上第一暗环的半径。对一个焦距相同但直径为15cm

的透镜重复这种计算，并从物理上解释所得到的结果。

[**答案**：1.46×10^{-4}cm，4.88×10^{-5}cm]

18.7 有一个双缝，它的每个缝的宽度都是 $b=5\times10^{-2}$cm，间距 $d=0.1$cm，被波长为 6.328×10^{-5}cm 的单色光所照明，在双缝后面放置一个焦距为 10cm 的凸透镜，试计算在第一衍射极小值以内的诸极小值的位置。

[**答案**：0.0316mm，0.094mm]

18.8 试证明：当 $b=d$ 时，得到的双缝衍射图样对应于宽度为 $2b$ 的单缝衍射图样。

18.9 证明：当光栅用于研究包含波长成分从 4000Å 到 7000Å 的光束时，第一级和第二级光谱不会重叠。

18.10 有一个宽度为 5cm 的光栅，每条缝的宽度为 0.0001cm，间隔为 0.0002cm。试问哪一个数据对应于光栅常数？对于波长 $\lambda=5.5\times10^{-5}$cm 的光能观察到多少级？并计算主极大的宽度，是否有缺级？

18.11 对于习题 18.10 的衍射光栅，计算各级的色散，每一级的分辨本领是多少？

18.12 （每英寸有 15000 条刻线的）一块光栅由白光照明。假定白光的波长在 4000～7000Å，试分别计算其第一级光谱和第二级光谱的角宽度。（提示：不应该用式(18.65)计算，为什么？）

18.13 （每英寸有 15000 条刻线的）一块光栅由钠光照明。在焦距为 10cm 的凸透镜的焦面上观察光栅光谱，试计算钠的 D_1 线和 D_2 线之间的间隔（D_1 线和 D_2 线的波长分别为 5890Å 和 5896Å）。（提示：可以用式(18.65)，为什么？）

18.14 一块 1in 宽的光栅有 15000 条刻线，试计算它的第二级光谱中的分辨本领。

18.15 一个线光栅宽度为 1cm，有 1000 条线。试计算第二主极大的角宽度，并且将结果与 1cm 宽的有 5000 条线的光栅的相应值进行比较。假定波长 $\lambda=5\times10^{-5}$cm。

18.16 有一块衍射光栅，在最小偏向位置时，第一级光谱的偏向角是 30°。如果 $\lambda=6\times10^{-5}$cm，试计算光栅常数。

18.17 如果一个望远镜对于波长 $\lambda=6\times10^{-5}$cm 的光要求有 0.1″（角秒也称弧秒）的分辨本领，试计算它的物镜的直径。

18.18 假定眼睛的分辨本领只由衍射效应决定，试计算最远在多少距离处它还能分辨开间隔为 2m 的两物点。（假定人眼瞳孔直径是 2mm，$\lambda=6000$Å。）

18.19 (1) 针孔照相机本质上就是一个前方带针孔的矩形盒子。物体倒立的像成在盒子的后部。考虑一束入射平行光正入射在针孔上，如果忽略衍射效应，那么图像的直径会随着针孔的直径线性增长。另一方面，如果假设是夫琅禾费衍射，那么第一个暗环将会随着孔的直径减少而增大。试求几何图像的直径大概等于艾里图样中第一个暗环的直径时的针孔直径。假设 $\lambda=6000$Å，并且针孔和盒子后部相距 15cm。

(2) 图 18.52 显示了不同针孔直径下的图像质量。定量讨论在针孔直径太大或太小的情况下，图像会模糊。

[**答案**：(1) 0.47mm]

18.20 铜属于面心立方点阵，它的晶格常数是 3.615Å，用包含波长 1.540Å 和 1.544Å 的 X 射线摄取铜的粉末照相。试证明：当 θ 为下列值时将观察到衍射极大。

$\theta=(21.64°,21.70°),(25.21°,25.28°),(37.05°,37.16°),(44.94°,45.09°),$

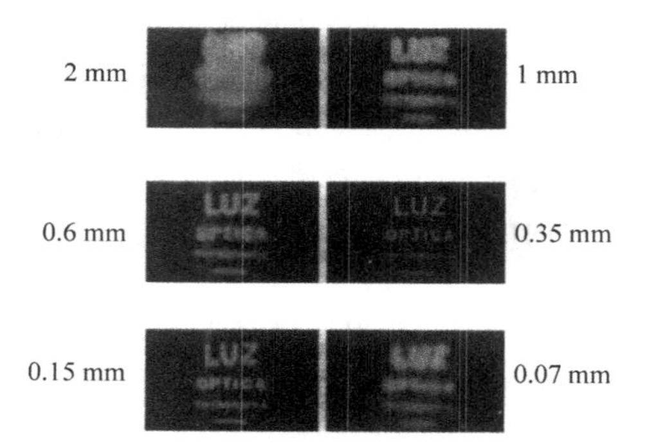

图 18.52 针孔直径不同的针孔照相机形成的图像(图片由谢伽拉扬(K. Thyagarajan)教授提供，来自互联网，参阅 http://www.cs.bekeley.edu/~daf/book/chapter-4.pdf)

(47.55°,47.71°),(58.43°,58.67°),(68.20°,68.58°),(72.29°,72.76°)

18.21 钨属于体心立方点阵，晶格常数为 3.1648Å。试证明：在钨的粉末照相中(对应的 X 射线波长为 1.542Å)，$\theta=20.15°,29.17°,36.64°,43.56°,50.39°,57.55°,65.74°,77.03°$时，将观察到衍射极大值。

18.22 (1) 在简单立方点阵中交替地放置 Na 和 Cl 将得到 NaCl 晶体。试证明：Na 原子(和 Cl 原子)独立地形成面心立方点阵。它们的晶格常数为 5.6402Å，试证明：对于波长为 1.542Å 的 X 射线，当 $\theta=13.69°,15.86°,22.75°,26.95°,28.27°,33.15°,36.57°,37.69°,42.05°,45.26°,50.66°,53.98°,55.10°,59.84°,63.69°,65.06°,71.27°,77.45°$和 80.66°时，将观察到衍射极大值。

(2) 试证明：如果我们把 NaCl 作为点阵常数为 2.82Å 的简单立方点阵来处理，将观察不到对应于 $\theta=13.69°,26.95°,36.57°,45.26°,53.98°,63.69°,77.45°$的极大值，实际上，在 NaCl 的 X 射线衍射图样中，与这些 θ 值对应的极大值确实是非常弱的。

18.23 证明：来自米勒指数为(hkl)的平面族的第 m 级反射和米勒指数为$(mh\ mk\ ml)$的平面族的第 1 级反射是一样的。

18.24 组成双缝的两个单缝的宽度分别为 b 和 $3b$，间隔为 $6b$，试计算由这样的双缝产生的夫琅禾费衍射图样。

18.25 有一束功率为 1kW 的激光束(波长 $\lambda=6943$Å、光束直径≈1cm)在 CS_2 中传播。试计算 f_d 和 f_{nl}，并讨论光束的散焦(或聚焦)。对功率为 1000kW 的激光束重复这种计算，并定性讨论这两种情形有什么不同，n_0 和 n'的数据已在 18.11 节中给出了。

18.26 苯的 n_0 和 n'分别等于 1.5 和 0.6×10^{-10}CGS 单位。试找出临界功率的近似表示式。

第19章 夫琅禾费衍射Ⅱ和傅里叶光学

傅里叶分析是无处不在的工具，在物理和工程领域有广泛的应用。

——约瑟夫·古德曼(Joseph Goodman)，《傅里叶光学导论》前言

学习目标

学过本章后，读者应该学会：

目标1：推导菲涅耳衍射积分公式。

目标2：理解夫琅禾费衍射条件。

目标3：描述长狭缝、矩孔和圆孔的夫琅禾费衍射。

目标4：讨论全同孔(光阑)阵列的夫琅禾费衍射。

目标5：解释空间滤波。

目标6：说明利用薄透镜进行傅里叶变换的性质。

19.1 引言

本章将对于一束平面波通过不同孔径后的远场衍射进行更普遍的分析，这种远场衍射就是所谓的夫琅禾费衍射。首先，推导在第20章中会用到的所谓菲涅耳衍射的公式。接着，由远场近似可得出夫琅禾费衍射图样，它被证明是孔径函数的傅里叶变换。最后，推导薄透镜的傅里叶变换性质，它是傅里叶光学和空间滤波的基础。

19.2 菲涅耳衍射积分 目标1

假设一列(振幅为A)平面波正入射到一个如图19.1所示的孔径上。利用惠更斯-菲涅耳原理，就可以计算在距离孔径z处的屏幕SS'上某点P的场分布。对于一个从源点发散的球面波，其场强分布由下式给出：

$$u \sim \frac{1}{r}\mathrm{e}^{\mathrm{i}kr}$$

其中r是从光源(位于源点)到观察点的距离。考虑在包含该孔径的平面上(在点M附近)一个无穷小的面元$\mathrm{d}\xi\mathrm{d}\eta$，则在点$P$来源于那些无穷小面元的波的场分布正比于

$$\frac{A\,\mathrm{e}^{\mathrm{i}kr}}{r}\mathrm{d}\xi\mathrm{d}\eta \tag{19.1}$$

式中，$r=MP$。为了计算出(点P的)总的场强分布，要对所有的无穷小面元进行积分，从而

得到

$$u(P)=C\iint\frac{A\mathrm{e}^{\mathrm{i}kr}}{r}\mathrm{d}\xi\mathrm{d}\eta \tag{19.2}$$

其中C是比例常数,积分遍及整个孔径。由一个更普遍的理论(参阅文献[19.1]~文献[19.4]),可以证明:

$$C=-\frac{\mathrm{i}k}{2\pi}=\frac{1}{\mathrm{i}\lambda} \tag{19.3}$$

(还可参见19.3节),可以推得

$$u(P)=\frac{A}{\mathrm{i}\lambda}\iint\frac{\mathrm{e}^{\mathrm{i}kr}}{r}\mathrm{d}\xi\mathrm{d}\eta \tag{19.4}$$

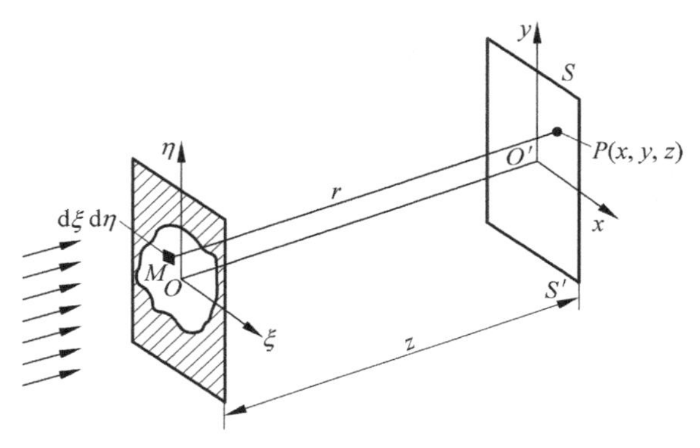

图19.1 平面波正入射到一个孔径上,在屏幕SS'处观察其衍射图样

如果在$z=0$处的振幅和相位分布由函数$A(\xi,\eta)$给出,则上述积分应该变为

$$u(P)=\frac{1}{\mathrm{i}\lambda}\iint A(\xi,\eta)\frac{\mathrm{e}^{\mathrm{i}kr}}{r}\mathrm{d}\xi\mathrm{d}\eta \tag{19.5}$$

在写出式(19.4)和式(19.5)时,已经作了如下两个假设:

(1) 在分析中已经假定,(位于孔径平面上的)屏障大小对点P的场强分布没有影响。这个假设仅当孔径的尺寸比波长大很多时成立。如果进行更精确的分析,则要将屏障大小对点P场强的影响考虑进去。但是,普遍来说,那是一件非常困难的事情。

(2) 在分析中采用了标量理论,并用标量函数u来表征场;这意味着电场在任何地方的方向都相同。这个假设仅在点O和观察点P连线与轴线的夹角足够小时才成立。

数值r代表孔径平面上点M(坐标为$(\xi,\eta,0)$)与观察屏上点P(坐标为(x,y,z))的距离(见图19.1),因此,r可写为

$$r=[(x-\xi)^2+(y-\eta)^2+z^2]^{1/2}=z\sqrt{1+\alpha}$$

式中,

$$\alpha\stackrel{\mathrm{def}}{=}\frac{(x-\xi)^2}{z^2}+\frac{(y-\eta)^2}{z^2} \tag{19.6}$$

如果$\alpha<1$,可以写出

$$\sqrt{1+\alpha}=1+\frac{1}{2}\alpha-\frac{1}{8}\alpha^2+\cdots \tag{19.7}$$

假设$\alpha\ll 1$,并忽略上述展开式中二阶项和更高阶的项,可以得到

$$r \approx z + \frac{(x-\xi)^2}{2z} + \frac{(y-\eta)^2}{2z} \tag{19.8}$$

再者，可以安全地将式(19.5)中分母上的 r 用 z 来代替，因此，可写成[①]

$$u(x,y,z) \approx \frac{1}{\mathrm{i}\lambda z}\mathrm{e}^{\mathrm{i}kz}\iint A(\xi,\eta) \times \exp\left\{\frac{\mathrm{i}k}{2z}[(x-\xi)^2+(y-\eta)^2]\right\}\mathrm{d}\xi\mathrm{d}\eta \quad \text{菲涅耳衍射积分} \tag{19.9}$$

式(19.9)也可以写成如下形式：

$$u(x,y,z) \approx \frac{1}{\mathrm{i}\lambda z}\mathrm{e}^{\mathrm{i}kz}\exp\left[\frac{\mathrm{i}k}{2z}(x^2+y^2)\right]\iint A(\xi,\eta) \times \exp\left[\frac{\mathrm{i}k}{2z}(\xi^2+\eta^2)\right]\mathrm{e}^{-\mathrm{i}(u\xi+v\eta)}\mathrm{d}\xi\mathrm{d}\eta \tag{19.10}$$

式中，

$$u = \frac{2\pi x}{\lambda z}, \quad v = \frac{2\pi y}{\lambda z} \tag{19.11}$$

代表空间频率，式(19.9)和式(19.10)都被称为菲涅耳衍射积分。第 20 章会用到上述积分来计算菲涅耳衍射图样。在这里必须指出，在菲涅耳近似中，忽略了与 α^2 成比例的项，如果这一项引起的相位变化远小于 π，这是合理的。这样，菲涅耳近似在下列条件满足时成立：

$$\frac{1}{8}kz\alpha^2 \ll \pi \Rightarrow \frac{1}{8}\frac{2\pi}{\lambda}\frac{[(x-\xi)^2+(y-\eta)^2]^2}{z^3} \ll \pi \tag{19.12}$$

这样必须有

$$z \gg \left\{\frac{1}{4\lambda}[(x-\xi)^2+(y-\eta)^2]^2_{\max}\right\}^{\frac{1}{3}} \quad \text{菲涅耳近似成立的条件} \tag{19.13}$$

举例说明，考虑一个半径为 a 的圆形孔；如果我们在一个远比 a 大的区域内进行观察，那么就可以忽略等式右边的 ξ 和 η 项，从而得到

$$z \gg \left[\frac{1}{4\lambda}(x^2+y^2)^2\right]^{\frac{1}{3}} \tag{19.14}$$

因此，对于一个半径为 0.1cm 的圆形孔，如果在一个半径为 1cm 的区域内观察，(x^2+y^2) 的最大值约为 1cm^2。如果假设 $\lambda \approx 5\times10^{-5}$cm，则由方程(19.14)可得 $z \gg 17$cm。

19.3　均匀振幅和相位分布

首先考虑不存在孔径的情况，这样，在 $z=0$ 处，有

$$A(\xi,\eta) = A, \quad \text{对于所有的 } \xi \text{ 和 } \eta$$

---

① 例如，当 $\lambda = 6\times10^{-5}$cm 时，因子 $\cos kr$ 变成

$$\cos\left(\frac{\pi}{3}10^5 r\right)$$

假如 r 从 60cm 变成 60.00002cm，余弦因子会从 +1 变成 −0.5。这说明，尽管 r 的改变非常小，但在积分范围内指数因子变化很迅速。（作者在这里想表达的意思是：在相位因子里不能轻易用 z 替换 r，因为其中是与波长在作比较。但是在相位因子之外是可以的。——译者注）

方程(19.9)可以写成

$$u(x,y,z)=\frac{1}{\mathrm{i}\lambda z}\mathrm{e}^{\mathrm{i}kz}\int_{-\infty}^{+\infty}\mathrm{e}^{\frac{\mathrm{i}k}{2z}X^2}\mathrm{d}X\int_{-\infty}^{+\infty}\mathrm{e}^{\frac{\mathrm{i}k}{2z}Y^2}\mathrm{d}Y$$

式中,$X=x-\xi$,$Y=y-\eta$。如果利用积分公式(见附录 A)

$$\int_{-\infty}^{+\infty}\mathrm{e}^{-\alpha x^2+\beta x}\mathrm{d}x=\sqrt{\frac{\pi}{\alpha}}\exp\left(\frac{\beta^2}{4\alpha}\right) \tag{19.15}$$

可以得到

$$u(x,y,z)=\frac{A}{\mathrm{i}\lambda z}\mathrm{e}^{\mathrm{i}kz}\left(\sqrt{\frac{\pi 2z}{-\mathrm{i}k}}\right)\left(\sqrt{\frac{\pi 2z}{-\mathrm{i}k}}\right)$$

或者

$$u(x,y,z)=A\mathrm{e}^{\mathrm{i}kz} \tag{19.16}$$

这确实代表一个均匀平面波。这表明,虽然利用了近似,最终得到的结果还是正确的。上述公式也指出了方程(19.3)中所给出的 C 值是正确的。

19.4 夫琅禾费近似 目标 2

所谓夫琅禾费近似,即假设积分方程(19.10)中的 z 足够大,以致函数

$$\exp\left[\frac{\mathrm{i}k}{2z}(\xi^2+\eta^2)\right]$$

可以用 1 来替换,最大相位改变必须小于 π。因此,除了式(19.13)中所给的条件,还必须附加

$$z\gg\frac{(\xi^2+\eta^2)_{\max}}{\lambda}\quad \text{夫琅禾费近似成立的条件} \tag{19.17}$$

在这种近似下,方程(19.10)可化为如下形式:

$$u(x,y,z)\approx\frac{1}{\mathrm{i}\lambda z}\mathrm{e}^{\mathrm{i}kz}\exp\left[\frac{\mathrm{i}k}{2z}(x^2+y^2)\right]\times\iint A(\xi,\eta)\times\mathrm{e}^{-\mathrm{i}(u\xi+v\eta)}\mathrm{d}\xi\mathrm{d}\eta\quad \text{夫琅禾费衍射积分} \tag{19.18}$$

此式表示的是夫琅禾费衍射图样。这个积分右边是函数 $A(\xi,\eta)$的二维傅里叶变换(见 9.6 节)。这样,方程(19.18)给出了一个非常重要的结论:

夫琅禾费衍射图样是孔径函数的傅里叶变换。

对于一个半径为 a 的圆形孔径,方程(19.17)变为

$$z\gg\frac{a^2}{\lambda} \tag{19.19}$$

引入菲涅耳数

$$N_{\mathrm{F}}=\frac{a^2}{\lambda z} \tag{19.20}$$

若夫琅禾费近似成立,必须有

$$N_{\mathrm{F}}\ll 1 \tag{19.21}$$

19.5　长狭缝的夫琅禾费衍射　　目标 3

首先考虑一个平面波正入射到孔径平面上宽度为 b(沿着 ξ 轴方向)的狭缝上的夫琅禾费衍射。如图 19.2 所示一个矩形的缝隙,假设缝隙沿 η 轴很长,可以近似看作长狭缝,在这种情况下,对于所有的 η,有

$$A(\xi,\eta)=\begin{cases}A, & |\xi|<\dfrac{b}{2}\\ 0, & |\xi|>\dfrac{b}{2}\end{cases} \tag{19.22}$$

将式(19.22)代入式(19.18)中,可以得到

$$u(x,y,z)=\frac{A}{\mathrm{i}\lambda z}\mathrm{e}^{\mathrm{i}kz}\exp\left[\frac{\mathrm{i}k}{2z}(x^2+y^2)\right]\times\int_{-b/2}^{+b/2}\mathrm{e}^{-\mathrm{i}u\xi}\mathrm{d}\xi\int_{-\infty}^{+\infty}\mathrm{e}^{-\mathrm{i}v\eta}\mathrm{d}\eta \tag{19.23}$$

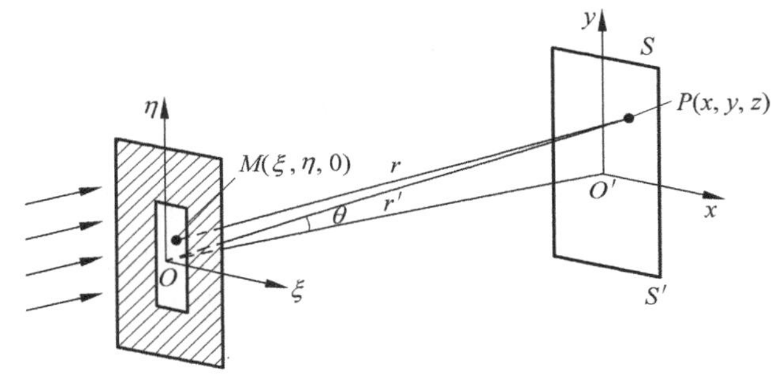

图 19.2　平面波正入射到一个矩形孔径的衍射

在 9.3 节中,已得出

$$\delta(v)=\frac{1}{2\pi}\int_{-\infty}^{+\infty}\mathrm{e}^{-\mathrm{i}v\eta}\mathrm{d}\eta \tag{19.24}$$

$$\int_{-b/2}^{+b/2}\mathrm{e}^{-\mathrm{i}u\xi}\mathrm{d}\xi=\frac{1}{-\mathrm{i}u}\mathrm{e}^{-\mathrm{i}u\xi}\Big|_{-b/2}^{+b/2}=\frac{2}{u}\,\frac{\mathrm{e}^{\mathrm{i}ub/2}-\mathrm{e}^{-\mathrm{i}ub/2}}{2\mathrm{i}}=b\,\frac{\sin\beta}{\beta}$$

式中,

$$\beta=\frac{ub}{2}=\frac{\pi bx}{\lambda z}\approx\frac{\pi b\sin\theta}{\lambda} \tag{19.25}$$

以及 $\sin\theta\approx\dfrac{x}{z}$。$\theta$ 代表沿着 x 方向的衍射角。因此

$$u(x,y,z)=\frac{Ab}{\mathrm{i}\lambda z}\mathrm{e}^{\mathrm{i}kz}\exp\left[\frac{\mathrm{i}k}{2z}(x^2+y^2)\right]\left(\frac{\sin\beta}{\beta}\right)2\pi\delta(v) \tag{19.26}$$

δ 函数的值除了在 x 轴上,强度均为 0。因此,沿着 x 轴的强度分布可以写成

$$I=I_0\left(\frac{\sin^2\beta}{\beta^2}\right) \tag{19.27}$$

这样就得到了在 18.2 节中所得到的单缝衍射图样(参见图 18.3(a)和图 18.4(a))。实际上,对于长狭缝,条件式(19.17)是不满足的,因此,还必须用到 20.7 节的分析。然而,在一个透镜的焦平面上,确实能观察到如式(19.27)所描述的衍射图(参见图 18.6)。

19.6 矩形孔的夫琅禾费衍射　　目标3

下面讨论在矩形孔径(尺寸为 $a\times b$)的衍射情况(见图19.2)。平面波正入射到这样的矩形孔的夫琅禾费衍射可以由下式给出:

$$u(x,y,z)=\frac{A}{\mathrm{i}\lambda z}\mathrm{e}^{\mathrm{i}kz}\exp\left[\frac{\mathrm{i}k}{2z}(x^2+y^2)\right]\times\int_{-b/2}^{+b/2}\mathrm{e}^{-\mathrm{i}u\xi}\mathrm{d}\xi\int_{-a/2}^{+a/2}\mathrm{e}^{-\mathrm{i}v\eta}\mathrm{d}\eta \tag{19.28}$$

其中将原点置于矩形孔的中心处(见图19.2)。利用前面的积分,得到

$$u(x,y,z)=\frac{Aba}{\mathrm{i}\lambda z}\mathrm{e}^{\mathrm{i}kz}\exp\left[\frac{\mathrm{i}k}{2z}(x^2+y^2)\right]\left(\frac{\sin\beta}{\beta}\right)\left(\frac{\sin\gamma}{\gamma}\right) \tag{19.29}$$

其中 β 已经由式(19.25)给出

$$\gamma=\frac{va}{2}=\frac{\pi ay}{\lambda z}\approx\frac{\pi a\sin\phi}{\lambda} \tag{19.30}$$

且 $\sin\phi\approx\frac{y}{z}$; ϕ 代表 y 方向的衍射角。因此,可以写出衍射强度表达式

$$I(P)=I_0\frac{\sin^2\gamma}{\gamma^2}\frac{\sin^2\beta}{\beta^2} \tag{19.31}$$

上式代表了矩形孔的夫琅禾费衍射图样。在此必须记住,式(19.29)和式(19.31)在式(19.13)和式(19.17)被满足时才成立。正方形孔($a=b$)的衍射强度如图19.3所示,图中,$a=b=0.01\text{cm}$,$z=100\text{cm}$,且假设 $\lambda\approx5\times10^{-5}\text{cm}$。如果在一个半径为0.5cm(亦即 $x^2+y^2<0.25\text{cm}^2$)的区域观察,则式(19.13)给出

$$z\gg\left[\frac{1}{4\times5\times10^{-5}}(0.25)^2\right]^{\frac{1}{3}}\text{cm}\approx7\text{cm}$$

进一步,由式(19.17)给出

$$z\gg\frac{1}{5\times10^{-5}}2\times(0.01)^2\text{cm}\approx4\text{cm}$$

在计算中选择了 $z=100\text{cm}$,得到的衍射图样如图19.3所示。尽管在上式的计算中假设观察区域的半径为0.5cm,但是仍在 $-2\text{cm}<x,y<+2\text{cm}$ 的范围内画出了衍射图样。

注意到沿着 x 轴,当满足下列条件时,强度为0。

$$\beta=\left(\frac{\pi bx}{\lambda z}\right)=m\pi,\quad m=0,1,2,3,\cdots \tag{19.32}$$

或者

$$x=\frac{m\lambda}{b}z=m\times0.5=0.5\text{cm},1.0\text{cm},1.5\text{cm},2.0\text{cm},\cdots$$

对应于 $m=1,2,3,4,\cdots$。这与图19.3中的极小值的位置相符。

对于长狭缝的情况(即 $a\to\infty$),则函数

$$\frac{a\sin\gamma}{\gamma}=\frac{\sin\left(a\dfrac{\pi\sin\phi}{\lambda}\right)}{\dfrac{\pi\sin\phi}{\lambda}}$$

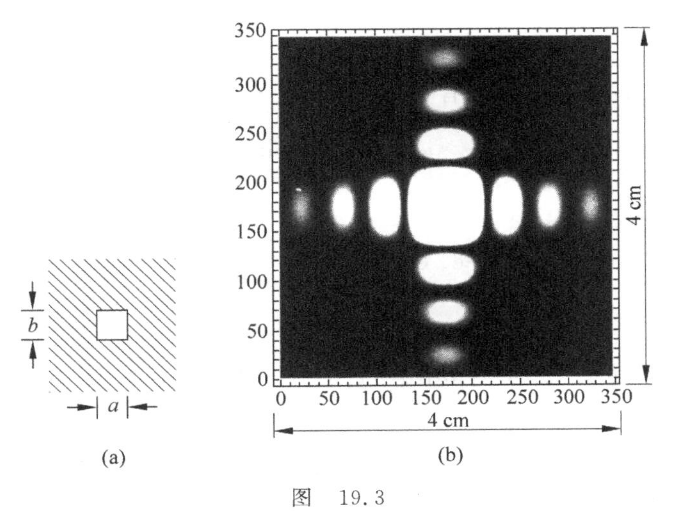

图　19.3

(a) 边长为 0.01cm 的方形孔；(b) 在距离孔径 100cm 的屏幕上显示的相应的(计算机生成)夫琅禾费衍射图，$\lambda=5\times10^{-5}$ cm

在 $\phi=0$ 附近有一个很陡的峰。既然 $\phi=0$ 意味着 $y=0$，所以不存在沿着 y 轴的衍射(参见 19.4 节)。一个平面波正入射到一个长狭缝产生衍射，并过渡到夫琅禾费衍射的讨论参见第 20 章(参见 20.7 节)。

19.7　圆孔的夫琅禾费衍射　　目标 3

考虑一平面波正入射到一圆形孔上，如图 19.4 所示。在圆孔平面上取柱坐标(见图 19.5)

$$\xi=\rho\cos\phi,\quad \eta=\rho\sin\phi \tag{19.33}$$

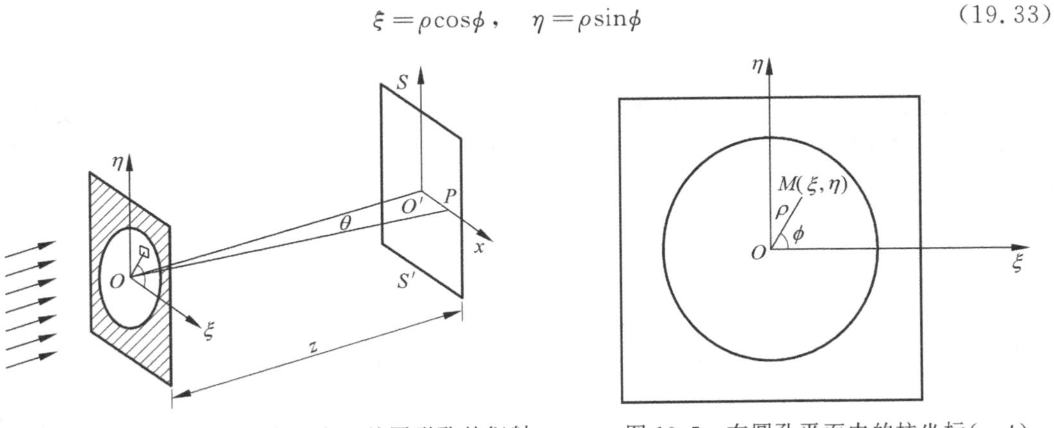

图 19.4　当一平面波经过一半径为 a 的圆形孔的衍射　　图 19.5　在圆孔平面内的柱坐标(ρ,ϕ)

进一步，由于系统的圆对称性，衍射图样将是以 O' 为圆心的圆环。因此，计算强度分布时，只需要沿着 x 轴(即在 $y=0$ 的点)计算，然后把结果中的 x 用 $\sqrt{x^2+y^2}$ 替换即可。于是，当 $y=0$ 时，有

$$v=0,\quad \sin\theta\approx\frac{x}{z}\tag{19.34}$$

这里 θ 是 OP 与 z 轴的夹角。从而有

$$u=\frac{2\pi x}{\lambda z}=k\sin\theta$$

式(19.18)变成

$$u(P)=\frac{A}{\mathrm{i}\lambda z}\mathrm{e}^{\mathrm{i}kz}\exp\left(\frac{\mathrm{i}kr^2}{2z}\right)\int_0^a\int_0^{2\pi}\mathrm{e}^{-\mathrm{i}k\rho\sin\theta\cos\phi}\rho\,\mathrm{d}\rho\,\mathrm{d}\phi\tag{19.35}$$

于是

$$\begin{aligned}u(P)&=\frac{A}{\mathrm{i}\lambda z}\mathrm{e}^{\mathrm{i}kz}\exp\left(\frac{\mathrm{i}kr^2}{2z}\right)\frac{1}{(k\sin\theta)^2}\int_0^{k\,a\sin\theta}\zeta\,\mathrm{d}\zeta\int\mathrm{e}^{-\mathrm{i}\zeta\cos\phi}\,\mathrm{d}\phi\\&=\frac{A}{\mathrm{i}\lambda z}\mathrm{e}^{\mathrm{i}kz}\exp\left(\frac{\mathrm{i}kr^2}{2z}\right)\frac{2\pi}{(k\sin\theta)^2}\int_0^{k\,a\sin\theta}\zeta\mathrm{J}_0(\zeta)\,\mathrm{d}\zeta\end{aligned}\tag{19.36}$$

式中 $\zeta=k\rho\sin\theta$,并用到了下面的关系式[①]:

$$\mathrm{J}_0(\zeta)=\frac{1}{2\pi}\int_0^{2\pi}\mathrm{e}^{\pm\mathrm{i}\zeta\cos\phi}\,\mathrm{d}\phi\tag{19.37}$$

如果进一步使用关系式

$$\frac{\mathrm{d}}{\mathrm{d}\zeta}[\zeta\mathrm{J}_1(\zeta)]=\zeta\mathrm{J}_0(\zeta)\tag{19.38}$$

则式(19.36)变为

$$\begin{aligned}u(P)&=\frac{A}{\mathrm{i}\lambda z}\mathrm{e}^{\mathrm{i}kz}\exp\left(\frac{\mathrm{i}kr^2}{2z}\right)\frac{2\pi}{(k\sin\theta)^2}[\zeta\mathrm{J}_1(\zeta)]\Big|_0^{ka\sin\theta}\\&=\frac{A}{\mathrm{i}\lambda z}\mathrm{e}^{\mathrm{i}kz}\exp\left(\frac{\mathrm{i}kr^2}{2z}\right)\pi a^2\left[\frac{2\mathrm{J}_1(v)}{v}\right]\end{aligned}$$

式中 $v=ka\sin\theta$。则强度分布为

$$I(P)=I_0\left[\frac{2\mathrm{J}_1(v)}{v}\right]^2\tag{19.39}$$

式中 I_0 是位于点 O' 的强度(参见图 19.4)。这就是在 18.3 节中讨论过的著名的艾里图样(艾里斑)。之前提到过,衍射光斑是(在平面 SS' 内)由以 O' 为中心的圆环组成。如果以 $F(r)$ 来表示一半径为 r 的圆内的能量百分比,则

$$F(r)=\frac{\int_0^r I(\sigma)2\pi\sigma\,\mathrm{d}\sigma}{\int_0^\infty I(\sigma)2\pi\sigma\,\mathrm{d}\sigma}\tag{19.40}$$

其中 $I(\sigma)2\pi\sigma\mathrm{d}\sigma$ 正比于包含在半径 σ 到 $\sigma+\mathrm{d}\sigma$ 的环形区域内的能量。显然有

$$\sin\theta=\frac{\sigma}{z}\tag{19.41}$$

又 $v=ka\sin\theta$,得到

$$\sigma=\frac{z}{ka}v\tag{19.42}$$

① 与贝塞尔函数相关的恒等式可以在大部分数学物理方法的书籍中找到,比如文献[19.5]~文献[19.7]。

式(19.40)变成

$$F(r)=\frac{\int_0^v\left[\frac{2\mathrm{J}_1(v)}{v}\right]^2 v\mathrm{d}v}{\int_0^\infty\left[\frac{2\mathrm{J}_1(v)}{v}\right]^2 v\mathrm{d}v} \tag{19.43}$$

其中用到了式(19.39)表示的强度分布。于是

$$\begin{aligned}\frac{\mathrm{J}_1^2(v)}{v}&=\mathrm{J}_1(v)\left[\mathrm{J}_0(v)-\frac{\mathrm{dJ}_1(v)}{\mathrm{d}v}\right]\\&=-\left[\mathrm{J}_0(v)-\frac{\mathrm{dJ}_0(v)}{\mathrm{d}v}+\mathrm{J}_1(v)\frac{\mathrm{dJ}_1(v)}{\mathrm{d}v}\right]\\&=-\frac{1}{2}\frac{\mathrm{d}}{\mathrm{d}v}[\mathrm{J}_0^2(v)+\mathrm{J}_1^2(v)]\end{aligned} \tag{19.44}$$

于是,有

$$F(r)=\frac{\mathrm{J}_0^2(v)+\mathrm{J}_1^2(v)\mid_0^v}{\mathrm{J}_0^2(v)+\mathrm{J}_1^2(v)\mid_0^\infty}=1-\mathrm{J}_0^2(v)+\mathrm{J}_1^2(v) \tag{19.45}$$

以上函数在图 19.6 中描绘出来。可以由函数曲线推断出,将近 84% 的光能量包含在第一个暗环所包围的圆形区域中,将近 91% 的光能量包含在前两个暗环所包围的圆形区域中。环形孔的夫琅禾费衍射图样将在习题 19.5 中讨论。

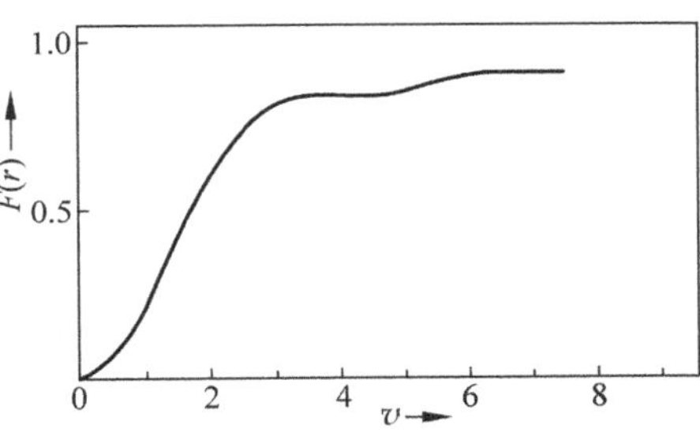

图 19.6 包含在半径 r 的圆区域中的能量百分比

19.8 全同孔阵列 目标 4

接下来考虑图 19.7 所示的 N 个全同孔组成的阵列,其夫琅禾费衍射图样模式是单独的孔产生的场分布之和,并由下式给出:

$$u=C\left(\iint_{S_1}+\iint_{S_2}+\cdots\right)\exp[-\mathrm{i}(u\xi+v\eta)]\mathrm{d}\xi\mathrm{d}\eta \tag{19.46}$$

其中每个积分代表一个特定孔产生的场分布贡献。$O_1,O_2,O_3,\cdots$表示位于不同孔中相同位置的点,比如,如果孔是矩形的,那么 $O_1,O_2,O_3,\cdots$代表矩形孔的中心。用(ξ_1,η_1),(ξ_2,η_2),(ξ_3,η_3),… 分别代表 $O_1,O_2,O_3,\cdots$ 的坐标。那么

$$u=C\sum_{n=1}^{N}\iint\mathrm{e}^{-\mathrm{i}[u(\xi_n+\xi')+v(\eta_\eta+\eta')]}\mathrm{d}\xi'\mathrm{d}\eta' \tag{19.47}$$

其中(ξ',η')表示图 19.7 所示的指定孔中相对于(ξ_n,η_n)的其他任意点的坐标,于是,有

$$u=u_s\sum_{n=1}^{N}\mathrm{e}^{-\mathrm{i}(u\xi_n+v\eta_n)} \tag{19.48}$$

式中

$$u_s=C\iint\mathrm{e}^{-\mathrm{i}(u\xi'+v\eta')}\mathrm{d}\xi'\mathrm{d}\eta' \tag{19.49}$$

是单个孔产生的场分布。于是,合强度分布可以写成

$$I=I_sI_1 \tag{19.50}$$

其中 I_s 表示单个孔产生的强度,且

$$I_1=\left|\sum_{n=1}^{N}\mathrm{e}^{-\mathrm{i}(u\xi_n+v\eta_n)}\right|^2 \tag{19.51}$$

代表由 N 个点源产生的强度分布。

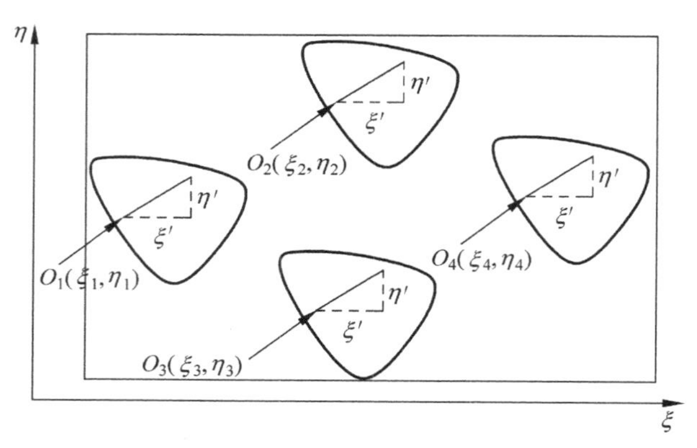

图 19.7 一平面波正入射到 N 个全同孔的阵列

作为例子,我们考虑图 19.8 所示的 N 个有相同间隔的全同孔。不失普遍性,假定

$$\xi_n=(n-1)d,\quad \eta_n=0,n=1,2,3,\cdots,N$$

于是,有

$$\begin{aligned}\sum_{n=1}^{N}\mathrm{e}^{-\mathrm{i}u(n-1)d}&=1+\mathrm{e}^{-\mathrm{i}ud}+\cdots+\mathrm{e}^{-\mathrm{i}(N-1)ud}=\frac{1-\mathrm{e}^{-\mathrm{i}Nud}}{1-\mathrm{e}^{-\mathrm{i}ud}}\\&=\exp\left[-\frac{1}{2}\mathrm{i}(N-1)ud\right]\frac{\sin N\gamma}{\sin\gamma}\end{aligned} \tag{19.52}$$

式中,

$$\gamma=\frac{ud}{2}=\frac{\pi d\sin\theta}{\lambda} \tag{19.53}$$

$$\sin\theta=\frac{x}{z} \tag{19.54}$$

因此,可得

$$I_1=\left|\sum_{n=1}^{N}\mathrm{e}^{-\mathrm{i}u(n-1)d}\right|^2=\frac{\sin^2N\gamma}{\sin^2\gamma} \tag{19.55}$$

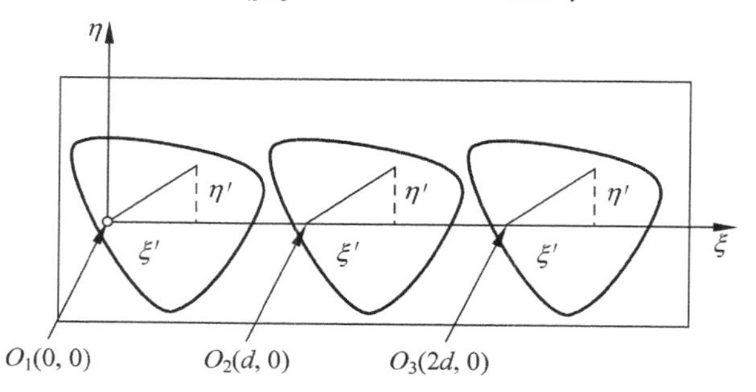

图 19.8 平面波正入射到 N 个同间距孔阵列的衍射

它是由 N 个间隔相同的点源产生的干涉图样，这个结果与 18.7 节所推导的结果一样。当 $N=2$ 时，可以得到由双孔产生的干涉图样。

如果每个孔都是一个长狭缝，将得到由一个光栅产生的衍射图样（见式(18.50)）。另外，如果每个孔是个圆，可以得到艾里斑和双孔干涉的乘积（参见图 17.4 和图 17.5）。

19.9　空间滤波　　目标 5

本节将证明，如果 $g(x,y)$ 代表一校正了像差的透镜的前焦平面的场分布（如图 19.9 所示的 P_1 平面），那么在后焦平面 P_2 上，可以得到 $g(x,y)$ 的傅里叶变换的场分布，z 轴表示透镜的光轴。如果用 $G(x,y)$ 表示后焦平面 P_2 的场分布，那么它与 $g(x,y)$ 的关系为

$$G(u,v)=\frac{1}{\lambda f}\iint g(x',y')\exp[-\mathrm{i}(ux'+vy')]\mathrm{d}x'\mathrm{d}y' \tag{19.56}$$

式中，

$$u \stackrel{\text{def}}{=} \frac{2\pi x}{\lambda f}, \quad v \stackrel{\text{def}}{=} \frac{2\pi y}{\lambda f} \tag{19.57}$$

表示空间频率，λ 是光的波长，f 是透镜的焦距。如果将式(19.56)和式(9.39)作比较，可以得出：

校正像差后的透镜的后焦平面上的场分布是前焦平面上场分布的傅里叶变换。

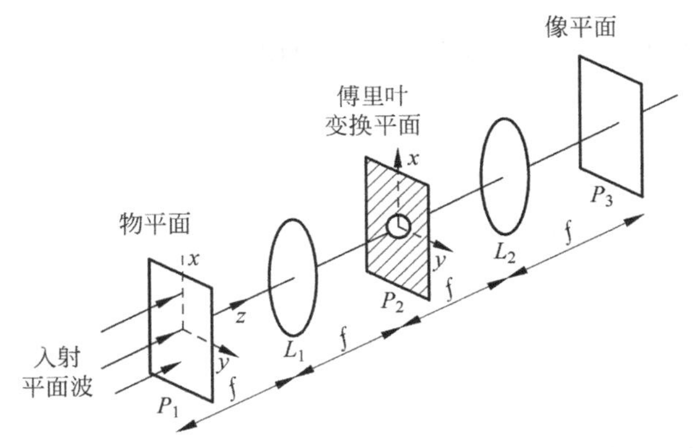

图 19.9　P_2 平面是傅里叶变换平面，它体现了（位于 P_1 平面）物的空间频率成分。图中，一个小孔放在（在 P_2 平面）光轴上，它过滤了物的高频分量

校正了像差的透镜的这种重要性质构成了空间滤波这门学科的基础，它被广泛应用于各个领域（参见文献[19.2]，文献[19.4]，文献[19.8]～文献[19.10]）。在此要注意，在式(19.56)中，忽略了等式右边（不重要）的相位因子（见 19.10 节）。

首先考虑平面波正入射到透镜上，这意味着 $g(x,y)$ 是个常量（如等于 g_0），则

$$G(u,v)=\frac{g_0}{\lambda f}\iint\exp[-\mathrm{i}(ux'+vy')]\mathrm{d}x'\mathrm{d}y' \tag{19.58}$$

如果用到公式

$$\int_{-\infty}^{+\infty}\mathrm{e}^{-\mathrm{i}ux}\mathrm{d}x=2\pi\delta(u) \tag{19.59}$$

(见式(9.9)),可得

$$G(u,v)=\frac{g_0}{\lambda f}4\pi^2\delta(u)\delta(v) \tag{19.60}$$

其中 $\delta(u)$ 和 $\delta(v)$ 代表狄拉克 δ 函数。因为当 $u\neq 0$ 时,$\delta(u)=0$,可以从式(19.60)推知,除了原点($x=0,y=0$)外,其他所有点的强度都为零。这是可想而知的,因为校正了像差的透镜把平面波全部聚焦于一点①(假设透镜足够大)。

另一个有趣的例子是当物平面上有一个一维余弦场分布

$$g(x,y)=g_0\cos(2\pi\alpha x) \tag{19.61}$$

其中 α 是一个常数②。这里假设场没有 y 分量。如果使用下面的恒等式:

$$\cos\theta=\frac{1}{2}(\mathrm{e}^{\mathrm{i}\theta}+\mathrm{e}^{-\mathrm{i}\theta})$$

则能得到

$$G(u,v)=\frac{g_0}{\lambda f}\int\frac{1}{2}(\mathrm{e}^{\mathrm{i}2\pi\alpha x'}+\mathrm{e}^{-\mathrm{i}2\pi\alpha x'})\mathrm{e}^{-\mathrm{i}ux'}\mathrm{d}x'\times\int\mathrm{e}^{\mathrm{i}vy'}\mathrm{d}y' \tag{19.62}$$

联系方程(19.59),可以推出

$$G(u,v)=\frac{g_0}{\lambda f}2\pi^2[\delta(u-2\pi\alpha)+\delta(u+2\pi\alpha)]\delta(v) \tag{19.63}$$

于是在 P_2 屏上会得到两个斑点,分别位于 x 轴上($v=0$)的 $u=\pm 2\pi\alpha$ 点(即 $x=\pm\lambda f\alpha$)。物理上可以这么理解:当平面波正入射到 P_1 屏上时(见图19.9),屏上场分布的时间依赖关系为 $\cos\omega t$。假设在 P_1 屏上有一个物体,其透明度正比于 $\cos(2\pi\alpha x)$,那么从 P_1 屏右边透过的场也会正比于

$$\cos\omega t\cos(2\pi\alpha x)=\frac{1}{2}[\cos(\omega t+2\pi\alpha x)+\cos(\omega t-2\pi\alpha x)] \tag{19.64}$$

对于 $k_y=0$ 的平面波,波场变化可取下面的形式(参见例11.6):

$$\cos(\omega t-k_x x-k_z z) \tag{19.65}$$

式中,$k_x=k\sin\theta$,$k_z=k\cos\theta$,$k=\frac{2\pi}{\lambda}$,且 θ 是波矢 $\boldsymbol{k}$ 与 z 轴的夹角。在 $z=0$ 处,波场变成

$$\cos(\omega t-k_x x) \tag{19.66}$$

将上面的方程与方程(19.64)作比较,不难发现方程(19.64)等式右边的两项分别代表沿着与 z 轴成 $-\theta$ 和 $+\theta$ 角方向传播的平面波,其中

$$\sin\theta=\frac{k_x}{k}=\frac{2\pi\alpha}{2\pi/\lambda}=\alpha\lambda \tag{19.67}$$

这两列平面波显然聚焦于 P_2 屏的 x 轴上位于 $x=-\lambda f\alpha$ 和 $x=+\lambda f\alpha$ 的两点。α 代表与物体相联系的空间频率,从本质上来说,它就是物体在后焦平面上的空间频谱(傅里叶变换)。

---

① 其中假定透镜的尺寸很大,因此,式(19.56)中的积分限可以假定为 $-\infty$ 到 $+\infty$。在大多数情况下,这种假设都是很好的近似。

② 在平面 P_1 中(见图19.9),如果放置图14.11(b)所示照片的底片,以使底片中的条纹沿着 y 轴,并假定有平面波正入射到底片上,那么场分布会正比于 $\cos^2(2\pi\alpha x)$,即正比于 $\frac{1}{2}[1+\cos(2\pi\alpha x)]$。

一般的时变信号都可以表示成一些纯正弦信号的叠加(参见式(9.33))。类似地,透过一任意物体(放置在 P_1 平面上)后的空间变化场,也能表示成正弦变化函数的叠加,并且可以在 P_2 屏上得到对应的(空间)频率分量。由于这个原因,P_2 平面也被称为傅里叶转换平面。

作为另一个例子,如果一个物体的振幅变化是下面的形式:

$$g(x,y)=A\cos 2\pi\alpha x+B\cos 2\pi\beta x \tag{19.68}$$

那么将在 P_2 平面上得到4个斑点(全部位于 x 轴上),这些斑点出现在 $x=\pm\lambda f\alpha, x=\pm\lambda f\beta$。由于函数傅里叶变换的傅里叶变换是函数本身[①](参见第9章),假如将平面 P_2 放置于透镜 L_2 的前焦平面上,则在透镜后焦平面上(即图19.9的平面 P_3)会得到与该物体联系的振幅分布。如果现在将 P_2 平面上位于点($x=+\lambda f\alpha, y=0$)和点($x=-\lambda f\alpha, y=0$)的两个斑点遮住,则在 P_3 平面上将得到与 $\cos(2\pi\beta x)$ 成正比的场分布。这样就滤掉了空间频率为 α 的分量,这就是空间滤波的基本原理。

对于任意的物体,如果在 P_2 平面上放置一个小孔,那么这个小孔将过滤掉高频分量(如图19.10(a)所示);如果在轴上放置一个小圆屏,则它会滤掉低频分量(如图19.10(b)所示)。另一方面,P_2 上的环形孔如同带通滤波器,如图19.10(c)所示。

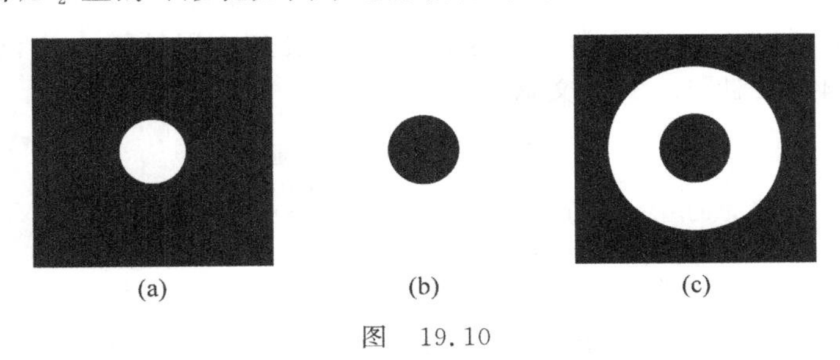

图　19.10

(a) 低通滤波器;(b) 高通滤波器;(c) 带通滤波器

作为空间滤波的一个简单应用,考虑一张网点照片(如报纸上的照片),它是由大量不同灰度的斑点组成的图像。由于这些斑点紧凑排列,代表着高频噪声,而与整个图像相关的空间频率则要低得多。因此,如果将与图19.11(a)类似的透明胶片图放置于 P_1 平面,并且在 P_2 平面只允许低频分量通过(利用如图19.9所示的装置),我们将在 P_3 平面得到不含不需要的高频噪声的图像(如图19.11(b)所示)。

空间滤波还应用于其他许多领域,如照片反差加强、字符识别等(参阅文献[19.2],文献[19.4],文献[19.9])。

4f 相关器

4f相关器是以9.6节讨论的卷积定理为基础的。假设一平面波入射到一具有二维函数 $g(x,y)$ 形式的透明片上,透明片放置在第一个透镜前焦平面上,如图19.12所示。$g(x,y)$ 的傅里叶变换($=G(u,v)$)在透镜的后焦平面上形成。包含第二个函数 $h(x,y)$ 的傅里叶变换($=H(u,v)$)的透射掩膜也被放置在这个平面上。于是,这相当于乘积 $G(u,v)H(u,v)$ 出现

① 然而会出现倒置,即 $f(x,y)$ 在平面 P_3 上会变成 $f(-x,-y)$。用简单的光线追迹也能看到这一点。

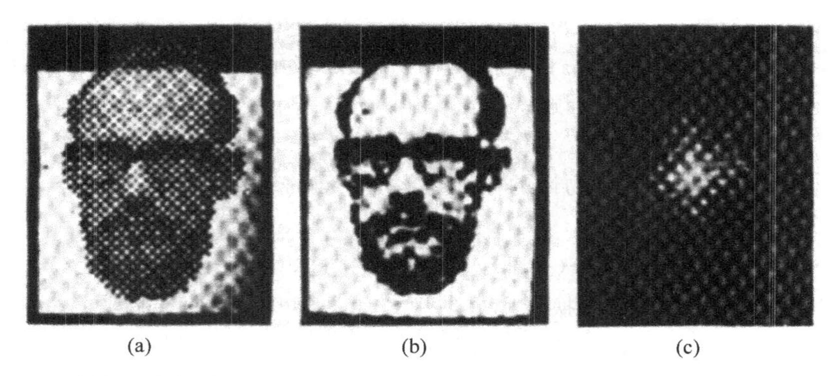

图 19.11 (a)是由很多规则排列的不同尺寸的黑网格和白网格组成的；在傅里叶变换平面上放置一小孔以阻止高频分量通过，就能得到如(b)所示的图片；(c)显示的是空间频谱。注意到(b)中灰度显现的与(a)的一些差别，一些细节丢失了，如眼镜框上的一些细节丢失了(图片来源于 PHILLIPS R A. Spatial filtering experiments for undergraduate laboratories[J]. American Journal of Physics，1969，37：536，图片使用得到许可)

在第二个透镜的前焦平面上，那么在第二个透镜的后焦平面将得到 $G(u,v)H(u,v)$ 的傅里叶变换，即 $g(x,y)$ 和 $h(x,y)$ 的卷积。这种概念在很多应用领域中广泛使用(参见文献[19.2]，文献[19.4]，文献[19.8]～文献[19.10])。

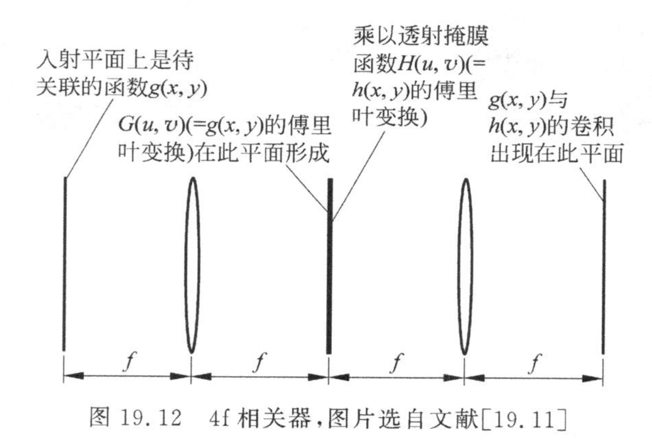

图 19.12 4f 相关器，图片选自文献[19.11]

19.10 薄透镜的傅里叶变换性质 目标 6

本节将导出薄透镜的傅里叶变换性质(参见式(19.56))。首先证明焦距为 f 的薄透镜产生的效果是在入射场分布上乘以因子 p_L，p_L 由下式给出：

$$p_L = \exp\left[-\frac{ik}{2f}(x^2+y^2)\right] \tag{19.69}$$

假设一个物点 O 距离焦距为 f 的薄透镜的距离为 d_1(如图 19.13 所示)。如果像点 I 距离透镜为 d_2，则 d_2 满足(参见 4.4 节)

$$\frac{1}{d_1}+\frac{1}{d_2}=\frac{1}{f} \tag{19.70}$$

其中 d_1 和 d_2 分别代表物点和像点与透镜的距离值。与发自点 O 的扰动相对应的相因子可以简单表述为 $\exp(+ikr)$，其中 r 是从点 O 开始测量的距离。于是，有

$$r=(x^2+y^2+d_1^2)^{1/2}=d_1\left(1+\frac{x^2+y^2}{d_1^2}\right)^{1/2}\approx d_1+\frac{x^2+y^2}{2d_1}$$

上式在推导到最后一步的时候，假设了 $x,y\ll d_1$，亦即把观测的区域限定在透镜光轴的附近，这是人们常说的傍轴近似。这样，位于距离点 O 为 d_1 的横向平面 P_2 上(即恰好在透镜前面的平面，如图 19.13 所示)的相位分布可以由下式给出：

$$\exp(+ikr)\approx\exp\left[ik\left(d_1+\frac{x^2+y^2}{2d_1}\right)\right]$$

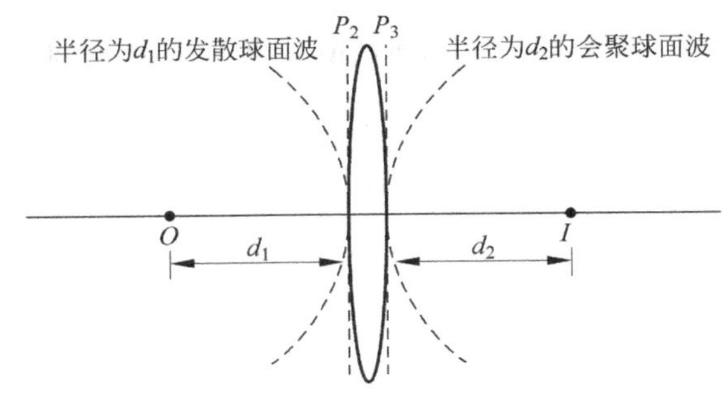

图 19.13　由点 O 发出的球面波经过透镜折射会聚于点 I

既然成像的位置是点 I，入射球面波经过透镜以后会变成另一个半径为 d_2 的球面波，其傍轴近似为

$$\exp\left[-ik\left(d_2+\frac{x^2+y^2}{2d_2}\right)\right]$$

指数项里的负号是因为该球面波是会聚波。因此，如果用 p_L 表示变换因子，则入射波相因子乘以该变换因子，就能得到出射波相因子，那么，有

$$\exp\left[-ik\left(d_2+\frac{x^2+y^2}{2d_2}\right)\right]=\exp\left[+ik\left(d_1+\frac{x^2+y^2}{2d_1}\right)\right]p_L$$

或者

$$p_L=\exp[-ik(d_1+d_2)]\exp\left\{-\frac{ik}{2}\left[\left(\frac{1}{d_1}+\frac{1}{d_2}\right)(x^2+y^2)\right]\right\} \tag{19.71}$$

变换因子中 p 的角标 L 表示变换由透镜引发。如果运用式(19.70)，并且忽略变换因子中的第一个因子，因为它不依赖于 x 和 y，那么就能得到式(19.69)。因此，薄透镜作用在入射光场的效果，就相当于在入射相位分布基础之上再乘以由式(19.69)给出的变换因子。对于一个沿着轴向入射的平面波，透射后形成的扰动将简单地用 p_L 表示，它可以看作半径为 f 的会聚球面波波前的傍轴近似。

用 $g(x,y)$代表(如图 19.14 所示)平面 P_1 上的场分布，首先确定 P_2 面上的场分布，它距离 P_1 为 f。显然入射场将经历菲涅耳衍射，并且在平面 P_2 上得到以下场分布(利用式(19.9))：

$$u(x,y)\big|_{P_2}=\frac{1}{i\lambda f}\exp(ikf)\times\iint g(\xi,\eta)\times\exp\left\{\frac{ik}{2f}[(x-\xi)^2+(y-\eta)^2]\right\}d\xi d\eta \tag{19.72}$$

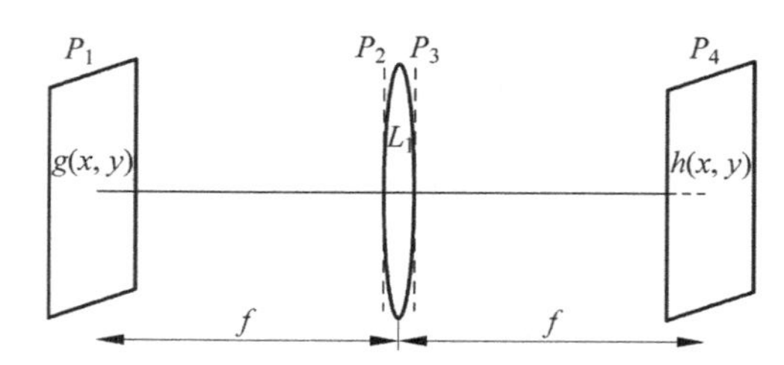

图19.14 在透镜的前焦平面 P_1 上的场分布为 $g(x,y)$，则在透镜后焦平面 P_4 上将产生场分布 $h(x,y)$。从 P_1 到 P_2，场 $g(x,y)$ 将经历第一次菲涅耳衍射，然后乘以透镜引入的变换相因子，最后从 P_3 到 P_4 再次经历菲涅耳衍射产生场分布 $h(x,y)$

就像本节前面所讲的一样，焦距为 f 的薄透镜对于入射场的效果就相当于在入射相位分布基础之上再乘以式(19.69)给出的变换因子 p_L。因此，在 P_3 屏上，将得到如下场分布：

$$u(x,y)\mid_{P_3}=\frac{1}{\mathrm{i}\lambda f}\mathrm{e}^{\mathrm{i}kf}\exp[-\mathrm{i}\alpha(x^2+y^2)]\times\iint g(\xi,\eta)\times\exp\{\mathrm{i}\alpha[(x-\xi)^2+(y-\eta)^2]\}\mathrm{d}\xi\mathrm{d}\eta \tag{19.73}$$

式中，

$$\alpha=\frac{k}{2f}=\frac{\pi}{\lambda f} \tag{19.74}$$

从平面 P_3 开始，光场会再一次经历菲涅耳衍射，因此，在屏 P_4 上(利用式(19.9))将得到

$$u(x,y)\mid_{P_4}=\frac{1}{\mathrm{i}\lambda f}\mathrm{e}^{\mathrm{i}kf}\iint u(\zeta,\tau)\mid_{P_3}\times\exp\{\mathrm{i}\alpha[(x-\zeta)^2+(y-\tau)^2]\}\mathrm{d}\zeta\mathrm{d}\tau \tag{19.75}$$

将式(19.73)$u\mid_{P_3}$ 的结果代入，得

$$u(x,y)\mid_{P_4}=\left(\frac{1}{\mathrm{i}\lambda f}\mathrm{e}^{\mathrm{i}kf}\right)^2 I(x,y) \tag{19.76}$$

式中，

$$I(x,y)=\iint_{-\infty}^{+\infty} g(\xi,\eta)H(x,y,\xi,\eta)\mathrm{d}\xi\mathrm{d}\eta \tag{19.77}$$

$$\begin{aligned}H(x,y,\xi,\eta)&=\iint_{-\infty}^{+\infty}\exp\{-\mathrm{i}\alpha(\zeta^2+\tau^2)\}\times\\&\quad\exp\{\mathrm{i}\alpha[(\zeta-\xi)^2+(\tau-\eta)^2]\}\times\\&\quad\exp\{\mathrm{i}\alpha[(x-\zeta)^2+(y-\tau)^2]\}\mathrm{d}\zeta\mathrm{d}\tau\\&=H_\xi(x)H_\eta(y)\end{aligned} \tag{19.78}$$

$$H_\xi(x)=\int_{-\infty}^{+\infty}\exp[\mathrm{i}\alpha(\xi^2-2\xi\zeta+x^2-2x\zeta+\zeta^2)]\mathrm{d}\zeta \tag{19.79}$$

H_η 的表达式也可以类似地得到。且

$$\begin{aligned}\xi^2-2\xi\zeta+x^2-2x\zeta+\zeta^2&=\zeta^2-2\zeta(x+\xi)+(x+\xi)^2-(x+\xi)^2+\xi^2+x^2\\&=(\zeta-g)^2-2x\xi\end{aligned}$$

其中 $g=x+\xi$，于是

$$H_\xi=\exp(-2\mathrm{i}\alpha x\xi)\int_{-\infty}^{+\infty}\exp(\mathrm{i}\alpha(\zeta-g)^2)\mathrm{d}\zeta$$

或者

$$H_\xi(x)=\mathrm{e}^{-2\mathrm{i}\alpha x\xi}\sqrt{\frac{\pi}{-\mathrm{i}\alpha}} \tag{19.80}$$

$H_\eta(y)$的表达式也类似。则

$$\begin{aligned}I(x,y)&=\iint_{-\infty}^{+\infty}g(\xi,\eta)H_\xi(x)H_\eta(y)\mathrm{d}\xi\mathrm{d}\eta\\&=\frac{\pi}{-\mathrm{i}\alpha}\iint_{-\infty}^{+\infty}g(\xi,\eta)\mathrm{e}^{-2\mathrm{i}\alpha(x\xi+y\eta)}\mathrm{d}\xi\mathrm{d}\eta\\&=\mathrm{i}\lambda f\iint_{-\infty}^{+\infty}g(\xi,\eta)\mathrm{e}^{-\mathrm{i}(u\xi+v\eta)}\mathrm{d}\xi\mathrm{d}\eta\end{aligned}$$

在上式的推导中用到了式(19.74)，且

$$u=2\alpha x=\frac{2\pi x}{\lambda f},\quad v=2\alpha y=\frac{2\pi y}{\lambda f} \tag{19.81}$$

分别代表 x 和 y 方向上的空间频率。如果把上面的表达式代替式(19.76)中的 $I(x,y)$，可以得到

$$u(x,y)\mid_{P_4}=\frac{1}{\lambda f}\iint_{-\infty}^{+\infty}g(\xi,\eta)\mathrm{e}^{-\mathrm{i}(u\xi+v\eta)}\mathrm{d}\xi\mathrm{d}\eta$$

其中忽略了并不重要的恒定相位因子。式(19.81)与式(19.56)一样，给出了重要结论：

校正了像差的透镜的后焦平面上的场分布是前焦平面上场分布的傅里叶变换。

在此应该提一下，在书写积分限从$-\infty$到$+\infty$时，已经假定透镜是无限延展的。这引入的误差是非常小的，因为对几乎所有的实际透镜，有

$$a/\lambda\gg 1$$

式中 a 代表透镜的孔径。

小　结

- 如果在 $z=0$ 平面，振幅和相位分布由 $A(\xi,\eta)$给出，则菲涅耳衍射图样表达式如下：

$$u(x,y,z)\approx\frac{1}{\mathrm{i}\lambda z}\mathrm{e}^{\mathrm{i}kz}\iint A(\xi,\eta)\times\exp\left\{\frac{\mathrm{i}k}{2z}[(x-\xi)^2+(y-\eta)^2]\right\}\mathrm{d}\xi\mathrm{d}\eta$$

式中，

$$k=\frac{2\pi}{\lambda}$$

- 夫琅禾费衍射图样是孔径函数的傅里叶变换，由下式给出：

$$u(x,y,z)\approx\frac{1}{\mathrm{i}\lambda z}\mathrm{e}^{\mathrm{i}kz}\exp\left[\frac{\mathrm{i}k}{2z}(x^2+y^2)\right]\iint A(\xi,\eta)\mathrm{e}^{-\mathrm{i}(u\xi+v\eta)}\mathrm{d}\xi\mathrm{d}\eta$$

当一平面波正入射到半径为 a 的圆孔上时，其夫琅禾费衍射图样由下式给出：

$$I(P)=I_0\left[\frac{2J_1(v)}{v}\right]^2$$

式中，

$$v=ka\sin\theta$$

- 如果 $g(x,y)$ 和 $G(x,y)$ 分别代表校正了像差的透镜的前焦平面和后焦平面的场分布，则

$$G(u,v)=\frac{1}{\lambda f}\iint g(x',y')\exp[-\mathrm{i}(ux'+vy')]\mathrm{d}x'\mathrm{d}y'$$

式中，$u\stackrel{\mathrm{def}}{=}\frac{2\pi x}{\lambda f}$ 和 $v\stackrel{\mathrm{def}}{=}\frac{2\pi y}{\lambda f}$ 代表空间频率。于是在透镜的后焦平面上可以得到 $g(x,y)$ 的傅里叶变换形式，z 轴代表透镜的光轴。这个校正了像差的透镜的重要性质是空间滤波的基础。

习　题

19.1 考虑一个大小为 0.2mm×0.3mm 的矩形孔，在距离孔径 100cm 的地方放置一块屏幕。假设一束波长为 $\lambda=5\times10^{-5}$cm 的平面波正入射到孔径上，计算在屏幕 0.2cm×0.2cm 的区域上最大值和最小值的位置。并证明本题中菲涅耳近似和夫琅禾费近似条件都得到满足。

19.2 在习题 19.1 中，假设一焦距为 20cm 的凸透镜紧靠在孔径后面。计算在 x 轴(即 $\phi=0$)和 y 轴(即 $\theta=0$)上前三个最大值和最小值的位置。

19.3 在焦距为 20cm 的凸透镜的焦平面上观察一圆孔(半径 0.5mm)的夫琅禾费衍射图样。计算出前两个暗环的半径，假设波长 $\lambda=5.5\times10^{-5}$cm。

[**答案**：0.13mm 和 0.18mm]

19.4 在习题 19.3 中，计算出(在焦平面上)包含总能量 95%的区域块的面积。

19.5 计算由半径 a_1 和 $a_2(>a_1)$ 围成的环形孔径的衍射图形。(提示：式(19.35)中对 ρ 的积分上下限必须是 a_1 和 a_2)

19.6 考虑一 0.2mm×0.3mm 的矩形孔，计算其夫琅禾费衍射图样中沿矩形长和宽方向的前几个极大值和极小值的位置。假定 $\lambda=5\times10^{-5}$cm，衍射图样位于焦距为 20cm 的透镜的后焦平面上。

[**答案**：沿 x 轴方向，极小值出现在 $x\approx0.05$cm，0.10cm，0.15cm，…处；
沿 y 轴方向，极小值出现在 $y\approx0.033$cm，0.067cm，0.1cm，…处]

19.7 一个(半径为 0.5mm)圆孔，在焦距为 20cm 透镜的后焦面上观察其夫琅禾费衍射图样。计算第一暗环和第二暗环的半径。假定 $\lambda=5\times10^{-5}$cm。

[**答案**：0.13mm，0.25mm]

19.8 在习题 19.7 中，在透镜后焦平面上计算包含 95%光场能量的衍射面积。

[**答案**：$\approx5.55\times10^{-3}\mathrm{cm}^2$]

第20章 菲涅耳衍射

你们的委员之一，泊松，已经利用作者(菲涅耳)报道的积分得到了一个奇怪的推论——当用稍稍倾斜的光线照到一个不透明的圆屏上时，阴影中心会被照亮，就好像遮挡屏不存在一样。这一结果已被直接的实验所证明，观察结果完美地证实了这一计算。

——多米尼克·阿拉果致法国科学院①

学习目标

学过本章后，读者应该学会：
目标1：分析菲涅耳半波带和它的用法。
目标2：描述菲涅耳衍射更严谨的方法。
目标3：描述高斯光束的传播。
目标4：研究直边衍射。
目标5：评价平面波经长狭缝的菲涅耳衍射以及如何向夫琅禾费衍射区域过渡。

重要的里程碑

1816年　奥古斯丁·菲涅耳利用光的波动理论建立了衍射理论。
1817年　利用菲涅耳的理论，泊松预言在不透明圆盘的阴影中心存在一个亮斑，人们习惯性地将其称为"泊松亮斑"。
1818年　菲涅耳和阿拉果两人完成了证明泊松亮斑存在的实验，同时也证明了光的波动理论的正确性。
1874年　马里·考纽发明了一种作图法用以研究菲涅耳衍射，这就是我们熟知的考纽螺线。

20.1 引言

在第18章中提到衍射现象可以粗略地分成两大类：第一类是菲涅耳衍射，它要求光源和观察屏二者至少有一个(或者二者都)距离衍射孔径有限远；第二类是(前两章讨论的)夫

① 作者在文献[20.1]中发现此段引言。

琅禾费衍射，其中入射到孔径上的波是平面波，而衍射图样是在凸透镜的后焦平面上观察的，这样观察屏相当于离孔径无限远。本章将讨论菲涅耳衍射，同时也研究向夫琅禾费衍射区过渡的问题。整个分析的基本原理是惠更斯-菲涅耳原理，按照这一原理：

波前上的每一点都是一个子波扰动源，而且从不同点出发的子波会互相干涉。

为了理解这个原理的含义，我们考虑一平面波入射到半径为 a 的圆孔上的情形，如图 20.1 所示。在 18.3 节中，光束会由于衍射发散，其角宽度由下式给出：

$$\Delta\theta \approx \frac{\lambda}{2a}$$

因此，当 $a \gg \lambda$ 时，点 R（处于几何阴影区深部）的强度是可以忽略的。另一方面，如果 $a \sim \lambda$，光束差不多均匀地向各个方向扩展，因此，在屏上得到（几乎）均匀的照明。这个现象显示了这样一个事实，即当 $a \gg \lambda$ 时，从圆孔上不同点发出的子波之间非常漂亮地进行干涉，结果在几何阴影区强度几乎为零，而在圆形区域里有高强度照明（参见图 20.1）。然而，当 $a \sim \lambda$ 时，圆孔起着点光源的作用，结果在屏上产生均匀的照明（参见图 12.4 和图 18.12）。

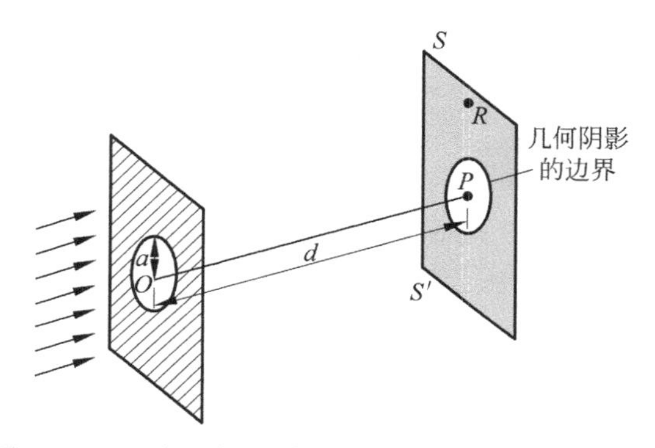

图 20.1　一平面波正入射到半径为 a 的圆孔上的衍射

本章首先引入菲涅耳半波带的概念来处理菲涅耳衍射，以便对菲涅耳衍射图样先有一个定性的理解。接着对菲涅耳衍射进行更严密的分析，并讨论它怎样过渡到夫琅禾费衍射。

20.2　菲涅耳半波带法　　目标 1

考虑沿 z 轴传播的平面波前 WW'，如图 20.2 所示。为了确定源于波前上的不同区域的扰动在任意一点 P 产生的场，按下列方法作图：从点 P 向波前引垂线 PO。如果 $PO=d$，那么就以点 P 为中心，以 $d+\lambda/2, d+2\lambda/2, d+3\lambda/2, \cdots$ 为半径分别作出一系列球面，这些球面与 WW' 相交成圆，如图 20.2 所示。第 n 个圆的半径显然由下式决定：

$$r_n = \left[\left(d + n\frac{\lambda}{2}\right)^2 - d^2\right]^{1/2} = \sqrt{n\lambda d}\left(1 + \frac{n\lambda}{4d}\right)^{1/2}$$

或者

$$r_n \approx \sqrt{n\lambda d} \tag{20.1}$$

其中假定了 $d \gg \lambda$，这在使用可见光的实际系统中是正确的。当然，可以假定 n 不是一个很大的数。第 n 个圆与第 $n-1$ 个圆之间的环状区域称作第 n 个半波带；第 n 个半波带的面积由下式给出：

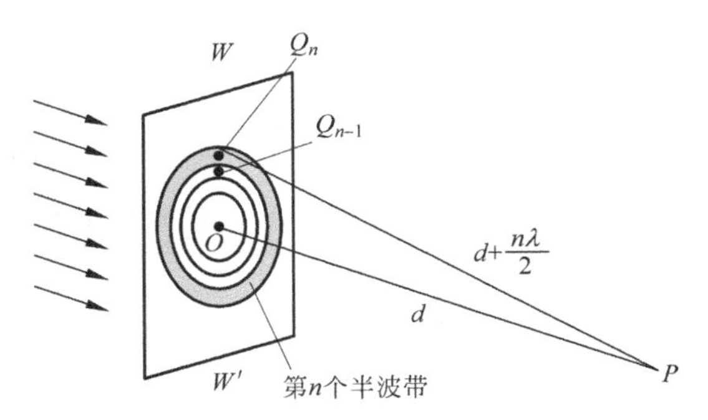

图 20.2　菲涅耳半波带作图法

$$A_n = \pi r_n^2 - \pi r_{n-1}^2 \approx \pi[n\lambda d - (n-1)\lambda d] = \pi\lambda d \tag{20.2}$$

因此，所有半波带面积近似相等。第 n 个带与第 $n-1$(或 $n+1$)个带在点 P 产生的扰动有 π 的相位差。这一点可以从下面的考虑看出：对于第 n 个半波带上围绕任意一点 Q_n 附近无限小的面元，在第 $n-1$ 个半波带上总存在着围绕相应的一点 Q_{n-1} 附近无限小的面元，使得

$$Q_nP - Q_{n-1}P = \frac{\lambda}{2}$$

对应的相位差是 π，而且由于各半波带的面积近似相等，在相邻带上的点与点之间能够一一对应。因此，在点 P 的合振幅可以写成

$$u(P) = u_1 - u_2 + u_3 - u_4 + \cdots + (-1)^{m+1}u_m + \cdots \tag{20.3}$$

式中 u_n 代表从第 n 个半波带发出的子波产生的净振幅。交替出现的正负号表示相邻两个半波带之间的扰动是反相的。由一特定半波带产生的振幅正比于该带的面积，反比于点 P 到该带的距离；除此之外，它还正比于倾斜因子 $\frac{1}{2}(1+\cos\chi)$，其中 χ 是该带的法线与 QP 之间的夹角；这个倾斜因子可以从严格的衍射理论中自动地得出[①]。因此，可以写出

$$u_n = 常数 \times \frac{A_n}{Q_nP}\frac{1+\cos\chi}{2} \tag{20.4}$$

其中 A_n 代表第 n 个半波带的面积。可以证明，如果利用 r_n 的精确表示式，半波带的面积随着 n 的增加而增加。可是，这个面积的稍许增加正好被半波带到点 P 的距离的增加抵消了。不仅于此，振幅 $u_1, u_2, u_3, \cdots$ 随着倾斜度的增大而单调减少。因此，可以写出

$$u_1 > u_2 > u_3 > \cdots \tag{20.5}$$

式(20.3)所表示的级数能够用舒斯特(Schuster)提出的方法近似求和。将式(20.3)写成

$$u(P) = \frac{u_1}{2} + \left(\frac{u_1}{2} - u_2 + \frac{u_3}{2}\right) + \left(\frac{u_3}{2} - u_4 + \frac{u_5}{2}\right) + \cdots \tag{20.6}$$

式中最后一项是 $\frac{1}{2}u_m$ 或是 $\left(\frac{1}{2}u_{m-1} - u_m\right)$，具体要看 m 是奇数还是偶数而定。如果倾斜因子可以使得

$$u_n > \frac{1}{2}(u_{n-1} + u_{n+1}) \tag{20.7}$$

则式(20.6)括号里的量是负的，因而

① 参见文献[20.2]。

$$\begin{cases} u(P) < \dfrac{u_1}{2} + \dfrac{u_m}{2}, & m \text{ 为奇数} \\ u(P) < \dfrac{u_1}{2} + \dfrac{u_{m-1}}{2} - u_m \approx \dfrac{u_1}{2} - \dfrac{u_m}{2}, & m \text{ 为偶数} \end{cases} \tag{20.8}$$

其中已经假定由相邻两个半波带产生的场的振幅只有微小的变化。为了得到上限，将式(20.3)重新写成如下形式：

$$u(P) = u_1 - \frac{u_2}{2} - \left(\frac{u_2}{2} - u_3 + \frac{u_4}{2}\right) - \left(\frac{u_4}{2} - u_5 + \frac{u_6}{2}\right) \tag{20.9}$$

当 m 是奇数时，式中的最后一项是$\left(-\dfrac{1}{2}u_{m-1} + u_m\right)$；当 m 是偶数时，最后一项变为$-\dfrac{1}{2}u_m$。由于括号里的量是负的，得到

$$\begin{cases} u(P) > u_1 - \dfrac{u_2}{2} - \dfrac{u_{m-1}}{2} + u_m \approx \dfrac{u_1}{2} + \dfrac{u_m}{2}, & m \text{ 为奇数} \\ u(P) > u_1 - \dfrac{u_1}{2} - \dfrac{u_m}{2} \approx \dfrac{u_1}{2} - \dfrac{u_m}{2}, & m \text{ 为偶数} \end{cases} \tag{20.10}$$

利用式(20.8)和式(20.10)可以近似地写出

$$u(P) \approx \begin{cases} \dfrac{u_1}{2} + \dfrac{u_m}{2}, & m \text{ 为奇数} \\ \dfrac{u_1}{2} - \dfrac{u_m}{2}, & m \text{ 为偶数} \end{cases} \tag{20.11}$$

如果 u_m 与 u_1 相比可以忽略，那么式(20.11)①将给出一个值得注意的结果

$$u(P) \approx \frac{u_1}{2} \tag{20.12}$$

这意味着：

由整个波前所产生的合振幅只是第一个半波带所产生的振幅的一半。

20.2.1 圆孔衍射

可以利用上面的分析来研究由圆孔阻挡导致的平面波的衍射问题。设点 P 到圆孔的距离为 d(见图 20.1)。假定圆孔的半径 a 能够从零开始逐渐增加，那么当 a 增加时，点 P 的强度也逐渐增加，一直到圆孔包含了第一个半波带为止，当 $a=\sqrt{\lambda d}$ 时，就出现这种情况。这时点 P 的合振幅等于 u_1，它是没有受到阻挡时的波前所产生的振幅的两倍(见式(20.12))，因此，强度将是 $4I_0$，这里的 I_0 代表没有受到阻挡时的波前在点 P 产生的强度。如果继续增加 a，$u(P)$就开始下降，当圆孔包含了头两个半波带时(当 $a=\sqrt{2\lambda d}$ 时就出现这种情况)，合振幅($=u_1-u_2$)将几乎为零。因此，增加圆孔的直径，点 P 的强度反而降到几乎为零。这个有趣的结果再一次证实了惠更斯-菲涅耳原理的正确性，并且对于声波也是适用的。归纳上述结果，当

---

① 如果假设倾斜因子具有式(20.4)中一样的形式，当 m 从1增加到∞时，倾斜因子的值会从1降为1/2。这表明$|u_m|$永远都不会比$\dfrac{u_1}{2}$小。然而，当 m 很大时，轴上点 P 的微小移动都会引起强度从$\dfrac{u_1}{2}+\dfrac{u_2}{2}$到$\dfrac{u_1}{2}-\dfrac{u_2}{2}$的变化，这种变化极其迅速，以致只能够看到它的平均值$\dfrac{u_1}{2}$。

$$a=\sqrt{(2n+1)\lambda d}, \quad n=0,1,2,\cdots(\text{为极大值})$$

时，圆孔内包含了奇数个半波带，此时强度最大；另一方面，当

$$a=\sqrt{2n\lambda d}, \quad n=1,2,\cdots(\text{为极小值})$$

时，圆孔内包含了偶数个半波带，强度最小。通过代入数值进行分析，可以对问题有更充分的了解，注意到，当 $d=50\text{cm}$，$\lambda=5\times10^{-5}\text{cm}$ 时，第一个、第二个和第三个波带的半径分别为 0.500mm，0.707mm 和 0.866mm。作为上述问题的一个推论，考虑一个半径固定为 a 的圆孔，并且研究强度沿着轴线的变化。只要距离

$$d=\frac{a^2}{(2n+1)\lambda}, \quad n=0,1,2,\cdots(\text{为极大值})$$

点 P（见图 20.1）将对应于强度极大值。类似地，当

$$d=\frac{a^2}{2n\lambda}, \quad n=1,2,\cdots(\text{为极小值})$$

时，对应强度极小值。屏幕 SS' 上位于光轴外的点的强度分布也能近似地用半波带计算出来，不过，这种计算是相当麻烦的。但是，从系统的对称性可以推断出，衍射图样必定具有以点 P 为中心的同心圆环的形状。

20.2.2　圆屏衍射——泊松亮斑

如果用圆屏代替圆孔（见图 20.3(a)），而且这个圆屏挡住了前 p 个半波带，那么在点 P 的场将是

$$u(P)=u_{p+1}+u_{p+2}+\cdots\approx\frac{u_{p+1}}{2} \tag{20.13}$$

因此，在圆屏后的轴上总是得到一个亮斑（更严格的理论也预测到了同样的结论，参阅 20.4.2 节），这个亮斑叫做泊松亮斑。在此需要提一下，1816 年，法国物理学家奥古斯丁·菲涅耳根据光的波动理论建立了衍射的数学理论。著名的数学家西蒙·泊松利用菲涅耳理论预言，在不透明圆盘的阴影区的中心存在一个亮斑。泊松是光粒子说支持者中的大人物，他指出，既然亮斑的出现有违常理，所以光的波动理论一定是错的。紧接着，菲涅耳和阿拉果进行了实验，证明了泊松亮斑的存在（见图 20.3(b)），也证明了光波动说的正确性。

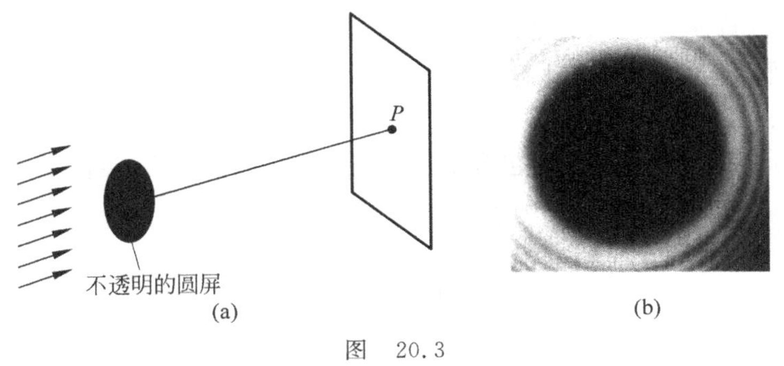

图　20.3

(a) 当一平面波正入射到不透明圆屏上时，位于轴上的点上总能形成一个亮斑，称为泊松亮斑。(b) 在一枚一分钱的硬币投下的阴影中心处的泊松亮斑；观察屏距离硬币 20m，光源距硬币也是 20m（照片取自文章：RINARD P M. Large scale diffraction patterns from circular objects[J]. American Journal of Physics, 1976, 44: 70；版权属于美国物理教师协会，已获版权允许）

20.3 波带片 目标1

菲涅耳半波带概念的一个漂亮应用是波带片的制作。波带片是由许多同心圆组成的，这些同心圆的半径正比于自然数的平方根，而且将这些环形区每隔一个就涂黑(见图20.4)。设这些圆的半径是$\sqrt{1}K$，$\sqrt{2}K$，$\sqrt{3}K$，$\sqrt{4}K$，…，这里K是常数，具有长度的量纲。考察距波带片为K^2/λ的点P_1。相对于这一点，涂黑的环对应的是第2,4,6,…个半波带。这样，偶数的波带被遮住了，点P_1的合振幅将是(见图20.5(a))

$$u_1+u_3+u_5+\cdots \tag{20.14}$$

图20.4 波带片

此时点P_1的强度取极大值。对于点$P_3$$\left(它距离波带片为\dfrac{K^2}{3\lambda}\right)$，第一个涂黑的环包含并挡住了第4、5、6三个半波带，第二个涂黑的环包含并挡住了第10、11、12三个半波带，以此类推。因此，合振幅将表示为

$$(u_1-u_2+u_3)+(u_7-u_8+u_9)+\cdots \tag{20.15}$$

这也对应着极大值，但它没有点P_1的强度大。在点P_1与点P_3的中间将存在一点$P_2$$\left(它到波带片的距离为\dfrac{K^2}{2\lambda}\right)$。此时的合振幅为

$$(u_1-u_2)+(u_5-u_6)+\cdots \tag{20.16}$$

亦即，对于点P_2来说，第一个涂黑的环包含并挡住了第3、4两个半波带，以此类推，很明显，点P_2对应于极小值。因此，如果一列平面波正入射到波带片上，将在以下各点聚焦(聚焦点)，它们到波带片的距离为

$$\frac{K^2}{\lambda},\frac{K^2}{3\lambda},\frac{K^2}{5\lambda},\cdots \tag{20.17}$$

通过一些简单的计算就能看出，波带片(作为聚焦系统)会产生相当大的色差(参见习题20.5)。

例20.1 假定一平面波(波长$\lambda=5\times10^{-5}$cm)入射到半径为0.5mm的圆孔上，试计算轴上的最亮点和最暗点的位置。

解 对于最亮点，圆孔应该只包含第一个波带，因此，必须有(见图20.1)

$$0.05^2=OP(5\times10^{-5})$$

可得

$$OP=50\text{cm}$$

类似地，最暗点的距离应为

$$\frac{(0.05)^2}{2\times5\times10^{-5}}\text{cm}=25\text{cm}$$

例20.2 考虑半径为

$$r_n=0.1\sqrt{n}\,\text{cm}$$

的波带片，对于波长为 $\lambda=5\times10^{-5}$ cm 的平面波，计算各个聚焦点的位置。

解 最强的焦点的距离为

$$\frac{r_1^2}{\lambda}=\frac{0.01}{5\times10^{-5}}\text{cm}=200\text{cm}$$

其他焦点的距离将是 200/3cm、200/5cm、200/7cm 等。在轴上任意两个相邻焦点之间都有一个暗点，对于这些暗点来说，波带片的第一个圆含有偶数个半波带。

波带片也可以用来对轴上点进行成像。例如，如果 S 处有一点光源，当点 P 满足下列条件时，在点 P 成一明亮的像(见图 20.5(b))：

$$SL+LP-SP=\frac{\lambda}{2} \tag{20.18}$$

这里点 L 处于波带片第一个圆环的边缘上(见图 20.5(b))。如果第一个圆的半径是 r_1，那么

$$\begin{aligned}SL+LP-SP&=\sqrt{a^2+r_1^2}+\sqrt{b^2+r_1^2}-(a+b)\\&\approx a\left[1+\frac{r_1^2}{2a^2}\right]+b\left[1+\frac{r_1^2}{2b^2}\right]-(a+b)\\&\approx\frac{r_1^2}{2}\left(\frac{1}{a}+\frac{1}{b}\right)\end{aligned} \tag{20.19}$$

这样式(20.18)变为

$$\frac{1}{a}+\frac{1}{b}=\frac{1}{f} \tag{20.20}$$

式中 $f=\frac{r_1^2}{\lambda}$代表焦距。式(20.20)与透镜成像定律很相似。波带片一个非常有趣的验证性实验是用微波($\lambda\approx1$cm)来做波带片实验，其中用尺寸约为 40cm×40cm 的有机玻璃上镶嵌铝环来代替波带片的暗环。

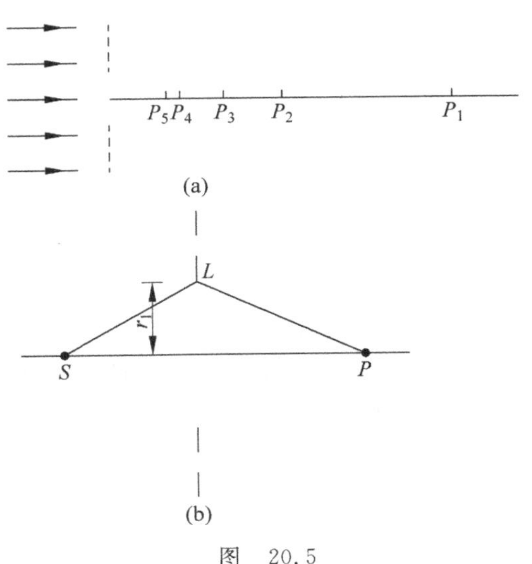

图 20.5

(a) 当平面波入射到波带片上时，强度极大值出现在 P_1、P_3 等点上，极小值出现在 P_2、P_4 等点上……；
(b) 利用波带片对物点成像

20.4 处理菲涅耳衍射更严谨的方法 目标 2

19.2 节已经用更严谨的分析讨论了平面波照射不同形状孔径的衍射现象。现在考虑一束平面波(幅度为 A)正入射在一个如图 20.6 所示孔径上的情况。已经证明,应用惠更斯-菲涅耳原理,(在距离孔 d 处的)屏 SS'上的点 P 处的光场可表示为

$$u(P)=\frac{A}{\mathrm{i}\lambda}\iint\frac{\mathrm{e}^{\mathrm{i}kr}}{r}\mathrm{d}\xi\mathrm{d}\eta \tag{20.21}$$

其中积分涵盖了孔径的整个面积。现在假设在 $z=0$ 平面上的幅度和相位分布用 $A(\xi,\eta)$ 表示,则上面的积分可以修改为

$$u(P)=\frac{1}{\mathrm{i}\lambda}\iint A(\xi,\eta)\frac{\mathrm{e}^{\mathrm{i}kr}}{r}\mathrm{d}\xi\mathrm{d}\eta \tag{20.22}$$

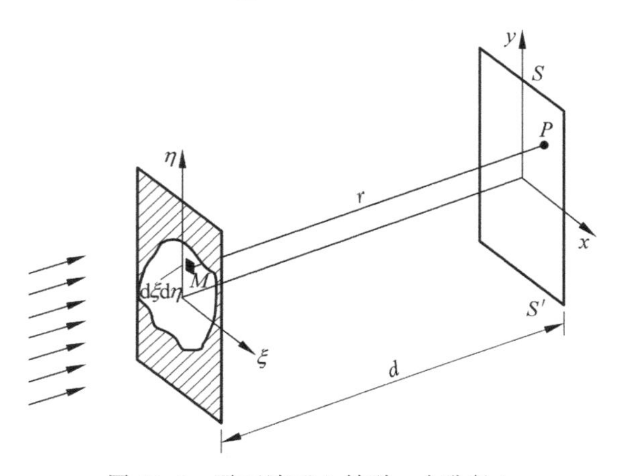

图 20.6 平面波正入射到一个孔径上

进一步,在菲涅耳近似下(参见式(19.9)),上式积分可以有下面的形式:

$$u(x,y,z)\approx\frac{1}{\mathrm{i}\lambda z}\mathrm{e}^{\mathrm{i}kz}\iint A(\xi,\eta)\exp\left\{\frac{\mathrm{i}k}{2z}[(x-\xi)^2+(y-\eta)^2]\right\}\mathrm{d}\xi\mathrm{d}\eta \tag{20.23}$$

20.4.1 平面波正入射到圆孔的衍射

假设一平面波正入射到一个半径为 a 的圆孔上,如图 20.7 所示。z 轴垂直于圆孔所在的平面,假设屏 SS'也垂直于 z 轴。根据对称性,很明显,我们可以在屏 SS'上得到圆环状的条纹。然而,很难精确地解析计算出屏上的强度变化。因此,为了数学计算简单,只计算沿着 z 轴方向上的强度分布。显然,用柱坐标系更便于计算。在此系统中,圆孔上任意一点 M 的坐标是(ρ,ϕ),其中 ρ 是点 M 到中心点 O 的距离,ϕ 是 OM 与 ξ 轴的夹角(参见图 20.7)。而环绕点 M 的面积微元 $\mathrm{d}S$ 等于$\rho\mathrm{d}\rho\mathrm{d}\phi$。因此,有

$$u(P)\approx-\frac{\mathrm{i}A}{\lambda}\int_0^{2\pi}\int_0^a\frac{\mathrm{e}^{\mathrm{i}kr}}{r}\rho\mathrm{d}\rho\mathrm{d}\phi \tag{20.24}$$

这里有

$$\rho^2+d^2=r^2$$

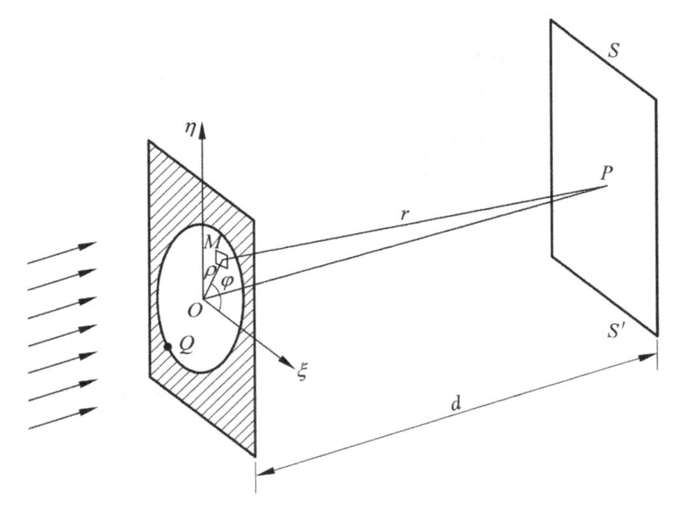

图 20.7　一平面波正入射到半径为 a 的圆孔上的衍射，Q 是孔边缘上的任意一点

因此

$$\rho \mathrm{d}\rho = r dr$$

则式(20.24)变为

$$u(P) \approx -\frac{\mathrm{i}A}{\lambda}\int_0^{2\pi}\int_d^{\sqrt{a^2+d^2}} \mathrm{e}^{\mathrm{i}kr}\,\mathrm{d}r\,\mathrm{d}\phi \tag{20.25}$$

上式的积分很简单。由于 $k=2\pi/\lambda$，可以得到

$$u(P) \approx A\mathrm{e}^{\mathrm{i}kd}(1-\mathrm{e}^{\mathrm{i}p\pi}) \tag{20.26}$$

其中定义了如下关系：

$$k(\sqrt{a^2+d^2}-d) = p\pi$$

上式表明

$$QP - OP = \frac{p\lambda}{2}$$

其中 Q 是圆孔边缘上的任意一点(见图 20.7)。从式(20.26)得到

$$I(P) = 4I_0\sin^2\frac{p\pi}{2} \tag{20.27}$$

其中 I_0 是平面波的强度，式(20.27)告诉我们，当 p 为偶数或奇数时，亦即 $QP-OP$ 是 $\lambda/2$ 的偶数倍或奇数倍时，强度为零或达到极大值。这一点可以通过 20.2 节讨论过的菲涅耳半波带的概念从物理上加以理解：如果圆孔包含了偶数个半波带，此时点 P 强度将小到可忽略不计；相反，若包含了奇数个半波带，则点 P 强度取最大值。若 $d\gg a$(这是通常的情况)，可得

$$p \approx \frac{k}{\pi}\left[d\left(1+\frac{a^2}{2d^2}\right)-d\right]$$

或者

$$p \approx \frac{a^2}{\lambda d} \tag{20.28}$$

它被称为孔径的菲涅耳数。图 20.8 画出了相应的强度随无量纲参数 $\frac{\lambda d}{a^2}$ 变化的曲线。

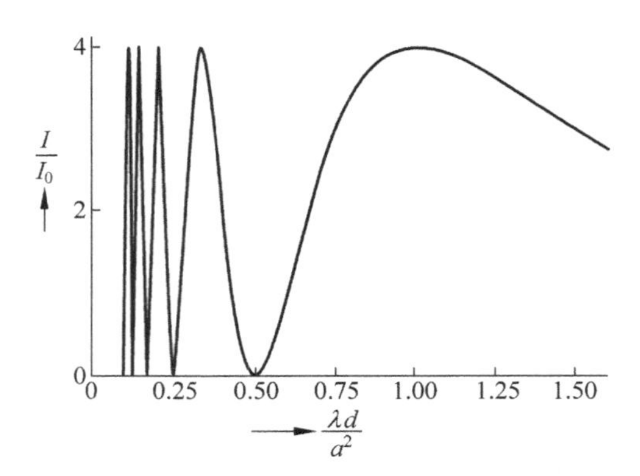

图 20.8 平面波正入射到半径为 a 的圆孔上时,位于轴线上点的强度变化情况

图 20.8 中显示,当(圆)孔径包含偶数个半波带时,点 P 处的强度为零;当孔径包含奇数个半波带时,点 P 强度取极大值。

20.4.2 圆屏衍射

下面考察一个半径为 a 的不透明圆屏产生的衍射图样(见图 20.3)。再次假设观察点在垂直于圆屏的轴上。式(20.21)告诉我们,为了计算场,必须在整个敞开区域里进行积分。显然,如果 $u_1(P)$ 和 $u_2(P)$ 分别表示一个圆孔和一个圆屏(半径相同)分别存在时在点 P 产生的场,那么

$$u_1(P)+u_2(P)=u_0(P) \tag{20.29}$$

其中 $u_0(P)$ 代表不存在任何孔或者屏时在点 P 产生的场。式(20.29)称为巴比涅原理。因此,有

$$u_2(P)=u_0(P)-u_1(P)=u_0(P)-u_0(P)(1-\mathrm{e}^{\mathrm{i}p\pi})$$

或者

$$u_2(P)=u_0(P)\mathrm{e}^{\mathrm{i}p\pi} \tag{20.30}$$

对于 $u_1(P)$ 已经利用了式(20.26),因此,圆屏轴线上点 P 的强度为

$$I_2(P)=|u_2(P)|^2=I_0(P) \tag{20.31}$$

上式给出了一个不寻常的结果,即经不透明圆屏衍射轴上一点的强度等于圆屏不存在时该点的强度。这就是 20.2.2 节讨论过的泊松亮斑。

20.5 高斯光束的传播 目标 3

当激光器振荡于基横模时,它的横向幅度分布是高斯型的。而且,单模光纤的输出光也非常接近高斯分布。因此,研究高斯光束的衍射是非常重要的。现假设高斯光束沿着 z 方向传输,它在 $z=0$ 处平面的振幅分布由下式给出:

$$A(\xi,\eta)=a\exp\left(-\frac{\xi^2+\eta^2}{w_0^2}\right) \tag{20.32}$$

这里假设 $z=0$ 处的波阵面是平面。根据式(20.32),在距离 z 轴 w_0 处的振幅按 $\frac{1}{\mathrm{e}}$ 因子衰

减$\left(\text{即强度按}\frac{1}{\mathrm{e}^2}\text{因子衰减}\right)$，$w_0$ 称为光束的光斑尺寸。将式(20.32)代入式(20.23)并积分，得(参见附录 D 和 E)

$$u(x,y,z) \approx \frac{a}{1+\frac{\mathrm{i}z}{\sqrt{\alpha}}}\exp\left[-\frac{x^2+y^2}{w^2(z)}\right]\mathrm{e}^{\mathrm{i}\Phi} \tag{20.33}$$

式中，

$$\alpha = \frac{\pi^2 w_0^4}{\lambda^2} \tag{20.34}$$

$$w(z) = w_0\sqrt{1+\frac{z^2}{\alpha}} \tag{20.35}$$

$$\Phi = kz + \frac{k}{2R(z)}(x^2+y^2) \tag{20.36}$$

$$R(z) = z\left(1+\frac{\pi^2 w_0^4}{\lambda^2 z^2}\right) = z + \frac{\alpha}{z} \tag{20.37}$$

因此，强度分布为

$$I(x,y,z) = \frac{I_0}{1+\frac{z^2}{\alpha}}\exp\left[-\frac{2(x^2+y^2)}{w^2(z)}\right] \tag{20.38}$$

它表明横向分布仍保持高斯型，并且光束宽度随 z 增加而展宽，这实际上意味着光束因衍射而发散。18.4 节已经证明：

(1) 对于一给定波长 λ，衍射发散随初始光斑尺寸的增大而减小(参见图 18.14)。

(2) 对于给定的初始光斑尺寸 w_0，衍射发散随着光波长的减小而减小。

考察从原点发出的发散球面波，其场分布可由下式决定：

$$u \approx \frac{1}{r}\mathrm{e}^{\mathrm{i}kr} \tag{20.39}$$

在 $z=R$ 平面(见图 20.9)，有

$$r = \sqrt{x^2+y^2+R^2} = R\sqrt{1+\frac{x^2+y^2}{R^2}} \approx R + \frac{x^2+y^2}{2R}$$

其中假设了$|x|,|y| \ll R$。因此，在 $z=R$ 平面内，(半径为 R 的球面波的)相位分布由下式给出：

$$\mathrm{e}^{\mathrm{i}kr} \approx \mathrm{e}^{\mathrm{i}kR}\,\mathrm{e}^{\frac{\mathrm{i}k}{2R}(x^2+y^2)} \tag{20.40}$$

上式说明(在 x-y 平面内)相位变化有如下形式：

$$\exp\left[\mathrm{i}\frac{k}{2R}(x^2+y^2)\right]$$

的波代表一个半径为 R 的发散球面波。如果将上式与式(20.36)和式(20.37)相比较，得到波前曲率半径的表达式由式(20.37)给出。因此，随着光束的传输，它的波前由在 $z=0$ 处的平面变成了曲面。在 27.5 节，将要利用上述分析来确定在两个球面镜之间振荡的高斯光束条件。这里，作为一个简单的例子，考虑一个谐振腔，它由一个平面镜和一个球面镜相距 d 组成(如图 20.10 所示)。实际上，这样的谐振腔构造可以用在红宝石激光器中产生单横

模的激光振荡。在 $z=0$ 处，等相面是平面。为了光束能够起振，在凹面镜处的等相面也必然是一球面，且球面半径与凹面镜的半径一致：

$$R=d\left(1+\frac{\pi^2 w_0^4}{\lambda^2 d^2}\right) \quad \Rightarrow \quad w_0^2=\frac{\lambda d}{\pi}\sqrt{\frac{R}{d}-1} \tag{20.41}$$

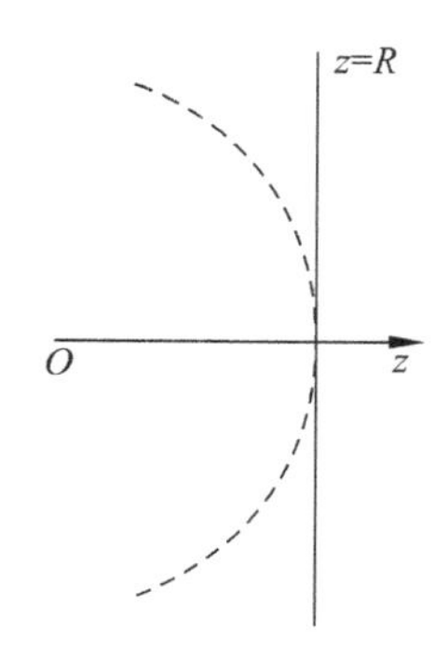

图 20.9　从点 O 发出的球面波，虚弧线代表距离光源 R 处的球面波前的一部分

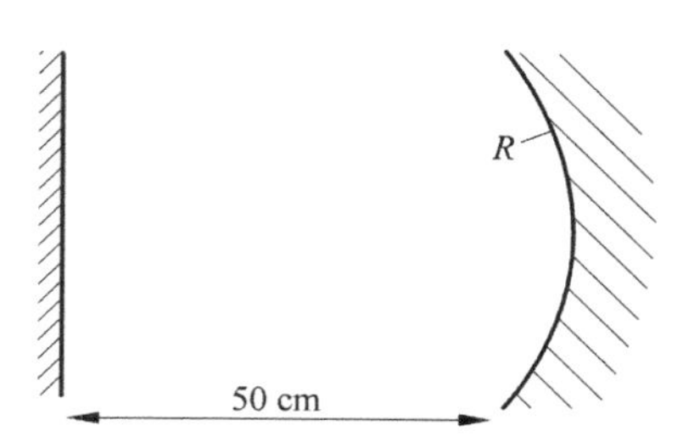

图 20.10　由一个平面镜和一个半径为 R 的凹面镜组成的谐振腔

例 20.3　假定上述谐振腔，$\lambda\approx0.6328\mu\text{m}$，$d\approx50\text{cm}$，$R\approx100\text{cm}$。这些参数是一氦氖激光器的典型参数。简单计算得 $w_0\approx0.38\text{mm}$。显然，R 要大于 d。27.5 节还要讨论更一般的情形，即在两个曲率半径分别为 R_1 和 R_2 的球面镜之间高斯光束振荡的情况，参见图 27.26。

20.6　直边衍射　　目标 4

在讨论直边衍射图样之前，先介绍菲涅耳积分。

菲涅耳积分由下面的公式来定义：

$$C(\tau)=\int_0^\tau \cos\left(\frac{1}{2}\pi u^2\right)\mathrm{d}u \tag{20.42}$$

$$S(\tau)=\int_0^\tau \sin\left(\frac{1}{2}\pi u^2\right)\mathrm{d}u \tag{20.43}$$

因为被积函数是 τ 的偶函数，所以菲涅耳积分 $C(\tau)$ 与 $S(\tau)$ 对是 τ 的奇函数

$$C(-\tau)=-C(\tau),\quad S(-\tau)=-S(\tau) \tag{20.44}$$

又因为

$$\int_{-\infty}^{\infty}\mathrm{e}^{-\alpha x^2}\mathrm{d}x=\sqrt{\frac{\pi}{\alpha}} \tag{20.45}$$

有

$$\int_{-\infty}^{\infty}\mathrm{e}^{\mathrm{i}\pi u^2/2}\mathrm{d}u=\sqrt{\frac{\pi}{-\mathrm{i}\pi/2}}=\sqrt{2}\,\mathrm{e}^{\mathrm{i}\pi/4}=1+\mathrm{i} \tag{20.46}$$

因为

$$\int_{-\infty}^{\infty}\exp\left(\mathrm{i}\,\frac{\pi u^2}{2}\right)\mathrm{d}u=2\left[\int_0^{\infty}\cos\left(\frac{\pi}{2}u^2\right)\mathrm{d}u+\mathrm{i}\int_0^{\infty}\sin\left(\frac{\pi}{2}u^2\right)\mathrm{d}u\right]=2[C(\infty)+\mathrm{i}S(\infty)]$$

因此，应用式(20.46)得到 $C(\infty)=\dfrac{1}{2}=S(\infty)$。

总结一下，菲涅耳积分具有下列重要性质：

$$C(\infty)=S(\infty)=\frac{1}{2},\quad C(0)=S(0)=0 \tag{20.47}$$

$$C(-\tau)=-C(\tau),\quad S(-\tau)=-S(\tau) \tag{20.48}$$

对一些典型的 τ 值计算出的菲涅耳积分值列于表 20.1 中。

表 20.1　菲涅耳积分①

$$C(\tau)=\int_0^\tau \cos\left(\frac{1}{2}\pi v^2\right)\mathrm{d}v,\ S(\tau)=\int_0^\tau \sin\left(\frac{1}{2}\pi v^2\right)\mathrm{d}v$$

τ	$C(\tau)$	$S(\tau)$	τ	$C(\tau)$	$S(\tau)$
0.0	0.00000	0.00000	2.6	0.38894	0.54999
0.2	0.19992	0.00419	2.8	0.46749	0.39153
0.4	0.39748	0.03336	3.0	0.60572	0.49631
0.6	0.58110	0.11054	3.2	0.46632	0.59335
0.8	0.72284	0.24934	3.4	0.43849	0.42965
1.0	0.77989	0.43826	3.6	0.58795	0.49231
1.2	0.71544	0.62340	3.8	0.44809	0.56562
1.4	0.54310	0.71353	4.0	0.49843	0.42052
1.6	0.36546	0.63889	4.2	0.54172	0.56320
1.8	0.33363	0.45094	4.4	0.43833	0.46227
2.0	0.48825	0.34342	4.6	0.56724	0.51619
2.2	0.63629	0.45570	4.8	0.43380	0.49675
2.4	0.55496	0.61969	5.0	0.56363	0.49919
			∞	0.5	0.5

图 20.11 给出了菲涅耳积分的参量表示，称为考纽螺线。水平轴和垂直轴分别代表 $C(\tau)$ 和 $S(\tau)$。螺线上标注的数字是 τ 的数值。例如，从图中可以看出，当 $\tau=1.0$ 时，$C(\tau)\approx 0.77989$，$S(\tau)\approx 0.43826$。

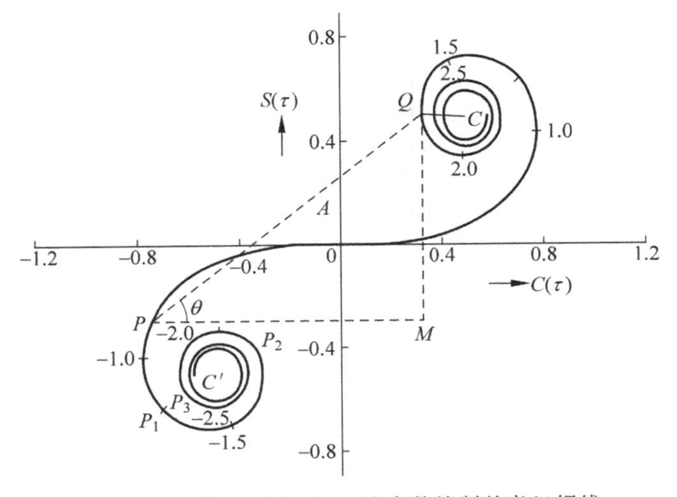

图 20.11　以 $C(\tau)$ 和 $S(\tau)$ 为参数绘制的考纽螺线

① 此表引自参考文献[20.5]；更详细(具有更精确的值)的内容可以在那里找到。

下面将利用式(20.23)计算一平面波正入射到一直边阻挡物时的衍射图样(见图20.12)。显然,沿 x 轴方向的强度是不变的。因而,不失普遍性,可以假定屏上任意一点 P 的坐标是 $(0,y)$,这里已经假定原点位于几何阴影的边缘上。如果直边所在平面上任意一点 M 的 x 和 y 坐标用 ξ 和 η 表示,那么

$$\begin{aligned} r = MP &= [\xi^2 + (\eta - y)^2 + d^2]^{1/2} \\ &= d\left[1 + \frac{\xi^2 + (\eta - y)^2}{d^2}\right]^{1/2} \approx d + \frac{\xi^2 + (\eta - y)^2}{2d} \end{aligned} \tag{20.49}$$

其中 d 是直边与观察屏之间的距离。将 r 的表示式(20.49)代入式(20.21),得

$$u(P) \approx -\frac{\mathrm{i}}{\lambda}\frac{A}{d}\int_{-\infty}^{\infty}\mathrm{d}\xi\int_{0}^{\infty}\mathrm{d}\eta \exp\left\{\mathrm{i}k\left[d + \frac{\xi^2 + (\eta - y)^2}{2d}\right]\right\} \tag{20.50}$$

其中被积函数的分母中的 r 已用它的最小值 d 来代替[①]。为了用菲涅耳积分式表示上式,引入两个无量纲的变量 u 和 v。它们由下式定义:

$$\begin{cases} \dfrac{1}{2}\pi u^2 = \dfrac{k}{2d}\xi^2 = \dfrac{\pi}{\lambda d}\xi^2 \\ \dfrac{1}{2}\pi v^2 = \dfrac{k}{2d}(\eta - y)^2 = \dfrac{\pi}{\lambda d}(\eta - y)^2 \end{cases}$$

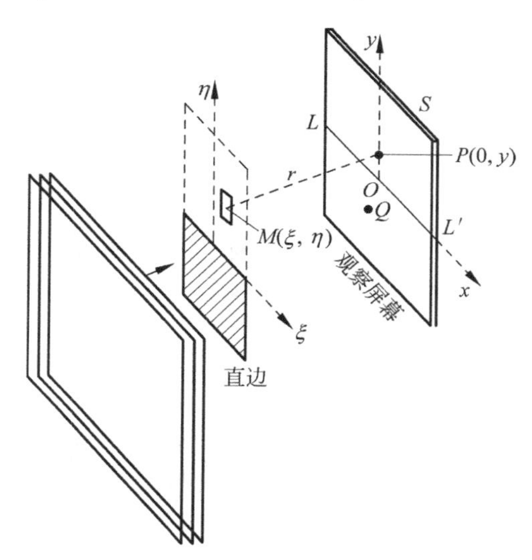

图 20.12 平面波正入射到直边上的衍射

因此,可以假设 u 和 v 由下式定义:

$$\begin{cases} u = \sqrt{\dfrac{2}{\lambda d}}\xi \\ v = \sqrt{\dfrac{2}{\lambda d}}(\eta - y) \end{cases} \tag{20.51}$$

利用这些代换,式(20.50)变为

① 这样的替换是合理的,因为在进行积分时,只有在 $r=d$ 周围的小区域才会对积分有贡献;较远的点对此的贡献很小,因为积分函数的指数项会随着距离增加而快速振荡衰减(参见19.2节的脚注)。

$$u(P)=-\frac{i}{2}u_0\int_{-\infty}^{\infty}\exp\left(\frac{i\pi u^2}{2}\right)du\int_{v_0}^{\infty}\exp\left(\frac{i\pi v^2}{2}\right)dv \tag{20.52}$$

式中，

$$v_0=-\sqrt{\frac{2}{\lambda d}}y \tag{20.53}$$

$$u_0=A e^{ikd}$$

表示不存在直边时点 P 的场。为了计算强度分布，应用菲涅耳积分公式，得到

$$\int_{-\infty}^{\infty}\exp\left(\frac{i\pi u^2}{2}\right)du=2[C(\infty)+S(\infty)]=1+i \tag{20.54}$$

另外，有

$$\begin{aligned}\int_{v_0}^{\infty}\exp\left(\frac{i\pi v^2}{2}\right)dv&=\left[\int_0^{\infty}\cos\left(\frac{\pi}{2}v^2\right)dv-\int_0^{v_0}\cos\left(\frac{\pi}{2}v^2\right)dv\right]+\\&\quad i\left[\int_0^{\infty}\sin\left(\frac{\pi}{2}v^2\right)dv-\int_0^{v_0}\sin\left(\frac{\pi}{2}v^2\right)dv\right]\\&=\left[\frac{1}{2}-C(v_0)\right]+i\left[\frac{1}{2}-S(v_0)\right]\end{aligned} \tag{20.55}$$

代入式(20.52)，得

$$\begin{aligned}u(P)&=-\frac{i}{2}u_0(1+i)\left\{\left[\frac{1}{2}-C(v_0)\right]+i\left[\frac{1}{2}-S(v_0)\right]\right\}\\&=\frac{1-i}{2}u_0\left\{\left[\frac{1}{2}-C(v_0)\right]+i\left[\frac{1}{2}-S(v_0)\right]\right\}\end{aligned} \tag{20.56}$$

离几何阴影区边缘很远的点对应于大的 y 值，注意这一点是有趣的。对于这样的点，v_0 将趋于 $-\infty$(见式(20.53))，得到

$$u(P)=\frac{1-i}{2}u_0\left[\left(\frac{1}{2}+\frac{1}{2}\right)+i\left(\frac{1}{2}+\frac{1}{2}\right)\right]=u_0 \tag{20.57}$$

这样的点的振幅与直边不存在时的情形相同，这正是我们期待的结果。这也证明了式(19.3)中积分前给出的常系数值是有依据的。另一方面，如果点 P 在几何阴影区的深部(即当 $y\to-\infty$ 时，有 $v_0\to\infty$)，得到

$$C(v_0)=S(v_0)\to\frac{1}{2}$$

给出

$$u(P)\to 0$$

实际上也确实应该如此。与式(20.56)相应的强度分布由下式给出：

$$I(P)=\frac{1}{2}I_0\left\{\left[\frac{1}{2}-C(v_0)\right]^2+\left[\frac{1}{2}-S(v_0)\right]^2\right\} \tag{20.58}$$

如果点 P 在几何阴影区边缘上(即在 LL' 线上(见图 20.12))，那么 $y=0$，因而 $v_0=0$，所以

$$I(P)=\frac{1}{2}I_0\left(\frac{1}{4}+\frac{1}{4}\right)=\frac{1}{4}I_0 \tag{20.59}$$

其中用到了 $C(0)=S(0)=0$ 这一事实，因此，在几何阴影区边缘上的强度是直边不存在时的强度的 1/4。为了确定任意一点 P 的场，可以利用表 20.1 计算出式(20.58)右边的值。强度的变化如图 20.13 所示，从图中可以得出以下观察结论：

(1) 图20.13代表一条普适曲线，亦即，给定 λ 和 d 值后，只需计算出观察点沿着 y 轴变化时的 v_0 值，就可以得到强度变化。例如，前三个极大值发生在

$$\left.\begin{array}{l}\text{当 } v_0 \approx -1.22 \text{ 时，强度为 } I \approx 1.37I_0 \\ \text{当 } v_0 \approx -2.34 \text{ 时，强度为 } I \approx 1.20I_0 \\ \text{当 } v_0 \approx -3.08 \text{ 时，强度为 } I \approx 1.15I_0\end{array}\right\}\text{取极大值}$$

同样地，前三个极小值发生在

$$\left.\begin{array}{l}\text{当 } v_0 \approx -1.87 \text{ 时，强度为 } I \approx 0.778I_0 \\ \text{当 } v_0 \approx -2.74 \text{ 时，强度为 } I \approx 0.843I_0 \\ \text{当 } v_0 \approx -3.39 \text{ 时，强度为 } I \approx 0.872I_0\end{array}\right\}\text{取极小值}$$

因此，当远离几何阴影区时，对于强度的调制下降(见图20.13)。

(2) 对于一个给定的实验装置，决定极大值和极小值的位置是相当直截了当的。例如，对于参数 $\lambda=6\times10^{-5}\text{cm}$ 和 $d=120\text{cm}$，有

$$y=-\sqrt{\frac{\lambda d}{2}}v_0=-0.06v_0\,\text{cm}$$

这样，头三个极大值分别发生在

$$y \approx 0.732\text{mm}, 1.404\text{mm}, 1.848\text{mm}$$

类似地，头三个极小值分别发生在

$$y \approx 1.122\text{mm}, 1.644\text{mm}, 2.034\text{mm}$$

(3) 当进入几何阴影区时，强度单调下降到零。

(4) 也可以直接由考纽螺线(见图20.11)来研究强度变化。这是由于关于考纽螺线，可以得到下列很有趣的性质。因为可以有(复数性质)

$$[C(\tau_2)-C(\tau_1)]+\mathrm{i}[S(\tau_2)-S(\tau_1)]\overset{\text{def}}{=}A\mathrm{e}^{\mathrm{i}\theta} \tag{20.60}$$

因此

$$C(\tau_2)-C(\tau_1)=A\cos\theta$$
$$S(\tau_2)-S(\tau_1)=A\sin\theta$$

令考纽螺线上的点 P 和点 Q(见图20.11)分别对应于 $\tau=\tau_1$ 和 $\tau=\tau_2$。显然，有

$$PM=C(\tau_2)-C(\tau_1)=A\cos\theta$$

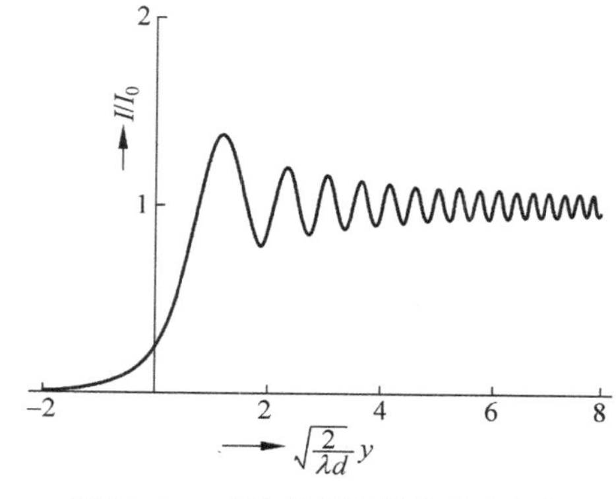

图20.13 直边衍射图样的强度变化

$$QM=S(\tau_2)-S(\tau_1)=A\sin\theta$$

因此,点 P 和点 Q 连线的长度是 A,而这条连线与横坐标轴的夹角是 θ。为了利用考纽螺线,重新写出式(20.56)

$$u=\frac{1-\mathrm{i}}{2}u_0\left\{\left[\frac{1}{2}-C(v_0)\right]+\mathrm{i}\left[\frac{1}{2}-S(v_0)\right]\right\}$$

首先考虑观察点 Q 是处在几何阴影区里,因而 v_0 是正数。令点 Q 在考纽螺线上对应 $\tau=v_0$(见图 20.11)。由于螺线上的点 C 对应于 $\tau=\infty$,有

$$\left[\frac{1}{2}-C(v_0)\right]+\mathrm{i}\left[\frac{1}{2}-S(v_0)\right]=(QC)\mathrm{e}^{\mathrm{i}\psi}$$

其中 ψ 是 QC 与横坐标轴的夹角(见式(20.60))。因此,有

$$u(Q)=\frac{1-\mathrm{i}}{2}(QC)\mathrm{e}^{\mathrm{i}\psi}u_0$$

或者

$$I(Q)=\frac{1}{2}(QC)^2I_0 \tag{20.61}$$

容易看出,当观察点移入阴影区时,v_0 值增加。因此点 Q 沿螺线逐渐移向点 C,QC 的长度均匀的缩短,因而在阴影区里强度均匀降到零(见图 20.13 和图 20.14)。

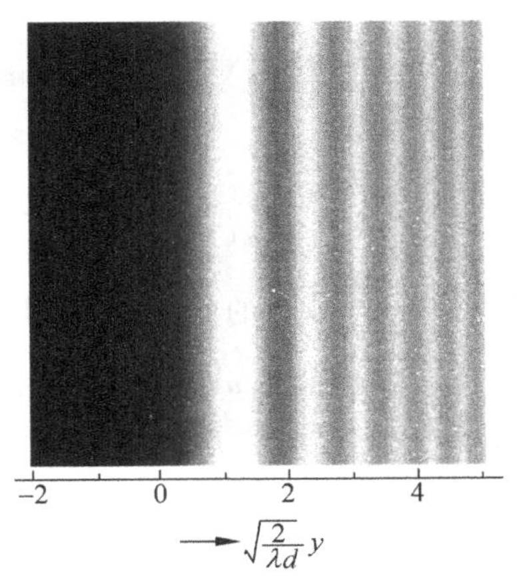

图 20.14　计算机产生的直边衍射图样

当从几何阴影区的边缘移向照明区时,v_0 值变为负值,(考纽螺线上)对应的点 P 位于第三象限,如图 20.11 所示。强度的公式仍然是

$$I(P)=\frac{1}{2}(PC)^2I_0$$

当 v_0 值在负向越来越大时,PC 长度不断增加,直到点 P 到达对应于 $v_0\approx-1.22$ 的点 P_1。该点的强度是极大值,此时长度 $P_1C\approx1.66$。因此,相应的强度是

$$I(P_1)\approx\frac{1}{2}(1.66)^2I_0\approx1.37I_0 \tag{20.62}$$

当 v_0 值进一步负向增大时,PC 的长度开始缩短,直到点 P 到达点 P_2。因此,当在照明区不断上移时,强度围绕着 I_0 持续振荡,只是振荡的幅度渐渐变小(见图 20.13 和图 20.14)。

20.7　平面波经长狭缝的菲涅耳衍射以及向夫琅禾费衍射的过渡　　目标 5

下面考虑一平面波正入射到宽度为 b 的长狭缝上,如图 20.15 所示。希望计算屏 SS' 上的任意一点 P 的强度分布。直线 LL' 和 MM' 表示几何阴影区的边缘。可以再次看出,沿着 x 轴方向,强度分布没有变化,不失一般性,可以假设点 P 的坐标是$(0,y)$。在点 P 的光场仍由式(20.50)给出,只不过现在对 η 积分的积分限是从 $-b/2$ 到 $+b/2$(假设坐标原点在缝的中心)。因此,有

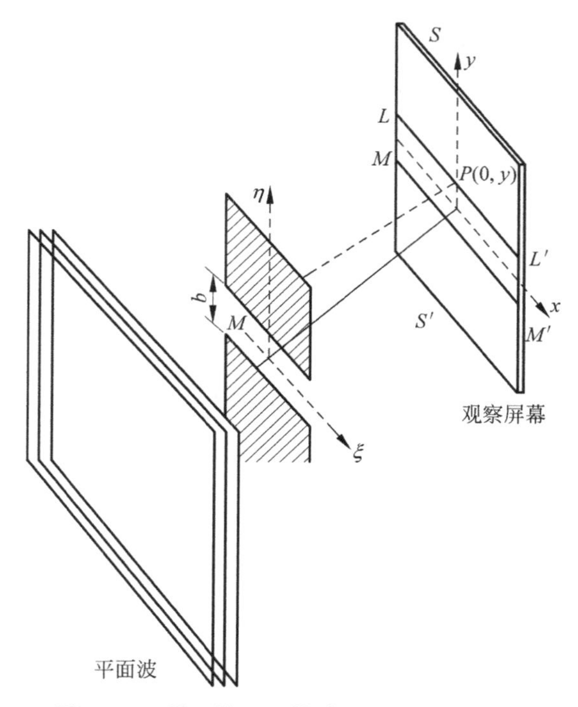

图 20.15　平面波正入射到一长狭缝时的衍射

$$u(P)=-\frac{\mathrm{i}A}{\lambda d}\int_{-\infty}^{\infty}\mathrm{d}\xi\int_{-b/2}^{+b/2}\mathrm{d}\eta\exp\left\{\mathrm{i}k\left[d+\frac{\xi^{2}+(\eta-y)^{2}}{2d}\right]\right\}$$

用类似于 20.6 节的处理方法,得

$$u(P)=-\frac{\mathrm{i}}{2}u_{0}\int_{-\infty}^{\infty}\exp\left(\frac{\mathrm{i}\pi u^{2}}{2}\right)\mathrm{d}u\int_{-(v_{2}+v_{1})}^{-(v_{2}-v_{1})}\exp\left(\frac{\mathrm{i}\pi v^{2}}{2}\right)\mathrm{d}v$$

式中,

$$u=\sqrt{\frac{2}{\lambda d}}\xi,\quad v=\sqrt{\frac{2}{\lambda d}}(\eta-y)$$

$$v_{1}=\sqrt{\frac{2}{\lambda d}}\ \frac{b}{2},\quad v_{2}=\sqrt{\frac{2}{\lambda d}}y$$

利用式(20.46)得到

$$u(P)=-\frac{\mathrm{i}}{2}u_{0}(1+\mathrm{i})\times\left\{\int_{0}^{-(v_{2}-v_{1})}\left[\cos\left(\frac{\pi}{2}v^{2}\right)+\mathrm{i}\sin\left(\frac{\pi}{2}v^{2}\right)\right]\mathrm{d}v-\int_{0}^{-(v_{2}+v_{1})}\left[\cos\left(\frac{\pi}{2}v^{2}\right)+\mathrm{i}\sin\left(\frac{\pi}{2}v^{2}\right)\right]\mathrm{d}v\right\}$$

或者

$$u(P)=\frac{1-\mathrm{i}}{2}u_{0}\{[C(v_{2}+v_{1})-C(v_{2}-v_{1})]+\mathrm{i}[S(v_{2}+v_{1})-S(v_{2}-v_{1})]\}\tag{20.63}$$

这里用到了式(20.44)。因此,强度分布是

$$I(P)=\frac{1}{2}I_{0}\{[C(v_{2}+v_{1})-C(v_{2}-v_{1})]^{2}+[S(v_{2}+v_{1})-S(v_{2}-v_{1})]^{2}\}\tag{20.64}$$

对于一个给定的系统，λ、d 和 b 是已知的，它们确定了 v_1 值。例如，当 $\lambda=5\times10^{-5}$cm，$d=100$cm，$b=0.1$cm 时，得 $v_1=2.0$。另一方面，当 y 在屏上变化时，v_2 也跟着变化。图 20.16～图 20.19 分别为 $v_1=0.5, 1.0, 1.5$ 和 5.0 的情况下强度随 v_2 变化的曲线。从图中可以看出，对大的 v_1 值(即缝很宽)，衍射图样就像两直边分别产生的衍射图样拼接在一起，这确实也是应该预期到的。另一方面，对小的 v_1 值(即观察屏离缝很远)，衍射图样实质上是夫琅禾费型的。为了清楚地证明这一点，注意到

$$v_2=\sqrt{\frac{2}{\lambda d}}y=\sqrt{\frac{2d}{\lambda}}\,\frac{y}{d}\approx\sqrt{\frac{2d}{\lambda}}\theta \tag{20.65}$$

其中 θ 代表衍射角(见图 20.20)。很清楚，过渡到夫琅禾费衍射区意味着 d 很大，v_2 也很大，因此，必须寻找在 $v\to\infty$ 的极限情况下菲涅耳积分公式的表达式。现在可以写出

$$\begin{aligned}C(v)&=\int_0^v\cos\frac{\pi}{2}v^2\,dv=\int_0^\infty\cos\frac{\pi}{2}v^2\,dv-\int_v^\infty\cos\frac{\pi}{2}v^2\,dv=\frac{1}{2}-\int_v^\infty\frac{1}{\pi v}\cos\left(\frac{\pi}{2}v^2\right)\pi v\,dv\\&=\frac{1}{2}-\frac{1}{\pi v}\sin\left(\frac{\pi}{2}v^2\right)\Big|_v^\infty+\int_v^\infty\frac{1}{\pi v^2}\sin\left(\frac{\pi}{2}v^2\right)dv\\&\approx\frac{1}{2}+\frac{1}{\pi v}\sin\left(\frac{\pi}{2}v^2\right)\end{aligned}$$

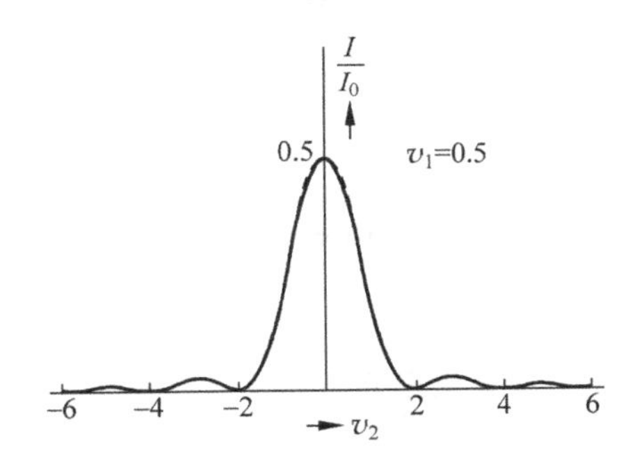

图 20.16　$v_1=0.5$ 时平面波经长狭缝衍射所产生的强度分布，虚线对应式(20.66)

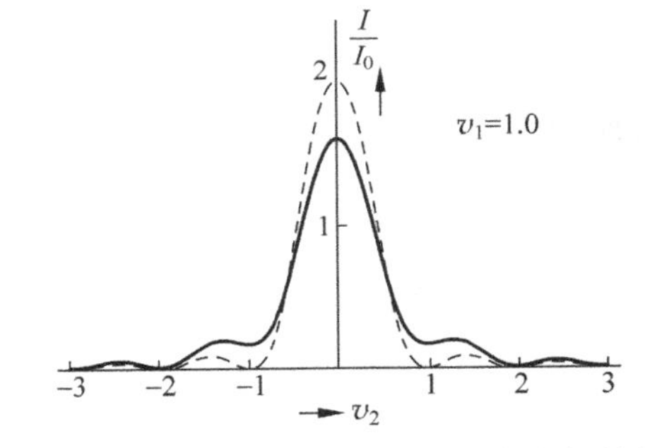

图 20.17　$v_1=1.0$ 时平面波经长狭缝衍射所产生的强度分布，虚线对应式(20.66)

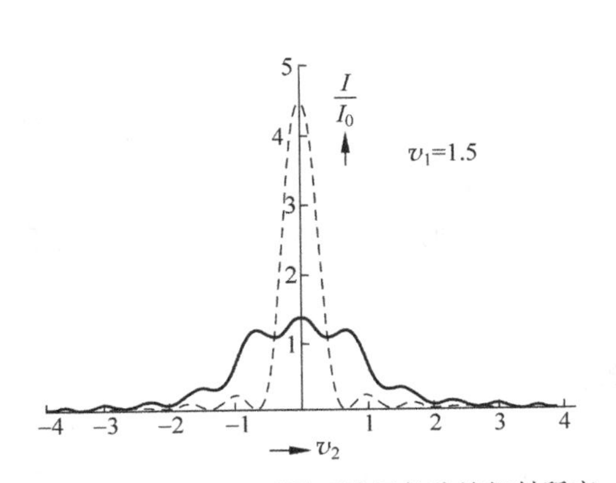

图 20.18　$v_1=1.5$ 时平面波经长狭缝衍射所产生的强度分布，虚线对应式(20.66)

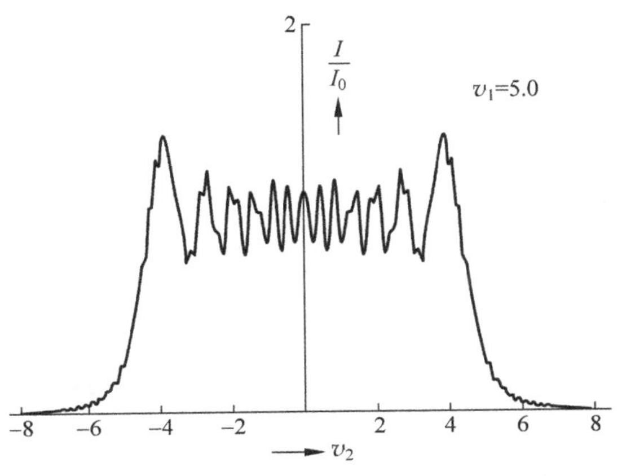

图 20.19　$v_1=5.0$ 时平面波经长狭缝衍射所产生的强度分布

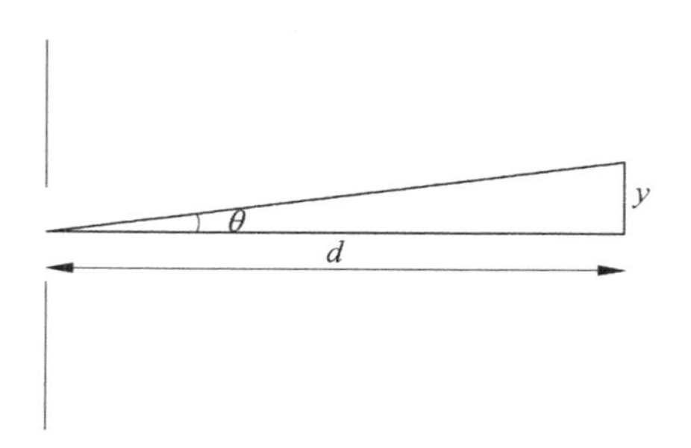

图 20.20 过渡到夫琅禾费区，d 非常大

式中忽略了$\frac{1}{v^3}$级次的项。类似地，有

$$S(v)=\frac{1}{2}-\frac{1}{\pi v}\cos\left(\frac{\pi}{2}v^2\right)$$

既然 v_2 很大而 v_1 很小，得到

$$C(v_2+v_1)-C(v_2-v_1)\approx\left[\frac{1}{2}+\frac{1}{\pi v_2}\sin\frac{\pi}{2}(v_2+v_1)^2\right]-\left[\frac{1}{2}+\frac{1}{\pi v_2}\sin\frac{\pi}{2}(v_2-v_1)^2\right]$$
$$\approx\frac{2}{\pi v_2}\cos\frac{\pi}{2}(v_2^2+v_1^2)\sin(\pi v_1 v_2)$$

类似地，有

$$S(v_2+v_1)-S(v_2-v_1)\approx\frac{2}{\pi v_2}\sin\frac{\pi}{2}(v_2^2+v_1^2)\sin(\pi v_1 v_2)$$

因此，在夫琅禾费极限下，式(20.64)变为

$$I(P)=\frac{1}{2}I_0\left[\frac{4}{\pi^2 v_2^2}\sin^2(\pi v_1 v_2)\right]=I_{00}\frac{\sin^2\beta}{\beta^2} \tag{20.66}$$

式中，

$$I_{00}=2I_0 v_1^2$$
$$\beta=\pi v_1 v_2=\frac{\pi}{\lambda d}by\approx\frac{\pi b}{\lambda}\theta \tag{20.67}$$

这里

$$\theta\approx\frac{y}{d} \tag{20.68}$$

代表衍射角。式(20.66)表明，强度分布的确是夫琅禾费型的(见18.2节)。在图20.16～图20.19中的虚线对应于式(20.66)。可以看出，当 $v_1\leqslant 0.5$ 时，强度分布就几乎是夫琅禾费型的了。

小　　结

- 衍射理论的最根本原理是惠更斯-菲涅耳原理，描述如下：波前上的每一点都是一个次级扰动源，不同点发出的次级子波之间相互干涉。
- 平面波正入射到一个半径为 a 的圆孔上时，轴上点 P 的强度分布为

$$I = I_0 \sin^2 \frac{p\pi}{2}$$

式中，

$$p \approx \frac{a^2}{\lambda d}$$

λ 是波长，d 是点 P 距离圆孔中心的长度，p 称为孔径的菲涅耳数。当 $p=1,3,5,7,\cdots$时，得到强度极大值，此时圆孔（相对于点 P）包含奇数个菲涅耳半波带；当 $p=2,4,6,8,\cdots$时，将得到强度极小值，此时圆孔包含偶数个菲涅耳半波带。

- 如果用一个不透明圆屏代替圆孔，会在屏后的轴上得到一个亮斑，称为"泊松亮斑"。
- 对于一高斯光束（其在 $z=0$ 的波前（等相面）是平面），光斑尺寸由下式给出：

$$w(z) \approx w_0\left(1+\frac{\lambda^2 z^2}{\pi^2 w_0^4}\right)^{1/2}$$

其中 w_0 是在 $z=0$ 处的光斑尺寸。当 z 很大时，有

$$w(z) \approx \frac{\lambda z}{\pi w_0}$$

表明光束宽度将随 z 线性增加，定义高斯光束的衍射角为

$$\tan\theta = \frac{w(z)}{z} \approx \frac{\lambda}{\pi w_0}$$

它表明宽度（光斑尺寸）的增长率正比于波长，反比于光束的初始宽度，这恰是衍射的特征。相应波前的曲率半径为

$$R(z) \approx z\left(1+\frac{\pi^2 w_0^4}{\lambda^2 z^2}\right)$$

- 当平面波正入射到一直边上时，（距离直边为 d 的）屏上的光强变化为

$$I = \frac{1}{2} I_0 \left\{\left[\frac{1}{2} - C(v_0)\right]^2 + \left[\frac{1}{2} - S(v_0)\right]^2\right\}$$

其中 I_0 是直边不存在时的强度。

$$v_0 = -\sqrt{\frac{2}{\lambda d}}\, y$$

y 是考察点到直边的几何阴影区的距离。且

$$C(x) = \int_0^x \cos\left(\frac{1}{2}\pi u^2\right) du$$

$$S(x) = \int_0^x \sin\left(\frac{1}{2}\pi u^2\right) du$$

称为菲涅耳积分公式。当进入几何阴影区深处时，强度单调地降至零。若从几何阴影区边缘开始向被照明的区域上移，可以在 $v_0 \approx -1.22\ (I \approx 1.37 I_0)$，$-2.34 (I \approx 1.20 I_0)$，$-3.08 (I \approx 1.15 I_0)$，$\cdots$处得到光强极大值；而在 $v_0 \approx -1.87 (I \approx 0.78 I_0)$，$-2.74 (I \approx 0.84 I_0)$，$-3.39 (I \approx 0.87 I_0)$，$\cdots$处得到极小值。

- 当一平面波正入射到一个宽度为 b 的长狭缝时，（距离狭缝为 d 的）屏上的强度变化为

$$I = \frac{1}{2} I_0 \{[C(v_2+v_1) - C(v_2-v_1)]^2 + [S(v_2+v_1) - S(v_2-v_1)]^2\}$$

式中，

$$v_1=\sqrt{\frac{2}{\lambda d}}\frac{b}{2},\quad v_2=\sqrt{\frac{2}{\lambda d}}y$$

y 是观察点到两几何阴影区边缘中点的距离①，当 v_1 变大时，得到相当于两直边衍射图样拼接的强度分布；当 $v_1\to 0$ 时，得到夫琅禾费衍射图样。

习　　题

20.1 一波长为 6×10^{-5}cm 的平面波正入射到半径为 0.01cm 的圆孔上，试计算轴上亮点和暗点的位置。

[**答案**：$d\approx1.67$cm，0.56cm，0.33cm，…(极大值)；$d\approx0.83$cm，0.42cm，…(极小值)]

20.2 如果用一个半径相同的不透明圆屏代替习题 20.1 中的圆孔，结果将会怎样？

20.3 (1) 平面波正入射到一个半径为 a 的圆孔时($\lambda=6\times10^{-5}$cm)，①假设 $a=1$mm，计算轴上强度取极大值的 z 值。画出随 z 变化的强度图，并进行物理解释。②假设 $z=50$cm，计算轴上强度取极小值时的 a 值。画出随 a 变化的强度图，并进行物理解释。

(2) 当 $\lambda=5\times10^{-5}$cm 时，重新计算(1)，并讨论波带片的色差。

[**答案**：(1) ① $z=166.7$cm，55.6cm，33.3cm，…(极大值)；② 强度极小值发生在 $a\approx0.0775$cm，0.110cm，0.134cm，…]

20.4 考虑一直径为 2mm 的圆孔被一平面波照射，轴上光强最强点离孔 200cm，试计算该平面波的波长。

[**答案**：5×10^{-5}cm]

20.5 如果一个波带片对于 $\lambda=6\times10^{-5}$cm 的光不得不具有 50cm 长的主焦距，试写出各波带半径的表示式。如果 $\lambda=5\times10^{-5}$cm，波带片的主焦距又为多少？

[**答案**：$\sqrt{0.3n}$ mm，60cm]

20.6 有一个波带片的第 2,4,6,…条带被涂黑。假如它们不被涂黑，而替换成将第 1,3,5,…条涂黑，结果会怎样？

20.7 (1) 一平面波正入射到一直边(见图 20.21)，证明任一点 P 的光场由下式给出：

$$u(P)=\frac{1-\mathrm{i}}{2}u_0\left\{\left[\frac{1}{2}-C(v_0)\right]+\mathrm{i}\left[\frac{1}{2}-S(v_0)\right]\right\}$$

式中，

$$v_0=-\sqrt{\frac{2}{\lambda d}}y$$

(2) 假设 $\lambda_0=5000$Å，$d=100$cm。用表 20.1 写出在点 O(O 在几何阴影区的边缘)，点 P($y=0.5$mm)，点 Q($y=1$mm)，点 R($y=-1$mm)处的 I/I_0 的近似值。

[**答案**：(2) $I/I_0\approx1.26$，0.24，0.01]

① 长狭缝有上、下两个边，在观察屏上就有两个几何阴影区边缘。——译者注

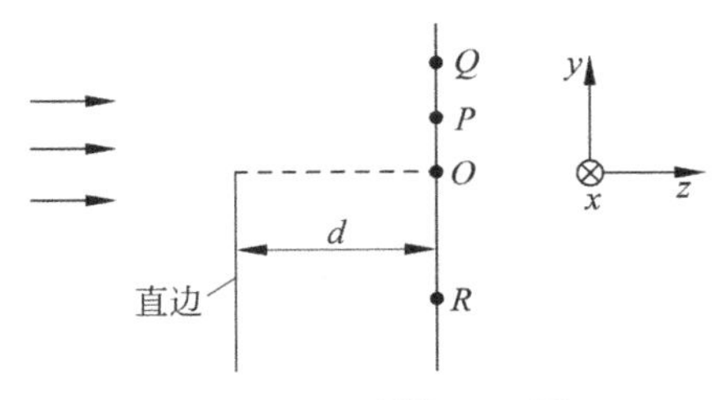

图 20.21　习题 20.7 图

20.8　考虑一直边被一束波长 $\lambda=6\times10^{-5}$cm 的平行光束照射，观察屏离直边 50cm 远，试计算屏上前两个极大值和极小值的位置。

[**答案**：前两个极大值位于 $y\approx0.0473$cm 和 0.0906cm；前两个极小值位于 $y\approx0.0724$cm 和 0.1061cm]

20.9　在直边衍射图样中观察到，在观察屏内，最强的极大值离几何阴影区边缘 1mm。如果观察屏与直边的距离是 300cm，试计算光的波长。

[**答案**：≈4480Å]

20.10　在直边衍射图样中，如果所用的光波长是 6000Å，而屏与直边的距离是 100cm，试计算在强度最大值与相邻的极大值之间的距离。在几何阴影区内大约多少距离处，$I/I_0=0.1$？以 cm 为单位。

[**答案**：$y\approx0.027$cm]

20.11　考虑一束平面波正入射到宽度为 0.5mm 的狭缝上。如果光波长为 6×10^{-5}cm，计算使 v_1 的值为 0.5，1.0，1.5 和 5.0 时，屏与狭缝的距离(见图 20.16～图 20.19)。讨论其向夫琅禾费区域转变的过程。

20.12　考虑一束平面波正入射到宽度为 b 的狭缝时，产生菲涅耳衍射图样。假设 $\lambda=5\times10^{-5}$cm，$d=100$cm。利用表 20.1 近似计算在 $y=0,\pm0.05$cm，±0.1cm 时的强度值($b=0.1$cm)。当 $b=5$cm 时，重复计算上面的问题。

[**答案**：$y=0$ 时，$I/I_0\approx1.60$；$y=\pm0.05$cm 时，$I/I_0\approx0.356$；$y=\pm0.01$cm 时，$I/I_0\approx0.01685$]

20.13　(1) 氦氖激光器($\lambda=6328$Å)的输出可以看作波前为平面的高斯光束。计算当 $w_0=1$mm 和 $w_0=0.2$mm 时，在 $z=20$m 处高斯光束的直径。

(2) 重复计算当 $\lambda=5000$Å 时的值，并解释结果的物理意义。

[**答案**：(1) 0.83cm 和 4.0cm]

20.14　激光器发出一束高斯光束。假设 $\lambda=6000$Å，在 $z=0$ 处，光束宽度是 1mm，且波前是平面。在真空中传播 10m 后，计算：(1) 光束宽度；(2)波前的曲率半径。

[**答案**：(1) $2w\approx0.77$cm；(2) $R(z)\approx1017$cm]

20.15　强度为 I_0 的平面波正入射到图 20.22 所示的圆孔上时，计算轴上点 P 处的强度。

[**答案**：$3I_0$]

(提示：应用式(20.27))

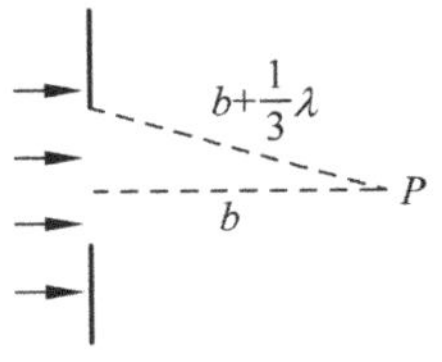

图 20.22　习题 20.15 图

20.16 证明：相位变化形式为

$$\exp\left[ikz + \frac{ik(x^2+y^2)}{2R(z)}\right]$$

的波是半径为 R 的发散球面波。

20.17 半导体激光器的输出可近似看成具有沿横向(w_T)和侧向(w_L)两个方向的不同宽度的高斯光束

$$\psi(x,y)=A\exp\left(-\frac{x^2}{w_L^2}-\frac{y^2}{w_T^2}\right)$$

其中 x 和 y 分别代表平行于和垂直于 pn 结平面的轴。取典型值 $w_T \approx 0.5\mu\text{m}$，$w_L = 2\mu\text{m}$，讨论此光束的远场情况(见图 20.23)。

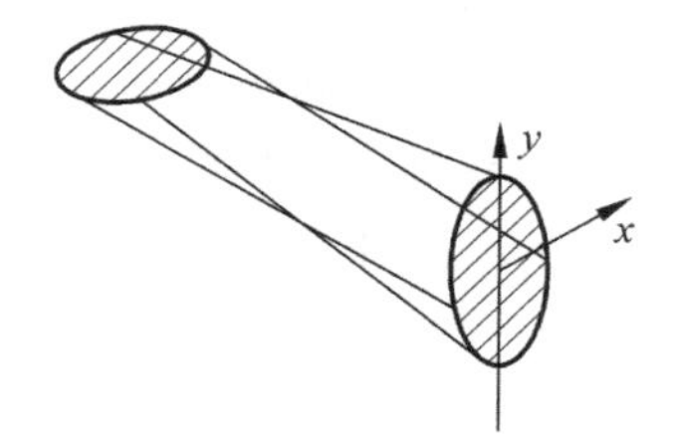

图 20.23　习题 20.17 图

第21章 全息术[①]

电子显微镜利用的是物体光与相干背景光之间的干涉图样，所谓的相干背景光也就是照明光束中没有被衍射的部分。对于这种干涉图样，我称之为全息图(hologram)，这一词来源于希腊语中的“完全”(holos)，因为它包含了物体的全部信息。因而全息图可以在光学系统中通过光来重建，可以用来纠正电子光学系统的像差。

——丹尼斯·伽博 1971 年 12 月 11 日诺贝尔奖演讲[②]

学习目标

学过本章后，读者应该学会：

目标 1：解释全息现象。

目标 2：说明制作一张全息图有哪些关键要求。

目标 3：了解全息术有哪些应用。

重要的里程碑

1948 年　丹尼斯·伽博(Dennis Gabor)发现了全息术的原理。

1960 年　西奥多·梅曼(Theodore Maiman)成功研制了第一台激光器。

1962 年　利斯(E. N. Leith)和乌帕特尼克斯(J. Upatnieks)发明了离轴全息技术。

1962 年　丹尼苏克(Y. N. Denisyuk)提出了基于厚照相乳胶片的三维全息图构想。在他的方法中，全息图可以利用普通的太阳光进行重建。这样的全息图被称作李普曼-布拉格全息图。

1964 年　利斯和乌帕特尼克斯指出，选择三种合适波长的光来记录的全息图可以显示彩色的全息影像。

1969 年　本顿发明了“彩虹全息术”，可以用白光进行全息影像显示，这是将全息术应用于显示技术的必不可少的一步。

---

① 本章部分内容是基于 K. Thyagarajan 教授尚未出版的讲稿。

② 丹尼斯·伽博于 1971 年因发现全息术原理而获得诺贝尔物理学奖；伽博的原始论文发表于 1948 年(见参考文献[21.1])。伽博获诺贝尔奖的演讲题目是《全息术，1948—1971 年》，通篇没有数学公式，用大量精美的图片来解释说明；可以在参考文献[21.2]中看到这篇论文的重印版。

21.1 引言

普通照相是对三维场景的二维记录。它记录的是曝光时位于底片平面上的强度分布。由于感光介质只对光强度的变化敏感,因此在拍摄照片时,位于底片平面上的相位分布信息丢失了。既然只有强度图样被记录了下来,于是景物的三维特性(比如看物体时的视差)丢失了。因此,当从不同角度观察照片时,无法看到被摄物体像的透视关系变化,也不能对照片中被摄物体像的任何未聚焦的部分进行重新聚焦。全息术是丹尼斯·伽博于1947年发明的一种拍摄方法。用这种方法不仅记录了光波的振幅,也记录了光波的相位。它是利用干涉技术来完成的。正因为这个缘故,通过全息技术产生的像具有真实三维影像的形式。因此,人们就可以像观察一个真正的物体一样,能够变换位置,从不同视角去观察物体的影像,或者在不同的距离对物体影像进行聚焦。能够产生出与物体本身一样的真实影像的成像能力,正是全息术广受欢迎的原因。

全息术的基本方法如下:在记录全息图时,将物波与另一束被称为参考波的光波进行叠加,并且用成像底片记录下所形成的干涉图样(见图21.1)。参考波通常是平面波。记录下来的干涉图样形成了全息图,(随后将会证明)该全息图不但包含了与物波相关的振幅信息,也包含了相关的相位信息。与普通照相不同,拍摄的全息图片本身与原始物体没有什么相似之处。事实上,与物体相关的信息是被编码并记录到全息图中的。观察像时,使用另一束波来照明全息图片,该照明波称为重建波(大多数情形下,它与记录全息图时所用的参考波完全相同),这个过程称为重建过程(见图21.2)。一般来说,重建后得到原来物体影像的一个虚像和一个实像。这个虚像具有原来物体的一切特征,如视差等。因此,人们可以移动眼睛的位置来回看后面的物体,还能够对物体不同的位置聚焦。所成的实像不需要借助透镜就能够拍摄记录下来,只要将感光介质放到实像所在的位置即可。图21.3(a)~(c)分别显示了物体本身、物体的全息图和物体重建像。

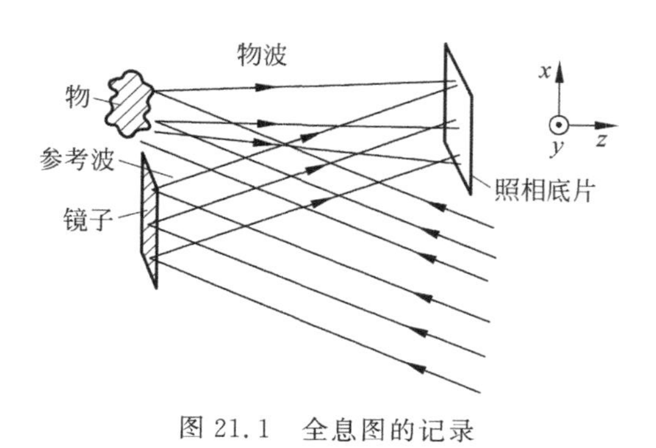

图21.1 全息图的记录

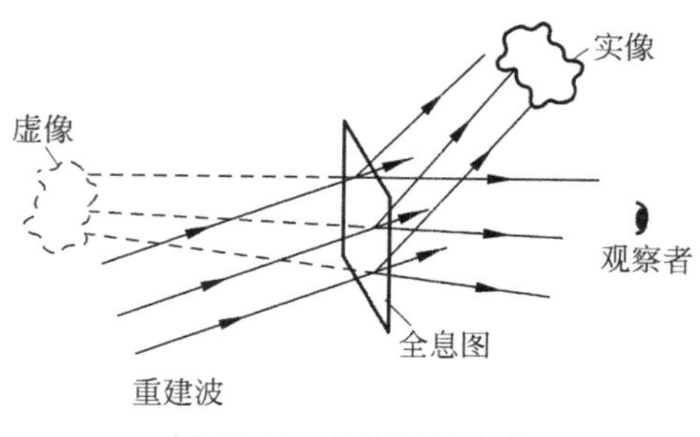

实像
虚像
观察者
全息图
重建波

图21.2 全息图的重建

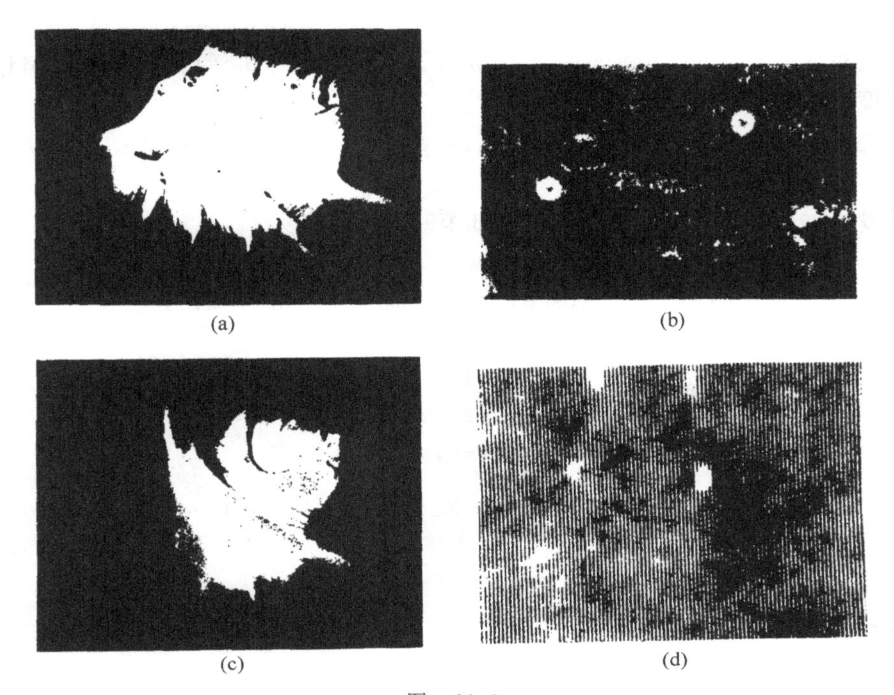

(a) (b) (c) (d)

图 21.3

(a) 使用普通照相得到的物体照片；(b) 用类似于图 21.1 所示的方法产生的物体的全息图；(c) 观察者看到的重建像；(d) 将全息图(b)中的一小部分放大后的图

21.2 全息术基本理论 目标1

如果物体是一个点状散射体，那么物波就是$\frac{A}{r}\cos(kr-\omega t+\phi)$，其中 r 代表从散射体到观察点的距离，A 代表一个常数，$k=2\pi/\lambda$。任何的普通物体都可以看作由大量的点组成，而物体被照亮后反射的合成波则是这些点所散射物波的矢量和。全息术的实质就是记录这束物波，特别是记录下它的相位分布。

下面来考察这个记录过程。令

$$O(x,y)=a(x,y)\cos[\phi(x,y)-\omega t] \tag{21.1}$$

表示图 21.1 中所示的位于照相底片平面($z=0$)处的物波(正如前面提到过的，它是由物体上各点所散射的波叠加成的)。现在考虑参考波为一列平面波，为了简单起见，假定它的传播方向在 x-z 平面内且与 z 轴成 θ 角(见图 21.1)。于是与这个平面波相联系的波场由下式给出：

$$r(x,y,z)=A\cos(\boldsymbol{k}\cdot\boldsymbol{r}-\omega t)=A\cos(kx\sin\theta+kz\cos\theta-\omega t) \tag{21.2}$$

如果 $r(x,y)$表示参考波位于平面 $z=0$ 处的波场，则可以看出

$$r(x,y)=A\cos(kx\sin\theta-\omega t)=A\cos(2\pi\alpha x-\omega t) \tag{21.3}$$

式中 $\alpha=\sin\theta/\lambda$ 是空间频率(参见 19.9 节)。式(21.3)表示与 z 轴成 θ 角的倾斜平面波的场，并且可以看出，相位随 x 线性变化。注意，因为假定平面波的传播矢量在 x-z 平面内，相位不依赖于 y。这样一来，在照相底片处(它与平面 $z=0$ 重合)的总场由下式给出：

$$u(x,y,t)=a(x,y)\cos[\phi(x,y)-\omega t]+A\cos(2\pi\alpha x-\omega t) \tag{21.4}$$

照相底片只对强度有反应,而强度正比于$[u(x,y,t)]^2$的时间平均值。因此,照相底片上记录的强度图样将是

$$I(x,y)=\langle u^2(x,y,t)\rangle=\langle\{a(x,y)\cos[\phi(x,y)-\omega t]+A\cos(2\pi\alpha x-\omega t)\}^2\rangle \tag{21.5}$$

式中角括号表示对时间取平均值(参见14.3节)。因此,有

$$\begin{aligned}I(x,y)=&a^2(x,y)\langle\cos^2[\phi(x,y)-\omega t]\rangle+A^2\langle\cos^2(2\pi\alpha x-\omega t)\rangle+\\&2a(x,y)A\langle\cos[\phi(x,y)-\omega t]\cos(2\pi\alpha x-\omega t)\rangle\end{aligned} \tag{21.6}$$

由于

$$\langle\cos^2[\phi(x,y)-\omega t]\rangle=\frac{1}{2}=\langle\cos^2(2\pi\alpha x-\omega t)\rangle \tag{21.7}$$

$$\begin{aligned}&\langle\cos[\phi(x,y)-\omega t]\cos(2\pi\alpha x-\omega t)\rangle\\=&\frac{1}{2}\langle\cos[\phi(x,y)+2\pi\alpha x-2\omega t]+\cos[\phi(x,y)-2\pi\alpha x]\rangle\\=&\frac{1}{2}\cos[\phi(x,y)-2\pi\alpha x]\end{aligned} \tag{21.8}$$

式(21.6)变为

$$I(x,y)=\frac{1}{2}a^2(x,y)+\frac{1}{2}A^2+Aa(x,y)\cos[\phi(x,y)-2\pi\alpha x] \tag{21.9}$$

从上面关系式明显地看出,包含在$\phi(x,y)$中的物波的相位信息已被记录在强度图样中了。

将(记录了上述强度图样的)照相底片进行处理(显影、定影)后就得到全息图(见图21.3(b)和(d))。全息图的透射率,即透射场与入射场之比,依赖于$I(x,y)$。用适当的显影过程能够实现振幅透射率与$I(x,y)$成线性关系的条件。在这种条件下,如果用$R(x,y)$代表重建波在全息图平面处的光场,则透射场将是

$$\begin{aligned}v(x,y)&=KR(x,y)I(x,y)\\&=K\left[\frac{1}{2}a^2(x,y)+\frac{1}{2}A^2\right]R(x,y)+KAa(x,y)R(x,y)\cos[\phi(x,y)-2\pi\alpha x]\end{aligned} \tag{21.10}$$

其中K是常数。我们考虑重建波与参考波是$r(x,y)$完全相同的情形(见图21.2)。在这种情形下,得到(忽略常数K)

$$\begin{aligned}v(x,y)=&\left[\frac{1}{2}a^2(x,y)+\frac{1}{2}A^2\right]A\cos(2\pi\alpha x-\omega t)+\\&A^2a(x,y)\cos(2\pi\alpha x-\omega t)\cos[\phi(x,y)-2\pi\alpha x]\\=&\left[\frac{1}{2}a^2(x,y)+\frac{1}{2}A^2\right]A\cos(2\pi\alpha x-\omega t)+\frac{1}{2}A^2a(x,y)\cos[\phi(x,y)-\omega t]+\\&\frac{1}{2}A^2a(x,y)\cos[4\pi\alpha x-\phi(x,y)-\omega t]\end{aligned} \tag{21.11}$$

式(21.11)给出了在平面$z=0$处的透射场。下面分别分析等号右边三项中的每一项。第一项只不过是重建波本身,只是它的振幅由于$a^2(x,y)$的存在而受到调制。总波场的这一部分仍旧沿着重建波的方向传播。第二项(除了一个常数因子外)与式(21.1)的右边完全相同,因而它表示原先的物波;它产生一个虚像。因此,用眼睛观察此波的效果与观察物体

本身是一样的。重建的物波沿着与原始物波相同的方向传播。

为了研究最后一项,首先看到,除了有 $4\pi\alpha x$ 这一项外,相位中的 $\phi(x,y)$ 还带负号。负号表示这列波具有与物波的波面曲率相反的波面。因此,如果物波是发散的球面波,那么最后一项就表示会聚的球面波。所以与第二项相反,这列波形成物体的实像,只要简单地放一张底片就能将这个实像拍摄下来(见图 21.2)。

为了确定 $4\pi\alpha x$ 这一项产生的效果,考虑物波也是一列平面波且沿 z 轴传播的情形。对于这样的物波 $\phi(x,y)=0$,最后一项表示沿着 $\theta'=\arcsin(2\sin\theta)$ 方向传播的平面波。因此 $4\pi\alpha x$ 这一项的效果是旋转了波的传播方向。因而式(21.11)右边的最后一项表示物波的共轭波,它沿着与重建波和物波都不同的方向传播,形成物体的实像。既然由这三项所代表的波沿着不同的方向传播,当传播了一段距离以后,它们就会分离开来,使得观察者能够不受干扰地观察虚像。

全息图具有一个非常有趣的性质:即使全息图片破裂成许多块,每个分离的块仍能产生物体完整的虚像①。这个性质可以从下面这个事实来理解:对于漫反射物体,从物体上的每一点发出的漫反射光都能照明整个全息图,因而全息图上的每一点接收到的是来自整个物体的波。不过,全息像的分辨率随着碎块尺寸的减小而降低。当物体是非漫散射体或者物体是透明片的情形,可以通过附加一个漫射屏来照明物体。

例 21.1 作为全息图的形成和重建的一个明晰的例子,考虑物波和参考波都是平面波的简单情况(见图 21.4(a))——一列平面物波对应于离全息图非常远的单一物点。(1)试证明在这种情形下,全息图由一组杨氏干涉条纹组成,其强度分布具有 $\cos^2$ 的形式(还要参见图 14.11);(2)如果用另一列平面波重建全息图(见图 21.4(b)),则证明透射光由一列 0 级平面波和两列 1 级平面波组成。这两列 1 级平面波就分别对应于原始物波及其共轭波。

解 (1) 考察一列平面波,其传播矢量位于 x-z 平面内,且与 z 轴成 θ_1 角。这样一列波,其波场具有如下形式:

$$A_1\cos(kx\sin\theta_1+kz\cos\theta_1-\omega t)$$

假定照相底片与平面 $z=0$ 重合,则这个平面上的波场的分布将由下式给出:

$$A_1\cos(kx\sin\theta_1-\omega t)$$

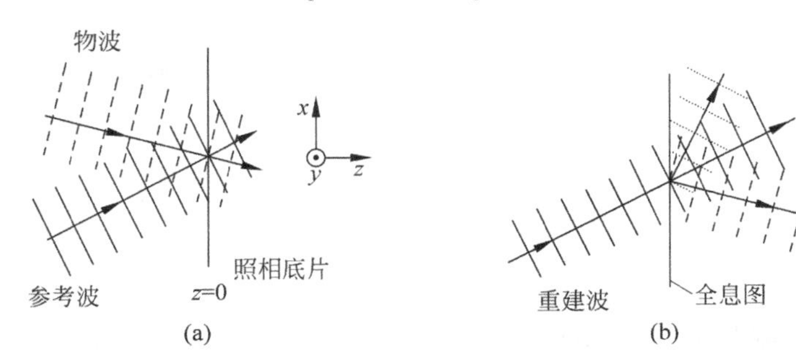

图 21.4

(a) 当物体和参考波都是平面波时全息图的形成;(b) 用另一列平面波让全息图进行再现

① 全息图的这一特性只有当物体是漫散射体时才会发生,此时从物的每一个点散射出来的波才能够到达全息板的所有部分。许多情形造成这一特性不再保持,比如记录一个透明片的全息图就不再具备这一特性。

类似地,(还是在照相底片平面)与 z 轴成 θ_2 角的平面波的波场是

$$A_2\cos(kx\sin\theta_2-\omega t)$$

总场的强度分布正比于

$$\begin{aligned}&\langle[A_1\cos(kx\sin\theta_1-\omega t)+A_2\cos(kx\sin\theta_2-\omega t)]^2\rangle\\&=\frac{1}{2}A_1^2+\frac{1}{2}A_2^2+A_1A_2\cos[kx(\sin\theta_1-\sin\theta_2)]\\&=\frac{1}{2}(A_1-A_2)^2+2A_1A_2\cos^2\left[\frac{kx}{2}(\sin\theta_1-\sin\theta_2)\right]\end{aligned}$$

当 $A_1=A_2$ 时,上式简化为

$$2A^2\cos^2\left[\frac{kx}{2}(\sin\theta_1-\sin\theta_2)\right]$$

这说明在平行于 y 轴方向上,强度保持不变,而(沿 x 轴方向的)条纹间隔依赖于 θ_1 和 θ_2。而且,强度分布具有 $\cos^2$ 的形式(见图14.11)。

(2) 在计算全息图的透射场之前,先考虑一宽度为 b 的窄狭缝被一个平面波照明(见图21.5)。考虑缝开口的区域离缝中心为 s 的条状面元 ds,基于这个面元向 θ 角方向衍射的波在很远处点 P 的振幅将正比于 $\sin[k(r-s\sin\theta)-\omega t]ds$,其中 $k=2\pi/\lambda$,θ 的定义见图21.5,因此,沿 θ 方向发自狭缝的衍射波的总场将由下式给出:

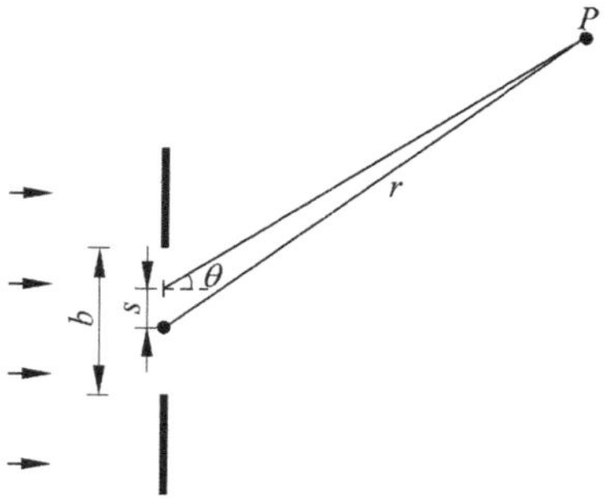

图21.5 一平面波照射到一宽度为 b 的窄狭缝上

$$E\approx A\int_{-\frac{b}{2}}^{\frac{b}{2}}\sin[k(r-s\sin\theta)-\omega t]ds \quad (21.12)$$

其中 A 是常数。上述积分也可以写成

$$\begin{aligned}E&=A\int_{-\frac{b}{2}}^{\frac{b}{2}}[\sin(kr-\omega t)\cos(ks\sin\theta)-\cos(kr-\omega t)\sin(ks\sin\theta)]ds\\&=2A\sin(kr-\omega t)\frac{\sin\left(\frac{kb}{2}\sin\theta\right)}{k\sin\theta}\end{aligned}$$

其中第二项积分由于它的被积函数是 s 的奇函数而等于零。整理得

$$E=Ab\sin(kr-\omega t)\frac{\sin\beta}{\beta} \quad (21.13)$$

式中,

$$\beta=\frac{1}{2}kb\sin\theta=\frac{\pi b\sin\theta}{\lambda}$$

式(21.13)表示的振幅与18.2节中得到的结果具有相同的形式。在此处,全息图的透射率以 $\cos^2(\alpha s)$ 的形式变化,因而透射场有如下形式:

$$E=A\int_{-\frac{b}{2}}^{\frac{b}{2}}\cos^2(\alpha s)\sin[kr-ks(\sin\theta-\sin\theta_i)-\omega t]ds \quad (21.14)$$

其中 θ_i 代表照明平面波的入射角。因此,有

$$E=\frac{1}{2}A\int_{-\frac{b}{2}}^{\frac{b}{2}}[1+\cos(2\alpha s)]\times$$
$$\{\sin(kr-\omega t)\cos[ks(\sin\theta-\sin\theta_i)]-\cos(kr-\omega t)\sin[ks(\sin\theta-\sin\theta_i)]\}\mathrm{d}s$$
$$=\frac{1}{2}A\sin(kr-\omega t)\left\{\int_{-\frac{b}{2}}^{\frac{b}{2}}\cos[ks(\sin\theta-\sin\theta_i)]\mathrm{d}s+\right.$$
$$\frac{1}{2}\int_{-\frac{b}{2}}^{\frac{b}{2}}\cos[ks(\sin\theta-\sin\theta_i+2\alpha)]\mathrm{d}s+$$
$$\left.\frac{1}{2}\int_{-\frac{b}{2}}^{\frac{b}{2}}\cos[ks(\sin\theta-\sin\theta_i-2\alpha)]\mathrm{d}s\right\} \tag{21.15}$$

上面的三项积分很容易计算。例如

$$\int_{-\frac{b}{2}}^{\frac{b}{2}}\cos[ks(\sin\theta-\sin\theta_i+2\alpha)]\mathrm{d}s=\frac{\sin\left[b\,\frac{k}{2}(\sin\theta-\sin\theta_i+2\alpha)\right]}{\frac{k}{2}(\sin\theta-\sin\theta_i+2\alpha)} \tag{21.16}$$

当 $b\to\infty$,亦即全息图的尺寸变得很大时,上式在 $\sin\theta=\sin\theta_i-2\alpha$ 附近变成越来越锐的峰。因此 b 值很大时,式(21.15)中的三项积分对应于三列平面波,它们分别沿着 $\sin\theta=\sin\theta_i$,$\sin\theta=\sin\theta_i-2\alpha$ 和 $\sin\theta=\sin\theta_i+2\alpha$ 三个方向传播,分别代表0级衍射波和两列1级衍射波。

例 21.2 考虑用一个点物和一列平面参考波形成全息图的情形(参见图14.13(a)的情景)。选择 z 轴沿着从物点到照相底片所作的垂线方向,并假设照相底片与平面 $z=0$ 重合。为简单起见,假设参考波正入射到底片上。试求出由全息图记录下来的干涉图样。

解 令点源位于距离照相底片为 d 的地方。从物点发出的波在底片上任一点 $P(x,y,0)$ 的波场为

$$O(x,y,z=0,t)=\frac{A}{r}\cos(kr-\omega t) \tag{21.17}$$

式中 $r=(x^2+y^2+z^2)^{1/2}$,A 为一常数。沿与 z 轴方向传播的平面波为

$$R(x,y,z,t)=B\cos(kz-\omega t) \tag{21.18}$$

因而参考波在照相底片($z=0$)处的波场为

$$R(x,y,z=0,t)=B\cos\omega t \tag{21.19}$$

这样一来,在照明底片平面上的总场是

$$T(x,y,t)=O(x,y,z=0,t)+R(x,y,z=0,t)$$
$$=\frac{A}{r}\cos(kr-\omega t)+B\cos\omega t \tag{21.20}$$

记录下来的强度图样为

$$I(x,y)=\langle|T(x,y,t)|^2\rangle$$
$$=\left\langle\left|\frac{A}{r}\cos(kr-\omega t)+B\cos\omega t\right|^2\right\rangle \tag{21.21}$$

其中角括号仍与以前一样,表示对时间取平均值。进行时间平均值后得

$$I(x,y)=\frac{A^2}{2r^2}+\frac{B^2}{2}+\frac{AB}{r}\cos kr \tag{21.22}$$

如果假定 $d \gg x, y$(在大多数实际情况下,这个假定是正确的),可以写出

$$r = (x^2 + y^2 + d^2)^{1/2} \approx d + \frac{x^2 + y^2}{2d} \tag{21.23}$$

因此

$$I(x, y) = \frac{A^2}{2d^2} + \frac{B^2}{2} + \frac{AB}{r}\cos\left[kd + \frac{k}{2d}(x^2 + y^2)\right] \tag{21.24}$$

结果得到的条纹图样是中心在原点的圆(见例 14.7)。这样形成的全息图实质上是一个波带片,与菲涅耳波带片不同的是,其透射率按照正弦方式变化(参见图 14.13(b)和 20.3 节)。

21.3 全息术的要求 目标 2

由于全息术实质上是一种干涉现象,所以对相干性的某些要求必须得到满足。在第 17 章里已经引入了相干长度的概念。如果要形成稳定的干涉条纹(以便可以记录下来),那么物波和参考波之间的最大光程差不应超过相干长度。而且,空间相干性也是很重要的,它使得从物体不同部分散射的波能够与参考波相干。

在重建过程中,重建出来的像既依赖于重建光源的波长,也依赖于重建光源的位置。因此,如果要求重建像的分辨率高,重建光源不能是太扩展的,并且是窄线宽的。这里值得一提的是,重建过程也像透镜成像一样伴随有相差。如果重建光源的波长与参考光源的相同,而且重建光源相对于全息图的位置也与参考光源相同,重建像才没有任何像差。

对制造全息图提出的另一个关键性要求是记录装置的稳定性。因此,底片、物体及用来产生参考光束的任何镜子在曝光时都不能有任何相对运动。还有一个不大明显(但也是必要)的要求是底片的分辨率。与轴分别成 $+\theta$ 角和 $-\theta$ 角的两列平面波产生的干涉条纹的间距为 $d = \frac{\lambda}{2\sin\theta}$。假定 $\theta = 15°$,$\lambda = 6328\text{Å}$(氦氖激光器),算出 $d = 1.222 \times 10^{-3}\text{mm}$,空间频率就是 818 线/mm。因此,照相底片应能记录下密集到间隔为 $1.222 \times 10^{-3}\text{mm}$ 的条纹。这就要求有一种感光极为缓慢的特殊材料,这样又对全息照相装置的稳定性提出了更高的要求。用于全息术的底片材料有柯达(Kodak)649F、阿格法-盖弗特(Agfa-Gaevert)10E 或 8E75 等。

21.4 全息术的一些应用 目标 3

全息术的原理在许多领域获得了广泛的应用①。全息术能够记录有关深度的信息,使其可以应用于研究瞬态的微观事件。例如,当我们必须研究在某一体积内出现的一些瞬态现象时,用普通的显微技术很难一下就找准位置并进行观察。如果记录下事件场景的全息图,则该事件就被冻结在全息图中了,因此就能在重建像的整个深度范围内逐一聚焦,从容地对现象进行研究。

① 见参考文献[21.3]~文献[21.12]。

全息术最有前途的应用之一是在干涉度量学领域。全息过程在重建阶段利用重建波重现物波的能力可以让存在于不同时刻的不同波之间进行干涉。因此，在所谓二次曝光全息干涉度量术中，首先在照相底片上对物波与参考波部分地曝光一次，随后物体被加上应力，并与同一参考波一起在底片进行二次曝光。照相底片在显影和定影后形成全息图。当用重现波照明全息图时，从全息图重现出两列物波，其中一列对应于未受应力的物体，另一列对应于受到应力的物体。由于两列物波已被同时重建出来，它们可以相互干涉并产生干涉条纹。这些干涉条纹反映了物体经历应变的特征。定量地研究叠加在物体中的干涉条纹图样就能给出物体中应变的分布。

为了理解干涉条纹图样是怎样形成的，假定物体的变形只是改变了物波的相位分布。这样一来，如果

$$O(x,y,t)=A(x,y)\cos[\phi(x,y)-\omega t] \tag{21.25}$$

代表物体未受应力时（在全息图平面处）的物波（图 21.6(a)），而 $O'(x,y,t)$ 代表物体受到应力后的物波（见图 21.6(b)），那么可以写出

$$O'(x,y,t)=A(x,y)\cos[\phi'(x,y)-\omega t] \tag{21.26}$$

其中已经假定相位分布从 $\phi(x,y)$ 变成 $\phi'(x,y)$。在重建过程中，上述两列物波都从全息图重现出来，能观察到的将是这两列物波相互干涉所产生的强度图样，它由下式给出①：

$$\begin{aligned} I(x,y) &= \langle \{A(x,y)\cos[\phi(x,y)-\omega t]+A(x,y)\cos[\phi'(x,y)-\omega t]\}^2 \rangle \\ &= A^2(x,y)+A^2(x,y)\cos[\phi'(x,y)-\phi(x,y)] \end{aligned} \tag{21.27}$$

因此，在满足

$$\phi'(x,y)-\phi(x,y)=2m\pi,\quad m=0,1,2,\cdots \tag{21.28}$$

的地方，两列波将发生相长干涉；而在满足

$$\phi'(x,y)-\phi(x,y)=(2m+1)\pi,\quad m=0,1,2,\cdots \tag{21.29}$$

的地方，两列波将发生相消干涉。于是在重建过程中可以得到由两列物波叠加而形成的亮纹和暗纹相间的图样（见图 21.7），这些亮纹和暗纹的位置是由 $\phi'(x,y)-\phi(x,y)$ 的值决定的。

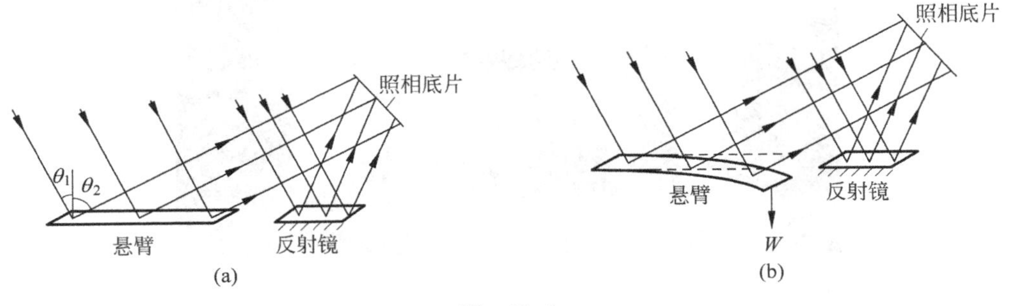

图　21.6

(a) 记录未加应力时的物波；(b) 在同一感光乳剂上记录加有应力时的物波以产生二次曝光的全息图

下面考察上述技术在确定材料的杨氏模量中的简单应用。如果将一根棒的一端固定，另一端负荷重物，则可以证明，负荷一端的位移 δ 由下式给出②：

① 重建过程还产生了其他波分量，但是正如早先讨论过的那样，这些波分量沿着不同方向传输，而此处只关注物波。

② 见参考文献[21.13]第 75 页。

$$\delta = \frac{WL^3}{3YI} \tag{21.30}$$

式中 W 是负荷的重量；L 是棒的长度；I 是横截面的惯性矩①，对于截面是宽度为 a、长度为 b 的矩形棒来说，$I=ab^3/12$；Y 代表棒材料的杨氏模量。因此，如果对于给定的负荷能够测出 δ，就能从式(21.30)算出 Y 来。

首先确定 $\phi'-\phi$ 的表示式。在图 21.6 中，悬臂被与 z 轴成 θ_1 角的激光束照明。图中已经给出了悬臂位移前的位置和位移后的位置。如果沿着与 z 轴成 θ_2 角的方向观察这根悬臂。当悬臂产生如图 21.6(b)所示的位移 δ 时，相位改变为

$$\phi'-\phi = \frac{2\pi}{\lambda}(\delta\cos\theta_1 + \delta\cos\theta_2) = \frac{2\pi}{\lambda}\delta(\cos\theta_1 + \cos\theta_2) \tag{21.31}$$

如果在悬臂的整个长度 L 上有 N 条条纹，则由于一个条纹的跨度对应于 2π 的相位差(见式(21.28))，能写出

$$\frac{2\pi}{\lambda}\delta(\cos\theta_1 + \cos\theta_2) = N \cdot 2\pi$$

或者

$$\delta = \frac{N\lambda}{\cos\theta_1 + \cos\theta_2}$$

因此，测量了 N、θ_1 和 θ_2 值，并且知道了 λ 以后，就能确定 δ。图 21.7 显示了宽 4cm，厚 0.2cm，长 12cm 的一块铝片的二次曝光全息图的重建像。从形成的条纹数可以计算出杨氏模量(见习题 21.3)。

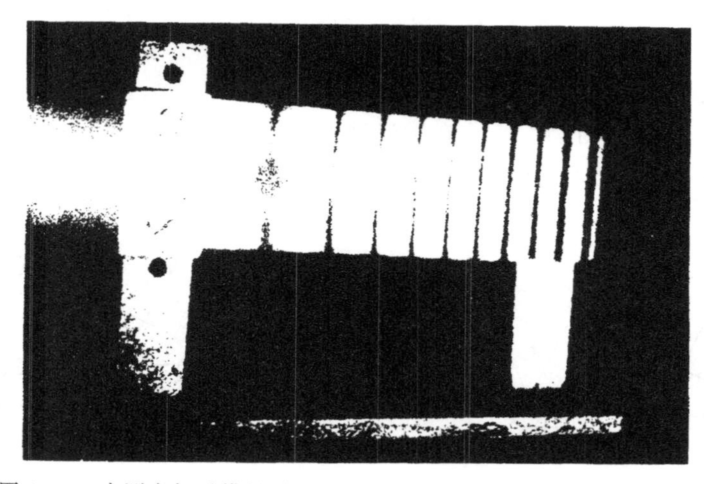

图 21.7　在测定杨氏模量时，用二次曝光干涉度量术产生的干涉条纹
(图片由西罗希(R. S. Sirohi)教授友情提供)

① 横截面的惯性矩的英文是 moment of inertia of cross section，也叫横截面二阶矩(second moment of area)，用在描述一维棒受力形变的欧拉-伯努利方程中。定义是 $I=\iint \rho^2 \mathrm{d}A$，其中 $\mathrm{d}A$ 是棒截面的面积微元，ρ 是面积微元到轴的垂直距离。这个定义十分类似转动惯量的定义。——译者注

小　　结

- 全息图技术基础如下：在记录全息图时，将物波与另一束叫做参考波的波相叠加，用照相底片来记录它们的干涉图样。参考波通常是一束平面波。这种记录了两波的干涉图样的底片形成了全息图，它既携带了物波的幅度信息又携带了相位信息。为了观测全息图的像，需要用另一束称为重建波的平面波照射全息图。通常重建过程会产生原来物体景象的一个虚像和一个实像，其中的虚像拥有物体的全部特征，如视差等。
- 如果物波和参考波都是平面波，其全息图是一系列的杨氏干涉条纹。
- 全息图具有的一个重要特性是：即使全息图片破碎成不同的碎片，利用每一个分立的碎片也能重建出完整的物体虚像。
- 为了使重建像具有很好的分辨率，照明光源不能太扩展，而且要窄线宽。
- 全息图通常用来研究瞬态的微观事件，或者应用于干涉度量学领域。它还可以用来确定材料的杨氏模量。
- 对于一个点状物体和一束平面参考波，其全息图与菲涅耳波带片既相似又不同，更像是一个透射率按照正弦变化的波带片。

习　　题

21.1　考虑用例 21.2 的实验装置来完成全息图的重建过程，用一束沿平行于 z 轴方向传播的平面波照明全息图。试证明会出现一个虚像和一个实像。

21.2　继续例 21.2，计算当入射平面波与 z 轴成 θ 角时的干涉图样(图 14.13)。假设 $B\approx A/d$。

$$\left[\textbf{答案：}4B^2\cos^2\left[kd-kx\sin\theta+\frac{k}{2d}(x^2+y^2)\right]\right]$$

21.3　图 21.7 是一张二次曝光的全息图重建后拍摄的图片。这张全息图记录的两列物波分别对应于宽 4cm，厚 0.2cm，长 12cm 的一块铝片加应力前后的位置。如果应力产生的形变位移对应于 1g 的负荷重量作用到铝片的一端，并假设 $\theta_1\approx\theta_2\approx 0$，以及 $\lambda=6328\text{Å}$，试计算铝的杨氏模量。(提示：N 代表在悬臂整个长度上产生的条纹数。)

[**答案：**$0.7\times10^{11}\,\text{N/m}^2$]

第五部分

光的电磁特性

这部分由 3 章组成，讨论了光波不同方面的电磁特性。第 22 章中，对不同形式的偏振光的产生与性质进行了讨论，随后详细分析了电磁波在各向异性介质中的传播，对波速和射线速度的第一性原理推导，对像旋光性、法拉第旋光等在内的应用也进行了讨论。第 23 章有些数学化，从麦克斯韦方程组入手，讨论了麦克斯韦方程组不同解的偏振态问题，并推导了波动方程；正是在这个波动方程的推导过程中，麦克斯韦预测了电磁波的存在。第 24 章讨论了电磁波在电介质表面的反射和折射，其结果直接解释了布儒斯特定律、全反射、隐失波(也叫倏逝波)和法布里-珀罗腔振荡等现象。

第22章 偏振与双折射

对于产生不规则折射的另外一种发射，我曾希望试用椭圆波，或更确切地说，用椭球波来表示，看看是否能解释不规则折射。我假定这些波在弥漫于晶体的以太物质中和在构成晶体的微粒中都将一样的传播，而这种传播相较于规则折射中的发射传播完全不同。

——克里斯蒂安·惠更斯

学习目标

学过本章后，读者应该学会：

目标1：了解如何产生各种形式的偏振光波。

目标2：讨论两个扰动的叠加和该过程的数学分析。

目标3：会描述双折射现象。

目标4：了解偏振光的干涉。

目标5：会分析偏振光。

目标6：讨论光学旋光。

目标7：讨论当光束经过椭圆芯截面的单模光纤时偏振态(SOP)如何变化。

目标8：讨论沃拉斯顿棱镜和罗雄棱镜产生线偏振光的工作原理。

目标9：分析电磁波在各向异性介质中的传播行为。

目标10：解释射线速度和射线折射率。

目标11：利用琼斯运算法分析偏振光经过各种偏振波片的传输行为。

目标12：讨论法拉第旋光和它的应用。

目标13：理解光学旋光的理论。

目标14：理解法拉第旋光的理论。

重要的里程碑

1669年　伊拉斯莫斯·巴托莱纳斯(Erasmus Bartholinus)发现了方解石中的双折射现象。

1678年　在与巴黎科学院沟通讨论光的理论时，克里斯蒂安·惠更斯(Christiaan Huygens)提出了解释巴托莱纳斯发现的方解石中双折射现象的理论。

1815年　戴维·布儒斯特(David Brewster)声明发现了反射时光的偏振现象。

1828年　威廉·尼科尔(William Nicol)发明了可以产生偏振光的棱镜，这种棱镜被命名为尼科尔棱镜。

1929年　美国科学家及发明家埃德温·兰德(Edwin Land)申请了偏振片(Polaroid)的专利,这种偏振片用来命名一种产生偏振光的合成塑料薄片。

22.1　引言

如果我们使一根弦的一端上下运动,就可以产生一列横波(如图22.1(a)所示)。弦上的每一点都在平行于 x 轴方向的直线上作正弦振动,因此称为线偏振波。由于这根弦总是被限制在 x-z 平面内,所以这种波也称为平面偏振波。这种波的位移可以写作

$$\begin{cases} x(z,t)=a\cos(kz-\omega t+\phi_1) \\ y(z,t)=0 \end{cases} \tag{22.1}$$

式中 a 表示波的振幅;ϕ_1 是相位常数,由我们选择何时为 $t=0$ 来决定。波在 y 轴方向的位移总是零。在任意时刻,波场中各点的位移是如图22.1(a)所示的一条余弦曲线。另外,在任意一点 $z=z_0$ 处都将作振幅为 a 的简谐振动。同样,可以使弦在 y-z 平面振动,如图22.1(b)所示,其位移可以表示为

$$\begin{cases} x(z,t)=0 \\ y(z,t)=a\cos(kz-\omega t+\phi_2) \end{cases} \tag{22.2}$$

在一般情况下,可以使弦在包含 z 轴的任一平面内振动。如果使弦的一端在一个圆周上运动,那么弦的每一点都将在一个圆形的路径上运动,如图22.2所示,这样的波称为圆偏振波,其位移可以表示为

$$\begin{cases} x(z,t)=a\cos(kz-\omega t+\phi) \\ y(z,t)=-a\sin(kz-\omega t+\phi) \end{cases} \tag{22.3}$$

所以 x^2+y^2 为一个常数($=a^2$)。随后将看到,式(22.3)表示一个右旋的圆偏振波。

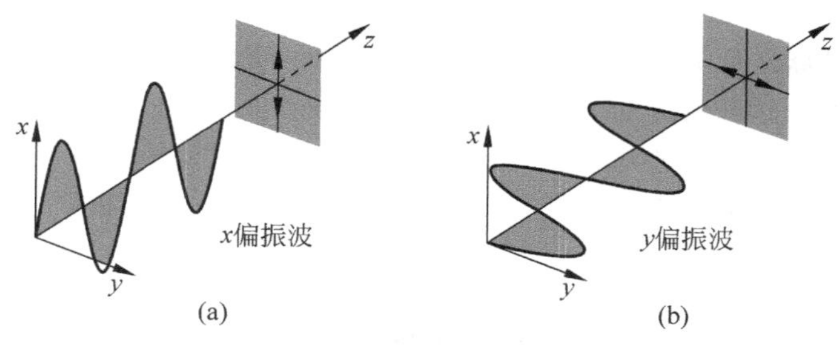

图　22.1

(a) 位移限制在 x-z 平面的弦上的线偏振波;(b) 位移限制在 y-z 平面的线上的线偏振波

接下来考虑在弦的路径上放置一个狭缝,如图22.3(a)所示。如果狭缝沿着振动位移的方向放置,那么波的全部振幅都可以传播过去,如图22.3(a)所示。另一方面,如果狭缝的放置方向与振动位移的方向垂直,那么几乎没有波可以传播到狭缝的另一边去,如图22.3(b)所示。这是因为狭缝只允许沿着其方向的振动分量通过。像这样,如果在弦上传播的是纵波,那么不论狭缝沿着什么方向,通过狭缝后,波的振幅均相同。因此,波的振幅随着狭缝方向的改变

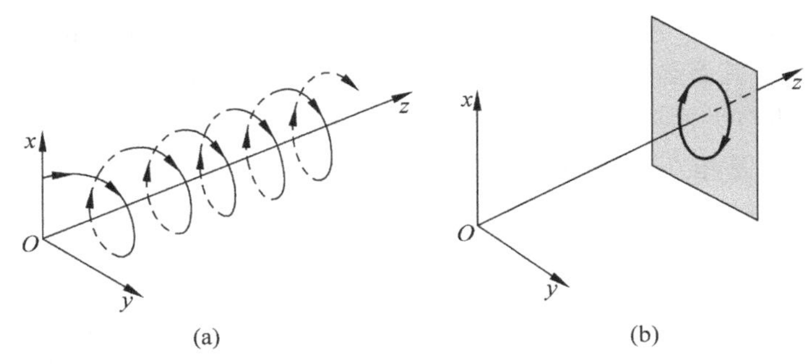

图 22.2

(a) 对应圆偏振波的位移情况——弦上的所有点到 z 轴的距离都相同；

(b) 弦上的每一点均在圆周上转动。iii 页二维码彩图中图 22.2′也给出了对应圆偏振光的位移在空间的分布情况

而改变的现象，源于波的横波特性。事实上，一个在原理上与上面讨论十分类似的实验证实了光波的横波特性。但是，在讨论这个利用光波所做的实验之前，应当先定义非偏振波的概念。

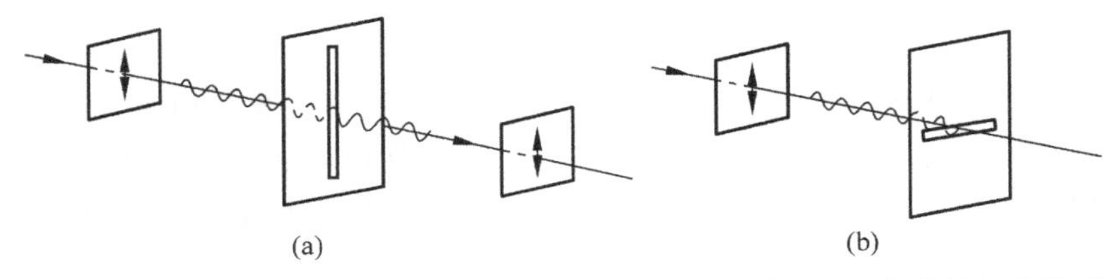

图 22.3 如果一(在弦上传播)线偏振横波通过狭缝，只有沿着狭缝方向的偏振分量可以通过

再一次考虑在弦的一端激发的横波。如果振动平面的方向在很短的时间间隔内随机改变，那么这种波称为非偏振波①。如果一个非偏振波入射到狭缝 S_1(如图 22.4 所示)，透射波的振动方向将沿着狭缝的方向，并且当狭缝的方向旋转时，尽管透射波振动所在的平面方向取决于狭缝方向，透射波的振幅大小也不会受到影响。此时，透射波将成为线偏振波，而狭缝 S_1 起到了一个起偏器的作用。如果这个偏振波通过另一个狭缝 S_2(如图 22.4 所示)，则通过旋转狭缝 S_2 就可以观测到透射波的振幅发生变化，这种情况和前面的讨论是一样的。第二个狭缝就起着检偏器的作用。

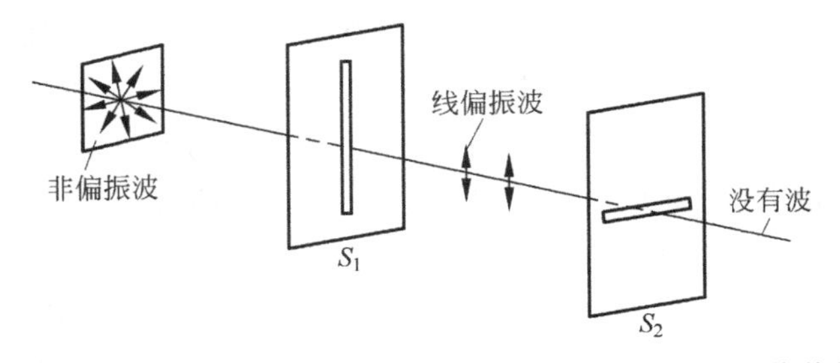

图 22.4 一束弦上传播的非偏振波入射到狭缝 S_1 后透射波成为线偏振波，其透射波振幅大小与 S_1 的方向无关。如果该线偏振波再通过另一个狭缝 S_2，透射波的振幅由 S_1 和 S_2 的相对方向决定

① 所谓的短时间间隔，是指与探测的时间相比足够短；然而，对于具有一特定频率 ν 的波而言，这个时间间隔要比 $1/\nu$ 大得多，以致在这个短的时间间隔里仍有大量的振动发生(参见 17.1 节)。

光波的横波特性在19世纪初就已经被人们所了解，但是，与光波相联系的位移的本质是在麦克斯韦提出了其著名的电磁理论之后才为人所知。我们将在第23章讨论基本的电磁理论，届时将证明与平面电磁波相联系的(所谓位移)有电场 $\boldsymbol{E}$ 和磁场 $\boldsymbol{H}$，它们是相互垂直的。对于(在电介质中)沿 z 轴传播的线偏振波(如图22.5所示)，其电场和磁场可以写成以下形式：

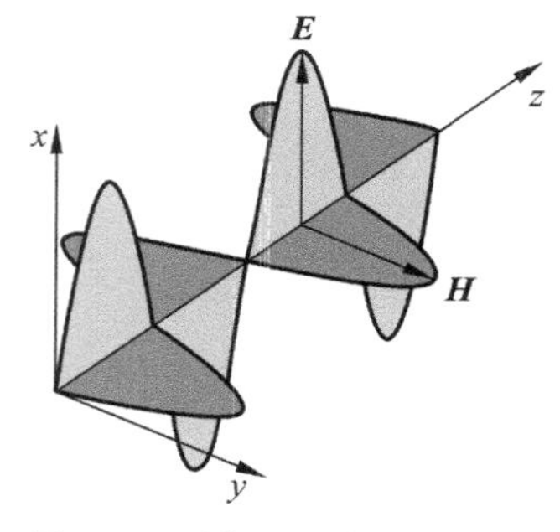

图22.5 沿 x 方向线偏振的电磁波，且沿 z 方向传播

$$E_x = E_0\cos(kz-\omega t),\quad E_y = 0,\quad E_z = 0 \tag{22.4}$$

$$H_x = 0,\quad H_y = H_0\cos(kz-\omega t),\quad H_z = 0 \tag{22.5}$$

式中，

$$k = \frac{\omega}{v} = \omega\sqrt{\varepsilon\mu} \tag{22.6}$$

并且

$$v = \frac{1}{\sqrt{\varepsilon\mu}} \tag{22.7}$$

代表波的速度，ε 和 μ 分别为介质的介电常数(或电容率)和磁导率。由于 $E_z=0$ 且 $H_z=0$，所以电磁波为横波。式(22.4)和式(22.5)表明 $\boldsymbol{E}$ 和 $\boldsymbol{H}$ 是相互垂直的，而且均垂直于波传播的方向(此时传播方向沿 z 轴)。事实上，波是沿着矢量($\boldsymbol{E}\times\boldsymbol{H}$)的方向传播的。电磁理论还表明(见23.3节)

$$H_0 = \frac{k}{\omega\mu}E_0 = \frac{1}{\eta_0/n}E_0 \tag{22.8}$$

式中，

$$\eta_0 = \sqrt{\frac{\mu_0}{\varepsilon_0}} = c\mu_0 \approx 120\pi\Omega$$

是自由空间的内禀阻抗，n 是介质的折射率(参见23.3节)。

接下来考虑一束自然光入射到偏振片 P_1 的情况，如图22.6所示；偏振片是一种用来产生偏振光的塑料类的材料——这将在后面的小节中详细讨论。一般而言，一束自然光(比如钠灯或者太阳发出的光)是非偏振的，亦即其电场矢量(在垂直于传播方向的平面上)不断随机变化方向(如图22.6所示)。当这样的光入射到偏振片上时，透射的光波是线偏振的，其电场矢量在如图22.6所示的一个特定方向振动，透射光的电矢量方向取决于偏振片的取向。将在22.3.1节指出，电场 E 沿某一特定方向的分量会被偏振片吸收掉，而与这个分量垂直的另一分量将可以通过，则此时透射光的电矢量方向通常叫做这个偏振片的透光轴。如果图中不存在偏振片 P_2，此时绕 z 轴旋转偏振片 P_1，则透射光光强不会有任何变化。然而，如果在后面放入另外一个偏振片 P_2，则绕 z 轴旋转 P_2，就会观察到光强的变化，而且可以观察到两个位置几乎完全黑暗的情况(参见图22.7)。类似的现象在 P_2 静止而旋转 P_1 的时候也可以观察到。在先前讨论的基础上，我们知道这种现象表明了光波的横波特性，即与光波相联系的位移振动方向与传播方向垂直。偏振片 P_1 起了一个起偏器的作用，其透射光为线偏振光，第二个偏振片则起了检偏器的作用。

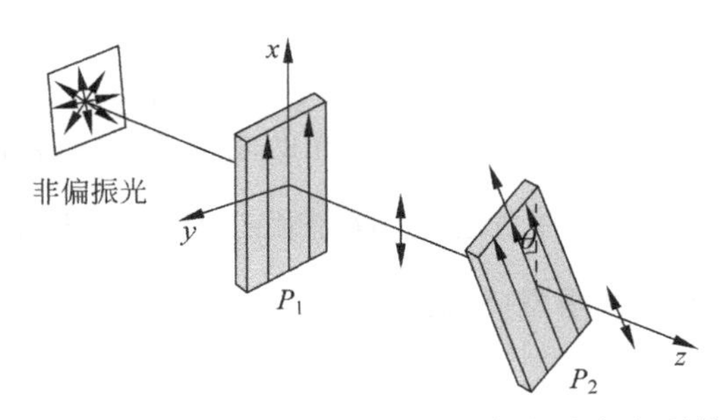

图 22.6　如果一非偏振光波沿 z 轴传播，（位于 x-y 平面内的）电场矢量持续随机改变其方向。如果让该非偏振光波入射到一个偏振片，则透射光为线偏振光波，即电场矢量沿一特定方向振荡。如果在后面放入另一个偏振片 P_2，则透射光强与两偏振片 P_1 和 P_2 之间的相对方向有关。如果偏振片 P_1 透振方向沿 x 方向，而第二个偏振片 P_2 的透振方向与 x 轴成 θ 角，则透射光强将按照 $\cos^2\theta$ 变化

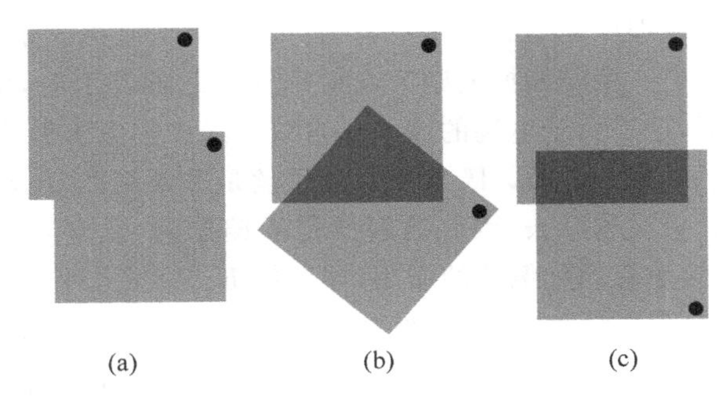

图 22.7　两偏振片以不同的相对方位叠放在一起观察透射光的实际照片

(a) 如果两偏振片相互平行，透射光几乎全部透过；(b) 如果两偏振片相互取向成 45°，大约有 50% 的光强透过；(c) 如果两偏振片取向相互垂直（注意偏振片边角上的圆点位置），则几乎没有光透过。图片采自网站 http://www.a-levelphysicstutor.com/about.php，图片使用经瑞得（Alan J. Reed）博士准许

请扫 1 页二维码看彩图

22.2　马吕斯定律　　目标 1

考虑一个偏振片 P_1，其透光轴平行于 x 轴（如图 22.6 所示），亦即，如果一非偏振光束沿 z 方向入射到偏振片上，其透射波电场矢量沿 x 轴振荡。再考虑这个沿 x 轴偏振的光束入射到透振轴与 x 轴成 θ 角的偏振片 P_2 上（如图 22.6 所示）。如果入射光波的电场是 E_0，则从偏振片 P_2 透射波的振幅将变为 $E_0\cos\theta$，其强度由下式给出：

$$I = I_0\cos^2\theta \tag{22.9}$$

其中 I_0 代表当 P_2 的透光轴也沿 x 轴方向（即 $\theta=0$）时透过的光强。方程(22.9)为马吕斯定律。这样，如果一线偏振光入射到一个偏振片上，并且偏振片绕 z 轴旋转，则透射光的光强将按照上述公式变化。比如，图 22.6 所示的偏振片 P_2 顺时针旋转，则透射光将持续增加，直到其透光轴平行于 x 轴；如果 P_2 继续旋转，则透射光将变小，直到其透光轴平行于 y 轴，在这个位置，透射光强几乎为零。如果继续旋转，在回到原来位置的过程中，其透射光光

强再经历一次极大值和极小值。

图22.7中,当两偏振片取向相对位置不同时,我们看到光透过它们的实际照片。图22.7(a)是两偏振片相互平行,因此几乎所有光的能量都可以透过。图22.7(b)中两偏振片取向之间成45°角,则约50%的光透过,这是由于马吕斯定律 $I=I_0\cos^2 45°=\frac{1}{2}I_0$。图22.7(c)中两偏振片取向相互垂直(注意偏振片边角上圆点的位置),几乎没有光透过,因为 $I=I_0\cos^2 90°=0$。

22.3 偏振光的产生 目标1

本节将讨论产生线偏振光波的各种方法。

22.3.1 线栅起偏器与偏振片

线栅起偏器的工作原理可能是最容易理解的。它实质上是由大量相互平行的细铜线组成的,如图22.8所示。当一束非偏振电磁波入射到这种起偏器上时,电场矢量沿细铜线长度方向的分量被吸收了,这是由于电场的这一分量对铜线中的电子做功,电场的能量变成金属丝的焦耳热消耗掉了。另一方面,(既然假定金属丝是非常细的)电场矢量沿 x 轴方向的分量没有受到很大的衰减就通过去,因此透射波是线偏振的,且电场矢量沿 x 轴方向。然而,为了使这个系统有效地起到起偏器的作用(亦即使 E_y 分量几乎完全衰减),金属丝的间隔应当小于 λ。显然,对于波长为3cm的微波,制造这样的起偏器是相对容易的,因为其细线间隔应能够达到小于3cm。另一方面,由于光波波长很短(约0.5μm),要制造间隔小于0.5μm的线栅起偏器是非常困难的。尽管这样,伯德(Bird)和帕里什(Parrish)成功地在1in的范围内放入了三万根线。进一步的细节可以参见文献[22.1]和文献[22.2]。制作这种线栅的细节在文献[22.1]中有讨论。伯德和帕里什最初的工作发表于1960年(见参考文献[22.2])。

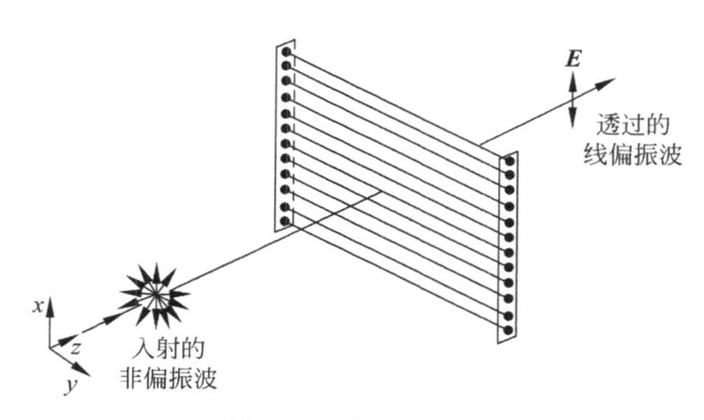

图22.8 线栅起偏器

正如已经指出的,制作对可见光十分有效的线栅起偏器是十分困难的。但是,除了使用细长的线栅,可以利用长链聚合物分子材料,这些分子由在长链方向具有很高电导率的原子(如碘)组成。这些长链分子被排列得几乎相互平行。因为碘原子的高电导率,平行于分子链的电场将被吸收。一片包含这种长链聚合分子(它们几乎相互平行排列)的薄片称为偏振片。当光束入射到这种偏振片上时,(相互平行的长链)分子由于碘原子提供的高电导率吸收了平行于分子链方向的电场分量,而垂直于分子链方向的电场分量则可以通过。所以这种导电分子链就如同线栅起偏器中的线栅一样,而且由于分子链之间的距离与光波长相比足够小,所以这种偏振片用于产生偏振光十分有效。将这种导电的长分子链规则排列并不十分困难,制作这种偏振片的实验细节可参见文献[22.1]。

22.3.2　反射产生偏振光

考虑一束平面电磁波入射到电介质上,我们假设与入射波相联系的电矢量方向位于入射面内,如图 22.9(a)所示。在 24.2 节中将会证明,当入射角为

$$\theta=\theta_{\mathrm{p}}=\arctan\left(\frac{n_2}{n_1}\right) \tag{22.10}$$

时,反射率为零。这样,当一束非偏振光以这个角度入射时,反射光将是线偏振光,且其电矢量方向垂直于入射面,如图 22.9(b)所示。式(22.10)被称为布儒斯特定律,且当以这个角度入射时,反射光线方向与透射光线方向互相垂直;角 θ_{p} 叫做起偏角或布儒斯特角。

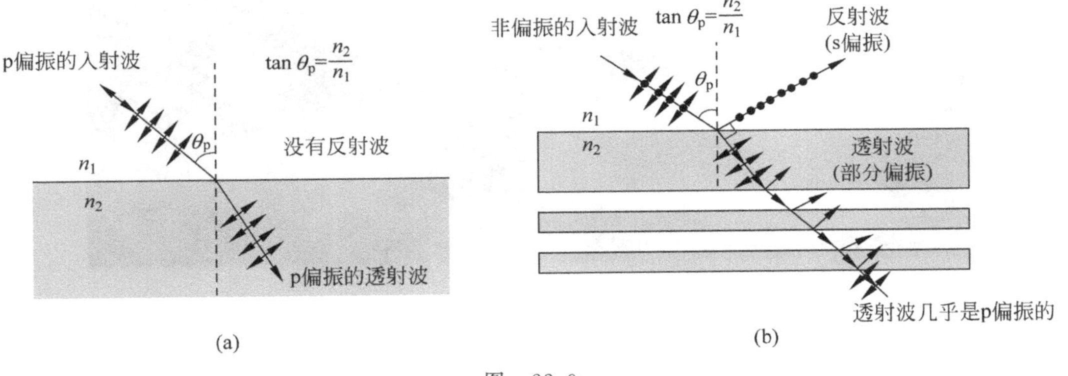

图　22.9

(a) 若一束 p 偏振光(E 位于入射平面内)以入射角 $\theta_{\mathrm{p}}(=\arctan n_2/n_1)$入射到两介质的交界面,则其反射率为零;(b) 如果非偏振光以这个角度入射,则反射光为线偏振光,且它的电矢量垂直于入射面,界面的透射光为部分偏振光;如果光束经历了多次反射,则最终的透射光几乎是电矢量处于入射面的线偏振光

(能够买到的)偏振太阳镜可以过滤掉入射光的水平偏振分量而只让垂直偏振分量通过(如图 22.10(a)所示)。对于空气和水的界面,$n_1=1$,$n_2=1.33$,起偏角 $\theta_{\mathrm{p}}=53°$。这样,当太阳光以接近于起偏角的角度入射到海平面时,反射光将几乎是线偏振的(如图 22.10(b)所示)。如果我们戴上这种偏振太阳镜,可以避免太阳光因水面反射而引起的炫目强光进入眼睛,这就是渔民经常戴偏振太阳镜的原因。他们戴上偏振太阳镜后,可以避免反射的炫目光而看到水面下的鱼群。图 22.11(a)显示利用普通玻璃镜头拍摄的路面情况。如果利用偏振透镜拍摄路面,路面的炫光将会明显减弱,如图 22.11(b)所示。图 22.12 显示太阳光以接近起偏角的方向透射在水面上,其反射光几乎是水平线偏振的。若偏振片允许反射光(几乎是水平线偏振的)通过,我们看到了水面上的炫光,如图 22.12(a)所示。用一个透光方向是竖直的偏振片可以屏蔽掉反射的炫光,然后人们能够看到水面下的情景,如图 22.12(b)所示。

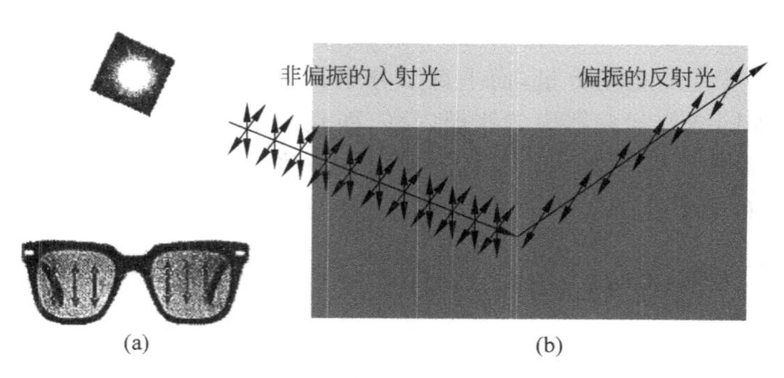

图　22.10

(a) 一个(可以买到的)偏振太阳镜阻挡掉太阳光的水平分量,只让垂直分量透过;(b) 当太阳光以接近布儒斯特角投射到水面上时,则反射光几乎是水平线偏振的。如果戴上偏振太阳镜,将看不到由水面反射形成的炫光。渔民通常使用偏振太阳镜避免水面反射的炫光,从而更清楚地观察水下的鱼群

请扫 1 页二维码看彩图

图　22.11

(a) 利用普通玻璃镜头拍摄的路面照片;(b) 如果利用偏振透镜拍摄路面,路面的炫光将会明显减弱。图片引自 http://www.esaver.com.my/index.php? option=com_content&view=article&id=95&Itemid=220

请扫 1 页二维码看彩图

图 22.12　当太阳光以接近于起偏振角的角度入射到水面时,反射光将几乎是水平线偏振光

(a) 若偏振片允许反射光(几乎是水平线偏振的)通过,我们看到了水面上的炫光;(b) 用一个透光方向竖直的偏振片可以屏蔽掉反射的炫光,然后人们能看到水面下的情景。图片引自 http://polarization.com/water/water.html。图片由阿尔科(J. Alcoz)博士友情提供

请扫 1 页二维码看彩图

22.3.3　双折射产生偏振光

在 22.5 节和 22.12 节中，将讨论双折射的现象，并证明当一束非偏振光入射到一个如方解石这样的各向异性晶体中时，会分为两束线偏振光(如图 22.13 所示)，若通过某些方法消除其中的一束光，我们就能得到一束线偏振光了。

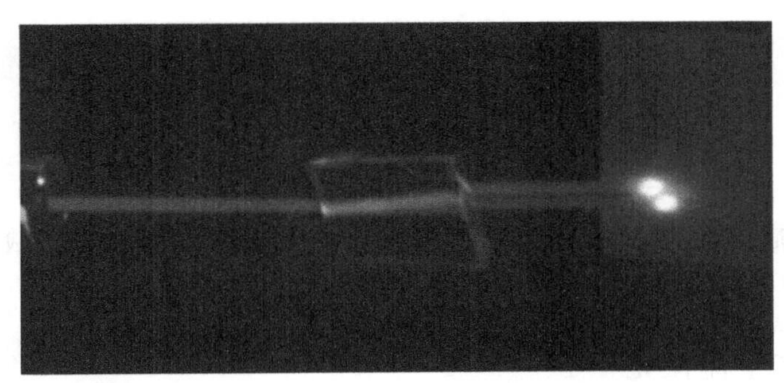

图 22.13　当一束非偏振光正入射到一块方解石晶体上时，通常会分成两束线偏振光。图片由拉克什米纳拉亚南(V. Lakshminarayanan)教授友情提供

请扫 1 页二维码看彩图

一个简单的消除其中一个光束的方法是利用选择性吸收；这种选择性吸收特性称作二向色性。像电气石这样的晶体对于一束入射光分解的两束线偏振光分量具有不同的吸收系数。所以，一个分量的光被迅速吸收而另一个分量的光则可以没有过多衰减地通过。因此，如果一束非偏振光通过一个电气石晶体后，其透射光将几乎成为线偏振光(如图 22.14 所示)。

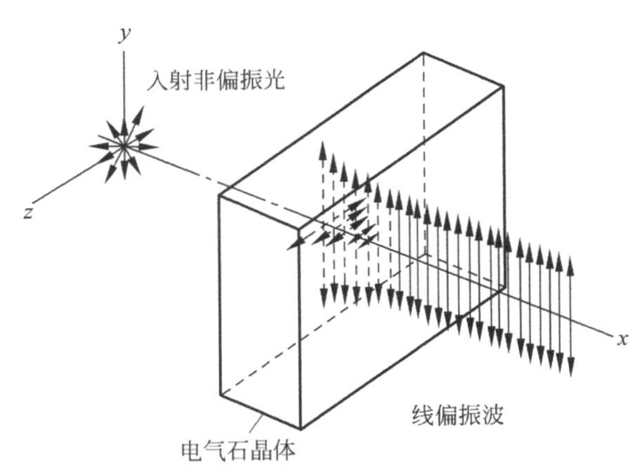

图 22.14　当非偏振光入射到如电气石这样的二色性晶体时，将会分为两个线偏振分量，其中一个分量的光被快速吸收，而另一分量的光则可以没有过多衰减地通过(图片来自参考文献[22.3]，获得了使用许可)

另一种消除其中一束偏振光的方法是通过晶体中的全反射。我们将在 22.5 节和 22.12 节中证明，在晶体中两束光具有不同的折射率。如果可以在晶体中夹一个材料夹层，其折射率介于上述两束光不同的折射率之间，那么光束在晶体中入射这个材料夹层，对于其中一束光来说，将是从光疏介质到光密介质的入射，而对另一束光来说，将是从光密介质到光疏介质的入射(在一定角度下可以发生全发射)。这种原理被用在了尼科耳棱镜的设计中，尼科

耳棱镜是由一块方解石晶体切割而成的，对于方解石中的一束光来说，其中间的夹层材料是光疏介质，设计切割方向，使光束的入射角略大于全反射临界角。因此，这束特定的光束可以通过全反射被消除掉。图22.15展示了以适当的方式切割的方解石晶体，两块切开的晶体之间用加拿大树胶粘合起来，其中让寻常光分量经历全反射，而让非常光分量可以通过，其透射出晶体的光成为线偏振光。

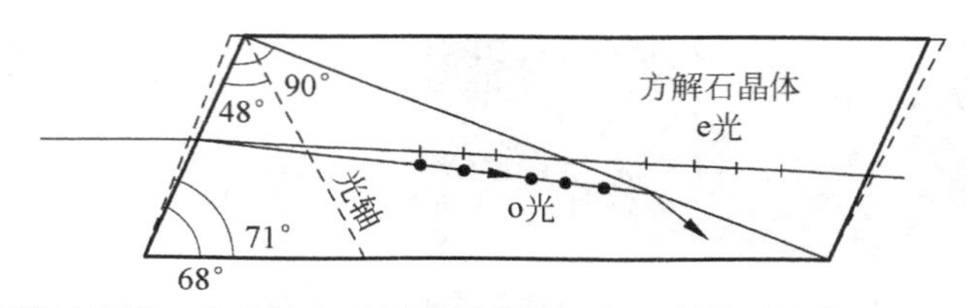

图22.15　尼科耳棱镜。虚框线表示原来天然的方解石晶体的形状，被切割成如图样子，使寻常光在加拿大树胶夹层处经历全反射

22.3.4　散射产生偏振光

若一束非偏振光照射到气体上，则相对于入射光成90°的散射光将成为线偏振光。可以从下面的事实加以说明，经散射并在 y 方向传播的波是由散射分子电偶极振荡在 x 方向的分量产生的(如图22.16所示)。而散射分子电偶极振荡在 y 方向的分量将不会产生 y 方向传播的波(见23.5节)。实际上，正是通过散射实验，巴克拉(Charles Glover Barkla)才能够建立X射线的横波特性图像。很显然，如果入射光是 x 方向线偏振的(波的电矢量沿 x 方向)，则在 x 轴方向不会有散射光。这样，可以通过进一步的散射实验对散射光进行分析(如图22.16(b)所示)。

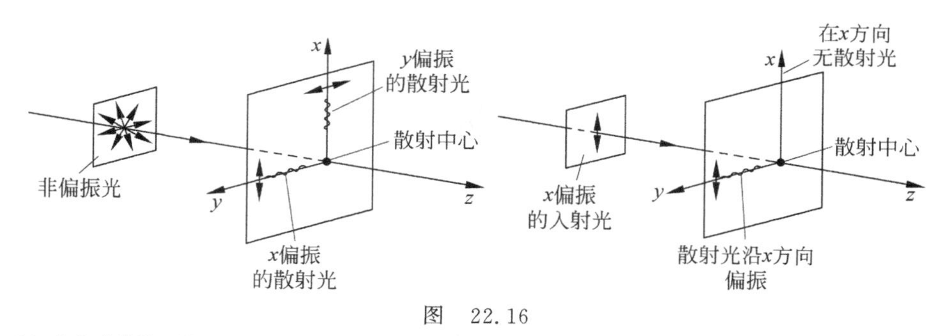

图　22.16

(a) 若电磁波沿 z 轴方向传播，则在垂直 z 轴的任意方向的散射波为线偏振波；(b) 如果一束线偏振波(其电场 $\boldsymbol{E}$ 沿 x 方向振动)入射到作为散射中心的电偶极子，则在 x 方向没有散射波

正如7.6节讨论的那样，天空呈蓝色正是由地球的大气层分子对于太阳光的瑞利散射造成的。当太阳就要落山时，如果我们竖直仰望天空，光是高度偏振的，因为此时的散射角几乎是90°。如果我们用一个偏振片旋转观察(正上方的)蓝天，将发现透射光强随角度变化显著。

22.4　两个矢量波动的叠加　　目标2

我们考虑同时传播的两列线偏振电磁波(均沿 z 轴传播)，它们的电矢量均沿 x 轴方向振动。两列波的电场可以分别写成

$$\boldsymbol{E}_1 = \hat{\boldsymbol{x}} a_1 \cos(kz - \omega t + \theta_1) \tag{22.11}$$

$$\boldsymbol{E}_2 = \hat{\boldsymbol{x}} a_2 \cos(kz - \omega t + \theta_2) \tag{22.12}$$

式中 a_1 和 a_2 分别表示两列波的振幅；$\hat{\boldsymbol{x}}$ 表示 x 轴方向的单位矢量；θ_1 和 θ_2 表示相位常数。两波叠加的合成波为

$$\boldsymbol{E} = \boldsymbol{E}_1 + \boldsymbol{E}_2 \tag{22.13}$$

$\boldsymbol{E}$ 总可以写作

$$\boldsymbol{E} = \hat{\boldsymbol{x}} a \cos(kz - \omega t + \theta) \tag{22.14}$$

式中

$$a = [a_1^2 + a_2^2 + 2a_1 a_2 \cos(\theta_1 - \theta_2)]^{1/2} \tag{22.15}$$

代表合成波的振幅。式(22.14)表明叠加后的合成波依然是线偏振波，而且其电矢量沿着相同的方向振动。

接下来考虑两列线偏振波(均沿 z 轴传播)的叠加，它们的电矢量分别沿两相互垂直的方向。因此，有

$$\boldsymbol{E}_1 = \hat{\boldsymbol{x}} a \cos(kz - \omega t) \tag{22.16}$$

$$\boldsymbol{E}_2 = \hat{\boldsymbol{y}} b \cos(kz - \omega t + \theta) \tag{22.17}$$

当 $\theta = m\pi$ 时($m=0,\pm1,\pm2,\cdots$)，叠加后的合成波也为线偏振波，电场矢量沿着与 x 轴成特定夹角的方向振动。这个夹角由 a 与 b 的相对值决定。

为了确定合成波的偏振态，我们考虑在任意一个垂直于 z 轴的平面内合成电场强度的时变情况，不失一般性，我们假设该平面位于 $z=0$。若 E_x 和 E_y 表示合成电场强度 $\boldsymbol{E}(=\boldsymbol{E}_1+\boldsymbol{E}_2)$ 的 x 和 y 分量，则有

$$E_x = a\cos\omega t \tag{22.18}$$

$$E_y = b\cos(\omega t - \theta) \tag{22.19}$$

其中应用了式(22.16)和式(22.17)，且取 $z=0$。当 $\theta = m\pi$ 时，上式化简为

$$E_x = a\cos\omega t,\quad E_y = (-1)^m b\cos\omega t \tag{22.20}$$

由此得到

$$\frac{E_y}{E_x} = \pm\frac{a}{b}\quad(\text{与 } t \text{ 无关}) \tag{22.21}$$

式中的正负号由 m 的奇偶决定(偶为正，奇为负)。在 E_x-E_y 平面内，式(22.21)代表一直线；这条线与 y 轴的夹角 ϕ 由下式决定：

$$\phi = \arctan\left(\pm\frac{a}{b}\right) \tag{22.22}$$

条件 $\theta = m\pi$ 表明，两个振动同相($m=0,\pm2,\pm4,\cdots$)或反相($m=\pm1,\pm3,\pm5,\cdots$)。由此，两列同相(或者反相)且电场矢量相互垂直的线偏振波叠加后的合成波还是一个线偏振波，其电场矢量的振动方向一般而言与参与叠加的两线偏振波电场的振动方向都不同。图 22.17 画出了 a/b 取不同值时，由式(22.20)决定的合成波电场矢量的情况。电矢量的末端(角频率为 ω)沿图中的粗线振动。直线的方程由式(22.21)决定。

当 $\theta \neq m\pi$ 时，一般而言，合成波的电矢量不再沿直线振动。我们将用几个例子来说明。

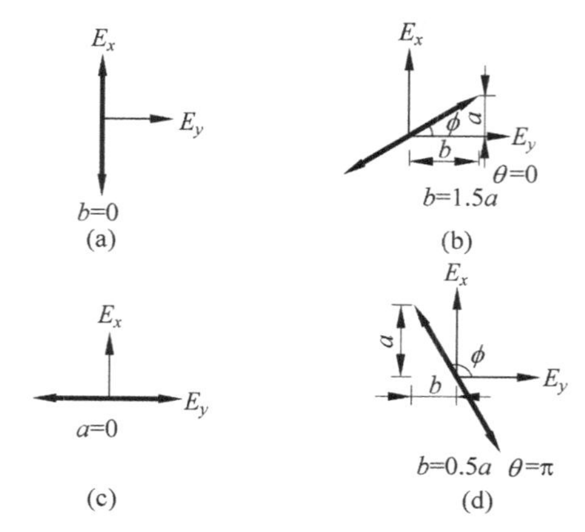

图 22.17 两列线偏振波的叠加,它们的电场沿着 x 轴方向和 y 轴方向的振动同相(b)或者反相(d),叠加后的合成波也是线偏振波

例 22.1 首先考虑 $\theta=\pi/2$ 且 $a=b$ 的简单情况。由此得

$$E_x=a\cos\omega t \tag{22.23}$$

$$E_y=a\sin\omega t \tag{22.24}$$

$$t=0,\quad E_x=a,\quad E_y=0$$

$$t=\frac{\pi}{2\omega},\quad E_x=0,\quad E_y=a$$

$$t=\frac{\pi}{\omega},\quad E_x=-a,\quad E_y=0$$

$$t=\frac{3\pi}{2\omega},\quad E_x=0,\quad E_y=-a$$

$$t=\frac{2\pi}{\omega},\frac{4\pi}{\omega},\frac{6\pi}{\omega},\cdots,\quad E_x=a,\quad E_y=0$$

这样,如果画出 x 分量和 y 分量分别由式(22.23)和式(22.24)给出的合成电矢量,发现电矢量的末端将在一个(半径为 a 的)圆周上顺时针旋转(如图 22.18(a)和图 22.19(c)所示),波的传播方向 $+z$ 是垂直于纸面向内的。这样的波称为右旋圆偏振(right circularly polarized,RCP)波。这里对于左旋和右旋圆偏振光的规定与费恩曼物理学讲义(文献[22.4])中的规定是一致的,然而在其他一些书中,左旋和右旋的规定恰好相反①。如果将式(22.23)和式(22.24)平方后再相加,就会明显看出合成波的电矢量位于一个圆周之上:

$$E_x^2+E_y^2=a^2\quad(\text{与 }t\text{ 无关})$$

这个公式表示一个圆周。

例 22.2 假定 $b=a,\theta=\frac{3\pi}{2}$,则

$$E_x=a\cos\omega t,\quad E_y=-a\sin\omega t$$

与例 22.1 一样,将在不同时刻考察 E_x 和 E_y。发现再次得到一个圆偏振的波,然而这

① 这里右旋和左旋的规定相当于顺着 z 轴看去,电矢量顺时针旋转为右旋,逆时针旋转为左旋。国内的教材一般对于左旋和右旋的规定恰好相反,逆着 z 轴看去,电矢量顺时针旋转时为右旋,逆时针旋转时为左旋。——译者注

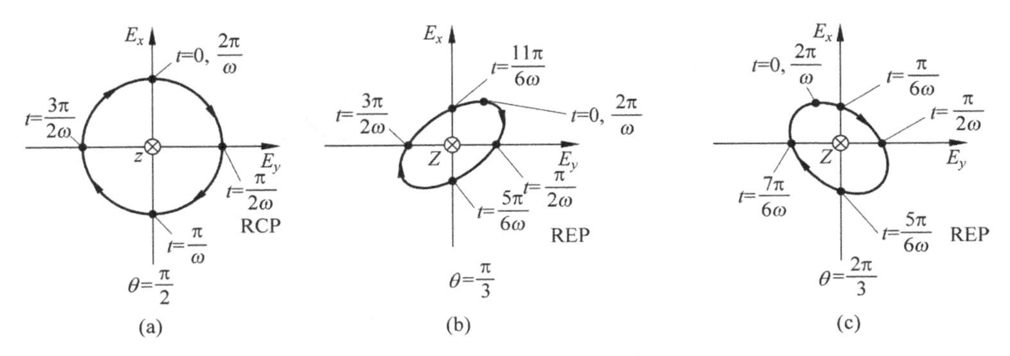

图 22.18　对应于相位角(a)$\theta=\frac{\pi}{2}$,(b)$\theta=\frac{\pi}{3}$和(c)$\theta=\frac{2\pi}{3}$,在不同时刻电矢量的位置。波传播方向沿$+z$方向

一次,电矢量是逆时针方向偏振的(如图 22.19(g)所示),这样的偏振波称为左旋圆偏振(left circularly polarized,LCP)波。

对于$\theta\neq m\pi/2$的情况($m=0,1,2,\cdots$),电场矢量的末端在一个椭圆周上转动。图 22.19 给出不同θ值对应的电矢量末端的旋转情况,这里已经假定$b=a$。正如图中所示,当θ为$\frac{\pi}{2}$的偶数或奇数倍时,椭圆偏振波退化为线偏振或圆偏振波。

例 22.3　假定$b=a,\theta=\frac{\pi}{3}$,则

$$E_x=a\cos\omega t,\quad E_y=a\cos\left(\omega t-\frac{\pi}{3}\right)$$

$$t=0,\quad E_x=a,\quad E_y=\frac{1}{2}a$$

$$t=\frac{\pi}{3\omega},\quad E_x=\frac{1}{2}a,\quad E_y=a$$

$$t=\frac{\pi}{2\omega},\quad E_x=0,\quad E_y=\frac{\sqrt{3}}{2}a$$

$$t=\frac{\pi}{\omega},\quad E_x=-a,\quad E_y=-\frac{1}{2}a$$

$$\cdots$$

电矢量的末端将在一椭圆周上顺时针旋转(如图 22.18(b)和图 22.19(b)所示),这样的偏振波称为右旋椭圆偏振(right elliptically polarized,REP)波。

例 22.4　假定$b=a,\theta=\frac{2\pi}{3}$,则

$$E_x=a\cos\omega t,\quad E_y=a\cos\left(\omega t-\frac{2\pi}{3}\right)$$

如果画出不同时刻E_x和E_y的值,将发现其电矢量在一个椭圆周上顺时针旋转(如图 22.18(c)和图 22.19(d)所示),这样再一次得到一个右旋椭圆偏振波。

在例 22.3 和例 22.4 中,椭圆长轴(或者短轴)与y轴夹角为45°,这是由于$b=a$(参见式(22.35))。一般情况下,$b\neq a$,会得到一个椭圆长轴与y轴成不同角度的椭圆(参见

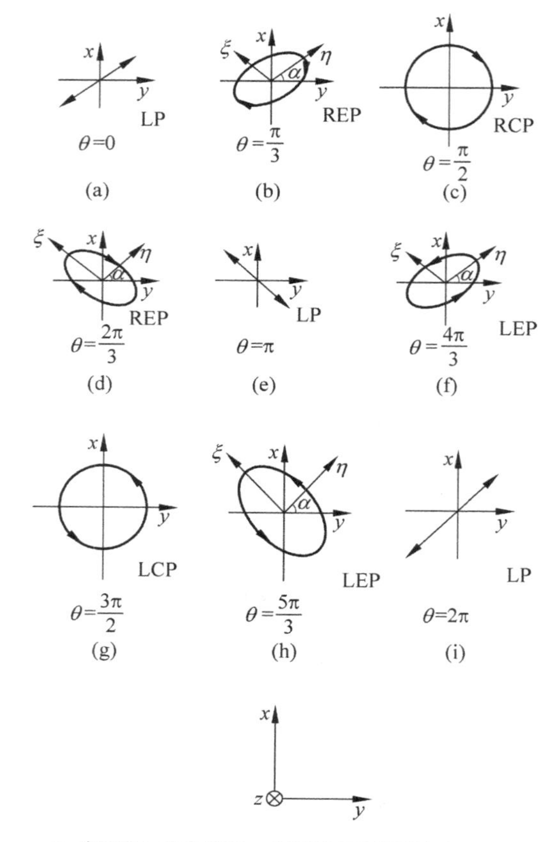

图 22.19　当 $a=b$ 情况下，θ 取不同值时的偏振态(参阅式(22.18)和式(22.19))。例如，图中(c)和(g)分别表示右旋和左旋圆偏振光；类似地，(b)和(d)表示右旋椭圆偏振光(REP)，(f)和(h)表示左旋椭圆偏振光(LEP)。波传播方向 $+z$ 垂直纸面指向纸内

式(22.35))。当 $\theta=0,\pi,2\pi,\cdots$ 时，这个椭圆退化为线偏振光。我们将在下面进行数学分析。

回顾一下，正如22.1节中讨论过的，若上下移动拉紧的弦，将产生一线偏振波，其位移限制在竖直平面内。类似地，也可以产生一位移限制在水平面内的线偏振波。进一步，我们可以将弦的一端在一个圆周(或椭圆周)上旋转，用来产生圆偏振波(或椭圆偏振波)(参见图22.2(b))。对于这种波，弦上的质元实际上在圆周(或椭圆周)上移动。而另一方面，对于一个椭圆偏振的电磁波来说，是其电场(或者磁场)在一个特定点改变它的大小和方向。这种电场的存在可以通过它与带电粒子的相互作用而感受到。特别地，对于圆偏振电磁波来说，其电场的大小保持不变，而场的方向以角频率 ω 变化。另一方面，对于线偏振电磁波，电场的方向不变，而场的大小在零值附近以角频率 ω 振荡。

偏振态的数学分析

在本节中，我们将证明式(22.18)和式(22.19)代表椭圆偏振波。重写式(22.18)和式(22.19)，得

$$E_x = a\cos\omega t$$

$$E_y = b\cos(\omega t - \theta)$$

假设椭圆的主轴沿着 ξ 轴或 η 轴，而且 η 轴与 y 轴成 α 角(如图 22.19(b)所示)，即

$$E_\xi = E_1\cos(\omega t - \phi) \tag{22.25}$$

$$E_\eta = E_2\sin(\omega t - \phi) \tag{22.26}$$

很显然，有

$$\left(\frac{E_\xi}{E_1}\right)^2 + \left(\frac{E_\eta}{E_2}\right)^2 = 1 \tag{22.27}$$

上式是一椭圆方程。现在，对于旋转的坐标系，有

$$E_\xi = E_x\cos\alpha - E_y\sin\alpha \tag{22.28}$$

$$E_\eta = E_x\sin\alpha + E_y\cos\alpha \tag{22.29}$$

将式(22.18)、式(22.19)、式(22.25)、式(22.26)代入式(22.28)和式(22.29)，得到

$$E_1\cos(\omega t - \phi) = a\cos\omega t\cos\alpha - b\cos(\omega t - \theta)\sin\alpha$$

$$E_2\sin(\omega t - \phi) = a\cos\omega t\sin\alpha + b\cos(\omega t - \theta)\cos\alpha$$

上式在任何时候均需成立。由此，使方程两边 $\cos\omega t$ 与 $\sin\omega t$ 的系数相等，得到

$$E_1\cos\phi = a\cos\alpha - b\cos\theta\sin\alpha \tag{22.30}$$

$$E_1\sin\phi = -b\sin\theta\sin\alpha \tag{22.31}$$

$$-E_2\sin\phi = a\sin\alpha + b\cos\theta\cos\alpha \tag{22.32}$$

$$E_2\cos\phi = +b\sin\theta\cos\alpha \tag{22.33}$$

若使上面四个方程平方并相加，则有

$$E_1^2 + E_2^2 = a^2 + b^2$$

这个结果正是所期待的，因为两束波的总强度应该相等。进一步，将式(22.30)除以式(22.33)，式(22.31)除以式(22.32)，得

$$\frac{E_1}{E_2} = \frac{a\cos\alpha - b\cos\theta\sin\alpha}{b\sin\theta\cos\alpha} = \frac{b\sin\theta\sin\alpha}{a\sin\alpha + b\cos\theta\cos\alpha} \tag{22.34}$$

因此

$$a^2\sin\alpha\cos\alpha - b^2\cos^2\theta\sin\alpha\cos\alpha + ab\cos\theta(\cos^2\alpha - \sin^2\alpha) = b^2\sin^2\theta\sin\alpha\cos\alpha$$

简化后可得

$$\tan 2\alpha = \frac{2ab\cos\theta}{b^2 - a^2} \tag{22.35}$$

例 22.5　假定 $b = a$，因此 $2\alpha = \pi/2 \Rightarrow \alpha = \pi/4$，意味着椭圆长轴(或者短轴)与 y 轴夹角为 45°(如图 22.19(b)所示)。进一步，有

$$\frac{E_1}{E_2} = \frac{1-\cos\theta}{\sin\theta} = \tan\frac{\theta}{2}$$

因此，对于 $b = a$，且对于

$$\theta = \frac{\pi}{3}, \frac{\pi}{2}, \frac{2\pi}{3}, \frac{4\pi}{3}, \frac{3\pi}{2}, \frac{5\pi}{3}$$

将分别得到

$$\frac{E_1}{E_2} = +0.577, 1, 1.732, -1.732, -1, -0.577$$

分别对应于REP、RCP、REP、LEP、LCP和LEP,如图22.19所示。例如,对于$\theta=\pi/3$,得到

$$E_x=a\cos(\omega t),\quad E_y=a\cos(\omega t-\pi/3)$$

正如22.1节讨论的,得到一个右旋椭圆偏振波,如图22.18(b)和图22.19(b)所示。根据式(22.30)和式(22.31)(或者式(22.32)和式(22.33)),得到

$$\tan\phi=-\frac{1+\cos\theta}{\sin\theta}=-\cot\frac{\theta}{2}\Rightarrow\phi=-\frac{\pi}{2}+\frac{\theta}{2}$$

其中用到了条件$\cos\phi$为正以及$\sin\phi$为负(参见式(22.30)和式(22.31))。这样,在旋转的坐标系中,有

$$E_\xi=-E_1\sin\left(\omega t-\frac{\pi}{6}\right),\quad E_\eta=1.733E_1\cos\left(\omega t-\frac{\pi}{6}\right)$$

22.5 双折射现象　　目标3

当一束非偏振光正入射到方解石晶体表面时,将分为两束线偏振光(如图22.13和图22.20(a)所示)。传播方向不改变的光束称为寻常光(一般简写为o光),它遵循斯涅耳定律。另一方面,第二束光一般不遵循斯涅耳定律,称为非(寻)常光(一般简写为e光)。双折射现象导致了折射时出现两束光。像方解石这样的晶体一般称为双折射晶体。若我们在方解石晶体后面放置一个偏振片PP'并(绕NN'轴)旋转,则偏振片在两个位置(当透光轴垂直于纸平面时)能使e光完全被阻挡,只有o光通过。另一方面,当透光轴在纸平面内(即沿着直线PP'方向)时,o光将被完全阻挡,只有e光通过。另外,若我们绕NN'轴旋转晶体,则透过的e光将绕着NN'轴旋转(如图22.20(b)所示)。图22.21显示透过一个像方解石一样的晶体,可以看到两个像。当绕其竖直轴旋转晶体时,其中一个像固定不动,而另一个像将随晶体的旋转而转动。

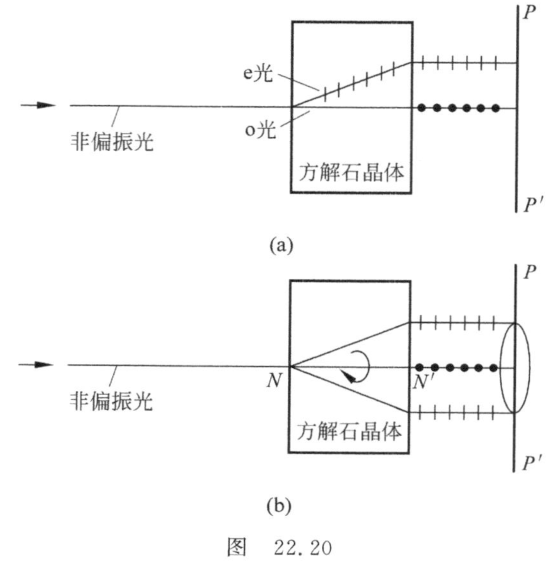

图　22.20

(a) 当非偏振光正入射到方解石晶体,一般分为两束线偏振光;(b) 若绕NN'轴旋转晶体,则e光也将绕着NN'轴旋转

图 22.21　经过一块方解石晶体，印刷体文字显示双像。其中非常光束与寻常光束有一定偏离，且可以绕其转动。图片由 V. Lakshminarayanan 教授友情提供

请扫 1 页二维码看彩图

在 22.13 节将证明寻常光在所有方向传播时速度都是相同的，而非常光的速度在不同方向是不同的。这种在不同方向表现出不同性质的物质（像方解石、石英）叫做各向异性物质。沿着晶体某些特定的方向（在晶体内是固定的），两束光的速度是相同的，这个方向叫做晶体的光轴。对于方解石等晶体，两束光只有沿着唯一的方向（即光轴方向）才会速度相等，这种晶体称为单轴晶体①。寻常光和非常光的传播速度可由下式表示（还可以参见式（22.120）和式（22.123））：

$$v_{ro}=\frac{c}{n_o}\quad（寻常光）\tag{22.36}$$

$$\frac{1}{v_{re}^2}=\frac{\sin^2\theta}{(c/n_e)^2}+\frac{\cos^2\theta}{(c/n_o)^2}\quad（非常光）\tag{22.37}$$

式中 n_o 与 n_e 为晶体的常数，θ 为光束与光轴的夹角，假设光轴与 z 轴平行。由此，c/n_o 与 c/n_e 分别为非常光沿着光轴方向和垂直于光轴方向传播时的速度。现在，（在 z-x 平面）有椭圆方程

$$\frac{z^2}{a^2}+\frac{x^2}{b^2}=1\tag{22.38}$$

若(ρ,θ)表示极坐标，则 $z=\rho\cos\theta$，$x=\rho\sin\theta$，上述椭圆方程可写作

$$\frac{1}{\rho^2}=\frac{\cos^2\theta}{a^2}+\frac{\sin^2\theta}{b^2}\tag{22.39}$$

在三维空间，上述方程代表一个绕光轴旋转而成的旋转椭球面（如果一个圆绕其直径旋转，可以得到一个球面；而一个椭圆绕其长轴（或者短轴）旋转，就得到一个旋转椭球面）。因此，如果画出 v_{re} 作为 θ 函数的变化曲面，将得到一个非常光速度的旋转椭球面；另一方面，因为 v_{ro} 与 θ 无关，如果画出 v_{ro} 作为 θ 函数的变化曲面，将得到一个寻常光速度的球面。沿着光轴方向，即 $\theta=0$，且

$$v_{ro}=v_{re}=\frac{c}{n_o}$$

---

① 对于一般的晶体，晶体内存在两个方向，两束光沿这两个方向传播时有相同的速度。这种晶体称为双轴晶体。关于双轴晶体的分析相当复杂，有兴趣的读者请参见文献[22.5]和文献[22.6]。

接下来考虑垂直光轴时的 v_{re} 值情况(即 $\theta=\pi/2$)。对于负晶体,$n_e<n_o$,且

$$v_{re}\left(\theta=\frac{\pi}{2}\right)=\frac{c}{n_e}>v_{ro} \tag{22.40}$$

因此,非常光速度旋转椭球面的短轴将沿着光轴方向且其旋转椭球面位于寻常光速度的球面的外面(如图 22.22(a)所示)。另一方面,对正晶体,$n_e>n_o$,且

$$v_{re}\left(\theta=\frac{\pi}{2}\right)=\frac{c}{n_e}<v_{ro} \tag{22.41}$$

正晶体非常光速度旋转椭球面的长轴将沿着光轴方向,且其旋转椭球面位于寻常光速度的球面的内部(如图 22.22(b)所示)。上面提到的旋转椭球面与球面称为射线速度面(简称射线面)。

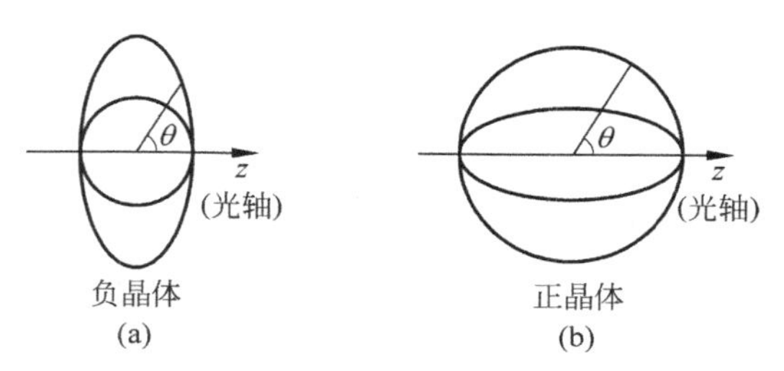

图 22.22

(a) 对于负晶体,旋转椭球面(对应于非常光)位于球面外,球面对应于寻常光;
(b) 对于正晶体,旋转椭球面(对应于非常光)位于球面内,球面对应于寻常光

接下来考虑一非偏振的平面波入射到方解石晶体上的情况。该平面波将分为两束平面波,一束为寻常光,另一束为非常光。对于这两束光,电磁矢量 $\boldsymbol{E}$、$\boldsymbol{D}$、$\boldsymbol{B}$ 与 $\boldsymbol{H}$ 随时间和空间的变化部分可以假定具有如下形式:

$$\mathrm{e}^{\mathrm{i}(\boldsymbol{k}\cdot\boldsymbol{r}-\omega t)}$$

式中 $\boldsymbol{k}$ 为传播矢量(也称波矢量),代表等相面的法线方向。一般情况,o 光和 e 光的 $\boldsymbol{k}$ 矢量有所不同。在 22.12 节,我们将证明如下性质:

(1) 寻常光和非常光均为线偏振光。

(2) 对寻常光和非常光,均有

$$\boldsymbol{D}\cdot\boldsymbol{k}=0 \tag{22.42}$$

由此 $\boldsymbol{D}$ 总是与 $\boldsymbol{k}$ 垂直,因为这个原因,$\boldsymbol{D}$ 被选为“振动”的方向。

(3) 若我们假设选择 z 轴与光轴平行,对于 o 光,则有

$$\boldsymbol{D}\cdot\hat{z}=0(\text{且有 }\boldsymbol{D}\cdot\boldsymbol{k}=0) \tag{22.43}$$

由此,对于 o 光,$\boldsymbol{D}$ 矢量既与光轴垂直,又与 $\boldsymbol{k}$ 垂直。

(4) 另一方面,对于 e 光,$\boldsymbol{D}$ 矢量位于 $\boldsymbol{k}$ 矢量与光轴组成的平面内,当然也有

$$\boldsymbol{D}\cdot\boldsymbol{k}=0 \tag{22.44}$$

利用上面给出的单轴晶体双折射的性质小结,我们将考察平面电磁波入射到如方解石这样的负晶体时的折射情况;类似的分析可以应用到正晶体上。

22.5.1 正入射

首先假设一束平面波正入射到单轴晶体上,如图 22.23 所示。不失一般性,总是选择光

轴位于纸平面内。图 22.23 中的虚线表示光轴的方向。为了确定寻常光线，我们画出一个以 B 为圆心，半径为 c/n_o 的球面。类似地，可以以 D 为圆心(用相同的半径)画出另一个球面。两个球面共同的切面为 OO'，代表寻常折射光的波前。需要注意的是，图中的点表示“振动”的方向(即 $\boldsymbol{D}$ 的方向)，它垂直于 $\boldsymbol{k}$ 和光轴(参见式(22.43))。

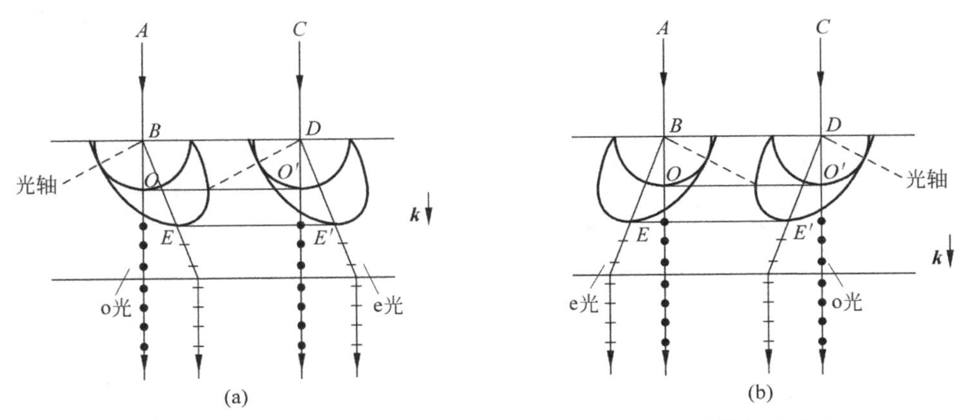

图 22.23　平面波正入射到一负晶体上产生的折射情况，光轴沿虚线方向

为了确定非常光的传播方向，(以 B 为中心)画一个椭圆，其短轴($=c/n_o$)沿光轴方向，其长轴等于 c/n_e。绕光轴旋转这个椭圆就可以得到旋转椭球面。类似地，我们以 D 为中心画出另一个椭圆。共同的切面(垂直于 $\boldsymbol{k}$)为 EE'，如图 22.23 所示。如果连接点 B 到切点 O，则对应于入射光线 AB，寻常光线将沿着 BO 方向传播。类似地，如果连接点 B 到切点 E(切面与旋转椭球面的交点 E、E'之一点)，则对应于入射光线 AB，非常光线的传播方向将沿着 BE。

在此应该注意到，o 光和 e 光的 $\boldsymbol{k}$ 的方向都相同，即它们都沿着 BO 方向。然而，如果有一束很细的光束如 AB 一样入射，则在寻常光线沿着 BO 传播的同时，非常光将沿着一个不同的方向 BE 传播，如图 22.23(a)所示。显然，如果光轴的方向有所不同(如图 22.23(b)所示)，则尽管寻常光线的方向保持不变，但是非常光线将沿另一个不同的方向传播。因此，如果一束光正入射到方解石晶体，且晶体以法线方向为轴旋转，则光轴和非常光线都将(绕法线方向)沿一圆锥体的边沿旋转。任意时刻，非常光线位于光轴与法线组成的平面内(参见图 22.20(b))。

非常光的折射率(n_{re})将由下式给出：

$$n_{re}=\frac{c}{v_{re}}=\sqrt{n_o^2\cos^2\theta+n_e^2\sin^2\theta} \tag{22.45}$$

如果从式(22.45)出发，并应用费马原理来求出折射光线，其结果将与本节中得到的相同(参见 3.5 节)。

正如前面提到的，寻常光的振动方向与光轴和 $\boldsymbol{k}$ 矢量都垂直。这样，这种情况下振动的方向将垂直于纸平面，用图 22.23 中的点表示。类似地，因为非常光的振动方向垂直于 $\boldsymbol{k}$，并位于非常光与光轴组成的平面内，其振动方向用图 22.23 中在非常光线上所画的短直线表示。由此，入射光入射晶体后将分为两束光，并沿传播方向传播，当它们离开晶体时，我们得到两束线偏振光。

在上面的例子中，假设光轴与界面法线成任意的角度 α。对于特殊的情况 $\alpha=0$ 及 $\alpha=\pi/2$，寻常光和非常光将沿相同的方向传播，如图 22.24(a)～(c)所示。图 22.24(b)对应于光轴与纸面垂直的情况，此时非常光的波前在纸面内的部分为一个圆。另外，寻常光与非常光的传播方向是相同的。需要提示一下，图 22.24(a)与 (b)对应的结构是相同的。在两种情况下，光轴均平行于晶体表面。事实上，两幅图代表同一组球面和椭球面波前的两个不同的截面(从不同方向上看)。

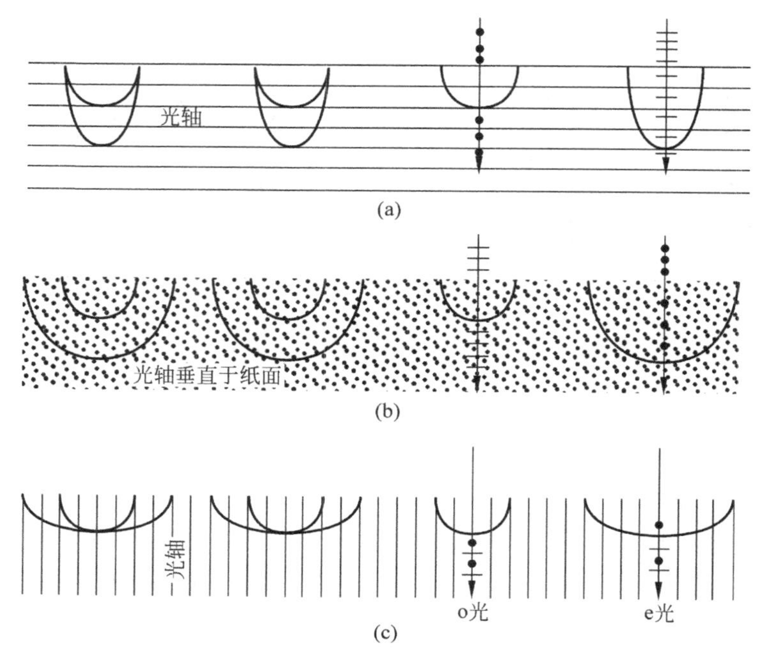

图 22.24　一束平面波正入射到一负单轴晶体。在(a)与(c)中，光轴用平行的长直线表示，而在(b)中，光轴用垂直于纸平面的圆点表示。图中每一种情况，寻常光与非常光均沿相同方向传播

相应于图 22.24(a)和(b)，如果入射光垂直于光轴偏振，则为寻常光，传播速度为 c/n_o。另一方面，如果入射光平行于光轴偏振，则为非常光，传播速度为 c/n_e。在图 22.24(c)中，光轴垂直于晶体表面，则 o 光和 e 光将以相同的速度传播。

要注意，在图 22.24(a)和(b)中，尽管两束光传播方向相同，但是它们的传播速度不同。这种现象应用于四分之一波片和二分之一波片的制造中(参见 22.6 节)。另一方面，图 22.24(c)中的结构，两束光不但传播方向相同，传播速度也相同。

22.5.2　斜入射

接下来考虑一束平面波斜入射到负单轴晶体上的情况(如图 22.25(a)所示)。我们再次使用惠更斯原理来确定折射波波前。令 BD 表示入射波波前。如果扰动从 D 传播到 F 的时间为 t，则以 B 为中心画一个半径为 $(c/n_o)t$ 的球面，以及一个半短轴和半长轴分别为 $(c/n_o)t$ 和 $(c/n_e)t$ 的旋转椭球面，半短轴沿着光轴的方向。从点 F 画 FO 和 FE 分别与球面和旋转椭球面相切。这两个切面分别代表寻常光和非常光的波前。若切点分别为 O 和 E，则寻常光和非常光分别沿 BO 和 BE 方向传播。这个结果同样可以通过费马原理推出

(参见 3.5 节)。这些光线的振动方向在图中分别由点和短线表示，它们的方向是通过前面讨论过的性质小结获得的。对应 $\alpha=0$ 与 $\alpha=\pi/2$ 两种特殊情况时的折射波前的形状可以非常简单地画出来。图 22.25(b)对应于光轴与入射面垂直的情况。此时，两束光的波前在入射面内的截面均为圆形，而且非常光也满足斯涅耳定律，有

$$\frac{\sin i}{\sin r}=n_e \quad (\text{光轴垂直于入射面时，e 光}) \tag{22.46}$$

当然，对于寻常光，总有

$$\frac{\sin i}{\sin r}=n_o \tag{22.47}$$

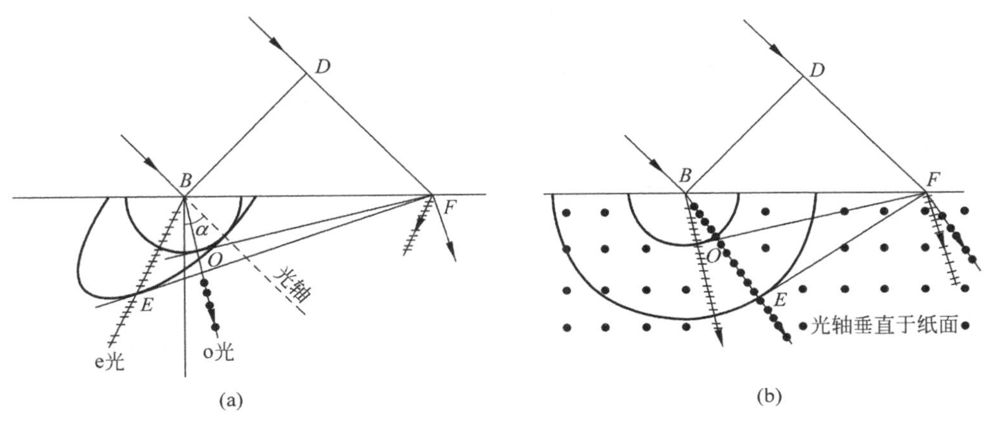

图 22.25 一平面波斜入射到负单轴晶体上时的折射情况

(a) 光轴沿虚线方向；(b) 光轴垂直于纸面

22.6 偏振光干涉：四分之一波片与二分之一波片 目标 4

在前面的章节中，考虑了(入射到双折射晶体后)平面电磁波如何分为两束具有特定偏振态的波的情况。与寻常光和非常光相联系的振动方向由性质小结中式(22.43)与式(22.44)得出。本节将考虑平面电磁波正入射到光轴与晶体表面平行的方解石晶体上的情况，如图 22.26 所示。我们将研究从晶体出射光束的偏振态。假设 y 轴沿着光轴方向。正如前面章节中讨论过的，如果入射光为 x 方向偏振的，则其进入晶体后以寻常光形式传播，非常光不存在。类似地，如果入射光为 y 方向偏振的，则其进入晶体后以非常光形式传播，而寻常光不存在，这两种情况是光进入晶体时的两种本征模式。对于任何其他偏振态的入射光，进入晶体后，寻常光和非常光分量都是存在的。对于像方解石这样的负单轴晶体，$n_e<n_o$，e 光传播速度比 o 光快，这种情况在图 22.26 中用括号中的 s(慢)和 f(快)标出。对于正单轴晶体，$n_e>n_o$，e 光传播速度比 o 光慢。

令与入射光相联系的电场矢量(振幅为 E_0)方向与 y 轴成 ϕ 角，在图 22.26 中，ϕ 为 45°，但是为了保持分析的普适性，假设 ϕ 为任意角度。此时，光波可以看作(以同相位振动的)两束线偏振光的叠加，这两束光分别沿 x 与 y 方向偏振，幅度分别为 $E_0\sin\phi$ 与 $E_0\cos\phi$。波的 x 方向分量(振幅为 $E_0\sin\phi$)为寻常光，传播速度为 c/n_o；波的 y 方向分量(振幅为

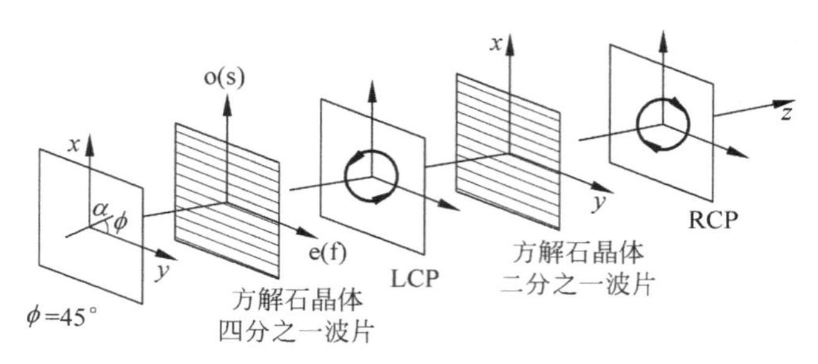

图 22.26　一个与 y 轴成 45°的线偏振光通过用方解石晶体制作的四分之一波片，出射后变为左旋圆偏振光(LCP)；再通过二分之一波片，左旋圆偏振光变为右旋圆偏振光(RCP)。四分之一波片与二分之一波片的光轴平行于 y 轴，由平行于 y 轴的直线表示

$E_0\cos\phi$)为非常光，传播速度为 c/n_e。既然 $n_e\neq n_o$，两束光以不同的速度传播。这样，当它们从晶体出射时，将不再同相位。结果，(两束光叠加的)出射光一般将变为椭圆偏振光。

令平面 $z=0$ 表示晶体的入射表面。入射光的 x 与 y 分量可以写作

$$\begin{aligned}E_x&=E_0\sin\phi\cos(kz-\omega t)\\E_y&=E_0\cos\phi\cos(kz-\omega t)\end{aligned}\tag{22.48}$$

式中 $k(=\omega/c)$为自由空间中的波数。因此，$z=0$ 时，有

$$E_x(z=0)=E_0\sin\phi\cos\omega t,\quad E_y(z=0)=E_0\cos\phi\cos\omega t$$

在晶体内部，x 分量将以寻常光形式传播(速度为 c/n_o)，y 分量将以非常光形式传播(速度为 c/n_e)

$$E_x=E_0\sin\phi\cos(n_okz-\omega t)\quad(\text{寻常光})$$
$$E_y=E_0\cos\phi\cos(n_ekz-\omega t)\quad(\text{非常光})$$

如果晶体厚度为 d，则在晶体出射表面，有

$$E_x=E_0\sin\phi\cos(\omega t-\theta_o)$$
$$E_y=E_0\cos\phi\cos(\omega t-\theta_e)$$

式中 $\theta_o=n_okd$，$\theta_e=n_ekd$。经过适当选取 $t=0$ 的时刻，两个分量可以表示成

$$\begin{aligned}E_x&=E_0\sin\phi\cos(\omega t-\theta)\\E_y&=E_0\cos\phi\cos\omega t\end{aligned}\tag{22.49}$$

式中，

$$\theta=\theta_o-\theta_e=kd(n_o-n_e)=\frac{\omega}{c}(n_o-n_e)d\tag{22.50}$$

表示寻常光与非常光之间的相位差。显然，如果晶体的厚度使得 $\theta=2\pi,4\pi,\cdots$，则出射光将保持与入射光一样的偏振态。如果晶体的厚度使得 $\theta=\pi/2$，则称晶体为四分之一波片(quarter wave plate，QWP)，相位差为 $\theta=\pi/2$ 意味着光程差为四分之一波长。另一方面，如果晶体的厚度使得 $\theta=\pi$，则称晶体为二分之一波片(half wave plate，HWP)。

例 22.6　作为例子，考虑 $\phi=\pi/4$ 以及 $\theta=\pi/2$ 的情况，此时入射波的 x 分量与 y 分量具有相等振幅，晶体引入的相位差为 $\pi/2$(参见图 22.26)。因此，对于出射波，有

$$E_x=\frac{E_0}{\sqrt{2}}\sin\omega t,\quad E_y=\frac{E_0}{\sqrt{2}}\cos\omega t\tag{22.51}$$

如果采用例 22.1 中描述的方法，可以发现以上式描述的光波是左旋圆偏振光。为了使晶体引入 $\pi/2$ 的相位差，晶体的厚度必须满足

$$d=\frac{c}{\omega(n_o-n_e)}\frac{\pi}{2}=\frac{1}{4}\frac{\lambda_0}{(n_o-n_e)} \tag{22.52}$$

式中 λ_0 为自由空间中的波长。对于方解石，在 $\lambda_0=5893\text{Å}$，18℃下的折射率值为 $n_o=1.65836$ 和 $n_e=1.48641$。代入这些值，得到

$$d=\frac{5.893\times10^{-7}}{4\times0.17195}\text{m}\approx0.000857\text{mm}$$

因此，用方解石制作的四分之一波片（对于 $\lambda_0=5893\text{Å}=0.5893\mu\text{m}$）厚度为 0.000857mm，且光轴平行于表面；这样的四分之一波片将在波长为 $\lambda_0=5893\text{Å}$ 的条件下在寻常光分量和非常光分量之间引入 $\pi/2$ 的相位差。如果厚度取上述值的奇数倍，即

$$d=(2m+1)\frac{1}{4}\frac{\lambda_0}{n_o-n_e},\quad m=0,1,2,\cdots \tag{22.53}$$

则在上面讨论的例子中（即 $\phi=\pi/4$），可以容易地得出结论：当 $m=0,2,4,\cdots$ 时，出射光为左旋圆偏振光；而当 $m=1,3,5,\cdots$ 时，出射光为右旋圆偏振光。

接下来考虑线偏振光（$\phi=\pi/4$）入射到二分之一波片的情况，二分之一波片 $\theta=\pi$，此时入射光的 x 分量与 y 分量具有相等的振幅，晶体引入的相位差为 π（参见图 22.27）。由此，对于出射波，有

$$E_x=-\frac{E_0}{\sqrt{2}}\cos\omega t,\quad E_y=\frac{E_0}{\sqrt{2}}\cos\omega t$$

它代表偏振方向与 y 轴夹方位角 135°的线偏振光（参见图 22.27）。如果让这束光再通过方解石四分之一波片，则出射光为右旋圆偏振光，如图 22.27 所示。另一方面，如果一束左旋圆偏振光入射到方解石二分之一波片，则出射光为右旋圆偏振光，如图 22.26 所示。

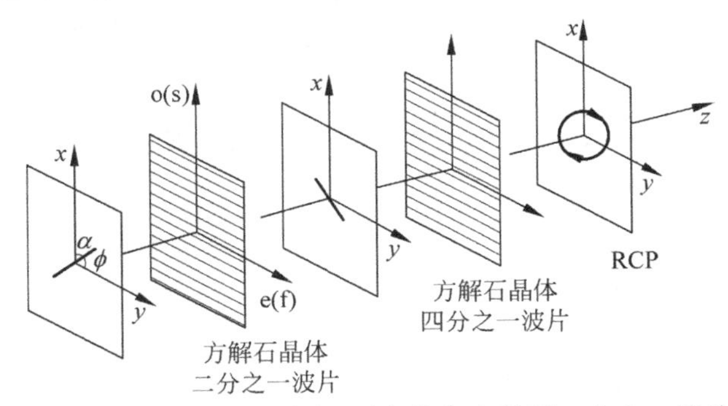

图 22.27 如果线偏振光以与 z 轴成 45°方位角入射到二分之一波片，则偏振平面旋转 90°；再通过一个四分之一波片，变为右旋圆偏振光。二分之一波片与四分之一波片的光轴方向沿着 y 方向，用与 y 轴平行线来表示

因此，二分之一波片的厚度（对于负晶体）为

$$d=(2m+1)\frac{\lambda_0}{2(n_o-n_e)}$$

需要提及，如果取晶体厚度，使得 $\theta\neq\pi/2,\pi,3\pi/2,2\pi,\cdots$，则出射波为一般的椭圆偏振光。对于正晶体（如石英），$n_e>n_o$，式(22.49)应写为

$$\begin{cases}E_x=E_0\sin\phi\cos(\omega t+\theta')\\E_y=E_0\cos\phi\cos\omega t\end{cases} \tag{22.54}$$

式中,

$$\theta' = \frac{\omega}{c} d(n_e - n_o)$$

对于四分之一波片,有

$$d = (2m+1)\frac{\lambda_0}{4(n_e - n_o)}, \quad m = 0,1,2,\cdots$$

因此,如果在图22.26中,方解石四分之一波片被替换为石英四分之一波片,出射波将变为右旋圆偏振光。

例22.7 一束左旋圆偏振光($\lambda_0 = 5893\text{Å} = 0.5893\mu\text{m}$)正入射到方解石晶体上(切割使光轴与其表面平行),厚度为0.005141mm。则入射左旋圆偏振波在$z=0$处的电场为

$$E_x = E_1 \sin\omega t, \quad E_y = E_1 \cos\omega t \tag{22.55}$$

此时

$$\theta = \frac{(n_o - n_e)d \times 2\pi}{\lambda_0} = \frac{0.17195 \times 5.141 \times 10^{-6} \times 2\pi}{5.893 \times 10^{-7}} \approx 3\pi$$

所以出射波为(参见式(22.49))

$$E_x = E_1 \sin(\omega t - 3\pi) = -E_1 \sin\omega t, \quad E_y = E_1 \cos\omega t$$

表明出射光为右旋圆偏振光。

例22.8 一束左旋圆偏振光(其$\lambda_0 = 5893\text{Å}$)正入射到石英晶体(切割使光轴与其表面平行),厚度为0.022mm。假设n_o与n_e分别为1.54425和1.55336。入射的左旋圆偏振光在$z=0$处的电场为式(22.55)。进一步,有

$$\theta' = (n_e - n_o)\frac{2\pi}{\lambda_0} d = 2\pi \frac{0.00911 \times 2.2 \times 10^{-5}}{5.893 \times 10^{-7}} \approx 0.68\pi$$

这样,出射波为

$$E_x = E_1 \cos(\omega t + 0.68\pi), \quad E_y = E_1 \cos\omega t$$

表明出射光为右旋椭圆偏振光。

22.7 偏振光的分析 目标5

在前面的章节中,已经知道平面电磁波可以表现出不同的偏振态,共有如下几种偏振状态:

(1) 线偏振态;

(2) 圆偏振态;

(3) 椭圆偏振态;

(4) 非偏振态;

(5) 线偏振与非偏振的混合态;

(6) 圆偏振与非偏振的混合态;

(7) 椭圆偏振与非偏振的混合态。

用裸眼看,不同的偏振态显示不出差别。本节将讨论如何确定光束偏振态的方法。

若在光束行进的路径中放入一个偏振片,并且将偏振片以光束传播方向为轴进行旋转,

则可能出现下列三种情况：

（1）如果在偏振片旋转中存在两个位置，在该位置光束完全消光，则该光束是线偏振光。

（2）如果在偏振片旋转中光强没有变化，则光束为非偏振光，或者圆偏振光，或者非偏振光与圆偏振光的混合态。现在我们在偏振片前放入一个四分之一波片。若旋转偏振片光强还没有变化，则入射光为非偏振光；若在偏振片旋转中存在两个位置，在该位置光束完全消光，则入射光束为圆偏振光（这是因为四分之一波片使圆偏振光变为线偏振光）；若旋转偏振片光强存在变化（但不存在完全消光的情况），则入射光为圆偏振光与非偏振光的混合态。

（3）如果在偏振片旋转中光强存在变化（但不存在完全消光的情况），则入射光为椭圆偏振光，或者线性偏振光与非偏振光的混合态，或者椭圆偏振光与非偏振光的混合态。现在我们在偏振片前放入一个四分之一波片，使其光轴与前面透射光光强最大时偏振片透光轴的方向平行。此时，椭圆偏振光将变为线偏振光。因此，若旋转偏振片存在两个完全消光的位置，则入射光为椭圆偏振光。若不出现完全消光的情况，且出现最大透射光强时偏振片的方向与前面一致，则入射光为线偏振光与非偏振光的混合态。最后，若最大透射光强出现在与偏振片原取向的不同方向，则入射光为椭圆偏振光与非偏振光的混合态。

22.8 光学旋光 　目标 6

如果一束线偏振光穿过一个“光学旋光”介质，比如糖溶液，则在光束传播过程中其偏振面会发生旋转。这种旋转的大小正比于光束在介质中传播的距离，而且还正比于溶液中糖的浓度。实际上，可以通过测量偏振面旋转过的角度准确测量溶液中糖的浓度。

这种偏振面的旋转，是由于光学旋光介质中存在左旋圆偏振（LCP）和右旋圆偏振（RCP）两种“模式”，并且这两种“模式”的传播速度有所不同（见 22.16 节）。这里所谓“模式”是说，如果一束左旋圆偏振光入射到旋光介质，则光在旋光介质中会保持左旋圆偏振光传播；类似地，如果一束右旋圆偏振光入射到旋光物质，则光在旋光介质中会保持右旋圆偏振光传播，只是两个模式以稍微不同的速度传播。另一方面，如果一束线性偏振光入射，则必须要将其表示成一束左旋圆偏振光与一束右旋圆偏振光的叠加，然后分别独立考虑它们的传播。下面通过一个例子来加以说明。

考虑一束右旋圆偏振光沿 $+z$ 方向传播

$$\begin{cases} E_x^{\mathrm{R}} = E_0\cos(k_{\mathrm{R}}z - \omega t) \\ E_y^{\mathrm{R}} = -E_0\sin(k_{\mathrm{R}}z - \omega t) \end{cases} \tag{22.56}$$

式中 $k_{\mathrm{R}} = \dfrac{\omega}{c}n_{\mathrm{R}}$，上标（及下标）R 代表右旋圆偏振光。类似地，左旋圆偏振光（振幅相同）在 $+z$ 方向传播时可由下式表示：

$$\begin{cases} E_x^{\mathrm{L}} = E_0\cos(k_{\mathrm{L}}z - \omega t) \\ E_y^{\mathrm{L}} = E_0\sin(k_{\mathrm{L}}z - \omega t) \end{cases} \tag{22.57}$$

式中 $k_{\mathrm{L}} = \dfrac{\omega}{c}n_{\mathrm{L}}$，$n_{\mathrm{R}}$ 和 n_{L} 分别代表对应于右旋圆偏振光和左旋圆偏振光的折射率。如果我

们假设两束光同时传播,则 x 与 y 分量可以表示为

$$E_x = E_0[\cos(k_R z - \omega t) + \cos(k_L z - \omega t)]$$

或者

$$E_x = 2E_0 \cos\left[\frac{1}{2}(k_L - k_R)z\right]\cos[\omega t - \theta(z)]$$

类似地,有

$$E_y = 2E_0 \sin\left[\frac{1}{2}(k_L - k_R)z\right]\cos[\omega t - \theta(z)]$$

式中,

$$\theta(z) = \frac{1}{2}(k_L + k_R)z$$

这样叠加后的波总是线偏振波,并且其偏振面绕着 z 轴旋转。若将电场矢量的振动方向与 x 轴夹角记为 ϕ,则(参见图22.28)

$$\phi(z) = \frac{1}{2}(k_L - k_R)z = \frac{\pi}{\lambda_0}(n_L - n_R)z = \frac{\omega}{2c}(n_L - n_R)z \qquad (22.58)$$

式中 λ_0 为真空中的波长。现在,若

$n_L > n_R \Leftrightarrow$ 光学旋光介质称为右手的或右旋的

$n_L < n_R \Leftrightarrow$ 光学旋光介质称为左手的或左旋的

例如,对于松脂,$z=10\text{cm}$ 的长度,$\phi=+37°$。

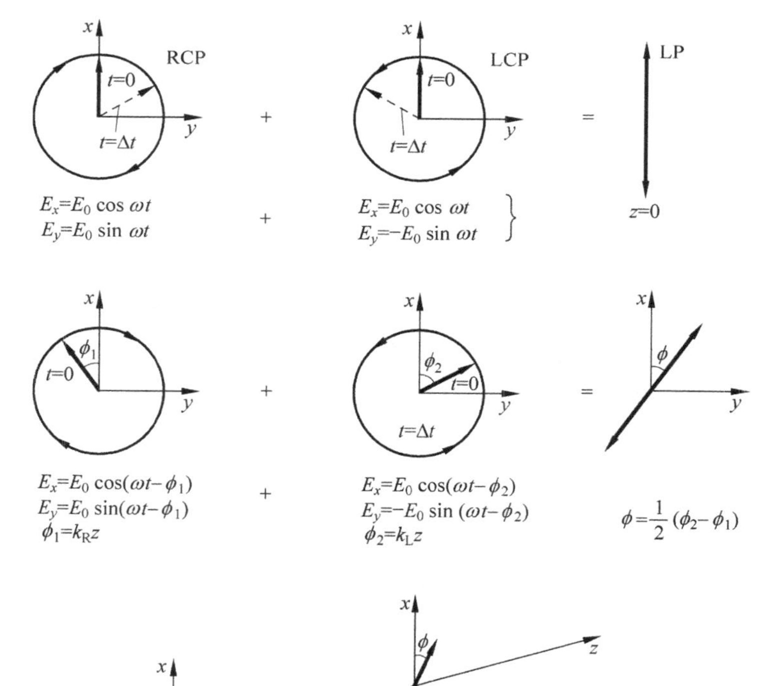

图22.28 线偏振光在一个"右旋"光学旋光介质中传播时,偏振面"顺时针"旋转

正如前面提到的，甚至可以在糖溶液中观察到光学旋光现象，这是由糖分子的螺旋结构决定的。通过测量偏振面旋转来确定糖溶液浓度的方法在工业中被广泛应用。可以注意到，如果 $n_L = n_R$（在各向同性介质中就是这种情况），则 $\phi(z)=0$，并且入射的线偏振光束依然保持为线偏振光束，并且保持在相同方向偏振。光学旋光也存在于晶体中。例如，对于沿石英晶体光轴方向传播[①]的线偏振光，其偏振面将发生旋转。实际上

$$|n_L - n_R| \approx 7 \times 10^{-5} \Rightarrow z = 0.1\text{cm}，波长\ \lambda_0 = 0.6\mu\text{m} = 6000\text{Å}\ 时，\phi \approx \frac{7}{60}\pi = 21°$$

22.9　光束在椭圆芯单模光纤中传输时偏振态的变化　　目标 7

一个非常有意思的现象是偏振光在椭圆芯光纤中的传播。我们将在第 29 章简单地讨论光纤；可以说一根普通光纤具有一圆柱状的纤芯（截面是圆形的），并有一个介质折射率稍低的包层。光纤对于光束的导引是源于全反射现象（参见图 29.1）。因为光纤具有圆形的对称性，如果入射光以任意的偏振态射入光纤[②]，都可以在传输过程中保持该偏振态。现在，如果我们有一个椭圆纤芯的光纤（参见图 22.29(a)），则在该光纤中的本征传输“模式”（近似）为 x 和 y 方向的线偏振态；换言之，如果以 x 方向偏振光入射到光纤中，在传输过程中，其偏振态将不会有任何改变，且具有确定的相速度 ω/β_x。类似地，入射为 y 偏振的光束在光纤中也将以 y 方向偏振的模式传输，并具有传播速度 ω/β_y。现在，如果令一束圆偏振光入射到光纤入射面 $z=0$ 处，则必须将其分解为 x、y 方向偏振的两束光，它们的传输速度有所不同。因此，有

$$\boldsymbol{E}(x,y,z) = \psi(x,y)[\hat{\boldsymbol{x}}\cos(\beta_x z - \omega t) + \hat{\boldsymbol{y}}\sin(\beta_y z - \omega t)] \tag{22.59}$$

其中 $\psi(x,y)$ 为基模的横向场分布，一般假定其在 x 与 y 方向偏振的场分布（几乎）是完全相同的。容易看出，如果 $\beta_x = \beta_y$（此假设确实对于圆芯光纤成立），则光束传输到任意 z 位置都将保持圆偏振状态。现在，对于 $z=0$，有

$$\begin{cases} E_x = \psi(x,y)\cos\omega t \\ E_y = -\psi(x,y)\sin\omega t \end{cases} \tag{22.60}$$

上式代表一束左旋圆偏振光（参见图 22.29(b)）。在位置

$$z = z_1 = \frac{\pi}{2(\beta_y - \beta_x)} \tag{22.61}$$

亦即，当 $\beta_y z_1 = \beta_x z_1 + \pi/2$ 时，有

$$E_x = \psi(x,y)\cos(\phi_1 - \omega t) = +\psi(x,y)\cos(\omega t - \phi_1)$$

$$E_y = \psi(x,y)\sin\left(\phi_1 + \frac{\pi}{2} - \omega t\right) = +\psi(x,y)\cos(\omega t - \phi_1)$$

式中，

---

① 严格来说，与方解石晶体不同，当光沿着石英晶体的光轴方向传播时，其本征模式不是线性偏振的，而是以左旋圆偏振光与右旋圆偏振光的模式传播，且它们的传播速度略微不同。

② 这里我们考虑的是单模光纤，因此不论入射场分布是什么，将迅速转变为横向的基模场分布，其传播速度为 ω/β_0。该速度与输入光的偏振态无关。

$$\phi_1 = \beta_x z_1$$

上式代表一束线偏振光(参见图 22.29(b));我们假设此时其 **E** 矢量的方向沿着 y' 轴。类似地,在位置

$$z = z_2 = \frac{\pi}{\beta_y - \beta_x} = 2z_1$$

有

$$\begin{cases} E_x = \psi(x,y)\cos(\phi_2 - \omega t) = \psi(x,y)\cos(\omega t - \phi_2) \\ E_y = \psi(x,y)\sin(\phi_2 + \pi - \omega t) = \psi(x,y)\sin(\omega t - \phi_2) \end{cases} \tag{22.62}$$

式中,

$$\phi_2 = \beta_x z_2$$

这样,光波变为右旋圆偏振波(参见图 22.29(b))。在位置

$$z = z_3 = \frac{3\pi}{2(\beta_x - \beta_y)} = 3z_1$$

有

$$E_x = \psi(x,y)\cos(\phi_3 - \omega t) = \psi(x,y)\cos(\omega t - \phi_3)$$

$$E_y = \psi(x,y)\sin\left(\phi_3 + \frac{3\pi}{2} - \omega t\right) = -\psi(x,y)\cos(\omega t - \phi_3)$$

式中,

$$\phi_3 = \beta_x z_3$$

这样,光波将再次变为线偏振光,但是其电矢量的振动方向与在 $z=z_1$ 处时的方向垂直。应用类似的方法,可以很容易地继续确定光波接下来的偏振态。因此,在位置 $z=5z_1, 9z_1, 13z_1, \cdots$ 处,光束的偏振态将与在 $z=z_1$ 处的偏振态相同,且在位置 $z=7z_1, 11z_1, 15z_1, \cdots$ 处,偏振态将与在 $z=3z_1$ 处的偏振态相同。类似地,在位置 $z=4z_1, 8z_1, 12z_1, \cdots$ 处,光束将为左旋圆偏振光,在位置 $z=2z_1, 6z_1, 10z_1, \cdots$ 处,光束将为右旋圆偏振光。

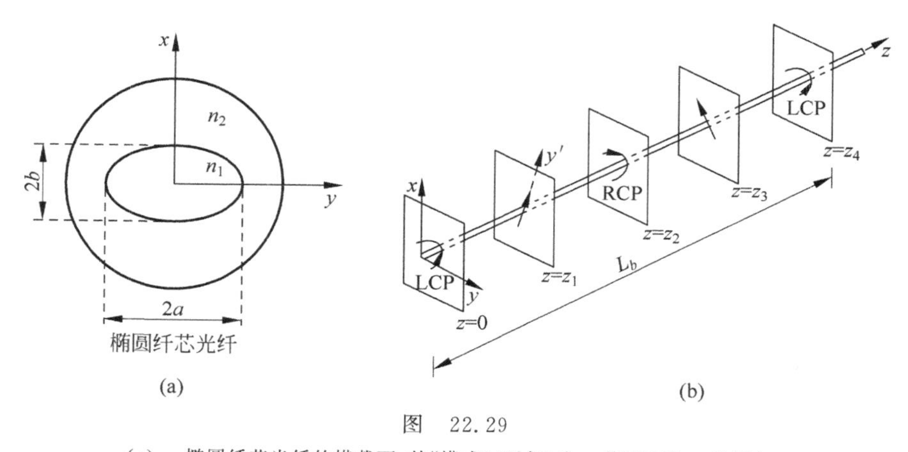

图 22.29

(a) 一椭圆纤芯光纤的横截面,其"模式"(近似)为 x 偏振态和 y 偏振态;
(b) 一束左旋圆偏振光在椭圆芯光纤中的传播,若沿 y' 轴观察,则在 $z=z_1, 5z_1, 9z_1, \cdots$ 处观察到暗点

现在,令光纤旋转到使 y' 轴沿竖直方向(此时 x' 与 z 轴位于水平面中)。这样,如果使眼睛位于光纤的正上方并竖直向下观察,则在 $z=z_1, 5z_1, 9z_1, \cdots$ 处将显示暗区(如图 22.30

所示)。这是因为在这些区域,电场沿 y' 方向振动(竖直方向),且我们知道,如果偶极子沿 y' 方向振动,则在这个特定方向不会发出辐射(参见 23.5.1 节和图 22.16(b))。因此,通过测量连续两次暗点之间的距离($=4z_1$)可以计算出 z_1 的大小,并由此算出 $\beta_y-\beta_x$。进一步,通过移动眼睛到水平面上,即沿着 x' 方向观察,将看到在 $z=5z_1, 9z_1, 13z_1, \cdots$ 处显示为明亮区,并在 $z=3z_1, 7z_1, 11z_1, \cdots$ 显示为暗区。因此,这个实验不只可以让我们理解光束在双折射光纤中偏振态的变化,同时可以帮助我们理解偶极子振动的辐射模式。

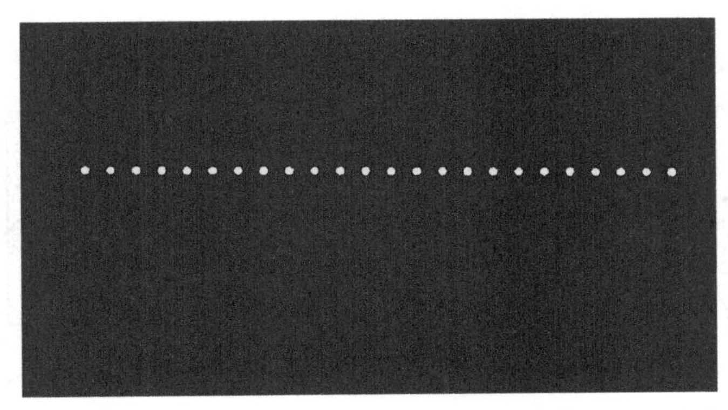

图 22.30 一圆偏振光从一端入射到椭圆芯光纤,从顶端(或者侧面)观察光纤时光强的变化图。此图为位于美国伊利诺伊州帕克(Orland Park)的 Andrew 公司拍摄的实验图,采自文献[22.13]

例 22.9 作为一个数值的例子,考虑一椭圆芯光纤具有

$$2a=2.14\mu\text{m}, \quad 2b=8.85\mu\text{m}$$

$$n_1=1.535, \quad n_2=1.47$$

(参见图 22.29(a))。对于这样的光纤,且工作于 $\lambda_0=6328\text{Å}(k_0\approx 9.929\times 10^4\text{cm}^{-1})$,有

$$\frac{\beta_x}{k_0}\approx 1.506845, \quad \frac{\beta_y}{k_0}\approx 1.507716$$

则

$$L_b=\frac{2\pi}{\Delta\beta}=\frac{2\pi}{\beta_y-\beta_x}\approx 0.727\text{mm}$$

称为耦合长度(也叫拍长[①])。

22.10 沃拉斯顿棱镜 目标 8

沃拉斯顿棱镜(Wollaston prism)用来产生两束分开的线偏振光。它由两块相似的棱镜(如方解石棱镜)组成,如图 22.31 所示,第一块棱镜的光轴平行于表面,第二块棱镜的光轴平行于棱镜的边。我们首先考虑一束 y 方向偏振的入射光,如图 22.31(a)所示。这束光在第一块棱镜中以 o 光形式传播(因为振动方向垂直于光轴),折射率为 n_o。进入第二块棱镜后,将变为 e 光,折射率变为 n_e。对于方解石,$n_o>n_e$,因此,该光束将远离法线偏折。既

① 实际上,作者在本节讨论的椭圆芯光纤是一种双折射光纤,也叫保偏光纤。线偏振光如果沿快轴或者慢轴入射,可以在光纤中保持线偏振态不变。在这里定义的耦合长度也叫保偏光纤的拍长。——译者注

然第二块棱镜的光轴与入射平面垂直,则折射光遵从斯涅耳定律(如图 22.24(b)所示),且其折射角可通过下式获得:

$$n_o \sin 20° = n_e \sin r_1$$

其中假设棱镜角为 20°(参见图 22.31)。假设 $n_o \approx 1.658$,$n_e \approx 1.486$,有

$$r_1 \approx 22.43°$$

因此,对于第二块棱镜的第二个表面来说,入射角为 $i_1 = 22.43° - 20° = 2.43°$。则出射角 θ_1 可通过计算 $n_e \sin 2.43° = \sin\theta_1$ 得到,即 $\theta_1 \approx 3.61°$。

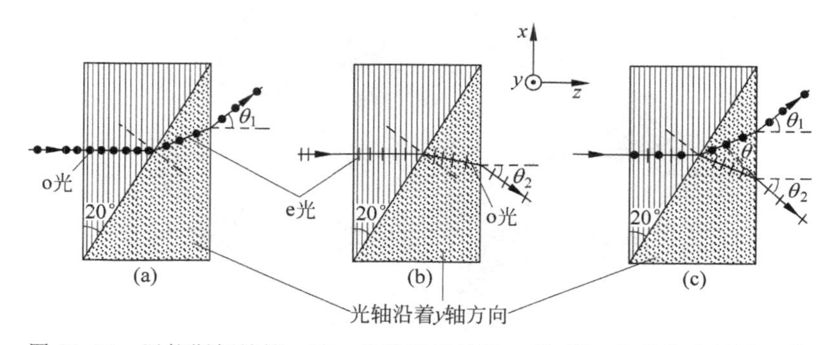

图 22.31　沃拉斯顿棱镜。第一块棱镜光轴沿 x 轴,第二块棱镜光轴沿 y 轴

(a) 如果入射光为 y 方向偏振,则在第一块棱镜中为 o 光,进入第二块棱镜将变为 e 光;(b) 如果入射光为 x 方向偏振,则在第一块棱镜中为 e 光,进入第二块棱镜将变为 o 光;(c) 对于正入射的非偏振光,将分为两束正交的线偏振光沿不同方向输出。图中光线路径均是棱镜为方解石晶体的情况

接下来考虑入射光为 x 偏振的光束,如图 22.31(b)所示。则光束将在第一块棱镜中作为 e 光传播,并在第二块棱镜中作为 o 光传播。则其折射角可通过下式得到:

$$n_e \sin 20° = n_o \sin r_2 \quad \Rightarrow \quad r_2 \approx 17.85°$$

因此,对于第二块棱镜的第二个表面来说,入射角为

$$i_2 = 20° - 17.85° = 2.15°$$

则出射角 θ_2 可以通过下式得到:

$$n_o \sin 2.15° = \sin\theta_2 \quad \Rightarrow \quad \theta_2 \approx 3.57°$$

因此,如果一束非偏振光入射到沃拉斯顿棱镜,两束正交偏振光分开的角度为 $\theta = \theta_1 + \theta_2 \approx 7.18°$,还可以参看图 22.32。

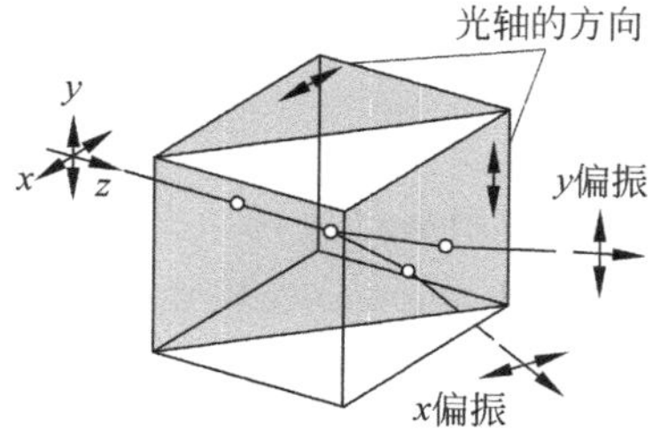

图 22.32　一块实际的沃拉斯顿棱镜的简图。棱镜将非偏振光分为两束正交的线偏振光输出。它由两个不同取向的方解石棱镜组成(使两个棱镜的光轴方向垂直),它们一般用加拿大树胶粘合而成。一般商用的棱镜可以产生两偏振光的分离角为 15°～45°

请扫 1 页二维码看彩图

22.11　罗雄棱镜　　目标 8

接下来考虑由两块相似方解石棱镜组成的罗雄棱镜(Rochon prism)。第一块棱镜的光轴与棱镜表面垂直，第二块棱镜的光轴与边缘平行，如图 22.33 所示。这样安排后，在第一块棱镜中，两光束的折射率相同，均为 n_o，这是由于寻常光和非常光沿光轴传播时速度相同($=c/n_o$)。

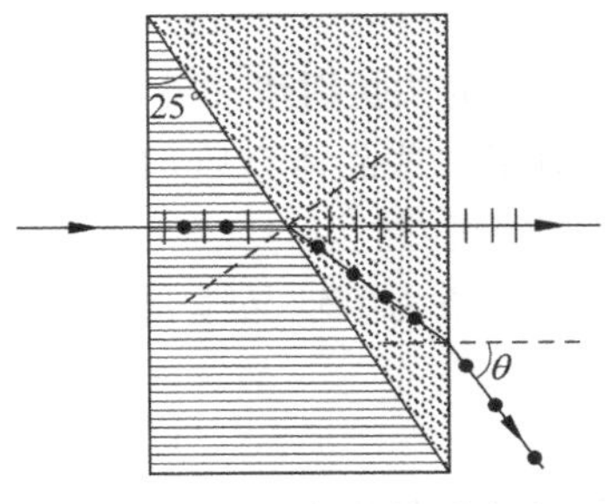

图 22.33　通过罗雄棱镜后产生两束正交偏振的偏振光

当光束进入第二块棱镜时，寻常光(其 $\boldsymbol{D}$ 矢量垂直于光轴)经历的折射率不变，并不发生偏折，如图 22.33 所示。另一方面，非常光(其 $\boldsymbol{D}$ 矢量与光轴平行)经历的折射率变为 n_e，将远离法线偏折。其折射角由下式确定：

$$n_o\sin25° = n_e\sin r$$

因此

$$\sin r = \frac{n_o}{n_e}\sin25° = \frac{1.658}{1.486}\times 0.423 \approx 0.472$$

可得

$$r = 28.2°$$

因此，相对于第二块棱镜的第二个表面的入射角为 28.2°−25°=3.2°。则折射角为

$$\sin\theta = n_e\sin3.2° \approx 0.083 \quad \Rightarrow \quad \theta \approx 4.8°$$

22.12　各向异性介质中平面电磁波的传播　　目标 9

本节将讨论麦克斯韦方程组在各向异性介质中的平面波解，并证明在 22.5 节中提出的各种假设。各向同性介质与各向异性介质的区别表现在电位移矢量 $\boldsymbol{D}$ 与电场矢量 $\boldsymbol{E}$ 间的关系。其中电位移矢量 $\boldsymbol{D}$ 将在 23.9 节中给出定义。在各向同性介质中，$\boldsymbol{D}$ 与 $\boldsymbol{E}$ 的方向相同，可以写为

$$\boldsymbol{D} = \varepsilon\boldsymbol{E} \tag{22.63}$$

式中 ε 为介质的介电常数或者电容率。另一方面，在各向异性介质中，一般情况下，$\boldsymbol{D}$ 与 $\boldsymbol{E}$ 方向不一致，它们的关系可以写为

$$\begin{cases} D_x = \varepsilon_{xx}E_x + \varepsilon_{xy}E_y + \varepsilon_{xz}E_z \\ D_y = \varepsilon_{yx}E_x + \varepsilon_{yy}E_y + \varepsilon_{yz}E_z \\ D_z = \varepsilon_{zx}E_x + \varepsilon_{zy}E_y + \varepsilon_{zz}E_z \end{cases} \tag{22.64}$$

式中 ε_{xx}，ε_{xy}，…为常数。可以证明(比如可以参见文献[22.19])

$$\varepsilon_{xy} = \varepsilon_{yx}, \quad \varepsilon_{xz} = \varepsilon_{zx}, \quad \varepsilon_{yz} = \varepsilon_{zy} \tag{22.65}$$

进一步，总可以选择一个坐标系(亦即，在晶体内部适当选择 x、y、z 轴的方向)，使得

$$D_x = \varepsilon_x E_x, \quad D_y = \varepsilon_y E_y, \quad D_z = \varepsilon_z E_z \tag{22.66}$$

这个坐标系称作主轴坐标系，且三个量 ε_x、ε_y、ε_z 为介质的主介电常数。如果对于某些晶体

介质,有

$$\varepsilon_x \neq \varepsilon_y \neq \varepsilon_z \quad (\text{双轴}) \tag{22.67}$$

则称该介质为双轴晶体介质,此时有

$$n_x = \sqrt{\frac{\varepsilon_x}{\varepsilon_0}}, \quad n_y = \sqrt{\frac{\varepsilon_y}{\varepsilon_0}}, \quad n_z = \sqrt{\frac{\varepsilon_z}{\varepsilon_0}} \tag{22.68}$$

称为介质的主折射率;在上式中,ε_0 表示真空中的介电常数($=8.8542\times10^{-12}\mathrm{C}^2/(\mathrm{N}\cdot\mathrm{m}^2)$)。如果对于某些晶体介质,有

$$\varepsilon_x = \varepsilon_y \neq \varepsilon_z \quad (\text{单轴}) \tag{22.69}$$

则称该介质为单轴晶体介质,且 z 轴代表介质的光轴。此时有

$$n_o = \sqrt{\frac{\varepsilon_x}{\varepsilon_0}} = \sqrt{\frac{\varepsilon_y}{\varepsilon_0}}, \quad n_e = n_z = \sqrt{\frac{\varepsilon_z}{\varepsilon_0}} \tag{22.70}$$

称为寻常光与非常光的折射率,一些单轴晶体的典型值在表 22.1 中给出。因为对于单轴晶体,$\varepsilon_x=\varepsilon_y$,则 x 与 y 方向可以在垂直于光轴的方向任意选取,即任意两个互相垂直的轴(均垂直于 z 轴)均可作为介质的主轴①②。另一方面,如果对于某些介质有

$$\varepsilon_x = \varepsilon_y = \varepsilon_z \quad (\text{光学各向同性}) \tag{22.71}$$

则称该介质为各向同性介质,并且可以任意选择三个互相垂直的轴作为主轴坐标系③。

表 22.1 单轴晶体中寻常光与非常光的折射率(引自文献[22.7])

晶体名称	波长/Å	n_o	n_e
方解石	4046	1.68134	1.49694
	5890	1.65835	1.48640
	7065	1.65207	1.48359
石英	5890	1.54424	1.55335
铌酸锂	6000	2.2967	2.2082
KDP	6328	1.50737	1.46685
ADP	6328	1.52166	1.47685

假设各向异性介质为非磁性介质,则有

$$\boldsymbol{B} = \mu_0 \boldsymbol{H}$$

其中 μ_0 为真空中的磁导率。

考虑一平面电磁波的传播。对于这样的波,电磁矢量 $\boldsymbol{E}$、$\boldsymbol{H}$、$\boldsymbol{D}$ 和 $\boldsymbol{B}$ 均与因子 $\mathrm{e}^{\mathrm{i}(\boldsymbol{k}\cdot\boldsymbol{r}-\omega t)}$

---

① 这是基于下面的事实。对于单轴晶体,有

$$D_x = \varepsilon_x E_x, \quad D_y = \varepsilon_y E_y = \varepsilon_x E_y$$

现在,若我们(绕 z 轴)将 x-y 轴旋转 θ 角,将旋转后的轴称为 x'轴和 y'轴,则

$$D_{x'} = D_x\cos\theta + D_y\sin\theta = \varepsilon_x(E_x\cos\theta + E_y\sin\theta) = \varepsilon_x E_{x'}$$

类似地,可以得到 $D_{y'}=\varepsilon_x E_{y'}$,表明 x'轴与 y'轴同样可以被选作主轴。

② 译者不完全赞同原作者上面的结论。晶体的主轴坐标系一般在晶体的晶胞基矢量基础上定义,其选取与晶轴方向有关。如果考虑非线性效应,比如电光效应(为二阶非线性效应),晶体的主轴坐标系就不能任意选取。读者可以参阅译者论文:张晓光. 关于 KDP 晶体在电光效应中两个二阶轴对称性的讨论[J]. 大学物理,1996,15: 3。——译者注

③ 基于同样的道理,译者不完全同意主轴坐标系可以任意选择的说法。比如砷化镓晶体属于立方晶系,是光学各向同性的,但是应用它做电光效应实验,就不再是各向同性的了。——译者注

成正比。由此，有

$$\begin{cases} \boldsymbol{E}=\boldsymbol{E}_0\mathrm{e}^{\mathrm{i}(\boldsymbol{k}\cdot\boldsymbol{r}-\omega t)}, & \boldsymbol{H}=\boldsymbol{H}_0\mathrm{e}^{\mathrm{i}(\boldsymbol{k}\cdot\boldsymbol{r}-\omega t)} \\ \boldsymbol{D}=\boldsymbol{D}_0\mathrm{e}^{\mathrm{i}(\boldsymbol{k}\cdot\boldsymbol{r}-\omega t)}, & \boldsymbol{B}=\boldsymbol{B}_0\mathrm{e}^{\mathrm{i}(\boldsymbol{k}\cdot\boldsymbol{r}-\omega t)} \end{cases} \tag{22.72}$$

式中矢量 $\boldsymbol{E}_0$、$\boldsymbol{H}_0$、$\boldsymbol{D}_0$ 和 $\boldsymbol{B}_0$ 是与空间和时间无关的量，$\boldsymbol{k}$ 表示波的传播矢量，ω 为角频率。波的速度 v_w（也称为相速度）以及波的折射率 n_w 由下式定义：

$$v_w=\frac{\omega}{k}=\frac{c}{n_w} \tag{22.73}$$

由此，有

$$|\boldsymbol{k}|=k=\frac{\omega}{c}n_w \tag{22.74}$$

在本节中，我们的目的是确定波在各向异性介质中传播时 n_w 的可能值。现在，在某一介质中，有

$$\mathrm{div}\boldsymbol{D}=0 \quad \Rightarrow \quad \frac{\partial D_x}{\partial x}+\frac{\partial D_y}{\partial y}+\frac{\partial D_z}{\partial z}=0 \tag{22.75}$$

对于由式(22.72)描述的平面波，上式变为

$$\mathrm{i}(k_xD_x+k_yD_y+k_zD_z)=0 \quad \Rightarrow \quad \boldsymbol{D}\cdot\boldsymbol{k}=0 \tag{22.76}$$

表明 $\boldsymbol{D}$ 总是垂直于 $\boldsymbol{k}$。类似地，因为在非磁性介质中 $\mathrm{div}\boldsymbol{H}=0$，则

$\boldsymbol{H}$ 总是垂直于 $\boldsymbol{k}$　　(22.77)

现在，当介质中不存在任何电流（即 $\boldsymbol{J}=0$）时，麦克斯韦方程组中的旋度方程变为（参见式(23.3)和式(23.4)）

$$\nabla\times\boldsymbol{E}=-\frac{\partial\boldsymbol{B}}{\partial t}=\mathrm{i}\omega\boldsymbol{B}=\mathrm{i}\omega\mu_0\boldsymbol{H} \tag{22.78}$$

$$\nabla\times\boldsymbol{H}=\frac{\partial\boldsymbol{D}}{\partial t}=-\mathrm{i}\omega\boldsymbol{D} \tag{22.79}$$

其中假设介质为非磁性介质（即 $\boldsymbol{B}=\mu_0\boldsymbol{H}$）。如果

$$\boldsymbol{E}=\boldsymbol{E}_0\mathrm{e}^{\mathrm{i}(\boldsymbol{k}\cdot\boldsymbol{r}-\omega t)}$$

则有

$$\begin{aligned}(\nabla\times\boldsymbol{E})_x&=\frac{\partial E_z}{\partial y}-\frac{\partial E_y}{\partial z}=(\mathrm{i}k_yE_{0z}-\mathrm{i}k_zE_{0y})\mathrm{e}^{\mathrm{i}(\boldsymbol{k}\cdot\boldsymbol{r}-\omega t)}\\&=\mathrm{i}(k_yE_z-k_zE_y)=\mathrm{i}(\boldsymbol{k}\times\boldsymbol{E})_x\end{aligned}$$

因此，有

$$\nabla\times\boldsymbol{E}=\mathrm{i}(\boldsymbol{k}\times\boldsymbol{E})=\mathrm{i}\omega\mu_0\boldsymbol{H} \quad \Rightarrow \quad \boldsymbol{H}=\frac{1}{\omega\mu_0}(\boldsymbol{k}\times\boldsymbol{E}) \tag{22.80}$$

$$\nabla\times\boldsymbol{H}=\mathrm{i}(\boldsymbol{k}\times\boldsymbol{H})=-\mathrm{i}\omega\boldsymbol{D} \quad \Rightarrow \quad \boldsymbol{D}=\frac{1}{\omega}(\boldsymbol{H}\times\boldsymbol{k}) \tag{22.81}$$

式(22.80)与式(22.81)表明

$\boldsymbol{H}$ 总是与 $\boldsymbol{k}$、$\boldsymbol{E}$、$\boldsymbol{D}$ 垂直　　(22.82)

也意味着 $\boldsymbol{k}$、$\boldsymbol{D}$、$\boldsymbol{E}$ 总是在同一平面内。

进一步（参见式(22.76)），有

$\boldsymbol{D}$ 与 $\boldsymbol{k}$ 垂直　　(22.83)

将 $\boldsymbol{H}$ 的表达式代入式(22.81),有

$$\boldsymbol{D}=\frac{1}{\omega^2\mu_0}[(\boldsymbol{k}\times\boldsymbol{E})\times\boldsymbol{k}]=\frac{1}{\omega^2\mu_0}[(\boldsymbol{k}\cdot\boldsymbol{k})\boldsymbol{E}-(\boldsymbol{k}\cdot\boldsymbol{E})\boldsymbol{k}] \tag{22.84}$$

其中我们用到了矢量恒等式:

$$(\boldsymbol{A}\times\boldsymbol{B})\times\boldsymbol{C}=(\boldsymbol{A}\cdot\boldsymbol{C})\boldsymbol{B}-(\boldsymbol{B}\cdot\boldsymbol{C})\boldsymbol{A}$$

因此,有

$$\boldsymbol{D}=\frac{k^2}{\omega^2\mu_0}[\boldsymbol{E}-(\hat{\boldsymbol{\kappa}}\cdot\boldsymbol{E})\hat{\boldsymbol{\kappa}}]=\frac{n_w^2}{c^2\mu_0}[\boldsymbol{E}-(\hat{\boldsymbol{\kappa}}\cdot\boldsymbol{E})\hat{\boldsymbol{\kappa}}] \tag{22.85}$$

式中,

$$\hat{\boldsymbol{\kappa}}=\frac{\boldsymbol{k}}{k} \tag{22.86}$$

表示 $\boldsymbol{k}$ 方向的单位矢量(参见图22.34)。既然

$$D_x=\varepsilon_x E_x=\varepsilon_0 n_x^2 E_x$$

得到式(22.85)中的 x 分量

$$\frac{\varepsilon_0\mu_0 c^2 n_x^2}{n_w^2}E_x=E_x-\kappa_x(\kappa_x E_x+\kappa_y E_y+\kappa_z E_z)$$

既然 $c^2=1/(\varepsilon_0\mu_0)$,我们有

$$\left(\frac{n_x^2}{n_w^2}-\kappa_y^2-\kappa_z^2\right)E_x+\kappa_x\kappa_y E_y+\kappa_x\kappa_z E_z=0 \tag{22.87}$$

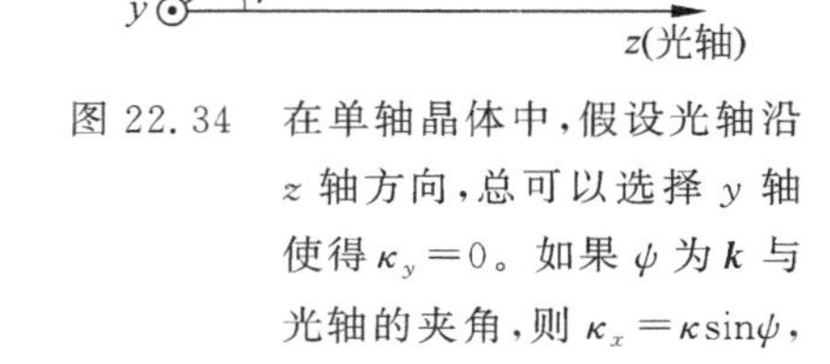

图22.34 在单轴晶体中,假设光轴沿 z 轴方向,总可以选择 y 轴使得 $\kappa_y=0$。如果 ψ 为 $\boldsymbol{k}$ 与光轴的夹角,则 $\kappa_x=\kappa\sin\psi$,$\kappa_z=\kappa\cos\psi$

其中用到了关系 $\kappa_x^2+\kappa_y^2+\kappa_z^2=1$(因为 $\hat{\boldsymbol{\kappa}}$ 为单位矢量)。类似地,有

$$\kappa_x\kappa_y E_x+\left(\frac{n_y^2}{n_w^2}-\kappa_x^2-\kappa_z^2\right)E_y+\kappa_y\kappa_z E_z=0 \tag{22.88}$$

$$\kappa_x\kappa_z E_x+\kappa_y\kappa_z E_y+\left(\frac{n_z^2}{n_w^2}-\kappa_x^2-\kappa_y^2\right)E_z=0 \tag{22.89}$$

因为上面的三个式子构成一组齐次方程,如果方程有非零解,则

$$\begin{vmatrix} \frac{n_x^2}{n_w^2}-\kappa_y^2-\kappa_z^2 & \kappa_x\kappa_y & \kappa_x\kappa_z \\ \kappa_x\kappa_y & \frac{n_y^2}{n_w^2}-\kappa_x^2-\kappa_z^2 & \kappa_y\kappa_z \\ \kappa_x\kappa_z & \kappa_y\kappa_z & \frac{n_z^2}{n_w^2}-\kappa_x^2-\kappa_y^2 \end{vmatrix}=0 \tag{22.90}$$

应该记住,我们仍然不知道 n_w 的可能值是什么,还需要求解上式。实际上,对于一个给定的平面波传播方向(即给定的 κ_x、κ_y 和 κ_z),式(22.90)的解给出两个 n_w 的允许值。需要注意的是,式(22.90)显示出我们将得到一个关于 n_w^2 的立方的方程,这样似乎将得到 n_w^2 的三个解。然而,n_w^6 项的系数将总为零,结果将只有两个解。下面将以在单轴晶体中的传播为例说明求解过程。

在单轴晶体中的传播

本节的讨论将完全限制在单轴晶体中进行，有

$$n_x = n_y = n_o, \quad n_z = n_e \tag{22.91}$$

如前所述，对于单轴晶体，x 轴与 y 轴的方向可以选择垂直于光轴的任意方向。因此，对于一列沿着任意方向 $\boldsymbol{k}$ 传播的波，可以选择 y 轴使之垂直于 $\boldsymbol{k}$，亦即，y 轴垂直于 $\boldsymbol{k}$ 与 z 轴组成的平面；显然，x 轴将位于这一平面内(如图 22.34 所示)。因此，有

$$\kappa_x = \sin\psi, \quad \kappa_y = 0, \quad \kappa_z = \cos\psi$$

式中 ψ 为 $\boldsymbol{k}$ 与光轴的夹角(如图 22.34 所示)。式(22.87)～式(22.89)变为

$$\left(\frac{n_o^2}{n_w^2} - \cos^2\psi\right) E_x + \sin\psi\cos\psi E_z = 0 \tag{22.92}$$

$$\left(\frac{n_o^2}{n_w^2} - 1\right) E_y = 0 \tag{22.93}$$

$$\sin\psi\cos\psi E_x + \left(\frac{n_e^2}{n_w^2} - \sin^2\psi\right) E_z = 0 \tag{22.94}$$

再次得到了三个齐次方程，为了得到非零解，其行列式必须为零。但是，因为其中两个等式只含有 E_x 和 E_z，另一个等式只含有 E_y，有下面两组独立的解：

第一组解：假设 $E_y \neq 0$，则 $E_x = E_z = 0$。由式(22.93)，可以得到

$$n_w = n_{wo} = n_o \quad (\text{为寻常光}) \tag{22.95}$$

相应的波速为

$$v_w = v_{wo} = \frac{c}{n_o} \quad (\text{o 光为 } y \text{ 偏振}) \tag{22.96}$$

既然波速与波传播的方向无关，则它代表寻常光，上式中的下标 o 代表 o 光。进一步，对于 o 光，$\boldsymbol{D}$ 矢量(以及 $\boldsymbol{E}$ 矢量)是 y 方向偏振的。因此，对于 o 光，$\boldsymbol{D}$ 矢量(以及 $\boldsymbol{E}$ 矢量)垂直于包含 $\boldsymbol{k}$ 和光轴的平面(如图 22.35 所示)。

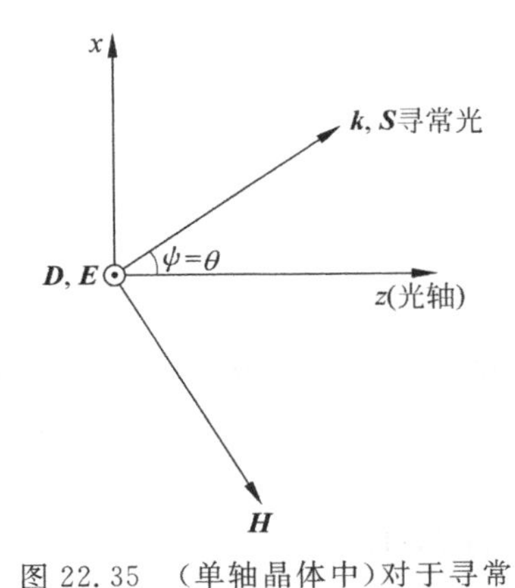

图 22.35　(单轴晶体中)对于寻常光，$\boldsymbol{D}$ 和 $\boldsymbol{E}$ 在 y 方向；$\boldsymbol{k}$ 与 $\boldsymbol{S}$ 在 x-z 平面内沿同一方向，而且 $\boldsymbol{H}$ 也位于 x-z 平面内

这就是性质小结中式(22.43)给出的情况。

第二组解：式(22.92)～式(22.94)的第二组解对应于

$$E_y = 0, \quad E_x, E_z \neq 0 \tag{22.97}$$

通过式(22.92)～式(22.94)得到

$$\frac{E_z}{E_x} = -\frac{\dfrac{n_o^2}{n_w^2} - \cos^2\psi}{\sin\psi\cos\psi} = -\frac{\sin\psi\cos\psi}{\dfrac{n_e^2}{n_w^2} - \sin^2\psi}$$

经过简单的计算可以得到

$$\frac{1}{n_w^2} = \frac{1}{n_{we}^2} = \frac{\cos^2\psi}{n_o^2} + \frac{\sin^2\psi}{n_e^2} \tag{22.98}$$

其中下标e表明该波的折射率对应于非常光。相应的波速为

$$v_{we}^2=\frac{c^2}{n_{we}^2}=\frac{c^2}{n_o^2}\cos^2\psi+\frac{c^2}{n_e^2}\sin^2\psi \tag{22.99}$$

既然这个波速与波的传播方向相关,则其代表非常光,因此使用了下标e。当然,对于非常光,有

$$D_y=\varepsilon_y E_y=0$$

由上式及式(22.81),波的电位移矢量 $\boldsymbol{D}$ 垂直于 y 轴和 $\boldsymbol{k}$,意味着:e光的电位移矢量 $\boldsymbol{D}$ 位于包含波矢 $\boldsymbol{k}$ 和光轴的平面内,并且垂直于 $\boldsymbol{k}$。

这就是性质小结中由式(22.44)给出的情况。图22.36同时画出了代表能量传播方向的坡印亭矢量 $\boldsymbol{S}(=\boldsymbol{E}\times\boldsymbol{H})$(即e光的传播方向)。图22.23(a)和(b)中的短线表示 $\boldsymbol{D}$ 矢量的方向。令 ϕ 与 θ 分别表示 $\boldsymbol{S}$ 矢量和 $\boldsymbol{k}$ 矢量以及 $\boldsymbol{S}$ 矢量和光轴的夹角(参见图22.36)。为了确定角 ϕ,注意到

$$\frac{\varepsilon_z E_z}{\varepsilon_x E_x}=\frac{D_z}{D_x}=-\tan\psi$$

并且因为

$$\frac{E_z}{E_x}=-\tan(\phi+\psi)$$

得到

$$\frac{n_e^2}{n_o^2}\tan(\phi+\psi)=\tan\psi \quad\Rightarrow\quad \phi=\arctan\left(\frac{n_o^2}{n_e^2}\tan\psi\right)-\psi \tag{22.100}$$

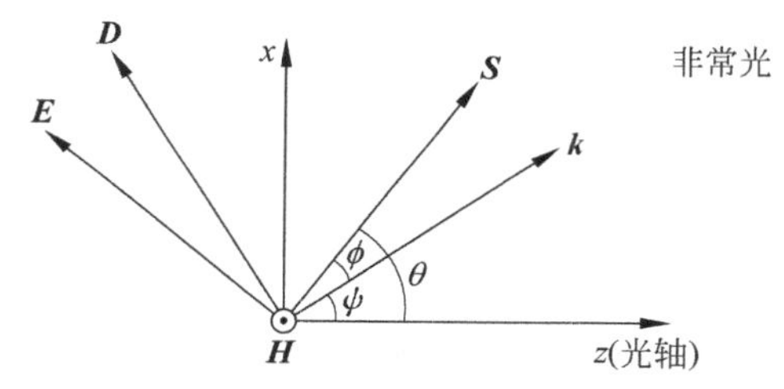

图22.36 (单轴晶体中)对于非常光,$\boldsymbol{E}$、$\boldsymbol{D}$、$\boldsymbol{S}$ 和 $\boldsymbol{k}$ 矢量均位于 x-z 平面内,$\boldsymbol{H}$ 沿着 y 方向,$\boldsymbol{S}$ 与 $\boldsymbol{E}$ 和 $\boldsymbol{H}$ 垂直,$\boldsymbol{D}$ 与 $\boldsymbol{k}$ 和 $\boldsymbol{H}$ 垂直

显然,对于负晶体,$n_o>n_e$,则 ϕ 为正,意味着光射线方向比波矢方向更远离光轴,如图22.36所示。相反,对于正晶体,$n_o<n_e$,则 ϕ 为负,意味着光射线方向比波矢方向更接近光轴。

例22.10 考虑方解石晶体($\lambda=5893$Å 且 18℃),有

$$n_o=1.65836,\quad n_e=1.48641$$

如果考虑 $\boldsymbol{k}$ 与光轴成30°角,则 $\psi=30°$,通过基本的计算,得到 $\phi=5.7°$。

22.13 射线速度与射线折射率 目标10

能量传播的方向(或者射线方向)是沿着坡印亭矢量 $\boldsymbol{S}$ 的方向,其中

$$\boldsymbol{S}=\boldsymbol{E}\times\boldsymbol{H} \tag{22.101}$$

因此，既然包含矢量 $\boldsymbol{k}$、$\boldsymbol{E}$ 和 $\boldsymbol{D}$ 的平面与 $\boldsymbol{H}$ 垂直，坡印亭矢量 $\boldsymbol{S}$ 也将位于这个平面内(参见图 22.35 和图 22.36)。对于非常光，波传播的方向($\hat{\boldsymbol{\kappa}}$)并不沿着能量传播的方向($\hat{s}$)，其中 $\hat{s}$ 为 $\boldsymbol{S}$ 方向的单位矢量。射线速度(或能量传播速度)v_r 定义为

$$v_r = \frac{S}{u} \tag{22.102}$$

式中 u 为能量密度，有

$$u = \frac{1}{2}(\boldsymbol{D}\cdot\boldsymbol{E} + \boldsymbol{B}\cdot\boldsymbol{H}) = \frac{1}{2}(\boldsymbol{D}\cdot\boldsymbol{E} + \mu_0\boldsymbol{H}\cdot\boldsymbol{H}) \tag{22.103}$$

(参见 23.5 节)。将式(22.80)与式(22.81)中的 $\boldsymbol{H}$ 和 $\boldsymbol{D}$ 代入，则有

$$\begin{aligned} u &= \frac{1}{2\omega}[(\boldsymbol{H}\times\boldsymbol{k})\cdot\boldsymbol{E} + (\boldsymbol{k}\times\boldsymbol{E})\cdot\boldsymbol{H}] \\ &= \frac{1}{2\omega}[\boldsymbol{k}\cdot(\boldsymbol{E}\times\boldsymbol{H}) + \boldsymbol{k}\cdot(\boldsymbol{E}\times\boldsymbol{H})] \\ &= \frac{1}{\omega}\boldsymbol{k}\cdot\boldsymbol{S} \end{aligned} \tag{22.104}$$

因此，式(22.102)变为

$$v_r = \frac{\omega S}{\boldsymbol{k}\cdot\boldsymbol{S}} = \frac{\omega}{k\cos\phi} = \frac{v_w}{\cos\phi} \tag{22.105}$$

其中 ϕ 为$\hat{\boldsymbol{\kappa}}$ 与 $\hat{s}$ 的夹角(参见图 22.36)。射线折射率 n_r 定义为

$$n_r = \frac{c}{v_r} = \frac{c}{v_w}\cos\phi = n_w\cos\phi \tag{22.106}$$

为了用 $\boldsymbol{D}$ 表示 $\boldsymbol{E}$，参照图 22.36 写出

$$\boldsymbol{D} = (\boldsymbol{D}\cdot\hat{e})\hat{e} + (\boldsymbol{D}\cdot\hat{s})\hat{s}$$

式中 $\hat{e}$ 为电矢量 $\boldsymbol{E}$ 方向的单位矢量。因此

$$\boldsymbol{D} - (\boldsymbol{D}\cdot\hat{s})\hat{s} = (\boldsymbol{D}\cdot\hat{e})\hat{e} = (D\cos\phi)\frac{\boldsymbol{E}}{E} \tag{22.107}$$

类似地，有

$$\boldsymbol{E} = (\boldsymbol{E}\cdot\hat{d})\hat{d} + (\boldsymbol{E}\cdot\hat{\boldsymbol{\kappa}})\hat{\boldsymbol{\kappa}} \tag{22.108}$$

式中 $\hat{d}$ 表示沿着电位移矢量 $\boldsymbol{D}$ 方向的单位矢量。如果将 $\boldsymbol{E}-(\boldsymbol{E}\cdot\hat{\boldsymbol{\kappa}})\hat{\boldsymbol{\kappa}}$ 代入式(22.85)，得到

$$\boldsymbol{D} = \frac{n_w^2}{\mu_0 c^2}(\boldsymbol{E}\cdot\hat{d})\hat{d} \quad \Rightarrow \quad D = \frac{n_w^2}{\mu_0 c^2}E\cos\phi \tag{22.109}$$

将其代入式(22.107)，得到

$$\boldsymbol{D} - (\boldsymbol{D}\cdot\hat{s})\hat{s} = \frac{n_w^2}{\mu_0 c^2}\cos^2\phi\boldsymbol{E} = \frac{n_r^2}{\mu_0 c^2}\boldsymbol{E}$$

其中，在最后一步，我们用到了式(22.106)。取上式的 x 分量(这里 x 代表一个主轴的方向)，得到

$$D_x - (D_x s_x + D_y s_y + D_z s_z)s_x = \frac{n_r^2}{\mu_0 c^2}E_x = \frac{n_r^2}{\mu_0 c^2 \varepsilon_x}D_x$$

如果应用关系

$$n_x^2=\frac{\varepsilon_x}{\varepsilon_0},\quad c^2=\frac{1}{\varepsilon_0\mu_0},\quad s_x^2+s_y^2+s_z^2=1$$

得到

$$\left(\frac{n_r^2}{n_x^2}-s_y^2-s_z^2\right)D_x+s_xs_yD_y+s_xs_zD_z=0 \tag{22.110}$$

类似地,有

$$s_xs_yD_x+\left(\frac{n_r^2}{n_y^2}-s_x^2-s_z^2\right)D_y+s_zs_yD_z=0 \tag{22.111}$$

$$s_xs_zD_x+s_zs_yD_y+\left(\frac{n_r^2}{n_z^2}-s_x^2-s_y^2\right)D_z=0 \tag{22.112}$$

如同前面的章节,上面的式子为一组齐次方程。对于非零解,必须有

$$\begin{vmatrix}\frac{n_r^2}{n_x^2}-s_y^2-s_z^2 & s_xs_y & s_xs_z\\ s_xs_y & \frac{n_r^2}{n_y^2}-s_x^2-s_z^2 & s_zs_y\\ s_xs_z & s_zs_y & \frac{n_r^2}{n_z^2}-s_x^2-s_y^2\end{vmatrix}=0 \tag{22.113}$$

我们仍然还不知道 n_r 的可能值是什么,还需要求解上式。实际上,对于一个给定的射线方向(即给定的 s_x、s_y 和 s_z),上面方程的解提供了两个 n_r 的值,伴随着两个射线速度的可能值。下面将以在单轴晶体中的传播为例加以说明。

单轴晶体中的射线传播

接下来考虑一个光轴沿着 z 方向的单轴晶体。因此,有

$$n_x=n_y=n_o,\quad n_z=n_e \tag{22.114}$$

正如在前面章节中讨论的,x 轴和 y 轴方向可以选择垂直于 z 轴的任意方向。我们这样选择 y 轴,使得射线在 x-z 平面内沿着与 z 轴成 θ 角的方向传播(参见图22.35和图22.36)。因此,有

$$s_x=\sin\theta,\quad s_y=0,\quad s_z=\cos\theta \tag{22.115}$$

式(22.110)~式(22.112)变为

$$\left(\frac{n_r^2}{n_o^2}-\cos^2\theta\right)D_x+\sin\theta\cos\theta D_z=0 \tag{22.116}$$

$$\left(\frac{n_r^2}{n_o^2}-1\right)D_y=0 \tag{22.117}$$

$$\sin\theta\cos\theta D_x+\left(\frac{n_r^2}{n_e^2}-\sin^2\theta\right)D_z=0 \tag{22.118}$$

显然,上面方程组的一个根为

$$n_r=n_{ro}=n_o$$

且

$$D_x=0=D_z\quad (y\text{ 方向偏振}) \tag{22.119}$$

相应的射线速度为

$$v_r = v_{ro} = \frac{c}{n_{ro}} = \frac{c}{n_o} \quad (\text{寻常光}) \tag{22.120}$$

既然此时射线速度与方向无关，可知为寻常光，因此，在 v_r 和 n_r 引入了下标 o。

为了得到另外的解，我们利用式(22.116)和式(22.118)，得到

$$\frac{D_z}{D_x} = -\frac{\dfrac{n_r^2}{n_o^2} - \cos^2\theta}{\sin\theta\cos\theta} = -\frac{\sin\theta\cos\theta}{\dfrac{n_r^2}{n_e^2} - \sin^2\theta}$$

显然 $D_y=0$。经过简单计算可得

$$n_r^2 = n_{re}^2 = n_o^2\cos^2\theta + n_e^2\sin^2\theta \quad (\text{非常光}) \tag{22.121}$$

且

$$\frac{D_z/n_e^2}{D_x/n_o^2} = \frac{E_z}{E_x} = -\tan\theta \quad (D_y=0) \tag{22.122}$$

相应的射线速度为(比照式(22.37))

$$\frac{1}{v_r^2} = \frac{1}{v_{re}^2} = \frac{n_{re}^2}{c^2} = \frac{\cos^2\theta}{c^2/n_o^2} + \frac{\sin^2\theta}{c^2/n_e^2} \tag{22.123}$$

可知其对应于非常光，所以 v_r 和 n_r 引入下标 e。如同在 22.5 节中讨论的，式(22.123)代表一个椭圆。如果使它绕 z 轴(即光轴)旋转，将得到旋转椭球。在讨论光在单轴晶体中传播时，这些射线速度曲面被用来构造惠更斯的次级子波。例如，在图 22.23 中，让平面电磁波垂直入射。寻常光波依然沿着与表面垂直的方向传播。然而，非常光射线将沿着 BE 和 DE'方向传播，且 EE'代表非常光的波前。回到式(22.122)，得到(参见图 22.36)

$$\tan\theta = -\frac{D_z/n_e^2}{D_x/n_o^2} = \frac{n_o^2}{n_e^2}\tan\psi \tag{22.124}$$

因此，当光波沿着与光轴成 ψ 角的方向传播时，光射线的传播方向为

$$\theta = \arctan\left(\frac{n_o^2}{n_e^2}\tan\psi\right) \tag{22.125}$$

例 22.11　作为一个例子，考虑方解石

$$n_o = 1.65836, \quad n_e = 1.48641, \quad \psi = 30°$$

得到 $\theta \approx 35.7°$。因此，该射线的方向相比波矢方向远离光轴，与图 22.36 是一致的。

22.14　琼斯运算法　　目标 11

在确定光通过起偏器或相位延迟器(比如 QWP 和 HWP)后透射光偏振态的变化时，运用琼斯运算法，计算将变得相当直接。琼斯运算法是琼斯(R. C. Jones)在 1941 年引入的。我们将通过一些简单的例子加以说明。光波用指数表示法描述，例如，一个 x 方向的偏振光(沿 z 方向传播)可以写成

$$E_x(z,t) = E_0 e^{i(kz-\omega t)}, \quad E_y(z,t) = 0 \tag{22.126}$$

如前所述，用指数形式描述光场，实际的场是式(22.126)右侧部分的实部。这样的波还

可以用一个矢量表示：

$$|\boldsymbol{E}\rangle=E_0|x\rangle \tag{22.127}$$

式中，

$$|x\rangle=\begin{pmatrix}1\\0\end{pmatrix} \tag{22.128}$$

是表示 x 方向偏振的归一化琼斯矢量。符号 $|x\rangle$ 读作"右矢 x"，代表 x 方向偏振的波。类似地，对于 y 方向偏振的光束(沿着 $+z$ 方向传播)，有

$$E_x(z,t)=0,\quad E_y(z,t)=E_0\mathrm{e}^{\mathrm{i}(kz-\omega t)} \tag{22.129}$$

还将表示成

$$|\boldsymbol{E}\rangle=E_0|y\rangle \tag{22.130}$$

式中，

$$|y\rangle=\begin{pmatrix}0\\1\end{pmatrix} \tag{22.131}$$

是表示 y 方向偏振的归一化琼斯矢量。光场在写成 $|\boldsymbol{E}\rangle$ 时，公共相位因子 $\mathrm{e}^{\mathrm{i}(kz-\omega t)}$ 被省略了。这样，对于一个沿着 z 方向传播的右旋圆偏振波(参见式(22.23)、式(22.24)和图22.16(a))，有

$$E_x(z,t)=E_0\mathrm{e}^{\mathrm{i}(kz-\omega t)},\quad E_y(z,t)=E_0\mathrm{e}^{\mathrm{i}\left(kz-\omega t+\frac{\pi}{2}\right)}=\mathrm{i}E_0\mathrm{e}^{\mathrm{i}(kz-\omega t)} \tag{22.132}$$

因此，省略公共相位因子，一个右旋圆偏振波的归一化琼斯矢量为

$$|\mathrm{RCP}\rangle=\frac{1}{\sqrt{2}}\begin{pmatrix}1\\\mathrm{i}\end{pmatrix} \tag{22.133}$$

其中 $1/\sqrt{2}$ 是归一化因子。一任意偏振光的归一化矢量可以写成

$$\frac{1}{\sqrt{|a|^2+|b|^2}}\begin{pmatrix}a\\b\end{pmatrix}$$

类似地，一个左旋圆偏振波的归一化琼斯矢量为

$$|\mathrm{LCP}\rangle=\frac{1}{\sqrt{2}}\begin{pmatrix}1\\-\mathrm{i}\end{pmatrix} \tag{22.134}$$

还可以将 $|\mathrm{RCP}\rangle$ 和 $|\mathrm{LCP}\rangle$ 写成 x 方向线偏振和 y 方向线偏振的叠加，只是 x 方和 y 方向有一个相位差

$$|\mathrm{RCP}\rangle=\frac{1}{\sqrt{2}}\begin{pmatrix}1\\\mathrm{i}\end{pmatrix}=\frac{1}{\sqrt{2}}[|x\rangle+\mathrm{i}|y\rangle] \tag{22.135}$$

$$|\mathrm{LCP}\rangle=\frac{1}{\sqrt{2}}\begin{pmatrix}1\\-\mathrm{i}\end{pmatrix}=\frac{1}{\sqrt{2}}[|x\rangle-\mathrm{i}|y\rangle] \tag{22.136}$$

另外，有

$$|x\rangle=\begin{pmatrix}1\\0\end{pmatrix}=\frac{1}{\sqrt{2}}[|\mathrm{RCP}\rangle+|\mathrm{LCP}\rangle] \tag{22.137}$$

$$|y\rangle=\begin{pmatrix}0\\1\end{pmatrix}=\frac{1}{\mathrm{i}\sqrt{2}}[|\mathrm{RCP}\rangle-|\mathrm{LCP}\rangle] \tag{22.138}$$

一个在与 x 轴方向成 α 角线偏振的光波(参见图22.26)可以写成(从现在开始，方向角

都是指与竖直轴的夹角）

$$|\mathrm{LP}\alpha\rangle=\cos\alpha\,|x\rangle+\sin\alpha\,|y\rangle=\begin{pmatrix}\cos\alpha\\ \sin\alpha\end{pmatrix}\tag{22.139}$$

下面考虑一个方解石（或者石英）晶体制作的相位延迟器，比如四分之一波片和二分之一波片。假定光轴沿着 y 方向（参见图 22.26）。这类器件中的波"模式"是沿着 x 轴和 y 轴的两线偏振光，假定 x 方向偏振的波是 o 光，而 y 方向偏振的波是 e 光。这样，如果用 $E_x(z=d)$ 和 $E_y(z=d)$ 分别表示光波经过相位延迟片（d 是厚度）后 x 方向和 y 方向偏振的分量，则

$$E_x(z=d)=\mathrm{e}^{\mathrm{i}k_\mathrm{o}d}E_x(z=0)$$

$$E_y(z=d)=\mathrm{e}^{\mathrm{i}k_\mathrm{e}d}E_y(z=0)$$

式中，

$$k_\mathrm{o}=\frac{2\pi}{\lambda_0}n_\mathrm{o},\quad k_\mathrm{e}=\frac{2\pi}{\lambda_0}n_\mathrm{e}\tag{22.140}$$

$$\begin{pmatrix}E_x(z=d)\\ E_y(z=d)\end{pmatrix}=\begin{pmatrix}\mathrm{e}^{\mathrm{i}\Phi}&0\\0&1\end{pmatrix}\begin{pmatrix}E_x(z=0)\\ E_y(z=0)\end{pmatrix}=T_\mathrm{PR}\begin{pmatrix}E_x(z=0)\\ E_y(z=0)\end{pmatrix}$$

式中，

$$\Phi=(k_\mathrm{o}-k_\mathrm{e})d=\frac{2\pi}{\lambda_0}(n_\mathrm{o}-n_\mathrm{e})d\tag{22.141}$$

是相位延迟器引入的相位差，T_PR 表示相位延迟器的琼斯矩阵（PR 是 phase retarder 的缩写），其形式为

$$T_\mathrm{PR}=\begin{pmatrix}\mathrm{e}^{\mathrm{i}\Phi}&0\\0&1\end{pmatrix}\tag{22.142}$$

对于像方解石这样的负晶体，$n_\mathrm{o}>n_\mathrm{e}$，$\Phi$ 是正的，y 方向偏振的非常光将比 x 方向偏振的寻常光传播速度快。这样，用方解石制作的 QWP（光轴沿 y 方向），$\Phi=+\frac{\pi}{2}$，并且

$$(T_\mathrm{QWP})_\mathrm{fy}=\begin{pmatrix}\mathrm{i}&0\\0&1\end{pmatrix}\quad\text{（快轴沿 }y\text{ 方向）}\tag{22.143}$$

式中下标"fy"表示快轴沿 y 方向。对于像石英这样的正晶体制作的 QWP，$n_\mathrm{o}<n_\mathrm{e}$，当其光轴沿 y 方向时，$\Phi=-\frac{\pi}{2}$，并且

$$(T_\mathrm{QWP})_\mathrm{sy}=\begin{pmatrix}-\mathrm{i}&0\\0&1\end{pmatrix}\quad\text{（慢轴沿 }y\text{ 方向）}\tag{22.144}$$

式中下标"sy"表示慢轴沿 y 方向。

例 22.12　考虑一 x 方向的线偏振波正入射到一个快轴沿 y 轴的 QWP 上，则输出光的偏振态为

$$(T_\mathrm{QWP})_\mathrm{fy}\,|x\rangle=\begin{pmatrix}\mathrm{i}&0\\0&1\end{pmatrix}\begin{pmatrix}1\\0\end{pmatrix}=\mathrm{i}\begin{pmatrix}1\\0\end{pmatrix}\tag{22.145}$$

因此，这个 x 方向线偏振的光仍然保持了 x 方向线偏振。类似地，y 方向线偏振波入射也将保持 y 方向线偏振，因为这两个线偏振波是 QWP 的本征"模式"。下面考虑一取向

为 $\alpha=\pi/4$ 的线偏振波正入射到QWP(如图22.26所示),输出光的偏振态为

$$(T_{\mathrm{QWP}})_{\mathrm{fy}}\mid \mathrm{LP45°}\rangle=\begin{pmatrix}\mathrm{i} & 0\\ 0 & 1\end{pmatrix}\frac{1}{\sqrt{2}}\begin{pmatrix}1\\1\end{pmatrix}=\frac{\mathrm{i}}{\sqrt{2}}\begin{pmatrix}1\\-\mathrm{i}\end{pmatrix}=\mid \mathrm{LCP}\rangle \tag{22.146}$$

输出偏振态为左旋圆偏振光(参见图22.26)。如果同样取向的这种线偏振波正入射到慢轴沿 y 方向的QWP上,则输出光偏振态为

$$(T_{\mathrm{QWP}})_{\mathrm{sy}}\mid \mathrm{LP45°}\rangle=\begin{pmatrix}-\mathrm{i} & 0\\ 0 & 1\end{pmatrix}\frac{1}{\sqrt{2}}\begin{pmatrix}1\\1\end{pmatrix}=\frac{-\mathrm{i}}{\sqrt{2}}\begin{pmatrix}1\\\mathrm{i}\end{pmatrix}=\mid \mathrm{RCP}\rangle$$

输出态为右旋圆偏振光。另一方面,如果线偏振取向为 $\alpha=\pi/6$,射入快轴为 y 轴的QWP,输出偏振态为

$$(T_{\mathrm{QWP}})_{\mathrm{fy}}\mid \mathrm{LP60°}\rangle=\begin{pmatrix}\mathrm{i} & 0\\ 0 & 1\end{pmatrix}\frac{1}{\sqrt{2}}\begin{pmatrix}\sqrt{3}\\1\end{pmatrix}=\frac{\mathrm{i}}{2}\begin{pmatrix}\sqrt{3}\\-\mathrm{i}\end{pmatrix}=\mid \mathrm{LEP}\rangle$$

是左旋椭圆偏振光。

对于HWP,用方解石制作的 $\Phi=+\pi$,用石英制作的 $\Phi=-\pi$($+\pi$ 和 $-\pi$ 效果是相同的),两种情况均有

$$T_{\mathrm{HWP}}=\begin{pmatrix}-1 & 0\\ 0 & 1\end{pmatrix} \tag{22.147}$$

可以证明

$$(T_{\mathrm{HWP}})_{\mathrm{fy}}=(T_{\mathrm{QWP}})_{\mathrm{fy}}(T_{\mathrm{QWP}})_{\mathrm{fy}}$$

例22.13 考虑一线偏振波(偏振面与 x 轴成45°角)正入射到一个快轴沿 y 轴的HWP上,则输出光的偏振态为

$$(T_{\mathrm{HWP}})_{\mathrm{fy}}\mid \mathrm{LP45°}\rangle=\begin{pmatrix}-1 & 0\\ 0 & 1\end{pmatrix}\frac{1}{\sqrt{2}}\begin{pmatrix}1\\1\end{pmatrix}=\frac{1}{\sqrt{2}}\begin{pmatrix}-1\\1\end{pmatrix} \tag{22.148}$$

这样,偏振面旋转了90°(如图22.27所示)。作为一个问题留给读者,如果入射线偏振光偏振面与 x 轴夹角为 α,正入射到一个快轴沿 y 轴方向的HWP上,输出偏振态将会变成怎样?

例22.14 在本例中,将计算快轴与 x 轴夹角为 θ 的相位延迟器的琼斯矩阵(参见图22.37)。对这样的相位延迟器,可以写成

$$(T_{\mathrm{PR}})_{\mathrm{f}\theta}=\begin{pmatrix}a & b\\ c & d\end{pmatrix}\quad(\text{快轴与 }x\text{ 轴夹角为 }\theta)$$

当一 x 方向线偏振波正入射到这样的相位延迟器时,其输出偏振态为

$$\mid \text{输出}\rangle=(T_{\mathrm{PR}})_{\mathrm{f}\theta}\mid x\rangle=\begin{pmatrix}a & b\\ c & d\end{pmatrix}\begin{pmatrix}1\\0\end{pmatrix}=\begin{pmatrix}a\\c\end{pmatrix} \tag{22.149}$$

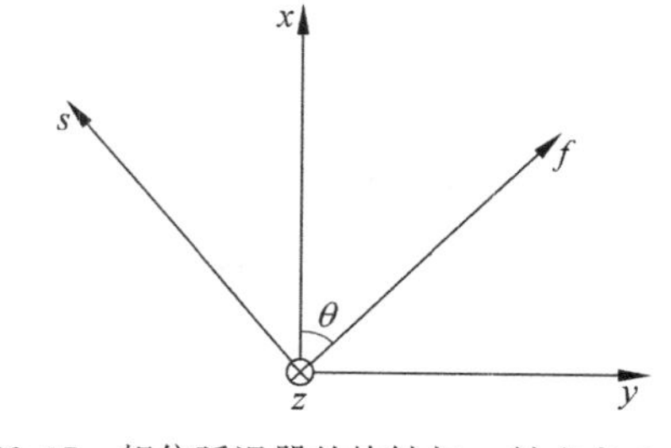

图22.37 相位延迟器的快轴与 x 轴夹角 θ。波的传播方向为 $+z$ 方向,即指向纸面内

又有

$$\mid x\rangle=\begin{pmatrix}1\\0\end{pmatrix}=\cos\theta\mid \mathrm{f}\rangle+\sin\theta\mid \mathrm{s}\rangle \tag{22.150}$$

式中,

$$\mid \mathrm{f}\rangle=\begin{pmatrix}\cos\theta\\ \sin\theta\end{pmatrix},\quad \mid \mathrm{s}\rangle=\begin{pmatrix}\sin\theta\\ -\cos\theta\end{pmatrix} \tag{22.151}$$

分别代表沿着快轴和慢轴的线偏振波的琼斯矢量。当 x 线偏振光入射到相位延迟器上时，其输出偏振态为

$$\begin{aligned} |\text{输出}\rangle &= \cos\theta\,|\,\mathrm{f}\rangle \mathrm{e}^{\mathrm{i}k_\mathrm{f}d} + \sin\theta\,|\,\mathrm{s}\rangle \mathrm{e}^{\mathrm{i}k_\mathrm{s}d} \\ &= \mathrm{e}^{\mathrm{i}k_\mathrm{f}d}\left[\cos\theta\begin{pmatrix}\cos\theta\\ \sin\theta\end{pmatrix} + \sin\theta\begin{pmatrix}\sin\theta\\ -\cos\theta\end{pmatrix}\mathrm{e}^{\mathrm{i}\Phi}\right] \end{aligned} \tag{22.152}$$

式中

$$\Phi = (k_\mathrm{s} - k_\mathrm{f})d = \frac{2\pi}{\lambda_0}(n_\mathrm{s} - n_\mathrm{f})d \tag{22.153}$$

是相位延迟器引入的两偏振分量之间的附加相位差。忽略不重要的公共相位因子 $\mathrm{e}^{\mathrm{i}k_\mathrm{f}d}$，并且比较式(22.149)，得到

$$a = \cos^2\theta + \sin^2\theta\ \mathrm{e}^{\mathrm{i}\Phi}, \quad c = \cos\theta\sin\theta(1 - \mathrm{e}^{\mathrm{i}\Phi})$$

类似地，当一个 y 方向线偏振波入射到这个相位延迟器上时，出射光偏振态为

$$|\text{输出}\rangle = (T_\mathrm{PR})_{\mathrm{f}\theta}\,|\,y\rangle = \begin{pmatrix}a & b\\ c & d\end{pmatrix}\begin{pmatrix}0\\ 1\end{pmatrix} = \begin{pmatrix}b\\ d\end{pmatrix} \tag{22.154}$$

既然

$$|\,y\rangle = \begin{pmatrix}0\\ 1\end{pmatrix} = \sin\theta\,|\,\mathrm{f}\rangle - \cos\theta\,|\,\mathrm{s}\rangle \tag{22.155}$$

则当这个 y 线偏振波入射到这个相位延迟器时，输出偏振态还可以写成

$$\begin{aligned} |\text{输出}\rangle &= \sin\theta\,|\,\mathrm{f}\rangle \mathrm{e}^{\mathrm{i}k_\mathrm{f}d} - \cos\theta\,|\,\mathrm{s}\rangle \mathrm{e}^{\mathrm{i}k_\mathrm{s}d} \\ &= \mathrm{e}^{\mathrm{i}k_\mathrm{f}d}\left[\sin\theta\begin{pmatrix}\cos\theta\\ \sin\theta\end{pmatrix} - \cos\theta\begin{pmatrix}\sin\theta\\ -\cos\theta\end{pmatrix}\mathrm{e}^{\mathrm{i}\Phi}\right] \end{aligned} \tag{22.156}$$

再一次忽略不重要的公共相位因子 $\mathrm{e}^{\mathrm{i}k_\mathrm{f}d}$，并且与式(22.154)比较，得到

$$b = \cos\theta\sin\theta(1 - \mathrm{e}^{\mathrm{i}\Phi}), \quad d = \sin^2\theta + \cos^2\theta\ \mathrm{e}^{\mathrm{i}\Phi}$$ [①]

这样，有

$$(T_\mathrm{PR})_{\mathrm{f}\theta} = \begin{pmatrix}\cos^2\theta + \sin^2\theta\mathrm{e}^{\mathrm{i}\Phi} & \cos\theta\sin\theta(1 - \mathrm{e}^{\mathrm{i}\Phi})\\ \cos\theta\sin\theta(1 - \mathrm{e}^{\mathrm{i}\Phi}) & \sin^2\theta + \cos^2\theta\mathrm{e}^{\mathrm{i}\Phi}\end{pmatrix} \quad (\text{快轴与 } x \text{ 轴夹角为 } \theta) \tag{22.157}$$

对于 QWP，$\Phi=\pi/2$，得到

$$(T_\mathrm{QWP})_{\mathrm{f}\theta} = \begin{pmatrix}\cos^2\theta + \mathrm{i}\sin^2\theta & (1-\mathrm{i})\cos\theta\sin\theta\\ (1-\mathrm{i})\cos\theta\sin\theta & \sin^2\theta + \mathrm{i}\cos^2\theta\end{pmatrix} \quad (\text{快轴与 } x \text{ 轴夹角为 } \theta) \tag{22.158}$$

对于 HWP，$\Phi=\pi$，得到

$$(T_\mathrm{HWP})_{\mathrm{f}\theta} = \begin{pmatrix}\cos2\theta & \sin2\theta\\ \sin2\theta & -\cos2\theta\end{pmatrix} \quad (\text{快轴与 } x \text{ 轴夹角为 } \theta) \tag{22.159}$$

当相位延迟器快轴沿着 y 轴方向时，$\theta=\pi/2$，就能分别得到式(22.143)和式(22.147)。可注意到 $(T_\mathrm{HWP})_{\mathrm{f}\theta}$ 仍然可以由下式得到：

---

① 这里的 d 不要和相位延迟器的厚度 d 混淆。—— 译者注

$$(T_{HWP})_{f\theta}=(T_{QWP})_{f\theta}(T_{QWP})_{f\theta} \tag{22.160}$$

用类似的方法,容易得到一个与竖直轴(x 轴)夹角为 α 的线偏振器(透振方向 α 的偏振片)的琼斯矩阵为

$$\boldsymbol{T}_{LP}(\alpha)=\begin{pmatrix}\cos^2\alpha & \sin\alpha\cos\alpha \\ \sin\alpha\cos\alpha & \sin^2\alpha\end{pmatrix} \tag{22.161}$$

例 22.15 考虑一右旋图线偏振光入射到一个与 x 轴夹角为 α 的线偏振器上,输出偏振态为

$$\boldsymbol{T}_{LP}(\alpha)\mid \mathrm{RCP}\rangle=\begin{pmatrix}\cos^2\alpha & \sin\alpha\cos\alpha \\ \sin\alpha\cos\alpha & \sin^2\alpha\end{pmatrix}\frac{1}{\sqrt{2}}\begin{pmatrix}1\\ \mathrm{i}\end{pmatrix}=\mathrm{e}^{\mathrm{i}\alpha}\frac{1}{\sqrt{2}}\begin{pmatrix}\cos\alpha\\ \sin\alpha\end{pmatrix}$$

输出偏振态是电矢量与竖直方向(即 x 轴)成 α 角的线偏振光,但是光强减为一半。这很容易理解,因为右旋圆偏振光可以写成两线偏振光的叠加,其中一线偏振光沿与 x 轴成 α 角的方向偏振,另一偏振光与前一偏振光垂直,而这个方向偏振的分量将被线偏振器吸收。

例 22.16 考虑一 x 方向偏振的线偏振光入射到一个与 x 轴夹角为 α 的线偏振器上,输出偏振态为

$$\boldsymbol{T}_{LP}(\alpha)\mid x\rangle=\begin{pmatrix}\cos^2\alpha & \sin\alpha\cos\alpha \\ \sin\alpha\cos\alpha & \sin^2\alpha\end{pmatrix}\begin{pmatrix}1\\ 0\end{pmatrix}=\cos\alpha\begin{pmatrix}\cos\alpha\\ \sin\alpha\end{pmatrix}$$

代表一个电矢量与 x 轴成 α 角的线偏振光,但是其光强度是入射光的 $\cos^2\alpha$,这显然反映了马吕斯定律。类似地,如果一个 y 方向偏振的线偏振光入射到与 x 轴夹角为 α 的线偏振器上,输出偏振光仍然是电矢量与 x 轴成 α 角的线偏振光,但是此时其光强是入射强度的 $\sin^2\alpha$。

例 22.17 透振方向与 x 轴成 45°角的线偏振器(参见图 22.26)后面放置一个快轴沿 y 方向的 QWP,其整体的琼斯矩阵为

$$(T_{QWP})_{fy}(T_{LP})_{\pi/4}=\begin{pmatrix}\mathrm{i} & 0\\ 0 & 1\end{pmatrix}\frac{1}{2}\begin{pmatrix}1 & 1\\ 1 & 1\end{pmatrix}=\frac{1}{2}\begin{pmatrix}\mathrm{i} & \mathrm{i}\\ 1 & 1\end{pmatrix}$$

容易证明,任意偏振态的光入射到这一偏振转换系统后,会产生一个左旋圆偏振光。比如一线偏振光(偏振面与 x 轴成 30 角°)入射到此系统,输出偏振态为

$$\begin{aligned}\mid 输出\rangle&=(T_{QWP})_{fy}(T_{LP})_{\pi/4}\mid \mathrm{LP}30°\rangle\\ &=\frac{1}{2}\begin{pmatrix}\mathrm{i} & \mathrm{i}\\ 1 & 1\end{pmatrix}\frac{1}{2}\begin{pmatrix}\sqrt{3}\\ 2\end{pmatrix}=\frac{\mathrm{i}(1+\sqrt{3})}{2\sqrt{2}}\frac{1}{\sqrt{2}}\begin{pmatrix}1\\ -\mathrm{i}\end{pmatrix}\end{aligned}$$

是一个光强为入射光的 $(2+\sqrt{3})/4$ 的左旋圆偏振光,这个比例恰好就是 $\cos^2 15°$,遵循马吕斯定律。

右旋偏振旋转器的琼斯矩阵(比如旋光介质或者法拉第旋光器可以起偏振旋转的作用)为

$$T_{RPR}=\begin{pmatrix}\cos\alpha & -\sin\alpha\\ \sin\alpha & \cos\alpha\end{pmatrix} \tag{22.162}$$

例 22.18 考虑一右旋圆偏振光入射到一个右旋偏振旋转器,其输出偏振态为

$$T_{RPR}\mid \mathrm{RCP}\rangle=\begin{pmatrix}\cos\alpha & -\sin\alpha\\ \sin\alpha & \cos\alpha\end{pmatrix}\frac{1}{\sqrt{2}}\begin{pmatrix}1\\ \mathrm{i}\end{pmatrix}=\mathrm{e}^{-\mathrm{i}\alpha}\left[\frac{1}{\sqrt{2}}\begin{pmatrix}1\\ \mathrm{i}\end{pmatrix}\right]=\mathrm{e}^{-\mathrm{i}\alpha}\mid \mathrm{RCP}\rangle$$

右旋圆偏振光入射，出射光还是右旋圆偏振光。类似地，左旋圆偏振光入射，出射光还是左旋圆偏振光。

例 22.19　考虑一电矢量与 x 轴成 θ 角的线偏振光入射到一右旋偏振旋转器（参见图 22.28），其输出偏振态为

$$T_{\mathrm{RPR}}\mid \mathrm{LP}\theta\rangle=\begin{pmatrix}\cos\alpha & -\sin\alpha\\ \sin\alpha & \cos\alpha\end{pmatrix}\begin{pmatrix}\cos\theta\\ \sin\theta\end{pmatrix}=\begin{pmatrix}\cos(\theta+\alpha)\\ \sin(\theta+\alpha)\end{pmatrix}\tag{22.163}$$

显示出这个线偏振光的偏振面顺时针旋转了 α 角。

类似地，一个左旋偏振旋转器的琼斯矩阵为

$$T_{\mathrm{LPR}}=\begin{pmatrix}\cos\alpha & \sin\alpha\\ -\sin\alpha & \cos\alpha\end{pmatrix}\tag{22.164}$$

这样，当一个右旋（左旋）圆偏振光通过一个右旋（左旋）偏振旋转器后，出射偏振态不变。然而，一个线偏振光通过一个右旋（左旋）偏振旋转器后，其输出偏振态仍然是线偏振光，但是右旋偏振旋转器将其偏振面顺时针旋转，左旋偏振旋转器将其偏振面逆时针旋转。

一椭圆偏振光（由式(22.18)和式(22.19)描述）表示成

$$E_x=a\,\mathrm{e}^{\mathrm{i}(kz-\omega t)},\quad E_y=b\,\mathrm{e}^{\mathrm{i}(kz-\omega t+\theta)}\tag{22.165}$$

其中 a 和 b 假定为实数，且为正。相应的归一化琼斯矩阵为

$$\mid \mathrm{EP}\rangle=\frac{1}{\sqrt{a^2+b^2}}\begin{pmatrix}a\\ b\,\mathrm{e}^{\mathrm{i}\theta}\end{pmatrix}\tag{22.166}$$

如果 $\theta=+\pi/2$，得到一个右旋椭圆偏振光，其椭圆的两个主轴分别沿 x 和 y 方向：

$$\mid \mathrm{REP}\rangle=\frac{1}{\sqrt{a^2+b^2}}\begin{pmatrix}a\\ b\,\mathrm{e}^{+\mathrm{i}\pi/2}\end{pmatrix}=\begin{pmatrix}\cos\varepsilon\\ i\sin\varepsilon\end{pmatrix}$$

$$\varepsilon=\arctan\left(\frac{b}{a}\right),\quad 0\leqslant\varepsilon\leqslant\frac{\pi}{2}\tag{22.167}$$

另一方面，如果 $\theta=-\pi/2$，得到一个左旋椭圆偏振光，其椭圆的两个主轴分别沿 x 和 y 方向：

$$\mid \mathrm{LEP}\rangle=\frac{1}{\sqrt{a^2+b^2}}\begin{pmatrix}a\\ b\,\mathrm{e}^{-\mathrm{i}\pi/2}\end{pmatrix}=\begin{pmatrix}\cos\varepsilon\\ -i\sin\varepsilon\end{pmatrix}$$

$$\varepsilon=\arctan\left(\frac{b}{a}\right),\quad 0\leqslant\varepsilon\leqslant\frac{\pi}{2}\tag{22.168}$$

例 22.20　在例 22.1～例 22.4 中，均假定了 $b=a$，偏振态相应的琼斯矩阵为

$$\mid \mathrm{EP}\rangle=\begin{pmatrix}E_x\\ E_y\end{pmatrix}=a\begin{pmatrix}1\\ \mathrm{e}^{\mathrm{i}\theta}\end{pmatrix}\tag{22.169}$$

其中 a 是正数。现将偏振态整体旋转角度 α（参见 22.4 节），得

$$\begin{pmatrix}E_\xi\\ E_\eta\end{pmatrix}=\begin{pmatrix}\cos\alpha & -\sin\alpha\\ \sin\alpha & \cos\alpha\end{pmatrix}\begin{pmatrix}E_x\\ E_y\end{pmatrix}$$

$$=\frac{a}{\sqrt{2}}\begin{pmatrix}1 & -1\\ 1 & 1\end{pmatrix}\begin{pmatrix}1\\ \mathrm{e}^{\mathrm{i}\theta}\end{pmatrix}=-\mathrm{i}\sqrt{2}\,a\,\mathrm{e}^{\mathrm{i}\theta/2}\begin{pmatrix}\sin\dfrac{\theta}{2}\\ \mathrm{i}\cos\dfrac{\theta}{2}\end{pmatrix}\tag{22.170}$$

其中用到了 $b=a$，$\alpha=\pi/4$。这样，忽略公共相位因子，得到

$$E_{\xi}=\sqrt{2}a\sin\frac{\theta}{2}\cos\omega t,\quad E_{\eta}=\sqrt{2}a\cos\frac{\theta}{2}\sin\omega t$$

代表一个椭圆方程(参见式(22.27))，其主轴是 ξ 轴和 η 轴，且长轴与短轴的比例是 $\tan\frac{\theta}{2}$(参见例 22.5)。容易看出，当 $\theta=\pi/2$ 时，方程代表一个右旋圆偏振光，而当 $\theta=3\pi/2$ 时，方程代表一个左旋圆偏振光。更一般的情况，当 $0<\theta<\pi$ 时，方程代表右旋椭圆偏振光，当 $\pi<\theta<2\pi$ 时，方程代表左旋椭圆偏振光(参见图 22.17)。当 $\theta=0,\pi,2\pi$ 时，椭圆退化为线偏振光。

利用琼斯运算法，可以非常直接地计算一些更复杂的情况，比如两个光轴成一定角度的 QWP 级联后偏振态的变化。

22.15 法拉第旋光　　目标 12

电磁波在介质中传播，如果此时沿着波传播的方向施加一个磁场，则传播的模式将是右旋圆偏振波(RCP)和左旋圆偏振波(LCP)。此时，右旋圆偏振波将以一特定传播速度保持右旋圆偏振波，而左旋圆偏振波(参见 22.16 节)将以一个稍有不同的传播速度保持左旋圆偏振波(如图 22.38 所示，并参见 22.16 节)。这种情况与 22.8 节中讨论的光学旋光的现象有些类似。考虑一线偏振光经过此介质，线偏振光可以表示成由传播速度不同的 RCP 和 LCP 的叠加，这样，光的电矢量(偏振面)在传播过程中将发生旋转，这种旋转通常称为法拉第旋光，该现象是由著名物理学家迈克尔·法拉第(Michael Faraday)于 1845 年发现的。偏振面旋转的角度 θ 可以由经验公式给出：

$$\theta=VHl \tag{22.171}$$

式中，H 代表施加的磁场强度，l 为介质的长度，V 称为韦尔代(Verdet)常量。对于二氧化硅，$V\approx2.64\times10^{-4}\,°/\text{A}\approx4.6\times10^{-6}\,\text{rad/A}$。

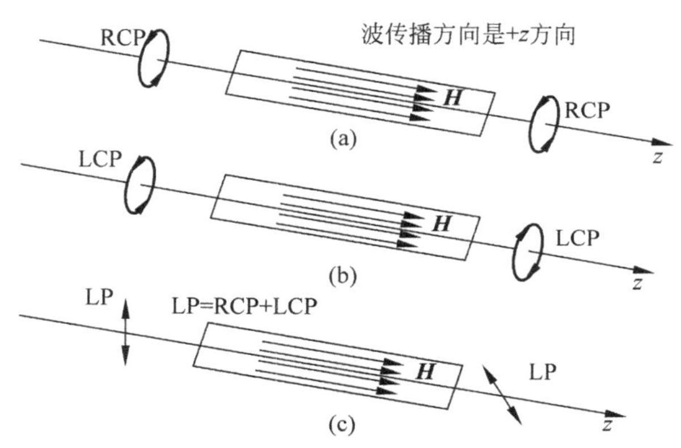

图 22.38　一电磁波在一电介质中传播。如果沿波传播方向施加一静磁场，介质中传播的模式将是右旋圆偏振波(RCP)和左旋圆偏振波(LCP)

(a) 右旋圆偏振光将以一特定传播速度保持右旋圆偏振光；(b) 左旋圆偏振光也将保持左旋圆偏振光，但是传播速度稍有不同；(c) 一线偏振光入射，电矢量方向将发生旋转

22.15.1　法拉第隔离器

法拉第旋光效应的一个重要应用是制作被称为法拉第隔离器的器件(参见图 22.39(a)和(b))。法拉第隔离器使光只能单向通过,广泛用来避免形成光反馈。在图 22.39 中,P_1 和 P_2 是两个线偏振器,它们的透光轴之间夹角为 45°。选择法拉第旋转器旋光角度为 45°。从左侧入射的光通过 P_1 变成沿 x 方向偏振的线偏振光,这个沿 x 偏振的线偏振光经过法拉第旋光器,偏振面旋转了 45°。这样,从法拉第旋光器出射的光的偏振方向沿 x'方向,与第二个线偏振器 P_2 透光轴方向一致(如图 22.39(a)所示),光将通过。一个好的隔离器透过系数是很高的。反过来,如果光从右侧入射,首先通过 P_2 变成 x'方向线偏振光,然后通过法拉第旋转器,其偏振面进一步旋转 45°,变成 y 方向偏振光,偏振面垂直于线偏振器 P_1 的透光轴,不会有光透过线偏振器 P_1(如图 22.39(b)所示)。必须注意的是,当施加的磁场沿 $+z$ 方向,且光波也沿 $+z$ 方向传播时,偏振态将顺时针转动。另一方面,光波沿 $-z$ 方向传播(如图 22.39(b)所示),则磁场方向与传播方向相反,法拉第旋光器造成的偏振态旋转是逆时针方向。

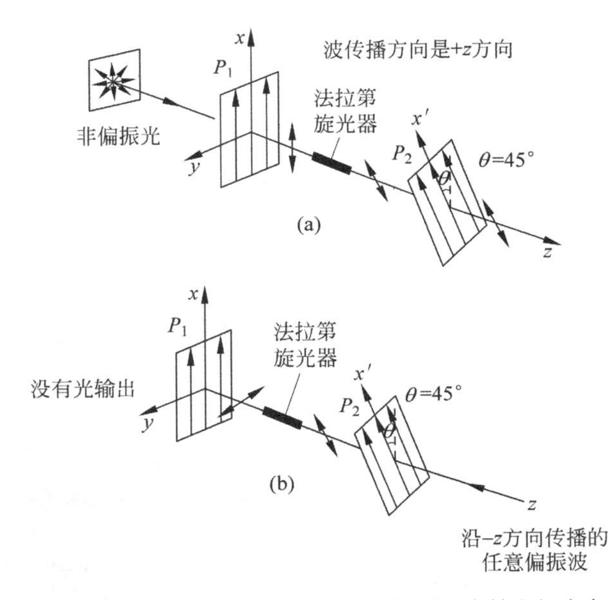

图 22.39　P_1 和 P_2 是两个线偏振器,它们的透光轴之间夹角为 45°

(a) 左侧入射光经过线偏振器 P_1 后变成沿 x 方向线偏振光,再经过法拉第旋光器偏振面旋转 45°,与第二个线偏振器 P_2 透光轴一致,因此光顺利通过;(b) (右侧入射的)任意偏振态的入射光经过线偏振器 P_2 后变成 x'方向(45°方向)线偏振光,再经过法拉第旋转器后,偏振面进一步旋转 45°,变成 y 方向线偏振光,偏振面将垂直于线偏振器 P_1,因此光不会透过

在 0.7～1.1μm 波长区域,常使用铽掺杂硼硅酸盐玻璃作为法拉第隔离器中的法拉第旋光材料。法拉第隔离器广泛应用于许多光纤器件中,在 1.3～1.55μm 波长区域(光纤通信系统关心的波段),常使用钇铁石榴石(yttrium iron garnet,YIG)晶体作为法拉第隔离器中的法拉第旋光材料。

22.15.2 利用法拉第旋光效应的大电流测量

法拉第旋光的另一个重要应用是利用单模光纤来测量大电流。考虑一根很长的单模光纤围绕一个带电流的导体缠绕多圈(参见图22.40和图22.41),这根缠绕多圈的光纤形成一个回路。如果一电流 I 通过导体,则由安培定律,在其周围的光纤回路中,有

$$\oint \boldsymbol{H} \cdot \mathrm{d}\boldsymbol{l} = NI \tag{22.172}$$

其中 N 代表光纤缠绕的圈数。因此,如果一束线偏振光入射到光纤中,则其偏振平面的旋转角度为

$$\theta = VNI \tag{22.173}$$

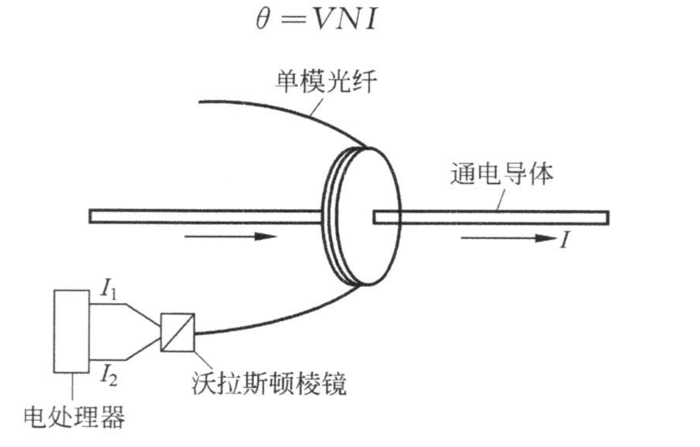

图22.40 一根单模光纤围绕一个通电流的导体螺旋形缠绕多圈。偏振平面的旋转通过一个沃拉斯顿棱镜来探测,再通过一个电处理器来进行测量

图22.41 利用法拉第旋光效应测量大电流的实验装置,位于德里的印度理工学院。图片由印度理工学院萨克(Chandra Sakher)教授友情提供

请扫1页二维码看彩图

其旋转角度 θ 与缠绕的回路形状无关。例如，对于 $I=200\text{A}$ 的电流，$N=50$，$\theta\approx0.26°$。光纤的出射光入射到一个沃拉斯顿棱镜上，对两束出射光分别进行测量，则法拉第旋转角为

$$\theta=\text{常数}\frac{I_1-I_2}{I_1+I_2} \tag{22.174}$$

式中 I_1 和 I_2 为由沃拉斯顿棱镜的两束出射光在电处理器中产生的电流。图 22.42 显示了随导体中电流值变化的实际输出变化曲线。这样的装置可以用来测量非常高的电流(约 10000A)。

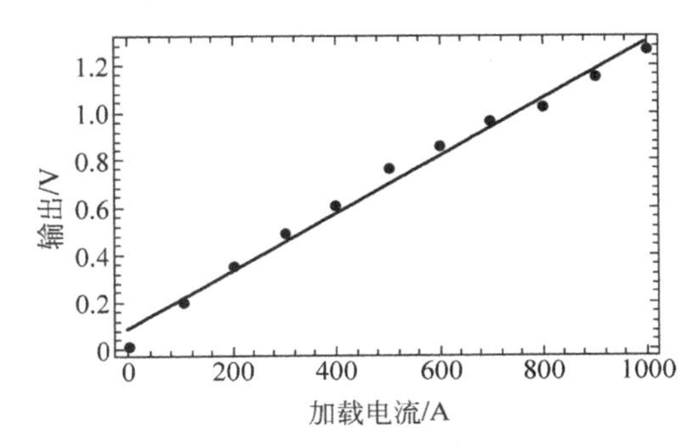

图 22.42　输出信号相对于电流的典型变化曲线(图片由帕莱(Parthasarathi Palai)博士友情提供)

22.16　光学旋光现象的理论解释　目标 13

如同前面提到的，对于各向同性介质，**D** 矢量与 **E** 矢量的方向相同，有

$$\boldsymbol{D}=\varepsilon\boldsymbol{E}=\varepsilon_0 n^2\boldsymbol{E} \tag{22.175}$$

其中 ε_0(=8.854×10^{-12}MKS 单位)为自由空间中的介电常数，$n(=\sqrt{\varepsilon/\varepsilon_0})$为介质折射率。若将蔗糖溶解在水中，则介质仍为各向同性介质。但是，因糖分子的结构为螺旋形，**D** 和 **E** 遵循下列关系：

$$\boldsymbol{D}=\varepsilon_0 n^2\boldsymbol{E}+\mathrm{i}g\hat{\boldsymbol{\kappa}}\times\boldsymbol{E}=\varepsilon_0 n^2(\boldsymbol{E}+\mathrm{i}\alpha\hat{\boldsymbol{\kappa}}\times\boldsymbol{E}) \tag{22.176}$$

式中，

$$\alpha=\frac{g}{\varepsilon_0 n^2}$$

且 $\hat{\boldsymbol{\kappa}}$ 为沿着波传播方向的单位矢量。参数 α 可以为正，也可以为负，但是其通常为一个非常小的量($\ll1$)。不失一般性，可以假设光沿着 z 轴传播，此时 $\kappa_x=\kappa_y=0$，$\kappa_z=1$，得

$$\hat{\boldsymbol{\kappa}}\times\boldsymbol{E}=\begin{pmatrix}\hat{\boldsymbol{x}} & \hat{\boldsymbol{y}} & \hat{\boldsymbol{z}}\\ 0 & 0 & 1\\ E_x & E_y & E_z\end{pmatrix}=-\hat{\boldsymbol{x}}E_y+\hat{\boldsymbol{y}}E_x$$

因此

$$\begin{pmatrix}D_x\\ D_y\\ D_z\end{pmatrix}=\begin{pmatrix}\varepsilon_0 n^2 & -\mathrm{i}g & 0\\ \mathrm{i}g & \varepsilon_0 n^2 & 0\\ 0 & 0 & \varepsilon_0 n^2\end{pmatrix}\begin{pmatrix}E_x\\ E_y\\ E_z\end{pmatrix} \tag{22.177}$$

其 ε 矩阵仍为厄米矩阵，但是这里对角线元素之外还存在少量虚元素。正是这些对角线外

的元素导致了光学旋光。将式(22.85)改写为

$$\frac{n_w^2}{c^2\mu_0}[\boldsymbol{E}-(\hat{\boldsymbol{\kappa}}\cdot\boldsymbol{E})\hat{\boldsymbol{\kappa}}]=\boldsymbol{D}$$

写出上式的 x 和 y 分量式,因为 $\kappa_x=\kappa_y=0,\kappa_z=1$,有

$$\frac{n_w^2}{c^2\mu_0}E_x=D_x=\varepsilon_0 n^2E_x-\mathrm{i}gE_y$$

$$\frac{n_w^2}{c^2\mu_0}E_y=D_y=\mathrm{i}gE_x+\varepsilon_0 n^2E_y$$

因此,有

$$\left(\frac{n_w^2}{n^2}-1\right)E_x=-\mathrm{i}\alpha E_y$$

$$\left(\frac{n_w^2}{n^2}-1\right)E_y=\mathrm{i}\alpha E_x$$

其中用到了 $c=1/\sqrt{\varepsilon_0\mu_0}$。为了得到非零解,有

$$\left(\frac{n_w^2}{n^2}-1\right)^2=\alpha^2$$

给出

$$n_w=n\sqrt{1\pm\alpha} \tag{22.178}$$

$$E_y=\pm\mathrm{i}E_x \tag{22.179}$$

将两个解写成 $n_\mathrm{R}(=n\sqrt{1+\alpha})$和 $n_\mathrm{L}(=n\sqrt{1-\alpha})$。相应的传播常数为

$$k=k_\mathrm{R}=\frac{\omega}{c}n_\mathrm{R}=\frac{\omega}{c}n\sqrt{1+\alpha} \tag{22.180}$$

$$k=k_\mathrm{L}=\frac{\omega}{c}n_\mathrm{L}=\frac{\omega}{c}n\sqrt{1-\alpha} \tag{22.181}$$

对于 $n_w=n_\mathrm{R}$,如果

$$E_x=E_0\mathrm{e}^{\mathrm{i}(k_\mathrm{R}z-\omega t)}$$

则有

$$E_y=+\mathrm{i}E_x=E_0\mathrm{e}^{\mathrm{i}\left(k_\mathrm{R}z-\omega t+\frac{\pi}{2}\right)}$$

代表右旋圆偏振光,因此带有下标R。类似地,对于 $n_w=n_\mathrm{L}$,如果

$$E_x=E_0\mathrm{e}^{\mathrm{i}(k_\mathrm{L}z-\omega t)}$$

则有

$$E_y=-\mathrm{i}E_x=E_0\mathrm{e}^{\mathrm{i}\left(k_\mathrm{L}z-\omega t-\frac{\pi}{2}\right)}$$

代表左旋圆偏振光,因此带有下标L。右旋圆偏振光和左旋圆偏振光为光学旋光物质的两种“模式”。对于任意的入射偏振态,必须将其写成这两种模式的叠加,并分别研究这两种模式如何传播。有

$$n_\mathrm{R}-n_\mathrm{L}=n(\sqrt{1+\alpha}-\sqrt{1-\alpha})\approx n\alpha \tag{22.182}$$

如果将质量为 d 的纯净的糖溶解在100g的水溶液中,则对于 $\lambda=5893$Å(钠灯),有

$$n_\mathrm{R}-n_\mathrm{L}\approx 2.2\times10^{-6}d$$

因此,如果 $d=5$g,则 $n_\mathrm{R}-n_\mathrm{L}\approx1.1\times10^{-5}$,$\alpha\approx0.83\times10^{-5}$,其中假设了 $n\approx1.33$。进一步,

旋转的角度为(参见式(22.58))

$$\Phi=\frac{\pi}{\lambda_0}(n_L-n_R)z \tag{22.183}$$

定义旋光率 ρ 为光波传播 1cm 距离时偏振面旋转的角度,有

$$\rho=\frac{\pi}{\lambda_0}(n_L-n_R) \tag{22.184}$$

式中 λ_0 以厘米为单位。对于前面提到的糖溶液(5g 纯净的糖溶解在 100g 的水溶液中)

$$\rho\approx-0.59\mathrm{rad/cm}$$

负号代表偏振方向沿逆时针方向旋转。

石英中的光学旋光

当一平面偏振波沿石英晶体光轴传播时,可以观察到光学旋光现象。电磁波在这种晶体中传播的一般理论很复杂。但是,如果传播不是沿着光轴方向,则其模式非常接近于线偏振波,则可以应用 22.16 节中的分析进行讨论。如果传播是沿着 z 轴,则有(比照式(22.177))

$$\begin{pmatrix}D_x\\D_y\\D_z\end{pmatrix}=\begin{pmatrix}\varepsilon_0n_o^2 & -\mathrm{i}g & 0\\ \mathrm{i}g & \varepsilon_0n_o^2 & 0\\ 0 & 0 & \varepsilon_0n_e^2\end{pmatrix}\begin{pmatrix}E_x\\E_y\\E_z\end{pmatrix} \tag{22.185}$$

其中 n_o 和 n_e 为晶体的常数。进行如上相同的分析,有

$$n_R\approx n_o\left(1+\frac{1}{2}\alpha\right)$$

$$n_L\approx n_o\left(1-\frac{1}{2}\alpha\right)$$

给出

$$n_R-n_L\approx n_o\alpha$$

$$\rho=\frac{\pi}{\lambda_0}(n_R-n_L)\approx\frac{\pi n_o\alpha}{\lambda_0}$$

式中 λ_0 以厘米为单位。对于石英晶体,有

$$\rho\approx\pm8.54\mathrm{rad/cm},\quad \lambda_0=4046.56\text{Å}$$

$$\rho\approx\pm3.79\mathrm{rad/cm},\quad \lambda_0=5892.90\text{Å}$$

$$\rho\approx\pm2.43\mathrm{rad/cm},\quad \lambda_0=7281.35\text{Å}$$

(数据引自文献[22.17])。对于石英晶体,可以有 $n_R>n_L$ 或者 $n_R<n_L$。对于 $\lambda_0=4046.56$Å,容易得到

$$|n_L-n_R|\approx1.1\times10^{-4}$$

可以将这个值与 $n_e-n_o\approx0.9\times10^{-2}$ 进行比较。对于较长的波长,$|n_L-n_R|$ 的值非常小。

22.17　法拉第旋光现象的理论解释　　目标 13

正如在 7.5 节中讨论过的,当存在外电场 $\boldsymbol{E}$ 时,电子运动方程为(参见式(7.62))

$$\frac{\mathrm{d}^2\boldsymbol{r}}{\mathrm{d}t^2}+\omega_0^2\boldsymbol{r}=-\frac{q}{m}\boldsymbol{E} \tag{22.186}$$

当存在一静磁场 $\boldsymbol{B}$ 时,将附加一项洛伦兹力的($\boldsymbol{v}\times\boldsymbol{B}$)项:

$$\frac{\mathrm{d}^2\boldsymbol{r}}{\mathrm{d}t^2}+\omega_0^2\boldsymbol{r}=-\frac{q}{m}\boldsymbol{E}-\frac{q}{m}\dot{\boldsymbol{r}}\times\boldsymbol{B} \tag{22.187}$$

其中 $\boldsymbol{r}=x\hat{\boldsymbol{x}}+y\hat{\boldsymbol{y}}+z\hat{\boldsymbol{z}}$,表示电子的位置矢量,$\hat{\boldsymbol{x}}$、$\hat{\boldsymbol{y}}$、$\hat{\boldsymbol{z}}$ 为单位矢量;$q(=+1.6\times10^{-19}\mathrm{C})$为电子电量。假设磁场沿着 z 方向,则

$$B_x=0=B_y,\quad B_z=B_0 \tag{22.188}$$

因此

$$\dot{\boldsymbol{r}}\times\boldsymbol{B}=\begin{vmatrix}\hat{\boldsymbol{x}} & \hat{\boldsymbol{y}} & \hat{\boldsymbol{z}}\\ \frac{\mathrm{d}x}{\mathrm{d}t} & \frac{\mathrm{d}y}{\mathrm{d}t} & \frac{\mathrm{d}z}{\mathrm{d}t}\\ 0 & 0 & B_0\end{vmatrix}=\left(\hat{\boldsymbol{x}}\frac{\mathrm{d}y}{\mathrm{d}t}-\hat{\boldsymbol{y}}\frac{\mathrm{d}x}{\mathrm{d}t}\right)B_0 \tag{22.189}$$

对于一束沿 z 方向传播的圆偏振光

$$\boldsymbol{E}_{\pm}=(\hat{\boldsymbol{x}}\pm\mathrm{i}\hat{\boldsymbol{y}})E_0\mathrm{e}^{\mathrm{i}(kz-\omega t)} \tag{22.190}$$

式中的加号和减号分别对应右旋和左旋圆偏振光。若分别写出式(22.187)的 x 和 y 分量,有

$$\frac{\mathrm{d}^2x}{\mathrm{d}t^2}+\omega_0^2x+\frac{qB_0}{m}\frac{\mathrm{d}y}{\mathrm{d}t}=-\frac{q}{m}E_0\mathrm{e}^{\mathrm{i}(kz-\omega t)} \tag{22.191}$$

$$\frac{\mathrm{d}^2y}{\mathrm{d}t^2}+\omega_0^2y-\frac{qB_0}{m}\frac{\mathrm{d}x}{\mathrm{d}t}=\mp\mathrm{i}\frac{q}{m}E_0\mathrm{e}^{\mathrm{i}(kz-\omega t)} \tag{22.192}$$

式中的减号和加号分别对应右旋和左旋圆偏振光。如果

$$x=x_0\mathrm{e}^{\mathrm{i}(kz-\omega t)},\quad y=y_0\mathrm{e}^{\mathrm{i}(kz-\omega t)}$$

有

$$(\omega^2-\omega_0^2)x_0+\mathrm{i}\omega_c\omega y_0=+\frac{q}{m}E_0 \tag{22.193}$$

$$(\omega^2-\omega_0^2)y_0-\mathrm{i}\omega_c\omega x_0=\pm\mathrm{i}\frac{q}{m}E_0 \tag{22.194}$$

式中,

$$\omega_c=\frac{qB_0}{m} \tag{22.195}$$

为电子在磁场 B_0 下的回旋频率。如果将式(22.193)乘以$(\omega^2-\omega_0^2)$,式(22.194)乘以$(-\mathrm{i}\omega_c\omega)$,并将两式相加,得到

$$[(\omega^2-\omega_0^2)^2-\omega_c^2\omega^2]x_0=\frac{q}{m}E_0[(\omega^2-\omega_0^2)\pm\omega_c\omega]$$

则

$$x_0=\frac{qE_0}{m[(\omega^2-\omega_0^2)\mp\omega_c\omega]}$$

类似地,有

$$y_0=\pm\mathrm{i}\frac{qE_0}{m[(\omega^2-\omega_0^2)\mp\omega_c\omega]}=\pm\mathrm{i}x_0$$

因此,电极化强度矢量为

$$\boldsymbol{P}=-Nq\boldsymbol{r}=-Nq\frac{qE_0(\hat{\boldsymbol{x}}\pm \mathrm{i}\hat{\boldsymbol{y}})}{m[(\omega^2-\omega_0^2)\mp\omega_c\omega]}\mathrm{e}^{\mathrm{i}(kz-\omega t)}=\chi\boldsymbol{E}_{\pm}$$

其中极化率 χ 为

$$\chi=\frac{Nq^2}{m}\frac{1}{(\omega_0^2-\omega^2)\pm\omega_c\omega}$$

因此，两模式是右旋圆偏振波 $\boldsymbol{E}_+$ 和左旋圆偏振波 $\boldsymbol{E}_-$，相应的折射率为(参照式(7.84))

$$n_{\pm}^2=1+\frac{Nq^2}{m\varepsilon_0}\frac{1}{(\omega_0^2-\omega^2)\pm\omega_c\omega}$$

式中的正号和负号分别代表右旋和左旋圆偏振光。

习　　题

22.1　讨论当光的 x、y 分量为如下形式的偏振态时：

(1) $\begin{cases}E_x=E_0\cos(\omega t+kz)\\ E_y=\dfrac{1}{\sqrt{2}}E_0\cos(\omega t+kz+\pi)\end{cases}$

(2) $\begin{cases}E_x=E_0\sin(\omega t+kz)\\ E_y=E_0\cos(\omega t+kz)\end{cases}$

(3) $\begin{cases}E_x=E_0\sin\left(kz-\omega t+\dfrac{\pi}{3}\right)\\ E_y=E_0\sin\left(kz-\omega t-\dfrac{\pi}{6}\right)\end{cases}$

(4) $\begin{cases}E_x=E_0\cos\left(kz-\omega t+\dfrac{\pi}{4}\right)\\ E_y=\dfrac{1}{\sqrt{2}}E_0\cos(kz-\omega t)\end{cases}$

对于每种情况，画出电矢量末端在 $z=0$ 平面内变化的情况。

[**答案**：(1) 线性偏振；(2) 右旋圆偏振；(3) 左旋圆偏振；(4) 左旋椭圆偏振]

22.2　一平面电磁波的电矢量为

$$E_x=2E_0\cos(\omega t-kz+\phi),\quad E_y=E_0\sin(\omega t-kz)$$

当(1) $\phi=0$；(2) $\phi=\pi/2$；(3) $\phi=\pi/4$ 时，画出其表示的偏振态的图(即圆、平面、椭圆或非偏振)。

22.3　应用表 22.1 的数据，计算 $\lambda_0=5890$Å 时石英二分之一波片的厚度。

[**答案**：32.34μm]

22.4　一束右旋圆偏振光入射到一个方解石二分之一波片。证明：出射波将为左旋圆偏振光。

22.5　对于放在水($n=4/3$)中的玻璃板($n=1.5$)，其布儒斯特角为多少？

[**答案**：48.4°]

22.6　考虑一束平面电磁波正入射到一个光轴平行于表面的石英晶体四分之一波片上(参

见图22.26),因此,光轴沿着 y 轴,光束沿 z 轴传播。证明:E_x 为o光,E_y 为e光。

(1) 假设在 $z=0$ 处,有

$$\begin{cases} E_x = E_0 \cos\omega t \\ E_y = E_0 \cos\omega t \end{cases}$$

证明:透射光为右旋圆偏振光。

(2) 假设在 $z=0$ 处,有

$$\begin{cases} E_x = E_0 \sin\omega t \\ E_y = E_0 \cos\omega t \end{cases}$$

证明:透射光为线偏振光。

22.7 证明 $\boldsymbol{D}$ 与 $\boldsymbol{E}$ 之间的夹角与坡印亭矢量 $\boldsymbol{S}$ 和传播矢量 $\boldsymbol{k}$ 之间的夹角相同。

22.8 考虑非常光在KDP晶体中的传播。如果波矢量与光轴夹角为45°,计算 $\boldsymbol{S}$ 和 $\boldsymbol{k}$ 的夹角。对于 $LiNbO_3$ 的情况,重复以上计算。$LiNbO_3$ 和KDP的 n_o 和 n_e 的值在表22.1中给出。

[**答案**:1.56°和2.25°]

22.9 证明:当入射角为布儒斯特角时,反射光和折射光方向之间成直角。

22.10 (1) 考虑两个透光轴相互垂直放置的偏振片放在一束光强为 I_0 的非偏振光的传播路径上(参见图22.6)。如果我们在它们之间放置第三个偏振片,一般来说,总有一些光将透过。解释这个现象。

(2) 假设第三个偏振片的透光轴与另两个夹角均为45°,计算透射光的强度。假设所有偏振片为理想的。

[**答案**:$I_0/8$]

22.11 一个四分之一波片在两个相互垂直放置的偏振片中并旋转。如果一束非偏振光入射到第一个偏振片上,讨论当四分之一波片旋转时,透射光强的变化情况。若将四分之一波片替换为二分之一波片,将发生什么情况?

22.12 在习题22.11中,若四分之一波片的光轴与每个偏振片的透光轴成45°,证明:只有四分之一的入射光强透过系统。若将四分之一波片换为二分之一波片,证明:有一半的入射光强可以透过。

22.13 对于方解石,在波长为 $\lambda_0 = 4046Å$ 时,$n_o = 1.68134$,$n_e = 1.49694$;在 $\lambda_0 = 7065Å$ 时,$n_o = 1.65207$,$n_e = 1.48359$。有一个对应于波长 $\lambda_0 = 4046Å$ 的四分之一波片。如果波长 $\lambda_0 = 7065Å$ 的左旋圆偏振光入射到这个波片上,则透射光的偏振态是什么?

22.14 一个二分之一波片(HWP)在两个垂直放置的偏振片 P_1 和 P_2 中间。光轴与 P_1 的透光轴成15°,如图22.43(a)和(b)所示。若一束光强为 I_0 的非偏振光正入射到 P_1、I_1、I_2 和 I_3 分别代表通过 P_1、二分之一波片和 P_2 后的透射光强,计算 I_1/I_0、I_2/I_0 和 I_3/I_0。

[**答案**:1/2,1/2,1/8]

22.15 两个方解石棱镜($n_o > n_e$)粘合在一起,如图22.44所示。横线和点分别代表光轴的方向。一束非偏振光从区域Ⅰ正入射到正方体。假设棱镜角为12°。确定在区域Ⅱ、Ⅲ和Ⅳ中光束的路径和振动方向(即 $\boldsymbol{D}$ 的方向)。

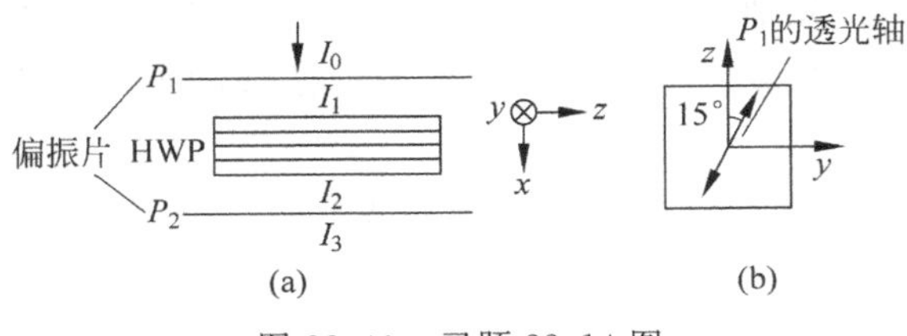

图 22.43　习题 22.14 图

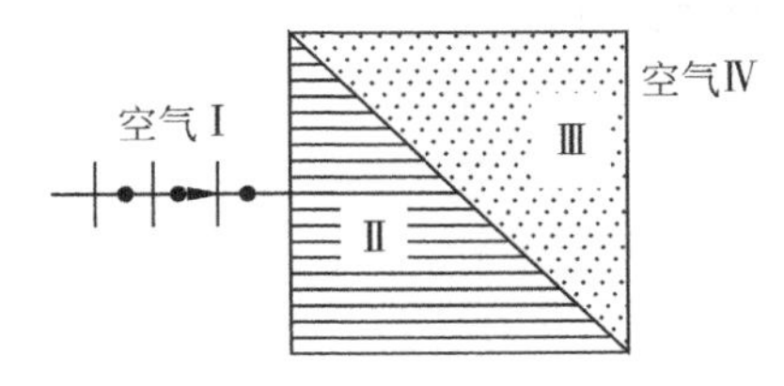

图 22.44　习题 22.15 图

22.16　考虑一方解石四分之一波片，光轴沿 y 轴方向(参见图 22.26)。利用琼斯运算法得出入射光为以下情况的输出光偏振态：

(1) x 方向线偏振光；

(2) y 方向线偏振光；

(3) 左旋圆偏振光；

(4) 电矢量与 x 轴成 45°的线偏振光；

(5) 电矢量与 x 轴成 60°的线偏振光；

(6) 左旋椭圆偏振光，其电矢量由下式表示：

$$\begin{cases} E_x = \dfrac{\sqrt{3}}{2} E_0 \cos(kz - \omega t) \\ E_y = \dfrac{1}{2} E_0 \sin(kz - \omega t) \end{cases} \tag{22.196}$$

22.17　考虑一方解石二分之一波片，光轴沿 y 轴方向(参见图 22.26)。利用琼斯运算法得出以下情况下的输出光偏振态。入射光为

(1) x 方向线偏振光；

(2) y 方向线偏振光；

(3) 左旋圆偏振光；

(4) 电矢量与 x 轴成 45°角的线偏振光；

(5) 电矢量与 x 轴成 60°角的线偏振光；

(6) 左旋椭圆偏振光，其电矢量由式(22.196)表示。

22.18　一个六分之一波片放置在两个垂直放置的偏振片中，光轴与第一个偏振片透光轴夹角为 45°(如图 22.45 所示)。考虑一束光强为 I_0 的非偏振光正入射到偏振片上。假设光轴沿着 x 轴，光束沿 z 轴传播。写出光通过(1)P_1，(2)六分之一波片，(3)P_2 后电矢量的 x 和 y 分量(及相应光强)。

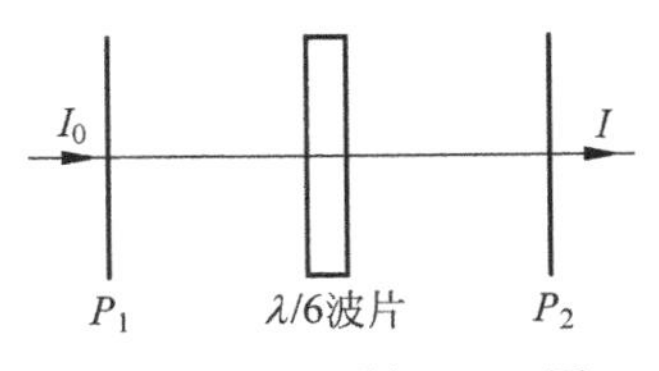

图 22.45　习题 22.18 图

22.19　一束光通过一个起偏器。如果起偏器以光束为轴旋转，透射光强度 I 不变，则入射光可能的偏振态是什么？借助一个给定偏振片和一个四分之一波片，如何确定入射光的偏振态？

22.20　考虑一个由两个相似的方解石棱镜($n_o = 1.66$，$n_e = 1.49$)组成的沃拉斯顿棱镜，如图 22.31 所示，棱镜角为 20°。计算两束透射光的分离角。

22.21 (1) 考虑一束平面电磁波正入射到一个光轴与表面法线成20°的方解石晶体上(参见图22.23(a))。因此 $\psi=20°$。计算坡印亭矢量与晶体表面法线的夹角。假设 $n_o=1.66$,$n_e=1.49$。

(2) 在(1)中,如果将晶体换为石英($n_o=1.544$,$n_e=1.553$),情况如何?

[**答案**:(1) 4.31°]

22.22 一个线偏振器的透光轴与 x 轴成+45°,x 轴假定是竖直方向(如图22.6所示)。写出其琼斯矩阵。利用这个琼斯矩阵,计算以下情况输出光的偏振态:

(1) 入射光沿 x 轴方向线偏振;

(2) 入射光沿与 x 轴成+45°的方向线偏振;

(3) 入射光沿与 x 轴成−45°的方向线偏振;

(4) 入射光是右旋圆偏振光。

22.23 有一个四分之一波片,其快轴沿 y 轴方向。一个线偏振器透光轴与 x 轴成−45°。写出它们的琼斯矩阵。利用琼斯运算法确定以下情况的输出偏振态:

(1) x 方向线偏振光首先入射该四分之一波片,再通过该线偏振器;

(2) x 方向线偏振光首先入射线偏振器,再通过四分之一波片。

22.24 证明:一个快轴相对于 x 轴成 θ 角的四分之一波片的琼斯矩阵为

$$(T_{\mathrm{QWP}})_{f\theta}=\begin{pmatrix}\cos^2\theta+\mathrm{i}\sin^2\theta & (1-\mathrm{i})\cos\theta\sin\theta\\(1-\mathrm{i})\cos\theta\sin\theta & \sin^2\theta+\mathrm{i}\cos^2\theta\end{pmatrix}\tag{22.197}$$

证明:一个快轴相对于 x 轴成 θ 角的二分之一波片的琼斯矩阵为

$$(T_{\mathrm{HWP}})_{f\theta}=(T_{\mathrm{QWP}})_{f\theta}(T_{\mathrm{QWP}})_{f\theta}=\begin{pmatrix}\cos2\theta & \sin2\theta\\\sin2\theta & -\cos2\theta\end{pmatrix}\tag{22.198}$$

22.25 一个与 x 轴成 ϕ 角的线偏振光(参见式(22.139))入射到一光轴方向与 x 轴成 θ 角的二分之一波片上。证明:输出偏振态也是线偏振光,但是偏振面旋转了 $2(\theta-\phi)$ 角。

22.26 对于方解石,在波长为 $\lambda_0=4046\text{Å}$ 时,$n_o=1.68134$,$n_e=1.49694$;在 $\lambda_0=7065\text{Å}$ 时,$n_o=1.65207$,$n_e=1.48359$。现有一个对应于波长 $\lambda_0=4046\text{Å}$ 的四分之一波片,确定波片的厚度 d。证明:这个波片对于波长 $\lambda_0=4046\text{Å}$ 和 $\lambda_0=7065\text{Å}$ 的琼斯矩阵分别为

$$T(\lambda_0=4046\text{Å})=\begin{pmatrix}\mathrm{i} & 0\\0 & 1\end{pmatrix}$$

$$T(\lambda_0=7065\text{Å})=\begin{pmatrix}\mathrm{e}^{\mathrm{i}\pi/3.82} & 0\\0 & 1\end{pmatrix}$$

[**答案**:$d\approx5.49\times10^{-5}\,\mathrm{cm}$]

22.27 考虑一束如下式所示的右旋椭圆偏振光,在 $z=0$ 面入射到糖溶液中

$$E_x=5\cos\omega t,\quad E_y=4\sin\omega t$$

工作波长 $\lambda_0=6328\text{Å}$,假设

$$n_L-n_R=10^{-5},\quad n_L=4/3$$

研究光束偏振态的变化。

22.28　考虑习题 22.27 中的偏振光入射到椭圆芯光纤中的情况。其中

$$\frac{\beta_x}{k_0}\approx 1.506845,\quad \frac{\beta_y}{k_0}\approx 1.507716$$

计算在位置 $z=0.25L_b$，$0.5L_b$，$0.75L_b$，L_b 处的偏振态。

22.29　当光轴位于晶体表面，同时位于入射面时，(通过几何考虑)证明寻常光和非常光的折射角(用 r_o 和 r_e 表示)有如下关系：

$$\frac{\tan r_o}{\tan r_e}=\frac{n_o}{n_e}$$

第23章 电 磁 波

当麦克斯韦完成他的发现时，他会说："有了电和磁，然后就有了光"。

——理查德·费恩曼[①]

学习目标

学过本章后，读者应该学会：

目标1：讨论麦克斯韦方程组。

目标2：证明电介质中的电磁波解满足麦克斯韦方程组。

目标3：推导电介质中的三维平面电磁波波动方程。

目标4：讨论坡印亭矢量。

目标5：计算一电磁波的能量密度和波强度。

目标6：描述一个吸收介质中的电磁波传输。

目标7：描述一个导电介质中的电磁波传输。

目标8：推导平面电磁波入射到一个完全吸收介质上时造成的辐射压强表达式。

目标9：推导两介质分界面电场和磁场的连续性条件。

目标10：讨论麦克斯韦方程组的物理意义。

23.1 引言

本章将证明在电介质中下列电场和磁场的表达式：

$$\boldsymbol{E}=\hat{\boldsymbol{x}}E_0\mathrm{e}^{\mathrm{i}(kz-\omega t)} \tag{23.1}$$

$$\boldsymbol{H}=\hat{\boldsymbol{y}}H_0\mathrm{e}^{\mathrm{i}(kz-\omega t)},\quad H_0=\frac{E_0}{\eta},\quad \eta=\frac{120\pi\Omega}{n} \tag{23.2}$$

是麦克斯韦方程组的解。式中采用国际单位制，n 是折射率，η 是介质的"固有阻抗"，这些量将在23.4节给出定义。上述公式代表一(沿 z 方向传播的)电磁平面波，实际的电磁场是上述公式取实部。正如所见，电场和磁场同相位，且二者方向总是垂直于传播方向，并相互垂直。由式(23.1)和式(23.2)描述的平面电磁波被称为 x 线偏振的，因为其电场沿 x 方向振荡。再者，该电磁波的传播速度为

$$v=\frac{\omega}{k}=\frac{c}{n} \tag{23.3}$$

式中，

---

① 参考文献[23.6]。

$$c = 2.99792458 \times 10^8 \text{ m/s} \tag{23.4}$$

是真空中电磁波的速度，在真空中，所有频率的电磁波的传播速度都相同。其能量流的方向(代表波的传播方向)是沿着 z 方向的，平均来讲，单位时间内有 $E_0^2/(2\eta)$ 能量越过(垂直于 z 轴的)单位面积。(与电磁波相联系的)相应的平均能量密度为

$$\langle u \rangle = \frac{1}{2}\varepsilon E_0^2 \tag{23.5}$$

电磁波波强度为

$$I = \frac{1}{2}\varepsilon v E_0^2 = \frac{1}{2}\varepsilon_0 c n E_0^2 \tag{23.6}$$

ε_0 和 ε 分别是自由空间和介质中的介电常数(也叫电容率)。

本章还将讨论电磁波在金属中的传播和折射率的复数表示。这种麦克斯韦方程组的解非常重要，在固体物理、等离子体物理、电气工程等领域有着广泛的应用。

23.2　麦克斯韦方程组　　目标 1

所有的电磁现象都可以说是遵循麦克斯韦方程组的。这些方程基于实验观察，由下列各式组成：

$$\nabla \cdot \boldsymbol{D} = \rho \tag{23.7}$$

$$\nabla \cdot \boldsymbol{B} = 0 \tag{23.8}$$

$$\nabla \times \boldsymbol{E} = -\frac{\partial \boldsymbol{B}}{\partial t} \tag{23.9}$$

$$\nabla \times \boldsymbol{H} = \frac{\partial \boldsymbol{D}}{\partial t} + \boldsymbol{J} \tag{23.10}$$

式中 ρ 代表电荷密度，$\boldsymbol{J}$ 代表电流密度，$\boldsymbol{E}$、$\boldsymbol{D}$、$\boldsymbol{B}$ 和 $\boldsymbol{H}$ 分别代表电场强度、电位移矢量、磁感应强度和磁场强度。另外，对于矢量运算还有等价的表示

$$\nabla \cdot \boldsymbol{D} \equiv \operatorname{div}\boldsymbol{D}$$

$$\nabla \times \boldsymbol{D} \equiv \operatorname{curl}\boldsymbol{D}$$

著名物理学家理查德·费恩曼在他的著名著作(文献[23.6])中写道

……从人类历史的长河这个视角来看——比如说，从现在起往前追溯一万年——麦克斯韦关于电动力学规律的发现无疑是 19 世纪最有意义的事件，与这一重要的科学事件相比，在同一时期发生的美国南北战争不过是一个区域性事件，显得苍白和不足挂齿。

……无数的实验已经证实麦克斯韦方程组是正确的。搬开他用来建立电磁学大厦所准备的脚手架，麦克斯韦所建立的华丽大厦本身仍巍然屹立。他把所有电学和磁学的定律组合在一起，构成了一套完整而优美的理论。

只有在 $\boldsymbol{D}$ 相对于 $\boldsymbol{E}$、$\boldsymbol{B}$ 相对于 $\boldsymbol{H}$ 以及 $\boldsymbol{J}$ 相对于 $\boldsymbol{E}$ 的“本构关系式”已知时，麦克斯韦方程组式(23.7)～式(23.10)才有解。这种“本构关系式”取决于介质的性质、场强等。比如，对于各向异性介质，ε 是一个张量(参见 22.12 节)；对于强电场情况，ε 本身也与场强 $\boldsymbol{E}$ 有关。对于线性、各向同性以及均匀的介质，其“本构关系式”[①]由以下方程给出：

$$\boldsymbol{D} = \varepsilon \boldsymbol{E} \tag{23.11}$$

① 一般将这种“本构关系式”称为“物质方程”。——译者注

$$\boldsymbol{B}=\mu\boldsymbol{H} \tag{23.12}$$

$$\boldsymbol{J}=\sigma\boldsymbol{E} \tag{23.13}$$

其中ε、μ和σ分别代表介质的介电常数(也叫电容率)、磁导率和电导率。当介质中不存在电荷时,有

$$\rho=0 \tag{23.14}$$

$$\boldsymbol{J}=0 \tag{23.15}$$

此外,对于大多数非铁磁介质,一般有

$$\mu\approx\mu_0$$

式中,

$$\mu_0=4\pi\times10^{-7}\,\mathrm{N\cdot s^2/C^2} \tag{23.16}$$

表示真空中的磁导率。在许多我们所关心的问题中,电磁波在电介质中传播时,上述的"本构关系式"成立。利用上述关系式,麦克斯韦方程组可以简化为

$$\nabla\cdot\boldsymbol{E}=0 \tag{23.17}$$

$$\nabla\cdot\boldsymbol{H}=0 \tag{23.18}$$

$$\nabla\times\boldsymbol{E}=-\mu\frac{\partial\boldsymbol{H}}{\partial t} \tag{23.19}$$

$$\nabla\times\boldsymbol{H}=\varepsilon\frac{\partial\boldsymbol{E}}{\partial t} \tag{23.20}$$

23.3 电介质中的平面波 目标2

本节将(利用上面的式子)推导出波动方程。然而本节证明平面电磁波是满足麦克斯韦方程组的解。本节还将研究平面电磁波的性质。对于沿着$\boldsymbol{k}$方向传播的平面波,其电场和磁场可以写为

$$\boldsymbol{E}=\boldsymbol{E}_0\exp[\mathrm{i}(\boldsymbol{k}\cdot\boldsymbol{r}-\omega t)] \tag{23.21}$$

$$\boldsymbol{H}=\boldsymbol{H}_0\exp[\mathrm{i}(\boldsymbol{k}\cdot\boldsymbol{r}-\omega t)] \tag{23.22}$$

其中$\boldsymbol{E}_0$和$\boldsymbol{H}_0$是与空间和时间无关的矢量,但通常来说是复数。这样

$$\nabla\cdot\boldsymbol{E}=\frac{\partial E_x}{\partial x}+\frac{\partial E_y}{\partial x}+\frac{\partial E_z}{\partial x}$$

既然

$$E_x=E_{0x}\exp[\mathrm{i}(\boldsymbol{k}\cdot\boldsymbol{r}-\omega t)]=E_{0x}\exp[\mathrm{i}(k_x x+k_y y+k_z z-\omega t)]$$

得到

$$\frac{\partial E_x}{\partial x}=\mathrm{i}k_x E_{0x}\exp[\mathrm{i}(k_x x+k_y y+k_z z-\omega t)]$$

这样,方程$\nabla\cdot\boldsymbol{E}=0$将给出

$$\mathrm{i}(k_x E_{0x}+k_y E_{0y}+k_z E_{0z})\exp[\mathrm{i}(\boldsymbol{k}\cdot\boldsymbol{r}-\omega t)]=0$$

意味着

$$\boldsymbol{k}\cdot\boldsymbol{E}=0 \tag{23.23}$$

类似地,通过方程$\nabla\cdot\boldsymbol{H}=0$,得到

$$\boldsymbol{k}\cdot\boldsymbol{H}=0 \tag{23.24}$$

上述两式告诉我们,$\boldsymbol{E}$ 和 $\boldsymbol{H}$ 与 $\boldsymbol{k}$ 成直角,这样,这个波本质上是横波。现在利用式(23.19),有

$$(\nabla\times\boldsymbol{E})_x=\left(\frac{\partial E_z}{\partial y}-\frac{\partial E_y}{\partial z}\right)=\mathrm{i}(k_yE_{0z}-k_zE_{0y})\exp[\mathrm{i}(\boldsymbol{k}\cdot\boldsymbol{r}-\omega t)]=\mathrm{i}(\boldsymbol{k}\times\boldsymbol{E})_x$$

这样,式(23.19)的 x 分量给出

$$\mathrm{i}(\boldsymbol{k}\times\boldsymbol{E})_x=\mathrm{i}\omega\mu H_x\Rightarrow H_x=\frac{(\boldsymbol{k}\times\boldsymbol{E})_x}{\omega\mu} \tag{23.25}$$

类似地,还可以写出式(23.19)的 y 分量和 z 分量,最后得到矢量等式

$$\boldsymbol{H}=\frac{\boldsymbol{k}\times\boldsymbol{E}}{\omega\mu} \tag{23.26}$$

类似地,式(23.20)将给出

$$\boldsymbol{E}=\frac{\boldsymbol{H}\times\boldsymbol{k}}{\omega\varepsilon} \tag{23.27}$$

证明 $\boldsymbol{k}$、$\boldsymbol{E}$ 和 $\boldsymbol{H}$ 相互之间成直角(如图 23.1 所示)。鉴于上面两式,得到

$$H_0=\frac{k}{\omega\mu}E_0 \tag{23.28}$$

$$E_0=\frac{k}{\omega\varepsilon}H_0 \tag{23.29}$$

如果将上述两式相乘,可得

$$\frac{k^2}{\omega^2\varepsilon\mu}=1\quad\Rightarrow\quad k=\omega\sqrt{\varepsilon\mu} \tag{23.30}$$

这样,电磁波的传播速度为

$$v=\frac{\omega}{k}=\frac{1}{\sqrt{\varepsilon\mu}} \tag{23.31}$$

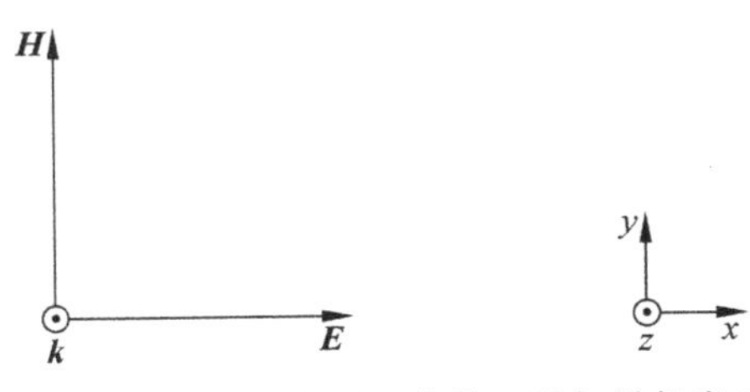

图 23.1　如果平面电磁波沿 z 方向传播(由纸面向外),且如果任意时刻电矢量沿着 x 轴方向,则磁矢量将沿着 y 轴方向

在自由空间,有

$$\varepsilon=\varepsilon_0=8.8542\cdots\times10^{-12}\mathrm{C^2/(N\cdot m^2)} \tag{23.32}$$

$$\mu=\mu_0=4\pi\times10^{-7}\mathrm{N\cdot s^2/C^2} \tag{23.33}$$

$$\begin{aligned}v=c&=\frac{1}{\sqrt{\varepsilon_0\mu_0}}\\&=\frac{1}{\sqrt{8.8542\cdots\times10^{-12}\times4\pi\times10^{-7}}}\mathrm{m/s}=2.99792458\times10^8\mathrm{m/s}\end{aligned} \tag{23.34}$$

是电磁波在真空中的速度。需要指出的是,真空中的光速通常以 c 表示,它是一个普适的物理常数,其精确值是 299792458m/s。这样

$$\varepsilon_0=\frac{1}{\mu_0 c^2}=8.8542\cdots\times10^{-12}\mathrm{C}^2/(\mathrm{N}\cdot\mathrm{m}^2) \tag{23.35}$$

因此,由式(23.21)和式(23.22)描述的平面波确实是麦克斯韦方程组的解,$\boldsymbol{k}$、$\boldsymbol{E}$ 和 $\boldsymbol{H}$ 之间相互垂直,它们之间的关系是式(23.26)~式(23.28)。现将式(23.26)重新写成

$$\boldsymbol{H}=\frac{\boldsymbol{k}\times\boldsymbol{E}}{\omega\mu}=\frac{1}{\eta}(\hat{\boldsymbol{k}}\times\boldsymbol{E}) \tag{23.36}$$

其中 $\hat{\boldsymbol{k}}$ 是沿 $\boldsymbol{k}$ 方向的单位矢量,且

$$\eta=\frac{\omega\mu}{k}=\frac{\omega\mu}{\omega\sqrt{\varepsilon\mu}}$$

因此

$$\eta=\sqrt{\frac{\mu}{\varepsilon}} \tag{23.37}$$

称为介质的"固有阻抗",η 的量纲为

$$[\eta]=\frac{[E]}{[H]}=\frac{\mathrm{V/m}}{\mathrm{A/m}}=\mathrm{V/A}=\Omega \tag{23.38}$$

与电阻的量纲是一样的。因此,这个量一般用欧姆(Ω)作单位。在自由空间,有

$$\eta=\eta_0=\sqrt{\frac{\mu_0}{\varepsilon_0}}=c\mu_0\approx120\pi\ \Omega \tag{23.39}$$

其中用到了关系

$$c=\frac{1}{\sqrt{\varepsilon_0\mu_0}}\approx3\times10^8\mathrm{m/s} \tag{23.40}$$

在电介质中,有 $\mu\approx\mu_0$,因此

$$\frac{\eta}{\eta_0}=\sqrt{\frac{\varepsilon_0}{\varepsilon}}=\frac{1}{n}\quad\Rightarrow\quad\eta=\frac{\eta_0}{n}=\frac{120\pi}{n}\ \Omega \tag{23.41}$$

式中,

$$n=\sqrt{\frac{\varepsilon}{\varepsilon_0}} \tag{23.42}$$

是电介质的折射率。这样,如果重新写出平面电磁波的磁矢量

$$\boldsymbol{H}=\boldsymbol{H}_0\exp[\mathrm{i}(\boldsymbol{k}\cdot\boldsymbol{r}-\omega t)] \tag{23.43}$$

则

$$H_0=\frac{1}{\eta}E_0 \tag{23.44}$$

如果假定该平面波沿 z 轴方向传播,且电矢量沿 x 轴方向,则磁矢量将沿 y 轴方向,因此,该平面电磁波写成

$$\boldsymbol{E}=\hat{\boldsymbol{x}}E_0\mathrm{e}^{\mathrm{i}(kz-\omega t)} \tag{23.45}$$

$$\boldsymbol{H}=\hat{\boldsymbol{y}}H_0\mathrm{e}^{\mathrm{i}(kz-\omega t)} \tag{23.46}$$

实际的电磁场应该是式(23.45)和式(23.46)右边指数形式的实部

$$\boldsymbol{E}=\hat{\boldsymbol{x}}E_0\cos(kz-\omega t) \tag{23.47}$$

$$\boldsymbol{H}=\hat{\boldsymbol{y}}H_0\cos(kz-\omega t) \tag{23.48}$$

其中 H_0 和 E_0 的关系如式(23.44)所示，此处已经假定 E_0 和 H_0 是实的。由式(23.45)和式(23.47)描述的平面波称为线偏振的(或 x 方向偏振)，因为电矢量总是沿着 x 轴，同时，磁矢量总是沿着 y 轴(如图 23.2 所示)。类似地，y 方向偏振的波，其电矢量总是沿着 y 轴方向，如图 22.1(b)所示。还可以使两独立的平面波叠加(假如考虑式(23.45)和式(23.46)等号右边的实部)：

$$\boldsymbol{E}_1=\hat{\boldsymbol{x}}E_0\cos(kz-\omega t) \tag{23.49}$$

$$\boldsymbol{H}_1=\hat{\boldsymbol{y}}H_0\cos(kz-\omega t) \tag{23.50}$$

$$\boldsymbol{E}_2=\hat{\boldsymbol{y}}E_0\cos\left(kz-\omega t+\frac{\pi}{2}\right)=-\hat{\boldsymbol{y}}E_0\sin(kz-\omega t) \tag{23.51}$$

$$\boldsymbol{H}_2=-\hat{\boldsymbol{x}}H_0\cos\left(kz-\omega t+\frac{\pi}{2}\right)=+\hat{\boldsymbol{x}}H_0\sin(kz-\omega t) \tag{23.52}$$

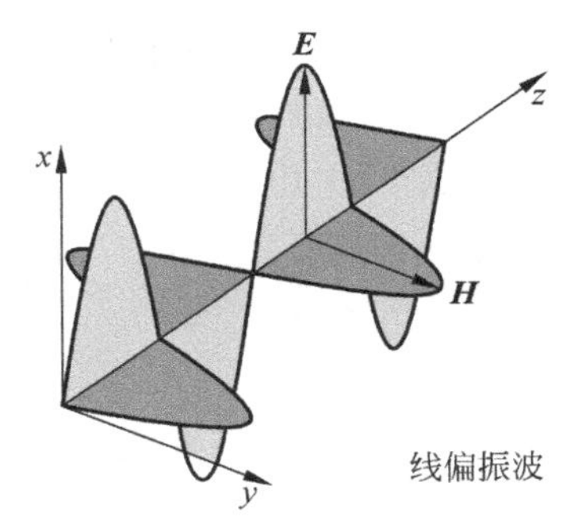

图 23.2　箭头代表(在某特定时刻下)平面偏振波的 $\boldsymbol{E}$ 矢量和 $\boldsymbol{H}$ 矢量的方向和大小。电矢量总是位于 x-z 平面内，而磁矢量总是位于 y-z 平面内

第一列波是 x 方向偏振的，第二列波是 y 方向偏振的，它们之间的相位差为 $\pi/2$。两列波叠加后给出合成波

$$\boldsymbol{E}=\boldsymbol{E}_1+\boldsymbol{E}_2=E_0[\hat{\boldsymbol{x}}\cos(kz-\omega t)-\hat{\boldsymbol{y}}\sin(kz-\omega t)] \tag{23.53}$$

$$\boldsymbol{H}=\boldsymbol{H}_1+\boldsymbol{H}_2=H_0[\hat{\boldsymbol{y}}\cos(kz-\omega t)+\hat{\boldsymbol{x}}\sin(kz-\omega t)] \tag{23.54}$$

现在，在 $z=0$ 处，有

$$E_x=E_0\cos\omega t,\quad E_y=E_0\sin\omega t \tag{23.55}$$

表示电矢量的端点将(在一个圆周上)顺时针旋转，如图 23.3 所示，这代表一个右旋圆偏振波(RCP)(参见 22.4 节)。另外，在 $z=0$ 处，有

$$H_x=-H_0\sin\omega t,\quad H_y=+H_0\cos\omega t$$

表示磁矢量 $\boldsymbol{H}$(在一个圆周上)顺时针旋转，并且在任意时刻，$\boldsymbol{E}$ 矢量与 $\boldsymbol{H}$ 矢量都相互垂直。

综合上面的式子，可以得出以下关于电介质中平面电磁波的一些推论：

(1) $\boldsymbol{E}$ 和 $\boldsymbol{H}$ 之间相互垂直，且都与传播方向垂直，意味着平面电磁波是横波。这样，如果传播方向为 z 轴方向，且 $\boldsymbol{E}$ 沿着 x 方向，则 $\boldsymbol{H}$ 将沿着 y 方向。由式(23.45)描述的这样的平面电磁波称为 x 方向偏振波，因为其电矢量总是沿着 x 轴方向。

(2) 在无自由电荷的电介质内，η 是实数，且电矢量与磁矢量同相位。这样，如果在某

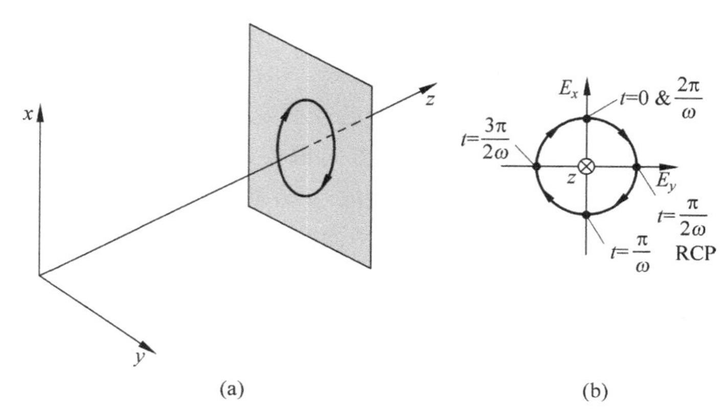

(a) (b)

图 23.3 对于一个右旋圆偏振波(RCP),如果沿着传播方向看去,其电矢量端点在一个圆周上顺时针转动

时刻 $\boldsymbol{E}$ 为零,则 $\boldsymbol{H}$ 也为零;类似地,当 $\boldsymbol{E}$ 达到最大值时,$\boldsymbol{H}$ 也同时达到最大值。

(3) 对于一个右旋圆偏振波,其电矢量和磁矢量在任意时刻均在圆周上(顺时针)转动,且它们之间时时刻刻相互垂直。对左旋圆偏振光也有类似的情况。

(4) (以介电常数 ε 和磁导率 μ_0 表征的)电介质的折射率(n)由下式给出:

$$n=\frac{c}{v}=\sqrt{\frac{\varepsilon\mu_0}{\varepsilon_0\mu_0}}=\sqrt{\frac{\varepsilon}{\varepsilon_0}}=\sqrt{\kappa} \tag{23.56}$$

其中 $\kappa(=\varepsilon/\varepsilon_0)$ 称为介质的相对介电常数[①]。

(5) 电磁波中的电场与磁场是相互依存的,彼此之间不能独立于另一个而存在。从物理机制上看,一个时间变化的电场将产生一个在空间和时间上变化的磁场;而这变化的磁场又将产生一个在空间和时间上变化的电场,依此类推。这种电场和磁场相互激励的过程形成了电磁波的传播。

(6) 正如在 2.5 节指出的:与光波相联系的位移是以一定频率随时间振荡的电场。

当然也同样可以选择磁场作为与传播的电磁波相联系的位移,因为与一个随时间变化的电场相联系,总会有一个随时间变化的磁场存在。

(7) 既然麦克斯韦方程组对于 $\boldsymbol{E}$ 和 $\boldsymbol{H}$ 而言是线性的,因此,如果($\boldsymbol{E}_1,\boldsymbol{H}_1$)和($\boldsymbol{E}_2,\boldsymbol{H}_2$)是麦克斯韦方程组两组独立的解,则($\boldsymbol{E}_1+\boldsymbol{E}_2,\boldsymbol{H}_1+\boldsymbol{H}_2$)也是麦克斯韦方程组的解。这就是叠加原理,依据叠加原理,两个独立扰动所产生的合位移等于两个扰动单独产生位移的矢量和[②]。

(8) 电磁波的频率(或者波长)可以在一个宽广的范围内连续变化,如图 23.4 所示。从(从放射性物质发出的)伽马射线到(用于医学诊断的)X 射线,再到紫外线、可见光、红外线,乃至无线电波,都属于电磁波。它们在真空中都以同样的速度 $c\approx300000\text{km/s}$ 传播,这个

① 一般中文电磁学教材中,ε 叫做介电常数,ε_0 叫做真空介电常数,而定义它们的相对值 $\varepsilon_r=\varepsilon/\varepsilon_0$ 为相对介电常数。本书用 κ 代表 ε_r。——译者注

② 因此叠加原理是麦克斯韦方程组线性的结果。如果与电磁波相联的场足够强,以至于电介质的介电常数 ε 与 $\boldsymbol{E}$ 本身相关,则麦克斯韦方程组将会变为非线性,此时叠加原理就不再适用了。事实上,当我们讨论任何一种非线性现象时,叠加原理都不再成立。

速度的精确值是 $c=299792.458\text{km/s}$。伽马射线的频率最高（$10^{20}\sim10^{24}\text{Hz}$），X 射线频率的量级是 10^{18}Hz，可见光频率大约在 $5\times10^{14}\text{Hz}$（$=500\text{THz}$）。市场上的微波炉内微波的频率通常是 2.45GHz，它属于微波的频率，因此称为微波炉。在这个频率的电磁辐射可以迅速加热水、脂肪和其他食物。手机使用的频率波段是 1～2GHz。无线电波对应的波长范围在 10～1000m，而 X 射线波长具有埃的量级（$1\text{Å}=10^{-10}\text{m}$）。可见光波长的范围（$4\times10^{-7}\text{m}<\lambda<7\times10^{-7}\text{m}$）仅占了电磁波谱的很小一部分。不同种类波的产生方法是不同的。例如，伽马射线由核衰变过程产生；X 射线通常是利用电子的突然停止或者方向偏转而产生；无线电波可以通过天线上电荷的变化来产生。然而，所有波长的电磁波在真空中均以相同的速度传播。

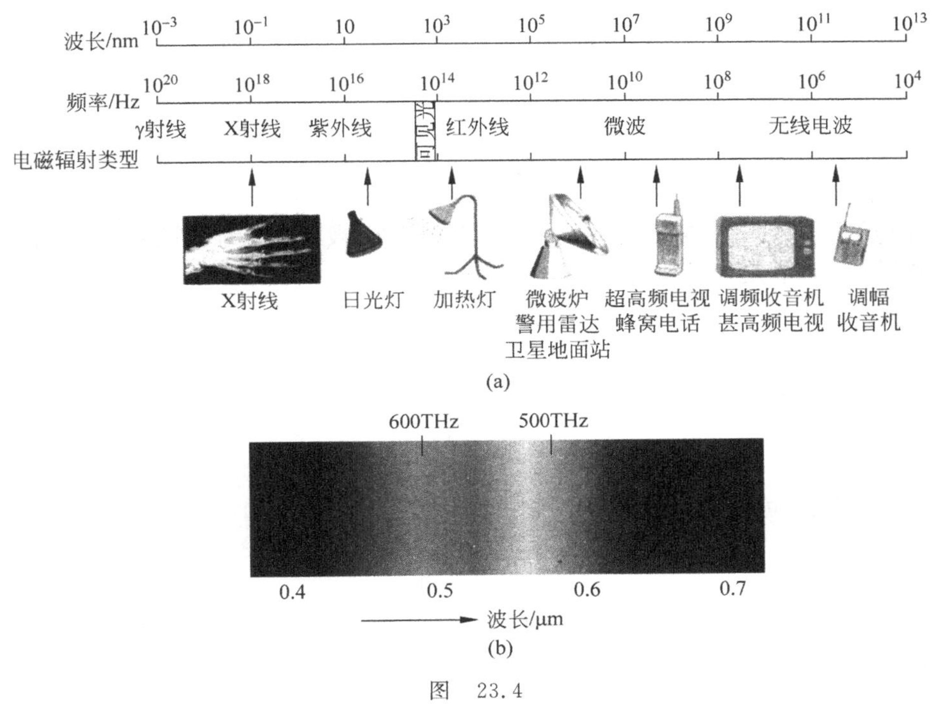

图　23.4

(a) 电磁波谱：γ 射线的频率最高（波长最短），无线电波频率最低（波长最长），所有波长的电磁波在真空中均以相同的速度传播；(b) 与可见光相联系的波长范围只占电磁波谱很小的一部分（眼睛的视网膜对这个范围的电磁波非常敏感），从约 0.4μm（可见波谱蓝端）到约 0.7μm（可见波谱红端），相应的频率范围是 750～420THz（$1\text{THz}=10^{12}\text{Hz}$）。波长为 0.5μm 的光相应于光谱中的蓝绿光，频率为 600THz；而 0.6μm 的光相应于光谱中的黄绿光，频率为 500THz

请扫 1 页二维码看彩图

23.4　电介质中的三维波动方程　　目标 3

23.2 节已经证明平面波解的确满足麦克斯韦方程组。本节将证明利用上面的方程组能够推导出波动方程。

如果对式(23.19)求旋度，能够得到

$$\text{curl curl}\boldsymbol{E}=-\mu\frac{\partial}{\partial t}\text{curl}\boldsymbol{H}=-\varepsilon\mu\frac{\partial^2\boldsymbol{E}}{\partial t^2} \tag{23.57}$$

其中用到了式(23.20)。现在,利用下列式子定义$\nabla^2\boldsymbol{E}$:

$$\nabla^2\boldsymbol{E}=\text{grad div}\boldsymbol{E}-\text{curl curl}\boldsymbol{E} \tag{23.58}$$

利用笛卡儿坐标系

$$(\nabla^2\boldsymbol{E})_x=\text{div grad }E_x=\frac{\partial^2 E_x}{\partial x^2}+\frac{\partial^2 E_x}{\partial y^2}+\frac{\partial^2 E_x}{\partial z^2}$$

亦即,在笛卡儿坐标系中,$\nabla^2\boldsymbol{E}$ 的分量是 $\boldsymbol{E}$ 本身分量取 div grad 的值。这样,利用

$$\text{curl curl}\boldsymbol{E}=\text{grad div}\boldsymbol{E}-\nabla^2\boldsymbol{E}$$

得到

$$\text{grad div }\boldsymbol{E}-\nabla^2\boldsymbol{E}=-\varepsilon\mu\frac{\partial^2\boldsymbol{E}}{\partial t^2} \tag{23.59}$$

或者

$$\nabla^2\boldsymbol{E}=\varepsilon\mu\frac{\partial^2\boldsymbol{E}}{\partial t^2} \tag{23.60}$$

其中用到了方程 div$\boldsymbol{E}$=0(参见式(23.17))。式(23.60)被称为三维波动方程,这样,$\boldsymbol{E}$ 的每一个笛卡儿分量都满足标量波动方程(参见 11.9 节):

$$\nabla^2\psi=\varepsilon\mu\frac{\partial^2\psi}{\partial t^2} \tag{23.61}$$

该波动方程描述波的传播速度(v)简单地由下式给出:

$$v=\frac{1}{\sqrt{\varepsilon\mu}} \tag{23.62}$$

用类似的方法,可以推导出 $\boldsymbol{H}$ 所满足的波动方程

$$\nabla^2\boldsymbol{H}=\varepsilon\mu\frac{\partial^2\boldsymbol{H}}{\partial t^2} \tag{23.63}$$

容易看出,由式(23.45)和式(23.46)描述的(也可以说是由式(23.47)和式(23.48)描述的)平面波确实满足方程(23.60)和方程(23.63),只要有

$$\frac{\omega}{k}=\frac{1}{\sqrt{\varepsilon\mu}} \tag{23.64}$$

这就是电磁波的传播速度。1860 年前后,麦克斯韦导出了他的方程组,预言了电磁波的存在,并计算出电磁波的速度约为 3.1074×10^8 m/s。他发现这一数值非常接近当时所测得的光速 3.14858×10^8 m/s(这是菲佐(M. Fizeau)1849 年测量的光速)。恰恰是基于“笃信自然界的合理性”,麦克斯韦提出了光的电磁理论,并预言光必然是一种电磁波。用麦克斯韦自己的话说:

“由科尔劳什(Kohlrausch)和韦伯(Weber)利用电磁测量得出的电磁波的速度,与菲佐利用光学测量得出的光速如此相符,我们几乎无可避免地得出推论:*光是存在于同一介质里的横向波动,这种波动恰好是电与磁现象的起因*。”

在此必须提及的是,由方程(23.7)~方程(23.9)所描述的物理定律在麦克斯韦之前就已经为人所知了,他仅在方程(23.10)中引入了$\dfrac{\partial\boldsymbol{D}}{\partial t}$这一项(即位移电流概念)。而正是这一

项的出现导致了麦克斯韦对于电磁波存在的预言。

1888年，海因里希·赫兹做了产生和探测电磁波的实验，产生的电磁波频率小于光波的频率。赫兹证明所产生的电磁波的速度与光的速度一样。1931年(在纪念麦克斯韦诞生100周年时)，马克斯·普朗克(Max Planck)赞道：(麦克斯韦方程组)……是自古以来人类智力活动最伟大的成功典范之一。

阿尔伯特·爱因斯坦(Albert Einstein)评价说："(麦克斯韦的工作是)……自牛顿以来物理学取得的最深刻和最富有成效的工作"。

23.5　坡印亭矢量　　目标4

重写式(23.9)和式(23.10)

$$\operatorname{curl} \boldsymbol{E} = -\frac{\partial \boldsymbol{B}}{\partial t} \tag{23.65}$$

$$\operatorname{curl} \boldsymbol{H} = \frac{\partial \boldsymbol{D}}{\partial t} + \boldsymbol{J} \tag{23.66}$$

已知

$$\operatorname{div}(\boldsymbol{E} \times \boldsymbol{H}) = \boldsymbol{H} \cdot \operatorname{curl} \boldsymbol{E} - \boldsymbol{E} \cdot \operatorname{curl} \boldsymbol{H} \tag{23.67}$$

因此

$$\operatorname{div}(\boldsymbol{E} \times \boldsymbol{H}) = -\boldsymbol{H} \cdot \frac{\partial \boldsymbol{B}}{\partial t} - \boldsymbol{J} \cdot \boldsymbol{E} - \boldsymbol{E} \cdot \frac{\partial \boldsymbol{D}}{\partial t} \tag{23.68}$$

对于线性材料，有

$$\begin{aligned}\boldsymbol{H} \cdot \frac{\partial \boldsymbol{B}}{\partial t} + \boldsymbol{E} \cdot \frac{\partial \boldsymbol{D}}{\partial t} &= \mu \boldsymbol{H} \cdot \frac{\partial \boldsymbol{H}}{\partial t} + \varepsilon \boldsymbol{E} \cdot \frac{\partial \boldsymbol{E}}{\partial t} \\ &= \frac{1}{2}\mu \frac{\partial}{\partial t}(\boldsymbol{H} \cdot \boldsymbol{H}) + \frac{1}{2}\varepsilon \frac{\partial}{\partial t}(\boldsymbol{E} \cdot \boldsymbol{E}) \\ &= \frac{1}{2} \frac{\partial}{\partial t}(\boldsymbol{B} \cdot \boldsymbol{H} + \boldsymbol{D} \cdot \boldsymbol{E})\end{aligned}$$

因此，式(23.68)能够改写成以下形式：

$$\operatorname{div}\boldsymbol{S} + \frac{\partial u}{\partial t} = -\boldsymbol{J} \cdot \boldsymbol{E} \tag{23.69}$$

式中，

$$\boldsymbol{S} \stackrel{\text{def}}{=} \boldsymbol{E} \times \boldsymbol{H} \tag{23.70}$$

称为坡印亭矢量，而其中①

$$u = \frac{1}{2}\boldsymbol{B} \cdot \boldsymbol{H} + \frac{1}{2}\boldsymbol{D} \cdot \boldsymbol{E} \tag{23.71}$$

式(23.69)类似于连续性方程，作为一种物理解释，我们注意到，如果一(以速度 $\boldsymbol{v}$ 运动的)电荷 q 受到电磁场的作用，那么当运动电荷通过距离 $\mathrm{d}\boldsymbol{s}$ 时，场所做的功为 $\boldsymbol{F} \cdot \mathrm{d}\boldsymbol{s}$；因

① 式(23.71)甚至对于各向异性的电介质也是成立的，因为在主轴坐标系统中(参见22.12节)

$$E \cdot \frac{\partial D}{\partial t} = \frac{1}{2}\varepsilon_x \frac{\partial E_x^2}{\partial t} + \frac{1}{2}\varepsilon_y \frac{\partial E_y^2}{\partial t} + \frac{1}{2}\varepsilon_z \frac{\partial E_z^2}{\partial t} = \frac{1}{2} \frac{\partial}{\partial t}(D_x E_x + D_y E_y + D_z E_z)$$

此,单位时间所做的功为

$$\boldsymbol{F}\cdot\frac{\mathrm{d}\boldsymbol{s}}{\mathrm{d}t}=\boldsymbol{F}\cdot\boldsymbol{v}=(q\boldsymbol{E}+q\boldsymbol{v}\times\boldsymbol{B})\cdot\boldsymbol{v}=q\boldsymbol{E}\cdot\boldsymbol{v} \tag{23.72}$$

如果单位体积内有 N 个带电粒子,每个粒子带一个电荷 q,则场在单位体积内做的功为

$$Nq\boldsymbol{v}\cdot\boldsymbol{E}=\boldsymbol{J}\cdot\boldsymbol{E} \tag{23.73}$$

其中 $\boldsymbol{J}$ 代表电流密度。能量是以带电粒子的动能(或热能)的形式表现的。因此,$\boldsymbol{J}\cdot\boldsymbol{E}$ 就代表了熟悉的焦耳损耗,则式(23.69)右边出现的量 $\boldsymbol{J}\cdot\boldsymbol{E}$ 表示场在单位时间、单位体积内做功产生的能量。所以,我们可以把式(23.69)解释为能量的连续性方程①,其中 u 代表了单位体积内的能量(即能量密度)。物理量 $\frac{1}{2}\boldsymbol{D}\cdot\boldsymbol{E}$ 和 $\frac{1}{2}\boldsymbol{B}\cdot\boldsymbol{H}$ 分别代表单位体积内的电场能量和磁场能量。进一步,把 $\boldsymbol{S}\cdot\mathrm{d}\boldsymbol{a}$ 解释为单位时间内通过单位面积 $\mathrm{d}\boldsymbol{a}$ 的电磁能(即电磁能流)。对于电介质中的平面电磁波,可以写出

$$\begin{cases}\boldsymbol{E}=\hat{\boldsymbol{x}}E_0\cos(kz-\omega t)\\ \boldsymbol{H}=\hat{\boldsymbol{y}}H_0\cos(kz-\omega t)=\hat{\boldsymbol{y}}\dfrac{E_0}{\eta}\cos(kz-\omega t)\end{cases} \tag{23.74}$$

则

$$\boldsymbol{S}=\boldsymbol{E}\times\boldsymbol{H}=\hat{\boldsymbol{z}}\frac{E_0^2}{\eta}\cos^2(kz-\omega t) \tag{23.75}$$

上式表明,能流密度方向②沿着 z 方向传播(代表波的传播方向),且单位时间通过单位面积(垂直于 z 轴)的能量为

$$\frac{E_0^2}{\eta}\cos^2(kz-\omega t)$$

对于光波来说,$\omega\approx10^{15}\,\mathrm{s}^{-1}$,$\cos^2$ 项变化极快,任何探测器只能记录下它的时间平均值(参见14.6节),因此

$$\langle\boldsymbol{S}\rangle=\hat{\boldsymbol{z}}\frac{1}{2\eta}E_0^2 \tag{23.76}$$

必须指出:$\boldsymbol{S}\cdot\mathrm{d}\boldsymbol{a}$ 并不总是表示单位时间内通过面元 $\mathrm{d}\boldsymbol{a}$ 的能流。例如,对于静电场和静磁场,$\boldsymbol{E}\times\boldsymbol{H}$ 并不为零。但我们知道,在这种情况下并没有能流。然而,对于一个闭合面积分

$$\oint\boldsymbol{S}\cdot\mathrm{d}\boldsymbol{a} \tag{23.77}$$

则严格地表示了单位时间流出该闭合面的净能量。如果对式(23.69)进行体积分就能立刻得到结论

① 连续性方程总写作以下形式:

$$\mathrm{div}\boldsymbol{J}+\frac{\partial\rho}{\partial t}=0$$

式中,ρ 代表电荷密度,而 $\boldsymbol{J}$ 代表电流密度,即 $\boldsymbol{J}\cdot\mathrm{d}\boldsymbol{a}$ 代表单位时间穿过面积 $\mathrm{d}\boldsymbol{a}$ 的电量。

② 坡印亭矢量代表电磁场的能流密度。能流与能流密度的概念是不同的,能流密度是通过单位横截面积的能流。能流是代数量,能流密度是矢量,因此能流密度有严格的方向指向。就像电流与电流密度也是不同的,电流是代数量,电流密度是矢量,有严格方向指向。本书作者用的词是"energy flow",直译是"能流"。为了强调能流与能流密度的区别,译者都将其译作"能流密度"。——译者注

$$\int \mathrm{div}\boldsymbol{S}\,\mathrm{d}V + \frac{\partial}{\partial t}\int u\,\mathrm{d}V = -\int \boldsymbol{J}\cdot\boldsymbol{E}\,\mathrm{d}V \tag{23.78}$$

或者

$$-\frac{\partial}{\partial t}\int u\,\mathrm{d}V = \oint \boldsymbol{S}\cdot\mathrm{d}\boldsymbol{a} + \int \boldsymbol{J}\cdot\boldsymbol{E}\,\mathrm{d}V \tag{23.79}$$

其中用到了散度定理(即数学上的高斯定理)。上式左边的量表示单位时间总能量的减少率，它必须等于焦耳损耗加上单位时间从该闭合面所包围的体积内流出的净能量。

振荡电偶极子

考虑一个沿着 z 方向振荡的电偶极子

$$\hat{\boldsymbol{p}} = p_0 \mathrm{e}^{-\mathrm{i}\omega t}\hat{\boldsymbol{z}} \tag{23.80}$$

距离此电偶极子足够远处的场可以表示为(比如文献[23.5])

$$\boldsymbol{E} = -\left(\frac{\omega^2 p_0 \mu_0}{4\pi}\right)\sin\theta\,\frac{\mathrm{e}^{\mathrm{i}(kr-\omega t)}}{r}\hat{\boldsymbol{\theta}} \tag{23.81}$$

$$\boldsymbol{H} = -\left(\frac{1}{\eta_0}\,\frac{\omega^2 p_0 \mu_0}{4\pi}\right)\sin\theta\,\frac{\mathrm{e}^{\mathrm{i}(kr-\omega t)}}{r}\hat{\boldsymbol{\phi}} \tag{23.82}$$

(参见图 23.5)。在上述公式中，$k=\omega\sqrt{\varepsilon_0\mu_0}$，其余符号的意义如以前一样。注意，电场和磁场都随着 $1/r$ 减小且同相位。由于式(23.81)和式(23.82)中的 $\sin\theta$ 因子，电偶极子不会在与其振荡方向一致的方向上产生电场和磁场(还可以参见 22.2.4 节以及 22.8 节)。因此①

$$\boldsymbol{S} = \boldsymbol{E}\times\boldsymbol{H} = \frac{\omega^4 p_0^2 \mu_0}{16\pi^2 c}\sin^2\theta\,\frac{\cos^2(kr-\omega t)}{r^2}\hat{\boldsymbol{r}} \tag{23.83}$$

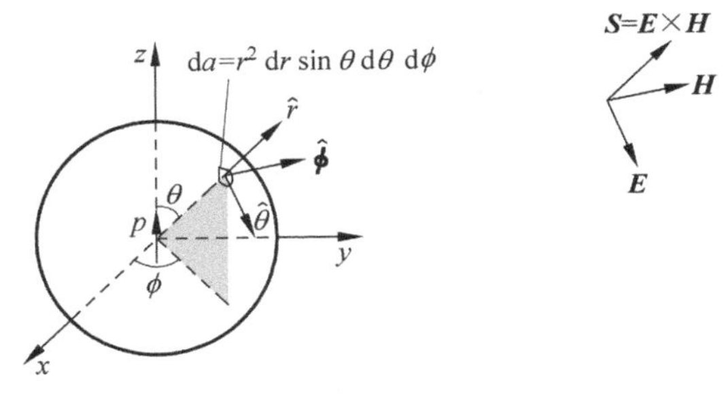

图 23.5　振荡电偶极子产生的电场和磁场方向，以及坡印亭矢量方向。为了计算它单位时间内辐射的总能量，必须将坡印亭矢量对球面积分

式(23.83)表明，$\boldsymbol{S}$ 随着 $1/r^2$ 因子减小，实际上，对于一个球面波理当如此（这就是平方反比律)。如果对一个半径为 r 的球面作积分，得到

$$P = \oint \boldsymbol{S}\cdot\mathrm{d}\boldsymbol{a} = r^2\iint \boldsymbol{S}\cdot\hat{\boldsymbol{r}}\sin\theta\,\mathrm{d}\theta\,\mathrm{d}\phi$$

---

① 为了计算坡印亭矢量。我们必须计算 $\boldsymbol{E}$ 和 $\boldsymbol{H}$ 实部的积。注意，对于复数加法，如果 $\boldsymbol{E}=\boldsymbol{E}_1+\boldsymbol{E}_2$，则

$$\mathrm{Re}(\boldsymbol{E}) = \mathrm{Re}(\boldsymbol{E}_1) + \mathrm{Re}(\boldsymbol{E}_2)$$

但是对于复数乘法，有

$$\mathrm{Re}(\boldsymbol{E}_1)\times\mathrm{Re}(\boldsymbol{E}_2) \neq \mathrm{Re}(\boldsymbol{E}_1\times\boldsymbol{E}_2)$$

其中 $\mathrm{Re}(\boldsymbol{E})$ 表示 $\boldsymbol{E}$ 取实部。

$$=\frac{\omega^4 p_0^2\mu_0}{16\pi^2 c}\cos^2(kr-\omega t)\int_0^{\pi}\sin^2\theta\sin\theta\mathrm{d}\theta\int_0^{2\pi}\mathrm{d}\phi$$

$$=\frac{\omega^4 p_0^2\mu_0}{6\pi c}\cos^2(kr-\omega t) \tag{23.84}$$

其中 P 代表瞬时辐射功率。因为 $\cos^2$ 项随时间变化很快,所以平均辐射功率由下式给出:

$$\bar{P}=\frac{\omega^4 p_0^2\mu_0}{12\pi c} \tag{23.85}$$

23.6 电磁波的能量密度和强度 目标5

23.4节已经证明,与平面电磁波相联系的单位体积内的能量由下式给出:

$$u=\frac{1}{2}\boldsymbol{D}\cdot\boldsymbol{E}+\frac{1}{2}\boldsymbol{B}\cdot\boldsymbol{H}=\frac{1}{2}\varepsilon E^2+\frac{1}{2}\mu H^2 \tag{23.86}$$

对于线偏振的平面电磁波,可以写出

$$E_x=E_0\cos(kz-\omega t),\quad E_y=0,\quad E_z=0 \tag{23.87}$$

$$H_x=0,\quad H_y=H_0\cos(kz-\omega t),\quad H_z=0 \tag{23.88}$$

因此

$$u=\frac{1}{2}\varepsilon E_0^2\cos^2(kz-\omega t)+\frac{1}{2}\mu H_0^2\cos^2(kz-\omega t)$$

既然

$$H_0=\frac{E_0}{\eta}=\sqrt{\frac{\varepsilon}{\mu}}E_0$$

得到

$$\frac{1}{2}\mu H_0^2=\frac{1}{2}\varepsilon E_0^2$$

因此,与电场相联系的能量等于与磁场相联系的能量。如果对 $\cos^2$ 项求时间平均值,则

$$\langle u\rangle=\frac{1}{2}\varepsilon E_0^2 \tag{23.89}$$

此外,为了得到波束的强度,必须将$\langle u\rangle$乘以传播速度,以便得到单位时间内通过单位面积的能量。因此,强度表示为

$$I=\frac{1}{2}\varepsilon v E_0^2=\frac{1}{2}\sqrt{\frac{\varepsilon}{\mu}}E_0^2=\frac{1}{2\eta}E_0^2 \tag{23.90}$$

此结果与式(23.76)完全一致。在自由空间中,有

$$I=\frac{1}{2\eta}E_0^2=\frac{1}{240\pi}E_0^2=(1.33\times10^{-3}\,\mathrm{W/V^2})E_0^2$$

例23.1 考虑一个右旋圆偏振波在电介质中沿 $+z$ 方向传播,即 $\boldsymbol{k}=\hat{z}k$,则

$$\boldsymbol{E}=\hat{\boldsymbol{x}}E_0\cos(\boldsymbol{k}\cdot\boldsymbol{r}-\omega t)-\hat{\boldsymbol{y}}E_0\sin(\boldsymbol{k}\cdot\boldsymbol{r}-\omega t) \tag{23.91}$$

这样,有

$$\boldsymbol{H}=\frac{\boldsymbol{k}\times\boldsymbol{E}}{\omega\mu}=\frac{k}{\omega\mu}\hat{\boldsymbol{z}}\times[\hat{\boldsymbol{x}}E_0\cos(\boldsymbol{k}\cdot\boldsymbol{r}-\omega t)-\hat{\boldsymbol{y}}E_0\sin(\boldsymbol{k}\cdot\boldsymbol{r}-\omega t)]$$

$$=\frac{1}{\eta}E_0[\hat{\boldsymbol{y}}\cos(kz-\omega t)+\hat{\boldsymbol{x}}\sin(kz-\omega t)]$$

则

$$\begin{cases} E_x = E_0\cos(kz-\omega t), \quad E_y = -E_0\sin(kz-\omega t) \\ H_x = \dfrac{1}{\eta}E_0\sin(kz-\omega t), \quad H_y = \dfrac{1}{\eta}E_0\cos(kz-\omega t) \end{cases} \tag{23.92}$$

如果在 $z=0$ 处画出电场矢量或者磁场矢量随时间的变化图，将发现电矢量(或者磁矢量)的端点在一圆周上顺时针旋转。坡印亭矢量为

$$\begin{aligned} \boldsymbol{S} = \boldsymbol{E}\times\boldsymbol{H} &= \frac{E_0^2}{\eta}[\hat{\boldsymbol{x}}\cos(kz-\omega t)-\hat{\boldsymbol{y}}\sin(kz-\omega t)]\times \\ &\quad [\hat{\boldsymbol{y}}\cos(kz-\omega t)+\hat{\boldsymbol{x}}\sin(kz-\omega t)] \\ &= \frac{E_0^2}{\eta}[\cos^2(kz-\omega t)+\sin^2(kz-\omega t)]\hat{\boldsymbol{z}} \end{aligned}$$

或者

$$\langle \boldsymbol{S}\rangle = \langle \boldsymbol{E}\times\boldsymbol{H}\rangle = \frac{E_0^2}{\eta}\hat{\boldsymbol{z}}$$

例 23.2 考虑一个(在自由空间)沿 z 方向传播的 x 方向线偏振平面电磁波，其电场为

$$\boldsymbol{E} = \hat{\boldsymbol{x}}10\cos(2\times10^7 z-\omega t)\text{V/m}$$

则

$$k = \frac{2\pi}{\lambda} = 2\times10^7\,\text{m}^{-1} \quad \Rightarrow \quad \lambda \approx 3.14\times10^{-7}\,\text{m}$$

$$\omega = ck = 3\times10^8\times2\times10^7\,\text{rad/s} = 6\times10^{15}\,\text{rad/s}$$

$$\nu = \frac{\omega}{2\pi} = 9.55\times10^{14}\,\text{Hz}$$

$$\eta = \eta_0 = 120\pi\Omega$$

$$H = \frac{1}{\eta}E_0\cos(kz-\omega t)\hat{\boldsymbol{y}} \approx 2.65\times10^{-2}\cos(2\times10^7 z-6\times10^{15}t)\hat{\boldsymbol{y}}\,\text{A/m}$$

$$\langle \boldsymbol{S}\rangle = \frac{E_0^2}{2\eta}\hat{\boldsymbol{z}} \approx 0.13\hat{\boldsymbol{z}}\,\text{W/m}^2$$

例 23.3 一盏 100W 的灯，在距离它 10m 处的强度为

$$I = \frac{100}{4\pi\times10^2}\text{W/m}^2 \approx 7.96\times10^{-2}\,\text{W/m}^2$$

其中假设灯光在各个方向的照射是均匀的，则

$$E_0 = \left(\frac{7.96\times10^{-2}}{1.33\times10^{-3}}\right)^{1/2}\text{V/m} \approx 7.74\text{V/m}$$

例 23.4 因为激光光束几乎接近平行，它能够被透镜聚焦到一个比 $10^{-10}\,\text{m}^2$ 还小的横截面积上(参见 18.4.1 节)，这样，对于 10^5 W 的激光光束，焦平面的强度为

$$I = \frac{10^5}{10^{-10}}\text{W/m}^2 = 10^{15}\,\text{W/m}^2$$

因此

$$E_0 = \left(\frac{10^{15}}{1.33\times10^{-3}}\right)^{1/2}\text{V/m} \approx 0.87\times10^9\,\text{V/m}$$

这样高的电场能够产生极高的温度，会导致照射目标燃烧。

23.7 电磁波在吸收介质中的传播　　目标6

考虑一电磁波在吸收介质内传播，吸收介质具有复介电常数

$$\varepsilon = \varepsilon_r + i\varepsilon_i \tag{23.93}$$

因为 $k^2 = \omega^2 \varepsilon\mu$，传播常数 k 也将是复数

$$k = \beta + i\gamma \tag{23.94}$$

得到

$$\beta^2 - \gamma^2 = \omega^2 \varepsilon_r \mu \tag{23.95}$$

$$2\beta\gamma = \omega^2 \varepsilon_i \mu \tag{23.96}$$

将式(23.96)中的 γ 值代入式(23.95)，得到

$$\beta^4 - \omega^2 \varepsilon_r \mu \beta^2 - \frac{1}{4}\omega^4 \mu^2 \varepsilon_i^2 = 0 \tag{23.97}$$

简单计算得

$$\beta = \omega \sqrt{\frac{\mu\varepsilon_r}{2}} \left(\sqrt{1+g^2}+1\right)^{1/2} \tag{23.98}$$

式中，

$$g = \frac{\varepsilon_i}{\varepsilon_r} \tag{23.99}$$

用到了 β 是实数的条件。另外，有

$$\gamma = \frac{\omega^2 \varepsilon_i \mu}{2\beta} = \omega \sqrt{\frac{\mu\varepsilon_r}{2}} \left(\sqrt{1+g^2}-1\right)^{1/2} \tag{23.100}$$

对于一个沿 z 方向传播的 x 方向偏振波，写出其波函数

$$\boldsymbol{E} = E_0 e^{i(kz-\omega t)} \hat{\boldsymbol{x}} = E_0 e^{-\gamma z} e^{i(\beta z-\omega t)} \hat{\boldsymbol{x}}$$

相应的磁场可以由下面公式求得：

$$\nabla \times \boldsymbol{E} = -\frac{\partial \boldsymbol{B}}{\partial t} = +i\omega\mu \boldsymbol{H} \tag{23.101}$$

因此

$$\boldsymbol{H} = \frac{1}{\eta} E_0 e^{i(kz-\omega t)} \hat{\boldsymbol{y}} = \frac{1}{\eta} E_0 e^{-\gamma z} e^{i(\beta z-\omega t)} \hat{\boldsymbol{y}} \tag{23.102}$$

有

$$\eta = \sqrt{\frac{\mu}{\varepsilon}} = \sqrt{\frac{\mu}{\varepsilon_r + i\varepsilon_i}} = \sqrt{\frac{\mu}{\varepsilon_r(1+ig)}}$$

将其写成

$$\eta = |\eta| e^{-i\theta} \quad \Rightarrow \quad |\eta|^2 e^{-2i\theta} = \frac{\mu}{\varepsilon_r(1+g^2)}(1-ig)$$

则

$$|\eta| = \sqrt{\frac{\mu}{\varepsilon_r}} (1+g^2)^{-1/4} \tag{23.103}$$

$$\tan 2\theta = g = \frac{\varepsilon_i}{\varepsilon_r}, \quad 0 < \theta < \frac{\pi}{4} \tag{23.104}$$

为了计算坡印亭矢量，必须求场的实部

$$\boldsymbol{E}=E_0\mathrm{e}^{-\gamma z}\cos(\beta z-\omega t)\hat{\boldsymbol{x}} \tag{23.105}$$

$$\boldsymbol{H}=\frac{E_0}{|\eta|}\mathrm{e}^{-\gamma z}\cos(\beta z-\omega t+\theta)\hat{\boldsymbol{y}} \tag{23.106}$$

因此

$$\begin{aligned}\langle\boldsymbol{S}\rangle&=\langle\boldsymbol{E}\times\boldsymbol{H}\rangle\\&=\frac{E_0^2}{2|\eta|}\mathrm{e}^{-2\gamma z}\langle 2\cos(\beta z-\omega t)\cos(\beta z-\omega t+\theta)\rangle\hat{\boldsymbol{z}}\\&=\frac{E_0^2}{2|\eta|}\mathrm{e}^{-2\gamma z}\cos\theta\,\hat{\boldsymbol{z}}\end{aligned} \tag{23.107}$$

其中用到了

$$\langle\cos(2\beta z-2\omega t+\theta)\rangle=0$$

23.8　电磁波在导电介质中的传播　　目标 7

在 23.3 节中，假设 $\boldsymbol{J}=0$。对于导电介质，有

$$\boldsymbol{J}=\sigma\boldsymbol{E} \tag{23.108}$$

其中 σ 代表介质的电导率。这样，麦克斯韦方程组变为

$$\operatorname{div}\boldsymbol{E}=0 \tag{23.109}$$

$$\operatorname{div}\boldsymbol{H}=0 \tag{23.110}$$

$$\operatorname{curl}\boldsymbol{E}=-\mu\frac{\partial\boldsymbol{H}}{\partial t} \tag{23.111}$$

$$\operatorname{curl}\boldsymbol{H}=\sigma\boldsymbol{E}+\varepsilon\frac{\partial\boldsymbol{E}}{\partial t} \tag{23.112}$$

对式(23.111)取旋度，得

$$\operatorname{curl}\operatorname{curl}\boldsymbol{E}=-\mu\frac{\partial}{\partial t}\operatorname{curl}\boldsymbol{H}$$

或者

$$\operatorname{grad}\operatorname{div}\boldsymbol{E}-\nabla^2\boldsymbol{E}=-\mu\sigma\frac{\partial\boldsymbol{E}}{\partial t}-\mu\varepsilon\frac{\partial^2\boldsymbol{E}}{\partial t^2}$$

应用式(23.109)，得到

$$\nabla^2\boldsymbol{E}-\mu\sigma\frac{\partial\boldsymbol{E}}{\partial t}-\mu\varepsilon\frac{\partial^2\boldsymbol{E}}{\partial t^2}=0 \tag{23.113}$$

这就是导电介质中的波动方程。对于其中传播的平面波

$$\boldsymbol{E}=\boldsymbol{E}_0\exp[\mathrm{i}(kz-\omega t)] \tag{23.114}$$

有

$$k^2=\omega^2\varepsilon\mu+\mathrm{i}\omega\mu\sigma=\omega^2\mu\varepsilon(1+\mathrm{i}g) \tag{23.115}$$

式中，

$$g=\frac{\sigma}{\omega\varepsilon} \tag{23.116}$$

这样，23.7 节的全部分析可以用在这里，只要将其中的 ε_r 换成这里的 ε，且 g 值用式(23.116)

表示。可以得到

$$\beta=\omega\sqrt{\frac{\mu\varepsilon}{2}}\left[\sqrt{1+\left(\frac{\sigma}{\omega\varepsilon}\right)^{2}}+1\right]^{1/2} \tag{23.117}$$

$$\gamma=\omega\sqrt{\frac{\mu\varepsilon}{2}}\left[\sqrt{1+\left(\frac{\sigma}{\omega\varepsilon}\right)^{2}}-1\right]^{1/2} \tag{23.118}$$

再一次得到

$$\boldsymbol{E}=E_0\mathrm{e}^{-\gamma z}\cos(\beta z-\omega t)\hat{\boldsymbol{x}} \tag{23.119}$$

代表一个衰减的波，而衰减是由焦耳损耗引起的。对于良导体

$$g=\frac{\sigma}{\omega\varepsilon}\gg 1 \tag{23.120}$$

得到

$$\beta\approx\gamma\approx\omega\sqrt{\frac{\mu\varepsilon g}{2}}=\left(\frac{\omega\mu\sigma}{2}\right)^{1/2} \tag{23.121}$$

对于绝缘体，相应于上述的公式将在习题 23.12 给出。实际上，如果$\frac{\sigma}{\omega\varepsilon}\ll 1$(比如$\lesssim 0.01$)，该介质归类于电介质；如果$\frac{\sigma}{\omega\varepsilon}\gg 1$(比如$\gtrsim 100$)，该介质归类于导体；对于

$$0.01\lesssim\frac{\sigma}{\omega\varepsilon}\lesssim 100$$

该介质被称为准导体。因此，基于不同的频率，一个特定材料既可以表现为电介质，也可以表现为导体。从式(23.119)容易看出，当传输如下距离时，场强减少到原来的 1/e：

$$\delta=\frac{1}{\gamma} \tag{23.122}$$

这个距离称为穿透深度，或者趋肤深度。

例 23.5 对淡水测量电导率和介电常数，可以测出许多不同值。在低频时，假定

$$\frac{\varepsilon}{\varepsilon_0}\approx 80,\quad \mu\approx\mu_0,\quad \sigma\approx 10^{-3}\,\mathrm{S/m}$$①

$$\Rightarrow\quad \frac{\sigma}{\omega\varepsilon}=\frac{10^{-3}}{\omega\times 80\times 8.854\times 10^{-12}}\approx\frac{1.4\times 10^{6}}{\omega}$$

这样，当频率为 10Hz($\omega=2\pi\times 10\mathrm{s}^{-1}$)时，有

$$\frac{\sigma}{\omega\varepsilon}\approx\frac{1.4\times 10^{6}}{20\pi}\approx 2\times 10^{4}\gg 1$$

当频率为 10GHz($\omega=2\pi\times 10^{10}\mathrm{s}^{-1}$)时，有

$$\frac{\sigma}{\omega\varepsilon}\approx 2\times 10^{-5}\ll 1$$

(ε 和 σ 在低频时均假定为常数)，这样，淡水在条件 $\nu\lesssim 10^{3}\mathrm{s}^{-1}$ 下表现为良导体，在条件 $\nu\gtrsim 10^{7}\mathrm{s}^{-1}$

① 电导率是电阻率的倒数。过去电导的单位为“姆欧”(mho)，由“欧姆”(ohm)字母倒过来而得到。现在国际单位制中电导率的单位是西门子/米(S/m)=姆欧/米(mho/m)。作者在本书中对电导率所用单位是 mho/m，译本均改为 S/m。——译者注

下表现为电介质。

例 23.6　对于铜，假定 $\varepsilon \approx \varepsilon_0$，且 $\sigma \approx 5.8\times10^7\,\text{S/m}$。

当 $\nu=100\text{Hz}$ 时，有

$$\frac{\sigma}{\omega\varepsilon}=\frac{5.8\times10^7}{2\pi\times100\times8.854\times10^{-12}}\approx10^{16}$$

当 $\nu=10^8\,\text{Hz}$ 时，有

$$\frac{\sigma}{\omega\varepsilon}=\frac{5.8\times10^7}{2\pi\times10^8\times8.854\times10^{-12}}\approx10^{10}$$

因此，在低频和高频时均表现为极优良的导体。再有

$$\begin{aligned}\delta=\frac{1}{\gamma}&\approx\sqrt{\frac{2}{\omega\mu\sigma}}\approx\sqrt{\frac{2}{2\pi\nu\times4\pi\times10^{-7}\times5.8\times10^7}}\\&\approx\frac{0.066}{\sqrt{\nu}}\\&\approx6.6\text{mm},\quad \nu=100\text{Hz}\\&\approx6.6\mu\text{m},\quad \nu=100\text{MHz}\end{aligned}$$

表明穿透深度随着频率的增加而减小。

23.9　辐射压强　　目标 8

（本节按照文献[23.6]的 34.9 节的深度来讲。更严格的分析见文献[23.5]的第 10 章。）考虑一个沿着 $+z$ 轴方向传播的线偏振电磁波，假定电场沿着 x 方向，磁场沿着 y 方向（见图 23.1）。假设电磁波与一电荷 q 相互作用，电场使电荷在 x 轴方向往复运动。这样，电荷在 x 方向获得了一定速度，且由于磁场沿着 y 方向，有一个力

$$\boldsymbol{F}=q\boldsymbol{v}\times\boldsymbol{B}\tag{23.123}$$

将作用在电荷 q 上。这个力的方向沿着 z 轴①（即沿着波的传播方向），构成了所谓的“辐射压强”。这样

---

①　利用 7.5 节和 7.6 节的分析，可以证明，在场 $\boldsymbol{E}=\hat{\boldsymbol{x}}E_0\cos(kz-\omega t)$ 存在时，电荷位移由下式给出：

$$\boldsymbol{x}=\hat{\boldsymbol{x}}qE_0A\cos(kz-\omega t+\phi)$$

其中已经明确地证明了振幅与 q 和 E_0 成正比。因此

$$\boldsymbol{v}=\frac{\mathrm{d}\boldsymbol{x}}{\mathrm{d}t}=\hat{\boldsymbol{x}}qE_0A\omega\sin(kz-\omega t+\phi)$$

而

$$\boldsymbol{B}=\hat{\boldsymbol{y}}B_0\cos(kz-\omega t)=\hat{\boldsymbol{y}}\frac{E_0}{c}\cos(kz-\omega t)$$

因此

$$\boldsymbol{F}=q\boldsymbol{v}\times\boldsymbol{B}=+\hat{\boldsymbol{z}}q^2\frac{E_0^2\omega}{c}A[\cos(kz-\omega t)][\sin(kz-\omega t)\cos\phi+\cos(kz-\omega t)\sin\phi]$$

如果取时间平均值，则

$$\langle\boldsymbol{F}\rangle=\hat{\boldsymbol{z}}\frac{q^2E_0^2\omega}{2c}A\sin\phi=\hat{\boldsymbol{z}}\frac{1}{c}\langle q\boldsymbol{E}\cdot\boldsymbol{v}\rangle$$

因为 $\sin\phi$ 总是正值（参见 7.4 节），力总是沿着 z 方向。

$$\boldsymbol{F}=qvB\hat{\boldsymbol{z}} \tag{23.124}$$

但是

$$B=\mu_0 H=\frac{\mu_0}{\eta_0}E=\mu_0\sqrt{\frac{\varepsilon_0}{\mu_0}}E$$
$$=\sqrt{\varepsilon_0\mu_0}E=\frac{1}{c}E \tag{23.125}$$

因此

$$\boldsymbol{F}=\frac{qEv}{c}\hat{\boldsymbol{z}} \tag{23.126}$$

qEv 代表了单位时间内场对电荷做的功(参见 23.4 节)。因此,如果考虑一个单位体积,则单位时间场对单位体积内的电荷做功等于能量密度的时间增加率,则有

$$\boldsymbol{F}=\frac{1}{c}\frac{\mathrm{d}u}{\mathrm{d}t}\hat{\boldsymbol{z}} \tag{23.127}$$

但是力等于单位时间内动量的变化。结果与平面电磁波相联系的单位体积的动量为

$$\boldsymbol{p}=\frac{u}{c}\hat{\boldsymbol{z}} \tag{23.128}$$

第 25 章将证明光本质上是由被称作光子的微粒组成的。每个光子携带 $h\nu$ 的能量,因此,光子的动量为

$$p=\frac{h\nu}{c} \tag{23.129}$$

考虑一束平面波正入射到一个理想吸收体的情况。如果考虑吸收体表面的一个面积元 $\mathrm{d}S$,在时间 $\mathrm{d}t$ 内传递到面积元 $\mathrm{d}S$ 的动量为

$$p\,\mathrm{d}Sc\,\mathrm{d}t$$

上式代表了一个圆柱体 $\mathrm{d}Sc\,\mathrm{d}t$ 内包含的动量(见图 23.6)。则作用在面积元 $\mathrm{d}S$ 上的力为

$$pc\,\mathrm{d}S$$

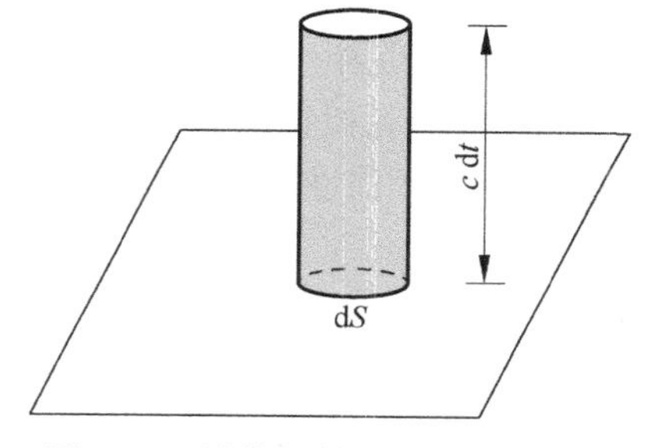

图 23.6 计算辐射压强用的圆柱体

因此

$$P_{\mathrm{rad}}=cp=u \tag{23.130}$$

其中 P_{rad} 代表了由于平面波入射到理想吸收体上产生的辐射压强。另一方面,对于理想反射体,反射波的动量与入射波的数值相同,方向相反。因此,传递的动量是上式的两倍,即

$$P_{\mathrm{rad}}=2cp=2u \tag{23.131}$$

例 23.7 考虑一强度为 $I=3000\mathrm{W/m^2}$ 的光束照在理想反射镜面。因为 $I=cu$,得到

$$u=\frac{3000\mathrm{W/m^2}}{3\times10^8\mathrm{m/s}}=10^{-5}\mathrm{J/m^3}$$

辐射压强为 $2\times10^{-5}\mathrm{N/m^2}$,把这个值与大气压强($\approx10^5\mathrm{N/m^2}$)比较一下。

通过让一束光照射到一面高度抛光的镜面 M 上来测出辐射压强是可能的(如图 23.7 所示)。辐射压强将引起悬架扭转,因此可以测出这个压强。这个实验首先由俄国的列别捷夫(Lebedev)在 1899 年完成。图 23.7 所示的实验装置就是 1901 年尼克尔斯(Nichols)和赫耳(Hull)的实验装置,这个实验证明了辐射压强的预言。光束的强度可以通过把光照射

到一个吸收体(比如涂黑的板)上,测量升高的温度测出。在某次实验中,测出的辐射压强约为 $7.01\times10^{-6}\text{N/m}^2$,这与之前的预测值 $7.05\times10^{-6}\text{N/m}^2$ 相符。

对于斜入射到理想反射体的情况,其单位体积动量的改变为 $2p\cos\theta$。它的辐射压强为

$$P_{\text{rad}}=2cp\cos^2\theta=2u\cos^2\theta \tag{23.132}$$

其中 θ 为入射的角度。

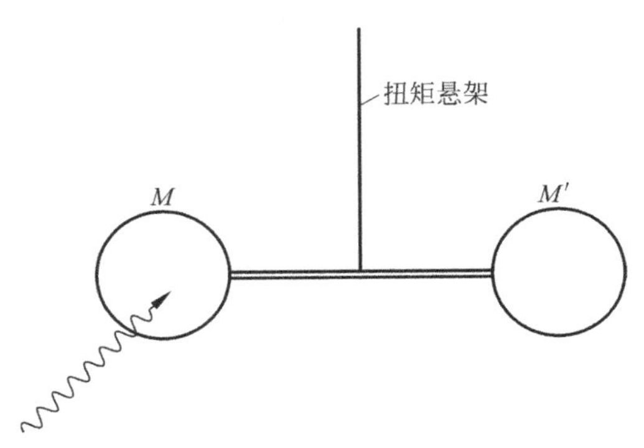

图 23.7　测量辐射压强的实验装置

23.10　连续性条件[①]　　目标 9

本节将推导两个介质分界面处电场和磁场的连续性条件。首先考虑方程

$$\text{div}\boldsymbol{B}=0 \tag{23.133}$$

在两个电介质的分界处,考虑包围住分界面一块面积 ΔS 的柱状盒(见图 23.8)。设盒子的高度为 l。

现在,如果将 $\text{div}\boldsymbol{B}$ 对整个柱状体积积分,利用高斯定理,可以得到

$$0=\int\text{div}\boldsymbol{B}\,\text{d}V=\int_{S_1}\boldsymbol{B}\cdot\text{d}\boldsymbol{a}+\int_{S_2}\boldsymbol{B}\cdot\text{d}\boldsymbol{a}+\int_{S_3}\boldsymbol{B}\cdot\text{d}\boldsymbol{a}$$

其中 S_1 和 S_2 表示柱状盒的两个底面,S_3 表示柱状盒的曲状侧面。如果 $l\to0$,第三个积分趋于零,并且有

$$\int_{S_1}\boldsymbol{B}\cdot\text{d}\boldsymbol{a}=-\int_{S_2}\boldsymbol{B}\cdot\text{d}\boldsymbol{a}$$

或者

$$\boldsymbol{B}_1\cdot\hat{\boldsymbol{n}}_1\Delta S=-\boldsymbol{B}_2\cdot\hat{\boldsymbol{n}}_2\Delta S \tag{23.134}$$

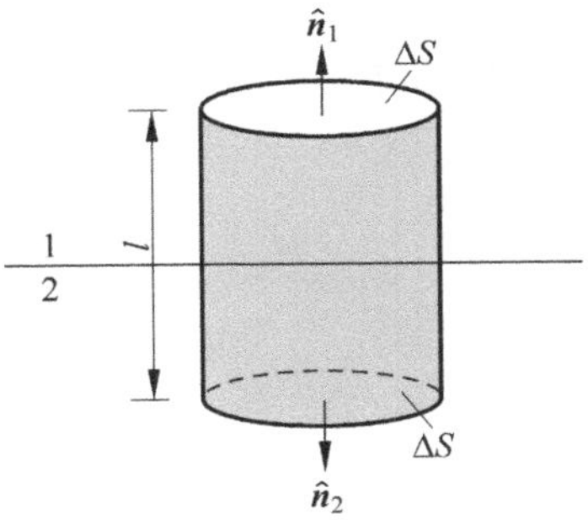

图 23.8　处于两电介质分界面上的柱状盒

或者

$$B_{1n}=B_{2n} \tag{23.135}$$

其中,$\hat{\boldsymbol{n}}_1$ 和 $\hat{\boldsymbol{n}}_2$ 的方向如图 23.8 所示。因此,$\boldsymbol{B}$ 的法线方向分量在跨越分界面时连续。

① 此处的“连续性条件”在电磁学中一般称为“边界条件”。——译者注

相似地,在没有自由电荷的情况下,有

$$\mathrm{div}\boldsymbol{D}=0$$

可以得到①

$$D_{1n}=D_{2n} \tag{23.136}$$

证明 **D** 的法线方向分量在跨越分界面时也是连续的。

考虑方程

$$\mathrm{curl}\boldsymbol{E}+\frac{\partial \boldsymbol{B}}{\partial t}=0$$

下面考虑如图 23.9 所示的一个矩形环路 $ABCD$,则

$$0=\int_S \mathrm{curl}\boldsymbol{E}\cdot \mathrm{d}\boldsymbol{a}+\int_S \frac{\partial \boldsymbol{B}}{\partial t}\cdot \mathrm{d}\boldsymbol{a} \tag{23.137}$$

其中的面积分是在以环路 $ABCD$ 为边界的任何一个面 S 求得。利用斯托克斯定理,得到

$$\oint \boldsymbol{E}\cdot \mathrm{d}\boldsymbol{l}=-\int \frac{\partial \boldsymbol{B}}{\partial t}\cdot \mathrm{d}\boldsymbol{a} \tag{23.138}$$

或者

$$\left(\int_{AB}+\int_{BC}+\int_{CD}+\int_{DA}\right)\boldsymbol{E}\cdot \mathrm{d}\boldsymbol{l}=-\int \frac{\partial \boldsymbol{B}}{\partial t}\cdot \mathrm{d}\boldsymbol{a}$$

如果令 $l\to 0$,则沿着 BC 和 DA 的积分趋于 0,并且,既然环的面积也将趋于 0,则等式右边的积分也为 0。得到

$$\int_{AB}\boldsymbol{E}\cdot \mathrm{d}\boldsymbol{l}+\int_{CD}\boldsymbol{E}\cdot \mathrm{d}\boldsymbol{l}=0$$

或者

$$(\boldsymbol{E}_1\cdot \hat{\boldsymbol{t}})\varepsilon+[\boldsymbol{E}_2\cdot(-\hat{\boldsymbol{t}})]\varepsilon=0$$

或者

$$E_{1t}=E_{2t}$$

其中 E_{1t} 和 E_{2t} 代表 **E** 的切向分量。跨越分界面时,**E** 的切向分量是连续的。

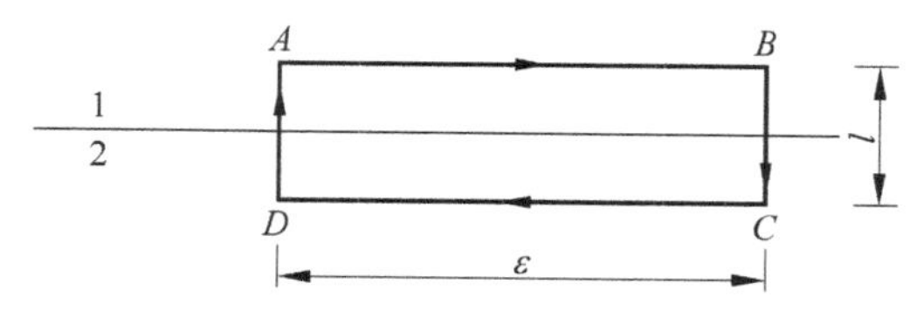

图 23.9　两电介质分界面的矩形环路径

类似地,可以从式(23.14)得出②

$$H_{1t}=H_{2t}$$

总而言之,在分界面没有任何面电流和面电荷分布的情况下,**B** 和 **D** 的法线方向分量以及 **H** 和 **E** 的切线方向分量在跨越电介质分界面时是连续的。

① 严格地说,$D_{1n}-D_{2n}=\sigma$,其中 σ 是面电荷密度。

② 更严格地说,$H_{1t}-H_{2t}$ 等于面电流密度在以 $ABCD$ 环路为边界的小面积的法向分量。然而,如果不存在面电流(大多数情况下都是如此),$H_{1t}=H_{2t}$。

23.11 麦克斯韦方程组的物理意义 目标10

首先考虑方程

$$\mathrm{div}\boldsymbol{D}=\rho \tag{23.139}$$

在自由空间中

$$\boldsymbol{D}=\varepsilon_0\boldsymbol{E} \tag{23.140}$$

则式(23.139)变为

$$\mathrm{div}\boldsymbol{E}=\frac{\rho}{\varepsilon_0} \tag{23.141}$$

如果将上面的方程对一体积 V 积分，可以得到

$$\int \mathrm{div}\,\boldsymbol{E}\ \mathrm{d}V=\frac{1}{\varepsilon_0}\int\rho\mathrm{d}V$$

应用散度定理(即数学上的高斯定理，区别于下面提到的电磁学中物理上的高斯定理)，得到

$$\oint\boldsymbol{E}\cdot\mathrm{d}\boldsymbol{a}=\frac{1}{\varepsilon_0}Q \tag{23.142}$$

这就是高斯定理[①]，亦即，通过闭合曲面的电通量等于曲面包围的体积内的总带电量除以 ε_0。类似地，方程

$$\mathrm{div}\boldsymbol{B}=0 \tag{23.143}$$

可得出

$$\oint\boldsymbol{B}\cdot\mathrm{d}\boldsymbol{a}=0 \tag{23.144}$$

亦即，通过闭合曲面的磁通量总是为零，这表明磁单极子是不存在的。

下面考虑方程

$$\mathrm{curl}\boldsymbol{E}=-\frac{\partial\boldsymbol{B}}{\partial t} \tag{23.145}$$

这个式子把与空间和时间相关的电场与变化的磁场联系起来。由斯托克斯定理可知

$$\oint_\Gamma\boldsymbol{E}\cdot\mathrm{d}\boldsymbol{l}=\int_S\mathrm{curl}\boldsymbol{E}\cdot\mathrm{d}\boldsymbol{a} \tag{23.146}$$

---

① 电介质中的高斯定理是

$$\oint\boldsymbol{D}\cdot\mathrm{d}\boldsymbol{a}=Q$$

式中，

$$\boldsymbol{D}=\varepsilon_0\boldsymbol{E}+\boldsymbol{P}$$

$\boldsymbol{P}$ 是极化强度，等于单位体积内的电偶极矩矢量和。对于线性均匀介质，有

$$\boldsymbol{P}=\chi\boldsymbol{E}$$

其中 χ 称为极化率。因此

$$\boldsymbol{D}=\varepsilon\boldsymbol{E}$$

式中，

$$\varepsilon\overset{\mathrm{def}}{=}\varepsilon_0+\chi$$

称为介质的介电常数。

其中式子的左边表示在闭合路径 Γ 上的线积分，而式子右边表示在以闭合路径 Γ 为边界的任意面 S 上的面积分。因此

$$\oint_{\Gamma} \boldsymbol{E} \cdot \mathrm{d}\boldsymbol{l} = \int_{S} \mathrm{curl}\boldsymbol{E} \cdot \mathrm{d}\boldsymbol{a} = -\int_{S} \frac{\partial \boldsymbol{B}}{\partial t} \cdot \mathrm{d}\boldsymbol{a} \tag{23.147}$$

或者

$$\oint_{\Gamma} \boldsymbol{E} \cdot \mathrm{d}\boldsymbol{l} = -\frac{\mathrm{d}}{\mathrm{d}t}\int_{S} \boldsymbol{B} \cdot \mathrm{d}\boldsymbol{a} \tag{23.148}$$

在最后一步推导中我们使用了面 S 是固定(即不随时间变化)的这一事实(对一个运动系统，上式不成立，可以参阅文献[23.7])。上式表明闭合电流回路里的感应电动势等于通过回路的磁通量变化的负值。这就是著名的法拉第电磁感应定律。需要指出，虽然这个定律是由法拉第发现的，但麦克斯韦把它写成了微分的形式(参见方程(23.145))。

再来看麦克斯韦方程组的最后一个式子

$$\mathrm{curl}\boldsymbol{H} = \boldsymbol{J} + \frac{\partial \boldsymbol{D}}{\partial t} \tag{23.149}$$

对于静态场，$\frac{\partial \boldsymbol{D}}{\partial t}=0$，方程变为安培环路定律

$$\mathrm{curl}\boldsymbol{H} = \boldsymbol{J} \tag{23.150}$$

这意味着磁场只由电流产生。例如，如果有一根载有电流的长导线，它将产生磁场。安培环路定理早在麦克斯韦之前就为人所知，然而麦克斯韦将它写成了矢量形式。既然任何矢量的旋度的散度为零，能够得到

$$\mathrm{div}\boldsymbol{J} = 0 \tag{23.151}$$

将它与连续性方程

$$\mathrm{div}\boldsymbol{J} + \frac{\partial \rho}{\partial t} = 0 \tag{23.152}$$

进行比较，则式(23.150)仅在$\frac{\partial \rho}{\partial t}=0$ 时成立。因此，为了使安培环路定律与连续性方程相一致，麦克斯韦认为，在式(23.150)的右边应该有额外的一项$\frac{\partial \boldsymbol{D}}{\partial t}$，以便

$$\mathrm{div}\ \mathrm{curl}\ \boldsymbol{H} = 0 = \mathrm{div}\ \boldsymbol{J} + \frac{\partial}{\partial t}\ \mathrm{div}\ \boldsymbol{D}$$

或者

$$0 = \mathrm{div}\ \boldsymbol{J} + \frac{\partial \rho}{\partial t}$$

这就是连续性方程。项$\frac{\partial \boldsymbol{D}}{\partial t}$的引入(这项被称为位移电流密度)带来了物理学的大变革。从物理上讲，它表明不仅仅是电流能够产生磁场，一个变化的电场同样能产生磁场(正如在电容器充电和放电过程中发生的那样)[①]。可以说，正是由于项$\frac{\partial \boldsymbol{D}}{\partial t}$的存在，才推导出了波动方

① 对于静电场，$\frac{\partial \boldsymbol{D}}{\partial t}=0$，即回到以前的安培环路定律。

程(见 23.3 节),也因此才有了电磁波的预测。这样,人们可以在物理学的基础之上提出,一个变化的电场产生一个在空间和时间上变化的磁场,而这个变化的磁场又产生了在空间和时间上变化的电场,如此下去。电场和磁场的这种相互产生的过程形成了电磁波的传播。

小　结

- 在不存在自由电荷的各向同性电介质中(其介电常数是 ε),对于沿 $+z$ 方向传播的沿 x 方向偏振的电磁波,可以写成

$$\boldsymbol{E}=\hat{\boldsymbol{x}}E_0\mathrm{e}^{\mathrm{i}(kz-\omega t)}$$

$$\boldsymbol{H}=\hat{\boldsymbol{y}}H_0\mathrm{e}^{\mathrm{i}(kz-\omega t)},\quad H_0=\frac{E_0}{\eta},\quad \eta=\sqrt{\frac{\mu_0}{\varepsilon}}\tag{23.153}$$

是麦克斯韦方程组的解,这里假设介质是非铁磁质,此时 $\mu\approx\mu_0=4\pi\times10^{-7}\mathrm{N\cdot s^2/C^2}$。电磁波的传播速度是

$$v=\frac{\omega}{k}=\frac{1}{\sqrt{\varepsilon\mu_0}}=\frac{c}{n}\tag{23.154}$$

式中,

$$c=\frac{1}{\sqrt{\varepsilon_0\mu_0}}=\frac{1}{\sqrt{8.8542\cdots\times10^{-12}\times4\pi\times10^{-7}}}\mathrm{m/s}$$
$$=2.99792458\times10^8\mathrm{m/s}\tag{23.155}$$

是自由空间中电磁波的速度。这样,有

$$\eta=\sqrt{\frac{\mu_0}{\varepsilon_0}}\sqrt{\frac{\varepsilon_0}{\varepsilon}}=\frac{\eta_0}{n},\quad \eta=\sqrt{\frac{\mu_0}{\varepsilon_0}}=120\pi\ \Omega$$

其电磁波相应的坡印亭矢量的时间平均值为

$$\langle\boldsymbol{S}\rangle=\langle\boldsymbol{E}\times\boldsymbol{H}\rangle=\hat{\boldsymbol{z}}\frac{E_0^2}{\eta}\langle\cos^2(kz-\omega t)\rangle=\hat{\boldsymbol{z}}\frac{E_0^2}{2\eta}\tag{23.156}$$

意味着电磁波的能流密度是沿着 z 方向的(也代表电磁波的传播方向),且能流密度的时间平均值为

$$\frac{E_0^2}{2\eta}$$

代表单位时间通过(垂直于 z 方向的)单位横截面的能量平均值。而相对应的能量密度时间平均值为

$$\langle u\rangle=\frac{1}{2}\varepsilon E_0^2$$

波的强度为

$$I=\frac{1}{2}\varepsilon vE_0^2=\frac{1}{2}\varepsilon_0 cnE_0^2$$

当 $I=10^{15}\mathrm{W/m^2}$ 时,$E_0\approx0.9\times10^9\mathrm{V/m}$;这样强的电场能够击穿空气产生火花。

- 在导体中,电磁波传播时,场强指数衰减

$$\boldsymbol{E}=E_0\mathrm{e}^{-\gamma z}\cos(\beta z-\omega t)\hat{\boldsymbol{x}}$$

式中，

$$\gamma=\omega\sqrt{\frac{\mu\varepsilon}{2}}\left[\sqrt{1+\left(\frac{\sigma}{\omega\varepsilon}\right)^{2}}-1\right]^{1/2}$$

- 与平面波相联系的动量为

$$\boldsymbol{p}=\frac{u}{c}\hat{z}$$

习　题

23.1 一个在真空中传播且 y 方向偏振的电磁波可以由下列公式描述：

$$\boldsymbol{E}=\hat{\boldsymbol{y}}E_0\exp[\mathrm{i}(300x-400z-\omega t)]$$

(1) 计算该波的波长和频率。

(2) 计算该波的单位波矢量 $\hat{\boldsymbol{k}}$。

(3) 计算相应的磁矢量 $\boldsymbol{H}$。

[**答案**：(1) $\lambda\approx1.26\times10^{-2}$m, $\nu\approx23.9$GHz；

(2) $\hat{\boldsymbol{k}}=0.6\hat{\boldsymbol{x}}-0.8\hat{\boldsymbol{z}}$]

23.2 (在一折射率为1.5的电介质中)一个沿 x 方向传播的平面电磁波的磁场为

$$\boldsymbol{H}=\hat{\boldsymbol{y}}0.04\sin(kx-10^{15}t)\,\text{A/m}$$

计算该波在自由空间的波长和坡印亭矢量的时间平均值。

[**答案**：$\lambda_0\approx1.886\times10^{-6}$m；$\langle\boldsymbol{S}\rangle\approx0.20\hat{\boldsymbol{x}}\,\text{W/m}^2$]

23.3 在地球表面上，每平方米约接收1.33kW的太阳能。试计算地球表面与太阳光相联系的电场的大小。假定太阳光是 $\lambda=6000$Å 的单色光。

[**答案**：~1000V/m]

23.4 一个100W的钠灯($\lambda\approx5890$Å)在所有方向上均匀发射光波。光波中每个光子的动量是多少？距离灯10m远的一个平面镜上的辐射压强是多少？

[**答案**：$\approx5.3\times10^{-10}\,\text{N/m}^2$]

23.5 在地球表面上，每平方米约接收1.33kW的太阳能。计算地面受到的辐射压强。

[**答案**：~4.6μPa, $1\text{Pa}\approx10^{-5}\,\text{N/m}^2$]

23.6 一台1kW的发射机向各个方向均匀发射电磁波(波长为40m)。计算距离发射机1km处的电场。

[**答案**：~0.25V/m]

23.7 对于淡水，测量其电导率和介电常数时会测到许多值。假设

$$\frac{\varepsilon}{\varepsilon_0}\approx80,\quad\mu\approx\mu_0,\quad\sigma\approx10^{-3}\,\text{S/m}$$

证明：当频率 $\nu\approx10$Hz 时是良导体，而当 $\nu\approx10$GHz 时是不良导体。

23.8 假设海水为非磁性电介质，$\kappa=\dfrac{\varepsilon}{\varepsilon_0}=80$，$\sigma=4.3$S/m。(1)计算穿透深度为10cm时电磁波的频率；(2)证明频率小于 $10^8\,\text{s}^{-1}$ 时，海水可以看作一种良导体。

[**答案**：(1) ~$6\times10^6\,\text{s}^{-1}$]

23.9　设银的 $\mu \approx \mu_0$ 且 $\sigma \approx 3\times10^7$ S/m。试计算频率在 $10^8\,\mathrm{s}^{-1}$ 时银的穿透深度。

[**答案**：$\approx 9\times10^{-4}$ cm]

23.10　证明：当频率 $\lesssim 10^9$ Hz 时，一硅样品将起良导体的作用。设硅的 $\frac{\varepsilon}{\varepsilon_0}\approx 12$ 且 $\sigma \approx 2$ S/cm。另外，计算出当 $\nu = 10^6$ Hz 时此样品的穿透深度。

23.11　证明：在导电介质中，$\boldsymbol{H}$ 也满足类似于式(23.113)的方程。

23.12　利用 23.8 节的分析，假设 $\sigma/\omega\varepsilon \ll 1$（对于绝缘体成立），证明

$$\beta \approx \omega\sqrt{\varepsilon\mu}\left[1+\frac{1}{8}\left(\frac{\sigma}{\omega\varepsilon}\right)^2\right] = \frac{2\pi}{\lambda_0}n\left[1+\frac{1}{8}\left(\frac{\sigma}{\omega\varepsilon}\right)^2\right]$$

$$\gamma \approx \omega\sqrt{\varepsilon\mu}\left[\frac{1}{2}\left(\frac{\sigma}{\omega\varepsilon}\right)\right] = \frac{2\pi}{\lambda_0}n\left[\frac{1}{2}\left(\frac{\sigma}{\omega\varepsilon}\right)\right]$$

式中，

$$n = \sqrt{\varepsilon/\varepsilon_0}$$

23.13　对于工作在 $\lambda_0 \approx 8500$ Å 的常用玻璃光纤，$n=\sqrt{\varepsilon/\varepsilon_0}=1.46$，$\sigma = 3.4\times10^{-6}$ S/m。计算 $\sigma/(\omega\varepsilon)$ 的值，并证明习题 23.12 的结论同样适用。计算 γ 和以 dB/km 为单位的损耗。（提示：功率会随着因子 $\exp(-2\gamma z)$ 衰减，以 dB/km 为单位的损耗在 28.8 节有定义。）

[**答案**：$\sigma/(\omega\varepsilon)\approx 8\times10^{-11}$；$\gamma \approx 4.3\times10^{-4}\,\mathrm{m}^{-1}$；损耗 ≈ 3.7 dB/km]

第24章 电磁波的反射与折射

所有的电磁学规律都包含在麦克斯韦方程组中了……无数的实验已经证实麦克斯韦方程组是正确的。搬开他用来建立电磁学大厦所准备的脚手架，麦克斯韦所建立的华丽大厦本身仍巍然屹立。

——理查德·费恩曼

学习目标

学过本章后，读者应该学会：

目标1：说明电磁波在两介质分界面反射和折射的原因。

目标2：计算当平面电磁波正入射到两介质分界面的反射率和折射率。

目标3：计算平面电磁波（**E** 矢量在入射面内）斜入射两介质分界面时的反射率和折射率。

目标4：利用布儒斯特定律说明反射时电磁波的偏振态。

目标5：理解全反射现象以及隐失波的存在。

目标6：计算平面电磁波（**E** 矢量垂直于入射面）斜入射两介质分界面时的反射率和折射率。

目标7：计算隐失波的坡印亭矢量。

目标8：计算平面电磁波正入射电介质薄膜的反射率。

24.1 引言

第23章证明了电磁波的存在。本章将运用电场和磁场在分界面的连续性条件，研究两种电介质的分界面以及电介质与金属的分界面上平面电磁波的反射和折射；将证明可以利用电介质表面的反射产生线偏振光；还将讨论全反射现象，并研究在光疏介质中隐失波的确切性质；24.4节将考虑电介质膜的反射率（及透射率）。

24.2 两介质分界面上的反射和折射 目标1

考虑一个线偏振的电磁波入射到两介质的分界面上；假设 $x=0$ 平面代表分界面。令 η_1 和 η_2 分别表示在平面 $x=0$ 下面和上面介质的固有阻抗。固有阻抗的定义可参见23.4节。令 $\boldsymbol{E}_1$、$\boldsymbol{E}_2$ 和 $\boldsymbol{E}_3$ 分别代表与入射波、折射波和反射波相关联的电场。对于一束入射的平面波，这些电场可以写成以下形式：

$$\begin{cases}\boldsymbol{E}_1=\boldsymbol{E}_{10}\exp[\mathrm{i}(\boldsymbol{k}_1\cdot\boldsymbol{r}-\omega t)]\\ \boldsymbol{E}_2=\boldsymbol{E}_{20}\exp[\mathrm{i}(\boldsymbol{k}_2\cdot\boldsymbol{r}-\omega_2 t)]\\ \boldsymbol{E}_3=\boldsymbol{E}_{30}\exp[\mathrm{i}(\boldsymbol{k}_3\cdot\boldsymbol{r}-\omega_3 t)]\end{cases} \tag{24.1a}$$

式中 $\boldsymbol{E}_{10}$、$\boldsymbol{E}_{20}$ 和 $\boldsymbol{E}_{30}$ 在时间和空间上是独立变化的，一般是复数①。矢量 $\boldsymbol{k}_1$、$\boldsymbol{k}_2$ 和 $\boldsymbol{k}_3$ 表示与入射波、折射波和反射波相关联的传播矢量。在分界面上，根据连续性条件，有

情况Ⅰ：如果两种介质都是非导电的(即 $\sigma_1=\sigma_2=0$)，则在界面处，$\boldsymbol{E}$ 矢量和 $\boldsymbol{H}$ 矢量是切向连续的；另外，$\boldsymbol{D}$ 矢量和 $\boldsymbol{B}$ 矢量是法向连续的。

情况Ⅱ：如果第二个介质是良导体(即 $\sigma_2\to\infty$②)，则在界面处，$\boldsymbol{E}$ 矢量切向连续仍成立，但是其实 $\boldsymbol{E}$ 矢量切向分量在界面处均为零。

情况Ⅲ：对于任意值的 σ_1 和 σ_2，在界面处，$\boldsymbol{E}$ 矢量切向连续，$\boldsymbol{B}$ 矢量法向连续。

另外，(24.7 节的最后)将证明，如果入射波的电矢量在入射面内，则反射波和折射波的电矢量也将在入射面内。类似地，如果入射波的电矢量垂直于入射面，则反射波和折射波也将垂直于入射面(参见例 24.11)。

如前所述，在分界面上(相应于 $x=0$ 平面)，这些场必须要满足特定的边界条件(对应 $x=0$ 平面)，在该平面上，方程(24.1a)取以下形式：

$$\begin{cases}\boldsymbol{E}_1=\boldsymbol{E}_{10}\exp[\mathrm{i}(k_{1y}y+k_{1z}z-\omega t)]\\ \boldsymbol{E}_2=\boldsymbol{E}_{20}\exp[\mathrm{i}(k_{2y}y+k_{2z}z-\omega_2 t)]\\ \boldsymbol{E}_3=\boldsymbol{E}_{30}\exp[\mathrm{i}(k_{3y}y+k_{3z}z-\omega_3 t)]\end{cases} \tag{24.1b}$$

其中 k_{1x}、k_{1y} 和 k_{1z} 代表 $\boldsymbol{k}_1$ 在 x、y、z 三个方向的分量。对于 $\boldsymbol{k}_2$ 和 $\boldsymbol{k}_3$ 有类似的解释。例如，电场的 z 分量(切向分量)在 $x=0$ 面处一定是连续的，对于所有 y、z 和 t 的取值都应该成立。因此，上面的方程的指数部分中，y、z 和 t 的系数一定是相等的③，于是，有

$$\omega=\omega_2=\omega_3$$

说明所有波都具有相同的频率。另外，还有

$$\begin{aligned}k_{1y}&=k_{2y}=k_{3y}\\ k_{1z}&=k_{2z}=k_{3z}\end{aligned} \tag{24.2}$$

不失一般性，我们选择 y 轴的位置，使

$$k_{1y}=0$$

(亦即，假设 $\boldsymbol{k}_1$ 在平面 x-z 内，如图 24.1 所示)，结果

$$k_{2y}=k_{3y}=0 \tag{24.3}$$

式(24.2)意味着矢量 $\boldsymbol{k}_1$、$\boldsymbol{k}_2$ 和 $\boldsymbol{k}_3$ 位于同一平面上。另外，由式(24.2)可得

$$k_1\sin\theta_1=k_2\sin\theta_2=k_3\sin\theta_3 \tag{24.4}$$

由于 $k_1=k_3$(因为 k_1 和 k_3 代表同一介质内波的传播矢量的大小)，可以推得 $\theta_1=\theta_3$。即入射角等于反射角。进而有

---

① 亦即它们是除传播因子 $\exp[\mathrm{i}(\boldsymbol{k}\cdot\boldsymbol{r}-\omega t)]$以外的复振幅。——译者注

② 原书此处为 $\sigma_2=0$。然而良导体不会是这样的，因此作了更正。——译者注

③ 这里需要指出的是：在界面处，磁矢量的情况也是一样的，因此，利用磁矢量的分量连续也可以得出上述同样的公式。

$$\frac{\sin\theta_1}{\sin\theta_2}=\frac{k_2}{k_1} \tag{24.5}$$

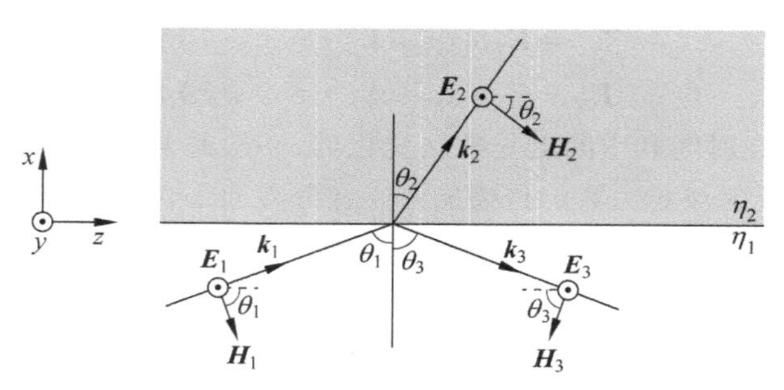

图 24.1 当入射波电矢量垂直于入射面(即沿 y 方向)时的反射波和折射波情况,此时磁矢量 $\boldsymbol{H}$ 在入射面内

如果两种介质均为电介质,且(ε_1,μ_1)和(ε_2,μ_2)分别代表 $x=0$ 平面下面和上面的介质的介电常数和磁导率,则(参见 23.3 节)

$$k_1^2=\omega^2\varepsilon_1\mu_1 \tag{24.6}$$

$$k_2^2=\omega^2\varepsilon_2\mu_2 \tag{24.7}$$

这样,式(24.5)变为

$$\frac{\sin\theta_1}{\sin\theta_2}=\sqrt{\frac{\varepsilon_2\mu_2}{\varepsilon_1\mu_1}} \tag{24.8}$$

如果

$$v_1=\frac{1}{\sqrt{\varepsilon_1\mu_1}},\quad v_2=\frac{1}{\sqrt{\varepsilon_2\mu_2}} \tag{24.9}$$

代表波在介质 1 和介质 2 中的传播速度,则

$$\frac{\sin\theta_1}{\sin\theta_2}=\frac{v_1}{v_2}=\frac{c/n_1}{c/n_2}=\frac{n_2}{n_1}$$

式中,

$$n_1=\frac{c}{v_1},\quad n_2=\frac{c}{v_2} \tag{24.10}$$

分别表示介质 1 和介质 2 的折射率。这样,有

$$n_1\sin\theta_1=n_2\sin\theta_2 \tag{24.11}$$

即斯涅耳定律。

24.3 正入射情况 目标 2

当一列线偏振电磁波正入射到两介质分界面时,总可以假设是 y 方向偏振的。令两介质的特性分别以固有阻抗 η_1 和 η_2 加以区分(见图 24.2)。入射波、透射波和反射波可表示为

$$\boldsymbol{E}_1=\hat{\boldsymbol{y}}E_{10}\mathrm{e}^{\mathrm{i}(k_1x-\omega t)}\quad(\text{入射波}) \tag{24.12}$$

$$\boldsymbol{E}_2=\hat{\boldsymbol{y}}E_{20}\mathrm{e}^{\mathrm{i}(k_2x-\omega t)}\quad(\text{透射波}) \tag{24.13}$$

$$\boldsymbol{E}_3 = \hat{\boldsymbol{y}} E_{30} \mathrm{e}^{-\mathrm{i}(k_1 x + \omega t)} \quad (\text{反射波}) \tag{24.14}$$

入射波、透射波和反射波的 $\boldsymbol{k}$ 矢量分别为(参见图 24.2)

$$\boldsymbol{k}_1 = k_1 \hat{\boldsymbol{x}}, \quad \boldsymbol{k}_2 = k_2 \hat{\boldsymbol{x}}, \quad \boldsymbol{k}_3 = -k_1 \hat{\boldsymbol{x}} \tag{24.15}$$

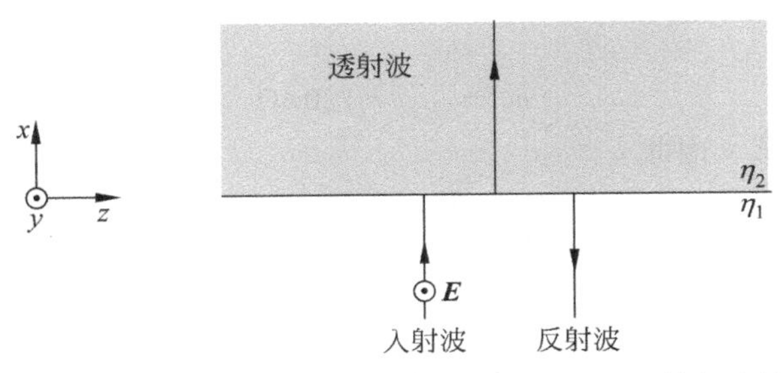

图 24.2　入射波正入射到两介质分界面时的反射和透射

既然 $\hat{\boldsymbol{x}} \times \hat{\boldsymbol{y}} = \hat{\boldsymbol{z}}$，相应的磁场强度为

$$\boldsymbol{H}_1 = \frac{\boldsymbol{k}_1 \times \boldsymbol{E}_1}{\omega \mu_1} = \hat{\boldsymbol{z}} H_{10} \mathrm{e}^{\mathrm{i}(k_1 x - \omega t)} \tag{24.16}$$

$$\boldsymbol{H}_2 = \frac{\boldsymbol{k}_2 \times \boldsymbol{E}_2}{\omega \mu_2} = \hat{\boldsymbol{z}} H_{20} \mathrm{e}^{\mathrm{i}(k_2 x - \omega t)} \tag{24.17}$$

$$\boldsymbol{H}_3 = \frac{\boldsymbol{k}_3 \times \boldsymbol{E}_3}{\omega \mu_1} = -\hat{\boldsymbol{z}} H_{30} \mathrm{e}^{-\mathrm{i}(k_1 x + \omega t)} \tag{24.18}$$

式中，

$$H_{10} = \frac{E_{10}}{\eta_1}, \quad H_{20} = \frac{E_{20}}{\eta_2}, \quad H_{30} = \frac{E_{30}}{\eta_1} \tag{24.19}$$

因为电场强度和磁场强度方向都是界面的切向，必然都是(在 $x=0$ 处)连续的，可得

$$E_{10} + E_{30} = E_{20}$$

$$\frac{E_{10}}{\eta_1} - \frac{E_{30}}{\eta_1} = \frac{E_{20}}{\eta_2}$$

因此

$$E_{10} - E_{30} = \frac{\eta_1}{\eta_2} E_{20}$$

利用上面的方程，可得振幅透射系数

$$2E_{10} = \left(1 + \frac{\eta_1}{\eta_2}\right) E_{20} \quad \Rightarrow \quad t = \frac{E_{20}}{E_{10}} = \frac{2\eta_2}{\eta_1 + \eta_2} \tag{24.20}$$

另外，有

$$E_{30} = E_{20} - E_{10} = \left(\frac{2\eta_2}{\eta_1 + \eta_2} - 1\right) E_{10}$$

得振幅反射系数

$$r = \frac{E_{30}}{E_{10}} = \frac{\eta_2 - \eta_1}{\eta_2 + \eta_1} \tag{24.21}$$

24.3.1　无损电介质中的正入射

下面讨论两无损电介质分界面的正入射情况，推导出一个 y 偏振的电磁波正入射到该

界面完整的电场$\boldsymbol{E}$、磁场$\boldsymbol{H}$和坡印亭矢量$\boldsymbol{S}$的变化情况。两无损电介质的折射率分别为n_1和n_2。在一个无损电介质中(参见23.2节),有

$$\eta=\frac{c\mu_0}{n}=\frac{\eta_0}{n} \tag{24.22}$$

式中,

$$\eta_0=c\mu_0=120\pi\Omega \tag{24.23}$$

是自由空间的固有阻抗。因此

$$\eta_1=\frac{\eta_0}{n_1},\quad \eta_2=\frac{\eta_0}{n_2}$$

有

$$r=\frac{\eta_2-\eta_1}{\eta_2+\eta_1}=\frac{n_1-n_2}{n_1+n_2} \tag{24.24}$$

$$t=\frac{2\eta_2}{\eta_1+\eta_2}=\frac{2n_1}{n_1+n_2} \tag{24.25}$$

这样,当$n_2>n_1$时,反射时有一个π相位变化。为了得到实际的电场和磁场,取$\boldsymbol{E}$和$\boldsymbol{H}$的实部得

$$\boldsymbol{E}_1=\hat{\boldsymbol{y}}E_{10}\cos(k_1x-\omega t)$$

$$\boldsymbol{H}_1=\hat{\boldsymbol{z}}\frac{E_{10}}{\eta_1}\cos(k_1x-\omega t)$$

$$\boldsymbol{E}_2=\hat{\boldsymbol{y}}E_{20}\cos(k_2x-\omega t)$$

$$\boldsymbol{H}_2=\hat{\boldsymbol{z}}\frac{E_{20}}{\eta_2}\cos(k_2x-\omega t)$$

$$\boldsymbol{E}_3=\hat{\boldsymbol{y}}E_{30}\cos(k_1x+\omega t)$$

$$\boldsymbol{H}_3=-\hat{\boldsymbol{z}}\frac{E_{30}}{\eta_1}\cos(k_1x+\omega t)$$

相应的坡印亭矢量的平均值为

$$\langle\boldsymbol{S}_1\rangle=\langle\boldsymbol{E}_1\times\boldsymbol{H}_1\rangle=\hat{\boldsymbol{x}}\frac{E_{10}^2}{2\eta_1}$$

$$\langle\boldsymbol{S}_2\rangle=\langle\boldsymbol{E}_2\times\boldsymbol{H}_2\rangle=\hat{\boldsymbol{x}}\frac{E_{20}^2}{2\eta_2}$$

$$\langle\boldsymbol{S}_3\rangle=\langle\boldsymbol{E}_3\times\boldsymbol{H}_3\rangle=-\hat{\boldsymbol{x}}\frac{E_{30}^2}{2\eta_1}$$

这样,可以得到反射率和透射率①

$$R=\frac{|\langle S_3\rangle|}{|\langle S_1\rangle|}=\frac{|\langle\boldsymbol{E}_3\times\boldsymbol{H}_3\rangle|}{|\langle\boldsymbol{E}_1\times\boldsymbol{H}_1\rangle|}=\left|\frac{E_{30}}{E_{10}}\right|^2=\left(\frac{n_1-n_2}{n_1+n_2}\right)^2 \tag{24.26}$$

① 本书将r和t称为振幅反射系数(amplitude reflection coefficient)和振幅透射系数(amplitude transmission coefficient),反映的是反射和透射后复振幅的变化。而在本节将R与T称为反射率(reflectivity)和透射率(transmittivity)。但是在24.8节又将R称为反射系数(reflection coefficient),将T称为透射系数(transmission coefficient)。其实不论是叫反射率和透射率,还是叫反射系数和透射系数,反映的都是反射与透射后辐射通量的变化(亦即能流的变化)。根据中文教科书的习惯,我们将R和T统称为反射率和透射率。——译者注

$$T=\frac{|\langle S_2\rangle|}{|\langle S_1\rangle|}=\frac{|\langle \boldsymbol{E}_2\times\boldsymbol{H}_2\rangle|}{|\langle \boldsymbol{E}_1\times\boldsymbol{H}_1\rangle|}=\frac{n_2}{n_1}\left|\frac{E_{20}}{E_{10}}\right|^2$$
$$=\frac{n_2}{n_1}\left(\frac{2n_1}{n_1+n_2}\right)^2=\frac{4n_1n_2}{(n_1+n_2)^2} \tag{24.27}$$

显然

$$R+T=1$$

需要提醒的是，当计算斜入射反射率 R 和透射率 T 时，需小心它们的物理含义，参见 24.8 节。

例 24.1　考虑空气-玻璃分界面，$n_1=1.0$，$n_2=1.5$，可以轻易得到

$$R=0.04,\quad T=0.96$$

显示在空气-玻璃分界面，反射率只有 4%。另外，既然是从光疏介质入射到光密介质，$\frac{E_{30}}{E_{10}}$ 得到一个负值，显示反射时有 π 的相位变化。

例 24.2　本例考虑一个 y 偏振的电磁波（在空气中传播，$n_1=1.0$），其 $E_{10}=10\mathrm{V/m}$，正入射到一个折射率 $n_2=2.5$ 的电介质上面。假定入射电磁波在自由空间的波长为 6000Å（$=6\times10^{-7}\mathrm{m}$）。试计算反射和透射后的电场和磁场的振幅，以及坡印亭矢量的时间平均值。

$$r=\frac{n_1-n_2}{n_1+n_2}=-0.429$$
$$t=\frac{2n_1}{n_1+n_2}=+0.571$$

则

$$E_{20}=tE_{10}=5.71\mathrm{V/m}$$
$$E_{30}=rE_{10}=-4.29\mathrm{V/m}$$

另外，有

$$\eta_1=\eta_0=120\pi=377\Omega$$
$$\eta_2=\frac{\eta_0}{n_2}=150.8\Omega$$

因此，有

$$H_{10}=\frac{E_{10}}{\eta_1}=2.66\times10^{-2}\mathrm{A/m}$$
$$H_{20}=\frac{E_{20}}{\eta_2}=3.80\times10^{-2}\mathrm{A/m}$$
$$H_{30}=-\frac{E_{30}}{\eta_1}=+1.14\times10^{-2}\mathrm{A/m}$$

入射波的完整表达式为

$$\boldsymbol{E}_1=\hat{\boldsymbol{y}}\ 10\cos(k_1x-\omega t)\mathrm{V/m}$$
$$\boldsymbol{H}_1=\hat{\boldsymbol{z}}(2.66\times10^{-2})\cos(k_1x-\omega t)\mathrm{A/m}$$

透射波：

$$\boldsymbol{E}_2=\hat{\boldsymbol{y}}\,5.71\cos(k_2x-\omega t)\,\mathrm{V/m}$$

$$\boldsymbol{H}_2=\hat{\boldsymbol{z}}(3.80\times10^{-2})\cos(k_2x-\omega t)\,\mathrm{A/m}$$

反射波：

$$\boldsymbol{E}_3=-\hat{\boldsymbol{y}}\,4.29\cos(k_1x+\omega t)\,\mathrm{V/m}$$

$$\boldsymbol{H}_3=\hat{\boldsymbol{z}}(1.14\times10^{-2})\cos(k_1x+\omega t)\,\mathrm{A/m}$$

式中，

$$k_1=\frac{\omega}{c}n_1=\frac{2\pi}{\lambda_0}=1.047\times10^7\,\mathrm{m}^{-1},\quad k_2=\frac{\omega}{c}n_2=\frac{2\pi}{\lambda_0}n_2=2.618\times10^7\,\mathrm{m}^{-1}$$

相应的坡印亭矢量的时间平均值为

$$\langle\boldsymbol{S}_1\rangle=\langle\boldsymbol{E}_1\times\boldsymbol{H}_1\rangle=0.133\,\hat{\boldsymbol{x}}\mathrm{J/m^2}$$

$$\langle\boldsymbol{S}_2\rangle=\langle\boldsymbol{E}_2\times\boldsymbol{H}_2\rangle=0.1085\,\hat{\boldsymbol{x}}\mathrm{J/m^2}$$

$$\langle\boldsymbol{S}_3\rangle=\langle\boldsymbol{E}_3\times\boldsymbol{H}_3\rangle=-0.0244\,\hat{\boldsymbol{x}}\mathrm{J/m^2}$$

因此

$$R=\frac{|\langle S_3\rangle|}{|\langle S_1\rangle|}\approx0.183,\quad T=\frac{|\langle S_2\rangle|}{|\langle S_1\rangle|}\approx0.816$$

从另一角度计算，有

$$R=\left(\frac{n_1-n_2}{n_1+n_2}\right)^2=\left(\frac{1.5}{3.5}\right)^2=0.1837$$

$$T=\frac{4n_1n_2}{(n_1+n_2)^2}=\frac{4\times1\times2.5}{3.5\times3.5}=0.8163$$

24.3.2 正入射到完全良导体

下面考虑一个 y 偏振的电磁波正入射到一个良导体上，该良导体 $\sigma_2=\infty$，因此

$$g_2=\frac{\sigma_2}{\omega\varepsilon_2}=\infty\quad\Rightarrow\quad|\eta_2|=0$$

(参见 23.7 节和 24.4 节)。这样，$t=\dfrac{2\eta_2}{\eta_1+\eta_2}=0$，因此，没有透射波。另外，有

$$r=\frac{\eta_2-\eta_1}{\eta_2+\eta_1}=-1\quad\Rightarrow\quad E_{30}=-E_{10}\tag{24.28}$$

因此，与入射波和反射波相联系的电场为

$$\boldsymbol{E}_1=\hat{\boldsymbol{y}}E_{10}\cos(k_1x-\omega t)$$

$$\boldsymbol{E}_3=-\hat{\boldsymbol{y}}E_{10}\cos(k_1x+\omega t)$$

入射波和反射波会叠加形成一个驻波(参见 13.2 节)：

$$\boldsymbol{E}_1+\boldsymbol{E}_3=\hat{\boldsymbol{y}}(2E_{10})\sin k_1x\sin\omega t$$

24.3.3 正入射到良导体上的反射率

下面考虑一电磁波正入射到一电介质(用 ε_1 和 μ_1 表征)与一个良导体(用 σ_2、ε_2 和 μ_2 表征)的分界面。所谓良导体意味着

$$g_2=\frac{\sigma_2}{\omega\varepsilon_2}\gg 1$$

对于导体,有

$$k_2^2=\omega^2\varepsilon_2\mu_2+\mathrm{i}\omega\mu_2\sigma_2 \tag{24.29}$$

如果将 k_2 的形式写成

$$k_2=\beta_2+\mathrm{i}\gamma_2 \tag{24.30}$$

(参照 23.7 节)有

$$\beta_2=\omega\sqrt{\frac{\varepsilon_2\mu_2}{2}}(\sqrt{1+g_2^2}+1)^{1/2} \tag{24.31}$$

$$\gamma_2=\omega\sqrt{\frac{\varepsilon_2\mu_2}{2}}(\sqrt{1+g_2^2}-1)^{1/2} \tag{24.32}$$

式中 ε_2 是实数,且 $g_2=\frac{\sigma_2}{\omega\varepsilon_2}$。振幅反射系数为

$$r=\frac{E_{30}}{E_{10}}=\frac{\eta_2-\eta_1}{\eta_2+\eta_1}=-\frac{1-\dfrac{\eta_2}{\eta_1}}{1+\dfrac{\eta_2}{\eta_1}} \tag{24.33}$$

因为

$$\eta_1=\sqrt{\frac{\mu_1}{\varepsilon_1}},\quad \eta_2=|\eta_2|\mathrm{e}^{-\mathrm{i}\theta_2} \tag{24.34}$$

式中,

$$|\eta_2|=\sqrt{\frac{\mu_2}{\varepsilon_2}}(1+g_2^2)^{-1/4} \tag{24.35}$$

$$\tan 2\theta_2=g_2=\frac{\sigma_2}{\omega\varepsilon_2},\quad 0<\theta_2<\frac{\pi}{4} \tag{24.36}$$

既然

$$g_2\gg 1,\quad |\eta_2|\approx\sqrt{\frac{\mu_2}{\varepsilon_2}}\cdot\frac{1}{\sqrt{g_2}}=\sqrt{\frac{\omega\mu_2}{\sigma_2}},\quad \theta_2\approx\frac{\pi}{4}$$

则

$$\frac{\eta_2}{\eta_1}\approx\sqrt{\frac{\omega\mu_2\varepsilon_1}{\sigma_2\mu_1}}\mathrm{e}^{-\mathrm{i}\pi/4}=(1-\mathrm{i})h \tag{24.37}$$

式中,

$$h=\sqrt{\frac{\omega\mu_2\varepsilon_1}{2\sigma_2\mu_1}} \tag{24.38}$$

因此,有

$$r=-\frac{1-(1-\mathrm{i})h}{1+(1-\mathrm{i})h}$$

既然 $h \ll 1$[①],得到

$$r \approx -[1-(1-\mathrm{i})h][1-(1-\mathrm{i})h] \approx -[1-2(1-\mathrm{i})h] \tag{24.39}$$

因此,反射率

$$R = |r|^2 \approx (1-2h)^2 + 4h^2 \approx 1-4h$$

表示成另外形式,反射率近似为

$$R \approx 1 - 2\sqrt{\frac{2\omega\mu_2\varepsilon_1}{\sigma_2\mu_1}} \tag{24.40}$$

另外,透射波的电场为

$$\boldsymbol{E}_2 = tE_{10}\hat{\boldsymbol{y}}\mathrm{e}^{\mathrm{i}(k_2 x - \omega t)} \tag{24.41}$$

式中,

$$t = \frac{2\eta_2}{\eta_2+\eta_1} = -\frac{2\frac{\eta_2}{\eta_1}}{1+\frac{\eta_2}{\eta_1}} \approx \frac{2(1-\mathrm{i})h}{1+(1-\mathrm{i})h} \approx \sqrt{2}h\mathrm{e}^{-\mathrm{i}\pi/4}$$

其中用到了式(24.37)。因此

$$\boldsymbol{E}_2 = \sqrt{2}hE_{10}\hat{\boldsymbol{y}}\mathrm{e}^{-\gamma_2 x}\mathrm{e}^{\mathrm{i}(\beta_2 x - \omega t - \pi/4)} \tag{24.42}$$

因此,电磁波在导体内部指数衰减,原因是焦耳热损耗和吸收。

例 24.3 考虑一线偏振电磁波(频率 10GHz,$E_{10}=15\mathrm{V/m}$)自空气正入射到铜($\sigma_2 \approx 5.6\times10^7\mathrm{S/m}$)的表面。假定 $\mu_2=\mu_1=\mu_0=4\pi\times10^{-7}\mathrm{N\cdot s^2/C^2}$,$\varepsilon_2=\varepsilon_1=\varepsilon_0=8.854\times10^{-12}\mathrm{C^2/(N\cdot m^2)}$,可以得到

$$g_2 = \frac{\sigma_2}{\omega\varepsilon_2} = \frac{5.6\times10^7}{(2\pi\times10^{10})\times8.854\times10^{-12}} \approx 1.0\times10^8$$

这样,$g_2 \gg 1$。当频率为 10GHz 时,铜表现为非常良好的导体。另外

$$R \approx 1-2\sqrt{\frac{2\omega\mu_2\varepsilon_1}{\sigma_2\mu_1}} = 1-2\sqrt{\frac{2\times2\pi\times10^{10}\times\mu_0\times8.854\times10^{-12}}{5.6\times10^7\times\mu_0}}$$
$$\approx 0.9997$$

具有非常高的反射率。且

$$h = \sqrt{\frac{\omega\mu_2\varepsilon_1}{2\sigma_2\mu_1}} \approx \sqrt{\frac{2\pi\times10^{10}\times\mu_0\times8.854\times10^{-12}}{2\times5.6\times10^7\times\mu_0}} \approx 7.05\times10^{-5}$$

还有 $k_2=\beta_2+\mathrm{i}\gamma_2$,其中(当 g_2 非常大时)有

$$\beta_2 \approx \gamma_2 \approx \omega\sqrt{\frac{\varepsilon_2\mu_2 g_2}{2}} = \sqrt{\frac{\omega\mu_0\sigma_2}{2}} \approx \sqrt{\frac{2\pi\times10^{10}\times4\pi\times10^{-7}\times5.6\times10^7}{2}}\mathrm{m^{-1}}$$
$$\approx 1.49\times10^6\mathrm{m^{-1}}$$

这样,透射波电场的完整形式为

$$\boldsymbol{E}_2 = \hat{\boldsymbol{y}}(1.50\times10^{-3})\mathrm{e}^{-1.49\times10^6 x}\cos(1.49\times10^6 x - \omega t - \pi/4)\mathrm{V/m}$$

其中 x 和 t 分别以米和秒作单位。透射波光强表示为

① 原书此处为 $h \gg 1$,显然是写反了。——译者注

$$I = I_0 e^{-2\gamma_2 x}$$

如果用 x_0 表示光强下降为原值的一半时的距离，则

$$\frac{1}{2} = e^{-2\gamma_2 x_0} \quad \Rightarrow \quad x_0 = \frac{\ln 2}{2\gamma_2} \approx 2.5 \times 10^{-7}\,\mathrm{m} = 0.25\mu\mathrm{m}$$

透射波能量很快消失，变成了导体的焦耳热。

24.4　斜入射：E 矢量平行于入射面　　目标 3

本节计算当电磁波(以角度 θ_1)斜入射到一分界面时的反射系数和透射系数。该分界面是两个以固有阻抗 η_1 和 η_2 为表征的介质的分界面，设该面为 $x=0$(如图 24.3 所示)。假定入射电场矢量在入射面内，写出入射波的形式

$$\boldsymbol{E}_1 = \hat{\boldsymbol{e}}_1 E_{10} e^{i(\boldsymbol{k}_1 \cdot \boldsymbol{r} - \omega t)} \tag{24.43}$$

$$\boldsymbol{k}_1 = \hat{\boldsymbol{k}}_1 k_1$$

式中，

$$\hat{\boldsymbol{e}}_1 = \hat{\boldsymbol{x}} \sin\theta_1 - \hat{\boldsymbol{z}} \cos\theta_1$$

$$\hat{\boldsymbol{k}}_1 = \hat{\boldsymbol{x}} \cos\theta_1 + \hat{\boldsymbol{z}} \sin\theta_1$$

分别是沿着 $\boldsymbol{E}_1$ 和 $\boldsymbol{k}_1$ 的单位矢量(如图 24.3 所示)。显然 $\hat{\boldsymbol{e}}_1 \cdot \hat{\boldsymbol{k}}_1 = 0$，意味着 $\boldsymbol{E}_1 \cdot \boldsymbol{k}_1 = 0$。既然 $\hat{\boldsymbol{k}}_1 \times \hat{\boldsymbol{e}}_1 = \hat{\boldsymbol{y}}$，得到

$$\boldsymbol{H}_1 = \frac{\boldsymbol{k}_1 \times \boldsymbol{E}_1}{\omega \mu_1} = \hat{\boldsymbol{y}} \frac{E_{10}}{\eta_1} e^{i(\boldsymbol{k}_1 \cdot \boldsymbol{r} - \omega t)} \tag{24.44}$$

很容易看出 $\boldsymbol{H}_1 \cdot \boldsymbol{k}_1 = 0$。透射波沿着下面的方向传播：

$$\hat{\boldsymbol{k}}_2 = \hat{\boldsymbol{x}} \cos\theta_2 + \hat{\boldsymbol{z}} \sin\theta_2$$

因此，有

$$\hat{\boldsymbol{e}}_2 = \hat{\boldsymbol{x}} \sin\theta_2 - \hat{\boldsymbol{z}} \cos\theta_2$$

$$\boldsymbol{E}_2 = \hat{\boldsymbol{e}}_2 E_{20} e^{i(\boldsymbol{k}_2 \cdot \boldsymbol{r} - \omega t)}$$

$$\boldsymbol{H}_2 = \hat{\boldsymbol{y}} \frac{E_{20}}{\eta_2} e^{i(\boldsymbol{k}_2 \cdot \boldsymbol{r} - \omega t)}$$

反射波沿着下面的方向传播：

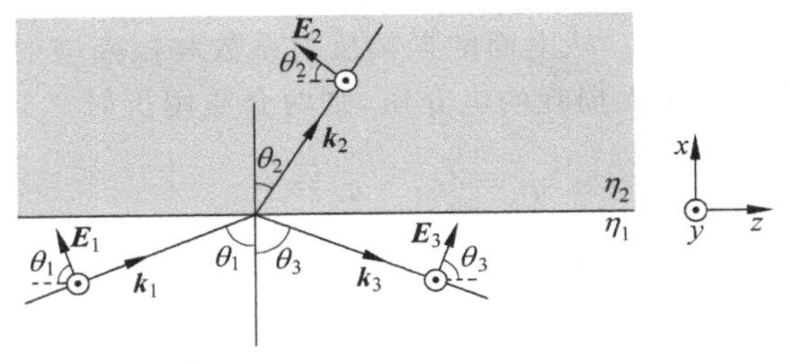

图 24.3　一平面电磁波经界面的反射和折射，入射波电场矢量方向位于入射面内，磁场矢量垂直于入射面(即沿着 y 方向)

$$\hat{\boldsymbol{k}}_3 = -\hat{\boldsymbol{x}}\cos\theta_1 + \hat{\boldsymbol{z}}\sin\theta_1$$

因此,有

$$\boldsymbol{E}_3 = \hat{\boldsymbol{e}}_3 E_{30} \mathrm{e}^{\mathrm{i}(\boldsymbol{k}_3 \cdot \boldsymbol{r} - \omega t)}$$

$$\hat{\boldsymbol{e}}_3 = \hat{\boldsymbol{x}}\sin\theta_1 + \hat{\boldsymbol{z}}\cos\theta_1$$

$$\boldsymbol{H}_3 = \hat{\boldsymbol{y}} \frac{E_{30}}{\eta_1} \mathrm{e}^{\mathrm{i}(\boldsymbol{k}_3 \cdot \boldsymbol{r} - \omega t)}$$

立刻可以看出

$$\boldsymbol{E}_2 \cdot \boldsymbol{k}_2 = 0 = \boldsymbol{E}_3 \cdot \boldsymbol{k}_3, \quad \boldsymbol{H}_2 \cdot \boldsymbol{k}_2 = 0 = \boldsymbol{H}_3 \cdot \boldsymbol{k}_3$$

(从图24.3)可以看出

$$E_{1z} = -E_{10}\cos\theta_1 \mathrm{e}^{\mathrm{i}(\boldsymbol{k}_1 \cdot \boldsymbol{r} - \omega t)}$$

$$E_{2z} = -E_{20}\cos\theta_2 \mathrm{e}^{\mathrm{i}(\boldsymbol{k}_2 \cdot \boldsymbol{r} - \omega t)}$$

$$E_{3z} = E_{30}\cos\theta_1 \mathrm{e}^{\mathrm{i}(\boldsymbol{k}_3 \cdot \boldsymbol{r} - \omega t)}$$

因为 E_z 和 H_y 是切向分量,所以它们必然在 $x=0$ 处连续,有

$$-E_{10}\cos\theta_1 + E_{30}\cos\theta_1 = -E_{20}\cos\theta_2$$

$$\Rightarrow \quad E_{20} = \frac{\cos\theta_1}{\cos\theta_2}(E_{10} - E_{30}) \tag{24.45}$$

H_y 连续性给出

$$\frac{E_{10}}{\eta_1} + \frac{E_{30}}{\eta_1} = \frac{E_{20}}{\eta_2}$$

$$\Rightarrow \quad \frac{\eta_2}{\eta_1}(E_{10} + E_{30}) = E_{20} = \frac{\cos\theta_1}{\cos\theta_2}(E_{10} - E_{30})$$

其中用到了式(24.45)。这样

$$\left(\frac{\eta_2}{\eta_1} + \frac{\cos\theta_1}{\cos\theta_2}\right) E_{30} = \left(\frac{\cos\theta_1}{\cos\theta_2} - \frac{\eta_2}{\eta_1}\right) E_{10}$$

$$r_{/\!/} = r_{\mathrm{p}} = \frac{\eta_1\cos\theta_1 - \eta_2\cos\theta_2}{\eta_1\cos\theta_1 + \eta_2\cos\theta_2} \tag{24.46}$$

其中 $r_{/\!/}$(也经常用 r_{p})代表入射波电场矢量在入射面内的振幅反射系数,下标//或者 p 表示入射波偏振平行于入射面。而此时的振幅透射系数用 $t_{/\!/}$ 代表(也经常用 t_{p}),可得

$$t_{/\!/} = t_{\mathrm{p}} = \frac{E_{20}}{E_{10}} = \frac{\eta_2}{\eta_1}\left(1 + \frac{E_{30}}{E_{10}}\right) = \frac{2\eta_2\cos\theta_1}{\eta_1\cos\theta_1 + \eta_2\cos\theta_2} \tag{24.47}$$

对于正入射情况,$\theta_1 = 0 = \theta_2$,从上面的振幅反射系数和振幅透射系数可以得到24.2节推导的形式。如果两个介质是无损耗的电介质,则两介质用折射率 n_1 和 n_2 表征,这样,有

$$\eta_1 = \frac{\eta_0}{n_1}, \quad \eta_2 = \frac{\eta_0}{n_2} \tag{24.48}$$

因此,有

$$r_{/\!/} = r_{\mathrm{p}} = \frac{n_2\cos\theta_1 - n_1\cos\theta_2}{n_2\cos\theta_1 + n_1\cos\theta_2} \tag{24.49}$$

$$t_{/\!/} = t_{\mathrm{p}} = \frac{2n_1\cos\theta_1}{n_2\cos\theta_1 + n_1\cos\theta_2} \tag{24.50}$$

从上面的公式可以总结出下列结论：

(1) 当 $n_2=n_1$ 时，没有反射：当 $n_2=n_1$ 时，$\theta_2=\theta_1$，我们得到

$$r_{/\!/}=0,\quad t_{/\!/}=1$$

因此，当第二介质的折射率与第一介质相同时，不存在反射（这是显然的）。因此，当一块透明固体浸在一个折射率相同的液体里时，我们是看不到该固体的！

(2) 反射时的相移：当光波从光疏介质入射到光密介质时，$\theta_2<\theta_1$，且当$(\theta_1+\theta_2)>\pi/2$（即 $\theta_1>\theta_p$）时，$r_{/\!/}$是负的，意味着反射有 π 的相移。θ_p 是布儒斯特角，将在 24.5 节给出定义。然而，当 $\theta_1<\theta_p$ 时，$r_{/\!/}$是正的，意味着反射没有相移出现。这一点还将在后面讨论。

(3) 反射、折射的斯托克斯关系：图 24.4 显示，如果上、下介质互换，由于光线的可逆性质，入射角和折射角也将互换。如果 $r'_{/\!/}$和 $t'_{/\!/}$代表相应于图 24.4(b)所示情形下的振幅反射系数和振幅透射系数，可以证明（参见习题 24.4）

$$1+r_{/\!/}\,r'_{/\!/}=t_{/\!/}\,t'_{/\!/}\tag{24.51}$$

这是斯托克斯关系之一，也可参见 14.12 节。

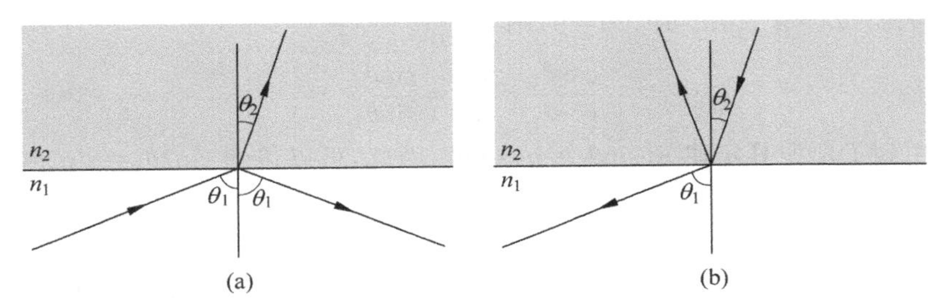

图 24.4　如果上、下介质互换，由于光线是可逆的，入射角和折射角也将互换

(4) 掠入射时的反射：对于掠入射（即大角度入射，$\theta_1\approx\pi/2$），式(24.49)可以换一种写法

$$r_{/\!/}=\frac{n\sin\alpha_1-\sin\alpha_2}{n\sin\alpha_1+\sin\alpha_2}\tag{24.52}$$

式中 $n=n_2/n_1$，$\alpha_1=\dfrac{\pi}{2}-\theta_1$，$\alpha_2=\dfrac{\pi}{2}-\theta_2$，在掠入射下，这两个角度都很小。因为

$$n=\frac{\sin\theta_1}{\sin\theta_2}=\frac{\cos\alpha_1}{\cos\alpha_2}$$

或者

$$\sin\alpha_2=(1-\cos^2\alpha_2)^{1/2}=\left(1-\frac{\cos^2\alpha_1}{n^2}\right)^{1/2}$$

所以有

$$r_{/\!/}=\frac{n\sin\alpha_1-\left(1-\dfrac{\cos^2\alpha_1}{n^2}\right)^{1/2}}{n\sin\alpha_1+\left(1-\dfrac{\cos^2\alpha_1}{n^2}\right)^{1/2}}\approx\frac{n\alpha_1-\left(1-\dfrac{1}{n^2}\right)^{1/2}}{n\alpha_1+\left(1-\dfrac{1}{n^2}\right)^{1/2}}\tag{24.53}$$

其中将 $\sin\alpha_1$ 替换为 α_1，将 $\cos\alpha_1$ 替换为 1（舍弃了高阶项，这在角度很小时成立）。因此

$$r_{/\!/} \approx -\left[1-\frac{n\alpha_1}{\sqrt{(n^2-1)/n^2}}\right]\left[1+\frac{n\alpha_1}{\sqrt{(n^2-1)/n^2}}\right]^{-1}$$

$$\approx -\left[1-\frac{2n^2\alpha_1}{\sqrt{n^2-1}}\right] \to -1,\quad \alpha_1 \to 0 \tag{24.54}$$

显示在掠入射下，光束几乎都被反射。因此，如果将一个玻璃片水平放在与眼睛的位置几乎平齐的位置(如图24.5所示)，使得入射角接近$\pi/2$，则玻璃片看起来像是一面镜子。

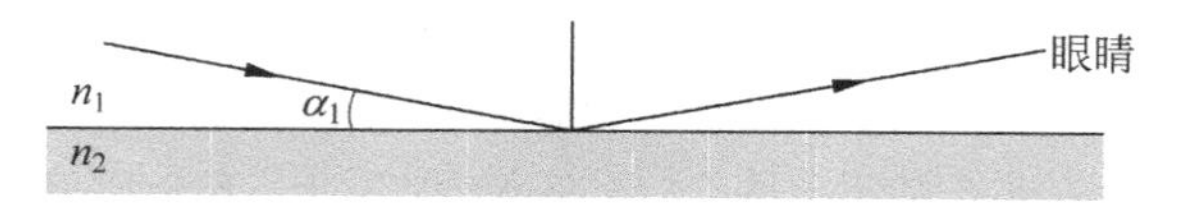

图24.5　当以掠射角入射(即$\alpha_1 \approx 0$)时，几乎全部反射

24.5　反射起偏：布儒斯特定律　　目标4

如果当$n_2\cos\theta_1 = n_1\cos\theta_2$时，$r_{/\!/}=0$，则

$$\frac{\cos\theta_1}{\cos\theta_2} = \frac{n_1}{n_2} = \frac{\sin\theta_2}{\sin\theta_1}$$

其中第二步用到了斯涅耳定律$n_1\sin\theta_1 = n_2\sin\theta_2$，因此，可以得到$\sin2\theta_1 = \sin2\theta_2$，给出

$$2\theta_1 = \pi - 2\theta_2 \quad\Rightarrow\quad \theta_1+\theta_2 = \frac{\pi}{2} \tag{24.55}$$

(这里忽略了$\theta_1=\theta_2$的解，因为它是在$n_2=n_1$下的解，此时介质均匀，不存在分界面!)因此

$$n_1\sin\theta_1 = n_2\sin\theta_2 = n_2\sin\left(\frac{\pi}{2}-\theta_1\right) = n_2\cos\theta_1 \quad\Rightarrow\quad \tan\theta_1 = \frac{n_2}{n_1} \tag{24.56}$$

此时的入射角称为布儒斯特角θ_{p}，有

$$\theta_1 = \theta_{\mathrm{p}} = \arctan\frac{n_2}{n_1} \quad (\text{布儒斯特角}) \tag{24.57}$$

这样，当一光束以布儒斯特角入射时，$r_{/\!/}=0$，并且反射光是电矢量垂直于入射面的线偏振光(如图24.6所示)。这种方法是产生线偏振光的方法之一(见22.2.2节)。

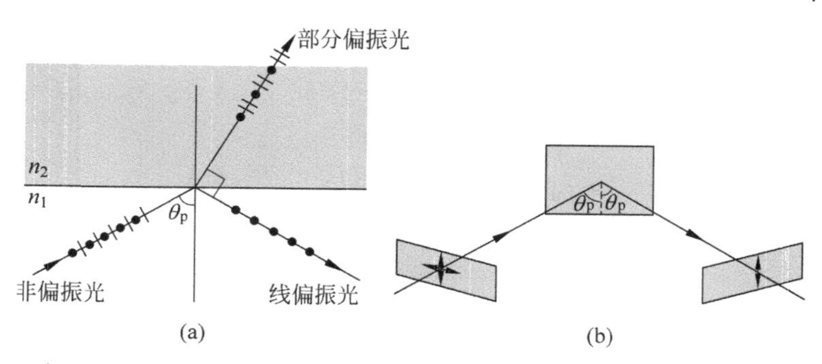

图24.6　(a) 当一个非偏振光以起偏角入射于介质表面时(即入射角等于$\arctan(n_2/n_1)$)，则反射光是线(平面)偏振的，其$\boldsymbol{E}$矢量垂直于入射面，透射光是部分偏振的；图(b)中的虚线是反射面的法线

24.6　全内反射和隐失波　　目标 5

考虑一(电场矢量方向在入射面内的)平面电磁波入射到两电介质的界面($x=0$),且 $n_2<n_1$。因为 $n_1\sin\theta_1=n_2\sin\theta_2$,如果入射角达到 θ_c 时,折射角达 $\theta_2=\pi/2$,则

$$\theta_1=\theta_c=\arcsin\left(\frac{n_2}{n_1}\right) \tag{24.58}$$

入射角度 θ_c 称为临界角,角度下标用 c 表示(critical 的首字母)。当 $\theta_1>\theta_c$ 时,$\sin\theta_2>1$,且 $\cos\theta_2(=\sqrt{1-\sin^2\theta_2})$变为虚数。考察与透射波相联系的电场(在第二介质内)为

$$\boldsymbol{E}_2=\boldsymbol{E}_{20}\exp[\mathrm{i}(\boldsymbol{k}_2\cdot\boldsymbol{r}-\omega t)]=\boldsymbol{E}_{20}\exp[\mathrm{i}(k_{2x}x+k_{2z}z-\omega t)]$$

其中,如前一样,选择 y 轴垂直于入射平面(因此 $k_{2y}=0$),这样,有

$$\boldsymbol{E}_2=\boldsymbol{E}_{20}\exp[\mathrm{i}(k_2\cos\theta_2 x+k_2\sin\theta_2 z-\omega t)] \tag{24.59}$$

由于

$$\cos^2\theta_2=1-\sin^2\theta_2=1-\frac{n_1^2\sin^2\theta_1}{n_2^2}$$

$$=-\frac{n_1^2}{n_2^2}(\sin^2\theta_1-\sin^2\theta_c)$$

或者表示为

$$\cos\theta_2=+\mathrm{i}\frac{n_1}{n_2}\sqrt{\sin^2\theta_1-\sin^2\theta_c} \tag{24.60}$$

上面开根号时选择了“+”号是希望得到一指数衰减的波

$$\mathrm{e}^{\mathrm{i}k_{2x}x}=\mathrm{e}^{\mathrm{i}k_2\cos\theta_2 x}=\mathrm{e}^{-\alpha x}$$

式中,

$$\alpha=\frac{\omega}{c}n_1\sqrt{\sin^2\theta_1-\sin^2\theta_c}=\frac{\omega}{c}\sqrt{n_1^2\sin^2\theta_1-n_2^2} \tag{24.61}$$

(上面开根号时舍弃了解 $\cos\theta_2=-\mathrm{i}\frac{n_1}{n_2}\sqrt{\sin^2\theta_1-\sin^2\theta_c}$,是因为这个解将在 $x>0$ 的区域导致一个指数放大的波,不合理。)因此,有

$$\boldsymbol{E}_2=\boldsymbol{E}_{20}\mathrm{e}^{-\alpha x}\mathrm{e}^{\mathrm{i}(k_{2z}z-\omega t)} \tag{24.62}$$

式中,

$$k_{2z}=k_2\sin\theta_2=\frac{\omega}{c}n_2\sin\theta_2=\frac{\omega}{c}n_1\sin\theta_1$$

这样,当 $\theta_1>\theta_c\left(=\arcsin\left(\frac{n_2}{n_1}\right)\right)$时,在第二介质中存在着一个沿 x 方向指数衰减、沿 z 方向传播的波,这样的波称为隐失波(参见图 24.7)(早些年翻译为倏逝波)。上述的分析对于入射波 $\boldsymbol{E}$ 矢量在入射面内和 $\boldsymbol{E}$ 矢量垂直于入射面均成立。

例 24.4　对于玻璃-空气界面($n_1=1.5$,$n_2=1.0$),临界角为

$$\theta_c=\arcsin\left(\frac{n_2}{n_1}\right)=\arcsin\left(\frac{1.0}{1.5}\right)\approx 41.8^\circ$$

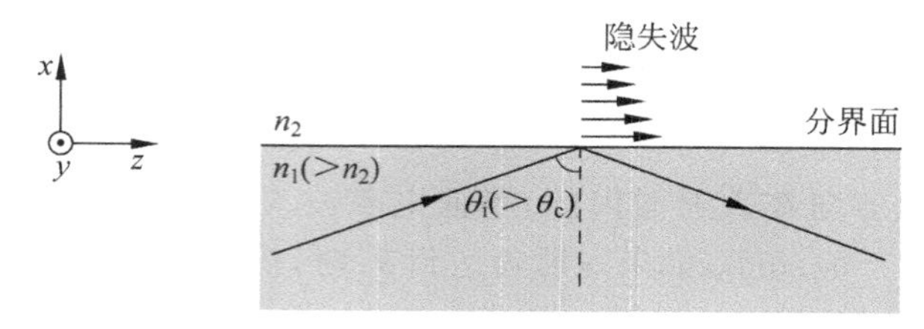

图 24.7　光束经历全内反射时,在光疏介质中会产生一个隐失波。隐失波沿 z 轴传播,但振幅沿 x 轴衰减

假定 $\lambda_0=6\times10^{-7}\text{m}$,入射角为 60°,则

$$\alpha=\frac{\omega}{c}n_1\sin\theta_1=\frac{2\pi}{\lambda_0}n_1\sin\theta_1=\frac{2\pi}{6\times10^{-7}}\times1.5\times\sin60^\circ\text{m}^{-1}=1.36\times10^7\text{m}^{-1}$$

隐失波波场以 $e^{-\alpha x}$ 因子减小。这样,如果 x_0 是(在光疏介质内)光场下降一半时经过的距离,则

$$e^{-\alpha x_0}=\frac{1}{2}\quad\Rightarrow\quad x_0=\frac{\ln2}{\alpha}$$

因此,有

$$x_0=\frac{\ln2}{\alpha}\approx5.1\times10^{-8}\text{m}=51\text{nm}$$

意味着隐失波的光场下降迅速。

全内反射时的反射率和相移

正如前面所述,当 $\theta_1>\theta_c\left(=\arcsin\left(\frac{n_2}{n_1}\right)\right)$时,光束经历全内反射,且 $\cos\theta_2$ 是虚数(参见式(24.60))。这样,有

$$r_{/\!/}=\frac{n_2\cos\theta_1-n_1\cos\theta_2}{n_2\cos\theta_1+n_1\cos\theta_2}=\frac{\cos\theta_1-\text{i}u}{\cos\theta_1+\text{i}u}$$

式中,

$$u=-\text{i}\frac{n_1}{n_2}\cos\theta_2=\left(\frac{n_1}{n_2}\right)^2\sqrt{\sin^2\theta_1-\sin^2\theta_c}\tag{24.63}$$

是一个正实数,这样

$$R=|r_{/\!/}|^2=1$$

显示光束完全反射。为了计算反射相移,写成如下形式:

$$r_{/\!/}=\frac{A\text{e}^{-\text{i}\phi}}{A\text{e}^{\text{i}\phi}}=\text{e}^{-2\text{i}\phi}\tag{24.64}$$

式中,

$$A=\sqrt{\cos^2\theta_1+u^2}\tag{24.65}$$

$$\cos\phi=\frac{\cos\theta_1}{A},\quad\sin\phi=\frac{u}{A}$$

$$\Rightarrow\quad\phi=\arctan\left(\frac{u}{\cos\theta_1}\right),\quad0<\phi<\frac{\pi}{2}$$

$$E_{30}=E_{10}\mathrm{e}^{-2\mathrm{i}\phi}$$

这样,总的反射相移为

$$2\phi=2\arctan\left[\left(\frac{n_1}{n_2}\right)^2\frac{\sqrt{\sin^2\theta_1-\sin^2\theta_c}}{\cos\theta_1}\right],\quad 0<\phi<\frac{\pi}{2} \tag{24.66}$$

实际的反射电场为

$$\boldsymbol{E}_3=E_{10}\hat{\boldsymbol{e}}_3\cos(\boldsymbol{k}_3\cdot\boldsymbol{r}-\omega t-2\phi) \tag{24.67}$$

显示光束经历全内反射时有一个相移。

例 24.5 作为例子,计算玻璃-空气界面当入射角为 60°时的反射相移($n_1=1.5,n_2=1.0$)。

$$u=\left(\frac{n_1}{n_2}\right)^2\sqrt{\sin^2\theta_1-\sin^2\theta_c}=1.5^2\sqrt{\frac{3}{4}-\left(\frac{1}{1.5}\right)^2}=1.244$$

$$\Rightarrow\quad 2\phi=2\arctan\left(\frac{u}{\cos\theta_1}\right)\approx\frac{\pi}{1.32}$$

24.7 斜入射:E 矢量垂直于入射面 目标 6

下面考虑一平面电磁波电场矢量垂直于入射面,以角度 θ_1 入射到两个以固有阻抗 η_1 和 η_2 为表征的介质的分界面,设该面为 $x=0$(如图 24.1 所示)。因为电场矢量沿着 y 方向,可以写出入射波

$$\boldsymbol{E}_1=\hat{\boldsymbol{e}}_1E_{10}\exp[\mathrm{i}(\boldsymbol{k}_1\cdot\boldsymbol{r}-\omega t)]$$

$$\boldsymbol{H}_1=(\hat{\boldsymbol{k}}_1\times\hat{\boldsymbol{e}}_1)\frac{E_{10}}{\eta_1}\exp[\mathrm{i}(\boldsymbol{k}_1\cdot\boldsymbol{r}-\omega t)]$$

其中 $\hat{\boldsymbol{e}}_1=\hat{\boldsymbol{y}}$ 和 $\hat{\boldsymbol{k}}_1=\hat{\boldsymbol{x}}\cos\theta_1+\hat{\boldsymbol{z}}\sin\theta_1$ 分别是沿着矢量 $\boldsymbol{E}_1$ 和 $\boldsymbol{k}_1$ 的单位矢量。类似地,透射波场和反射波场分别为

$$\boldsymbol{E}_2=\hat{\boldsymbol{e}}_2E_{20}\exp[\mathrm{i}(\boldsymbol{k}_2\cdot\boldsymbol{r}-\omega t)]$$

$$\boldsymbol{H}_2=(\hat{\boldsymbol{k}}_2\times\hat{\boldsymbol{e}}_2)\frac{E_{20}}{\eta_2}\exp[\mathrm{i}(\boldsymbol{k}_2\cdot\boldsymbol{r}-\omega t)]$$

$$\boldsymbol{E}_3=\hat{\boldsymbol{e}}_3E_{30}\exp[\mathrm{i}(\boldsymbol{k}_3\cdot\boldsymbol{r}-\omega t)]$$

$$\boldsymbol{H}_3=(\hat{\boldsymbol{k}}_3\times\hat{\boldsymbol{e}}_3)\frac{E_{30}}{\eta_3}\exp[\mathrm{i}(\boldsymbol{k}_3\cdot\boldsymbol{r}-\omega t)]$$

式中,

$$\hat{\boldsymbol{e}}_2=\hat{\boldsymbol{e}}_3=\hat{\boldsymbol{e}}_1=\hat{\boldsymbol{y}},\quad \hat{\boldsymbol{k}}_2=\hat{\boldsymbol{x}}\cos\theta_2+\hat{\boldsymbol{z}}\sin\theta_2,\quad \hat{\boldsymbol{k}}_3=-\hat{\boldsymbol{x}}\cos\theta_1+\hat{\boldsymbol{z}}\sin\theta_1$$

在分界面 $x=0$ 处,**E** 和 **H** 切向连续,此处是 E_y 和 H_z 连续,得到

$$E_{10}+E_{30}=E_{20}$$

$$\frac{E_{10}}{\eta_1}\cos\theta_1-\frac{E_{30}}{\eta_1}\cos\theta_1=\frac{E_{20}}{\eta_2}\cos\theta_2=\frac{E_{10}+E_{30}}{\eta_2}\cos\theta_2$$

因此

$$\left(\frac{\cos\theta_1}{\eta_1}-\frac{\cos\theta_2}{\eta_2}\right)E_{10}=\left(\frac{\cos\theta_1}{\eta_1}+\frac{\cos\theta_2}{\eta_2}\right)E_{30}$$

令 $r_\perp$ 和 $t_\perp$ 分别代表振幅反射系数和振幅透射系数，其中下标⊥表示现在考虑的是垂直偏振情形。常用 s 替代⊥，其中 s 是德文 senkrecht 的首字母，意思是垂直。平行偏振(或者说 p 偏振)也被称作横磁(transverse magnetic，TM)偏振，因为此时磁场垂直于入射面。另一方面，垂直偏振(或者说 s 偏振)也被称作横电(transverse electric，TE)偏振，因为此时电场垂直于入射面。利用上述式子，得到

$$r_s = r_\perp = \frac{E_{30}}{E_{10}} = \frac{\eta_2\cos\theta_1 - \eta_1\cos\theta_2}{\eta_2\cos\theta_1 + \eta_1\cos\theta_2} \tag{24.68}$$

再者

$$t_s = t_\perp = \frac{E_{20}}{E_{10}} = 1 + \frac{E_{30}}{E_{10}} = \frac{2\eta_2\cos\theta_1}{\eta_2\cos\theta_1 + \eta_1\cos\theta_2} \tag{24.69}$$

无损电介质

考虑一平面电磁波(其电场垂直于入射面)入射到两个折射率分别为 n_1 和 n_2 的电介质分界面，其中 $\eta_1 = \dfrac{\eta_0}{n_1}$，$\eta_2 = \dfrac{\eta_0}{n_2}$，得到

$$r_s = r_\perp = \frac{n_1\cos\theta_1 - n_2\cos\theta_2}{n_1\cos\theta_1 + n_2\cos\theta_2} \tag{24.70}$$

$$t_s = t_\perp = \frac{2n_1\cos\theta_1}{n_1\cos\theta_1 + n_2\cos\theta_2} \tag{24.71}$$

对于给定的 n_1 和 n_2，如果想研究 $r_{/\!/}$ 和 $r_\perp$ 随入射角 θ_1 的变化，利用斯涅耳定律 $n_1\sin\theta_1 = n_2\sin\theta_2$，则

$$n_2\cos\theta_2 = \sqrt{n_2^2 - n_1^2\sin^2\theta_1}$$

因此

$$r_\perp = \frac{n_1\cos\theta_1 - \sqrt{n_2^2 - n_1^2\sin^2\theta_1}}{n_1\cos\theta_1 + \sqrt{n_2^2 - n_1^2\sin^2\theta_1}} \tag{24.72}$$

类似地，有

$$r_{/\!/} = \frac{n_2^2\cos\theta_1 - n_1\sqrt{n_2^2 - n_1^2\sin^2\theta_1}}{n_2^2\cos\theta_1 + n_1\sqrt{n_2^2 - n_1^2\sin^2\theta_1}} \tag{24.73}$$

对于 $t_\perp$ 和 $t_{/\!/}$，可以推导出类似的结果。图 24.8 显示($n_1=1.0$ 和 $n_2=1.5$ 时)$|r_{/\!/}|$ 和 $|r_\perp|$ 的变化情况，其中，当

$$\theta_1 = \theta_p = \arctan\left(\frac{n_2}{n_1}\right) \approx 56.3°$$

时(即当入射角等于布儒斯特角时)，$r_{/\!/}=0$，在此角度下，$r_\perp \approx -0.385$。式(24.68)～式(24.73)称为菲涅耳方程。将振幅反射系数写成模与相位改变分开的形式

$$r = |r|\,e^{i\phi} \tag{24.74}$$

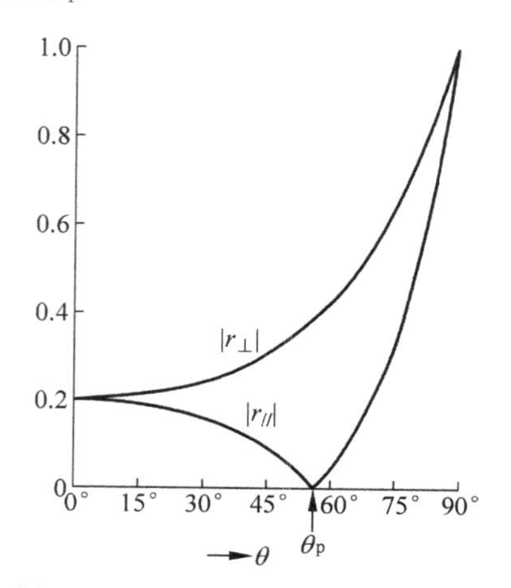

图 24.8　当 $n_1=1.0$ 和 $n_2=1.5$ 时，$|r_{/\!/}|$ 和 $|r_\perp|$ 的变化情况

图 24.8 和图 24.9 分别显示了当 $n_2/n_1=1.5$ 时，

$|r_{/\!/}|$、$|r_{\perp}|$和 $\phi_{/\!/}$、$\phi_{\perp}$ 的变化情况。图 24.10 显示了反射时 $\boldsymbol{E}$ 矢量的方向情况。对于图 24.8 来说，当入射角

$$\theta_1=\theta_{\mathrm{p}}=\arctan\left(\frac{n_2}{n_1}\right)\approx 56°,\qquad |r_{/\!/}|=0$$

时，这就是布儒斯特角。在掠入射时($\theta_1\to 90°$)，$|r_{/\!/}|$和$|r_{\perp}|$几乎都趋向于 1，意味着全部反射。在正入射($\theta_1=0°$)时，平行偏振光和垂直偏振光入射给出了相同的结果，这是因为正入射时，传播方向与反射面法线重合，任何包含法线的面都可以看成入射面。图 24.8 显示，在 $\theta_1=0°$时，$|r_{/\!/}|$和$|r_{\perp}|$有相同值，然而，图 24.9 显示，此时垂直偏振分量反射有相移 π 而平行偏振分量反射没有相移。但是如果研究入射和反射的电场矢量的方向，实际上没有歧义(实际上，此时反射波与入射波的电场矢量在两种情况下都是相反的，参见图 24.10(b)和(d))。

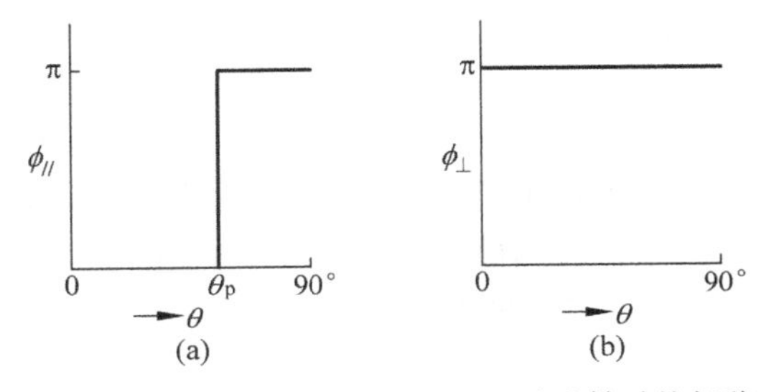

图 24.9　当 $n_1=1.0$ 和 $n_2=1.5$ 时反射时的相移

(a) 平行分量情况；(b) 垂直分量情况。对所有入射角，$\theta_{\perp}=\pi$

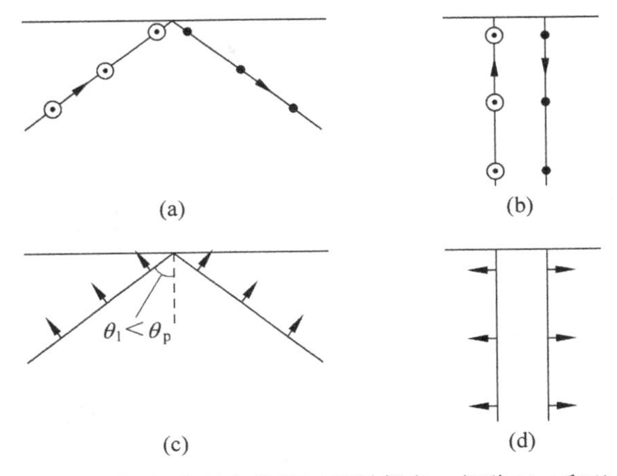

图 24.10　对于垂直偏振分量，在所有角度下反射都有 π 相移((a)和(b))。对于平行偏振分量，在 $\theta_1<\theta_{\mathrm{p}}$ 情况下没有相移((c)和(d))。注意正入射时，相比于入射波，反射波的电场矢量在平行偏振和垂直偏振的两种情况下方向均反转了

总结一下：本章首先考虑入射波电场矢量在入射面内的情况，此时假定反射波和透射波的电场矢量也在入射面内。因为假定透射波和反射波在分界面处电场矢量垂直于入射面，即它们均沿 y 方向(E_{2y} 和 E_{3y})，则根据 E_y 和 H_z 在 $x=0$ 处的连续性，有

$$E_{3y}=E_{2y}$$

$$\frac{k_{3x}E_{3y}}{\omega\mu_0}=\frac{k_{2x}E_{2y}}{\omega\mu_0}$$

$$\Rightarrow\quad -n_1\cos\theta_1 E_{3y}=n_2\cos\theta_2 E_{2y}\quad \text{对所有角度都成立}$$

从上述方程马上得出只有 $E_{3y}=E_{2y}=0$。因此,得出结论:如果入射波电场矢量在入射面内,则反射波和透射波的电场矢量也在入射面内。类似地,如果入射波电场矢量垂直于入射面,则反射波和透射波的电场矢量也垂直于入射面。总的来说,对于任意偏振态的入射波,必须分别求解其平行入射面分量和垂直入射面分量情况,得到两种情况下的反射波(和透射波),然后将它们叠加起来分析反射波(和透射波)的偏振态(参见下面的例 24.9)。实际上,可以通过研究反射波的偏振特性来决定介质的(复)折射率,这个测量方法属于"椭偏测量术",是光学的一个重要研究课题(参见文献[24.11])。

24.8 反射率和透射率　　目标 6

为了计算反射率,必须计算反射波和透射波坡印亭矢量(参见 23.4 节)的 x 分量的比率。为什么要取这个比率的 x 分量,借助图 24.11 来说明更容易理解。如果以 S_1 表示入射波的坡印亭矢量的大小,则单位时间内入射到面元 dA(在 $x=0$ 面上)的能量是 $S_{1x}dA=S_1 dA\cos\theta_1$。类似地,单位时间内透射过面元 dA 的能量是

$$S_{2x}\,dA=S_2\cos\theta_2\,dA$$

并且单位时间内从面元 dA 反射的能量为

$$S_{3x}\,dA=S_3\cos\theta_1\,dA$$

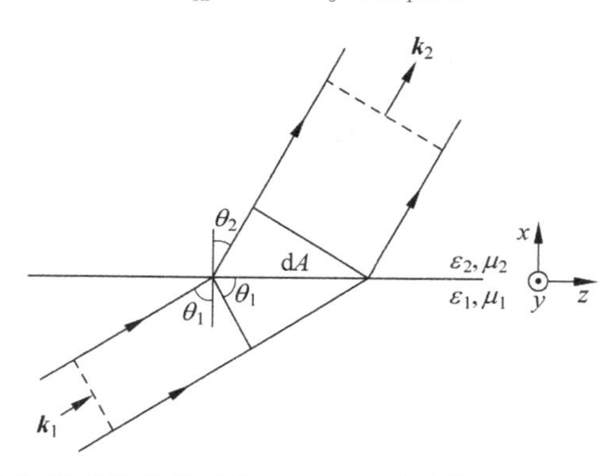

图 24.11　如果入射光束的横截面是 $dA\cos\theta_1$,则透射光束的横截面就是 $dA\cos\theta_2$,其中 θ_1 和 θ_2 分别表示入射角和折射角

如果用 R 和 T 分别表示反射率和透射率,则

$$R=\frac{S_{3x}}{S_{1x}}=\frac{S_3\cos\theta_1}{S_1\cos\theta_1}=\frac{S_3}{S_1}\tag{24.75}$$

$$T=\frac{S_{2x}}{S_{1x}}=\frac{S_2\cos\theta_2}{S_1\cos\theta_1}\tag{24.76}$$

计算坡印亭矢量时,必须取 $\boldsymbol{E}$ 和 $\boldsymbol{H}$ 的实部(参见 23.3 节)。假定一电场矢量垂直于入射面的平面电磁波以 θ_1 角入射到折射率分别为 n_1 和 n_2 的电介质分界面,则

$$R_s = R_\perp = \frac{S_{3x}}{S_{1x}} = \frac{S_3\cos\theta_1}{S_1\cos\theta_1} = \frac{|\langle \boldsymbol{E}_3 \times \boldsymbol{H}_3 \rangle|}{|\langle \boldsymbol{E}_1 \times \boldsymbol{H}_1 \rangle|} = \frac{\dfrac{1}{\eta_1}\ |E_{30}|^2}{\dfrac{1}{\eta_1}\ |E_{10}|^2}$$

$$\Rightarrow \quad R_s = R_\perp = |r_\perp|^2 = \left(\frac{n_1\cos\theta_1 - n_2\cos\theta_2}{n_1\cos\theta_1 + n_2\cos\theta_2}\right)^2 \tag{24.77}$$

另外,有

$$T_s = T_\perp = \frac{S_{2x}}{S_{1x}} = \frac{S_2\cos\theta_2}{S_1\cos\theta_1}$$

$$= \frac{|\langle \boldsymbol{E}_2 \times \boldsymbol{H}_2 \rangle|\cos\theta_2}{|\langle \boldsymbol{E}_1 \times \boldsymbol{H}_1 \rangle|\cos\theta_1} = \frac{\dfrac{1}{\eta_2}|\boldsymbol{E}_{20}|^2\cos\theta_2}{\dfrac{1}{\eta_1}|\boldsymbol{E}_{10}|^2\cos\theta_1}$$

$$\Rightarrow \quad T_s = T_\perp = \frac{n_2\cos\theta_2}{n_1\cos\theta_1}\ |t_\perp|^2 = \frac{4n_1n_2\cos\theta_1\cos\theta_2}{(n_1\cos\theta_1 + n_2\cos\theta_2)^2} \tag{24.78}$$

因此,正如期望的那样,$R_\perp + T_\perp = 1$。用类似的方法,可以研究电场矢量平行于入射面的平面电磁波入射的情况,得到

$$R_p = R_{/\!/} = |r_{/\!/}|^2 = \left(\frac{n_2\cos\theta_1 - n_1\cos\theta_2}{n_2\cos\theta_1 + n_1\cos\theta_2}\right)^2 \tag{24.79}$$

$$T_p = T_{/\!/} = \frac{n_2\cos\theta_2}{n_1\cos\theta_1}|t_{/\!/}|^2 = \frac{4n_1n_2\cos\theta_1\cos\theta_2}{(n_2\cos\theta_1 + n_1\cos\theta_2)^2} \tag{24.80}$$

再一次可得 $R_{/\!/} + T_{/\!/} = 1$。

图 24.12 绘制了光从空气入射到一个折射率为 2.0 的光密介质时,平行分量(p)和垂直分量(s)的反射率曲线。需要注意的是,当以布儒斯特角(或起偏角)入射时,$R_p = 0$,说明在此入射角下,反射光总是 s 偏振的。另一方面,图 24.13 绘制了光从折射率为 2.0 的光密介质入射到空气时,平行分量(p)和垂直分量(s)的反射率。需要注意的是,当入射角大于临界角时,$R_s = R_p = 1$。进而,当以布儒斯特角入射时,$R_p = 0$,说明在此入射角下,反射光也是 s 偏振的。

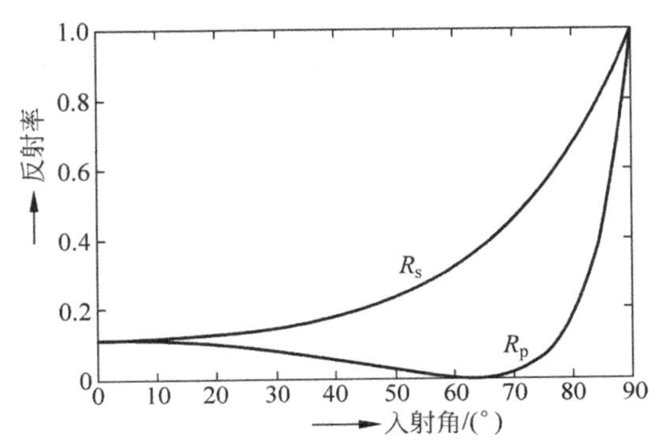

图 24.12　当一束光从光疏介质(折射率为 1.0)入射到折射率为 2.0 的光密介质上时,电场的 p 分量(平行)和 s 分量(垂直)的反射率曲线。布儒斯特角是 63.43°,在该入射角下,$R_p = 0$,此时反射波是 s 偏振的

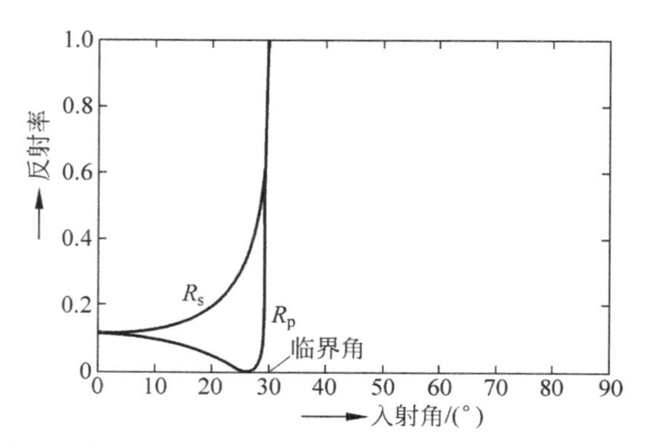

图 24.13　当一束光从光密介质(折射率为 2.0)入射到折射率为 1.0 的光疏介质上,电场的 p 分量(平行)和 s 分量(垂直)的反射比曲线。布儒斯特角是 26.56°,在此角度下 $R_p=0$,此时反射波是 s 偏振的。临界角是 30°,当入射角超过临界角时,反射率为 1

例 24.6　图 24.12 绘制了对于 $n_1=1.0$ 和 $n_2=2.0$ 的介质分界面,反射率 $R_{/\!/}$ 和 $R_{\perp}$ 随角度的变化曲线。布儒斯特角是 63.43°,在此角度下,$R_{\perp}=0$,而且反射波是线偏振的。图 24.13 绘制了对于 $n_1=2.0$ 和 $n_2=1.0$ 介质分界面,反射率 $R_{/\!/}$ 和 $R_{\perp}$ 随角度的变化曲线。布儒斯特角是 26.56°,在此角度下,$R_{\perp}=0$,而且反射波是线偏振的。临界角是 30°,入射角大于这个角度,平行分量和垂直分量的反射率都为 1。

24.9　隐失波的坡印亭矢量计算　　目标 7

考虑一(电场矢量垂直于入射面的)平面电磁波入射到两介质($n_2<n_1$)的分界面,假定入射角 θ_1 大于临界角 θ_c。本节计算 $\langle S_{2x}\rangle$ 和 $\langle S_{2z}\rangle$(其中 $\boldsymbol{S}_2$ 是透射波的坡印亭矢量),然后解释其结果的物理意义。此时,入射波的电场和磁场为

$$\boldsymbol{E}_1=\hat{\boldsymbol{y}}E_{10}\mathrm{e}^{\mathrm{i}(k_{1x}x+k_{1z}z-\omega t)}$$

$$\boldsymbol{H}_1=(-\hat{\boldsymbol{x}}\cos\theta_1+\hat{\boldsymbol{z}}\sin\theta_1)\frac{E_{10}}{\eta_1}\mathrm{e}^{\mathrm{i}(k_{1x}x+k_{1z}z-\omega t)}$$

式中,

$$\eta_1=\frac{\eta_0}{n_1},\quad k_{1x}=\frac{\omega}{c}n_1\cos\theta_1,\quad k_{1z}=\frac{\omega}{c}n_1\sin\theta_1$$

因此

$$\langle S_{1x}\rangle=\frac{E_{10}^2}{\eta_1}\sin\theta_1\langle\cos^2(k_{1x}x+k_{1z}z-\omega t)\rangle=\frac{E_{10}^2}{2\eta_1}\sin\theta_1$$

类似地,有

$$\langle S_{1z}\rangle=\frac{E_{10}^2}{2\eta_1}\cos\theta_1$$

因为

$$t_{\perp}=\frac{2n_1\cos\theta_1}{n_1\cos\theta_1+n_2\cos\theta_2}=\frac{2\cos\theta_1}{\cos\theta_1+\mathrm{i}\sqrt{\sin^2\theta_1-\sin^2\theta_c}}=|t_{\perp}|\mathrm{e}^{-\mathrm{i}\phi_{\perp}}$$

式中,

$$|t_\perp| = \frac{2\cos\theta_1}{\cos\theta_c}, \quad \cos\phi_\perp = \frac{\cos\theta_1}{\cos\theta_c}, \quad \sin\phi_\perp = \frac{\sqrt{\sin^2\theta_1 - \sin^2\theta_c}}{\cos\theta_c}$$

这样，透射波为

$$\boldsymbol{E}_2 = \hat{\boldsymbol{y}} E_{10} \, |t_\perp| \, \mathrm{e}^{-\alpha x} \mathrm{e}^{\mathrm{i}(k_{2z}z - \omega t - \phi_\perp)} \tag{24.81}$$

式中(参见 24.6 节)

$$\alpha = \frac{\omega}{c} n_1 \sqrt{\sin^2\theta_1 - \sin^2\theta_c}$$

$$k_{2z} = \frac{\omega}{c} n_2 \sin\theta_2 = \frac{\omega}{c} n_1 \sin\theta_1 \tag{24.82}$$

因为 $k_{2x}(=+\mathrm{i}\alpha)$是虚数，在计算磁场时要小心，写出电场的实部

$$\boldsymbol{E}_2 = \hat{\boldsymbol{y}} E_{10} \, |t_\perp| \, \mathrm{e}^{-\alpha x} \cos(k_{2z}z - \omega t - \phi_\perp)$$

因为

$$\nabla \times \boldsymbol{E} = -\frac{\partial \boldsymbol{B}}{\partial t} = -\mu \frac{\partial \boldsymbol{H}}{\partial t}$$

可得

$$-\mu_2 \frac{\partial \boldsymbol{H}_2}{\partial t} = -\hat{\boldsymbol{x}} \frac{\partial E_{2y}}{\partial z} + \hat{\boldsymbol{z}} \frac{\partial E_{2y}}{\partial x}$$

$$= \hat{\boldsymbol{x}} k_{2z} E_{10} \, |t_\perp| \, \mathrm{e}^{-\alpha x} \sin(k_{2z}z - \omega t - \phi_\perp) - \hat{\boldsymbol{z}} \alpha E_{10} \, |t_\perp| \, \mathrm{e}^{-\alpha x} \cos(k_{2z}z - \omega t - \phi_\perp)$$

$$\Rightarrow \quad \boldsymbol{H}_2 = -\hat{\boldsymbol{x}} \frac{k_{2z}}{\omega \mu_2} E_{10} \, |t_\perp| \, \mathrm{e}^{-\alpha x} \cos(k_{2z}z - \omega t - \phi_\perp) -$$

$$\hat{\boldsymbol{z}} \frac{\alpha}{\omega \mu_2} E_{10} \, |t_\perp| \, \mathrm{e}^{-\alpha x} \sin(k_{2z}z - \omega t - \phi_\perp)$$

因此，H_{2z} 与 E_{2y} 相比相位差 $\pi/2$，得到

$$\langle S_{2x} \rangle = \langle E_{2y} H_{2z} \rangle = 0$$

显示 x 方向没有能流流过。因此，透射率是 0 而反射率是 1。进一步，有

$$\langle S_{2z} \rangle = \langle E_{2y} H_{2x} \rangle = \frac{k_{2z}}{2\omega\mu_2} \, |t_\perp E_{10}|^2 \mathrm{e}^{-2\alpha x}$$

显示 z 方向有能流。实际上，当一束空间上受限制的光束(如激光束，而非无限大平面电磁波)以大于临界角入射到分界面时，光束将经历一个横向的(沿 z 方向的)位移(移动)，这个位移可以解释为，光束进入了光疏介质，反射后(从光疏介质中)再度出现在光密介质，如图 24.14 所示。这种横向位移称为古斯-汉辛位移(Goos-Hanchen shift)。

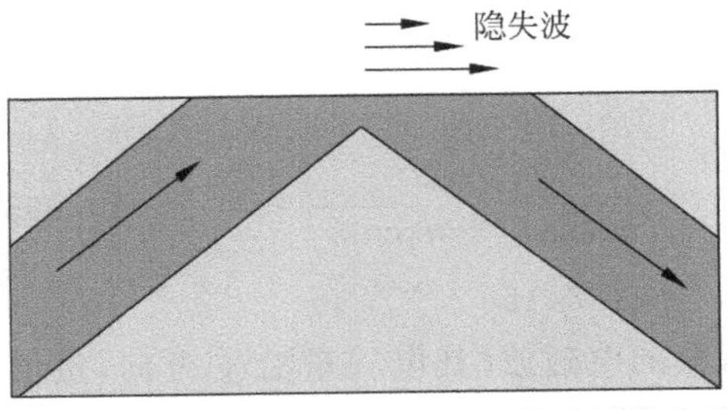

图 24.14　一光束从光密介质入射光疏介质经历全反射后的横向位移(古斯-汉辛位移)。当然图中的横向位移被夸张了

例 24.7 考虑一平面电磁波入射到空气-玻璃界面(如图 24.1 所示),$n_1=1.0$,$n_2=1.5$,得到

$$\theta_p=\arctan(1.5)\approx 56.31°$$

对于 $\theta_1=30°$,$\theta_2=19.47°$,得到

$$r_{/\!/}\approx 0.1589,\quad t_{/\!/}\approx 0.7725$$

$$r_{\perp}\approx -0.2404,\quad t_{\perp}\approx 0.7596$$

另一方面,对于 $\theta_1=89°$(掠入射),$\theta_2=41.80°$,有

$r_{/\!/}\approx -0.9321$(反射率约87%), $t_{/\!/}\approx 0.0452$, $r_{\perp}\approx -0.9693$, $t_{\perp}\approx 0.0307$

例 24.8 考虑一平面电磁波入射到玻璃-空气界面时的情况。此时 $n_1=1.5$,$n_2=1.0$,给出

$$\theta_p=\arctan\left(\frac{1}{1.5}\right)\approx 33.69°,\quad \theta_c=\arcsin\left(\frac{1}{1.5}\right)\approx 41.81°$$

(1) 当 $\theta_1=30°$,$\theta_2=48.59°$时,有

$$r_{/\!/}\approx -0.06788,\quad t_{/\!/}\approx +1.3982$$

$$r_{\perp}\approx +0.3252,\quad t_{\perp}\approx +1.3252$$

(2) 当 $\theta_1=60°$,$\cos\theta_2=\mathrm{i}\alpha$,$\alpha\approx 0.82916$,因此

$$\begin{aligned} r_{/\!/}&=\frac{n_2\cos\theta_1-n_1\cos\theta_2}{n_2\cos\theta_1+n_1\cos\theta_2}\\ &=\frac{0.5-\mathrm{i}1.5\alpha}{0.5+\mathrm{i}1.5\alpha}\approx -0.7217-\mathrm{i}0.6922\\ &\approx \mathrm{e}^{-0.7567\pi\mathrm{i}} \end{aligned}$$

(利用式(24.65)也可以得到相同的结果)

$$\begin{aligned} t_{/\!/}&=\frac{2n_2\cos\theta_1}{n_2\cos\theta_1+n_1\cos\theta_2}\\ &\approx\frac{1.5}{0.5+\mathrm{i}1.5\alpha}\approx 0.41739-\mathrm{i}1.0382\\ &\approx 1.1190\mathrm{e}^{-0.3783\pi\mathrm{i}} \end{aligned}$$

$$\begin{aligned} r_{\perp}&=\frac{n_1\cos\theta_1-n_2\cos\theta_2}{n_1\cos\theta_1+n_2\cos\theta_2}\\ &\approx\frac{0.75-\mathrm{i}\alpha}{0.75+\mathrm{i}\alpha}\\ &\approx -0.1-\mathrm{i}0.9950\approx \mathrm{e}^{-0.532\pi\mathrm{i}} \end{aligned}$$

(注意这里$|r_{/\!/}|=|r_{\perp}|=1$),以及

$$\begin{aligned} t_{\perp}&=\frac{2n_1\cos\theta_1}{n_1\cos\theta_1+n_2\cos\theta_2}\approx 0.9-\mathrm{i}0.995\\ &\approx 1.3416\mathrm{e}^{-0.266\pi\mathrm{i}} \end{aligned}$$

例 24.9 考虑一线偏振的电磁波(其电矢量沿 y 方向,量值为5V/m)在真空中传播。它以30°入射到位于 $x=0$ 的电介质表面。波的频率为 6×10^{14} Hz。电介质的折射率为1.5。试写出入射波、反射波以及透射波的电场和磁场的完整表达式。

入射波矢量为

$$\boldsymbol{k}_1=(k_0\cos 30)\hat{\boldsymbol{x}}+(k_0\sin 30)\hat{\boldsymbol{z}}=\frac{\sqrt{3}}{2}k_0\hat{\boldsymbol{x}}+\frac{1}{2}k_0\hat{\boldsymbol{z}}$$

因此

$$\boldsymbol{E}_1=\hat{\boldsymbol{y}}5\exp\left[\mathrm{i}\left(\frac{\sqrt{3}}{2}k_0x+\frac{1}{2}k_0z-\omega t\right)\right]\ \mathrm{V/m}$$

式中，

$$\omega=12\pi\times 10^{14}\,\mathrm{Hz},\quad k_0=\frac{2\pi}{\lambda_0}=4\pi\times 10^{6}\,\mathrm{m}^{-1}$$

有

$$\sin\theta_2=\frac{n_1\sin\theta_1}{n_2}=\frac{1}{3}\Rightarrow\cos\theta_2=\frac{\sqrt{8}}{3}$$

因此

$$r_{\perp}=\frac{n_1\cos\theta_1-n_2\cos\theta_2}{n_1\cos\theta_1+n_2\cos\theta_2}=-0.2404$$

$$\Rightarrow\quad R_s=R_{\perp}=0.057796$$

$$t_{\perp}=\frac{2\cos\theta_1\sin\theta_2}{\sin(\theta_1+\theta_2)}=0.7596$$

意味着

$$T_s=T_{\perp}=\frac{n_2\cos\theta_2}{n_1\cos\theta_1}\,|t_{\perp}|^2=0.942204$$

可得 $R_{\perp}+T_{\perp}=1$。还有

$$\boldsymbol{k}_2=\hat{\boldsymbol{x}}(n_2k_0\cos\theta_2)+\hat{\boldsymbol{z}}(n_2k_0\sin\theta_2)=\hat{\boldsymbol{x}}(\sqrt{2}k_0)+\hat{\boldsymbol{z}}\left(\frac{1}{2}k_0\right)$$

$$\boldsymbol{k}_3=-\hat{\boldsymbol{x}}k_0\cos\theta_1+\hat{\boldsymbol{z}}(k_0\sin\theta_1)=-\hat{\boldsymbol{x}}\left(\frac{\sqrt{3}}{2}k_0\right)+\hat{\boldsymbol{z}}\left(\frac{1}{2}k_0\right)$$

则透射波和反射波的电场分别为

$$\boldsymbol{E}_2=3.8\hat{\boldsymbol{y}}\exp\left[\mathrm{i}\left(\sqrt{2}k_0x+\frac{1}{2}k_0z-\omega t\right)\right]\ \mathrm{V/m}$$

$$\boldsymbol{E}_3=-1.2\hat{\boldsymbol{y}}\exp\left[\mathrm{i}\left(-\frac{\sqrt{3}}{2}k_0x+\frac{1}{2}k_0z-\omega t\right)\right]\ \mathrm{V/m}$$

注意 $\boldsymbol{E}_1$、$\boldsymbol{E}_2$ 和 $\boldsymbol{E}_3$ 中的 k_z 都是相同的(参见式(24.2))。

因为 $\eta_1=\eta_0=\sqrt{\frac{\mu_0}{\varepsilon_0}}=120\pi\Omega$ 和 $\eta_2=\frac{\eta_0}{n_2}=80\pi\Omega$，相应的磁场的公式为

$$\boldsymbol{H}_1=0.0133(-\hat{\boldsymbol{x}}\sin\theta_1+\hat{\boldsymbol{z}}\cos\theta_1)\exp\left[\mathrm{i}\left(\frac{\sqrt{3}}{2}k_0x+\frac{1}{2}k_0z-\omega t\right)\right]\ \mathrm{A/m}$$

$$\boldsymbol{H}_2=0.0151(-\hat{\boldsymbol{x}}\sin\theta_2+\hat{\boldsymbol{z}}\cos\theta_2)\exp\left[\mathrm{i}\left(\sqrt{2}k_0x+\frac{1}{2}k_0z-\omega t\right)\right]\ \mathrm{A/m}$$

$$\boldsymbol{H}_3=-0.00318(-\hat{\boldsymbol{x}}\sin\theta_1-\hat{\boldsymbol{z}}\cos\theta_1)\exp\left[\mathrm{i}\left(-\frac{\sqrt{3}}{2}k_0x+\frac{1}{2}k_0z-\omega t\right)\right]\ \mathrm{A/m}$$

例 24.10 再次考虑例 24.9 描述的情形，只是本例中磁场矢量沿着 y 轴方向。给出表示入射波、反射波和透射波电场的完整表达式。

参考图 24.3，有

$$\boldsymbol{E}_1=5\left(\frac{1}{2}\hat{\boldsymbol{x}}-\frac{\sqrt{3}}{2}\hat{\boldsymbol{z}}\right)\exp\left[\mathrm{i}\left(\frac{\sqrt{3}}{2}k_0x+\frac{1}{2}k_0z-\omega t\right)\right]\ \mathrm{V/m}$$

此时

$$r_{/\!/}=\frac{n_2\cos\theta_1-n_1\cos\theta_2}{n_2\cos\theta_1+n_1\cos\theta_2}=0.1589$$

$$\Rightarrow\quad R_{/\!/}=0.02525$$

$$t_{/\!/}=\frac{2n_1\cos\theta_1}{n_2\cos\theta_1+n_1\cos\theta_2}=0.7726$$

意味着

$$T_{/\!/}=\frac{n_2\cos\theta_2}{n_1\cos\theta_1}\mid t_{/\!/}\mid^2=0.97475$$

可得 $R_{/\!/}+T_{/\!/}=1$，而且

$$\boldsymbol{E}_2=3.863\left(\frac{1}{3}\hat{\boldsymbol{x}}-\frac{\sqrt{8}}{3}\hat{\boldsymbol{z}}\right)\exp\left[\mathrm{i}\left(\sqrt{2}k_0x+\frac{1}{2}k_0z-\omega t\right)\right]\ \mathrm{V/m}$$

$$\boldsymbol{E}_3=0.7945\left(\frac{1}{2}\hat{\boldsymbol{x}}+\frac{\sqrt{3}}{2}\hat{\boldsymbol{z}}\right)\exp\left[\mathrm{i}\left(-\frac{\sqrt{3}}{2}k_0x+\frac{1}{2}k_0z-\omega t\right)\right]\ \mathrm{V/m}$$

例 24.11 对于例 24.9 描述的情形，考虑一右旋圆偏振波以 $\theta=30°$ 入射到空气-玻璃界面，确定反射波和透射波的偏振态。

参照图 24.15，必须将电场分解为平行于入射面和垂直于入射面的分量。写出入射波的 y 分量

$$E_{\perp}=E_y=E_0\cos(k_1\cos\theta_1x+k_1\sin\theta_1z-\omega t)$$

对于右旋圆偏振波，其平行分量一定是

$$E_{/\!/}=E_0\cos\left(k_1\cos\theta_1x+k_1\sin\theta_1z-\omega t-\frac{\pi}{2}\right)$$

忽略上述公式三角函数括号中空间部分(或者假定 $x=0,z=0$)，有

$$E_{\perp}=E_y=E_0\cos\omega t,\quad E_{/\!/}=-E_0\sin\omega t$$

所谓“平行轴”的方向定义如图 24.15(b)所示，这与图 24.3 是一致的，则

$$E_x=E_{/\!/}\ \sin\theta_1=-E_0\sin\theta_1\sin\omega t$$

$$E_z=-E_{/\!/}\ \cos\theta_1=+E_0\cos\theta_1\sin\omega t$$

对于反射波场，所谓“平行分量”将沿着图 24.15(c)所示的方向，这与图 24.3 所示的方向是一致的。此时 $r_{\perp}\approx-0.24$(参见例 24.9)，$r_{/\!/}\approx+0.16$(参见例 24.10)，则对于反射波，有

$$E_y=E_{\perp}=r_{\perp}\ E_0\cos\omega t\approx-0.24E_0\cos\omega t$$

$$E_{/\!/}=-r_{/\!/}\ E_0\sin\omega t\approx-0.16E_0\sin\omega t$$

如果参见图 24.15(c)，电矢量将沿着顺时针方向旋转，此时传播方向为垂直纸面向外，反射波为左旋椭圆偏振波。利用类似的分析方法，可以证明透射波是右旋椭圆偏振波。

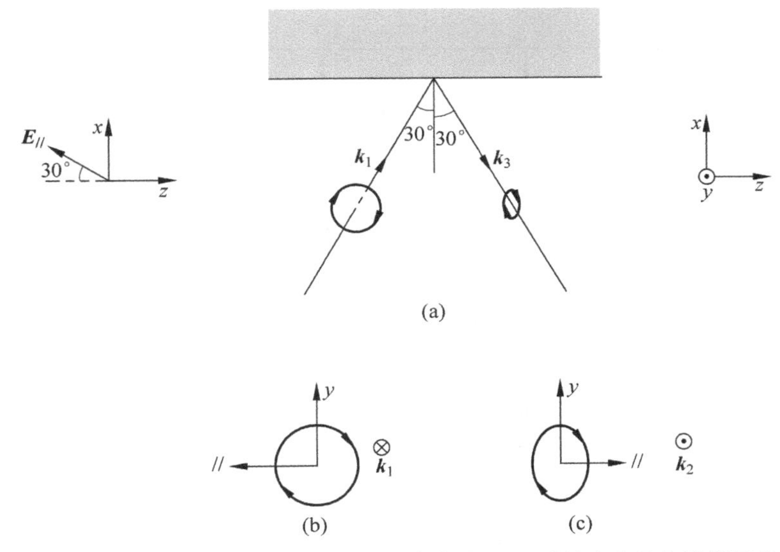

图 24.15　一个右旋圆偏振光束以 30°入射到空气-玻璃界面上，反射光束是左旋椭圆偏振；(b) 显示了入射波 $\boldsymbol{E}$ 矢量的旋转方向，传播方向垂直纸面向里(用⊗表示)；(c) 显示了反射波 $\boldsymbol{E}$ 矢量的旋转方向，传播方向垂直纸面向外(用⊙表示)

24.10　电介质薄膜上的反射　　目标 8

本节将计算一个平面波正入射到电介质薄膜上的情况，确定电介质薄膜的厚度为多少时可以起减反射作用，并且将结果与 15.4 节中的结果作比较。在习题 24.13 中，将上述分析结果应用到法布里-珀罗干涉仪中(参见 16.2 节)。

考虑一平面波正入射到厚度为 d 的电介质薄膜上(参见图 24.16)。不失一般性，假设电场方向沿着 y 轴。在介质 1、介质 2 和介质 3 中的电场可以表示为

$$\begin{cases}\boldsymbol{E}_1=\hat{\boldsymbol{y}}E_{10}^{+}\mathrm{e}^{\mathrm{i}(k_1x-\omega t)}+\hat{\boldsymbol{y}}E_{10}^{-}\mathrm{e}^{-\mathrm{i}(k_1x+\omega t)}\\ \boldsymbol{E}_2=\hat{\boldsymbol{y}}E_{20}^{+}\mathrm{e}^{\mathrm{i}(k_2x-\omega t)}+\hat{\boldsymbol{y}}E_{20}^{-}\mathrm{e}^{-\mathrm{i}(k_2x+\omega t)}\\ \boldsymbol{E}_3=\hat{\boldsymbol{y}}E_{30}^{+}\mathrm{e}^{\mathrm{i}[k_3(x-d)-\omega t]}\end{cases}\tag{24.83}$$

其中 E_{10}^{+} 和 E_{10}^{-} 代表在区域 1 内向前和向后传播光波的振幅，对于其他区域光波振幅的表示也类似。由于第 3 个介质的厚度趋于无限大(一般作为介质膜衬底)，因此在第 3 个区域内没有向后传输光波。对于 $\boldsymbol{E}_3$，为了方便起见，引入了相位因子($-\mathrm{i}k_3d$)；这个因子的引入使分析更易于理解。磁场可以用相应的电场表示出来(参见 23.2 节)：

$$\boldsymbol{H}=\frac{1}{\eta}(\hat{\boldsymbol{k}}\times\boldsymbol{E})\tag{24.84}$$

其中 $\hat{\boldsymbol{k}}=\hat{\boldsymbol{x}}$ 相应于沿 $+x$ 方向的传输光波，而 $\hat{\boldsymbol{k}}=-\hat{\boldsymbol{x}}$ 相应于沿 $-x$ 方向的传输光波，因此

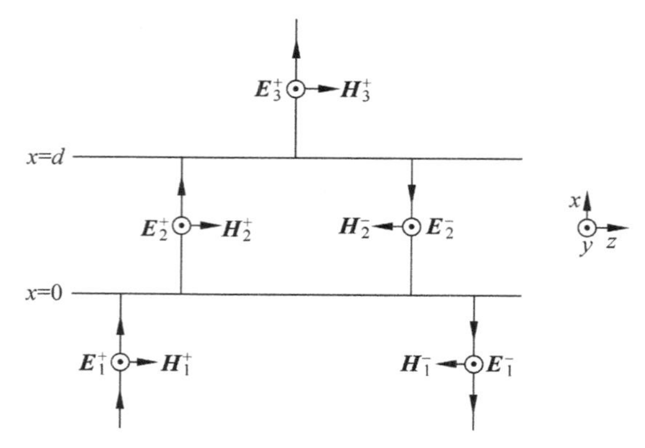

图 24.16 一个平面波正入射到厚度为 d 的电介质膜时的反射

$$\begin{cases} \boldsymbol{H}_1=\hat{z}\dfrac{1}{\eta_1}\left[E_{10}^+\mathrm{e}^{\mathrm{i}(k_1x-\omega t)}-E_{10}^-\mathrm{e}^{-\mathrm{i}(k_1x+\omega t)}\right] \\ \boldsymbol{H}_2=\hat{z}\dfrac{1}{\eta_2}\left[E_{20}^+\mathrm{e}^{\mathrm{i}(k_2x-\omega t)}-E_{20}^-\mathrm{e}^{-\mathrm{i}(k_2x+\omega t)}\right] \\ \boldsymbol{H}_3=\hat{z}\dfrac{1}{\eta_3}E_{30}^+\mathrm{e}^{\mathrm{i}[k_3(x-d)-\omega t]} \end{cases} \tag{24.85}$$

因为 E_y 和 H_z 都代表切线分量,它们在 $x=0$ 和 $x=d$ 界面必须连续。在 $x=0$ 的连续条件给出

$$E_{10}^+ + E_{10}^- = E_{20}^+ + E_{20}^-$$

$$\frac{1}{\eta_1}(E_{10}^+ - E_{10}^-) = \frac{1}{\eta_2}(E_{20}^+ - E_{20}^-)$$

或者

$$E_{10}^+ - E_{10}^- = \frac{n_2}{n_1}(E_{20}^+ - E_{20}^-)$$

其中利用了关系

$$\eta_1=\frac{\eta_0}{n_1},\quad \eta_2=\frac{\eta_0}{n_2}$$

进行简单的整理,可得

$$\begin{pmatrix} E_{10}^+ \\ E_{10}^- \end{pmatrix} = \begin{bmatrix} \dfrac{n_1+n_2}{2n_1} & \dfrac{n_1-n_2}{2n_1} \\ \dfrac{n_1-n_2}{2n_1} & \dfrac{n_1+n_2}{2n_1} \end{bmatrix} \begin{pmatrix} E_{20}^+ \\ E_{20}^- \end{pmatrix} \tag{24.86}$$

类似地,利用 E_y 和 H_z 在 $x=d$ 处的连续性,可得

$$E_{20}^+\mathrm{e}^{\mathrm{i}\delta} + E_{20}^-\mathrm{e}^{-\mathrm{i}\delta} = E_{30}^+$$

$$E_{20}^+\mathrm{e}^{\mathrm{i}\delta} - E_{20}^-\mathrm{e}^{-\mathrm{i}\delta} = \frac{n_3}{n_2}E_{30}^+$$

其中 $\delta=k_2d$,经过简单整理,可得

$$\begin{pmatrix} E_{20}^{+} \\ E_{20}^{-} \end{pmatrix} = \begin{bmatrix} \dfrac{n_2 + n_3}{2n_2} e^{-i\delta} \\ \dfrac{n_2 - n_3}{2n_2} e^{i\delta} \end{bmatrix} E_{30}^{+} \tag{24.87}$$

联立方程(24.86)和方程(24.87),可以得到

$$E_{10}^{+} = \left[\left(\frac{n_1 + n_2}{2n_1}\right)\left(\frac{n_2 + n_3}{2n_2} e^{-i\delta}\right) + \left(\frac{n_1 - n_2}{2n_1}\right)\left(\frac{n_2 - n_3}{2n_2} e^{i\delta}\right)\right] E_{30}^{+} \tag{24.88}$$

$$E_{10}^{-} = \left[\left(\frac{n_1 - n_2}{2n_1}\right)\left(\frac{n_2 + n_3}{2n_2} e^{-i\delta}\right) + \left(\frac{n_1 + n_2}{2n_1}\right)\left(\frac{n_2 - n_3}{2n_2} e^{i\delta}\right)\right] E_{30}^{+} \tag{24.89}$$

将式(24.89)除以式(24.88),可以得到介质膜的振幅反射系数为

$$r = \frac{E_{10}^{-}}{E_{10}^{+}} = \frac{r_1 e^{-i\delta} + r_2 e^{i\delta}}{e^{-i\delta} + r_1 r_2 e^{i\delta}} \tag{24.90}$$

式中,

$$r_1 = \frac{n_1 - n_2}{n_1 + n_2} \tag{24.91}$$

$$r_2 = \frac{n_2 - n_3}{n_2 + n_3} \tag{24.92}$$

分别表示在第一界面和第二界面的振幅反射系数,介质膜的反射率为

$$R = |r|^2 = \frac{r_1^2 + r_2^2 + 2r_1 r_2 \cos 2\delta}{1 + r_1^2 r_2^2 + 2r_1 r_2 \cos 2\delta} \tag{24.93}$$

在 16.2 节～16.4 节中,曾经仔细地讨论过上面的公式在 $r_2 = r_1$ 时的形式,然而,这里的 δ 与第 16 章中定义的 δ 差了一个因子 2(参见习题 24.13)。在此必须提及,更一般的分析证明,上述公式甚至对于倾斜入射的情况也适用,只要使 $\delta = k_2 d \cos\theta_2$,$\theta_2$ 是位于第二个介质内的折射角,而 r_1 和 r_2 分别表示相应于特定入射角和特定偏振态的菲涅耳振幅反射系数。

小　　结

- 考虑一个线偏振的电磁波入射到两个电介质分界面上(假设分界面位于 $x=0$);假设 x-y 是入射面。令 $n_1\left(=\sqrt{\dfrac{\varepsilon_1}{\varepsilon_0}}\right)$和 $n_2\left(=\sqrt{\dfrac{\varepsilon_2}{\varepsilon_0}}\right)$表示两个介质的折射率。入射波、折射波以及反射波可以写成

$$\boldsymbol{E}_1 = \boldsymbol{E}_{10} \exp[i(\boldsymbol{k}_1 \cdot \boldsymbol{r} - \omega t)] \quad (\text{入射波})$$

$$\boldsymbol{E}_2 = \boldsymbol{E}_{20} \exp[i(\boldsymbol{k}_2 \cdot \boldsymbol{r} - \omega t)] \quad (\text{折射波})$$

$$\boldsymbol{E}_3 = \boldsymbol{E}_{30} \exp[i(\boldsymbol{k}_3 \cdot \boldsymbol{r} - \omega t)] \quad (\text{反射波})$$

其中 $\boldsymbol{E}_{10}$、$\boldsymbol{E}_{20}$ 和 $\boldsymbol{E}_{30}$ 为独立于空间和时间的常矢量,其中

$$k_1 = \frac{\omega}{c} n_1 = k_3, \quad k_2 = \frac{\omega}{c} n_2$$

$$k_1 \sin\theta_1 = k_2 \sin\theta_2 = k_3 \sin\theta_3$$

式中 θ_1、θ_2 和 θ_3 分别表示入射角、折射角和反射角。由以上方程也可推出

$$n_1\sin\theta_1 = n_2\sin\theta_2 = n_3\sin\theta_3 \quad (\text{斯涅耳定律})$$

且

$$\theta_1 = \theta_3$$

- 当 $\boldsymbol{E}_1$ 在 x-z 平面内(该平面为入射面)时,有

$$\boldsymbol{E}_{10} = E_{10}(\hat{\boldsymbol{x}}\sin\theta_1 - \hat{\boldsymbol{z}}\cos\theta_1)$$

$$\boldsymbol{E}_{20} = t_{/\!/} E_{10}(\hat{\boldsymbol{x}}\sin\theta_2 - \hat{\boldsymbol{z}}\cos\theta_2)$$

$$\boldsymbol{E}_{30} = r_{/\!/} E_{10}(\hat{\boldsymbol{x}}\sin\theta_1 + \hat{\boldsymbol{z}}\cos\theta_1)$$

$$r_{/\!/} = \frac{n_2\cos\theta_1 - n_1\cos\theta_2}{n_2\cos\theta_1 + n_1\cos\theta_2} = \frac{\tan(\theta_1 - \theta_2)}{\tan(\theta_1 + \theta_2)}$$

$$t_{/\!/} = \frac{2n_1\cos\theta_1}{n_2\cos\theta_1 + n_1\cos\theta_2} = \frac{2\cos\theta_1\sin\theta_2}{\sin(\theta_1 + \theta_2)\cos(\theta_1 - \theta_2)}$$

注意,当 $\theta_1 + \theta_2 = \dfrac{\pi}{2}$ 时,$r_{/\!/} = 0$,此时

$$\theta_1 = \theta_p = \arctan(n_2/n_1)$$

这就是布儒斯特角。

- 当 $\boldsymbol{E}_1$ 垂直于入射平面(即沿着 y 轴方向)时,有

$$\boldsymbol{E}_{10} = E_{10}\hat{\boldsymbol{y}}, \quad \boldsymbol{E}_{20} = t_{\perp} E_{10}\hat{\boldsymbol{y}}, \quad \boldsymbol{E}_{30} = r_{\perp} E_{10}\hat{\boldsymbol{y}}$$

式中,

$$r_{\perp} = \frac{n_1\cos\theta_1 - n_2\cos\theta_2}{n_1\cos\theta_1 + n_2\cos\theta_2} = -\frac{\sin(\theta_1 - \theta_2)}{\sin(\theta_1 + \theta_2)}$$

$$t_{\perp} = \frac{2n_1\cos\theta_1}{n_1\cos\theta_1 + n_2\cos\theta_2} = \frac{2\sin\theta_2\cos\theta_1}{\sin(\theta_1 + \theta_2)}$$

- 在上述两种情况下,如果 $n_2 < n_1$,$\theta_1 > \theta_c = \arcsin\left(\dfrac{n_2}{n_1}\right)$,会发生全内反射。同样也能使用上述 $r_{/\!/}$、$t_{/\!/}$、$r_{\perp}$ 和 $t_{\perp}$ 的表达式,但是必须记住以下改动:

$$\sin\theta_2 = \frac{n_1}{n_2}\sin\theta_1 > 1$$

且

$$\cos\theta_2 = \sqrt{1 - \sin^2\theta_2} = \mathrm{i}\alpha$$

将是纯虚数。$r_{/\!/}$、$t_{/\!/}$、$r_{\perp}$ 和 $t_{\perp}$ 将是复数,且 $|r_{/\!/}| = |r_{\perp}| = 1$,说明全部能量被反射;然而在第二个介质中将产生一个沿 x 轴方向指数衰减,沿 z 轴方向传播的隐失波。

习　题

24.1 (1) 考虑平面电磁波入射到两电介质分界面。从公式 $r_{/\!/} = \dfrac{n_2\cos\theta_1 - n_1\cos\theta_2}{n_2\cos\theta_1 + n_1\cos\theta_2}$ 和斯涅耳定律出发,证明

$$r_{/\!/} = \frac{\tan(\theta_1 - \theta_2)}{\tan(\theta_1 + \theta_2)} \tag{24.94}$$

(2) 利用上面 $r_{\parallel}$ 的表达式，推导布儒斯特定律。

24.2 考虑平面电磁波入射到两电介质分界面。证明 r_s、t_p 和 t_s 具有如下表达式：

$$r_s = r_{\perp} = \frac{n_1\cos\theta_1 - n_2\cos\theta_2}{n_1\cos\theta_1 + n_2\cos\theta_2} = -\frac{\sin(\theta_1-\theta_2)}{\sin(\theta_1+\theta_2)} \tag{24.95}$$

$$t_p = t_{\parallel} = \frac{2n_1\cos\theta_1}{n_2\cos\theta_1 + n_1\cos\theta_2} = \frac{2\cos\theta_1\sin\theta_2}{\sin(\theta_1+\theta_2)\cos(\theta_1-\theta_2)} \tag{24.96}$$

$$t_s = t_{\perp} = \frac{2n_1\cos\theta_1}{n_1\cos\theta_1 + n_2\cos\theta_2} = \frac{2\sin\theta_2\cos\theta_1}{\sin(\theta_1+\theta_2)} \tag{24.97}$$

式(24.94)～式(24.97)叫做菲涅耳公式。

24.3 考虑平面电磁波(电场矢量在入射面内)入射到两电介质的分界面，电介质的折射率分别为 n_1 和 n_2。利用 $\boldsymbol{E}$ 矢量的切向分量和 $\boldsymbol{D}$ 矢量的法向分量连续，证明24.4节得到的结果。

24.4 考虑平面电磁波(电场矢量在入射面内)入射到两电介质的分界面($x=0$)，电介质的折射率 $n_2<n_1$。图24.4显示，如果电介质位置互换，由于光线可逆，入射角和折射角也会互换。如果 $r'_{\parallel}$ 和 $t'_{\parallel}$ 代表相应于图24.4(b)的振幅反射系数和振幅透射系数，证明

$$1 + r_{\parallel}\, r'_{\parallel} = t_{\parallel}\, t'_{\parallel}$$

24.5 证明：当 $\theta_1 \to 0$(即正入射)时，平行偏振和垂直偏振下的振幅反射系数相同。

24.6 考虑磁导率满足 $\mu/\mu_0=\varepsilon/\varepsilon_0$ 的磁性电介质，试证明平面电磁波正入射到这种材料上，反射率恒等于零。这一事实等价于在两条传输线的接头处阻抗匹配的情况。

24.7 24.9节计算了隐失波的电场矢量 $\boldsymbol{E}_2$。证明：利用下式可以得到 $\boldsymbol{H}_2$ 的表达式

$$\boldsymbol{H}_2 = \frac{\hat{\boldsymbol{k}}_2 \times \boldsymbol{E}_2}{\omega\mu}$$

其中 $\boldsymbol{k}_2$ 是复数。

24.8 一束右旋圆偏振光以45°入射到理想导体上，试证明：反射光束为左旋圆偏振光。

24.9 假设 $n_1=1.5$，$n_2=1.0$(见例24.8)

(1) 设 $\theta_1=45°$，证明

$$r_{\parallel}=+0.28-\mathrm{i}0.96,\quad t_{\parallel}=1.92-\mathrm{i}1.44$$

类似地，也可以计算 $r_{\perp}$ 和 $t_{\perp}$。

(2) 当 $\theta_1=33.69°$ 时，证明

$$r_{\parallel}=0,\quad t_{\parallel}=1.5$$

$$r_{\perp}=+0.3846,\quad t_{\perp}=1.3846$$

24.10 一束右旋圆偏振光以60°入射到折射率为1.6的介质上。计算 $r_{\parallel}$ 和 $r_{\perp}$，并证明：反射光是长轴远长于短轴的右旋椭圆偏振光。在入射角为58°时，又将怎样？

[**答案**：$r_{\parallel}=-0.0249$，$r_{\perp}=-0.4581$]

24.11 考虑一沿 y 轴偏振的波以 $\theta_1=45°$ 和 $\theta_1=80°$ 入射角入射到玻璃-空气介质界面($n_1=1.5$，$n_2=1.0$)。写出透射光场的完整表达式，并证明后一种情况会产生穿透深度($=1/\gamma$ 时)等于 8.8×10^{-8}m 的隐失波，设 $\lambda=6000$Å。

24.12 黄金在波长为 $\lambda_0=6530$Å 的复折射率为 $n_2=0.166+3.15\mathrm{i}$。试计算 k_2，并证明正

入射时反射率约为94%。另一方面,在 $\lambda_0=4000\text{Å}$ 时,$n_2=1.658+1.956\text{i}$,证明反射率仅为39%。

24.13 当电解质膜 $\delta=0$ 时,试证明式(24.93)具有形式

$$R=\left(\frac{n_1-n_3}{n_1+n_3}\right)^2 \tag{24.98}$$

实际上,单界面上的反射率应该具有这种形式。利用24.10节的相应公式计算透射率,并证明

$$T=\frac{\frac{1}{2}n_3\,|E_3^+|^2}{\frac{1}{2}n_1\,|E_1^+|^2}=1-R$$

在图24.16中,假设第三个介质与第一个介质完全相同,即 $n_3=n_1$,则

$$r_2=-r_1=-\frac{n_1-n_2}{n_1+n_2}$$

利用式(24.92),证明

$$R=\frac{F\sin^2\delta}{1+F\sin^2\delta} \tag{24.99}$$

式中,

$$F=\frac{4r_1^2}{(1-r_1^2)^2} \tag{24.100}$$

称为锐度系数。式(24.99)和式(24.100)与在16.2节讨论法布里-珀罗干涉仪时所得到的结果式(16.3)和式(16.4)是一样的。只是本章定义因子 $\delta=k_2d=\frac{2\pi}{\lambda_0}n_2d$,而第16章中定义 $\delta=\frac{4\pi}{\lambda_0}n_2h\cos\theta_2$(参见式(16.1))。

第六部分

光　　子

这一部分包括两章，第25章讨论辐射的粒子模型，第26章讨论光子的量子本性和纠缠。(由赫兹于1888年发现的)光电效应的独特性是不能用波动理论来解释的。1905年，爱因斯坦提出了一个简单的粒子解释方法，他假定光是由具有能量为$h\nu$的能量子组成的(其中ν是频率)，光电子的发射是单个量子(即光子)与一个电子相互作用的结果。第25章还将讨论康普顿效应(康普顿教授因此贡献获得1927年诺贝尔物理学奖)，康普顿效应指出光子具有h/λ的动量。第26章讨论量子理论的重要概念，如测量的不确定性、量子态的叠加、波函数的坍缩，还将讨论光子纠缠的概念。

第25章 辐射的粒子性

光线是从发光物质上发出的非常小的物体吗?

——艾萨克·牛顿,《光学》[①]

不可否认,确实存在大量的有关辐射的数据显示光具有这样的基本性质,站在牛顿的辐射(粒子)理论的观点上来解释比站在波动理论观点上来解释更易于理解。以我的观点,理论物理下一阶段的发展将带给我们这样的光的理论,该理论是一种波动理论与粒子辐射理论的融合。

——阿尔伯特·爱因斯坦(1909年)[②]

学习目标

学过本章后,读者应该学会:

目标1:了解光电效应和爱因斯坦的光电效应方程。

目标2:定量解释康普顿效应,推导康普顿散射的动力学描述。

目标3:计算光子的角动量。

目标4:讨论光镊及其应用场景。

重要的里程碑

1887年 海因里希·赫兹(Heinrich Hertz)在用一个具有间隙的线圈接收到电磁波时发现了间隙火花,并且当把装置放置在一黑盒子里面时,发现间隙火花的最大长度变短了。

1897年 J.J.汤姆孙(J.J.Thomson)发现了电子。

1899年 J.J.汤姆孙证实了当一束光照射在金属表面时,会有电子发射出来,这种电子称为光电子。

1900年 为了推导黑体辐射的公式,普朗克大胆假设振子的能量只能是离散的。

1902年 菲利普·莱纳德(Philip Lenard)观察到出射光电子的动能与入射光的强度无关,而是随入射光频率的增大而增大。

① 这段话引自文献[25.1]中第371页疑问29。

② 这段话是作者在文献[25.2]中查到的。

1905 年　在一篇名为“关于光的产生和转换的启发性观点”的文章中，爱因斯坦引入了光量子的概念。在这篇文章中，他写道：“为了解释像黑体辐射、紫外线产生光电子(即光电效应)等现象，有必要假设当从一点开始的光线传播时，能量并不是连续地分布到逐渐增加的体积中，而是由定域在空间中的有限量的能量子组成的，它们在运动中不会分开，且只能作为一个整体被吸收或发射。”爱因斯坦利用他的“能量子”概念提出了他著名的光电效应方程，密立根利用实验以非常高的精度证明该方程的正确性。爱因斯坦因为对理论物理所作的贡献，特别是对光电效应的成功解释，于 1921 年获得诺贝尔物理学奖。

1923 年　康普顿(Compton)报告了他对于固体材料(主要是石墨)造成 X 射线散射的研究，证明了散射光子波长的改变可以用假定光子具有动量 $h\nu/c$ 来解释。康普顿因为发现了以他名字命名的效应而获得 1927 年的诺贝尔物理学奖。

1926 年　美国化学家吉尔伯特·刘易斯(Gilbert Lewis)，创造了“光子”(photon)这个词来描述爱因斯坦的“定域能量子”。

25.1 引言

在前面各章中，讨论了光的干涉、衍射和偏振。所有这些现象都能够在光的波动理论基础上圆满地得到解释。也讨论了光波的电磁特性(见第 22～24 章)，并且显示，电磁理论能够成功地解释电介质表面和金属表面的反射与折射现象、双折射现象及许多其他实验现象。

尽管麦克斯韦的电磁波理论取得了巨大成功，爱因斯坦在他的奇迹年(1905 年)发表了一篇论文(文献[25.11])，他在文中提出，光在被发射或者吸收时只能够以一份一份分立的、被称作“量子”的形式发射和吸收。该量子的能量为

$$E = h\nu \tag{25.1}$$

其中 ν 是频率，h($\approx 6.626\times10^{-34}$ J·s)是普朗克常量。爱因斯坦是这样解释光电效应的：光电子的发射是单个量子(即光子)与一个电子的相互作用。直到 1926 年，吉尔伯特·刘易斯创造了“光子”(photon)一词来描述爱因斯坦的“定域能量子”。根据麦克斯韦电磁波理论，与一个(沿 $+z$ 方向传输的)平面电磁波相联系的单位体积内的动量(即动量密度)为(参见 23.6 节)

$$\boldsymbol{p} = \frac{u}{c}\hat{z} \tag{25.2}$$

其中 u 是与该波相联系的能量密度(单位体积内的能量)，c($\approx 3\times10^{8}$ m/s)是自由空间的光速，$\hat{z}$ 是沿 z 方向的单位矢量。在以后发表的文章中，爱因斯坦提出光子的动量可以写成

$$p = \frac{h\nu}{c} = \frac{h}{\lambda} \tag{25.3}$$

另外，从爱因斯坦质能关系(参见 32.2 节)

$$E^2 = m^2c^4 = m_0^2c^4 + p^2c^2 \tag{25.4}$$

其中 m_0 是粒子的静止质量。对于光子，$m_0 = 0$，且

$$p^2=\frac{E^2}{c^2} \quad \Rightarrow \quad p=\frac{E}{c}=\frac{h\nu}{c}=\frac{h}{\lambda} \tag{25.5}$$

大约在 1924 年，康普顿完成了高能光子被电子散射的实验。他证明这个散射实验只有基于假设光子的能量和动量由上述公式表述时才能被解释。在 20 世纪早期，麦克斯韦的波动理论是那样完善，以致没有人相信爱因斯坦的“定域能量子”假说。直到康普顿效应实验出现，用爱因斯坦理论分析实验准确无误，人们才开始相信爱因斯坦的“局域能量子”，这个概念最终导致波粒二象性和量子理论的建立。

在本章中，将讨论关于光电效应和康普顿效应的著名实验，对这两个效应的解释确立了光的粒子本性，而波动模型完全不适合解释这类效应。在第 2 章中，已经简明地讨论了如何以量子理论为基础来调和辐射的双重特性(即波动性和粒子性之间的调和问题)。在第 26 章，将进一步讨论量子理论。

25.2　光电效应　　目标 1

1887 年，当赫兹在用一个具有间隙的线圈接收到电磁波时发现了间隙火花，并且当把装置放置在一个黑盒子里时，发现间隙火花的最大长度变短了；这是由现在我们已经知道的光电效应造成的，黑盒子吸收了紫外线，从而帮助电子穿过间隙。赫兹报告了这一观察，但并没有继续深入追究，也没有试图对其进行解释。1897 年，J. J. 汤姆孙发现了电子，1899 年，他证明了当一束光照射在金属表面时，会有电子发出；这些电子现在被称作光电子。1902 年，菲利普·莱纳德观察到：

(1) 出射电子的动能与入射光的强度无关；

(2) 出射电子的动能随入射光频率的增大而增大。

后来，密立根(Millikan)仔细设计了光电效应的实验，他用的装置类似于图 25.1 中的装置；这些光电子在 P_1 和 P_2 两个金属极板间形成电流，并可以由安培计 A 测量。当跨越两个金属板的电压变化时，电流也在变化。电流随电压变化的典型曲线如图 25.2 所示。这个图是对应一定波长的单色光测得的，图中的不同曲线对应照射光束的不同强度。根据图 25.2 可以得到以下结论：

(1) 当电压为零时，也有一定的电流存在，这表明一些发出的光电子到达了金属表面 P_2。

(2) 当电压增加时，电流也增加，直到达到某一饱和值。这时发出的光电子全部被 P_2 所收集。

(3) 在 P_2 极板保持较小的负电势时，仍然存在微弱的电流，意味着有些光电子的确设法到达了 P_2 极板。但是当 P_2 极板的电势比某一数值(图上用 $-V_c$ 表示)更低时，电流为零。V_c 称为遏止电压，而 $|q|V_c$ 代表光电子的最大动能(q 表示电子的电荷)。例如，对于钠，$V_c\approx 2.3\text{V}$；对于铜，$V_c\approx 4.7\text{V}$。

(4) 如果不改变入射光的波长，但使它强度更大些，那么电流也将变得更大，如图 25.2 所示，这表明激发出更多的光电子。请注意：遏止电压的值保持不变。这个重要的结果表明，发射的光电子的最大动能不依赖于入射光的强度。

(5) 如果提高入射光的频率，遏止电压以及发射的光电子的最大动能($=|q|V_c$)将随着

频率线性增大,如图 25.3 所示。此外,当频率低于某一临界值(如图 25.3 所示的 ν_c)时,无论入射光的强度多大,都没有光电子发射出来。

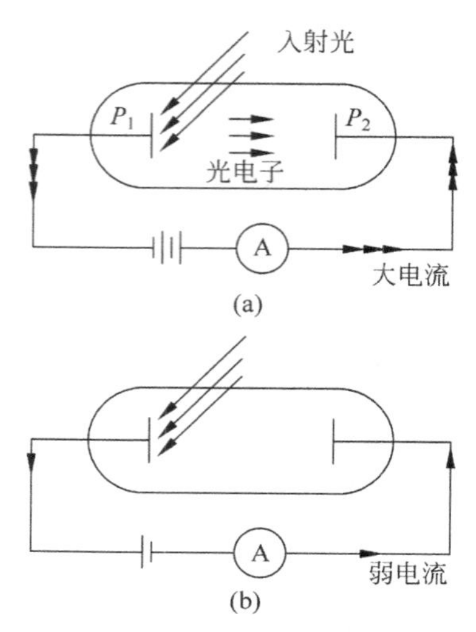

图 25.1 如果让(一特定频率)的光照射到像钠之类的金属上时,会发射出电子,这些电子会被金属片 P_2 收集。(a)和(b)分别对应加到 P_2 极上的电压是正电压以及是负电压两种情况,即使 P_2 极板保持一个微小的负电势时,仍能测到很小的电流

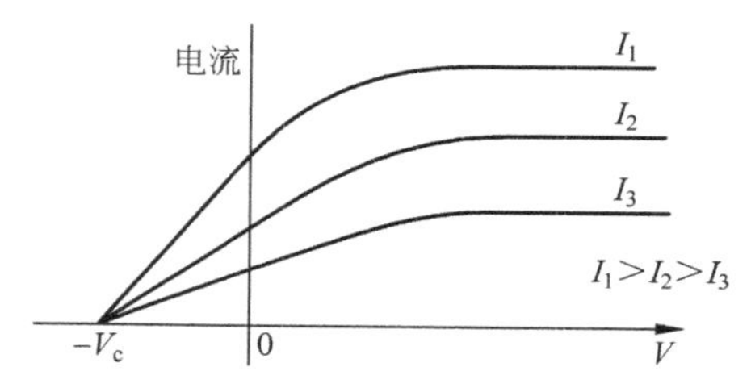

图 25.2 光电流随电压的典型变化。不同曲线对应于不同的强度值(但频率相同)的入射光

乍一看来,既然电磁波携带能量,光的波动模型应该能够解释金属表面发射光电子的现象。然而,光电效应的下列特性并不能用波动模型令人满意地加以解释:

(1) 第一个特性是光电子的最大动能不依赖于入射光的强度,只依赖于入射光的频率;再者,较大的强度只产生更多的光电子,从而形成更强的光电流。因此,一强度微弱的紫光在金属表面所激发出的光电子的动能反而比一很强的黄光所激发出的大,虽然后者能产生更多的光电子。可是,波动模型却预言,强度大的入射光将产生动能较大的光电子。

(2) 第二个特性是从入射光照射金属到光电子被发射出来几乎没有时间间隔。而波动理论预言,当入射光束的强度很弱时,为了让电子吸收到足够的能量以脱离金属表面,需要相当长的时间。这里举个特殊的例子来说明。当用强度弱到 $10^{-10}\,\mathrm{W/cm^2}$ 的紫光来照明金属钠的表面时,也能探测到光电流。10 层钠原子包含约

$$\frac{6\times10^{23}(\text{阿伏伽德罗常量})\times10(\text{层数})\times10^{-8}(\text{钠金属晶格常数估算})\times1(\text{钠密度})}{23(\text{钠摩尔质量})}$$

$$\approx 2\times10^{15}\,\mathrm{atom/cm^2}$$

其中已假设钠的密度约为 $1\mathrm{g/cm^3}$,假定能量被金属钠的最上面的 10 层原子均匀地吸收,每

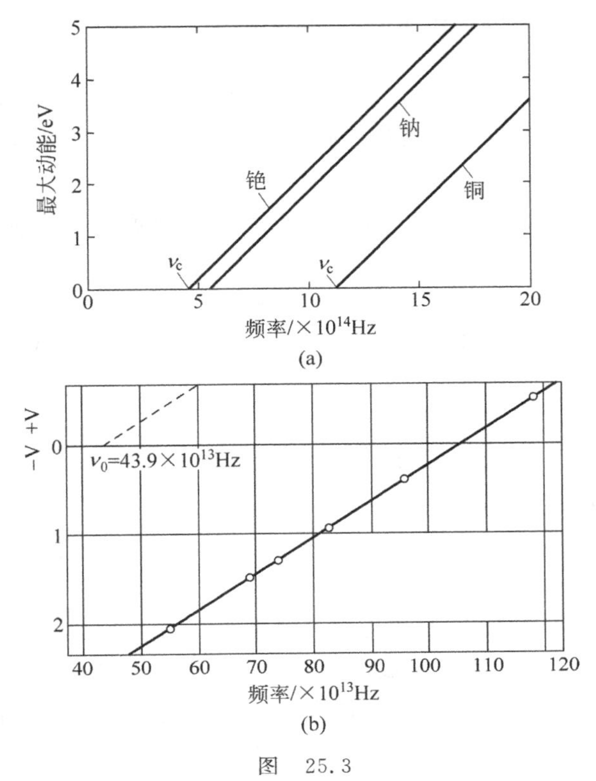

图　25.3

（a）入射光分别照射在铯金属、钠金属和铜表面时，光电子的最大动能随入射光的频率而变化的情况；

（b）密立根原始实验的数据(摘自文献[25.5]，在那里可以找到更细节的情况)

个原子吸收能量的速率近似为

$$\frac{10^{-10}}{2\times10^{15}}\mathrm{J/s}\approx5\times10^{-26}\mathrm{J/s}\approx3\times10^{-7}\mathrm{eV/s}$$

假定一个电子需要约 1eV 的能量才能溢出金属表面，则应该期待有数量级约 10^7s(几个月)的时间间隔。但实验指出，在光束照射和光电子的发射之间没有探测出来可观察到的时间间隔。1928 年，劳伦斯(Lawrence)和比姆斯(Beams)设计出一个实验，发现其时间滞后$\leqslant3\times10^{-9}$s，这个实验对于波动理论的解释无疑是负面的。

1905 年，爱因斯坦对上述的这些特性给出了一个简单的解释①。他主张光是由能量为 $h\nu$ 的能量子组成的(其中 ν 是频率)，而发射出的光电子是由于单个量子(即光子)和一个电

---

① 必须提及，爱因斯坦在他 1905 年发表的论文中(文献[25.11])已经证明了：(保持总能量不变)当辐射的体积从 V_0 变到 V 时，其熵的变化为

$$S-S_0=k\ln\left(\frac{V}{V_0}\right)^{E/(h\nu)}$$

爱因斯坦于是将这个公式与含有 N 个分子的理想气体的熵变化公式进行比较

$$S-S_0=k\ln\left(\frac{V}{V_0}\right)^{N}$$

得出结论：辐射表现出如同它们是由一些相互独立的“光量子”气体构成，并且 $E/(h\nu)$ 必然代表光量子的总数量，每个光量子的能量为 $h\nu$。

子的相互作用造成的。爱因斯坦在他1905年的论文(文献[25.11])中写道：

单频辐射表现得就像它是由相互独立的、能量大小为$h\nu$的能量子组成的……对于光照后产生阴极射线(即产生电子束)，可以设想这样解释：能量子穿过物体的表层，将其至少是一部分的能量传递给其中的电子。最简单的情况是：一个光量子将其整个能量传递给单个电子。我们假定这是可以发生的。

这样，观察到的光电子最大动能与入射的辐射频率成线性关系，可以写出关系(如图25.3所示)

$$T_{\max}=-B+h\nu=h(\nu-\nu_c) \tag{25.6}$$

其中$B(=h\nu_c)$是常量；$h(\approx 6.626\times 10^{-34}\ \mathrm{J\cdot s})$是普朗克常量；$\nu_c$代表截止频率，它反映了该金属的性质。

例如：

铯：$B\approx 1.9\mathrm{eV}\Rightarrow \nu_c\approx 4.6\times 10^{14}\ \mathrm{Hz}$

钠：$B\approx 2.3\mathrm{eV}\Rightarrow \nu_c\approx 5.6\times 10^{14}\ \mathrm{Hz}$

铜：$B\approx 4.7\mathrm{eV}\Rightarrow \nu_c\approx 11.4\times 10^{14}\ \mathrm{Hz}$

在图25.3中，ν_c是水平坐标轴上的截距①。

爱因斯坦理论满意地解释了光电效应。根据这一理论，一束光(频率为ν)本质上是由一些独立的、被称为光子的粒子组成的，每个光子都携带着$h\nu$的能量。这个微粒模型可以解释上面讨论的所有的观察现象。因此，当光子的频率低于截止频率ν_c时，每个光子的能量不能达到$h\nu_c$，不足以将电子从金属中激发出来。当频率$\nu>\nu_c$时，超过的能量$(=h(\nu-\nu_c))$的主要部分将作为发射电子的动能。而且，测不出光照射与电子被发射出之间的时间间隔的这一结果，可以立刻由辐射的粒子性得出。式(25.6)经常被称为爱因斯坦光电效应方程。由密立根所做的一系列优美的实验，以很高的精确度证实了这一方程的正确性。密立根的实验还第一次直接测定了普朗克常量h。密立根在他获诺贝尔奖的演讲词中这样说(文献[25.5])：

经过10年不停的测试、改变、学习，有时甚或犯了一些不该有的错误，但是我们一直努力着，从第一次实验开始，直到完成发射出的光电子能量的精确测量实验。目前为止，我们测量了它与温度、波长、材料(即接触电动势)的关系。这一工作结果，与我自己的预期相反，却第一次于1914年在实验误差之内，直接通过实验精确验证了爱因斯坦方程(方程(25.6))，也第一次利用光电方法确定了普朗克常量h的值。

密立根进一步写道：

爱因斯坦方程是精确的(总是在目前的实验能达到的误差范围之内)和广泛适用的。它也许是过去10年里实验物理最引人注目的成就。

为了从普朗克的“量子化振子”向“辐射量子”过渡，爱因斯坦完成了一个重要的概念过渡，他引入了辐射的粒子行为思想。虽然牛顿将光描述成粒子流，然而这一观点随后被光的波动图像完全取代。波动图像以麦克斯韦电磁理论的形式达到顶峰。而现在光的粒子图像再次回归后，也遇到了尖锐的概念问题，例如，辐射具有的行为解释需要波和粒子图像的调

① 在上一版到这一版的修订过程中出现了一些排版混乱。译者认为，从“例如：”到这里的一段内容应该放在这里合适，而不应该如原书放在密立根的话后面。——译者注

和(即辐射的波粒二象性)。紧接着发现,显然实物粒子(电子、质子等)也表现出波粒二象性。比如,可以精确测量质量和电量的电子也可以产生衍射,就像光波能产生衍射一样,这一发现推动了不确定性原理和量子理论的发展。

在密立根做出他的实验以后,杜安(Duance)和他的助手发现了一个具有明确证据的实验关系,该实验过程恰好是爱因斯坦光电效应的逆过程。他们用已知固定能量的电子轰击金属靶,发现金属激发出 X 射线,出射 X 射线的最大频率精确地符合下面的方程:

$$\frac{1}{2}mv^2 = h\nu \tag{25.7}$$

在 25.3 节,将讨论一个由康普顿完成的非常重要的实验。对该实验的满意解释需要假定光子的能量和动量分别具有 $E=h\nu$ 和 $p=h\nu/c$ 的形式。

25.3 康普顿效应 目标 2

我们看到爱因斯坦对于光电效应的解释,意味着光量子(光子)携带着确定值的能量。1923 年,康普顿观察了石蜡块对 X 射线的散射情况,发现从 90°散射的 X 射线波长大于入射的 X 射线波长。换言之,被散射的辐射的频率 ν' 小于入射波的频率。康普顿将其定量地解释为[①](能量为 $E=h\nu$,动量为 $p=h\nu/c$ 的)光子与电子的弹性碰撞。光子将其部分能量传给电子,出射的光子能量减少。这样,被散射的辐射具有较低的频率。这个碰撞动力学[②]过程可以利用最基本的能量守恒定律和动量守恒定律推导出来(见 25.3.1 节)。经过相应的计算,可以得出散射波长的改变为

$$\Delta\lambda = \frac{2h}{m_0 c}\sin^2\frac{\theta}{2} \tag{25.8}$$

式中 θ 为光量子的散射角(见图 25.4),m_0 代表电子的静止质量。这里

$$\begin{aligned}\frac{2h}{m_0 c} &= \frac{2\times 6.6261\times 10^{-34}\,\mathrm{J\cdot s}}{9.1094\times 10^{-31}\,\mathrm{kg}\times 2.998\times 10^{8}\,\mathrm{m/s}} \\ &\approx 4.85\times 10^{-12}\,\mathrm{m} = 0.0485\,\text{Å}\end{aligned}$$

则

$$\Delta\lambda = \lambda' - \lambda = 0.0485\sin^2\frac{\theta}{2} \tag{25.9}$$

式中的 λ 用的单位是 Å。式(25.9)显示波长变化的最大值为 0.05Å,这样,为了更好地测量波长的改变,最好使用短波长的辐射。图 25.5 给出了测量康普顿波长改变的实验装置的原理图。一束单色的 X 射线(或者 γ 射线)照射到散射样本上,散射光子由晶体光谱仪检测。对于给定的散射角 θ,晶体光谱仪可以测出强度(作为 λ 的函数)随波长的分布。图 25.6 所示是 1923 年康普顿在他所做的原始实验(文献[25.9],文献[25.10])中测量到的相对于入射光不同角度散射光子的波长的改变,其中实线对应在式(25.9)中取 $\lambda=0.022$Å 的情况。

---

① 如果用经典理论去解释康普顿散射,则电子在入射电磁辐射的电场下经历振荡,因此,加速的电子将发射电磁波,并且由于电子运动的多普勒效应,发射出来的电磁波的波长与入射波长不同。然而,经典理论预言:对于一个给定的散射角,散射波波长将分布在一个连续的范围内。这与实验的发现是相左的。更详细的分析见文献[25.6]的 2.9 节。

② 原文为"Kinematics"运动学,实际上应该是"Dynamics or Kinetics"动力学。——译者注

注意,相应光子的能量约为

$$\frac{6.6\times10^{-27}\,\mathrm{erg\cdot s}\times3\times10^{10}\,\mathrm{cm/s}}{2.2\times10^{-10}\,\mathrm{cm}}\approx9\times10^{-14}\,\mathrm{J}\approx0.56\,\mathrm{MeV}$$

这个能量对应于 γ 射线。理论和实验很好的一致性证实了辐射的表现就像它是由能量为 $h\nu$、动量为 $h\nu/c$ 的粒子构成的。

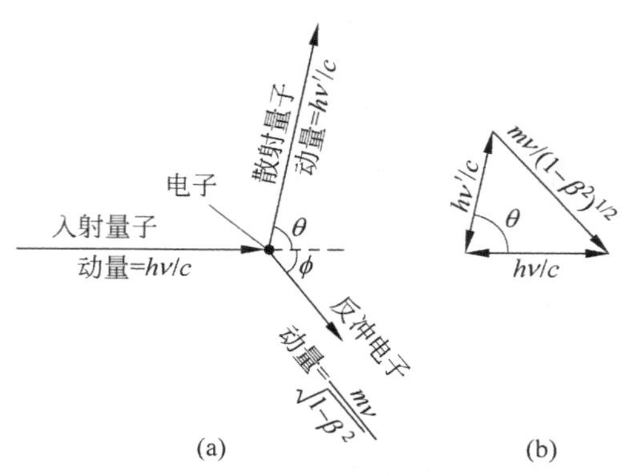

图 25.4　一个光子的康普顿散射。图片显示,入射光子(频率为 ν)照射在电子上,散射光子(频率减小到 ν')沿着与原方向成 θ 角的方向传播,则电子也获得动量。图片选自康普顿的论文原文(文献[25.10])

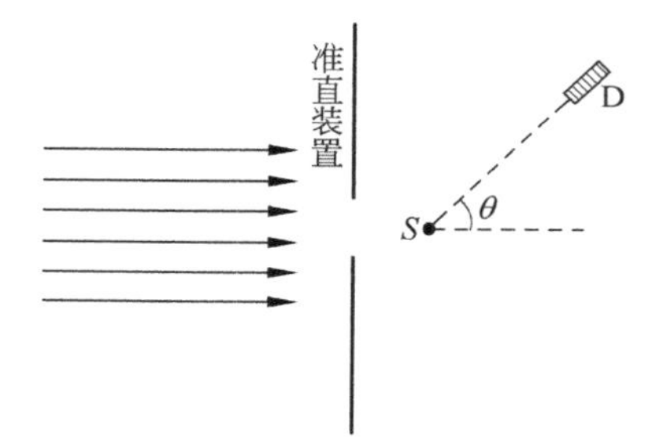

图 25.5　测量康普顿频移的实验装置的简略图。一束准直的单色 X 射线被散射体 S 散射;散射光子的波长由检测器 D 来测量

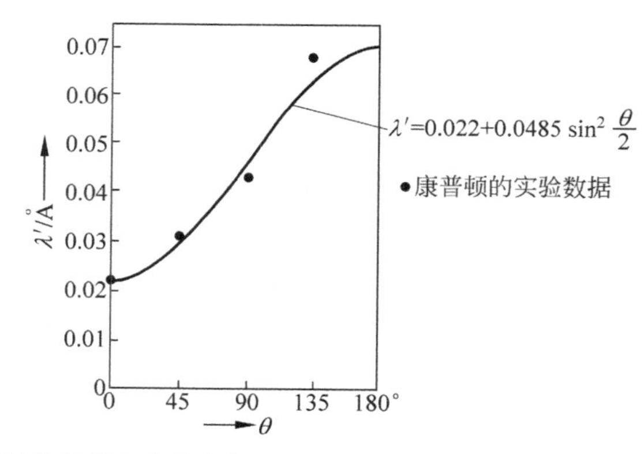

图 25.6　散射光的波长随着散射角度的变化图。其中实线对应于式(25.9),且 $\lambda=0.022$Å;圆点代表康普顿实验中得到的实验数据点。图片采自康普顿的原始论文(文献[25.9])

康普顿的实验装置和实验结果如图 25.7 所示，实验用的光源是钼的 K_α 线（$\lambda=0.711$Å），用石墨作散射样本。注意到，对应于每一个散射角 θ，散射光谱有两个峰。第一个峰出现在与原光束的波长相一致的地方，这个峰对应于光子被整个原子的散射；因此，式（25.8）中 m_0 的值不是电子的质量，而是碳原子的质量（是电子质量的 22000 倍）。这样，散射波长的改变是忽略不计的。第二个峰对应于康普顿频移（波长改变）。在每个图中，光谱中的两个谱线分别对应不变的波长和按照式（25.9）变化后的波长。可以看出预期值与测量值符合得非常好。康普顿效应为这个过程提供了证据，其中辐射量子携带能量和动量，并将能量与动量传递给电子。康普顿因为发现了以他命名的效应获得了 1927 年的诺贝尔物理学奖。

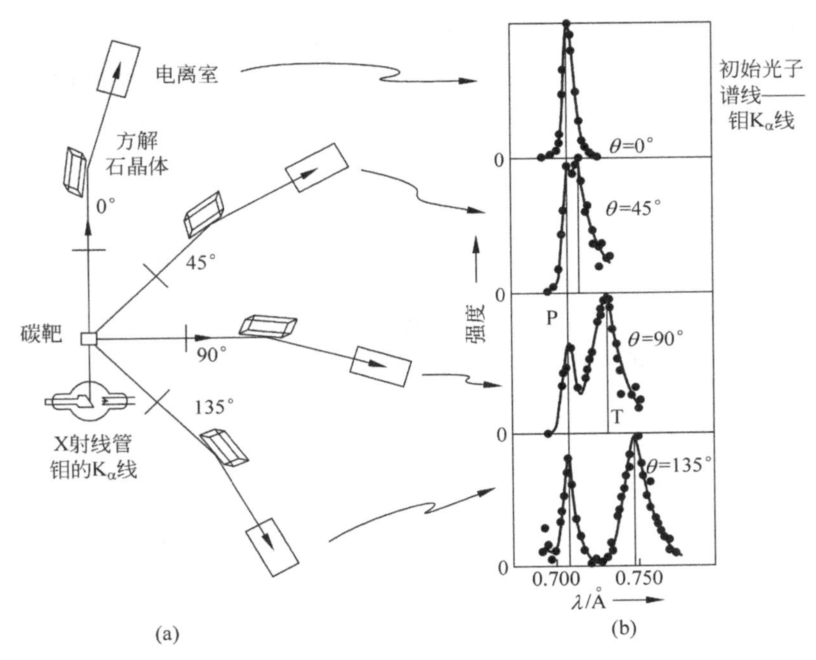

图 25.7　康普顿的原始实验使用了钼的 K_αX 射线，波长为 0.0709nm。入射光由碳靶对其散射，并利用布拉格光谱仪在不同散射角处进行观察。实验数据代表了散射光子的强度随波长的变化。（标有 P 的）谱线对应着未被改变的波长 $\lambda=0.711$Å，（标有 T 的）第二谱线对应于利用方程（25.9）预测的改变后的波长。这些对应于实验安排的图片采自康普顿的原始论文（文献[25.10]），以及摘自佐治亚州立大学内武（Rod Nave）教授所作的图（参见 http://hyperphysics.phy-astr.gsu.edu/hbase/hframe.html）

康普顿和西蒙（Simon）所做的 X 射线通过过饱和水蒸气散射的实验为证明上述理论的正确性提供了进一步的证据。在这个散射过程中，反冲的电子在凝结液滴中形成了轨迹，然而光量子没有留下任何轨迹。如果光量子经历第二次康普顿散射，则从第二次散射反冲电子的运动轨迹就可以确定光量子的轨迹，该轨迹是两次电子轨迹的起始点的连线。虽然在分析实验数据时有可观的不确定性（因为存在很多轨迹），康普顿和西蒙仍得到了与理论分析一致的实验数据。

康普顿散射的动力学描述①

接下来考虑图25.4所示的光子被电子散射的情况,假设散射后光子频率为ν',则根据能量守恒得

$$h\nu = h\nu' + E_k \tag{25.10}$$

其中E_k表示电子获得的动能。考虑动量在x、y方向上的分量守恒,有

$$\frac{h\nu}{c} = \frac{h\nu'}{c}\cos\theta + p\cos\phi \tag{25.11}$$

$$0 = \frac{h\nu'}{c}\sin\theta - p\sin\phi \tag{25.12}$$

其中p表示电子碰撞后的动量,θ和ϕ分别代表散射光子和电子运动方向与入射光子原方向的夹角(见图25.4)。下面将证明,能够观测到的明显的康普顿效应,频率ν应该处于X射线或者γ射线范围(对于X射线,$\lambda \leqslant 1$Å或者$h\nu \geqslant 10^4$eV)。对于这样的高能量的光子,电子获得的速度大到可以与光速相比拟,因此,对于E_k和p必须用相对论的表达形式。根据狭义相对论,散射电子的动能E_k是(参见32.2节)

$$E_k = E - m_0c^2 = mc^2 - m_0c^2 = \frac{m_0c^2}{\sqrt{1-\beta^2}} - m_0c^2 \tag{25.13}$$

其中$\beta = v/c$,m_0表示电子的静止质量,v是电子速度,c是自由空间中的光速;E和m_0c^2分别表示总能量和电子的静止能量。进而,电子动量表示为

$$p = mv = \frac{m_0 v}{\sqrt{1-\beta^2}} \tag{25.14}$$

这样,有

$$p^2c^2 + m_0^2c^4 = \frac{m_0^2v^2c^2}{1-v^2/c^2} + m_0^2c^4 = \frac{m_0^2c^4}{1-v^2/c^2} = (mc^2)^2$$

或者

$$p^2c^2 + m_0^2c^4 = E^2 = (E_k + m_0c^2)^2 = E_k^2 + m_0^2c^4 + 2E_k\mathrm{m}_0c^2$$

因此,有

$$E_k^2 + 2E_km_0c^2 = p^2c^2$$

把方程(25.10)中的E_k代入,可得

$$h^2(\nu-\nu')^2 + 2h(\nu-\nu')m_0c^2 = p^2c^2 \tag{25.15}$$

则式(25.11)和式(25.12)可以写成如下形式:

$$p\cos\phi = \frac{h\nu}{c} - \frac{h\nu'}{c}\cos\theta \tag{25.16}$$

$$p\sin\phi = \frac{h\nu'}{c}\sin\theta \tag{25.17}$$

为了消除ϕ,将两式平方后相加,可得

$$p^2 = \left(\frac{h\nu}{c}\right)^2 + \left(\frac{h\nu'}{c}\right)^2 - \frac{2h^2\nu\nu'}{c^2}\cos\theta \tag{25.18}$$

① 原文为"Kinematics"运动学,实际上应该是"Dynamics or Kinetics"动力学。——译者注

代入式(25.15)可得

$$h^2(\nu^2-2\nu\nu'+\nu'^2)+2h(\nu-\nu')m_0c^2=h^2\nu^2+h^2\nu'^2-2h^2\nu\nu'\cos\theta$$

或者

$$\frac{2h(\nu-\nu')m_0c^2}{2\nu\nu'}=h^2(1-\cos\theta)$$

因此

$$\Delta\lambda=\lambda'-\lambda=\frac{h}{m_0c}(1-\cos\theta)$$

或

$$\Delta\lambda=\frac{2h}{m_0c}\sin^2\frac{\theta}{2} \tag{25.19}$$

这就是康普顿频移①。

25.4　光子的角动量　　目标3

在22.14节已经讨论过琼斯矢量,可以用(归一化的)琼斯矩阵表示x方向和y方向偏振的光子

$$|x\rangle=\begin{pmatrix}1\\0\end{pmatrix},\quad |y\rangle=\begin{pmatrix}0\\1\end{pmatrix} \tag{25.20}$$

定义一个旋转操作算符$R_z(\theta)$,可以将任意偏振态(绕z轴)逆时针旋转θ角②,这样(见图25.8)

$$R_z(\theta)|x\rangle=|\theta\rangle=\cos\theta|x\rangle+\sin\theta|y\rangle=\begin{pmatrix}\cos\theta\\\sin\theta\end{pmatrix}=|x'\rangle \tag{25.21}$$

类似地,有

$$R_z(\theta)|y\rangle=\left|\frac{\pi}{2}+\theta\right\rangle=-\sin\theta|x\rangle+\cos\theta|y\rangle=\begin{pmatrix}-\sin\theta\\\cos\theta\end{pmatrix}=|y'\rangle \tag{25.22}$$

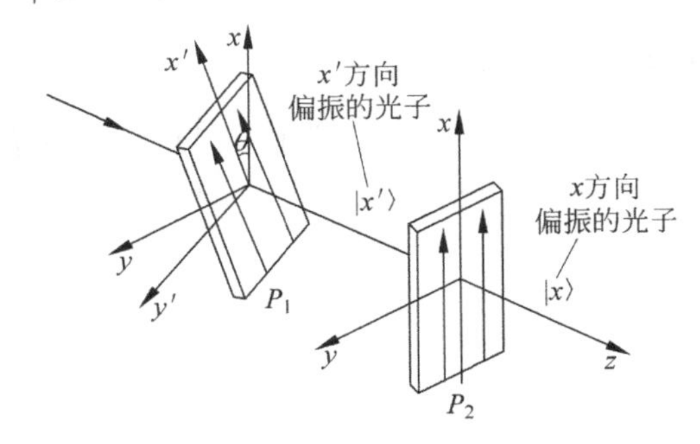

图25.8　偏振片P_1沿x'方向偏振,而偏振片P_2沿化x方向偏振

---

①　在康普顿频移的推导中,假定初始时电子处于自由状态。虽然已知电子是被原子束缚的,但是由于原子对于电子的束缚能(约为几个eV)比起光子能量(>1000eV)通常非常小,因此自由电子的假设也是合理的。

②　原书写的是顺时针旋转,这也许是顺着z轴看是顺时针。但是一般大家习惯逆着z轴看,应该是逆时针。——译者注

如果用一个 2×2 的矩阵代表偏振旋转算符,有

$$\boldsymbol{R}_z(\boldsymbol{\theta})=\begin{pmatrix}a & b\\ c & d\end{pmatrix}$$

则

$$\boldsymbol{R}_z(\boldsymbol{\theta})\mid x\rangle=\begin{pmatrix}a & b\\ c & d\end{pmatrix}\begin{pmatrix}1\\ 0\end{pmatrix}=\begin{pmatrix}a\\ c\end{pmatrix}$$

将此式与式(25.21)比较,得

$$a=\cos\theta,\quad c=\sin\theta$$

类似地,有

$$\boldsymbol{R}_z(\boldsymbol{\theta})\mid y\rangle=\begin{pmatrix}a & b\\ c & d\end{pmatrix}\begin{pmatrix}0\\ 1\end{pmatrix}=\begin{pmatrix}b\\ d\end{pmatrix}$$

将此式与式(25.22)比较,得

$$b=-\sin\theta,\quad d=\cos\theta$$

这样,偏振旋转算符的代表矩阵 $\boldsymbol{R}_z(\boldsymbol{\theta})$ 为

$$\boldsymbol{R}_z(\boldsymbol{\theta})=\begin{pmatrix}\cos\theta & -\sin\theta\\ \sin\theta & \cos\theta\end{pmatrix}\tag{25.23}$$

可以很容易看出

$$\boldsymbol{R}_z(\boldsymbol{\theta})\mid \phi\rangle=\begin{pmatrix}\cos(\theta+\phi)\\ \sin(\theta+\phi)\end{pmatrix}=\mid\theta+\phi\rangle\tag{25.24}$$

表现出对光子偏振态的旋转。

如果 $|R\rangle$ 和 $|L\rangle$ 分别代表右旋圆偏振光子和左旋圆偏振光子的归一化矢量,则

$$\mid R\rangle=\frac{1}{\sqrt{2}}\begin{pmatrix}1\\ \mathrm{i}\end{pmatrix}=\frac{1}{\sqrt{2}}(\mid x\rangle+\mathrm{i}\mid y\rangle)(\mathrm{RCP})\tag{25.25}$$

$$\mid L\rangle=\frac{1}{\sqrt{2}}\begin{pmatrix}1\\ -\mathrm{i}\end{pmatrix}=\frac{1}{\sqrt{2}}(\mid x\rangle-\mathrm{i}\mid y\rangle)(\mathrm{LCP})\tag{25.26}$$

(参见 22.4 节)。将 $\boldsymbol{R}_z(\boldsymbol{\theta})$ 作用在 $|R\rangle$ 上,得到

$$\boldsymbol{R}_z(\boldsymbol{\theta})\mid R\rangle=\begin{pmatrix}\cos\theta & -\sin\theta\\ \sin\theta & \cos\theta\end{pmatrix}\frac{1}{\sqrt{2}}\begin{pmatrix}1\\ \mathrm{i}\end{pmatrix}=\mathrm{e}^{-\mathrm{i}\theta}\frac{1}{\sqrt{2}}\begin{pmatrix}1\\ \mathrm{i}\end{pmatrix}$$

则

$$\boldsymbol{R}_z(\boldsymbol{\theta})\mid R\rangle=\mathrm{e}^{-\mathrm{i}\theta}\mid R\rangle\tag{25.27}$$

类似地,有

$$\boldsymbol{R}_z(\boldsymbol{\theta})\mid L\rangle=\mathrm{e}^{+\mathrm{i}\theta}\mid L\rangle\tag{25.28}$$

方程(25.27)和方程(25.28)称为本征方程,右旋圆偏振态和左旋圆偏振态称为算符 $\boldsymbol{R}_z(\boldsymbol{\theta})$ 的本征态,相应的本征值分别是 $\mathrm{e}^{-\mathrm{i}\theta}$ 和 $\mathrm{e}^{+\mathrm{i}\theta}$。在量子力学中,如果 $\boldsymbol{R}_z(\boldsymbol{\theta})$ 代表对应于绕 z 轴旋转 θ 角的旋转矩阵,则(参见文献[25.16],文献[25.17])

$$R_z(\theta)=\exp\left(-\frac{\mathrm{i}}{\hbar}\theta J_z\right)\tag{25.29}$$

其中$\hbar=2\pi/h$，h 是普朗克常量，J_z 代表角动量算符的 z 分量。这样，有

$$\exp\left(-\frac{\mathrm{i}}{\hbar}\theta J_z\right)\mid R\rangle=R_z(\theta)\mid R\rangle=\mathrm{e}^{-\mathrm{i}\theta}\mid R\rangle \tag{25.30}$$

一个算符 O 的指数幂定义为

$$\mathrm{e}^O\stackrel{\text{def}}{=}1+\frac{O}{1!}+\frac{OO}{2!}+\frac{OOO}{3!}+\cdots \tag{25.31}$$

将方程(25.30)两边同时展开，再利用式(25.30)对于所有 θ 都成立，得到①

$$J_z\mid R\rangle=+\hbar\mid R\rangle \tag{25.32}$$

利用类似的分析，对于左旋圆偏振光，得到

$$J_z\mid L\rangle=-\hbar\mid L\rangle \tag{25.33}$$

方程(25.32)和方程(25.33)是本征方程，右旋圆偏振态和左旋圆偏振态称为角动量 z 轴分量算符 J_z 的本征态，相应的本征值分别为$+\hbar$和$-\hbar$。根据量子力学，如果测量一个右旋圆偏振态的 J_z，将总是得到$+\hbar$值；类似地，如果测量一个左旋圆偏振态的 J_z，将总是得到$-\hbar$值。那么，对于任意偏振态，如果测量 J_z，将得到这个算符的本征值，亦即，会得到$+\hbar$值和$-\hbar$值中的一个。如果得到的$+\hbar$值和$-\hbar$值都有一定的概率，则光子偏振态可以描述成处于本征态的叠加态上，其本征态就是右旋圆偏振态和左旋圆偏振态。比如 x 方向线偏振的状态可以表示成

$$\mid x\rangle=\begin{pmatrix}1\\0\end{pmatrix}=\frac{1}{\sqrt{2}}[\mid R\rangle+\mid L\rangle] \tag{25.34}$$

因此，如果测量 x 方向线偏振(或者 y 方向线偏振)光子的 J_z(即测量光子角动量在 z 方向的分量)，会有一半概率得到$+\hbar$值，一半概率得到$-\hbar$值。人们不可能精确预测一个实验的结果。作为另外的例子，一个光子处于左旋椭圆偏振态(参见 22.14 节)

$$\mid \mathrm{LEP}\rangle=\frac{1}{2}\begin{pmatrix}1\\-\mathrm{i}\sqrt{3}\end{pmatrix}=a\mid R\rangle+b\mid L\rangle=\frac{a}{\sqrt{2}}\begin{pmatrix}1\\\mathrm{i}\end{pmatrix}+\frac{b}{\sqrt{2}}\begin{pmatrix}1\\-\mathrm{i}\end{pmatrix} \tag{25.35}$$

简单计算给出 $a\approx-0.2588$ 和 $b\approx+0.9659$。这样，当测量具有这种椭圆偏振态光子的 J_z 时，会得到其本征值之一，得到$+\hbar$值的概率是 0.0670，得到$-\hbar$值的概率是 0.933。

25.5　光镊效应②　　目标 4

光镊效应的研究始于阿瑟·阿什金(Arthur Ashkin)影响深远的研究工作。他证明聚焦的激光束可以用来陷获和操纵单个微观客体(文献[25.14])。既然光携带动量，它被客体吸收、散射或者折射时，会将动量传递给客体，结果会对客体施加作用力。对于一个准直的光束，这个作用力沿光的传播方向。可以证明，对于一个高度聚焦的光束，还会存在一个梯度力，所指方向为光强度变化的空间梯度方向。当微观客体尺度远大于陷获光束的波长时，

① 比如 $J_z^3|R\rangle=J_zJ_zJ_z|R\rangle=+\hbar^3|R\rangle$。

② 本节由位于印度印多尔拉贾·拉曼拉(Raja Ramanna)先进技术中心的古塔(P. K. Gupta)博士贡献。Gupta 博士和他的同事对在生物领域中的应用光镊有深入的研究。

可以简单地用光线光学来解释这个梯度力，这个梯度力可以对微观客体实施稳定的三维的陷获(文献[25.15])。如图25.9所示，考虑两条光线(a 和 b)等距地位于光束轴的两侧。假定球状微观客体的折射率比周围环境高，光线 a 和 b 在球面将会折射，分别产生作用力 $\boldsymbol{F}_a$ 和 $\boldsymbol{F}_b$，它们的合力记为 $\boldsymbol{F}$，此力将球状客体拉向焦点处。当球心位于焦点处时，将不存在折射，也就不存在作用力了。利用图25.9可以证明，对于图中所有球心位置偏离焦点的情况，最终的作用力都会将球形客体的球心拉向光束焦点(即平衡位置)，还可以参看 1 页二维码彩图中的图25.9′和图25.9″。对于三维的稳定陷获客体的情况，其沿轴向的梯度力分量是将微观客体拉向焦点区域的，它必然超过将客体推离焦点区域的作用力的散开作用的分量。为了达到此目的，需要利用一高数值孔径(NA)的物镜使陷获光束聚焦到其衍射极限大小。这里为了简单起见，假定对于陷获光束的波长，球形客体对于光束的反射和吸收足够弱，以致可以忽略由吸收或者反射引起的作用力。

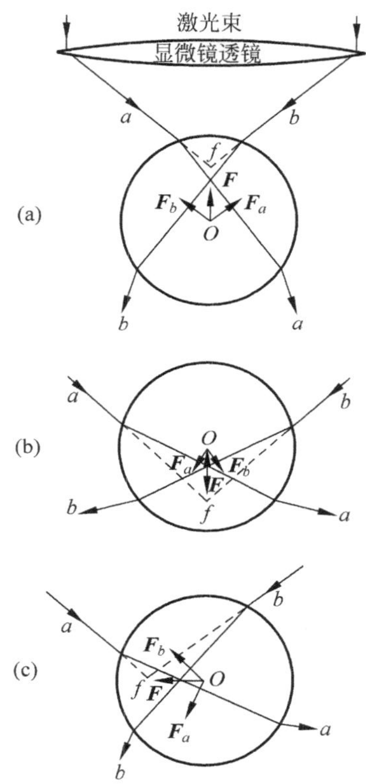

图25.9 利用光线图解释介质球形颗粒如何被聚焦激光束陷获的，$\boldsymbol{F}$ 是梯度力的合力。球形颗粒的中心位于焦点下方(a)、位于焦点上方(b)、位于焦点右方(c)。图片摘自阿什金的论文：ASHKIN A. Biophys. J.，1992，61：569-582。获得准许使用

光镊效应在生物研究中有着广泛的应用。与机械微工具不同，光阱(光陷获粒子形成的势阱)是柔和的、无菌的，可以非接触地捕获、移动和定位单个细胞或者亚细胞粒子。相关联的、值得关注的还有朱棣文的工作，他也是光镊效应研究的先驱者之一(文献[25.14])。他利用这种光阱力实现了对中性原子的冷却和陷获，并因此工作与科恩·塔诺季(Claude Cohen-Tannoudji)以及菲利普(Wiiliam D. Phillips)共同获得1997年诺贝尔物理学奖。

小　结

- 1887 年，赫兹在用一个具有间隙的线圈接收到电磁波时，发现隙间打火花，当把装置放置在一黑盒子里面时，发现间隙火花的最大长度变短了；这是由现在已知的光电效应造成的，黑盒子吸收了紫外线，从而帮助电子穿过间隙。赫兹报告了这一观察，但并没有继续深入研究，也没有试图对其进行解释。1897 年，J. J. 汤姆孙发现了电子，1899 年，他证明了当一束光照射到金属表面时有电子发出，这些电子现在被称作光电子，而该现象被称为光电效应。
- 与光电效应相关的一些特殊性质用以波动理论为基础的观点是不能解释的。例如，微弱紫色光逐出的电子具有比强黄色光逐出电子更大的动能，而后者逐出的电子数量更多。1905 年，爱因斯坦对以上提到的这些特性提出了一个简单的解释。他假设光是由能量为 $h\nu$（其中 ν 是光的频率）的光量子组成的，而光电子的发射是由单个能量子（即光子）和一个电子的相互作用导致的。爱因斯坦在他 1905 年的论文中写道：单频辐射表现得就像它是由相互独立的、能量大小为 $h\nu$ 的能量子组成的。
- 1923 年，康普顿报道了他对于 X 射线被固体材料（主要是石墨）散射的研究，证明了散射光子的波长改变可以由假定光子具有动量 h/λ 来解释。康普顿效应给出了一个既具有能量也具有动量的辐射量子可以散射电子的过程的一个明确无误的例子。利用散射过程的动力学理论可以给出散射波长改变的表达式：

$$\Delta\lambda = \frac{2h}{m_0 c}\sin^2\frac{\theta}{2} \approx 0.0485\sin^2\frac{\theta}{2}$$

式中，θ 是光量子被散射的角度，m_0 表示电子的静止质量，$\Delta\lambda$ 用 Å 作单位。康普顿发现上面的公式与他实验测量的 $\Delta\lambda$ 结果符合得非常好。

习　题

25.1 (1) 试计算一台 5mW 激光器每秒钟发射的光子数，假定它发射光的波长是 6328Å。

[**答案**：1.6×10^{16}]

(2) 让这束光正入射到一平面镜上，试计算光束作用在镜子上的力。

[**答案**：3.3×10^{-11}N]

25.2 假定一盏 40W 的钠光灯（$\lambda\approx5893$Å）向所有方向发光。试计算在离光源 10m 远处单位时间内光子通过与光束垂直的单位横截面积的数目（即光子流密度）。

[**答案**：$\approx10^{17}$ 个光子/($\text{m}^2\cdot\text{s}$)]

25.3 在光电效应中，一个光子完全被电子吸收。试证明，如果假定吸收光子的电子是自由的，能量守恒和动量守恒定律不能同时得到满足。（因此，电子必须被一个原子束缚，而当电子被逐出时，这个原子经受反冲。但是由于原子质量远大于电子质量，原子只获得很小一部分能量。这有点像一个乒乓球打到墙上，球的返回动量方向与初始相反，大小相同，而它的能量几乎保持不变。）

25.4 试证明：在康普顿散射实验中，光子能量损失的百分比随波长的缩短而增加。并计算当 $\lambda \approx 0.711$Å 和 $\lambda \approx 0.02$Å 时能量损失百分比的最大值。前一波长对应于钼发射 X 射线的 K_α 线，后一波长对应于 RaC 发射的 γ 射线。

25.5 如果光电子是用蓝色光从某一金属表面击出的。能否肯定地说，用黄色光或者紫色光也能发生光电效应？

25.6 证明：

$$J_z \mid x\rangle = \mathrm{i}\hbar \mid y\rangle, \quad J_z \mid y\rangle = -\mathrm{i}\hbar \mid x\rangle$$

这样，如果令

$$\mid x\rangle = \mid 1\rangle, \mid y\rangle = \mid 2\rangle, (J_z)_{ij} = \langle i \mid J_z \mid j\rangle$$

则可以得到算符 $\boldsymbol{J}_z$ 的如下表示：

$$\boldsymbol{J}_z = \hbar\begin{pmatrix} 0 & -\mathrm{i} \\ \mathrm{i} & 0 \end{pmatrix}$$

25.7 利用习题 25.6 的算符 $\boldsymbol{J}_z$ 的表示，得到算符 $\boldsymbol{J}_z$ 的本征值和归一化本征态，并证明它们与 25.4 节所得结果是一致的。

第26章 光子的量子性与光子纠缠

两个纠缠的粒子，其中一个粒子无论发生什么变化，都将影响另一个粒子，无论这个粒子在宇宙的什么地方。爱因斯坦将这种现象称为"幽灵般的超距作用"。用德文表述，爱因斯坦称之为"Spukhafte Fernwirkung"。

——埃米尔·阿克泽尔[①]

学习目标

学过本章后，读者应该学会：

目标1：讨论光束分光实验、偏振分束实验以及偏振片的光子实验。

目标2：理解波粒二象性。

目标3：解一维自由粒子的薛定谔方程。

目标4：用量子理论理解电子单缝衍射和双缝干涉图样。

目标5：分析EPR佯谬和贝尔不等式。

26.1 引言

量子理论中最重要的三个概念是：测量的不确定性、叠加原理和波函数坍缩。在本章中，将讨论能帮助理解这几个重要概念的几个实验，还将讨论薛定谔方程的简单解法，以及量子纠缠的概念。

26.2 利用强度分束器的光子实验 目标1

假设从一单光子源发出的光束投射到一个分束器上(见图26.1)。在这里应用单光子源，意味着在这个分光实验中单光子探测器 D_1 和 D_2 几乎不会同时"咔嗒"(代表探测到一个光子)，而我们说探测器 D_1 和 D_2 几乎不会同时"咔嗒"的意思是，D_1 和 D_2 同时"咔嗒"(或者说两个乃至两个以上的光子同时到达分束器)的概率小于0.005。当然当光子在探测器的分辨时间(或死时间(dead time)为20～50ns)内出现时，D_1 和 D_2 同时"咔嗒"还是会发生的。在理想情况下，用"真"的单光子源和"完美"的单光子探测器，两个探测器是不会同时"咔嗒"的。另外，理想的分束器是部分镀银的玻璃片，可以让射来的光束50%反射、50%透

① 埃米尔·阿克泽尔(Amir D. Aczel)，《量子纠缠：一个爱因斯坦称其为最诡异的理论，也是科学家、数学家和哲学家一再证明的不可能发生的故事》，Plume出版社。

射。量子理论告诉我们：光子在被探测到(不管是被是 D_1 还是 D_2 探测到)之前，处在两路光束的状态。光子并不会分开成两半，但一旦它被探测到，就会从处于两路光束状态"坍缩"到被两个探测器之一探测到的状态。这种"坍缩"是量子理论中独特的现象。狄拉克在他著名的著作《量子力学原理》(文献[26.1])中写道：

……我们将光子描述成部分地进入光束分开的两个分量中。我们可以说，光子处于一个由两个平动态叠加的平动态，而这两个平动态与光束的两分量相联系……对于一个处于确定的平动态的光子，它不一定只与一束光相联系，也可能与两束光甚至更多束光相联系。而这些光束是由一个原始光束分开而形成的分量……用准确的数学理论来说，每个平动态与普通波动光学的波函数之一相联系，每个波函数描述了由一个原始光束分开的其中一束光、两束光或多束光。

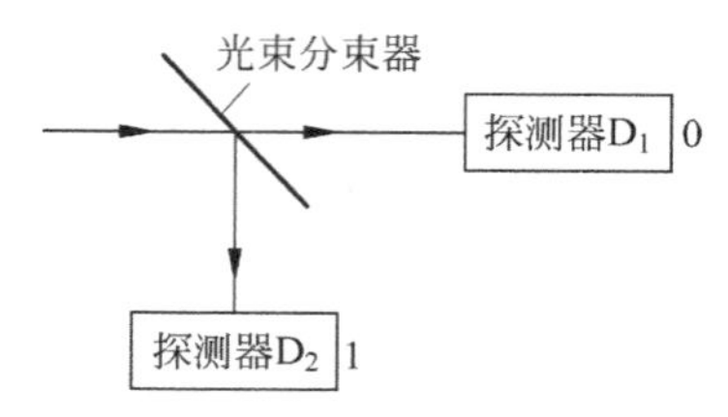

图 26.1　一光束被分束器分为两束，D_1 与 D_2 是单光子探测器。当 D_1"咔嗒"一响，将产生一个数字"0"；而当 D_2"咔嗒"一响，将产生一个数字"1"。这样将产生一个随机数序列(参见图 2.20(b))

一个光子或者被 D_1 或者被 D_2 探测到，而不会被二者同时探测到。两个探测器都会有50%的概率测量到这个光子。

不可能在光子被探测到之前就预言这个光子被哪一个探测器探测到。引用文献[26.2]的话：这种宇宙间的基本的"不确定性"在我们的世界观里还没有真正形成呢。实际上，可以利用这种不确定性来产生随机数(参见 2.13 节)。

26.3　利用偏振片的光子实验　　目标 1

在 22.3 节讨论过(被偏振片 P_1 起偏的)线偏振光投射到偏振片 P_2，如果偏振片 P_2(绕 z 轴)旋转，将观测到满足 $I=I_0\cos^2\theta$ 规律的出射光强度变化，这个规律称为马吕斯定律，其中 θ 是偏振片 P_2 的透振轴与偏振片 P_1 的透振轴之间的夹角(请扫 1 页二维码看彩图 22.7)。在图 26.2 中，量子理论告诉我们，(相对于 x 轴)θ 角线偏振的一个光子，透过第二个(透振轴为 x 轴的)偏振片的概率是 $\cos^2\theta$。而如果实验有 N 个这样的光子(N 数值很大)，则将有 $N\cos^2\theta$ 个光子透过偏振片。不可能预测单个光子的命运。一个 x 方向(以及 y 方向)线偏振的光子可以用(归一化的)琼斯矢量描述：

$$|x\rangle=\begin{pmatrix}1\\0\end{pmatrix},\quad |y\rangle=\begin{pmatrix}0\\1\end{pmatrix} \tag{26.1}$$

一个(沿 x' 方向线偏振的)光子用(归一化)琼斯矢量描述为

$$|x'\rangle=\begin{pmatrix}\cos\theta\\ \sin\theta\end{pmatrix}=\cos\theta\,|x\rangle+\sin\theta\,|y\rangle \tag{26.2}$$

因此，这个光子是处于叠加态的。这种"叠加"概念与不确定性概念是量子理论两个非常重

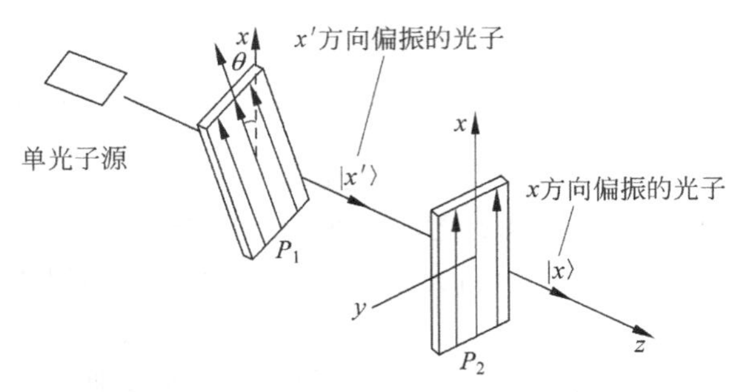

图 26.2　来自偏振片 P_1(透振轴与 x 轴成 θ 角)的一个线偏振光子透过偏振片 P_2(透振轴在 x 轴)的概率是 $\cos^2\theta$

要的概念。此叠加态分解到 x 方向本征态的振幅的平方($\cos^2\theta$)代表探测到 x 方向偏振的光子的概率。因此,一个光子透过第二个偏振片(透振轴沿 x 方向)的概率是 $\cos^2\theta$。如果实验有 N 个这样的光子(N 非常大),则将有 $N\cos^2\theta$ 个光子能透过。然而,不能够预测单个光子的命运。比如,对于 $\theta=45°$,有

$$|45°\rangle=\frac{1}{\sqrt{2}}|x\rangle+\frac{1}{\sqrt{2}}|y\rangle \tag{26.3}$$

此时,大约有一半数量的光子可以透过偏振片 P_2,还有一半数量的光子会被偏振片吸收(请扫 1 页二维码看彩图 22.7)。不可能回答这样的问题:一个特定光子到底是会被吸收,还是透过?

26.4　利用偏振分束器的光子实验　　目标 1

接下来考虑一个称作偏振分束器的器件,它通常缩写为 PBS(polarization beam splitter)。它由两个(由一种晶体制成的)棱镜胶合在一起组成。一束非偏振光入射 PBS 后,会被分成两束相互正交的线偏振光,如图 26.3 所示。经过 PBS 反射的光束沿 s 方向偏振,即反射光电场垂直于入射面。而透射光沿 p 方向偏振,即其电场在入射面内。一个商用(市场上能购买到的)PBS①,其 p 分量的有效透射率 $T_p>95\%$,s 分量的有效反射率 $R_s>99.9\%$。因此,根据经典波动理论,如果一个 s 偏振的光束入射 PBS,将全部被反射;而如果一个 p 偏振的光束入射 PBS,将全部透射(见图 26.4(a)和(b))。另一方面,一个 45°线偏振的光波入射 PBS,将有一半的强度反射,另一半透射(见图 26.5)。如果一个 45°线偏振的单光子入射 PBS,将会怎样?回答仍是一个光子不会分裂成两半,量子理论告诉我们:光子处于两路光束状态,此状态是两本征偏振态的叠加态:

$$|45°\rangle=\frac{1}{\sqrt{2}}|s\rangle+\frac{1}{\sqrt{2}}|p\rangle \tag{26.4}$$

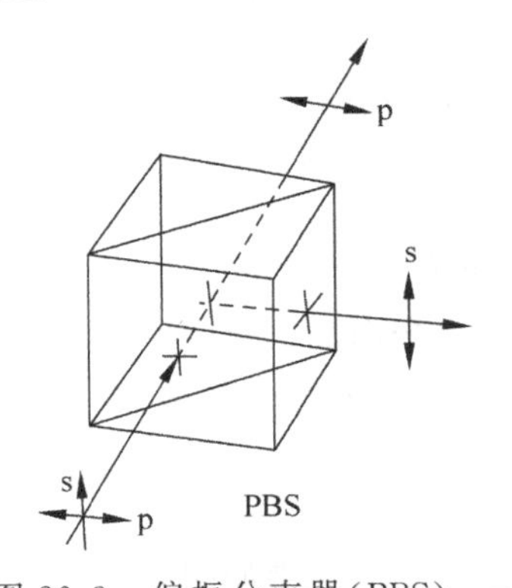

图 26.3　偏振分束器(PBS)。一非偏振光束入射到 PBS 上,将分成两束相互正交的线偏振光束

① 比如从这个网站上可以看到商业信息:www.chinasupply.net/optical/product/optics/beamsplitters/BBPBSC.html.

其中$|45°\rangle$表示45°偏振的光子态,$|s\rangle$代表s偏振的光子态,$|p\rangle$代表p偏振的光子态。其振幅平方$\left|\frac{1}{\sqrt{2}}\right|^2\left(=\frac{1}{2}\right)$代表探测到一个s偏振光子(或者p偏振光子)的概率。经过PBS以后,光子是处于s偏振光子态与p偏振光子态的叠加态。将有一半概率被D_1探测到,一半概率被D_2探测到。不可能在被探测到之前预测到到底会被哪一个探测器探测到。实际上,在被探测前,光子(在同时)处于两路光束状态,但是测量过程使其"坍缩"到或者被D_1探测到的状态,或者被D_2探测到的状态。也可以用这个偏振分束装置产生一列随机数。已经在2.13节讨论过利用分束分光的办法产生随机数(参见文献[26.3])。

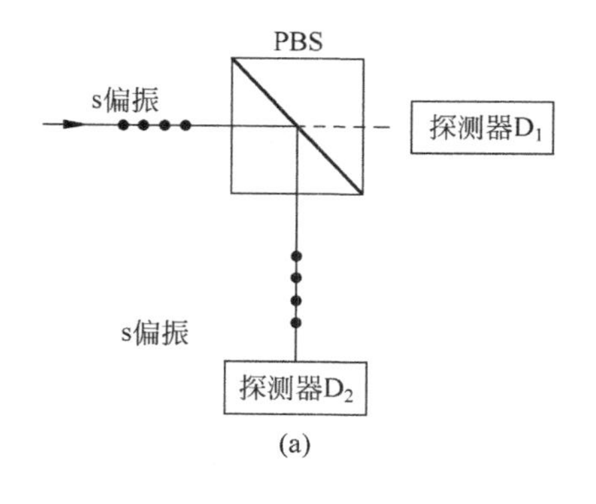

(a)

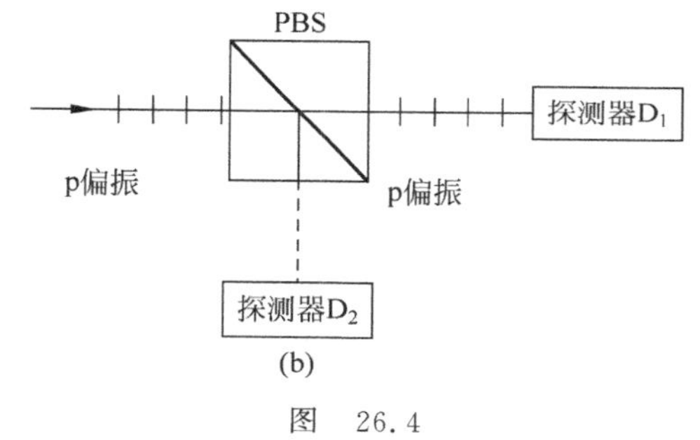

(b)

图 26.4
(a) 一个s方向偏振的光束入射PBS将全部反射;
(b) 一个p方向偏振的光束入射将全部透射

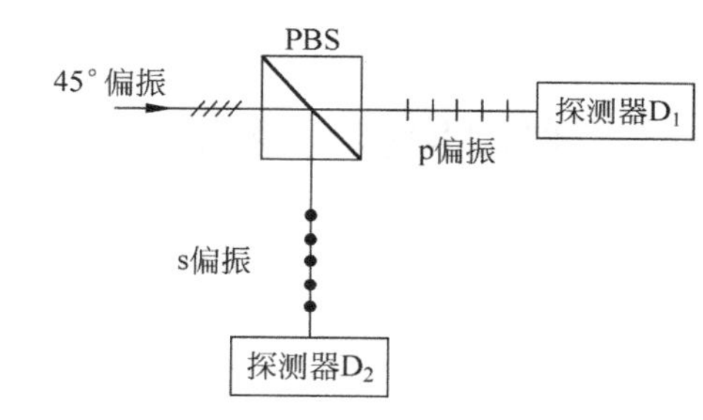

图26.5 如果一束45°线偏振的光波入射PBS,将有一半的强度反射(s方向偏振的波),留下另一半透射(p方向偏振的波)

下面考虑如图26.6(a)所示的实验安排,其中阻挡了透射分量而让反射分量(s方向偏振)经一平面镜反射,然后再经历另一个PBS的反射,最终被探测到的偏振态将是s方向偏振的。接下来考虑如图26.6(b)所示的实验安排,其中阻挡了反射分量而让透射分量(p方向偏振)通过,经一个反射镜反射,再经另一个PBS透射,最终被探测到的偏振态将是p方向偏振的。

接下来,考虑如图26.7所示的实验安排,让透射分量和反射分量都通过PBS,每一束分量都经一个反射镜反射后入射到第二个PBS上。如果反射镜调整得恰到好处,将得到一个45°偏振的光子。此时,光子如式(26.4)所描述,处于两路光束的叠加状态。美国著名的科学家约翰·惠勒曾说过(引自文献[26.2]):

光子处于两路状态,但是它只会取其中的一路传播。

光束通过双折射晶体时也将有类似的情景,将在26.10.1节讨论。

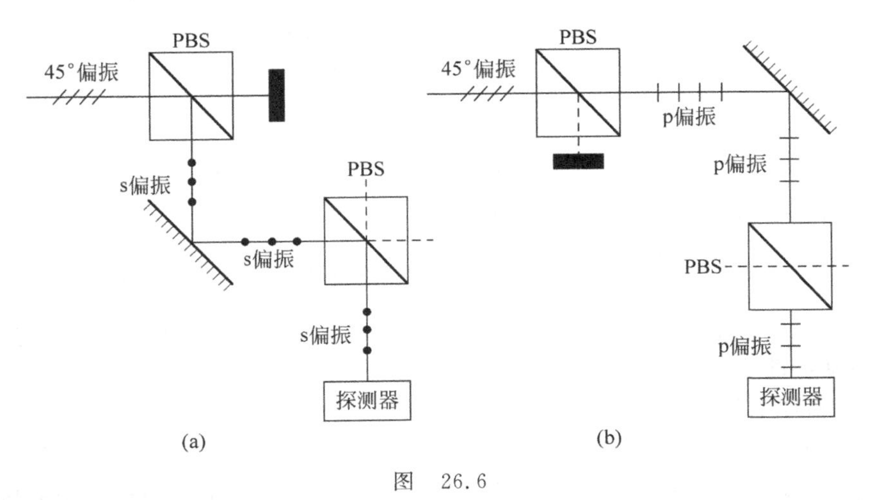

图　26.6

(a) 如果一 45°偏振的光子入射到一个 PBS 上，并且只让反射光束反射，再入射到第二个 PBS 上，则探测器将探测到 s 偏振的光子；(b) 如果一 45°偏振的光子入射到一个 PBS 上，并且只让透射光束透射，再入射到第二个 PBS 上，则探测器将探测到 p 偏振的光子

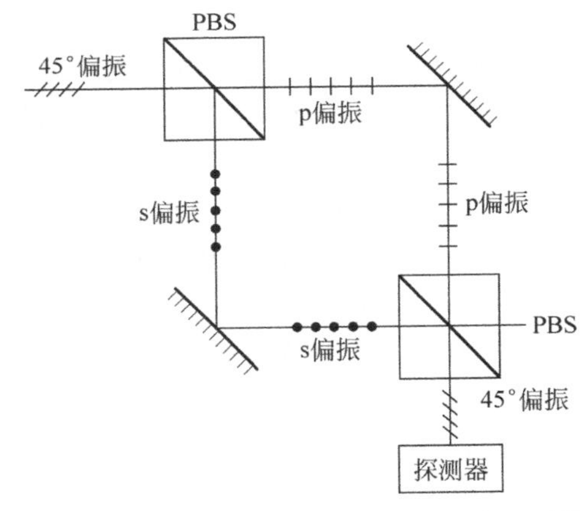

图 26.7　如果一 45°偏振的光子入射到一个 PBS 上，让反射光束和透射光束都通过，再入射到第二个 PBS 上，则(如果每个光路的距离被调整到恰到好处)从第二个 PBS 出射的光束将是 45°偏振的，此时光子处于两路光束的状态

26.5　波粒二象性　　目标 2

正如前面几章曾经讨论过的，爱因斯坦在他的奇迹年(1905 年)提出他著名的理论：光是由相互独立的量子组成，该量子的能量是 $E=h\nu$，其中 ν 是频率，h 是普朗克常量。这些量子后来被称为光子。爱因斯坦还指出，光子的动量由下式给出(见 25.1 节)：

$$p=\frac{h\nu}{c}=\frac{h}{\lambda} \tag{26.5}$$

大约 1923 年，亚瑟·康普顿完成了高速光子被电子散射的实验，证实该实验只能用假设光子具有上面公式所给的形式(见 25.3 节)来解释。1924 年，德布罗意在他的博士论文中提出：正如光既可以表现出类波的行为，也可以表现出类粒子的行为，则(像电子、质子等的)实物粒子也必然能表现出类波的行为，他主张下面的关系：

$$\lambda=\frac{h}{p} \tag{26.6}$$

对像电子、质子、α 粒子等实物粒子也成立。在玻尔(Bohr)的氢原子模型中，电子在分立的圆轨道上绕行，其角动量是 $h/(2\pi)$ 的整数倍：

$$mvr=\frac{nh}{2\pi},\quad n=0,1,2,3,\cdots \quad 意味着\ 2\pi r=\frac{nh}{p}=n\lambda$$

德布罗意主张每个玻尔轨道的圆周长应该恰好包含整数倍的波长。德布罗意因为他发现电子的波动特性获得 1929 年的诺贝尔物理学奖。在(1929 年 12 月 12 日)诺贝尔奖颁奖词中，诺贝尔物理学奖评选委员会主席说道：

路易·德布罗意大胆地主张实物物质的性质不只由粒子性解释……当没有一个人支持他的理论时，路易·德布罗意仍然断言，当一电子束经过一阻挡屏上的一个小孔时，它必然表现出像一束光通过小孔一样的现象……现在的实验完全证实了路易·德布罗意的理论。因此，并不存在两个世界，一个是光的波动世界，另一个是实物物质的粒子世界。我们只有一个宇宙。

后来，德布罗意写道(引自文献[26.4]的第 58 页)：

我深信，爱因斯坦在他的光量子理论中波粒二象性的发现是普适的，可以扩展到所有物理世界中。因此，它似乎为我证实了一个波的传播与任何形式的粒子(如光子、电子、质子等)的运动相联系。

电子是 J. J. 汤姆孙于 1897 年发现的，目前已经十分精确地知道其质量与电量：

$$m_e=9.1093897\times10^{-31}\,\text{kg}$$

$$q_e=-1.60217733\times10^{-19}\,\text{C} \tag{26.7}$$

电子可以被电场(或者磁场)所偏转，因此，在我们的脑海中，将电子赋予极小的、具有确定质量和电量的粒子图像。然而，当德布罗意预言它具有波动性以后，戴维孙和革末(1927 年)研究了经镍单晶的电子衍射现象，证明了这个衍射图样可以用假设电子具有德布罗意给出的波长 $\lambda=h/p$ 来解释。图 2.13(a)和(b)展现了 X 射线和电子分别由铝箔衍射的衍射图样，可以看到两个衍射花样的相似性。戴维孙和革末的实验，以及后来 G. P. 汤姆孙的实验，为建立电子的波动特性理论打下了坚实基础，但是他们的实验是在德布罗意的大胆预言之后才完成的。

26.6 薛定谔方程　　目标 3

这样，显然需要回答：电子(或者质子，或者 α 粒子)到底是波还是粒子？(引用费恩曼的话(文献[26.5]))回答是：

它既不是波，也不是粒子。

根据量子理论，粒子由一个波函数 Ψ 描述，它是一个位置的函数，它给出了系统的所有信息，并且决定了波函数 Ψ 的时间演化，以及在一个小体积元内发现粒子的概率。在非相对论情景下，波函数满足所谓的薛定谔方程

$$\mathrm{i}\hbar\frac{\partial\Psi(\boldsymbol{r},t)}{\partial t}=-\frac{\hbar^2}{2m}\nabla^2\Psi(\boldsymbol{r},t)+V(\boldsymbol{r})\Psi(\boldsymbol{r},t) \tag{26.8}$$

式中 m 是粒子的质量，$V(r)$是势能分布，而且

$$\nabla^2 \Psi(\boldsymbol{r},t)=\left(\frac{\partial^2}{\partial x^2}+\frac{\partial^2}{\partial y^2}+\frac{\partial^2}{\partial z^2}\right)\Psi(\boldsymbol{r},t) \tag{26.9}$$

按照费恩曼的话（文献[26.5]的第 16 章）：

我们是从哪里找到它（薛定谔方程）的？哪里也没有。不可能从那些我们已知的定律推导出薛定谔方程。薛定谔方程来自薛定谔自己的脑子里……他试图创造一个方程来理解从实际物理世界实验观察到的现象……

当然，薛定谔得到目前的方程有他自己的推理。在附录 F 中，将给出一个得到薛定谔方程的启发式推导。将看到，推导过程缺乏严谨性。尽管在推导得到薛定谔方程的过程中缺乏严谨性，但是薛定谔方程已经被广泛接受，因为薛定谔方程的解与实验数据符合得相当好。目前，薛定谔方程已经广为人知，以致一些人将它纹在他们身上（见图 26.8）。1926 年，马克斯·玻恩（Max Born）给出了下述关于薛定谔方程的物理解释（这个解释在几乎所有量子力学的教科书中都有讨论，比如文献[26.6]～文献[26.8]）：

$$|\Psi|^2 \mathrm{d}V \text{ 表示在小体积元内发现该粒子的概率} \tag{26.10}$$

因此，有

$$\iiint |\Psi|^2 \mathrm{d}V = 1 \tag{26.11}$$

其中积分遍及整个空间。上述方程（称为归一化条件）的根据是在整个空间找到该粒子的概率为 1。

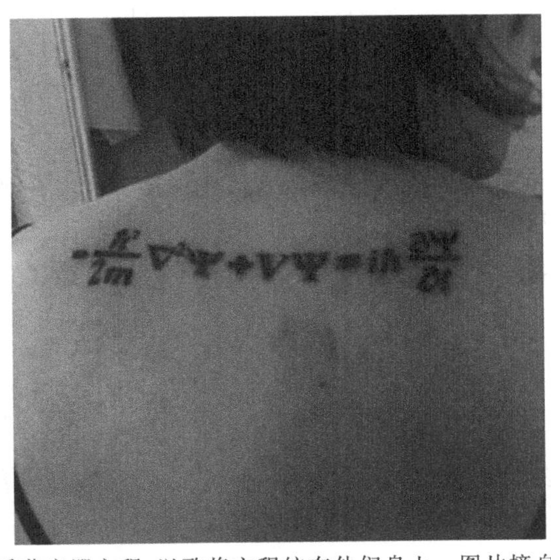

图 26.8　有些人非常喜爱薛定谔方程，以致将方程纹在他们身上。图片摘自网站 http://mentafloss.com/article/32288/11-great-geeky-math-tattoos

26.7　一维自由粒子　　目标 3

考虑一维的情景，即假定波函数与 y 和 z 无关。对于一个自由粒子（势能处处为零），薛定谔方程具有形式

$$\mathrm{i}\,\hbar\frac{\partial\Psi(x,t)}{\partial t}=-\frac{\hbar^2}{2m}\frac{\partial^2\Psi(x,t)}{\partial x^2} \tag{26.12}$$

该方程称为一维自由粒子含时薛定谔方程。利用分离变量法，方程(26.12)的解为(见附录F)

$$\Psi(x,t)=\text{常数}\times\exp\left[\frac{\mathrm{i}}{\hbar}\left(p_x x-\frac{p_x^2}{2m}t\right)\right],\quad -\infty<p_x<+\infty \tag{26.13}$$

其中 p_x 可以取从 $-\infty$ 到 $+\infty$ 的任何(实数)值。这样，方程(26.12)的通解是(对应于不同动量值的)平面波解的叠加

$$\Psi(x,t)=\frac{1}{\sqrt{2\pi\hbar}}\int_{-\infty}^{+\infty}a(p_x)\exp\left[\frac{\mathrm{i}}{\hbar}\left(p_x x-\frac{p_x^2}{2m}t\right)\right]\mathrm{d}p_x \tag{26.14}$$

其中 $1/\sqrt{2\pi\hbar}$ 的引入是使傅里叶变换和反变换具有对称的形式。如果在方程(9.12)中令 $k\equiv p_x/\hbar$，得到

$$\delta(x-x')=\frac{1}{2\pi\hbar}\int_{-\infty}^{+\infty}\exp\left[\frac{\mathrm{i}}{\hbar}p_x(x-x')\right]\mathrm{d}p_x \tag{26.15}$$

因此，有

$$\psi(x)=\int_{-\infty}^{+\infty}\delta(x-x')\psi(x')\mathrm{d}x'=\frac{1}{2\pi\hbar}\int_{-\infty}^{+\infty}\int_{-\infty}^{+\infty}\exp\left[\frac{\mathrm{i}}{\hbar}p_x(x-x')\right]\psi(x')\mathrm{d}x'\mathrm{d}p_x$$

定义

$$a(p_x)\equiv\frac{1}{\sqrt{2\pi\hbar}}\int_{-\infty}^{+\infty}\psi(x')\exp\left(-\frac{\mathrm{i}}{\hbar}p_x x'\right)\mathrm{d}x' \tag{26.16}$$

则

$$\psi(x)=\frac{1}{\sqrt{2\pi\hbar}}\int_{-\infty}^{+\infty}a(p_x)\exp\left(\frac{\mathrm{i}}{\hbar}p_x x\right)\mathrm{d}p_x \tag{26.17}$$

当 $t=0$ 时，方程(26.14)变为

$$\Psi(x,0)=\frac{1}{\sqrt{2\pi\hbar}}\int_{-\infty}^{+\infty}a(p_x)\exp\left(\frac{\mathrm{i}}{\hbar}p_x x\right)\mathrm{d}p_x \tag{26.18}$$

因此

$$a(p_x)\equiv\frac{1}{\sqrt{2\pi\hbar}}\int_{-\infty}^{+\infty}\Psi(x,0)\exp\left(-\frac{\mathrm{i}}{\hbar}p_x x\right)\mathrm{d}x \tag{26.19}$$

既然薛定谔方程是线性方程(方程的解乘上一个系数仍然是方程的解)，可以选择比例系数使得

$$\int_{-\infty}^{+\infty}|\Psi(x,t)|^2\mathrm{d}x=1 \tag{26.20}$$

此时，波函数已经归一化了，则 $|\Psi(x,t)|^2\mathrm{d}x$ 代表发现粒子的位置处于 x 至 $x+\mathrm{d}x$ 的概率。式(26.14)描述一个所谓定域化的波包，而

$$|a(p_x)|^2\mathrm{d}p_x=\text{发现粒子的动量(在 }x\text{ 方向分量)位于 }p_x\text{ 至 }p_x+\mathrm{d}p_x\text{ 的概率} \tag{26.21}$$

上述 $|a(p_x)|^2$ 的物理解释在几乎所有的量子力学教科书都会出现，比如文献[26.7]。什么

是定域化波包？打开一支激光笔，然后在极短时间内关闭，就会产生一个定域化波包。如果脉冲的脉宽大约为 0.1ns($=10^{-10}$s)，则形成的定域化波包的长度约为 3cm($=c\times10^{-10}$s)，这样的波包能在空间传播(见图 26.9)。如果已知 $\Psi(x,0)$，可以由式(26.19)确定 $a(p_x)$，如果再将 $a(p_x)$代入式(26.14)，将得到波包是如何演化的。下面将对一高斯波包进行这样的计算。

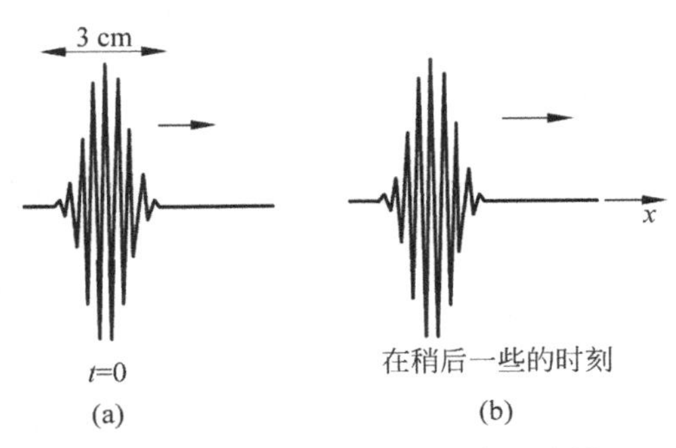

图 26.9　0.1ns(3cm 宽)的高斯光脉冲在真空中沿 $+x$ 方向传播

26.7.1　高斯波包

假设 $t=0$ 时，电子由高斯波包描述：

$$\Psi(x,0)=\frac{1}{(\pi\sigma_0^2)^{1/4}}\mathrm{e}^{-x^2/(2\sigma_0^2)}\exp\left(\frac{\mathrm{i}}{\hbar}p_0x\right) \tag{26.22}$$

因此，在 $t=0$ 时，发现粒子位置在 x 至 $x+\mathrm{d}x$ 区域的概率为

$$P(x)\mathrm{d}x=|\Psi(x,0)|^2\mathrm{d}x=\frac{1}{\sqrt{\pi\sigma_0^2}}\mathrm{e}^{-x^2/\sigma_0^2}\mathrm{d}x \tag{26.23}$$

式(26.23)表明，在 $t=0$ 时，粒子定域在 $x=0$ 周围，定域的区域范围大约为 σ_0，即 $\Delta x\approx\sigma_0$，见图 26.10(a)。进一步，可以方便地看出

$$\int_{-\infty}^{+\infty}P(x)\mathrm{d}x=\int_{-\infty}^{+\infty}|\Psi(x,0)|^2\mathrm{d}x=\frac{1}{\sqrt{\pi\sigma_0^2}}\int_{-\infty}^{+\infty}\mathrm{e}^{-x^2/\sigma_0^2}\mathrm{d}x=1 \tag{26.24}$$

意味着粒子总应该会在某处被找到！

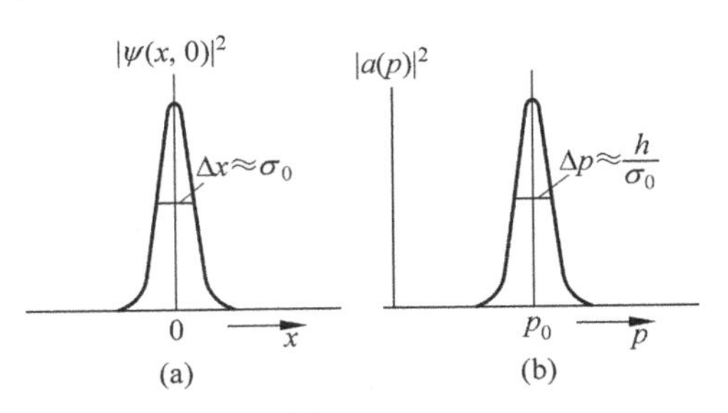

图　26.10

(a) $t=0$ 时显示概率分布函数定域在 $x=0$ 点，不确定度为 $\Delta x\approx\sigma_0$；(b) 动量分布函数显示粒子的动量定域在 $p=p_0$，不确定度为 $\Delta p\sim\frac{\hbar}{\sigma_0}$

如果将这里 $\Psi(x,0)$ 的表达式代入式(26.19),积分得到

$$\begin{aligned}a(p_x)&=\frac{1}{\sqrt{2\pi\hbar}}\frac{1}{(\pi\sigma_0^2)^{1/4}}\int_{-\infty}^{+\infty}\mathrm{e}^{-x^2/(2\sigma_0^2)}\exp\left[-\frac{\mathrm{i}}{\hbar}(p_x-p_0)x\right]\mathrm{d}x\\&=\left(\frac{\sigma_0^2}{\pi\hbar^2}\right)^{1/4}\exp\left[-\frac{(p_x-p_0)^2\sigma_0^2}{2\hbar^2}\right]\end{aligned}\tag{26.25}$$

其中用到了附录A的结果。则发现粒子动量的 x 方向分量处于 p_x 至 $p_x+\mathrm{d}p_x$ 的概率是

$$P(p_x)\mathrm{d}p_x=|a(p_x)|^2\mathrm{d}p_x=\left(\frac{\sigma_0^2}{\pi\hbar^2}\right)^{1/2}\exp\left[-\frac{(p_x-p_0)^2\sigma_0^2}{\hbar^2}\right]\mathrm{d}p_x\tag{26.26}$$

很容易得到 $\int_{-\infty}^{+\infty}|a(p_x)|^2\mathrm{d}p_x=1$。式(26.26)表明,粒子的动量在 x 方向分量的分布是中心为 p_0 的分布,其不确定度大约为 $\frac{\hbar}{\sigma_0}$,即 $\Delta p_x\approx\frac{\hbar}{\sigma_0}$,如图26.10(b)所示。因此

$$\Delta x\Delta p_x\approx\hbar\tag{26.27}$$

上述公式显示:不确定性原理包含在薛定谔方程的解里面。如果将式(26.25)里的 $a(p_x)$ 代入式(26.14),并积分(只是有点麻烦),得到 $\Psi(x,t)$ 的形式。从中可以得到

$$P(x,t)=|\Psi(x,t)|^2=\frac{1}{\sqrt{\pi}\sigma(t)}\exp\left[-\frac{(x-v_gt)^2}{\sigma^2(t)}\right]\tag{26.28}$$

式中,

$$v_g=\frac{1}{m}p_0\tag{26.29}$$

$$\sigma(t)=\sigma_0\sqrt{1+\frac{\hbar^2}{m^2\sigma_0^4}t^2}\tag{26.30}$$

式(26.28)表明,波包的中心以速度 v_g 运动,该速度是波包的群速度。式(26.30)表明,当波包传播时,波包的宽度(即 Δx)随时间增大,然而 Δp_x 保持不变。自始至终,$\int_{-\infty}^{+\infty}|\Psi(x,t)|^2\mathrm{d}x=1$。如果引入无量纲的变量

$$X=\frac{x}{\sigma_0},\quad\tau=\frac{\hbar}{m\sigma_0^2}t,\quad\alpha=\frac{p_0\sigma_0}{\hbar}=\frac{mv_g\sigma_0}{\hbar}\tag{26.31}$$

将得到

$$|\Psi(X,\tau)|^2=\frac{1}{\sigma_0\sqrt{\pi}\sqrt{1+\tau^2}}\exp\left[-\frac{(X-\alpha\tau)^2}{1+\tau^2}\right]\tag{26.32}$$

图26.11中画了当 $\alpha=15$ 时 $|\Psi(X,\tau)|^2$ 在不同时刻的样子,因此,在 $\tau=0,0.5,1.0,1.5$ 时,粒子分别定域在 $X=0,7.5,15.15,22.5$ 处[①]。自始至终

$$\Delta p\approx\frac{\hbar}{\sigma_0}\tag{26.33}$$

下面考虑一个粒子(像电子或者α粒子,甚至是富勒烯分子)用波包表示,它接近一个势垒,如图26.12所示。结果是,有一定概率被反射,有一定概率穿越过势垒。这非常类似于光束分光实验(见26.1节),在那个实验中,一个光子部分地被反射,部分地透射。量子理论

① 原书在这里漏写了粒子的定域位置 X,已作了更正。——译者注

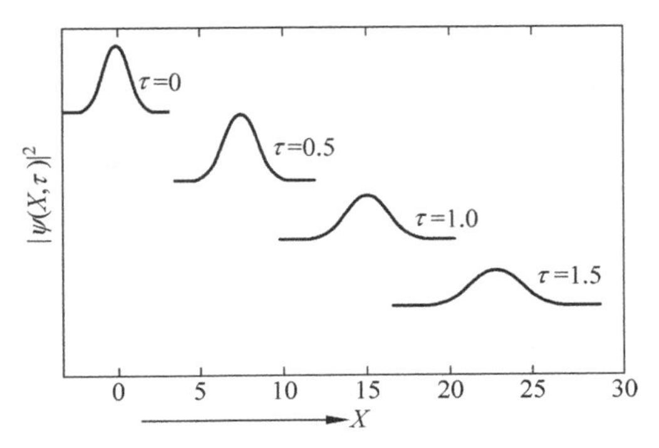

图 26.11　高斯波包传播(和扩展)的情景。注意在 $\tau=0,0.5,1.0,1.5$ 时，粒子分别定域在 $X=0,7.5,15.15$ 和 22.5 处

告诉我们：随后将存在一个反射波包和一个透射波包，如图 26.12(b)所示。这样，一个电子由两个波包表示，一个波包定域在点 A(向左运动)，另一个波包定域在点 B(向右运动)。因此，该粒子同时处在两个位置(也许相距上百千米)，这是否意味着它被分成了两半？答案是“不”！但是它处在两个位置！如果试图测量这个粒子，发现它要么位于点 A 附近，要么位于点 B 附近。粒子从同时处于两处的状态坍缩到或者位于点 A 附近或者位于点 B 附近的状态。这种波函数的坍缩类似于双孔干涉实验，在双孔干涉实验中，电子(或者光子)同时穿过两个孔。但是如果试图测量粒子到底通过的是哪个孔，将发现粒子要么穿过孔 1，要么穿过孔 2。这种波包的坍缩是量子理论的一个极其重要的特性。

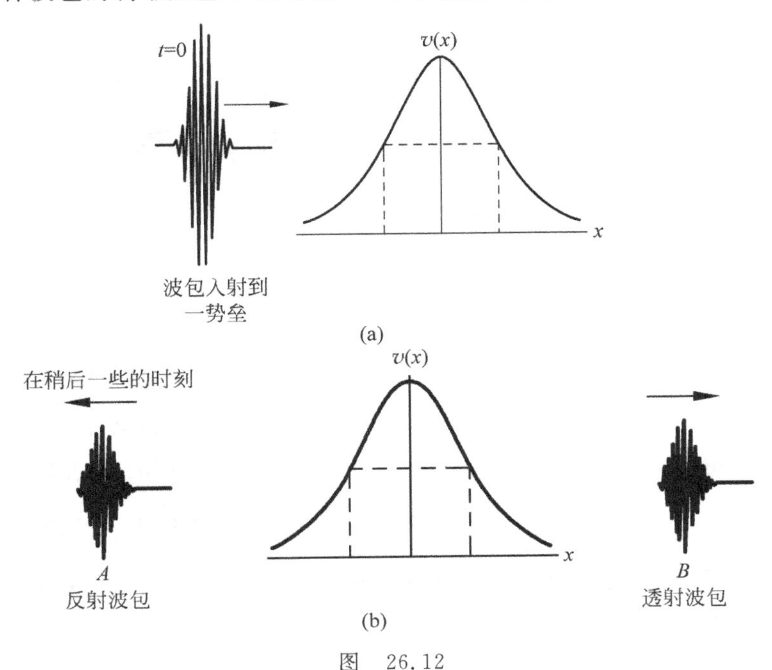

图　26.12

(a)(用高斯波包表示的)一个粒子入射一个势垒。(b)在稍晚的时候，这个粒子由两个波包描述，一个波包定域在点 A，而另一个波包定域在点 B。如果进行测量，波函数坍缩到或者位于点 A 附近，或者位于点 B 附近

26.8 电子的单缝衍射 目标4

下面考虑一个(沿 y 方向传播的)波包入射到一个缝宽为 b 的单缝(见图 26.13),在这个场景下,假设波函数

$$\Psi(x,0)=\begin{cases}\dfrac{1}{\sqrt{b}}, & |x|<\dfrac{b}{2}\\[2mm] 0, & |x|>\dfrac{b}{2}\end{cases} \tag{26.34}$$

将这里 $\Psi(x,0)$ 的具体形式代入式(26.19),得

$$a(p_x)=\frac{1}{\sqrt{2\pi\hbar}}\frac{1}{\sqrt{b}}\left[\int_{-\frac{b}{2}}^{+\frac{b}{2}}\exp\left(-\frac{\mathrm{i}}{\hbar}p_x x\right)\mathrm{d}x\right]$$

上式积分后可得

$$|a(p_x)|^2\mathrm{d}p_x=P(p_x)\mathrm{d}p_x=\frac{2b}{h}\frac{\sin^2\beta}{\beta^2}\mathrm{d}p_x \tag{26.35}$$

其中 $P(p_x)\mathrm{d}p_x$ 表示(在与单缝相互作用后)电子动量在 x 方向上的分量处于 p_x 至 $p_x+\mathrm{d}p_x$ 的概率,电子是从单缝获得这个 x 方向上动量分量的。在上面的公式中

$$\beta=\frac{\pi b p_x}{h}=\frac{\pi b p\sin\theta}{h}=\frac{\pi b\sin\theta}{\lambda} \tag{26.36}$$

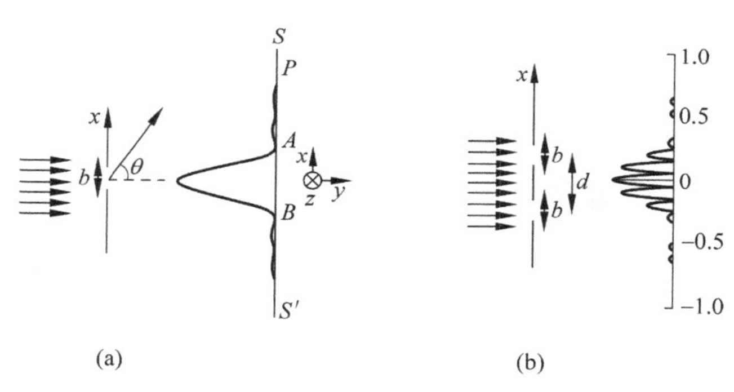

图 26.13

(a) 一个电子经缝宽为 b 的单缝衍射;(b) 一个电子经两个窄缝的衍射,每个缝宽为 b,两缝相距为 d

这里可以总是选择让电子发射源(在入射单缝前面)足够远,以致 p_x 可以假定任意小,这样,电子接近单缝时可以假定其动量只是沿着 y 方向。$P(p_x)\mathrm{d}p_x$ 的表达式表明:让电子通过一个宽度为 b 的单缝,单缝将给予它一个沿 x 方向的、数值约为 $\dfrac{h}{b}$ 的动量。需要指出的是,可以通过让电子发射源离得足够远,使得在进入单缝前,电子[①]的 p_x(以及代表 p_x 不确定度的 Δp_x)任意小,这样,可以令穿过单缝前的电子 $\Delta p_x\approx 0$,则单缝传递给电子的动量为

$$|p_x|\approx\Delta p_x\approx\frac{h}{b} \tag{26.37}$$

① 原书此处笔误为"光子",已改正。——译者注

而 $p_x = p\sin\theta$，其中 θ 是当电子穿过单缝以后与 y 轴构成的夹角，这样，有

$$p\sin\theta = \frac{h}{b} \quad \Rightarrow \quad \sin\theta = \frac{h}{pb} \tag{26.38}$$

式(26.38)预测了电子通过单缝后沿着与 y 轴夹角为 θ 的方向运动的概率与单缝的宽度成反比，亦即，b 越小，θ 越大，也就是电子深入几何阴影的概率越大。这就是我们熟悉的衍射现象(等价为不确定性原理)。因此，任何量子现象都包含在薛定谔方程的解当中！进一步，根据经典波动理论，电子衍射的强度分布(参见 18.2 节)为

$$I = I_0 \frac{\sin^2\beta}{\beta^2} \tag{26.39}$$

其中 $\beta = \dfrac{\pi b\sin\theta}{\lambda}$ 的定义与式(26.35)和式(26.36)是一致的。

因此，薛定谔方程的解并不能预测电子落在屏幕上的确切位置，只能预测其落点的概率分布，而且这个概率分布与经典波动理论给出的强度分布完全一样。因此，根据量子理论，不能预测电子在屏幕上被探测到的精确位置，但是如果我们的实验中有上百万个电子，所预测的电子在屏幕上的强度分布(与经典波动理论预测的一致)将慢慢形成。理查德·费恩曼(在他著名的梅森哲讲座中)说道："电子到达屏幕时是集中在一点的(不是弥漫开的)，就像子弹一样。然而电子到达屏幕上的概率与波动理论预测的一致。"

26.9　电子的双缝干涉　　目标 4

下面考虑电子的双缝干涉，每条缝宽为 b，双缝相距为 d(如图 26.13(b)所示)。因此，有

$$\Psi(x,0) = \begin{cases} \dfrac{1}{\sqrt{b}}, & \dfrac{d-b}{2} < |x| < \dfrac{d+b}{2} \\ 0, & \text{其他} \end{cases} \tag{26.40}$$

把上面的 $\Psi(x,0)$ 表示式代入式(26.16)，得

$$a(p_x) = \frac{1}{\sqrt{2\pi\hbar}} \frac{1}{\sqrt{b}} \left[\int_{-\frac{d+b}{2}}^{-\frac{d-b}{2}} \exp\left(-\frac{\mathrm{i}}{\hbar} p_x x\right) \mathrm{d}x + \int_{\frac{d-b}{2}}^{\frac{d+b}{2}} \exp\left(-\frac{\mathrm{i}}{\hbar} p_x x\right) \mathrm{d}x \right]$$

上式经过积分后可得

$$P(p_x)\mathrm{d}p_x = |a(p_x)|^2 \mathrm{d}p_x = \left(\frac{2b}{\pi h} \frac{\sin^2\beta}{\beta^2}\right)(4\cos^2\gamma)\mathrm{d}p_x \tag{26.41}$$

和前面一样，其中 $P(p_x)\mathrm{d}p_x$ 表示(在与双缝相互作用后)电子动量在 x 方向上的分量处于 p_x 至 $p_x + \mathrm{d}p_x$ 的概率，$\beta = \dfrac{\pi b\sin\theta}{\lambda}$，$\gamma = \dfrac{\pi d\sin\theta}{\lambda}$。另一方面，经典波动理论预测(参见 18.6 节)

$$I = \underbrace{\left(I_0 \frac{\sin^2\beta}{\beta^2}\right)}_{\text{单缝衍射图样}} \underbrace{(4\cos^2\gamma)}_{\text{双缝干涉图样}} \tag{26.42}$$

与电子单缝衍射一样，再次看到，薛定谔方程的解并不能预测电子落在屏幕上的确切位置，只能预测其落点的概率分布，而且这个概率分布与经典波动理论给出的强度分布完全一样。

2003年,奈尔兹(Nairz)和他的同事做了一个漂亮的实验(参见文献[26.9]),实验中,他们让(几乎)单一能量的富勒烯分子入射到一个多缝结构上,可以得到干涉图样。图26.14显示了分子计数随探测器位置变化的分布情况,这个分布与利用波动理论计算所得的干涉图样一致。因此,对于电子的所有讨论同样适用于具有60个碳原子的富勒烯分子C60,这个C60分子的自然形貌酷似足球,它可以使构成的分子体积最小。

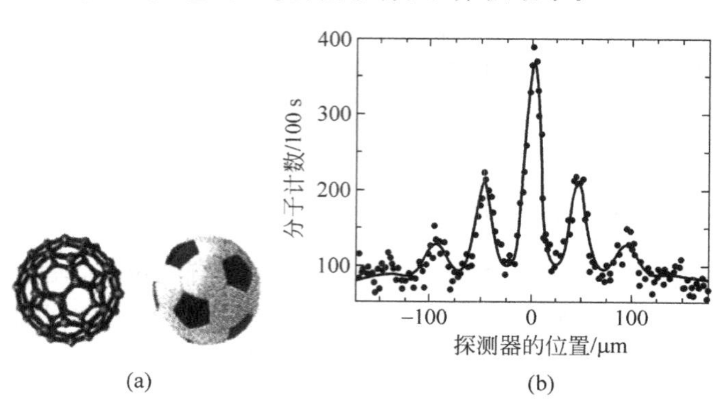

图26.14　单一能量的富勒烯分子((a))入射到一个多缝结构上产生了干涉图样。图(b)显示分子计数随探测器位置变化的分布情况,这个分布与利用波动理论计算出的干涉图样一致

因此,根据量子理论,不能预测电子在屏幕上被探测到的精确位置,但是如果我们的实验中有上百万个电子,所预测的电子在屏幕上的强度分布(与经典波动理论预测的一致)将慢慢形成,参见图2.17、图2.19和图26.14。

26.10　EPR佯谬与贝尔不等式的简单分析　　目标5

26.10.1　双折射晶体实验

下面考虑(从一个单光子源发出的)一光束入射到一调整好位置的方解石晶体上。如图26.15所示的方解石晶体通常被当做一个 x-y 偏振分束器件,因为无论入射光的偏振态如何,它总是能将其分解成一束 x 方向偏振光和一束 y 方向偏振光(参见22.5节和图22.20)。现在,当一个(从单光子源发出的) x 方向偏振的光子正入射到方解石晶体时,出射光子以 x 方向偏振的状态传播(如图26.15(a)所示);而当一个 y 方向偏振的光子正入射到方解石晶体时,出射光子以 y 方向偏振的状态传播(如图26.15(b)所示)。这样,当一个45°偏振的光子正入射到方解石晶体时会怎么样(如图26.16所示)?可以用下面的矢量表示45°偏振光子:

$$|\mathrm{LP45°}\rangle=\begin{pmatrix}\cos45°\\ \sin45°\end{pmatrix}=\frac{1}{\sqrt{2}}|x\rangle+\frac{1}{\sqrt{2}}|y\rangle \tag{26.43}$$

这个光子要么被 D_1 探测到,要么被 D_2 探测到(不会被它们同时探测到)。或者说有一半的概率被 D_1 探测到,一半的概率被 D_2 探测到。没有人可以预测到它会被 D_1 探测到,还是被 D_2 探测到。实际上,在被探测到前,光子处于由上面公式所描述的叠加态上,即处于两路光状态。

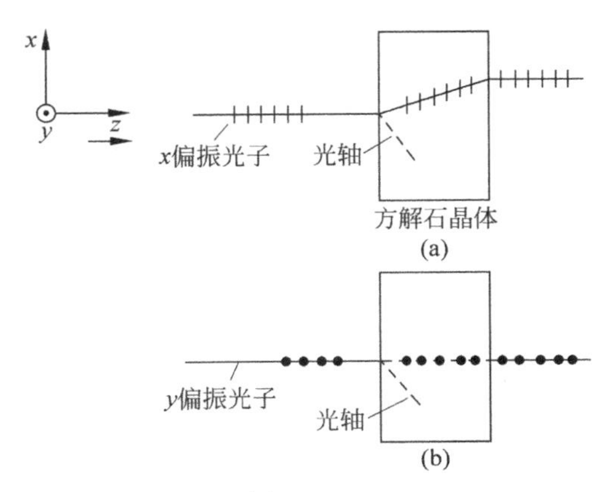

图　26.15

(a) 当一个 x 方向偏振的光子正入射到方解石晶体时，出射光子以 x 方向偏振的状态传播；(b) 当一个 y 方向偏振的光子正入射到方解石晶体时，出射光子以 y 方向偏振状态传播

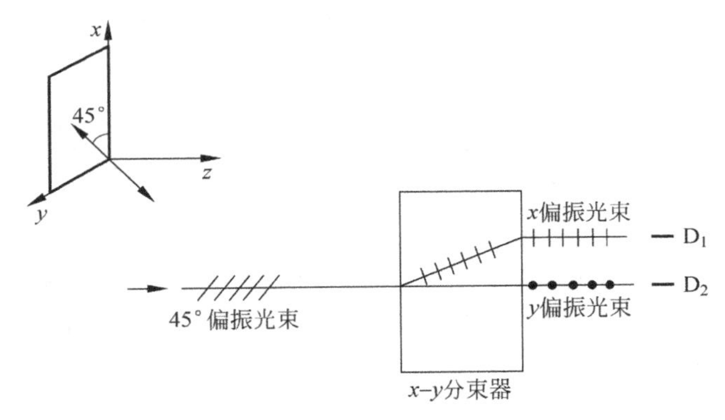

图 26.16　如果一束(与 x 轴成 θ 角)线偏振光正入射到方解石晶体，一般情况，会被分解为一束 x 方向的偏振光和一束 y 方向的偏振光。图中假设 $\theta=45°$

如果旋转方解石晶体，将得到一个 u-v 偏振分光器件，其 u-v 轴是通过旋转 x-y 轴得到的，如图 26.17 所示。这样，一个任意偏振的光子正入射到这个 u-v 分光器件，将有一定的概率探测到 u 方向偏振的光子，有一定的概率探测到 v 方向偏振的光子。

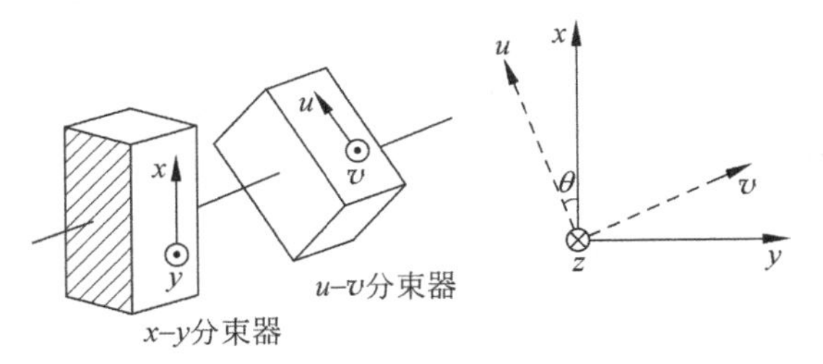

图 26.17　可以由 x-y 分光器件绕 z 轴旋转一个角度，得到 u-v 分光器件。图片摘自 http://www.upscale.utoronto.ca/PVB/Harrison/BellsTheorem/BellsTheorem.html

26.10.2 什么是纠缠

如果一个原子快速相继发射两个光子,这两个光子具有不同频率,并向相反方向传播。确实有一些原子量子跃迁过程能使两个光子具有这样的性质,使一个光子总能与另一个光子偏振正交。这样,如果当向左传播的光子通过一 x-y 分光器件,并且如果发现光子是 x 方向偏振,则向右传播的光子必将为 y 方向偏振(如图26.18所示)。这样的两个光子被称为"纠缠"的。这种纠缠可以通过所谓符合测量(coincidence measurement)观察到。在图26.18所示的实验里,会有这样的事件发生,即左边的探测器 D_1 和右边的探测器 D_4 同时出现"咔嗒",这种同时的测量称为符合测量。然而,并不会有左边的探测器 D_1 和右边的探测器 D_3 同时出现"咔嗒"的事件发生。

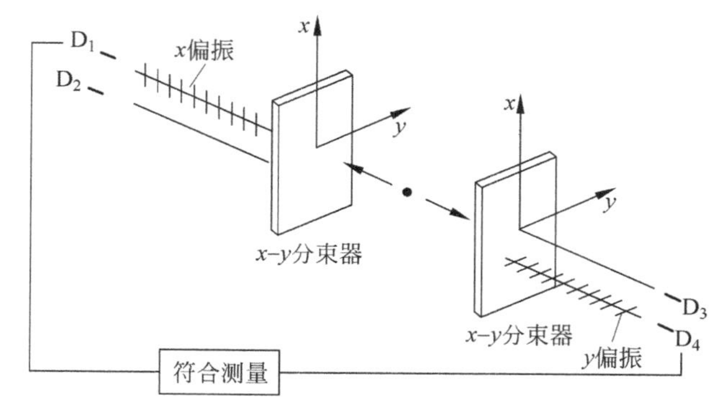

图26.18 (同一个原子发出的)两个光子沿反向传播,具有这样的性质:一个光子的偏振总是与另一个光子的偏振正交。(向左传播或者向右传播的)光子在被测量前不知道它们的偏振状态。如果向左传播的光子通过 x-y 分光器件,且如果发现它是 x 方向偏振的,则向右传播的光子必然是 y 方向偏振的。(通过测量向左传播的光子偏振态)不用测量就知道向右传播的光子的偏振态

单词"纠缠"(entanglement)是薛定谔(Erwin Schrödinger)在他1935年发表的论文中(文献[26.10])引入的。1935年,爱因斯坦(与波多尔斯基(Podolsky)和罗森(Rosen)一起)发表了一篇文章(文献[26.11]),文中辩称:如果量子理论是正确的,则(相隔上百万千米的)两个粒子将会出现纠缠,这个纠缠的意思是,通过确定一个粒子的性质,第二个粒子的性质会瞬间改变。然而,根据狭义相对论,禁止超过光速的信号传递。这个论断被称作"EPR佯谬"①(以三位作者名字的首字母缩写而成的命名)。大约30年以后,若干实验证实了量子力学预测的正确性,亦即,爱因斯坦认为不可能的命题反而确实是正确的——相距很远的系统之间的瞬间改变确实发生了。

26.10.3 量子理论的非定域性

根据量子理论:

(向左传播或者向右传播的)光子的偏振态,在它们之一被测量之前是不可能获知的。

① EPR佯谬(EPR paradox)也有被翻译成EPR悖论的。佯谬的意思是"似非而是"或者"似伪实真"的命题。本书还有31.9节的"双生子佯谬"。——译者注

如果向左传播的光子被测到是 x 方向偏振的，则向右传播的光子的偏振态必将坍缩到 y 方向偏振。类似地，如果向左传播的光子被测到是 u 方向偏振的，则向右传播的光子的偏振态必将坍缩到 v 方向偏振。

这两个光子可以相距上百千米。这种波函数的坍缩通常被称作量子力学的"哥本哈根解释"。因此，量子理论是"非定域"的，亦即，对一个粒子进行测量，必然会瞬间影响到相距很远的另一个粒子的状态。爱因斯坦绝对不会接受这种解释，他认为这种解释违反了狭义相对论，根据狭义相对论，不可能有信号的传递超过光速。爱因斯坦称其为"幽灵般的超距作用"。爱因斯坦相信"定域性"，亦即，对一个粒子状态的测量不会影响到另一个粒子的状态。爱因斯坦坚信：一旦可以通过测量第一个光子的偏振态预测到第二个光子的偏振态，就意味着两个光子自始至终处于确定的偏振态。因此，恰恰是与两光子相联系的"隐变量"致使在测量之前就知晓两光子的偏振态。他们在 1935 年发表的文章（文献[26.11]）中写道：

如果我们在没有对系统做任何扰动的前提下，能够确定无疑地（依据总概率为 1）预测物理量的值，则第二个粒子必然在我们实施测量之前就具备被测的性质。

爱因斯坦还写道（文献[26.12]的第 85 页，也可参见文献[26.13]）：

以我的观点，我们必须无条件地坚持下述假定：系统 S_2 的实在状况（状态）与我们对在空间上同它分开的系统 S_1 所做的一切无关。

根据艾伦·阿斯佩克特（Alan Aspect）的话："因此，爱因斯坦所主张的是他认为唯一合理的描述：成对的每个粒子具备一种属性，该属性在两粒子分开的一瞬间就决定了，是该属性确定了测量的结果。爱因斯坦得出结论，既然在量子理论中纠缠的粒子对是不能分开描述的，因此，这个理论是并不完备的。"约翰·贝尔（John Bell）在他 1964 年发表的论文中写道：

这是定域性的要求，或者更精确地说：虽然两个系统过去有相互联系，现在对于一个系统的测量不会受到另一个相距一定距离的系统进行的操作所影响。这个要求造成了本质上的困难。

26.10.4　隐变量

如上所述，爱因斯坦曾经写道："……在被探测以前，第二个粒子必然已具备被测的性质……"。鉴于此，构造一个基于"隐变量"的理论，以致当光子对通过 x-y 分光器件或者 u-v 分光器件或者 σ-η 分光器件时，知道具有独立属性的光子对的数量。x-y 轴、u-v 轴和 σ-η 轴的定义如图 26.19 所示。这样，对于一个系统，在测量之前就可以赋予系统所有的可观测量。例如，一个由变量 $\{x,u,\sigma\}$ 描述的光子通过 x-y 分光器件，将确定测到它是 x 方向偏振；如果该光子通过的是 u-v 分光器件，将确定测到它是 u 方向偏振；如果该光子通过的是 σ-η 分光器件，将确定测到它是 σ 方向偏振。进一步，（如图 26.20 所示）向左传播的光子用变量 $\{x,u,\sigma\}$ 描述时，向右传播的光子用变量 $\{y,v,\eta\}$ 描述，以致如果向右传播的光子通过 x-y 分光器件，将确定测到 y 方向偏振；如果它通过 u-v 分光器件，将确定测到 v 方向偏振；如果通过 σ-η 分光器件，将确定测到 η 方向偏振。

令有 N_1 个（向左传播的）光子用变量 $\{x,u,\sigma\}$ 描述，且等量（向右传播的）光子用变量 $\{y,v,\eta\}$ 描述。

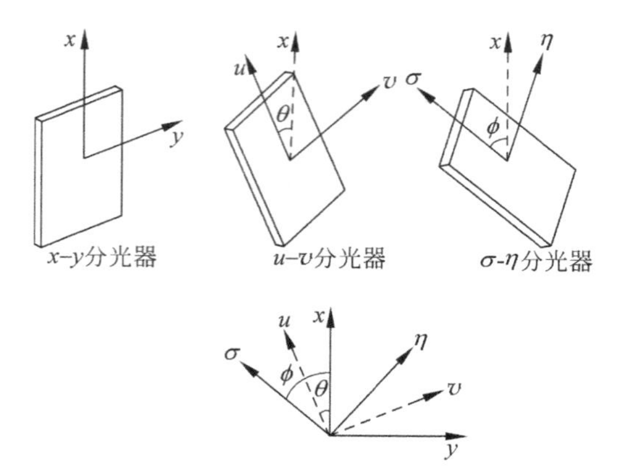

图 26.19 u-v 轴是通过旋转 x-y 轴 θ 角得到的;类似地,σ-η 轴是通过旋转 x-y 轴 ϕ 角得到的

类似地,令 N_2 个(向左传播的)光子用变量$\{x,u,\eta\}$描述,且等量(向右传播的)光子用变量$\{y,v,\sigma\}$描述。

显然,可以有 8 种光子对,所有可能性均列在表 26.1 中。如果用 $P(x,u)$表示(向左传播的)光子测到的是 x 方向偏振且(向右传播的)光子测到的是 u 方向偏振的概率(如图 26.20 所示),则从表 26.1 显然得到

$$P(x,u)=\frac{N_3+N_4}{N} \tag{26.44}$$

式中,

$$N=N_1+N_2+N_3+N_4+N_5+N_6+N_7+N_8 \tag{26.45}$$

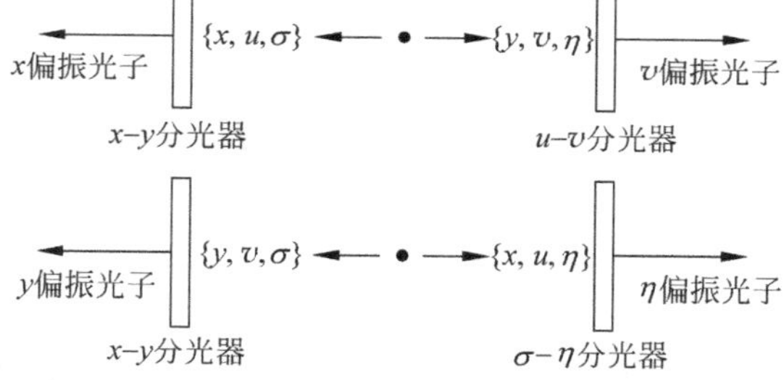

图 26.20 假定光子必然携带所有信息,因此必然存在一些"隐变量",使得可以赋予一个系统所有的可观测量

表 26.1 可能的隐变量光子对

	向左传播的光子	向右传播的光子
N_1 对光子	$\{x,u,\sigma\}$	$\{y,v,\eta\}$
N_2 对光子	$\{x,u,\eta\}$	$\{y,v,\sigma\}$
N_3 对光子	$\{x,v,\sigma\}$	$\{y,u,\eta\}$
N_4 对光子	$\{x,v,\eta\}$	$\{y,u,\sigma\}$
N_5 对光子	$\{y,u,\sigma\}$	$\{x,v,\eta\}$
N_6 对光子	$\{y,u,\eta\}$	$\{x,v,\sigma\}$
N_7 对光子	$\{y,v,\sigma\}$	$\{x,u,\eta\}$
N_8 对光子	$\{y,v,\eta\}$	$\{x,u,\sigma\}$

类似地，如果用 $P(x,\sigma)$ 表示（向左传播的）光子测到的是 x 方向偏振且（向右传播的）光子测到的是 σ 方向偏振的概率，则（再次利用表 26.1）

$$P(x,\sigma)=\frac{N_2+N_4}{N} \tag{26.46}$$

如果用 $P(\sigma,u)$ 表示（向左传播的）光子测到的是 σ 方向偏振且（向右传播的）光子测到的是 u 方向偏振的概率，则（再次利用表 26.1）

$$P(\sigma,u)=\frac{N_3+N_7}{N} \tag{26.47}$$

这样，有

$$P(x,\sigma)+P(\sigma,u)=\frac{N_2+N_4+N_3+N_7}{N}$$

既然

$$N_3+N_4\leqslant N_2+N_4+N_3+N_7$$

则

$$P(x,u)\leqslant P(x,\sigma)+P(\sigma,u) \tag{26.48}$$

这就是贝尔不等式（Bell's inequality）的一种简单表示形式。1964 年，约翰·贝尔发表了题为“关于爱因斯坦-波多尔斯基-罗森佯谬”的论文，提出了他的著名定理（现在被称为贝尔定理）。目前，许多实验结果已经证明与贝尔不等式是相冲突的。这个定理为理解量子力学作出了革命性的贡献。

26.10.5　量子理论的结果

现在将利用简单的量子理论来计算 $P(x,u)$、$P(x,\sigma)$ 和 $P(\sigma,u)$ 的表达式。如果 N 代表（向左传播的）总光子数，则有 $N/2$ 的光子将显现出 x 方向偏振，相对应的向右传播的光子将显现出 y 方向偏振。这样，（向左传播的）光子显现 x 方向偏振，且（向右传播的）光子（穿过 u-v 分光器件后）显现 u 方向偏振的概率是（如图 26.21 所示）

$$P(x,u)=\frac{1}{2}\cos^2\left(\frac{\pi}{2}+\theta\right)=\frac{1}{2}\sin^2\theta$$

其中 θ 的定义见图 26.19 和图 26.21。类似地，有

$$P(x,\sigma)=\frac{1}{2}\sin^2\phi$$

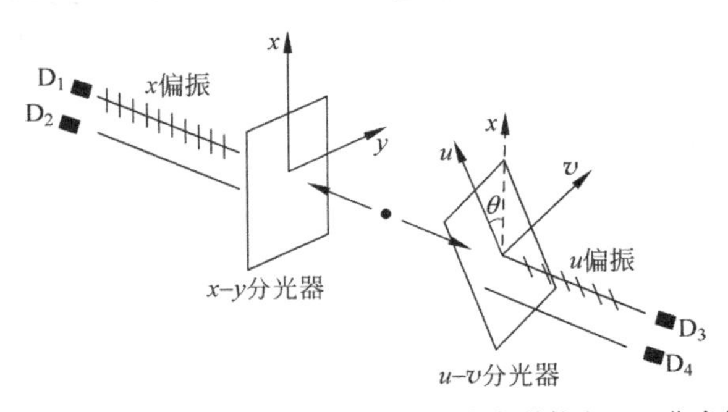

图 26.21　纠缠的光子对分别通过 x-y 分光器件和 u-v 分光器件

其中 ϕ 的定义见图 26.19。类似地，也有

$$P(\sigma,u)=\frac{1}{2}\sin^2(\phi-\theta)$$

这样，如果要求贝尔不等式与量子理论计算的结果一致，则必须有

$$\sin^2\theta\leqslant\sin^2\phi+\sin^2(\phi-\theta)$$

如果假定 $\theta=2\phi$，则上面的不等式具有形式

$$\sin^2 2\phi\leqslant 2\sin^2\phi$$

这在 $\phi=\pi/6$ 时是不成立的。因此，量子理论与贝尔不等式是不相容的，这就意味着，要么量子理论是正确的，要么基于隐变量的理论是正确的。许多科学家做了实验，实验显示总是与量子理论的结果一致，而不支持利用隐变量理论的结果(参见文献[26.14]，文献[26.15]，以及文献[26.16]中的文章)。图 26.22 是阿斯佩克特和他的同事实施贝尔不等式测试时所用的装置。通过 x-y 分光器件的光子 ν_1 显现 x 方向偏振或者 y 方向偏振。类似地，通过 u-v 分光器件的光子 ν_2 显现 u 方向偏振或者 v 方向偏振。在文献[26.17]中，阿斯佩克特等写道：

“我们对钙原子级联辐射光源发射的光子对进行了共线偏振关系的测量。利用双通道起偏器(即与斯特恩-盖拉赫滤波器相似的光学器件)，设计了新的实验方案。该实验是爱因斯坦-波多尔斯基-罗森-波姆的思想实验(gedanken experiment)在现实中直接的实施方案。实验结果与量子力学的预测符合得相当好，而完全与贝尔不等式相冲突。”

约翰·贝尔写道：

在我看来，毫无疑问，爱因斯坦在他的 EPR 论文和在席尔普编辑的书(文献[26.12])中坚信，量子力学是不完备的，因此需要完备，这就需要引入隐变量理论。

贝尔定理证明了上述(爱因斯坦)的观点是不正确的。

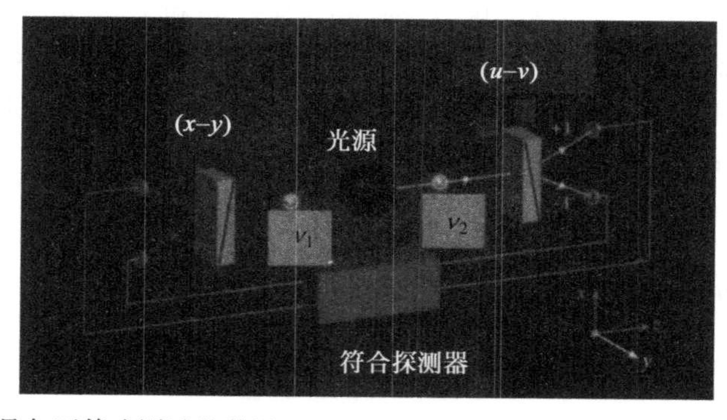

图 26.22 实施贝尔不等式测试的装置。通过 x-y 分光器件的光子 ν_1 显现 x 方向偏振，或者 y 方向偏振。类似地，通过 u-v 分光器件的光子 ν_2 显现 u 方向偏振，或者 v 方向偏振。图片引自文献[26.16]

请扫 1 页二维码看彩图

26.10.6 相关函数

定义一个相关函数 C

$$C=P(x,v)+P(y,u)-P(x,u)-P(y,v)$$

根据量子理论，有

$$P(x,u)=\frac{1}{2}\sin^2\theta$$

类似地，有

$$P(x,v)=\frac{1}{2}\cos^2\theta,\quad P(y,u)=\frac{1}{2}\cos^2\theta,\quad P(y,v)=\frac{1}{2}\sin^2\theta$$

这样，根据量子理论，相关函数 C 变为

$$C=P(x,v)+P(y,u)-P(x,u)-P(y,v)=\cos^2\theta-\sin^2\theta=\cos 2\theta$$

上述相关函数 C 随角的变化已经为弗里德曼(Freedman)和克劳泽(Clauser)在 1972 年完成的实验非常精确地证实了(文献[26.14])。

小　结

- 通过提出事实：辐射能量是由一系列不可分割的能量子组成的……爱因斯坦于 1905 年发现了波粒二象性。这个二象性又被德布罗意(于 1922 年)扩展到所有物理世界。波粒二象性导致了量子理论的产生。基于量子理论对一些现象的预测已经被实验十分精确地证实了。虽然量子理论取得了巨大的成功，但是爱因斯坦从未完全相信它。在他的《爱因斯坦自述》中，爱因斯坦(当时他 67 岁)写道(参见文献[26.12]的第 51 页)：

  辐射(还有实物粒子)的这种二象性是物理实在的一种主要属性，这种属性已由量子力学以一种巧妙的、神奇的方式成功地作了解释。这种解释已经被当代物理学家认为是本质上的终极解释。但是在我看来，它不过是一个权宜之计……

- 随后提出的贝尔定理被认为是(引用文献[26.2])：

  ……自哥白尼以来最深刻的发现之一……贝尔给世界的定域实在图像以致命的一击……许多实验已经证实，对于纠缠粒子的量子力学预测是完全正确的……世界确实是像量子力学预测的那样“疯狂”。

  诺贝尔奖获得者布莱恩·约瑟夫森(Brian Josephson)评价道：贝尔不等式是近来物理学的重要进展。约翰·贝尔回答说：“我要说这有些夸大。但是如果你是刚开始关注物理哲学的话，相比来说，我能看到关键点。”(参见文献[26.18]的第 30 页)

习　题

26.1 一个原子快速相继发出两个(纠缠)光子，这两个光子具有不同频率，并向相反方向传播。两个光子具有这样的特征：一个光子的偏振总是与另一个光子正交。向左传播的光子通过一个 x-y 分光器件，并显现出 y 方向偏振。如果向右传播的光子通过一个 u-v 分光器件，该器件的 u 轴与 x 轴成 30°。则该光子被发现是 u 方向偏振的概率是多少？

[**答案**：0.75]

26.2 考虑一质量为 μ 的粒子位于一个一维无限深方势阱中,势阱的势函数为

$$V(x)=\begin{cases}0, & 0<x<a\\ \infty, & x<0,x>a\end{cases}$$

既然粒子处于无限深势阱中,它只能限定在 $0<x<a$ 的区域中。因此,波函数 ψ 在 $x<0$ 和 $x>a$ 的区域为零。另外,要求波函数 ψ 是连续的,即要求 $\psi(x=0)=\psi(x=a)=0$。在 $0<x<a$ 的区域内求解一维薛定谔方程(参见附录F中的式(F.22))。利用上述边条件得到能量本征值,以及相应的(归一化)本征函数

[**答案**:$E=E_n=\dfrac{\pi^2 n^2 \hbar^2}{2\mu a^2}, n=1,2,\cdots$; $\psi_n=\begin{cases}\sqrt{\dfrac{2}{a}}\sin\left(\dfrac{n\pi}{a}x\right), & 0<x<a\\ 0, & \text{其他}\end{cases}$]

26.3 (1) 考虑一个有限深方势阱

$$V(x)=\begin{cases}0, & -\dfrac{a}{2}<x<\dfrac{a}{2}\\ V_0, & |x|>\dfrac{a}{2}\end{cases}$$

(参见图29.7)。假定 $E<V_0$,证明:在不同区域,薛定谔方程可以写成式(29.15)和式(29.16)的形式(参见附录F中的式(F.22))。写出薛定谔方程的对称解和非对称解。利用 $\psi(x)$ 和 $\mathrm{d}\psi/\mathrm{d}x$ 在 $x=a/2$ 处连续,导出下面的确定本征值问题的超越方程:

$$\eta\tan\eta=\sqrt{\alpha^2-\eta^2} \quad (\text{对称态})$$

$$-\eta\cot\eta=\sqrt{\alpha^2-\eta^2} \quad (\text{反对称态})$$

式中,

$$\eta=\frac{ka}{2}=\left(\frac{2\mu E a^2}{4\hbar^2}\right)^{1/2}, \quad \alpha=\left(\frac{2\mu V_0 a^2}{4\hbar^2}\right)^{1/2}$$

这个超越方程与在29.2节讨论平板波导时得到的超越方程一致。

(2) 利用几何作图的方法(参见图29.2)证明:当 $0<\alpha<\pi/2$ 时,存在一个对称态;当 $\pi/2<\alpha<\pi$ 时,存在一个对称态和一个非对称态;当 $\pi<\alpha<3\pi/2$ 时,存在两个对称态和一个非对称态;等等。

26.4 接习题26.3,写一个短程序(比如用MATLAB软件),根据下面的条件解习题26.3中的超越方程:

(1) 假定 $\alpha=2$,证明:解上述超越方程将给出下列本征值

$\eta=1.02987$,相应于对称态;

$\eta=1.89549$,相应于非对称态。

(2) 考虑一个质子($m_p=1.672\times10^{-27}$kg)位于一个 $V_0=1\text{eV}\approx1.6\times10^{-19}$J,$a=0.5\text{Å}=0.5\times10^{-10}$m 的势阱当中。计算 α 值,并解超越方程得到能量本征值

[**答案**:$E_1\approx0.0585\text{eV}, E_2\approx0.2316\text{eV}, E_3\approx0.5101\text{eV}, E_4\approx0.8623\text{eV}$]

26.5 对一个线性谐振子

$$V(x)=\frac{1}{2}\mu\omega^2 x^2$$

证明：谐振子的一维薛定谔方程(见附录 F 中的式(F.22))可以写成

$$\frac{\mathrm{d}^2\psi}{\mathrm{d}\xi^2}+(\Lambda-\xi^2)\psi=0$$

式中 $\xi=\gamma x$，$\gamma=\sqrt{\frac{\mu\omega}{\hbar}}$，$\Lambda\overset{\text{def}}{=}\sqrt{\frac{2E}{\hbar\omega}}$。证明：当波函数在 $x=\pm\infty$ 处有界(代表边界条件)时，Λ 必须为奇整数(见 29.5 节和附录 H)，即

$$\Lambda=(2m+1)\quad\Rightarrow\quad E=E_m=\left(m+\frac{1}{2}\right)\hbar\omega,\quad m=0,1,2,3,\cdots$$

其中后面的式子就是谐振子的能量本征值，其相应的本征函数为 29.5 节以及附录 H 讨论的厄米-高斯函数。

26.6　对于自由粒子，证明：波函数(见 26.7 节)

$$\psi_p(x)=\frac{1}{\sqrt{2\pi\hbar}}\left(\frac{\mathrm{i}}{\hbar}px\right),\quad -\infty<p<+\infty$$

满足下列方程(为方便起见，已经将 p 的脚标 x 去掉了。参见 9.5 节和 26.7 节)

$$\int_{-\infty}^{+\infty}\psi_p^*(x)\psi_{p'}(x)\mathrm{d}x=\delta(p-p'),\quad \int_{-\infty}^{+\infty}\psi_p^*(x)\psi_p(x')\mathrm{d}p=\delta(x-x')$$

分别代表正交性和完备性条件。

第七部分

激光与光纤光学

这一部分包含4章(第27~30章)。第27章是关于激光器的讨论，1960年发明的激光器已经广泛应用于许多不同领域。这一章讨论激光器的基本物理原理以及激光器的特殊性质。第28~30章是关于光纤光学和波导理论的内容，这个领域35年来的发展导致了通信系统的革命性变化。

第27章 激光导论

在写于世纪之交(1898年)的《世界大战》(*The War of the World*)科幻小说中，H.G.Wells讲述了火星人入侵并几乎征服地球的虚幻故事，他们的武器是一种神秘的"心之剑"，从中发射"光束幽灵"，它所到之处，逃跑的人群一片片倒地，铅化为水，到处一片火海。今天，Wells的心之剑将以激光器的形式实现……

——托马斯·梅洛伊(Thomas Meloy)

学习目标

学过本章后，读者应该学会：

目标1：描述激光器的主要组成部分和激射过程。

目标2：解释光纤激光器、红宝石激光器和氦氖激光器工作原理。

目标3：讨论光学谐振腔和它们的工作原理。

目标4：讨论爱因斯坦系数和光放大器。

目标5：描述典型的线型函数 $g(\omega)$ 形式。

目标6：计算红宝石激光器的典型参量。

目标7：讨论激光光束的单色性。

目标8：讨论拉曼激光器和拉曼放大器。

重要的里程碑

1917年　爱因斯坦提出了受激辐射理论。

1924年　理查德·托尔曼(Richard Tolman)提议利用受激辐射进行光放大。

1954年　查尔斯·汤斯(Charles Towns)1954年第一次利用受激辐射现象研制了一个叫做maser(利用受激辐射进行微波放大，microwave amplification by stimulated emission of radiation的缩写)的微波放大器，几乎同时，苏联的普罗霍罗夫和巴索夫也研制出了相似的器件。

1958年　肖洛(Arthur Leonard Schowlow)和汤斯将maser的理论延伸到光频段，为随后实现的名为laser的激光器器件打下了基础。汤斯、巴索夫和普罗霍罗夫因他们在量子电子学领域的基础工作上的贡献，获得1964年诺贝尔物理学奖。他们的工作为研制基于光波激射-微波激射原理的振荡器与放大器奠定了基础[①]。

① 汤斯、巴索夫和普罗霍罗夫在诺贝尔奖讲演集中(文献[27.1]～文献[27.3])给出他们对该领域的看法。这些讲演集在文献[27.4]中给出了重印版。

1960年　西奥多·梅曼在1960年利用红宝石晶体第一次成功实现(波长为 $\lambda\approx 0.6943\mu m$)激光器的运行。

1961年　实现红宝石激光器运行之后几个月,阿里·贾万(Ali Javan)和他的助手研制出第一台(工作在 $\lambda\approx 0.6328\mu m$)气体激光器,即氦氖激光器。

1961年　伊莱亚斯·史尼泽(Elias Snitzer)研制了第一台光纤激光器(用掺杂钕离子的冕牌玻璃作为增益介质)。

1962年　四个独立的研究小组发明了半导体激光器(现在广泛应用于光纤通信系统)。

1963年　帕特尔(C. K. N. Patel)发明二氧化碳激光器($\lambda\approx 10.6\mu m$)。

1964年　布里奇斯(W. Bridges)发明氩离子激光器($\lambda\approx 0.515\mu m$)。

戈依西克(J. E. Geusic)与他的合作者发明了掺钕钇铝石榴石激光器(Nd: YAG laser)($\lambda\approx 1.064\mu m$)。

从此,利用各种材料(如液体、离子气体、染料、半导体等)研制的激光器不断出现。

27.1 引言　　目标1

LASER是英文light amplification by stimulated emission of radiation的首字母缩写。从激光器中发射的光都有以下非常特殊的性质:

(1) 方向性好:激光束的发散通常只受到衍射的限制(参见18.4节),实际的发散角度要小于 10^{-5} rad(请扫 *1* 页二维码看彩图18.15)。利用方向性好的特点,激光器可用在勘测、远程传感、激光雷达等领域。

(2) 功率高:连续波激光器的功率约为 10^5 W,脉冲激光器脉冲的总能量约50000J,可以用在焊接、切割、激光聚变等领域。

(3) 聚焦性好:由于激光束有很好的方向性,能量可以被聚焦在很小的区域(几个 μm^2)内,因此可以用在外科手术、材料加工、光碟读写等领域。具有极小横截面积的脉冲激光束可以被导引入特殊光纤,得到非常有趣的非线性效应(参见10.4节以及请扫 *1* 页二维码看彩图10.10)。

(4) 单色性好:激光束只有非常窄的频谱宽度,可以用在全息术、光纤通信、光谱分析等领域。

由于激光束有如此独特的性质,在很多领域都有着重要的应用,因此,可以说有了激光器的发明,光学才成为非常重要的研究领域。例如,在例18.5中,证明了一个2mW的衍射极限激光束直射眼睛,在视网膜上能产生大约 $10^6\,W/m^2$ 的强度,这个强度会对视网膜造成损伤。直视一个500W的灯泡是安全的,然而直视一个5mW的激光束是相当危险的。实际上,由于激光束能够聚焦在非常狭小的区域内,因此可应用在眼外科手术、激光切割等领域。

激光激射的基本机制是受激辐射现象,由爱因斯坦在1917年预言(文献[27.5])①。在27.1.1节中将首先讨论自发跃迁和受激跃迁现象,接下来简要讨论激光器的主要组成部

① 文献[27.6]是爱因斯坦原论文的重印本。

分，以及介绍激光器工作的基本原理。27.2 节简要讨论光纤激光器的工作原理。27.3 节讨论世界上第一台激光器——红宝石激光器的工作原理。27.4 节讨论氦氖激光器。在 27.5 节中，将稍微详细讨论一下谐振腔。27.6 节中讨论爱因斯坦系数和光放大。27.7 节讨论激光线型函数。在 27.8 节，讨论激光束的单色性。

27.1.1　自发辐射和受激辐射

原子具有分立能级的特性。爱因斯坦提出，一个原子与电磁辐射的相互作用有三种不同的途径：

(1) 自发辐射：处于高能级 E_2 的原子会(自发地)向低能级 E_1 跃迁，并发射出频率等于

$$\omega=\frac{E_2-E_1}{\hbar} \tag{27.1}$$

的辐射，其中

$$\hbar=\frac{h}{2\pi}=1.0546\times10^{-34}\text{J}\cdot\text{s}$$

$h(\approx 6.626\times10^{-34}\text{J}\cdot\text{s})$是普朗克常量，由于这个过程无需其他任何辐射的诱导而存在，所以称作自发辐射(如图 27.1(a)所示)。自发辐射速率正比于处在激发态的原子数目。

(2) 受激辐射：这种辐射方式是爱因斯坦提出的。当原子处在激发态时，也可以通过被称为受激辐射的方式跃迁到低能态，此时需要借助一具有合适频率的入射光的诱导，去触发处于激发态的原子发出辐射。这将导致对入射光进行放大(如图 27.1(b)所示)。受激辐射速率既依赖于外辐射场的强度，也依赖于处于激发态的原子数目。

(3) 受激吸收：受激吸收(或简单地称为吸收)是具有合适频率(对应于两个原子能级的能量差)的电磁辐射场将原子泵浦到它的激发态的过程(如图 27.1(c)所示)。受激吸收速率既取决于外辐射场强度，也取决于处于低能态的原子数目。

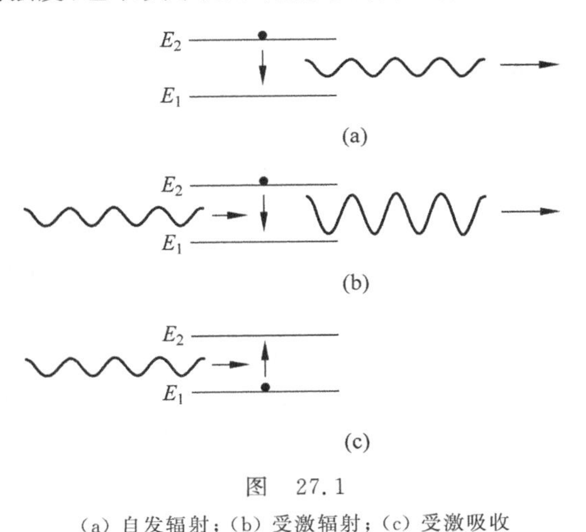

图　27.1

(a) 自发辐射；(b) 受激辐射；(c) 受激吸收

爱因斯坦还证明了受激辐射的概率与受激吸收概率相同(参见 27.6 节，爱因斯坦系数 $B_{12}=B_{21}$)。虽然受激辐射现象是爱因斯坦 1917 年预言的，然而是理查德·托尔曼建议利

用受激辐射进行光放大。在发表于《物理评论》刊物上的文章里,他写道:

……有这样的可能性……处于高量子态的分子跃迁回到低量子态,通过"负吸收"来增强最初的光束……我们推测正是这种机制使初始光束增强。

这段话第一次提示光放大的可能性。

当大量原子处在热平衡状态时,更多的原子是处在低能态的,因此参与受激吸收的原子超过了参与受激辐射的原子,致使光束能量的衰减(如图27.2(a)所示)。另一方面,如果能够形成粒子数反转[①],使更多的原子处于上能态,参与受激辐射的原子将超过参与受激吸收的原子,光束将得到(光)放大(如图27.2(b)所示)。源于受激辐射的光放大过程是相位相干的,亦即,由分子系统发出的辐射相比于作为激励的辐射场具有一样的场分布和辐射频率(引自文献[27.1])。

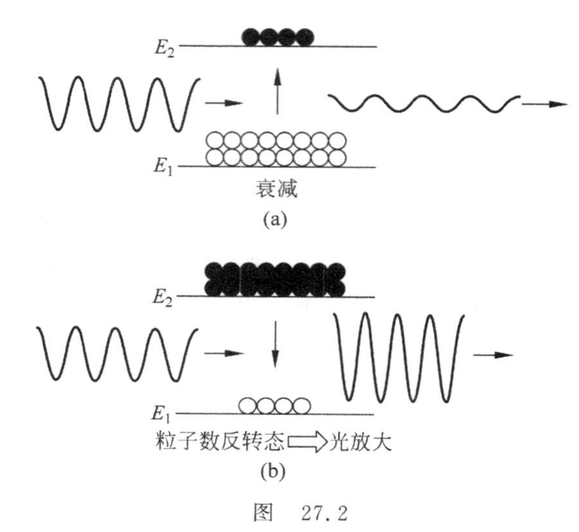

图 27.2

(a) 大量原子处于低能态导致光束衰减;(b) 大量原子处于高能态(即所谓粒子数反转分布)导致光束放大

27.1.2 激光器主要组成部分

激光器由三部分组成(如图27.3所示):

(1) 激活介质:激活介质是原子、分子、离子的集合(可以是固体、液体或气体形式),它们都有放大光波的能力。在通常情况下,处在低能态的原子数目要多于处在高能态的原子数目。当电磁波通过介质时,能量都会衰减(将在27.6节中详细讨论),为了实现光放大,介质必须要保持粒子数反转的状态,亦即,保持上能级的原子数目多于下能级原子数目的状态——为了保持该状态,要通过能量泵浦来实现。

(2) 泵浦源:利用泵浦机制可以使原子系统的一对能级间实现粒子数反转状态。当形成粒子数反转状态后,入射光束会在受激辐射作用下得到放大(如图27.4所示)。

(3) 光学谐振腔:实现了粒子数反转的介质具有光放大的能力。然而,为了形成光振

① 也称为布居数反转。——译者注

荡，一部分输出能量必须反馈回系统[①]，这样的反馈循环可以通过将激活介质放入谐振腔中来实现，这种谐振腔可以只是由一对彼此相对的镜面组成。

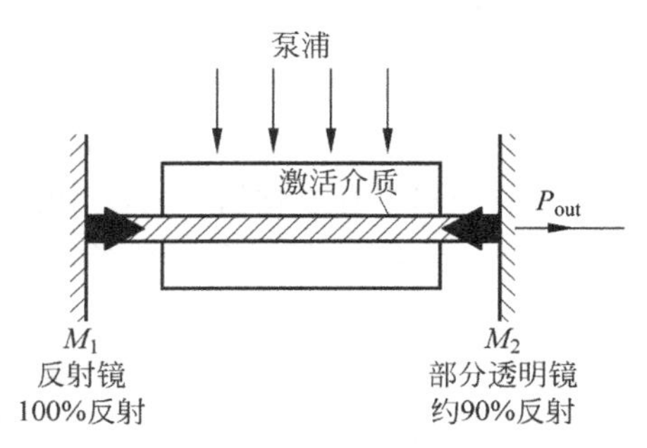

图 27.3　激光器的三个基本组成部分：①激活介质（提供放大介质）；②谐振腔（供选频和光学反馈）；③泵浦（向激活介质提供能量，达到布居数反转）

图 27.4　激活介质本质上是由粒子数反转的一群原子组成，它们可以通过受激辐射将入射光放大（或者在谐振腔中放大自发辐射种子光），这个过程称为光放大

需要在此提及的是，尽管爱因斯坦在 1917 年就已经提出了受激辐射理论，但粒子数反转放大光束的概念却是很久以后才出现的，根据查尔斯·汤斯的说法[②]：

激光器的发明，是源于我非常希望能制造一个频率能达到红外线的激射器，来延伸我在微波频谱范围激射器的研究。我尝试了好几种方案，但都不能奏效。那时，我还担任一个为海军研制短波激射器方法的委员会的主席。1951 年，在华盛顿召开的委员会最后一天会议的早晨，由于工作屡屡失败的困扰，我早早地起床。穿戴完毕，我踱步到富兰克林公园，坐在长凳上欣赏着杜鹃花，并思索着我们的问题。

为什么不考虑一些工作在高频的物质呢？我梳理着各种选择的可能性，当然，应该包括能在高频振荡的分子。尽管我以前考虑过分子，但是由于热力学的一系列定律[③]，我放弃了这样的想法。此时，我突然意识到："嗨，当分子处于不平衡状态时，不一定要遵守这些定律"。我立即从我的口袋中拿出一张纸，写下一些公式，如果选用分子束方法产生受激分子，能否产生足够多的分子提供反馈振荡。哇！看起来是可行的。

我回到旅馆，遇到亚瑟·肖洛，将我的想法告诉了他……源于我与肖洛在贝尔实验室的持续合作，在研制成功令人兴奋的微波激射器 Maser 的几年以后，微波激射器向光频延伸的工作获得成功。我相信，在激光器发明中的一个基本要素是，我在工程与物理上具有双重

① 既然一部分能量耦合反馈回系统，因此可以称其为振荡器。实际上，在激光器发展的早期阶段，曾经有提议将其名称改成 LOSER，即 light oscillation by stimulated emission of radiation 的缩写。因为估计很难获得关于 LOSER 项目的研究经费支持，因此大家决定仍然保留 LASER 的称谓。

② 查尔斯·汤斯."激光与光纤光学"(短文)，参考网址：http://www.greatachievments.orgid=3717。

③ 他在诺贝尔奖获奖讲演稿(文献[27.4]是重印稿)中写道："为什么不利用大自然已经给我们准备好的原子和分子振荡器呢？该思想被人们一次又一次地拒绝，已成为习惯。从热力学观点看，在任何温度下的电磁波与物质相互作用都不能产生放大。"然而汤斯认识到，当用某种方法实现粒子数反转分布时，辐射可以进行放大。我们再次引用汤斯的话："实现粒子数反转分布的条件无疑是分子群体处于一种非平衡态，因此能够成功避免黑体辐射的极限。"

经验：我懂得量子力学，同时我又熟知反馈振荡器的运行机制，以及它的重要性。

27.1.3 通过EDFA理解光放大

也许理解光放大的最简单方法是讨论一下掺铒光纤放大器(erbium doped fiber amplifier，EDFA)(*1* 页二维码彩图27.5′展示了实物图)的工作原理。如图27.5所示，EDFA本质上由一段20～40m长的纤芯掺有氧化铒(Er_2O_3)的二氧化硅光纤构成。将在第28章和第30章详细讨论光纤的理论，此时只要知道光在光纤中是通过全反射方式导引光线传播的就足够了(如图28.7所示)。光纤纤芯直径的典型值是2～3μm，Er^{3+}的浓度约为10^{25}个离子/m^3，图27.6给出了掺杂在宿主二氧化硅玻璃中Er^{3+}的头三个能级的结构。事实上，图中的每个能级都由大量间隔很近的能级簇组成——为了便于分析，将其看成一个单能级。E_1(基态能级)和E_3的能级差对应的波长大约是980nm，而E_1和E_2的能级差对应的波长约为1530nm，也可表示为$E_3-E_1\approx1.3\text{eV}$和$E_2-E_1\approx0.81\text{eV}$。

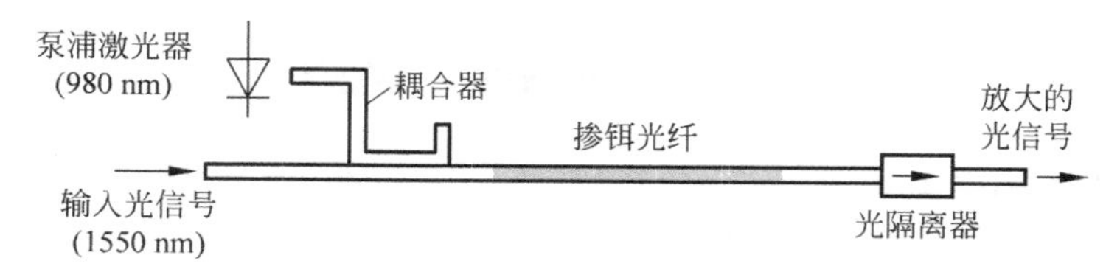

图27.5 1550nm的光脉冲输入掺铒光纤放大器(EDFA)，经过受激辐射得到放大

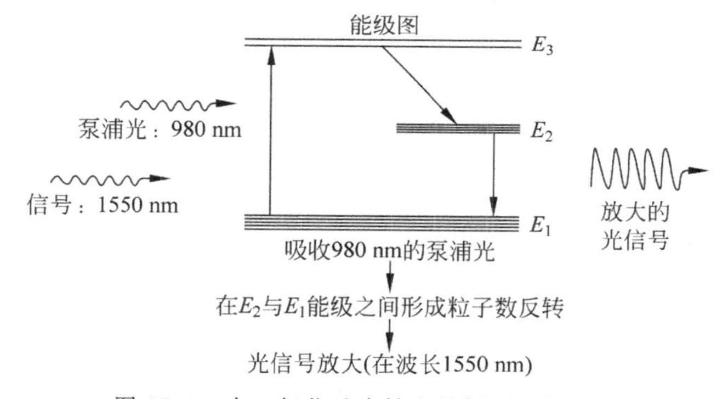

图27.6 在二氧化硅中掺杂的铒原子能级图

当一束波长是980nm的激光束通过掺铒光纤时，处于基态E_1的原子吸收辐射能量跃迁到能态E_3，因为这个激光束的作用是将原子抽运到高能态E_3，通常称其为泵浦光。而处在E_3能态上的原子总是立刻以非辐射的方式跃迁到E_2能态，在非辐射跃迁中，没有光子发射，其能量的释放可以转化为宿主介质的振动能量，导致介质发热。E_2能态是一个亚稳态，其特点是寿命长(几毫秒)，因此，虽然处于E_2能态上的铒原子可以通过自发辐射跃迁的方式到达E_1能态，然而由于寿命较长，原子可以在激发态上停留较长一段时间，才自发辐射跃迁到E_1能态。此时，如果泵浦光的能量很大，铒原子无辐射跃迁到E_2能态上的速率就很大，这样就能在E_1和E_2能级之间形成粒子数反转状态，也就是处在E_2能态上的铒原子数目要多于处在E_1能态上的铒原子数目。一旦实现粒子数反转，波长为1550nm的信号光束会因受激辐射的缘故而得到放大——这就是光放大的基本原理，也就是激光的原意：

通过辐射的受激辐射实现光放大(light amplification through stimulated emission of radiation)(如图 27.4 所示)。相反地,如果处在 E_2 能级上的原子数少于 E_1 能级上的原子数,此时,参与受激吸收的原子数要超越受激辐射,导致 1550nm 的信号光衰减。图 27.7 显示了泵浦光与信号光强度随掺杂光纤长度的变化。注意到,由于能量被铒原子吸收,泵浦光能量沿着掺铒光纤传输逐渐衰减。通过这种吸收,这些铒原子形成粒子数反转态,使 1550nm 的信号光得到放大。然而,由于泵浦光随传播减弱,后面的铒原子不能再形成粒子数反转态,这样,信号光由于铒原子的吸收又逐渐衰减。因此,对于一个给定强度的泵浦光,总是存在一个最佳的掺铒光纤的长度,在这个长度上得到最大的光放大倍数。对于典型的掺铒光纤,Er^{3+} 浓度约为 7×10^{24} 个离子/m^3,泵浦光功率约为 5mW。掺铒光纤的最佳长度约为 7m。

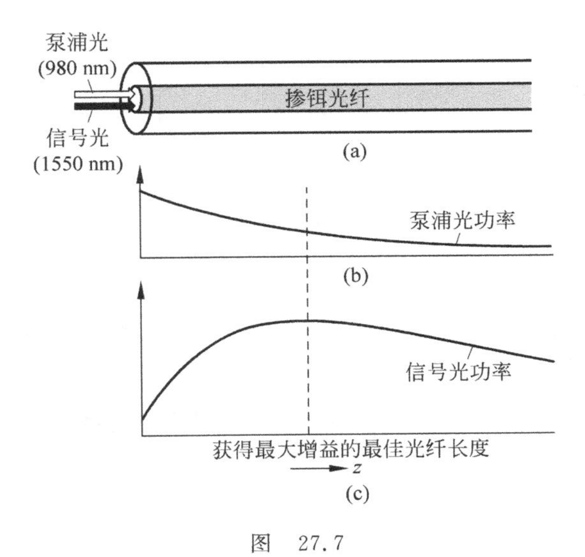

图 27.7

(a) 泵浦光(波长 980nm)与信号光(波长 1550nm)在掺铒光纤纤芯内的传输;

(b)和(c) 图示了当泵浦光与信号光在掺铒光纤中传输时,它们的光功率随光纤长度的变化

一个 EDFA 典型的增益谱(采用 50mW,980nm 的泵浦光)如图 27.8(a)所示。增益通常用 dB 为单位,增益定义为

$$增益(dB)=10\log_{10}\frac{P_{output}}{P_{input}}$$

(对应最佳光纤长度的)增益一般在 20～30dB。20dB 的增益意味着功率放大 100 倍,而 30dB 意味着功率放大 1000 倍。如果泵浦光的功率增加,最佳光纤长度和增益也会相应增加。此外,可以通过多种技术将增益谱在一定波长区域平整化(比如在 EDFA 后加一个适当的滤波器)。图 27.8(b)显示的 EDFA 的增益谱曲线在 1530～1560nm 几乎是一平坦的直线(增益约为 28dB),28dB 增益对应功率放大 631 倍。在 $1530nm<\lambda<1560nm$ 的波长区域是光通信非常重要的波长范围(见第 28 章)①。

① 关于 EDFA 更多的细节,请参见文献[27.7]和文献[27.8]。

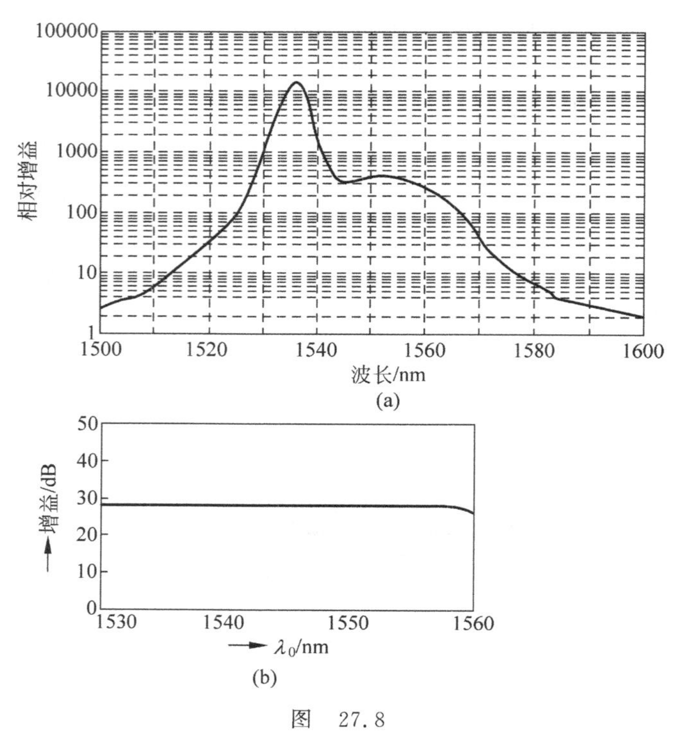

图 27.8

(a) 一个典型掺铒光纤放大器的增益谱,泵浦源为 50mW,980nm(引自文献[27.10]);(b) 通过各种机制,可以将 EDFA 增益谱变平,对应于一个波长范围是 1530～1560nm 几乎平坦的 EDFA 增益谱(引自文献[27.11])

需要在此提及,也可以用两个激光二极管为掺铒光纤提供泵浦功率(如图 27.9 所示),图 27.10 显示了一个商用的 EDFA 以及它的特性。

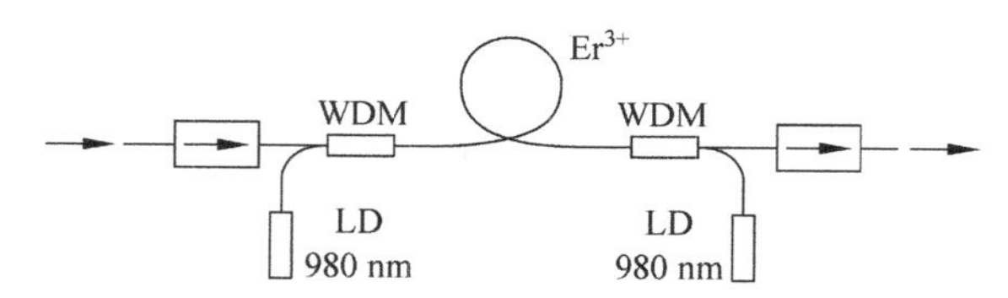

图 27.9　一个简单掺铒光纤放大器的原理图,其中用了两个激光二极管(LD)为掺铒光纤提供泵浦功率(其中 WDM 为波分复用器)。图片选自 http://www.rp-pohotonics.com/erbium_doped_fiber_amplifiers.html

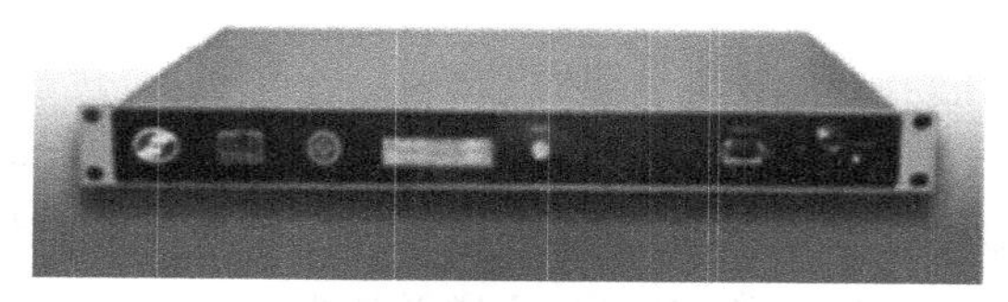

图 27.10　位于加尔各答的 CGCRI 公司与位于科钦(位于印度的西南岸)的 NeST 公司联合开发的掺铒光纤放大器。主要特性为:在 1532～1565nm 能同时放大 32 个波长的光信号,(每个信道的)入射功率在 −4dBm(≈0.4mW)到 +3dBm(≈2mW)之间,输出功率总是 18dBm(≈63mW),增益平坦度为±0.5dB(照片由 CGCRI 公司的巴拉(Shyamal Bhadra)博士与 NeST 公司的奈尔(Suresh Nair)博士友情提供)

27.1.4　谐振腔

前面提到，处于粒子数反转的介质具有光放大的能力，但是为了利用该介质形成谐振，必须有一部分输出的能量反馈回系统。这样的反馈过程可以通过将激活介质放在一对相向的镜面之间来实现(如图 27.3 所示)。像这样由一对镜面组成的系统称为谐振腔，对于谐振腔稍微更详细的讨论将在 27.5 节给出。由于腔的侧面通常是开放的，因此这样的谐振腔又称为开腔。一个腔内可以有多个特征谐振模式存在，这些模式对应不同的场分布和不同的频率①。可以用具有明确定义的横向振幅分布的波来形象化地理解模式，这样的分布构成驻波。基模的横向强度分布通常是高斯型分布(参见式(27.13))。腔侧面的开放特性使得能量在镜面处有衍射溢出，因此所有的模式都存在着有限度的损失。在这个基础损失以外，激光介质的散射、镜面吸收和镜面处的耦合输出，也对谐振腔的损耗有贡献。在实际的激光器中，只有那些获得的增益大于损耗的模式才能够维持谐振。当激光器谐振达到稳定状态时，损耗恰好被增益补偿。因为介质增益由粒子数反转的程度决定，因此每一个模式都有一个粒子数反转的临界值(称为粒子数反转阈值)，低于这个临界值，该模式将停止谐振(参见 27.6 节)。

27.1.5　激射过程

在激光器腔内的起振过程可以作如下理解：通过泵浦机制，建立在谐振腔系统内放置的激光介质的粒子数反转分布状态，从而使介质为能够在一特定频率范围进行相干放大作准备。谐振腔内存在的自发辐射激发出一系列不同的模式。对于给定的粒子数反转分布态，每个模式都具有源于增益的特定放大系数和源于腔内损耗的特定衰减系数。其中那些损耗大于增益的模式将消失；而那些增益大于损耗的模式将从激光介质获得能量而得到放大。这些模式的振幅急剧地增加，直到上能级的粒子布居数达到使增益等于损耗的一个稳定值，此时该模式谐振在一个稳定状态上。当激光谐振达到稳定状态后，损耗恰好能被从介质中获得的增益所补偿，此时从激光器出射的是一个连续波。

27.2　光纤激光器　　目标 2

如果将掺杂的光纤放在两个镜面之间(如同一个谐振腔)，则在适当的泵浦下可以形成一个光纤激光器(如图 27.11 所示)。实际上，在 1961 年，伊莱亚斯·史尼泽将一个闪光灯管制成缠绕状，绕在一根玻璃光纤周围(纤芯直径是 300μm，掺杂了 Nd^{3+}，包层是折射率略低的玻璃)。当适当的反馈起作用时，第一台光纤激光器诞生了(参见文献[27.12])。这样，在梅曼研制成功第一台激光器之后不到一年，光纤激光器也研制成功了。现如今，光纤激光器已经实现了商用，并由于其柔韧性和能输出高功率，在很多不同领域都有应用。图 27.12 中位置略低的曲线是 EDFA 开始激射前的输出光谱。随着泵浦光的增加，EDFA

① 更详细的讨论参见文献[27.4]和文献[27.9]。

开始激射,尖峰对应着不同的谐振模式,光纤的两端面形成谐振腔。光纤激光器更细节的理论可参阅文献[27.4]。

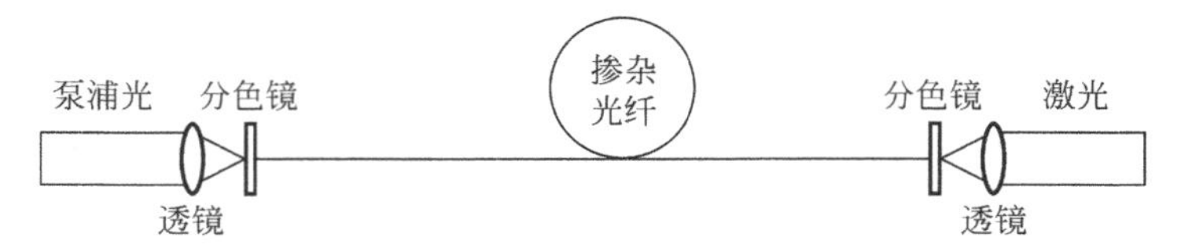

图 27.11 一个简单光纤激光器的结构。泵浦光通过左边分色镜注入掺杂光纤的纤芯,产生的激光在右边输出(图片来自网页 http://www.rp-photonics.com/fiber_lasers.html)

目前,光纤激光器在焊接、切割、钻孔以及医学手术等领域有着广泛的应用。图 27.13 是一个安装在机器人系统上的 2kW 的光纤激光器在切割低碳钢。

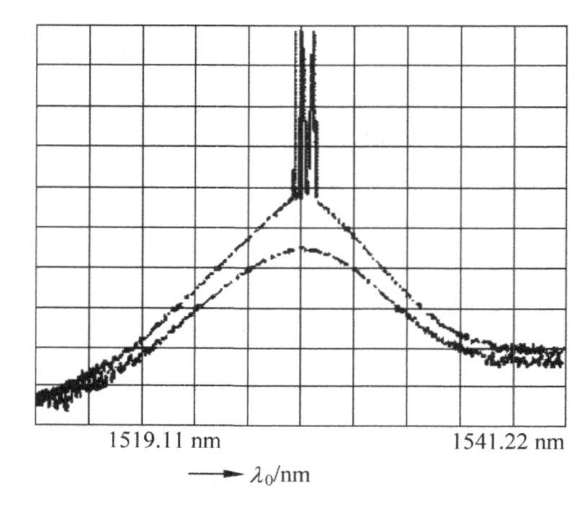

图 27.12 位置低一些和位置高一些的曲线分别对应于激射前和激射后 EDFA 的输出光光谱(图片由 Thyagarajan 教授和 Mandeep Singh 提供)

图 27.13 一个安装在机器人系统上的 2kW 的光纤激光器在切割低碳钢(图片由 McGraw-Hill 数字图书馆提供)

主振功率放大器①

主振功率放大器(master oscillator power amplifier,MOPA)的结构包括一个主激光器(或称种子激光器)和一个光放大器(用来提升输出功率)。MOPA 的一个特例是主振光纤放大器(MOFA),它的功率放大部分是一个光纤元件。尽管一个 MOPA 的结构在原理上比直接产生所需输出功率的激光器要复杂,但 MOPA 具有更好的性能优势,例如,在所需的非常高功率输出要求下,线宽、光束品质或者脉冲宽度也都能达到所要求的良好表现。在 MOPA 结构中(如图 27.14 所示),种子激光器由一个 54.7cm 长的掺铒光纤(erbium doped fiber,EDF)及其两个具有高反射率的光纤布拉格光栅(fiber Bragg gratings,FBG)构成,

① 第一遍阅读时,可以跳过本节。本节的文字内容以及图 27.14~图 27.16 是由加尔各答 CGCRI 公司的帕尔(Mrinmay Pal)先生和达斯古普塔(Kamal Dasgupta)先生提供的。

FBG 直接刻写在 EDF 的两端。在 15.6 节已经讨论过 FBG，它在某一特定波长上具有高反射率，且带宽很窄。因此，两个 FBG 之间能够形成一个谐振腔。表 27.1 中列出两个光栅的特性。EDF 具有 0.18 的数值孔径，光纤芯中铒离子的掺杂浓度为 500ppm。谐振腔中的 EDF 由一个波长为 976nm、功率为 100mW 的激光二极管进行泵浦，泵浦光通过波分复用(WDM)耦合器耦合进入光纤。当阈值得到满足时，处于增益谱峰值处的波长开始激射。由于两个 FBG 的峰值波长存在微小的错位，需要将 FBG Ⅱ 轻微拉伸来匹配 FBG Ⅰ 的峰值波长。当两个峰值波长重合后，激光将从 FBG Ⅱ 的一端出射，形成最大的功率输出，以及达到高品质的光束性质。图 27.15 所示的 MOPA，种子激光器激射波长是 1549.45nm，出射功率是 1mW。为了进一步放大激光输出功率，在谐振腔后面额外焊接一个长 15cm 的 EDF。用 976nm 激光二极管的剩余功率来泵浦。将一个光隔离器放在 EDF Ⅱ放大器后以避免背向反射，否则会劣化噪声指数。出射端的光功率可以达到 16.05dBm(≈40mW)(见图 27.16)，如果能够增加泵浦光功率，激光的出射功率会进一步增加。

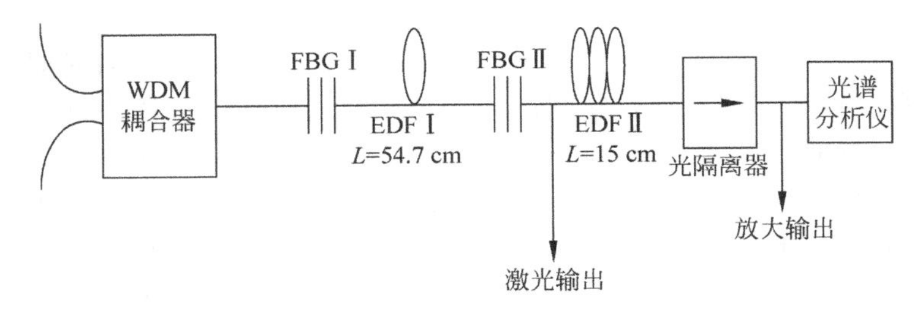

图 27.14　主振功率放大器的结构图

表 27.1　MOPA 中的两个光纤布拉格光栅的特性

参　　数	FBG Ⅰ	FBG Ⅱ
峰值波长/nm	1549.456	1549.168
3dB 带宽	0.344nm	0.216nm
反射率	99%	90%

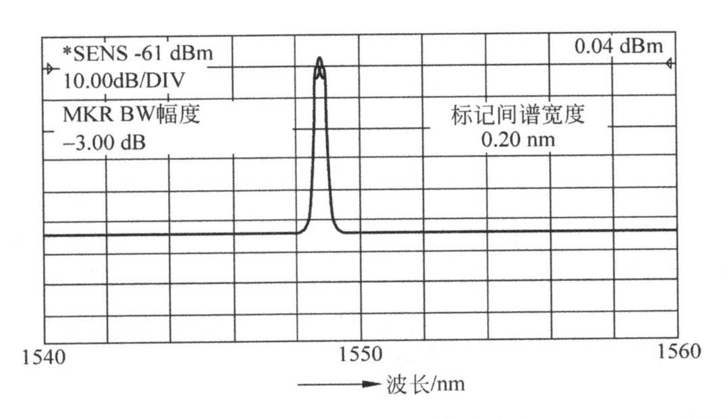

图 27.15　种子激光光谱。峰值波长是 1548.73nm，峰值功率是 −0.05dBm，激光谱宽 0.225nm
(图片由加尔各答 CGCRI 公司的 Mrinmay Pal 先生和 Kamal Dasgupta 先生提供)

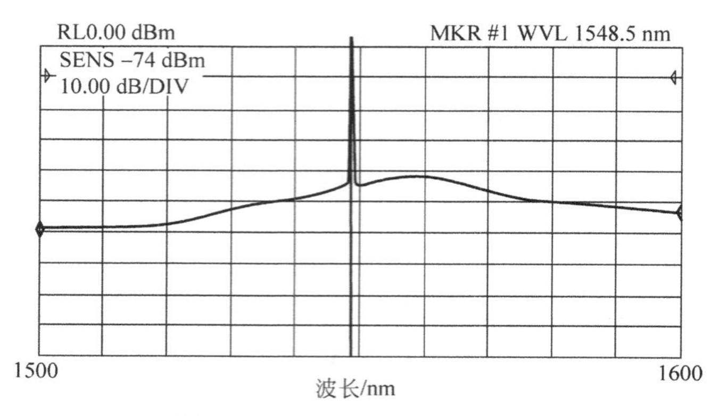

图 27.16　MOPA 输出的激光谱

27.3　红宝石激光器　　目标 2

世界上第一台激光器是梅曼在 1960 年研制的(文献[27.13]),该激光器是通过以下方式来实现粒子数反转分布状态的。它利用一个圆柱形的红宝石晶体棒,两端切割成平面。一端全镀银,另一端部分镀银(如图 27.17 和图 27.18 所示)。红宝石棒的成分是 Al_2O_3,其中有部分铝原子被铬原子替代①。图 27.19 显示了铬离子的能级图。铬离子能级的主要特点是标记为 E_1 的能带和标记为 E_2 的能带的寿命约为 10^{-8}s,而标记为 M 的能态的寿命约 3×10^{-3}s。能态的寿命是指一个原子在跃迁到低能态之前能够处在此激发态上的平均时间。具有这样长寿命的能态称为亚稳态。

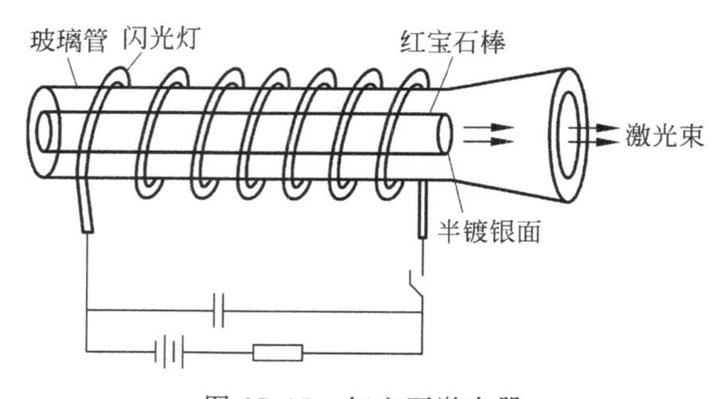

图 27.17　红宝石激光器

处在基态的铬离子可以吸收一个光子(波长约为 6600Å)跃迁到能带 E_1 中的一个能态;它也可以吸收一个 $\lambda\approx4000$Å 的光子跃迁到能带 E_2 中的一个能态。这就是所谓的光泵浦,而被铬离子吸收的光子是由闪光灯产生的(如图 27.17 所示)。不论上述哪一种跃迁发生,都会立即(在时间约为 10^{-8}s 内)通过无辐射跃迁到亚稳态 M,在无辐射跃迁中,多余的能量会被晶格吸收而不会以产生电磁辐射的形式出现。再者,由于 M 能态有非常长的寿命,处于 M 态的原子数会持续增加,就会在能态 M 与 G 之间形成粒子数反转。这样在 M

---

① Al_2O_3 晶体作为掺杂铬离子的介质称为宿主晶体。宿主晶体的特性影响着激射过程,也会造成激活铬原子能级的展宽。为达到最佳的激射过程,红宝石晶体内包含(以重量计)0.05%的铬。然而掺杂更高浓度铬的红宝石棒也已经有了。对于宿主晶体的更详细的讨论参见文献[27.14]。

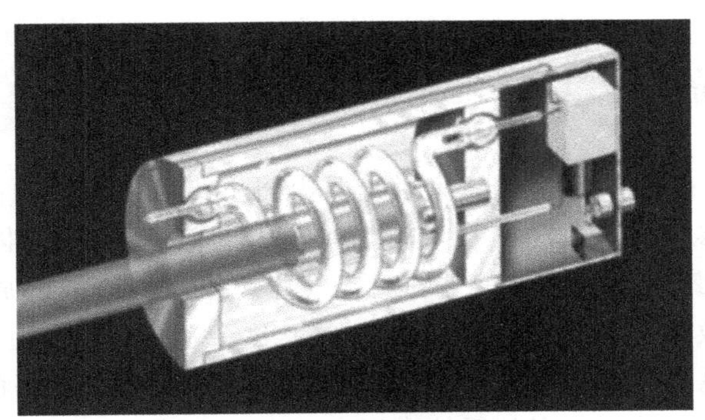

图 27.18　第一台红宝石激光器

请扫 1 页二维码看彩图

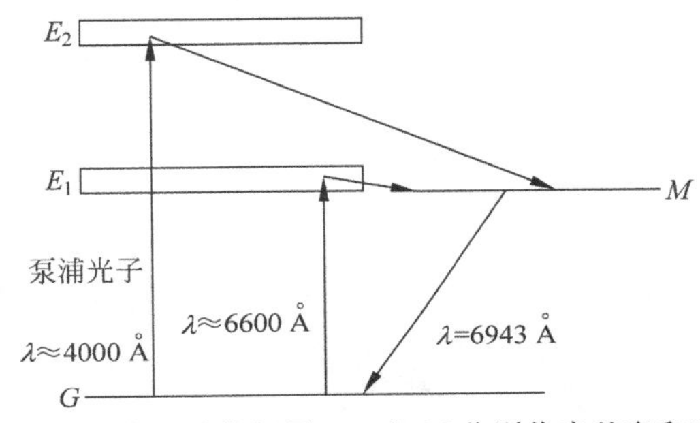

图 27.19　铬离子的能级图。G 和 M 分别代表基态和亚稳态

与 G 能态上聚集大量的原子，一旦实现粒子数反转分布状态，加上红宝石的两个反射端面形成的谐振腔，光放大就可以实现。红宝石激光器是三能级激光器的一个例子。

在梅曼最初的装置中，闪光灯（充满氙气）与一个充值到几千伏电压的电容器相连（见图 27.17），存储在电容器中的能量（几千焦耳）可以在几毫秒内通过氙气灯放电，这将导致几兆瓦功率的产生。其中的一部分能量被铬离子吸收导致向高能态上的激发，以及随后的激射行为。

红宝石激光器的激光尖峰现象

闪光灯作为泵浦光，其闪光可以使激光器产生激光的脉冲状输出。即使在红宝石激射的几十毫秒的短时间内，还是可以看到激光辐射由许多高强度（无规则）的尖峰组成，如图 27.20 所示。这种现象称为尖峰现象，它可以解释如下。当泵浦突然启动且超过激射阈值时，粒子数反转形成且超过阈值。结果快速产生的光子数要远高于稳态值。既然快速产生的光子数要远高于稳态值，处于上能级的原子数（因受激跃迁而）减少的速率要远大于因泵浦而增加的速率，结果粒子数反转分布变得低于阈值，因而激射停止，这样，辐射会暂停几微秒。但此时闪光灯的泵浦作用再次将原子从基态泵浦到高能级，激光激射再次开始。这种过程自发地不断重复，直到闪光灯的功率降到阈值以下，随之激射过程停止（见图 27.20）。

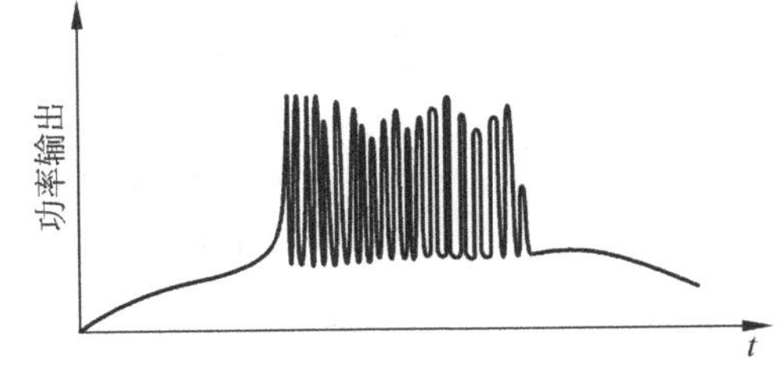

图 27.20　红宝石激光器的尖峰现象

27.4 氦氖激光器 目标 2

现在简单讨论一下氦氖激光器,氦氖激光器由阿里·贾万和他的同事在贝尔电话实验室第一次研制成功(参见文献[27.15])。这也是第一台成功运行的气体激光器。

氦氖激光器是将氦气和氖气 10∶1 的混合气体注入一根细长的放电管中(如图 27.21 和图 27.22 所示)。放电管内的压强约为 1Torr①。这个系统的气体由两端的一对平面镜或是一对凹面镜包围,从而形成一个谐振系统。其中一个镜面有非常高的反射率而另一个镜面是部分透明的,以便使能量可以从系统中耦合出来。

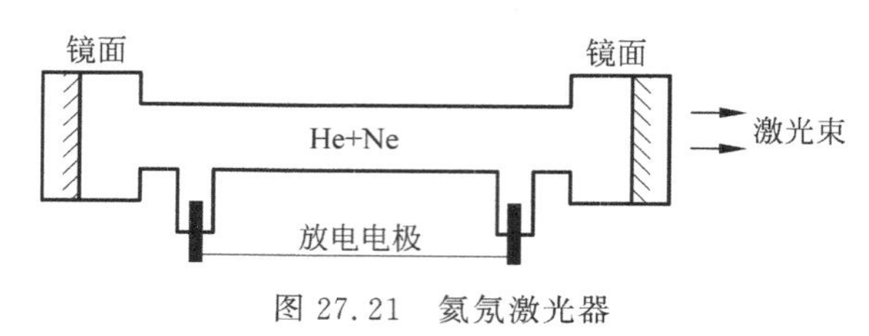

图 27.21 氦氖激光器

图 27.22 在巴黎第六大学 Kastler-Brossel 实验室展示的氦氖激光器。激光管中心的辉光是像氖灯一样的电子放电发光,气体中的氖是激光穿过时的增益介质。从管侧面看到的放电发光不是激光束本身。管子外的激光束穿过空气在右侧的屏幕上打上一个红点。图片由蒙尼厄斯(David Monniaux)博士友情提供

请扫 *1* 页二维码看彩图

① 1Torr=1mmHg=133.32Pa≈133.32N/m^2;单位"托"(Torr)来源于托里拆利(Torricelli)的名字,他是 17 世纪意大利的数学家,他发明了水银压力计。

氦和氖原子的前面几个能级如图 27.23 所示。当电流通过气体放电时，电子沿着放电管运动并与氦原子发生碰撞，将氦原子(从基态 F_1)激发到标记为 F_2 和 F_3 的能级。这些能级都是亚稳态的，亦即氦原子激发到这些能级，能够在该能态上停留足够长的时间才会通过原子的碰撞丧失能量。氖原子通过这种与氦原子的碰撞将被激发到标记为 E_4 和 E_6 的能级上，它们与氦原子 F_2 和 F_3 的能级具有几乎相同的能量。因此，处于能级 F_2 和 F_3 的氦原子与未激发的氖原子碰撞时，会将氖原子分别激发到 E_4 和 E_6 能级上。总结起来经历了如下两个步骤：

(1) 处在基态 F_1 上的氦原子＋与电子碰撞→处在激发态(F_2 或 F_3 上)的氦原子＋动能更低的电子。

(2) 氦原子的激发态(F_2 和 F_3)是亚稳态[①]——不会通过自发辐射迅速丧失能量(激发态的放射性寿命可以达约 1h)。然而，它们可以通过与氖原子的碰撞来迅速释放能量：

处在激发态 F_3 上的氦原子＋处在基态上的氖原子→处在基态的氦原子＋处在激发态 E_6 上的氖原子。

相似地，有：

处在激发态 F_2 上的氦原子＋处在基态上的氖原子→处在基态上的氦原子＋处在激发态 E_4 上的氖原子。

这导致在能级 E_4 和 E_6 上有相当大数目的原子布居数，处在这些能级上的原子布居数恰好远大于处在低能级 E_3 和 E_5 上的原子布居数。这样，粒子数反转分布的状态(布居数反转态)就得以实现，此时，任何自发辐射的光子都可以触发如图 27.23 所示的任意三种跃迁[②]的激射过程。氖原子将从激射过程跃迁后的低能级通过自发辐射掉到 E_2 能级，氖原子又通过与管壁的碰撞从 E_2 能级回到基态。从 E_6 到 E_5，从 E_4 到 E_3 和从 E_6 到 E_3 的受激跃迁分别对应着波长分别是 3.39μm、1.15μm 和 6328Å 的激光辐射。注意，波长为 3.39μm、1.15μm 的激光跃迁不处于可见光区域，6328Å 的受激跃迁对应的是众所周知的氦氖激光器发出的红色激光。在这些不同的激光频率中选择所要的激光，可以通过采用只对所要激光的波长段有很高反射率的端面腔镜来实现。对氦和氖两种气体压强的选择是要确保粒子数反转的条件持续下去不中断。选择这样的压强比保证了氦原子能够向氖原子转移足够的能量。此外，因为 E_2 能级是亚稳态，电子与处在 E_2 能级上的原子碰撞后有可能

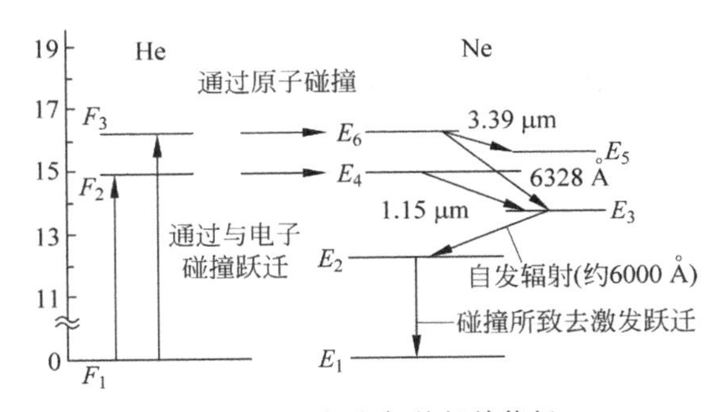

图 27.23　氦和氖的相关能级

① 在光谱学上，能态 F_1、F_2 和 F_3 分别写成 1^1S_0、2^3S_1 和 2^1S_0。

② 即 $E_6 \to E_5$、$E_6 \to E_3$ 和 $E_4 \to E_3$ 的跃迁。——译者注

将它们激发到 E_3 态上,从而减少了粒子数反转率。因为承载氦氖混合气体的放电管做得很细,可以使处在 E_2 能级上的氖[①]原子与管壁碰撞产生去激发效应。对于图27.23需要指出,标有 E_2、E_3、E_4、E_5 和 E_6 的能级附近实际上存在着大量精细能级组群,只有重要的激光跃迁对应的能级在图中显示出来了[②]。

总体来说,气体激光器发出的激光,具有更好的方向性和更好的单色性。这是因为气体激光器中不存在所谓晶格缺陷、热变形和散射效应,而这些效应存在于固体激光器中。此外,气体激光器无需冷却就可以连续工作。

27.5 光学谐振腔 目标3

在27.1节中已经简要讨论过一束光通过一个处于粒子数反转分布状态的合适介质,则这束光将得到放大。为了构造一个谐振器,它能作为光源输出光能量,就必须将输出光的一部分反馈耦合回介质。这可以通过将激活介质放在两个镜面之间来实现,镜面能将输出能量的大部分反射回系统,参见图27.3。这样的具有两个镜面的系统称为谐振腔。

为了谐振腔能输出光束,其中一个镜面需要做成部分反射的。试想光波从一个镜面开始向另一个镜面传播,在经过激活介质后,光得到放大。如果第二个镜面是部分反射的,那么光波部分地透射过去,而剩余部分被反射回第一个镜面。在向第一个镜面传播时,光波再次得到放大,且回到它开始的位置。这样,在两个镜面之间,同时存在相向传播的光波。如果形成谐振,需要满足条件:光波经历一圈的传播回到原始位置,与此处已存在的光波同相位。为了满足这一条件,光波完成一圈传播,导致的总相位变化必须是 2π 的整数倍,这样才能在腔内形成驻波。用 d 代表腔的长度,则该条件可以写成

$$\frac{2\pi}{\lambda}2d=2m\pi,\quad m=1,2,3,\cdots \tag{27.2}$$

其中 λ 是腔内介质辐射的波长;如果用 n_0 表示腔内介质的折射率,则

$$\lambda=\frac{\lambda_0}{n_0} \tag{27.3}$$

如果将 $\lambda_0=c/\nu$ 代入,式(27.2)变为

$$\nu=\nu_m=m\frac{c}{2n_0d} \tag{27.4}$$

它给出了不同模式谐振的离散的频率值。如果假设

$$n_0\approx 1$$

(如氦氖激光器的情形),式(27.4)可以简化为

$$\nu=\nu_m=m\frac{c}{2d} \tag{27.5}$$

不同的 m 取值给出了不同的谐振频率,形成了腔的纵模。对于纵模更加详细的讨论以及称其为纵模的原因介绍,读者可以参考其他任何一本关于激光器的教材[③]。相邻的两个纵模

---

① 原文是氦原子。——译者注

② 关于氦氖激光器更详细的讨论可以参见文献[27.16],文献[27.17]。

③ 比如,参见文献[27.4],文献[27.9],文献[27.14],文献[27.16],文献[27.17]。

之间的频率间隔可以表示成

$$\delta\nu=\frac{c}{2d} \tag{27.6}$$

回到式(27.4)，对于一个实际的光学谐振腔，m 是一个非常大的数。例如，对于一个长度 $d\approx 60\text{cm}$ 的光学谐振腔，工作频率是 $\nu\approx 5\times 10^{14}\,\text{Hz}$(对应波长为 $\lambda\approx 6000\text{Å}$)，可以得到

$$m\approx\frac{5\times 10^{14}\times 2\times 60}{3\times 10^{10}}=2\times 10^{6}$$

由式(27.4)可知，谐振腔只支持激发那些经历一圈传播后相位变化是 2π 整数倍的频率。在此需要提出的是，两个相对的平面镜组成的开放谐振腔正是在第 16 章中讨论的法布里-珀罗干涉仪。它们之间最大的区别是，法布里-珀罗干涉仪两镜面的间距远小于镜面的横向尺寸，而光学谐振腔的情形恰好相反。在 16.3 节中已经证明，当一束光正入射到法布里-珀罗干涉仪上时，形成传输谐振的条件是

$$\delta=\frac{4\pi d}{\lambda_0}=2m\pi,\quad m=1,2,3,\cdots \tag{27.7}$$

在上式中已经假设了 $n_0=1$，且由于是正入射，所以 $\cos\theta=1$。比较式(27.2)和式(27.7)，我们轻而易举就可以看出腔内哪些模式可以谐振。

例 27.1　考虑一束光中心频率 $\nu=\nu_0=6\times 10^{14}\,\text{Hz}$，频谱宽度为 7000MHz，正入射到一个如图 27.24 所示的谐振腔上，其中 $n_0=1$，$d=10\text{cm}$。则相邻两个模式频率间隔是

$$\delta\nu=\frac{c}{2d}=1500\text{MHz} \tag{27.8}$$

因此，输出光中将有以下几个频率：

$$\nu_0-2\delta\nu,\nu_0-\delta\nu,\nu_0,\nu_0+\delta\nu,\nu_0+2\delta\nu \tag{27.9}$$

对应的 m 值分别是

$$m=399998,399999,400000,400001,400002 \tag{27.10}$$

在这个例子中，如果一个镜面的反射率是 $R=0.95$，对应其中一个模式的输出功率是 1mW，那么在腔内，该模式对应的功率是 $1\text{mW}/(1-0.95)=20\text{mW}$。

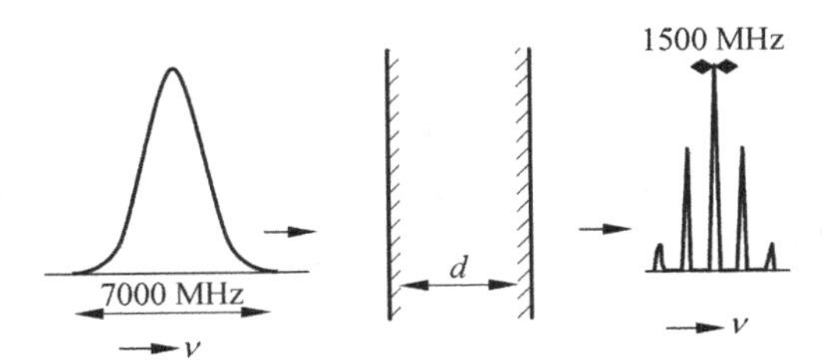

图 27.24　左侧是一中心频率为 $\nu=\nu_0=6\times 10^{14}\,\text{Hz}$，谱宽为 7000MHz 的光束，正入射到一谐振腔上，右侧对应光学谐振腔内不同谐振频率的输出光束的频谱

图 27.25 显示了一个典型多纵模(multi-longitudinal mode，MLM)激光器的输出光谱，相邻两个模式的波长间隔大约是 $0.005\mu\text{m}$。

为了腔内不同的谐振频率满足式(27.4)，已经假设了一个平面波来回往复传播时光波不会改变。这在实际中是不可能实现的，因为任何一个实际的谐振腔系统，它的镜面横向尺寸都是有限的。因此，光波中只有那些投射到镜面上的部分会被镜面反射，而那些位于镜面

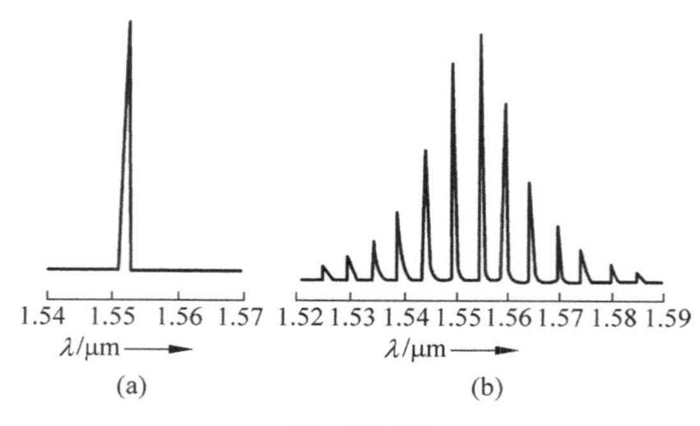

图 27.25

(a) 一单纵模激光器的输出光谱；(b) 一个典型多纵模(MLM)激光器输出光谱(图片选自文献[27.18])

横向尺寸之外的波的部分将从谐振腔中溢出。传播回到第一个镜面的光波有有限的横向尺寸,它由镜面的横向尺寸决定。正如在第18章和第20章中已经看到的,一个具有有限横向尺寸的光束在传播过程中将发生衍射。所以当光束传播回到第一个镜面时,它的横向尺寸将会比镜面尺寸大。此外,既然光波中只有被镜面阻挡的那部分被反射回来,而其余在镜面尺寸之外的部分因溢出损失掉了,这构成了基本的损耗机制,称作衍射损耗。

考虑一个谐振腔,它的镜面横向尺寸是 a,镜面间隔是 d,从式(18.26)中可以看到,经过一个镜面反射后,光波将产生一个衍射发散角,约为 λ/a,而一个镜面相对应另一个镜面的张角是 a/d,因此,衍射损耗是很低的,即

$$\frac{\lambda}{a} \ll \frac{a}{d}$$

或者

$$\frac{a^2}{\lambda d} \gg 1 \tag{27.11}$$

$a^2/(\lambda d)$这个量称为菲涅耳系数。例如,假设谐振腔的镜面尺寸是1cm,镜面间隔是60cm,对于波长是5000Å的光,有

$$\frac{a^2}{\lambda d} \approx 330 \gg 1$$

因此,衍射损耗将会非常小。由两个相互平行的平镜面组成的谐振腔,它的损耗对于两个镜面间的平行度有非常大的敏感性,因为一个小角度的不平行就将导致很大部分的光能量溢出谐振腔。利用球面镜构成谐振腔可以降低能量损耗(见图27.26)。球面镜有助于会聚光束,因而可大大降低因衍射溢出造成的损耗。

下面将证明,在一个特定条件下,如图27.26所示的两镜面构成的谐振腔系统,只有合适光斑尺寸的高斯光束能够谐振。

考虑一普通的球面镜谐振腔,有相距为 d 的两个曲率半径分别为 R_1 和 R_2 的球面镜(如图27.26所示)。规定,当对着谐振腔的球面是凹的时曲率半径为正,而当对着谐振腔的球面是凸的时曲率半径为负。现在推导谐振腔是稳定或者是不稳定的条件。

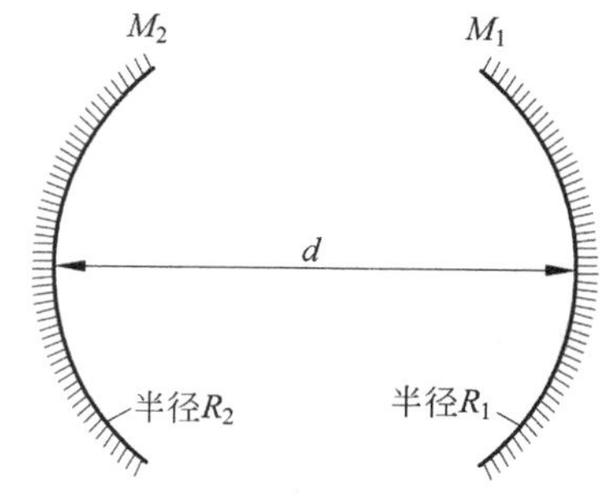

图 27.26 由两个球面腔组成的谐振腔

考虑一个沿着腔轴线 z 方向传播的高斯光束,其在 $z=0$ 处平面上的振幅分布为

$$u(x,y,0)=a\exp\left(-\frac{x^2+y^2}{w_0^2}\right) \tag{27.12}$$

这样,该光束位于 $z=0$ 的等相面是平面。在20.5节(还有在附录D)证明了对一个沿着 z 方向传播的高斯光束,其强度分布是高斯分布,为

$$I(x,y,z)=\frac{I_0}{1+\dfrac{z^2}{\alpha}}\exp\left[-\frac{2(x^2+y^2)}{w^2(z)}\right] \tag{27.13}$$

式中,

$$w(z)=w_0\sqrt{1+\frac{z^2}{\alpha}},\quad \alpha=\frac{\pi^2 w_0^4}{\lambda^2} \tag{27.14}$$

此外,当光束传播时,等相面的曲率半径由下式给出(参见20.5节和附录D):

$$R(z)=z+\frac{\alpha}{z} \tag{27.15}$$

设 M_1 镜和 M_2 镜的顶点分别位于 $z=z_1=-d_1$ 和 $z=z_2=+d_2$,其中 d_1 和 d_2 均为正值。假定原点位于两镜中间的某个位置,以使两镜之间的距离满足

$$d=d_1+d_2$$

由于高斯光束是在两球面镜之间谐振,则光束(位于镜面处)的等相面应该等于球面镜的半径:

$$-R_1=-d_1-\frac{\alpha}{d_1},\quad R_2=d_2+\frac{\alpha}{d_2}$$

在这种情况下,高斯光束将正入射到球面镜上,并在反射后沿着原路径返回,直到正入射到另一个球面镜。这样的高斯光束可以在谐振腔内谐振,并形成一个谐振模式。

当球面曲率半径的符号如前规定时,对于图27.26中的球面镜,曲率半径 R_1 和 R_2 均为正值,因此,有

$$\alpha=d_1(R_1-d_1)=d_2(R_2-d_2)$$

如果利用关系 $d_2=d-d_1$,容易得到

$$d_1=\frac{(R_2-d)d}{R_1+R_2-2d},\quad d_2=\frac{(R_1-d)d}{R_1+R_2-2d}$$

定义

$$g_1=1-\frac{d}{R_1},\quad g_2=1-\frac{d}{R_2} \tag{27.16}$$

从上面的定义,得 $R_1=\dfrac{d}{1-g_1}$,$R_2=\dfrac{d}{1-g_2}$,这样得到

$$d_1=\frac{g_2(1-g_1)d}{g_1+g_2-2g_1g_2},\quad d_2=\frac{g_1(1-g_2)d}{g_1+g_2-2g_1g_2} \tag{27.17}$$

则

$$\alpha=d_1(R_1-d_1)=\frac{g_1g_2d^2(1-g_1g_2)}{(g_1+g_2-2g_1g_2)^2} \tag{27.18}$$

因为 $\alpha=\dfrac{\pi^2 w_0^4}{\lambda^2}$,可以得到在光束腰处的光斑尺寸

$$w_0^2=\frac{\lambda d}{\pi\,|\,g_1+g_2-2g_1g_2\,|}\sqrt{g_1g_2(1-g_1g_2)} \tag{27.19}$$

要使 w_0 是实数,则需要有 $0\leqslant g_1g_2\leqslant 1$,或者

$$0\leqslant\left(1-\frac{d}{R_1}\right)\left(1-\frac{d}{R_2}\right)\leqslant 1 \tag{27.20}$$

其中 R_1 和 R_2 分别是两镜面的曲率半径。上述公式代表具有两个球面镜的谐振腔的稳定谐振条件。图 27.27 表示腔的稳定区域图,阴影区域对应稳定谐振腔的结构。图 27.28 给出了几种不同的谐振腔结构。

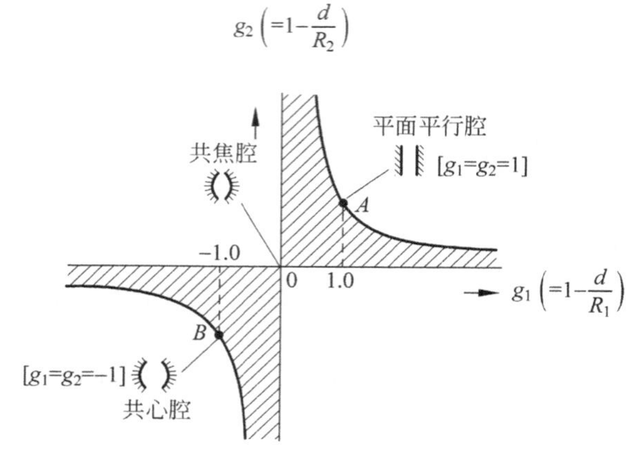

图 27.27　光学谐振腔的稳区图,阴影区域对应稳定腔结构

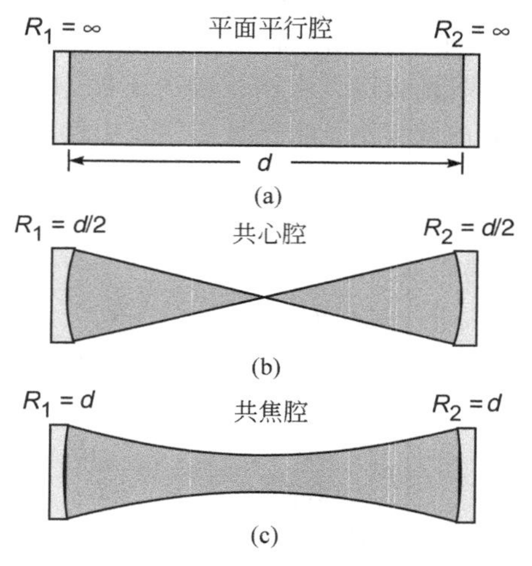

图 27.28　不同结构的光学谐振腔

在两镜面位置的光斑尺寸分别为

$$w^2(z_1)=\frac{\lambda d}{\pi}\sqrt{\frac{g_2}{g_1(1-g_1g_2)}} \tag{27.21}$$

$$w^2(z_2)=\frac{\lambda d}{\pi}\sqrt{\frac{g_1}{g_2(1-g_1g_2)}} \tag{27.22}$$

因为高斯光束的能量主要集中在半径两倍于光斑尺寸的范围内,如果镜面的横向尺寸

远大于镜面处的光斑尺寸，则大部分能量将反射回来，这样，源于衍射溢出镜面边缘的损耗将很小。很容易从式(27.21)和式(27.22)看出，当 $g_1g_2 \to 0$ 或者 $g_1g_2 \to 1$ 时，$w(z_1)$或者 $w(z_2)$将变得很大，再或者二者都变得非常大，上述的分析不再成立。

例 27.2　考虑一个简单的谐振腔结构，其包含一个平面镜和一个球面镜，两镜相距 d(如图 27.29 所示)。实际上就是这个谐振腔结构用于红宝石激光器，产生了单横模激光输出。其中 $R_1=\infty, R_2=R$，给出 $g_1=1, g_2=1-d/R$，经过简单的推导，给出

$$w_0^2=\frac{\lambda d}{\pi}\sqrt{\frac{R}{d}-1} \tag{27.23}$$

这样，有

$$R=d\left(1+\frac{\pi^2 w_0^4}{\lambda^2 d^2}\right) \tag{27.24}$$

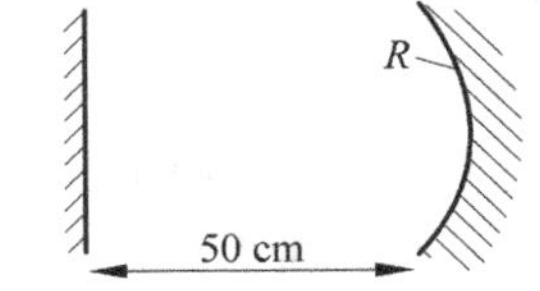

图 27.29　一简单谐振腔，由一个平面镜和一个半径为 R 的凹面镜组成(其半径满足式(27.24))

例 27.3　一个典型的氦氖激光器($\lambda=0.6328\mu m$)，$d=50cm, R=100cm$(如图 27.29 所示)，给出 $g_1=1, g_2=0.5$。该谐振腔结构位于图 27.27 所示的阴影区域，是非常稳定的结构。此外，$g_1g_2=0.5, w_0=0.32mm$。如果 R 增大到 200cm，则 $w_0=0.38mm$。如果 $R<d$，w_0 将变为虚数，谐振腔是不稳定的。

例 27.4　下面考虑另一个谐振腔结构，其有两个相距 $d=150cm$ 的球面镜，$R_1=100cm$，$R_2=75cm$，则 $g_1=-0.5, g_2=-1.0, g_1g_2=0.5$。这个腔的 g_1 和 g_2 位于图 27.27 所示的阴影中间区域，因此是非常稳定的。对于波长 $\lambda=1\mu m$ 的激光，容易证明 $w_0=0.31mm$。

例 27.5　在式(27.19)中，如果 $g_1=g_2=g$，则式(27.19)简化为

$$w_0^2=\frac{\lambda d}{2\pi}\sqrt{\frac{1+g}{1-g}} \tag{27.25}$$

对于一个共心腔，有 $R_1=R_2=d/2$，两球面镜曲率中心是腔的中心(见图 27.28)，其 $g_1=g_2=-1, g_1g_2=1$，w_0 将变为零！对于一个共焦腔，有 $R_1=R_2=d$，$g_1=g_2=0$，$g_1g_2=0$，则有

$$w_0=\sqrt{\frac{\lambda d}{\pi}} \tag{27.26}$$

最后，对于平面平行腔，$R_1=R_2=\infty$，$g_1=g_2=1$，则 w_0 变为无穷大！上面讨论的三个腔结构(共心腔、共焦腔和平面平行腔)均位于稳定区的边缘，因此，腔结构一旦有小的变化，就会造成系统的不稳定，也造成很大的损耗。

对于一个闭合谐振腔系统，(可以在腔内得到放大且可以在实际尺寸谐振腔内振荡的)模式的数目将会变得很大，以至于输出光远非单色。为了解决这个问题，采用了开腔结构，该结构下只可能存在少数模式甚至单模(可以起振)的情况。此外，谐振腔敞开的侧面可以用来导入光泵浦，比如红宝石激光器就是这样。由于是开腔，在腔镜面处因衍射有能量的溢出，因此，所有的模式都有一定的损耗。在此基础损耗之外，激光器介质对光波的散射、镜面处的吸收以及镜面处激光的耦合输出都会引起腔损耗。可以将模式形象化成一个波动，它具有确定的振幅横向分布，该分布形成驻波图样。在实际的激光器中，对于那些可以持续振荡的模式，其由激光介质获得的增益可以补偿腔的损耗。当激光器振荡进入稳定的状态后，增益刚好补偿损耗。既然由介质提供的增益依赖于粒子数反转分布的程度，因此，每一个模式都存在着一个粒子数反转分布的临界值(称作粒子数反转阈值)，当对应于某一特定模式的粒子数反转分布低于阈值时，该模式在激光器中将停止振荡。

27.6 爱因斯坦系数和光放大 目标4

爱因斯坦在考虑对原子和辐射场之间的热力学平衡如何进行描述的过程中，做出了受激辐射过程的预言。设想一个原子有两个能量状态，用 N_1 和 N_2 分别表示处于状态1和状态2上(单位体积)的原子数目，对应的能级是 E_1 和 E_2(如图27.30所示)。正如前面提到的，处在低能级的原子可以吸收辐射，同时激发到高能级 E_2。这个激发过程只有存在辐射时才能发生。吸收的速率取决于具有特定频率的辐射场密度，该辐射场的频率与两个能级间的能量差相对应。因此，如果有

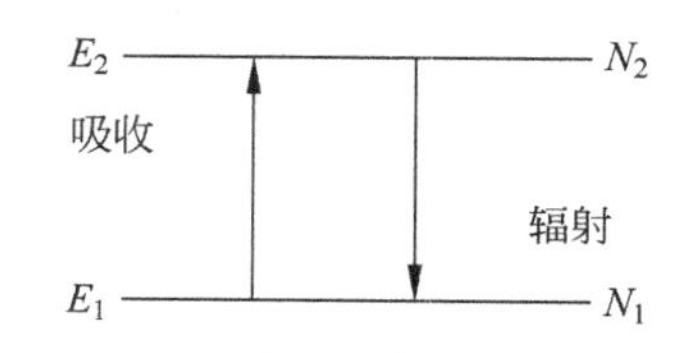

图27.30 E_1 和 E_2 表示原子的两个能级，N_1 和 N_2 表示分别处于能级 E_1 和能级 E_2(单位体积内)的原子数

$$E_2 - E_1 = \hbar\omega \tag{27.27}$$

则该吸收过程就取决于具有频率 ω 的辐射场的能量密度；该能量密度用 $u(\omega)$ 表示，并定义

$$u(\omega)\mathrm{d}\omega = \text{在频率 } \omega \sim \omega + \mathrm{d}\omega \text{ 内，单位体积的辐射场能量}$$

吸收速率正比于 N_1，同时也正比于 $u(\omega)$，可以写成

$$\text{单位体积、单位时间内发生吸收的原子数目} = N_1 B_{12} u(\omega) \tag{27.28}$$

其中 B_{12} 是比例系数，反映了能级的特性。

考虑相反的过程，亦即原子以去激发的方式从能级 E_2 跃迁到 E_1，产生频率为 ω 的辐射发射过程。正如27.1节中提到的，一个处在激发态的原子可以通过自发辐射或受激辐射的方式之一，辐射跃迁到低能态上。如果是通过自发辐射发生的跃迁，单位时间内原子向下跃迁的概率与辐射场的能量密度无关，而只取决于和辐射跃迁相关的能级。(单位体积内)从能级 E_2 跃迁到 E_1 的自发辐射速率正比于 N_2，有

$$\frac{\mathrm{d}N_2}{\mathrm{d}t} = -A_{21}N_2 = -\frac{N_2}{t_{sp}} \tag{27.29}$$

其中 A_{21} 表示比例系数，称为爱因斯坦 A 系数，它与参与跃迁的能级对有关。并且有

$$t_{sp} = \frac{1}{A_{21}} \tag{27.30}$$

表示上能级的自发辐射寿命。方程(27.29)的解为

$$N_2(t) = N_2(0)\mathrm{e}^{-\frac{t}{t_{sp}}} \tag{27.31}$$

意味着在 t_{sp} 时间内，能级2上的原子布居数降低到原来的 $1/\mathrm{e}$。例如，对于氢原子 $2P \rightarrow 1S$ 的跃迁，$A \approx 6\times10^8\,\mathrm{s}^{-1}$，得到其平均寿命($\approx 1/A$)大约是 $1.6\times10^{-9}\,\mathrm{s}$[①]。如果是通过受激辐射发生的跃迁，向低能级跃迁的速率直接正比于处于上能级的原子数，同时还正比于具有频率 ω 的辐射场能量密度，即

$$\text{(单位时间、单位体积) 发生受激辐射的原子数目} = N_2 B_{21} u(\omega)$$

其中 B_{21} 代表相应的比例常数。物理量 A_{21}、B_{12} 和 B_{21} 统称为爱因斯坦系数，它们由原子系统决定。在热平衡下，向上迁移的原子数必然等于向下跃迁的原子数。可以得到(在热平

① 可参见文献[27.19]的第27章和第28章。

衡条件下）

$$N_1B_{12}u(\omega)=N_2A_{21}+N_2B_{21}u(\omega)$$

或者

$$u(\omega)=\frac{A_{21}}{\dfrac{N_1}{N_2}B_{12}-B_{21}} \tag{27.32}$$

根据热力学的基本原理，热平衡时，处于两个能级的原子布居数的比值有如下关系：

$$\frac{N_1}{N_2}=\exp\left(\frac{E_2-E_1}{k_BT}\right)=\exp\left(\frac{\hbar\omega}{k_BT}\right) \tag{27.33}$$

其中 k_B（$=1.38\times10^{-23}$J/K）表示玻尔兹曼常量，T 表示绝对温度。式(27.33)称为玻尔兹曼定律（严格来说应为玻尔兹曼分布律）。因而，有

$$u(\omega)=\frac{A_{21}}{B_{12}e^{\hbar\omega/(k_BT)}-B_{21}} \tag{27.34}$$

在热平衡时，还可以由普朗克黑体辐射定律得到辐射能量密度：

$$u(\omega)=\frac{\hbar\omega^3n_0^3}{\pi^2c^3}\frac{1}{e^{\hbar\omega/(k_BT)}-1} \tag{27.35}$$

其中 n_0 是介质的折射率，比较式(27.34)和式(27.35)，可以得到①

$$B_{12}=B_{21}=B \tag{27.36}$$

且有

$$\frac{A_{21}}{B_{21}}=\frac{\hbar\omega^3n_0^3}{\pi^2c^3} \tag{27.37}$$

请注意，如果不作出受激辐射存在的假设，将不能得到与普朗克黑体辐射定律一样的 $u(\omega)$ 表达式。爱因斯坦早在 1917 年就预言了受激辐射的存在，该预言后来被严格的量子理论所证实（参见文献[27.19]的第 27 章）。

注意，在热平衡条件下参与自发辐射的原子数与参与受激辐射的原子数之比为

$$\frac{A_{21}}{B_{21}u(\omega)}=e^{\hbar\omega/(k_BT)}-1 \tag{27.38}$$

可以看到以下两个要点：

(1) 对于普通光源，$T\approx10^3$K，$\omega\approx3\times10^{15}\text{s}^{-1}$（对应波长 $\lambda\approx6000$Å），有

$$\frac{\hbar\omega}{k_BT}\approx\frac{1.054\times10^{-34}(\text{J}\cdot\text{s})\times3\times10^{15}\text{s}^{-1}}{1.38\times10^{-23}(\text{J/K})\times10^3\text{K}}\approx23$$

给出

$$\frac{A_{21}}{B_{21}u(\omega)}=10^{10}$$

所以，当原子系统处于热平衡时，源于自发辐射跃迁的（在特定光频的）辐射占主导地位，这样，普通光源的辐射都是非相干的。

① 如果能级 1 和能级 2 具有简并度 g_1 和 g_2，则 $N_1/N_2=(g_1/g_2)\exp[\hbar\omega/(k_BT)]$，$B_{12}=B_{21}(g_2/g_1)$，$A_{21}/B_{21}=n_0^3\hbar\omega^3/(\pi^2c^3)$。

(2) 从式(27.37)可以看出,B_{21} 系数与 ω^3 成反比,表明激光器在更高的频率的运转将变得更加困难。

27.6.1 粒子数反转

在前面的章节假定原子只能与特定频率 ω 的辐射相互作用。然而,在观察一群原子自发辐射频谱时,发现频谱并非是单色的,而是分布在一定频率范围里。这意味着能级有一定的宽度,原子可以在一定频率范围内与辐射相互作用。例如,在图27.31中可以看到氢原子的 $2P$ 能级有一定的宽度 $\Delta E(=\hbar\Delta\omega)$,因而原子可以在一定频率范围 $\Delta\omega$ 吸收或发射辐射。对于 $2P\rightarrow 1S$ 的跃迁,有

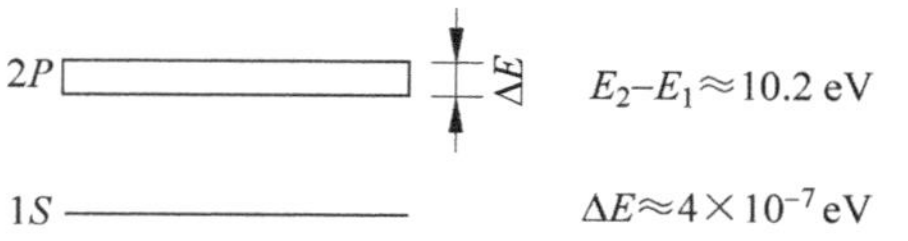

$$\Delta E \approx 4\times 10^{-7}\,\text{eV} \Rightarrow \Delta\omega \approx 6\times 10^{8}\,\text{s}^{-1}$$

图27.31 氢原子 $2P$ 能级具有一定宽度 ΔE $(=\hbar\Delta\omega)$,因而原子可以在一定频率范围 $\Delta\omega$ 吸收或发射辐射

因为 $\omega_0\approx 1.55\times 10^{16}\,\text{s}^{-1}$,可以得到

$$\frac{\Delta\omega}{\omega_0}\approx 4\times 10^{-8}$$

在通常情况下,$\Delta\omega\ll\omega_0$,表示光源的谱纯度很好(单色性好)。引入归一化谱线线型函数 $g(\omega)$,有

单位时间、单位体积内参与频率位于 $\omega\sim\omega+\mathrm{d}\omega$ 的自发辐射的原子数
$=N_2A_{21}g(\omega)\mathrm{d}\omega$

同理,有

单位时间、单位体积内参与频率位于 $\omega\sim\omega+\mathrm{d}\omega$ 的受激辐射的原子数
$=N_2B_{21}u(\omega)g(\omega)\mathrm{d}\omega$

单位时间、单位体积内参与频率位于 $\omega\sim\omega+\mathrm{d}\omega$ 的受激吸收的原子数
$=N_1B_{12}u(\omega)g(\omega)\mathrm{d}\omega$

因此,在单位时间、单位体积内参与受激辐射的总原子数目可以写成

$$W_{21}=N_2\int_0^\infty B_{21}u(\omega)g(\omega)\mathrm{d}\omega=N_2\frac{\pi^2c^3}{\hbar t_{\text{sp}}n_0^3}\int_0^\infty\frac{u(\omega)}{\omega^3}g(\omega)\mathrm{d}\omega$$

其中的推导用到了式(27.37)和式(27.30)。对于一个接近单色的辐射场(正如实际激光器所输出的光场),$u(\omega)$ 在一个特定频率值 ω(比如在 ω')处出现非常尖锐的尖峰。在计算上式的积分时,在 $u(\omega)$ 具有明显值的范围内,$g(\omega)/\omega^3$ 可以假设为常数,从而有

$$W_{21}\approx N_2\frac{\pi^2c^3}{\hbar t_{\text{sp}}n_0^3}\frac{g(\omega')}{\omega'^3}U \tag{27.39}$$

其中 $g(\omega')$ 表示线型函数在辐射频率 ω' 处的值,U 表示与辐射场相连的能量密度①:

$$U=\int_0^\infty u(\omega)\mathrm{d}\omega \tag{27.40}$$

① 这里的论证本质上意味着

$$u(\omega)=U\delta(\omega-\omega')$$

其中 $\delta(\omega-\omega')$ 是狄拉克 δ 函数。

能量密度 U 与强度 I_ω 的联系如下[①](参见 23.5 节)：

$$I_\omega = vU = \frac{c}{n_0}U \tag{27.41}$$

式中，$v(=c/n_0)$代表辐射场在介质中的传播速度，n_0 表示折射率。(物理量 I_ω 表示单位时间穿过单位截面积的能量，其米千克秒制(SI 单位制)的单位是 $\mathrm{J/(m^2 \cdot s)}$。需要提醒一下，这里的 U 在 23.5 节曾用$\langle u\rangle$表示。)所以，在单位时间、单位体积内参与受激辐射的总原子数目可以表示成

$$W_{21} = N_2 \frac{\pi^2 c^2}{\hbar t_{\mathrm{sp}} n_0^2} \frac{g(\omega)}{\omega^3} I_\omega \tag{27.42}$$

其中拿掉了 ω 上的一撇。同理，在单位时间、单位体积内参与受激吸收的总原子数目是

$$W_{12} = N_1 \frac{\pi^2 c^2}{\hbar t_{\mathrm{sp}} n_0^2} \frac{g(\omega)}{\omega^3} I_\omega \tag{27.43}$$

下面考虑一群原子，有一束沿 z 方向传播且频率为 ω 的近单色的光束从原子群中穿过。为了获得该光束在传播过程中强度的变化率表达式，考虑在 z 方向 z 和 $z+\mathrm{d}z$ 处分别放置面积为 S 且与 z 方向垂直的平面(如图 27.32 所示)。则平面 P_1 和 P_2 之间所充满的介质的体积为 $S\mathrm{d}z$，因此，单位时间内发生受激吸收的原子数为 $W_{12}S\mathrm{d}z$。既然单个光子的能量是 $\hbar\omega$，则单位时间在 $S\mathrm{d}z$ 体积元内，原子吸收光束的能量为

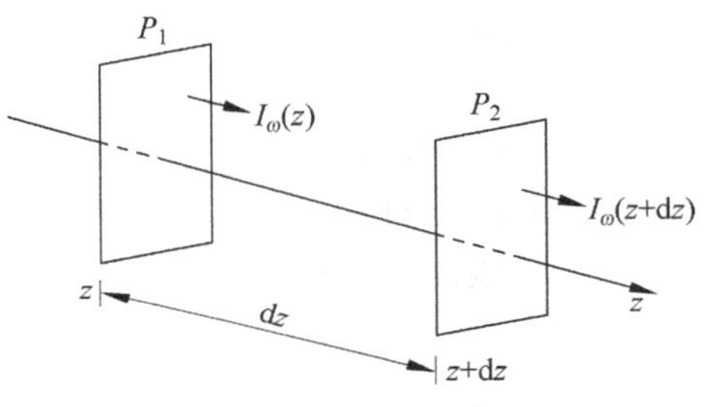

图 27.32　沿 z 轴传播的电磁波穿过一群原子

$$W_{12}\ \hbar\omega S\mathrm{d}z$$

同理，相应(因受激辐射)光束获得的能量增益是

$$W_{21}\ \hbar\omega S\mathrm{d}z$$

在推导中忽略了自发辐射的影响，是因为自发辐射的传播方向是随机分布的，通常都会从该定向光束中四散溢出。因此，单位时间在体积元 $S\mathrm{d}z$ 内吸收的能量净增值是

$$(W_{12} - W_{21})\ \hbar\omega S\mathrm{d}z$$

如果用 $I_\omega(z)$表示光束位于平面 P_1 处的强度，则单位时间由平面 P_1 进入体积元 $S\mathrm{d}z$ 的总能量是

$$I_\omega(z)S$$

同理，如果用 $I_\omega(z+\mathrm{d}z)S$ 表示光束位于平面 P_2 处的强度，则在单位时间内，由平面 P_2 离开体积元的总能量是

$$I_\omega(z+\mathrm{d}z)S = I_\omega(z)S + \frac{\partial I_\omega}{\partial z}\mathrm{d}zS$$

因此，在单位时间内，从体积元 $S\mathrm{d}z$ 内的能量净流出为

① 该关系类似于粒子密度和粒子流密度的关系式 $J=\rho v$，其中 ρ 代表单位体积内的粒子数(所有粒子以速度 v 传播)，J 代表单位时间内穿过与传播方向垂直的单位面积的粒子数。这个关系很容易证明，因为能够在单位时间穿过单位面积的粒子数是那些位于底边为单位横截面，长度为速度 v 的柱体体积内的粒子。

$$\frac{\partial I_\omega}{\partial z}\mathrm{d}zS$$

这必然等于在 z 和 $z+\mathrm{d}z$ 之间介质所吸收能量的负值，即

$$\frac{\partial I_\omega}{\partial z}\mathrm{d}zS=-(W_{12}-W_{21})\hbar\omega S\mathrm{d}z=-\frac{\pi^2c^2}{\hbar t_{sp}\omega^3n_0^2}g(\omega)I_\omega\hbar\omega S\mathrm{d}z(N_1-N_2)$$

或者

$$\frac{1}{I_\omega}\frac{\partial I_\omega}{\partial z}=\gamma \tag{27.44}$$ ①

式中，

$$\gamma=\frac{\pi^2c^2}{\omega^2t_{\mathrm{sp}}n_0^2}(N_2-N_1)g(\omega) \tag{27.45}$$

因为线型函数 $g(\omega)$ 是尖峰型的(参见 27.7 节)，则函数 γ 也是尖峰型的。所以通过对方程(27.44)积分可得②

$$I_\omega(z)=I_\omega(0)\mathrm{e}^{\gamma z} \tag{27.46}$$

因此，如果 $N_1>N_2$，γ 是负值，光束的能量随 z 呈指数衰减；在 $z=1/|\gamma|$ 时能量将衰减为 $z=0$ 处的 $1/e$。所以热平衡条件下，既然处于低能级的原子数大于处于高能级的原子数，(在介质中传输的)光束的强度呈指数衰减。反之，如果处于上能级的原子数多于下能级(即出现粒子数反转状态)，则 $\gamma>0$，光束强度将呈指数增加，这样的过程称为光放大过程。

27.6.2 腔寿命

在一个实际的激光器系统中，激活介质(具有放大的功能)放置在一对镜面之间形成谐振腔(见 27.5 节)。为了腔内维持持续振荡，基本要求就是光束在腔内的净损耗可以由从介质获得的增益补偿。在达到阈值条件并且进入稳定运行时，损耗和补偿恰好均衡。为了获得阈值条件，首先计算无源腔的寿命 t_c，它定义为在没有放大介质条件下(无源)腔内的能量 $W(t)$ 衰减为 1/e 所需的时间

$$W(t)=W(0)\exp(-t/t_c) \tag{27.47}$$

用 d 表示激活介质的长度。光束在腔内循环一周，在激活介质中传播 $2d$ 的距离，得到衰减因子

$$R_1R_2\exp(-2\alpha_c d)$$

其中 R_1 和 R_2 是谐振腔两端镜面的反射率，而 $\exp(-2\alpha_c d)$ 表示由吸收、散射、衍射等因素引起的损耗。循环一周的所需要的时间为

$$t=\frac{2d}{c/n_0}$$

① 原书式(27.44)有误，为 $\frac{I}{I_\omega}\frac{\partial I_\omega}{\partial z}=\gamma$。——译者注

② 在从式(27.44)到式(27.46)的推导过程中，已经假定 N_1-N_2(也就是 γ)与 I_ω 无关。这个近似只有在 I_ω 很小时才成立。对于强光束(I_ω 非常大)，将发生能级饱和，则衰减是线性的，而不是指数下降的(参见文献[27.4]的 4.2 节和 4.3 节)。

因此，有

$$\exp\left[-\frac{2d}{(c/n_0)t_c}\right]=R_1R_2\exp(-2\alpha_c d) \tag{27.48}$$

从而给出无源腔的寿命

$$\frac{1}{t_c}=\frac{c/n_0}{2d}[2\alpha_c d-\ln(R_1R_2)] \tag{27.49}$$

容易看出，腔寿命还可以表示成

$$t_c=\frac{2n_0d}{c\ln\left(\frac{1}{1-x}\right)} \tag{27.50}$$

式中，

$$x=1-R_1R_2\mathrm{e}^{-2\alpha_c d} \tag{27.51}$$

表示循环一周损耗的比例。

27.6.3 阈值条件

在粒子数反转状态下，经过一周循环后，光束放大 $\exp(2\gamma d)$ 倍，因此，要发生激光器振荡，必须满足

$$\mathrm{e}^{2\gamma d}(R_1R_2\mathrm{e}^{-2\alpha_c d})\geqslant 1 \tag{27.52}$$

整理为如下形式：

$$\mathrm{e}^{2\gamma d}\exp\left[-\frac{2d}{(c/n_0)t_c}\right]\geqslant 1$$

或者要求

$$\gamma\geqslant\frac{1}{(c/n_0)t_c} \tag{27.53}$$

将式(27.45)的 γ 表示式代入，得到

$$N_2-N_1\geqslant\frac{\omega^2n_0^3t_{sp}}{\pi^2c^3t_cg(\omega)} \tag{27.54}$$

上式中取等号给出了发生激光振荡时所需要的粒子数反转阈值。因此，在频率 ω，粒子数反转阈值表示为

$$(N_2-N_1)_{\mathrm{th}}=\frac{\omega^2n_0^3t_{sp}}{\pi^2c^3t_cg(\omega)} \tag{27.55}$$

27.7 节中将证明，对于氦氖激光器，$g(\omega)$的形式为

$$g(\omega)\mathrm{d}\omega=\frac{2}{\Delta\omega_{\mathrm{D}}}\left(\frac{\ln 2}{\pi}\right)^{\frac{1}{2}}\exp\left[-4\ln 2\frac{(\omega-\omega_0)^2}{(\Delta\omega_{\mathrm{D}})^2}\right]\mathrm{d}\omega \tag{27.56}$$

式中，

$$\Delta\omega_{\mathrm{D}}=2\omega_0\left(\frac{2k_{\mathrm{B}}T}{Mc^2}\ln 2\right)^{\frac{1}{2}} \tag{27.57}$$

表示激光谱线的半高全宽度(FWHM)。式(27.57)中，T 是气体的绝对温度，M 是参与激

光振荡跃迁的原子的质量(在氦氖激光器中是氖原子)。式(27.56)描述了因多普勒效应展宽造成的线型函数,如图 27.33 所示。图 27.34 显示了氦氖激光器的实际光谱;可以看出,相比于其他大多数激光器,氦氖激光器具有很窄的固有谱线宽度。注意:

(1) N_2-N_1 的最小阈值对应谱线的中间位置,此处 $g(\omega)$ 是最大值。在多普勒展宽的情况下,其最大值由下式给出:

$$g(\omega_0)=\frac{2}{\Delta\omega_D}\left(\frac{\ln 2}{\pi}\right)^{\frac{1}{2}} \tag{27.58}$$

由于激光线宽 $\Delta\omega_D$ 很小,阈值 N_2-N_1 也很小。此外,随着激光介质被泵浦导致的激活状态越来越高,两能级间的粒子数反转布居数也会不断增加。最接近原子系统谐振频率的模式将最先达到阈值并开始振荡。随着泵浦的进一步加强,附近的模式也将达到阈值并开始振荡。

(2) 从式(27.55)中可以看出,因为粒子数反转阈值 N_2-N_1 很小,t_{sp} 的值也必然很小,意味着允许跃迁的(自发辐射)速率将很大。然而,允许跃迁的速率大意味着需要更大的泵浦功率。通常情况下,对应大 t_{sp} 值,粒子数反转将更容易实现。

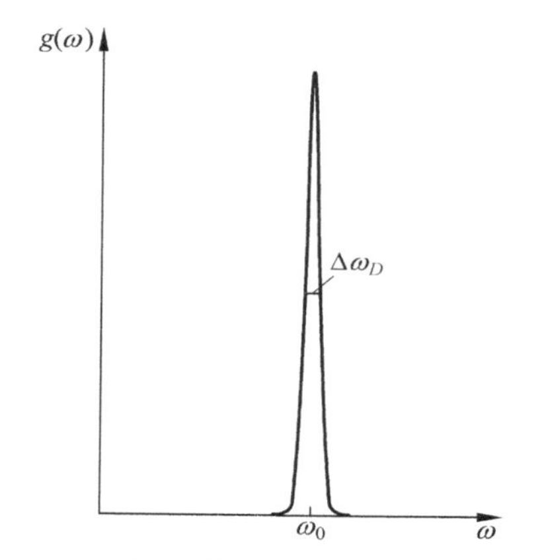

图 27.33 氦氖激光器输出的激光是高斯型线型函数。$\Delta\omega_D$ 代表谱线半高全宽度,一般有 $\Delta\omega_D/\omega_0\ll 1$

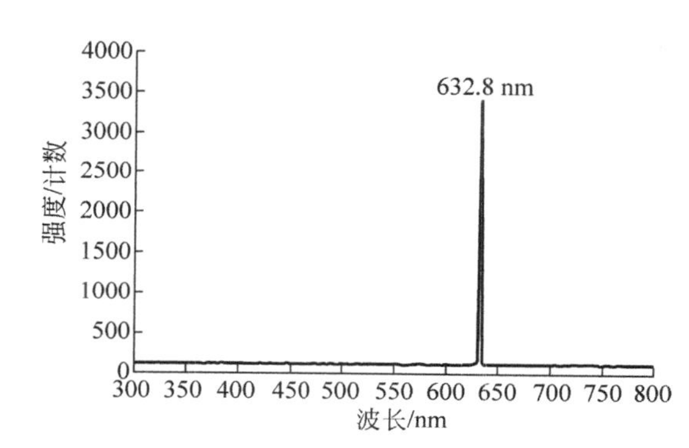

图 27.34 氦氖激光器的光谱显示其相较于其他激光器具有非常窄的固有谱线宽度(图片选自 http://en.wikipedia.org/wiki/Helium-neon laser)

例 27.6 氦氖激光器的典型参数。

考虑一个氦氖激光器,假定温度 $T\approx 300\text{K}$,因此,对于波长 $\lambda_0\approx 6328\text{Å}$ 的辐射,有

$$\begin{aligned}\Delta\omega_D&=\frac{2\omega_{21}}{c}\left(\frac{2k_BT}{M}\ln 2\right)^{\frac{1}{2}}\\&=\frac{4\pi}{\lambda_0}\left(\frac{2\times 1.38\times 10^{-23}\text{J/K}\times 300\text{K}\times 0.693}{20\times 1.67\times 10^{-27}\text{kg}}\right)^{\frac{1}{2}}\\&\approx 8230\text{MHz}\end{aligned}$$

则有

$$\Delta\nu_D=\frac{\Delta\omega_D}{2\pi}\approx 1300\text{MHz}$$

其中假定了

$$M_{\text{Ne}} \approx 20M_{\text{H}} \approx 3.34 \times 10^{-26}\,\text{kg}$$

线型函数 $g(\omega)$ 随频率的变化如图 27.33 所示，对应于 $\lambda_0 \approx 6328\text{Å}$，有

$$\omega_0 = \frac{2\pi c}{\lambda_0} \approx 2.98 \times 10^{15}\,\text{s}^{-1}$$

则

$$\frac{\Delta\omega_{\text{D}}}{\omega} \approx 2.8 \times 10^{-6}$$

显示线型函数通常是一个非常锐利的尖峰函数。此外，有

$$g(\omega_0) = \frac{2}{\Delta\omega_{\text{D}}}\left(\frac{\ln 2}{\pi}\right)^{\frac{1}{2}} \approx 1.1 \times 10^{-10}\,\text{s} \tag{27.59}$$

（在 27.7 节中将证明，对于氦氖激光器，多普勒展宽相较于自然展宽和碰撞展宽，占主导地位）。假如一个腔有如下参数：

$$d = 60\text{cm}, \quad n_0 \approx 1, \quad R_1 \approx 1, \quad R_2 \approx 0.98, \quad \alpha_c \approx 0$$

将得到

$$t_c \approx 20 \times 10^{-8}\,\text{s}$$

另外，对于氦氖激光器

$$t_{\text{sp}} \approx 10^{-7}\,\text{s}, \quad n_0 \approx 1, \quad \lambda_0 \approx 6328\text{Å}$$

给出（利用式(27.55)计算）

$$(N_2 - N_1)_{\text{th}} \approx 1.5 \times 10^{8}\,\text{cm}^{-3}$$

对于一个给定的 $N_2 - N_1$ 值（大于阈值），图 27.35 给出了一个典型的增益曲线 $\gamma(\nu)$（带宽大约是 1300MHz），其中的水平线高度值为

$$\frac{1}{(c/n_0)t_c} \tag{27.60}$$

当 $n_0 \approx 1$，$t_c \approx 2 \times 10^{-7}\,\text{s}$ 时，上式值是 $1.7 \times 10^{-4}\,\text{cm}^{-1}$。假设氦氖激光器的长度是 60cm，则纵模间隔是

$$\delta\nu = \frac{c}{2d} \approx 250\text{MHz} \tag{27.61}$$

从图 27.35 中可以看出，存在七个纵模的增益大于损耗，可以起振。然而，如果 d 只有 10cm，则

$$\delta\nu \text{ 将为 } 1500\text{MHz}$$

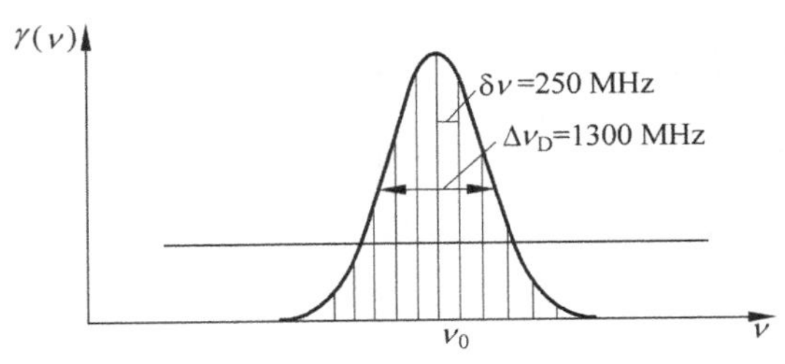

图 27.35 对于一个给定的 $N_2 - N_1$ 值一个典型的增益曲线 $\gamma(\nu)$。图中竖线代表腔的纵模

此时,只有一个模式可以振荡。(d 改变后)t_c 的值以及图 27.35 中水平线的高度值将有微小改变。更多的例子参见文献[27.24]。

27.7 线型函数 目标 5

由于线型函数 $g(\omega)$决定了粒子数反转的阈值(见式(27.55)),现在离开正题,先讨论一下在不同条件下 $g(\omega)$的典型形式。

首先考虑由气体原子的热运动导致的多普勒展宽,因为氦氖激光器(几乎是最常用的激光器)的谱线展宽机制主要是源于多普勒展宽。

27.7.1 多普勒展宽

在天文学中,可以通过测量光谱线的多普勒频移来确定恒星和星系的运动(不论是远离我们而去还是向着我们而来)。当 $v/c \ll 1$ 时,有

$$\omega - \omega_0 = \pm \omega_0 \frac{v}{c} \tag{27.62}$$

正号表示光源朝着观察者运动,负号表示光源背离观察者运动(参见 32.2 节)。当恒星运动背离观察者而去时,测量到的频率要稍小于实际值,产生著名的谱线红移现象。对于原子,从统计角度看,速度在 z 方向的分量处于 $v_z \sim v_z + \mathrm{d}v_z$ 的概率满足麦克斯韦分布:

$$P(v_z)\mathrm{d}v_z = \left(\frac{M}{2\pi k_B T}\right)^{1/2} \exp\left(-\frac{Mv_z^2}{2k_B T}\right)\mathrm{d}v_z \tag{27.63}$$

其中 M 表示原子质量,T 表示气体的绝对温度。注意到(利用附录 A 中的公式)

$$\int_{-\infty}^{+\infty} P(v_z)\mathrm{d}v_z = 1$$

实际上,总概率为 1 是必须的。跃迁频率位于 $\omega \sim \omega + \mathrm{d}\omega$ 的概率 $g(\omega)\mathrm{d}\omega$ 等于原子速度在 z 方向分量处于 $v_z \sim v_z + \mathrm{d}v_z$ 的概率,其中 v_z 满足

$$v_z = \frac{\omega - \omega_0}{\omega_0} c \tag{27.64}$$

这样

$$g(\omega)\mathrm{d}\omega = \frac{c}{\omega_0}\left(\frac{M}{2\pi k_B T}\right)^{1/2} \exp\left[-\frac{Mc^2}{2k_B T}\frac{(\omega - \omega_0)^2}{\omega_0^2}\right]\mathrm{d}\omega \tag{27.65}$$

这是一个高斯分布。其线型函数的峰值在 ω_0 处,其 FWHM(半高全宽)是

$$\Delta\omega_D = 2\omega_0\left(\frac{2k_B T}{Mc^2}\ln 2\right)^{1/2} \tag{27.66}$$

下标 D 表示是多普勒效应引起的展宽。利用 $\Delta\omega_D$ 的表达式可将式(27.65)改写成

$$g(\omega)\mathrm{d}\omega = \frac{c}{\Delta\omega_D}\left(\frac{\ln 2}{\pi}\right)^{1/2} \exp\left[-4\ln 2\frac{(\omega - \omega_0)^2}{\Delta\omega_D^2}\right]\mathrm{d}\omega \tag{27.67}$$

此式满足归一化公式(27.73)。

氦氖激光器的典型高斯线型函数如图 27.33 所示。

27.7.2 自然展宽

与自发辐射相关的频谱展宽由洛伦兹线型函数描述:

$$g(\omega)=\frac{1}{2\pi t_{sp}}\frac{1}{(\omega-\omega_0)^2+\frac{1}{4t_{sp}^2}} \tag{27.68}$$

式中，

$$t_{sp}=\frac{1}{A_{21}} \tag{27.69}$$

表示自发辐射寿命。洛伦兹线型的半高全宽是

$$\Delta\omega=\frac{1}{t_{sp}}=A_{21} \tag{27.70}$$

利用 $\Delta\omega$ 的形式，式(27.68)可以改写成

$$g(\omega)=\frac{\Delta\omega}{2\pi}\frac{1}{(\omega-\omega_0)^2+\left(\frac{\Delta\omega}{2}\right)^2} \tag{27.71}$$

得到线型函数的峰值为

$$g(\omega_0)=\frac{2}{\pi(\Delta\omega)} \tag{27.72}$$

此外，可以得到归一化条件

$$\int_0^{\infty}g(\omega)\mathrm{d}\omega\approx\int_{-\infty}^{+\infty}g(\omega)\mathrm{d}\omega=1 \tag{27.73}$$

27.7.3　碰撞展宽

气体中，各原子间存在着随机碰撞。在这样的碰撞过程中，当原子间距离很近时，原子经过相互作用会改变原子的能级结构，导致谱线呈洛伦兹线型函数结构

$$g(\omega)=\frac{\tau_0}{\pi}\frac{1}{1+(\omega-\omega_0)^2\tau_0^2} \tag{27.74}$$

其中 τ_0 表示平均碰撞时间①；函数的半高全宽是

$$\Delta\omega_c=\frac{2}{\tau_0}$$

对于一个典型的气体激光器，有 $\tau_0\approx10^{-6}$ s，对应的谱宽为

$$\Delta\omega_c\approx2\mathrm{MHz}$$

或者

$$\Delta\nu_c\approx0.3\mathrm{MHz}$$

对于氦氖激光器，多普勒展宽谱宽约为 1300MHz(见例 27.6)；另一方面，自然展宽大约是 20MHz，在气压为 0.5Torr 时的碰撞展宽是 0.64MHz。因此，对于典型的氦氖激光器参数，多普勒展宽占主导地位，远大于自然展宽和碰撞展宽。

对于众多的线型展宽机制，可以粗略地将它们分为均匀展宽和非均匀展宽两类。对于如碰撞展宽或是自然展宽的展宽机制，其每个原子的展宽响应都遵循同样的形式。像这类的展宽机制归类为均匀展宽。另一方面，对于多普勒效应展宽，或者源于局部晶格的不均

① 关于式(27.74)的推导在许多参考书中都可以找到，比如，可以参阅文献[27.20]的 8.8.2 节。

匀引起的展宽,单个原子的不同响应体现出对中心频率不同的移动,从而造成原子系统整体的响应而表现出频谱的整体展宽,这种形式的展宽属于非均匀展宽。如果造成非均匀展宽效应的来源是随机的,则展宽线型是高斯型的。相反,均匀展宽一般而言表现为洛伦兹线型。

再回头看看式(27.55),注意到,要使原子系统粒子数反转的阈值降低,需要以下条件:

(1) t_c 的值应该大,亦即腔的损耗必须小。

(2) 在线型函数中心处,对于洛伦兹线型有 $g(\omega)\approx 0.64/\Delta\omega$,对于高斯线型有 $g(\omega)\approx 0.94/\Delta\omega$(见式(27.72)和式(27.58)),因此,(线宽)$\Delta\omega$ 越小,粒子数反转阈值越低。

(3) t_{sp} 值很小(即自发辐射跃迁速率高)也会降低粒子数反转的阈值。但是在这里必须注意到,弛豫过程越短,要保持一个给定数目的粒子数反转状态所需要的泵浦功率越大。一般而言,跃迁的弛豫时间越长,粒子数反转状态越容易实现。

(4) 在线型中心处,$g(\omega)$值与 $\Delta\omega$ 成反比,而线宽 $\Delta\omega$(比如对于多普勒展宽)正比于 ω(见式(27.57))。这样,粒子数反转阈值大约正比于 ω 的三次方(不考虑其他因素也与频率相关)。所以,在红外波段比在紫外波段更容易实现激光振荡。

27.8 红宝石激光器的典型参数 目标6

为了了解获得激光振荡需要的粒子数反转程度到底是多少,将红宝石激光器作为例子(见27.3节)。考虑激光器振荡在对应于激光辐射谱线峰值的频率下,假定晶体中 Cr^{3+} 的浓度是0.05%,对应的布居数是

$$N=1.6\times 10^{19}\text{ 个 }Cr^{3+}/cm^3$$

对于红宝石激光器,线型是均匀展宽的,在峰值处 $g(\omega)$的值为 $2/(\pi\Delta\omega)$。因此,粒子数反转的阈值是

$$(N_2-N_1)_{th}=\frac{\omega^2 n_0^3 t_{sp}}{\pi^2 c^3 t_c g(\omega)}=\frac{4\pi^2 n_0^3}{\lambda_0^3}\cdot\frac{\Delta\omega}{\omega}\cdot\frac{t_{sp}}{t_c}\tag{27.75}$$

式中,λ_0 是自由空间的波长,t_{sp} 是激光上能级自发辐射的弛豫时间,t_c 是腔寿命。对红宝石激光器的跃迁,有

$$\lambda_0=6943\text{Å}\quad\Rightarrow\quad\omega\approx 2.715\times 10^{15}\,s^{-1}$$

$$\Delta\omega\approx 9.4\times 10^{11}\,s^{-1},\quad t_{sp}\approx 3\times 10^{-3}\,s,\quad n_0=1.76$$

其中 n_0(=1.76)代表红宝石的折射率。如果假定腔的长度是5cm,激光循环一次的损耗是10%,则 $x=0.1$,利用式(27.50),可以得到

$$t_c\approx 6\times 10^{-9}\,s$$

将上述参数都代入式(27.75)中,可以计算出粒子数反转数密度的阈值

$$(N_2-N_1)_{th}\approx 1.1\times 10^{17}\text{ 个 }Cr^{3+}/cm^3$$

由于红宝石中 Cr^{3+} 的总密度大约为 $1.6\times 10^{19}\,cm^{-3}$,所需的粒子数反转的离子数只占很少的一部分。

下面将近似地计算要保持粒子数反转分布所需要的最小泵浦功率。既然 t_{sp} 代表激光介质上能级自发辐射的弛豫时间,则单位时间内从激光介质上能级上减少的原子数大约是 N_2/t_{sp}。要将一个原子泵浦到能级2,至少需要数量为 $h\nu_p$ 大小的能量,ν_p 是平均泵浦频

率。因此，为保持处于能级 2 的原子数 N_2，需要消耗在(单位体积激活介质上)最小的光功率 P 是

$$P=\frac{N_2 h\nu_{\mathrm{p}}}{t_{\mathrm{sp}}} \tag{27.76}$$

此时，既然 $(N_2-N_1)_{\mathrm{th}} \ll N$($N$ 表示单位体积内的总原子数)，可以有

$$N_2 \approx \frac{N}{2} \tag{27.77}$$

所以，在一个三能级系统中，为保持所需的粒子数反转，单位体积内所需要的最小泵浦功率是

$$P_{\mathrm{th}}=\frac{N}{2}\frac{h\nu_{\mathrm{p}}}{t_{\mathrm{sp}}} \tag{27.78}$$

取平均泵浦频率为

$$\nu_{\mathrm{p}} \approx 6.25\times 10^{14}\,\mathrm{Hz}$$

(即在吸收频带上绿光到紫光的平均)，因此，有

$$P_{\mathrm{th}} \approx \frac{1.6\times 10^{19}}{2}\,\frac{6.6\times 10^{-34}\times 6.25\times 10^{14}}{3\times 10^{-3}}\mathrm{W/cm^3} \approx 1100\mathrm{W/cm^3}$$

如果假设泵浦源的利用率是 25%，并且穿过红宝石棒只有 25% 被吸收，则消耗在激活介质上相应的电功率阈值为 $18\mathrm{kW/cm^3}$。这与实验中得到的阈值功率符合得很好。

对于红宝石激光器，阈值功率的计算特别简单，因为只牵涉三个能级。通常，为了要计算(在给定的泵浦效率)实际涉及激光激射的跃迁能级间的粒子数反转差的稳定值，以及跃迁时能达到的粒子数反转的粒子数(如果能够计算的话)，还需要计算为了激光器的连续波运行维持稳定的粒子数反转所需的最小泵浦功率，则必须求解在泵浦之下以及激光辐射存在时，描写不同能级粒子布居数变化规律的方程组。该方程组称为“速率方程组”，在很多文献中都有讨论，可以参见文献[27.4]，文献[27.9]，文献[27.16]，文献[27.17]。必须指出，即使对于三能级激光系统，方程 $N_2\approx N/2$ 只是近似成立(见式(27.77)。无须解速率方程组)。但要得到更加精确的表示式，就必须求解速率方程组。

27.9　激光束的单色性　　目标 7

图 27.36 显示了与激光器相关的各种不同的谱宽概念。展宽的实曲线代表源于激光介质多普勒展宽的频谱宽度。以工作频率在 6328Å 的氦氖激光器为例，多普勒展宽约为 1300MHz。位于宽曲线下的是代表腔模式的尖峰。相邻两个模式间的频率间隔是 $c/(2d)$(参见式(27.6)和式(27.61))，一个典型激光腔长是 60cm，对应的间隔就是 250MHz，它比多普勒展宽要小很多(参见例 27.6)。前面已经提到过，腔内的各种损耗也会导致腔模式的展宽。因而，一个 60cm 长的腔循环一周损耗的比例是 4×10^{-2}，腔模式的线宽约为 1.5MHz。它比两个相邻腔模式的频率间隔也小很多。当腔内的损耗能被置于腔内的激活介质放大的作用补偿时，结果激光辐射曲线变得非常窄，它只受自发辐射(是随机的)和谐振腔参数起伏的影响。当只考虑受随机的自发辐射的影响时，起振激光的最终线宽可

以表示为[①]

$$(\delta\nu)_{sp} \approx \frac{2\pi(\Delta\nu_p)^2 h\nu_0}{P^0}$$

式中，ν_0 是谐振频率，P^0 是输出功率，另外，有

$$\Delta\nu_p = \frac{1}{2\pi t_c}$$

称为无源腔线宽，t_c 是腔寿命(见27.6.2节)。下标sp表示线宽源于自发辐射。式中$(\delta\nu)_{sp}$随输出功率的增加而减少，这是因为在镜面的透射率给定后，P^0 的增加就意味着谐振腔内激光功率的增加，这样受激辐射就超越自发辐射占主导地位了。

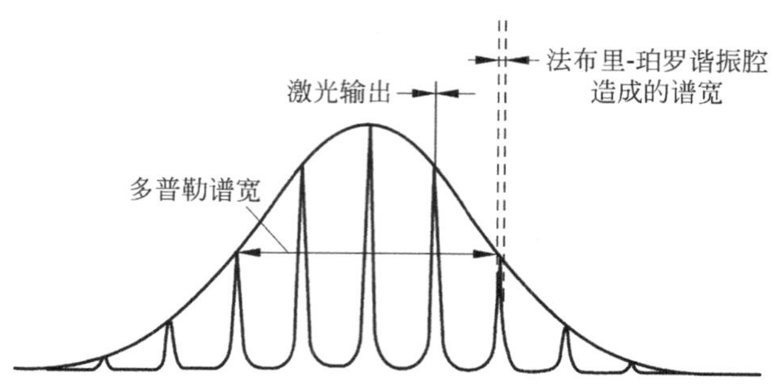

图27.36 实线表示一个典型的多普勒展宽谱线，间隔很近的腔模式表现为实线下的窄尖峰，这些窄尖峰谱线代表激光器的输出谱(参见文献[27.21])

作为一个典型的例子，$\Delta\nu_p = 1\text{MHz}$，$P^0 = 1\text{mW} = 10^{-3}\text{W}$，$h\nu = 2\times10^{-19}\text{J}$(对应红色光谱区域)，得到$(\delta\nu)_{sp} \approx 10^{-3}\text{Hz}$，这确实是一个非常小的量！因此，激光器最终的单色性是由腔内的自发辐射决定的，这是由于自发辐射引起的辐射是非相干的。然而，在实际中，激光器的单色性受到许多外部因素的限制，像温度的起伏、光学谐振腔的机械振动等。例如，假设一个模式的谐振频率由式(27.4)给出。当长度变化 Δd 时，引起频率的变化量 $\Delta\nu$ 为

$$\frac{\Delta\nu}{\nu} = \frac{\Delta d}{d}$$

因此，当 $d \approx 50\text{cm}$ 时，假定 Δd 可以稳定在1Å以内，则对于 $\nu \approx 5\times10^{14}\text{Hz}$ 激光，有

$$\Delta\nu \approx 10^5\,\text{Hz}$$

这个展宽比$(\delta\nu)_{sp}$大很多。在此需要提及，$\Delta\nu \approx 10^5\text{Hz}$ 的频率范围对应波长范围是 $\Delta\lambda \approx 10^{-6}$Å。实际上，一个单模的氦氖激光器，其线宽确实能达到 $\Delta\nu \approx 10^5\text{Hz}$；另一方面，一个多模氦氖激光器，其 $\Delta\lambda \approx 0.02$Å，意味着其相干长度是20cm。

27.10 拉曼放大和拉曼激光器 目标8

首先讨论拉曼散射效应的物理机制。当一束单色光被一透明介质散射时，将观察到以下现象：

(1) 超过99%的散射光具有与入射光束相同的频率，这就是在7.6节中已经讨论过的

① 参阅文献[27.22]。

瑞利散射。天空呈现蓝色是源于瑞利散射，光从光纤的侧面出射（参见图 28.2）也是源于瑞利散射。

（2）有一小部分散射光与入射光束的频率不同，主要原因如下：

（a）入射光引起分子的平动——这会导致频率移动。然而该频移通常非常小且很难测量，这种散射称为布里渊散射①。

（b）入射光子能量 $h\nu$ 的一部分传递给散射分子作为分子的转动（或者振动）形式能量，于是散射光子的能量变小为 $h\nu'$，产生所谓的拉曼-斯托克斯谱线（见图 27.37(a)和图 27.38）。

（c）光子经历一个由已在激发态的分子所引起的散射，该分子去激发回到一个低能态。在这个过程中，入射光子占有这个多余的能量，散射光子的频率升高，产生所谓的的拉曼-反斯托克斯谱线（见图 27.37(b)和图 27.38）。

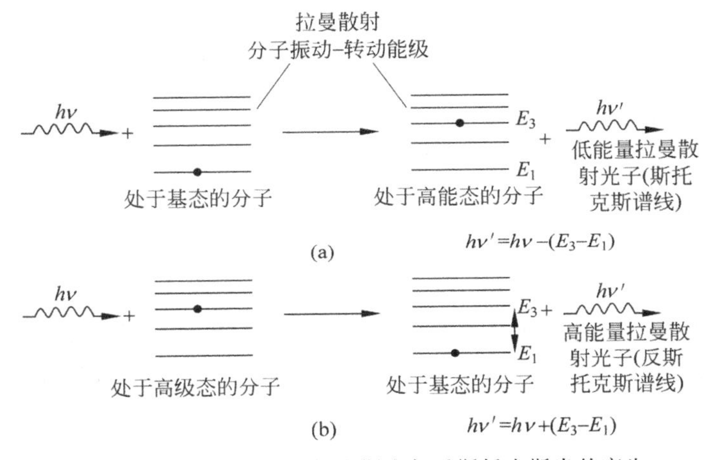

图 27.37　拉曼散射斯托克斯光与反斯托克斯光的产生

拉曼-斯托克斯线和拉曼-反斯托克斯线的能量差分别是 $h\nu-h\nu'$ 和 $h\nu'-h\nu$，它们对应着分子转动（或振动）能级之间的差别，分子转动或者振动是其自身的特性。

$h\nu-h\nu'$ 和 $h\nu'-h\nu$ 通常称作拉曼频移（见图 27.38），与入射光的频率无关。通过对拉曼光谱的仔细分析可以获知分子的结构，这说明了拉曼效应有多么重要。图 27.38 是 CCl_4 分子拉曼光谱的强度分布。

在光谱学中，原子或者分子的能级，以及光子的能量可以用波数单位来表示，波数单位定义为原子、分子能级，或光子能量与 hc 的比值，其中 $h(\approx 6.63\times10^{-27}\,\mathrm{erg\cdot s})$ 是普朗克常量，$c(\approx 3\times10^{10}\,\mathrm{cm/s})$ 是自由空间的光速（在光谱学中，人们习惯于采用 CGS 单位制）。以波数单位表示的分子（或原子）能级通常用符号 T_n 表示

$$T_n=\frac{E_n}{hc}$$

光子能量是 $h\nu$，因此，用波数单位表示为

$$\frac{h\nu}{hc}=\frac{\nu}{c}=\frac{1}{\lambda}$$

① 频率移动一般用 $\Delta\bar{\nu}$ 表示，单位是波数（单位波长包含多少完整波）。该单位将在本节后面阐述。对于布里渊散射，$\Delta\bar{\nu}\lesssim$（是小于约等于符号）$0.1\,\mathrm{cm}^{-1}$；然而，拉曼散射 $\Delta\bar{\nu}\gtrsim$（是大于约等于符号）$10^4\,\mathrm{cm}^{-1}$。

其恰好是波长的倒数，通常用符号 $\tilde{\nu}$ 表示，有

$$\tilde{\nu}=\frac{1}{\lambda}$$

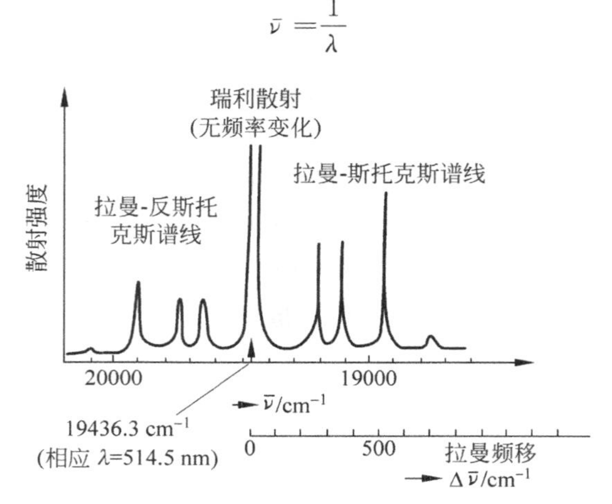

图 27.38　被氩离子激光器输出的 514.5nm 激光激发的 CCl_4 拉曼光谱①(图片采自 http://epsc.wustl.edu/Haskin-group/Raman/faqs.htm)

氢原子的能级用波数单位表示为

$$T_n=\frac{E_n}{hc}=-\frac{R}{n^2},\quad n=1,2,3,\cdots$$

其中 R(≈109678cm^{-1})称作里德伯常量，n(1,2,3,…)是能态的总量子数目。因此，对应于从 $n=3$ 到 $n=2$ 的跃迁(巴耳末线系的一条谱线)，将发射一个光子，其波数是

$$\tilde{\nu}=-R\left(\frac{1}{9}-\frac{1}{4}\right)=\frac{5}{36}\times 109678\text{cm}^{-1}\approx 15233\text{cm}^{-1}$$

其倒数(6.56×10^{-5}cm)表示发射光子的波长。

图 27.38 是利用氩离子激光器波长为 5.145×10^{-5}cm 的输出激光(用波数表示是 19436.3cm^{-1})作为入射光，激发的 CCl_4 分子②的拉曼光谱的强度分布。光谱图中心的尖峰对应瑞利散射光的波长。斯托克斯谱线的频移与反斯托克斯谱线频移相同，只是反斯托克斯谱线的强度弱很多。这是因为在室温下，处于基态的分子数要远大于处于激发态的分子数，这导致反斯托克斯谱线强度很低。图 27.39 显示了 CCl_4 分子在汞灯的 4046Å 谱线照射下的实际拉曼谱。在此简述一下，发现拉曼效应的过程是有趣的，1928 年 2 月 28 日，克里施南(K. S. Krishman)和拉曼(C. V. Raman)利用像

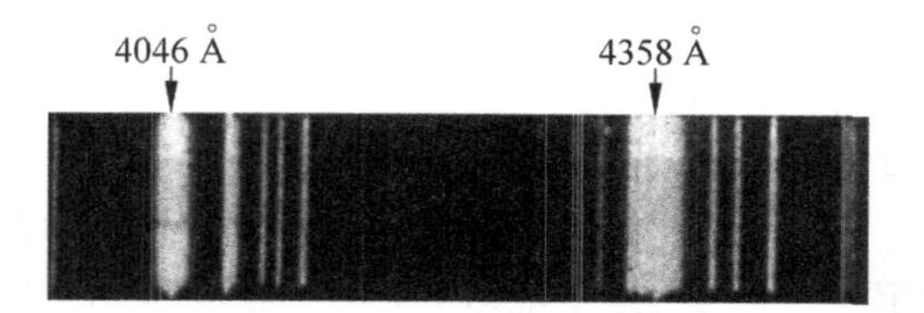

图 27.39　观察到的水银灯输出的 4046Å 和 4358Å 谱线在 CCl_4 上的拉曼散射谱。图片采自 1930 年拉曼获得诺贝尔奖时的讲演报告

① 译者搜寻了这个网址，网址已经失效了。译者认为图 27.38 的横轴单位不应该是波数 $\tilde{\nu}$，而应该是波长。因为斯托克斯谱线的频率应该比入射光频率小，而反斯托克斯谱线的频率比入射光频率高。如果斯托克斯谱线在入射光谱线的右侧，则横轴单位应该是波长。无论如何，图中拉曼谱的分布位置是对的，读者只要知道横轴单位需要调整。——译者注

② 氢和氘混合气体(在 λ=488nm 的激光束照射下)的拉曼光谱，在文献[27.23]中有详细讨论。

戊烷之类的多种有机气体做实验，观察到了“拉曼效应”，他们称之为“新散射辐射”。拉曼于2月29日在报纸上做了声明，并于3月8日向《自然》杂志提交了题为“光散射中的波长变化”的论文。论文在4月21日发表。尽管在文章中，拉曼承认现象是由克里施南和他自己共同发现的，但拉曼是文章作者，所以这种现象一开始被命名为拉曼效应，尽管还有许多科学家(尤其是印度科学家)一直称之为拉曼-克里施南效应。随后，拉曼和克里施南又写了几篇相关文章。拉曼在1930年“因为他在光散射方面的工作，并发现了以他名字命名的拉曼效应”获得诺贝尔奖。几乎是在同时，苏联的兰茨贝格(Landsberg)和曼德尔施塔姆(Mandel'shtam)也正在做光散射方面的工作，根据曼德尔施塔姆的说法，他们在1928年2月21日就发现了“拉曼谱线”，但是他们只是在1928年4月一次会议上报告出来，直到5月6日才将他们的实验结果写成文章提交给《科学和自然杂志》(*Naturwissenschaften*)，但这一切都太迟了。很久以后，苏联和俄罗斯的科学家们一直称拉曼散射为曼德尔施塔姆-拉曼散射。为了更好地了解拉曼散射的历史，建议读者可以阅读文卡塔拉曼(G. Venkataraman)的书《走进光：拉曼的生命与科学》，由企鹅图书(Penguin Books)出版社发行(1994年)。

在发现拉曼效应30年之后的1958年，拉曼为大英百科全书写了一篇关于“拉曼效应”的文章。在文章中提到：“气体中分子的转动能级使拉曼效应更容易观察到。一系列十分接近的，然而确实是离散的拉曼谱线分布在入射谱线的两边。对于液体，在同一个区域通常只能观察到一连续的谱线翼或者说是谱线带，显示出在密度大的液体中，分子的转动受到了分子间碰撞的阻碍。另一方面，分子内部的振动在任何情况下都会造成较大波长移动。与其相应的拉曼谱线与原来母线(即入射谱线)明显分开，因此更加容易识别与测量。”

在受激拉曼辐射中，由普通拉曼效应产生的辐射去激发进一步的拉曼辐射。这个效应可以导致通常所说的光束的“拉曼放大”。

在熔融石英中，由于相邻 SiO_2 分子间的相互作用，振动能带非常宽，这导致一个非常宽的，处于 $430\sim470cm^{-1}$ 的拉曼频移区(对应的拉曼频移处于 13～14THz($1THz=10^{12}Hz$))。如果利用一个波长是1450nm($\bar{\nu}=6897cm^{-1}$)的泵浦光，此时波长为1550nm($\bar{\nu}=6452cm^{-1}$，这是光纤通信常用的波长)的输入光束经过受激拉曼散射($\Delta\bar{\nu}=445cm^{-1}$)而得到放大，如图27.40(a)所示。在一条长为30km的实际商用的单模光纤中，在强度为500mW的泵浦激光下，可以得到大约15dB的拉曼增益(亦即放大了约30倍)。

类似地，如果要放大一个波长为1300nm($\bar{\nu}=7692cm^{-1}$，也是光纤通信常用的波长)的入射光，则泵浦光源的波长必须约为1230nm($\bar{\nu}=8130cm^{-1}$)，如图27.40(b)所示。这是拉曼光纤放大器最大的优点，即可以放大任意波长的入射光，只要选择频率相差13.5THz(等价波数间隔约为 $450cm^{-1}$)的泵浦光即可。另一方面，回顾一下掺铒光纤放大器(EDFA)，它只能放大波长位于1550nm附近的信号光；然而所需要的泵浦激光功率要小很多。

利用以上原理可以制造级联的拉曼激光器(见图27.41)。图中垂直的短线标记表示光纤布拉格光栅(FBG)，每个光栅对其上面所标明波长的光有很强的反射效果(参见15.6节对FBG简单的介绍)。因此，入射波长为1100nm($\approx9091cm^{-1}$)的光将产生波长为1155nm($\approx8658cm^{-1}$，拉曼频移约是 $433cm^{-1}$)的拉曼散射谱线。这种在两个FBG之间产生的谐

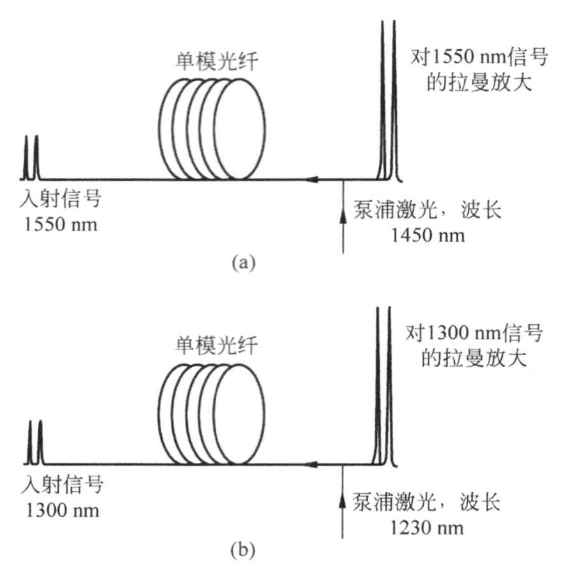

图 27.40　在光纤中对 1550nm 和 1300nm 波长信号光进行拉曼放大

振在 1155nm 处有一个峰值的反射率。现在，这个波长为 1155nm($\approx 8658\text{cm}^{-1}$)的光束会产生波长为 1218nm($\approx 8210\text{cm}^{-1}$，意味着拉曼频移是 448cm^{-1})的拉曼散射谱线，此时在对应的两个 FBG 之间的谐振在 1218nm 处有反射的峰值，等等。用这种方法可以使激光器从 1100～1600nm 产生多个波长的输出(如图 27.41 所示)。

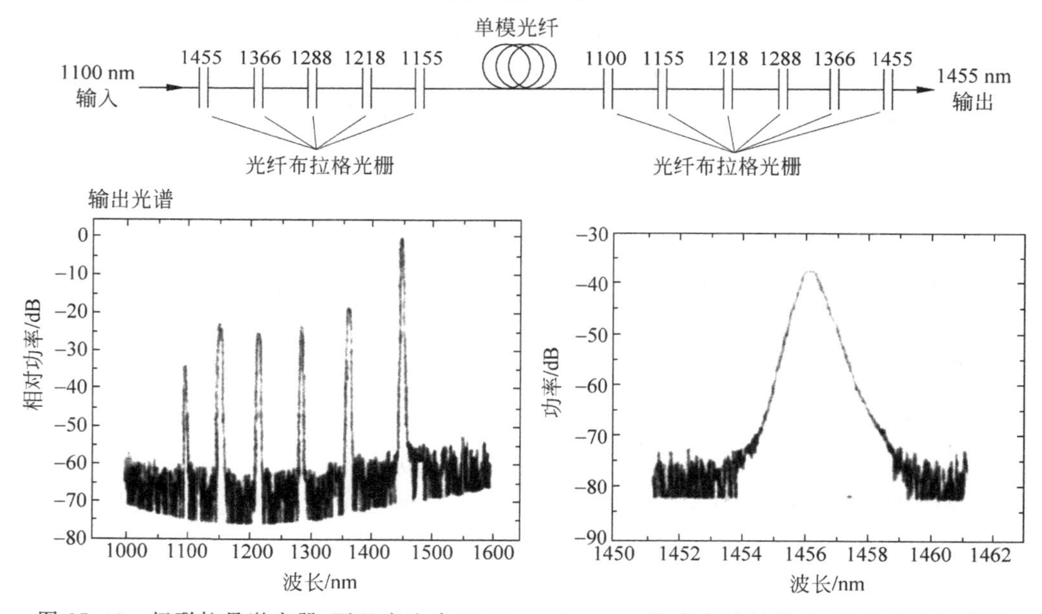

图 27.41　级联拉曼激光器，可以产生介于 1100～1600nm 的多个波长输出(图片引自罗特维特(K. Rottwitt)关于“光纤拉曼放大器”的讲义。K. Rottwitt 供职于位于加尔各答的 CGCRI 公司)

小　　结

- 激光器“LASER”取名于 light amplification by stimulated emission of radiation 的首字母缩写。激光器输出的光具有一些非常特殊的性质，其中有①方向性好：因为激光光束可以被聚集在只有几平方微米的区域，可以用来进行外科手术、材料加工、光碟读写等。②功率高：连续波激光器的功率可以达到约 10^5W 的水平，脉冲激光器的脉冲总能量可以达到 50000J 的水平，可以用于焊接、切割和激光聚变等。③光谱单色性好：激光束可以有非常窄的谱线宽度 $\Delta\lambda$，可以用在全息术、光通信和光谱分析等领域。
- 爱因斯坦提出，当一个原子处在激发态时，除了有自发辐射外，也可以通过受激辐射的方式跃迁到低能态，这个过程需要由一个频率合适的入射信号光引发处于激发态的原子跃迁，结果入射光得到放大。如果能够实现粒子数反转状态，也就是处于原子上能级的布居数大于处于下能级的布居数，则受激辐射强度要超过受激吸收强度，从而实现对光束的光放大。
- 任意一个激光器都由三个部分组成。

  (1) 激活介质：它可以是原子、分子或离子(以固体、液体或气体形式)的集合。激活介质具有放大光波的能力。

  (2) 泵浦机制：可以使激活介质原子系统的一对能级之间实现粒子数反转态。

  (3) 光学谐振腔：实现反馈作用。
- 通过泵浦机制，可以建立激光器谐振腔内激活介质的粒子数反转状态。谐振腔内的自发辐射激发了不同的腔模式。那些从激光器激活介质中获得的增益大于损耗的模式可以得到放大。模式的幅度快速增长，直到上能级粒子布居数达到一个临界值，使增益等于损耗，此时模式将进入稳定振荡状态。
- 两个相对的镜面组成一个谐振腔。谐振模式的离散频率由式 $\nu=\nu_m=m\dfrac{c}{2d}$ 给出。不同的 m 对应着不同谐振频率，从而形成了腔的不同纵模。例如，谐振腔的长度为 $d\approx60$cm 时，工作频率是 $\nu\approx5\times10^{14}$Hz(对应波长是 $\lambda=6000$Å)，可以得到 $m\approx2\times10^6$。
- 西奥多·梅曼于 1960 年用红宝石晶体实现了第一台激光器的成功运转($\lambda\approx0.694\mu$m)。几个月后，阿里·贾万和他的助手实现了第一台气体激光器的运转($\lambda\approx0.633\mu$m)，即氦氖激光器。
- 如果将一根光纤(掺杂铒或钕)放在两个镜面(充当谐振腔)之间，再加上合适的泵浦，就形成了一个光纤激光器。在 1961 年，第一台光纤激光器(用掺杂 Nd^{+3} 的冕牌玻璃制成增益介质)由伊莱亚斯·史尼泽制造成功。
- 激光器谐振所需的粒子数反转阈值由下式给出：

$$(N_2-N_1)_{\mathrm{th}}=\frac{\omega^2 n_0^3 t_{\mathrm{sp}}}{\pi^2 c^3 t_c g(\omega)}$$

式中，t_{sp} 是自发辐射寿命，t_c 是无源腔的寿命，$g(\omega)$ 是线型函数。对于氦氖激光

器,有

$$g(\omega)=\frac{2}{\Delta\omega_D}\left(\frac{\ln 2}{\pi}\right)^{\frac{1}{2}}\exp\left[-4\ln 2\,\frac{(\omega-\omega_0)^2}{\Delta\omega_D}\right]$$

式中,$\Delta\omega_D=2\omega_0\left(\frac{2k_BT}{Mc^2}\ln 2\right)^{\frac{1}{2}}$,代表半高全宽(FWHM),$k_B$ 是玻尔兹曼常量,T 是气体的绝对温度,M 是参与激射过程的原子的质量(比如氦氖激光器中的氖原子)。注意到,N_2-N_1 的最小阈值对应线型函数的中心,此处 $g(\omega)$是最大值。对于氦氖激光器,$T=300\text{K}$,$\Delta\omega_D\approx 8230\text{MHz}$,给出 $g(\omega_0)\approx 1.1\times 10^{-10}\text{s}$。假设 $M=20M_H\approx 3.3\times 10^{-23}\text{g}$,$t_c\approx 10^{-7}\text{s}\approx t_{sp}$,$n_0\approx 1$,得到$(N_2-N_1)_{th}\approx 4\times 10^8\text{cm}^{-3}$。

习　　题

27.1 在 MKS 单位制下确定 $u(\omega)$、u_ω、A 和 B 的单位。

[**答案**:$\text{J}/(\text{s}\cdot\text{m}^3)$;$\text{J}/\text{m}^3$;$\text{s}^{-1}$;$\text{m}^3/(\text{J}\cdot\text{s}^2)$]

27.2 氢原子 $2P\to 1S$ 的跃迁,计算所发射的光子频率 ω。假定 $2P$ 态的自发辐射寿命为 1.6ns,$n_0\approx 1$,计算爱因斯坦 B 系数。

[**答案**:$\omega\approx 1.5\times 10^{16}\text{Hz}$,$B_{21}\approx 4.2\times 10^{20}\text{m}^3/(\text{J}\cdot\text{s}^2)$]

27.3 (1) 考虑一氦氖激光器的腔寿命 $t_c\approx 5\times 10^{-8}\text{s}$,如果 $R_1=1.0$,$R_2=0.98$,$n_0\approx 1$,计算腔长度。

(2) 计算 $\Delta\nu_p$,并与纵模间隔 $\delta\nu$ 进行比较。

[**答案**:(1) $d\approx 15\text{cm}$;(2) $\Delta\nu_p\approx 3.2\text{MHz}$;$\delta\nu\approx 1\text{GHz}$]

27.4 典型氦氖激光器($\lambda=6328\text{Å}$),$d\approx 20\text{cm}$,$R_1\approx R_2\approx 0.98$,$\alpha_c\approx 0$,$t_{sp}\approx 10^{-7}\text{s}$,$\Delta\nu_D\approx 1.3\times 10^9\text{Hz}$,$n_0\approx 1$。计算 t_c 和$(N_2-N_1)_{th}$。

[**答案**:33ns;$8.8\times 10^8\text{cm}^{-3}$]

27.5 考虑钠光的 D_1 线($\lambda\approx 5890\text{Å}$)

(1) 自发辐射寿命 $t_{sp}\approx 16\text{ns}$,试计算 $\Delta\nu_N$ 和 $\Delta\lambda_N$。

(2) 假定 $T=500\text{K}$,计算 $\Delta\nu_D$ 和 $\Delta\lambda_D$。

($k_B\approx 1.38\times 10^{-23}\text{J/K}$;$M_{Na}\approx 23M_H$;$M_H\approx 1.67\times 10^{-27}\text{kg}$)

[**答案**:$\Delta\lambda_N\approx 10^{-4}\text{Å}$;$\Delta\lambda_D\approx 0.02\text{Å}$]

27.6 CO_2 激光器中($\lambda\approx 10.6\mu\text{m}$),激射跃迁发生在 CO_2 分子的两个振动能级之间。在 $T\approx 300\text{K}$ 时,计算多普勒线宽 $\Delta\nu_D$ 和 $\Delta\lambda_D$($M_{CO_2}\approx 44M_H$)。

[**答案**:$\Delta\nu_D\approx 53\text{MHz}$;$\Delta\lambda_D\approx 0.2\text{Å}$]

27.7 考虑一光束所有频率位于 $\nu=\nu_0=5.0\times 10^{14}\text{Hz}\sim\nu=5.00002\times 10^{14}\text{Hz}$,正入射到一 $R=0.95$ 的谐振腔上(见图 27.24),$n_0=1$,$d=25\text{cm}$。计算(在上述频率范围内)从谐振腔输出的光频率,以及相应的模式号。

[**答案**:$\nu=\nu_0+400\text{MHz}(m=833,334)$,
$\nu_0+1000\text{MHz}(m=833,335)$,
$\nu_0+1600\text{MHz}(m=833,336)$]

27.8 在图27.26中，如果 $d=2R_1=2R_2$，证明：所有通过反射镜共同曲率中心的光线将追溯它们原来通过的路径，因此光线被陷获在腔内。

27.9 考虑一氦氖激光器（$\lambda_0=0.6328\mu m$），$d=30cm$，$n_0\approx1$，$R_1\approx1$，$R_2\approx0.99$。计算无源腔的线宽 $\Delta\nu_p$ 和无源腔的寿命 t_c。可以假定 $\alpha_c\approx0$。

[**答案**：0.8MHz，0.2μs]

27.10 （1）对于习题27.9中的氦氖激光器，如果输出功率是0.5mW，计算最终线宽 $(\delta\nu)_{sp}$。

（2）讨论为了得到上述最终线宽腔反射镜位置的稳定性问题，即位置涨落 Δd 的最大范围。

第28章 光纤光学Ⅰ：基于射线光学的基本概念

"我听到了光线的笑声和歌唱声。我们可以通过光在任意可见的距离内交谈而不需一根导线。"

——亚历山大·格雷厄姆·贝尔(1880年)

(在利用光作为载波将语音信号成功传输超过200m之后的讲演)

学习目标

学过本章后，读者应该学会：

目标1：了解格雷厄姆·贝尔光电话实验。

目标2：理解利用全反射导光的原理。

目标3：会描述不同种类的光导纤维。

目标4：考察玻璃光纤为什么可以用来传感和远程通信。

目标5：了解相干光纤束的构造和它的不同应用。

目标6：理解光纤的数值孔径的概念以及测量方法。

目标7：分析光纤重要的特性光纤损耗和光纤色散。

目标8：讨论多模光纤中的脉冲色散。

目标9：建立脉冲色散与最大传输比特率估算之间的关系。

目标10：解释不同幂率折射率分布的光纤中的脉冲色散。

目标11：理解几种光纤传感器背后的基本原理。

重要的里程碑①

1841年　丹尼尔·克拉顿(Daniel Colladon)(在日内瓦)演示了喷射水流中的光的传导。

1842年　雅克·巴比涅(Jaques Babinet)(在巴黎)演示了在喷射的水流中，以及在弯曲的玻璃棒中的光的传导。

1854年　约翰·廷德尔(John Tyndall)演示了喷射水流中的光的传导，重复了巴比涅同样的工作，但是这一点他并不承认。

1880年　亚历山大·格雷厄姆·贝尔(Alexander Graham Bell)在华盛顿发明了光话机。

1926年　汉塞尔(C. W. Hansell)概述了光纤成像束的原理。

---

① 文献[28.1]给出了光纤发展历史的很好回顾，这个里程碑列表给出的一些事件的年代出自文献[28.1]和文献[28.2]。

1930 年　慕尼黑医学院学生海因里希·拉姆(Heinrich Lamm)首次制作了透明的光纤束,实现图像的传输。

1954 年　荷兰的范·黑尔(Van Heel)和英国人霍普金斯(Hopkins)、卡帕尼(Kapany)共同提出了给光纤增加包层将会改善光纤的传输特性。

1960 年　梅曼(Maiman)制造了第一台激光器。

1961 年　史尼泽(Snitzer)发表单模光纤理论并制造了第一台光纤激光器(工作物质是掺有 Nd^{3+} 的钡冕玻璃)。

1966 年　高锟和霍克汉姆(Hockham)预言,如果能制造出损耗小于 20dB/km 的玻璃纤维,光纤将会与传统通信系统的传输介质相媲美。

1970 年　舒尔茨(Schulz)、凯克(Keck)和毛瑞尔(Maurer)(美国康宁玻璃公司)成功制造出损耗大约是 17dB/km 的二氧化硅光纤。

1970 年　列宁格勒的阿尔费罗夫(Alferov)、贝尔实验室的潘尼斯(Panish)和林严雄(Hayashi)实现了室温下工作的半导体激光器。

1975 年　常温下工作的连续波半导体激光器实现商用。

1975 年　佩恩(Payne)和甘柏林(Gambling)发现(二氧化硅材料)在 1.27μm 处脉冲色散非常小。

1976 年　贝尔实验室在抛物线型折射率分布光纤中进行了光通信系统实验,传输速度达到 45Mbit/s。

1978 年　NTT(日本)用渐变折射率光纤在 1.3μm 工作波长上实现了 53km,32Mbit/s 码速率的传输。

1987 年　佩恩(Payne)、米尔斯(Mears)、里奇(Reekie)(南安普顿大学)和戴瑟瓦尔(Desurvire)、贝克(Becker)、辛普森(Simpson)(AT&T 的贝尔实验室)开发出在 1.55μm 波长处工作的掺铒光纤放大器。

1988 年　第一根贯穿大西洋的光缆系统建成,采用单模光纤,工作波长为 1.3μm。

1996 年　富士通、NTT 和贝尔实验室分别独立报道了采用波分复用技术,在一根单模光纤上实现超过 1Tbit/s 传输的实验。

28.1　引言

光学导致了今天科学与技术众多的革命。这首先表现在 1960 年激光器的发明以及随后大量不同种类激光器的发展。将激光器应用于通信领域直接影响了我们的生活方式。利用电磁波进行通信的方式早已有之,然而激光器的发展给通信工程师们提供了与微波和毫米波相比极高频率的电磁波源。低损耗光纤与掺铒光纤放大器(EDFA)的发展引发了光纤通信系统容量的惊人增长。今天,在头发丝一样细的光纤中,可以每秒传输超过 10Tbit 的信息,这种信息的传输速度相当于同时传输一亿五千万个电话。这无疑是 20 世纪最重要的技术成就之一。也许还值得一提的是,1961 年,在梅曼发明第一台激光器之后不到一年,史尼泽就制造出第一台光纤激光器,这种激光器今天已经应用于从军事到传感物理等众多领域。

2009年，高琨教授因他“有关光通信信号在光纤中传输的开创性成就”分享了诺贝尔物理学奖。这一成就对几乎每一个人都产生了影响，而这个大奖是对该成就的积极认可。在诺贝尔奖授奖大会上，诺贝尔奖评奖委员会主席对高琨教授是这样致辞的：

高琨在1966年的发现引发了光纤光学的突破……他找到了可以将信息传遍天下的途径。

本章安排如下：首先是历史回顾；随后利用射线光学讨论光纤导光的基本原理；接下来简要讨论光纤应用于医学内窥镜，以及塑料光纤应用于室内太阳光照明。光纤最重要的应用是在远程通信领域，而用作远程通信的光纤的两个重要性质是光纤损耗和脉冲色散。将讨论多模光纤中的损耗与脉冲色散。早期的光纤通信系统采用多模光纤，而今天大多数光纤通信系统采用单模光纤。为了理解单模光纤中的单模传输，本章必须应用将在接下来两章中才讨论的模式概念。还将简要讨论光纤传感器和塑料光纤①。光纤放大器和光纤激光器已在第27章中作过非常简要的介绍。光纤的其他应用可以参阅文献[28.3]～文献[28.5]。

28.2 一些历史评述　　目标1

通信意味着将信息从一点传输到另一点。如果是在一定距离内传输诸如语音、图像、数据等信息，通常用到“载波通信”的概念。在该系统中，待传输的信息被调制到无线电波、微波等作为载波的电磁波之上。被调制后的载波通过信道传输到接收端，接收端再从接收到的载波中解调恢复出所需信息。例如，AM(调幅)广播利用的载波通常覆盖600kHz～2MHz的波段(amplitude modulated wave，AM wave)。假设音乐中所含最高的频率是20kHz(=0.02MHz)，载波的频率是1.5MHz，那么AM波的频率将在1.48～1.52MHz变化——带宽为40kHz。因而在整个AM波段600kHz～2MHz，至多有30个频道；实际上，如果每个频道占用了更多带宽，那么频道数将相应减少。另一方面，考虑到在电视传输中需要扫描图像，需要传送更多的信息，因此需要更大的信道带宽(5MHz)——意味着需要更高的载波频率；电视信号的载波频率覆盖500～900MHz的波段。

由于光波的频率在10^{14}～10^{15}Hz之间，利用光波作为载波的系统与利用无线电波或微波作为载波的系统相比，传输容量有着显著的提高。正是由于光波有着如此大的信息承载容量，吸引着通信工程师们建立将光波作为载波的通信系统。

利用光波通信的想法可以追溯到1880年。亚历山大·格雷厄姆·贝尔在1876年刚发明了电话②，之后不久，于1880年又发明了光话机(如图28.1所示)。在这个伟大的实验中，话音调制在光束上，并在空气中实现了传输。它的发射端包含一个柔韧有弹性的反射振动膜，膜可以在声音激发下振动，并反射太阳光。反射光经过透镜准直并被一个放置在远处的抛物面反射器接收。抛物面反射器将光束聚集在硒光电元件上，它和电源、听筒形成闭合

① 这句话在本书第4版和第5版里都有，第6版里删除了。既然第6版光纤传感器和塑料光纤的内容仍然还在，我们翻译时保留了这句话。——译者注

② 据最近的报纸报道(发表于2002年6月)，是意大利移民安东尼奥·梅乌奇(Antonio Meucci)发明了电话。根据这篇报道，安东尼奥·梅乌奇早在1860年就在纽约展示了他的“teletrfono”。而亚历山大·格雷厄姆·贝尔是在16年后申请的专利。具体细节可参看网页 http://en.wikipedia.org/wiki/Antonio_Meucci。

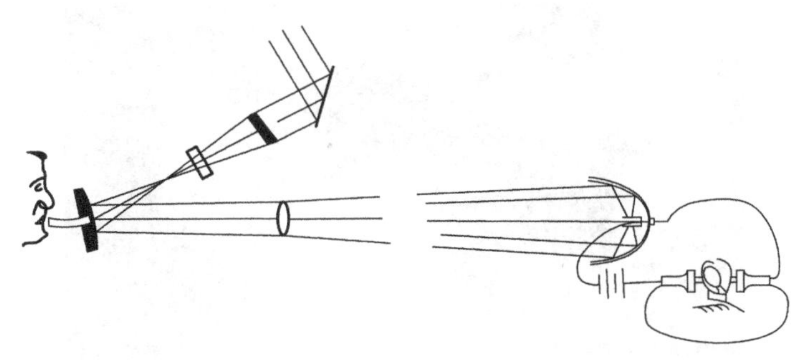

图 28.1　光话机结构示意图，摘自亚历山大·格雷厄姆·贝尔在 1880 年在《美国科学期刊》(第三系列，XX，#118 卷，305-324 页，1880 年 10 月)上发表的文章"利用光产生和恢复声音信息"。该系统中，振动膜调制的太阳光在空气中传播 200m 后被含有硒光电管的接收端接收，并连接到听筒上。图片引自 http://en.wikipedia.org/wiki/Image：Photophone.jpg

回路，恢复声音信号。在振动膜附近的声波使膜发生振动，导致被振动膜反射的光随之发生变化。变化的光束照到硒光电元件上，其变化将改变光电元件的电导率，随之改变电路中的电流。变化的电流在耳机中再生出声音信号。下面的记述引自网页 http://en.wikipedia.org/wiki/Photophone：

光话机由亚历山大·格雷厄姆·贝尔和他的助手查尔斯·萨姆纳·泰恩特在 1880 年 2 月 19 日共同发明……这个装置允许声音在光束上传输。1880 年 6 月 3 日，贝尔在新发明的光话机上传输了第一个无线电话消息。光话机用单晶硒光电元件作为接收器。该材料的电阻随着光照反比变化，即在黑暗中电阻更高，在光照时电阻较小。光话机的思想就是调制光束：接收端接收到强弱变化的光，引发硒光电元件电阻的变化，这种电阻变化可以被接收端的电话机用来再生捕捉到的声音信号。对光束的调制可以通过振动的镜面实现：薄镜面的形态可以在凹面和凸面之间转换，从而会聚或发散来自光源的光。光话机与电话的功能相似，不同之处在于光话机使用光传输信息，而电话则用电。

下面的记述引自文献[28.7]：

在 1880 年，他(格雷厄姆·贝尔)在生命的最后阶段制造出了"光话机"，他坚信"……这是我至今最伟大的发明，比电话的发明还要重要……"。然而不同于电话的发明，光话机没有形成商业价值。

对于光频段的载波通信来说，其现代推动力源自 1960 年激光器的发明。因为在更早的时候，没有一个合适的光源可稳定用作信息载体。需要提出的是，尽管非相干光源如发光二极管(LED)同样用于目前的光通信系统。但要知道，正是激光器的发现，首次引发了人们发展光通信系统的浓厚兴趣。因为激光器的面世立即引发了大量旨在探讨建造与传统通信系统类似的光通信系统可能性的研究。第一个现代光通信实验是利用激光束在大气中传播。然而，研究人员很快就意识到，承载信息的激光束并不能够像波长更长的微波和无线电波那样，在空气中进行长距离传输。这是因为光束(波长约为 1μm)在大气传输中受到散射和吸收而发生严重衰减和畸变。为了在陆地环境下实现可靠的光通信，提供一种传输介质保护载波信号不受变幻无常的大气的影响是非常必要的。这种导引介质正是光纤(纤芯直径约为 50μm)，它可以导引光束从一个地方传到另一个地方(如图 28.2 所示)。光束之所以能被导引在光纤中传播是源于全反射现象，这个现象将在下面的章节中讨论。

图 28.2 用一束氦氖激光射入一阶跃折射率多模光纤,光纤输出端显示出一个很亮的圆斑。从光纤侧面可以看到光纤里的光是由于瑞利散射使散射光泄漏出来的缘故。图中光纤是由加尔各答的中央玻璃和陶瓷研究所的拉丝塔拉制作的。图片由巴德拉(Shyamal Bhadra)博士和帕尔(Atasi Pal)女士友情提供

请扫 1 页二维码看彩图

除承载信息容量巨大之外,在新技术下制造的光纤的损耗(<0.25dB/km)已降得非常小,这样两个相邻的中继器(用来放大和整形衰减的信号)之间的光纤长度可以达到 250km。光纤损耗通常用 dB(分贝)来计量,将在 28.8 节给出它的定义。应该提到的是,0.25dB/km 的损耗意味着光信号传播 12km 后光功率减少为开始的一半。高锟和霍克汉姆在 1966 年发表的重要论文(文献[28.9])中提出,如果能将金属杂质和其他杂质去除,基于二氧化硅玻璃的光纤将能作为所需的传输介质。下面是从高锟和霍克汉姆 1966 年发表的文章中摘录的一段话:

理论和实验研究指出,如果将纤芯直径约为 λ_0 的玻璃光纤套上包层,总直径将为 $1000\lambda_0$,这样结构的光纤很可能成为实用的光波导,作为一种潜在的新形式通信介质。纤芯的折射率需要比包层大 1%。然而,它的损耗应该能达到约 20dB/km,这还远高于光纤基本机制所导致的损耗因子的下限。

的确,1966 年的这篇文章引发了人们开始认真研究对二氧化硅进行提纯的方法,以获得低损耗的光纤。1970 年,舒尔茨、凯克和毛瑞尔(美国康宁玻璃公司的科学家)成功制造出了在波长 $0.633\mu m$ 处损耗约是 17dB/km 的二氧化硅光纤(文献[28.10])。此后,技术发展更为迅速。到 1985 年,已能制造出极小损耗(<0.25dB/km)的玻璃光纤。图 28.3 是一个典型的光纤通信系统。它包含一个发射端,发射端可以是激光二极管或 LED,其发出的光耦合进入光纤中。沿着光纤链路,有很多连接点,它们是光纤跨段之间以及光纤与中继器之间的永久焊接接头。中继器的作用是放大信号和纠正沿着光纤链路传输积累的信号畸变。在链路的终端,由光电探测器探测光信号,经电域处理恢复成原来的信号。

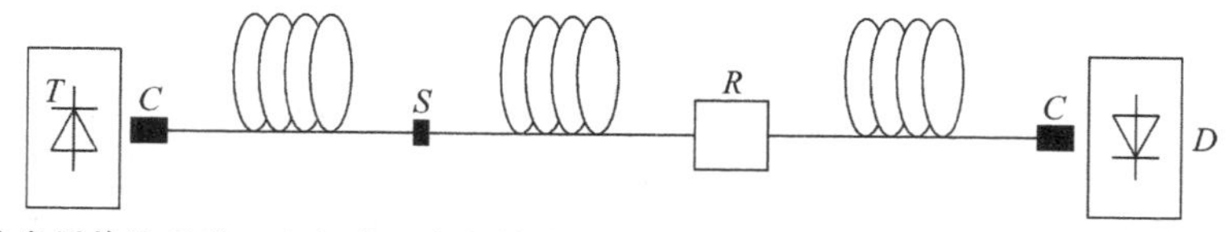

图 28.3 典型的光纤传输系统。它包含一个发射端 T,发射端可以是激光二极管或 LED,其发出的光通过连接器 C 耦合进入光纤中。沿着光纤链路,有很多焊接接头(以 S 表示),它们是光纤跨段之间以及光纤与中继器(图中用 R 表示)之间的永久焊接接头。中继器的作用是放大信号和纠正沿着光纤链路传输积累的信号畸变。在链路的终端,由光电探测器探测光信号,经电域处理恢复成原来的信号

28.3　全反射　　目标2

光通信系统的核心部分是光纤，它为载有信息的光束传输提供通道；如前所述，光束(通过光纤)传导是由于全反射现象(total internal reflection，TIR)的存在。假设一束光从光密介质入射到光疏介质($n_2<n_1$)，那么光线将远离法线方向弯曲发生折射(如28.4(a)所示)。当折射角是90°时，对应的入射角称为临界角，用ϕ_c表示。即有，当

$$\phi_1=\phi_c=\arcsin\left(\frac{n_2}{n_1}\right) \tag{28.1}$$

时，$\phi_2=90°$。当入射角大于临界角(即$\phi_1>\phi_c$)时，将没有折射光线，这就是所谓的全反射，参见图28.4(b)。在这里需要提及的是，能量确实穿入了光疏介质中形成我们熟知的隐失波(参见24.6节)；然而此时，反射率是1。

图　28.4

(a) 光从光密介质射向光疏介质($n_2<n_1$)，折射角大于入射角；(b) 当入射角大于临界角时，将发生全发射

例28.1　对玻璃-空气界面，$n_1=1.5$，$n_2=1.0$，可以计算得到临界角$\phi_c\approx41.8°$。另一方面，对于玻璃-水界面，$n_1=1.5$，$n_2=4/3$，有$\phi_c\approx62.7°$。

全反射现象可以用如图28.5所示的简单实验来证实。当入射(在水-空气界面)的入射角超过临界角(≈48.6°)时，激光束将经历全反射。如果在实验室做这个实验，可以在水中加几滴牛奶，以便看清水中的激光束。

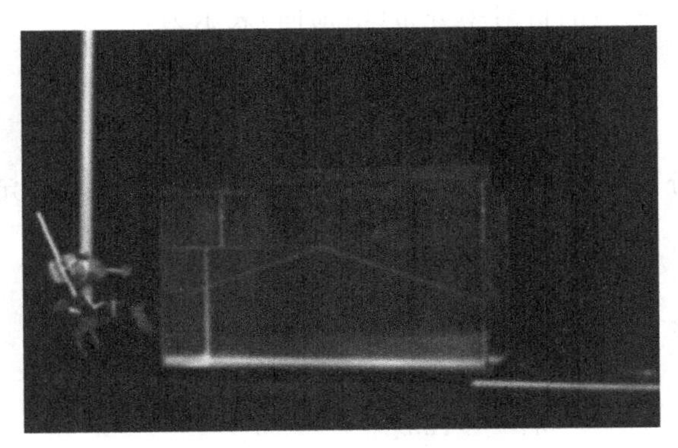

图28.5　一束激光在水和空气界面上发生全反射。图片引自网页 http://ecphysicsworld.blogspot.in/2012/03/total-internal-reflection.html

请扫1页二维码看彩图

虽然人们在几百年以前就了解全反射现象，然而通过全反射导引光束的实验是丹尼尔·克拉顿(Daniel Colladon)在1841年首次进行的，实验装置如图28.6所示。光束经历了在

水-空气界面的全反射，沿着从被照亮的水容器流出的弯曲的水流传播。克拉顿在后来写道：

我设法将水流内部照亮，并把整个装置放在一个暗背景前。我发现这种奇特的安排提供了……一种优美奇妙的实验，这样的实验在一般光学课上也能够演示。

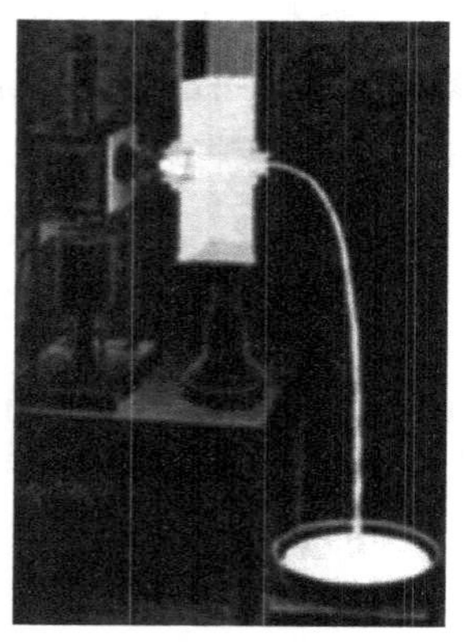

全反射导引光束实验

图 28.6 图片来自克拉顿发表的原始论文，引自网页 http://en.wikipedia.org/wiki/Optical_fiber#mediaviewer/File：Danielcolladon%27s_lightfountain_or_Light-fountain_or_Lightpipe,LaNature(magazine,1884.JPG

正像约翰斯顿(Johnston)所指出的(文献[28.16])："几十年来，光纤光学的先驱们错误地将演示导光现象的荣誉归于具有影响力的廷德尔，而不是克拉顿。"对这段历史更详细的了解，建议读者参看文献[28.1]和文献[28.17]。

28.4 光纤　　　　目标3

图 28.7(a)显示了光纤的结构，它由(圆柱形的)中心电介质纤芯和包围纤芯的折射率稍低的材料包层组成。相应的折射率分布(沿横向)表示为

$$\begin{cases} n=n_1, & 0<r<a \\ n=n_2, & r>a \end{cases} \tag{28.2}$$

其中 n_1 和 $n_2(<n_1)$分别是纤芯和包层的折射率，a 是纤芯的半径。定义一个参量 Δ 如下：

$$\Delta \stackrel{\text{def}}{=} \frac{n_1^2-n_2^2}{2n_1^2} \tag{28.3}$$

当 $n_1 \approx n_2$ 时，亦即 $\Delta \ll 1$(这是大多数二氧化硅光纤的真实情形)，

$$\Delta = \frac{n_1-n_2}{n_1}\frac{n_1+n_2}{2n_1} \approx \frac{n_1-n_2}{n_2} \approx \frac{n_1-n_2}{n_1} \tag{28.4}$$

对于典型的(多模)光纤，$a \approx 25\mu\mathrm{m}$，$n_2 \approx 1.45$(纯二氧化硅)，$\Delta \approx 0.01$，得到纤芯折射率 $n_1 \approx 1.465$。包层通常是纯二氧化硅，而纤芯通常是掺锗的二氧化硅。通过掺锗可以使纤芯折射率增加。

一束光进入光纤，如果入射角(在纤芯-包层界面)大于临界角 ϕ_c，光线将在界面处发生全反射。这样，对于发生在纤芯-包层界面的全反射，有

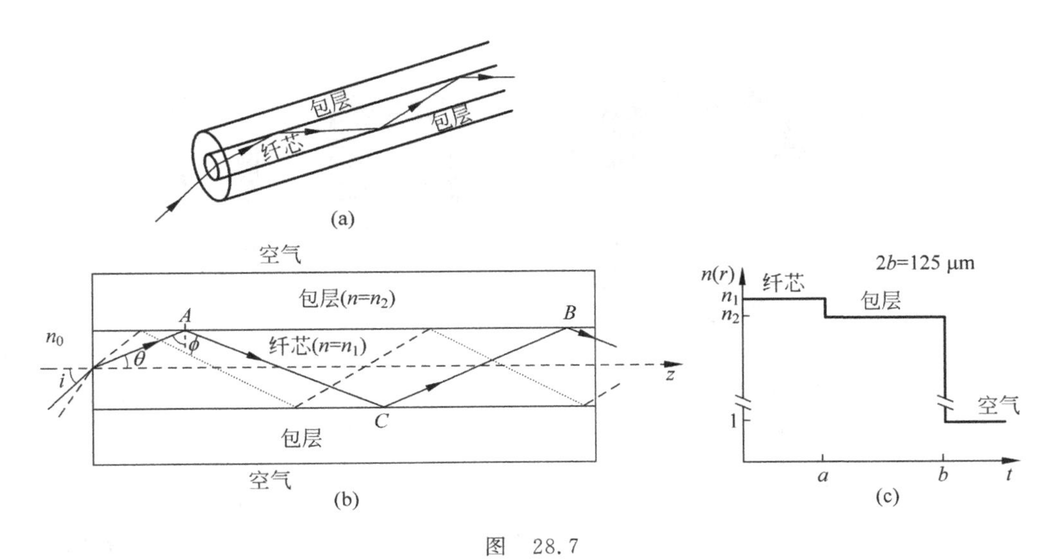

图　28.7

(a) 玻璃光纤是圆柱形的纤芯被折射率稍低的材料包裹；(b) 光入射到纤芯-包层界面，入射角大于临界角时，光线将束缚在纤芯中；(c) 阶跃折射率光纤的折射率分布。包层的直径几乎均为 125μm。对于多模光纤，纤芯直径通常为 25～50μm；对于单模光纤，纤芯直径通常为 5～10μm

$$\phi_1 > \phi_c = \arcsin\left(\frac{n_2}{n_1}\right) \tag{28.5}$$

此外，由于光纤是圆柱形对称结构，光线还将在下面的界面处发生全反射，因此，光线经过不断重复的全反射过程在纤芯中导引向前。甚至对于弯曲的光纤，光纤的导引作用也可以通过多次的全反射实现。图 28.2(还有 1 页二维码彩图中的图 28.2′)给出了光线在光纤中导引传播的实际情况。在照片中，之所以可以看到光纤中的光束，是源于有光从光纤的侧面出射，这主要是由于光的瑞利散射，瑞利散射还是天空显蓝色、日出和日落时太阳显红色现象背后的物理机制(参见 7.6 节)。

光纤需要包层，而不是采用无包层的裸纤芯，人们的第一感觉是因为光从一个地方传到另一个地方时光纤需要支撑，而普通的支撑结构会使光纤变形而影响光波的传导作用。这个问题可以选择裹以足够厚的包层来避免。此外，要制作光纤束，光纤如果没有包层，光会从一根光纤泄漏到另一根光纤。给光纤加装一层玻璃(即包层)的想法是英国人霍普金斯(Hopkins)和卡帕尼(Kapany)在 1955 年提出的，然而，那个年代的光纤主要是用在图像的传输而非通信传输。实际上，正是英国的霍普金斯和卡帕尼以及荷兰的范·黑尔(Van Heel)(在 20 世纪 50 年代)对光纤光学的早期开拓性工作，促成了光纤在光学器件上的应用(参见文献[28.18])。

人眼的视网膜是由大量的类似于光纤结构的杆状细胞和锥状细胞组成的，亦即，它们是由柱状电介质杆及其周围折射率略低的电介质组成的(参见图 28.8)。杆芯直径约几微米。光在这些“光导”中被吸收后产生电信号，再通过大量的神经传给大脑。

大直径的塑料光纤

应该指出，目前许多公司大量运用塑料光纤(图 28.9(a))将太阳光导入室内照明。

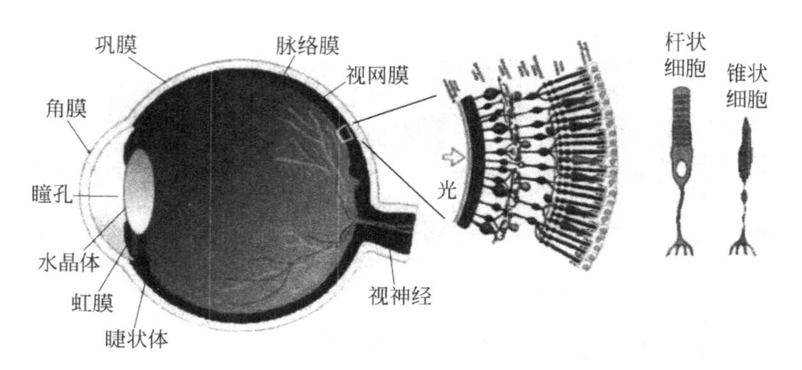

图 28.8　眼球中的杆状细胞和锥状细胞。图片引自网页 Http://www.biologymad.com/NervousSystem/eyenote.htm，以及网站 http://faculty.washington.edu/chudler/retina.html

图 28.9(b)显示了美国橡树岭国家实验室的穆斯(Jeff Muhs)身上缠绕着导光的塑料光纤。Jeff Muhs 发明了一种太阳能照明技术。图 28.10(a)是利用太阳光照明黑暗房间的布局图。图 28.10(b)显示了 Jeff Muhs 照明技术专利的一些图例，描述太阳光的采集技术。图 28.10(c)显示位于屋顶的阳光采集装置。图 28.11(a)显示了利用光纤将太阳光导入室内照明后的效果。可惜的是，这种塑料光纤的损耗相当高，图 28.11(b)显示，光在这样的光纤里传输 50ft，其光功率将减少到 50%。引用题为"让阳光照进来"一文中的话：

一种屋顶采集太阳光混合照明系统(hybrid solar lighting，HSL)将太阳光采集、集中，并利用塑料光纤传输导入建筑物内的混合灯具系统，该系统还包括高效率荧光灯。当传输进来的太阳光照亮每一间屋以后，电灯将关闭……

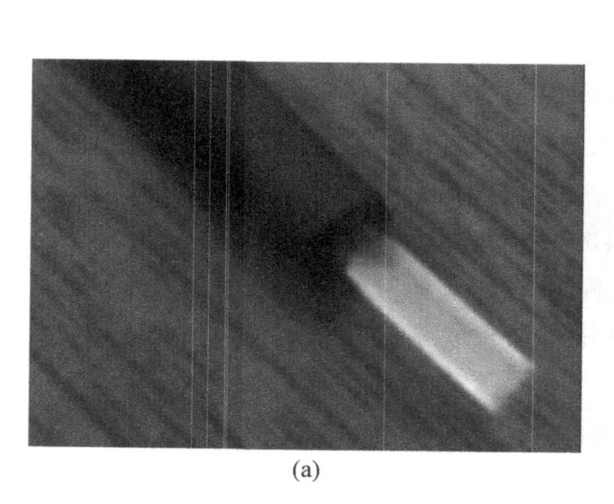
(a)

(b)

图　28.9

(a) 商用塑料光缆，8mm/11mm 纤芯，外包黑色 PVC 保护套。图片引自网页 http://www.aliexpress.com；(b) 身缠塑料光纤的 Jeff Muhs。光纤将在房顶采集的太阳光导入室内。Jeff Muhs 在美国橡树岭国家实验室工作，发明了一套太阳能照明技术。图片引自网页 http://web.ornl.gov/info/ornlreview/v38_1_05/article09.shtml

请扫 1 页二维码看彩图

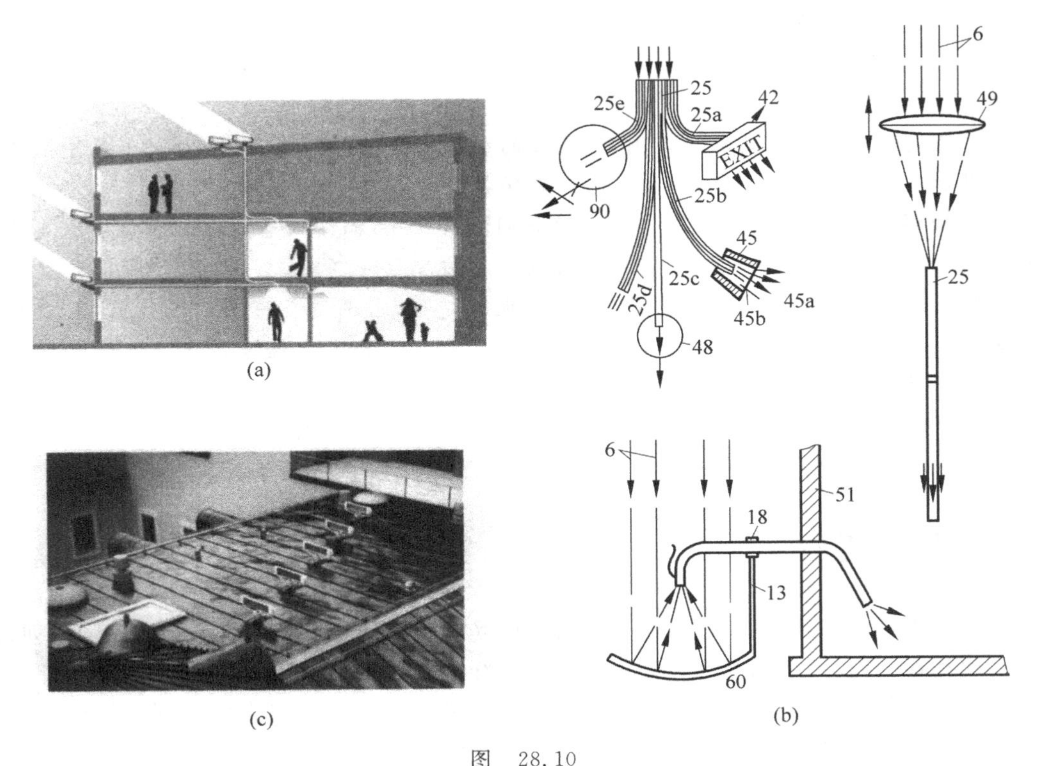

图　28.10

(a) 利用太阳光照明黑暗房间的布局图；(b) Jeff Muhs 美国专利的一些图例，描述太阳光的采集技术；(c) 屋顶上的阳光采集器。图片引自网页 http://www.parans.com/eng/sp3，图片使用获得允许

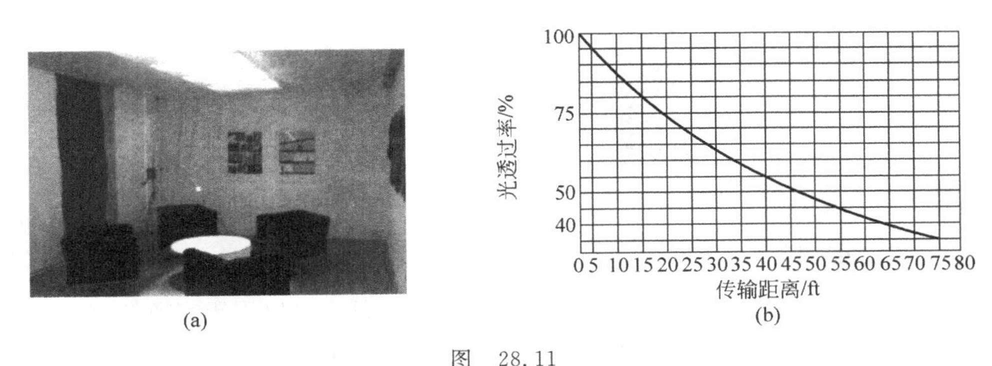

图　28.11

(a) 利用光纤将太阳光导入室内照明后的效果；
(b) 塑料光纤的典型损耗曲线。图片引自网页 http://parans.com/eng/sp3/L1_luminaire.cfm。图片使用获得允许

塑料光纤将在 28.13 节作简单讨论。

28.5　为什么是玻璃纤维　　目标 4

远程通信与传感领域使用的光纤总是玻璃光纤。那为什么用玻璃来制造光纤？用光纤光学领域先驱者之一 W. A. 甘柏林教授(文献[28.2])的话来说：

我们注意到玻璃是一种不同寻常的材料,已经以纯净的形式使用至少9000年了。几千年来,它的组分相对来说没有变化并被广泛使用。玻璃的三个最重要特性使得它有着空前的价值:

(1) 在能达到的很宽的温度范围里,玻璃的黏性可变、可控,这不同于水、金属等很多材料。这些材料在温度降至固化温度之前一直保持液体状态,到达临界温度后就突然固化。而对于玻璃材料而言,它不是在一个特定的凝固温度固化,而是随着温度的降低逐渐变硬并最终变为固体。在这个过渡区内,可以很容易地把玻璃拉成纤维。

(2) 高纯度的二氧化硅的损耗是极低的,也就是说,它是高度透明的。目前,大多数商用二氧化硅光纤,在传输1km以后还有96%的剩余功率的光能继续传输。能做到这一点确实是一个非凡的成就。

(3) 玻璃的内在强度。其强度约为2000000lb/in^2,所以在电话网络中所使用的玻璃光纤,虽然直径只是头发丝的两倍左右(125μm),却可以承受40lb的载荷。

28.6 相干光纤束

如果将大量的光纤放在一起,将形成所谓的光纤束。如果光纤不是整齐有序的排列,而是混乱地扎在一起,形成的光纤束称为非相干光纤束。如果将光纤规则地有序排列,即光纤在入射端和出射端的相对位置相同,则称之为相干光纤束。假如将光耦合到一根特定光纤中的一端,那么同一根光纤的另一端将出现一个亮的光斑。所以,相干光纤束可以实现端到端的图像传输(图28.12)。

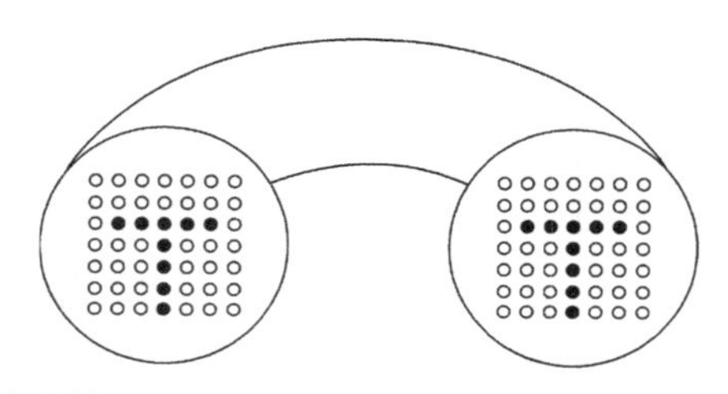

图28.12 阵列光纤束,光纤输入端的亮斑(或暗斑)从另一端输出时产生对应的亮斑(暗斑)。因此图像可以通过阵列光纤束进行传输

非相干光纤束的输出端的成像是混乱的。非相干光纤束可以用于交通灯、公路指示牌等的照明,也可以用作冷光源(光源只发光不产热),只要在光进入光纤束之前用一个滤波器来消除热辐射。光纤束中的出射光也可以不含紫外辐射,从而适用于诸如博物馆中绘画展览的照明。

或许相干光束最重要的应用是光纤内窥镜,借助于伸入人体的内窥镜,可从体外观察到体内情况,避免为了观察体内情况而进行的侵入性的手术。为了照亮待观察部位,相干光纤束被包围在照明光纤之中,封装在一起,这些照明光纤将照明光从外部引导到体内(如图28.13所示)。非相干光纤束通常用来照明待观察的区域,而相干光纤束用来传回图像。典型的光纤内窥镜有10000根光纤,形成约10mm直径的光纤束。光纤内窥镜在医学诊断和治疗方面起到了革命性作用。

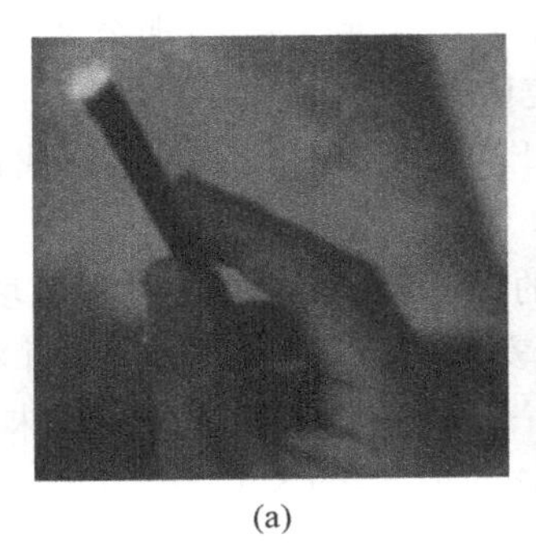
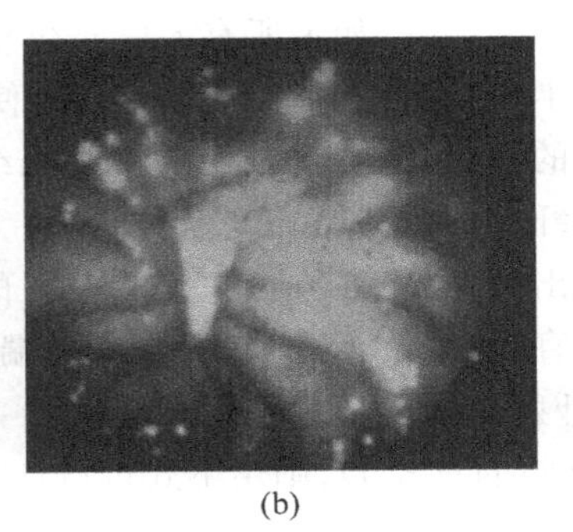

(a)　　　　(b)

图　28.13

(a) 内窥镜医用光纤探测器,可以使医生检查到人体内部情况;

(b) 内窥镜下的胃溃疡。图片由设在新德里的美国信息服务部提供

请扫 1 页二维码看彩图

28.7　数值孔径

回到图 28.7,考虑光线入射到光纤入射端,与 z 轴成 i 角,折射光与光纤轴线成 θ 角。假设光纤外部介质的折射率是 n_0(大多数实际情况下取 1),得到

$$\frac{\sin i}{\sin\theta}=\frac{n_1}{n_0} \tag{28.6}$$[①]

很明显,如果该光线在纤芯和包层界面上发生全反射,则有

$$\sin\phi(=\cos\theta)>\frac{n_2}{n_1} \tag{28.7}$$

因此

$$\sin\theta<\left[1-\left(\frac{n_2}{n_1}\right)^2\right]^{1/2}\Rightarrow\sin i<\sqrt{\frac{n_1^2-n_2^2}{n_0^2}} \tag{28.8}$$

大多数情况,外层介质是空气,即 $n_0=1$。因此,能够在光纤中形成导光条件的光线的 $\sin i$ 最大值为

$$\sin i_{\mathrm{m}}=\begin{cases}\sqrt{n_1^2-n_2^2}, & n_1^2<n_2^2+1\\ 1, & n_1^2=n_2^2+1\end{cases} \tag{28.9}$$

因此,如果一道锥形光束照射在光纤的一端上,则光锥束的半角宽度要小于 i_{m},光束才能在光纤中传导。物理量 $\sin i_{\mathrm{m}}$ 定义为光纤的数值孔径(NA),作为光纤收集光的能力的量度。

实际中几乎所有情况,$n_1^2<n_2^2+1$,因此,光纤的数值孔径定义为

$$\mathrm{NA}=\sqrt{n_1^2-n_2^2} \tag{28.10}$$

例 28.2　对于典型的阶跃折射率(多模)光纤,$n_1\approx1.45$,$\Delta\approx0.01$,计算出

$$\sin i_{\mathrm{m}}\approx0.205\Rightarrow i_{\mathrm{m}}\approx12°$$

---

① 此公式原书有误,已更正。—— 译者注

考虑一段很短的光纤，如果所有入射光线介于 $i=0$ 到 $i=i_m$，那么从光纤末端出射的光也会发散成一个半角大小为 i_m 的锥体。如果使该光束垂直投射到一张白纸上(如图 28.14 所示)，测量光斑的直径，就可以轻松计算出光纤的数值孔径 NA。这使我们能通过非常简单的实验估算光纤的数值孔径。流程如下：

在纸屏上画出一系列直径从 0.5～1.5cm 的同心圆，并将纸屏置于远场处，使出射端光纤的轴线恰好垂直穿过屏上的圆心。光纤末端安装在 XYZ 调节架上，并将其稍微移向或移离屏幕，使光纤射出的远场光斑恰好与屏上一个圆重合，准确测量光纤末端与屏幕之间的距离 z，以及重合圆的直径 D，则用下式可以计算数值孔径(NA)：

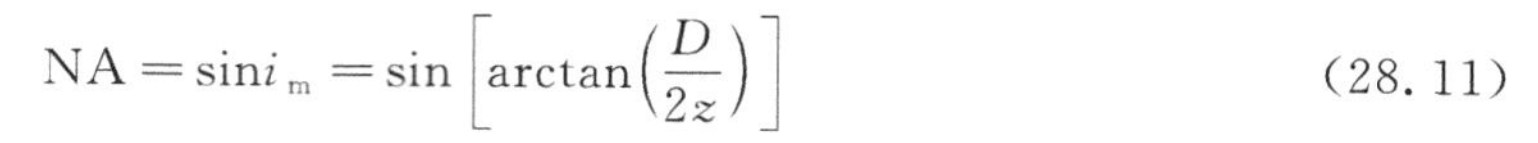

$$\mathrm{NA}=\sin i_m=\sin\left[\arctan\left(\frac{D}{2z}\right)\right] \tag{28.11}$$

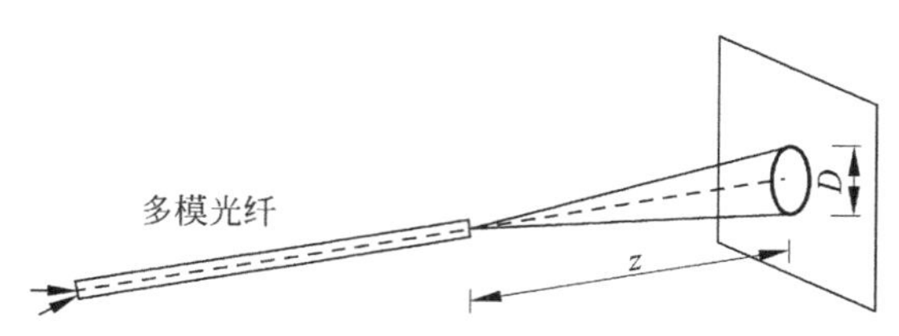

图 28.14　在光纤输出端远场距离 z 处放一屏幕，测量输出光束的光斑直径，可以用来测量光纤的数值孔径 NA

28.8　光纤的损耗　　目标 7

损耗和脉冲色散是光纤两个最重要的特性，它们决定了光纤通信系统的信息传输容量。很明显，降低损耗(同样降低色散)，就可以增大中继的间隔，通信系统的成本就会随之降低。将在 28.9 节讨论脉冲色散，本节中将简单讨论一下光纤中存在的几种损耗机制。

光束的损耗通常用分贝(dB)来衡量。假设入射光功率是 P_{input}，出射光功率是 P_{output}，那么损耗用分贝表示如下：

$$\alpha=10\log_{10}\left(\frac{P_{\text{input}}}{P_{\text{output}}}\right) \tag{28.12}$$

那么，可以看出：

(1) 如果出射光功率恰好等于入射光功率，那么损耗等于 0dB；

(2) 如果出射光功率只是入射光功率的十分之一，那么损耗等于 10dB；

(3) 如果出射光功率是入射光功率的百分之一，那么损耗等于 20dB；

(4) 如果出射光功率是入射光功率的千分之一，那么损耗等于 30dB，依此类推。

此外，对于一个典型的光纤放大器，功率放大为 100 倍时，意味着功率增益是 20dB；功率放大为 1000 倍时，意味着功率增益是 30dB。

例 28.3　如果出射光功率只是入射光功率的一半，则损耗为 $10\log_{10}2\approx 3\text{dB}$。另一方面，当 96% 的光经过光纤传输时，损耗为

$$10\log_{10}\left(\frac{1}{0.96}\right)\approx 0.18\text{dB}$$

图 28.15 是一个典型的二氧化硅材料光纤在不同波长下衰减系数(即每千米光纤长度

下的损耗)的变化曲线。可以注意到，有两个低损耗的窗口，一个在 1.3μm 附近，另一个在 1.55μm 附近。这两个窗口典型的损耗分别是 0.8dB/km 和 0.25dB/km。这就是为什么大多数光纤通信系统工作在 1.3μm 窗口或 1.55μm 窗口。后一个窗口由于与光纤放大器工作波段重合而变得异常重要(参见 27.1.3 节)。

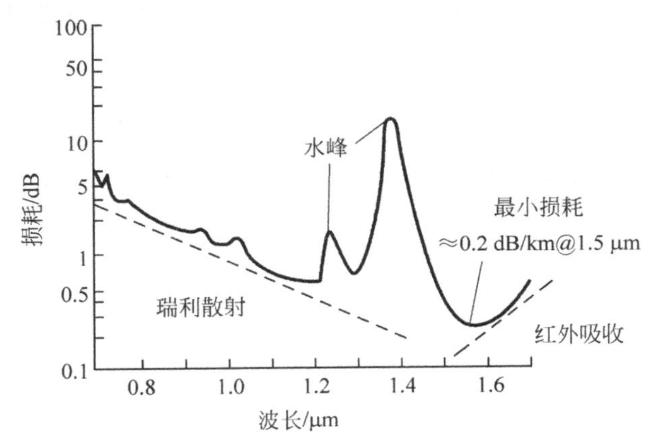

图 28.15 典型的二氧化硅光纤损耗随波长的变化。损耗在 1.25μm 和 1.40μm 处有两个峰，是由于二氧化硅中含有微量的水分子和其他杂质。注意损耗最低点在 1.55μm 处(图片选自文献[28.14])

光纤损耗有多种形成机制，如瑞利散射、金属杂质吸收、水峰吸收和硅分子本征吸收等。在 1.1μm 处，即使 1ppm(百万分之一)的铁杂质也会造成 0.68dB/km 的损耗。同样浓度的 OH^- 在 1.38μm 处引起的损耗是 4dB/km。可以看出，保证材料的纯度水平是光纤获得极低损耗的要求。图 28.15 中的两个峰是由于光纤中有微量的水分子(以及其他杂质)存在。然而，通过一些复杂的光纤制造技术，可以去除这些杂质，在 1.2～1.65μm 波长范围内获得极低的损耗，参见图 28.16。

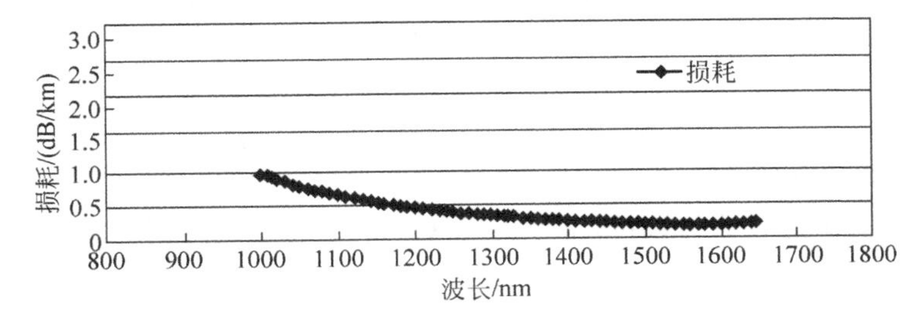

图 28.16 应用复杂的技术，可以去除二氧化硅中的微量水分子和其他杂质，使光纤的损耗在 1250～1600nm 的波长范围内均小于 0.4dB/km。本图所示的光纤损耗对应于印度奥兰加巴德的斯特里特工业公司制作的某种光纤。图片是斯特里特工业公司的巴蒂亚(S. Bhatia)先生提供给作者的

可以利用一根长光纤来演示瑞利散射是与波长相关的。将白光(钨丝卤素灯发出的光)耦合进入一个长度约为 1km 的多模光纤中，观察出射光以及光的颜色。然后，将光纤砍断只留下 1m 后，对该 1m 光纤重复同样的实验。观察发现，前一个实验中出射光是偏红色的，而后一个实验中出射光是白色的。出现这种差别是由于瑞利散射中，波长越长损耗越低；这说明，接近蓝色区波长的光在光纤中比红色区受到的散射更大。因此，即使在入射端

所有的波长均耦合进入光纤,在出射端红区光的功率更高,表现出偏红色的出射光。

例 28.4 损耗用 dB 表示后,计算将变得非常简单。例如,假设一个长 40km 的链路(损耗是 0.4dB/km)中有三个连接器,每个连接器的损耗是 1.8dB,那么总的损耗将是 0.4dB/km×40km+3×1.8dB=21.4dB。

例 28.5 假设一个功率是 5mW 的激光束,经过 40km 的光纤传输后,功率降为 30μW。光纤的衰减系数是

$$\frac{1}{40}\left[10\log_{10}\left(\frac{5\text{mW}}{0.03\text{mW}}\right)\right]\approx 0.56\text{dB/km}$$

通常用 dBm 来衡量光束的功率,计算将非常方便,dBm 定义如下:

$$P(\text{dBm})=10\log_{10}P(\text{mW}) \tag{28.13}$$

可以有以下对应关系:

$$1\text{mW}\Leftrightarrow 0\text{dBm}$$
$$1\text{W}\Leftrightarrow 30\text{dBm}$$
$$1\mu\text{W}\Leftrightarrow -30\text{dBm}$$
$$1\text{nW}\Leftrightarrow -60\text{dBm}$$

相似地,有

$$0.2\text{W}=200\text{mW}\Leftrightarrow\approx 23\text{dBm}$$

利用 dBm 的定义,式(28.12)可以重新表示为

$$\alpha=P_{\text{input}}(\text{dBm})-P_{\text{output}}(\text{dBm}) \tag{28.14}$$

或是

$$P_{\text{output}}(\text{dBm})=P_{\text{input}}(\text{dBm})-\alpha(\text{dB}) \tag{28.15}$$

由上式可见,采用 dB 表示后,对功率损耗的计算将变得非常简单,从例 28.6 中也将看到这一点。

例 28.6 考虑一个 5mW 的激光束在衰减系数是 0.5dB/km 的光纤中传输 40km。总的损失是 20dB,因为入射光功率是 6.99dBm,出射端的光功率就是 −13.01dBm,也就是 0.05mW。

在激光源和探测器之间,用 N_s 表示焊接头的数目,每个点的损耗用 l_s(dB)表示,焊接头就是两根光纤的结合处的焊接点。

同理,用 N_c 表示连接器的数目,每个连接器的损耗是 l_c(dB),则接收端探测器接收到的光功率是

$$P_{\text{received}}=P_{\text{input}}-N_c l_c-N_s l_s-L\alpha$$

其中 α 是光纤的衰减系数(单位是 dB/km),L 是光纤长度(单位是 km)。

例 28.7 设 $P_{\text{input}}=1\text{mW}\Leftrightarrow 0\text{dBm}$,$l_c=1$dB/连接器,$N_c=2$,$l_s=0.5$dB/焊接头,$N_s=4$;$\alpha=0.5$dB/km,$L=40$km,那么光纤总的损耗是 20dB,则

$$P_{\text{received}}=0-2-2-20\text{dBm}=-24\text{dBm}\Leftrightarrow 4\mu\text{W}$$

例 28.8 对于一个典型的光纤通信系统,其中各器件参数如下:

激光器输出功率	1.5mW(⇔1.76dBm)
激光器波长	1300nm
光纤损耗	1dB/km
要求的链路长度	20km

光纤总损耗	20km×1dB/km	20dB
焊接头(每 5km 一个)损耗	0.5dB/焊接头	
接头总损耗	3×0.5dB	1.5dB
激光器到光纤的耦合损耗		8dB
光纤到探测器的耦合损耗		2dB
总损耗		31.5dB

既然激光器功率是 1.76dBm，探测器可接收到的功率是 −29.74dBm(≈1.06μW)。如果探测器功率极限是 −40dBm（亦即，探测器能够探测的最低功率是 −40dBm(=0.1μW)），那么，对于探测器还有 10.26dBm 的功率余量。以上计算过程是一个典型的功率分配计算。

损耗极限

用 N_p 表示极限光子数目(光子数每比特信息)，即一个光脉冲被探测到所需的最少光子数目。探测器能接收到对应的极限平均功率是

$$P_{\min}=\frac{1}{2}N_pBE \tag{28.16}$$

其中 $E=h\nu=$ 光子能量，B 是通信系统的比特率(bit/s)。典型值是 $N_p\approx1000$ 和 $B\approx2.5$Gbit/s。

例 28.9　对波长 $\lambda_0\approx1.3\mu$m，有

$$E=h\nu=\frac{hc}{\lambda_0}\approx\frac{6.626\times10^{-34}\times3\times10^{8}}{1.3\times10^{-6}}\text{J}\approx1.53\times10^{-19}\text{J}$$

$$\Rightarrow\quad P_{\min}=\frac{1}{2}N_pBE\approx\frac{1}{2}\times1000\times(2.5\times10^{9})\times(1.53\times10^{-19})\text{W}$$

$$\approx0.19\mu\text{W}(\approx-37.2\text{dBm})$$

因此，如果入射光功率 $P_{in}=1$mW(=0dBm)，那么系统允许的最大损耗大约是 37dB。如果忽略接头和连接器带来的损耗，而只考虑光纤的损耗，则对于 $\alpha=0.5$dB/km 的光纤损耗，可传输的最大距离 $L_{\max}\approx70$km。

例 28.10　对波长 $\lambda_0\approx1.55\mu$m，有

$$E=h\nu=\frac{hc}{\lambda_0}\approx\frac{6.626\times10^{-34}\times3\times10^{8}}{1.55\times10^{-6}}\text{J}\approx1.28\times10^{-19}\text{J}$$

$$\Rightarrow\quad P_{\min}=\frac{1}{2}N_pBE\approx\frac{1}{2}\times1000\times(2.5\times10^{9})\times(1.28\times10^{-19})\text{W}$$

$$\approx0.16\mu\text{W}(\approx-38\text{dBm})$$

因此，如果入射光功率 $P_{in}=1$mW(=0dBm)，那么系统允许的最大损耗也大约是 37dB。忽略接头和连接器带来的损耗，只考虑光纤的损耗，则对于 $\alpha=0.2$dB/km 的光纤损耗，可传输的最大距离 $L_{\max}\approx190$km。

28.9　多模光纤　　目标 8

本节讨论当一光脉冲通过一多模光纤后将发生展宽。则不禁要问什么是多模光纤？将在接下来的两章讨论模式概念，在这里只要知道在解麦克斯韦方程组时会得到一些离散的

模式就够了。这些离散的模式代表光波导内的场横向分布，在沿波导 z 轴传输过程中，这些场横向分布不变，只是经历了相位的改变。每个模式有自己特定的场横向分布形式，以及自身特定的传输群速度(参见 29.5 节和 30.5 节)。目前，当用光线传播的观点来理解光纤中光的传输时，实际上已经假定所有满足 $\theta>\theta_c$ 特征的光线都能在光纤中导引前进。在 29.3 节，将利用解麦克斯韦方程组的方法证明每个模式对应于描述光线传播的一个 θ 的"离散"值，意味着每个模式的传播对应一个"离散"的光线路径(不是 θ 连续变化的路径)。这样，可以定性地说，(在那些满足 $\theta>\theta_c$ 的光线路径中)只有一些离散 θ 值的光线路径是可能存在的。当这样的离散光线路径数目非常大时，在这样的多模光纤中利用几何光学光线路径的观点讨论光模式传输才是正确的。

幂率折射率剖面的渐变折射率光纤

有一大类渐变折射率多模光纤的折射率可以由下式描述(如图 28.17 所示)：

$$n^2(r)=\begin{cases} n_1^2\left[1-2\Delta\left(\dfrac{r}{a}\right)^q\right], & 0<r<a \\ n_2^2=n_1^2(1-2\Delta), & r>a \end{cases} \tag{28.17}$$

其中 r 对应于柱坐标的径向坐标，n_1 代表光纤在轴线上(即 $r=0$)的折射率，n_2 代表包层的折射率，a 代表光纤芯的半径。式(28.17)经常被用来描述这样一类光纤，光纤的剖面被称为幂率折射率剖面，或者 q 折射率剖面。$q=1$、$q=2$ 和 $q=\infty$ 分别对应线性的、抛物线的和阶跃的折射率剖面(如图 28.17 所示)。定义一个归一化的波导参量

$$V=\frac{2\pi}{\lambda_0}a\sqrt{n_1^2-n_2^2} \tag{28.18}$$

其中 λ_0 是工作波长。这个波导参量 V 是描述光纤的一个极其重要的参量，将在接下来的两章讨论这个参量。折射率特征由式(28.17)描述的大模式数多模渐变折射率光纤中，模式数目近似由下式给出(参阅文献[29.15])：

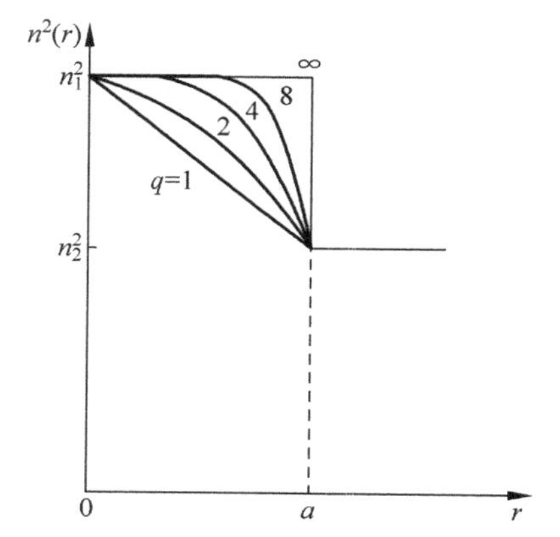

图 28.17　由式(28.17)描述的渐变折射率光纤剖面的幂率分布

$$N\approx\frac{q}{2(2+q)}V^2 \tag{28.19}$$

这样，当 $V=10$ 时，抛物线型折射率剖面($q=2$)的光纤能够支持 25 个模式传输。同样，依据式(28.19)，对于阶跃型折射率($q=\infty$)光纤，当 $V=10$ 时，将支持大约 50 个模式。当光纤能够支持这么大数目的模式传输时，光纤被称为多模光纤。不同模式在传输时，其群速度会有些许不同，导致所谓的模间色散。在参考文献[28.15]和文献[28.22]中证明，对于大模式数渐变折射率光纤，其模间色散值十分接近利用射线分析方法计算出的结果。这样，对于大模式数多模光纤($V\geqslant10$)，使用射线光学的分析方法计算模间色散(或者叫做射线色散)是合理的。注意到，对于一个给定光纤(即光纤的 n_1、n_2 和 a 给定)，其参量 V 值决定于工作波长 λ_0。这样，当工作波长变小时，其参量 V 值(以及模式数)将变大，因此，几何光学

(射线光学)的适应场景是工作波长(相比光纤尺寸)变得极小时的极限场景。再者,将在第 30 章中证明,对于阶跃型折射率光纤($q=\infty$),当 $V<2.4048$ 时,光纤内只有一个模式传播,这样的光纤称作单模光纤。对于一个给定的阶跃型折射率光纤,当 V 取 2.4048 值时的工作波长称为“截止波长”,对于所有大于“截止波长”的工作波长,该光纤都是单模的(参见 30.3.1 节)。对于抛物线型折射率光纤($q=2$),单模条件是 $V<3.518$。对于单模光纤(或者少模光纤),不能用射线光学分析其模式特性。实际上,对于单模光纤的分析需要求解波动方程,这正是在接下来的两章中要做的事情。

在本章下面的讨论中,假定 V 值都很大($\geqslant 10$),以便可以利用射线光学来计算脉冲色散。

28.10　多模光纤中的脉冲色散　　目标 8

在数字光通信系统中传输信息,首先对一串光脉冲进行编码,接着这些光脉冲从发射端传输到接收端,经解码恢复信息。单位时间内传送的脉冲数目越大,在接收端能够分辨的情况下,系统的传输容量越大。进入光纤的光脉冲随着在光纤中传输造成脉冲在时域的展宽,这种现象叫做脉冲色散,造成这种现象的主要机制有以下几点:

(1) 在多模光纤中,经过一段长度给定的光纤,不同模式的光线经历的时间各不相同。将在本节和随后的几节中,讨论阶跃型折射率光纤和抛物线型折射率光纤的情况。用波动光学的术语,这种由不同模式的传播速度不一样导致的现象称为模间色散(也叫模式色散)。

(2) 任何一个光源发出的光都包含一定波长范围。源于光纤材料的内在特性,不同波长的光经历同一段光纤传输需要不同的时间,这种现象称为材料色散。很显然,在单模光纤和多模光纤中都存在材料色散现象。

(3) 另一方面,既然单模光纤中只有一个模式,则不存在模间色散;然而,由于光纤的几何结构,存在着所谓波导色散。将在第 30 章中详细讨论单模光纤和波导色散。显然,多模光纤中也存在波导色散,只是它影响小,可以忽略。

28.10.1　多模阶跃型光纤中的射线色散

首先分析一下在阶跃型折射率光纤(step-index fiber,SIF)中的光线路径,如图 28.7 所示,可以看到,与光纤轴线夹角越大的光线(即虚线表示的光线)在光纤中需要走的路径越长,因此到达出射端需要的时间也越长。

下面将推导阶跃折射率光纤模间色散的表达式。再次回到图 28.7,如果入射光线与光纤轴线成 θ 角,传播 AB 长度需要的时间是

$$t_{AB}=\frac{AC+CB}{c/n_1}=\frac{AB/\cos\theta}{c/n_1} \tag{28.20}$$

式中 c/n_1 表示光在折射率为 n_1 的介质中的传播速度,c 为光在自由空间中的传播速度。因为经全反射光线的路径不断地重复,则经过一段长为 L 的光纤所用的时间是

$$t_L=\frac{n_1 L}{c\cos\theta} \tag{28.21}$$

从上式可以看出,光线在光纤中传播所需要的时间是光线与 z 轴夹角 θ 的函数,这些时

间的不同描述了脉冲色散。假设所有入射光线覆盖了从 $\theta=0$ 到 $\theta=\theta_c=\arccos(n_2/n_1)$(见式(28.7))的所有角度,则光纤传输 L 距离所经历时间的两个极值如下:

$$t_{\min}=\frac{n_1L}{c},\quad \theta=0 \tag{28.22}$$

$$t_{\max}=\frac{n_1^2L}{cn_2},\quad \theta=\theta_c=\arccos(n_2/n_1) \tag{28.23}$$

如果在入射端,所有的光线同时开始激励,那么在接收端,这些光线相继到达所需时间间隔为

$$\Delta\tau_i=t_{\max}-t_{\min}=\frac{n_1L}{c}\left(\frac{n_1}{n_2}-1\right) \tag{28.24}$$

或者

$$\Delta\tau_i\approx\frac{n_1L}{c}\Delta\approx\frac{L}{2n_1c}(\mathrm{NA})^2 \tag{28.25}$$

上式给出了阶跃折射率光纤的模间色散。其中的 Δ 已在前面定义过了(见式(28.3)和式(28.4))。如果假定射线光学是可以采用的,则式(28.24)就是精确的结果。然而过渡到式(28.25),实际上已经假定 $\Delta\ll1$,这个条件对于几乎所有目前能够买到的二氧化硅光纤都是成立的。物理量 $\Delta\tau_i$ 表示不同光线在光纤传输所需时间的不同导致的脉冲色散。以波动光学的语言,$\Delta\tau_i$ 就是模间色散(intermodal dispersion),故用下标 i 表示。注意到脉冲色散与数值孔径的平方成正比,因此要减少色散,就必须减小数值孔径的大小,但同时会造成光纤接收光线角度的减小,即收集光线的能力减弱。假设在入射端,入射脉冲宽度是 τ_1,则在光纤中传播 L 距离后,脉冲宽度将变为

$$\tau_2^2=\tau_1^2+\Delta\tau_i^2 \tag{28.26}$$

结果脉冲经过光纤传输后展宽了(如图28.18所示)。这样,在入射端两个原本可以很好分辨的脉冲,在到达出射端时可能无法分辨了。

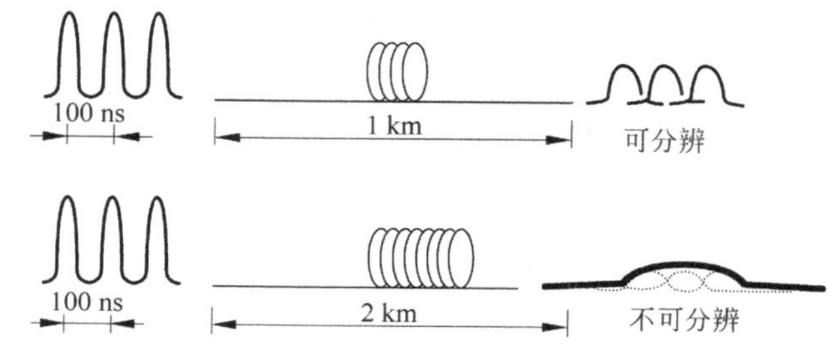

图28.18 入射脉冲间隔为100ns,在传输1km后脉冲还可以分辨出来;在传输2km后,脉冲就无法分辨了。本图引自文献[28.13]

例28.11 对一典型(多模)阶跃折射率光纤,假设折射率 $n_1=1.5$,$\Delta=0.01$,$L=1\text{km}$,可以计算出

$$\Delta\tau_i=\frac{1.5\times1000}{3\times10^8}\times0.01\text{m/s}=50\text{ns/km} \tag{28.27}$$

亦即,脉冲在光纤中传播1km之后脉冲展宽50ns。假设在入射端,两个脉冲间隔是500ns,那么在传输了1km之后,脉冲仍然可以分辨;假设在入射端,两个脉冲间隔是10ns,那么在

传输 1km 后绝对无法分辨。在一个 1Mbit/s 的光纤系统中，每间隔 10^{-6}s 发出一个脉冲，对于具有 50ns/km 色散的光纤，每隔 3～4km 就需要一个中继器。然而，对一个 1Gbit/s 光纤通信系统，每间隔 10^{-9}s 发出一个脉冲，对于具有 50ns/km 色散的光纤，即使只传输了 50m，其脉冲展宽就无法忍受了。从通信系统的角度看，这就显得效率低下，同时也不经济。

当接收端脉冲无法分辨时，信息将无法恢复。因此，脉冲色散越小，系统承载的信息容量越大。

从上例的讨论可知，对于一个承载大容量的信息传输系统，必须要减少系统的脉冲色散。当前有两种供选择的解决方案：一是使用抛物线型折射率光纤；二是采用单模光纤。本章讨论抛物线型折射率光纤，第 30 章讨论单模光纤。

28.10.2 抛物线型折射率光纤

对于阶跃折射率光纤，如图 28.7 所示，纤芯的折射率是一个常数值。与此不同，抛物线型折射率光纤（parabolic-index fiber，PIF）纤芯的折射率从中心的最大值（以二次幂形式）逐渐减小到纤芯-包层界面的常数值（如图 28.17 所示）。折射率的变化可由下式表述：

$$n^2(r)=\begin{cases} n_1^2\left[1-2\Delta\left(\dfrac{r}{a}\right)^2\right], & 0<r<a\text{（纤芯）}\\ n_2^2=n_1^2(1-2\Delta), & r>a\quad\text{（包层）}\end{cases}\tag{28.28}$$

Δ 的定义见式(28.4)。在 3.4.1 节中已经证明，光线在抛物线型折射率波导中的传播路径是正弦曲线（见图 28.19）。对于一个典型（多模）抛物线型折射率的二氧化硅材料光纤，$\Delta\approx 0.01$，$n_2\approx1.45$，$a\approx25\mu$m。

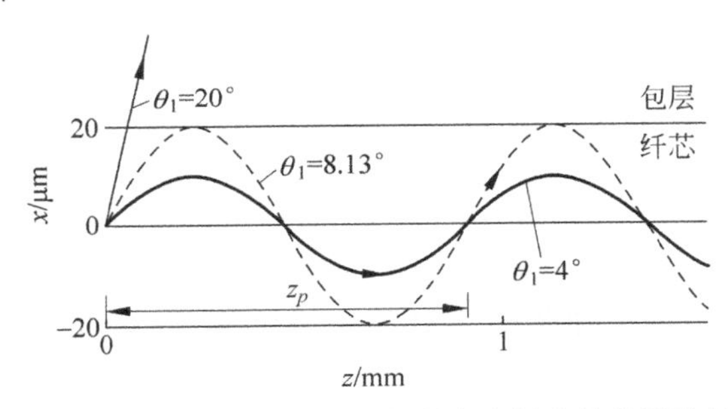

图 28.19 光线在抛物线型折射率光纤中的传播路径

从图 28.19 中可见，即使那些与光纤轴线夹角很大的入射光线需要走更长的路程，但由于这些长路程光线所经历的大部分路径是在边缘低折射率区域内（此时光线传播速度更快），因而长路程光线几乎可以利用更快的平均传播速度来补偿其走过的更长的路径，结果光纤中的所有光线在光纤中传播时近似经历同样的时间。在 3.4.2 节中，已经详细计算了一条光线在抛物线型折射率波导中的传播时间，模间色散的最终结果表述如下：

$$\Delta\tau_i=\frac{n_2L}{2c}\left(\frac{n_1-n_2}{n_2}\right)^2\quad\text{（多模抛物线型光纤的脉冲色散）}\tag{28.29}$$

（在 28.12 节，还将给出任意折射率幂率分布的多模光纤的模间色散的通用公式）。当 $\Delta\ll1$ 时，式(28.29)可以写成

$$\Delta\tau_{\mathrm{i}} \approx \frac{n_2 L}{2c}\Delta^2 \approx \frac{L}{8cn_1^3}(\mathrm{NA})^4 \tag{28.30}$$[①]

注意,与阶跃型折射率光纤相比,抛物线型折射率光纤脉冲色散正比于 Δ 的二次方。对一个典型(抛物线型折射率多模)光纤,$n_2\approx1.45$,$\Delta\approx0.01$,可以计算出

$$\Delta\tau_{\mathrm{i}} \approx 0.25\mathrm{ns/km} \tag{28.31}$$

与式(28.27)相比,发现抛物线型折射率光纤的脉冲色散是阶跃折射率光纤的1/200。正是这个原因,第一代和第二代光通信系统都采用了接近抛物线型折射率的光纤。为了进一步降低脉冲色散,必须使用单模光纤。因为它只有一个模式,不存在模间色散。需要提及的是,虽然几乎所有的长距离光纤通信系统都采用了单模光纤,但是在许多局域的光纤通信系统(比如办公室间通信网络)中,依旧使用抛物线型折射率光纤。(在光纤通信网络中)使用多模光纤的好处之一是这些光纤具有大直径的纤芯,易于接续点的焊接。除了上述讨论的模间色散以外,所有的光纤通信系统采用的光纤都存在着材料色散,这是光纤材料自身的属性,与波导结构无关。将在下一节中讨论。

28.10.3 材料色散

前面已经考察了当光脉冲通过一段长度的光纤,由于不同光线在光纤中传播经历的时间不同而导致展宽。另一方面,每一个光源发出的光都有一定波长范围,称之为光源的频谱宽度。如白光光源(如太阳光)的频谱宽度接近300nm,一个LED光源的频谱宽度是25nm,而一个典型的激光二极管(LD)的频宽只有2nm,甚至更小。在第10章中就讨论过介质的折射率(因而群速度 v_g)随波长的变化。这样(光脉冲)每个波长组分在光纤中传输时群速度略有不同,也将造成脉冲的展宽。在第10章中,也给出了(由折射率随波长变化导致的)脉冲展宽公式,如下:

$$\Delta\tau_{\mathrm{m}} = -\frac{L\Delta\lambda_0}{\lambda_0 c}\left(\lambda_0^2\frac{\mathrm{d}^2 n}{\mathrm{d}\lambda_0^2}\right) \tag{28.32}$$

式中 L 是光纤长度,$\Delta\lambda_0$ 是光源的频谱宽度,c 是光在自由空间的速度;下标m表示考虑的色散是材料色散。让频谱宽度和传输距离都取单位量,亦即取 $\Delta\lambda_0=1\mathrm{nm}=10^{-9}\mathrm{m}$,$L=1\mathrm{km}=1000\mathrm{m}$,得

$$\begin{aligned}\Delta\tau_{\mathrm{m}} &= -\frac{L\Delta\lambda_0}{\lambda_0 c}\left(\lambda_0^2\frac{\mathrm{d}^2 n}{\mathrm{d}\lambda_0^2}\right)\\ &= -\frac{1000\mathrm{m}\times10^{-9}\mathrm{m}}{\lambda_0(\mu\mathrm{m})\times10^{-6}\times3\times10^8\mathrm{m/s}}\left(\lambda_0^2\frac{\mathrm{d}^2 n}{\mathrm{d}\lambda_0^2}\right)\\ &= -\frac{10^{-8}}{3\lambda_0(\mu\mathrm{m})}10^{12}\left(\lambda_0^2\frac{\mathrm{d}^2 n}{\mathrm{d}\lambda_0^2}\right)\mathrm{ps}\end{aligned}$$

其中 $1\mathrm{ps}=10^{-12}\mathrm{s}$,$\lambda_0$ 的单位用 μm,括号内的量无量纲。这样可以定义材料色散系数(单位是ps/(km·nm))

---

① 译者对于抛物线型折射率光纤模式色散也有研究。有兴趣的读者可参阅"A Comprehensive Ray Approach for Teaching Intermodal Dispersion of a Parabolic Index Profile Fiber," IEEE Transactions on Education, Vol. 42, No. 4, pp. 271-275。——译者注

$$D_m=\frac{\Delta\tau_m}{L\Delta\lambda_0}=-\frac{10^4}{3\lambda_0}\left(\lambda_0^2\frac{d^2n}{d\lambda_0^2}\right)\text{ps/(km·nm)}\tag{28.33}$$

表示传输每千米光纤长度、所用光源每纳米频谱宽度的材料色散是多少皮秒。波长 λ_0 的单位用 μm。对一个特定的波长，D_m 反映材料特性，并对(几乎)所有二氧化硅材料光纤都是一样的。(纯二氧化硅)的 D_m 值随波长的变化列在表 10.1 中。当 D_m 为负值时，意味着长波长组分传播得更快；同样，D_m 为正值，表示短波长组分传播得更快。

例 28.12　在早期光纤通信系统中应用 LED 作光源，频谱宽度 $\Delta\lambda_0$ 约为 20nm，中心波长 $\lambda_0=850$nm(=0.85μm)，在此波长下(参见表 10.1)，有

$$\frac{d^2n}{d\lambda^2}\approx 0.0297\mu\text{m}^{-2}$$

$$\Rightarrow\quad \lambda_0^2\frac{d^2n}{d\lambda_0^2}\approx 0.85\times 0.85\times 0.0297\approx 0.02146$$

这样

$$D_m=-\frac{10^4}{3\lambda_0}\left(\lambda_0^2\frac{d^2n}{d\lambda_0^2}\right)\approx-\frac{10^4}{3\times 0.85}\times 0.02146\text{ps/(km·nm)}\approx -84.2\text{ps/(km·nm)}$$

在光纤中传输 1km 后，脉冲将展宽为(不考虑正负号)

$$\Delta\tau_m=D_m\times L\times\Delta\lambda_0=84.2\text{ps/(km·nm)}\times 1\text{km}\times 20\text{nm}$$
$$\approx 1700\text{ps}=1.7\text{ns}$$

另一方面，如果在波长 $\lambda_0\approx1300$nm 附近(此时的 $D_m\approx2.4$ps/(km·nm))进行同样的计算，将得到非常小的 $\Delta\tau_m$，在光纤中传输 1km 后，脉冲将展宽为

$$\Delta\tau_m=D_m\times L\times\Delta\lambda_0=2.4\text{ps/(km·nm)}\times 1\text{km}\times 20\text{nm}\approx 0.05\text{ns}$$

有这样小的 $\Delta\tau_m$ 是因为群速度(或者群折射率 n_g)在 $\lambda_0\approx1300$nm 附近几乎是常数，如图 10.3 所示。而在实际中，$\lambda_0\approx1270$nm 才是零色散波长。正是由于这个波长附近非常小的色散，光通信系统将工作波长从 850nm 移到了 $\lambda_0\approx1300$nm 附近。

例 28.13　在目前的光纤通信系统中，利用工作波长为 $\lambda_0\approx1550$nm 的激光二极管作为光源，频谱宽度约为 2nm，在光纤中传播 1km 后，因材料色散展宽

$$\Delta\tau_m=D_m\times L\times\Delta\lambda_0=21.5\text{ps/(km·nm)}\times 1\text{km}\times 2\text{nm}\approx 43\text{ps}$$

$\Delta\tau_m$ 取正值表示长波长组分比短波长传播要慢(从表 10.1 中可以看出，$\lambda_0\geqslant1300$nm 时，n_g 随着 λ_0 增加而增加)。

28.11　色散和最大比特率的关系　　目标 9

数字光通信系统利用光脉冲作为信息载体，因此，脉冲展宽会使相邻脉冲之间发生重叠，降低了探测的分辨能力而导致误码。脉冲展宽是光纤通信链路限制中继距离的机制之一(另一个机制是损耗)。很明显，脉冲展宽越大，链路中每秒能够传送的脉冲数越少。对于一个给定脉冲色散的传输系统，基于不同的考虑，用来估算最大允许比特率距离积①的判据(B_{max})有所不同。然而，可以认为它具有 $1/\tau$ 的数量级，对于一种广泛应用的调制码(称为

① 原文为 the maximum permissible bit rate。实际上，比特率与传输距离要同时考虑。——译者注

NRZ 码(非归零码)),有

$$B_{\max} \approx \frac{0.7}{\Delta\tau} \tag{28.34}$$

上式只(近似)考虑了光纤脉冲色散的影响。而在实际光纤链路中,在估算最大比特率时还要考虑光源和探测器特性带来的影响。这里还要指出,造成脉冲色散的机制有好几种,一般包括模间色散、材料色散和波导色散。然而,波导色散只是在单模光纤中比较重要,而在多模光纤分析中会忽略它。因此,(在考虑多模光纤时)用 $\Delta\tau_i$ 和 $\Delta\tau_m$ 表示模式和材料色散,那么总的色散就可以计算出来:

$$\Delta\tau = \sqrt{(\Delta\tau_i)^2 + (\Delta\tau_m)^2} \tag{28.35}$$

例 28.14 考虑阶跃型折射率多模光纤,$n_1=1.46$,$\Delta=0.01$,设工作波长为 850nm,在传输 1km 后,光纤的模间色散是

$$\Delta\tau_i = \frac{n_1 L\Delta}{c} \approx \frac{1.46\times 1000\times 0.01}{3\times 10^8}\text{s} \approx 49\text{ns}$$

通常写成

$$\Delta\tau_i \approx 49\text{ns/km}$$

如果光源是带宽为 $\Delta\lambda_0=20$nm 的 LED,参考表 10.1,材料色散 $\Delta\tau_m$ 是 1.7ns/km(参见例 28.12)。因此,在阶跃折射率多模光纤中,脉冲色散主要来源于模间色散。总的色散由下式给出:

$$\Delta\tau = \sqrt{(\Delta\tau_i)^2 + (\Delta\tau_m)^2} = 49\text{ns/km} = 49\times 10^{-9}\text{s/km}$$

利用式(28.35),最大允许比特率距离积大约是

$$B_{\max} \approx \frac{0.7}{\Delta\tau} = \frac{0.7}{49\times 10^{-9}}\text{bit}\cdot\text{km/s} \approx 14\text{Mbit}\cdot\text{km/s}$$

那么一个 10km 长的光纤链路至多可以支持到 1.4Mbit/s。

例 28.15 考虑抛物线型折射率多模光纤,$n_1=1.46$,$\Delta=0.01$,设工作波长在 850nm,光源是带宽为 20nm 的 LED,则光纤的模间色散是(利用式(28.30))

$$\Delta\tau_i = \frac{n_2 L}{2c}\Delta^2 \approx 0.24\text{ns/km}$$

材料色散同样是 1.7ns/km。那么这种情况下,起主要作用的是材料色散而不是模间色散,总的色散是

$$\Delta\tau = \sqrt{0.24^2 + 1.7^2}\text{ns/km} = 1.72\text{ns/km}$$

最大允许比特率距离积大约是

$$B_{\max} \approx \frac{0.7}{\Delta\tau} = \frac{0.7}{1.72\times 10^{-9}}\text{bit}\cdot\text{km/s} \approx 400\text{Mbit}\cdot\text{km/s}$$

一个 20km 的链路,最大可传输比特率是 20Mbit/s。

例 28.16 如果将工作波长移到 1300nm 处,仍使用例 28.15 中的抛物线型折射率多模光纤,可以发现,模间色散仍是 0.24ns/km,而材料色散(仍使用带宽 $\Delta\lambda_0=20$nm 的 LED 光源)就变成了 0.05ns/km(参见例 28.12)。与模间色散相比,材料色散可以忽略。这时,总的色散和最大比特率距离积都可以分别计算出来:

$$\Delta\tau = \sqrt{0.24^2 + 0.05^2}\text{ns/km} = 0.25\text{ns/km}$$

$$\Rightarrow \quad B_{\max} = 2.8\text{Gbit} \cdot \text{km/s}$$

实际上，(1981 年左右)工作在 1300nm 的光纤通信系统就采用抛物线型折射率多模光纤，传输速率仍是 45Mbit/s，但中继距离达到 30km，意味着比特率距离积为 1.35Gbit·km/s。需要重申的是，上述例题中讨论的最大传输比特率距离积只考虑了光纤的影响，对于实际的通信链路，光源和探测器的时间响应影响都要考虑进来。

以回顾几代光纤通信系统来结束本节讨论。在 1977 年左右，第一代光纤通信系统采用抛物线型折射率光纤以及工作在 0.85μm 的 LED 光源，光纤损耗约为 3dB/km，中继距离约为 10km，传输速率约为 45Mbit/s。1981 年左右，第二代光纤通信系统仍然采用抛物线型折射率光纤，但是工作波长采用 1300nm(材料色散非常小)，传输速率几乎没变(约为 45Mbit/s)，因为光纤损耗降到约 1dB/km，以及色散如此小，所以中继距离增加到约 30km。第三代、第四代光纤通信系统采用单模光纤，并分别采用工作波长在 1300nm 和 1550nm 的光源。

28.12　折射率幂率分布的多模光纤模间色散的通用表示

目标 10

光经过 q 折射率剖面(由式(28.17)描述)的多模光纤传输 L 距离所需时间为

$$\tau(\tilde{\beta}) = \left(A\tilde{\beta} + \frac{B}{\tilde{\beta}}\right)L \tag{28.36}$$

式中，

$$A = \frac{2}{c(2+q)}, \quad B = \frac{qn_1^2}{c(2+q)} \tag{28.37}$$

能够形成导波条件的光线满足 $n_2 < \tilde{\beta} < n_1$。在射线光学近似下是严格成立的(式(28.36)的推导参见文献[28.15]和文献[28.22])。利用上面的公式，可以计算不同 q 值光纤的射线色散。对于阶跃型折射率光纤，$q=\infty$，则

$$A = 0, \quad B = \frac{n_1^2}{c} \quad \Rightarrow \quad \tau(\tilde{\beta}) = \frac{n_1^2}{c\tilde{\beta}}L \tag{28.38}$$ ①

这样

$$\tau_{\max} = \tau(\tilde{\beta} = n_2) = \frac{n_1^2}{cn_2}L, \quad \tau_{\min} = \tau(\tilde{\beta} = n_1) = \frac{n_1}{c}L \tag{28.39}$$

给出

$$\Delta\tau = \tau_{\max} - \tau_{\min} = \frac{n_1}{c}\frac{n_1 - n_2}{n_2}L \tag{28.40}$$

这与式(28.24)是一样的。对于抛物线型折射率光纤，$q=2$，则

$$A = \frac{1}{2c}, \quad B = \frac{n_1^2}{2c} \quad \Rightarrow \quad \tau(\tilde{\beta}) = \left(\frac{\tilde{\beta}}{2c} + \frac{n_1^2}{2c\tilde{\beta}}\right)L \tag{28.41}$$ ②

这样

---

① 此公式原书有误。——译者注

② 此公式原书有误。——译者注

$$\tau_{\max}=\tau(\widetilde{\beta}=n_2)=\frac{1}{2c}\left(n_2+\frac{n_1^2}{n_2}\right)L, \quad \tau_{\min}=\tau(\widetilde{\beta}=n_1)=\frac{n_1}{c}L \tag{28.42}$$

给出

$$\Delta\tau=\tau_{\max}-\tau_{\min}=\frac{n_2}{2c}\left(\frac{n_1-n_2}{n_2}\right)^2L \tag{28.43}$$

这与式(28.29)是一样的。如果想找出(使射线色散最小的)q 的最佳值,需要考虑在不同的 q 值下画出 $\tau(\widetilde{\beta})$ 随 $\widetilde{\beta}$ 的变化曲线。优化 q 的细节可参见文献[28.15],找到的最佳值为 $q\approx 2-2\Delta$,此时,脉冲色散为

$$\Delta\tau(\text{最佳幂率光纤})=\frac{n_1}{8c}\left(\frac{n_1-n_2}{n_2}\right)^2L \tag{28.44}$$

然而,一个给定光纤,其折射率剖面也与波长相关(因为折射率随波长会有些许变化),大多数应用在光纤通信系统的渐变折射率光纤对应的幂率是 $q\approx 2$。

28.13 塑料光纤

在 28.4 节已经简单提过塑料光纤(plastic optical fiber,POF)。塑料光纤由塑料材料如聚甲基丙烯酸酯(poly methacrylate,PMMA)($n=1.49$)、聚碳酸酯($n=1.59$)、含氟聚合物($n=1.5\sim1.57$)等制作而成。这类光纤与玻璃光纤一样,具有对电磁干扰不敏感、尺寸小、重量轻以及承载高比特率信息传输的潜在能力等优点。相对于玻璃光纤的约 50μm 的纤芯直径,塑料光纤最重要的属性是大约 1mm 的大纤芯直径。(塑料光纤)这样粗的纤芯直径使光纤接续非常容易。相较于玻璃光纤,塑料光纤还具备耐用与柔性的优点。此外,塑料光纤通常具备大数值孔径,因此集光能力更强,将光耦合入塑料光纤比耦合入一般二氧化硅光纤更容易。塑料光纤相较于二氧化硅光纤最主要的缺点是它的损耗比较高。塑料光纤的低损耗窗口位于大约 570nm、650nm 和 780nm 处。比如,渐变折射率 PMMA 光纤在 650nm 附近的损耗约为 110dB/km。相较于二氧化硅光纤,这个损耗值太大了。正是由于这样高的损耗,塑料光纤不会用于长途通信系统,而是用于几百米距离的办公室间通信系统。这样,虽然二氧化硅光纤垄断了长途光纤通信系统,塑料光纤为像局域网(local area network,LAN)、高速互联网等短距通信系统提供了经济的解决方案。

28.14 光纤传感器[①]

目标 11

利用光纤的光学特性和光纤的导光能力的传感器称为光纤传感器(fiber-optic sensors,FOS)。在过去的几年中,人们对光纤传感器表现出极大的关注,这是因为光纤极强的抵抗电磁干扰的能力、适用于远程传感的能力等,光纤另一个重要的属性是其几何形态上存在分布传感的可能性。

光纤传感器大体上可以分为两类:非本征光纤传感器和本征光纤传感器。非本征光纤

① 本节由甘戈帕德耶(Tarun Gangopadhyay)博士友情撰写,他是位于加尔各答的科学与工业研究理事会所辖中央玻璃与陶瓷研究所的研究人员。

传感器，就是光纤仅作为一个部件传送和收集从某一敏感元件发出的光的变化，其核心与光纤本身无关。敏感元件响应外部的扰动，敏感元件的特性随之发生改变，这种改变通过光纤传回基地进行分析。光纤在此仅充当着传输光束的角色。另一方面，对于本征光纤传感器，从外部感知的物理参量的变化直接改变了光纤的特性，继而改变在光纤中所传输光束的强度、偏振态、相位等性质。

下面对几种光纤传感器进行描述。

28.14.1 精密位移传感器

一种典型的基于强度变化的非本征位移传感器的结构如图 28.20 所示。图中一个自聚焦棒透镜(又称梯度变折射率棒(gradient index rod，GRIN)透镜)对接两条多模光纤构成 Y 分光结构，两条 50μm/125μm(芯直径/光纤直径)光纤在探头处与 GRIN 透镜相连，一条光纤的另一端接波长 680nm 的激光二极管光源，另一条光纤的另一端与探测器相连。对于典型构造，探头做成铅笔状，直径 5mm，长度 35mm。一可移动反射面用作位移传递器件，而 GRIN 透镜将光源经第一条光纤传输的光，经可移动反射面反射后，有效地耦合回第二条光纤。实验的建立过程包括将 GRIN 透镜的一端与两条光纤对接，并调整 GRIN 透镜的另一端的反射面与探头的 y 轴平行。GRIN 透镜右端面在 x-y 平面内调整以便使探测器探测到最大强度的光，其左端用环氧树脂与两条光纤的末端胶合在一起。反射面只允许在 z 轴方向产生平动位移。图 28.21 显示一个典型光纤位移传感器的(成缆的)探头。

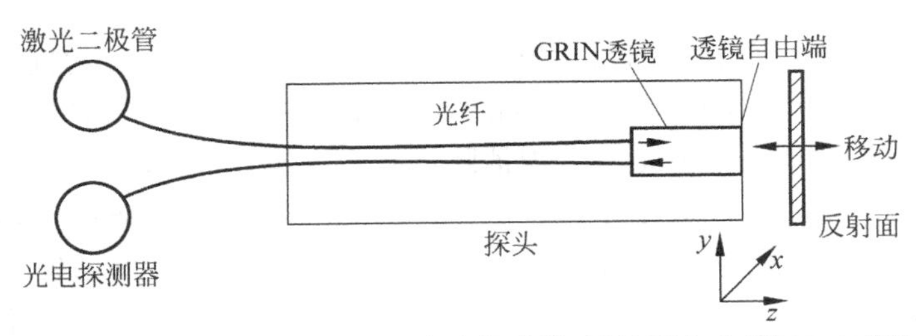

图 28.20 利用两根光纤的基于强度变化的位移传感器(图片引自文献[28.23]和文献[28.25])

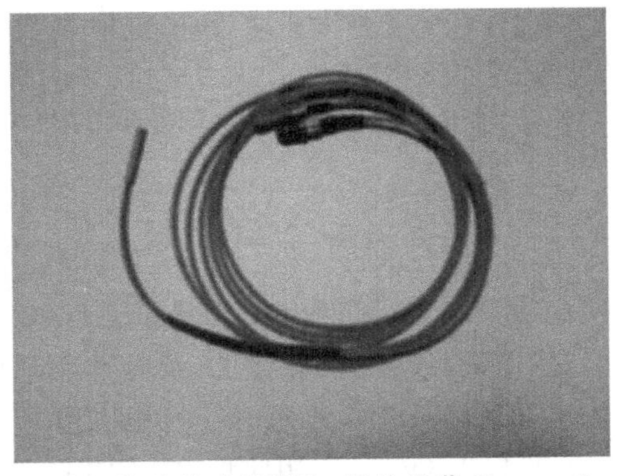

图 28.21 一个典型的成缆的位移传感器探头，图片承蒙 Tarum Gangopadhyay 博士提供，他供职于位于加尔各答的科学与工业研究理事会所辖中央玻璃与陶瓷研究所

图 28.22 显示，当可移动的反射面分别用平面反射镜和抛光钢反射器时，探测输出随位移的变化曲线，可移动反射器可以沿 z 轴向前和向后平动。探测光强在最初的 1mm 位移

(对应于从 GRIN 透镜出射的高斯激光束形成光束腰的距离)内增大，然后开始单调下降，从 1～5.5mm 给出可用的位移测量的单调下降区间，显示位移探测的实际工作范围为 4.5mm。

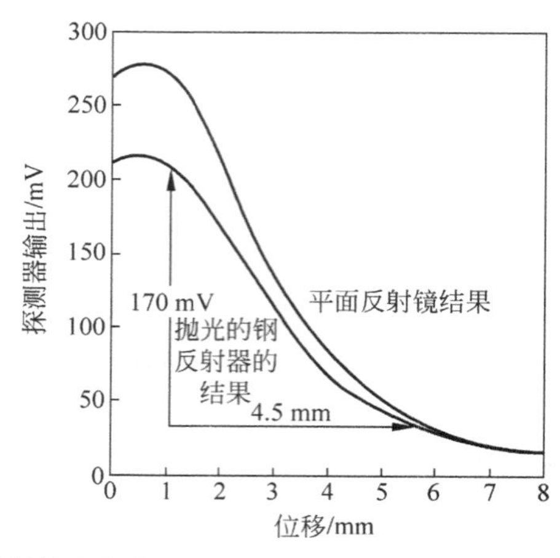

图 28.22　平面反射镜和抛光钢反射器位移的测量结果。图片引自文献[28.24]

28.14.2　法布里-珀罗干涉仪式精密振动传感器

如图 28.23 所示是基于法布里-珀罗干涉仪(Fabry-Perot interferometer，FPI)的瞬时测量的非接触振动监测技术装置。在此测量方案中，单模光纤起两个作用，将光源的光注入传感器中以及将反射的光耦合到探测器。带尾纤(内部有激光器到光纤的耦合装置)的激光二极管与 50∶50 的光纤耦合器相连接。从耦合器右侧空闲端反射的光是需要避免的，可以将光纤端口浸泡在匹配折射率凝胶中来实现消除反射光。耦合器右端连接的单模光纤的作用是照明传感器元件，以及采集反射的光信号。为了导引输入光到输出光，利用一个 GRIN 透镜与单模光纤对接。为了形成光信号的干涉，GRIN 透镜的输出面镀上 25%反射率的膜，而作为 FPI 的另一反射面(与待测振动物体相连)由可移动反射面担任(换句话说，由 GRIN 透镜输出面的反射膜与可移动反射面构成法布里-珀罗腔)。这个 FPI 的精细系数 F 并不高，为 1.34。由 GRIN 透镜输出表面反射回的光束与由可移动反射面反射回的相位调制的光束之间相干叠加，从而形成干涉条纹。

如图 28.23 所示，波长为 λ_0 的单色光经法布里-珀罗腔的两个反射面反射，一个来回经历的相位延迟是

$$\phi=\frac{4\pi nd}{\lambda_0} \tag{28.45}$$

其中 n 是两反射面之间介质的折射率，d 是两个反射面间的距离。对于振动测量，探测器监测到的干涉信号决定于经(与待监测振动物体相连的)可移动反射面反射回光信号相对于经 GRIN 透镜输出(静态的)反射面反射回的参考光信号的相位差。一个条纹对应相位差变化为 2π，对应光程差变化为一个波长 $\lambda_0(n=1)$，相应地，此 FPI 的可移动反射镜移动了 $\lambda_0/2$。如果 D 代表振动物体从平衡位置算起的最大移动位移(振动振幅)，则振动半周期探测器显示的条纹数目为

$$N=\frac{D}{\lambda_0/2}\quad\Rightarrow\quad D=\frac{N\lambda_0}{2} \tag{28.46}$$

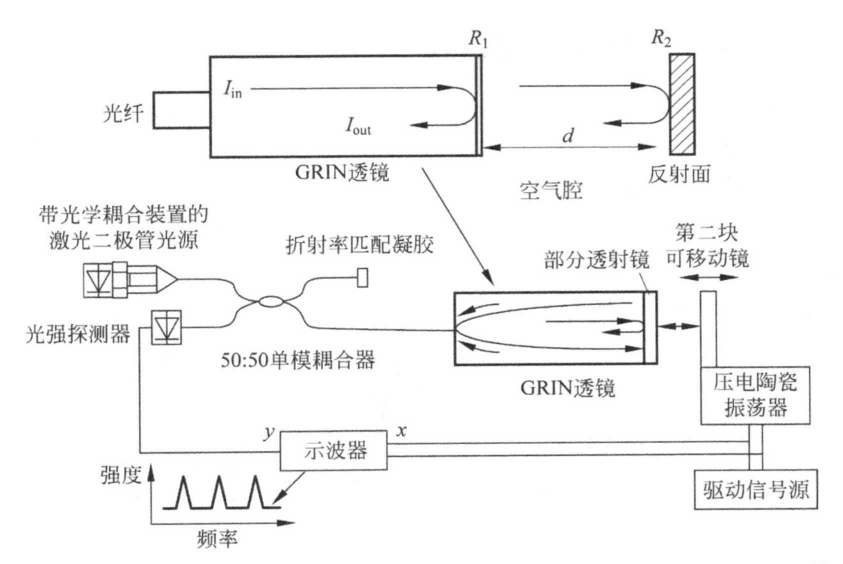

图 28.23　基于 FPI 和单模光纤的振动传感器装置。图片承蒙 Tarum Gangopadhyay 博士提供，他供职于位于加尔各答的科学与工业研究理事会所辖中央玻璃与陶瓷研究所

一个典型的干涉振动精密测量的探测输出结果见图 28.24。图中两组条纹图案分别对应振动频率为 1kHz 的小振幅振动和大振幅振动。激光二极管的波长是 780nm。对于小振幅振动，可以数出 22 个条纹，由式(28.46)得

$$D=\frac{22\times 0.78\mu\text{m}}{2}=8.58\mu\text{m}$$

对于大振幅振动，可以数出 34 个条纹，说明 $D=13.26\mu\text{m}$。

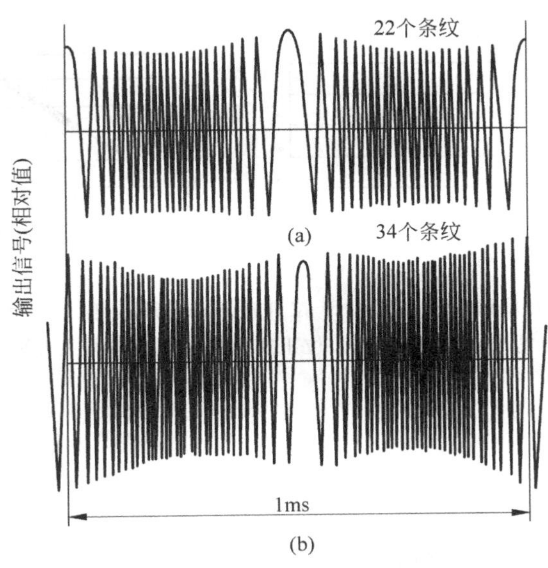

图 28.24　借助单模光纤的基于 FPI 的传感器对 1kHz 振动信号的输出结果

(a) 8.58μm 振幅振动的输出信号(振动半周有 22 个条纹输出)；

(b) 13.26μm 振幅振动的输出信号(振动半周有 34 个条纹输出)

28.14.3 基于光纤布拉格光栅的传感器

曾经在15.6节里讨论过光纤布拉格光栅(fiber Bragg grating,FBG)。通过那一节的讨论可知,对应于光纤光栅最大反射率的波长取决于FBG的周期和折射率。当温度改变或者对光纤光栅施加应力时,最大反射率波长将改变(如图28.25和图28.26(a)、(b)所示)。将FBG分布刻写在光纤上,目前已经大量用于探测混凝土结构(如大桥)的应力改变,不同的光栅周期稍有不同,对应不同的峰值反射率波长,如图15.17和图15.18所示。当应力出现时,将观察到峰值反射率波长的移动。

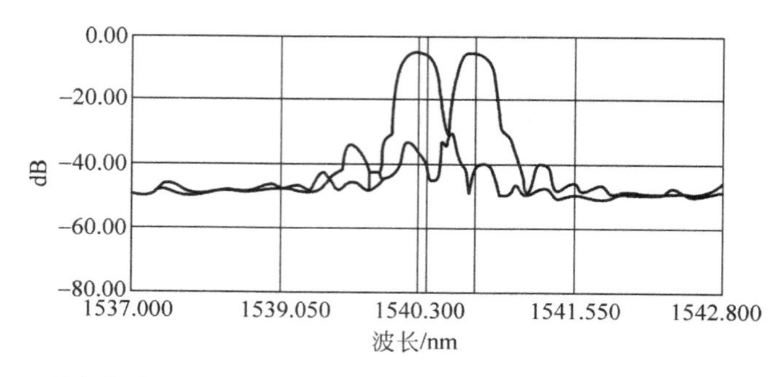

图28.25 施加拉应力前后FBG的光谱响应。注意最大反射率波长发生了移动。图片引自文献[28.27]

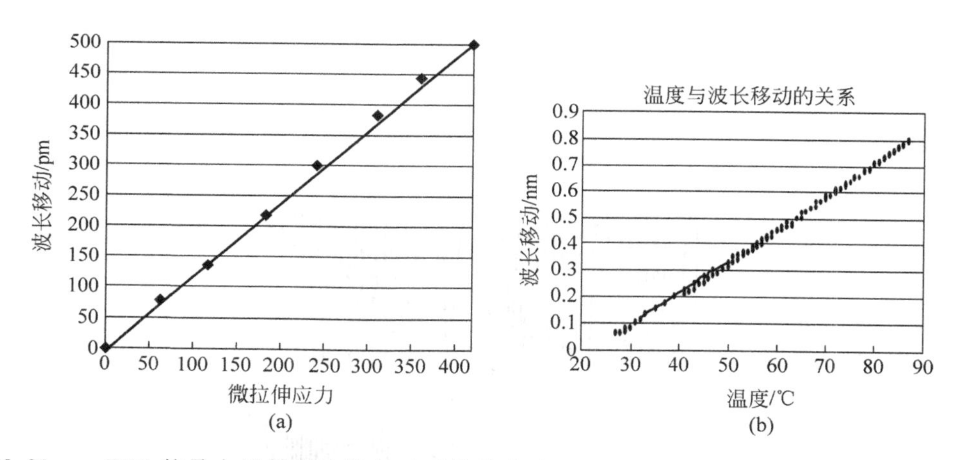

图28.26 一FBG的最大反射率波长相对于拉伸应力(a)和温度(b)的移动。图片承蒙Tarum Gangopadhyay博士提供,他供职于位于加尔各答的科学与工业研究理事会所辖中央玻璃与陶瓷研究所

习　题

28.1 考虑一阶跃折射率多模光纤,$n_1=1.5$,$\Delta=0.015$,$a=25\mu m$,计算n_2和最大可接收角(i_m)。如果将末端浸泡在水中($n=1.33$),计算最大可接收角(i_m)。

[**答案**:1.477,0.26,15°,11.3°]

28.2　一阶跃折射率多模光纤，$n_1=1.46$，$n_2=1.44$，$a=50\mu m$，放在空气中，计算最大可接收角(i_m)。如果将光纤浸泡在水中($n=1.33$)，计算最大可接收角(i_m)。

[**答案**：13.9°，10.4°]

28.3　一根阶跃折射率光纤，$n_1=2$，$n_2=\sqrt{3}$，放在空气中，计算最大可接收角(i_m)。

[**答案**：90°]

28.4　考虑一根裸光纤，$n_1=1.46$(纯二氧化硅)，$n_2=1.0$(空气)，芯直径 $a=30\mu m$。

(1) 证明(在纤芯内)与 z 轴夹角 $\theta<46.77°$ 的所有光线可以在光纤中导引传播。

(2) 假定 $\theta=30°$，计算光在光纤中传播 1km 的距离要经历几次全反射。假定每一次反射有 0.01% 的功率损失，计算每一次反射后的功率损耗，以及传播 1km 后的总损耗。

[**答案**：9.6×10^6，4.34×10^{-4}dB，4179dB/km]

28.5　一功率为 2mW 的激光束经过 25km 单模光纤传输后减少到 15μW，计算光纤的损耗。

[**答案**：0.85dB/km]

28.6　一 5mW 的激光束经过损耗为 0.2dB/km 的光纤传输 26km，计算输出端光功率。

[**答案**：1.5mW]

28.7　考察一 15mW 的激光束经过损耗为 0.5dB/km 光纤传输 40km，分别以 dBm 和 mW 为单位计算输出端光功率。

[**答案**：0.15mW]

28.8　一 10mW 的激光束经过光纤传输 40km 后降低到 40μW，以单位 dB/km 计算光纤损耗。

[**答案**：0.6dB/km]

28.9　考察一 50km 光纤链路(光纤具有 0.25dB/km 的损耗)，链路里有 4 个接头，假如每个接头损耗是 1.8dB，计算总损耗。假如光源耦合到光纤的损耗是 2dB，光纤耦合到探测器的损耗是 2.5dB，入射激光功率是 10mW，分别以 dBm 和 mW 为单位计算输出光功率。

28.10　(1) 考虑一阶跃折射率光纤，$n_1=1.46$，$n_2=1.44$，$a=50\mu m$。假定工作波长 $\lambda_0=0.85\mu m$，计算 V 值，证明这是多模光纤。以单位 ns/km 计算射线色散。

(2) 考虑一阶跃裸光纤，$n_1=1.46$，$n_2=1.0$，$a=50\mu m$。假定工作波长 $\lambda_0=0.85\mu m$，计算 V 值，证明这是多模光纤。以单位 ns/km 计算射线色散。

[**答案**：(1) 67.6ns/km；(2) 2239ns/km]

28.11　在 28.9 节，讨论了幂率折射率轮廓。(以 $\tilde{\beta}$ 为特征的光线)在(由式(28.17)描述的)q 折射率剖面光纤中传播 L 距离所需时间为

$$\tau(\tilde{\beta})=\left(A\tilde{\beta}+\frac{B}{\tilde{\beta}}\right)L$$

其中所有字母都在 28.9 节和 28.12 节中定义过。假定 $n_1=1.46$，$n_2=1.44$，$a=50\mu m$，$L=1km$。计算 Δ，并画当 $q=\infty$、$q=2$ 以及 $q=2-2\Delta$，并满足 $n_2<\tilde{\beta}<n_1$ 时的 $\tau(\tilde{\beta})$图，计算每种情况下的射线色散，将结果与 28.12 节所得结果比较。

28.12 在下列问题中假定材料色散系数定义为

$$D_{\mathrm{m}}=\frac{\Delta\tau_{\mathrm{m}}}{L\Delta\lambda_0}=-\frac{10^4}{3\lambda_0}\left(\lambda_0^2\frac{\mathrm{d}^2 n}{\mathrm{d}\lambda_0^2}\right)\mathrm{ps/(km\cdot nm)}$$

其中λ_0以μm为单位。对于二氧化硅光纤,在$\lambda_0=0.85\mu$m处,$\frac{\mathrm{d}^2 n}{\mathrm{d}\lambda^2}\approx 0.0297\mu\mathrm{m}^{-2}$;在$\lambda_0=1.0\mu$m处,$\frac{\mathrm{d}^2 n}{\mathrm{d}\lambda^2}\approx 0.0120\mu\mathrm{m}^{-2}$;在$\lambda_0=1.30\mu$m处,$\frac{\mathrm{d}^2 n}{\mathrm{d}\lambda^2}\approx -0.00055\mu\mathrm{m}^{-2}$;在$\lambda_0=1.55\mu$m处,$\frac{\mathrm{d}^2 n}{\mathrm{d}\lambda^2}\approx -0.00416\mu\mathrm{m}^{-2}$。

(1) 假定光源工作波长分别为$\lambda_0=0.85\mu$m、1.0μm、1.30μm和1.55μm。光源为LED时谱宽为50nm,光源为LD时谱宽为2.5nm。分别计算以上情况下二氧化硅的材料色散(以ns/km为单位)。

(2) 考察一阶跃折射率光纤,$n_1=1.5$,$a=40\mu$m,$\Delta=0.015$,工作波长为850nm,谱宽50nm。这个光纤是单模光纤还是多模光纤?计算其材料色散、射线色散和总的脉冲色散,以及能传输的最大比特率。

(3) 考察一抛物线折射率光纤,$n_1=1.5$,$a=40\mu$m,$\Delta=0.015$,工作波长为850nm,谱宽50nm。这个光纤是单模光纤还是多模光纤?计算其材料色散、射线色散和总的脉冲色散,以及能传输的最大比特率。

(4) 考察一抛物线折射率光纤,$n_1=1.5$,$a=40\mu$m,$\Delta=0.015$,工作波长为1300nm,谱宽为50nm。计算其材料色散、射线色散和总的脉冲色散,以及能传输的最大比特率。

[**答案**:(2) 4.2ns/km,75ns/km,75.1ns/km;
(3) 4.2ns/km,0.6ns/km,4.2ns/km]

第29章 光纤光学Ⅱ：波导的基本理论与模式的概念

学习目标

学过本章后，读者应该学会：

目标1：理解平板光波导中的模式概念。

目标2：推导对称阶跃型折射率平板波导中的TE模表达式。

目标3：给出模式的物理意义。

目标4：推导对称阶跃折射率平板波导中的TM模表达式。

目标5：推导抛物线剖面折射率平板波导中的TE模表达式。

目标6：讨论波导理论与量子力学数学描述的相似关系。

29.1 引言 目标1

在光纤通信系统的设计中，非常有必要深入理解光纤的传输特性。在第28章中，使用了射线光学的方法来理解光纤的传输特性。对于能够支持大数量模式在其中传输的光纤，这种方法很有效。然而，在今天的光通信系统中广泛使用的是单模光纤。在单模光纤中，射线光学就不再适用了，需要求解麦克斯韦方程组来确定波导的模式。因此，首先要做的就是理解模式的概念，这正是本章计划讲解的内容。为了理解模式的概念，最好从考察最简单的平板光波导开始，这种光波导由一层介质薄膜(dielectric film)夹在两层折射率稍低的材料之间构成(见图29.1)，其折射率分布可以用下式来描述：

$$n(x)=\begin{cases} n_1, & |x|<\dfrac{d}{2} \\ n_2, & |x|>\dfrac{d}{2} \end{cases} \tag{29.1}$$

其中$n_1>n_2$。式(29.1)所描述的波导通常称为阶跃型折射率分布波导。假设波导的空间分布在y和z方向上无限延伸。首先考虑一个更为普遍的情况，即折射率的分布仅取决于x坐标：

$$n^2=n^2(x) \tag{29.2}$$

当折射率变化仅与x坐标有关时，可以总是选取z轴为波的传播方向，并且不失一般性，把麦克斯韦方程组的解写成如下形式：

$$\mathscr{E}=\boldsymbol{E}(x)\mathrm{e}^{\mathrm{i}(\omega t-\beta z)} \tag{29.3}$$

$$\mathscr{H}=\boldsymbol{H}(x)\mathrm{e}^{\mathrm{i}(\omega t-\beta z)} \tag{29.4}$$

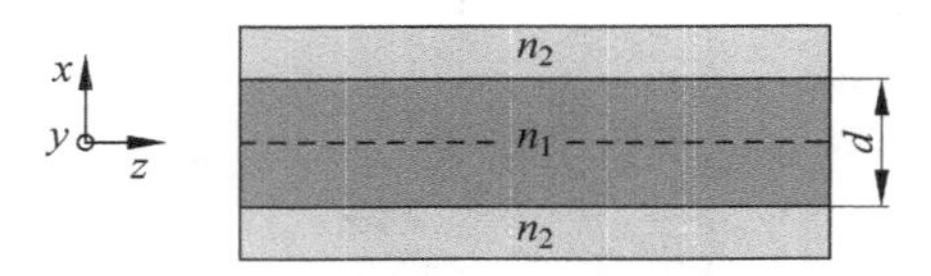

图 29.1 (沿 x 方向)厚度为 d 的平板介质波导,在 y 方向上无限延伸。光沿着 z 方向传播

上式定义了波导系统的模式。因此:

模式代表的是场横向的分布,当电磁波在波导中沿 z 方向传播时,场横向分布不变,仅有相位的变化。

当电磁场沿着波导传播时,由 $\boldsymbol{E}(x)$ 和 $\boldsymbol{H}(x)$ 描述的场横向分布并没有改变。物理量 β 代表模式的传播常数。如果把上述解代入麦克斯韦方程组,就可以得到两组独立的方程(见附录 G)。其中第一组方程对应于 E_y、H_x 与 H_z 不为零而 E_x、E_z 与 H_y 为零的情况,即所谓的 TE 模式,该情况下,电场只有横向分量。第二组方程对应于 E_x、E_z 与 H_y 不为零而 E_y、H_x 与 H_z 为零的情况,即所谓的 TM 模式,该情况下磁场仅含有横向分量。

对于 TE 模式,已经在附录 G 中证明了 $E_y(x)$ 满足以下微分方程:

$$\frac{\mathrm{d}^2 E_y}{\mathrm{d}x^2}+[k_0^2 n^2(x)-\beta^2]E_y=0 \tag{29.5}$$

式中,

$$k_0=\omega\sqrt{\varepsilon_0\mu_0}=\frac{\omega}{c} \tag{29.6}$$

为真空中的波数,$c\left(=\frac{1}{\sqrt{\varepsilon_0\mu_0}}\right)$为真空中的光速。当 $E_y(x)$ 已知时,可以通过下面两式(见附录 G)得到 H_x 和 H_z:

$$H_x=-\frac{\beta}{\omega\mu_0}E_y(x),\quad H_z=\frac{\mathrm{i}}{\omega\mu_0}\frac{\mathrm{d}E_y}{\mathrm{d}x} \tag{29.7}$$

应该指出,只要折射率分布仅与 x 有关,上述方程就是严格正确的。

29.2 对称平板阶跃波导的 TE 模式[①] 目标 2

对折射率剖面变化是 x 的任意函数的情况,到目前为止的分析都是有效的。现在假设折射率的变化由式(29.1)给出(见图 29.1),将其替换式(29.5)中的 $n(x)$,可以得到

$$\frac{\mathrm{d}^2 E_y}{\mathrm{d}x^2}+(k_0^2 n_1^2-\beta^2)E_y=0,\quad |x|<\frac{d}{2}\quad(\text{膜层中}) \tag{29.8}$$

$$\frac{\mathrm{d}^2 E_y}{\mathrm{d}x^2}+(k_0^2 n_2^2-\beta^2)E_y=0,\quad |x|>\frac{d}{2}\quad(\text{盖层中}) \tag{29.9}$$

通过使用恰当的边界条件和连续性条件,可以求解式(29.8)和式(29.9)。因为在 $x=\pm d/2$ 的平面上,E_y 和 H_z 代表切向分量,所以在 $x=\pm d/2$ 处它们必须连续,既然 H_z 与 $\mathrm{d}E_y/\mathrm{d}x$ 成比例(见式(29.7)),那么一定有

① 关于波导模式的更多细节问题可以查阅文献[29.1]~文献[29.4]。

$$E_y \text{ 和 } \frac{dE_y}{dx} \text{ 在 } x=\pm d/2 \text{ 处连续} \tag{29.10}$$

上述为所需满足的连续性条件①。现在，导模（也称导引模）是那些主要的场分布被限制在膜层中的模式，因此它们的场在盖层中会衰减，亦即在 $x>\frac{d}{2}$ 的区域，场发生衰减，以至于大部分与模式有关的能量都存在于膜层当中。因此，一定有

$$\beta^2 > k_0^2 n_2^2 \tag{29.11}$$

当 $\beta^2<k_0^2n_2^2$ 时，所得到的解在 $|x|>\frac{d}{2}$ 的区域是振荡的形式，相应于所谓的波导辐射模式。这些辐射模式对应于光线在膜层-盖层的分界面处发生了折射（而不是全反射）的情况，这些模式一旦被激发，就会从波导的芯层迅速泄漏出去。再者，（对于导模）还必须有 $\beta^2<k_0^2n_1^2$，否则在 $x=\pm d/2$ 处，边界条件就无法满足了②。因此，对于导模一定有

$$n_2^2 < \frac{\beta^2}{k_0^2} < n_1^2, \quad \text{导模} \tag{29.12}$$

此时，再回忆一下 3.4 节中所作的一些讨论是有益的，在 3.4 节中，对于一个光波导，导引光线（guided rays）对应于

$$n_2 < \widetilde{\beta} < n_1, \quad \text{（导引光线）} \tag{29.13}$$

而折射光线（refracting rays）对应于 $\widetilde{\beta}<n_2$；此外，不存在任何光线对应于 $\widetilde{\beta}>n_1$ 的情况。因此，$\widetilde{\beta}$（在射线光学中）对应于波动光学中的 β/k_0：

$$\widetilde{\beta} \Leftrightarrow \frac{\beta}{k_0} \tag{29.14}$$

利用式(29.12)，可以将式(29.8)和式(29.9)写成以下形式：

$$\frac{d^2E_y}{dx^2}+\kappa^2E_y=0, \quad |x|<\frac{d}{2} \quad \text{（膜层）} \tag{29.15}$$

$$\frac{d^2E_y}{dx^2}-\gamma^2E_y=0, \quad |x|>\frac{d}{2} \quad \text{（盖层）} \tag{29.16}$$

式中，

$$\kappa^2=k_0^2n_1^2-\beta^2 \tag{29.17}$$

$$\gamma^2=\beta^2-k_0^2n_2^2 \tag{29.18}$$

现在，当折射率分布关于 $x=0$ 对称时，也就是当

$$n^2(-x)=n^2(x) \tag{29.19}$$

时，所得到的解的形式关于 x 是对称的或者是反对称的③（见习题 29.8）。因此，有

---

① E_y 满足式(29.5)的事实也表明，除非 $n^2(x)$ 含有一个无穷大不连续点（an infinite discontinuity）的情况，E_y 和 dE_y/dx 都是连续的。这是由于，如果 dE_y/dx 不连续，那么 d^2E_y/dx^2 将会是一个狄拉克 δ 函数（见习题 9.5），并且式(29.5)将会导致一个前后矛盾的方程。

② 此处作为一个练习题留给读者去证明：如果假设 $\beta^2>k_0^2n_1^2$，并且假设衰减场在 $|x|>\frac{d}{2}$ 的区域存在，那么在 $x=+d$ 和 $x=-d/2$ 处的边界条件不可能同时满足。

③ 同样的情况也存在于量子力学中，见文献[29.5]155-157 页。

$$E_y(-x)=E_y(x) \quad (\text{对称模式}) \tag{29.20}$$

$$E_y(-x)=-E_y(x) \quad (\text{反对称模式}) \tag{29.21}$$

对于对称模式,一定有

$$E_y(x)=\begin{cases} A\cos\kappa x, & |x|<\dfrac{d}{2} \\ Ce^{-\gamma|x|}, & |x|>\dfrac{d}{2} \end{cases} \tag{29.22}$$

其中舍弃了在$|x|>\dfrac{d}{2}$区域的以指数形式增大的解。由 E_y 和 dE_y/dx 在$x=\pm d/2$处的连续性分别可得

$$A\cos\left(\frac{\kappa d}{2}\right)=Ce^{-\frac{\gamma d}{2}} \tag{29.23}$$

$$-\kappa A\sin\left(\frac{\kappa d}{2}\right)=-\gamma Ce^{-\frac{\gamma d}{2}} \tag{29.24}$$

用式(29.24)除以式(29.23)可得

$$\xi\tan\xi=\frac{\gamma d}{2} \tag{29.25}$$

式中,

$$\xi\equiv\frac{\kappa d}{2} \tag{29.26}$$

现在,如果将式(29.17)与式(29.18)相加,可以得到

$$(\kappa^2+\gamma^2)\frac{d^2}{4}=\frac{1}{4}[k_0^2d^2(n_1^2-n_2^2)]=\frac{1}{4}V^2 \tag{29.27}$$

式中,

$$V=k_0d\sqrt{n_1^2-n_2^2} \tag{29.28}$$

这是一个无量纲的波导参数①,这个参数在波导理论中极为重要。那么

$$\frac{\gamma d}{2}=\sqrt{\frac{1}{4}V^2-\xi^2} \tag{29.29}$$

并且式(29.25)可以写成如下形式:

$$\xi\tan\xi=\sqrt{\frac{1}{4}V^2-\xi^2} \tag{29.30}$$

类似地,对于反对称模式,有

$$E_y(x)=\begin{cases} B\sin\kappa x, & |x|<\dfrac{d}{2} \\ De^{-\gamma x}, & x>\dfrac{d}{2} \\ -De^{\gamma x}, & x<-\dfrac{d}{2} \end{cases} \tag{29.31}$$

---

① 这个无量纲参数通常称为归一化频率。——译者注

采用完全类似的处理方法，可以得到

$$-\xi\cot\xi=\sqrt{\frac{1}{4}V^2-\xi^2} \tag{29.32}$$

因此，有

$$\xi\tan\xi=\sqrt{\frac{1}{4}V^2-\xi^2}\quad（对称模式） \tag{29.33}$$

$$-\xi\cot\xi=\sqrt{\frac{1}{4}V^2-\xi^2}\quad（反对称模式） \tag{29.34}$$

定义

$$\eta=\sqrt{\left(\frac{V}{2}\right)^2-\xi^2} \tag{29.35}$$

（ξ 取正值时）上式在 ξ-η 平面①中代表一个（半径为 $V/2$）圆在第一象限的四分之一部分，通过数值计算对 ξ 的允许取值进行估计（进而对传播常数进行估计）并不是很难。在图 29.2 中，画出了 $\xi\tan\xi$（实线）和 $-\xi\cot\xi$（虚线）作为 ξ 的函数的曲线。对于一个给定的 V 值，所允许的 ξ 取值（是离散的）将由这些曲线与四分之一圆的交点所决定。图 29.2 中的两个圆对应 $V/2=2$ 和 $V/2=5$ 的情况。很显然，正如图中所看到的，对于 $V=4$ 的情况，可以得到一个对称和一个反对称模式，而对于 $V=10$，可以得到两个对称和两个反对称模式②。

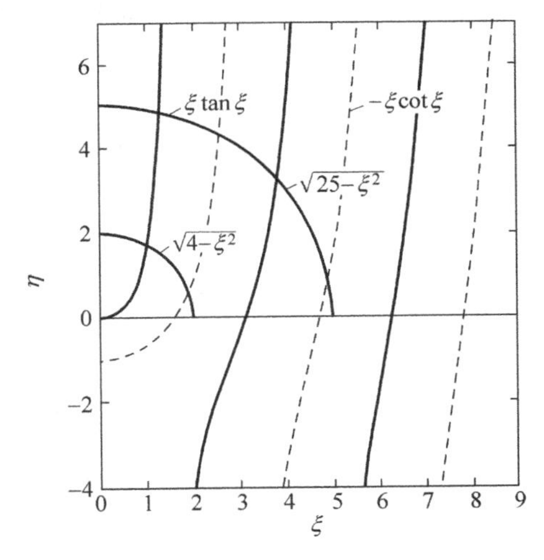

图 29.2　$\xi\tan\xi$（实线）和 $-\xi\cot\xi$（虚线）作为 ξ 的函数的变化曲线。这些曲线与半径为 $V/2$ 圆的交点决定了波导的传播常数的离散取值

① 这是因为，如果对式(29.35)平方，则可以得到 $\eta^2+\xi^2=\left(\frac{V}{2}\right)^2$，该式表示一个半径为 $V/2$ 的圆。

② 对基础量子力学比较熟悉的读者可能会注意到，确定平板波导中离散的 TE 模式的方法类似于解一维薛定谔方程得到的离散能量本征值和本征函数的方法。类似地，对于抛物线型折射率的平板波导的分析也几乎与量子力学中线性谐振子问题分析相一致（见 29.6 节）。

通常为了方便,定义一个无量纲的传播常数

$$b \stackrel{\text{def}}{=} \frac{\beta^2/k_0^2 - n_2^2}{n_1^2 - n_2^2} \tag{29.36}$$

因此

$$b = \frac{\beta^2 - k_0^2 n_2^2}{k_0^2(n_1^2 - n_2^2)} = \frac{\gamma^2 d^2}{V^2}$$

给出

$$\frac{\gamma d}{2} = \frac{1}{2}V\sqrt{b} \tag{29.37}$$

再者,利用式(29.27)和式(29.36),可以写出

$$\xi = \frac{\kappa d}{2} = \sqrt{\frac{1}{4}V^2 - \frac{\gamma^2 d^2}{4}} = \frac{1}{2}V\sqrt{1-b} \tag{29.38}$$

因此,式(29.33)和式(29.34)可以写成如下形式:

$$\left(\frac{1}{2}V\sqrt{1-b}\right)\tan\left(\frac{1}{2}V\sqrt{1-b}\right) = \frac{1}{2}V\sqrt{b} \quad \text{(对称模式)} \tag{29.39}$$

$$-\left(\frac{1}{2}V\sqrt{1-b}\right)\cot\left(\frac{1}{2}V\sqrt{1-b}\right) = \frac{1}{2}V\sqrt{b} \quad \text{(反对称模式)} \tag{29.40}$$

显然,基于式(29.12),对于导模,有

$$0 < b < 1 \tag{29.41}$$

对于给定的 V 值,从式(29.39)和式(29.40)的解中可以得到 b 的一些离散的值;其中的第 m 个解($m=0,1,2,3,\cdots$)最后得到 TE_m 模式。在表 29.1 中,列出了不同 V 值所对应的离散的 b 值;这些离散的值是使用文献[29.7]中的软件计算得到的。描述 b 与 V 的依赖关系的普适曲线如图 29.3 所示。对于任何给定的(阶跃型)波导,仅需要计算出 V 值,就可以通过求解式(29.39)和式(29.40),或者利用表 29.1 而得到 b 值。由 b 值,就可以利用下面的式子(见式(29.36))得到传播常数:

$$\frac{\beta}{k_0} = \sqrt{n_2^2 + b(n_1^2 - n_2^2)} \tag{29.42}$$

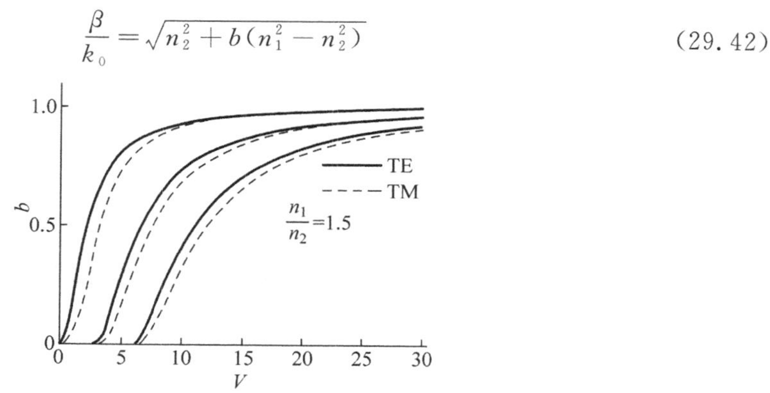

图 29.3 阶跃平板波导中 b 与 V 的关系。对于 TE 模式,b-V 曲线具有普遍性;但是对于 TM 模式,确定 b-V 曲线还需要 n_1/n_2 的值(引自文献[29.2])①

① 译者根据下面的例题发现原图有问题,应该是图放错了。译者查了文献[29.2],发现文献中图 7.5 放在这里是正确的,因此作了更正。——译者注

图 29.4 显示了阶跃型折射率平板波导的一些低阶 TE_m 模式的场的典型分布形式。

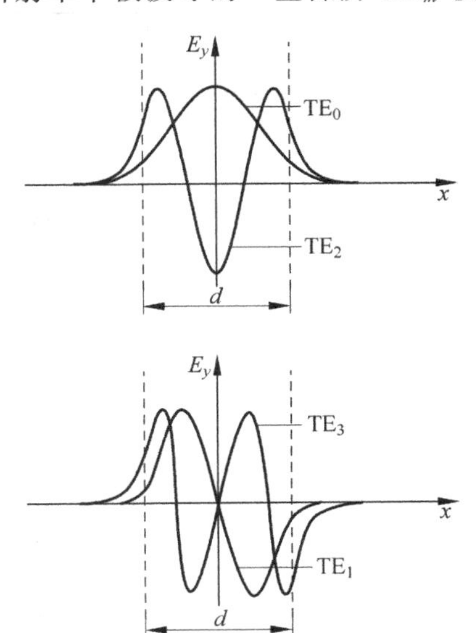

图 29.4　在阶跃型平板波导中，TE 模式的典型场分布；TE_0 模和 TE_2 模关于 x 对称并且称为偶模式，而 TE_1 模和 TE_3 模关于 x 反对称并被称为奇模式

例 29.1　考虑一个 $d=3\mu m$，$n_1=1.5$，$n_2=1.49153$ 的阶跃型的平板波导。所选的 n_2 的值满足 $\sqrt{n_1^2-n_2^2}=\frac{1}{2\pi}$，那么有 $V=\frac{2\pi}{\lambda_0}d\sqrt{n_1^2-n_2^2}=\frac{d}{\lambda_0}=\frac{3}{\lambda_0}$（其中 λ_0 的单位为 μm）以及

$$\frac{\beta}{k_0}=\sqrt{n_2^2+\frac{b}{4\pi^2}}$$

对于 $\lambda_0=1.5\mu m$，$V=2.0$，并且从表 29.1 中可知，仅存在一个 TE 模式，其 $b=0.453753$，相应地，$\beta/k_0\approx1.49538$。对于同样的波导，在 $\lambda_0=1\mu m$ 处可以得到 $V=3.0$，并且通过查表 29.1 可以看到，也仅存在一个 TE 模式，其 $b=0.628017$，相应地，$\beta/k_0\approx1.49686$。然而，对于 $\lambda_0=0.6\mu m$，$V=5.0$，并且存在两个 TE 模式，其中一个 $b=0.802683$（TE_0 模式），另一个 $b=0.277265$（TE_1 模式）。相应地，有 $\beta/k_0\approx1.49833$，1.49389。最后，对于 $\lambda_0=0.4286\mu m$，$V=7.0$，并且会有三个 TE 模式，有 $b=0.879298$（TE_0 模式），$b=0.533727$（TE_1 模式）和 $b=0.061106$（TE_2 模式）。相应的 β/k_0 值分别为 1.4990、1.49606 和 1.49205。注意，所有的 β/k_0 的值都介于 n_1 与 n_2 之间。这里需要说明一下，在每一种情况中，波导支持相同数目的 TM 模式（见 29.4 节）。更进一步，当波导中入射更小波长的光波时，波导可以支持更多数量的模式，并且在入射波长趋近于零的极限情况下，会得到连续分布的模式，而此时，波动光学退化为射线光学。

表 29.1　（对应 TE 模式的）对称平板波导归一化的传播常数值

V	$b(TE_0)$	$b(TE_1)$	V	$b(TE_0)$	$b(TE_1)$	$b(TE_2)$
1.000	0.189339		4.000	0.734844	0.101775	
1.125	0.225643		4.125	0.745021	0.123903	
1.250	0.261714		4.250	0.754647	0.146349	

续表

V	$b(\mathrm{TE}_0)$	$b(\mathrm{TE}_1)$	V	$b(\mathrm{TE}_0)$	$b(\mathrm{TE}_1)$	$b(\mathrm{TE}_2)$
1.375	0.297049		4.375	0.763756	0.168864	
1.500	0.331290		4.500	0.772384	0.191259	
1.625	0.364196		4.625	0.780563	0.213390	
1.750	0.395618		4.750	0.788321	0.235151	
1.875	0.425479		4.875	0.795686	0.256461	
2.000	0.453753		5.000	0.802683	0.277265	
2.125	0.480453		5.125	0.809335	0.297523	
2.250	0.505616		5.250	0.815663	0.317210	
2.375	0.529300		5.375	0.821689	0.336310	
2.500	0.551571		5.500	0.827429	0.354817	
2.625	0.572502		5.625	0.832902	0.372731	
2.750	0.592169		5.750	0.838123	0.390056	
2.875	0.610649		5.875	0.843107	0.406800	
3.000	0.628017		6.000	0.847869	0.422976	
3.125	0.644344		6.125	0.852420	0.438596	
3.250	0.659701	0.002702	6.250	0.856772	0.453676	
3.375	0.674151	0.011415	6.375	0.860938	0.468231	0.001845
3.500	0.687758	0.024612	6.500	0.864926	0.482278	0.008819
3.625	0.700579	0.041077	6.625	0.868748	0.495834	0.019189
3.750	0.712667	0.059875	6.750	0.872412	0.508916	0.031806
3.875	0.724073	0.080292	8.875	0.875926	0.521541	0.045942
4.000	0.734844	0.101775	7.000	0.879298	0.533727	0.061106

注：这些值是利用文献[29.7]中的软件计算得到的。注意，在 $V<\pi$ 时，仅有一个关于 x 对称的 TE 模式，并且对于 $\pi<V<2\pi$，可以得到 2 个 TE 模式，其中一个关于 x 对称，另一个关于 x 反对称。

例 29.2 接下来考虑一个 $d=2.5\mu\mathrm{m}$，$n_1=1.5$，$n_2=1.47$ 的阶跃型平板波导。假设入射光波长为 $\lambda_0=1.0\mu\mathrm{m}$，可以得到 $V=4.6888$。如果进行线性插值，可以得到对于 TE_0 模式，有

$$b=0.780563+\frac{0.788321-0.780563}{0.125}\times 0.0638\approx 0.78452$$

因此，得到 $\beta/k_0\approx 1.49359$。类似地，对于 TE_1 模式，有

$$b=0.213390+\frac{0.235151-0.213390}{0.125}\times 0.0638\approx 0.22450$$

相应的 β/k_0 值约为 1.47679。

29.3 理解模式的物理意义 目标 3

为了从物理上理解模式，考虑膜层($-d/2<x<d/2$)中的电场分布情况。例如，对于一个对称的 TE 模式，其电场可以由(参见式(29.22)) $E_y(x)=A\cos\kappa x$ 表示。那么膜层中

完整的场可以由下式给出：

$$\mathscr{E}_y(x,z,t)=A\cos\kappa x\,\mathrm{e}^{\mathrm{i}(\omega t-\beta z)}=\frac{1}{2}A\,\mathrm{e}^{\mathrm{i}(\omega t-\beta z-\kappa x)}+\frac{1}{2}A\,\mathrm{e}^{\mathrm{i}(\omega t-\beta z+\kappa x)} \tag{29.43}$$

此时

$$\exp[\mathrm{i}(\omega t-\boldsymbol{k}\cdot\boldsymbol{r})]=\exp[\mathrm{i}(\omega t-k_x x-k_y y-k_z z)]$$

表示一个沿 $\boldsymbol{k}$ 方向传播的波，其波矢 $\boldsymbol{k}$ 的 x、y、z 分量分别为 k_z、k_y 和 k_z。因此，对于式(29.43)右边的两项，有

$$k_x=\kappa,\quad k_y=0,\quad k_z=\beta \tag{29.44}$$

$$k_x=-\kappa,\quad k_y=0,\quad k_z=\beta \tag{29.45}$$

这代表了传播矢量 $\boldsymbol{k}$ 与 x-z 平面平行并与 z 轴夹角为 $+\theta$ 和 $-\theta$ 的平面波(见图 29.5)，式中，

$$\tan\theta=\frac{k_x}{k_z}=\frac{\kappa}{\beta}$$

或者

$$\cos\theta=\frac{\beta}{\sqrt{\beta^2+\kappa^2}}=\frac{\beta}{k_0n_1} \tag{29.46}$$

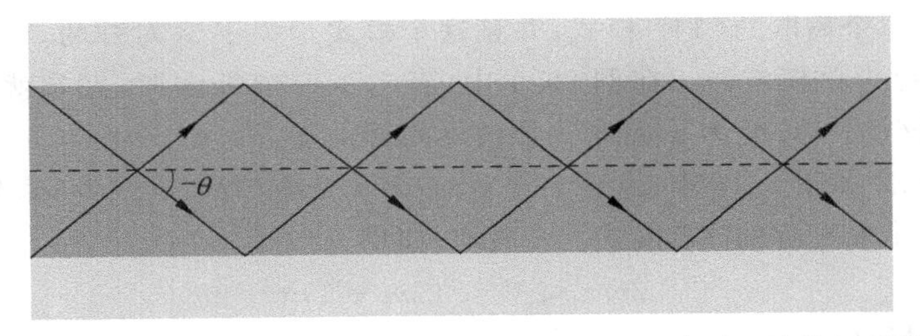

图 29.5　在阶跃型波导中，传播方向与 z 轴夹角为 $\pm\theta$ 的两个平面波叠加而形成的导模

这样，导模可以理解为(见图 29.5)

由传播方向与 z 轴夹角为 $\pm\arccos\dfrac{\beta}{k_0n_1}$ 的平面波叠加而成的光场。

参考例 29.1 中讨论的波导，在 $\lambda_0=0.6\mu\mathrm{m}$ 处，V 值为 5.0，可以得到 2 个 $\beta/k_0\approx1.49833$ 和 1.49389 的 TE 模式。因为 $n_1=1.5$，$\cos\theta$ 的值为 0.99889 和 0.99593，因此，有

$$\theta\approx2.70°,\quad 5.17°$$

分别对应于对称的 TE_0 模式和反对称的 TE_1 模式。因此，每一个模式可以用一个离散的角度 θ_m 来描述。这里应当指出，根据射线光学，角度 θ 可以取从 0(对应于光线平行于 z 轴传播)到 $\arccos(n_2/n_1)$(相应于以临界角入射到芯层-包层的界面上的光线)的任意值。然而，现在发现，根据波动光学只允许有离散的 θ 值存在，并且每一个"离散"的光线路径都对应着波导的一个模式。这就是下面用棱镜-薄膜波导耦合技术来确定该光波导的(离散)传播常数的基本原理(见图 29.6)。这种方法是把一个棱镜(其折射率大于波导膜层折射率)贴近波导膜层。由于棱镜的存在，光线经过折射[①]并从波导中泄漏出来。光束经棱镜后的出射

① 这实际上是 29.6 节讨论的光的隧穿效应。——译者注

方向直接取决于θ_m。由测得的θ_m值,利用下式可以获得传播常数β的离散值:

$$\beta = k_0 n_1 \cos\theta \tag{29.47}$$

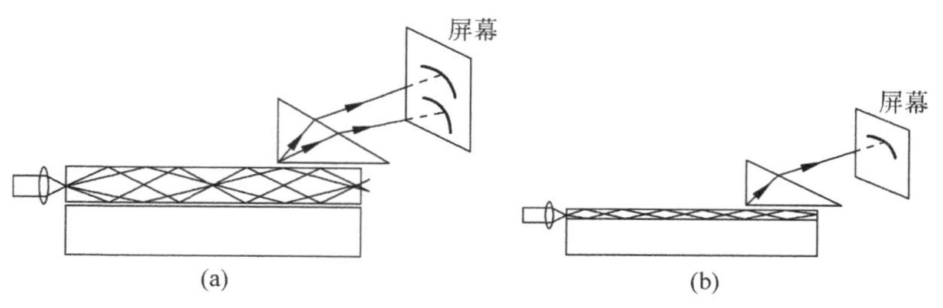

图29.6 用来确定一个光波导(离散的)传播常数的棱镜-薄膜波导耦合技术

对于一个给定的波导,如果λ_0趋近于零,则V值变得很大,可以支持非常多的模式。在这一极限情况下,假设θ可以连续取值,这时使用射线光学来研究波导的传播特性也是适用的。

从图29.2和图29.3中可以推出以下几点关于TE模式的结论(对于TM模式,可以进行类似的讨论,这些会在下一节中进行讨论):

(1) 如果$0<V/2<\pi/2$,亦即

$$0 < V < \pi \tag{29.48}$$

仅能得到波导的一个离散的(TE)模式,并且这个模式是关于x对称的。当出现这种情况时,称这样的波导为单模波导。在例29.1中,当$\lambda_0 > 0.955\mu m$时,波导就变成单模的了;这个波长(对于该波长,V变为π)就称为该波导的截止波长①。

(2) 从图29.2和图29.3中,也易于看出,如果$\pi/2<V/2<\pi$(或者$\pi<V<2\pi$),会得到一个对称的和一个反对称的TE模式。一般地,如果

$$2m\pi < V < (2m+1)\pi \tag{29.49}$$

将有$(m+1)$个对称模式和m个反对称模式,并且如果

$$(2m+1)\pi < V < (2m+2)\pi \tag{29.50}$$

将有$(m+1)$个对称模式以及$(m+1)$个反对称模式,其中$m=0,1,2,\cdots$。因此,模式的总数是接近于并且大于V/π的整数。

(3) 当波导能够支持大量模式(即当$V\gg 1$),(图29.2中)交点将会非常接近于$\xi=\pi/2$,$3\pi/2,\cdots$。因此,最开始的几个模式的传播常数可以由下式近似得到:

$$\xi = \xi_m = \sqrt{k_0^2 n_1^2 - \beta_m^2}\,\frac{d}{2} \approx (m+1)\,\frac{\pi}{2}, \quad V \gg 1 \tag{29.51}$$

其中$m=0,2,4,\cdots$对应于对称模式;$m=1,3,5,\cdots$对应于反对称模式。

29.4 对称阶跃型平板波导的TM模式 目标4

在上面的讨论中,考虑了波导的TE模式。对于TM模式可以进行一个非常相似的分析。在附录G中,将证明对于TM模式,$H_y(x)$满足下列方程:

---

① 实际上,对于$V<\pi$,波导可以支持一个TE模式和一个TM模式(见29.5节),并且当n_1与n_2的值非常接近时,这两个模式的传播常数几乎一样。

$$n^2(x)\frac{\mathrm{d}}{\mathrm{d}x}\left[\frac{1}{n^2(x)}\frac{\mathrm{d}H_y}{\mathrm{d}x}\right]+[k_0^2n^2(x)-\beta^2]H_y(x)=0 \tag{29.52}$$

对于一个阶跃型波导(参见式(29.1))，$n^2(x)$在每个区域都是常数，因此，在$|x|<\frac{d}{2}$和$|x|>\frac{d}{2}$的区域，$H_y(x)$也分别满足式(29.15)和式(29.16)。此时，$H_y(x)$是场的切向分量，因此，它在纤芯-包层分界面应该连续。但是，既然有

$$E_z=\frac{1}{\mathrm{i}\omega\varepsilon_0 n^2(x)}\frac{\mathrm{d}H_y}{\mathrm{d}x} \tag{29.53}$$

(参见附录 G)，以及 $E_z(x)$也是场的切向分量，此时的连续性条件是

$$H_y\ 和\frac{1}{n^2}\frac{\mathrm{d}H_y}{\mathrm{d}x}\ 在\ x=\pm d/2\ 处连续 \tag{29.54}$$

如果结合这些连续性条件，那么可以得到下面的超越方程：

$$\xi\tan\xi=\left(\frac{n_1}{n_2}\right)^2\sqrt{\left(\frac{V}{2}\right)^2-\xi^2}\quad(对称的\ \mathrm{TM}\ 模式) \tag{29.55}$$

经过相似的推导可以得出

$$-\xi\cot\xi=\left(\frac{n_1}{n_2}\right)^2\sqrt{\left(\frac{V}{2}\right)^2-\xi^2}\quad(反对称的\ \mathrm{TM}\ 模式) \tag{29.56}$$

其中ξ和V在之前已经给出了定义。对于 TM 模式，可以再利用画图的方法来确定其离散的传播常数。如果用参数b和V表示，有

$$\left(\frac{1}{2}V\sqrt{1-b}\right)\tan\left(\frac{1}{2}V\sqrt{1-b}\right)=\left(\frac{n_1}{n_2}\right)^2\frac{1}{2}V\sqrt{b}\quad(对称的\ \mathrm{TM}\ 模式) \tag{29.57}$$

$$-\left(\frac{1}{2}V\sqrt{1-b}\right)\cot\left(\frac{1}{2}V\sqrt{1-b}\right)=\left(\frac{n_1}{n_2}\right)^2\frac{1}{2}V\sqrt{b}\quad(反对称的\ \mathrm{TM}\ 模式) \tag{29.58}$$

现在需要知道$\left(\frac{n_1}{n_2}\right)^2$的值来作出$b$-$V$的曲线(如图 29.3 所示)。显然，如果$n_1$的值非常接近于$n_2$，那么$\left(\frac{n_1}{n_2}\right)^2$就非常接近于 1，并且 TM 模式的传播常数也会非常接近于 TE 模式的传播常数，这种情况叫做弱导近似。

29.5　折射率分布为抛物线型的平板波导中的 TE 模式　目标 5

作为另一个例子，考虑折射率为抛物线形式分布的平板波导(见 3.4.1 节)

$$n^2(x)=n_1^2-\gamma^2x^2 \tag{29.59}$$

因此，式(29.5)变成如下形式：

$$\frac{\mathrm{d}^2E_y}{\mathrm{d}x^2}+[(k_0^2n_1^2-\beta^2)-k_0^2\gamma^2x^2]E_y=0 \tag{29.60}$$

经变换，该式又可写作

$$\frac{\mathrm{d}^2E_y}{\mathrm{d}\xi^2}+(\Lambda-\xi^2)E_y=0 \tag{29.61}$$

其中$\xi=\alpha x$，并且$\alpha=\sqrt{k_0\gamma}$。进一步，有

$$\Lambda=\frac{k_0^2n_1^2-\beta^2}{\alpha^2}=\frac{k_0^2n_1^2-\beta^2}{k_0\gamma} \tag{29.62}$$

为了使波函数在$x=\pm\infty$(这表示边界条件)处不会变成无穷大，Λ必须取奇整数(参见附录H)，即

$$\Lambda=\frac{k_0^2n_1^2-\beta^2}{k_0\gamma}=(2m+1),\quad m=0,1,2,3,\cdots \tag{29.63}$$

方程(29.61)与量子力学中一维线性谐振子问题求解一维薛定谔方程的数学完全一致(参见文献[29.5]，文献[29.6])。从式(29.63)可以给出离散的传播常数的表达式：

$$\beta=\beta_m=k_0n_1\left[1-\frac{(2m+1)\gamma}{k_0n_1^2}\right]^{1/2},\quad m=0,1,2,3,\cdots \tag{29.64}$$

相应的模场分布为厄米高斯函数：

$$E_y(x)=NH_m(\xi)\exp\left(-\frac{1}{2}\xi^2\right),\quad m=0,1,2,3,\cdots \tag{29.65}$$

式中N是归一化常数，$H_m(\xi)$是厄米多项式：

$$H_0(\xi)=1,\quad H_1(\xi)=2\xi,\quad H_2(\xi)=4\xi^2-2,\quad H_3(\xi)=8\xi-12\xi^3,\cdots \tag{29.66}$$

注意，m取值为偶数的模式关于x轴对称，m取值为奇数的模式关于x轴反对称。这是因为折射率的变化$n^2(x)$关于x轴对称。应该指出，从严格意义上说，式(29.64)和式(29.65)所表示的(对应于TE模式)传播常数以及场的分布形式只在无限延展的抛物线型折射率介质中才成立。当然，这种折射率分布的实际波导是不存在的。更切实际的波导折射率分布形式为(见3.4.1节)

$$n^2(x)=\begin{cases}n_1^2\left[1-2\Delta\left(\dfrac{x}{a}\right)\right]^2, & |x|<a \quad (\text{芯层})\\ n_2^2=n_1^2(1-2\Delta), & |x|>a \quad (\text{包层})\end{cases} \tag{29.67}$$

$|x|<a$的区域为波导的芯层，$|x|>a$的区域为波导的包层。因此

$$\gamma=\frac{n_1\sqrt{2\Delta}}{a} \tag{29.68}$$

波导参数由下式给出：

$$V=k_0a\sqrt{n_1^2-n_2^2}=k_0an_1\sqrt{2\Delta} \tag{29.69}$$

在一个典型的抛物线型折射率介质中，有

$$n_1\approx 1.5,\quad \Delta\approx 0.01,\quad a\approx 20\mu\text{m} \tag{29.70}$$

则$n_2\approx 1.485$，$\gamma\approx 1.0607\times10^4\text{m}^{-1}$。对于离散的导模，一定有

$$n_2^2<\frac{\beta^2}{k_0^2}<n_1^2 \tag{29.71}$$

因此m的最大值对应于$\beta=\beta_m=\beta_{\min}=k_0n_2$。事实上，当波导可以支持大量模式存在时，低阶模式的传播常数可以由式(29.64)准确地给出。当$\dfrac{\gamma}{k_0n_1^2}\ll 1$，并且对于不太大的$m$值，可以对式(29.64)作二项式展开，得到

$$\beta=\beta_m\approx k_0n_1-\left(m+\frac{1}{2}\right)\frac{\gamma}{n_1}\approx\frac{\omega}{c}n_1-\left(m+\frac{1}{2}\right)\frac{\gamma}{n_1},\quad m=0,1,2,3,\cdots \tag{29.72}$$

因此，模式的群速度 v_g 可以由下式给出：

$$\frac{1}{v_g}=\frac{\mathrm{d}\beta}{\mathrm{d}\omega}\approx\frac{n_1}{c} \tag{29.73}$$

上式与模式号无关！因此，在这一近似下，所有的模式以相同的速度传播。实际上，利用射线光学，已经在3.4节中证明了所有的光线在抛物线型折射率的波导中传输一段距离所用的时间近似相等。也正是这个原因，抛物线型折射率波导常用于光纤通信系统当中。

对于一个有包层的光波导，如果仍假设式(29.64)是有效的，那么可以很容易地计算出总的模式数量。因为 $\beta_{\min}=k_0n_2$，那么有

$$\frac{k_0^2(n_1^2-n_2^2)}{k_0\gamma}=(2m_{\max}+1) \tag{29.74}$$

式中 $m_{\max}$ 表示 m 的最大值。因此，模式的总数量由下式给出：

$$N\approx 2m_{\max}\approx V \tag{29.75}$$

其中用到了式(29.68)和式(29.69)以及TM模式数与TE模式数相同这一点。对于由式(29.70)给出的光纤参数，可以得到 $N\approx 27$。

29.6　波导理论和量子力学的类比　　目标6

在29.3节，证明了对于一个给定的波导，如果使 λ_0 趋近于零，那么 V 的值就会变得很大，并且波导将可以支持大量的模式。在这一极限情况下，假设 θ 可以连续取值是合理的，此时使用射线光学来研究波导的传播特性也是适用的。

在本节中将证明，对于一个给定的量子阱结构，如果令 $\hbar$ 趋近于零，那么该量子阱结构将会有非常多数量的束缚态。在这一极限情况下，可以假设能量能连续取值，这样使用经典力学分析这样的量子系统也是适用的(就像用射线光学分析波导特性一样)。进一步看，一维薛定谔方程与TE模式的波动方程也很相似；前者给出量子力学问题中的束缚态，而后者则给出波导问题中的导模。显然，处理两个方程的方法论是一样的。实际上，对于阶跃型平板波导的模式分析与求解对称量子势阱的一维薛定谔方程的过程几乎一样。类似地，对于抛物线型折射率平板波导的模式分析与求解量子力学中的线性谐振子问题也几乎一样(见参考文献[29.5]，文献[29.6])。因此，可以通过学习光纤光学来更容易地理解量子力学中的概念，反之亦然。可以进一步说：

几何光学与波动光学的关系非常类似于经典力学与量子力学的关系。在 $\lambda_0\to 0$ 这一极限情况下，波动光学就变成了射线光学；而当 $\hbar\to 0$ 时，量子力学也就变为了经典力学。

现在，对于一个质量为 μ 的粒子，一维薛定谔方程为

$$\frac{\mathrm{d}^2\psi}{\mathrm{d}x^2}+\frac{2\mu}{\hbar^2}[E-V(x)]\psi(x)=0 \tag{29.76}$$

考虑一个由下式给出的势能函数(与式(29.1)比较)：

$$V(x)=\begin{cases}0, & |x|<\dfrac{d}{2}\\ V_0, & |x|>\dfrac{d}{2}\end{cases} \tag{29.77}$$

(参见图 29.7),那么薛定谔方程可以写为

$$\frac{\mathrm{d}^2\psi}{\mathrm{d}x^2}+\kappa^2\psi(x)=0,\quad |x|<\frac{d}{2} \tag{29.78}$$

$$\frac{\mathrm{d}^2\psi}{\mathrm{d}x^2}-\gamma^2\psi(x)=0,\quad |x|>\frac{d}{2} \tag{29.79}$$

式中,

$$\kappa^2=\frac{2\mu E}{\hbar^2} \tag{29.80}$$

$$\gamma^2=\frac{2\mu}{\hbar^2}(V_0-E) \tag{29.81}$$

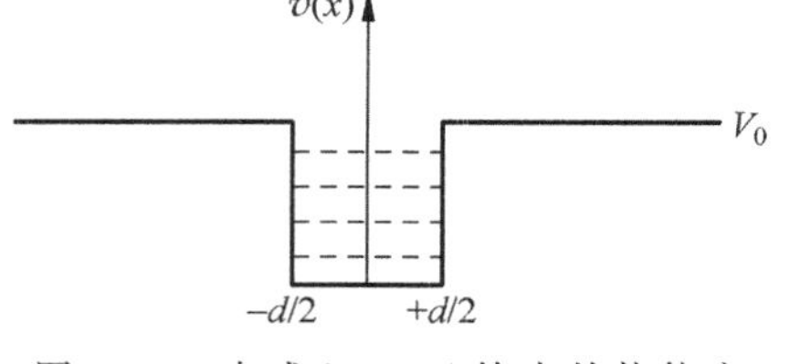

图 29.7 由式(29.77)给出的势能变化曲线。虚线代表离散的能量态(即能级),非常类似于平板波导中的离散束缚态

正如在波导问题中,将利用恰当的边界条件和连续性条件来求解式(29.78)和式(29.79)。连续性条件为

$$\psi \text{ 和} \frac{\mathrm{d}\psi}{\mathrm{d}x} \text{在 } x=\pm d/2 \text{ 处连续} \tag{29.82}$$

现在,对于一个束缚态,其波函数的主要部分被限制在势阱中,因此,它应该在$|x|>\frac{d}{2}$的区域里衰减,导致在势阱中发现粒子的概率大。因此,一定有

$$E<V_0$$

当$E>V_0$时,方程的解在$|x|>\frac{d}{2}$的区域是振荡的,这种情况对应于所谓的散射态(scattering state)。进一步看,E不能小于$V(x)$的最小值(在此最小值是 0),否则在$x=\pm d/2$处边界条件无法满足。因此,对于束缚态,一定有

$$0<E<V_0\quad(\text{束缚态}) \tag{29.83}$$

现在,当势能变化曲线关于$x=0$点对称,即当

$$V(-x)=V(x) \tag{29.84}$$

时,方程的解要么是关于x的对称函数,要么就是反对称函数(参见习题 29.2,或者参见文献[29.2]的第 126~127 页);因此,有

$$\psi(-x)=\psi(x)\quad(\text{对称态}) \tag{29.85}$$

$$\psi(-x)=-\psi(x)\quad(\text{反对称态}) \tag{29.86}$$

经过像 29.2 节中一样的分析讨论,将发现对称态的波函数形式与式(29.22)一样,而反对称态的波函数形式与式(29.31)一样。由ψ和$\frac{\mathrm{d}\psi}{\mathrm{d}x}$在$x=\pm d/2$的连续性可以得到下式:

$$\xi\tan\xi=\sqrt{\alpha^2-\xi^2}\quad(\text{对于对称态}) \tag{29.87}$$

$$-\xi\cot\xi=\sqrt{\alpha^2-\xi^2}\quad(\text{对于反对称态}) \tag{29.88}$$

式中,

$$\alpha\stackrel{\text{def}}{=}\sqrt{\frac{2\mu V_0 d^2}{\hbar^2}} \tag{29.89}$$

对于一个给定的α值,方程(29.87)与方程(29.88)的解ξ将给出式(29.77)所描述的势阱问题的一系列束缚态解。显然,当$\alpha<\pi/2$时,只能有一个束缚态解,这类似于单模波导

条件。当$\hbar \to 0$时，对于给定的V_0、μ和d、α的值将会变得非常大，因此，将得到连续的态，这意味着所有的能级都是可能的(即能级连续取值)。因此，在$\hbar \to 0$这一极限情况下，将回到经典力学的结果。

当$E<V_0$时，在$x>d/2$的区域有一定的发现粒子的概率，而在这一区域，经典力学描述的粒子是被禁止存在的，因为此时粒子总能量E小于势能($=V_0$)，而且此时粒子动能是负的。类似地，在波导问题中，光线在芯层和包层的界面上发生全反射，在光疏介质中不会存在几何光线。另一方面，当求解方程(29.16)时，在$|x|>d/2$的区域可以得到隐失波。确实发现，当一光束以大于临界角的入射角入射到低折射率层时，光束的一部分会"隧穿"光疏介质而出现在图 29.8(a)所示的第三介质中，这种现象被称为受抑全内反射(frustrated total internal reflection，FTIR)，它是光疏介质中存在隐失波的结果。这种隧道效应(tunneling)在几何光学中是不允许的，因为光束在第一个界面上就已经发生了全反射。量子力学中有几乎一样的情况：当一个能量为$E(<V_0)$的粒子入射到势垒(高度为V_0)上时，就会如图 29.8(b)所示，有一定概率的隧穿出现，但这种隧穿效应在经典力学中是不可能的。并且，正如在几乎所有关于量子力学的书中所证明的，当$\hbar \to 0$时，隧穿概率将会趋于 0。

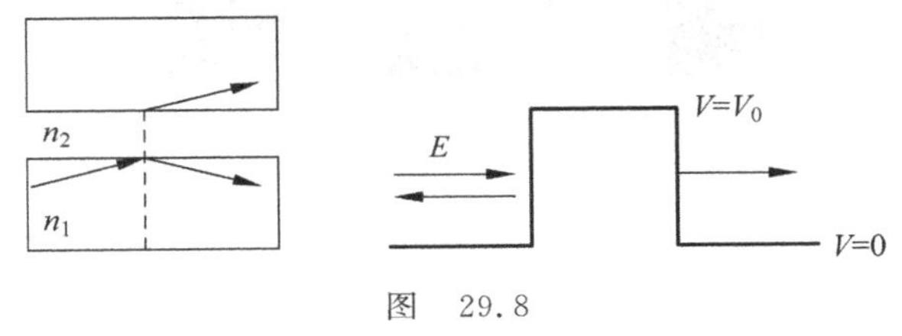

图　29.8

(a) 当一束光以大于临界角的角度入射到低折射率层时，光束的一部分将像穿过隧道一样透射到第三层介质，这种现象称为受抑全内反射(FTIR)，这是光疏介质存在隐失波的结果；(b) 具有能量$E(<V_0)$的一粒子入射到一势垒上(高度为V_0)，将有一定概率的粒子隧穿过势垒

在这里需要提及的是，1897 年，玻色(Jagadish Chandra Bose)教授第一个利用微波演示了光学隧穿效应。他的演示装置如图 29.9 和图 29.10 所示。其中有两个直角等腰棱镜。微波正入射到一个 45°等腰棱镜上，在其第二个面上发生全反射。当第二个棱镜存在时，两个棱镜间留有很小的空气隙，可以观察到光学隧穿现象。进一步的细节可以参见文献[29.8]，文献[29.10]。

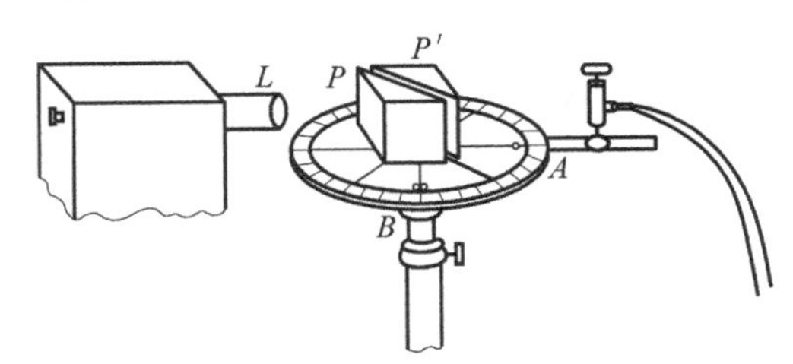

图 29.9　J. C. Bose 教授用来演示受抑全内反射的实验装置。P和P'是两个直角等腰棱镜，A和B是两个位置的接收器(引自文献[29.10])

最后，考虑量子力学中的线性谐振子问题，其势能函数为

$$V(x)=\frac{1}{2}\mu\omega^2 x^2 \tag{29.90}$$

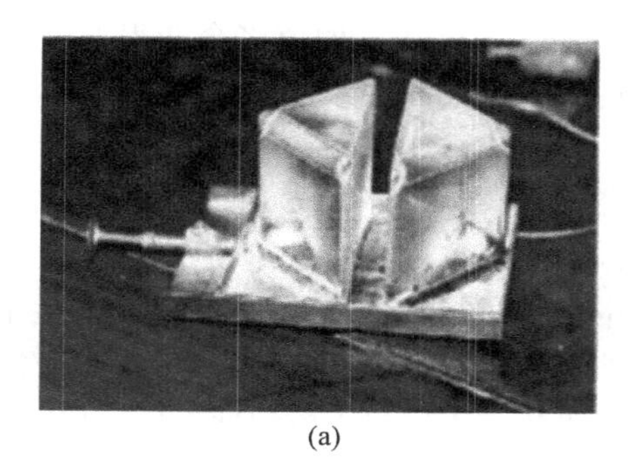

(a)

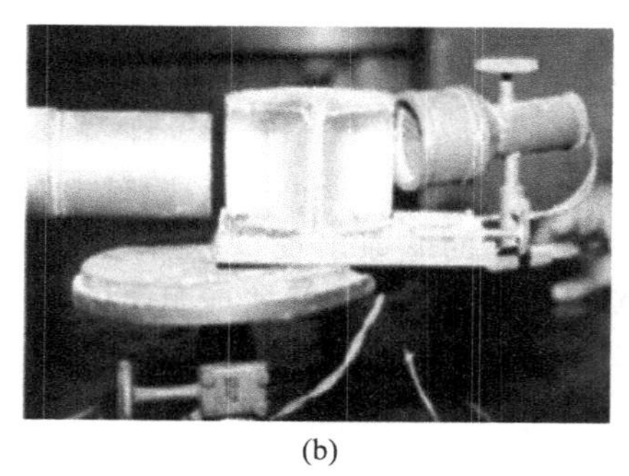

(b)

图 29.10 J. C. Bose 教授用的双棱镜衰减器，中间空气隙可调(引自文献[29.9])

并且薛定谔方程(式(29.76))变为

$$\frac{d^2\psi}{d\xi^2}+(\Lambda-\xi^2)\psi=0 \tag{29.91}$$

其中 $\xi=\alpha x$，并且令 $\alpha=\sqrt{\frac{\mu\omega}{\hbar}}$，所以有

$$\Lambda\overset{\text{def}}{=}\frac{2E}{\hbar\omega} \tag{29.92}$$

为了使波函数在 $x=\pm\infty$ 处为有限值(这代表了边界条件)，Λ 必须取奇整数(参见附录H)，即

$$\Lambda\overset{\text{def}}{=}\frac{2E}{\hbar\omega}=2m+1,\quad m=0,1,2,3,\cdots \tag{29.93}$$

上式给出离散的能量本征值的表达式：

$$E=E_m=\left(m+\frac{1}{2}\right)\hbar\omega,\quad m=0,1,2,3,\cdots \tag{29.94}$$

文献[29.6]细致地讨论了量子力学振子与经典振子之间的关系，文献[29.2]讨论了对于抛物线型折射率波导，射线光学与模式理论所推得的结果之间的关系。

习　　题

29.1 考虑一个 $n_1=1.50$，$n_2=1.46$，$d=4\mu m$ 的对称阶跃折射率波导(参见式(29.1))，工作波长 $\lambda_0=0.6328\mu m$。计算 TE 和 TM 模式的数量。

29.2　考虑阶跃折射率平板波导的 TE 模式，波导 $d=2.0\mu m, n_1=1.5, \sqrt{n_1^2-n_2^2}=\frac{1}{\pi}$，对于波长 $\lambda_0=1\mu m, 0.8\mu m$ 和 $0.66667\mu m$，(利用表 29.1)计算 b 值和相应的 β/k_0，证明：β/k_0 介于 n_1 和 n_2 之间。

29.3　现在考虑一个 $n_1=1.50, n_2=1.46, a=2\mu m$ 的抛物线型折射率波导(参见式(29.60))，还是工作在 $\lambda_0=0.6328\mu m$ 波长处。假设式(29.64)有效，并且对于离散的导模，必然有 $n_2^2<\frac{\beta^2}{k_0^2}<n_1^2$。计算 m 的最大值以及 TE 模式的总数。

29.4　考虑一个 $n_1=1.50, n_2=1.48$ 的阶跃型折射率的对称波导，工作波长 $\lambda_0=0.6328\mu m$。计算当 $V=6$ 时的 d 值。利用表 29.1，计算 b 的值、相应的传播常数 β/k_0 以及其分量波(component wave)①与 z 轴的夹角。

[**答案**：$d=2.4752\mu m$]

29.5　考虑与习题 29.4 中一样的波导。工作在什么波长处，V 值为 3？利用表 29.1，计算 b 的值以及相应的传播常数 β/k_0。

29.6　(1) 考虑一个 $n_1=1.49, n_2=1.46, d=4\mu m$ 的阶跃型对称波导(参见式(29.1))，工作波长 $\lambda_0=0.6328\mu m$。数值求解方程(29.39)和方程(29.40)(参见文献[29.11])，计算 β/k_0 的值。

(2) 计算相应的 θ_m 的值。

[**答案**：(1) $\beta/k_0=1.4885, 1.4839, 1.4765, 1.4668$；
(2) $\theta_1\approx 2.6°, \theta_2\approx 5.2°, \theta_3\approx 7.7°, \theta_4\approx 10.1°$]

29.7　(1) 考虑一个 $n_1=1.503, n_2=1.500, d=4\mu m$ 的阶跃型对称波导。对于 $\lambda_0=1\mu m$，计算 V 值，并利用表 29.1 所给出数值，运用线性插值来计算 β/k_0 的值。

(2) 如果工作波长变为 $0.5\mu m$，证明 $V=4.771$，并利用表 29.1 所给出的数值，运用线性插值来计算离散的 β/k_0 值以及相应的波与 z 轴的夹角。

[**答案**：(1) $\beta/k_0\approx 1.5016$；(2) $\beta/k_0\approx 1.5024, 1.5007$]

29.8　在方程(29.5)中，作 $x\rightarrow -x$ 变换，并假设 $n^2(-x)=n^2(x)$，证明：$E_y(-x)$ 与 $E_y(x)$ 满足相同的方程；因此，一定有 $E_y(-x)=\lambda E_y(x)$。再次进行 $x\rightarrow -x$ 的变换来证明：方程的解要么是 x 的对称函数，要么是 x 的反对称函数(亦即，证明式(29.20)和式(29.21))。

---

① 以译者的理解，这里分量波是指能与各模式相应的平面波，比如式(29.43)右端的两平面波，其相应的波矢量由式(29.44)和式(29.45)描述。见 29.3 节。——译者注

第30章 光纤光学Ⅲ：单模光纤

一个新的纪元在西方迎来黎明——光的纪元。在城市街道下、深海中、商业摩天大楼里，大量基于激光、超纯净光纤以及新奇材料的新技术，正在对传统电子器件创造的已有奇迹进行着挑战……这些新技术发展之迅速，使我们从电器时代步入光子时代，而在这个光子时代，围绕光束设计新巧的器件几乎是必不可少的。

——时代周刊，1986年10月6日

学习目标

学过本章后，读者应该学会：

目标1：理解光纤模式。

目标2：推导给出阶跃折射率光纤模式的基本方程组。

目标3：讨论阶跃单模光纤的传输特性。

目标4：描述单模光纤的脉冲色散。

目标5：讨论色散补偿光纤。

30.1 引言

光通信系统的核心是光纤，它扮演着为承载信息的光束提供传输信道的角色。根据射线光学的理论，由于全内反射(TIR)现象，光束被光纤约束导引向前传播。这已经在第28章中讨论过了。然而，对于单模光纤(目前广泛应用于光纤通信系统中)，纤芯直径非常小(大约只有几微米)，因而射线光学理论不再适用。本章将根据麦克斯韦的电磁场理论来研究光在(单模)光纤中的传输特性。在第29章中已经对平板波导进行了模式分析，理解了模式的概念。在本章中将对阶跃折射率光纤进行模式分析，进而有助于进行光纤通信系统的设计。

30.2 基本方程 目标1

最简单的光纤折射率分布方式是阶跃折射率分布，其分布特征如下(参见图30.1)：

$$n(r)=\begin{cases}n_1, & 0<r<a \quad (\text{纤芯})\\ n_2, & r>a \quad (\text{包层})\end{cases} \tag{30.1}$$

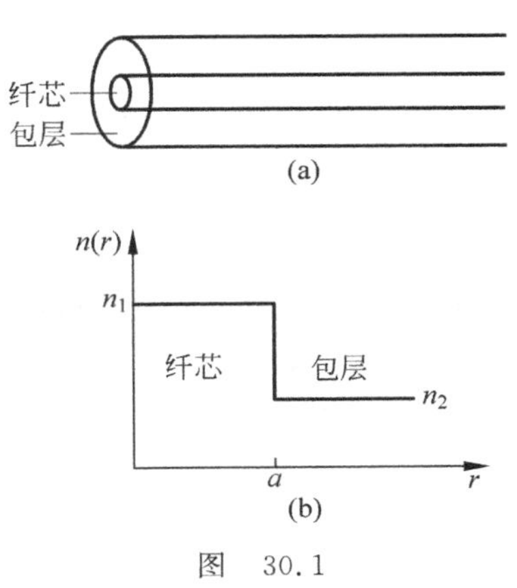

图　30.1

(a) 阶跃折射率光纤的圆柱形结构，其中 $0<r<a$ 部分折射率为 n_1，$r>a$ 部分折射率为 n_2；

(b) 阶跃折射率光纤的折射率分布图

其中使用了柱坐标系(r,ϕ,z)。对于实际的光纤，有

$$\frac{n_1-n_2}{n_2}\leqslant 0.01 \tag{30.2}$$

这样的条件下允许使用所谓的标量波近似(也被称为弱导近似①)。在这种近似下，波导中的模式场的方向几乎是横向的，且可以有任意的偏振态。因此，可以假定两个相互独立的模式分别是 x 方向偏振和 y 方向偏振的，并且在弱导近似的条件下，它们有相同的传播常数。这些模式通常称为 LP 模(LP 代表线偏振)。可以将上面的说法与在 29.4 节中提及的进行比较，当 $n_1\approx n_2$ 时，波导中的模式场几乎都是横向的，且 TE 和 TM 模式的传播常数几乎相等。两种说法是一致的。在弱导近似条件下，电场的横向分量(E_x 或 E_y)满足标量的波动方程

$$\nabla^2\Psi=\varepsilon_0\mu_0 n^2\frac{\partial^2\Psi}{\partial t^2}=\frac{n^2}{c^2}\frac{\partial^2\Psi}{\partial t^2} \tag{30.3}$$

其中 $c\left(=\frac{1}{\sqrt{\varepsilon_0\mu_0}}\right)\approx 3\times 10^8\,\mathrm{m/s}$ 是光在真空中传播的速度。在大多数的实际光纤中，n^2 只与柱坐标系中的 r 有关，因此，应用柱坐标系(r,ϕ,z)是十分方便的。在柱坐标系下，方程(30.3)的解可以写成如下形式：

$$\Psi(r,\phi,z,t)=\psi(r,\phi)\mathrm{e}^{\mathrm{i}(\omega t-\beta z)} \tag{30.4}$$②

式中 ω 是角频率，β 为传播常数。上面的式子定义了系统的模式。因为 $\psi(r,\phi)$只与横向坐标 r 和 ϕ 有关，

所以模式表示的是场横向的不同分布形式，当电磁波沿着光纤传播的时候，除了相位变化以外，这种分布形式不会变化。

在柱坐标系(r,ϕ,z)下，有

$$\nabla^2\Psi=\frac{\partial^2\Psi}{\partial r^2}+\frac{1}{r}\frac{\partial\Psi}{\partial r}+\frac{1}{r^2}\frac{\partial^2\Psi}{\partial\phi^2}+\frac{\partial^2\Psi}{\partial z^2} \tag{30.5}$$

① 对于弱导近似更详细的内容见文献[30.1]，文献[30.2]。

② 请读者注意区别含时的波函数 $\Psi(r,\phi,z,t)$ 与不含时的波函数 $\psi(r,\phi)$ 之间的区别。——译者注

由式(30.4)容易得到

$$\frac{\partial^2 \Psi}{\partial t^2} = -\omega^2 \Psi = -\omega^2 \psi(r,\phi) \mathrm{e}^{\mathrm{i}(\omega t - \beta z)} \tag{30.6}$$

$$\frac{\partial^2 \Psi}{\partial z^2} = -\beta^2 \Psi = -\beta^2 \psi(r,\phi) \mathrm{e}^{\mathrm{i}(\omega t - \beta z)} \tag{30.7}$$

将式(30.4)代入式(30.3)中,并用式(30.5)～式(30.7),可以得到

$$\frac{\partial^2 \psi}{\partial r^2} + \frac{1}{r}\frac{\partial \psi}{\partial r} + \frac{1}{r^2}\frac{\partial^2 \psi}{\partial \phi^2} + [k_0 n^2(r) - \beta^2]\psi = 0 \tag{30.8}$$

式中,

$$k_0 = \frac{\omega}{c} = \frac{2\pi}{\lambda_0}$$

是自由空间的波数。由于介质具有柱对称性,亦即 n^2 只与柱坐标 r 有关,因此,可以采用分离变量法来求解方程(30.8):

$$\psi(r,\phi) = R(r)\Phi(\phi)$$

作相应的替换并除以 $\psi(r,\phi)/r^2$,得到

$$\frac{r^2}{R}\left(\frac{\mathrm{d}^2 R}{\mathrm{d}r^2} + \frac{1}{r}\frac{\mathrm{d}R}{\mathrm{d}r}\right) + r^2[n^2(r)k_0^2 - \beta^2] = -\frac{1}{\Phi}\frac{\mathrm{d}^2\Phi}{\mathrm{d}\phi^2} = l^2 \tag{30.9}$$

这样,变量就被分离了,并且令方程的两边都等于一个常数($=l^2$)。求解只含有变量 ϕ 的方程,会发现与 ϕ 相关的解具有 $\cos(l\phi)$ 或 $\sin(l\phi)$ 的形式,并且由于函数应为单值函数(即 $\Phi(\phi+2\pi)=\Phi(\phi)$),$l$ 必须满足

$$l = 0, 1, 2, \cdots$$

l 取负值时对应的是相同的分布(没有新的解)。因此,完整的场横向分布由下式给出:

$$\Psi(r,\phi,z,t) = R(r)\mathrm{e}^{\mathrm{i}(\omega t - \beta z)}\begin{pmatrix}\cos(l\phi) \\ \sin(l\phi)\end{pmatrix}, \quad l = 0, 1, 2, \cdots \tag{30.10}$$

其中 $R(r)$ 满足如下的径向部分方程:

$$r^2 \frac{\mathrm{d}^2 R}{\mathrm{d}r^2} + r\frac{\mathrm{d}R}{\mathrm{d}r} + \{[k_0^2 n^2(r) - \beta^2]r^2 - l^2\}R = 0 \tag{30.11}$$

由于对于 l 的每一个取值都会有两个相互独立的偏振态,因此,对于 $l \geqslant 1$ 的模式都是四重简并(对应两个相互正交的偏振态及与 ϕ 相关的 $\cos(l\phi)$ 和 $\sin(l\phi)$ 两种解的形式)。$l=0$ 对应的模式与 ϕ 无关,因而是二重简并的①。这里需要注意的是,不能令式(30.9)右侧等于一个负的常数,否则,场对于 ϕ 的依赖关系就不满足单值性了。在下一节,将给出方程(30.11)在阶跃折射率变化光纤情形下的解。然而,对于任意的具有柱对称折射率变化的光纤,其折射率从轴上的 n_1 值单调减小到纤芯-包层界面处 $r=a$,此处以外的折射率取常数值 n_2(见图30.2),可以大致看出,方程(30.11)的解可以分成完全不同的两类(与29.2节的相关讨论比较);第一类解对应

① "简并"这个词意为,对应于相同的传播常数,有多于一个的场分布。对应于 $l=0$ 的模式,有两个独立偏振态(的场分布),因此,该模式称为是二重简并的。另一方面,对应于 $l=1,2,3,\cdots$ 的模式是4重简并的,因为(对应于相同的 β^2)模式有两个可能的场分布,一个正比于 $\cos(l\phi)$,另一个正比于 $\sin(l\phi)$。而对于每一个分布,有两个独立偏振态。

$$n_2^2 < \frac{\beta^2}{k_0^2} < n_1^2 \quad (\text{导模}) \tag{30.12}$$

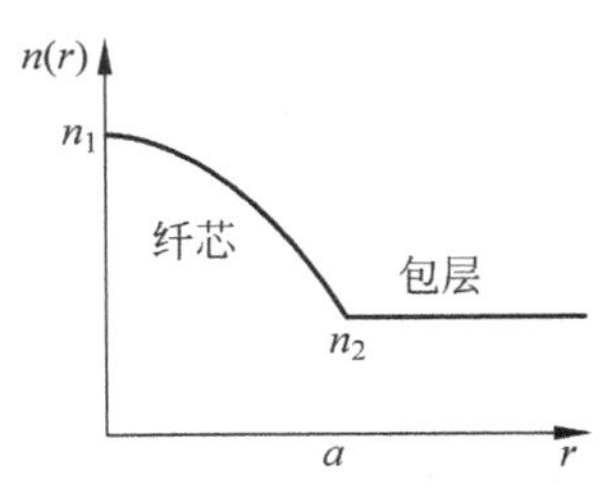

图 30.2　一种任意的具有柱对称的光纤，它的折射率沿着坐标轴从纤芯中心到纤芯与包层接触面的 $r=a$ 处从 n_1 单调下降到 n_2，此后包层折射率取常数值 n_2

当 β^2 落在上面的范围内时，场 $R(r)$ 在纤芯内是振荡的，而在包层处是衰减的，并且 β^2 只能取几个特定的离散值。这些就是波导的导模。对于给定的 l，可以得到有限数目的导模，记为 LP_{lm} 模（$m=1,2,3,\cdots$）。第二类解对应

$$\beta^2 < k_0^2 n_2^2 \quad (\text{辐射模}) \tag{30.13}$$

对于这样的 β 值，模场甚至在包层中也是振荡的，并且 β 可以取连续值。这些模式就被称为辐射模①。

下面将详细讨论阶跃折射率光纤中的导模。

30.3　阶跃折射率光纤中的导模　　目标 2

在本节中，将得到折射率按照式(30.1)变化的阶跃折射率光纤中的模式场以及相对应的传播常数。在这样的光纤中，对于导模$\left(\beta^2 \text{ 满足 } n_2^2 < \frac{\beta^2}{k_0^2} < n_1^2\right)$，方程(30.11)可以写成

$$r^2 \frac{\mathrm{d}^2 R}{\mathrm{d}r^2} + r\frac{\mathrm{d}R}{\mathrm{d}r} + \left(U^2 \frac{r^2}{a^2} - l^2\right)R = 0, \quad 0 < r < a \tag{30.14}$$

$$r^2 \frac{\mathrm{d}^2 R}{\mathrm{d}r^2} + r\frac{\mathrm{d}R}{\mathrm{d}r} - \left(W^2 \frac{r^2}{a^2} + l^2\right)R = 0, \quad r > a \tag{30.15}$$

式中，

$$U \stackrel{\text{def}}{=} a\sqrt{k_0^2 n_1^2 - \beta^2} \tag{30.16}$$

$$W \stackrel{\text{def}}{=} a\sqrt{\beta^2 - k_0^2 n_2^2} \tag{30.17}$$

由于满足式(30.12)的导模条件，可知 U 和 W 均为实数。定义归一化的波导参数 V 为②

$$V \stackrel{\text{def}}{=} \sqrt{U^2 + W^2} = k_0 a\sqrt{n_1^2 - n_2^2} \tag{30.18}$$

用波长的形式表示为

$$V = \frac{2\pi}{\lambda_0} a\sqrt{n_1^2 - n_2^2} \tag{30.19}$$

① 想了解更多关于辐射模(也称泄漏模)，参见文献[30.1]，文献[30.3]。

② 通常也称为归一化频率，它是一个无量纲的、包含所有光纤常数(n_1、n_2、a、λ)的物理量，非常有用。比如它决定了光纤中所能传输的模式数量等。——译者注

波导参数V是衡量光纤特性的一个极重要的参数。为了方便分析,定义归一化传播常数

$$b \overset{\text{def}}{=} \frac{\dfrac{\beta^2}{k_0^2} - n_2^2}{n_1^2 - n_2^2} = \frac{W^2}{V^2} \tag{30.20}$$

因而有

$$W = V\sqrt{b} \tag{30.21}$$

$$U = V\sqrt{1-b} \tag{30.22}$$

由式(30.12)可以看出,对于导模有$0<b<1$。方程(30.14)的两个相互独立的解为$J_l(Ur/a)$和$Y_l(Ur/a)$(可以参见文献[30.4]~文献[30.6])。然而,由于解$Y_l(Ur/a)$在$r\to 0$时发散,因而应该舍弃。方程(30.15)的解为变形贝塞尔函数$K_l(Wr/a)$和$I_l(Wr/a)$,解$I_l(Wr/a)$由于当$r\to\infty$时发散而应该舍弃。因此,对于导模,模场的横向模场分布可以写为

$$\psi(r,\phi) = \begin{cases} \dfrac{A}{J_l(U)} J_l\left(\dfrac{Ur}{a}\right) \begin{bmatrix} \cos l\phi \\ \sin l\phi \end{bmatrix}, & r < a \\ \dfrac{A}{K_l(W)} K_l\left(\dfrac{Wr}{a}\right) \begin{bmatrix} \cos l\phi \\ \sin l\phi \end{bmatrix}, & r > a \end{cases} \tag{30.23}$$

其中A是常数,并且已经假设了ψ在纤芯和包层的分界面处($r=a$)是连续的,$\partial\psi/\partial r$在$r=a$处也是连续的,并且利用涉及贝塞尔函数的恒等关系式(参阅文献[30.3]),可以得到下面的一系列超越方程,用这些方程可以确定对应于LP_{lm}传导模式允许取的归一化传播常数b的离散值:

$$V(1-b)^{1/2}\frac{J_{l-1}[V(1-b)^{1/2}]}{J_l[V(1-b)^{1/2}]} = -Vb^{1/2}\frac{K_{l-1}(Vb^{1/2})}{K_l(Vb^{1/2})}, \quad l \geqslant 1 \tag{30.24}$$

$$V(1-b)^{1/2}\frac{J_1[V(1-b)^{1/2}]}{J_0[V(1-b)^{1/2}]} = Vb^{1/2}\frac{K_1(Vb^{1/2})}{K_0(Vb^{1/2})}, \quad l = 0 \tag{30.25}$$

上面的超越方程的解可以给出b关于V的(进而也有U和W)普适曲线。对一个给定的l,会有有限数量的解,并且第$m(m=1,2,3,\cdots)$个解对应于LP_{lm}模式。图30.3中绘出的是b随V的变化而形成的一组普适曲线。表30.1给出了V取值在1.0~2.5范围内b的数值计算结果(仅对应LP_{01}模式)。

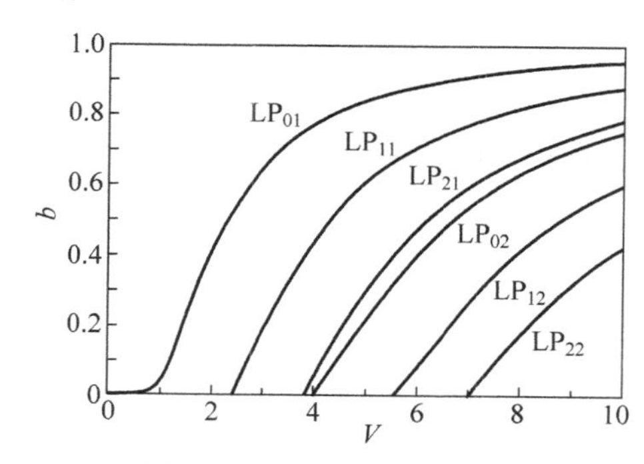

图30.3 在一些低阶模式下归一化传播常数b与归一化的波导参数V的变化关系(摘自参考文献[30.2])

表 30.1　对于阶跃型折射率光纤，b、$(bV)'$和 $V(bV)''$随 V 变化的值

V	b	b（利用方程(30.30)计算）	$\frac{\mathrm{d}}{\mathrm{d}V}(bV)$	$V(bV)''$
1.5	0.229248	0.229249	0.849	1.063
1.6	0.270063	0.270712	0.913	0.919
1.7	0.309467	0.310157	0.965	0.785
1.8	0.347068	0.347471	1.006	0.664
1.9	0.382660	0.382653	1.039	0.556
2.0	0.416163	0.415767	1.065	0.462
2.1	0.447581	0.446911	1.086	0.380
2.2	0.476969	0.476200	1.102	0.309
2.3	0.504416	0.503754	1.114	0.248
2.4	0.530026	0.529693	1.124	0.195
2.5	0.553915	0.554131		

其中第 2 列、第 4 列和第 5 列是利用文献[30.7]，文献[30.8]中的软件解方程(30.25)得到的值。

30.3.1　截止频率

从图 30.3 可以看出，当 V 的值减小时，b 的值也随之减小。对于每一种模式，都会有一个 V 值使 b 为零(对应 β/k_0 等于 n_2)，此时这个模式不再是导模。使得 b 为零的 V 值称为该模式的截止频率(这是指归一化频率)。现在，对于一给定的阶跃折射率光纤，V 值随着波长增大而减小(见式(30.19))。使 b 变为零的波长的取值就是该模式下的截止波长(这个波长是正常意义下的波长)。

从式(30.25)可以看出，LP_{0m} 模的截止频率发生在使 $J_1(V)$ 为零处，即

$$V=0(\mathrm{LP}_{01}),3.8317(\mathrm{LP}_{02}),7.0156(\mathrm{LP}_{03}),10.1735(\mathrm{LP}_{04}),\cdots$$

同理，由式(30.24)可以看出，LP_{1m} 模的截止频率发生在使 $J_0(V)$ 为零处，即

$$V=2.4048(\mathrm{LP}_{11}),5.5201(\mathrm{LP}_{12}),8.6537(\mathrm{LP}_{13}),11.7915(\mathrm{LP}_{14}),\cdots$$

LP_{2m} 模的截止频率发生在使 $J_1(V)$ 为零处(除了 $V=0$ 的值)，即

$$V=3.8317(\mathrm{LP}_{21}),7.0156(\mathrm{LP}_{22}),10.1735(\mathrm{LP}_{23}),\cdots$$

对 $l\geqslant1$，LP_{lm} 模的截止频率会出现在 $J_{l-1}(V)$ 为零处(除了 $V=0$ 的值)①；因此，LP_{3m} 模的截止频率为

$$V=5.1356(\mathrm{LP}_{31}),8.4172(\mathrm{LP}_{32}),11.6198(\mathrm{LP}_{33}),\cdots$$

LP_{4m} 模的截止频率为

$$V=6.3802(\mathrm{LP}_{41}),9.7610(\mathrm{LP}_{42}),13.015(\mathrm{LP}_{43}),\cdots$$

LP_{5m} 模的截止频率为

$$V=7.5883(\mathrm{LP}_{51}),11.0647(\mathrm{LP}_{52}),\cdots$$

LP_{6m} 模的截止频率为

$$V=8.7715(\mathrm{LP}_{61}),12.3386(\mathrm{LP}_{62}),\cdots$$

① 关于贝塞尔函数的零点见参考文献[30.9]。

从图中还可以看出：

当 $0<V<2.4048$ 时，光纤中将只有 LP_{01} 模(称为基模)存在；$V=2.4048$ 是 LP_{11} 模的截止频率，此时(对于 LP_{11} 模的)b 变为零，即$\frac{\beta}{k_0}=n_2$。

当 $2.4048<V<3.8317$ 时，光纤中将只有 LP_{01} 和 LP_{11} 模；$V=3.8317$ 是 LP_{02} 模和 LP_{21} 模的截止频率，此时(LP_{02} 模和 LP_{21} 模的)b 变为零，即$\frac{\beta}{k_0}=n_2$。

当 $3.8317<V<5.1356$ 时，光纤中将只有 LP_{01}、LP_{02}、LP_{11} 和 LP_{21} 模；$V=5.1356$ 是 LP_{31} 模的截止频率。

因此，对于一个特定的 V 值，光纤中只能存在有限数目的模式。这里必须指出，每一个 LP_{0m} 模式都是二重简并的；亦即对于同一个 b 值，有两个相互独立的模式，这两个模式对应的是两个相互独立的偏振态。进而每一个 LP_{lm} 模式($l>1$)都是四重简并的；亦即对于同一个 b 有四个相互独立的模式，它们对应着与 ϕ 相关的 $\cos(l\phi)$、$\sin(l\phi)$ 两种场分布，每种场分布又分别包括两个相互独立的偏振态。

例 30.1 考虑一阶跃折射率光纤，其 $n_1=1.5$，$n_2=1.49$，纤芯半径为 $a=3.0\mu m$。则

$$V=\frac{2\pi}{\lambda_0}a\sqrt{n_1^2-n_2^2}=\frac{3.2594}{\lambda_0}$$

其中 λ_0 以 μm 为单位。因此，LP_{11} 模的截止波长为 $1.355\mu m$，LP_{21} 和 LP_{02} 模的截止波长为 $0.8506\mu m$，LP_{31} 模的截止波长为 $0.6347\mu m$，…。

LP_{01} 模没有截止波长，因此，当 $\lambda_0>1.355\mu m$ 时，光纤中将只存在 LP_{01} 模，当 $0.8506\mu m<\lambda_0<1.355\mu m$ 时，光纤中将存在 LP_{01} 和 LP_{11} 模。当 $0.6347\mu m<\lambda_0<0.8506\mu m$ 时，光纤中将存在 LP_{01}、LP_{11}、LP_{21} 和 LP_{02} 模。

光纤制造商总会给出光纤的截止波长作为光纤的规格之一；然而，这个截止波长对应的是 LP_{11} 模式的截止波长。在上面的例子中，光纤的截止波长将是 $1.355\mu m$，因为对于所有大于此的波长，光纤是只支持 LP_{01} 传输的单模光纤。因此，

光纤中只存在 LP_{01} 模式时的最小波长(对于阶跃折射率光纤对应 $V=2.4045$)[①]，称为光纤的截止波长，记为 λ_c。

在石英光纤的规格数据清单(由商家提供)中，几乎总要提到这个 λ_c(参阅文献[30.11])。

例 30.2 考虑一阶跃折射率光纤，其 $n_1=1.5$，$n_2=1.48$，纤芯半径 $a=6.0\mu m$。设工作波长为 $\lambda_0=1.3\mu m$，则可以得到 $V=7.0796$。因此，光纤中将有二重简并的 LP_{01}、LP_{02} 和 LP_{03} 模，四重简并的 LP_{11}、LP_{12}、LP_{21}、LP_{22}、LP_{31} 和 LP_{41} 模，一共 30 个模式。在多模式($V\geqslant 10$)阶跃折射率光纤中的总模式数近似由下式给出：

$$N\approx\frac{1}{2}V^2 \tag{30.26}$$

对于 $V=7.0796$，有 $N\approx 25$。对于更大的 V 值，式(30.26)得出的数值更接近于精确值(见习题 30.3)。

① 对于纤芯折射率渐变的渐变折射率光纤，截止波长对应的 $V=3.518$(参见文献[30.10])。

30.3.2　幂率折射率剖面的渐变折射率光纤

这里需要指出，一大类多模渐变折射率光纤可用下面的折射率分布式描述(如图 30.4 所示)：

$$n^2(r)=\begin{cases} n_1^2\left[1-2\Delta\left(\dfrac{r}{a}\right)^q\right], & 0<r<a \\ n_2^2=n_1^2(1-2\Delta), & r>a \end{cases} \tag{30.27}$$

式中 r 代表柱坐标系中的半径，n_1 代表光纤芯轴线上(即在 $r=0$ 处)的折射率，n_2 代表包层的折射率。式(30.27)经常被用来描述这样一类光纤，光纤的剖面被称为幂率折射率剖面，或者 q 折射率剖面。$q=1$、$q=2$ 和 $q=\infty$ 分别对应于线性折射率剖面、抛物线型折射率剖面和阶跃折射率剖面的光纤(见图 30.4)。由式(30.27)描述的渐变折射率多模光纤中传输的总模式数近似由下式给出(参见文献[30.12]，也可以参见文献[30.3])：

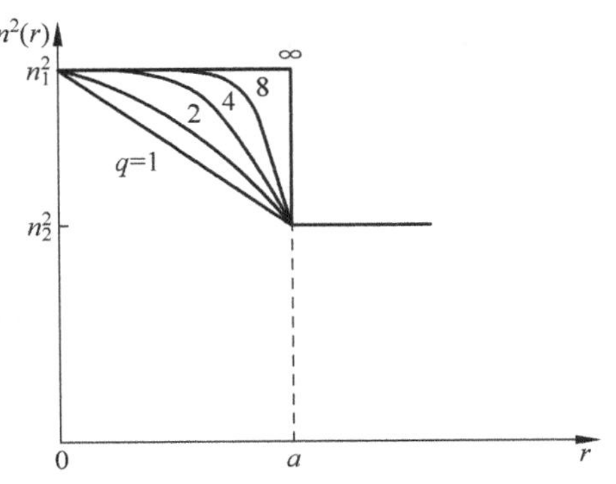

图 30.4　由式(30.27)描述的渐变折射率光纤的幂率分布

$$N\approx\frac{q}{2(2+q)}V^2 \tag{30.28}$$

因此，对于抛物线型渐变折射率光纤($q=2$)，当 $V=10$ 时，将能支持约 25 个模式。类似地，对于阶跃折射率光纤($q=\infty$)，当 $V=10$ 时，将能支持约 50 个模式。当光纤中能支持大量的模式时，利用射线光学来计算脉冲色散将能够得到准确的结果。现在，在多模光纤中，除了材料色散(见 28.10.3 节)以外，还有由于不同模式群速度不同导致的模间色散。参考文献[30.12](和文献[30.3])证明了，对于支持大量模式的渐变折射率光纤，其用波动理论得出的模间色散与由射线分析得出的模间色散在数值上几乎一样。在第 28 章中，已经用射线光学理论计算出了阶跃折射率光纤和抛物线型渐变折射率光纤的模间色散。上述分析方法得到的结果对于 $V\geqslant10$ 的多模光纤足够精确。

30.4　单模光纤　　目标 3

LP_{01} 模($l=0,m=1$)被称为光纤的基模。正如前面提到的，对于阶跃折射率光纤，当 $0<V<2.4048$ 时，光纤中将只有基模存在。在这种情况下，光纤称为单模光纤，这种光纤被广泛应用于光纤通信系统中。对于基模，不同 V 值对应的 b 实际数值列于表 30.1 中。因此，对于工作在特定波长的给定阶跃折射率光纤，只需要算出 V 的值，再利用表 30.1 通过简单的差值法就可以计算出 b 的值。通过 b 值和下面公式的计算，就能知道相对应的传播常数(参见式(30.20))：

$$\frac{\beta}{k_0}=\sqrt{n_2^2+b(n_1^2-n_2^2)}\approx n_2\sqrt{1+(2\Delta)b} \tag{30.29}$$

其中在最后一步假设 $n_1\approx n_2$。

例 30.3 考虑一阶跃折射率光纤，有 $n_1 \approx n_2 = 1.447, \Delta = 0.003, a = 4.2\mu m$，经计算可以得到 $V = 2.958/\lambda_0$，其中 λ_0 的单位用 μm。因此，对于 $\lambda_0 > 1.23\mu m$，光纤是单模传输，即(对应于 $V = 2.4045$)光纤的截止波长 λ_c 为 $1.23\mu m$。假设工作波长为 $\lambda_0 = 1.479\mu m$，此时 $V = 2.0$，因此(由表 30.1)，有

$$b \approx 0.4162 \quad \Rightarrow \quad \frac{\beta}{k_0} \approx n_2\sqrt{1+(2\Delta)b} \approx 1.4488$$

$$\Rightarrow \quad \beta \approx 6.1549 \times 10^6 \, m^{-1}$$

例 30.4 接例 30.3，考虑一相同的阶跃折射率光纤($n_2 = 1.447, \Delta = 0.003, a = 4.2\mu m$)，现在假设工作波长 $\lambda_0 = 1.55\mu m$，此时 $V \approx 1.908$，在这种情况下，光纤中仍是单模传输。查表 30.1 并进行线性插值可以得到

$$b \approx 0.382660 + \frac{0.416163 - 0.382660}{0.1} \times 0.008 \approx 0.38534$$

$$\Rightarrow \frac{\beta}{k_0} \approx n_2\sqrt{1+(2\Delta)b} \approx 1.4487$$

$$\Rightarrow \beta \approx 5.8725 \times 10^6 \, m^{-1}$$

例 30.5 为了后面将要讨论的原因，第四代光纤通信系统(工作于 $1.55\mu m$)采用的光纤，其纤芯半径很小，而 Δ 值较大。(工作于 $1.55\mu m$)典型的光纤具有 $n_2 = 1.444, \Delta = 0.0075, a = 2.3\mu m$。因此，在 $\lambda_0 = 1.55\mu m$，有

$$V = \frac{2\pi}{1.55} \times 2.3 \times 1.444 \times \sqrt{0.015} \approx 1.649$$

此时，在 $1.55\mu m$，光纤是单模传输，且

$$b \approx 0.270063 + \frac{0.309467 - 0.270063}{0.1} \times 0.049 = 0.28937$$

$$\Rightarrow \frac{\beta}{k_0} \approx n_2\sqrt{1+(2\Delta)b} \approx 1.44713$$

进而对于这种给定的光纤，有

$$V = \frac{2.556}{\lambda_0}$$

因此，该光纤的截止波长为

$$\lambda_c = 2.556/2.4045\mu m \approx 1.06\mu m$$

30.4.1 归一化传输常数的经验公式

对于阶跃折射率单模光纤，有一个方便计算 $b(V)$ 的经验公式：

$$b(V) = \left(A - \frac{B}{V}\right)^2, \quad 1.5 \leqslant V \leqslant 2.5 \tag{30.30}$$

其中 $A \approx 1.1428, B \approx 0.996$。上面公式给出的 b 值与精确值误差在 0.2% 左右(见表 30.1)。

30.4.2 基模的模场尺寸

正如前面指出的，单模光纤只支持传输一种模式，它也称为光纤的基模。单模光纤中，

基模的横向场分布是一个十分重要的物理量，它决定了光纤的许多重要参数，诸如光纤接头的连接损耗、激光器光耦合到光纤的耦合效率以及弯曲损耗等。对于阶跃折射率光纤，其基模场分布的解析表达式是贝塞尔函数(参见 30.3 节)。但对于大多数的单模光纤，基模场分布可以用高斯函数来很好地近似，写成如下形式：

$$\psi(x,y)=A\mathrm{e}^{-\frac{x^2+y^2}{w^2}}=A\mathrm{e}^{-\frac{r^2}{w^2}} \tag{30.31}$$

其中 w 是模场的光斑尺寸，$2w$ 称作模场直径(mode field diameter，MFD)。MFD 是单模光纤的一个十分重要的特征参数。对于阶跃折射率光纤，有一个计算 w 的经验公式(参阅文献[30.13])：

$$\frac{w}{a}\approx 0.65+\frac{1.619}{V^{3/2}}+\frac{2.879}{V^6},\quad 0.8\leqslant V\leqslant 2.5 \tag{30.32}$$

其中 a 是纤芯半径。在光纤通信系统中采用的大多数光纤都不是阶跃折射率分布；事实上，它们都有非常特殊的折射率分布。然而，模场分布仍然十分接近高斯分布，因而人们仍常用 MFD 来描述光纤的特性。值得注意的是，氦氖激光器(或者是激光笔)输出光，其光强横向分布与从单模光纤输出的光强横向分布非常类似，只是模场半径要大得多。

例 30.6 考虑一阶跃折射率光纤(工作波长为 1300nm)，其 $n_2=1.447$，$\Delta=0.003$，$a=4.2\mu\mathrm{m}$(见例 30.3)。因此，有 $V\approx 2.28$，$w\approx 4.8\mu\mathrm{m}$。对于同一根光纤，当工作于波长 $\lambda_0=1550\mathrm{nm}$ 时，有 $V\approx 1.908$，$w\approx 5.5\mu\mathrm{m}$。由此可见，模场大小随波长的增大而增大。

例 30.7 设一阶跃折射率光纤(工作波长为 $\lambda_0=1550\mathrm{nm}$)，其 $n_2=1.444$，$\Delta=0.0075$，$a=2.3\mu\mathrm{m}$(见例 30.5)。因此，有 $V\approx 1.65$，$w\approx 3.6\mu\mathrm{m}$。当同样的光纤工作波长为 $\lambda_0=1300\mathrm{nm}$ 时，有 $V\approx 1.97$，$w\approx 3.0\mu\mathrm{m}$。

30.4.3 光纤横向偏离引起的光纤连接损耗

在两根相似光纤的接头处最常见的一种偏离是与图 30.5 类似的横向偏移。与横向偏移量 u 相对应的连接损耗，以 dB 为单位时可表示为(见习题 30.15)

$$\alpha(\mathrm{dB})\approx 4.34(u/w)^2 \tag{30.33}$$

因此，增大 w 可以增加光纤对横向偏移的容差。对于 $w\approx 5\mu\mathrm{m}$，连接处的横向偏移量为 $1\mu\mathrm{m}$ 时产生的连接损耗约为 0.17dB；对于 $w\approx 3\mu\mathrm{m}$，$1\mu\mathrm{m}$ 的偏移量将引起损耗达 0.5dB。

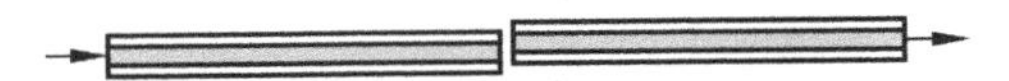

图 30.5 两根光纤的横向偏移将导致光束耦合的能量损失

例 30.8 一根工作于 1300nm 的单模光纤，$w\approx 5\mu\mathrm{m}$，为了使其接头损耗低于 0.1dB，则由式(30.33)可以算出 $u<0.76\mu\mathrm{m}$。因此，为了实现低损耗连接，光纤横向对准非常关键，而对于单模光纤的连接，其连接器要求进行接头位置的精确对准。

许多描述商用单模光纤的规格数据清单中并不总是给出光纤的折射率的实际剖面形状，而是给出多个波长下的 MFD，还会给出截止波长(见文献[30.11]中的例子)。例如，G.652 标准单模光纤在 $1.3\mu\mathrm{m}$ 处具有 MFD 为$(9.2\pm 0.4)\mu\mathrm{m}$；该光纤工作于 $1.55\mu\mathrm{m}$ 处的 MFD 为$(10.4\pm 0.8)\mu\mathrm{m}$。

30.5 单模光纤中的脉冲色散 目标 4

在单模光纤中,只有一种传输模式,因此没有模间色散。然而,光纤中(除了材料色散)还存在波导色散。波导色散是由于光纤的横向折射率变化引起的①②。在之前的28.10.3节中已经讨论了材料色散。在本节将证明,即使 n_1 和 n_2 与波长无关(即甚至不存在材料色散),光纤中一个特定模式的群速度也与波长相关。这将导致所谓的波导色散。

由于 β 代表光纤的传播常数,对于某一模式的群速度可以表示为(见10.2节和10.3节中的分析)

$$\frac{1}{v_g}=\frac{d\beta}{d\omega} \tag{30.34}$$

由式(30.20)有

$$b=\frac{\frac{\beta}{k_0}-n_2}{n_1-n_2}\,\frac{\frac{\beta}{k_0}+n_2}{n_1+n_2} \tag{30.35}$$

对于导模,有 β/k_0 位于 n_1 和 n_2 之间,而大多数实际光纤的 n_1 与 n_2 十分接近(见例30.6与例30.7),则上式可以写为

$$b=\frac{\frac{\beta}{k_0}-n_2}{n_1-n_2} \tag{30.36}$$

因此

$$\beta=\frac{\omega}{c}[n_2+(n_1-n_2)b(V)] \tag{30.37}$$

假设 n_1 和 n_2 不随 ω 变化,并计算群速度

$$\frac{1}{v_g}=\frac{d\beta}{d\omega}=\frac{1}{c}[n_2+(n_1-n_2)b(V)]+\frac{\omega}{c}(n_1-n_2)\frac{db}{dV}\frac{dV}{d\omega} \tag{30.38}$$

又有

$$V=\frac{2\pi}{\lambda_0}a\sqrt{n_1^2-n_2^2}=\frac{\omega}{c}a\sqrt{n_1^2-n_2^2} \tag{30.39}$$

所以有

$$\frac{dV}{d\omega}=\frac{V}{\omega} \tag{30.40}$$

代入式(30.38),有

$$\frac{1}{v_g}=\frac{1}{c}[n_2+(n_1-n_2)b(V)]+\frac{1}{c}(n_1-n_2)V\frac{db}{dV} \tag{30.41}$$

---

① 在高比特率传输系统中,还存在所谓的偏振模色散(polarization mode dispersion,PMD)。它的出现可能来自于多种因素:比如光纤的纤芯偏离完美的圆而呈现椭圆,这使得两个正交偏振态产生群速度的略微不同而引起PMD。这种现象在高速传输(速率大于40Gbit/s)中十分重要。对于PMD的全面综述可参阅文献[30.14],想了解PMD的细节请参阅该文献中列出的参考文献。

② 译者研究偏振模色散多年,也著有一本关于偏振模色散的专著。参阅张晓光,唐先锋. 光纤偏振模色散原理、测量与自适应补偿技术[M]. 北京:北京邮电大学出版社,2017。——译者注

或者

$$\frac{1}{v_g}=\frac{n_2}{c}+\frac{n_1-n_2}{c}\left[\frac{\mathrm{d}}{\mathrm{d}V}(bV)\right] \tag{30.42}$$

因此，脉冲在光纤中传输长度 L 所需的时间为

$$\tau=\frac{L}{v_g}=\frac{L}{c}n_2\left[1+\Delta\frac{\mathrm{d}}{\mathrm{d}V}(bV)\right] \tag{30.43}$$

式中，

$$\Delta\overset{\text{def}}{=}\frac{n_1^2-n_2^2}{2n_1^2}\approx\frac{n_1-n_2}{n_2} \tag{30.44}$$

这里已经假定 $n_1\approx n_2$。由式(30.43)可以看出，即使 n_1 和 n_2 与波长无关(亦即不存在材料色散)，群速度(因而 τ)也将与 ω 有关，这是因为从图 30.3(或式(30.30))可以明显看出 b 与 V 相关，这导致所谓的波导色散。从物理上看，波导色散的出现是由于光纤中的模场光斑尺寸与波长有关(见例 30.6 和例 30.7)。对于谱宽为 $\Delta\lambda_0$ 的光源，相应的波导色散为

$$\Delta\tau_w=\frac{\mathrm{d}\tau}{\mathrm{d}\lambda_0}\Delta\lambda_0\approx\frac{L}{c}n_2\Delta\frac{\mathrm{d}^2}{\mathrm{d}V^2}(bV)\frac{\mathrm{d}V}{\mathrm{d}\lambda_0}\Delta\lambda_0 \tag{30.45}$$

由式(30.39)易发现

$$\frac{\mathrm{d}V}{\mathrm{d}\lambda_0}=-\frac{V}{\lambda_0} \tag{30.46}$$

因此

$$\Delta\tau_w=-\frac{Ln_2\Delta}{c}f(V)\Delta\lambda_0 \tag{30.47}$$

其中定义

$$f(V)\equiv V\frac{\mathrm{d}^2}{\mathrm{d}V^2}(bV) \tag{30.48}$$

对阶跃折射率光纤，b 相对于 V 的关系是一条普适曲线；事实上，这一点对满足式(30.27)给出的幂率折射率剖面的光纤都成立。因此，$f(V)$ 随 V 的变化对幂率折射率剖面光纤也是普适的(见表 30.1)。对阶跃折射率光纤有一个方便的经验公式(参见文献[30.15])

$$f(V)\approx 0.080+0.549(2.834-V)^2,\quad 1.3<V<2.4 \tag{30.49}$$

文献[30.3]将上述经验公式计算的结果与精确值进行了比较。将上式代入式(30.47)，有

$$\Delta\tau_w=-\frac{Ln_2\Delta}{c}\left[0.080+0.549(2.834-V)^2\right]\frac{\Delta\lambda_0}{\lambda_0},\quad 1.3<V<2.4 \tag{30.50}$$

正如在 28.10.3 节中，假设 $\Delta\lambda_0=1\mathrm{nm}=10^{-9}\mathrm{m}$，以及 $L=1\mathrm{km}=1000\mathrm{m}$，定义色散系数为

$$D_w\equiv\frac{\Delta\tau_w}{L\Delta\lambda_0}\approx-\frac{n_2\Delta}{3\lambda_0}\times10^7\times\left[0.080+0.549(2.834-V)^2\right]\mathrm{ps/(km\cdot nm)} \tag{30.51}$$

其中 λ_0 以 nm 为单位，$c=3\times10^{-4}\mathrm{m/ps}$。物理量 D_w 称为波导色散系数(因为该色散源于光纤的波导结构特性)，在 D 下面标注的 w 下标代表该色散由波导引起。对于单模光纤，式(30.51)括号中的部分通常是正的，因此，波导色散是负值，这意味着长波长的光波传播得更快。由于材料色散的正负取决于工作波长位于哪个区间，因此，有可能在一个特定波长，材

料色散和波导色散引起的效应恰好完全抵消。这个特定波长称为光纤的零色散波长(λ_{ZD}),它是单模光纤的一个非常重要的参数。

光纤中的总色散可以由材料色散和波导色散之和求得[①]:

$$D_{tot}=D_m+D_w \tag{30.52}$$

下面分析在例30.6和例30.7中讨论过的两种单模光纤。

30.5.1 传统单模光纤(G.652光纤)

考虑在例30.6中讨论的光纤:$n_2=1.447$,$\Delta=0.003$,$a=4.2\mu m$,从而有$V=2958/\lambda_0$,其中λ_0的单位为nm。代入式(30.51),有

$$D_w=-\frac{1.447\times 10^4}{\lambda_0}\times\left[0.080+0.549\left(2.834-\frac{2958}{\lambda_0}\right)^2\right]\text{ps/(km}\cdot\text{nm)}$$

经过简单计算,表明当$\lambda_0\approx 1300$nm时,$D_w=-2.8$ps/(km·nm)。D_m、D_w与D_{tot}随λ_0的变化关系如图30.6所示。材料色散D_m的变化关系可由式(28.33)和表10.1计算得到。总色散曲线在$\lambda_0\approx 1300$nm附近穿过零点,称为零总色散波长,它是光纤的一个十分重要的参数。这类零总色散波长在1300nm附近的光纤称为传统单模光纤(conventional single mode fiber,CSF)(或G.652光纤),其在光纤通信系统中得到广泛应用。

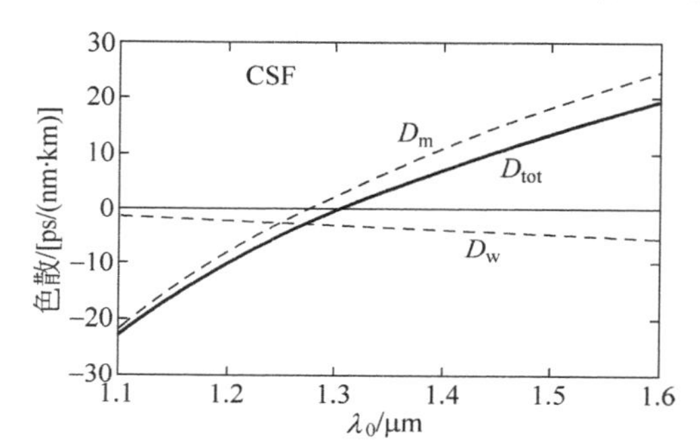

图30.6 参数如例30.6所给出的传统单模光纤(CSF),其D_m、D_w和D_{tot}与波长的关系曲线。总色散曲线在1300nm附近穿过零点,该波长称为零总色散波长

30.5.2 色散位移光纤(G.653光纤)

下面考虑在例30.7中讨论的光纤:$n_2=1.444$,$\Delta=0.0075$,$a=2.3\mu m$,从而有$V=2556/\lambda_0$,其中λ_0的单位为nm。代入式(30.51),有

$$D_w=-\frac{3.61\times 10^4}{\lambda_0}\times\left[0.080+0.549\left(2.834-\frac{2556}{\lambda_0}\right)^2\right]\text{ps/(km}\cdot\text{nm)}$$

因此,对于波长$\lambda_0\approx 1550$nm,有

$$D_w=-20\text{ps/(km}\cdot\text{nm)}$$

另一方面,在这一波长处,光纤的材料色散(参见表10.1)

$$D_m=+20\text{ps/(km}\cdot\text{nm)}$$

① 严格来说,材料色散和波导色散是不可加的。对于给定的折射率分布$n^2(r)$,应该将光纤折射率与波长相关这一点考虑在内,对于不同的波长求解方程(30.11),进而得出β随λ_0的函数关系,从而求出总色散。文献[30.8]中的软件正是这么做的。

看到两个表达式符号相反，几乎可以相互抵消。从物理上讲，由于波导色散中长波长比短波长传播速度快，而材料色散中长波长比短波长传播速度慢[①]——这两个效应可以互相补偿，使在 $\lambda_0 \approx 1550\text{nm}$ 附近总色散为零。D_m、D_w 与 D_{tot} 随 λ_0 的变化曲线如图 30.7 所示。从图中可以看出，可以通过调整光纤的参数来移动零色散波长的位置。这类光纤被称为色散位移光纤。因此，色散位移光纤是零色散波长位置移动了的光纤。这里要强调的是，色散位移光纤(dispersion shift fiber，DSF)(也称为 G.653 光纤)的折射率通常不是阶跃变化的。

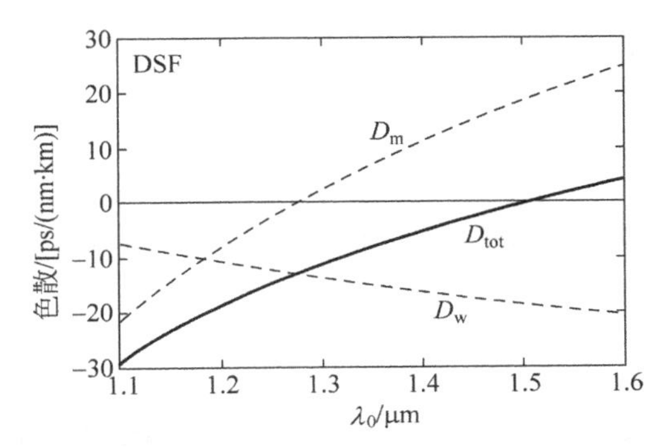

图 30.7　参数如例 30.7 所示的色散位移光纤，其 D_m、D_w 和 D_{tot} 与波长的关系曲线。总色散曲线在 1550nm 附近穿过零点

30.6　色散补偿光纤　　目标 5

在许多国家，在地下管道里已经铺设了几百万千米、工作在 1310nm 的传统普通单模光纤(即在例 30.6 中讨论的那种类型光纤)。正如 30.5.1 节所述，这些光纤在 1310nm 附近有非常低的色散值。如果将这样的光纤系统工作在波长 1550nm 附近，可以极大地提升系统的传输容量(因为在这波长附近，光纤损耗非常低)，系统工作在波长 1550nm 附近的另一个优势是，可以在这个波长范围内利用 EDFA(掺铒光纤放大器)来做光放大(参见 27.1.3 节)。然而，如果传统单模光纤工作在 1550nm 附近，则会有很显著的残余色散，正如 30.5.1 节讨论的那样，这种残余色散可以达到 20ps/(km·nm)。这样大的色散将会导致通信系统承载信息的能力显著下降。另一方面，如果用色散位移光纤来替换已经铺设的传统单模光纤，成本又太高了。因而最近几年，大量研究工作投入在如何将原来为 1310nm 波长进行最佳设计的普通单模光纤链路升级到在 1550nm 附近工作。这一难题已经通过研制成功大负色散系数的光纤解决了。其方案是在光纤链路中，用几百米到一千米的大负色散系数的光纤去补偿几十千米普通单模光纤产生的色散。

在 30.5.1 节和 30.5.2 节中看到，可以通过改变光纤的折射率分布来改变波导色散，进而改变总色散。事实上，采用特殊工艺制造在 1550nm 波长处大的负色散系数(D_{tot})的光纤是可能的。一种典型的折射率剖面设计可以使在 1550nm 波长附近有 $D_{tot} \approx -1800\text{ps/(km}\cdot\text{nm)}$

① 原书为“波导色散中长波长比短波长传播速度慢，而材料色散中长波长比短波长传播速度快”，这显然是笔误，搞反了。——译者注

的色散，这种光纤如图30.8所示(参见文献[30.16])[①]。这种类型的光纤称为色散补偿光纤(dispersion compensating fiber，DCF)。一段不长的DCF光纤与为1310nm波长进行最佳设计的光纤结合在一起，可以使链路终端显示的总色散非常小(见图30.9)。

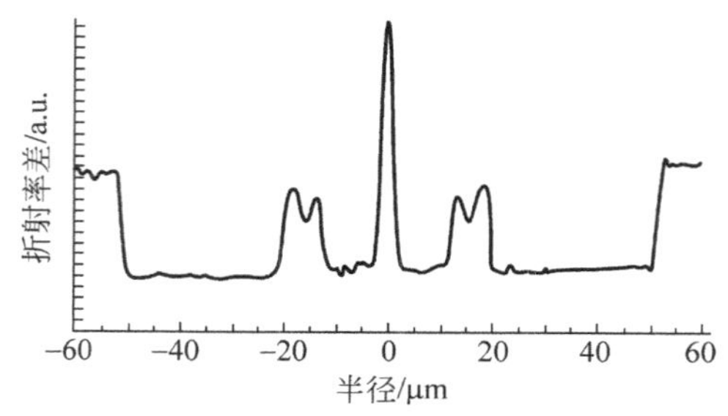

图30.8　一段典型的色散补偿光纤(DCF)的折射率分布剖面(在1550nm波长处有 $D_{tot} \approx -200\text{ps}/(\text{km}\cdot\text{nm})$)(摘自文献[30.16])

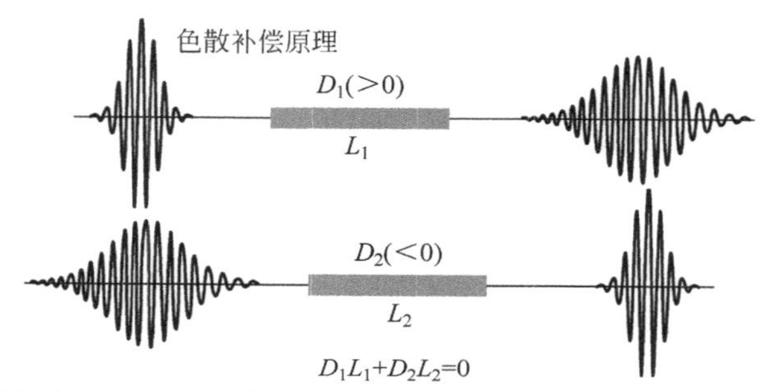

图30.9　一段不长的DCF光纤与传统单模光纤(CSF)结合在一起，可以使链路终端显示的总色散非常小

为了理解这种现象，绘制了图30.10(如图中实线所示)。图中画出了一零色散波长在1310nm附近的传统单模光纤(CSF)的群速度 v_g 相对于波长的典型变化曲线。从图30.10中可以看出，群速度 v_g 在零色散波长处达到最大值，而在两侧 v_g 均单调下降。因此，如果入射光脉冲的中心波长在1550nm附近，则脉冲中的低频成分(长波长成分)将比高频成分(短波长成分)传播得慢，从而脉冲将被展宽。当脉冲在CSF中传过一定长度 L_1 后，再让其进入DCF传播一定长度 L_2。DCF中的群速度 v_g 随波长的变化曲线如图30.10中的虚线所示。脉冲中的低频成分(长波长成分)将比高频成分(短波长成分)传播速度快，从而脉冲将有恢复原始形状的趋势。事实上，如果两段光纤长度(L_1 和 L_2)满足

$$D_1L_1 + D_2L_2 = 0 \tag{30.53}$$

这样，从第二段光纤出射的光脉冲将与射入第一段光纤的脉冲几乎相同，如图30.9所示。

需要在此指出的是，光纤通信系统近来的趋势是应用密集波分复用(dense wavelength division multiplexed，DWDM)系统。在该系统中，许多波长间隔非常近的光波(波长范围1530～1565nm)同时在光纤中传输并被EDFA(掺铒光纤放大器)放大。这样，如果光纤工作在零色散波长处，则由于没有色散，临近波长的光波将以同样的群速度传播，从而相互作用产生新的频率成分——这就是所谓的四波混频(four wave mixing，FWM)。为了克服这

① 文献[30.16]中使用的光纤折射率分布是基于文献[30.17]中建议的分布。

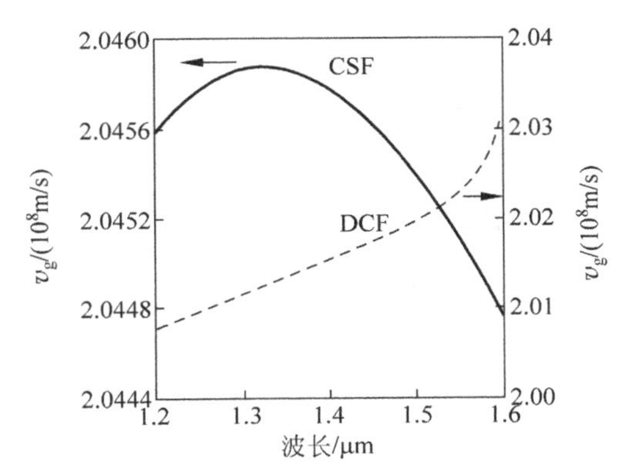

图 30.10　在色散补偿光纤中和传统单模光纤中脉冲的群速度随波长的变化关系

个难题，有人提出采用小色散系数的光纤，其色散系数的典型范围为 2～8ps/(km·nm)(工作波长 1550nm)。鉴于此，不同波长的光波就以不同的群速度传输，从而能够避免不想要的频率成分的产生。在图 30.11 的内插图中，给出了典型小色散系数光纤的折射率剖面分布，这种小色散系数光纤称为小残余色散光纤(small residual dispersion fiber，SRDF)①。图中还给出了总色散(D_N)与波长的关系曲线；折射率剖面微小变化引起的色散偏差由虚线所示。但是，如果想要做到长距离无中继传输，这些光纤中的残余色散(2～8ps/(km·nm))也会逐渐积累，并限制每个波长信道能够传输的比特数。为了克服这一困难，不得不使用一段色散补偿光纤(DCF)来同时补偿所有的波长信道中积累的色散。这样的 DCF 的设计必须能够适应 SRDF。图 30.12 的内插图给出了这样的 DCF 的折射率剖面分布，图中还给出了总色散(D_C)与波长的关系曲线。该光纤的色散斜率也作了调整，以便用一小段 DCF 近似同时补偿 SRDF 中所有波长信道中积累的色散。在图 30.13 中绘制了色散补偿后有效色散 D_E 曲线，其定义为

$$D_E=(L_1D_N+L_2D_C)/(L_1+L_2) \tag{30.54}$$

式中 $L_1=36.74L_2$，D_N 与 D_C 分别代表 SRDF 与 DCF 的色散系数。可以看到，补偿后有效色散的最大值小于 0.08ps/(km·nm)。

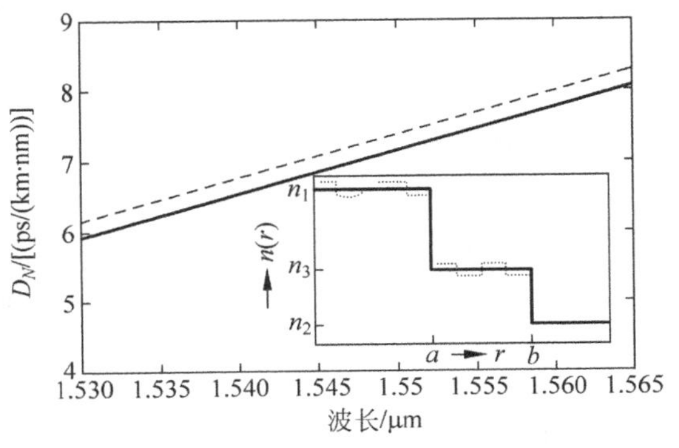

图 30.11　SRDF 光纤的总色散(D_N)与波长的关系曲线。(内插图的)实线与虚线分别对应于原设计的和实际有微小变化的折射率剖面分布(图摘自文献[30.18])

① 也称非零色散光纤(no-zero dispersion shifted fiber)，ITU-T 为其制定了 G.655 标准。——译者注

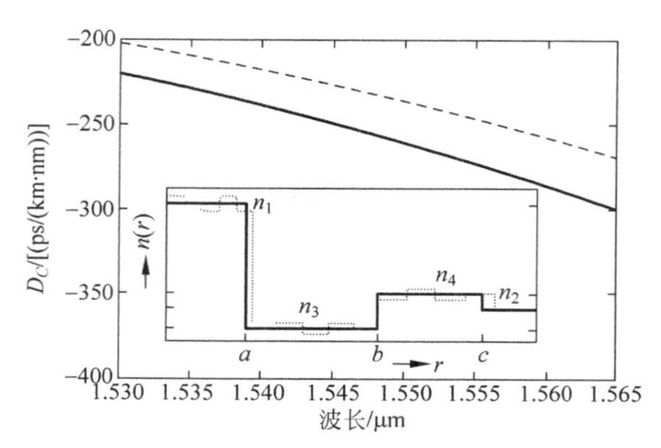

图 30.12 DCF 光纤的总色散(D_C)与波长的关系曲线。(内插图的)实线与虚线分别对应于原设计的和实际有微小变化的折射率剖面分布(图摘自文献[30.18])

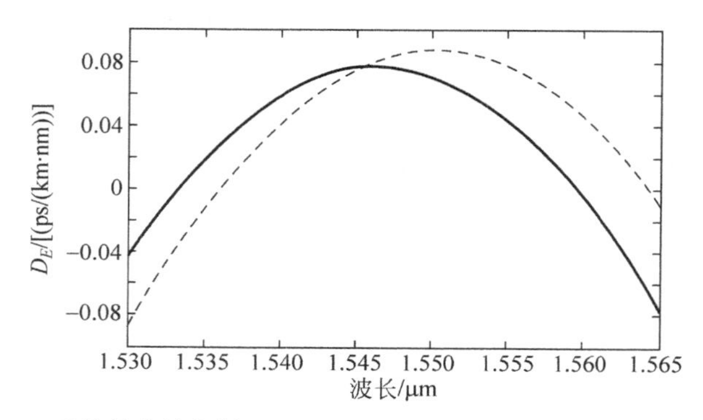

图 30.13 系统的有效色散(D_E)随波长的变化曲线(图摘自文献[30.18])

30.7 近期的光纤通信系统

由于目前的光纤具有极低的光纤损耗(<0.25dB/km),EDFA 也已经成熟(在 1200~1600nm 波长范围内可以提供 20~30dB 的放大增益),因此,通过一根头发丝般细的光纤可以传送巨大的通信信息。回顾一下图 27.8(b),其中显示一个 EDFA 在波长范围 1530~1560nm 内具有几乎平的增益(增益约为 30dB)。1530nm<λ<1560nm 的波长范围对于光通信系统极其重要,可以通过一根光纤利用这个波长范围内的大量波长信道同时传输信息,这些波长信道内的光脉冲可以同时被 EDFA 放大。2001 年,一个法国公司通过一根光纤内的 256 个波长信道传输总量为 10.2Tbit/s 的信息。在一根光纤传输的 10.2Tbit/s 信息相当于 1 亿 5 千万电话信道的容量!这是多么伟大的科技成果!其他许多公司也取得了类似的成果,而在过去的十几年内,信息传输容量又有非常大的提升。这引发了通常所说的光纤的革命。图 30.14 显示了一个典型的波分复用(wave division multiplexed,WDM)光纤通信系统,其中每个波长信道传输完全独立的信息。每个波长信道的容量可以达到 10Gbit/s,如果有 100 个波长信道,则总容量可达 1Tbit/s。系统中传输的光脉冲每隔一段距离周期性地被 EDFA 放大,同时色散被 DCF 补偿。

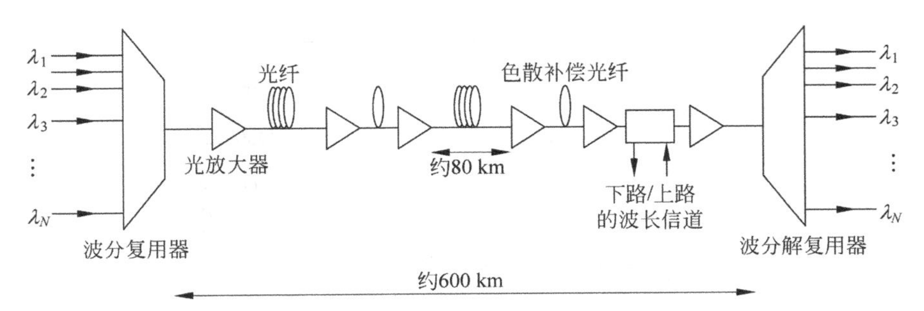

图 30.14　一个典型的 WDM 光纤通信系统，每个波长信道传输完全独立的信息。每个波长信道可以传输约 10Gbit/s 的信息，如果有 100 个波长信道，则总容量可达约 1Tbit/s。图片由 K. Thyagarajan 教授友情提供

图 30.15 显示了商用光纤通信系统的容量。可以看出，在 EDFA 发明之前，一根光纤只有一个信道(亦即只有一个波长)。正如前面提及的，当 EDFA 增益平坦技术成熟以后，一根光纤可以传输大量波长信道，因此一根光纤可以传送大量的信息。图 30.16(a)显示光纤通信系统传输的信息容量每年成倍的增长，而图 30.16(b)显示传输的成本以每年大约 35%的比率下降。今天跨洋电话(甚至国内的电话)已经变得非常便宜了，这是光纤革命的结果。

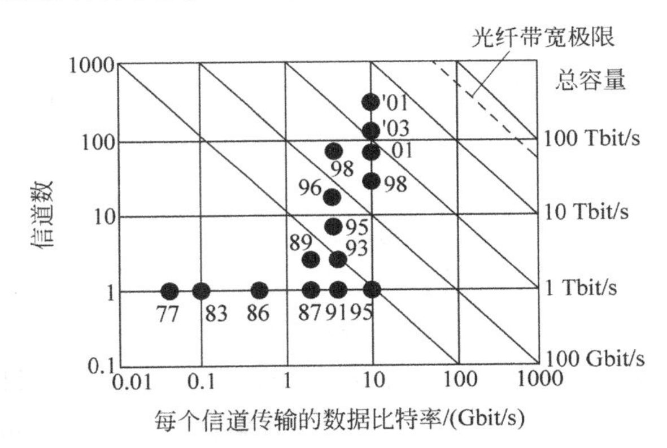

图 30.15　商用光纤通信系统的容量。摘自西瓦斯塔瓦(Atul Srivastava)博士的讲演笔记

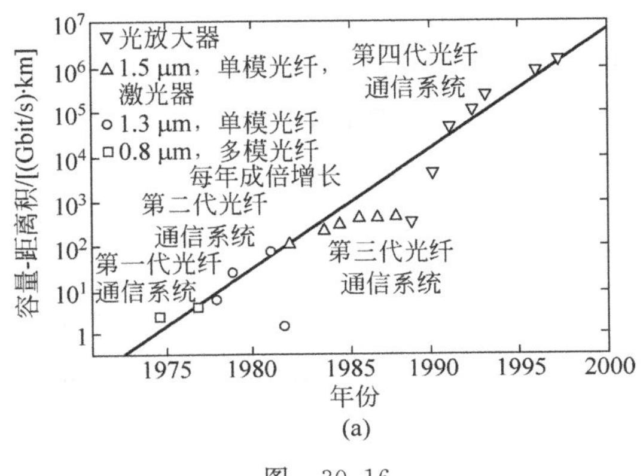

图　30.16

(a) 光纤通信系统的容量每年成倍增长。Atul Srivastava 博士友情提供图片，原始图片来源于贝尔实验室的科格尔尼克(H. Kogelnik)的幻灯片；(b) 传输成本每年以大约 35%的比率下降。参考文献：Gawrys (AT&T 公司)，NFOEC 2001 年会议；幻灯片由 Atul Srivastava 博士友情提供

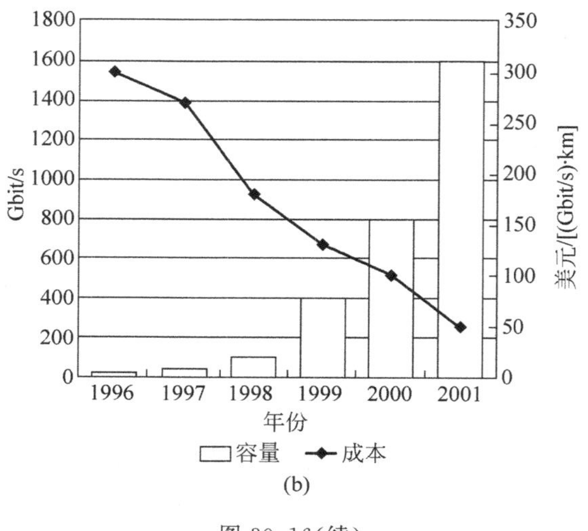

(b)

图 30.16(续)

习　　题

30.1 考虑一阶跃折射率光纤，其 $n_1=1.474$，$n_2=1.470$，且纤芯半径为 $a=4.5\mu m$。试计算截止波长。

［**答案**：$\lambda_c=1.28\mu m$］

30.2 考虑一阶跃折射率光纤，其 $n_1=1.5$，$n_2=1.48$，且纤芯半径为 $a=6.0\mu m$。

(1) 计算 $V=8$ 的情况下的工作波长 λ_0。

(2) 计算 $V=8$ 的情况下，光纤支持的模式数。

(3) 将(2)的计算结果与利用式(30.26)得出的近似结果进行对比。

［**答案**：(1) $\lambda_0=1.15\mu m$；(2) 34；(3) 32］

30.3 考虑一阶跃折射率光纤，其 $n_1=1.474$，$n_2=1.470$，且纤芯半径为 $a=3.0\mu m$，工作波长为 $0.889\mu m$，计算光纤的基模的光斑尺寸。

30.4 考虑一阶跃折射率光纤，其 $n_1=1.5$，$n_2=1.48$，且纤芯半径为 $a=3.0\mu m$。计算 LP_{01}、LP_{11}、LP_{21} 和 LP_{02} 模存在时的波长 λ_0 的范围。

30.5 考虑一阶跃折射率光纤，其 $n_1=1.5$，$n_2=1.48$，且纤芯半径为 $a=6.0\mu m$，假定工作波长 $\lambda_0=1.3\mu m$。计算光纤支持的模式数，将计算结果与式(30.26)的近似计算结果进行比较。

30.6 考虑一阶跃折射率光纤，其 $n_2=1.447$，$\Delta=0.003$，且纤芯半径为 $a=4.2\mu m$。计算单模工作的波长范围；计算相应于 $V=2.0$ 的工作波长 λ_0，然后利用表 30.1 确定 b 值，进而确定 β/k_0 和 β。

30.7 接习题 30.6，考虑同样的阶跃折射率光纤($n_2=1.447$，$\Delta=0.003$，$a=4.2\mu m$)，工作波长 $\lambda_0=1.55\mu m$。利用表 30.1 和线性插值法确定 b 值，进而确定 β/k_0 和 β。

30.8 在第四代光纤通信系统中应用的光纤(工作波长在 $1.55\mu m$)具有小纤芯半径和大的

Δ 值。考虑光纤 $n_2=1.447$，$\Delta=0.0075$，$a=2.3\mu\text{m}$，假定工作波长 $\lambda_0=1.55\mu\text{m}$。计算 b 值和 β/k_0。

30.9　考虑一阶跃折射率光纤（工作波长在 1300nm），其 $n_2=1.447$，$\Delta=0.003$，且 $a=4.2\mu\text{m}$。利用经验公式(30.32)分别计算基模在波长 $\lambda_0=1.3\mu\text{m}$ 和 $\lambda_0=1.55\mu\text{m}$ 处的光斑尺寸。

30.10　考虑一阶跃折射率光纤，$n_2=1.444$，$\Delta=0.0075$，$a=2.3\mu\text{m}$。利用经验公式(30.32)分别计算基模在波长 $\lambda_0=1.3\mu\text{m}$ 和 $\lambda_0=1.55\mu\text{m}$ 处的光斑尺寸，并证明它随着波长增长而增长。

30.11　设一单模光纤具有高斯基模模场，光斑尺寸为 $w=4.5\mu\text{m}$。计算两段相同光纤当横向偏离为 $1\mu\text{m}$、$2\mu\text{m}$ 和 $3\mu\text{m}$ 时引起的连接损耗。

［**答案**：0.21dB，0.86dB，1.93dB］

30.12　考虑一阶跃折射率光纤，$n_2=1.447$，$\Delta=0.003$，且 $a=4.2\mu\text{m}$（参见习题 30.7）。计算并画出 D_{m}、D_{w} 和 D_{tot} 曲线，确定零总色散波长。

30.13　下面考虑习题 30.10 中讨论的光纤，$n_2=1.444$，$\Delta=0.0075$，$a=2.3\mu\text{m}$。计算并画出 D_{m}、D_{w} 和 D_{tot} 曲线，确定零总色散波长。

30.14　当模场满足下式时，被称为归一化模场：

$$\iint |\psi(x,y)|^2 \mathrm{d}x\mathrm{d}y=1$$

证明：归一化的高斯模场表示为

$$\psi(x,y)=\sqrt{\frac{2}{\pi}}\frac{1}{w}\mathrm{e}^{-\frac{x^2+y^2}{w^2}}=\sqrt{\frac{2}{\pi}}\frac{1}{w}\mathrm{e}^{-\frac{r^2}{w^2}}$$

30.15　假设两段相同的单模光纤连接时横向偏移 u（沿 x 轴方向）。能够耦合到第二根光纤基模中的功率的比率由交叠积分表示：

$$T=\left|\iint\psi_1(x,y)\psi_2(x,y)\mathrm{d}x\mathrm{d}y\right|^2$$

证明

$$T=\exp\left(-\frac{u^2}{w^2}\right)$$

从而用 dB 表示的损耗为

$$10\log_{10}T=4.34\left(\frac{u}{w}\right)^2$$

30.16[①]　考虑一抛物线型折射率光纤，其折射率分布由下式给出：

$$n^2(r)=\begin{cases}n_1^2\left[1-2\Delta\left(\dfrac{r}{a}\right)^2\right]=n_1^2\left[1-2\Delta\dfrac{x^2+y^2}{a^2}\right], & 0<r<a \quad (\text{纤芯})\\ n_2^2, & r>a \quad (\text{包层})\end{cases}$$

① 解这道题，读者可以参阅译者发表的文章：张晓光. 自聚焦多模光纤模式色散的几何光学与波动光学处理方法[J]. 物理与工程，2017，27(1)：23-29，43。文章中式(48)和式(49)证明了光纤中光脉冲的群速度近似与模式号无关；还可以根据文章中式(53)计算光纤支持的模式数。——译者注

相应于导模的传播常数近似由下式给出：

$$\beta^2=\beta_{\min}^2\approx k_0^2 n_1^2-2(m+n+1)\gamma k_0,\quad m,n=0,1,2,3,\cdots$$

其中 $\gamma=\dfrac{n_1\sqrt{2\Delta}}{a}$。

(1) 证明：群速度近似与模式号无关。

(2) 在导模条件(式(30.12))下，当归一化参量 V 给定时，近似计算光纤支持的模式数。

第八部分

狭义相对论

狭义相对论被公认为20世纪最主要的科学革命之一。这一部分包含比较短的3章(第31~33章),讨论狭义相对论的假设和应用,其中将特别讨论时间膨胀、长度收缩、质能关系和洛伦兹变换。

第31章 狭义相对论Ⅰ：时间膨胀和长度收缩

这两人(爱因斯坦和他的密友米歇尔·贝索(Michele Besso))定期探讨科学与哲学，其中包括时间的本质是什么。在一次这样的讨论之后，爱因斯坦突然意识到：时间不是绝对的。换句话说，我们通常认为一秒就是一秒，在宇宙的哪里都一样，然而实际上时间流逝的快慢取决于你在哪里，以及你运动的快慢。爱因斯坦在他撰写的第一篇有关狭义相对论的论文①中对贝索表示了谢意。

学习目标

学过本章后，读者应该学会：

目标1：了解时间膨胀概念。

目标2：解释 μ 介子实验。

目标3：讨论长度收缩概念。

目标4：利用长度收缩分析 μ 介子实验。

目标5：解释两个事件的同时性问题。

目标6：理解双生子佯谬是怎么回事。

目标7：解释迈克耳孙-莫雷实验。

31.1 引言

一列车驶过月台，对于月台上的人来说，列车以50km/h的速度运动。我在车内，沿着列车行进的方向以10km/h的速度水平抛出一个网球。对于月台上的人来说，网球是以60km/h的速度运动。我手持一个激光笔(我仍在运动的车内)，对于月台上的人来说，激光笔的速度与列车的速度一样。我将激光笔打开然后马上关闭，发出一束光脉冲。结果是激光笔所发光脉冲相对于我的行进速度与相对于月台上的观察者一样。因此，真空中的光速(用字母 c 表示)与光源的运动速度无关，这正是爱因斯坦在他1905年著名的论文中(文献[31.1])得出的引人注目的论断。引述这篇论文的英文翻译版(重印本为文献[31.2])是这样说的：

光在真空中总是以一个确定的速度传播，该速度与发射体的运动速度无关……

(在爱因斯坦的原文里用 V 表示真空中的光速，现在通常用 c 表示。)光速与光源速度

---

① 摘自 http://www.amnh.org/exhibitions/eistein/time/index.php；爱因斯坦与贝索的这个谈话就发生在爱因斯坦于1905年发表关于相对论的论文之前(参见文献[31.1])。

无关的结论已经被许多实验证实了。最著名的实验是由阿尔维戈(Alvager)与他的同事们在1964年完成的。实验产生了以接近光速运动的中性π介子,中性π介子(用π^0表示)具有264倍于电子的质量,它会衰变(平均寿命为8×10^{-17}s)成两个γ光子:

$$\pi^0 \longrightarrow \gamma+\gamma$$

(来源于快速行进的中性π介子衰变的)这两个光子被测到的速度就是c。对于γ光子速度的测量是困难的,但是这个实验实现了这一测量,并确定无疑地证实了光子的速度等于c。一般来讲,使一普通的发光源具备接近光速的速度是困难的(这需要巨大的能量)——见例题31.1。利用快速运动的π^0介子作为发射光子的光源达到了这一目的。

首先要给出1905年爱因斯坦提出的狭义相对论的两个基本假说。然而要理解这两个假说,有必要定义一个惯性参照系。惯性参照系定义为

牛顿第一定律成立的参照系定义为惯性参照系。

这又遇到一个问题,什么是牛顿第一定律?牛顿在他那无与伦比的《自然哲学的数学原理》一书中写出了这个著名的定律,这本书是以拉丁文写成的。按照其英文翻译版,第一定律表述成(引述文献[31.4])

任何物体将处于静止,或者处于匀速直线运动,除非作用在它身上的力改变它的状态。

费恩曼关于牛顿第一定律是这样说的(参见文献[31.5]):

如果某物体在运动,没有其他物体触碰到它,并且完全不受任何干扰,它将继续沿着直线匀速运动下去。(为什么会保持这种直线运动?我们不知道,但是事情就是如此。)

费恩曼进一步写道:"牛顿更为明确地表示:改变物体运动的唯一方法是对该物体施加作用力。如果该物体加速,必定有一个力沿着加速方向施加在该物体上。"相对于一个惯性参照系匀速运动的参照系也是惯性参照系。牛顿还指出:在所有惯性参照系中,那些力学定律(决定物体运动的定律)都具有相同的形式。这意味着,比如说(引述费恩曼的话):

假如一飞船以匀速在太空漂浮,在飞船内做的所有实验将显示与飞船静止时相同的结果,感觉就像飞船静止一样。当然你不要往窗外看。这就是相对性原理的意思。

爱因斯坦发现,如果让电和磁的定律(麦克斯韦方程组)在不同的惯性系之间保持不变的形式,则真空中的光速必定不依赖于光源的速度。这导致爱因斯坦于1905年提出了如下的狭义相对论的两个假设:

(1) 物理学定律在所有惯性参照系中具有相同的形式;

(2) 真空中的光速(用c表示)不依赖于发光光源的速度。

其中第一个假设在爱因斯坦以前就被人们所知了。艾萨克·牛顿在表述运动定律的一些推论时就写道①:

对一个给定空间中的物体运动进行描述,无论空间是静止的还是沿直线匀速运动的,其形式都是一样的。

第一个假设也称为相对性原理,1904年,著名的亨利·庞加莱用更加精准的文字表述如下②:

根据相对性原理,描述物理现象的定律对于一个特定观察者和一个相对于他匀速平动

① 作者是在文献[31.5]中发现这段话的,也可以参见文献[31.4]。

② 作者是在文献[31.5]中发现这段话的。庞加莱还首次给出洛伦兹变换近代通用对称的形式。

的观察者都必须是一样的，以至于那些观察者不能，也不可能知晓他们是否处于这个运动当中。

31.2　运动观察者观测到的光速

如图 31.1 所示，考虑两个沿着 x 轴相互匀速运动的参照系 S 与 S' 中各有一个观察者 A 和 B，A 相对参照系 S 静止，而 B 相对参照系 S' 静止。这样，相对于 A 来说，B 以匀速 u 沿着 $+X$ 轴运动。反过来，相对于 B，A 沿着 X 轴的负方向以 u 运动。图 31.1 显示 A 手持一个光源（比如说一个激光笔），当然，相对于 A，光速就是 c。现在，相对于观察者 B，激光笔沿着 X 轴负方向以 u 运动，然而，按照爱因斯坦的第二个假设，B 必然会测到与 A 一样的光速。因此，得出结论：

一个相对于光源运动的观察者所测量到的光速与相对于光源静止的观察者所测量到的光速是相同的。

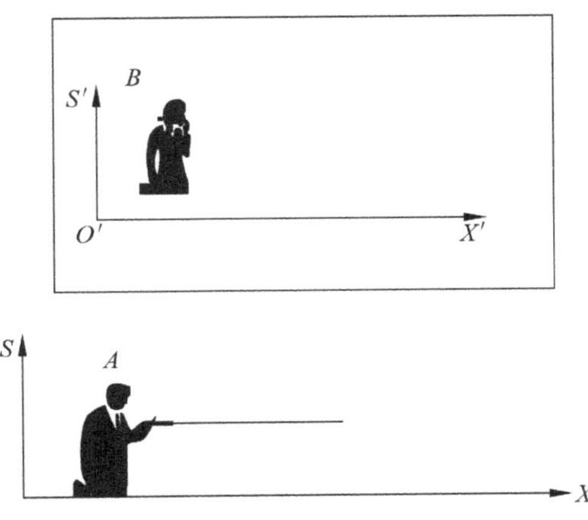

图 31.1　观察者 A 站在月台上，而 B 坐在沿着 $+X$ 方向行进的列车车厢中。相对于 A，B 沿着 $+X$ 方向以速度 u 运动。反过来，相对于 B，A 沿着 $-X$ 方向以速度 u 运动。A 手持一个光源（比如说激光笔），A 和 B 会测量到相同的光速

31.3　时间的膨胀　　目标 1

考虑一个观察者 B 坐在一列在轨道上以速度 u 行进的列车中。在列车车厢内（与参照系 S' 相联系），B 制造了一个光脉冲（快速开启并关闭一盏灯），使其经过（正好位于灯上方的）镜面 M 反射，并利用探测器 D 测量反射回来的光（见图 31.2）。这里存在两个事件：第一个事件是灯开启造成了一个光脉冲，第二个事件是对光脉冲的探测。观察者 B 测量两个事件之间的时间间隔为 $\Delta t'$，这个时间间隔显然由下式给出：

$$\Delta t' = \frac{2H}{c} \tag{31.1}$$

其中 H 是列车地面与镜子之间的距离，如图 31.2 所示。对于站在月台上的观察者 A 来说（与参照系 S 相联系），整个列车以速度 u 在运动，因此，光束经过了斜向的对角路径，该路

径比观察者 B 探测时的光路径要长(见图 31.3)。既然在两个参照系中测量到的光速相同,(A 通过他自己的钟观测到的)两个事件的时间间隔更长些。如果以 Δt 表示 A 测量到的时间间隔,则

$$\Delta t = \frac{PM + MD}{c} = \frac{2}{c}\sqrt{H^2 + \left(\frac{u\Delta t}{2}\right)^2} \tag{31.2}$$

这里用到以下事实:列车外的观察者与列车内的观察者所测量到的光速是相同的。如果利用式(31.1)去替换式(31.2)中的 H,得到

$$\Delta t = \gamma \Delta t' \tag{31.3}$$

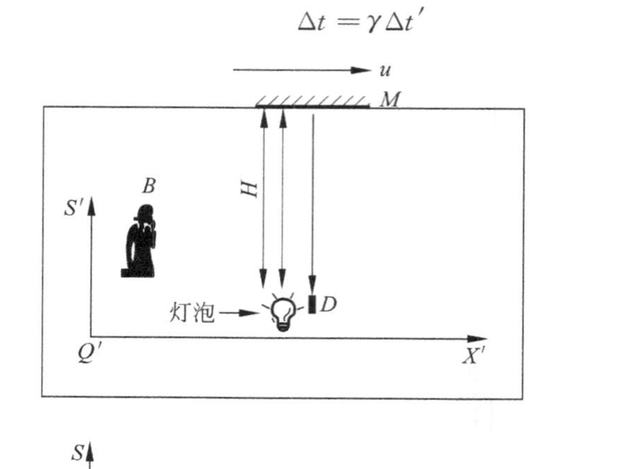

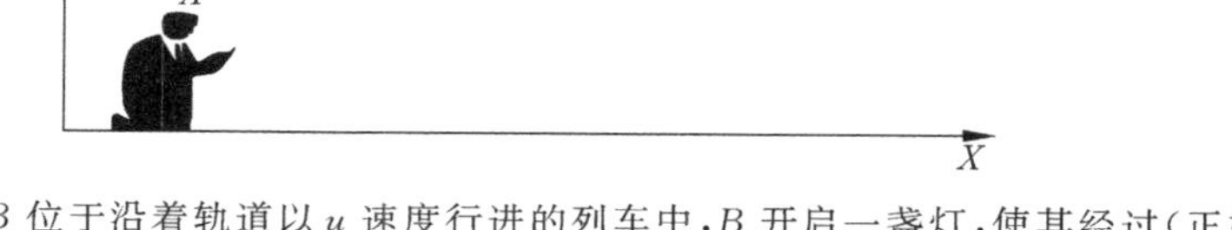

图 31.2 观察者 B 位于沿着轨道以 u 速度行进的列车中,B 开启一盏灯,使其经过(正好位于灯上方的)镜面 M 反射,并利用探测器 D 测量反射回来的光

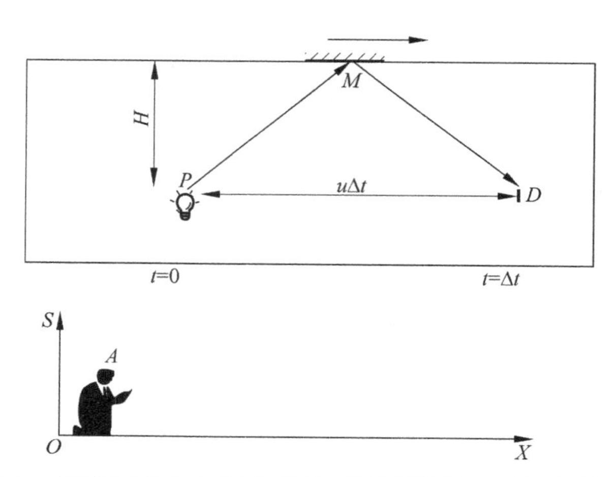

图 31.3 相对于(月台上的)A,当光(经过反射镜 M)到达探测器时,探测器已经在水平方向移动了距离 $u\Delta t$

式中，

$$\gamma=\frac{1}{\sqrt{1-\frac{u^2}{c^2}}} \tag{31.4}$$

称为洛伦兹因子。对于列车上的观察者 B 来说，灯与探测器位于同一地点，因此，两个事件（灯开启以及随后探测器的探测）发生在同一位置。发生在同一位置的两个事件的时间间隔称为"固有时"，因此，$\Delta t'$代表两个事件的固有时。引用参考文献[31.6]：

两个事件间隔的固有时的含义为：在两个事件发生在同一位置的那个参照系内测量的时间间隔①。而对于两个事件发生在不同位置的参照系，所测量的时间间隔是"非固有"的。

从另一个角度看，对于（在列车外的）观察者 A 来说，灯与镜子以相同的速度 u 运动，两个事件发生在不同位置。因此式(31.3)表示如下的重要结论：

在参照系 S 中测量的两事件的时间间隔
（该参照系相对于参照系 S' 以速度 u 运动）
$=\gamma\times$ 同样两事件在参照系 S' 中测量的时间间隔（该参照系中两件事发生在同一位置，此时间间隔称为固有时） (31.5)

既然洛伦兹因子总是大于 1，（相对于那两个事件发生在同一位置的参照系）在任意运动的参照系所测得的两事件的时间间隔都是"膨胀的"。

31.4 μ介子实验 目标2

μ介子（也叫μ子）是一种带负电的基本粒子，其所带电量与电子相同，其质量是电子的207倍。1937年，由内德梅耶(S. H. Neddermeyer)和安德森(C. D. Anderson)第一次在宇宙射线中探测到μ介子。这种粒子在大气层顶，亦即在大约5000m高处形成。大家相信，（来自外层空间的）高能质子与大气层外层的分子碰撞会产生大量粒子（也包括μ介子）。μ介子还可以在实验室中制备，μ介子是放射性粒子，因此产生后就会发生下列衰变：

$$\mu\text{介子}\rightarrow\text{电子}+\text{中微子}+\text{反中微子} \tag{31.6}$$

这个衰变反映的半衰期大约是1.5μs。这意味着，（在相对于μ介子静止的参照系中）假如最初有1000个μ介子，经过1.5μs，将有一半的μ介子经历衰变。3μs后，将有750个μ介子经历衰变，只有1/4的μ介子（大约250个）存留下来。1941年，罗西(Rossi)和霍尔(Hall)（文献[31.7]）在华盛顿山（在新罕布什尔州）顶做了一个实验，这座山大约海拔1920m。实验中发现在1h内大约探测到568个μ介子②。科学家发现μ介子的速度大约是0.995c，因此，相对于地球上的观察者，需要

$$\frac{1920\text{m}}{0.995\times3\times10^8\text{m/s}}\approx6.4\mu\text{s} \tag{31.7}$$

的时间跨越1920m的距离（见图31.4(a)）。这个行进时间大约是半衰期的4倍，因此，在穿越1920m以后，只有1/16的μ介子（亦即大约40个）存活，而约530个μ介子经历了衰变。

① 可以用一系列的参照系去观察同样的两个事件，在其中总会有一个参照系在观察这两个事件时，两个事件发生在同一位置，比如图31.2中的列车参照系(S'参照系)。——译者注

② 数据来源于网站 http://www.egglescliffe.org.uk/physics/relativity/muons_.htm。

在本节稍后，还要进行更加精确的计算。无论怎样，当在地面探测 μ 介子时，只有大约412个被探测到。

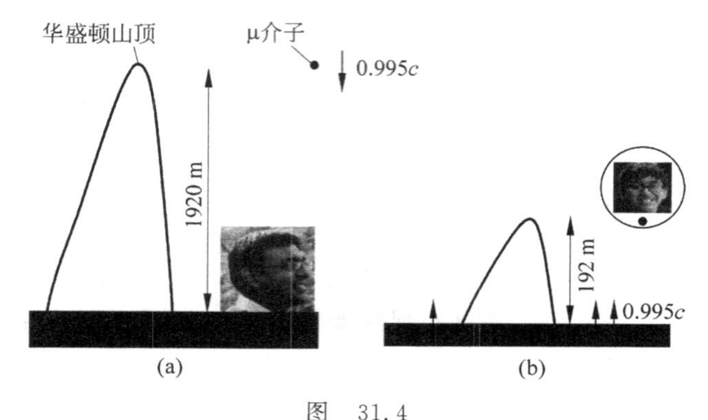

图 31.4

(a) 对于地面上的观察者，μ 介子(以 $0.995c$ 运动)需要 $6.4\mu s$ 跨越 1920m；(b) 在飞船内，μ 介子静止，在飞船内的观察者看到地球以 0.995c 速度向飞船运动而来，距离缩短为 192m，需要 $0.64\mu s$

现在，对于 $u=0.995c$，$\gamma\approx10$，令 $\Delta t'$ 代表 μ 介子在其中静止的参照系中测量的时间间隔，而 Δt 代表地球参照系中测量的同样两事件的时间间隔，则在 μ 介子参照系中，两事件发生在同一位置，因此 $\Delta t'$ 代表固有时，且 $\Delta t'\approx0.1\Delta t$(见式(31.3))。因此，虽然在地球参照系中，$\mu$ 介子从山顶到地面需要 $6.4\mu s$ 时间，在 μ 介子参照系(相对于地球参照系以 $0.995c$ 速度运动)中，相同的事情只需要 1/10 的时间，亦即 $0.64\mu s$ 的时间，而在这么短的时间内，只有很少量的 μ 介子经历了衰变。下面将做更仔细的计算：

(根据式(31.6)计算)μ 介子的平均寿命大约是 $2.2\mu s$[①]。这样，假定 $t=0$ 时刻有 N_0 个(相对于实验室静止的)μ 介子，经过一段时间 t 以后，没有经历衰变的 μ 介子个数为

$$N(t)=N_0 e^{-t/\tau} \tag{31.8}$$

其中 τ ($\approx2.2\mu s$)代表 μ 介子的平均寿命。半衰期与平均寿命的关系为

$$t_{1/2}=(\ln2)\tau=0.693\tau$$

对于 μ 介子，$t_{1/2}\approx1.525\mu s$，经历半衰期，有一半的 μ 介子将经历衰变

$$1000\exp\left(-\frac{1.525\mu s}{2.2\mu s}\right)\approx500$$

前面提到，在 Rossi 和 Hall 的实验中，在山顶 1h 探测到 568 个 μ 介子，对于地球参照系的观察者，μ 介子穿越 1920m 需要 $6.4\mu s$(见式(31.7))，在这样长的时间里，能够到达地面的 μ 介子个数将会是

$$568\exp\left(-\frac{6.4\mu s}{2.2\mu s}\right)\approx568e^{-2.9}\approx31$$

这样，穿越了 1920m 以后，大约 537 个 μ 介子经历了衰变，应该只有 31 个 μ 介子能够到达地面。然而，真正的实验观测数据是在地面有 412 个 μ 介子被探测到了。这是因为实际上在 μ 介子参照系中，只经历了 $0.64\mu s$(见前面的分析)，这样，能够到达地面的 μ 介子应

① 从前后文看，这里的平均寿命定义为没有经历衰变的粒子变为原来 1/e 时的时间，显然，半衰期是平均寿命的 0.693。——译者注

该是

$$568\exp\left(-\frac{0.64\mu s}{2.2\mu s}\right)\approx 425 \tag{31.9}$$

这个计算结果与实验观察值符合得很好。因此

相较于地球参照系中测量的时间间隔 6.4μs，在 μ 介子静止的参照系（相对于地球参照系以 0.995c 速度运动）中，这个时间间隔只有 0.64μs。

在这里，（引用彭尼(Penney)爵士在英国皇家学会会刊的一段话（见文献[31.8]，在文献[31.9]里重印了这篇文章））指出：

巴巴(Homi Bhabha)①第一个指出我们测量到的飞行的 μ 介子的寿命受到时间膨胀的影响，而这个时间膨胀效应是爱因斯坦在其狭义相对论中预言的。我们现在知道，这个测量值是时间膨胀现象的最直接的证明……

例 31.1　在（日内瓦）欧洲核子研究组织（European Organization for Nuclear Research，CERN），贝利(Bailey)与他的同事做的一个实验中（参考文献[31.11]），带正电与带负电的 μ 介子（在一个圆环路径中）被加速至洛伦兹因子为 $\gamma\approx 29.33$，对应 $u\approx 0.99942c$。对于带正电的 μ 介子，测量的寿命为 $\tau^{+}=(64.419\pm 0.058)\mu s$；对于带负电的 μ 介子，测量的寿命为 $\tau^{-}=(64.368\pm 0.029)\mu s$。利用式(31.3)，Bailey 与他的同事发现（参考文献[31.11]），带负电的 μ 介子的固有寿命等于 2.195μs，这个固有寿命代表了几个被认为精确的测量值之一。因此，如果在实验室制备一对“孪生”μ 介子，一个静止，另一个加速到 0.9994c，则（那个以 0.9994c 速度运动的）μ 介子一旦返回，它将发现它的“孪生兄弟”已经在很久很久以前就衰变没了！

31.5　长度的收缩　　目标 3

如图 31.5 所示，同前一样，再次考虑沿着 X 轴，之间有匀速相对运动的参照系 S 与 S'。有两个观察者 A 和 B，A 相对参照系 S 静止，而 B（在运动的车厢内）相对参照系 S' 静止。考虑一根静止在 S 参照系中的细棒 RR'（长度为 L_0），则

在细棒静止的惯性参照系中测量细棒的长度 L_0 被称为细棒的“固有长度”。

在惯性参照系 S'（相对于 S 参照系以速度 u 运动）中有观察者 B 以及一个箭头标记物 G，如图 31.5 所示。这样，有两个事件，第一个事件是箭头标记 G 与棒一端 R 相遇，第二个事件是箭头标记 G 与棒的另一端 R' 相遇。

S 参照系中的观察者 A 看到箭头标记 G 以速度 u 在运动，如果将箭头标记从棒的一端 R 移到另一端 R'（观察者 A 测量的）所需的时间间隔记为 Δt，则

$$L_0=u\Delta t \tag{31.10}$$

---

① 在 1938 年发表的论文里（见文献[31.10]），Bhabha 写道，带正电的 μ 介子和带负电的 μ 介子将自发地衰变成一个质子和一个电子。他进一步写道（引自他的文章）：

这是一个自发的衰变，U 粒子衰变的时间长短也许可以比作一个“钟”，只考虑相对论，衰变的时间相比于该粒子处于静止时要长一些。

Bhabha 论文中的 U 粒子就是 μ 介子。

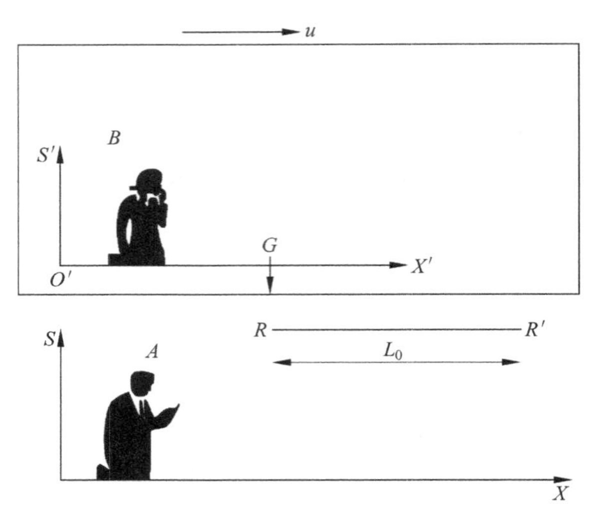

图 31.5 观察者 A 站在月台上，B 坐在沿着 x 轴正向以 u 运动的列车中。(长度为 L_0 的)细棒 RR' 静止在 S 参照系中。在惯性参照系 S'(相对于参照系 S 以速度 u 运动)中，有观察者 B 和一个箭头标记 G

在惯性参照系 S' 中，观察者 B 看到细棒沿着 X 轴负方向以速度 u 运动。则由 B 测量得到棒的长度为

$$L = u\Delta t' \tag{31.11}$$

其中 $\Delta t'$ 是(观察者 B 测量的)细棒的两端 R 和 R' 分别经过箭头标记之间经历的时间间隔。由于 $\Delta t'$ 是(在 S' 参照系中)两个事件的时间间隔，而两事件发生在同一位置 G，因此，$\Delta t'$ 是固有时，另外，$\Delta t = \gamma \Delta t'$，得到

$$L = \sqrt{1-\frac{u^2}{c^2}}L_0 = \frac{L_0}{\gamma} \tag{31.12}$$

洛伦兹因子总是大于 1 的，所以从式(31.12)可得观察者 B 测量到一个收缩的长度，这个现象称为长度收缩。

31.6 以长度收缩的角度理解 μ 介子实验 目标 4

回过头来再次考察 μ 介子实验。对于观察者 A(相对于参照系 S 静止，位于地面)，μ 介子以速度 $u=0.995c$ 穿越 1920m(即华盛顿山的高度)经历了 6.4μs(见图 31.4(a))。

下面考虑 μ 介子位于一飞船内，飞船的速度与 μ 介子的运动速度相同，则飞船内的 μ 介子相对于飞船静止(见图 31.4(b))。对于飞船中的观察者 B，地面以速度 $u=0.995c$ 向他运动而来，其洛伦兹因子 $\gamma\approx 10$。由于长度的收缩，相对于飞船里的观察者，华盛顿山顶到地面的距离不再是 1920m，而是 192m，μ 介子穿越这个距离只需要时间

$$\frac{192\text{m}}{0.995c} = \frac{192\text{m}}{0.995\times 3\times 10^8\text{m/s}} = 0.64\mu\text{s}$$

在这个时间内，只有 425 个 μ 介子将经历衰变(见式(31.9))。

31.7　运动列车的长度收缩

如图 31.6 所示，考虑在(以 u 运动的)列车中放置一平面镜。从光源 P 发出一个光脉冲，经平面镜反射后被探测器 D 探测到。显然，(观察者 B 测量的)从光脉冲发射到被探测之间的时间间隔为

$$\Delta t' = \frac{2L_0}{c} \tag{31.13}$$

其中 L_0 是运动的列车中观察者 B 测量到的光源到反射镜的距离。

下面考虑一个站在月台上的人是如何看待上述事件的。对于他来说，在月台上观测的光速是一样的。假定(被月台上观察者 A 观察到的)光源 P 到反射镜的距离是 L，如果用 Δt_1 代表(月台上观察者 A 观察到的)光脉冲从发出到反射镜所需时间间隔，则

$$\Delta t_1 = \frac{L - u\Delta t_1}{c} \quad \Rightarrow \quad \Delta t_1 = \frac{L}{c\left(1 + \frac{u}{c}\right)} \tag{31.14}$$

其中用到在时间间隔 Δt_1 内，反射镜同时移动了 $u\Delta t_1$ 的事实(见图 31.7)。类似地，如果 Δt_2 代表(月台上观察者 A 观察到的)光脉冲从反射镜反射回探测器的时间间隔，则(见图 31.8)

$$\Delta t_2 = \frac{L - u\Delta t_1 + u(\Delta t_1 + \Delta t_2)}{c} \quad \Rightarrow \quad \Delta t_2 = \frac{L}{c\left(1 - \frac{u}{c}\right)} \tag{31.15}$$

这样，如果 Δt 代表(月台上观察者 A)观测的光脉冲从发射经反射到探测器的总时间间隔，则

$$\Delta t = \Delta t_1 + \Delta t_2 = \frac{2L}{c\left(1 - \frac{u^2}{c^2}\right)} \tag{31.16}$$

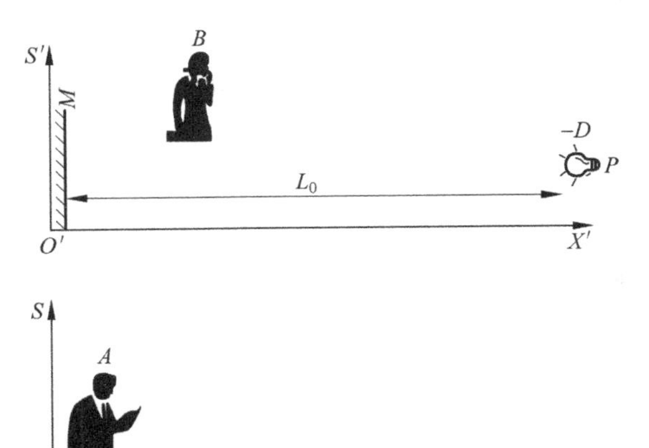

图 31.6　一个反射镜 M 放在列车中。一个光脉冲从光源 P 发出，经反射镜反射后被探测器 D 所探测。对于列车中的观察者 B，反射镜与光源都是静止的，它们之间的距离为 L_0

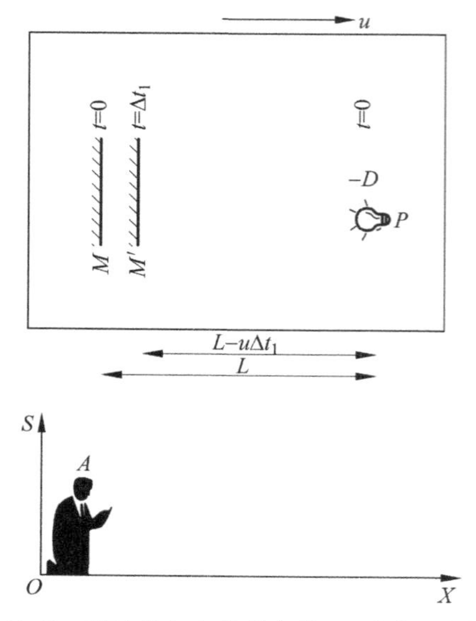

图 31.7　对于月台上的观察者 A，观察(列车中放置的)光源 P 到反射镜的距离是 L，他看到光脉冲从光源发出到达反射镜的这段时间 $t=\Delta t_1$ 内，反射镜已经移动了 $u\Delta t_1$ 的距离

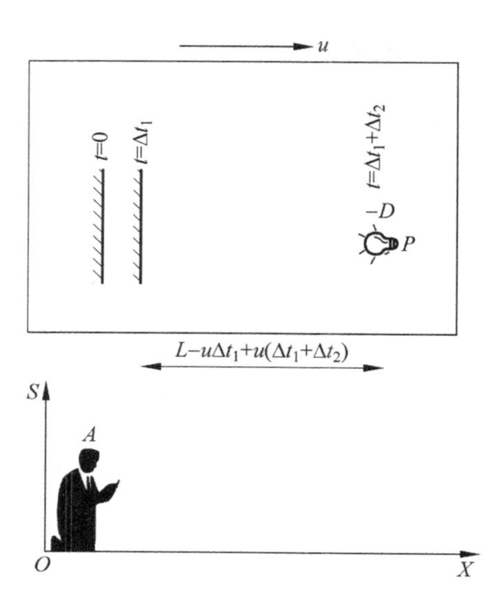

图 31.8　对于月台上的观察者 A，观察光脉冲从发出，到经过反射镜反射，再回到探测器所需时间 $t=\Delta t_1+\Delta t_2$

因此

$$\frac{\Delta t}{\Delta t'}=\frac{L}{\left(1-\frac{u^2}{c^2}\right)L_0} \tag{31.17}$$

但是，既然 $\Delta t'$ 代表在列车内在同一地点发生的两事件的时间间隔(光源与探测器地点相同)，则 $\Delta t'$ 与 Δt 之间应该有如下关系：

$$\Delta t'=\sqrt{1-\frac{u^2}{c^2}}\,\Delta t \tag{31.18}$$

因此，有

$$L=\sqrt{1-\frac{u^2}{c^2}}\,L_0 \tag{31.19}$$

这样，因为光速在所有惯性参照系中都相同，位于月台上的观察者将计算得到比列车稍短一些的长度。

31.8　两事件的同时性　　目标 5

下面考察一个(在列车中静止的)原子(向两侧)同时发出两个光子，两个探测器 D_1 和 D_2 位于原子两侧相同的距离($=L_0$)。对于参照系 S' 中的观察者 B，两个光子被同时探测到(见图 31.9)。而对于月台上的观察者 A，令 Δt_1 和 Δt_2 代表两个光子分别到达探测器

D_1 和 D_2 所需时间，利用前面的讨论结果

$$\Delta t_1=\frac{L}{c\left(1+\frac{u}{c}\right)},\quad \Delta t_2=\frac{L}{c\left(1-\frac{u}{c}\right)} \tag{31.20}$$

其中 L 是原子到两个探测器之一的收缩后的距离。两个时间间隔之差为

$$\Delta t_2-\Delta t_1=\gamma^2\frac{2uL}{c^2}=\gamma\frac{2uL_0}{c^2} \tag{31.21}$$

其中 γ 是洛伦兹因子。因此，虽然在参照系 S' 中两个事件是同时的，但是在参照系 S 中它们是不同时的。在例 31.2 中还要讨论这个问题。

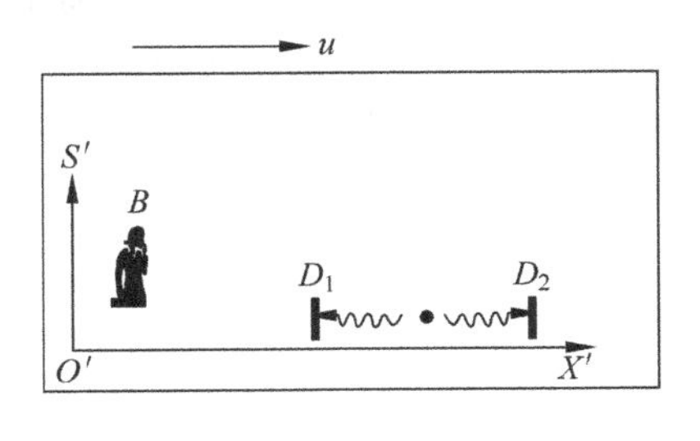

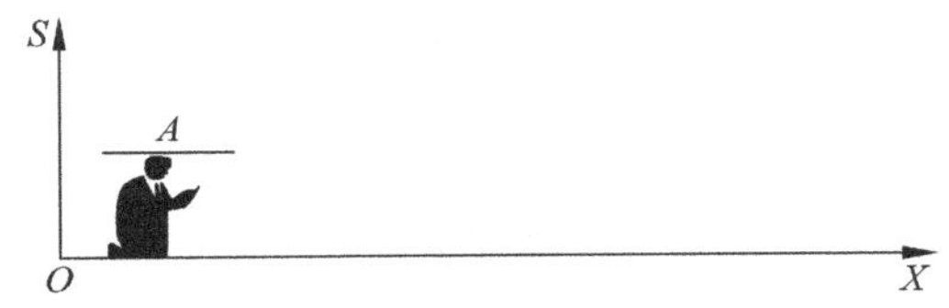

图 31.9　对于运动列车中的观察者 B，原子是静止的，它在相反的方向上同时发射了两个光子。两个探测器 D_1 和 D_2 等距地放置在原子两侧，同时探测到光子。然而对于观察者 A 来说，两个事件是不同时的

例 31.2　设 $L_0=10\text{m}$，对于 $u\approx0.995c$，其洛伦兹因子 $\gamma\approx10$，则（在参照系 S 中观察到的）两事件的时间间隔为

$$\gamma\frac{2uL_0}{c^2}\approx10\times\frac{2\times0.995\times10}{3\times10^8}\text{s}\approx6.7\times10^{-7}\text{s}\approx0.67\mu\text{s}$$

另一方面，如果 $u=30\text{km/s}=0.0001c$（这个速度大约是最快的飞船速度的 10 倍），则洛伦兹因子 $\gamma\approx1.000000005$，（在参照系 S 中观察到的）两事件的时间间隔为 6.7ps。

31.9　双生子佯谬　　目标 6

通过一些例子来说明双生子佯谬。

例 31.3　考察一个远在 15 光年之外的星体，这样，地球上发射的光束会经过 15 年才能到达星体[①]。则

$$1\text{ 年}=365\times24\times60\times60\text{s}=3.15\times10^7\text{s}$$

（一个简单记忆上面公式的办法是一年几乎等于 $\pi\times10^7\text{s}$）因此，1 光年大约是 9.4 万亿 km。

① 离我们最近的星体是比邻星(Proxima Centauri)，它离我们大约 4.2 光年。还有些星体离我们上千光年。

这样,正在考察的这个星体距离我们 140 万亿千米远。考虑下面的实验:

阿米塔布(Amitabh)和阿琼(Arjun)是一对孪生兄弟——他们都 5 岁。Amitabh 进入一飞船,并与 Arjun 校准了他的表(见图 31.10)。飞船即使能很快加速到相当快的速度 167km/s,这个速度也远小于光速。(为了能说明问题)不妨假定飞船速度达到了 $u \approx 0.99944c$,亦即飞船速度为 299832km/s(这里取光速为 300000km/s),此时洛伦兹因子为 $\gamma \approx 30$。Amitabh 相对于飞船静止,在 Arjun(停留在地球)看来,Amitabh 到达那个星体需要 15 年[①]。而 Amitabh 看到的是一个收缩的距离,该距离≈0.5 光年≈4.7 万亿 km,因此,在 Amitabh 看来,他将在 6 个月后到达那个星体,而 6 个月相当于 Arjun 记录时间的 1/30(见图 31.11)。Amitabh 驾飞船回来时以同样的速度,他发现地球相对于他以 299832km/s 的速度朝他运动,地球距离他约 0.5 光年。当 Amitabh 驾驶他的飞船回到地球停止时,他发现他的钟显示经历了一年,而 Arjun 的钟显示经历了 30 年(见图 31.12)。

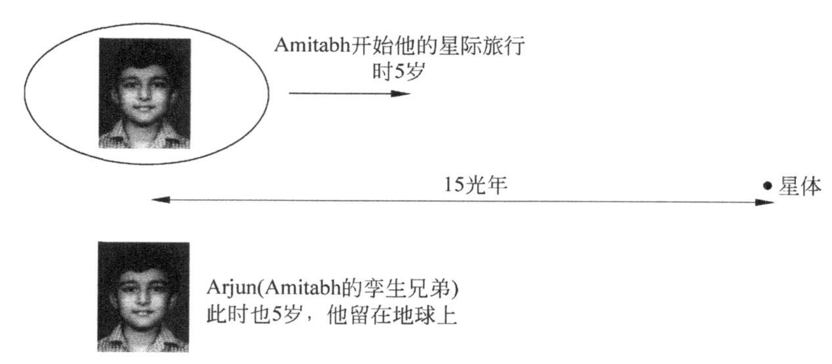

图 31.10 Amitabh 与 Arjun 是一对孪生兄弟——他们都 5 岁。Amitabh 进入飞船并将他的表与 Arjun 的表做了校准,即两表起始时间 $t=t'=0$。飞船很快加速到非常非常快的速度以致 $\gamma \approx 30$

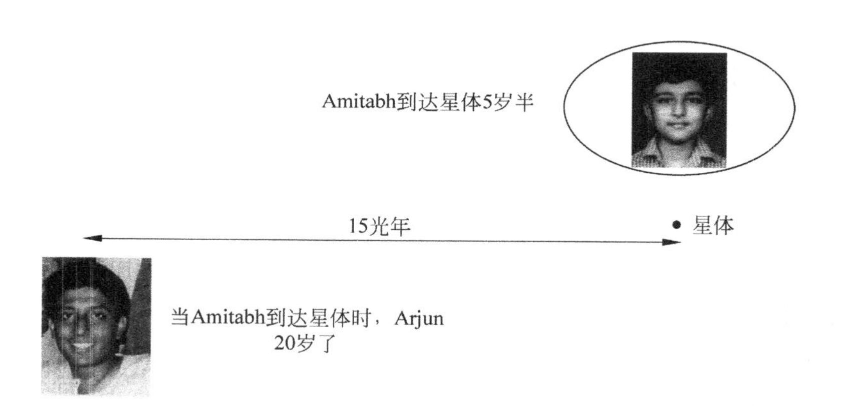

图 31.11 当 Amitabh 达到星体时他 5 岁半,然而 Arjun 已经 20 岁了

可以从另一个角度理解上述情景。第一个事件对应飞船开始(以速度 u)离开地球,而第二个事件对应飞船到达星体。在运动的参照系内(飞船内),两个事件都发生在同一空间位置,因此,由 Amitabh 测量的时间 $\Delta t'$ 是“固有时”,它将比 Arjun 测量到的时间小一个因

① 这显然是因为星体距离地球 15 光年,并且飞船以非常接近光速的速度飞行。

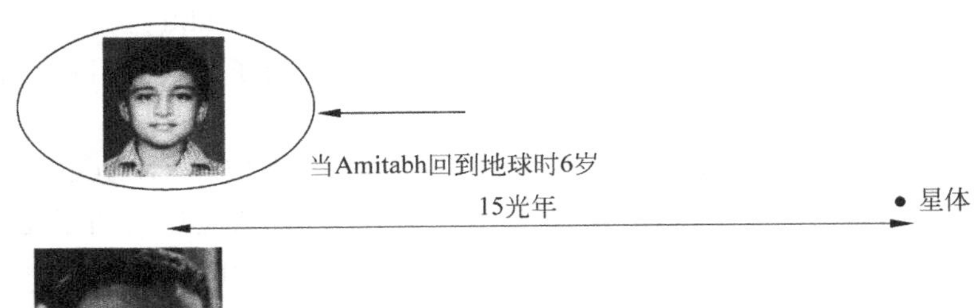
当Amitabh回到地球时6岁
15光年
星体

当Amitabh回到地球时
Arjun已经35岁了

图 31.12　当 Amitabh 回到地球时，他发现他只有 6 岁，而 Arjun 现在已经 35 岁了。这就是时间膨胀的结果

子$(1/\gamma)$(见 31.2 节的讨论)。

例 31.4　在上面的例子中，假定飞船以速度 299832km/s 在运动。第 32 章将要告诉大家：飞船要获得这样快的速度，需要大到无法想象的能量。目前飞船最快的速度不超过 3km/s，假定飞船的速度是上述速度的 100 倍，亦即 $u=300\text{km/s}$，在这个速度下，$u/c=0.001$。则

$$\Delta t-\Delta t'=\left(1-\sqrt{1-\frac{u^2}{c^2}}\right)\Delta t\approx\frac{u^2}{2c^2}\Delta t\approx5\times10^{-7}\Delta t$$

其中用到了 $u/c\ll1$。假定月球距离地球 400000km，则对于地球上的观察者，一个以 300km/s 飞行的飞船从地球飞到月球将需要 1330s($\approx$22.3min)，这样，(对于地球上的观察者)飞船从地球到月球再回到地球需要 2660s$\approx$44.4min。而在飞船内的宇航员记录的时间要稍微短一些，它们的差别为

$$5\times10^{-7}\times2660\text{s}=1.33\times10^{-3}\text{s}=1.33\text{ms}$$

因此，即使对于飞行速度是目前最快飞船 100 倍的飞船，这种时间上的差别也是极小的。

例 31.5　考虑一飞船以速度 1000km/h($\approx$278m/s)绕地球飞行。地球半径 6400km，飞行一圈的周长 $2\pi r$ 约为 4×10^7m。因此，对于地球上的观察者，飞船绕行地球一圈需要 1.44×10^5s$\approx$40h。由于 $u/c\approx9.3\times10^{-7}$，以及

$$\Delta t-\Delta t'\approx\frac{u^2}{2c^2}\Delta t\approx4.3\times10^{-13}\Delta t$$

则这个时间差$\approx6.3\times10^{-8}$s=63ns。这个时间差虽然小，但是可以测量。然而，实际上要将这个理论计算的结果与实验结果进行比较，还要考虑这样的事实：飞船飞行在一定高度，它将飞行在不同的万有引力势能场中。当这个因素被考虑之后，理论的预言确实与实验结果相符。

例 31.6　接例 31.3，考虑这样的情景，星体距离地球 45 光年，飞船飞行速度还是 $0.99944c$。假设开始时，Amitabh 和 Arjun 都是 5 岁，当 Amitabh 回到地球时，Arjun 将会变成 95 岁，而 Amitabh 只有 8 岁。在这样的情景假设下，Arjun 会明显显老的！

上述的实验会引起许多争议——有些科学家争辩说，相对于 Arjun，Amitabh 是以速度 $0.99944c$ 运动，然而相对于 Amitabh，Arjun 也是以 $0.99944c$(反向)运动，那谁大谁小呢？

答案是无可争议,注意到,必须小心定义“固有时”,这样,当 Amitabh 经过空间旅行返回时,他确实比 Arjun 年轻。因为这里只有 Amitabh 去而复返经历了加速(和减速)运动,也正因为如此,Arjun 和 Amitabh 的运动并不是对称的。

例 31.7 GPS 卫星定位考虑相对论后需要的纠正:当应用 GPS(global positioning system)技术进行物体精确定位时,对狭义(还有广义)相对论效应进行纠正是非常必要的。GPS 的卫星围绕地球在圆轨道上一天运行两周,这样,卫星运行的角速度为

$$\omega=\frac{2\pi}{T}=\frac{2\pi}{12\times 60\times 60}\mathrm{s}^{-1}\approx 1.454\times 10^{-4}\mathrm{s}^{-1}$$

如果卫星运行轨道半径(从地心到卫星距离)是

$$\frac{GM_{\mathrm{e}}m_{\mathrm{s}}}{R^2}=m_{\mathrm{s}}\omega^2R \quad\Rightarrow\quad R=\left(\frac{GM_{\mathrm{e}}}{\omega^2}\right)^{1/3}$$

其中 $G(\approx 6.674\times 10^{-11}\mathrm{N\cdot m^2/kg^2})$是万有引力常数,$M_{\mathrm{e}}(\approx 5.972\times 10^{24}\mathrm{kg})$是地球的质量,$m_{\mathrm{s}}$ 是卫星的质量。将这些值代入上式,得

$$R\approx 2.66\times 10^7\mathrm{m}$$

对于地面的物体,还可以用下列关系:

$$\frac{GM_{\mathrm{e}}m}{R_{\mathrm{e}}^2}=mg \quad\Rightarrow\quad GM_{\mathrm{e}}=gR_{\mathrm{e}}^2$$

其中 $g(\approx 9.8\mathrm{m/s^2})$是地球表面的重力加速度,$R_{\mathrm{e}}(\approx 6.378\times 10^6\mathrm{m})$是地球的平均半径。基于上面的公式,发现卫星位于距地心约 26600km 的位置,也就是在地面上方约 20200km 处。这样,卫星的速度是

$$v=\omega R\approx 3.868\times 10^3\mathrm{m/s}$$

根据狭义相对论(STR),卫星上的钟与地面上的钟在时间上相差

$$\Delta t=\sqrt{1-\frac{v^2}{c^2}}\,\Delta t_{\mathrm{e}}$$

因此

$$(\Delta t-\Delta t_{\mathrm{e}})_{\mathrm{STR}}=\left(\sqrt{1-\frac{v^2}{c^2}}-1\right)\Delta t_{\mathrm{e}}\approx -\frac{v^2}{2c^2}\Delta t_{\mathrm{e}}$$

对于地面,$\Delta t_{\mathrm{e}}=1\mathrm{d}=86400\mathrm{s}$,卫星上的钟将会慢

$$\approx 7.18\mu\mathrm{s}$$

还要考虑,卫星运行时感受到的万有引力势能与地面不同。根据广义相对论(GTR),则卫星上的钟将表现得快一些,结果为

$$(\Delta t-\Delta t_{\mathrm{e}})_{\mathrm{GTR}}\approx \frac{gR_{\mathrm{e}}^2}{c^2}\left(\frac{1}{R_{\mathrm{e}}}-\frac{1}{R}\right)\Delta t_{\mathrm{e}}\approx 45.5\mu\mathrm{s}$$

总体算起来,卫星上的钟将会快约 38.2μs。

31.10 迈克耳孙-莫雷实验 目标 5

在 19 世纪初,几个精巧的实验显示,光具有干涉与衍射现象。干涉与衍射现象只能由光的波动模型来解释。然而,当时人们相信波动总是需要介质才能传播,既然光能在真空中

传播，必须假定空间中有一种“无处不在”的介质，这个介质被称为以太。

如果假定这个“无处不在”的以太确实存在，则当我们相对于以太运动时，所测到的光速必然会变化。地球以 30km/s 的速度沿几乎圆形的轨道围绕太阳运动（见图 31.13），则不考虑太阳系的运动时，将得到这样的预期：在一年中的某段时间里，地球将相对于以太以 30km/s 的速度运动，经历所谓的“以太风”。

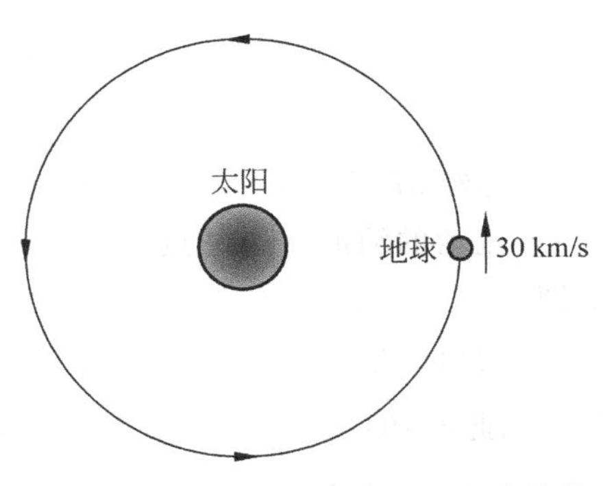

图 31.13　地球以约 30km/s 的速度沿着几乎圆形的轨道绕太阳运动

相关的验证实验牵涉了著名的迈克耳孙干涉仪，如图 31.14 所示（另外参见 15.11 节）。分束器（图中的 BS）将光束分成相互垂直的两束光，接下来，两光束被反射镜 M_1 和 M_2 反射，然后经 M_1 反射回来的光束再经分束器反射后与经 M_2 反射的光束叠加形成干涉图样。假定两反射镜位置到分束镜的距离一样，都为 L。

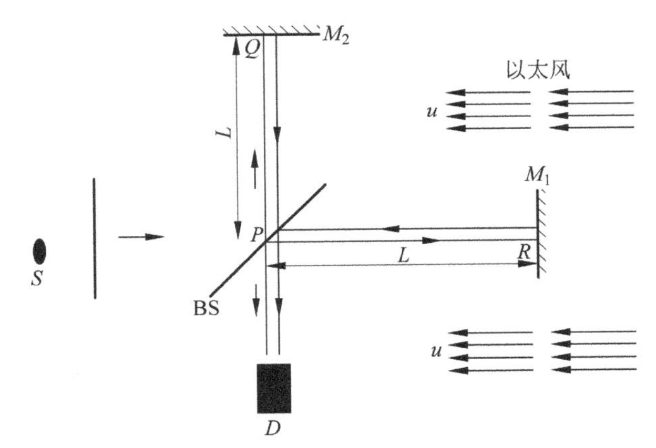

图 31.14　迈克耳孙干涉仪的结构。一个相对于干涉仪静止的观察者将感受到以太风

假如整个干涉仪相对于以太静止，则光束在各个方向上传输的速度相同，因此，经过 M_1 和 M_2 反射后将同时到达探测器 D。

下面假设整个设备在以太中运动，这样，相对于干涉仪，以太以速度 u 向左运动，如图 31.14 所示。这样，当光束从 P 到 R 传输时，它逆着以太运动，其光速为 $c-u$，另一方面，当光束从 R 到 P 时，由于它顺着以太运动，其光速为 $c+u$[①]。因此，光束去和回的时间 t_{PR} 和 t_{RP} 分别为

$$t_{PR}=\frac{L}{c-u},\quad t_{RP}=\frac{L}{c+u}$$

这样，光束从 P 到 R 再返回所需的总时间为

① 理解这些速度计算的最容易的办法是：首先设想一条船在静止水面以速度 V 行进，下面再假定静止水面换成具有流速 u 的水流。当船顺水而行时，其速度增至 $V+u$；反之，当船逆流而行时，其速度减至 $V-u$。

$$t_1 = t_{PR} + t_{RP} = \frac{2L}{c} \frac{1}{1 - \frac{u^2}{c^2}} \tag{31.22}$$

下面考虑经 M_2 反射的光束。这种情况类似于一艘船从一条流动的河的一边的点 A 横跨到另一边的点 B(见图 31.15)。显然,要使船的轨迹直线跨过河流,其船头必然稍微指向右侧。如果船在静止水面的速度是 V,则此时船的实际速度是 $\sqrt{V^2 - u^2}$。因此,干涉仪中光束经过路径 PQ 的有效速度是 $\sqrt{c^2 - u^2}$,同样,光束经返回路径 QP 的有效速度也是 $\sqrt{c^2 - u^2}$,这样,光束去和回的时间 t_{PQ} 和 t_{QP} 为

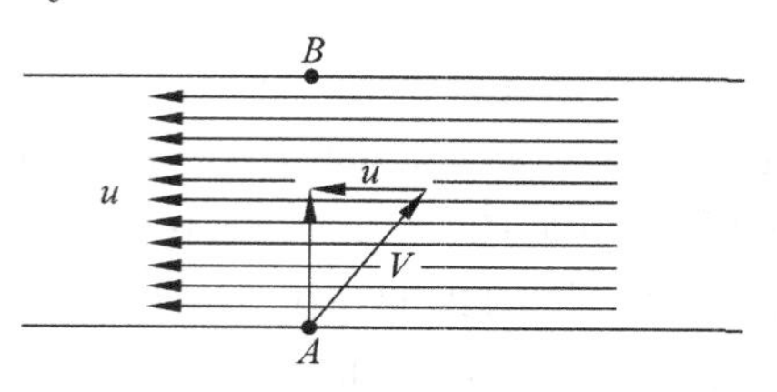

图 31.15 一条流动的河,一艘船要从点 A 跨过和到点 B,要使船直线跨过河,船头必须稍微指向右边一点

$$t_{PQ} = \frac{L}{\sqrt{c^2 - u^2}}, \quad t_{QP} = \frac{L}{\sqrt{c^2 - u^2}}$$

这样,光束从 P 到 Q 再返回所需总时间为

$$t_2 = t_{PQ} + t_{QP} = \frac{2L}{\sqrt{c^2 - u^2}} = \frac{2L}{c} \frac{1}{\sqrt{1 - \frac{u^2}{c^2}}} \tag{31.23}$$

因此

$$t_2 = \sqrt{1 - \frac{u^2}{c^2}}\, t_1 \tag{31.24}$$

t_2 总是比 t_1 小,时间差 $t_1 - t_2$ 为

$$\Delta t = t_1 - t_2 = \frac{2L}{c}\left[\left(1 - \frac{u^2}{c^2}\right)^{-1} - \left(1 - \frac{u^2}{c^2}\right)^{-\frac{1}{2}}\right] \approx \frac{Lu^2}{c^3} \tag{31.25}$$

计算中已经假定 $u/c \ll 1$,并在方括号中进行了二项式展开(保留了二阶小量)。与这个时间差对应的光程差为

$$c\Delta t \approx \frac{Lu^2}{c^2} \tag{31.26}$$

假如此时将干涉仪整个旋转恰好 90°,两束光与以太的关系互换,则两束光到达探测器的时间也将互换,这样旋转后,探测器处的干涉条纹将移动,这个移动对应于上述光程差的变化的两倍,则有效的光程差变化为

$$2c\Delta t = \frac{2Lu^2}{c^2} \tag{31.27}$$

由于相应于一个波长 λ 的光程差变化,干涉条纹将移动一个条纹,此时条纹移动的比例为

$$\frac{2c\Delta t}{\lambda} = \frac{2Lu^2}{\lambda c^2}$$

在迈克耳孙和莫雷的实验中,$L \approx 11\text{m}$,$\lambda \approx 6 \times 10^{-7}\text{m}$,假定以太的相对速度至少是地球的速度(即 $u \approx 3 \times 10^4 \text{km/s}$),得到

$$\frac{2Lu^2}{\lambda c^2} \approx \frac{2 \times (11\text{m}) \times (3 \times 10^4 \text{m/s})^2}{(6 \times 10^{-7}\text{m}) \times (3 \times 10^8 \text{m/s})^2} \approx 0.4$$

(从技术上讲)这样0.4个条纹的移动原本是能够测量到的。1881—1887年,迈克耳孙教授(与他的同事爱德华·莫雷)仔细地做了一系列的实验,实验中干涉仪放置成不同的取向,实验总是得到零条纹移动的结果。实际上他们的干涉仪可以测量出哪怕是0.01个条纹的移动。这些实验被称为迈克耳孙-莫雷实验,证明了以太不存在。戴维·帕克写道(文献[31.12]):"他(迈克耳孙)得出以太不可能找到的结论时已经34岁了;他致力于这个精细的光学测量实验历时长达44年,直到他生命的终点,他都不相信没有某种介质的条件下波动还能形成。"

史蒂芬·霍金曾经写道(文献[31.13]):

截至19世纪末,科学家坚信他们对于世界万物的解释已经接近完美。他们推测空间到处充满了被称为以太的连续介质,光和无线信号是以太介质中的波动,就像声波是空气介质中的压力波动一样。为了得到以太中波动的完整理论,需要对以太的弹性性质进行细致的测量。一旦科学家们把这一切搞定,假定光是以太介质中波动的合理性就会水到渠成。然而很快,与空间弥漫以太这种思想矛盾的种种现象开始出现。你原本预期光在以太中是以固定速度传播,因此当你沿着与光的传播方向相同的方向运动时,将预期光的速度看上去显得慢一些;而当你沿着与光传播方向相反的方向运动时,光的速度显得快一些。然而一系列的实验表明:试图找出由相对于以太的运动所造成光速的差别的努力都失败了。

31.11 简要的历史评述

迈克耳孙-莫雷实验早在爱因斯坦1905年发表他狭义相对论论文之前约20年就已经做了。那为什么我们将迈克耳孙-莫雷实验一节放在本章最后才介绍呢?当爱因斯坦在1905年写出他那举世闻名的三篇论文时,他正在瑞士专利局任职。因此,他与当时其他物理学家很少讨论问题,他是自己一个人研究,他那时似乎并不了解迈克耳孙-莫雷实验。俄亥俄州的克利夫兰技术研究所教授尚克兰(R. S. Shankland)在1950年与爱因斯坦有一系列的会面,随后他在《美国物理杂志》(*American Journal of Physics*)发表了他对爱因斯坦的访谈录(见文献[31.14],文献[31.15])。在1950年2月4日他与爱因斯坦会面时,问到爱因斯坦是否知道迈克耳孙-莫雷实验。以下引用Shankland教授的文章:

……他(爱因斯坦)告诉我他已经通过H. A. 洛伦兹的著作了解到了,但是在1905年以后这个实验才真正引起他注意!他说,"否则,我会在我的论文中引用的。"

卡斯珀(Casper)和诺尔(Noer)(文献[31.6])曾经仔细研究了当时的历史,他们写道:

爱因斯坦当时还是不知名的物理学家,在他研究的物理领域里,他大多数是自学的,并且他专利局的工作阻止了他与物理共同体内其他物理学家的讨论和思想交流。显然他只是粗略地了解了一些关于以太的实验……而且他并不了解之后洛伦兹和庞加莱的文章……

爱因斯坦当然了解麦克斯韦方程组及电和磁的定律,以及麦克斯韦方程组在伽利略变换下不是协变的①。麦克斯韦方程组在伽利略变换下不协变的问题从物理上告诉我们,如果伽利略变换是正确的,则(引用文献[31.5])

① 在附录B中,证明了标量波动方程在洛伦兹变换下是协变的(具有相同的形式);作为对照,如果采用伽利略坐标变换,波动方程不再保持同样的形式。

在一个运动的空间飞船内电和光的现象,应该与在一个静止飞船内的表现不同。因此,我们可利用这些光学现象去确定运动飞船的速度。特别地,我们可以通过合适的光学和电学的测量来确定飞船的绝对运动速度。

这样,对于爱因斯坦来说,基本问题变为(引用文献[31.1])

在物理学的定律中,为什么只允许电磁学以及与光相关的定律具有依据它们就可能探测相对于惯性系运动速度的特性?①

爱因斯坦在他1905年的文章中以下面的文字开篇(文献[31.1]):

众所周知,麦克斯韦的电动力学——按照目前的理解——当应用于运动物体时,将导致非对称性,而这似乎不应该是物理现象本身所固有的。

他(在同一篇文章)进一步写道:

电动力学与光学中同样的定律在所有坐标系统内都应该是成立的……我们将把这个猜想提升为一个假设,并且还要引入另一个假设,即光在自由空间中总是以一个与光发射体运动状态无关的确定的速度V传播。

迈克耳孙-莫雷实验的"零结果"完全符合爱因斯坦的假设。实际上,爱因斯坦写道:

从这里已经建立的观点看,引入"光以太"将被证明是多余的东西,我们并不需要一个被赋予特殊性质的"绝对静止的空间"。

习　　题

31.1 在海平面以上3km处测量μ介子,1h内测量到大约1000个μ介子。计算μ介子在到达海平面之前衰变的数目。已知μ介子的寿命是2.2μs,运动速度大约为$0.9c$。

31.2 在1.2km高处,在1h内测量到μ介子约550个;而在地面,1h内测量到约420个μ介子。假定μ介子的寿命大约为2.2μs,计算μ介子的速度。

[**答案**:$v\approx 0.99c$]

31.3 在某实验中,测量到带负电的μ介子的寿命是32μs。计算该μ介子的速度。假定μ介子的固有平均寿命为2.195μs。

31.4 一辆汽车的固有长度是5m,以200km/h的速度在路上行驶。计算:(1)一个站在路边的人观察到的车的长度;(2)如果汽车以$0.99c$的速度行驶,人观察到汽车的长度。

31.5 假定金星离地球约6千万km,一飞船以30km/s的速度飞行。(1)对于一个在地球上的观察者,计算从地球到金星再返回所需的时间;(2)对于一个在飞船上的观察者,将记录到少一些的时间,计算这个时间差。

[**答案**:(1) 46d;(2) 0.02s]

31.6 A和B是双生子。B进入飞船(见图31.10),并与A的表进行了同步($t=t'=0$)。

① 当时人们已经对力学相对性原理没有异议,因为牛顿第二定律在伽利略变换下是协变的(见31.1节),这样,利用任何力学现象无法测量确定运动飞船的速度。然而,人们发现麦克斯韦方程组在伽利略变换下不协变(对称性破坏),则如果伽利略变换是正确的,则电磁学(包括光学)相对性原理不成立,也就是说,可以利用电磁学或者光学的现象测量确定运动飞船的速度。爱因斯坦建议保持物理规律的相对性原理,放弃伽利略变换而满足洛伦兹变换,这样必然假定光速不变,也不需要利用光以太作为电磁波传输的介质。——译者注

随后飞船关闭，并很快加速到

$$u=\sqrt{\frac{15}{16}}c \approx 0.9682c$$

飞船飞向 10 光年以外的邻近星球，并马上以相同的速度折返。回到地球后，A 和 B 的年龄差是多少？

31.7 A 和 B 是双生子。B 进入飞船(见图 31.10)，并与 A 的表进行了同步($t=t'=0$)。随后飞船关闭，并很快加速到与习题 31.6 相同的速度($0.9682c$)。飞船驶向月球(约 384000km)，并马上以相同的速度折返。回到地球后，A 和 B 的年龄差是多少？

31.8 一个(在以 3km/s 的速度飞行的飞船内部静止的)原子同时发射两个光子，两探测器 D_1 和 D_2 位于飞船的前后，与原子的距离相同(=10m)。因此，对于飞船内的观察者，两探测器会同时测量到两个光子(见图 31.6)；对于地球上的观察者 A，计算两个事件发生的时间差。

第32章 狭义相对论Ⅱ：质能关系

根据相对论的原理……要求一物体的质量是其所具有能量的直接量度；光是携带质量的……这个论点是有趣和诱人的；但是就我所知，上帝将为之而笑，并引领我发现它。

——爱因斯坦在他的奇迹年(1905年)写给朋友康拉德·哈比希特

学习目标

学过本章后，读者应该学会：

目标1：知道如何推导质能关系。

目标2：解释如何利用光谱线的多普勒频移推断星体或者星系的运动速度。

32.1 引言

本章将推导质能公式

$$E=mc^2 \tag{32.1}$$

并讨论其结论。这个公式是爱因斯坦于1905年(文献[32.1])发表关于狭义相对论(文献[32.2])论文之后不久提出的。如果浏览文献[32.3]的网页，能听到爱因斯坦原始的声音(带着典型的德国口音)，了解到他这个著名的公式：

根据狭义相对论，质量与能量是同一事物的不同表现，对于大众来讲是多少有些陌生的概念。而且，在公式 $E=mc^2$ 中，能量与质量乘以光速的平方相等，意味着相当小的质量改变就会转化成非常大的能量，反之亦然。根据以上公式，质量和能量实际上是等价的，这个结论于1932年由科克罗夫特(Cockroft)和沃尔顿(Walton)的实验证实了。

为了推导出质能公式，将利用多普勒频移的表达式。多普勒频移公式告诉我们，如果光源朝着观察者移动，将观察到频率增加；相反，当光源背向观察者移动时，将观察到频率减小。在32.3节将推导多普勒频移的公式。第33章将推导被称为洛伦兹变换的公式，那时将从不同角度再次推导多普勒频移公式。

32.2 质能关系 目标1

在本节，将对质能关系作一个简单且直接的推导，这里的分析与文献[32.4]多少有些相似(还可以参见文献[32.5]，文献[32.6])。观察者 A_1 和 A_2 位于参照系 S 内，观察者 B 位

于相对于参照系 S 以速度 u 运动的参照系 S' 内(如图 32.1 所示)。一个原子相对于参照系 S' 静止，原子沿着相反的方向发射两个光子(具有相同的频率 ν_0)，如图 32.1 所示。因此，相对于参照系 S'，两个光子的总动量应为零，根据动量守恒定律，该原子将保持静止(相对于参照系 S')。(参照系中的观察者 B 观测到的)原子能量的改变是

$$(\Delta E)_{S'} = 2h\nu_0 \tag{32.2}$$

观察者 A_1 和 A_2 静止于参照系 S。对于 A_1，原子背离其运动；对于 A_2，原子趋近其运动。根据目前的天文学知识，可以通过测量星体或者星系光谱的多普勒频移来确定其运动的快慢(不论这些星体或者星系是背向我们还是趋向我们运动)。当某星体背向我们运动时，观测到的星光的频率相较于其实际的频率要小，这就是著名的谱线红移现象(见图 32.2)。另一方面，当某星体趋向我们运动时，观测到星光频率相对于实际值要大，被称为谱线蓝移现象。鉴于此，观察者 A_1 和 A_2 将观察到不同的多普勒频移的频率 ν_1 和 ν_2 如下：

$$\nu_1 = \nu_0\sqrt{\frac{1-\dfrac{u}{c}}{1+\dfrac{u}{c}}},\quad \nu_2 = \nu_0\sqrt{\frac{1+\dfrac{u}{c}}{1-\dfrac{u}{c}}} \tag{32.3}$$

(上述表达式将在 32.3 节推导。在第 33 章利用洛伦兹变换方程将再次推导这个表达式)。这样，(在参照系 S 中观察到的)原子能量变化为

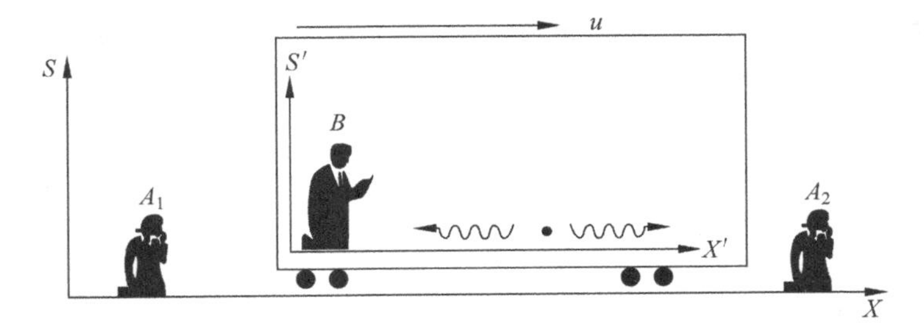

图 32.1　参照系 S 中有两个静止在参照系的观察者 A_1 和 A_2。参照系 S' 相对于 S 以速度 u 运动，B 是静止于其中的观察者。在参照系 S' 中，有一个静止的原子同时向前后发射两个频率均为 ν_0 的光子。既然发出的两光子具有大小相同、方向相反的动量，发射后的原子将保持静止。这样，在参照系 S 中，A_1 和 A_2 将观测到两个光子的多普勒频移

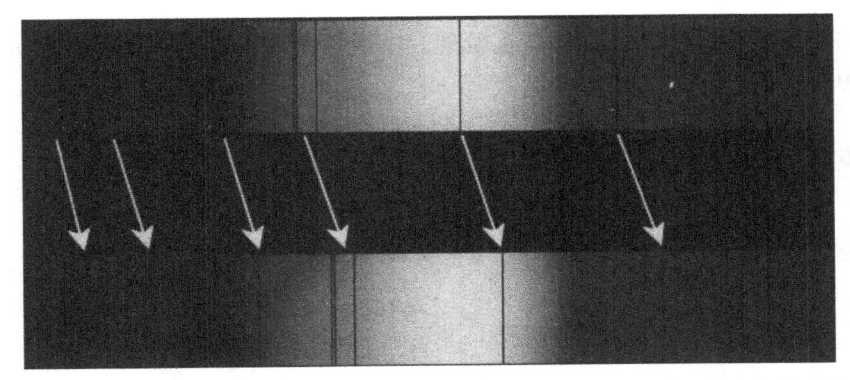

图 32.2　遥远星系(BAS11)中的超星系团的光谱的吸收谱线(底部的光谱)，与太阳光谱的吸收谱线(顶部的光谱)比较，箭头显示遥远星系超星系团的光谱线(底部光谱)的红移

$$(\Delta E)_S = h\nu_1 + h\nu_2 = \gamma(2h\nu_0) = \gamma(\Delta E)_{S'} \tag{32.4}$$

其中 γ 是在式(31.4)中定义过的洛伦兹因子。正如前面提到过的，在参照系 S' 中，原子(在发射两个光子以后)仍将保持静止，因此，相对于参照系 S 来说，该原子在发射光子前后都将以速度 u 运动。在参照系 S 中，既然 $\nu_2 > \nu_1$，则两光子的动量将不同。因此，根据动量守恒定律，在参照系 S 中，发射光子后的原子(依然以速度 u 运动)必然有质量上的一些减少：

$$(\Delta m)_S u = \frac{h\nu_2}{c} - \frac{h\nu_1}{c} = \gamma(2h\nu_0)\frac{u}{c^2} = \frac{(\Delta E)_S u}{c^2} \tag{32.5}$$

这样，得到

$$(\Delta E)_S = (\Delta m)_S c^2 \tag{32.6}$$

上述这个公式与原子的运动速度 u 无关。再者，在式(32.6)中，改变量 ΔE 和 Δm 并不需要取无穷小量，因此得到式(32.1)。因此，当一个氢原子从一个激发态向基态跃迁，并发射一个光子后(如图32.3所示)，氢原子(仍然由一个质子和电子组成)的质量将减少一些。一般来讲，无论何时，一个松散的束缚系统变成一个紧凑的束缚系统，将有一小部分质量将转变为能量。爱因斯坦在他1905年发表的文章(文献[32.1])中写道：

如果一个物体以辐射的形式发射出能量 L，则它的质量将减少 L/V^2……一个物体的质量是衡量它所具有的能量的量度。

图32.3　氢原子中，电子从一个激发态跃迁到基态，将产生辐射，并伴随一个质量上的小损失

(爱因斯坦原始论文中所用的物理量 V 现在通常用 c 表示。)进一步，如果在参照系 S' 中写出

$$(\Delta E)_{S'} = (\Delta m)_{S'} c^2 \tag{32.7}$$

则根据式(32.4)和式(32.6)，得到

$$(\Delta m)_S = \gamma(\Delta m)_{S'} \tag{32.8}$$

因此，质量随速度的变化关系由下式决定：

$$m = \gamma m_0, \quad \gamma = \frac{1}{\sqrt{1 - \frac{u^2}{c^2}}} \tag{32.9}$$

其中 γ 是洛伦兹因子，m_0 是物体的静止质量。一个静止质量为 m_0，并以速度 u 运动的物体的动量为

$$p = mu = \gamma m_0 u \tag{32.10}$$

进一步，一个静止质量为 m_0 的物体的动能为

$$T = mc^2 - m_0 c^2 = m_0 c^2(\gamma - 1) \tag{32.11}$$

当 $\frac{u}{c} \ll 1$ 时，$\gamma \approx 1 + \frac{u^2}{2c^2}$，则 $T \approx \frac{1}{2} m_0 u^2$，这就是物体的非相对论的动能形式。

如果将式(32.1)两边平方，得

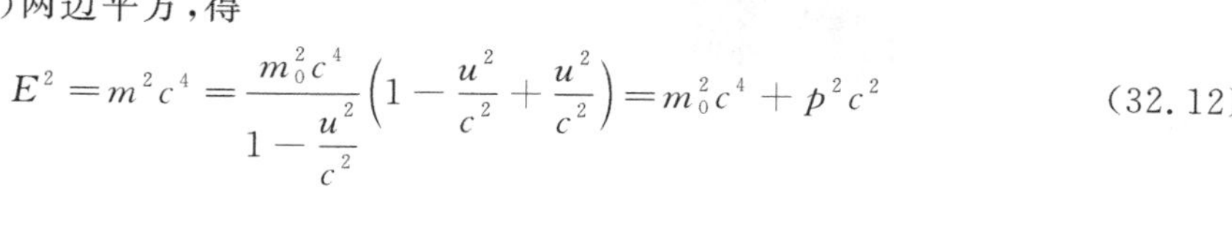

$$E^2 = m^2 c^4 = \frac{m_0^2 c^4}{1 - \frac{u^2}{c^2}}\left(1 - \frac{u^2}{c^2} + \frac{u^2}{c^2}\right) = m_0^2 c^4 + p^2 c^2 \tag{32.12}$$

对于光子，$m_0=0$，则

$$p^2=\frac{E^2}{c^2} \quad \Rightarrow \quad p=\frac{E}{c}=\frac{h\nu}{c} \tag{32.13}$$

1932 年，Cockroft 和 Walton 用加速的质子轰击锂原子核产生两个 α 粒子：

$$_3\mathrm{Li}^7 + 质子 \longrightarrow \alpha + \alpha + 能量$$

在上面的核反应式子里，质量净损耗为 $\Delta m \approx 0.033\times10^{-27}$kg（见习题 32.5），简单计算得出可以释放 19MeV 的能量（作为 α 粒子的动能）。Cockroft 和 Walton 的实验第一次实现了原子核人工分裂，也第一次证明了爱因斯坦的质能公式。Cockroft 和 Walton 于 1951 年因为"利用人工加速原子性粒子使原子核蜕变的工作"获得诺贝尔物理学奖。

例 32.1　考虑一个静止质量为 50kg 的物体，如果使它的速度为 $0.9c$，$\gamma\approx2.3$，因此它的动能 $T\approx(50\mathrm{kg})\times(3\times10^8\mathrm{m/s})^2\times(2.3-1)\approx6\times10^{18}$J。这是一个非常大的能量。比如一个 100MW 的电站经历 2000 年能发电 $(100\times10^6\mathrm{W})\times(2000\times3.1\times10^7\mathrm{s})\approx6\times10^{18}$J（此处用到 1 年 $\approx3.1\times10^7$s）。即使物体的速度为 $0.5c$，因子 $(2.3-1)=1.3$ 将被 $(1.15-1)=0.15$ 取代，则它的动能将变为 $T\approx0.7\times10^{18}$J。这仍然是很大的能量啊！因此，要将一艘飞船（具有更大的静止质量）加速到接近光速需要非常非常大的能量。

例 32.2　来自太阳的能量：地球大气层外围接收的太阳能流密度约为 1.4kW/m^2，这意味着垂直太阳照射方向的 1m^2 的面积内在 1s 内接收到 1400J 的辐射能量。地球与太阳之间距离 1.5×10^{11}m（光从太阳到地球大约 8.5min）。假定太阳发射能量是沿着所有方向均匀发射的，则太阳向外释放的总能量为 $1400\times4\pi\times(1.5\times10^{11})^2\mathrm{J/s}\approx4\times10^{26}\mathrm{J/s}$①。利用爱因斯坦质能关系，太阳每秒钟损失质量

$$\Delta m=\frac{\Delta E}{c^2}=\frac{4\times10^{26}\mathrm{J}}{(3\times10^8\mathrm{m/s})^2}\approx4\times10^9\mathrm{kg}$$

因此，太阳一直以每秒钟 40 亿 kg 的量将质量转换为能量。

例 32.3　核聚变释放的能量：考虑一个氘（由一个质子和一个中子组成）和一个氚（由一个质子和两个中子组成）发生核聚变，生成一个中子和一个 α 粒子

$$_1\mathrm{H}^2 + {_1\mathrm{H}^3} \longrightarrow {_0\mathrm{n}^1} + {_2\mathrm{He}^4} + 17.6\mathrm{MeV}\ 能量$$

这通常叫做 DT 反应式。利用本章末的数据，很容易证明能量损失（$=(m_\mathrm{D}+m_\mathrm{T})-(m_\mathrm{n}+m_\alpha)$）约为 0.0322415×10^{-27}kg，大约等价为 17.6MeV 能量。另外，$_1\mathrm{H}^2$、$_1\mathrm{H}^3$ 和 $_2\mathrm{He}^4$ 的结合能分别为 2.23MeV、8.48MeV 和 28.3MeV，因此，可以计算结合能净增益为 $28.3-(2.23+8.48)\mathrm{MeV}\approx17.6\mathrm{MeV}$，这就是反应释放出的能量。因此，一个"松散束缚"的系统转变为"紧束缚"系统，将伴随一点小质量转变为 17.6MeV 的能量，这个能量表现为热的形式，亦即中子和 α 粒子的动能形式（如图 32.4 所示）。

---

① 太阳释放的能量确实很大，这个能量与 1s 内 1000000 亿吨 TNT 炸药释放出的能量相当。1 吨 TNT 炸药作为能量单位等价于 10 亿（10^9）cal，也等价于 4.2×10^9J 能量。地球上最大之一的电站输出 6000MW（$=6\times10^9$J/s）的能量，等价于每年（一年约为 3.1×10^7s）发电能量 2×10^{17}J，或者说，20 亿个这样的电站一年发电的能量仅相当于太阳 1s 发出的能量！

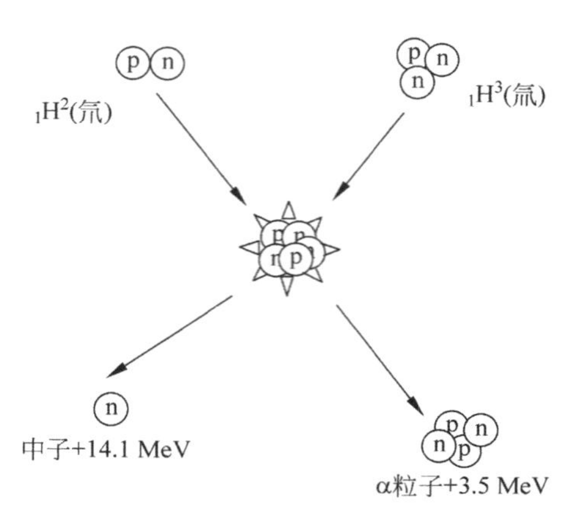

图 32.4 在一个典型的核聚变反应中,一个氘和一个氚聚变反应,产生一个中子和一个紧束缚的 α 粒子。在这个反应中,存在一小部分质量的损失,转变为中子和 α 粒子的动能

32.3 多普勒频移 目标2

在天文学中,可以通过测量星体或者星系光谱线的多普勒频移来确定星体或星系的运动速度。当星体背离观察者而去时,测量到的频率比实际值要小一些,这就是众所周知的谱线红移现象(如图 32.2 所示)。本节的任务就是计算多普勒频移①,将按照费恩曼提出的方法计算(参见文献[32.7]的 34-6 节),另一种方法将在第 33 章给出(见 33.5 节)。

考虑一个相对于观察者 A 静止的光源,假定光源不发射连续波,而是在 1s 内发射 ν_0 个光脉冲。假定光源在 $t=0$ 时发射第 1 个脉冲,而在 $t=t_1$ 时发射第 n 个脉冲,则 $n=\nu_0 t_1$。设每个脉冲到达 A 的时间为 τ,则第 1 个脉冲到达 A 的时刻为 $t=\tau$,第 n 个脉冲到达 A 的时刻为 $t=\tau+t_1$。显然,光源到观察者的距离是 $c\tau$(如图 32.5 所示)。

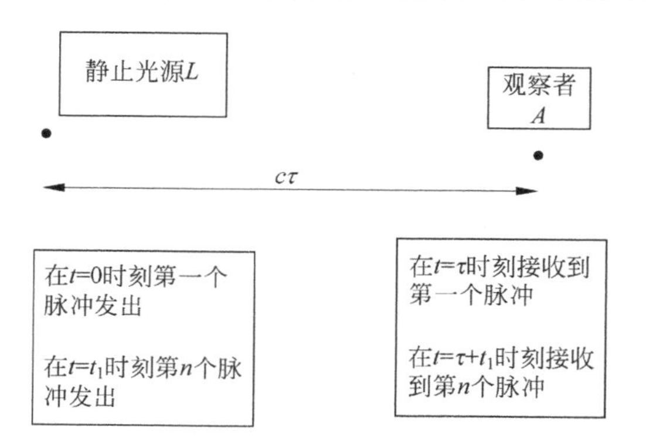

图 32.5 L 是静止光源,光脉冲经过时间 τ 到达观察者 A

① 1842 年,克里斯蒂安·多普勒(Christian Doppler,奥地利物理学家)在一篇论文中首次提出(参见文献[32.8]):当观察者和波源之间有相对运动时,观测到的频率将会改变。这个结论 1845 年为白贝罗(Buys Ballot)所证实,他证明,当(发射声波的)波源朝着他运动时,测量到的频率要高一些,反之,当声波源背向着他运动时,测量到的频率要低一些。

下面假设光源以速度 u 向着观察者运动，如图 32.6 所示，在时间 t_1 内，观察者 A 此时将接收到更多的脉冲，因为光源正在向着观察者运动，光脉冲用更短的时间抵达观察者。如果假定观察者在时间 t_1 内接收到 $(n+m)$ 个脉冲，并且假定光源在时刻 $t=t_2$ 发射第 $(n+m)$ 个脉冲，此时光源移动了 ut_2 的距离，则有关系

$$c\tau = ut_2 + c(\tau + t_1 - t_2) \quad \Rightarrow \quad \frac{t_1}{t_2} = \left(1 - \frac{u}{c}\right) \tag{32.14}$$

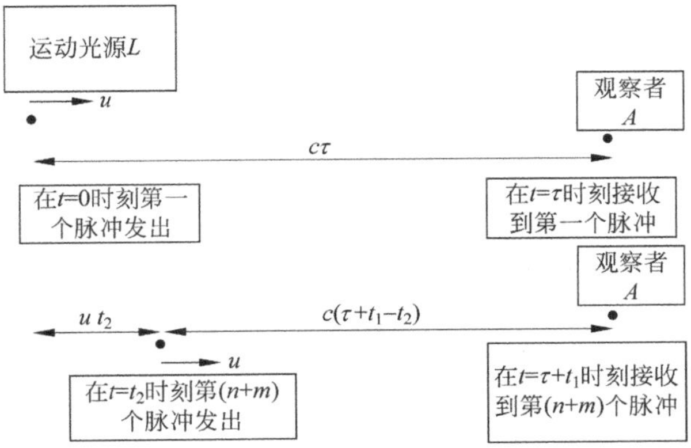

图 32.6　光源 L 以速度 u 向着观察者 A 运动，在 $t=0$ 时刻发出的第 1 个脉冲经历时间 $t=\tau$ 被 A 接收到。相对于 A 来说，在 $t=t_2$ 时刻发出的第 $(n+m)$ 个脉冲在 $t=\tau+t_1$ 时刻被 A 接收到

时间 t_1 和 t_2 都是观察者 A 测量的，则（与发光原子一起运动的）观察者 B 将测量到时间

$$t_2' = t_2\sqrt{1-\frac{u^2}{c^2}} \tag{32.15}$$

这样（在时间 $t=\tau$ 与时间 $t=\tau+t_1$ 的间隔内），观察者 A 接收到的脉冲数为 $\nu_0 t_2'$，则 A 观察到的频率为

$$\nu_{\mathrm{DS}} = \frac{\nu_0 t_2'}{t_1} = \nu_0\sqrt{\frac{1+\dfrac{u}{c}}{1-\dfrac{u}{c}}} \tag{32.16}$$

其中用到了式(32.14)和式(32.15)。式(32.16)代表观察者 A 测量到的因多普勒效应移动了的频率。可以写出所有情况因多普勒效应移动后的频率及波长

$$\nu_{\mathrm{DS}} = \nu_0\sqrt{\frac{1\pm\dfrac{u}{c}}{1\mp\dfrac{u}{c}}} \quad \Rightarrow \quad \lambda_{\mathrm{DS}} = \lambda_0\sqrt{\frac{1\mp\dfrac{u}{c}}{1\pm\dfrac{u}{c}}} \tag{32.17}$$

其中上面和下面的符号分别取决于光源是向着观察者还是背向观察者运动（参见 33.5 节）。这样，如果星体是背向观察者运动，采用下面的符号，观察到的光谱线波长将增加——这就是光谱线的红移。当 $u/c \ll 1$ 时，得到多普勒效应后的频率表达式的非相对论形式

$$\lambda_{\mathrm{DS}} \approx \lambda_0\left(1 \mp \frac{u}{c}\right) \quad \Rightarrow \quad \frac{\Delta\lambda}{\lambda_0} \approx \mp\frac{u}{c} \tag{32.18}$$

式(32.17)对应于所谓的纵向多普勒效应,这是因为它的成立条件是光源沿着光源与观察者连线运动。如果光源的运动方向垂直于这个连线,则对应于横向多普勒效应,这将在第33章讨论。

例32.4 根据哈勃定律,离我们越远的星系,离我们而去的速度越大。因此,如果 u 表示星系的运动速度,则 $u \approx HD$,其中 D 是星系与我们的距离,H 是哈勃常数,一般取 $H=15\sim30\text{km/s}$。需要指出的是,关于哈勃定律的正确性有许多争议。不管这些争议,如果取 $H=20\text{km/s}/1$ 百万光年,利用上述公式得出:如果一星系离我们1.5亿光年,则它的速度大约为 3000km/s,$u/c\approx0.01$,则波长的相对频移约为1%。

习　　题

做下面的习题,需要质子、中子、氘核、氚核和 α 粒子等的静止质量,在这里给出:

$$m_p=1.6726231\times10^{-27}\text{kg},m_n=1.6749286\times10^{-27}\text{kg}$$

$$m_D=3.3435860\times10^{-27}\text{kg},m_T=5.0082403\times10^{-27}\text{kg}$$

$$m_\alpha=6.644656209\times10^{-27}\text{kg},m_{{}_3\text{Li}^7}=1.165\times10^{-26}\text{kg}$$

32.1 以MeV为单位计算质子静止质量等价的能量。

[**答案**:≈938MeV]

32.2 在大型强子对撞机内,质子加速到光速的99.9999991%①,计算其洛伦兹因子 γ 和相对应的质子动能。

[**答案**:$\gamma\approx7500$,$T\approx7000\text{GeV}$]

32.3 氘核由一个中子和一个质子通过核力结合在一起。证明:氘核的结合能约为2.23MeV,因此,将氘核分解为中子和质子需要约2.23MeV能量。

32.4 α 粒子由两个中子和两个质子通过核力结合在一起。计算 α 粒子的结合能。

[**答案**:28.3MeV]

32.5 考虑 ${}_3\text{Li}^7$ + 质子 ⟶ α + α + 能量的核反应。计算反应后净质量的减少以及释放的能量(作为粒子的动能)。

[**答案**:$\Delta m\approx0.033\times10^{-27}\text{kg}$,$T\approx19\text{MeV}$]

32.6 氚核(由一个质子和两个中子组成)的结合能是8.482MeV。计算氚核的静止质量。

32.7 一个遥远的星体以速度60000km/s远离我们运动,计算对应于波长6000Å的因多普勒效应移动后的谱线波长是多少?如果该星体朝向我们运动,谱线波长又是多少?

① 参见网站:http://en.wikipedia.org/wiki/Large_Hadron_Collider。

第33章 狭义相对论Ⅲ：洛伦兹变换

在20世纪，我们十分有幸见证了主要的关于世界物理图像的两场革命……我们用“相对论”涵盖第一场革命，用“量子理论”涵盖第二场革命……特别值得称道的是，基于爱因斯坦对大自然非凡而深刻的洞察力，以一己之力，仅在1905年一年内，就为20世纪的这两场革命作出了奠基性的贡献。

——罗杰·彭罗斯①

学习目标

学过本章后，读者应该学会：

目标1：描述洛伦兹变换。

目标2：计算两个事件的相对速度，能推导速度变换规则。

目标3：描述动量矢量分量的变换规则。

33.1 引言

本章将推导所谓的洛伦兹变换公式。利用洛伦兹变换，将重新推导前两章已经得出的结果，包括时间膨胀、多普勒频移等。在附录I中将证明，波动方程经洛伦兹变换具有不变性。

33.2 洛伦兹变换 目标1

(如图33.1所示)观察者 A 在月台上，观察者 B 在一辆以速度 u 沿 $+X$ 方向运动的列车上。令 t 和 t' 分别为观察者 A 和 B 测量的时间。这里假设两参照系中的钟在 $t=t'=0$ 校准时，参照系原点 O 和 O' 恰好重合。

一个发生在点 P 的特定事件，比如说一盏灯被打开这样的事件。对于 A 来说，事件于 t 在距离点 O 的 x 位置发生(见图33.1)，而(根据 A 的观察)在该时刻，点 O' 已经移动了一段距离了。对于 B 来说，点 P 相对于她所在参照系的原点的距离为 x'，而这个距离在 A 看来是收缩的距离 x'/γ，其中 γ 是式(31.4)中定义的洛伦兹因子。这样，对于 A 来说，有

$$x=ut+\frac{x'}{\gamma} \quad \Rightarrow \quad x'=\gamma(x-ut) \tag{33.1}$$

---

① 罗杰·彭罗斯的这段话引自约翰·施塔赫尔书中的前言(文献[33.1])。

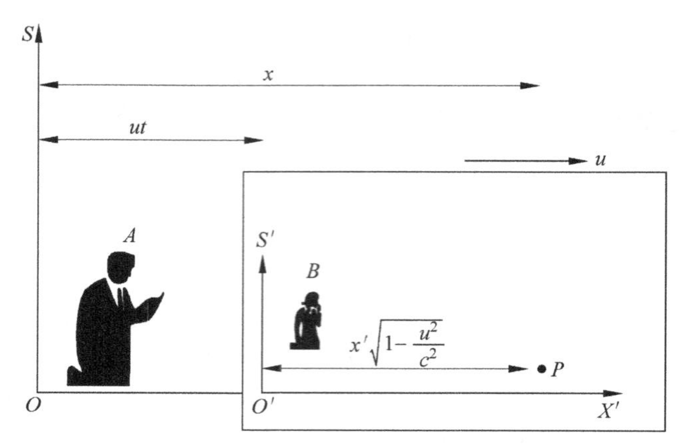

图 33.1 在点 P 发生一个事件。对于 A 来说,事件在 t 时刻发生在距离点 O 的 x 位置;对于 B 来说,事件发生在距离点 O' 的 x' 位置。观察者 A 看到一个收缩了的距离

对于 B 来说,A 以速度 u 沿 $-X$ 方向运动,且 B 观察到该事件是在 t' 发生在离点 O' 的 x' 处,而(根据 B 的观察)在该时刻,点 O 已经移动了一段距离 $-ut'$。既然 x 是 A 测量到的距离,对于 B 将测量到一个收缩了的距离 x/γ。这样(见图 33.2),有

$$x' = \frac{x}{\gamma} - ut' \quad \Rightarrow \quad x = \gamma(x' + ut') \tag{33.2}$$

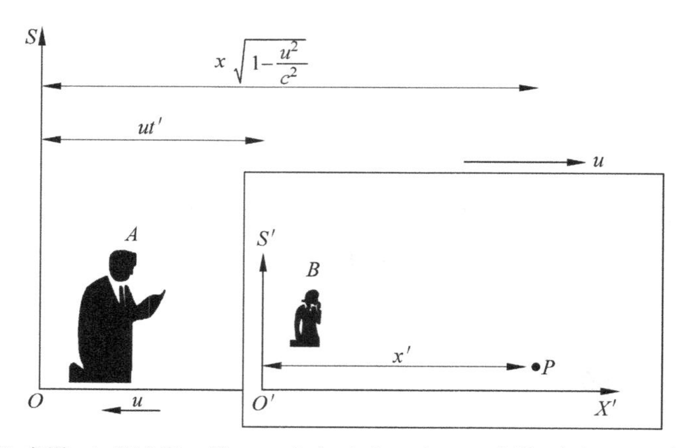

图 33.2 对于 B 来说,A 以速度 u 沿 $-X$ 方向运动。对于 B 来说,事件是在 t' 时刻发生在距离点 O' 的 x' 位置,对于 A 来说,该事件是在 t 时刻发生在距离点 O 的 x 位置。观察者 B 看到一个如图所示的收缩的距离

在上面的公式中,将 x' 表达式代入式(33.1),很容易得到

$$t' = \gamma\left(t - \frac{ux}{c^2}\right) \tag{33.3}$$

如果将式(33.2)中 x 的表达式代入式(33.1),将得到

$$t = \gamma\left(t' + \frac{ux'}{c^2}\right) \tag{33.4}$$

式(33.1)～式(33.4),再加上 $y'=y$ 和 $z'=z$,作为一个整体就是所谓的洛伦兹变换。利用洛伦兹变换,可以推导在第 31 章已经得出的几个结论。

考虑两个事件，这两个事件在参照系 S 中用(x_1,t_1)和(x_2,t_2)表示，在参照系 S'中，同样的两个事件用(x'_1,t'_1)和(x'_2,t'_2)表示。利用式(33.1)，有

$$x'_1=\gamma(x_1-ut_1),\quad x'_2=\gamma(x_2-ut_2)$$

因此

$$\Delta x'=x'_2-x'_1=\gamma(\Delta x-u\Delta t) \tag{33.5}$$

考虑第 31 章中的三个情景：

(1) 如果两个事件发生在参照系 S'的同一位置，则 $\Delta x'=0$(参见图 31.2)，因此有$\Delta x=u\Delta t$(参见图 31.3)。进一步，利用式(33.4)，有

$$t_1=\gamma\left(t'_1+\frac{ux'_1}{c^2}\right),\quad t_2=\gamma\left(t'_2+\frac{ux'_2}{c^2}\right)$$

有

$$\Delta t=\gamma\left(\Delta t'+\frac{u\Delta x'}{c^2}\right) \tag{33.6}$$

既然两个事件在参照系 S'中发生在同一位置，则 $\Delta x'=0$，得到

$$\Delta t=\gamma\Delta t' \tag{33.7}$$

上式表示时间膨胀，与式(31.3)和式(31.5)是一样的。

(2) 下面考虑在参照系 S'中同时发生、相隔一段 $2L_0$ 距离的两个事件(参见图 31.6)。在式(33.6)中令 $\Delta t'=0$，$\Delta x'=2L_0$，得到

$$\Delta t=\gamma L_0\frac{2u}{c^2} \tag{33.8}$$

因此，在参照系 S'中两个同时发生的事件，在参照系 S 中并不同时发生。这个结论与 31.8 节得到的结论相同。

(3) 接下来考虑 31.5 节讨论的两个事件，两个事件在参照系 S'中发生在同一位置点 G(参见图 31.5)。如果利用式(33.3)，得到

$$\Delta t'=t'_2-t'_1=\gamma\left(\Delta t-\frac{u\Delta x}{c^2}\right)=\gamma\left(\gamma\Delta t'-\frac{u\Delta x}{c^2}\right) \tag{33.9}$$

其中用到了式(33.7)。令 $\Delta x=L_0$(参见图 31.6)，则式(33.9)给出

$$\gamma\frac{uL_0}{c^2}=(\gamma^2-1)\Delta t'=\frac{\dfrac{u^2}{c^2}}{1-\dfrac{u^2}{c^2}}\Delta t'$$

$$\Rightarrow\quad\sqrt{1-\frac{u^2}{c^2}}L_0=u\Delta t'=L$$

其中 $L=u\Delta t'$代表在参照系 S'中测量到的长度。上式解释了长度收缩问题，该结论已经在第 31 章讨论过了。

例 33.1　如果利用式(33.2)和式(33.4)，很容易得到

$$x^2-c^2t^2=\gamma^2\left[(x'+ut')^2-c^2\left(t'+\frac{ux'}{c^2}\right)^2\right]=x'^2-c^2t'^2$$

再利用 $y'=y$ 和 $z'=z$，得到

$$x^2+y^2+z^2-c^2t^2=x'^2+y'^2+z'^2-c^2t'^2 \tag{33.10}$$

考虑在参照系 S 的原点有一个点光源，如果点光源发射一个脉冲，光脉冲将以半径为 ct 的球面扩散开，球面可以用以下方程描述：

$$x^2+y^2+z^2=c^2t^2 \tag{33.11}$$

根据式(33.10)，应该还有

$$x'^2+y'^2+z'^2=c^2t'^2 \tag{33.12}$$

这个式子描述了参照系 S'中的一个球面(半径 ct')，这就是在参照系 S'中观察到的该光源所发脉冲扩散开的球面。实际上，满足此条件的坐标变换称作洛伦兹变换①。

实际上，在爱因斯坦之前，洛伦兹就提出了洛伦兹变换。洛伦兹(后来还有庞加莱)还证明了麦克斯韦方程组在洛伦兹变换下是不变的②。在附录Ⅰ中，证明了波动方程在洛伦兹变换下具有不变性。爱因斯坦在他1905年的论文中(利用他的两个假设)推导出了式(33.1)～式(33.4)，但是他没有提到洛伦兹的工作。许多人认为爱因斯坦也许当时并不了解洛伦兹的工作。更有甚者，(31.5节讨论的)长度收缩第一次是由菲茨杰拉德(FitzGerald)在1889年提出的(当时是为了解释迈克耳孙-莫雷实验的零结果)，稍迟一些时间，洛伦兹也独立地提出了该结论。基于这一原因，人们经常把长度收缩称作菲茨杰拉德-洛伦兹长度收缩，或者洛伦兹-菲茨杰拉德长度收缩。

33.3 速度变换(速度相加规则) 目标2

还是像先前一样，假定观察者 A 在月台上，观察者 B 在以速度 u 沿着 $+X$ 方向运动的列车上。令 t 和 t'分别为观察者 A 和观察者 B 测量到的时间，两个参照系的时钟在 $t=t'=0$，参照系原点 O 和 O'重合时进行了同步(如图33.1所示)。在列车内一个(初始位于原点的)网球以速度 v 沿着 $+X$ 方向运动，在参照系 S'中网球的位移为

$$x'=vt' \quad \Rightarrow \quad x=\gamma(v+u)t' \tag{33.13}$$

其中用到了式(33.2)。如果将上式代入式(33.3)，得到

$$t=\gamma\left(1+\frac{uv}{c^2}\right)t' \tag{33.14}$$

将式(33.13)除以式(33.14)，得到下面由参照系 S 中观察者观察的网球速度：

$$V=\frac{x}{t}=\frac{v+u}{1+\dfrac{uv}{c^2}} \tag{33.15}$$

这是“速度相加”规则(实际上是速度从参照系 S'到参照系 S 的变换公式)。如果 $v=u=c/3$，则 $V=3c/5$。如果 $v=c$，$u=c/2$，得到 $V=c$，显示光速是不变的。

下面考虑一艘(沿 $+X$ 方向)飞船相对于地面上的观察者以速度 u 运动，从飞船上以相

① 此处所谓的“此条件”即满足式(33.10)。式(33.10)表示在洛伦兹变换下，$x^2+y^2+z^2-c^2t^2$ 是不变量，它来源于任意惯性参照系中光速不变的假设。一般来说，可以基于物理学相对性原理和光速不变性推导出洛伦兹变换，而不像本书是基于一些特例导出。因此，作者在此说“满足此条件的坐标变换称作洛伦兹变换”，意思是以此为出发点可以推导出洛伦兹变换。——译者注

② 换句话说就是，麦克斯韦方程组经过洛伦兹变换其形式不变，就像作者在附录Ⅰ中证明，波动方程在洛伦兹变换下具有不变性一样。——译者注

对于飞船 v 的速度发射一枚火箭(如图 33.3 所示)。这样火箭相对于地面观察者的运动速度为

$$V=\frac{v+u}{1+\frac{uv}{c^2}} \quad \Rightarrow \quad v=\frac{V-u}{1-\frac{uV}{c^2}} \tag{33.16}$$

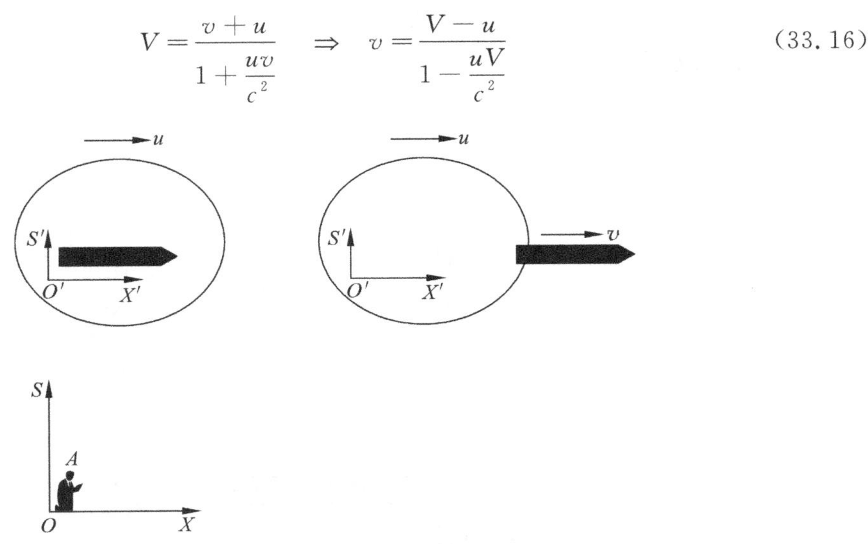

图 33.3　一艘飞船(沿 $+X$ 方向)相对于地面上的观察者 A 以速度 u 运动，从飞船上以相对于飞船为 v 的速度发射一枚火箭，则相对于观察者 A 飞船以速度 V 飞去

例 33.2　相对于地面观察者，两艘飞船以速度 $0.5c$ 分别沿相反的方向运动，则 $V=0.5c$，$u=-0.5c$。代入上面的公式，得到相对于向着左侧运动的飞船里的观察者，另一艘飞船的速度为 $0.8c$。

例 33.3　一束光(沿 $+X$ 方向)以速度 c/n 在玻璃中传播。如果整块玻璃板放在一艘(沿着 $+X$ 方向)以速度 u 运动的飞船中。则位于月台上的观察者观测到该光束的传播速度将是

$$V=\frac{\frac{c}{n}+u}{1+\frac{u}{nc}} \tag{33.17}$$

当 $u/c \ll 1$ 时，可以进行二项式展开，得到

$$\begin{aligned} V &= \left(\frac{c}{n}+u\right)\left[1-\frac{u}{nc}+\left(\frac{u}{nc}\right)^2+\cdots\right] \\ &\approx \frac{c}{n}+u\left(1-\frac{1}{n^2}\right)+\cdots \approx \frac{c}{n}(1 \pm g) \end{aligned} \tag{33.18}$$

式中，

$$g=\frac{n\,|u|}{c}\left(1-\frac{1}{n^2}\right) \tag{33.19}$$

在式(33.18)中，如果光束传播方向与光束所在介质的运动方向一致，取正号；反之，取负号。

例 33.4　菲佐实验：1851 年，法国物理学家菲佐(Hippolyte Fizeau)做了一个实验。显示光在水流中传播时，当水流与光束传播方向一致时测量到的(水中的)光速，比当水流与

光束传播方向相反时要大。实验装置如图 33.4 所示。一束单色光被分束器(部分镀银镜)分束,经过透射的光束的传播方向与水流方向一致,而经过反射的光束的传播方向与水流方向相反。如果以 V_p 代表光束与水流方向一致时的光速,以 V_a 代表光束与水流方向相反时的光速,L 代表水流管的长度。则两光束所需的时间之差为

$$\Delta t=\frac{L}{V_a}-\frac{L}{V_p}\approx L\frac{n}{c}\left(\frac{1}{1-g}-\frac{1}{1+g}\right)\approx L\frac{n}{c}2g \tag{33.20}$$

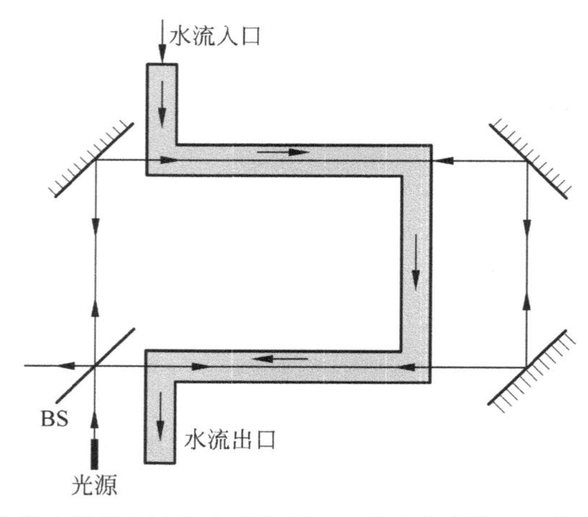

图 33.4　在运动介质中测量光速的实验装置,BS 代表分束器。经分束器反射后的光束,沿着与水流相反的方向传播;经分束器透射的光束,沿着与水流一致的方向传播

假定 $L=12\text{m}$,$n=1.33$(水折射率),$u=5\ \text{m/s}$,则 $g\approx10^{-8}$。应用上述公式,将得到 $\Delta t\approx10^{-15}\text{s}$。这样,如果光的波长 $\lambda_0\approx6000\text{Å}=6\times10^{-7}\text{m}$,频率为 $\nu\approx0.5\times10^{15}\text{s}^{-1}$,则干涉引起的相移$=\omega\Delta t\approx2\pi\times0.5\approx\pi$[①],这个相移是可测量的。

33.4　动量矢量分量的变换规则　　目标 3

如果 p_x、p_y 和 p_z 分别代表在参照系 S 中光子动量在 x、y 和 z 方向的分量,而 E 代表光子能量。既然光子静止质量为零,则有(参见 32.2 节)

$$p_x^2+p_y^2+p_z^2=\frac{E^2}{c^2} \tag{33.21}$$

如果 p'_x、p'_y 和 p'_z 分别代表在参照系 S' 中的光子动量分量,而 E' 代表参照系 S' 中的光子能量,同样有

$$p'^2_x+p'^2_y+p'^2_z=\frac{E'^2}{c^2} \tag{33.22}$$

将上面两个公式与式(33.11)和式(33.12)相比较,得出结论:式(33.21)和式(33.22)对任意惯性参照系都成立。因此,相类比,p_x、p_y、p_z 和 E/c^2 可以与 x、y、z 和 t 一样适用于洛伦兹变换。因此,在式(33.1)~式(33.4)中以 x、y、z 和 t 代换成 p_x、p_y、p_z 和 E/c^2,

① 这里的原计算有些误差,频率转换成角频率要乘以 2π。此处作了更正。——译者注

得到

$$p'_x=\gamma\left(p_x-\frac{uE}{c^2}\right) \tag{33.23}$$

$$E'=\gamma(E-up_x) \tag{33.24}$$

$$p_x=\gamma\left(p'_x+\frac{uE'}{c^2}\right) \tag{33.25}$$

$$E=\gamma(E'+up'_x) \tag{33.26}$$

应该还有 $p'_y=p_y$ 和 $p'_z=p_z$。经简单的计算，对于实物粒子，有

$$p_x^2+p_y^2+p_z^2-\frac{E^2}{c^2}=p'^2_x+p'^2_y+p'^2_z-\frac{E'^2}{c^2}=-m_0^2c^2 \tag{33.27}$$

$$\Rightarrow\quad p^2c^2+m_0^2c^4-E^2=p'^2c^2+m_0^2c^4-E'^2$$

因此，对于所有粒子，在任何惯性系都有 $E^2=p^2c^2+m_0^2c^4$。

33.5　纵向和横向的多普勒频移

像以前一样，假定参照系 S' 正在（相对于参照系 S）以速度 u 沿着 $+X$ 方向运动，两参照系内的钟在两参照系的原点 O 和 O' 相重合时同步为 $t=t'=0$。在参照系 S' 原点处有一个静止的光源，令其发出的光子具有能量 $E'(=h\nu')$，动量 $p'(=h\nu'/c)$，传播方向与 X 轴夹角为 θ'，则

$$p'_x=\frac{h\nu'}{c}\cos\theta',\quad p'_y=\frac{h\nu'}{c}\sin\theta',\quad p'_z=0 \tag{33.28}$$

在参照系 S 中观察该光子，具有能量 $E(=h\nu)$，动量 $p(=h\nu/c)$，传播方向与 x 轴夹角为 θ，则

$$p_x=\frac{h\nu}{c}\cos\theta,\quad p_y=\frac{h\nu}{c}\sin\theta,\quad p_z=0 \tag{33.29}$$

利用式(22.25)、式(33.28)和式(33.29)，可得

$$p_x=\frac{h\nu}{c}\cos\theta=\gamma\left(\frac{h\nu'}{c}\cos\theta'+\frac{uh\nu'}{c^2}\right)\Rightarrow\nu\cos\theta=\gamma\nu'\left(\cos\theta'+\frac{u}{c}\right) \tag{33.30}$$

$$p_y=\frac{h\nu}{c}\sin\theta=\frac{h\nu'}{c}\sin\theta'\Rightarrow\nu\sin\theta=\nu'\sin\theta' \tag{33.31}$$

利用式(33.26)，得到

$$E=h\nu=\gamma\left(h\nu'+u\frac{h\nu'}{c}\cos\theta'\right)\quad\Rightarrow\quad\nu=\gamma\nu'\left(1+\frac{u}{c}\cos\theta'\right) \tag{33.32}$$

将式(33.30)除以式(33.32)，得

$$\cos\theta=\frac{\cos\theta'+\dfrac{u}{c}}{1+\dfrac{u}{c}\cos\theta'} \tag{33.33}$$

这样，当 $\theta=0$ 时，有 $\theta'=0$（根据式(33.31)也可以得到相同结论）。根据式(33.30)或者式(33.32)，有

$$\nu=\gamma\nu'\left(1+\frac{u}{c}\right)=\nu'\frac{1+\frac{u}{c}}{\sqrt{1-\frac{u^2}{c^2}}}=\nu'\frac{\sqrt{1+\frac{u}{c}}}{\sqrt{1-\frac{u}{c}}} \tag{33.34}$$

这就是第 32 章中导出的纵向多普勒效应表达式,此公式适用于 32.3 节中光源朝着观察者运动的情况。当光源远离观察者而去时,$\theta=\theta'=\pi$,得到红移的频率公式

$$\nu=\gamma\nu'\left(1-\frac{u}{c}\right)=\nu'\frac{1-\frac{u}{c}}{\sqrt{1-\frac{u^2}{c^2}}}=\nu'\frac{\sqrt{1-\frac{u}{c}}}{\sqrt{1+\frac{u}{c}}} \tag{33.35}$$

式(33.34)和式(33.35)与 32.3 节中推导出的结果完全一致。为了计算横向多普勒频移,令 $\theta=\pi/2$(即观察方向垂直于光子运动方向),则

$$\cos\theta'=-\frac{u}{c}$$

利用式(33.32),得到

$$\nu=\gamma\nu'\left(1+\frac{u}{c}\cos\theta'\right)=\nu'\frac{1-\frac{u^2}{c^2}}{\sqrt{1-\frac{u^2}{c^2}}}=\nu'\sqrt{1-\frac{u^2}{c^2}}$$

这就是所谓的横向多普勒效应。

习　题

33.1 对于月台上的观察者,一列火车正在以 $0.5c$ 的速度沿着 $+X$ 方向行进。在火车内,一个物体以 $0.5c$ 的速度沿着 $+X$ 方向运动。则位于月台上的观察者观察物体运动的速度是多少?

[**答案**: $0.8c$]

33.2 一艘飞船正在(沿着 $+X$ 方向)以相对于地面观察者 $0.4c$ 的速度运动。另一艘飞船正在(沿着 $-X$ 方向)以相对于地面观察者 $0.3c$ 的速度运动。相对于第一艘飞船内的观察者,第二艘飞船的速度是多少?

参考文献与推荐读物

第 1 章

1.1 http://www.ibnalhaytham.net/custom.em?pid=673913
1.2 http://micro.magnet.fsu.edu/optics/timeline/people/witelo.html
1.3 http://www.polybiblio.com/watbooks/2915.html
1.4 http://members.aol.com/WSRNet/D1/hist.htm
1.5 http://www.greenlion.com/cgi-bin/SoftCart.100.exe/optics.html?E+scstore
1.6 http://www.ece.umd.edu/~taylor/optics3.htm
1.7 V. Ronchi, *The Nature of Light* (translated by V. Barocas), Heinemann, London, 1972.
1.8 W. B. Joyce and Alice Joyce, "Descartes, Newton and Snell's Law," *J. Opt. Soc. Am.*, **66**, p. 1, 1976.
1.9 http://www.faculty.fairfield.edu/jmac/sj/scientists/grimaldi .htm
1.10 http://www.polarization.com/history/bart.html
1.11 C. Huygens, *Treatise on Light,* Dover Publications, 1962.
1.12 http://www.gutenberg.org/files/14725/14725-h/14725-h.htm
1.13 Isaac Newton, *Opticks*, Dover Publications, 1952.
1.14 http://books.google.com/books?id=GnAFAAAAQAAJ&pg=PA381&dq=Newton%27s+book+OPTICKS#PPA219,M1
1.15 http://physics.nad.ru/Physics/English/top_ref.htm
1.16 *Great Experiments in Physics,* pp. 96–101, Holt, Reinhart and Winston, New York, 1959.
1.17 http://www.cavendishscience.org/phys/tyoung/tyoung.htm
1.18 http://www.manhattanrarebooks-science.com/young.htm
1.19 http://www.phy.hr/~dpaar/fizicari/xmaxwell.html
1.20 http://vacuum-physics.com/Maxwell/maxwell_oplf.pdf
1.21 http://www.tyndall.ac.uk/general/history/john_tyndall_biography.shtml
1.22 http://books.google.com/books?id=gWMSAAAAIAAJ&printsec=frontcover&dq=scientific+papers+of+rayleigh#PPR3,M1
1.23 J. Hecht, *City of Light*, Oxford, 1999.
1.24 http://phisicist.info/hertz.html
1.25 David Park, *The Fire within the Eye: A Historical Essay on the Nature and Meaning of Light*, Princeton University Press, 1997.
1.26 J. F. Mulligan, "Who Were Fabry and Pérot?" *Am. J. Phys.*, **66**, No. 9, pp. 798–802, September 1998 [available at the website http://www.physics.rutgers.edu/ugrad/387/Mulligan98.pdf].
1.27 http://books.google.com/books?id=WcDPrrf1-oQC&pg=PA56&ots=FNeFkfdlW_&dq=Papers+of+Albert+Einstein&sig=OADkr1YehpFPm9xCR2lpKlYNsz0#PPA110,M1
1.28 G. Batchelor, *The Life and Legacy of G. I. Taylor*, Cambridge University Press, 1994.
1.29 http://books.google.com/ooks?id=98sCh99YIJsC&dq=Papers+of+Arthur+H+Compton
1.30 G. Venkataraman, *Journey into Light: Life and Science of C. V. Raman*, Penguin Books, 1994.
1.31 http://www.greatachievements.org/?id=3717
1.32 Nick Taylor, *Laser: The Inventor, the Nobel Laureate, and the Thirty-Year Patent War*, Simon & Schuster Publishers, New York, 2001.
1.33 Mario Bertolotti, *The History of the Laser*, Institute of Physics Publishing, Philadelphia, 2005.
1.34 http://books.google.com/books?id=JObDnEtzMJUC&pg=PA241&lpg=PA241&dq=javan+bennett+and+herriot&source=web&ots=tvP2kA2aNb&sig=K7KDtOYXjgHjTPaYwpOxXquumT4#PPP9,M1
1.35 http://www.llnl.gov/nif/library/aboutlasers/how.html
1.36 http://www.press.uchicago.edu/Misc/Chicago/284158_townes.html
1.37 http://www.farhangsara.com/laser.htm
1.38 http://www.bell-labs.com/history/laser/contrib.html
1.39 http://www.zeiss.com/C125716F004E0776/0/D94B4F1F28466E2AC125717100513E1A/$File/Innovation_7_35.pdf
1.40 http://www.ieee.org/organizations/foundation/donors. html
1.41 http://www.bell-labs.com/history/laser/contrib.html
1.42 C. K. Kao and G. A. Hockham, "Dielectric-Fibre Surface Waveguides for Optical Frequencies," *Proc. IEE,* **113**, No. 7, 1151, 1966.
1.43 http://www.beyonddiscovery.org/content/view.page.asp?I=448
1.44 http://www.bell-labs.com/history/laser/contrib.html
1.45 http://www.cap.ca/awards/press/1998-hill.html

第 2 章

2.1 Isaac Newton, *Opticks*, Dover Publications, 1952. [The first edition was published in 1704. The Fourth edition (published in 1730).]
2.2 W.B. Joyce and A. Joyce, *Descartes, Newton and Snell's Law, Journal of the Optical Society of America*, **66**, p1, (1976).
2.3 Christiaan Huygens, *Treatise on Light*, Dover Publications, New York (1962); the full title of the book is "*Treatise on Light in which are explained the causes of that which occurs in Reflexion and in Refraction and particularly in the strange Refraction of Iceland Crystal*". This is the English translation of his original book *Traite de la Lumiere* that was published in 1690. [The translator (S. P. Thomson) in his Preface writes: The Treatise on Light of Huygens has, however, withstood the test of time: and even now the exquisite skill with which he applied his conception of the propagation of waves of light to unravel the intricacies of the phenomena of the double refraction of crystals, and of the refraction of the atmosphere, will excite the admiration of the student of optics.]
2.4 Robert P Crease, *The Prism & the Pendulum: The Ten Most Beautiful Experiments in Science*, Random House Publishing Company, New York (2003).
2.5 Dennis Gabor, *Holography 1948-1971*, Nobel Lecture (delivered on December 11, 1971); see http://www.nobelprize.org/nobel_prizes/physics/laureates/1971/gabor-lecture.html

2.6 R.P. Feynman, R.B. Leighton and M. Sands, *The Feynman Lectures on Physics*, **III**, Addison Wesley Publishing Co., Reading, Mass. (1963).

2.7 R.P. Feynman, R.B. Leighton and M. Sands, *The Feynman Lectures on Physics*, **II**, Addison Wesley Publishing Co., Reading, Mass. (1963).

2.8 A. Einstein, *Über einen die Erzeugung und Verwandlung des Lichtes betreffenden heuristischen Gesichtspunkt*, Annalen der Physik, **17**, 132–148 (1905); English translation of this paper with the title *On a Heuristic Viewpoint Concerning the Production and Transformation of Light* reprinted in Ref. 2.9.

2.9 J. Stachel (Editor), *Einstein's Miraculous Year: Five Papers That Changed the face of Physics*, Princeton University Press (1998); reprinted by Srishti Publishers, New Delhi.

2.10 A. Einstein, *Autobiographical Notes* (Translated from German by Paul Arthur Schilpp) in *Albert Einstein: Philosopher Scientist*, (Editor: Paul Arthur Schilpp), Second Edition, Tudor Publishing Co., New York (1951).

2.11 R. A. Millikan, *The Electron and the light-quanta from the experimental point of view*, Nobel Lecture delivered in May 1924, Reprinted in *Nobel Lectures in Physics*, Elsevier Publishing Co., Amsterdam (1965); the lecture can be read at http://nobelprize.org/nobel_prizes/physics/laureates/1923/millikan-lecture.pdf

2.12 R. A. Millikan, *The Electron: Its isolation and measurements and the determination of some of its properties*, University of Chicago Press, Chicago (1917).

2.13 Robert Marc Friedman, *The Politics of Excellence: Behind the Nobel Prize in Science, A W.H. Freeman* Book, Henry, Holt & Co., (2001).

2.14 M. Jammer, *The Conceptual Development of Quantum Mechanics*, McGraw-Hill, New York (1965).

2.15 Victor F. Weisskopf, *What is Quantum Mechanics?, in The Privilege of Being a Physicist*, W.H. Freeman and Company, New York (1989). [This article has been reprinted in A. Ghatak and S. Lokanathan, *Quantum Mechanics: Theory & Applications*, Trinity Press, Laxmi Publications, New Delhi (2005).]

2.16 G. Gamow, *Mr. Tompkins in Wonderland*, Cambridge University Press, Cambridge, (1940).

2.17 C. G. Shull, 'Neutron Diffraction: A General Tool in Physics in Current Problems in Neutron Scattering,' Proceedings of the Symposium held at CNEN Casaccia Center in September 1968, CNEN, Rome, 1970.

2.18 A. Rose, *Quantum Effects in Human Vision*, Advances in Biological and Medical Physics, **V**, Academic Press, (1957).

2.19 A. Tonomura, J. Endo, T. Matsuda, T. Kawasaki and H. Ezawa, 'Demonstration of single-electron build up of an interference pattern', *Am. J. Phys. 57 (2). 117 (1989).*

2.20 Anton Zeilenger, *Dance of the Photons: From Einstein to Quantum Teleportation*, Farrar, Straus and Giroux, New York (2010).

2.21 T. Jennewein, U. Achleitner, G. Weihs, H. Weinfurter, and A. Zeilinger, 'A Fast and Compact Quantum Random Number Generator', *Rev. Sci. Instr.* 71, 1675-1680 (2000).

第 3 章

3.1 M. Born and E. Wolf, *Principles of Optics*, Pergamon Press, Oxford, UK, 1975.

3.2 A.K. Ghatak and K. Thyagarajan, *Contemporary Optics*, Plenum Press, New York, (1978). [Reprinted by Macmillan India, New Delhi.]

3.3 R.P. Feynman, R.B. Leighton and M. Sands, *The Feynman Lectures on Physics*, **I**, Addison-Wesley Publishing Co., Reading, Mass., 1965.

3.4 M.S. Sodha, A.K. Aggarwal and P.K. Kaw, 'Image formation by an optically stratified medium: Optics of mirage and looming', *British Journal of Applied Physics*, **18**, 503, 1967.

3.5 R.T. Bush and R.S. Robinson, 'A Note explaining the mirage', *American Journal of Physics*, **42**, 774, 1974.

3.6 A.B. Fraser and W.H. Mach, 'Mirages', *Scientific American*, January, **234**, 102, 1976.

3.7 E. Khular, K. Thyagarajan and A. K. Ghatak, 'A note on mirage formation', *American Journal of Physics*, **45**, 90, 1977.

3.8 W.J. Humphreys, *Physics of the Air*, McGraw-Hill Book Co., New York, 1920.

3.9 S.K. Mitra, *The Upper Atmosphere*, Second Edition, The Asiatic Society, Calcutta, 1952.

3.10 W.A. Newcomb, 'Generalized Fermat's principles', *American Journal of Physics*, **51**, 338, 1983.

3.11 E. Khular, K. Thyagarajan and A.K. Ghatak, 'Ray tracing in uniaxial and biaxial media', *Optik*, **46**, 297, 1976.

3.12 V. Lakshminarayanan, A. Ghatak and K. Thyagarajan, *Lagrangian Optics*, Kluwer Academic Publishers, 2002.

第 4 章

4.1 M. Born and E. Wolf, *Principles of Optics*, Pergamon Press, Oxford, 1975.

4.2 R.P. Feynman, R.B. Leighton and M. Sands, *The Feynman Lectures on Physics*, **I**, Addison Wesley Publishing Co., Reading, Mass, 1965.

4.3 A.K. Ghatak and K. Thyagarajan, *Contemporary Optics*, Plenum Press, New York, 1978. [Reprinted by Macmillan India, New Delhi.]

4.4 R.H. Penfield, 'Consequences of parameter invariance in geometrical optics', *American Journal of Physics.*, **24**, 19, 1956.

第 5 章

5.1 J.N. Blaker, *Geometrical Optics: The Matrix Theory*, Marcel Dekker, New York, 1971.

5.2 W. Brouwer, *Matrix Methods in Optical Instrumental Design*, Benjamin, New York, 1964.

5.3 D.M. Eakin, and S.P. Davis, 'An application of matrix optics,' *American Journal of Physics*, **34**, 758, 1966.

5.4 A. Gerrard, and J.M. Burch, *Introduction to Matrix Methods in Optics*, John Wiley & Sons, New York, 1975.

5.5 K. Halbach, 'Matrix representation of Gaussian optics,' *American Journal of Physics*, **32**, 90, 1964.

5.6 A. Nussbaum, *Geometric Optics: An Introduction*, Addison-Wesley Publishing Co., Reading, Mass, 1968.

5.7 J.W. Simmons and M.J. Guttmann, *States, Waves and Photons: A Modern Introduction to Light*, Addison Wesley Publishing Co., Reading, Mass, 1970.

第 6 章

6.1 M. Born, and E. Wolf, *Principles of Optics*, Pergamon Press, Oxford, 1975.

6.2 M. Cagnet, M. Francon and J.C. Thierr, *Atlas of Optical Phenomena*, Springer-Verlag, Berlin, 1962.

6.3 A. Ghatak and K. Thyagarajan, *Contemporary Optics*, Plenum Press, New York, 1978. [Reprinted by Macmillan India, New Delhi.]

6.4 H.H Hopkins, *Wave Theory of Aberrations*, Oxford University Press, London, 1950.

6.5 C.J. Smith, 'A Degree Physics', Part III, *Optics*, Edward Arnold Publishers, London, 1960.

6.6 W. T. Welford, *Geometrical Optics*, North Holland Publishing Co., Amsterdam, 1962.

6.7 W. T. Welford, *Aberrations of the Symmetrical Optical System*, Academic Press, New York, 1974.

第 7 章

7.1 C.J.F. Bottcher, *Theory of Electric Polarization*, Elsevier Publishing Co., Amsterdam, 1952.

7.2 H.J.J. Braddick, *Vibrations, Waves and Diffraction*, McGraw-Hill Publishing Co., London, 1965.

7.3 F.S. Crawford, *Waves and Oscillations: Berkeley Physics Course*, **III**, McGraw-Hill Book Co., New York, 1968.

7.4 R.P. Feynman, R. B. Leighton and M. Sands, *The Feynman Lectures on Physics*, **I**, Addison Wesley Publishing Co., Reading, Mass., 1965.

7.5 A.P. French, *Vibrations and Waves*, Arnold-Heineman India, New Delhi, 1973.

7.6 R. Loudon, *The Quantum Theory of Light*, Clarendon Press, Oxford, 1973.

7.7 H.J. Pain, *The Physics of Vibrations and Waves*, John Wiley & Sons, London, 1968.

7.8 R. Resnick and D. Halliday, *Physics*, Part I, John Wiley & Sons, New York, 1966.

7.9 A. Sommerfeld, *Optics*, Academic Press, New York, 1964.

7.10 J.M. Stone, *Radiation and Optics*, McGraw-Hill Book Co., New York, 1963.

第 8 章

8.1 H.S. Carslaw, *Introduction to the Theory of Fourier Series and Integrals*, Dover Publications, New York, 1950.

8.2 E.C. Titchmarsh, *Introduction to the Theory of Fourier Integrals*, Oxford University Press, New York, 1937.

8.3 A. K. Ghatak, I. C. Goyal and S. J. Chua, *Mathematical Physics*, Macmillan India Ltd, New Delhi, 1995.

8.4 J. Arsac, *Fourier Transforms and the Theory*, Prentice-Hall, Englewood Cliffs, 1966.

8.5 E.C. Titchmarsh, *Introduction to the Theory of Fourier Integrals*, Clarendon Press, Oxford, (1959).

第 10 章

10.1 R. P. Feynman, R. B. Leighton and M. Sands, *The Feynman Lectures on Physics*, **I**, Addison Wesley Publishing Co., Reading, Mass., 1964.

10.2 U.C. Paek, G.E. Peterson and A. Carnevale, 'Dispersionless single mode light guides with a index profiles' *Bell System Technical Journal*, **60**, 583, 1981.

10.3 A. Ghatak and K. Thyagarajan, *Introduction to Fiber Optics*, Cambridge University Press, Cambridge, 1998, (Reprinted in India by Foundation Books, New Delhi).

第 11 章

11.1 H. J. J. Braddick, *Vibrations, Waves and Diffraction*, McGraw-Hill Publishing Co., London, 1965.

11.2 F. S. Crawford, *Waves and Oscillations, Berkeley Physics Course*, **III**, McGraw-Hill Book Co., New York, 1968.

11.3 C. A. Coulson, *Waves*, Seventh Edition, Oliver & Boyd Ltd., Edinburgh, 1955.

11.4 W. C. Elmore and M. A. Heald, *Physics of Waves*, McGraw-Hill Publishing Co., Maidenhead, 1969.

11.5 G. Joos, *Theoretical Physics* (translated by I. M. Freeman), Blackie & Son Ltd., London, 1955.

11.6 H. J. Pain, *The Physics of Vibrations and Waves*, John Wiley & Sons, London, 1968.

11.7 Physical Science Study Committee, *Physics*, D. C. Heath and Co., Boston, Mass., 1967.

11.8 J. C. Slater and N. H. Frank, *Electromagnetism*, Dover Publications, New York, 1969.

11.9 R. A. Waldson, *Waves and Oscillations*, Van Nostrand Publishing Co., New York, 1964.

第 12 章

12.1 A.B. Arons, *Development of Concepts in Physics*, Addison-Wesley Publishing Co., Reading, Mass., 1965.

12.2 B.B. Baker and E.J. Copson, *The Mathematical Theory of Huygens' Principle*, Oxford University Press, London, 1969.

12.3 H.J.J. Braddick, *Vibration, Waves and Diffraction*, McGraw-Hill Publishing Co., London, 1965.

12.4 A.J. DeWitte, 'Equivalence of Huygens' principle and Fermat's principle in ray geometry', *American Journal of Physics*, **27**, 293, 1959.

12.5 C. Huygens, *Treatise on Light*, Dover Publications, New York, 1962.

12.6 PSSC, *Physics*, D.C. Heath and Company, Boston, Mass., 1965.

12.7 F.A. Jenkins and H.E. White, *Fundamentals of Optics*, 3rd Ed., McGraw-Hill, 1957, p. 465.

12.8 M. Born and E. Wolf, *Principle of Optics*, Pergamon Press, Oxford, 1975.

第 13 章

See at the end of Chapter 14.

第 14 章

14.1 F. Graham Smith and T.A. King, *Optics and Photonics: An Introduction*, John Wiley, Chicester (2000).

14.2 R. W. Ditchburn, *Light*, Academic Press, London (1976).

14.3 R. P. Feynman, R. B. Leighton and M. Sands, *The Feynman Lectures on Physics*, **I**, Chapter 52, Addison-Wesley, 1965.

14.4 M. Born and E. Wolf, *Principles of Optics*, Cambridge University Press, Cambridge, 2000.

14.5 E. Hecht and A. Zajac, *Optics*, Addison–Wesley, Reading, Mass., 1974.

14.6 R. S. Longhurst, *Geometrical and Physical Optics*, 2nd Ed. Longman, London, 1973.

14.7 D. E. Bailey and M. J. Welch, 'Moire Fringes', *Proceedings of the Conference and Workshop on the Teaching of Optics* (Edited by: G. I. Opat, D. Booth, A. P. Mazzolini and G. Smith, University of Melbourne, Australia.

14.8 A. Baker, *Modern Physics and Anti Physics*, Chapter 3, Addison–Wesley, Reading, Mass., 1970.s

14.9 PSSC, *Physics*, D.C. Heath & Co. Boston, Mass., 1965.

第 15 章

15.1 M. Born and E. Wolf, *Principles of Optics*, Pergamon Press, Oxford, 1975.

15.2 M. Cagnet, M. Francon and S. Mallick, *Atlas of Optical Phenomena*, Springer–Verlag, Berlin, 1971.

15.3 E. F. Cave and L. V. Holroyd, 'Inexpensive Michelson interferometer', *Amer. J. Phys.*, **23**, 61, 1955.

15.4 A. H. Cook, *Interference of Electromagnetic Waves*, Clarendon Press, Oxford, 1971.

15.5 M. Francon, *Optical Interferometry*, Academic Press, New York 1966.

15.6 A. K. Ghatak and K. Thyagarajan, *Optical Electronics*, Cambridge University Press, London, 1989. [Reprinted by Foundation Books, New Delhi.]

15.7 F. A. Jenkins and H. E. White, *Fundamentals of Optics*, McGraw-Hill Book Co., New York, 1976.

15.8 V. Oppenheim and J. H. Jaffe, 'Interference in an optical wedge' *Amer. J. Phys.*, **24**, 610, 1956.

15.9 J. Sladkova, *Interference of Light*, Iliffe Books Ltd., London, 1968.

15.10 W. H. Steel, *Interferometry*, Cambridge University Press, London, 1967.

15.11 S. Tolansky, *An Introduction to Interferometry*, Longmans Green and Co., London, 1955.

第 16 章

16.1 R. Baierlein, *Newton to Einstein: the Trail of Light*, Cambridge University Press, 1992.

16.2 P. Baumeister and G. Pincus, 'Optical interference coatings', *Scientific American.*, **223**, 59, December, 1970.

16.3 M. Born and E. Wolf, *Principles of Optics*, Pergamon Press, Oxford, 1975.

16.4 M. Cagnet, M. Francon and S. Mallick, *Atlas of Optical Phenomena*, Springer–Verlag, Berlin, 1971.

16.5 R. W. Ditchburn, *Light*, Academic Press, London, 1976.

16.6 M. Francon, *Modern Applications of Physical Optics*, Interscience, New York, 1963.

16.7 M. Francon, *Optical Interferometry*, Academic Press, New York, 1966.

16.8 F. A. Jenkins and H. E. White, *Fundamentals of Optics*, McGraw-Hill Book Co., New York, 1976.

16.9 C. Lin, 'Optical communications: Single-mode optical fiber transmission systems', *Optoelectronic Technology and Lightwave Communications Systems*, Ed. C. Lin, Van Nostrand Reinhold, New York, 1989.

16.10 W. H. Steel, *Interferometry*, Cambridge University Press, Cambridge, London, 1967.

16.11 S. Tolansky, *Multiple Beam Interferometry of Surfaces and Films*, Oxford University Press, London, 1948.

16.12 S. Tolansky, *An Introduction to Interferometry*, Longmans Green and Co., London, 1955.

第 17 章

17.1 D. E. Bailey and M. J. Welch, 'Moiré Fringes', *Proceedings of the Conference and Workshop on the Teaching of Optics*, Ed. G. I. Opat, D. Booth, A. P. Mazzolini and G. Smith, University of Melbourne, 1989.

17.2 J. Beran and G. B. Parrent, *Theory of Partial Coherence*, Prentice–Hall, Englewood Cliffs, N. J., 1964.

17.3 M. Born and E. Wolf, *Principles of Optics*, Pergamon Press, Oxford, 1975.

17.4 M. Francon, *Diffraction: Coherence in Optics*, Pergamon Press, Oxford, 1966.

17.5 A. T. Forrester, 'On Coherence Properties of Light Waves' *American Journal of Physics*, **24**, 192, 1956.

17.6 A. T. Forrester, R. A. Gudmundsen and P. O. Johnson, 'Photoelectric mixing of Incoherent Light', *Physical Review*, **99** (6), 1891, 1955.

17.7 A. Ghatak and K. Thyagarajan, *Contemporary Optics*, Plenum Press, New York, 1978. [Reprinted by Macmillan India, New Delhi.]

17.8 E. Hecht and A. Zajac, *Optics*, Addison–Wesley, Reading, Mass., 1974.

17.9 T. S. Jaseja, A. Javan and C. H. Townes, 'Frequency Stability of He–Ne Masers and Measurement of Length', *Physical Review Letters*, **10**, 165, 1963.

17.10 M. V. Klein, *Optics*, John Wiley, New York, 1970.

17.11 M. S. Lipsett and L. Mandel, 'Coherence Time Measurement of light from Ruby Optical Masers', *Nature*, **199**, 553, 1963.

17.12 G. F. Lothian, *Optics and its Uses*, Van Nostrand Reinhold, New York, 1975.

17.13 H. F. Meiners, *Physics Demonstrations and Experiments*, **2**, The Ronald Press Co., New York, 1970.

17.14 D. F. Nelson and R. J. Collins, 'Spatial Coherence in the Output of an Optical Maser', *Journal of Applied Physics*, **32**, 739, 1961.

17.15 A. E. Siegman, *Lasers*, Oxford University Press, 1986.

17.16 B. J. Thompson, *J. Soc. Photo. Inst. Engr.*, **4**, **7**, 1965.

17.17 K. Thyagarajan and A. K. Ghatak, *Lasers: Theory and Applications*, Plenum Press, New York, 1981. [Reprinted by Macmillan India, New Delhi.]

17.18 G. A. Vanasse and H. Sakai, *'Fourier Spectroscopy' in Progress in Optics*, **VI**, Ed. E. Wolf, North Holland Pub. Co., Amsterdam, 1967.

17.19 H. Weltin, 'Light Beats', *American Journal of Physics*, **30**, 653, 1962.

17.20 A. Sharma, A. K. Ghatak and H. C. Kandpal, 'Coherence', *Encyclopaedia of Modern Optics* (Ed: R. Guenther, A. Miller, L. Bayvel and J. Midwinter), Elsevier (2005).

第 18 章

18.1 M. Born and E. Wolf, *Principles of Optics*, Pergamon Press, Oxford, 1975.

18.2 F. A. Jenkin and H. E. White, *Fundamentals of Optics*, McGraw-Hill Book Co., New York, 1957.

18.3 E. Hecht and A. Zajac, *Optics*, Addison-Wesley, Reading, Mass., USA, 1974.

18.4 A. Nussbaum and R. A. Philips, *Contemporary Optics for Scientists and Engineers*, Prentice-Hall, Englewood Cliffs, NJ, 1976.

18.5 K. Thyagarajan and A. Ghatak, *Lasers: Theory and Applications*, Plenum Press, New York, 1981; [Reprinted by Macmillan India Ltd., New Delhi.]

18.6 A. Ghatak and K. Thyagarajan, *Optical Electronics*, Cambridge University Press, Cambridge, 1989; [Reprinted by Foundation Books, New Delhi.]

18.7 A. R. Verma and O. N. Srivastava, *Crystallography for Solid State Physics*, Wiley Eastern, New Delhi, 1982.

18.8 M. S. Sodha, 'Theory of Nonlinear Refraction: Self Focusing of Laser Beams' *Journal of Physics Education, (India)*, **1 (2)**, **13**, 1973.

18.9 M. S. Sodha, A. K. Ghatak and V. K. Tripathi, *Self-Focusing of Laser Beams in Dielectrics, Plasmas and Semiconductors*, Tata McGraw-Hill, New Delhi, 1974.

18.10 W. K. H. Panofsky and M. Philips, *Classical Electricity and Magnetism*, Addison-Wesley, Reading, Mass., 1962.

18.11 W. G. Wagner, H. A. Haus and J. M. Marburger, 'Large Scale Self-trapping of Optical Beams in Paraxial Ray Approximation' *Physical Review Letters*, **175**, 256, 1968.

18.12 E. Garmire, R. V. Chiao and C. H. Townes, 'Dynamics and Characteristics of the Self-trapping of Intense Light Beams' *Physical Review Letters.*, **16**, 347, 1966.

18.13 J. W. Goodman, *Introduction to Fourier Optics*, McGraw-Hill, New York, 1968.

18.14 C. J. Ball, *An Introduction to the Theory of Diffraction*, Pergamon Press, Oxford, 1971.

18.15 J. M. Cowley, *Diffraction Physics*, North Holland, Amsterdam, 1975.

18.16 M. Francon, *Diffraction, Coherence in Optics*, Pergamon Press, Oxford, 1966.

18.17 H. F. Meiners, *Physics Demonstration Experiments*, **II**, The Ronald Press Co., New York, 1970.

第 19 章

19.1 M. Born and E. Wolf, *Principles of Optics*, Seventh Edition, Cambridge University Press, Cambridge, UK (1999).

19.2 J. W. Goodman, *Introduction to Fourier Optics*, Third Edition, Roberts & Co., Englewood, Co. USA (2005).

19.3 M.V. Klein and T.E. Furtak, *Optics*, John Wiley, New York (1986).

19.4 A. Ghatak and K. Thyagarajan, *Contemporary Optics*, Plenum Press, New York (1978); reprinted by Macmillan India, New Delhi (1981).

19.5 J. Irving and N. Mullineux, *Mathematics in Physics and Engineering*, Academic Press, New York (1959).

19.6 G. Arfken, *Mathematical Methods for Physicists*, Second Edition, Academic Press, New York (1970).

19.7 A. K. Ghatak, I.C. Goyal and S. J. Chua, *Mathematical Physics*, Macmillan India, New Delhi (1985).

19.8 E. G. Steward, *Fourier Optics: An Introduction*, Second Edition, Dover Publications, New York (2004).

19.9 B.E.A. Saleh and M.C. Teich, *Fundamentals of Photonics*, John Wiley, New York (1991).

19.10 E. Hecht, *Optics*, Pearson Education, Singapore (2002). http://en.wikipedia.org/wiki/Fourier_optics.

19.11 A. Ghatak and K. Thyagarajan, *Problems and Solutions in Optics and Photonics*, Tata McGraw Hill, New Delhi (2011).

第 20 章

20.1 R. Baierlein, *Newton to Einstein: The Trail of light*, Cambridge University Press, 1992.

20.2 P. M. Rinard, 'Large scale diffraction patterns from circular objects', *American Journal of Physics*, **44**, 70, 1976.

20.3 M. Born and E. Wolf, *Principles of Optics*, Cambridge University Press, 2000.

20.4 A. Ghatak and K. Thyagarajan, *Contemporary Optics*, Plenum Press, New York, 1978.

20.5 M. Abramowitz and I.A. Stegun, *Handbook of Mathematical Functions with Formulas, Graphs and Mathematical Tables*, Applied Mathematics Series, **55**; National Bureau of Standards, Washington (1964).

20.6 A. Ghatak and K. Thyagarajan, *Problems and Solutions in Optics and Photonics*, Tata McGraw Hill (2011).

第 21 章

21.1 D. Gabor, 'A New Microscopic Principle', *Nature*, **161**, 777, 1948; 'Microscopy by Reconstructed Wavefronts', *Proceedings of the Royal Society* (London), **A197**, 454, 1949.

21.2 K. Thyagarajan and A. K. Ghatak, *Lasers: Theory and Applications*, Plenum Press, New York, 1981 (Reprinted by Macmillan India Ltd., New Delhi.)

21.3 J. C. Brown and J. A. Harte, 'Holography in the undergraduate optics course', *American Journal of Physics*, **37**, 441, 1969.

21.4 H. J. Caulfield and S. Lu, *The Applications of Holography*, John Wiley & Sons, New York, 1970.

21.5 R. J. Collier, C. B. Burckhardt and L. H. Lin, *Optical Holography*, Academic Press, New York, 1971.

21.6 A. K. Ghatak and K. Thyagarajan, *Contemporary Optics*, Plenum Press, New York, 1978 (Reprinted by Macmillan, New Delhi, 1984.)

21.7 M. P. Givens, 'Introduction to holography', *American Journal of Physics*, **35**, 1056, 1967.

21.8 E. N. Leith and J. Upatnieks, 'Photography by Laser', *Scientific American*, **212**, p. 24, June, 1965.

21.9 A. F. Methernal, 'Acoustical holography', *Scientific American*, **221**, p. 36, October, 1969.

21.10 K. S. Pennington, 'Advances in holography', *Scientific American*, **218**, p. 40, February, 1968.

21.11 H. M. Smith, *Principles of Holography*, Wiley Interscience, New York, 1975.

21.12 D. Venkateshwarulu, 'Holography, theory and applications', *Journal of Scientific and Industrial Research*, **29**, November, 1970.

21.13 B. L. Worsnop and H. T. Flint, *Advanced Practical Physics for Students*, Asia Publishing House, Bombay, 1951.

21.14 C. Sakher and Ajoy Ghatak, 'Holography' *Encyclopaedia of Modern Optics* (Eds. R. Guenther, A. Miller, L. Bayvel and J. Midwinter), Elsevier (2005).

第 22 章

22.1 W. A. Shurcliff and S. S. Ballard, *Polarized Light*, Van Nostrand, Princeton, New Jersey, USA (1964).

22.2 G. R. Bird and M. P. Parrish, *The wire grid as a near infrared polarizer, J. Opt. Soc. Am* (1960), **50**, 886.

22.3 M. Alonso and E. J. Finn, *Physics*, Addison-Wesley, Reading, Massachusetts, USA (1970).

22.4 R. P. Feynman, R. B. Leighton and M. Sands, *The Feynman Lectures on Physics*, **I**, Addison-Wesley, Reading, Mass, USA (1963).

22.5 M. Born and E. Wolf, *Principles of Optics*, Pergamon Press, Oxford, England (1970).

22.6 A. K. Ghatak and K. Thyagarajan, *Optical Electronics*, Cambridge University Press, Cambridge, UK (1989). [Reprinted by Foundation Books, New Delhi]

22.7 F. A. Jenkins and H. E. White, *Fundamentals of Optics*, McGraw-Hill, New York, USA (1976).

22.8 *Polarized Light: Selected Reprints*, American Institute of Physics, New York, USA (1963).

22.9 S. Chandrashekhar, 'Simple model for optical activity', *Amer. J. Phys*, **24**, 503 (1956).

22.10 P. Gay, *An Introduction to Crystal Optics*, Longmans Green and Co, London, England (1967).

22.11 T. H. Waterman, 'Polarized light and animal navigation', *Scien. Amer* (July, 1955).

22.12 E. A. Wood, *Crystals and Light*, Van Nostrand Momentum Book No. 5, Van Nostrand, Princeton, New Jersey, USA (1964).

22.13 L.B. Jeunhomme, *Single-mode Fiber Optics*, Marcel Dekker, New York (1983).

22.14 Arun Kumar and Ajoy Ghatak, *Polarization of Light with Applications in Optical Fibers*, SPIE Tutorial Texts **TT90**, SPIE Press, USA, (2011); also published by Tata McGraw-Hill, New Delhi (2012).

22.15 Ajoy Ghatak and K. Thyagarajan, *Problems and Solutions in Optics & Photonics*, Tata McGraw-Hill, New Delhi, (2011).

22.16 Guy Ropars, Albert Le Flocha and Vasudevan Lakshminarayanan, *The sunstone and polarised skylight: Ancient Viking navigational tools*?, Contemporary Physics, 2014.

22.17. F. A. Jenkins and H. E. White, *Fundamentals of Optics*, McGraw-Hill, New York, USA (1976).

22.18 Max Born and Emil Wolf, *Principles of Optics*, Seventh Ed. Cambridge University Press, Cambridge, UK (1999).

第 23 章

23.1 D.J. Griffiths, *Introduction to Electrodynamics*, Prentice–Hall Inc., Englewood Cliffs, NJ, USA (1999).

23.2 C.S. Liu and V.K. Tripathi, *Electromagnetic Theory for Telecommunications*, Foundation Books, Delhi (2007).

23.3 J.R. Reitz and F.J. Milford, *Foundations of Electromagnetic Theory*, Addison–Wesley Publishing Company Inc., Reading Mass., USA (1967).

23.4 W.H. Hayt and J.A. Buck, *Engineering Electromagnetics*, McGraw–Hill, New York (2001).

23.5 W.K.H. Panofsky and M. Philhips, *Classical Electricity and Magnetism*, Addison-Wesley, Reading) Mass., 1962.

23.6 R.P. Feynman, R.B. Leighton and M. Sands, *The Feynman Lectures on Physics*, **1**, Addison Wesley, Reading, Mass., 1962.

23.7 D. R. Corson and P. Lorrain, *Introduction to Electromagnetic Fields and Waves*, W.H. Freeman and Co., San Francisco, 1962.

第 24 章

24.1 J.M. Bennett and H.E. Bennett, 'Polarization' in *Handbook of Optics* (Ed. W.J. Driscoll), McGraw-Hill, New York, 1978.

24.2 O. Bryngdahl, 'Evanescent Waves in Optical Imaging', *Progress in Optics* (Ed. E. Wolf), **XI**, North-Holland, Amsterdam, 1973.

24.3 D.R. Corson and P. Lorrain, *Introduction to Electromagnetic Fields and Waves*, W.H. Freeman and Co., San Francisco, 1962.

24.4 R.P. Feynman, R.B. Leighton, and M. Sands, *The Feynman Lectures on Physics*, **I**, Addison–Wesley, Reading, Mass., 1964.

24.5 A. Ghatak, and K. Thyagarajan, *Optical Electronics*, Cambridge University Press, 1989. [Reprinted by Foundation Books, New Delhi].

24.6 J.R. Heirtzler, 'The Largest Electromagnetic Waves', *Scientific American*, **206**, 128, September 1962.

24.7 E.C. Jordon and K.G. Balmain, *Electromagnetic Waves and Radiating Systems*, Prentice-Hall, N.J., USA 1970.

24.8 W.K.H. Panofsky and M. Phillips, *Classical Electricity and Magnetism*, Addison–Wesley, Reading, Mass., 1962.

24.9 J.R. Reitz and F.J. Milford, *Foundations of Electromagnetic Theory*, Addison–Wesley, Reading, Mass., 1962.

24.10 H.S. Sandhu and G.B. Friendmann, 'Change of Phase on Reflection', *American Journal of Physics*, **39**, 388, 1971.

24.11 R.M.A. Azzam and N.M. Bashara, *Ellipsometry and Polarized Light*, North-Holland, Personal Library, (1987).

24.12. M. Beck, *Quantum Mechanics: Theory and Experiment*, Oxford University press, New York (2012).

第 25 章

25.1 Issac Newton, *Optics*, Dover publication (1952).

25.2 W. H. Cropper, *The Quantum Physicists and an Introduction to Their Physics*, Oxford University Press, New York, 1970.

25.3 A. Einstein, 'On a heuristic point of view concerning the production and transformation of light', *Annalen der Physik*, **17**, 132, 1905.

25.4 M. Jammer, *The Conceptual Development of Quantum Mechanics*, McGraw-Hill, New York, 1965.

25.5 R.A. Millikan, *The Electron and the Light-quanta from the Experimental Point of View*, Nobel Lecture delivered in May 1924, Reprinted in *Nobel Lectures in Physics*, Elsevier Publishing Co., Amsterdam, 1965.

25.6 D. Bohm, *Quantum Theory*, Prentice-Hall, Englewood Cliffs, N.J., 1951.

25.7 R.S. Shankland (Editor), *Scientific Papers of A. H. Compton: X-ray and Other Studies*, University of Chicago Press, Chicago; 1975. [Most of the papers of A.H. Compton are reprinted here].

25.8 M. Born, *Atomic Physics*, Blackie & Son, London, 1962.

25.9 A.H. Compton, 'A Quantum Theory on the Scattering of X-rays by Light Elements', *Physical Review*, **21**, 483, 1923, Reprinted in Ref. 25.7.

25.10 A.H. Compton, 'The Spectrum of Scattered X-rays', *Physical Review*, **22**, 409, 1923. Reprinted in Ref. 25.7.

25.11 A. Einstein, *Über einen die Erzeugung und Verwandlung des Lichtes betreffenden heuristischen Gesichtspunkt*, Annalen der Physik, **17**, 132–148 (1905); English translation of this paper with the title *On a Heuristic Viewpoint Concerning the Production and Transformation of Light* reprinted in J. Stachel (Editor), *EInstein's Miraculous Year: Five Papers That Changed the Face of Physics*, Princeton University Press (1998); reprinted by Srishti Publishers, New Delhi.

25.12 R. M. Friedman, *The Politics of Excellence: Behind the Nobel Prize in Science*, A W.H. Freeman Book, Henry, Holt & Co., (2001).

25.13 A. Ghatak, *Albert Einstein: A Glimpse of his Life, Philosophy and Science*, VIVA Books, New Delhi (2011).

25.14 A. Ashkin, J.M. Dziedzic, J.E. Bjorkholm and S. Chu, 'Observation of a single-beam gradient force optical trap for dielectric particles'. *Optics Letters*, **11**, 288–290 (1986).

25.15 A. Ashkin, 'Forces of a single-beam gradient laser trap on a dielectric sphere in the ray optics regime,' *Biophys. J.*, **61**, 569–582 (1992).

25.16 J. Townsend, *A, Modern Approach to Quantum Mechanics,* McGraw-Hill Inc., New York (1992).

25.17 G. Baym, *Lectures on Quantum Mechanics,* W.A. Benjamin, Inc., New York (1969).

25.18 A. H. Compton, *The Spectrum of Scattered X-rays, Physical Review*, **22**, p. 409, (1923).

25.19 R. A. Millikan, *The Electron: Its isolation and measurements and the determination of some of its properties,* University of Chicago Press, Chicago (1917).

25.20 W.A. Newcomb, "Generalized Fermat's "*American Journal of Physics*, **51**, p. 338, 1983.

第 26 章

26.1 P.A.M. Dirac, *The Principles of Quantum Mechanics*, Oxford University Press, Oxford (1958).

26.2 Anton Zeilenger, *Dance of the Photons: From Einstein to Quantum Teleportation*, Farrar, Straus and Giroux, New York (2010).

26.3 T. Jennewein, U. Achleitner, G. Weihs, H. Weinfurter, and A. Zeilinger, 'A Fast and Compact Quantum Random Number Generator', *Rev. Sci. Instr.* **71**, 1675–1680 (2000).

26.4 W. H. Cropper, *The Quantum Physicists and an Introduction to their Physics*, Oxford University Press, New York (1970).

26.5 R.P. Feynman, R.B. Leighton and M. Sands, *The Feynman Lectures on Physics*, **III**, Addison Wesley Publishing Co., Reading, Mass. (1963).

26.6 David Bohm, *Quantum Theory*, Prentice-Hall, Englewood Cliffs, N.J. (1951).

26.7 A. Ghatak, *Basic Quantum Mechanics*, Trinity Press, Laxmi Publications, New Delhi (2005).

26.8 J.L. Powell and B. Craseman, *Quantum Mechanics*, Addison-Wesley, Reading, Mass., (1961).

26.9 Olaf Nairz, Markus Arndt and Anton Zeilinger, 'Quantum interference experiments with large molecules', *American journal of Physics*, **71**, 319-325, April 2003.

26.10 E. Schrödinger, 'Discussion of Probability Relations between separated Systems', *Proceedings of the Cambridge Philosophical Society* 31, 555-563 (1935); 32, 446-451 (1936).

26.11 A. Einstein, B. Podolsky, and N. Rosen, Can quantum-mechanical description of physical reality be considered complete?, *Phys. Rev.* **47**, 777 (1935).

26.12 A. Einstein, *Autobiographical Notes* (Translated from German by Paul Arthur Schilpp) in *Albert Einstein: Philosopher Scientist*, (Editor: Paul Arthur Schilpp), Second Edition, Tudor Publishing Co., New York (1951).

26.13 J.S. Bell, 'On the Einstein-Podolsky-Rosen Paradox', *Physics* **1**, 195-200 (1964).

26.14 S. J. Freedman and J. F. Clauser, 'Experimental Test of Local Hidden-Variable Theories', *Phys. Rev. Lett.* **28**, 938–941 (1972).

26.15 E. S. Fry and R. C. Thompson, "Experimental Test of Local Hidden-Variable Theories, *Phys. Rev. Letts.* **37**, 465 (1976).

26.16 A. Aspect, 'Closing the Door on Einstein and Bohr's Quantum Debate' in *Physics* **8**, 123, 16Dec2015; see https://physics.aps.org/articles/v8/123

26.17 A. Aspect, P. Grangier, and G. Roger, 'Experimental Realization of Einstein-Podolsky-Rosen-Bohm Gedankenexperiment: A New Violation of Bell's Inequalities', *Physical Review Letters*, **49**, No. 2, pp. 91–94 (1982).

26.18 G. Venkataraman, *Quantum Revolution III: What is Reality?*, Universities Press India Ltd., (1994).

第 27 章

27.1 C. H. Townes, 'Production of Coherent Radiation by Atoms and Molecules' in *Nobel Lectures in Physics (1963–1970)*, Elsevier Publishing Company, Amsterdam, 1972. (Reprinted in Ref. 27.4).

27.2 N. G. Basov, 'Semiconductor Lasers' in *Nobel Lectures in Physics (1963–1970)*, Elsevier Publishing Company, Amsterdam, 1972. (Reprinted in Ref. 27.4).

27.3 A. M. Prochorov, 'Quantum Electronics' in *Nobel Lectures in Physics (1963–1970)*, Elsevier Publishing Company, Amsterdam, 1972. (Reprinted in Ref. 27.4).

27.4 K. Thyagarajan and A. K. Ghatak, *Lasers: Fundamentals and Applications*, Second Edition, Springer, New York (2011); Also published by Trinity Press, New Delhi (2011).

27.5 A. Einstein, 'On the Quantum Theory of Radiation', *Phy-sikalische Zeitschrift*, **18**, 121, 1917 [Reprinted in Ref. 27.6].

27.6 D. Ter Haar, *The Old Quantum Theory*, Pergamon Press, Oxford, 1967.

27.7 A. Ghatak and K. Thyagarajan, *Introduction to Fiber Optics*, Cambridge University Press, 1998.

27.8 E. Desurvire, *Erbium Doped Fiber Amplifiers*, John Wiley, New York, 1994.

27.9 A.E Siegman, *Lasers*, Oxford University Press, Oxford, 1986.

27.10 W. Johnstone, *Erbium Doped Fiber Amplifiers*, (Unpublished lecture notes).

27.11 S. Yoshida, S. Kuwano and K. Iwashita, 'Gain Flattened EDFA with high Al-concentration for multistage repeated WDM transmission experiments', *Electronics Letters*, **31**, 1765, 1995.

27.12 E. Snitzer, 'Optical Maser Action of Nd^{+3} in a Barium Crown Glass', *Physical Review Letters*, **7**, 444 – 446, 1961.

27.13 T.H. Maiman, 'Stimulated Optical Radiation in Ruby', *Nature*, **187**, 493–494, 1960.

27.14 R. Brown, *Lasers, A Survey of their Performance and Applications*, Business Books, London, 1969.

27.15 A. Javan, W. R. Bennett Jr. and D. R. Herriott, 'Population Inversion and Continuous Optical Maser Oscillation in a Gas Discharge Containing a He–Ne Mixture', *Physical Review Letters*, **6**, 106–110, 1961.

27.16 C. C. Davis, *Lasers and Electro-Optics*, Cambridge University Press, Cambridge, 1996.

27.17 J. T. Verdeyen, *Laser Electronics*, Prentice-Hall, Englewoodcliffs, N. J, 1989.

27.18 C. Lin, 'Optical Communications: single mode optical fiber transmission systems', in *Optoelectronic Technology and Lightwave Communication Systems*, Ed. C. Lin, Van Nostrand Reinhold, New York, 1989.

27.19 A. K. Ghatak and S. Lokanathan, *Quantum Mechanics*, 5th Edition, Macmillan India, New Delhi, 2004. [Also published by Kluwer Academic Publishers, Dordrecht, 2004].

27.20 A. K. Ghatak and K. Thyagarajan, *Optical Electronics*, Cambridge University Press, Cambridge, 1989.

27.21 D. R. Herriot, 'Optical Properties of a Continuous He–Ne Optical Maser', *Journal of the Optical Society of America*, USA, **52**, p. 31, 1962.

27.22 A. Maitland and M. H. Dunn, *Laser Physics*, North Holland Publishing Co., Amsterdam, 1969.

27.23 A. Ghatak and K. Thyagarajan, *Fiber Optics & Lasers: The Two Revolutions*, Macmillan India Ltd. New Delhi, 2006.

27.24 A. Ghatak and K. Thyagarajan, *Problems and Solutions in Optics and Photonics*, Tata McGraw-Hill, New Delhi (2011).

第 28 章

28.1 J. Hecht, *City of Light*, Oxford (1999).

28.2 W.A. Gambling, 'Glass, light, and the information revolution', Ninth W.E.S. Turner Memorial Lecture, Glass Technology **27** (6), 179, (1986).

28.3 S.Bhadra and A. Ghatal (Editors), *Guided Wave Optics and Photonic Device* CRC press, USA (2013).

28.4 B.P. Pal (Ed.), *Guided Wave Optical Components and Devices: Basics, Technology and Applications*, Academic Press (2006).

28.5 K. Porsezian and R. Ganpathy, *Odyssoy of Light in Nonlinear Optical Fibre* Boca Ratan, Florida (2015).

28.6 http://en.wikipedia.org/wiki/Photophone

28.7 D.J.H. Maclean, *Optical Line Systems*, John Wiley, Chichester, 1996.

28.8 A.G. Chynoweth, 'Lightwave Communications: The Fiber Lightguide', *Phys.Today*, **29**(5), 28 (1976).

28.9 C.K. Kao and G.A. Hockham, 'Dielectric-fibre Surface Waveguides for Optical Frequencies', *Proc. IEE*, **113** (7), 1151, (1966).

28.10 F. P. Kapron, D. B. Keck and R. D. Maurer, 'Radiation Losses in Glass Optical Waveguides', *Appl. Phys. Lett.*, **17**, 423 (1970).

28.11 *Schott is lighting the way home*, Fiberoptic Product News, February, 1997, p. 13.

28.12 *Fiber Optic Technology Put to Work-Big time, Photonics Spectra*, August 1994, p. 114.

28.13 A. Ghatak and K. Thyagarajan, *Optical Waveguides and Fibers* in *Fundamentals of Photonics* (Editors: A. Guenther, L. Pedrotti and C Roychoudhuri), Materials developed under project STEP (Scientific and Technology Education in Photonics) by University of Connecticut and CORD, National Science Foundation, USA.

28.14 T. Miya, Y. Terunama, T. Hosaka, and T. Miyashita, 'An Ultimate Low Loss Single Mode Fiber at 1.55 mm,' *Electron.Letts.* **15**, 106 (1979).

28.15 A. Ghatak and K. Thyagarajan, *Introduction to Fiber Optics*, Cambridge University Press, Cambridge (1998).

28.16 W.K. Johnston III, *The Birth of Fiber Optics*, J. Endourology, **18**(5), June 2004.

28.17 A. Ghatak and K. Thyagarajan, *The Story of the Optical Fiber*, Physics News, July 2010.

28.18 N.S. Kapany, *Fiber Optics: Principles and Applications*, Academic Press, new York (1967).

28.19 Oak Ridge National Laboratory Review, *Letting The Sunshine In*, http://web.ornl.gov/info/ornlreview/v38_1_05/article09.shtml

28.20 B. Culshaw, 'Principles of Fiber Optic Sensors', in *Guided Wave Optical Components and Devices* (Ed. B. P. Pal), Academic Press, Amsterdam (2006).

28.21 B.D. Gupta, *Fiber Optic Sensors: Principles and Applications*, New India Publishing Agency, New Delhi (2006).

28.22 A. Ankiewicz and C. Pask, 'Geometric optics Approach to light acceptance and propagation in graded-index fibers', *Optical & Quantum Electronics*, **9**, p. 87 (1977).

28.23 T. K. Gangopadhyay, P.J. Henderson and A.D. Stokes, "Vibration Monitoring using a Dynamic Proximity Sensor with Interferometric Encoding", *Applied Optics*, **36**, No. 22, 1 August, 1997, pp. 5557-5561.

28.24 T. K. Gangopadhyay and P. J. Henderson, "Vibration: history and measurement with an extrinsic Fabry-Perot Sensor with solid-state laser Interferometry", *Applied Optics*, **36**, No. 12, 20 April, 1999, pp. 2471–2477.

28.25 T. K.Gangopadhyay. "Non-contact vibration measurement based on extrinsic Fabry-Perot interferometer implemented using arrays of single-mode fibres", *Measurement Science and Technology (IOP)*, **15**, issue 5, May 2004, pp. 911 - 917.

28.26 T. K. Gangopadhyay, G. E. Town and A. D. Stokes, 'Noncontact vibration monitoring technique using a single-mode fibre sensor', Australian Conference on Optical Fibre Technology (ACOFT-99), 4–9 July 1999, Sydney, Australia.

28.27 T. K.Gangopadhyay, M. Majumder, A.K. Chakraborty, A.K. Dikshit and D.K. Bhattacharya, 'Fibre Bragg Grating strain sensor and study of its packaging material for use in critical analysis on steel structure', *Sensors and Actuators A: Physical*, **150** (2009), pp. 78-86.

28.28 Ajoy Ghatak and K. Thyagarajan, *Optical Waveguides and Fibers in Fundamentals of Photonics* (Editors: A. Guenther, L. Pedrotti and C Roychoudhuri), Materials developed under project STEP (Scientific and Technology Education in Photonics) by University of Connecticut and CORD, National Science Foundation, USA.

第 29 章

29.1 A W. Snyder and J. D. Love, *Optical Waveguide Theory*, Chapman and Hall, London (1983).

29.2 A. Ghatak and K. Thyagarajan, *Introduction to Fiber Optics*, Cambridge University Press, Cambridge, UK (1998); reprinted in India by Foundation Books, New Delhi.

29.3 D. K. Mynbaev and L.L. Scheiner, *Fiber-Optic Communications Technology*, Prentice Hall, USA (2001).

29.4 B.E. A. Saleh and M.C. Teich, *Fundamentals of Photonics*, John Wiley, New York (1991).

29.5 B. H. Bransen and C. J. Joachain, *Introduction to Quantum Mechanics*, Longman Group, UK (1989).

29.6 A. Ghatak and S Lokanathan, *Quantum Mechanics: Theory and Applications*, 5th Edition, Macmillan India, New Delhi (2004); reprinted by Kluwer academic Publishers, Dordrecht (2004).

29.7 A. Ghatak, I. C. Goyal and R. Varshney, *FIber Optica: A software for characterizing fiber and integrated-optic waveguides*, Viva Books, New Delhi (1999).

29.8 J. C. Bose, 'On the influence of thickness of air-space on total reflection of electric radiation,' *Proceedings of the Royal society* A, **62**, pp. 301–310 (1897).

29.9 D. T. Emerson, *The work of Jagadis Chandra Bose: 100 years of mm-wave research* in http://www.tuc.nrao.edu/~demerson/bose/bose.html

29.10 D. Home, 'J. C. Bose's double-prism experiment using single photon states vis-a-vis wave-particle duality,' *Science & Culture*, **74**, pp. 408–415 (2008).

29.11 A. Ghatak and K. Thyagarajan, *Problems and Solutions in Optics and Photonics*, Tata McGraw-Hill, New Delhi (2011).

第 30 章

30.1 A. W. Snyder and J. D. Love, *Optical Waveguide Theory*, Chapman & Hall, London (1983).

30.2 D. Gloge, 'Weakly Guiding Fibers,' *Appl. Opt.* **10**, 2252, (1971).

30.3 A. Ghatak and K. Thyagarajan, *Introduction to Fiber Optics*, Cambridge University Press, Cambridge, (1998).

30.4 J. Irving and N. Mullineux, *Mathematics in Physics and Engineering*, Academic Press, New York (1959).

30.5 G. Arfken, *Mathematical Methods for Physicists*, Second Edition, Academic press, New York (1970).

30.6 A. K. Ghatak, I.C. Goyal and S. J. Chua, *Mathematical Physics*, Macmillan India, New Delhi (1985).

30.7 A. Ghatak, A. Sharma and R. Tewari, *Fiber Optics on a PC*, Viva Books, New Delhi (1994).

30.8 A. Ghatak, I. C. Goyal and R. Varshney, *Fiber Optica: A software for characterizing fiber and integrated-optic waveguides*, Viva Books, New Delhi (1999).

30.9 M. Abramowitz and I. Stegun, *Handbook of Mathematical Functions*, National Bureau of Standards, Washington DC, (1965).

30.10 T. I. Lukowski and F. P. Kapron, 'Parabolic fiber cutoffs: A comparison of theories', *J. Opt. Soc. Am.* **67**, 1185 (1977).

30.11 D. K. Mynbaev and L.L. Scheiner, *Fiber-Optic Communications Technology*, Prentice Hall, USA (2001).

30.12 D. Gloge and E.A.J. 'Marcatili, Multimode theory of graded-core fibers,' *Bell. Syst. Tech. J.*, **52**, 1563, (1973).

30.13 D. Marcuse, 'Gaussian approximation of the fundamental modes of a graded index fibers', *J. Opt. Soc. Am.* **68**, 103 (1978).

30.14 Arun Kumar, 'Polarization Effects in Single-Mode Optical Fibers,' in *Guided Wave Optics* (Ed: Anurag Sharma), Viva Books, New Delhi (2005).

30.15 D. Marcuse, 'Interdependence of waveguide and material dispersion,' *App. Opt.*, **18**, pp. 2930–2932, (1979).

30.16 J. L. Auguste, R. Jindal, J.M. Blondy, Clapeau J. Marcou, B. Dussardier, G. Monnom, D.B. Ostrowsky, B.P. Pal and K. Thyagarajan, *Electron. Lett.*, **36**, 1689, (2000).

30.17 K. Thyagarajan, R.Varshney, P. Palai, A. Ghatak and I. C. Goyal, 'A novel design of a dispersion compensating fiber', *Photon. Tech. Letts.*, **8**, 1510, (1996).

30.18 I. C. Goyal, R.K. Varshney and A. K. Ghatak, 'Design of a Small Residual Dispersion Fiber and a Corresponding Dispersion Compensating Fiber for DWDM Systems', *Optical Engineering*, **42**, pp 977–980, (2003).

第 31 章

31.1 A. Einstein, *Zur Elektrodynamik bewegter Körper*, Annalen der Physik, **17**, 891-921 (1905); English transation of this paper with the title *On the Electrodynamics of Moving Bodies* reprinted in the book by John Stachel (Ref. 31.2).

31.2 J. Stachel (Editor), *Einstein's Miraculous Year: Five Papers That Changed the face of Physics*, Princeton University Press (1998); reprinted by Srishti Publishers, New Delhi.

31.3 T. Alvager, F.J.M. Farley, J. Kjellman and L. Wallin, 'Test of the Second Postulate of Special Relativity in the GeV region,' *Physics Letters*, **12**, pp. 260–262, October 1, 1964.

31.4 htt://members.tripod.com/~gravitee/axioms.htm

31.5 R.P. Feynman, R.B. Leighton and M. Sands, *The Feynman Lectures on Physics*, **I**, Addison Wesley Publishing Co., Reading, Mass (1963).

31.6 B.M. Casper and R.J. Noer, *Revolutions in Physiscs*, W.W. Norton & Co., New York (1972).

31.7 R. Rossi and D.B. Hall, 'On Muon Time Dilation', *Physical* Review **59**, 223 (1941). In 1963 David Frisch and James Smith repeated the Mt. Washington experiment and reported their measurements in the paper entitled Measurement of the Relativistic Time Dilation Using Mesons, *American Journal of Physics*, **31**, 342 (1963).

31.8 Lord Penney, *Homi Jehangir Bhabha*, in Biographical Memories of Fellows of Royal Society, **13**, 1967.

31.9 D. Ghosh and A.K. Grover (Editors), Special issue on H.J. Bhabha's Birth Centenary, *Physics News*, **39**, No. 1, January 2009.

31.10 H.J. Bhabha, 'Nuclear Forces, Heavy Electrons and the *β Decay*', *Nature* (London), **141**, pp. 117–118 (1938).

31.11 J. Bailey, K. Borer, F. Combley, H. Drumm, F. Krienen, F. Lange, E. Picasso, W. Von Ruden, F.J.M. Farley, J.H. Field, W. Flegel and P.M. Hattersley, 'Measurements of relativistic time dilatation for positive and negative muons in a circular orbit', *Nature (London)*, **268**, pp. 301–05, 28 July 1977.

31.12 David Park, *The Fire within the Eye: A Historical Essay on the Nature and Meaning of Light*, Princeton University Press (1997).

31.13 Stephen Hawking, *A Brief History of Relativity* in the December 31, 1999 issue of TIME.

31.14 S. Shankland, 'Conversations with Albert Einstein', *American Journal of Physics*, **31**, pp. 47–57 (1963).

31.15 S. Shankland, 'Conversations with Albert Einstein II,' *American Journal of Physics*, **41**, pp. 895–901 (1973).

第 32 章

32.1 A. Einstein, *Ist die Trägheit eines Körpers von seinem Energieinhalt abhängig?*, *Annalen der Physik* **18**, 639–641 (1905); English translation of this paper with the title *Does the Inertia of a Body Depend Upon Its Energy Content?* reprinted in the book by John Stachel (Ref. 32.9).

32.2 A. Einstein, *Zur Elektrodynamik bewegter Körper*, *Annalen der Physik*, **17**, 891–921 (1905); English translation of this paper with the title *On the Electrodynamics of Moving Bodies* reprinted in the book by John Stachel (Ref. 32.9).

32.3 http://www.youtube.com/watch?v=CC7Sg41Bp-U&feature=related

32.4 F. Rohrlich, 'An Elementary Derivation of $E = mc^2$,' *American Journal of Physics*, **58**(4), 348–349, April 1990.

32.5 R. Baierlein, *Newton to Einstein: The trail of light*, Cambridge University Press, UK (1992).

32.6 R. Baierlein, 'Does Nature Convert Mass into Energy?,' *American Journal of Physics*, **75**(4), 320–325, April 2007.

32.7 R.P. Feynman, R.B. Leighton and M. Sands, *The Feynman Lectures on Physics*, **I**, Addison Wesley Publishing Co., Reading, Mass (1963).

32.8 Christian Doppler, *Über das farbige Licht der Doppelsterne und einiger anderer Gestirne des Himmels* (On the colored light of the binary stars and some other stars of the heavens) publioshed in 1842; Alac Eden has given an English translation of Doppler's 1842 treatise in his book, *The Search for Christian Doppler*, Springer–Verlag, Wien (1992).

32.9 J. Stachel (Ed.), *Einstein's Miraculous Year: Five Papers That Changed the Face of Physics*, Princeton University Press (1998); reprinted by Srishti Publishers, New Delhi.

第 33 章

33.1 J. Stachel (Editor), *Einstein's Miraculous Year: Five Papers That Changed the face of Physics*, Princeton University Press (1998); reprinted by Srishti Publishers, New Delhi.

附录A 伽马函数和与高斯函数相关的积分

首先证明

$$\int_{-\infty}^{+\infty} e^{-\alpha x^2+\beta x} dx = \sqrt{\frac{\pi}{\alpha}} \exp\left(\frac{\beta^2}{4\alpha}\right), \quad \text{Re}\,\alpha > 0 \tag{A.1}$$

考虑积分

$$I = \int_{-\infty}^{+\infty} e^{-x^2} dx \tag{A.2}$$

因此，有

$$I^2 = \int_{-\infty}^{+\infty} e^{-x^2} dx \int_{-\infty}^{+\infty} e^{-y^2} dy = \int_{-\infty}^{+\infty}\int_{-\infty}^{+\infty} e^{-(x^2+y^2)} dx\,dy$$

转换成球坐标系，有

$$I^2 = \int_0^{+\infty} e^{-r^2} r\,dr \int_0^{\pi} d\theta = \left(-\frac{1}{2}e^{-r^2}\right)_0^{\infty} \times 2\pi = \pi$$

因此

$$I = \int_{-\infty}^{+\infty} e^{-x^2} dx = \sqrt{\pi} \tag{A.3}$$

则

$$\begin{aligned}\int_{-\infty}^{+\infty} e^{-\alpha x^2+\beta x} dx &= \exp\left(\frac{\beta^2}{4\alpha}\right)\int_{-\infty}^{+\infty} \exp\left[-\alpha\left(x-\frac{\beta}{2\alpha}\right)^2\right] dx \\ &= \exp\left(\frac{\beta^2}{4\alpha}\right)\int_{-\infty}^{+\infty} e^{-\alpha z^2} dz\end{aligned}$$

式中 $z = x - \frac{\beta}{2\alpha}$。利用式(A.3)，得到

$$\int_{-\infty}^{+\infty} e^{-\alpha z^2} dz = \sqrt{\frac{\pi}{\alpha}} \tag{A.4}$$

用此式，得到了式(A.1)。还可以得到

$$\sqrt{\pi} = 2\int_0^{+\infty} e^{-x^2} dx = \int_0^{+\infty} y^{-1/2} e^{-y} dy$$

因此

$$\Gamma\left(\frac{1}{2}\right) = \sqrt{\pi} \tag{A.5}$$

其中 $\Gamma(z)$ 通过下式定义：

$$\Gamma(z) = \int_0^{+\infty} x^{z-1} e^{-x} dx, \quad \text{Re}\,z > 0 \tag{A.6}$$

对于 $\mathrm{Re}z>1$,如果进行分部积分,得到

$$\Gamma(z)=(z-1)\Gamma(z-1) \tag{A.7}$$

因为

$$\Gamma(1)=\int_0^{+\infty}\mathrm{e}^{-x}\mathrm{d}x=1$$

得到

$$\Gamma(n+1)=n!,\quad n=0,1,2,\cdots \tag{A.8}$$

进一步,因为 $\Gamma\left(\frac{1}{2}\right)=\sqrt{\pi}$,得到

$$\begin{cases}\Gamma\left(\frac{3}{2}\right)=\frac{1}{2}\Gamma\left(\frac{1}{2}\right)=\frac{1}{2}\sqrt{\pi}\\ \Gamma\left(\frac{5}{2}\right)=\frac{3}{2}\Gamma\left(\frac{3}{2}\right)=\frac{3}{2}\cdot\frac{1}{2}\sqrt{\pi}\\ \Gamma\left(\frac{7}{2}\right)=\frac{5}{2}\cdot\frac{3}{2}\cdot\frac{1}{2}\sqrt{\pi}\end{cases} \tag{A.9}$$

如此类推。最后,对于 $n=0,1,2,\cdots$,有

$$\int_{-\infty}^{+\infty}x^{2n}\mathrm{e}^{-x^2}\mathrm{d}x=\Gamma\left(n+\frac{1}{2}\right)=\frac{1\cdot 3\cdot 5\cdot\cdots\cdot(2n-1)\sqrt{\pi}}{2^n} \tag{A.10}$$

$$\int_{-\infty}^{+\infty}x^{2n+1}\mathrm{e}^{-x^2}\mathrm{d}x=0 \tag{A.11}$$

附录B 关于积分 $\int_{-\infty}^{\infty}\frac{\sin gx}{x}dx$

函数 $f(x)$的拉普拉斯变换用下式定义：

$$F(p)=\mathrm{L}[f(x)]=\int_0^{+\infty}\mathrm{e}^{-px}f(x)\mathrm{d}x \tag{B.1}$$

则

$$\int_s^{\infty}F(p)\mathrm{d}p=\int_s^{\infty}\int_0^{\infty}\mathrm{e}^{-px}f(x)\mathrm{d}x\mathrm{d}p=\int_0^{\infty}\mathrm{d}xf(x)\left[\int_s^{\infty}\mathrm{e}^{-px}\mathrm{d}p\right]$$

对于 p 进行积分，得

$$\int_s^{\infty}F(p)\mathrm{d}p=\int_0^{\infty}\frac{f(x)}{x}\mathrm{e}^{-sx}\mathrm{d}x \tag{B.2}$$

当 $s\to0$ 时，得到

$$\int_0^{\infty}F(p)\mathrm{d}p=\int_0^{\infty}\frac{f(x)}{x}\mathrm{d}x \tag{B.3}$$

下面假设

$$f(x)=\sin gx,\quad g>0 \tag{B.4}$$

则

$$\begin{aligned}F(p)&=\int_0^{\infty}\sin gx\,\mathrm{e}^{-px}\mathrm{d}x=\frac{1}{2\mathrm{i}}\int_0^{\infty}[\mathrm{e}^{-(p-\mathrm{i}g)}-\mathrm{e}^{-(p+\mathrm{i}g)}]\mathrm{d}x\\&=\frac{1}{2\mathrm{i}}\left(\frac{1}{p-\mathrm{i}g}-\frac{1}{p+\mathrm{i}g}\right)=\frac{g}{p^2+g^2}\end{aligned}$$

因此，有

$$\begin{aligned}\int_0^{\infty}F(p)\mathrm{d}p&=g\int_0^{\infty}\frac{\mathrm{d}p}{p^2+g^2}=\int_0^{\infty}\frac{\mathrm{d}x}{1+x^2},\quad x=\frac{p}{g}\\&=\arctan x\Big|_0^{\infty}=\frac{\pi}{2},\quad g>0\end{aligned} \tag{B.5}$$

很明显，当 $g<0$ 时，上述积分等于$-\pi/2$。因此，利用式(B.3)，得到

$$\int_0^{\infty}\frac{\sin gx}{x}\mathrm{d}x=\begin{cases}\dfrac{\pi}{2}, & g>0\\0, & g=0\\-\dfrac{\pi}{2}, & g<0\end{cases} \tag{B.6}$$

上述积分中的函数是 x 的偶函数，因此

$$\int_{-\infty}^{+\infty}\frac{\sin gx}{\pi x}\mathrm{d}x=\frac{2}{\pi}\int_0^{+\infty}\frac{\sin gx}{x}\mathrm{d}x=1,\quad g>0 \tag{B.7}$$

附录C 光纤布拉格光栅的反射率

假定单模光纤的纤芯的折射率沿 z 方向有一个周期性的变化，这就是光纤布拉格光栅。完整的折射率变化满足

$$n(r,z)=n_0+\Delta n\sin Kz \tag{C.1}$$

式中，

$$K=\frac{2\pi}{\Lambda} \tag{C.2}$$

Λ 代表折射率沿 z 方向变化的周期，假定 $\Delta n\ll n_0$。这样，其反射率的完整表达式如下：

$$R\approx\frac{\kappa^2\sinh^2\alpha L}{\kappa^2\cosh^2\alpha L-\dfrac{\Gamma^2}{4}} \tag{C.3}$$

其中 L 是光纤布拉格光栅的长度，其他参数为

$$\Gamma=4\pi n_0\left(\frac{1}{\lambda_0}-\frac{1}{\lambda_B}\right),\quad \alpha=\sqrt{\kappa^2-\frac{\Gamma^2}{4}},\quad \lambda_B=2\Lambda n_0 \tag{C.4}$$

$$\kappa=\frac{\pi\Delta n}{\lambda_0} \tag{C.5}$$

称为耦合因子，λ_B 称为布拉格波长。光纤布拉格光栅（当 $\Gamma=0$ 时）在 $\lambda_0=\lambda_B$ 时反射率达到最大值，其峰值反射率表达式（参见式（15.47））为

$$R=\tanh^2\frac{\pi\Delta nL}{\lambda_B} \tag{C.6}$$

当 $\Gamma>2\kappa$ 时，α 将是纯虚数，这样，式（C.3）具有下面的形式：

$$R=\frac{\kappa^2\sin^2\gamma L}{-\kappa^2\cos^2\gamma L+\dfrac{\Gamma^2}{4}} \tag{C.7}$$

式中，

$$\gamma=\sqrt{\frac{\Gamma^2}{4}-\kappa^2} \tag{C.8}$$

其中当 $\gamma L=m\pi$ $(m=1,2,3,\cdots)$ 时，$R=0$。使反射率 $R=0$ 的波长为（参见图 15.13(c)）

$$\lambda_0\approx\lambda_B\pm\frac{\lambda_B^2}{2\pi n_0L}\sqrt{\kappa^2L^2+m^2\pi^2} \tag{C.9}$$

这样，光纤布拉格光栅的带宽（在上面公式中令 $m=+1$ 和 $m=-1$，相减得到的波长宽度再减半）为

$$\Delta\lambda_0 = \frac{\lambda_B^2}{2n_0 L}\left(1+\frac{\kappa^2 L^2}{\pi^2}\right)^{1/2} = \frac{\lambda_B^2}{2n_0 L}\sqrt{1+\left[\frac{(\Delta n)L}{\lambda_B}\right]^2} \tag{C. 10}$$

或者

$$\frac{\Delta\lambda_0}{\lambda_B} = \frac{\lambda_B}{2n_0 L}\sqrt{1+\left[\frac{(\Delta n)L}{\lambda_B}\right]^2} \tag{C. 11}$$

附录D 高斯光束的衍射

如果在平面 $z=0$ 处的振幅与相位分布由 $A(\xi,\eta)$ 表示，则其衍射图样由下式给出（参见式(20.23)）：

$$u(x,y,z)\approx-\frac{\mathrm{i}}{\lambda z}\exp(\mathrm{i}kz)\iint A(\xi,\eta)\exp\left\{+\frac{\mathrm{i}k}{2z}[(x-\xi)^2+(y-\eta)^2]\right\}\mathrm{d}\xi\mathrm{d}\eta \tag{D.1}$$

考虑一沿 z 轴传播的高斯光束，其在平面 $z=0$ 处的振幅相位分布为

$$A(\xi,\eta)=a\exp\left(-\frac{\xi^2+\eta^2}{w_0^2}\right) \tag{D.2}$$

说明其等相面就是 $z=0$ 平面，因此，在离 z 轴距离为 w_0 时，振幅下降 $1/\mathrm{e}$ 因子（亦即，其强度下降 $1/\mathrm{e}^2$ 因子）。量 w_0 称为光束的光斑尺寸。将式(D.2)代入式(D.1)，得到

$$u(x,y,z)\approx-\frac{\mathrm{i}a}{\lambda z}\mathrm{e}^{\mathrm{i}kz}\int_{-\infty}^{\infty}\exp\left[\frac{\mathrm{i}k}{2z}(x-\xi)^2-\frac{\xi^2}{w_0^2}\right]\mathrm{d}\xi\int_{-\infty}^{\infty}\exp\left[\frac{\mathrm{i}k}{2z}(y-\eta)^2-\frac{\eta^2}{w_0^2}\right]\mathrm{d}\eta$$

或者

$$u(x,y,z)=-\frac{\mathrm{i}a\,\mathrm{e}^{\mathrm{i}kz}}{\lambda z}\mathrm{e}^{\frac{\mathrm{i}k}{2z}(x^2+y^2)}\int_{-\infty}^{\infty}\mathrm{e}^{-\alpha\xi^2+\beta_1\xi}\mathrm{d}\xi\int_{-\infty}^{\infty}\mathrm{e}^{-\alpha\eta^2+\beta_2\eta}\mathrm{d}\eta \tag{D.3}$$

式中，

$$\alpha=\frac{1}{w_0^2}-\frac{\mathrm{i}k}{2z}=-\frac{\mathrm{i}k}{2z}(1+\mathrm{i}\gamma) \tag{D.4}$$

$$\gamma=\frac{\lambda z}{\pi w_0^2} \tag{D.5}$$

$$\beta_1=-\frac{\mathrm{i}kx}{z},\quad \beta_2=-\frac{\mathrm{i}ky}{z}$$

利用积分

$$\int_{-\infty}^{+\infty}\mathrm{e}^{-\alpha x^2+\beta x}\mathrm{d}x=\sqrt{\frac{\pi}{\alpha}}\exp\left(\frac{\beta^2}{4\alpha}\right) \tag{D.6}$$

得到

$$u(x,y,z)\approx\frac{a}{1+\mathrm{i}\gamma}\exp\left[-\frac{x^2+y^2}{w^2(z)}\right]\mathrm{e}^{\mathrm{i}\Phi} \tag{D.7}$$

式中，

$$w(z)=w_0(1+\gamma^2)^{1/2}=w_0\left(1+\frac{\lambda^2z^2}{\pi^2w_0^4}\right)^{1/2} \tag{D.8}$$

$$\Phi = kz + \frac{k}{2z}(x^2 + y^2) - \frac{k(x^2 + y^2)}{2z(1+\gamma^2)}$$

$$= kz + \frac{k}{2R(z)}(x^2 + y^2) \tag{D.9}$$

式中,

$$R(z) \equiv z\left(1 + \frac{1}{\gamma^2}\right) = z\left(1 + \frac{\pi^2 w_0^2}{\lambda^2 z^2}\right) \tag{D.10}$$

附录E 衍射积分公式的简单推导

考虑一电磁波在介电常数为 ε 的均匀介质中传输，其电场强度的横向分量（E_x 或者 E_y）将满足标量波动方程

$$\nabla^2 E = \varepsilon\mu_0 \frac{\partial^2 E}{\partial t^2} \tag{E.1}$$

如果假定电场与时间相关的项有形式 $e^{-i\omega t}$，则电场可以写成

$$E(x,y,z,t) = U(x,y,z)e^{-i\omega t} \tag{E.2}$$

可得

$$\nabla^2 U + k^2 U = 0 \tag{E.3}$$

式中，

$$k = \omega\sqrt{\varepsilon\mu_0} = \frac{\omega}{v} \tag{E.4}$$

U 代表电场强度的笛卡儿分量，v 代表电磁波的传播速度。方程（E.3）的解可以写成

$$U(x,y,z) = \int_{-\infty}^{+\infty}\int_{-\infty}^{+\infty} F(k_x,k_y)e^{i(k_x x+k_y y+k_z z)}dk_x dk_y \tag{E.5}$$

式中，

$$k_z = \pm\sqrt{k^2 - k_x^2 - k_y^2} \tag{E.6}$$

当平面波传播方向与 z 轴交角很小时，可以有

$$k_z = \sqrt{k^2 - k_x^2 - k_y^2} \approx k\left(1 - \frac{k_x^2 + k_y^2}{2k^2}\right) \tag{E.7}$$

将上式代入式（E.5），得

$$U(x,y,z) = e^{ikz}\iint F(k_x,k_y)\exp\left[i\left(k_x x + k_y y - \frac{k_x^2 + k_y^2}{2k}z\right)\right]dk_x dk_y \tag{E.8}$$

在 $z=0$ 平面的场分布为

$$U(x,y,z=0) = \iint F(k_x,k_y)e^{i(k_x x+k_y y)}dk_x dk_y \tag{E.9}$$

上式表明，$U(x,y,z=0)$ 是 $F(k_x,k_y)$ 的傅里叶变换，（二维）反傅里叶变换可以写成（参见9.6节）

$$F(k_x,k_y) = \frac{1}{(2\pi)^2}\iint U(\xi,\eta,0)e^{-i(k_x\xi+k_y\eta)}d\xi d\eta \tag{E.10}$$

将上式的表达式代入式（E.8），可得

$$U(x,y,z) = \frac{e^{ikz}}{4\pi^2}\iint U(\xi,\eta,0)I_1 I_2 d\xi d\eta \tag{E.11}$$

式中，

$$I_1=\int_{-\infty}^{+\infty}\exp[\mathrm{i}k_x(x-\xi)]\exp\left(-\frac{\mathrm{i}k_x^2}{2k}z\right)\mathrm{d}k_x=\sqrt{\frac{4\pi^2}{\mathrm{i}\lambda z}}\exp\left[\frac{\mathrm{i}k(x-\xi)^2}{2z}\right] \tag{E.12}$$

其中用到了下列积分：

$$\int_{-\infty}^{+\infty}\mathrm{e}^{-\alpha x^2+\beta x}\mathrm{d}x=\sqrt{\frac{\pi}{\alpha}}\exp\left(\frac{\beta^2}{4\alpha}\right) \tag{E.13}$$

类似地，有

$$I_2=\int_{-\infty}^{+\infty}\exp[\mathrm{i}k_y(y-\eta)]\exp\left(-\frac{\mathrm{i}k_y^2}{2k}z\right)\mathrm{d}k_y=\sqrt{\frac{4\pi^2}{\mathrm{i}\lambda z}}\exp\left[\frac{\mathrm{i}k(y-\eta)^2}{2z}\right] \tag{E.14}$$

这样

$$u(x,y,z)=\frac{1}{\mathrm{i}\lambda z}\mathrm{e}^{\mathrm{i}kz}\iint U(\xi,\eta,z=0)\exp\left\{\frac{\mathrm{i}k}{2z}[(x-\xi)^2+(y-\eta)^2]\right\}\mathrm{d}\xi\mathrm{d}\eta \tag{E.15}$$

其中积分遍及 $z=0$ 平面上光阑透过的光场的面积。式(E.15)与式(19.9)是一样的。

附录F 薛定谔方程的启发性推导以及方程的解

最简单形式的波是由下面的波函数表达的单色平面波：

$$\Psi(\boldsymbol{r},t)=A\exp[\mathrm{i}(\boldsymbol{k}\cdot\boldsymbol{r}-\omega t)] \tag{F.1}$$

这个波函数代表一个振幅为 A，波长为 $\lambda=2\pi/k$，传播方向沿波矢 $\boldsymbol{k}$，相速度是 ω/k 的波动。如果假定该波动沿着 x 轴传播，则 $\boldsymbol{k}=k\hat{\boldsymbol{x}}$，波函数表示为

$$\Psi(x,t)=A\exp[\mathrm{i}(kx-\omega t)] \tag{F.2}$$

用下列微观粒子的关系：

$$E=h\nu=\hbar\omega,\quad \hbar=\frac{h}{2\pi} \tag{F.3}$$

$$p=\frac{h}{\lambda}=\hbar k,\quad k=\frac{2\pi}{\lambda} \tag{F.4}$$

波函数变为

$$\Psi(x,t)=A\exp\left[\frac{\mathrm{i}}{\hbar}(px-Et)\right] \tag{F.5}$$

将上式作一系列的求导，得

$$\mathrm{i}\,\hbar\frac{\partial\Psi}{\partial t}=E\Psi(x,t) \tag{F.6}$$

$$-\mathrm{i}\,\hbar\frac{\partial\Psi}{\partial x}=p\Psi(x,t) \tag{F.7}$$

$$-\frac{\hbar^2}{2m}\frac{\partial^2\Psi}{\partial x^2}=\frac{p^2}{2m}\Psi(x,t) \tag{F.8}$$

在非相对论的框架里，一个自由粒子有 $E=\dfrac{p^2}{2m}$。这样，从式(F.6)和式(F.8)得

$$E\Psi=\frac{p^2}{2m}\Psi\quad\Rightarrow\quad \mathrm{i}h\frac{\partial\Psi}{\partial t}=-\frac{\hbar^2}{2m}\frac{\partial^2\Psi}{\partial x^2} \tag{F.9}$$

这就是描述一个自由粒子的含时的一维薛定谔方程。为了解这个方程，利用分离变量法，令

$$\Psi(x,t)=\psi(x)T(t) \tag{F.10}$$

将其代入方程(F.9)，并将 $\psi(x)T(t)$ 分开，得

$$\frac{\mathrm{i}\,\hbar}{T(t)}\frac{\mathrm{d}T(t)}{\mathrm{d}t}=-\frac{\hbar^2}{2m}\frac{1}{\psi(x)}\frac{\mathrm{d}^2\psi(x)}{\mathrm{d}x^2}=E=\frac{p^2}{2m} \tag{F.11}$$

既然上面方程的左边只是变量 t 的函数，而方程右边只是 x 的函数，这样，左右两边都必须等于同一个常数，令这个常数为 E，它代表粒子的总能量。解关于时间的方程，积分得

$$T(t)=\text{常数}\times \mathrm{e}^{-\mathrm{i}Et/\hbar} \tag{F.12}$$

显然，E 必然为实数。如果 E 是复数，则这个解将在 $t\to+\infty$ 或者在 $t\to-\infty$ 时无界。这样，

可以从方程(F.11)得到

$$\frac{\mathrm{d}^2\psi(x)}{\mathrm{d}x^2}+\frac{p^2}{\hbar^2}\psi(x)=0 \tag{F.13}$$

其中定义 $p^2\equiv 2mE$。上式积分得

$$\psi(x)=常数\times \mathrm{e}^{\mathrm{i}px/\hbar} \tag{F.14}$$

显然 E 不能为负数,否则 p 将为虚数,且使解在 $t\to+\infty$ 或者在 $t\to-\infty$ 时无界。因此,必然有

(1) $E\left(=\frac{p^2}{2m}\right)$ 是实数且为正;

(2) p 可以在 $+\infty$ 和 $-\infty$ 取任意实数。

写出方程(F.13)的解为

$$\psi_p(x)=\frac{1}{\sqrt{2\pi\hbar}}\exp\left(\frac{\mathrm{i}}{\hbar}px\right) \tag{F.15}$$

这个解满足正交条件

$$\int_{-\infty}^{+\infty}\psi_p^*(x)\psi_{p'}(x)\mathrm{d}x=\delta(p-p') \tag{F.16}$$

因为 p 可以在 $+\infty$ 和 $-\infty$ 取任意实数,方程(F.9)更普遍的解为

$$\Psi(x,t)=\frac{1}{\sqrt{2\pi\hbar}}\int_{-\infty}^{+\infty}a(p)\exp\left[\frac{\mathrm{i}}{\hbar}\left(px-\frac{p^2}{2m}t\right)\right]\mathrm{d}p \tag{F.17}$$

如果粒子是处于一个以势能函数 $V(x)$ 表示的势场中,则总能量表示成

$$E=\frac{p^2}{2m}+V(x) \tag{F.18}$$

则下面公式

$$E\Psi(x,t)=\left[\frac{p^2}{2m}+V(x)\right]\Psi(x,t) \tag{F.19}$$

将给出

$$\mathrm{i}\hbar\frac{\partial\Psi}{\partial t}=-\frac{\hbar^2}{2m}\frac{\partial^2\Psi}{\partial x^2}+V(x)\Psi(x,t) \tag{F.20}$$

应用分离变量法求解方程(F.20),令

$$\Psi(x,t)=\psi(x)\mathrm{e}^{-\mathrm{i}Et/\hbar} \tag{F.21}$$

其中 $\psi(x)$ 满足下列方程:

$$\frac{\mathrm{d}^2\psi(x)}{\mathrm{d}x^2}+\frac{2m}{\hbar^2}[E-V(x)]\psi(x)=0 \tag{F.22}$$

这就是描述处于势场 $V(x)$ 中的粒子的不含时的一维薛定谔方程。在29.6节中利用此方程讨论了一维势阱问题和线性谐振子问题。

可以很容易地将一维薛定谔方程推广到三维,(对于一个三维自由粒子)有

$$E\Psi=\frac{1}{2m}(p_x^2+p_y^2+p_z^2)\Psi \tag{F.23}$$

得到自由粒子的三维含时的薛定谔方程

$$\mathrm{i}h\frac{\partial\Psi(\boldsymbol{r},t)}{\partial t}=-\frac{\hbar^2}{2m}\left(\frac{\partial^2}{\partial x^2}+\frac{\partial^2}{\partial y^2}+\frac{\partial^2}{\partial z^2}\right)\Psi(\boldsymbol{r},t) \tag{F.24}$$

附录G 平板波导中的 TE 模式与 TM 模式

在本附录中，将推导作为模式分析起点的一些方程。从麦克斯韦方程组出发，当介质具有各向同性的、线性的、非导电的和非铁磁的特性时，麦克斯韦方程组具有以下形式：

$$\nabla \times \boldsymbol{E} = -\frac{\partial \boldsymbol{B}}{\partial t} = -\mathrm{i}\mu_0 \frac{\partial \boldsymbol{H}}{\partial t} \tag{G.1}$$

$$\nabla \times \boldsymbol{H} = \frac{\partial \boldsymbol{D}}{\partial t} = \varepsilon_0 n^2 \frac{\partial \boldsymbol{E}}{\partial t} \tag{G.2}$$

$$\nabla \cdot \boldsymbol{D} = 0 \tag{G.3}$$

$$\nabla \cdot \boldsymbol{B} = 0 \tag{G.4}$$

其中用到了本构关系式

$$\boldsymbol{B} = \mu_0 \boldsymbol{H} \tag{G.5}$$

$$\boldsymbol{D} = \varepsilon \boldsymbol{E} = \varepsilon_0 n^2 \boldsymbol{E} \tag{G.6}$$

式中 $\boldsymbol{E}$、$\boldsymbol{D}$、$\boldsymbol{B}$ 和 $\boldsymbol{H}$ 代表电场强度矢量、电位移矢量、磁感应强度矢量和磁场强度矢量，μ_0 $(=4\pi\times10^{-7}\mathrm{N}\cdot\mathrm{s}^2/\mathrm{C}^2)$表示自由空间的磁导率，$\varepsilon(=\varepsilon_0 n^2)$表示介质的介电常数，$n$ 是介质折射率，ε_0 是自由空间的介电常数。如果折射率只在 x 方向有变化，亦即

$$n^2 = n^2(x) \tag{G.7}$$

总是选 z 轴为波的传播方向，如果不计损耗，可以将方程(G.1)和方程(G.2)的解写成

$$\mathscr{E} = \boldsymbol{E}(x)\mathrm{e}^{\mathrm{i}(\omega t-\beta z)} \tag{G.8}$$

$$\mathscr{H} = \boldsymbol{H}(x)\mathrm{e}^{\mathrm{i}(\omega t-\beta z)} \tag{G.9}$$

其中 β 称为传播常数。式(G.8)和式(G.9)定义了系统的模式形式，因此，模式代表了光场的横向分布，光波模式在波导中沿 z 方向传输时改变的只是相位，而由 $\boldsymbol{E}(x)$和 $\boldsymbol{H}(x)$所描述的光场横向分布在波导传输过程中并不改变。量 β 代表模式的传播常数。将式(G.8)和式(G.9)用分量形式写出来，有

$$\mathscr{E}_j = E_j(x)\mathrm{e}^{\mathrm{i}(\omega t-\beta z)}, \quad j = x, y, z \tag{G.10}$$

$$\mathscr{H}_j = H_j(x)\mathrm{e}^{\mathrm{i}(\omega t-\beta z)}, \quad j = x, y, z \tag{G.11}$$

将上面电场与磁场的表示式代入方程(G.1)和方程(G.2)，并求出它们的 x、y、z 分量

$$\mathrm{i}\beta E_y = -\mathrm{i}\omega\mu_0 H_x \tag{G.12}$$

$$\frac{\partial E_y}{\partial x} = -\mathrm{i}\omega\mu_0 H_z \tag{G.13}$$

$$-\mathrm{i}\beta H_x - \frac{\partial H_z}{\partial x} = \mathrm{i}\omega\varepsilon_0 n^2(x) E_y \tag{G.14}$$

$$\mathrm{i}\beta H_y = \mathrm{i}\omega\varepsilon_0 n^2(x) E_x \tag{G.15}$$

$$\frac{\partial H_y}{\partial x} = \mathrm{i}\omega\varepsilon_0 n^2(x) E_z \tag{G.16}$$

$$-\mathrm{i}\beta E_x - \frac{\partial E_z}{\partial x} = -\mathrm{i}\omega\mu_0 H_y \tag{G.17}$$

可以看到,上面前三个方程只包含 E_y、H_x 和 H_z 分量,后三个方程包含 E_x、E_z 和 H_y 分量。因此,对于这样的波导结构,麦克斯韦方程组简化成两组相互独立的方程组。第一组包含 E_y、H_x 和 H_z 而不包含 E_x、E_z 和 H_y 的方程将给出所谓 TE 模式,因为其电场只有横向分量;而第二组包含 E_x、E_z 和 H_y 而不包含 E_y、H_x 和 H_z 的方程给出所谓 TM 模式,因为此时磁场只有横向分量。因此,在这样的平面波导中传播的光波将通过 TE 和 TM 模式来描述。

TE 模式

首先考察 TE 模式。将式(G.12)和式(G.13)中的 H_x 和 H_z 代入方程(G.14),得

$$\frac{\mathrm{d}^2 E_y}{\mathrm{d}x^2} + [k_0^2 n^2(x) - \beta^2] E_y = 0 \tag{G.18}$$

式中,

$$k_0 = \omega\sqrt{\varepsilon_0\mu_0} = \frac{\omega}{c} \tag{G.19}$$

是自由空间的波数,$c\left(=\frac{1}{\sqrt{\varepsilon_0\mu_0}}\right)$是自由空间中的光速。对于一个给定变化规律的折射率 $n^2(x)$,方程(G.18)(在适当的边界条件和连续性条件下)将给出相应于波导 TE 模式的场变化包络。既然 $E_y(x)$ 对于波导来说是切向分量,因此,在不连续的界面处应该连续,进而,既然 $\mathrm{d}E_y/\mathrm{d}x$ 正比于 H_z(它也是切向分量),它也应该在不连续的界面处连续。一旦得到 $E_y(x)$ 的解,则将通过方程(G.12)和方程(G.13)分别求得 $H_x(x)$ 和 $H_z(x)$ 的解。在 28.2 节和 28.4 节,分别对一个折射率是对称阶跃型分布以及对一个折射率是抛物线分布的波导解了方程(G.18)。

TM 模式

TM 模式的特征是只有场分量 E_x、E_z 和 H_y(参见方程(G.15)和方程(G.16))。如果将式(G.15)和式(G.16)中的 E_x 和 E_z 代入方程(G.17),得到

$$n^2(x)\frac{\mathrm{d}}{\mathrm{d}x}\left[\frac{1}{n^2(x)}\frac{\mathrm{d}H_y}{\mathrm{d}x}\right] + [k_0^2 n^2(x) - \beta^2] H_y(x) = 0 \tag{G.20}$$

上面的方程与 TE 模式 E_y 所满足的方程有所不同(参见方程(G.18))。然而,对于图 28.1 所示的阶跃型折射率波导,在每个区域折射率为常数。这样,将有

$$\frac{\mathrm{d}^2 H_y}{\mathrm{d}x^2} + (k_0^2 n_i^2 - \beta^2) H_y(x) = 0 \tag{G.21}$$

在每个分界面处

$$H_y \text{ 和 } \frac{1}{n^2(x)}\frac{\mathrm{d}H_y}{\mathrm{d}x} \tag{G.22}$$

必须连续。这是源于 $H_y(x)$ 是波导的切向分量,它在界面处应该连续;进而既然 $\frac{1}{n^2(x)}\frac{\mathrm{d}H_y}{\mathrm{d}x}$ 正比于 E_z(它也是波导的切向分量),它在任何界面处也应该连续。

附录H 抛物线型折射率波导中的模式解

在本附录中,将证明下列方程:

$$\frac{d^2\psi}{d\xi^2}+(\Lambda-\xi^2)\psi(\xi)=0 \tag{H.1}$$

当 $\Lambda=1,3,5,7,\cdots$,亦即 Λ 为正奇数时,有常态解,这个正奇数是方程(H.1)的本征值。引入下列变量:

$$\eta=\xi^2 \tag{H.2}$$

则

$$\frac{d\psi}{d\xi}=\frac{d\psi}{d\eta}\frac{d\eta}{d\xi}=\frac{d\psi}{d\eta}2\xi \tag{H.3}$$

$$\frac{d^2\psi}{d\xi^2}=4\eta\frac{d^2\psi}{d\eta^2}+2\frac{d\psi}{d\eta} \tag{H.4}$$

将上面表示式代入方程(H.1),得到方程

$$\frac{d^2\psi}{d\eta^2}+\frac{1}{2\eta}\frac{d\psi}{d\eta}+\left(\frac{\Lambda}{4\eta}-\frac{1}{4}\right)\psi(\eta)=0 \tag{H.5}$$

为了得到上式的渐近行为,令 $\eta\to\infty$,则上面方程取下面形式:

$$\frac{d^2\psi}{d\eta^2}-\frac{1}{4}\psi(\eta)=0$$

该方程的解为 $e^{\pm\frac{1}{2}\eta}$。因此,可以试着给出下面形式的解:

$$\psi(\eta)=y(\eta)e^{-\frac{1}{2}\eta} \tag{H.6}$$

有

$$\frac{d\psi}{d\eta}=\left(\frac{dy}{d\eta}-\frac{1}{2}y\right)e^{-\frac{1}{2}\eta} \tag{H.7}$$

$$\frac{d^2\psi}{d\eta^2}=\left[\frac{d^2y}{d\eta^2}-\frac{dy}{d\eta}+\frac{1}{4}y(\eta)\right]e^{-\frac{1}{2}\eta} \tag{H.8}$$

将式(H.7)和式(H.8)代入式(H.5),得到

$$\eta\frac{d^2y}{d\eta^2}+\left(\frac{1}{2}-\eta\right)\frac{dy}{d\eta}+\frac{\Lambda-1}{4}y(\eta)=0 \tag{H.9}$$

上式可以整理成标准的合流超几何方程(参见文献)

$$x\frac{d^2y}{dx^2}+(c-x)\frac{dy}{dx}-ay(x)=0 \tag{H.10}$$

其中 a 和 c 是常数。当 $c\neq0,\pm1,\pm2,\pm3,\pm4,\cdots$时,上面方程有两个独立的解(线性无关解)

$$y_1(x)={}_1F_1(a,c,x) \tag{H.11}$$

$$y_2(x)=x^{1-c}\,{}_1F_1(a-c+1,2-c,x) \tag{H.12}$$

其中${}_1F_1(a,c,x)$称为合流超几何函数,由下式表示:

$${}_1F_1(a,c,x)=1+\frac{a}{c}\frac{x}{1!}+\frac{a(a+1)}{c(c+1)}\frac{x^2}{2!}+\frac{a(a+1)(a+2)}{c(c+1)(c+2)}\frac{x^3}{3!}+\cdots \tag{H.13}$$

显然,当 $a=c$ 时,有

$${}_1F_1(a,a,x)=1+\frac{x}{1!}+\frac{x^2}{2!}+\frac{x^3}{3!}+\cdots=\mathrm{e}^x \tag{H.14}$$

这样,虽然由式(H.13)和式(H.14)给出的级数表示对所有有限的 x 值收敛,但是当 x 为无穷大时也将无界。实际上,${}_1F_1(a,c,x)$的渐近行为为

$${}_1F_1(a,c,x)\xrightarrow[x\to\infty]{}\frac{\Gamma(c)}{\Gamma(a)}x^{a-c}\mathrm{e}^x \tag{H.15}$$

合流超几何函数的级数解非常好记,其渐近表示也很容易理解。回到式(H.9),发现,当

$$a=\frac{1-\Lambda}{4},\quad c=\frac{1}{2} \tag{H.16}$$

时,$y(\eta)$满足合流超几何方程。因此,方程(H.1)有两个独立解

$$\psi_1(\eta)={}_1F_1\left(\frac{1-\Lambda}{4},\frac{1}{2},\eta\right)\mathrm{e}^{-\frac{1}{2}\eta} \tag{H.17}$$

$$\psi_2(\eta)=\sqrt{\eta}\,{}_1F_1\left(\frac{3-\Lambda}{4},\frac{3}{2},\eta\right)\mathrm{e}^{-\frac{1}{2}\eta} \tag{H.18}$$

记住 $\eta=\xi^2$。利用合流超几何函数的渐近形式(式(H.15)),可以容易看出,如果其级数解不中断为多项式解,则当 $\eta\to\infty$时,$\psi(\eta)$将因为因子 $\mathrm{e}^{\frac{1}{2}\eta}$ 变成无界。为了避免如此,级数解必然中断为多项式解。现在看,只有当 $\Lambda=1,5,9,13,\cdots$时,$\psi_1(\eta)$中断成多项式解;而当 $\Lambda=3,7,11,15,\cdots$时,$\psi_2(\eta)$中断成多项式解。总起来,只有当

$$\Lambda=1,3,5,7,\cdots \tag{H.19}$$

时,方程(H.1)才有常态的有界解,上面的 Λ 取值就是方程(H.1)的特征值,相应的特征波函数为厄米高斯函数:

$$\psi(\xi)=NH_m(\xi)\exp\left(-\frac{1}{2}\xi^2\right),\quad m=0,1,2,3,\cdots \tag{H.20}$$

实际上

$$H_n(\xi)=(-1)^{n/2}\frac{n!}{\left(\frac{n}{2}\right)!}\,{}_1F_1\left(-\frac{n}{2},\frac{1}{2},\xi^2\right),\quad n=0,2,4,\cdots \tag{H.21}$$

$$H_n(\xi)=(-1)^{(n-1)/2}\frac{n!}{\left(\frac{n-1}{2}\right)!}2\xi\,{}_1F_1\left(-\frac{n-1}{2},\frac{3}{2},\xi^2\right),\quad n=1,3,5,\cdots \tag{H.22}$$

附录I 洛伦兹变换下波动方程的不变性

在本附录中，将证明标量波动方程

$$\nabla^2 \psi = \frac{1}{c^2} \frac{\partial^2 \psi}{\partial t^2} \tag{I.1}$$

在洛伦兹变换下具有不变性。在笛卡儿坐标系中

$$\nabla^2 \psi = \frac{\partial^2 \psi}{\partial x^2} + \frac{\partial^2 \psi}{\partial y^2} + \frac{\partial^2 \psi}{\partial z^2} \tag{I.2}$$

洛伦兹变换公式为(参见 33.2 节)

$$x' = \gamma(x - ut) \tag{I.3}$$

$$t' = \gamma\left(t - \frac{ux}{c^2}\right) \tag{I.4}$$

另外，$y' = y, z' = z$。上述公式中

$$\gamma = \frac{1}{\sqrt{1 - \frac{u^2}{c^2}}} \tag{I.5}$$

是洛伦兹因子。既然 $y' = y, z' = z$，则

$$\frac{\partial^2 \psi}{\partial y^2} = \frac{\partial^2 \psi}{\partial y'^2}, \quad \frac{\partial^2 \psi}{\partial z^2} = \frac{\partial^2 \psi}{\partial z'^2} \tag{I.6}$$

从式(I.3)和式(I.4)出发，有

$$\frac{\partial x'}{\partial x} = \gamma, \quad \frac{\partial t'}{\partial x} = -\frac{\gamma u}{c^2} \tag{I.7}$$

有

$$\frac{\partial \psi}{\partial x} = \frac{\partial \psi}{\partial x'} \frac{\partial x'}{\partial x} + \frac{\partial \psi}{\partial y'} \frac{\partial y'}{\partial x} + \frac{\partial \psi}{\partial z'} \frac{\partial z'}{\partial x} + \frac{\partial \psi}{\partial t'} \frac{\partial t'}{\partial x} \tag{I.8}$$

利用式(I.7)，有

$$\frac{\partial \psi}{\partial x} = \gamma \frac{\partial \psi}{\partial x'} - \frac{\gamma u}{c^2} \frac{\partial \psi}{\partial t'} \tag{I.9}$$

$$\begin{aligned} \frac{\partial^2 \psi}{\partial x^2} &= \gamma\left(\frac{\partial^2 \psi}{\partial x'^2} \frac{\partial x'}{\partial x} + \frac{\partial^2 \psi}{\partial x' \partial t'} \frac{\partial t'}{\partial x}\right) - \frac{\gamma u}{c^2}\left(\frac{\partial^2 \psi}{\partial x' \partial t'} \frac{\partial x'}{\partial x} + \frac{\partial^2 \psi}{\partial t'^2} \frac{\partial t'}{\partial x}\right) \\ &= \gamma^2 \frac{\partial^2 \psi}{\partial x'^2} - \frac{2\gamma^2 u}{c^2} \frac{\partial^2 \psi}{\partial x' \partial t'} + \frac{\gamma^2 u^2}{c^4} \frac{\partial^2 \psi}{\partial t'^2} \end{aligned} \tag{I.10}$$

根据式(I.3)和式(I.4)，有

$$\frac{\partial x'}{\partial t} = -\gamma u, \quad \frac{\partial t'}{\partial t} = \gamma \tag{I.11}$$

因此

$$\frac{\partial\psi}{\partial t}=\frac{\partial\psi}{\partial x'}\frac{\partial x'}{\partial t}+\frac{\partial\psi}{\partial y'}\frac{\partial y'}{\partial t}+\frac{\partial\psi}{\partial z'}\frac{\partial z'}{\partial t}+\frac{\partial\psi}{\partial t'}\frac{\partial t'}{\partial t}$$

$$=-\gamma u\frac{\partial\psi}{\partial x'}+\gamma\frac{\partial\psi}{\partial t'} \tag{I. 12}$$

$$\frac{\partial^2\psi}{\partial t^2}=-\gamma u\left(\frac{\partial^2\psi}{\partial x'^2}\frac{\partial x'}{\partial t}+\frac{\partial^2\psi}{\partial x'\partial t'}\frac{\partial t'}{\partial t}\right)+\gamma\left(\frac{\partial^2\psi}{\partial x'\partial t'}\frac{\partial x'}{\partial t}+\frac{\partial^2\psi}{\partial t'^2}\frac{\partial t'}{\partial t}\right)$$

$$=+\gamma^2u^2\frac{\partial^2\psi}{\partial x'^2}-2\gamma^2u\frac{\partial^2\psi}{\partial x'\partial t'}+\gamma^2\frac{\partial^2\psi}{\partial t'^2} \tag{I. 13}$$

结合式(I. 10)和式(I. 13),有

$$\frac{\partial^2\psi}{\partial x^2}-\frac{1}{c^2}\frac{\partial^2\psi}{\partial t^2}=\gamma^2\frac{\partial^2\psi}{\partial x'^2}-\frac{2\gamma^2u}{c^2}\frac{\partial^2\psi}{\partial x'\partial t'}+\frac{\gamma^2u^2}{c^4}\frac{\partial^2\psi}{\partial t'^2}-$$

$$\frac{\gamma^2u^2}{c^2}\frac{\partial^2\psi}{\partial x'^2}+\frac{2\gamma^2u}{c^2}\frac{\partial^2\psi}{\partial x'\partial t'}-\frac{\gamma^2}{c^2}\frac{\partial^2\psi}{\partial t'^2}$$

$$=\frac{\partial^2\psi}{\partial x'^2}-\frac{1}{c^2}\frac{\partial^2\psi}{\partial t'^2} \tag{I. 14}$$

其中用到了式(I. 5)。因此

$$\frac{\partial^2\psi}{\partial x^2}+\frac{\partial^2\psi}{\partial y^2}+\frac{\partial^2\psi}{\partial z^2}-\frac{1}{c^2}\frac{\partial^2\psi}{\partial t^2}=\frac{\partial^2\psi}{\partial x'^2}+\frac{\partial^2\psi}{\partial y'^2}+\frac{\partial^2\psi}{\partial z'^2}-\frac{1}{c^2}\frac{\partial^2\psi}{\partial t'^2} \tag{I. 15}$$

这样就证明了洛伦兹变换下波动方程具有不变性。